国外电子与电气工程技术丛书

电力电子学

电路、器件及应用

（原书第4版）

[美] 穆罕默德 ·H. 拉什德（Muhammad H. Rashid）著
罗昉 裴雪军 梁俊睿 康纪阳 蒋昊伟 译

Power Electronics
Circuits, Devices & Applications
Fourth Edition

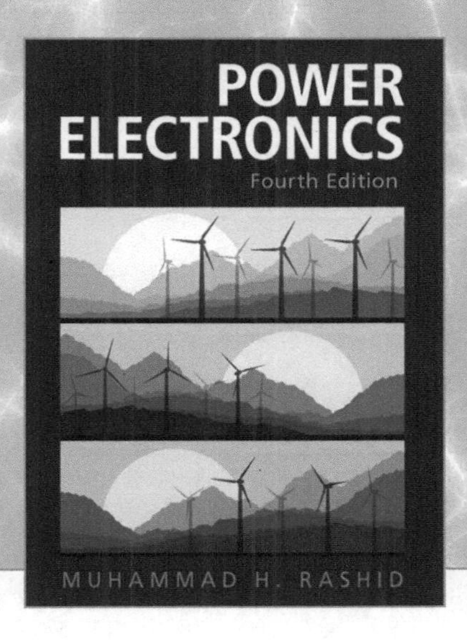

机械工业出版社
CHINA MACHINE PRESS

图书在版编目（CIP）数据

电力电子学：电路、器件及应用（原书第 4 版）/（美）穆罕默德·H. 拉什德（Muhammad H. Rashid）著；罗昉等译. —北京：机械工业出版社，2018.9（2024.11 重印）
（国外电子与电气工程技术丛书）
书名原文：Power Electronics: Circuits, Devices & Applications, 4E

ISBN 978-7-111-60793-9

I. 电… II. ① 穆… ② 罗… III. 电力电子学 - 教材 IV. TM1

中国版本图书馆 CIP 数据核字（2018）第 204013 号

北京市版权局著作权合同登记 图字：01-2013-6799 号。

本书涵盖了电力电子技术的基本内容，运用自下而上的方法，突出自器件到系统设备的介绍方法，着重分析技术应用，内容涉及功率开关器件的转换方法，半导体器件的特性，并讨论了这些设备的功率转换应用，还包含了灵活交流输电系统（FACTS）静态开关、电源、直流驱动器和 AC 驱动器四个方面的应用程序。本书是第 4 版，相比前一版，删除了静态开关的内容，增加了 DC- DC 变换器的平均模型、最先进的空间矢量调制技术、集成门极驱动电路等。本书适合作为电工电子类专业的教材，也可以供相关专业人士参考。

出版发行：机械工业出版社（北京市西城区百万庄大街 22 号 邮政编码：100037）

责任编辑：王 颖	责任校对：李秋荣
印 刷：北京富资园科技发展有限公司	版 次：2024 年 11 月第 1 版第 7 次印刷
开 本：185mm×260mm 1/16	印 张：42
书 号：ISBN 978-7-111-60793-9	定 价：149.00 元

客服电话：（010）88361066 68326294

译者序

原书作者 Muhammad H. Rashid 博士是著名的电气工程专家和电气工程教育专家，目前为佛罗里达大学电气工程及计算机系教授、IET 会士，以及 IEEE 终身会士。Rashid 博士毕业于英国伯明翰大学，曾任普渡大学电气与计算机工程系教授，并兼任系主任，有着多年电力电子教学与科研的经验。他曾在美国、加拿大、英国、沙特阿拉伯等多地进行教学和研究工作，在工业界与学术界都享有盛名。Rashid 博士出版了 17 部专著，发表过 160 篇学术论文，其中本书获得业界广泛认可，并被译成西班牙文、葡萄牙文、印尼文、韩文、意大利文、中文，以及波斯文等多种语言。由于在研究和教育领域的杰出贡献，Rashid 博士曾获得了多项 IEEE 殊荣。

本书为第 4 版，内容涵盖了整流、逆变、直流-直流和交流-交流等不同种类的电力电子变换器，深入浅出地介绍了各种电力电子电路的基本工作原理。书中结合大量电力电子装置在不同场合的应用实例，详细介绍了各种电力电子变换器的等效模型、设计方法及控制方法。

本书分为五大部分。第一部分至第三部分详细介绍了多种功率半导体器件，包括二极管、功率晶体管及晶闸管的特性及其应用。本书前三部分系统地讲述了多种基于全控型器件的电力电子电路(包括整流电路、直流-直流变换电路和逆变电路)，这些电路的工作原理、基本的变换器设计流程，以及基本变换器模型及控制方式。

本书第四部分主要介绍了晶闸管、不同类型的晶闸管变换器及其应用，并着重介绍了基于半控型器件的电力电子变换器的基本工作原理、设计要点，以及控制方式。

本书第五部分介绍了多种电力电子变换器的应用。这些应用的范围涵盖了不同的场合与功率等级，包括几十瓦到上百瓦的电源、交流/直流驱动系统、大功率的可再生能源变换器，以及电力系统中的柔性交流输电装置。这一部分详细描述了电力电子装置各种不同应用中的等效模型及控制原理，并结合应用实例给出了大量的设计范例。本书最后一章着重介绍了电力电子装置中辅助和保护电路的设计及相关元件的选择。这些辅助电路和元件包括散热元件、缓冲电路、过压/过流保护电路，以及电磁兼容滤波器。这些电路及元件能有效抑制高速开关带来的“副作用”，例如开关器件上的过压、电磁噪声等，是电力电子装置正常运行不可或缺的组成部分。

本书内容翔实，例题丰富，是本科和研究生阶段电力电子教学的优秀教材，也可以作为电力电子工程师的参考书籍。本书前言、第 1 章、第 11 章、第 12 章、第 14 章、第 15 章、第 17 章由罗昉博士负责翻译，第 4 章、第 6 章、第 8 章、第 10 章、第 13 章由裴雪军博士负责翻译，第 2 章、第 3 章、第 7 章、第 16 章以及附录部分由梁俊睿博士负责翻译。康纪阳和蒋昊伟分别负责翻译了本书第 5 章和第 9 章的部分内容。全书由罗昉博士审核。

本书的翻译工作得到了美国俄亥俄州立大学高性能电力电子研究中心学生们的大量帮助，感谢王淼、温路成、庞天宇、杨鹏志、朱可、冷明智、韩超然、李文威、钱金子阳、周艾嘉、陈映卓等同学在稿件整理和校核中提供的支持与帮助。

由于译者水平有限，错漏之处，敬请指正。

罗昉

前　言

本书第 4 版为大三、大四电力和电子工程专业的电力电子技术/静态变流技术的教材。本书也可以作为研究生教材或初级电力电子工程师的参考读物。本书的前导课程包括电子基础和电路基础课程。本科电力电子课程通常开设一学期。随着电力电子技术的发展，一学期的学时已经无法涵盖电力电子技术的全部知识。本书涵盖的内容已超过了一学期的课程范围。对于本科课程，第 1 章～第 11 章已经可以提供充足的电力电子基础知识。第 12 章～17 章可以留给其他课程或者包含在研究生课程中。表 P-1 列出了“电力电子技术”课程一学期推荐的专题，表 P-2 为“电力电子和电机驱动”课程一学期推荐的专题。

表 P-1 “电力电子技术”课程一学期推荐的专题

章	专题	节	课时
1	简介	1.1～1.12	2
2	功率二极管和电路	2.1～2.4，2.6～2.7，2.11～2.16	3
3	二极管整流器	3.1～3.11	5
4	功率晶体管	4.1～4.9	3
5	DC-DC 变换器	5.1～5.9	5
6	PWM 逆变器	6.1～6.7	7
7	谐振脉冲逆变器	7.1～7.5	3
9	晶闸管	9.1～9.10	2
10	可控整流器	10.1～10.5	6
11	交流电压控制器	11.1～11.5	3
	期中考试和小测验		3
	期末考试		3
	在为期 15 周的一学期中的所有课时		45

表 P-2 “电力电子和电机驱动”课程一学期推荐的专题

章	专题	节	课时
1	简介	1.1～1.10	2
2	功率二极管和电路	2.1～2.7	2
3	二极管整流器	3.1～3.8	4
4	功率晶体管	4.1～4.8	1
5	DC-DC 变换器	5.1～5.8	4
14	直流驱动	14.1～14.7	5
6	PWM 逆变器	6.1～6.10	5
7	晶闸管	9.1～9.6	1
附录 A	三相电路	所有节	1
10	可控整流器	10.1～10.7	5
11	交流电压控制器	11.1～11.5	2
附录 B	磁路	B.1～B.2	1
15	交流驱动系统	15.1～15.9	6
	期中考试和小测验		3
	期末考试		3
	在为期 15 周的一学期中的所有课时		45

电力电子的基础已经建立，其基本内容不会快速改变。然而，随着电力电子器件特性持续改善和新器件的不断涌现，电力电子技术有了新的发展。电力电子技术自下而上地涵盖了器件特性、功率转换技术及其应用。它强调的是功率转换的基础原理。本书第 4 版是第 3 版的完整修订本。主要的修订包含以下几点：

- 按照自下而上(而不是自上而下)的顺序进行介绍，首先介绍器件和变换器特性，然后再介绍功率变换技术；
- 涵盖了碳化硅(SiC)器件的发展；
- 介绍了 DC-DC 变换器平均模型；
- 扩展了关于空间矢量调制技术的最新发展的章节；
- 删除了关于静态开关的章节；
- 增加了关于可再生能源的章节并且涵盖了其发展现状；
- 将门极驱动电路(第 3 版中的第 17 章)与其他功率器件和变换器相关的章节合并；
- 扩展介绍了直流驱动和交流驱动的控制方法；
- 在书的章节和段落中加入了解释。

本书分为五部分：

第一部分：功率二极管和整流器——第 2 章和第 3 章

第二部分：功率晶体管和 DC-DC 变换器——第 4 章和第 5 章

第三部分：逆变器——第 6～8 章

第四部分：晶闸管和晶闸管变换器——第 9～11 章

第五部分：电力电子应用及其保护——第 12～17 章

附录里涵盖了如三相电路、磁路、变换器的开关函数、直流瞬变分析、傅里叶分析和坐标变换等专题。电力电子技术利用半导体器件实现对电能的控制和转换。这种转换技术需要对电力半导体器件进行开通和关断控制。其底层电子电路通常包含集成电路和分立元件，用来产生驱动功率器件所需的门极信号。这些集成电路和离散元件正逐渐被微处理器和信号处理集成电路所替代。

理想功率器件应该在开通时间、关断时间、电流耐量、耐压能力方面没有任何限制。随着功率半导体技术不断进步，器件电压和电流耐量不断提高，高速功率器件得到了迅速的发展。电力开关器件(如功率 BJT、功率 MOSFET、SIT、IGBT、MCT、SITH、SCR、TRIAC、GTO、MTO、ETO、IGCT 和其他半导体器件)在大量产品中逐步得到了广泛应用。

随着技术的发展和更多电力电子新应用的出现，对新型低损耗高温功率器件的研发需求也逐渐得到了关注。随着技术的不断进步，传统器件的性能已经得到了长足的发展，硅器件的性能已经几乎达到了其物理极限。在近年来的器件研究和发展的推动下，碳化硅电力电子已经从一个有前途的技术发展为一个能在高效、高频、高温应用中取代硅技术的并且具有强竞争力的选择。碳化硅电力电子有更高的电压等级，更低的电压降，更高的结温，以及更高的热导电性。在未来的几年中，我们可预见碳化硅功率器件将引起一系列的变革，并最终引领一个电力电子及其应用的新时代。

随着开关器件速度的提升，人们广泛使用现代微处理器和信号处理器来实现各种复杂的控制策略，提供器件门极驱动信号，以此来满足不同变换器的需求。这一举措进一步拓宽了电力电子的应用范围。在 20 世纪 90 年代初，电力电子革命就已经获得了阶段性的成就。新的电力电子时代已经开始。这是第三次电力电子革命的开端，它将在世界范围内影响可再生能源处理和节能的面貌。在未来 30 年中，电力电子将成为发电侧和用电端之间电能质量控制的主要手段。电力电子还有许多的应用尚未得到全面开发，本书将涵盖尽可能多的潜在应用。

欢迎对本书提出任何评论和建议，请将您宝贵的意见和建议发送给作者。

Dr. Muhammad H. Rashid
Professor of Electrical and Computer Engineering
University of West Florida
11000 University Parkway
Pensacola，FL 32514－5754
E-mail：mrashid@uwf. edu

PSpice 软件和程序文件[㊀]

学生版 PSpice 和 Orcad 软件可以从以下地址获得或者下载：
Cadence Design Systems，Inc.
2655Seely Avenue
San Joes，CA 95134
网站：http：//www. cadence. com
http：//www. orcad. com
http：//www. pspice. com

注意事项：PSpice 原理图文件（扩展名为 . SCH）需要使用用户定义的模型库文件 Rashid _PE3 _MODEL. LIB，该文件已经在原理图中包含，并且必须要在 PSpice 原理图的 Analysis 菜单中再次选择包含。相同地，Orcad 原理图文件（扩展名为 . OPJ 和 . DSN）需要使用用户定义的模型库文件 Rashid _PE3 _MODEL. LIB，该文件已经在原理图中包含，并且必须要在 Orcad 捕获软件的 PSpice Simulation settings 菜单中选择包含。如果运行仿真时没有包含这些文件，程序将报错。

㊀ 关于教辅资源，仅提供给采用本书作为教材的教师用作课堂教学、布置作业、发布考试等。如有需要的教师，请直接联系 Pearson 北京办公室查询并填表申请。联系邮箱：Copub. Hed@pearson. com。关于配套网站资源，大部分需要访问码，访问码只有原英文版提供，中文版无法使用。——编辑注

致　谢

许多教授和学生都对本书的再版做出了极大贡献，他们基于自己的课堂经验对本书提出了宝贵的意见。作者对以下提出过建议和意见的人士表示特别的感谢：

Mazen Abdel-Salam，*King Fahd University of Petroleum and Minerals，Saudi Arabia*

Muhammad Sarwar Ahmad，*Azad Jammu and Kashmir University，Pakistan*

Eyup Akpnar，*Dokuz Eylül Üniversitesi Mühendislik Fakültesi，BUCA-IZMIR，Turkey*

Dionysios Aliprantis，*Iowa State University*

JohnsonAsumadu，*Western Michigan University*

Ashoka K. S. Bhat，*University of Victoria，Canada*

Fred Brockhurst，*Rose-Hulman Institution of Technology*

Jan C. Cochrane，*The University of Melbourne，Australia*

Ovidiu Crisan，*University of Houston*

Joseph M. Crowley，*University of Illinois，Urbana-Champaign*

Mehrad Ehsani，*Texas A&M University*

Alexander E. Emanuel，*Worcester Polytechnic Institute*

Prasad Enjeti，*Texas A&M University*

George Gela，*Ohio State Unversity*

Ahteshamul Haque，*Jamia Millia Islamia Univ-New Delhi-India*

HermanW. Hill，*Ohio University*

Constantime J. Hatziadoniu，*Southern Illinois University，Carbondale*

WahidHubbi，*New Jersey Institute of Technology*

Marrija Ilic-Spong，*University of Illinois，Urbana-Champaign*

Kiran Kumar Jain，*J B Institute of Engineering and Technology，India*

Fida Muhammad Khan，*Air University- Islamabad Pakistan*

Potitosh Kumar Shaqdu khan，*Multimedia University，Malaysia*

Shahidul I. Khan，*Concordia University，Canada*

Hussein M. Kojabadi，*Sahand University of Technology，Iran*

Nanda Kumar，*Singapore Institute of Management (SIM) University，Singapore*

PeterLauritzen，*University of Washington*

Jack Lawler，*University of Tennessee*

Arthur R. Miles，*North Dakota State University*

Medhat M. Morcos，*Kansas State University*

Hassan Moghbelli，*Purdue University Calumet*

Khan MNazir，*University of Management and Technology，Pakistan.*

H. Rarnezani-Ferdowsi，*University of Mashhad，Iran*

Saburo Mastsusaki，*TDK Corporation，Japan*

Vedula V. Sastry，*Iowa State University*

Elias G. Strangas，*Michigan State University*

Hamid A. Toliyat，*Texas A&M University*
Selwyn Wright，*The University of Huddersfield*，*Queensgate*，*UK*
S. Yuvarajan，*North Dakota State University*
Shuhui Li，*University of Alabama*
Steven Yu，*Belcan Corporation*，*USA*
Toh Chuen Ling，*Universiti Tenaga Nasional*，*Malaysia*
Vipul G. Patel，*Government Engineering College*，*Gujarat*，*India*
L. Venkatesha，*BMS College of Engineering*，*Bangalore*，*India*
Haider Zaman，*University of Engineering & Technology*（*UET*），*Abbottabad Campus*，*Pakistan*
Mostafa F. Shaaban，*Ain-shams University*，*Cairo*，*Egypt*

特别鸣谢本书的编辑 Alice Dworkin、出版小组成员 Abinaya Rajendran、出版经理 Irwin Zucker。最后，感谢作者家人对写作的支持和理解。

Muhammad H. Rashid

目录

第三部分 逆 变 器

第四部分 晶闸管与晶闸管变换器

第五部分 电力电子技术应用及其保护

第1章
简　　介

学习完本章后，应能做到以下几点：

- 描述什么是电力电子学；
- 列举电力电子的应用；
- 描述电力电子学的演变发展；
- 列举几种电力电子的主要变换器类型；
- 列举电力电子设备的主要构成部分；
- 列举电力电子开关器件的理想特性；
- 列举实际电力电子开关器件的特性和规格；
- 列举几种功率半导体器件；
- 描述功率半导体器件的控制特性；
- 列举几种功率模块以及了解功率智能模块的原理及构成。

符号及其含义

符　号	含　义
f_s，T_s	分别表示波形的频率和周期
I_{RMS}	波形的有效值
I_{dc}，I_{rms}	分别表示波形的直流成分和有效值
P_D，P_{ON}，P_{SW}，P_G	总功率损耗、通态损耗、开关损耗、门极驱动损耗
t_d，t_r，t_n，t_s，t_f，t_o	开关波形的延迟时间、上升时间、存储时间、下降时间、关断时间
v_s，v_o	输入和输出的交流瞬时电压
V_m	正弦交流电压的峰值
V_s	直流电源电压
v_g，V_G	器件门极/基极信号的瞬时值和直流量
v_G，v_{GS}，v_B	功率器件门极（栅极）电压、栅源电压、基极电压的瞬时值
δ	脉冲信号的占空比

1.1　电力电子学的应用

长期以来，电动机和工业设备的控制对可控的电力能源产生了大量需求，这种需求催生了早期的 Ward-Leonard 旋转变压器系统。这种系统能通过原动机带动一个发电机，通过调节发电机励磁输出一个受控的可变直流电压，从而实现对后级直流电动机的控制。针对电能变换和电机控制领域的需求，电力电子学出现了革命性的功率控制的概念。

电力电子学是一个综合的学科，它涵盖了电力技术、电子技术和控制理论领域的知识。控制理论研究闭环系统的动态和静态特性。电力技术则研究如何利用静止或旋转功率变换设备处理发电、输电和配电的相关问题。电子学则研究如何利用半导体器件及其电路为所期望实现的控制方式提供信号处理的通路。电力电子学有多种定义：它可以定义为一种利用固态电子器件对电能进行控制和变换的科学；它也可以定义为一种艺术，这种艺术能通过一种高效、清洁、高密度和可靠的能量处理方式将电能从一种形式变换成另外一种形式，以满足不同的需求。图1-1说明了电力、电子和控制三门学科在电力电子学中的内在联系。其箭头的指向标明了电流从阳极(A)流向阴极(K)。门极(G)信号可以控制这个电路系统的通断。当没有门级信号时，这个系统保持断态，其外部特性是一个断路，阴极和阳极之间可以承受一定的电压。

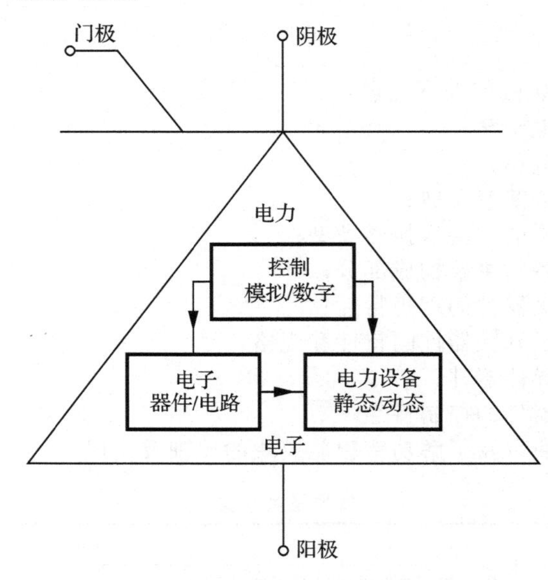

图1-1　电力电子与电力，电子与控制的关系

功率半导体开关器件是电力电子学的基础。随着功率半导体技术的不断发展，功率半导体器件的耐量及其开关速度得到了巨大的提升。微处理器和微型计算机等微电子技术的发展也极大地促进和影响了功率开关的控制及其实现。如果把现代电力电子设备比喻成一个人，功率半导体器件是他的肌肉，而微电子系统则可以看作给人提供了智慧的大脑。

电力电子学已经在现代技术中建立了重要的地位，它在各种大功率产品，如加热控制、照明控制、电机控制、电源供电系统、电力推进和高压直流输电等系统中得到了广泛应用。随着现代功率器件和微处理器的发展，柔性交流输电和电力电子应用之间的区别也越来越难于界定。表1-1列举了部分电力电子学的典型应用。

表1-1　电力电子的典型应用

广告	叉车
空调	暖气系统
飞机供电	游戏
警报器	车库门控制
家电	汽轮机启动器
音响	发电机励磁控制
充电器	磨床
搅拌机	电动工具
风机	保温系统
锅炉	高频照明
防盗报警器	高压直流输电

（续）

水泥窑	感应加热
化学过程控制	激光器供电
干衣机	闭锁型继电器
电脑设备	灯光调控
传送带	闪光灯
起重机和升降机	线性感应电机控制
调光器	机车
显示器	机床
电热毯	磁记录仪
电动开门器	磁铁
电动干衣机	质量过境
电风扇	汞弧灯镇流器
电动车	矿业
电磁铁	火车模型
机电电镀	电机控制
电子点火	电机驱动器
静电除尘器	电影放映机
电梯	核反应堆控制棒
风扇	油井钻探
闪光	烤箱控制
食品搅拌机	造纸厂
食品电热托盘	粒子加速器
大众运输工具	静态断路器
电唱机	静态继电器
复印件	钢厂
摄影用品	同步电机起动
电源	合成纤维
印刷机	电视电路
泵和压缩机	温度控制
雷达/声纳电源	计时器
电炉表面加热器	玩具
冰箱	交通信号控制
稳压器	火车
射频放大器	电视磁场偏转控制
可再生能源(包括输电，配电，能量存储)	超声波发生器
	无功补偿装置
安全系统	不间断电源
伺服系统	真空机
缝纫机	极低频发射器
太阳能电源	自动售货机
固态接触器	稳压器
固态继电器	洗衣机
航天电源	焊接

资料来源：参考文献[3]

1.2 电力电子学的历史

电力电子学的历史可以追溯到20世纪初水银整流器的诞生。自那以后，金属箱整流器、栅控真空管整流器、引燃管(单阳极汞弧整流管)、热阴极充气二极管、闸流管也相继出现。这些设备在20世纪50年代之前广泛应用于电能的控制。

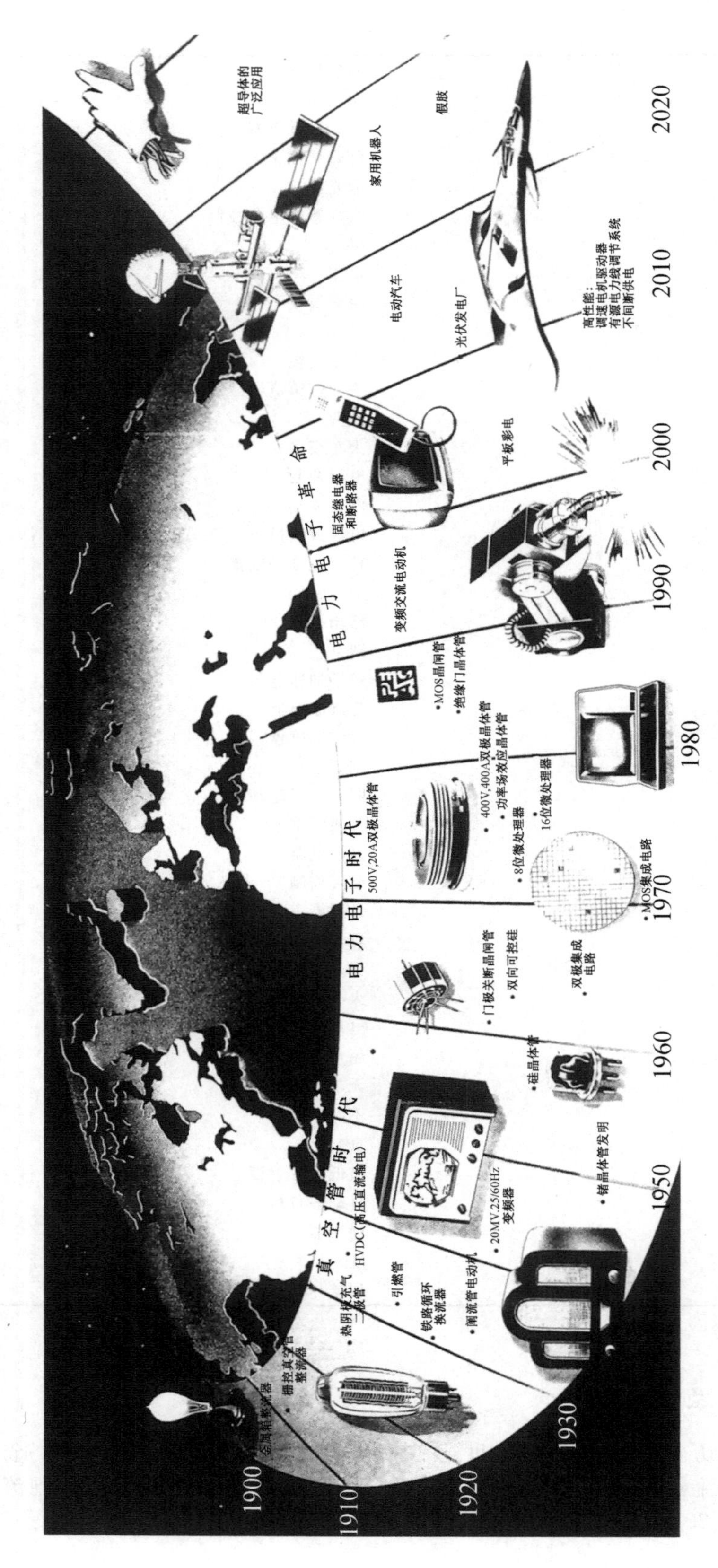

图1-2 电力电子发展历史

1948年，贝尔实验室的巴丁、布莱顿和肖克莱三位博士发明了世界上第一只硅晶体管，这一发明拉开了第一波电子学革命的序幕。硅半导体器件的发展衍生了出现代的微电子技术，当今世界大多数先进的电子技术都可以追溯到这一发明。另一个突破性进展是1956年贝尔实验室发明了一种具有pnpn门极触发结构的晶体管，这个新发明的晶体管称为晶闸管，或者叫作可控硅整流器。

第二波电子学革命从1958年通用电气公司研发出商用的晶闸管开始。这一成就开启了电力电子学的新纪元。从此开始，人们逐渐发明了许多新的功率半导体器件和电能变换技术。微电子技术的革命使人们能够以无法置信的高速度处理大量的信息。而电力电子学的革命使人们能够以不断增长的高效率对大量的电能实现变换和控制。随着电力电子学和微电子学的完美结合，电能变换的“肌肉”和“大脑”被有效地组合在一起，这种结合激发了大量潜在的电力电子新兴应用，这一趋势还将长久地持续下去。在未来的30年里，电力电子装置将在发电端和用户端之间的电网上起到电能调控的重要作用。电力电子学在20世纪80年代末到90年代初取得了迅猛的发展。图1-2所示的是按时间顺序描绘的电力电子发展的历史。

随着世界能源需求的不断增长，可再生能源也进入了一个发展新纪元。电力电子是实现可再生能源的传输、分配和存储的主要手段。节能汽车的研究和发展同样也推动了电力电子应用和研究的增长。

多年来，功率半导体器件的研究得到了长足的发展[6]。但是，硅半导体器件几乎已经达到了它的性能极限。随着近年来对器件的研究和发展，在高效、高频，以及高温的应用中，碳化硅电力电子器件从一个极具潜力的“未来技术”演化成了一个强有力的、能够取代目前最先进的硅器件的新产品。和硅器件相比，碳化硅器件具有更高的耐压，更低的导通电阻，更高的最大工作温度，以及更好的热导率。器件生产商们目前已经能以合适的成本来生产制造这种全新的高品质半导体器件，这使碳化硅的技术能在电力电子应用中提供重要的系统优势。

电力电子学走进了一个新的世纪。在全世界范围内对可再生能源利用和节能的需求引领了第三次电力电子学的革命。可以遇见，这一领域又将会迎接持续30年的变革。

1.3　电力电子电路的分类

为了实现对电能的控制和调节，人们需要把电能从一种形式转换为不同的形式，而功率器件的开关特性可以帮助人们实现这个转换。静态功率变换器就可以实现这样的电能变换的功能。一个功率变换器可以认为是一个开关矩阵，其中一个或多个开关导通并连接到输入电源，就可以获得不同的所需的输出电压或者电流。电力电子电路可以分为以下六种基本类型：

（1）二极管整流器；

（2）DC-DC（直流/直流）变换器（直流斩波器）；

（3）DC-AC（直流/交流）变换器（逆变器）；

（4）AC-DC（交流/直流）变换器（可控整流器）；

（5）AC-AC（交流/交流）变换器（交流调压器）；

（6）静态开关。

本章后面变换器中所提及的开关器件仅表征其基本原理。变换器的开关动作可有多个器件共同组合完成。对开关器件的选择由变换器所需的电压、电流，以及开关速度决定。

二极管整流器　如图1-3所示，二极管整流器可以将交流电压转换成一个稳恒直流电压。当二极管的阳极电压比阴极高时，二极管就会导通，其导通压降非常小。理想状况下，二极管导通压降应该为零，而实际情况中，这个压降通常是0.7V。当阴极电压比阳极高时，二极管可以看作一个断路，其阻抗非常高。理想情况下，二极管断路时阻抗应该为无穷大，实际情况中，它的断路阻抗通常为10kΩ。二极管整流器的输出电压是一个脉动的直流电压，这个直流波形是畸变且富含谐波的。其平均的输出电压可以表示成$V_{o(AVG)}=2V_m/\pi$。整流器输入电压V_i可以是单相或者三相交流电压。

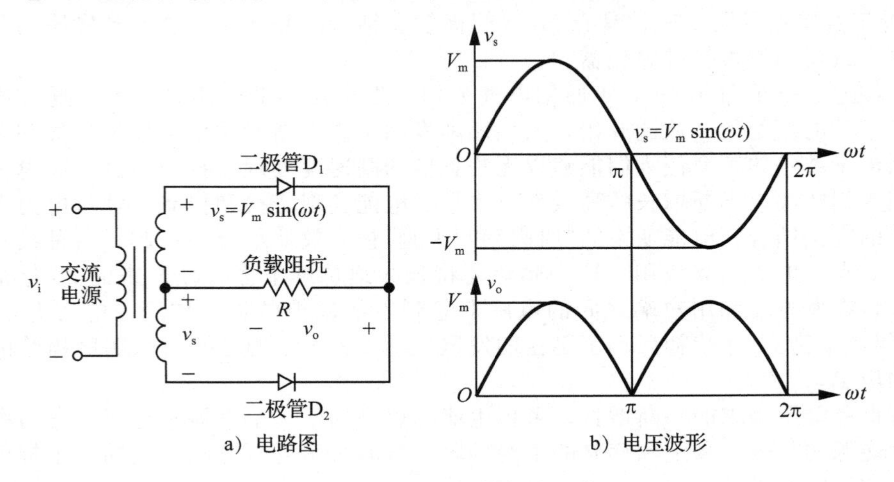

a）电路图　　b）电压波形

图1-3　单相二极管整流电路

直流-直流变换器　直流-直流变换器也可以称为斩波器，或者开关稳压器。图1-4所示的是一个晶体管斩波器。在施加门极驱动信号V_{GE}之后，晶体管Q_1导通，直流电源直接和负载相连，其瞬时输出电压$V_o=+V_s$。在撤除门极驱动信号V_{GE}后，晶体管Q_1关断，直流电源和负载断开，其瞬时输出电压$V_o=0$。其输出电压的平均值$V_{o(AVG)}=t_1V_s/T=\delta V_s$。因此，我们可以通过控制占空比来调节平均的输出电压。平均的输出电压V_o可以通过调节晶体管Q_1的导通时间t来控制。如果定义T为斩波器的斩波周期，则有$t_1=\delta T$，δ就是斩波器的占空比。

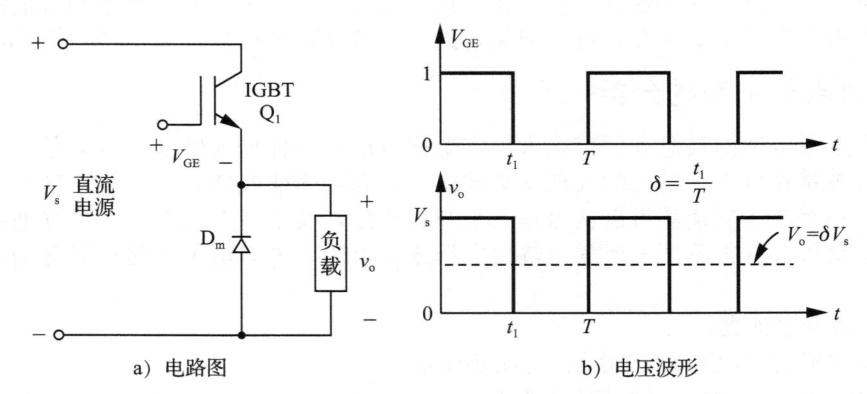

a）电路图　　b）电压波形

图1-4　直流-直流变换器

直流-交流变换器　直流-交流变换器也可以称为逆变器。图1-5所示的是一个单相晶体管逆变器。在场效应管M_1和M_2得到门级驱动信号导通后，直流电压V_s加载在负载两端，此时瞬时的输出电压$V_o=+V_s$。同样地，在场效应管M_3和M_4得到门级驱动信号导通后，直流电压V_s反向加载在负载两端，此时瞬时输出电压$V_o=-V_s$。如果晶体管开关M_1和M_2在一个半波周期内导通，而M_3和M_4在另外一个半波周期内导通，则变换器的输出波形呈现出一个有正有负的交流波形。输出电压的有效值等于$V_{o(rms)}=V_s$。但是，这种输出电压的波形里面富含谐波，在滤掉这些谐波后，变换器输出电压可以供给负载。

交流-直流变换器　图1-6所示的是一个单相的自然换相型晶闸管变换器。晶闸管是

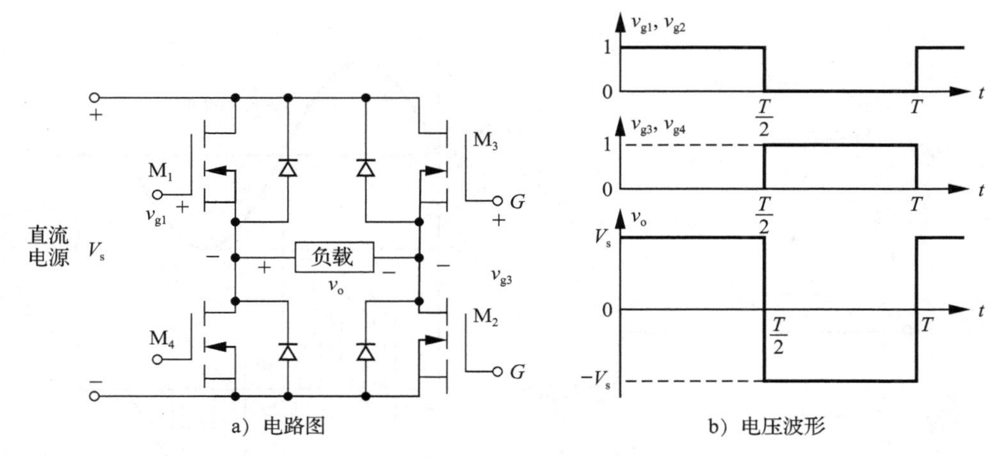

a）电路图　　b）电压波形

图 1-5　单相直流-交流变换器

一种常开型器件，在它的门级施加一个幅值为 10V、时间为 100μs 左右的驱动脉冲就可以使晶闸管导通。当晶闸管 T_1 在触发角 $\omega t=\alpha$ 时刻导通时，输入的电压正半波会正向加载在负载两端；而 T_1 会在 $\omega t=\pi$ 时刻、负载电流过零时自然关断。晶闸管 T_2 在触发角$\omega t=\alpha+\pi$ 时导通时，输入的电压的负半波也会正向加载在负载两端，负载上电压的极性保持不变；同样地，T_2 会在 $\omega t=2\pi$ 时刻、负载电流过零时自然关断。其输出电压平均值可表示成 $V_{o(AVG)}=(1+\cos\alpha)V_m/\pi$。当 $\alpha=0$ 时，这个变换器可等效为一个如图 1-3 所示的二极管整流器。该变换器的输出电压 V_o 可通过调节晶闸管的导通角或触发角 α 来控制。该变换器的输入可以是单相或者三相的电源。这一类变换器通常也称为可控整流器。

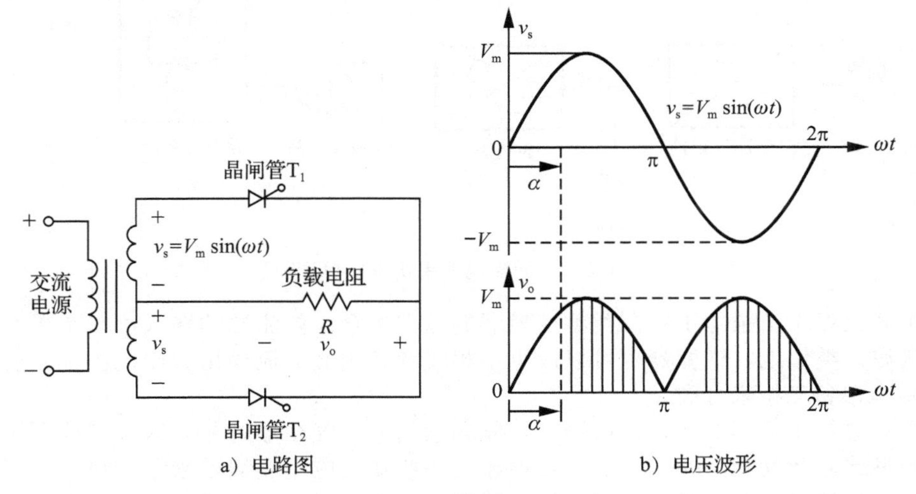

a）电路图　　b）电压波形

图 1-6　单相交流-直流变换器

交流-交流变换器　这一类变换器通常输入的是一个稳恒的交流电压，而其输出的是可变的交流电压，例如，图 1-7 所示的是基于双向晶闸管的单相交流-交流变换器。电流可以从两个方向流过双向晶闸管。当触发角 $\omega t=\alpha$ 时触发双向晶闸管，电流可正向流通；在触发角 $\omega t=\pi+\alpha$ 时触发，双向晶闸管也可以导通，电流可反向流通。该电路的输出电压可通过改变双向晶闸管的导通时间或触发角 α 来控制。此类变换器也称为交流调压器。

静态开关　电力电子器件可以当作一个接触器或者一个静态电气开关进行操作，而其连接的电源可以是交流的也可以是直流的，所以这些开关器件也可以成为静态交流开关和直流开关。

人们常常使用多个变换器级联在一起来产生所需要的输出，如图 1-8 所示的是不间断

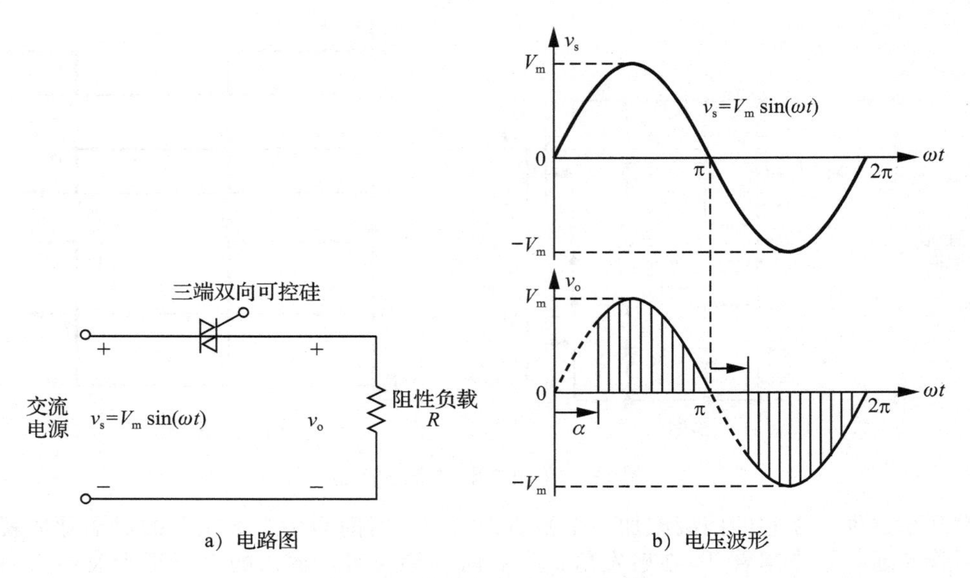

图 1-7　单相交流-交流变换器

电源系统。正常状态下交流电源 1 通过静态旁路开关给负载供电，可控整流器则通过电源 2 给备用的电池充电。在紧急情况下，逆变器则通过隔离变压器给负载继续供电。通常情况下，电源 1 和电源 2 会连接在同一个交流电源上。

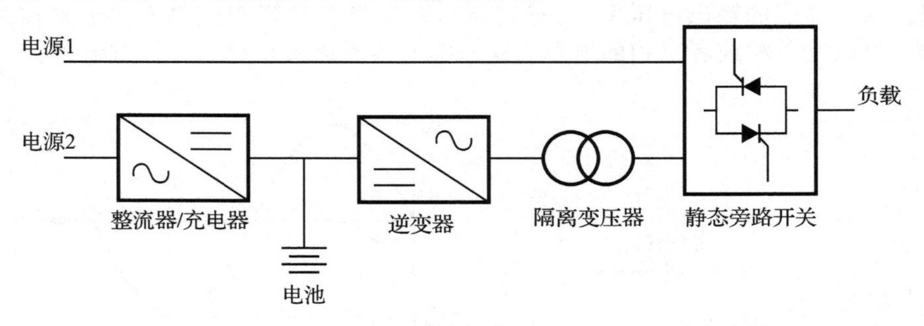

图 1-8　不间断电源系统框图(UPS)

图 1-3 至图 1-7 描绘了不同类型变换器的基本概念。整流器的输入可以是单相或者三相交流电源。类似地，逆变器也可以产生单相或者三相的交流输出。以此类推，变换器也可以按照单相和三相来分类。

表 1-2 总结了不同的变换器类型、功能和它们的电气图形符号。这些变换器可以将电能在不同形式之间互相转换，它们的特性还为一些新的应用领域带来了契机，如图 1-9 所描绘的，变换器可以采集舞厅地板的振动能量，并将其转换成可用的电能。

表 1-2　变换类型及符号

变换类型	变换器名称	变换作用	图形符号
交流-直流	整流器	交流至直流（单极性）电流	

（续）

变换类型	变换器名称	变换作用	图形符号
直流-直流	斩波器	恒定直流至变换直流 或变换直流至恒定直流	
直流-交流	逆变器	从直流逆变成所需电压和频率的交流	
交流-交流	交流电压控制器，回旋变换器，矩阵控制器	从常用的交流线电压变换成所需频率或幅值的交流电压	

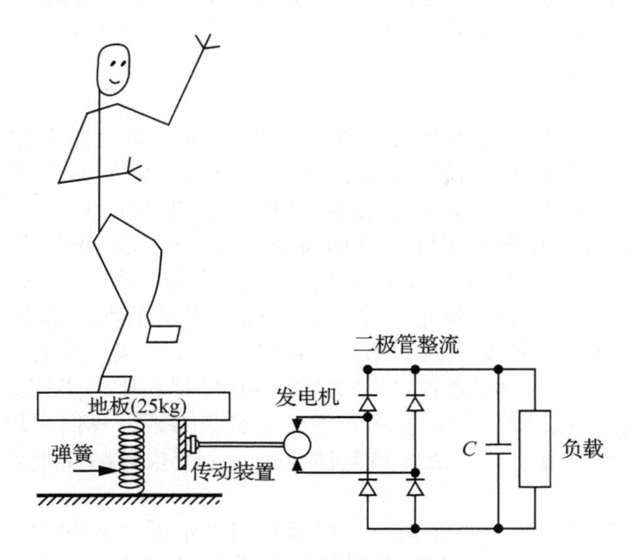

图 1-9　舞厅地板能量采集等效模型

1.4　电力电子器件的设计

电力电子器件的设计主要包含以下几个部分：

（1）主功率回路的设计；

（2）功率器件的保护；

（3）控制策略的制定；

（4）门级驱动以及相关逻辑的设计。

接下来的几章分别描述和分析不同种类的电力电子电路。在分析中除非特别指出，所有的电力电子器件都假设为是一个理想开关；电路的杂散电感、杂散电阻，以及开关器件的源极电感的影响将忽略。实际的电力电子器件及其电路和这些理想的状况有所不同，所以这些电路的设计也会受到一些影响。但是在设计的初期，这些对电路的简化分析，对理解电路的工作原理和建立其基本的特性，以及控制策略都有极大的帮助。

在实际实现一个样机电路之前，设计人员应该充分考虑电路的参数(以及器件的缺陷)影响，并对设计做出一定的修正。只有在样机实际完成并测试之后，设计人员才能对其设计的正确性更有信心，并且才能更加精确地估计电路中的一些参数(比如杂散电感)。

1.5 确定波形的RMS值

为了精确地确定器件的导通损耗、器件和其他元件的电流耐量，我们必须知道电流波形的方均根值(RMS)。电流波形很少以标准正弦或者方波的形式出现，这为我们确定其方均根值带来了困难。一个波形 $i(t)$的方均根值可根据下式来计算：

$$I_{\mathrm{rms}}=\frac{1}{T}\int_{0}^{T}i^{2}\,\mathrm{d}t \tag{1-1}$$

式中：T 代表波形的时间周期。如果一个波形可以分解成不同次数的谐波，而每一次谐波的方均根值又可以单独计算得到，则该实际波形的方均根值可以通过将所有的谐波的方均根值总和近似得到，即该波形的方均根值为：

$$I_{\mathrm{rms}}=\sqrt{I_{\mathrm{dc}}^{2}+I_{\mathrm{rms}(1)}^{2}+I_{\mathrm{rms}(2)}^{2}+\cdots+I_{\mathrm{rms}(n)}^{2}} \tag{1-2}$$

式中：I_{dc}为电流的直流分量；$I_{\mathrm{rms}(1)}$ 到 $I_{\mathrm{rms}(n)}$ 分别是基波和各次谐波的方均根值。图 1-10 描述了电力电子技术中经常会遇到的几种不同的波形及其方均根值。

1.6 外围效应

电力电子变换器的运行主要是靠功率半导体器件的开关动作来完成；变换器的开关运行同时也会给供电系统侧和变换器的输出侧带来电压和电流的谐波。这可能引起输出电压畸变，谐波向供电系统注入，对通信和信号处理电路的干扰等问题。通常有情况下，人们有必要在变换器的输入和输出侧加装滤波器来把这些谐波的幅值降低到可以接受的范围之内。图 1-11 描绘的是一个广义的功率变换器的框图。使用电力电子技术对敏感电子设备供电时，其电能质量是一个挑战，随之而来的问题和担忧也有待广大的研究人员来解决。数量众多的各变换器其输入和输出可以是交流的或者直流的。我们可以用例如总谐波畸变率(THD)、相移系数(DF)和输入功率因数(IPF)等因素来衡量一个波形的质量。我们需要通过对谐波成分的分析来确定以上这些因素。我们可以对变换器输入、输出的电压电流进行傅里叶分解，然后评估其性能。一个变换器的质量是由其电压、电流的波形来衡量的。

变换器的控制策略对变换器产生谐波，以及输出波形畸变等问题有着重要影响，通过适当的控制策略的设计，可以更有针对性地减小这些问题或使其影响最小化。由于电磁辐射的存在，电力电子变换器在运行时也会产生射频干扰，这可能会使门级驱动电路产生错误信号。这种干扰可以通过**接地屏蔽**来避免。

如图 1-11 所示，电能从输入侧一直流通到输出侧。不同端口的波形各不一样，因为它们在变换器的每一级都经过了不同的处理。值得注意的是，这些波形分为两个种类：一种在高压大功率的等级，而另外一种则是由开关或门级信号发生器产生的低压小功率等级。这两种电压等级必须互相隔离以防止相互串扰。

图 1-12 给出了一个典型的电力电子变换器的框图，其中包括了隔离，反馈，以及给定环节。电力电子是一门交叉学科，在设计电力电子变换器的时候我们需要涉及以下内容：

- 功率半导体器件，包括其物理原理，特性，驱动要求，以及为了实现其容量最优应用的保护设计。
- 能实现所需输出的变换器拓扑。

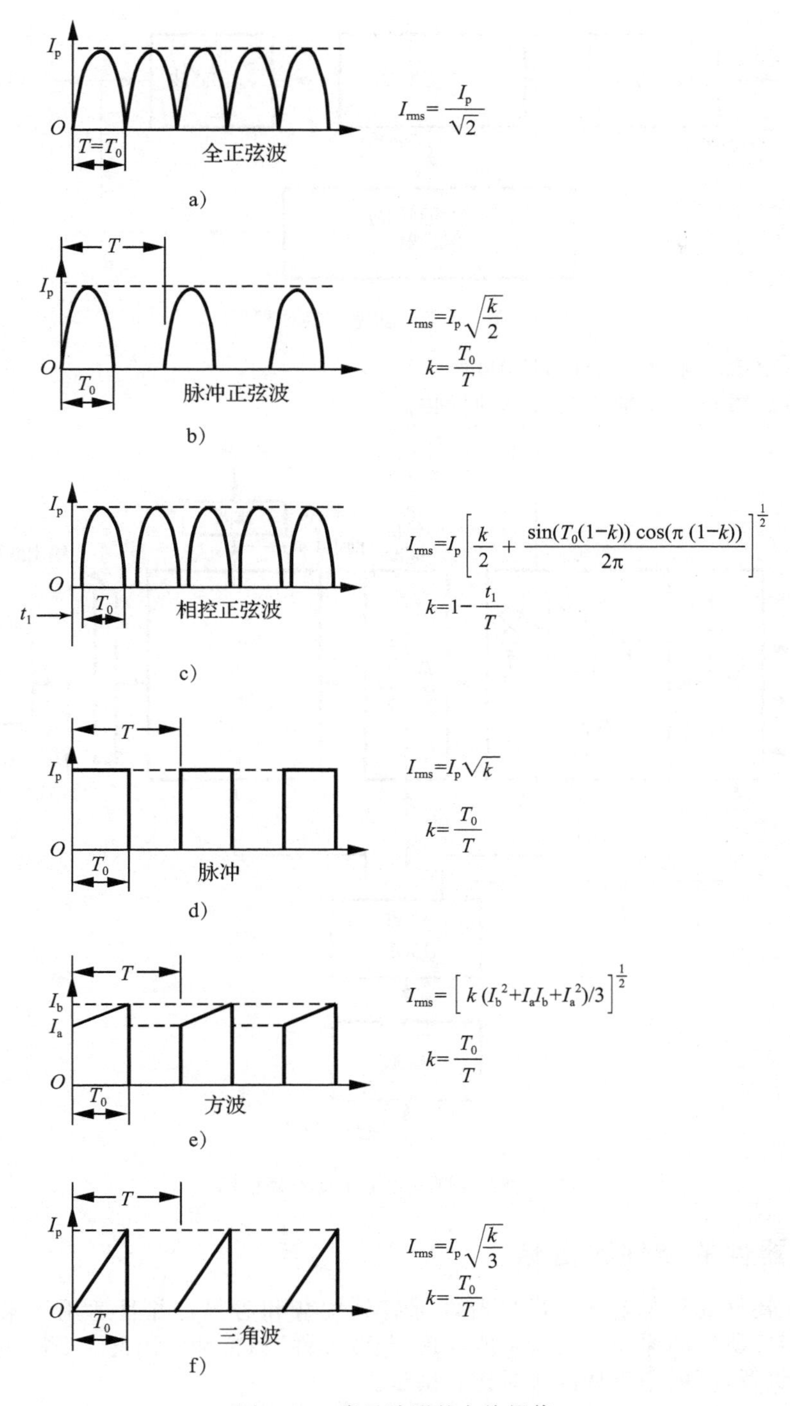

图 1-10　常见波形的方均根值

- 能实现所需输出的控制策略。
- 为实现其控制策略而使用的数字电路，模拟电路和其他微电子电路。
- 为实现能量存储和滤波而使用的电容和磁性元件。
- 对旋转和静止的电气负载的建模。
- 保证所产生波形的质量及高的功率因数。

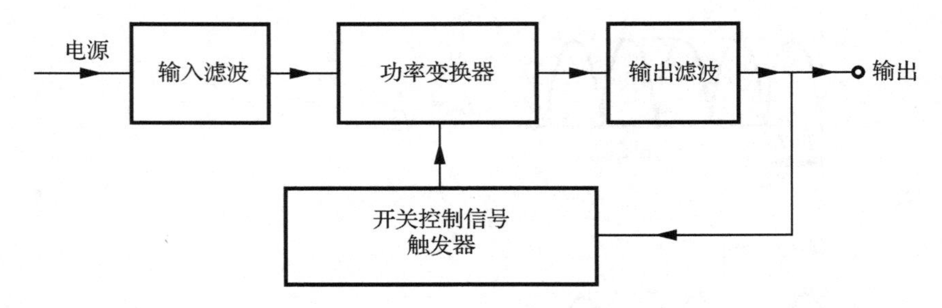

图 1-11 广义的功率变换器框图

- 最小化电磁和射频的干扰(EMI)。
- 对成本、重量和能量转换效率的优化。

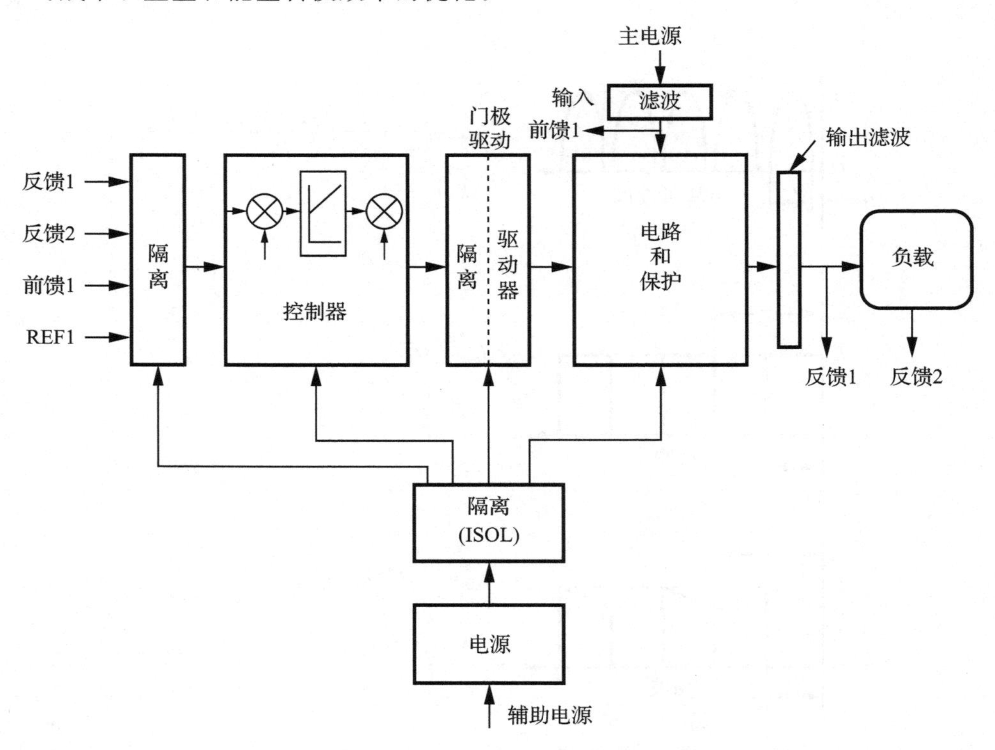

图 1-12 典型电力电子变换器框图

1.7 开关器件的特性和指标

功率开关器件的种类繁多。每种器件都有其优势和劣势，并且适用于某些特定的应用。推动新器件研发的原动力是希望能实现“超级器件”的特性。因此，所有的实际器件都可与一个“超级器件”的理想特性来对比和衡量。

1.7.1 理想特性

一个理想开关器件的特性应该如下描述。

(1) 当开关器件开通处于通态时，(a)能承载趋向于无穷大的正向通态电流 I_F；(b)正向通态压降 V_{on}小得趋近于零；(c)通态电阻极低，趋近于零。低的通态电阻可以保证低的通态损耗 P_{on}。这些符号通常指在直流稳态情况下的值。

(2) 当开关器件关断并处于截止状态时，(a)能承受高的趋于无穷大的正向或者反向

电压 V_{BR}；(b)趋近于零的极小的漏电流；(c)趋近于无穷大的极高的断态电阻 R_{OFF}。高的断态电阻能保证低的断态损耗。这些符号通常指在直流稳态情况下的值。

(3) 在开通和关断的过程中，器件可以在瞬间开通和关断，这样器件就可以在非常高的开关频率下工作。因此，该器件必须具有(a)非常小、趋近于零的延迟时间 t_d；(b)非常小、趋近于零的上升时间 t_r；(c)非常小、趋近于零的存储时间 t_s；(d)非常小、趋近于零的下降时间 t_f。

(4) 对于器件的开关动作，其必须具有，(a)非常小、趋近于零的门级驱动损耗 P_G；(b)非常小、趋近于零的门级驱动电压 V_G；(c)非常小、趋近于零的门级驱动电流 I_G。

(5) 开关过程均为可控。在这种情况下，器件必须能在一种门级驱动信号下开通(例如：正电平)，而在另外一种门级驱动信号下关断(例如零电平或负电平)。

(6) 对于其开关动作的控制，应该只需要一个脉冲式的控制信号，即驱动信号是一个脉宽为 t_w 的窄脉冲，其中 t_w 应该趋近于零。

(7) 器件需要有高的趋近于无穷大的 dv/dt，即器件能承受加载高的电压变化率。

(8) 器件需要有高的趋近于无穷大的 di/dt，即器件能承受导通高的电流变化率。

(9) 器件内部结到环境 R_{IA}之间需要极低的、趋近于零的热阻，这样器件才能比较容易地将内部产生的热量传递到环境中。

(10) 器件需要具备能长时间承受任何故障电流的能力；即器件能承受高的、趋近于无穷大的 i^2t 值。

(11) 为保证器件并联工作时的均流特性，器件在导通电流时必须具有负温度系数。

(12) 低价位器件是减小电力电子设备成本的一个重要考虑。

1.7.2 实际器件的特性

如图 1-13a 所示，实际开关器件在其开通和关断过程中都有有限的延迟时间(t_d)、上升时间(t_r)、存储时间(t_s)，以及下降时间(t_f)。在器件开通期间，流过器件的电流 i_{sw}上升，而同时器件两端的电压 v_{sw}下降。在器件关断期间，流过器件的电流 i_{sw}下降，而同时器件两端的电压 v_{sw}上升。图 1-13b 描绘的是在开关动作时典型的器件电压电流的波形。器件的开通时间(t_{on})为延迟时间和上升时间之和，而器件的关断时间(t_{off})则为存储时间和下降时间之和。和理想的无损开关器件不同，实际的开关器件在开通和关断时都会有能量损耗。器件开通状态时的电压降一般至少在 1V 的数量级，但通常情况下会高一些，甚至达到好几伏。所有新器件的目标都是改善这些由开关参数带来的限制。

通态损耗 P_{ON}的平均值为：

$$P_{ON} = \frac{1}{T_s}\int_0^{t_n} p\mathrm{d}t \tag{1-3}$$

式中：T_s 为导通时间；p 为损耗的瞬时值(例如器件两端导通压降 v_{sw}和导通电流 i_{sw}的乘积)。由于器件在导通状态变化的过渡时，其耐受的电压和通过电流都很大，器件损耗在开通和关断时会增加。在开通和关断期间由此造成的开关损耗 P_{SW}为：

$$P_{SW} = f_s\left(\int_0^{t_d} p\mathrm{d}t + \int_0^{t_r} p\mathrm{d}t + \int_0^{t_s} p\mathrm{d}t + \int_0^{t_f} p\mathrm{d}t\right) \tag{1-4}$$

式中：$f_s=1/T_s$ 是开关频率；t_d、t_r、t_s 和 t_f 分别为延迟时间、上升时间、存储时间和下降时间。因此，器件的总损耗为：

$$P_D = P_{ON} + P_{SW} + P_G \tag{1-5}$$

式中：P_G 为门极驱动损耗。通常情况下，在开关过程的过渡时间内，通态损耗 P_{ON}和门极驱动损耗 P_G 相对开关损耗 P_{SW}而言要小一些。在实际计算总功率损耗 P_D时，门极驱动损耗 P_G 可以忽略不计。K 开关器件工作时，其总的能量损耗可用 P_D 和开关频率 f_s之乘积来表示。当开关工作在高频(千赫兹 kHz)的范围之时，其总的能量损耗很高。

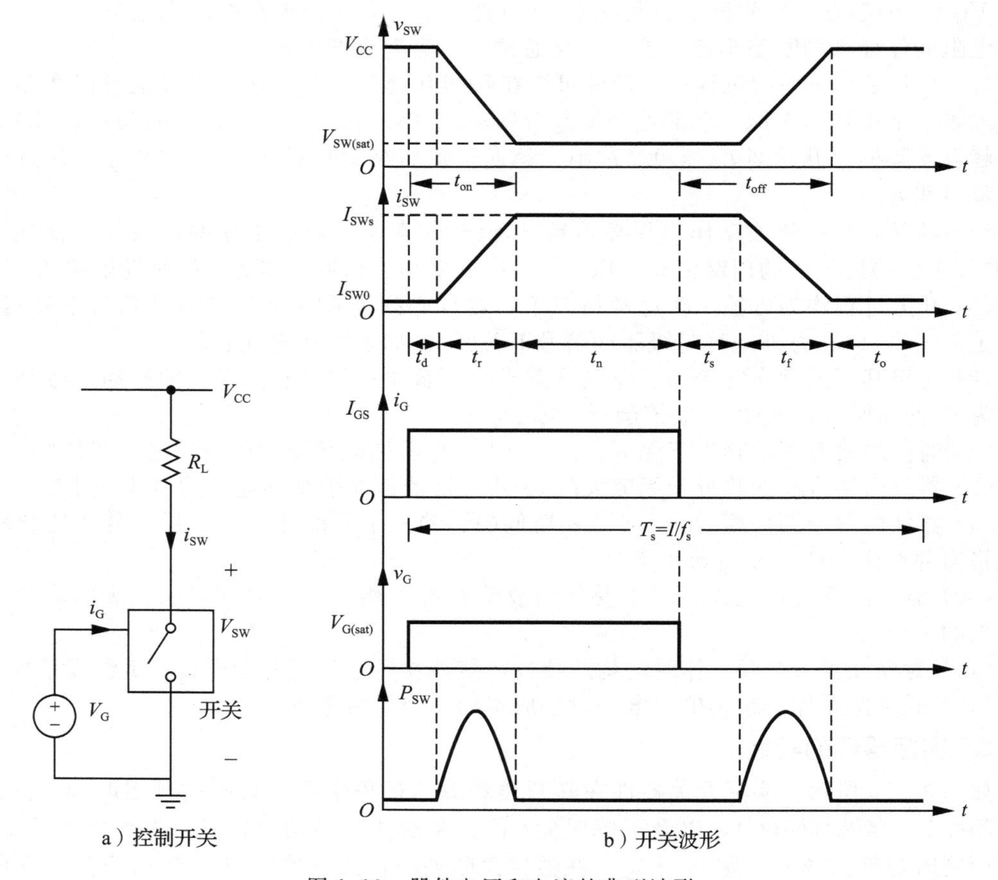

图 1-13 器件电压和电流的典型波形

1.7.3 开关器件的指标参数

实际半导体器件的特性和理想器件的不同。器件生产商们都会提供不同的数据手册来描述不同器件的参数及其额定值。器件有很多重要的参数。其中最重要的参数如下。

额定电压 正向及反向重复峰值电压，以及通态压降。

额定电流 平均值，方均根值，重复峰值，非可重复峰值，以及断态漏电流。

开关速度或频率 器件从完全阻断到完全导通的过渡(开通过程)和从完全导通到完全阻断的过渡(关断过程)是非常重要的参数。开关周期 T_s 和开关频率 f_s 可由下式来定义：

$$f_s=\frac{1}{T_s}=\frac{1}{t_d+t_r+t_n+t_s+t_f+t_o} \tag{1-6}$$

式中：t_o 是器件保持阻断时的断态时间。图 1-13 描绘了所有和实际器件开关过程相关的时间定义。例如，假设 $t_d=t_r=t_n=t_s=t_f=t_o=1\mu s$，则有 $T_s=6\mu s$，允许的最大开关频率 $f_{s(max)}=1/T_s=166.7kHz$。

额定电流变化率 d*i*/d*t* 器件在其导通面能完全承载所有的额定电流之前需要一段最小时间。如果电流上升得太快，电流有可能会集中在导通面的某个区域从而造成器件的损坏。将一个小电感和器件串联的方式能有效地限制流过器件电流的 d*i*/d*t*，这种方式称作“串联缓冲”。

额定电压变化率 d*v*/d*t* 半导体器件具有内部节点电容 C_J。如果器件在开通、关断，或者连接到主电源时，其两端的电压变化极快，则其初始电流，也就是流过 C_J 的电流 $C_J dv/dt$ 可能会极高，从而导致器件的损坏。在器件两端并联 *RC* 电路的方式可以有效限

制器件两端电压的 dv/dt，这种方式称作"并联缓冲"，也是我们常说的"缓冲"电路。

开关损耗 在开通期间，在正向阻断电压下降之前，正向电流就已经开始上升；而在关断期间，在电流下降之前，正向阻断电压已经开始上升。器件中同时出现的高压和大电流意味着产生如图 1-13 所示的功率损耗。由于这种过程的重复性，这部分损耗占总损耗的一大部分，而且它常常比器件的通态损耗还要高。

门极驱动的要求 门极驱动的电压和电流对于器件的开关是非常重要的参数。门极驱动所需的功率及其损耗是总损耗的一个很重要的部分，同时它也是设备总成本的一个重要部分。当器件开通和关断需要幅值高且时间长的门极电流脉冲时，其门极驱动损耗会成为总损耗中的显著部分，并且其驱动电路的成本有可能会比器件本身的还要高。

安全工作区(SOA) 器件工作时产生的热量和其功率损耗，即其电压、电流的乘积，成正比。当这个乘积 $P=vi$ 为一个恒定值，并且这个值等于允许的最大值之时，其电流必须和电压成反比例关系。这样，根据允许的稳定工作点，在电压电流的坐标系下就可以生成安全工作区的限制范围。

熔断保护参数 I^2t 该参数用于熔断保险的选择。器件的 I^2t 值应该比熔断保险的值要低，这样才能保护器件在故障电流下不会损坏。

温度 允许的最高节温(管芯温度)，外壳温度(管壳温度)，以及存储温度。通常允许的最高节温和外壳温度在 150℃～200℃之间；器件的存储温度一般在－50℃～175℃之间。

热阻 结-壳热阻(管芯到管壳热阻)为 Q_{JC}；外壳-散热器热阻(管壳到散热器热阻)为 Q_{CS}；散热器到环境热阻为 Q_{SA}。器件损耗功率产生的热量必须迅速地从晶圆上通过封装散发出去，并且最终传递到散热媒质上。功率半导体开关的尺寸很小，一般不超过 150mm，并且其裸片的热容量很小，以致无法安全地将内部损耗产生的热量耗散出去。通常功率器件都安装在散热器之上，因此，散热会极大地增加设备的成本。

1.8 功率半导体器件

自从 1957 年发明了第一支晶闸管以来，功率半导体的发展经历了翻天覆地的变化。直到 1970 年，在工业应用中的电能控制上，传统晶闸管占据着独一无二的地位。从 1970 年开始，多种多样的功率半导体器件被不断地研制出来，并实现了商业化生产供应。图 1-14 描绘了由硅或碳化硅制成的不同的功率半导体器件的分类。碳化硅器件目前还处于研究之中。主流的器件还是由硅制成的。这些器件可以大致分为三种：(1)功率二极管；(2)晶体管；(3)晶闸管。它们还可以进一步粗略地分为五类：(1)功率二极管；(2)晶闸管；(3)功率双极型晶体管(BJT)；(4)功率金属氧化物半导体场效应管(MOSFET)；(5)绝缘栅双极型晶体管(IGBT)和静电感应晶体管(SIT)。

早期的器件都使用硅作为制造材料，而新的器件则使用碳化硅作为其材料。二极管只由一个 pn 结构成，晶体管包含有两个 pn 结，而晶闸管有 3 个 pn 结。随着技术的进步，电力电子不断向各应用领域延伸，人们依然在不断研发具有高温低损耗特性的新型功率半导体器件。

与硅中的电子相比，碳化硅的电子需要 3 倍的能量才能达到其导通带。因此，碳化硅器件与类似的硅器件相比能承受更高的电压和温度。同样尺寸的碳化硅器件可以承受 10 倍于硅器件的电压。换言之，碳化硅器件只需要不足硅器件厚度的十分之一就可以实现和硅器件一样的耐压。这些薄的器件开关速度更快而且其导通电阻更小，这也意味着使用碳化硅二极管和晶体管导通电能时，其转化成热的能量损耗会更小。

不断深化的研究和发展使 4H 碳化硅 MOSFET 已经具有了能阻断 10kV 电压，导通 10A 的特性[13,14]。与目前技术发展水平最好的 6.5kV 硅 IGBT 相比，10kV 的碳化硅 MOSFET 具有更好的性能[12]。文献[14]报道了一种具有低导通电阻和高速开关能力的

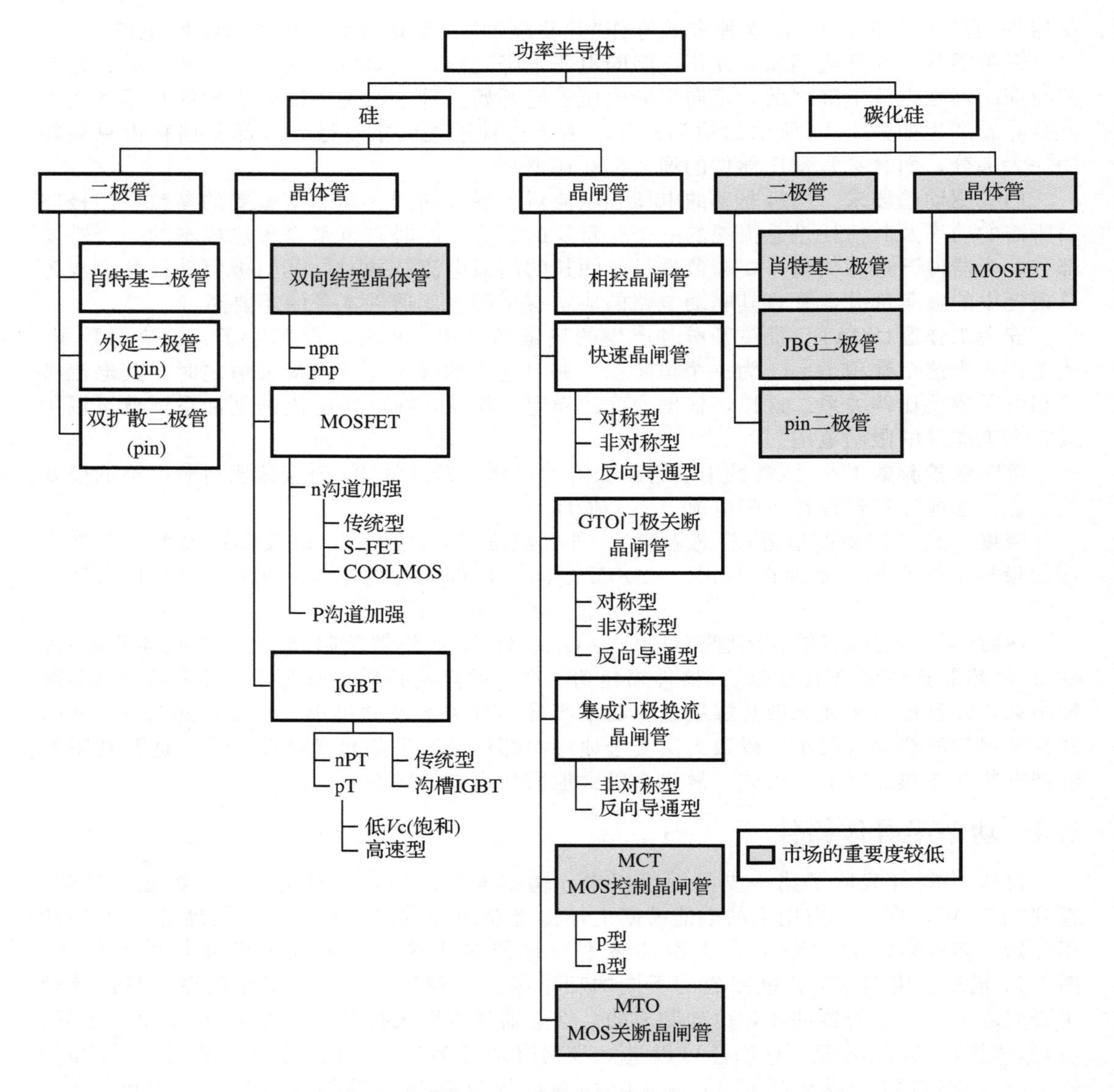

图 1-14　功率半导体分类

13kV 4H 碳化硅 n 沟道 IGBT。这些 IGBT[7,15] 展示了器件漂移区中极强的电导调制效应，同时也展示了导通电阻上相对 10kV 碳化硅 MOSFET 而言重大的改进。人们期待这些碳化硅功率器件经受未来几年的检验，这将有可能为电力电子技术及其应用开启新的纪元。

图 1-15 列举了商用功率半导体器件的不同功率范围。表 1-3 囊括了不同商用器件的额定值，根据它给出的器件在规定的电流下的通态压降可以确定器件的通态电阻。表 1-4 列举了常用功率半导体器件的符号及其伏安(v-i)特性。功率半导体器件可以归为以下三类：二极管，晶闸管和晶体管。当二极管的阳极电压比阴极高时，二极管导通且电流可流过二极管，其导通电阻很小。通常晶闸管可以通过给它一个典型值为 100μs 的短脉冲来控制其开通。晶闸管在导通状态下其电阻很小，而在断态时其电阻非常高，表现为一个开路。

表 1-3 功率半导体器件的额定功率

器件类型	器件		额定电压电流	工作频率上限(Hz)	开关时间(μS)	导通电阻(Ω)
功率二极管	功率二极管	普通用途	4000V/4500A	1k	50～100	0.32m
			6000V/3500A	1k	50～100	0.6m
			600V/9570A	1k	50～100	0.1m
			2800V/1700A	20k	5～10	0.4m
		高速	4500V/1950A	20k	5～10	1.2m
			6000V/1100A	20k	5～10	1.96m
			600V/17A	30k	0.2	0.14
		肖特基	150V/80A	30k	0.2	8.63m
功率晶体管	双极型晶体管	单个器件	400V/250A	25k	9	4m
			400V/40A	30k	6	31m
			630V/50A	35k	2	15m
		达林顿结构	1200V/400A	20k	30	10m
	MOSFET	单个器件	800V/7.5A	100k	1.6	1
	COOLMOS	单个器件	800V/7.8A	125k	2	1.2m
			600V/40A	125k	1	0.12m
			1000V/6.1A	125k	1.5	2Ω
	IGBT	单个器件	2500V/2400A	100k	5～10	2.3m
			1200V/52A	100k	5～10	0.13
			1200V/25A	100k	5～10	0.14
			1200V/80A	100k	5～10	44m
			1800V/2200A	100k	5～10	1.76m
	静电感应晶体管		1200V/300A	100k	0.5	1.2
晶闸管(可控硅整流器)	相控晶闸管	电网换相低速	6500V/4200A	60	100～400	0.58m
			2800V/1500A	60	100～400	0.72m
			5000V/4600A	60	100～400	0.48m
			5000V/3600A	60	100～400	0.50m
			5000V/5000A	60	100～400	0.45m
	强制关断晶闸管	反向阻断高速	2800V/1850A	20k	20～100	0.87m
			1800V/2100A	20k	20～100	0.78m
			4500V/3000A	20k	20～100	0.5m
			6000V/2300A	20k	20～100	0.52m
			4500V/3700A	20k	20～100	0.53m
		双向 RCT	4200V/1920A	20k	20～100	0.77m
			2500V/1000A	20k	20～100	2.1m
			1200V/400A	20k	10～50	2.2m
		光控	6000V/1500A	400	200～400	0.53m
	自关断晶闸管	GTO	4500V/4000A	10k	50～110	1.07m
		HD-GTO	4500V/3000A	10k	50～110	1.07m
		脉冲 GTO	5000V/4600A	10k	50～110	0.48m
		SITH	4000V/2200A	20k	5～10	5.6m
		MTO	4500V/500A	5k	80～110	10.2m
		ETO	4500V/4000A	5k	80～110	0.5m
		IGCT	4500V/3000A	5k	80～110	0.8m
	双向晶闸管	双向	1200V/300A	400	200～400	3.6m
	可控晶闸管	单向	4500V/250A	5k	50～110	10.4m
			1400V/65A	5k	50～110	28m

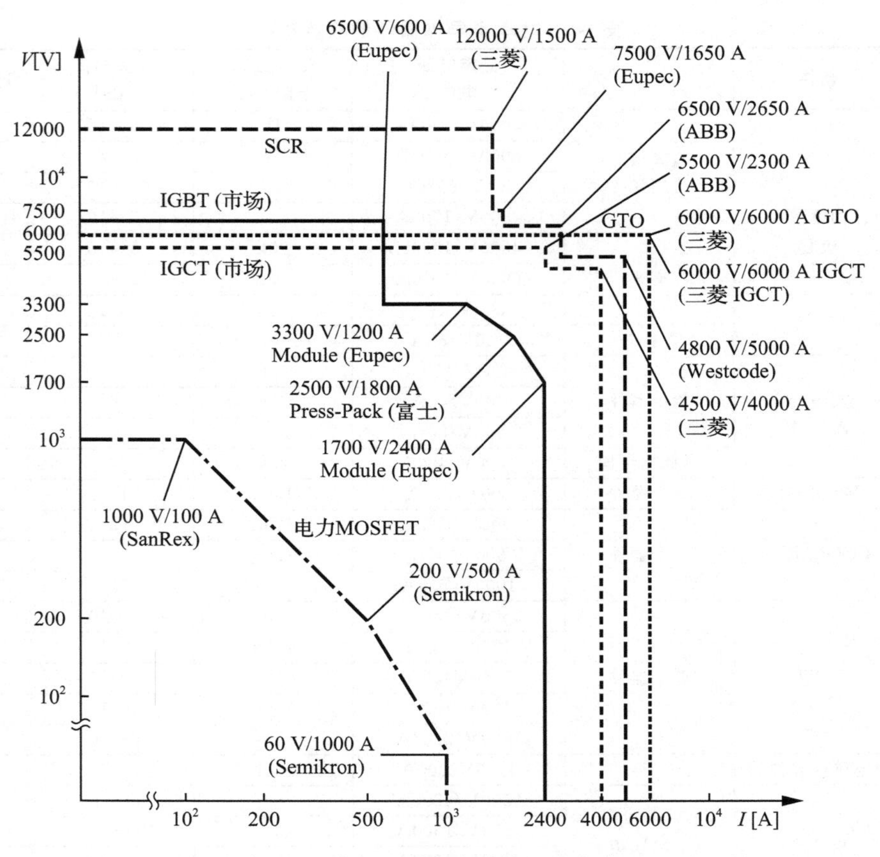

图 1-15 市场上功率半导体的功率范围

表 1-4 功率器件的性能和符号

器件名称	图形符号	性能	
二极管	A I_D K + V_{AK} −	I_D O V_{AK}	二极管
晶闸管	I_A G A + V_{AK} − K	门极触发 I_A O V_{AK}	晶闸管
SITH	G A K		晶闸管
GTO	I_A G A + V_{AK} − K	门极触发 I_A O V_{AK}	晶闸管
MCT	A K G	—	晶闸管
MTO	负极 开启门极 关断门极 正极	—	晶闸管

（续）

器件名称	图形符号	性能	
ETO	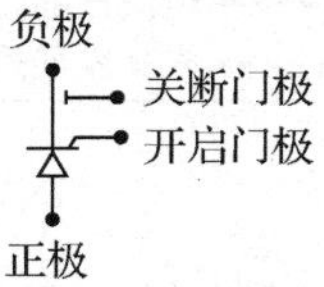 负极 关断门极 开启门极 正极	—	晶闸管
IGCT	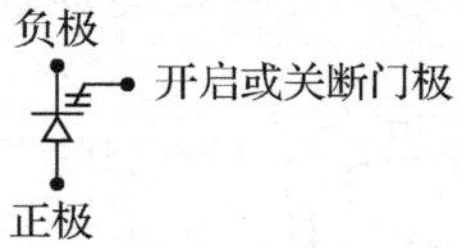 负极 开启或关断门极 正极	—	晶闸管
双向晶闸管	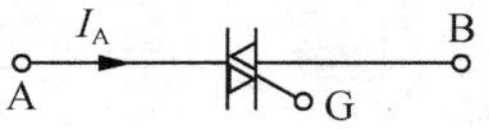 I_A A B G	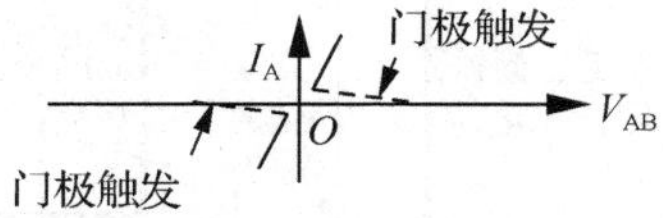 I_A 门极触发 V_{AB} O 门极触发	晶闸管
激光触发晶闸管	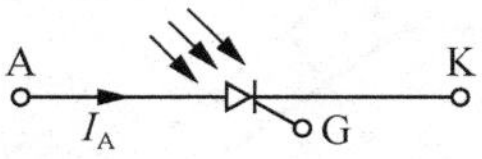 A K I_A G	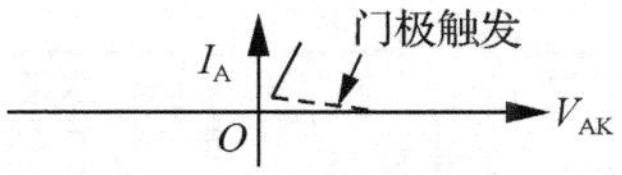 I_A 门极触发 O V_{AK}	晶闸管
双极型晶体管	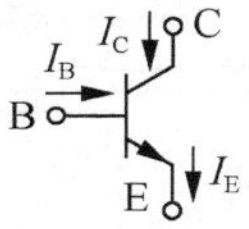 I_C C I_B B E I_E	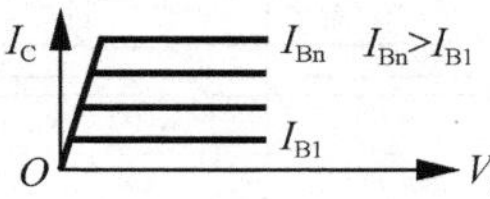 I_C I_{Bn} $I_{Bn}>I_{B1}$ I_{B1} O V_{CE}	晶体管
绝缘栅极晶体管	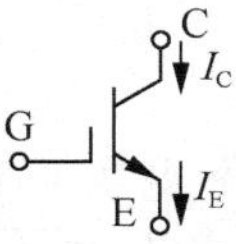 C I_C G E I_E	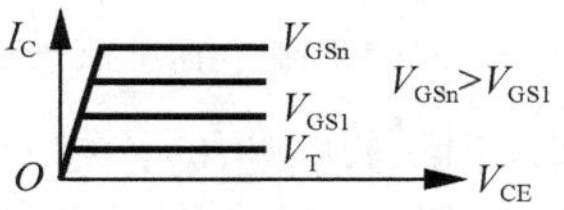 I_C V_{GSn} $V_{GSn}>V_{GS1}$ V_{GS1} V_T O V_{CE}	晶体管
n 沟道	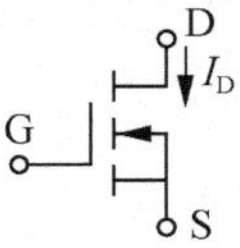 D I_D G S	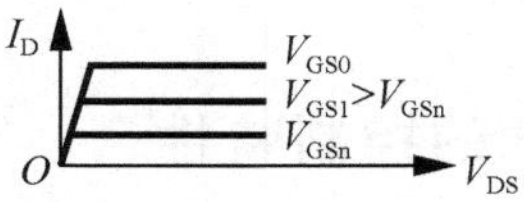 I_D V_{GS0} $V_{GS1}>V_{GSn}$ V_{GSn} O V_{DS}	晶体管
静电感应晶闸管	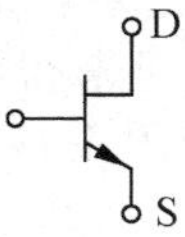 D S	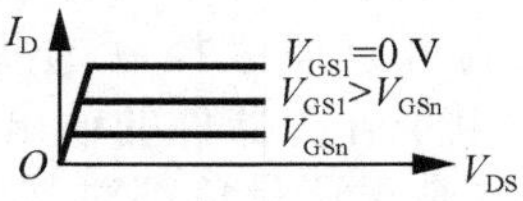 I_D $V_{GS1}=0$ V $V_{GS1}>V_{GSn}$ V_{GSn} O V_{DS}	晶体管

晶体管可以通过在其门极施加控制电压来使其导通。只要其门极电压一直存在，晶体管就可以保持导通；在撤除门极电压之后，晶体管截止。双极型晶体管（BJT）的集电极-发射极（CE）电压依赖于它的基极电流。因此，可能需要较大的基极电流才能驱动双极型晶体管（BJT）使其工作在低电阻饱和区。另一方面，金属氧化物半导体晶体管（MOST）的漏源极（drain-source）电压仅依赖于其门极电压，而它的门极电流小到可以忽略不计。因此，MOSFET 几乎不需要门极电流，驱动 MOSFET 使其工作在低电阻饱和区的门极驱动功率也可以忽略。具有 MOS 类型门极的功率半导体器件更受欢迎，功率器件技术也相应地正在向着这个方向发展。

图 1-16 描绘了不同电力电子器件的应用及其频率范围。电力电子器件的容量在不断地发展，人们在使用的时候也应该不断搜寻最新的商用器件。一个“超级功率器件”应该具有这样的特性：（1）通态电压等于零；（2）断态耐压无穷大；（3）能通过无穷大的电流；（4）能在瞬间（零时间内）开通和关断。从而能实现无穷快的开关速度。

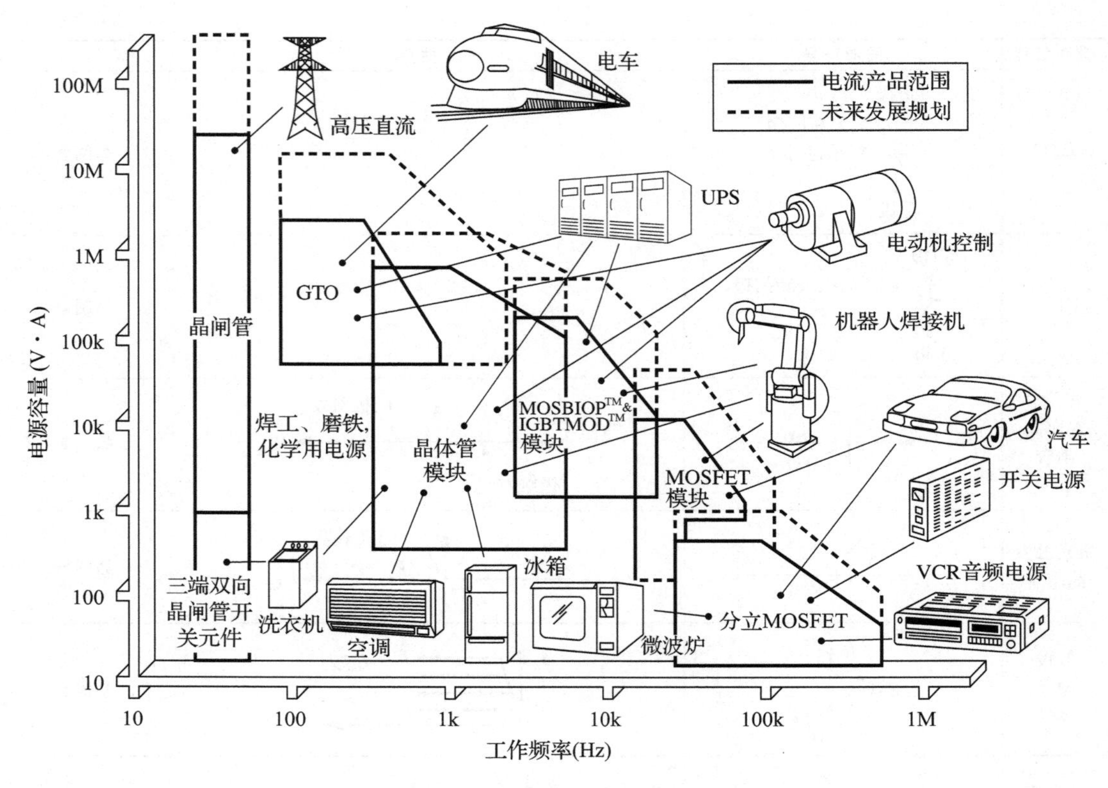

图 1-16 电力电子器件的应用

随着碳化硅功率器件的不断发展，器件的开关时间和通态电阻可以得到显著的减小，同时器件的耐压可以增加近 10 倍。因此，图 1-16 所示的电力电子率器件的应用将会发生改变。

1.9 电力电子器件的控制特性

在晶闸管的门极(和双极型晶体管的基极)施加一个控制信号之后，电力电子器件可以被控制成一个开关。人们可以通过控制这些开关器件的导通时间来得到所需要的输出。图 1-17 描绘了常用电力电子开关器件的输出电压及控制特性。如图 1-17a 所示，在晶闸管导通之后，无论门极信号是正还是负都对其导通没有影响。

当功率半导体器件处于正常导通状态时，器件两端就会有一个小电压降。在图 1-17 所示的输出波形中，这个压降被认为可忽略不计，在后面的章节中，除非特别说明，这个假设依然成立。

功率半导体开关器件可以根据以下特性分类：

(1) 开通和关断不可控(例如，二极管)；
(2) 开通可控，关断不可控(例如，晶闸管整流器 SCR)；
(3) 开通和关断全可控(例如，BJT、MOSFET、GTO、SITH、IGBT、SIT、MCT)；
(4) 需要持续的门极驱动信号(BJT、MOSFET、IGBT、SIT)；
(5) 需要脉冲式门极驱动(例如，SCR、GTO、MCT)；
(6) 双向电压阻断能力(SCR、GTO)；
(7) 单向电压阻断能力(BJT、MOSFET、GTO、IGBT、MCT)；
(8) 双向电流导通能力(TRIAC、RCT)；

（9）单向电流导通能力（SCR，GTO，BJT，MOSFET，MCT，IGBT，SITH，SIT，二极管）[⊖]。

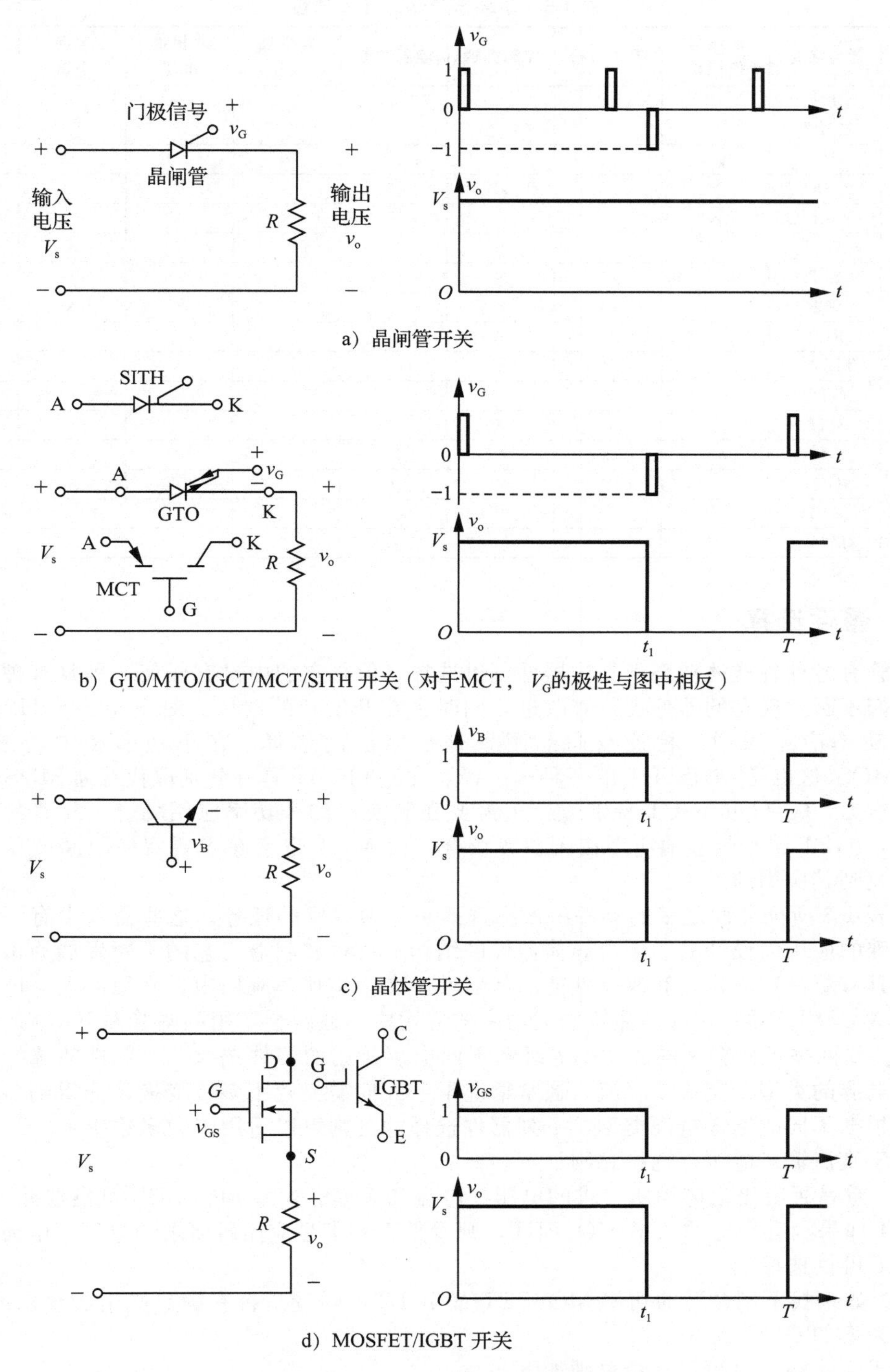

a）晶闸管开关

b）GT0/MTO/IGCT/MCT/SITH 开关（对于MCT，V_G的极性与图中相反）

c）晶体管开关

d）MOSFET/IGBT 开关

图 1-17 电力电子开关器件的控制特性

⊖ 译者认为此处有误，MOSFET 由于其结构决定应该为双向电流导通型器件。——译者注

表 1-5 分别从电压、电流，以及门极驱动信号要求方面总结了不同器件的开关特性。

表 1-5 功率半导体的开关特性

器件类型	器件名称	连续导通门极	脉冲门极	控制开通	控制关断	单极性电压	双极性电压	单向电流	双向电流
二极管	功率二极管					×		×	
晶体管	BJT	×		×	×	×		×	
	MOSFET	×		×	×	×			×
	COOLMOS	×		×	×	×			×
	IGBT	×		×	×	×		×	
	SIT	×		×	×	×		×	
晶闸管	SCR		×	×			×	×	
	RCT		×	×			×		×
	TRIAC		×	×			×		×
	GTO		×	×	×		×	×	
	MTO		×	×	×		×	×	
	ETO		×	×	×		×	×	
	IGCT		×	×	×		×	×	
	SITH		×	×	×		×	×	
	MCT	×		×	×		×	×	

1.10 器件选择

尽管有各种各样的功率半导体器件可供选择，但是它们中没有任何一种具有理想的特性。人们不断对现有的器件进行着改进，同时也在开发新的器件。对于 50～60Hz 输入电源的大功率应用来说，相控双向晶闸管是最经济的选择。在小功率和中功率领域，COOLMOS(这也是 MOSFET 的一种——译者注)和 IGBT 具有分别取代普通 MOSFET 和 BJT 的潜力。GTO 和 IGCT 特别适合于需要强制换流的大功率应用场合。随着科技的不断发展，IGBT 越来越多地应用在大功率场合，而 MCT 也会在需要双向阻断电压的大功率场合找到其应用的潜力。

从表 1-3 所列如此之多的器件中做出选择是一项艰巨的任务。这些器件中有一部分是为了特殊的应用而设计的。新半导体器件的结构，材料和制造工艺的不断发展为市场带来了许多具有更高功率耐量和改良性能的新器件。在中小功率应用中最常用的电力电子器件是功率 MOSFET 和 IGBT。在特别大功率的应用中，通常会使用晶闸管和 IGCT。

表 1-6 列举了根据不同的功率等级和不同应用所用的器件选择[8]。器件的选择也依赖于输入电源的类型：交流或直流。通常情况下，人们需要使用多级变换才能得到所希望的输出。根据不同的输入电源类型，下列器件选择的总则可以适用于大多数应用。

对于直流输入电源，选择总则如下。

(1) 看是否有满足应用所要求的电压、电流和频率的功率 MOSFET 可供选择。

(2) 如果没有合适的功率 MOSFET，则看是否有满足应用所要求的电压、电流和频率的 IGBT 可供选择。

(3) 如果找不到合适的功率 MOSFET 或 IGBT，则看是否有满足应用所要求的电压、电流及频率的 GTO 或 IGCT。

对于交流输入电源，选择总则如下。

(1) 看是否有满足应用所要求的电压、电流和频率的双向晶闸管(TRIAC)可供选择。

(2) 如果没有合适的双向晶闸管，则看是否有满足应用所要求的电压、电流和频率的晶闸管。

（3）如果找不到合适的双向晶闸管或晶闸管，则可以先用二极管整流器将交流电源变换成直流电源，然后再看是否有满足应用所要求的电压、电流及频率的功率MOSFET或IGBT。

表1-6 器件选择与不同电压等级

选择	低功率	中等功率	高功率
功率范围	2kW以下	2～500kW	大于500kW
拓扑结构	AC-DC，DC-DC	AC-DC，DC-DC，DC-AC	AC-DC，DC-AC
典型电力半导体器件	MOSFET	MOSFET，IGBT	IGBT，IGCT，晶闸管
技术趋势	高功率密度，高效率	体积小、质量小，低成本高效率	变换器高标称功率，高电能质量和高稳定性
典型运用	低功率器件运用	电动车辆，屋顶太阳能，可再生能源	交通，工业配电

资料来源：参考文献8

1.11 功率模块

功率器件既能以单个分立器件的形式出现，也能以模块的形式出现。根据不同的变换器拓扑结构，一个功率变换器通常需要2个，4个或6个器件。几乎所有的器件都有相应的双器件(半桥)，四器件(全桥)或六器件(三相)的功率模块可供选择。这些模块具有更低的通态损耗、高电压及电流开关特性，以及相对传统器件更快的开关速度的优势。更有一些模块内部集成了瞬态保护和门极驱动的电路。

1.12 智能模块

目前商业化的门极驱动电路可以用于分立器件或模块。作为电力电子技术发展现状的代表，智能模块将功率模块及其外围电路都集成在一起。这些外围电路提供了系统各部分之间输入、输出信号的隔离，这些部分包括：信号与高压系统，驱动电路，保护及诊断电路(用于保护器件过流，短路，负载缺失，过热和过压等故障)，微处理器控制系统和控制电源等。用户只需要接入外部电源(浮地隔离电源)就可使用。这种智能模块也称为"智能电源"。这些模块在电力电子技术中的应用越来越多[4]。智能电源可以看作是连接输入电源和任意负载之间的一个"盒子"。这个盒子的和外界的控制信号的互联由高密度互补金属氧化物半导体(CMOS)逻辑电路实现，其传感器和保护功能由双极型模拟检测电路实现，其功率控制功能由功率器件及相关的驱动电路实现。图1-18描绘了一个智能电源系统的功能框图。

在智能电源系统中，系统的保护功能和高速反馈回路可由模拟电路建立的传感器提供。在系统超出正常工况时，它可以终止芯片的运行从而避免系统损坏。例如，当电动机绕组这样的负载出现短路时，智能模块的设计可以在保证系统全无损时就停止其工作。在智能模块技术的帮助下，负载电流可以随时得到监测，而且无论何时只要该电流超过限流值，功率器件的驱动电压就会被切除。除此之外，为保护器件和模块不受到解构性破坏，和过流保护类似，通常设计中还会涵盖过压和过温保护。下面列举一些主流的器件和模块生产商及其网址：

Advanced Power Technology，Inc. www.advancedpower.com/
ABB Semiconductors www.abbsem.com/
Bharat Heavy Electricals Ltd http：//www.bheledn.com/
Compound Semiconductor http：//www.compoundsemiconductor.net/
Collmer Semiconductor，Inc. www.collmer.com
Cree Power http：//www.cree.com

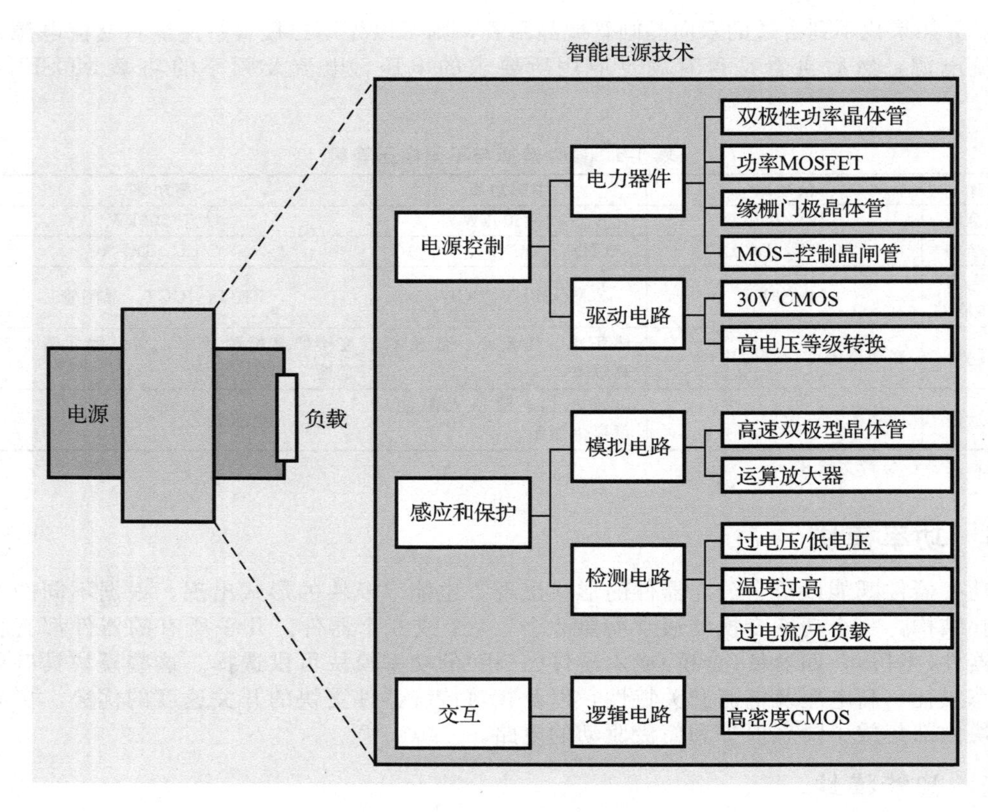

图 1-18 智能电源功能模块图

Dynex Semiconductor	www. dynexsemi. com
Eupec	www. eupec. com/p/index. htm
Fairchild Semiconductor	http：//www. fairchildsemi. com
FMCC EUROPE	http：//www. fmccgroup. com/
Fuji Electric	www. fujielectric. co. jp/eng/denshi/scd/index. htm
Harris Corp.	www. harris. com/
Hitachi，Ltd. Power Devices	www. hitachi. co. jp/pse
Honda R&D Co Ltd http：//world. honda. com	
Infineon Technologies	www. infineon. com/
International Rectifier	www. irf. com
Marconi Electronic Devices，Inc.	www. marconi. com/
Microsemi Corporation	http：//www. microsemi. com
Mitsubishi Semiconductors	www. mitsubishielectric. com/
Mitel Semiconductors	www. mitelsemi. com
Motorola，Inc.	www. motorola. com
National Semiconductors，Inc.	www. national. com/
Nihon International Electronics Corp.	www. abbsem. com/english/salesb. htm
On Semiconductor	www. onsemi. com
Philips Semiconductors	www. semiconductors. philips. com/catalog/
Power Integrations	www. powerint. com/
Powerex，Inc.	www. pwrx. com/
PowerTech，Inc.	www. power-tech. com/
RCA Corp.	www. rca. com/

Rockwell Automation	http：//www. ab. com
Rockwell Inc.	www. rockwell. com
Reliance Electric	www. reliance. com
Renesas Electronics Corporation	http：//www. renesas. com/
Siemens	www. siemens. com
Silicon Power Corp.	www. siliconpower. com/
Semikron International	www. semikron. com/
Semelab Limits	http：//www. semelab-tt. com
Siliconix，Inc.	www. siliconix. com
Tokin，Inc.	www. tokin. com/
Toshiba America Electronic Components，Inc.	www. toshiba. com/taec/
TranSiC Semiconductor	http：//www. transic. com
Unitrode Integrated Circuits Corp.	www. unitrode. com/
Westcode Semiconductors Ltd.	www. westcode. com/ws-prod. html
Yole Development	http：//www. yole. fr

1.13　电力电子的期刊及会议

有很多专业的期刊及会议用于发表本领域最新的进展。国际电气电子工程师协会(IEEE)的网上数据库(IEEE e-library Explore)是一个用于搜索发表在 IET 期刊杂志、以及 IEEE 期刊杂志及其会议相关文章的有力工具。一些相关信息如下所列：

IEEE e _ Library	http：//ieeexplore. ieee. org/
IEEE Industrial Electronics Magazine	http：//ieee-ies. org/index. php/pubs/magazine/
IEEE Industry Applications Magazine	http：//magazine. ieee-pes. org/
IEEE Power & Energy Magazine	http：//ieeexplore. ieee. org/
IEEE Transactions on Aerospace and Systems	www. ieee. org/
IEEE Transactions on Industrial Electronics	www. ieee. org/
IEEE Transactions on Industry Applications	www. ieee. org/
IEEE Transactions on Power Delivery	www. ieee. org/
IEEE Transactions on Power Electronics	www. ieee. org/
IET Proceedings on Electric Power	www. iet. org/Publish/

Applied Power Electronics Conference (APEC)
European Power Electronics Conference (EPEC)
IEEE Industrial Electronics Conference (IECON)
IEEE Industry Applications Society (IAS) Annual Meeting
International Conference on Electrical Machines (ICEM)
International Power Electronics Conference (IPEC)
International Power Electronics Congress (CIEP)
International Telecommunications Energy Conference (INTELEC)
Power Conversion Intelligent Motion (PCIM)
Power Electronics Specialist Conference (PESC)

本章小结

随着电力电子器件和集成电路技术的不断发展，电力电子应用的潜力变得越来越广。目前已经有大量的商业化电力电子器件可供选择；尽管这方面的研究仍在进行。总的来说，功率变换器分为六个大类：(1)整流器；(2)交流-直流变换器；(3)交流-交流变换器；(4)直流-直流变换器；(5)直流-交流变换器(逆变器)；(6)静态开关。电力电子电路的设计对功率电路和控制电路的设计都有要求。选择适当的控制方案，就可使功率变换器产生的电压和电流的谐波得到有效的抑制。

参考文献

[1] E. I. Carroll, “Power electronics: where next?” *Power Engineering Journal*, December 1996, pp. 242–243.

[2] S. Bernet, “Recent developments of high power converters for industry and traction applications,” *IEEE Transactions on Power Electronics*, Vol. 15, No. 6, November 2000, pp. 1102–1117.

[3] R. G. Hoft, *Semiconductor Power Electronics.* New York: Van Nostrand Reinhold. 1986.

[4] K. Gadi, “Power electronics in action,” *IEEE Spectrum*, July 1995, p. 33.

[5] J. Baliga, “Power ICs in the daddle,” *IEEE Spectrum*, July 1995, pp. 34–49.

[6] “Power Electronics Books,” SMPS Technology Knowledge Base, March 1, 1999. www.smpstech.com/books/booklist.htm.

[7] J. Wang, A. Q. Huang, W. Sung, Y. Li, and B. J. Baliga, “Smart grid technologies. Development of 15-kV SiC IGBTs and their impact on utility applications,” *IEEE Industrial Electronics Magazine*, Vol. 3, No. 2, June 2009, pp. 16–23.

[8] M. P. Kazmierkowski, L. G. Franquelo, J. Rodriguez, M. A. Perez, and J. I. Leon, “High performance motor drives,” *IEEE Industrial Electronics Magazine*, September 2011, pp. 6–26.

[9] *Module1—Power Semiconductor Devices*, Version 2 EE IIT, Kharagpur.

[10] J. J. H. Paulides, J. W. Jansen, L. Encica, E. A. Lomonova, and M. Smit, “Human-powered small-scale generation system for a sustainable dance club,” *IEEE Industry Applications Magazine*, September/October 2011, pp. 20–26.

[11] *PowerSiC Silicon carbide devices for power electronics market: Status & forecasts*. Yole Development: Lyon, France, 2006. http://www.yole.fr. Accessed September 2012.

[12] J. Rabkowski, D. Peftitsis, and H. Nee, “Silicon carbide power transistors: A new era in power electronics is initiated,” *IEEE Industrial Electronics Magazine*, June 2012, pp.17–26.

[13] J. W. Palmour, “High voltage silicon carbide power devices,” presented at the ARPA-E Power Technologies Workshop, Arlington, VA, February 9, 2009.

[14] S.-H. Ryu, S. Krishnaswami, B. Hull, J. Richmond, A. Agarwal, and A. Hefner, “10-kV, 5A 4H-SiC power DMOSFET,” in *Proceedings of the 18th IEEE International Symposium on Power Semiconductor Devices and IC’s (ISPSD ’06)*, pp. 1–4, Naples, Italy, June 2006.

[15] M. Das, Q. Zhang, R. Callanan, et al., “A 13-kV 4H-SiC N-channel IGBT with low Rdiff, on and fast switching,” in *Proceedings of the International Conference on Silicon Carbide and Related Materials (ICSCRM ’07)*, Kyoto, Japan, October 2007.

复习题

1.1 什么是电力电子？

1.2 晶闸管多样的种类有哪些？

1.3 什么是通信电路？

1.4 晶闸管导通的条件是什么？

1.5 如何将导通的晶闸管关断？

1.6 什么是自然换相？

1.7 什么是强制换相？

1.8 晶闸管和双向晶闸管之间的区别是什么？

1.9 门极关断晶闸管的选通特性是什么？

1.10 MOS关断晶闸管的选通特性是什么？

1.11 发射极关断晶闸管的选通特性是什么？

1.12 集成门极换流晶闸管的选通特性是什么？

1.13 什么是晶闸管的关断时间？

1.14 什么是变换器？

1.15 交流/直流转换的原理是什么？

1.16 交流/交流转换的原理是什么？

1.17 直流/直流转换的原理是什么？

1.18 直流/交流转换的原理是什么？

1.19 设计电力电子设备的步骤有哪些？

1.20 电力电子设备的“副作用”有哪些？

1.21 门极关断晶闸管与晶闸管的选通特性有什么区别？

1.22 晶闸管和晶体管的选通特性有什么区别？

1.23 双极型晶体管和半导体的选通特性有什么区别？

1.24 绝缘栅门极晶体管的选通特性是什么？

1.25 MOS控制晶闸管的选通特性是什么？

1.26 静电感应晶闸管的选通特性是什么？

1.27 双极型晶体管和绝缘栅门极晶体管的区别是什么？

1.28 MOS控制晶闸管和门极关断晶闸管的区别是什么？

1.29 静电感应晶闸管和门极关断晶闸管的区别是什么?
1.30 转换类型有哪些?它们的符号是什么?
1.31 典型的功率变换器的阻断有哪些?
1.32 设计功率变换器要解决哪些问题?
1.33 碳化硅电力器件与硅电力器件相比好处有哪些?
1.34 对于不同的应用,器件选择的指导方针有哪些?

习题

1.1 通过电力器件的电流波形的最高值如图1-10a所示,$I_p = 100A$。如果$T_0 = 8.3ms$,周期$T = 16.67ms$,计算流经器件的方均根电流I_{RMS}和平均电流I_{AVG}。
1.2 通过电力器件的电流波形的最高值如图1-10b所示$I_p = 100A$。如果占空比$k = 50\%$,周期$T = 16.67ms$,计算流经器件的方均根电流I_{RMS}和平均电流I_{AVG}。
1.3 通过电力器件的电流波形的最高值如图1-10b所示$I_p = 100A$。如果占空比$k = 80\%$,周期$T = 16.67ms$,计算流经器件的方均根电流I_{RMS}和平均电流I_{AVG}。
1.4 通过电力器件的电流波形的最高值如图1-10d所示$I_p = 100A$。如果占空比$k = 40\%$,周期$T = 1ms$,计算流经器件的方均根电流I_{RMS}和平均电流I_{AVG}。
1.5 通过电力器件的电流波形的最高值如图1-10e所示$I_a = 80A$,$I_b = 100A$。如果占空比$k = 40\%$,周期$T = 1ms$,计算流经器件的方均根电流I_{RMS}和平均电流I_{AVG}。
1.6 通过电力器件的电流波形的最高值如图1-10f所示$I_p = 100A$。如果占空比$k = 40\%$,周期$T = 1ms$,计算流经器件的方均根电流I_{RMS}和平均电流I_{AVG}。

第一部分

功率二极管和整流器

第2章

功率二极管及开关 *RLC* 电路

学习完本章后，应能做到以下几点：

- 解释功率二极管的工作原理；
- 描述二极管的特性及其电路模型；
- 列出不同功率二极管的类型；
- 解释二极管的串行和并行工作原理；
- 推导出二极管的 SPICE 模型；
- 解释功率二极管的反向恢复特性；
- 计算二极管的反向恢复电流；
- 计算 *RC* 电路中电容的稳态电压及其存储的能量；
- 计算 *RL* 电路中电感的稳态电流及其存储的能量；
- 计算 *LC* 电路中电容的稳态电压及其存储的能量；
- 计算 *RLC* 电路中电容的稳态电压及其存储的能量；
- 确定 *RLC* 电路中 $\mathrm{d}i/\mathrm{d}t$ 和 $\mathrm{d}v/\mathrm{d}t$ 的初始值。

符号及其含义

符　号	含　义
i_D，v_D	分别为二极管的瞬时电流和电压
$i(t)$，$i_s(t)$	分别为瞬时电流和电源电流
I_D，V_D	分别为二极管的直流电流和电压
I_S	泄漏(或反向饱和)电流
I_O	稳态输出电流
I_{S1}，I_{S2}	分别为二极管 D_1 和 D_2 的漏(或反向饱和)电流
I_{RR}	反向恢复电流
t_{rr}	反向恢复时间
V_T	热电压
V_{D1}，V_{D2}	分别为二极管 D_1 和 D_2 的电压降
V_{BR}，V_{RM}	分别为反向击穿和最大重复电压
v_R，v_C，v_L	分别为电阻、电容和电感两端的瞬时电压
V_{CO}，v_s，V_S	分别为初始电容、瞬时电源和直流电源电压
Q_{RR}	反向存储电荷
T	电路的时间常数
n	实际辐射常数

2.1　引言

二极管广泛用于许多电子设备和电气工程电路中。功率二极管在实现电力功率转换的电子电路中起着重要作用。本章将介绍一些常见于电力电子技术中，用于功率处理的二极管电路。

在电力电子当中，二极管充当一个开关元件执行各种功能，例如整流器中的开关切换，开关式稳压器中的续流作用，对电容器的电荷翻转，元件间的能量传输，电压隔离，从负载到电源的能量反馈和能陷回收。

对于大多数应用来说，功率二极管可假设为理想开关，但二极管的实际特性与理想特性有一定差距，并且有一定的局限性。功率二极管类似于由 pn 结构成的信号二极管，然而相比普通的信号二极管，功率二极管有较大的功率、电压和电流处理能力，而响应频率(或开关速度)比信号二极管低。

作为能量存储元件，电感器 L 和电容器 C，经常应用在电力电子电路中。功率半导体器件通常用来控制电路中的能量转移。清楚地了解 RC、RL、LC 和 RLC 电路的开关行为是理解电力电子电路及其系统运作的先决条件。在本章中，我们将使用一个与开关串联的二极管来演示功率器件的特性，并分析由 R、L 和 C 组成的开关电路。二极管只允许电流单向流过，而开关则执行接通和断开的功能。

2.2 半导体基础

功率半导体器件是基于高纯度的单晶硅制造的。长达数米，并符合要求直径(最大 150mm)的单晶硅是在所谓的浮区炉生长出来的。每一个巨大的晶体被切成薄硅片，然后经过无数工序变成功率器件。

最常用的半导体是硅、锗[1](在元素周期表中第Ⅳ族，见表 2-1)和砷化镓(第Ⅴ族)。硅材料的成本低于锗材料的成本，且可让二极管可以在更高的温度下操作。因此，锗二极管很少被使用。

硅是元素周期表中第Ⅳ族的一个元素，即每个原子有四个电子在其外层轨道上。纯硅材料称为本征半导体。其电阻率太低以致不能视为绝缘体，而又太高以致不能视为导体。它具有很高的电阻率和很高的介电强度(超过 200kV/cm)。本征半导体的电阻率和用于传导的载流子可以被改变，分成不同的层，并通过植入特定的杂质进行分级。添加杂质的过程称为掺杂，这一过程在每约一百万个硅原子添加单个杂质原子。通过掺入不同杂质实现不同掺杂水平和形状，以及经过光刻、激光切割、腐蚀、绝缘和封装等先进技术的处理，成品功率器件就可从各种结构的 n 型和 p 型半导体层中生产出来。

表 2-1 用作半导体材料的元素周期表中的一部分元素

组	周期				
	Ⅱ	Ⅲ	Ⅳ	Ⅴ	Ⅵ
2		B(硼)	C(碳)	N(氮)	O(氧)
3		Al(铝)	Si(硅)	P(磷)	S(硫)
4	Zn(锌)	Ga(镓)	Ge(锗)	As(砷)	Se(硒)
5	Cd(镉)	In(铟)	Sn(锡)	Sb(锑)	Te(碲)
6	Hg(汞)				
元素半导体			Si(硅)		
			Ge(锗)		
化合半导体			SiC(碳化硅)	GaAs(砷化镓)	
			SiGe(碳化锗)		

● n 型材料：如纯硅中掺杂少量的Ⅴ族元素，如磷、砷或锑。掺杂物的每个原子在硅晶格内形成共价键，留下一个松散的电子。这些松散的电子大大提高了材料的导电率。当

硅轻度掺了如磷等杂质时，这种掺杂被表示为 n 掺杂，所得材料称为 n 型半导体。当其被重度掺杂时，它被标记为 n^+ 掺杂，所得材料称为 n^+ 型半导体。

● p 型材料：如纯硅中掺杂有少量的Ⅲ族元素，如硼、镓或铟，一个称为空穴的空位即被引入到硅的晶格当中。与一个电子类似，空穴可以认为是移动电荷载流子，因为它可以由相邻的电子填充，且在其后面留下另一个空穴。这些空穴大大提高了材料的导电率。当硅被低纯度物质(如硼)轻度掺杂时，这种掺杂表示为 p 掺杂，所得材料称为 p 型半导体。当其被重度掺杂时，它被标记为 p^+ 掺杂，所得材料称为 p^+ 型半导体。

因此，在 n 型材料中存在自由电子，在 p 型材料中存在自由空穴。在 p 型材料中，这些空穴称为多数载流子，而电子称为少数载流子。在 n 型材料中，电子称为多数载流子，而空穴称为少数载流子。这些载流子在热扰动下不断生成，它们根据自身寿命不断地结合、再结合。在约 0℃至 1000℃的温度范围内，载流子的平衡密度可达约10^{10}个到10^{13}个每立方厘米。因此，所施加的电场可引起电流流过 n 型或 p 型材料。

碳化硅(SiC)(周期表中第Ⅳ族化合物材料)是一种具有应用前途的大功率、高温度新材料[9]。碳化硅具有高带隙，即为了激发电子从材料的价带跃升到导带需要更高的能量。与硅相比，碳化硅需要约 3 倍的能量使电子到达导带，因此，基于碳化硅的器件能承受比硅高得多的电压和温度。例如，硅器件不能承受超过约 300kV/cm 的电场，因为碳化硅的电子需要更多的能量被推动到导带，该材料能承受更强的电场，达到硅最大耐压的 10 倍左右。所以，碳化硅器件的耐压可以比相同尺寸的硅器件的耐压高 10 倍。同理，在耐压相同的前提下，碳化硅器件可比硅器件薄$\frac{9}{10}$。这些更薄的器件速度更快，具有更小的电阻，这意味着当碳化硅二极管或晶体管导通时，转化为热的能量损耗更低。

2.3　二极管特性

功率二极管是一个双端口 pn 结器件[1,2]。pn 结通常是通过合铸熔合、扩散和外延生长形成的，在此过程中的现代控制技术确保了所需器件的特性。图 2-1 显示了一个 pn 结二极管符号的剖视图。

当阳极电势相对于阴极为正时，二极管被正向偏置，二极管导通。导通的二极管两端具有一个相对较小的正向压降，这一压降的幅度取决于制造工艺和结温度。当阴极电势相对于阳极为正时，二极管被反向偏置。在反向偏置条件下，将会有微安或毫安数量级的微小反向电流(也称为漏电流)流过，该漏电流的幅值随着反向电压的增大而缓慢增加，直至达到雪崩或齐纳电压为止。图 2-2a 显示了二极管的稳态 v-i 特性。在多数实际应用中，二极管可视为一个理想开关，其特征如图 2-2b 所示。

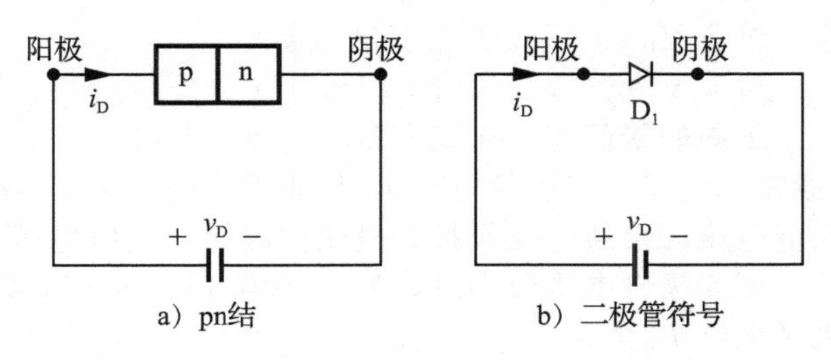

图 2-1　pn 结和二极管符号

图 2-2a 所示的 v-i 特性可通过一个称为 Schockley 二极管方程的等式来表示。在直流稳态情况下，该关系可以表示为：

$$I_D = I_S(e^{V_D(nV_T)} - 1) \tag{2-1}$$

式中：I_D 为通过二极管的电流，A；

V_D 为二极管正向偏置电压，V；

I_S 为漏(或反向饱和)电流，通常范围为 10^{-6}～10^{-5}A；

n 通常称为发射系数或理想因子的经验常数，其值在 1 到 2 之间变化。

发射系数 n 取决于二极管的材料和物理结构。锗二极管中，n 被认为是 1。硅二极管

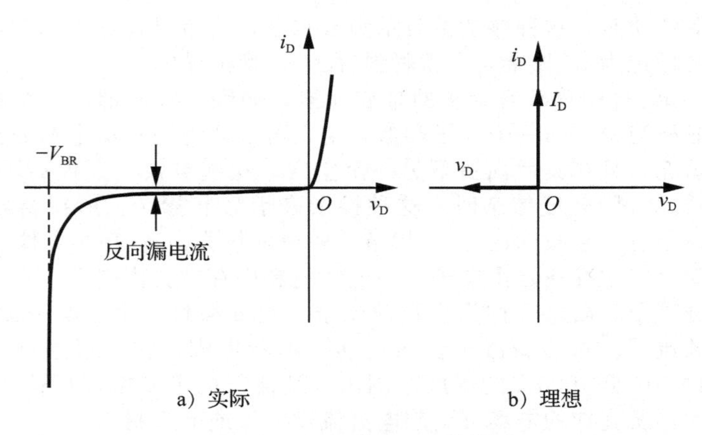

图 2-2　二极管的 v-i 特性

中，n 的预测值为 2。但对大部分实际中的硅二极管而言，n 的值落在 1.1 至 1.8 之间。

式(2-1)中的 V_T 是一个常数，称为热电压，

$$V_T = \frac{kT}{q} \tag{2-2}$$

式中：q 为电子电荷(1.6022×10^{-19}C)；

T 为热力学温度($K=273+$℃)；

k 为玻耳兹曼常数(1.3806×10^{-23}J/K)。

当结温度为 25℃时，根据式(2-2)可以得到：

$$V_T = \frac{kT}{q} = \frac{1.3806\times10^{-23}\times(273+25)}{1.6022\times10^{-19}}\text{V} \approx 25.7\text{mV}$$

在指定的温度下，给定二极管的漏电流 I_S是一个常数。图 2-2a 所示的二极管特性可分为三个区域：

对应 $V_D>0$ 的正向偏置区域；

对应 $V_D<0$ 的反向偏置区域；

对应 $V_D<-V_{BR}$的击穿区域。

正向偏置区域　在正向偏置区域，$V_D>0$。如果二极管电压 V_D 小于一个特定值 V_{TD}(通常 0.7V)，二极管电流 I_D 是非常小的。当 V_D 大于 V_{TD}时，二极管充分导通。V_{TD}称为阈值电压、接通电压或打开电压。因此，阈值电压为二极管完全导通时的电压。

当二极管电压较小时，如 $V_D=0.1$V，$n=1$，$V_T=25.7$mV，由式(2-1)可得相应的二极管电流 I_D 为：

$$I_D = I_S(e^{V_D/(nV_T)}-1) = I_S(e^{0.1/(1\times0.0257)}-1) = I_S\times(48.96-1) = 47.96I_S$$

或近似为 $I_D\approx I_S\,e^{V_D/(nV_T)}=48.96I_S$，误差为 2.1%。当 V_D 上升时，误差会迅速减小。

因此，在 $V_D>0.1$V 这一普遍情况下，$I_D\gg I_S$。式(2-1)可以在 2.1%的误差范围内近似为：

$$I_D = I_S(e^{V_D/(nV_T)},-1) \approx I_S\,e^{V_D/(nV_T)} \tag{2-3}$$

反向偏置区域　在反向偏置区域，$V_D<0$。如果 V_D 为负数而且 $V_D\gg V_T$(发生在 $V_D<-0.1$V 时)，式(2-1)的指数项与单位 1 相比小很多，可以忽略，二极管电路 I_D 可简化为：

$$I_D = I_S(e^{|V_D|/(nV_T)}-1) \approx -I_S \tag{2-4}$$

这表明，反方向的二极管电流 I_D 是不变的，等于 I_S。

击穿区域　在击穿区域，反向电压高，通常幅度超过 1000V。反向电压可能超过一个称为击穿电压 V_{BR}的特定电压值。反向电压超过 V_{BR}时，反向电流会大幅增加。假如器件

功耗处于制造商的数据表中指定的“安全范围”之内，在击穿区域内工作是安全的。然而，为了把功耗限制在允许范围以内，通常需要限制工作在击穿区域中二极管的反向电流。

例 2.1 求饱和电流。

一个功率二极管在 $I_D=300\text{A}$ 时，正向压降为 $V_D=1.2\text{V}$。假设 $n=2$，$V_T=25.7\text{mV}$，求反向饱和电压 I_S。

解：

根据式(2-1)，对漏(或饱和)电流 I_S 有如下关系：

$$300 = I_S[e^{1.2/(2\times25.7\times10^{-3})}-1]$$

故

$$I_S=2.17746\times10^{-8}\text{A}$$ ◀

2.4 反向恢复特性

在正向偏置二极管中，电流是由多数和少数载流子的净效应造成的。当一个处于正向导通的二极管的正向电流减小为零(由二极管电路的自然特性或施加反向电压造成)时，由于少数载流子仍存储在 pn 结和半导体材料块内部，二极管继续导通。少数载流子需要一定时间来重新与相反的电荷结合，直至互相中和为止，这个时间称为二极管的反向恢复时间。图 2-3 显示了结二极管的两个反向恢复特性。应注意的是，图 2-3 并没有按比例给出恢复曲线，只是描述了它们的形状，为说明恢复的性质，放大了恢复期的拖尾，而在实际情况中 $t_a>t_b$。恢复过程在 $t=t_0$ 时刻就已经开始。在该时刻二极管电流开始从导通状态的电流 I_F 以 $\mathrm{d}i/\mathrm{d}t=-I_F/(t_1-t_0)$的速率下降。二极管依然在正向压降 V_F 下保持导通状态。

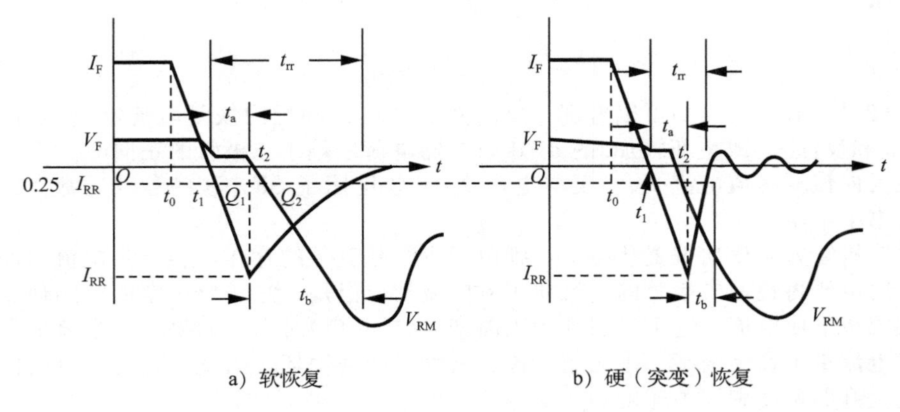

a) 软恢复　　b) 硬(突变)恢复

图 2-3　反向恢复特性

正向电流 I_F 在 $t=t_1$ 时刻下降为零，然后继续在反方向流动，因为二极管此时并不起作用，不能够阻止反向电流的流动。在 $t=t_2$ 时刻，反向电流达到 I_{RR}，二极管的电压开始反向。恢复过程在 $t=t_3$ 时刻完成后，反向二极管电压达到峰值 V_{RM}。二极管电压经过一个短暂的振荡过程，完成所存储电荷的恢复，最后落回正常的反向工作电压。整个过程是非线性的[8]，而图 2-3 仅用于说明这个过程。恢复过程有两种类型：软恢复和硬(或突变)恢复。软恢复较为常见。反向恢复时间记为 t_{rr}，为该二极管的电流从初始过零，经过反向电流最大值(或峰值)I_{RR}，到下降至 I_{RR}的 25%大小的时间。该 t_{rr}由 t_a 和 t_b 两部分组成：t_a 是由存储在 pn 结耗尽区的电荷引起的，代表过零点和反向电流达到峰值 I_{RR}之间的时间间隔；t_b 是由存储在半导体材料块的电荷引起的。t_b/t_a 称为软度因子(SF)。在实际应用中，我们需要关注总恢复时间 t_{rr}和反向电流峰值 I_{RR}，即

$$t_{rr} = t_a + t_b \tag{2-5}$$

反向电流峰值可由反注入的 $\mathrm{d}i/\mathrm{d}t$ 表示为：

$$I_{RR}=t_a\frac{di}{dt} \tag{2-6}$$

反向恢复时间 t_{rr} 可以定义为电流从正向导通，经过零点、反向截止，到反向电流衰减到其反向峰值电流 I_{RR} 的 25%之间的时间间隔。变量 t_{rr} 依赖于结温度、正向电流下降的速度和换向之前正向电流 I_F 的大小。

反向恢复电荷是当二极管从正向导通转换为反向阻断时，反向通过二极管的电荷量。其值根据反向恢复电流曲线所包围的面积来确定，即 $Q_{RR}=Q_1+Q_2$。

对应于由恢复电流曲线所包围面积的存储电荷可大约表示为：

$$Q_{RR}=Q_1+Q_2\approx\frac{1}{2}I_{RR}t_a+\frac{1}{2}I_{RR}t_b=\frac{1}{2}I_{RR}t_{rr} \tag{2-7}$$

或

$$I_{RR}\approx\frac{2Q_{RR}}{t_{rr}} \tag{2-8}$$

合并式(2-6)和式(2-8)，可得：

$$t_{rr}t_a=\frac{2Q_{RR}}{di/dt} \tag{2-9}$$

通常情况下，t_b 与 t_a 相比可以忽略不计(虽然图 2-3a 中 $t_b>t_a$)，如果这个忽略成立，则 $t_{rr}\approx t_a$，式(2-9)变成：

$$t_{rr}\approx\sqrt{\frac{2Q_{RR}}{di/dt}} \tag{2-10}$$

和

$$I_{RR}=\sqrt{2Q_{RR}\frac{di}{dt}} \tag{2-11}$$

从式(2-10)和式(2-11)可以看到，反向恢复时间 t_{rr} 和反向恢复电流峰值 I_{RR} 取决于存储电荷 Q_{RR} 和反注入(或重新施加)的 di/dt。存储电荷依赖于二极管的正向电流 I_F。电路设计者关注反向恢复峰值电流 I_{RR}、反向电荷 Q_{RR} 和软度因子 SF，这些参数通常在二极管的技术说明书中给出。

如果二极管处于反向偏置状态下，则由于少数载流子的存在，会产生电流泄漏。随后施加的正向电压将迫使二极管的电流向正方向流动。但是，它需要一定的时间使整个结内的多数载流子形成电流，这个时间称为正向恢复(或开启)时间。如果正向电流的上升速率高且正向电流集中在结内某一小区域，该二极管可能会烧坏。因此，正向恢复时间限制了正向电流上升的速度和开关速度。

例 2.2 求反向恢复电流。

一个二极管的反向恢复时间为 $t_{rr}=3\mu s$，二极管电流的下降速率为 $di/dt=30A/\mu s$。计算(a)存储电荷 Q_{RR}，(b)反向恢复峰值电流 I_{RR}。

解：

$$t_{rr}=3\mu s \text{ 和 } di/dt=30A/\mu s$$

(a)由式(2-10)，有：

$$Q_{RR}=\frac{1}{2}\frac{di}{dt}t_{rr}^2=0.5\times30A/\mu s\times(3\times10^{-6}s)^2=135\mu C$$

(b)由式(2-11)，有：

$$I_{RR}=\sqrt{2Q_{RR}\frac{di}{dt}}=\sqrt{2\times135\times10^{-6}\times30\times10^{6}}=90A$$ ◀

2.5 功率二极管的种类

理想情况下，一个二极管应该没有反向恢复时间，而这样可能会增加二极管的制造成本。在许多应用中，反向恢复时间的影响并不显著，可以使用便宜的二极管。

根据恢复特性和制造技术，功率二极管可以分为以下三类：

(1) 标准或通用二极管；

(2) 快速恢复二极管；

(3) 肖特基二极管。

通用二极管的电压可高达 6000V，电流高达 4500A。快速恢复二极管的额定电压可达 6000V，额定电流 1100A，反向恢复时间在 0.1μs 和 5μs 之间。快速恢复二极管是高频开关变换器必不可少的器件。肖特基二极管具有极低的导通电压和极短的恢复时间，通常在纳秒数量级，其漏电流随电压额定值增加，通常肖特基二极管的额定值限制在 100V、300A。当阳极电压比阴极高时，二极管导通。一个功率二极管的正向压降非常低，通常为 0.5V 至 1.2V。

不同类型二极管的特点和实际因素限制了它们的应用。

2.5.1　通用二极管

通用整流二极管具有较高的反向恢复时间，一般为 25μs，用于恢复时间不是十分关键的低速应用中(如二极管整流器、输入频率在 1kHz 以下的变换器和线路整流变换器)。这些二极管的电流额定值可以从不到 1A 至数千安培，电压额定值从 50V 至约 5kV。这些二极管通常通过扩散工艺来制造。然而，在焊接电源中使用的合金类型整流器是最具成本效益且最耐用的，其额定值可以高达 1500V 和 400A。

图 2-4 描述了不同外形的通用二极管，基本可分为两类：一类称为螺柱或螺栓安装型，另一类称为碟形、压接型，或冰球型。对于螺柱安装型二极管，螺栓可以是阳极或阴极。

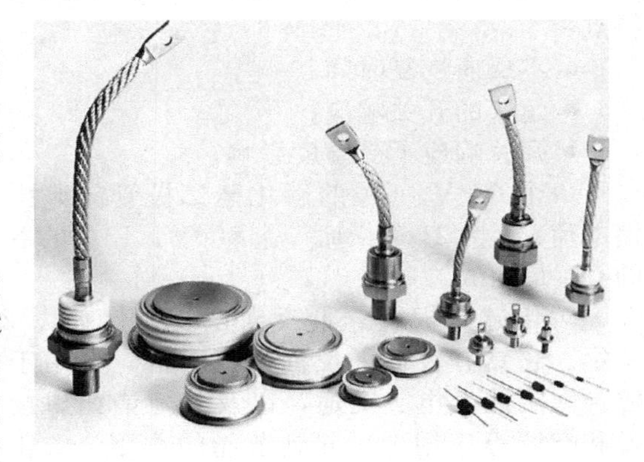

图 2-4　各种通用二极管外形
(Powerex 公司提供图片)

2.5.2　快速恢复二极管

快速恢复二极管的恢复时间很短，一般小于 5μs。它们用于 DC-DC 变换器和 DC-AC 变换器电路中。在这些应用中，恢复速度通常是至关重要的。这些二极管的额定电压范围为 50V 至约 3kV，额定电流从不到 1A 至数百安培。

额定电压高于 400V 的快速恢复二极管由扩散工艺制造，其恢复时间一般通过白金或黄金材料的扩散来调控。额定电压低于 400V 的快速恢复二极管，外延二极管提供比扩散二极管更快的开关速度。外延二极管的基部很窄，所以能获得低至 50ns 的快速恢复时间。各种尺寸的快速恢复二极管如图 2-5 所示。

2.5.3　肖特基二极管

pn 结的电荷存储问题可以在肖特基二极管中得到消除(或减缓)。这是通过金属和半导体之间的触点形成“势垒”来实现的。一层金属被沉积在 n 型硅的薄薄的外延层之上。势垒模拟一个 pn 结的行为。整流作用仅取决于多数载流子，所以并不存在多余的少数载流子与其重新结合的问题。恢复效果完全由半导体结的体电容决定。

肖特基二极管的恢复电荷比同等 pn 结二极管的要少得多。由于这只取决于二极管的结电容，所以它在很大程度上独立于反向的 di/dt。肖特基二极管具有较低的正向电压降。

肖特基二极管的漏电流比 pn 结二极管的更高。导通电压较低的肖特基二极管具有较高的漏电流，反之亦然，因此，这种二极管的最大允许电压一般限于 100V。肖特基二极管的额定电流从1A至400A，非常适用于大电流、低电压的直流电源。同时，这些二极管也可用于低电流电源，以提高效率。图2-6展示了20A和30A的双肖特基整流器。

图2-5　快速恢复二极管
（Powerex公司提供图片）

图2-6　额定电流为20A和30A的双肖特基整流器
（Vishay Intertechnology公司提供图片）

2.6　碳化硅二极管

碳化硅(SiC)是电力电子的新材料。其物理性能远远优于硅(Si)和砷化镓(GaAs)。例如，英飞凌公司生产的碳化硅肖特基二极管[3]具有超低功耗和高可靠性。它们还具有以下特点：

- 零反向恢复时间；
- 超快的开关响应；
- 开关响应不受温度影响。

一个600V、6A的碳化硅二极管的典型存储电荷Q_{RR}为21nC，而一个600V、10A的器件的Q_{RR}是23nC。

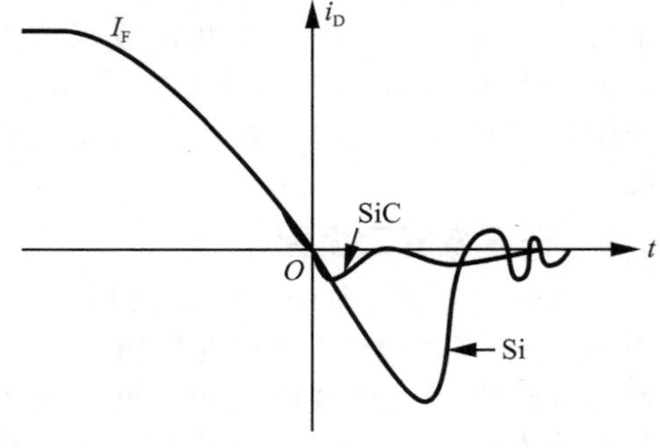

图2-7　反向恢复时间比较

碳化硅二极管的低反向恢复特性如图2-7所示。它具有较低的反向恢复电流，可用于电源、太阳能发电、交通，以及其他诸如焊接设备和空调等应用中，起到节能的作用。碳化硅功率二极管可以给装置带来更高的效率，更小的体积和更高的开关频率，而且在各种应用中显著产生更少的电磁干扰(EMI)。

2.7　碳化硅肖特基二极管

肖特基二极管主要应用于高频和快速开关的场合中。许多金属可以在硅或砷化镓半导体上建立肖特基势垒。肖特基二极管是通过将半导体的掺杂区域(通常n型)连接例如金、银或铂等金属制成的。与pn结二极管不同，肖特基二极管有一个金属半导体结，其结构及图形符号如图2-8a和图2-8b所示。肖特基二极管仅靠多数载流子工作。因为没有少数载流子，所以没有类似pn结二极管中的反向漏电流。金属区域在很大程度上被导带电子占用，n型半导体区域是轻度掺杂的。当正向偏置时，n区的高能电子被注入金属区域，并迅速消耗多余的能量。由于没有少数载流子，它是一种快速开关二极管。

碳化硅肖特基二极管具有以下特点：

- 最低的开关损耗，得益于低反向恢复电荷；
- 稳定性不受浪涌电流影响，可靠性高、耐用；
- 更低的系统成本，得益于散热需求的减小；

● 更高的频率设计和提升了的功率密度。

这些器件还具有低器件电容，因而提升了整个系统的效率，尤其在开关频率较高的情况下。

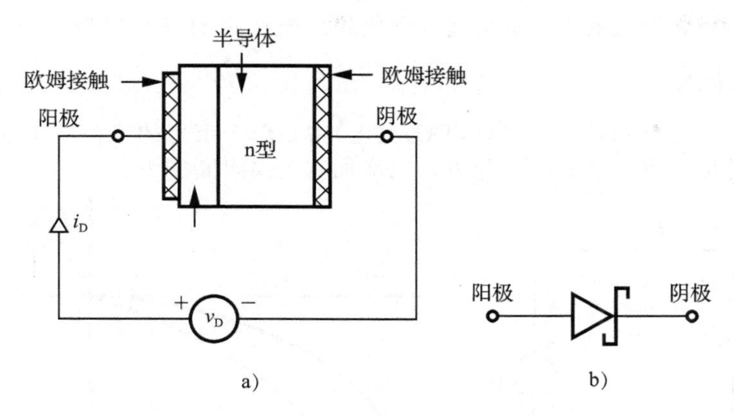

图 2-8 肖特基二极管的基本内部结构

2.8 SPICE 二极管模型

二极管[4−6]的 SPICE 模型如图 2-9b 所示。二极管电流 I_D 取决于其两端的电压，可使用一个电流源来表示。R_S 是串联电阻，归因于半导体的电阻。R_S 也称为体电阻，取决于掺杂量。SPICE 使用的小信号和静态模型分别如图 2-9c 和图 2.9d 所示。C_D 是关于二极管电压 v_D 的一个非线性函数，等于 $C_D = dq_d/dv_D$，其中，q_d 是耗尽层电荷。SPICE 在静态工作点下生产小信号参数。

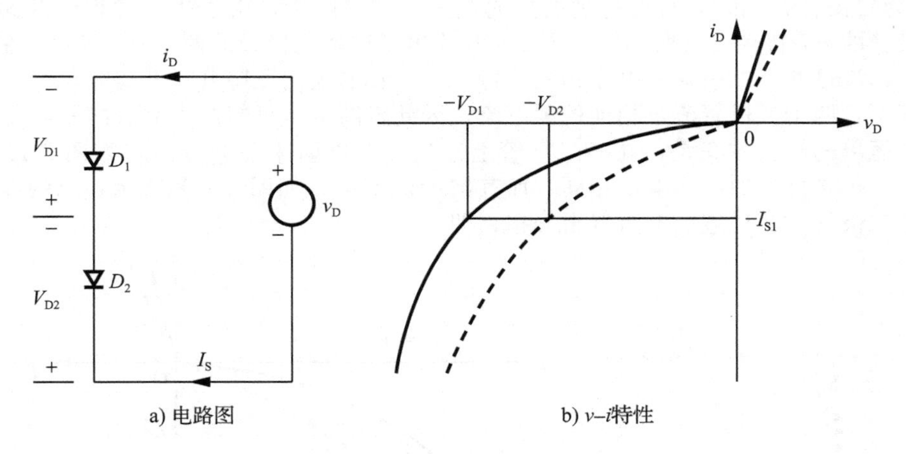

图 2-9 SPICE 二极管模型

二极管的 SPICE 模型的一般描述形式为：

```
.MODEL DNAME D (P1 = V1 P2 = V2 P3 = V3 … PN = VN)
```

DNAME 是型号名称，可以以任何字符开头，且通常被限制在 8 个字符以内。D 为二极管的类型符号。P1，P2，…和 V1，V2，…分别是模型参数及其取值。

在二极管众多的参数中，功率二极管最重要的参数[5,8]有：

IS　　饱和电流；

BV　　反向击穿电压；

IBV　　反向击穿电流；

TT 过渡时间；

CJO 零偏置下的 pn 结电容。

由于碳化硅二极管使用了全新的技术，直接套用硅二极管的 SPICE 模型可能会引入较大的误差。二极管制造商[3]通常会提供碳化硅二极管的 SPICE 模型。

2.9 串联二极管

在许多高压应用(如高压直流(HVDC)输电)中，单个市售的二极管不能满足所要求的额定电压，于是可以将二极管串联起来，以增加其反向阻断能力。

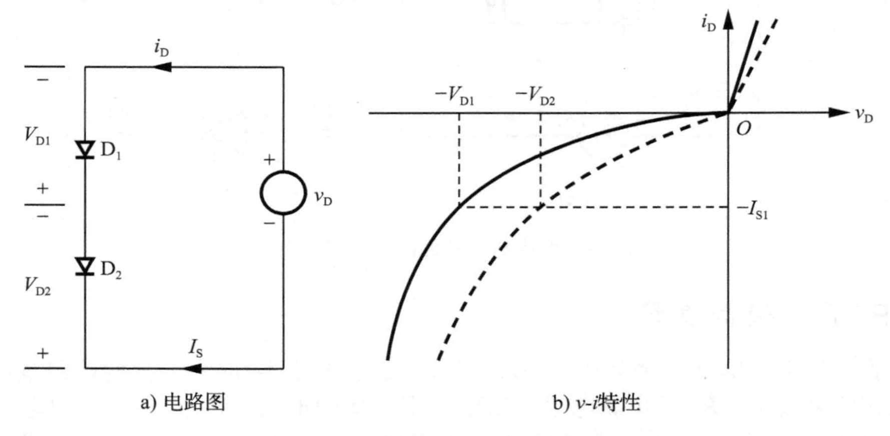

图 2-10 反向偏置的两个串联二极管

考虑图 2-10a 中两个串联的二极管，变量 I_D 和 V_D 分别为正向的电流和电压，V_{D1} 和 V_{D2} 分别为二极管 D_1 和 D_2 分配得到的反向电压。在实际中，由于生产过程中的偏差，同类型二极管的 v-i 特性会有所不同。图 2-10b 给出了这种二极管的两个 v-i 特性。在正向偏置条件下，流过两个二极管的电流相同，每个二极管的正向压降几乎相等。然而，在反向阻断状态下，两个二极管流过相同的漏电流，因此阻断电压可能产生显著的差异。

一个简单的解决方案是，在各二极管上连接一个电阻来强制分压，如图 2-11a 所示。由于两个二极管分配的反向电压相同，而其漏电流不同，如图 2-11b 所示。总的漏电流必须由一个二极管及其对应的电阻器来分担，即

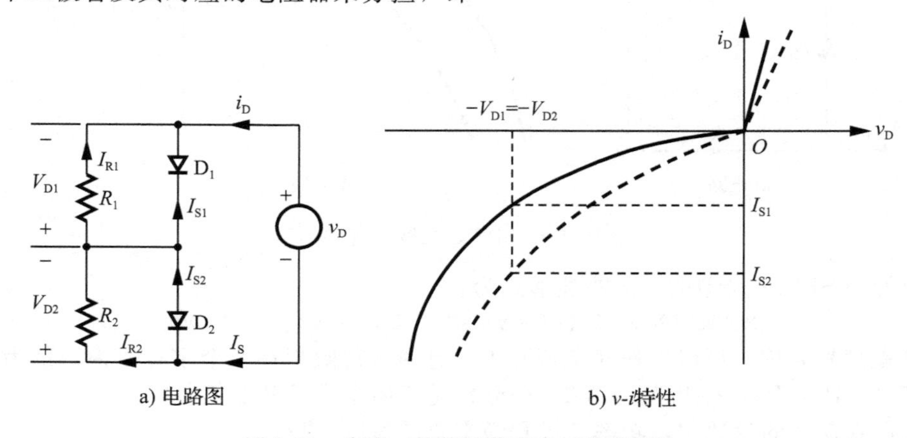

图 2-11 串联二极管的稳态电压分配特性

$$I_S = I_{S1} + I_{R1} = I_{S2} + I_{R2} \tag{2-12}$$

然而，$I_{R1} = V_{D1}/R_1$，$I_{R2} = V_{D2}/R_2 = V_{D1}/R_2$。式(2-12)给出平分电压时 R_1 和 R_2 的关系，即

$$I_{S1} + \frac{V_{D1}}{R_1} = I_{S2} + \frac{V_{D1}}{R_2} \tag{2-13}$$

如果电阻相等，则 $R=R_1=R_2$，两个二极管的电压会略有不同，这取决于两个 v-i 特性的异同。V_{D1} 和 V_{D2} 的值可以由式(2-14)和式(2-15)确定：

$$I_{S1} + \frac{V_{D1}}{R} = I_{S2} + \frac{V_{D1}}{R} \tag{2-14}$$

$$V_{D1} + V_{D2} = V_S \tag{2-15}$$

瞬态条件下的分压(例如，由于负载切换、输入电压的初始加载)通过在每个二极管两端连接电容来实现，如图 2-12 所示。R_S 用于限制阻断电压的上升速率。

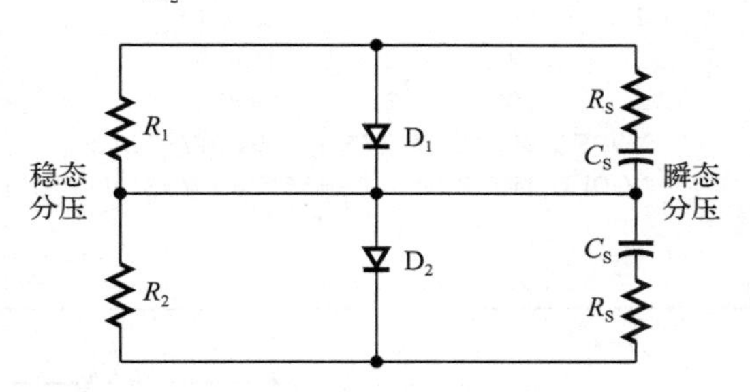

图 2-12　串联二极管稳态和瞬态条件下的分压网络

例 2.3　求分压电阻。

两个二极管串联，如图 2-11a 所示，分担了 $V_D=5\text{kV}$ 的直流反向电压。两个二极管的反向漏电流是 $I_{S1}=30\text{mA}$ 和 $I_{S2}=35\text{mA}$。(a)求分压电阻相等($R_1=R_2=R=100\text{k}\Omega$)时的二极管电压。(b)求二极管电压相等($V_{D1}=V_{D2}=V_D/2$)时的分压电阻 R_1 和 R_2。(c)使用 PSpice 检查(a)部分的结果。二极管的 PSpice 模型参数为 BV=3kV；对于二极管 D_1，$I_S=30\text{mA}$；对于二极管 D_2，$I_S=35\text{mA}$。

解：

(a) $I_{S1}=30\text{mA}$，$I_{S2}=35\text{mA}$，$R_1=R_2=R=100\text{k}\Omega$。$-V_D=-V_{D1}-V_{D2}$ 或 $V_{D2}=V_D-V_{D1}$。由式(2-14)，有

$$I_{S1} + \frac{V_{D1}}{R} = I_{S2} + \frac{V_{D2}}{R}$$

代入 $V_{D2}=V_D-V_{D1}$ 求解二极管 D_1 两端电压，可以得到：

$$V_{D1} = \frac{V_D}{2} + \frac{R}{2}(I_{S2} - I_{S1}) = \frac{5\text{kV}}{2} + \frac{100\text{k}\Omega}{2} \times (35\times10^{-3}\text{A} - 30\times10^{-3}\text{A})$$
$$= 2750\text{V} \tag{2-16}$$

和 $V_{D2}=V_D-V_{D1}=5\text{kV}-2750\text{V}=2250\text{V}$

(b) $I_{S1}=30\text{mA}$，$I_{S2}=35\text{mA}$，$V_{D1}=V_{D2}=V_D/2=2.5\text{kV}$。由式(2-31)，有：

$$I_{S1} + \frac{V_{D1}}{R_1} = I_{S2} + \frac{V_{D2}}{R_2}$$

当 R_1 的阻值已知，R_2 的阻值可表示为：

$$R_2 = \frac{V_{D2}R_1}{V_{D1} - R_1(I_{S2} - I_{S1})} \tag{2-17}$$

假设 $R_1=100\text{k}\Omega$，可以得到：

$$R_2 = \frac{2.5\text{kV}\times100\text{k}\Omega}{2.5\text{kV} - 100\text{k}\Omega\times(35\times10^{-3}\text{A} - 30\times10^{-3})\text{A}} = 125\text{k}\Omega$$

(c) 在 PSpice 仿真中的二极管电路如图 2-13 所示。电路文件如下：

```
例 2.3   二极管分压电路
VS      1      0      DC       5KV
R       1      2      0.01
R1      2      3      100K
R2      3      0      100K
D1      3      2      MOD1
D2      0      3      MOD2
.MODEL MOD1 D (IS=30MA BV=3KV)     ; Diode model parameters
.MODEL MOD2 D (IS=35MA BV=3KV)     ; Diode model parameters
.OP                                ; Dc operating point analysis
.END
```

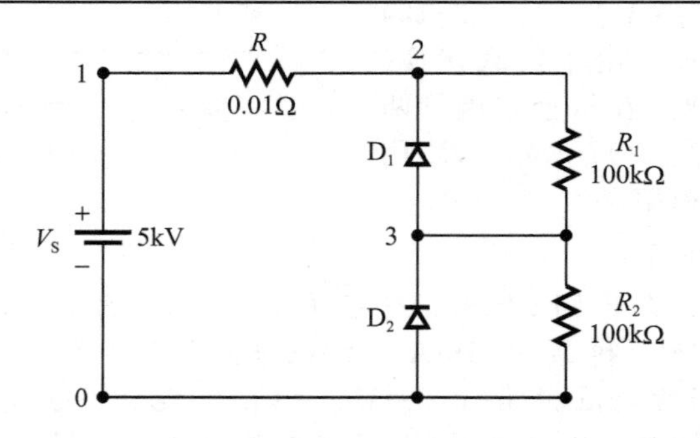

图 2-13　例 2.3 中用于 PSpice 仿真的二极管电路

PSpice 的仿真结果如下：

```
NAME    D1                                          D2
ID      -3.00E-02 ID1=-30 mA                        -3.50E-02 ID2=-35 mA
VD      -2.75E+03 VD1=-2750 V expected -2750 V -2.25E+03 VD2=-2250 V
                                                    expected -2250 V
REQ     1.00E+12 RD1=1 GΩ                           1.00E+12 RD2=1 GΩ
```

◀

注意： SPICE 给出与预期一样的电压值。在仿真中加入一个小电阻 $R=10\mathrm{m}\Omega$，防止 SPICE 仿真中由于零电阻电压回路产生错误。

2.10　并联二极管

在大功率应用中，并联二极管可以增加载流能力，以满足所需的电流要求。二极管分得的电流将符合它们各自的正向电压降。均匀的电流分配可通过提供相等的电感(如在引线上)或通过连接电流分配电阻器(由于引入功率损耗，可能不采用)来实现，如图 2-14 所示。可以通过选择具有相同正向压降或同类型二极管来最小化这种问题，因为该二极管是并联的，各二极管的反向阻断电压是相同的。

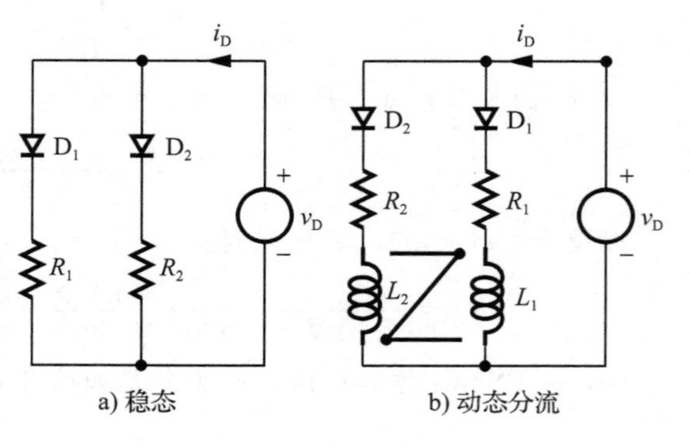

图 2-14　并联二极管

图 2-14a 所示的电阻有助于稳态条件

下的电流分配。在动态条件下的电流分配可通过连接耦合电感器来完成，如图 2-14b 所示。如果通过 D_1 的电流上升，L_1 两端的 Ldi/dt 增大，L_2 两端将对应感应出一个极性相反的电压。由此产生一个经过二极管 D_2 的低阻抗路径，于是电流被移动到 D_2。电感器可能会产生尖峰电压，增加电路成本，而且比较笨重，尤其在电流较高的时候。

2.11　带 RC 负载的二极管电路

图 2-15a 显示了一个带有 RC 负载的二极管电路。为简单起见，该电路中的二极管都认为是理想的。“理想的”是指反向恢复时间 t_{rr} 和正向压降 V_D 是可以忽略的，即 $t_{rr}=0$，$V_D=0$。电源电压 V_S 是一个直流恒定电压。开关 S_1 在 $t=0$ 时刻闭合，流过电容器的充电电流 i 可以从下式得到：

$$V_S = v_R + v_C = v_R + \frac{1}{C}\int_{t_0}^{t} i\mathrm{d}t + v_C(t=0) \tag{2-18}$$

$$v_R = Ri \tag{2-19}$$

当初始条件为 $v_C(t=0)=0$，通过式(2-18)可以解得(参考附录 D，式(D-1))充电电流 i 为：

$$i(t) = \frac{V_S}{R}\mathrm{e}^{-t/(RC)} \tag{2-20}$$

电容电压 v_C 为：

$$v_C(t) = \frac{1}{C}\int_0^t i\mathrm{d}t = V_S(1-\mathrm{e}^{-t/(RC)}) = V_S(1-\mathrm{e}^{-t/\tau}) \tag{2-21}$$

$\tau=RC$ 为 RC 负载的时间常数。电容电压的变化率为：

$$\frac{\mathrm{d}v_C}{\mathrm{d}t} = \frac{V_S}{RC}\mathrm{e}^{-t/(RC)} \tag{2-22}$$

从式(2-22)可以求得电容电压的初始变化率(在 $t=0$ 时刻)为：

$$\left.\frac{\mathrm{d}v_C}{\mathrm{d}t}\right|_{t=0} = \frac{V_S}{RC} \tag{2-23}$$

应该注意到，当开关在 $t=0$ 时闭合瞬间，电容器两端电压为零。电源电压 V_S 全部加在电阻 R 上，电流将瞬间上升至 V_S/R。也就是说，初始 $\mathrm{d}i/\mathrm{d}t=\infty$。

注意：由于图 2-15a 所示电路中电流 i 是单向的，其极性并不改变，二极管对电路工作没有影响。

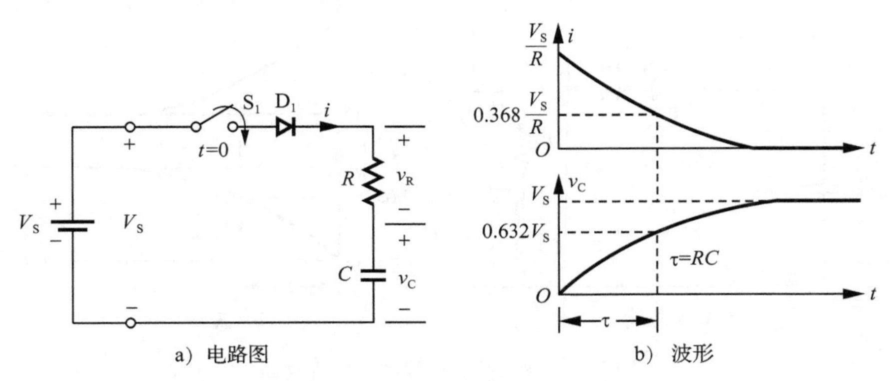

图 2-15　带有 RC 负载的二极管电路

例 2.4　求 RC 电路中的峰值电流和能量损耗。

图 2-16a 所示的二极管电路中 $R=44\Omega$，$C=0.1\mu F$。电容器的初始电压为：

$$V_{C0} = V_C(t=0) = 220\mathrm{V}$$

如果开关 S_1 在 $t=0$ 时刻闭合，计算：(a)该二极管的峰值电流；(b)消耗在电阻 R 上的能量；(c)$t=2\mu s$ 时刻电容器的电压。

解：

波形图如图 2-16b 所示。

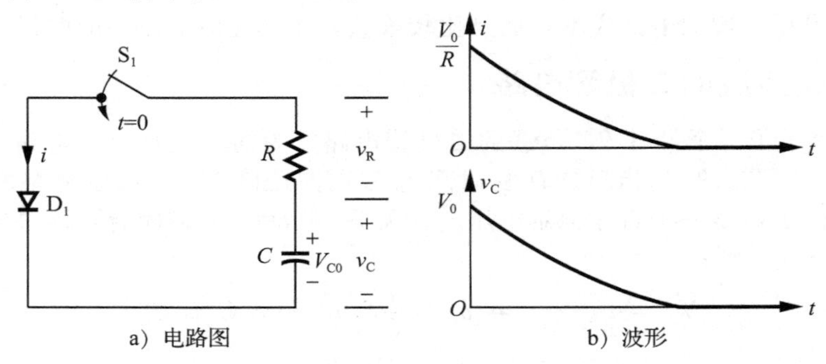

a) 电路图　　b) 波形

图 2-16　带有 RC 负载的二极管电路

(a)将 $V_S=V_{C0}$ 代入式(2-20)可求得二极管峰值电流 I_p 为：

$$I_p=\frac{V_{C0}}{R}\text{A}=\frac{220}{44}\text{A}=5\text{A}$$

(b)损耗的能量为：

$$W=0.5\,CV_{C0}^2=0.5\times 0.1\times 10^{-6}\times 220^2\text{J}=0.00242\text{J}=2.42\text{mJ}$$

(c)从 $RC=44\times 0.1\mu s=4.4\mu s$ 和 $t=t_1=2\mu s$，电容器的电压为：

$$v_C(t=2\mu s)=V_{C0}\,e^{-t/(RC)}=220\times e^{-2/4.4}\text{V}=139.64\text{V}$$ ◀

注意：因为电流是单向的，二极管并不影响电路工作。

2.12　带 *RL* 负载的二极管电路

图 2-17a 给出了一个带有 RL 负载的二极管电路。当开关 S_1 在 $t=0$ 时刻闭合，通过电感的电流 i 上升，可以表达为：

$$V_S=v_L+v_R=L\frac{di}{dt}+Ri \tag{2-24}$$

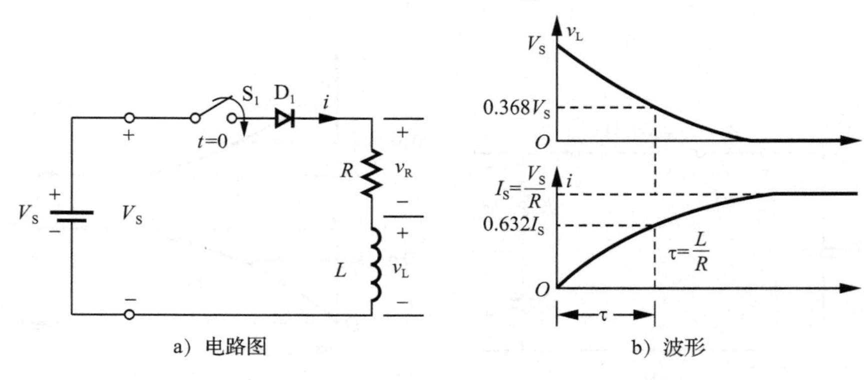

a) 电路图　　b) 波形

图 2-17　带有 RL 负载的二极管电路

若初始状态 $i(t=0)=0$，求解式(2-24)(参考附录 D，式(D-2))可以得到：

$$i(t)=\frac{V_S}{R}(1-e^{-tR/L}) \tag{2-25}$$

由式(2-25)可以得到电流的变化率为：

$$\frac{di}{dt}=\frac{V_S}{L}e^{-tR/L} \tag{2-26}$$

根据式(2-26)可以得到电流的初始上升速率($t=0$ 时刻)为：

$$\left.\frac{\mathrm{d}i}{\mathrm{d}t}\right|_{t=0}=\frac{V_{\mathrm{S}}}{L} \tag{2-27}$$

电感两端的电压 v_{L} 为：

$$v_{\mathrm{L}}(t)=L\frac{\mathrm{d}i}{\mathrm{d}t}=V_{\mathrm{S}}\,\mathrm{e}^{-tR/L} \tag{2-28}$$

式中：$L/R=\tau$ 为 RL 负载的时间常数。

应该注意到，当开关在 $t=0$ 时刻闭合时，电流为零，电阻 R 两端的电压为零。直流电源电压 V_{S} 将加在电感器 L 上，就是说，有：

$$V_{\mathrm{S}}=L\frac{\mathrm{d}i}{\mathrm{d}t}$$

所以电流的初始变化率为：

$$\frac{\mathrm{d}i}{\mathrm{d}t}=\frac{V_{\mathrm{S}}}{L}$$

这与式(2-27)相同。如果电路里没有电感，电流将瞬时上升。但由于电感的存在，电流将以初始斜率 V_{S}/L 上升，电流可以近似为 $i=(V_{\mathrm{S}}\cdot t)/L$。

注意：由于 D_1 与开关串联，如果有一个交流输入电源电压，它可以防止任何负电流流过开关，但这一规则不适用于直流电源。通常情况下，一个电子开关(BJT 或 MOSFET 或 IGBT)不允许反向电流流过。理想开关与二极管 D_1 的组合模拟了电子开关的切换行为。

电压 v_{L} 和电流的波形如图 2-17b 所示。如果 $t\gg L/R$，电感两端的电压趋于零，其电流达到稳态值 $I_{\mathrm{S}}=V_{\mathrm{S}}/R$。如果在这时候试图打开开关 S_1，存储在电感中的能量($=0.5\,Li^2$)将转化成整个开关和二极管的高反向电压。该能量在开关处以火花放电的形式被消耗；二极管 D_1 有可能在此过程中被损坏。为了克服这种情况，一个通常称为续流二极管的二极管被连接在感性负载的两端，如图 2-24a 所示。

注意：由于图 2-17a 所示的电流是单向的，其极性并不发生改变，二极管对电路的工作没有影响。

例 2.5　求电感器的稳态电流和储存能量。

如图 2-17a 所示的二极管 RL 电路中 $V_{\mathrm{S}}=220\mathrm{V}$，$R=4\Omega$，$L=5\mathrm{mH}$。电感器没有初始电流。如果开关 S_1 在 $t=0$ 时刻闭合，求(a)二极管稳态电流；(b)电感器 L 上的储存能量；(c)初始 $\mathrm{d}i/\mathrm{d}t$。

解：

波形图如图 2-17b 所示。

(a)当 $t=\infty$，由式(2-25)可求得二极管稳态峰值电流为：

$$I_{\mathrm{P}}=\frac{V_{\mathrm{S}}}{R}=\frac{220}{4}\mathrm{A}=55\mathrm{A}$$

(b)在 t 趋向∞的稳态情况下，电感存储的能量为：

$$W=0.5\,LI_{\mathrm{P}}^2=0.5\times5\times10^{-3}\times55^2\mathrm{J}=7.563\mathrm{mJ}$$

(c)根据式(2-26)，初始 $\mathrm{d}i/\mathrm{d}t$ 为：

$$\frac{\mathrm{d}i}{\mathrm{d}t}=\frac{V_{\mathrm{S}}}{L}=\frac{220}{5\times10^{-3}}\mathrm{A/s}=44\mathrm{A/ms}$$

(d)由 $LR=5\mathrm{mH}/4\Omega=1.25\mathrm{ms}$ 和 $t=t_1=1\mathrm{ms}$，结合式(2-25)，给出电感器的电流为：

$$i(t=1\mathrm{ms})=\frac{V_{\mathrm{S}}}{R}(1-\mathrm{e}^{-tR/L})=\frac{220}{4}\times(1-\mathrm{e}^{-1/1.25})\mathrm{A}=30.287\mathrm{A}$$ ◀

2.13　带 LC 负载的二极管电路

带有 LC 负载的二极管电路如图 2-18a 所示。电源电压 V_{S} 是一个直流恒定电压。当开

关 S_1 在 $t=0$ 时刻闭合时，电容器的充电电流 i 可表示为：

$$V_S = L\frac{di}{dt} + \frac{1}{C}\int_{t_0}^{t} i dt + v_C(t=0) \tag{2-29}$$

当初始条件 $i(t=0)=0$ 和 $v_C(t=0)=0$，由式(2-29)可以求得电容电流 i 为(参考附录D中式(D-3))：

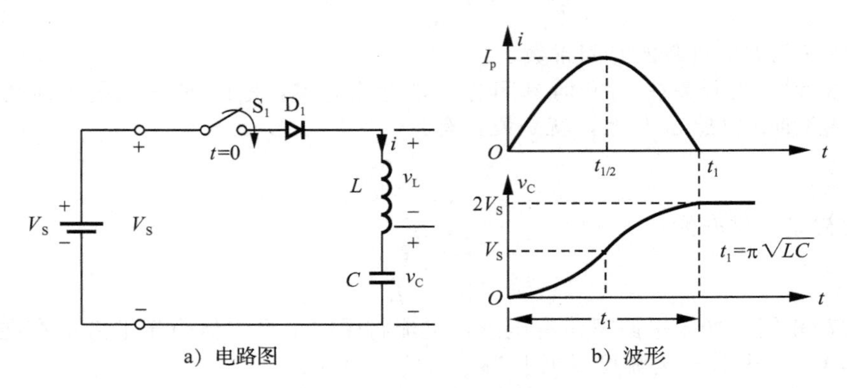

图 2-18　带有 LC 负载的二极管电路

$$i(t) = V_S\sqrt{\frac{C}{L}}\sin(\omega_0 t) \tag{2-30}$$

$$= I_p\sin(\omega_0 t) \tag{2-31}$$

式中：$\omega_0 = 1/\sqrt{LC}$。

峰值电流 I_p 为：

$$I_p = V_S\sqrt{\frac{C}{L}} \tag{2-32}$$

电流上升速率可由式(2-30)得到：

$$\frac{di}{dt} = \frac{V_S}{L}\cos(\omega_0 t) \tag{2-33}$$

式(2-33)给出电流上升的初始速率($t=0$ 时刻)为：

$$\left.\frac{di}{dt}\right|_{t=0} = \frac{V_S}{L} \tag{2-34}$$

电容器两端的电压 v_C 可以由下式推导得到：

$$v_C(t) = \frac{1}{C}\int_0^t i dt = V_S((1-\cos(\omega_0 t)) \tag{2-35}$$

在 $t=t_1=\pi\sqrt{LC}$时刻，二极管电流 i 降到零，电容电压充电到 $2V_S$。电压 v_L和电流 i 的波形如图 2-18b 所示。

注意：

● 因为电路中没有电阻，所以没有能量损失。因此，在没有任何电阻情况下，LC 电路的电流不停振荡，能量从电容 C 转移到电感 L，并来回往复。

● D_1 与开关串联在一起，它会阻止任何负电流流过开关。在不存在二极管的情况下，LC 电路将永远振荡下去。通常情况下，电子开关(BJT 或 MOSFET 或 IGBT)将不允许反向电流。与二极管 D_1 串联的开关器件模拟电子开关的切换行为。

● 电容器 C 的输出端可以连接到其他含有开关、串联 L、C 以及二极管的电路，以获得数倍于电源电压 V_S的电压。这个技术可在脉冲供能和超导的应用中产生高电压。

例 2.6　求 LC 电路中的电压和电流。

一个带有 LC 负载的二极管电路如图 2-19 所示。电容器的初始电压 $V_C(t=0)=$

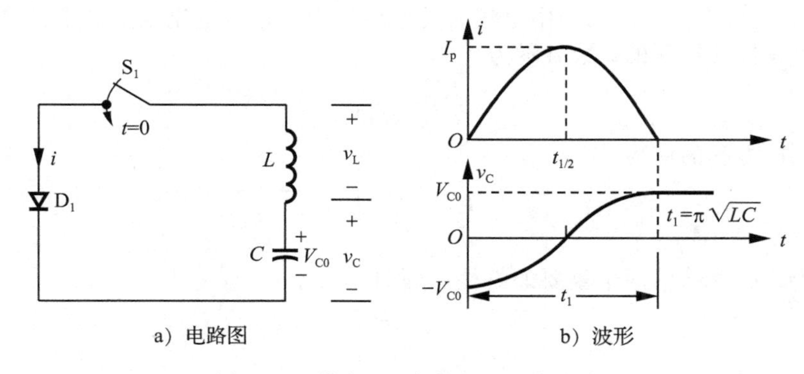

图 2-19　带有 LC 负载的二极管电路

$-V_{C0}=V_0-220\text{V}$；电容值 $C=20\mu\text{F}$；电感值 $L=80\mu\text{H}$。若开关 S_1 在 $t=0$ 时刻闭合，求(a)流过二极管的峰值电流；(b)二极管的导通时间；(c)最终稳态电容电压。

解：

(a)根据基尔霍夫电压定律(KVL)，可以写出电路关于电流 i 的方程为：

$$L\frac{\mathrm{d}i}{\mathrm{d}t}+\frac{1}{C}\int_{t_0}^{t} i\mathrm{d}t+v_C(t=0)=0$$

当初始条件为 $i(t=0)=0$ 和 $v_C(t=0)=-V_{C0}$ 时，可解得电流 i 为：

$$i(t)=V_{C0}\sqrt{\frac{C}{L}}\sin(\omega_0 t)$$

式中：$\omega_0=1/\sqrt{LC}=(10^6/\sqrt{20\times80})\text{rad/s}=25000\text{rad/s}$；峰值电流 I_p 为：

$$I_p=V_{C0}\sqrt{\frac{C}{L}}=\left(220\times\sqrt{\frac{20}{80}}\right)\text{A}=110\text{A}$$

(b)在 $t=t_1=\pi\sqrt{LC}$ 时刻，二极管电流变为零，二极管的导通时间 t_1 为：

$$t_1=\pi\sqrt{LC}=(\pi\sqrt{20\times80})\text{s}=125.66\mu\text{s}$$

(c)电容器电压可以表示为：

$$v_C(t)=\frac{1}{C}\int_0^t i\mathrm{d}t-V_{C0}=-V_{C0}\cos(\omega_0 t)$$

在 $t=t_1=125.66\mu\text{s}$，$v_C(t=t_1)=(-220\cos\pi)\text{V}=220\text{V}$。◀

注意：这是翻转电容器电压极性的一个实例。一些应用可能需要一个与可用电压极性相反的电压。

2.14　带 RLC 负载的二极管电路

一个带有 RLC 负载的二极管电路如图 2-20 所示。如果开关 S_1 在 $t=0$ 时刻闭合，可以用 KVL 写出负载电流 i 的表达式为：

$$L\frac{\mathrm{d}i}{\mathrm{d}t}+Ri+\frac{1}{C}\int i\mathrm{d}t+v_C(t=0)=V_s \tag{2-36}$$

初始状态 $i(t=0)=0$，$v_C(t=0)=V_{C0}$。对式(2-36)求导并在两端同时除以 L，可以得到特征方程为：

$$\frac{\mathrm{d}^2 i}{\mathrm{d}t^2}+\frac{R}{L}\frac{\mathrm{d}i}{\mathrm{d}t}+\frac{i}{LC}=0 \tag{2-37}$$

在最终稳态条件下，电容被充电至电源电

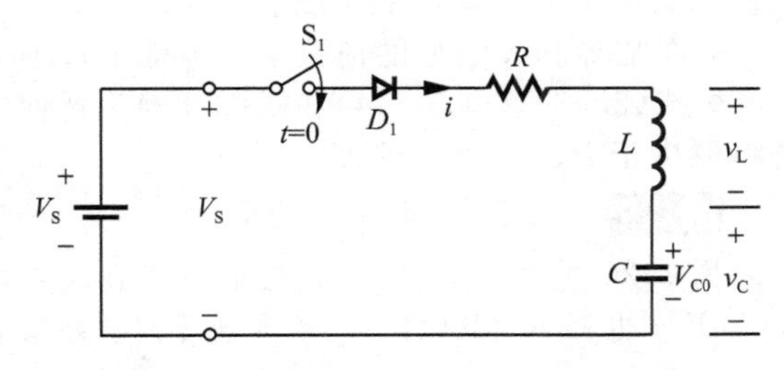

图 2-20　带有 RLC 负载的二极管电路

压 V_S，稳态电流为零。式(2-37)中电流的受迫成分为零。该电流主要产生自自然振荡。

特征方程在拉普拉斯的 s 域表示为：

$$s^2+\frac{R}{L}s+\frac{1}{LC}=0 \tag{2-38}$$

式(2-38)的二次方程的解为：

$$s_{1,2}=-\frac{R}{2L}\pm\sqrt{\left(\frac{R}{2L}\right)^2-\frac{1}{LC}} \tag{2-39}$$

我们定义一个二次电路的两个重要的特性，即阻尼因子

$$\alpha=\frac{R}{2L} \tag{2-40}$$

和谐振频率

$$\omega_0=\frac{1}{\sqrt{LC}} \tag{2-41}$$

把这些关系代入式(2-39)，有：

$$s_{1,2}=-\alpha\pm\sqrt{\alpha^2-\omega_0^2} \tag{2-42}$$

求得的电流解取决于 α 和 ω_0 的值，并可能为下列三种情况之一。

情况 1　如果 $\alpha=\omega_0$，得到两个相同的根 $s_1=s_2$，此时的电路称为处于临界阻尼状态。此时的解可表示为：

$$i(t)=(A_1+A_2t)\,e^{s_1t} \tag{2-43}$$

情况 2　如果 $\alpha>\omega_0$，方程两根皆为实数，此时的电路称为处于过阻尼状态。此时的解可表示为：

$$i(t)=A_1\,e^{s_1t}+A_2\,e^{s_2t} \tag{2-44}$$

情况 3　如果 $\alpha<\omega_0$，两个根为复数，此时的电路称为处于欠阻尼状态。此时的根为：

$$s_{1,2}=-\alpha\pm j\omega_r \tag{2-45}$$

式中：ω_r 为振铃频率(或阻尼谐振频率)，$\omega_r=\sqrt{\omega_0^2-\alpha^2}$。

电流解有以下形式：

$$i(t)=e^{-\alpha t}(A_1\cos(\omega_rt)+A_2\sin(\omega_rt)) \tag{2-46}$$

此为一个衰减的正弦信号。

一种开关欠阻尼 RLC 电路用于将直流的电源电压转换成衰减谐振频率下的交流电压。此方法在第 7 章中详细叙述。

注意：

- 常数 A_1 和 A_2 可以由电路的初始条件决定。解决这两个常量需要用 $i(t=0)$ 和 di/dt $(t=0)$ 处的两个边界方程。α/ω_0 的比率通常称为阻尼比，$\delta=R/2\sqrt{C/L}$。电力电子电路一般为欠阻尼的，使得电路中的电流变成接近正弦的函数，从而得到接近正弦的交流输出或实现对功率半导体器件的关闭。
- 在临界和欠阻尼的情况下，电流 $i(t)$ 不会振荡，所以没有必要使用二极管。
- 式(2.43)、式(2.44)和式(2.26)为任何二阶微分方程的一般形式解。该特定形式的解将取决于 R、L 和 C 的值。

例 2.7　求 RLC 电路中的电流。

图 2-20 所示的二阶 RLC 电路具有直流电源电压 $V_S=220V$，电感 $L=2mH$，电容 $C=0.05\mu F$ 和电阻 $R=160\Omega$。电容器电压的初始值为 $v_C(t=0)=V_{C0}=0$，导电电流 $i(t=0)=0$。

如果开关 S_1 在 $t=0$ 时刻闭合，求(a)电流 $i(t)$ 的表达式；(b)二极管的导通时间；(c)画出 $i(t)$ 的草图；(d)使用 PSpice 绘制 $R=50\Omega$、160Ω 和 320Ω 时的瞬态电流 i。

解：

(a) 由式(2-40)，$\alpha = R/(2L) = (160 \times 10^3/(2 \times 2))\text{rad/s} = 40000\text{rad/s}$，根据式(2-41)，有：

$\omega_0 = 1/\sqrt{LC} = 10^5\text{rad/s}$。

振铃频率为：

$$\omega_r = \sqrt{10^{10} - 16 \times 10^8}\text{rad/s} = 91652\text{rad/s}$$

因为 $\alpha < \omega_0$，这是一个欠阻尼电路，解的形式为：

$$i(t) = e^{-\alpha t}(A_1\cos(\omega_r t) + A_2\sin(\omega_r t))$$

在 $t=0$ 时刻，$i(t=0)=0$，所以有 $A_1=0$。于是解为：

$$i(t) = e^{-\alpha t}A_2\sin(\omega_r t)$$

$i(t)$的导数变为：

$$\frac{\mathrm{d}i}{\mathrm{d}t} = \omega_r\cos(\omega_r t)A_2\,e^{-\alpha t} - \alpha\sin(\omega_r t)A_2\,e^{-\alpha}$$

当开关在 $t=0$ 时刻闭合时，电容器提供了低阻抗而电感提供了高阻抗。电流的上升初始速率仅受电感器 L 限制。因此在 $t=0$ 时，电路 $\mathrm{d}i/\mathrm{d}t$ 为 V_S/L。因此，

$$\left.\frac{\mathrm{d}i}{\mathrm{d}t}\right|_{t=0} = \omega_r A_2 = \frac{V_S}{L}$$

所以常数

$$A_2 = \frac{V_S}{\omega_r L} = \frac{220 \times 1000}{91652 \times 2}\text{A} = 1.2\text{A}$$

电流 $i(t)$的最终表达式为：

$$i(t) = 1.2\sin(91652t)e^{-40000t}\text{A}$$

(b)二极管的导通时间 t_1 在 $i=0$ 时求得，也就是：

$$\omega_r t_1 = \pi \text{ 或者 } t_1 = \frac{\pi}{91652}\mu\text{s} = 34.27\mu\text{s}$$

(c)图 2-21 给出了电流波形简图。

(d)用于 PSpice 仿真[4]的电路如图 2-22 所示。电路文件如下：

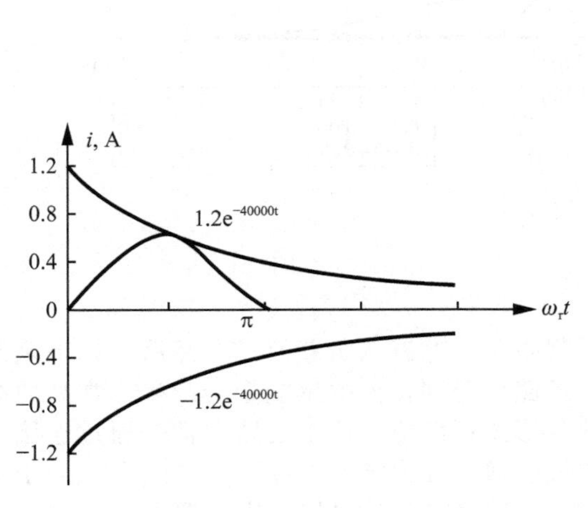

图 2-21　例 2.7 的电流波形

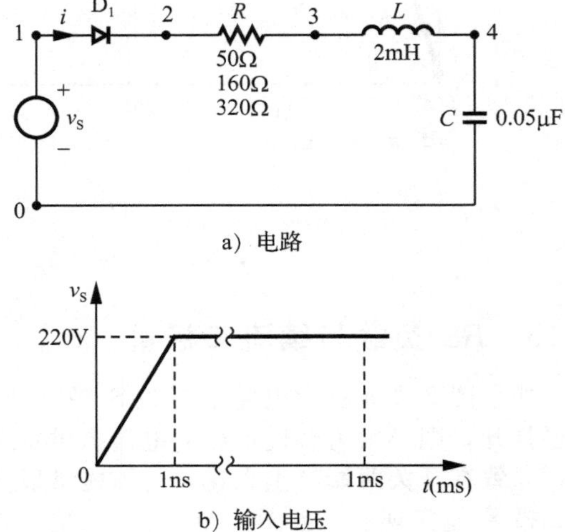

图 2-22　用于 PSpice 仿真的 RLC 电路

例 2.7　具有二极管的 *RLC* 电路

```
.PARAM  VALU = 160                          ; Define parameter VALU
.STEP   PARAM   VALU LIST 50 160 320        ; Vary parameter VALU
VS      1   0    PWL (0 0 INS 220V 1MS 220V) ; Piecewise linear
R       2   3    {VALU}                     ; Variable resistance
L       3   4    2MH
C       4   0    0.05UF
D1      1   2    DMOD                       ; Diode with model DMOD
.MODEL DMOD D(IS=2.22E-15 BV=1800V)         ; Diode model parameters
.TRAN 0.1US 60US                            ; Transient analysis
.PROBE                                      ; Graphics postprocessor
.END
```

使用 PSpice 绘出的流过电阻 R 的电流 $I(R)$ 的图形，如图 2-23 所示。电流响应取决于电阻 R。随着 R 的值增加而变得更高，电流受到的衰减更大；R 值较小的时候，电流更接近正弦形状。对于 $R=0$，峰值电流变为 $V_S(C/L)=220\text{V}\times(0.05\mu\text{C}/2\text{mH})=1.56\text{A}$。电路设计者可以通过选择阻尼比和 R、L 和 C 的值来生成所需形状的波形和输出频率。◀

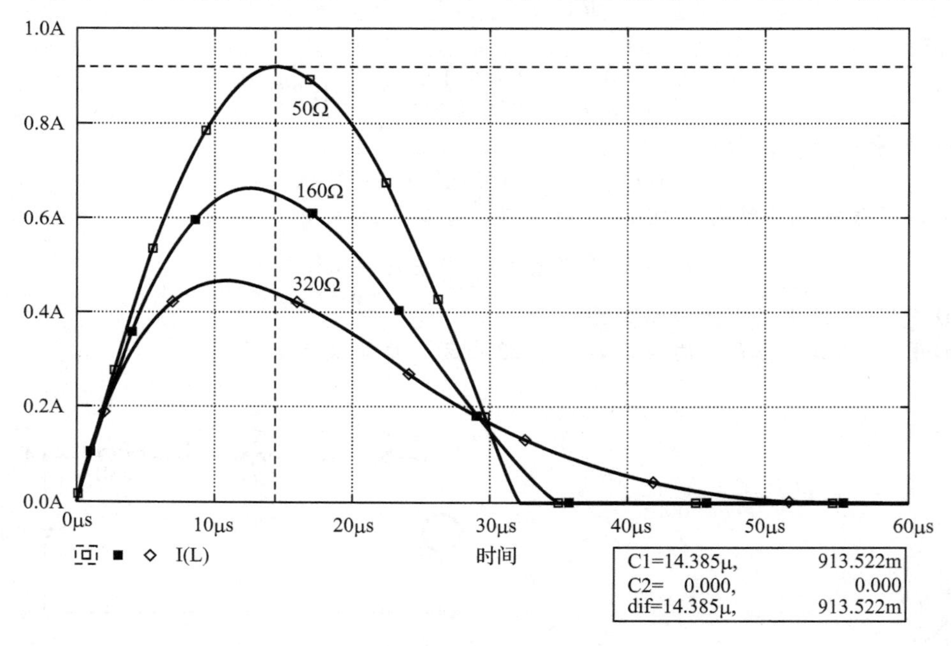

图 2-23　例 2.8 的图

2.15　*RL* 负载与续流二极管

如果图 2-24a 所示电路中开关 S_1 在 t_1 时刻闭合，电流从负载流过。然后，如果该开关再打开，则必须为感性负载的电流提供一个通路，否则，该电感能量会产生非常高的电压，以致在开关两端产生火花，使该能量以热的形式耗散掉。这个通路通常是通过连接一个二极管D_m实现的，如图 2-24a 所示，这个二极管通常称为续流二极管。二极管D_m对于给电感性负载提供电流路径是必要的。二极管 D_1 与开关串联，假如输入电源电压为交流电压，它可以防止任何负电流流过开关。但是对于直流电源，如图 2-24a 所示，没有必要使用 D_1。二极管 D_1 模拟了电子开关的切换行为。

在 $t=0^+$(零时刻之后的很短时间)时刻，开关刚闭合，电流仍为零。如果没有电感，电流会瞬间上升。但由于电感的存在，电流会以式(2-27)给出的初始斜率呈指数上升。电路的运作可分为两种模式。模式 1 开始在 $t=0$ 的开关闭合时刻，随后当开关打开时模式 2 开始。图 2-24b 给出了这两个模式的等效电路。变量 i_1 和 i_2 分别定义为模式 1 和模式 2 的瞬时电流；t_1 和 t_2 为这些模式相应的持续时间。

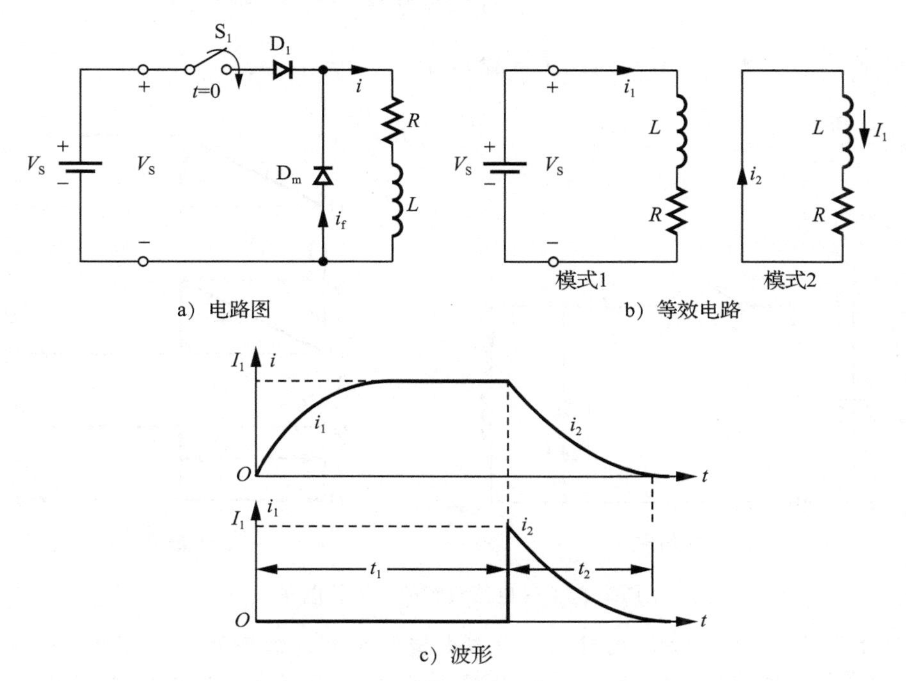

图 2-24　具有续流二极管的电路

模式 1　在该模式下，二极管电流 i_1 类似式(2-25)给出的函数，即

$$i_1(t)=\frac{V_S}{R}(1-e^{tR/L})\tag{2-47}$$

当开关在 $t=t_1$ 打开(此模式的终点)时，该时刻的电流变为：

$$I_1=i_1(t=t_1)=\frac{V_S}{R}(1-e^{tR/L})\tag{2-48}$$

如果时间 $t=t_1$ 足够长，则流过负载的电流几乎达到稳态值 $I_S=V_S/R$。

模式 2　该模式始于开关打开时，此时负载电流开始流经续流二极管D_m。重新定义这一模式的开始为时间原点，则流过续流二极管的电流由

$$0=L\frac{di_2}{dt}+Ri_2\tag{2-49}$$

和初始条件 $i_2(t=0)=I_1$ 求得。求解式(2-49)得到续流电流 $i_f=i_2$。其中

$$i_2(t)=I_1\,e^{-tR/L}\tag{2-50}$$

在 $t=t_2$ 时刻，此电流呈指数衰减，且因为 $t_2\gg L/R$，电流趋近于零。电流的波形如图 2-24c 所示。

注意：由图 2-24c 表明，在 t_1 和 t_2 时刻，电流已达到稳态条件。这些都是极端的情况。电路通常在零条件下操作，使得电流保持连续。

例 2.8　求一个带续流二极管的电感器的存储能量。

在图 2-24a 所示电路中，电阻可忽略不计($R=0$)，电源电压为 $V_S=220V$(关于时间的常数)，负载电感为 $L=220\mu H$。(a)如果开关时间在 $t_1=100\mu s$ 时刻闭合，随后打开，画

出负载电流的波形；(b)确定存储在所述负载电感的最终能量。

解：

(a)图 2-25a 给出电路图，初始电流为零。当开关在 $t=0$ 时刻闭合时，负载电流呈线性上升并表达为：

$$i(t)=\frac{V_S}{L}t$$

在 $t=t_1$ 时刻，

$$I_0=V_S t_1/L=220\times100/220=100\text{A}$$

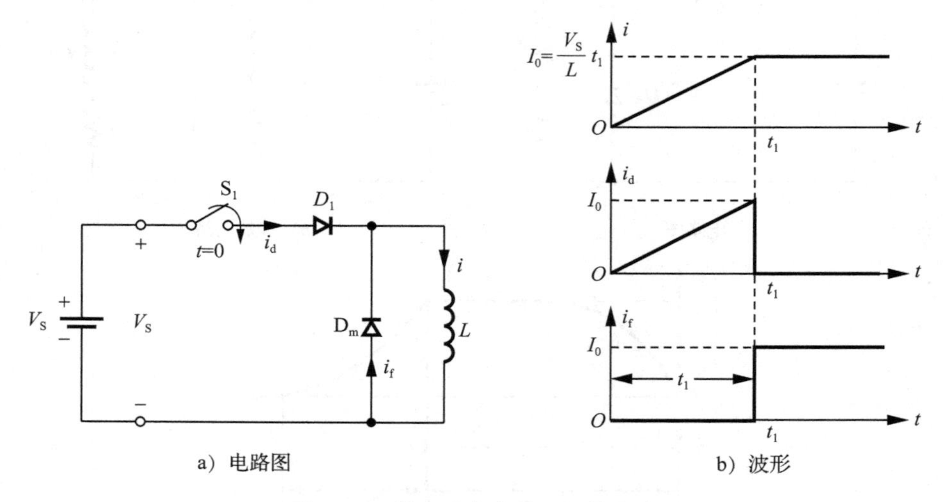

图 2-25　带电感负载的二极管电路

(b)当开关 S_1 在时间 $t=t_1$ 打开时，负载电流开始流过二极管D_m。因为电路中没有耗散(电阻性)元件，负载电流保持为 $I_0=100\text{A}$ 的常数，存储在电感中的能量为 $0.5LI_0^2=1.1\text{J}$。电流波形如图 2-25b 所示。◀

2.16　利用二极管进行能量回收

在图 2-25a 所示的理想无损电路[7]中，因为没有电阻存在，存储在电感中的能量被“困”在电路中，不能得到利用。在实际电路中，我们可以将存储的能量回收到电源，以提高系统效率。如图 2-26a 所示，这种能量回收可以通过给上述电感器添加二次绕组并且连接一个二极管 D_1 来实现。电感器及其二次绕组相当于一个变压器。变压器的二次绕组设计为当 v_1 为正时 v_2 为负，反之亦然。二次绕组称为反馈绕组，它通过二极管 D_1 把存储的能量返回到电源中。假设变压器的磁化电感为 L_m，等效电路如图 2-26b 所示。

如果把二极管和二次电压(电源电压)反映到变压器的二次绕组，等效电路如图 2-26c 所示。参数 i_1 和 i_2 分别为变压器的一次电流和二次电流。

一个理想变压器的匝数比定义为：

$$a=\frac{N_2}{N_1} \tag{2-51}$$

电路的运作模式可以分为两种。模式 1 从开关 S_1 在 $t=0$ 闭合开始，模式 2 开始于开关打开时刻。这两个模式的等效电路如图 2-27a 所示。其中 t_1 和 t_2 分别表示模式 1 和模式 2 的持续时间。

模式 1　在该模式下，开关 S_1 在 $t=0$ 时刻闭合。二极管 D_1 反偏，流过二极管(二次绕组)的电流为 $ai_2=0$ 或者 $i_2=0$。针对模式 1，对图 2-27a 所示电路使用基尔霍夫电压定律，$V_S=(v_D-V_S)a$，这给出二极管反向电压为：

$$v_D = V_S(1+a) \tag{2-52}$$

假设电路没有初始电流，一次电路与开关电流 i_S相同，表达为：

$$V_S = L_m \frac{di_1}{dt} \tag{2-53}$$

进而有：

$$i_1(t) = i_S(t) = \frac{V_S}{L_m}t, 0 \leqslant t \leqslant t_1 \tag{2-54}$$

这一模式在 $0 \leqslant t \leqslant t_1$ 有效，而在 $t=t_1$ 开关打开时终结。在该模式的最后，一次电流变为：

$$I_0 = \frac{V_S}{L_m}t_1 \tag{2-55}$$

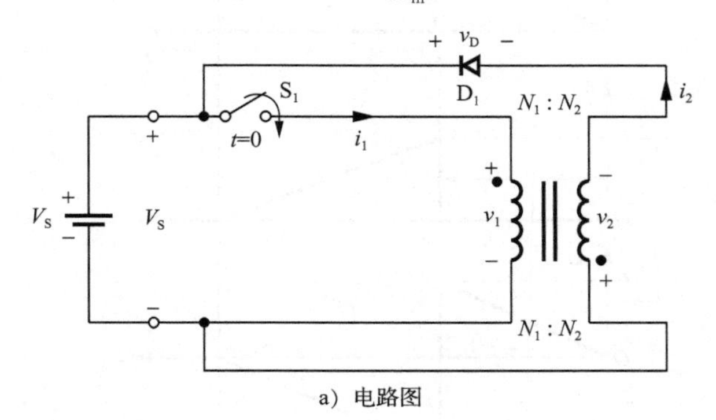

a）电路图

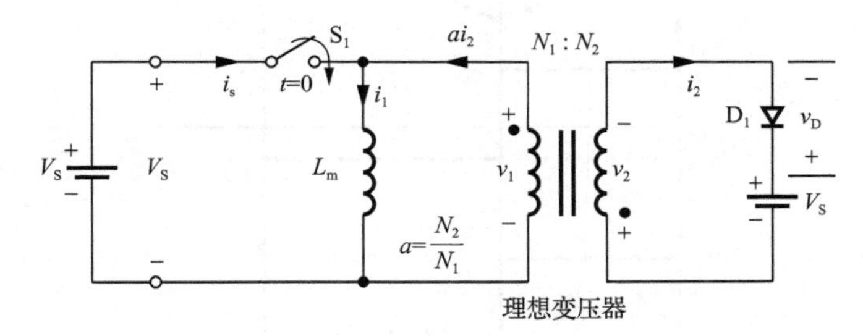

b）等效电路

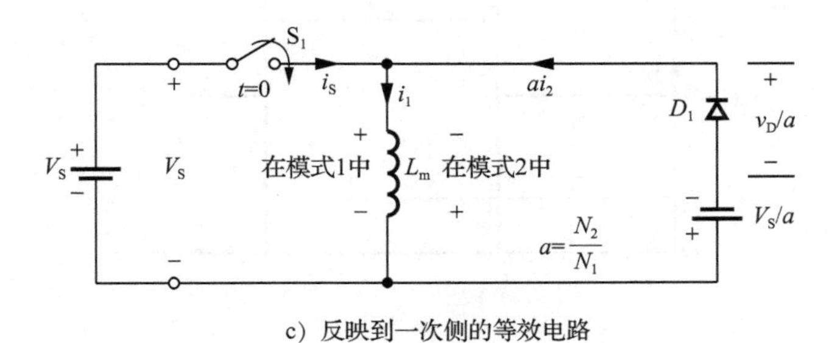

c）反映到一次侧的等效电路

图 2-26 具有能量回收二极管的电路

模式 2 在该模式下，开关打开。电感两端电压翻转，二极管 D_1 正偏。电流流过变压器的二次绕组，存储在电感器的能量被返回到电源。当初始条件 $i_1(t=0)=I_0$时，使用基尔霍夫电压定律，并且重新定义该模式的开始为时间原点，则二次电流为：

$$L_m \frac{di_1}{dt} + \frac{V_S}{a} = 0 \tag{2-56}$$

求解得到电流为：

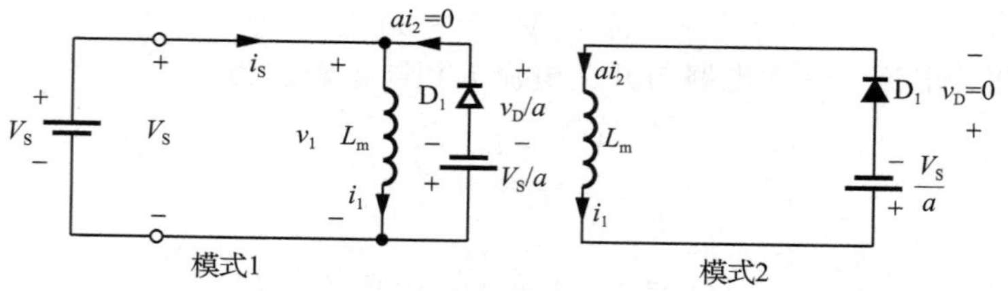

a）等效电路

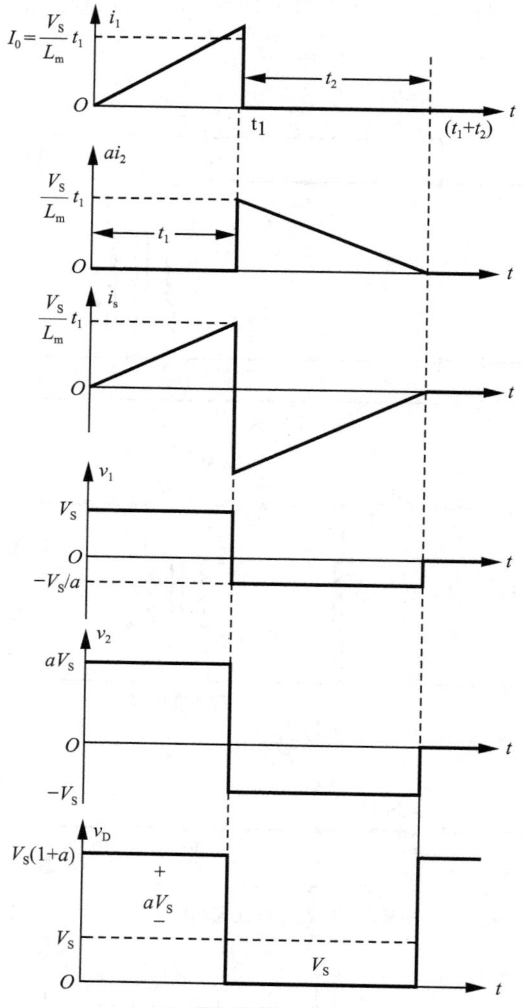

b）波形

图 2-27　等效电路和波形

$$i_1(t) = -\frac{V_S}{aL_m}t + I_0, 0 \leqslant t \leqslant t_2 \tag{2-57}$$

二极管 D_1 的导通时间可以从式(2-57)的条件 $i_1(t=t_2)=0$ 求解得：

$$i_2 = \frac{aL_m I_0}{V_S} = at_1 \tag{2-58}$$

模式 2 在 $0 \leqslant t \leqslant t_2$ 时有效。在 $t=t_2$，即该模式的终结时刻，所有存储在电感器 L_m 上的能量返回到电源中。图 2-27b 给出了 $a=10/6$ 时不同的电流和电压的波形。

例 2.9 求一个带反馈二极管的电感器中可回收的能量。

对于图 2-26a 所示的能量回收电路，变压器的磁化电感为 $L_m = 250\mu H$，$N_1 = 10$，$N_2 = 100$。变压器的漏电感和电阻是可以忽略的。电源电压为 $V_S = 220V$，电路中没有初始电流。如果开关 S_1 闭合一段时间 $t_1 = 50\mu s$，随后打开。(a)求二极管 D_1 的反向电压；(b)计算一次侧的电流峰值；(c)计算二次侧的电流峰值；(d)确定二极管 D_1 的导通时间；(e)确定由所述电源提供的能量。

解：

匝数比 $a = N_2/N_1 = 100/10 = 10$。

(a) 根据式(2-52)，二极管的反向电压为：

$$v_D = V_S(1+a) = 220 \times (1+10)V = 2420V$$

(b) 根据式(2-55)，一次电流峰值为：

$$I_0 = \frac{V_S}{L_m}t_1 = 220 \times \frac{50}{250}A = 44A$$

(c) 二次电流峰值为 $I'_0 = I_0/a = (44/10)A = 4.4A$。

(d) 根据式(2-58)，二极管的导通时间为：

$$t_2 = \frac{aL_m I_0}{V_S} = 250 \times 44 \times \frac{10}{220}\mu s = 500\mu s$$

(e) 存储能量为：

$$W = \int_0^{t_1} vi\,dt = \int_0^{t_1} V_S \frac{V_S}{L_m}t\,dt = \frac{1}{2}\frac{V_S^2}{L_m}t_1^2$$

使用式(2-55)中 I_0 的表达式，有：

$$W = 0.5L_m I_0^2 = 0.5 \times 250 \times 10^{-6} \times 44^2 J = 0.242J = 242mJ$$ ◀

本章小结

实际二极管与理想二极管的特性存在差异。反向恢复时间具有重要作用，尤其是在高速开关切换的应用中。二极管可分为三种类型：(1)通用型二极管；(2)快速恢复二极管；(3)肖特基二极管。虽然肖特基二极管表现为一个 pn 结二极管，但它并不存在物理连接点，故肖特基二极管是多数载流子器件。另一方面，pn 结二极管既是多数也是少数载流子二极管。

如果二极管串联连接，以增加电压阻断能力，则在稳态和瞬态条件下的电压分摊网络是必需的。当二极管并联连接，以增加载流能力时，电流的分摊元件也是必要的。

在本章中，我们已经看到功率二极管的一些应用，如实现电容器电压的翻转，为电容器充电使其电压超过输入电压，续流作用，从感性负载回收能量。

能量可以通过使用一个单向开关从直流源转移到电容器和电感器中。一个电感试图通过允许两端的电压改变来保持电流的恒定，而电容试图通过允许流过的电流改变来保持电压恒定。

参考文献

[1] M. H. Rashid, *Microelectronic Circuits: Analysis and Design.* Boston: Cengage Publishing. 2011, Chapter 2.

[2] P. R. Gray and R. G. Meyer, *Analysis and Design of Analog Integrated Circuits.* New York: John Wiley & Sons. 1993, Chapter 1.

[3] Infineon Technologies: *Power Semiconductors*. Germany: Siemens, 2001. www.infineon.com/.

[4] M. H. Rashid, *SPICE for Circuits and Electronics Using PSpice*. Englewood Cliffs, NJ: Prentice-Hall Inc. 2003.

[5] M. H. Rashid, *SPICE for Power Electronics and Electric Power.* Boca Raton, FL: Taylor & Francis. 2012.

[6] P. W. Tuinenga, *SPICE: A Guide to Circuit Simulation and Analysis Using PSpice*. Englewood Cliffs, NJ: Prentice-Hall. 1995.

[7] S. B. Dewan and A. Straughen, *Power Semiconductor Circuits*. New York: John Wiley & Sons. 1975, Chapter 2.

[8] N. Krihely and S. Ben-Yaakov, "Simulation Bits: Adding the Reverse Recovery Feature to a Generic Diode," *IEEE Power Electronics Society Newsletter*. Second Quarter 2011, pp. 26–30.

[9] B. Ozpineci and L. Tolbert. "Silicon Carbide: Smaller, Faster, Tougher." *IEEE Spectrum*, October 2011.

复习题

1.1 功率二极管有哪些类型？

2.2 什么是二极管的漏电流？

2.3 什么是二极管的反向恢复时间？

2.4 什么是二极管的反向恢复电流？

2.5 什么是二极管的软度因子？

2.6 什么是二极管的恢复类型？

2.7 反向恢复过程开始的条件是什么？

2.8 在回收过程中，二极管的反向电压在什么时候达到其峰值？

2.9 在 pn 结二极管中，造成反向恢复时间的原因是什么？

2.10 反向恢复时间有什么作用？

2.11 为什么要使用快速恢复二极管实现高速开关切换？

2.12 什么是正向恢复时间？

2.13 pn 结二极管和肖特基二极管之间的主要区别是什么？

2.14 肖特基二极管的局限是什么？

2.15 什么是通用二极管的典型反向恢复时间？

2.16 什么是快速恢复二极管的典型反向恢复时间？

2.17 串联二极管有什么问题，有什么可能的解决方案？

2.18 并联二极管有什么问题，有什么可能的解决方案？

2.19 如果两个二极管串联在一起并有同等电压分配，为什么二极管泄漏电流会不同？

2.20 什么是一个 *RL* 电路的时间常数 τ？

2.21 什么是一个 *RC* 电路的时间常数 τ？

2.22 *LC* 电路的谐振频率是多少？

2.23 什么是一个 *RLC* 电路的阻尼因子？

2.24 *RLC* 电路的谐振频率和振铃频率之间有什么区别？

2.25 什么是续流二极管，其目的是什么？

2.26 什么是电感的“被困”能量？

2.27 如何使用一个二极管回收电感中的“被困”能量？

2.28 在 *RL* 电路中如果电感很大，会有什么影响？

2.29 在 *RLC* 电路中如果电阻非常小，会有什么影响？

2.30 作为储能元件，电容和电感之间有什么差异？

习题

2.1 二极管的反向恢复时间为 $t_{rr}=5\mu s$，电流下降速率为 $di/dt=80A/\mu s$。如果软度因子为 SF=0.5，判断(a)存储电荷 Q_{RR}；(b)峰值反向电流 I_{RR}。

2.2 二极管的反向恢复时间为 $t_{rr}=5\mu s$，电流下降速率为 $di/dt=800A/\mu s$。如果软度因子为 SF=0.5，判断(a)存储电荷 Q_{RR}；(b)峰值反向电流 I_{RR}。

2.3 二极管的反向恢复时间 $t_{rr}=5\mu s$，软度因子 SF=0.5。以 $100A/\mu s$ 为增量，画出二极管电流下降速度从 $100A/\mu s$ 到 $1kA/\mu s$ 所对应的(a)存储电荷 Q_{RR} 和(b)峰值反向电流 I_{RR}。

2.4 在 25℃下测得某二极管的参数值如下：$I_D=50A$ 时，$V_D=1.0V$；$I_D=600A$ 时，$V_D=1.5V$。
计算(a)发射系数 n，(b)漏电流 I_S。

2.5 在 25℃下测得某二极管的参数值如下：$I_D=100A$ 时，$V_D=1.2V$；$I_D=1500A$ 时，$V_D=1.6V$。计算(a)发射系数 n，(b)漏电流 I_S。

2.6 两个二极管如图 2-11 所示串联在一起，每个二极管的电压通过连接一个电压分配电阻保持一致，使得 $V_{D1}=V_{D2}=2000V$ 和 $R_1=100k\Omega$。二极管的 v-i 特性如图 P2-6 所示。求每个二极管的漏电流和与二极管 D_2 并联的电阻 R_2 的阻值。

2.7 两个二极管如图 2-11a 所示串联连接，跨越每个二极管的电压通过连接电压分配电阻保持一致，使得 $V_{D1}=V_{D2}=2.2kV$ 和 $R_1=100k\Omega$。二极管的 v-i 特性如图 P2-6 所示。求每个二极管的漏电流和与二极管 D_2 并联的电阻 R_2 阻值。

2.8 两个二极管并联连接，各二极管的正向压降为 1.5V。二极管的 v-i 特性如图 P2-6 所示。求通过每个二极管的正向电流。

2.9 两个二极管并联连接，在其两端的正向压降分别为 2.0V。二极管的 v-i 特性如图 P2-6 所示。求通过每个二极管的正向电流。

2.10 两个二极管如图 2-14a 所示通过电流分摊电阻并联连接。其 v-i 特性如图 P2-6 所示。总电流 $I_T=200A$，跨越二极管和其电阻上的电压为 $v=2.5V$。如果电流被二极管平分，求电阻 R_1 和 R_2 的值。

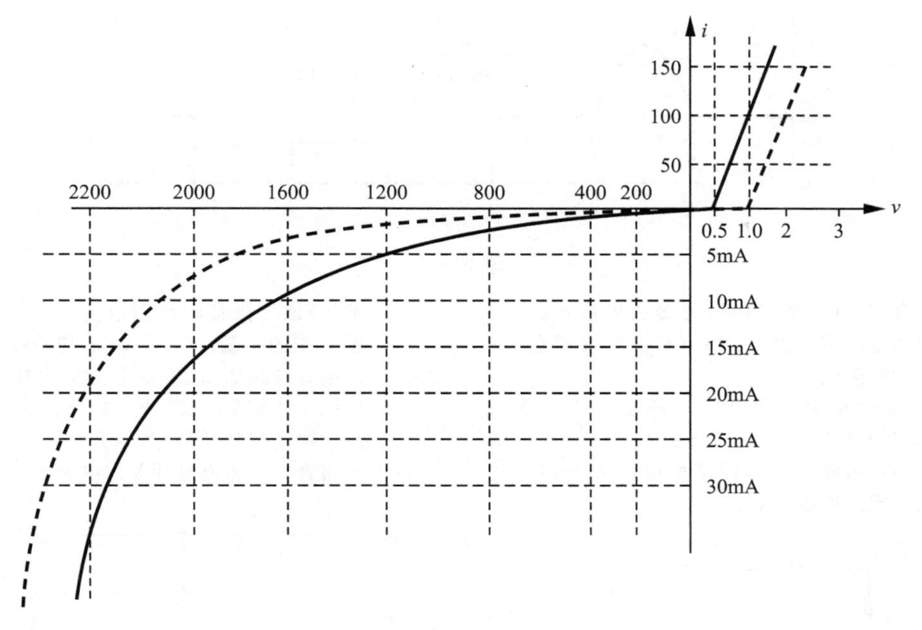

图 P2-6

2.11　两个二极管如图 2-14a 所示通过电流分摊电阻并联连接。其 v-i 特性如图 P2-6 所示。总电流 $I_T=300$A，跨越二极管和其电阻上的电压为 $v_D=2.8$V。如果电流被二极管平分，求电阻 R_1 和 R_2 的值。

2.12　两个二极管如图 2-11a 所示串联连接。二极管的电阻为 $R_1=R_2=10\text{k}\Omega$。输入直流电压为 5kV，泄漏电流为 $I_{S1}=25$mA 和 $I_{S2}=40$mA。求二极管两端的电压。

2.13　两个二极管如图 2-11a 所示串联连接。二极管的电阻为 $R_1=R_2=50\text{k}\Omega$。输入直流电压为 10kV。泄漏电流为 $I_{S1}=20$mA 和 $I_{S2}=30$mA。求二极管两端的电压。

2.14　一个电容器的电流波形如图 P2-14 所示。求其平均值、有效值(RMS)，以及所述电容器的峰值电流额定值。假设一个正弦半波的 $I_P=500$A。

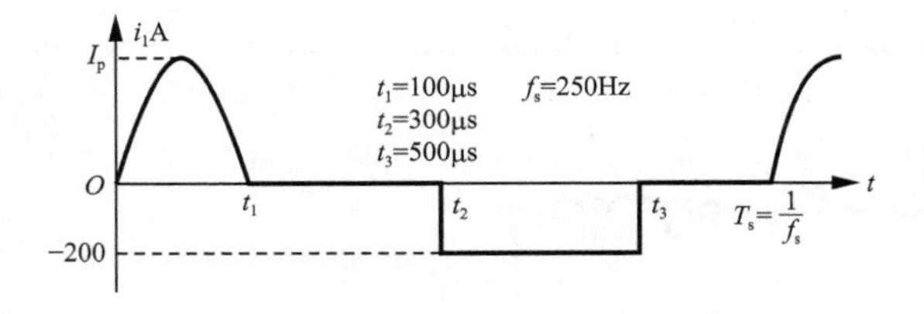

图 P2-14

2.15　一个二极管中的电流波形如图 P2-15 所示。求其平均值、有效值(RMS)，以及所述二极管的峰值电流额定值。假设一个正弦半波的 $I_P=500$A。

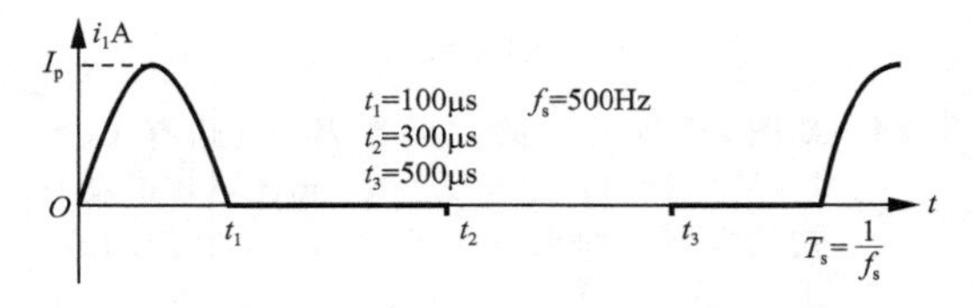

图 P2-15

2.16　通过二极管的电流波形如图 P2-15 所示。如果有效电流为 $I_{RMS}=120$A，求二极管的峰值电流 I_p 和平均电流 I_{AVG}。

2.17　通过二极管的电流波形如图 P2-15 所示。如果平均电流 $I_{AVG}=100$A，求二极管的峰值电流 I_p 和有效电流 I_{RMS}。

2.18　流过二极管的电流的波形如图 P2-18 所示。求其平均值、有效值和二极管的峰值电流额定值。假设 $I_p=300$A，正弦半波峰值为 150A。

2.19　流过二极管的电流的波形如图 P2-18 所示。求其平均值、有效值和二极管的峰值电流额定值。假设 $I_p=150$A，没有正弦半波。

2.20　流过二极管的电流的波形如图 P2-18 所示。如果有效电流 $I_{RMS}=180$A，求二极管的峰值电流 I_p 和平均电流 I_{AVG}。

2.21　流过二极管的电流的波形如图 P2-18 所示。如果平均电流为 $I_{AVG}=180$A，求二极管的峰值电流 I_p 和有效电流 I_{RMS}。

2.22　图 2-15a 所示的二极管电路有 $V_S=220$V，$R=4.7\Omega$，且 $C=10\mu$F。电容器的初始电压 $V_{CO}(t=0)=0$，如果开关是在 $t=0$ 时刻

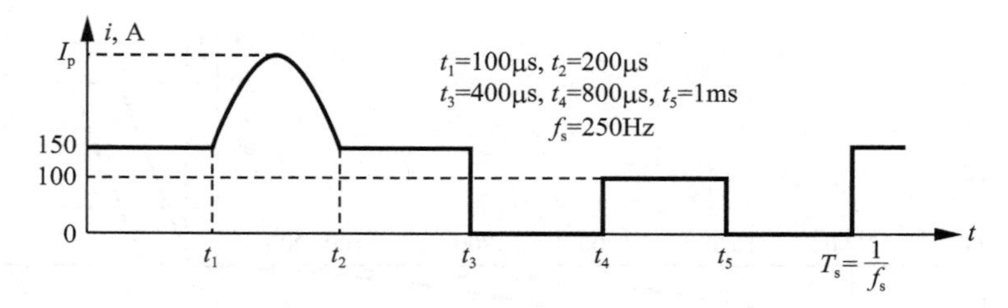

图 P2-18

闭合，求(a)该二极管的峰值电流；(b)消耗在电阻 R 上的能量；(c)该电容器在 $t=2\mu s$ 的电压。

2.23　二极管电路如图 P2-23 所示，其中 $R=22\Omega$，$C=10\mu F$。如果开关 S_1 在 $t=0$ 是闭合的，求该电容器两端的电压和电路中的能量损失的表达式。

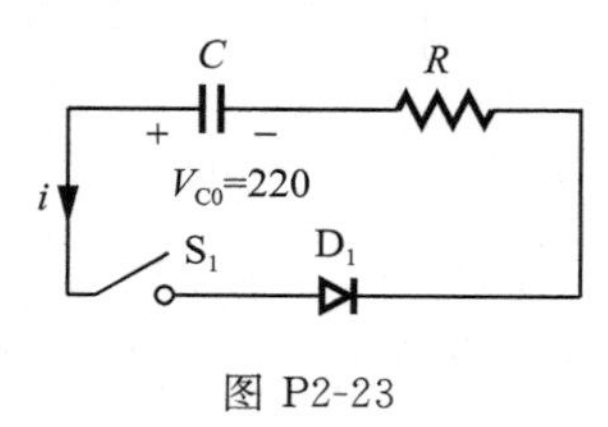

图 P2-23

2.24　如图 2-17a 所示的二极管 RL 电路有 $V_S=110V$，$R=4.7\Omega$ 和 $L=4.5mH$。电感没有初始电流。如果开关 S_1 在 $t=0$ 时刻闭合，求(a)该二极管的稳态电流；(b)储存在电感 L 中的能量；(c)di/dt 的初始值。

2.25　如图 2-17a 所示的二极管 RL 电路有 $V_S=220V$，$R=4.7\Omega$ 和 $L=6.5mH$。电感没有初始电流。如果开关 S_1 在 $t=0$ 时刻闭合，求(a)该二极管的稳态电流；(b)储存在电感 L 中的能量；(c)di/dt 的初始值。

2.26　二极管电路如图 P2-26 所示，其中 $R=100$，$L=5mH$ 和 $V_S=220V$。如 10A 的负载电流流过续流二极管 D_m 并且开关 S_1 在 $t=0$ 时刻闭合，求为流过开关的电流 i 的表达式。

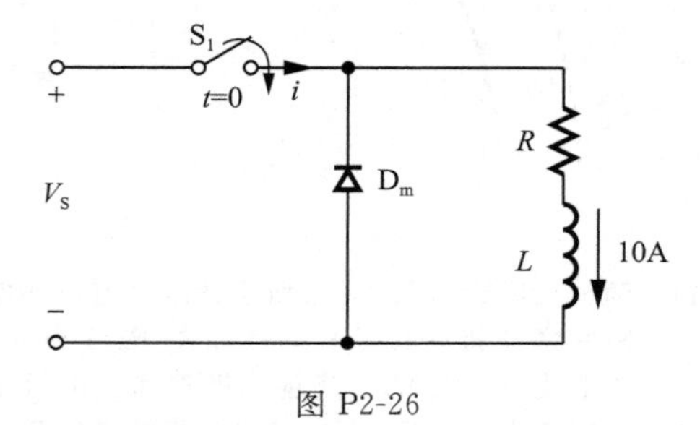

图 P2-26

2.27　如果图 2-18 所示电路图的电感器的初始电流为 I_0，求电容两端的电压的表达式。

2.28　如果图 P2-28 的开关 S_1 在 $t=0$ 时刻闭合，求以下参数的表达式(a)流过开关的电流 $i(t)$；(b)电流的上升速率 di/dt；(c)画出 $i(t)$ 和 di/dt 的草图；(d)di/dt 的初值是多少？对于图 P2-28e，只需求 di/dt 的初值。

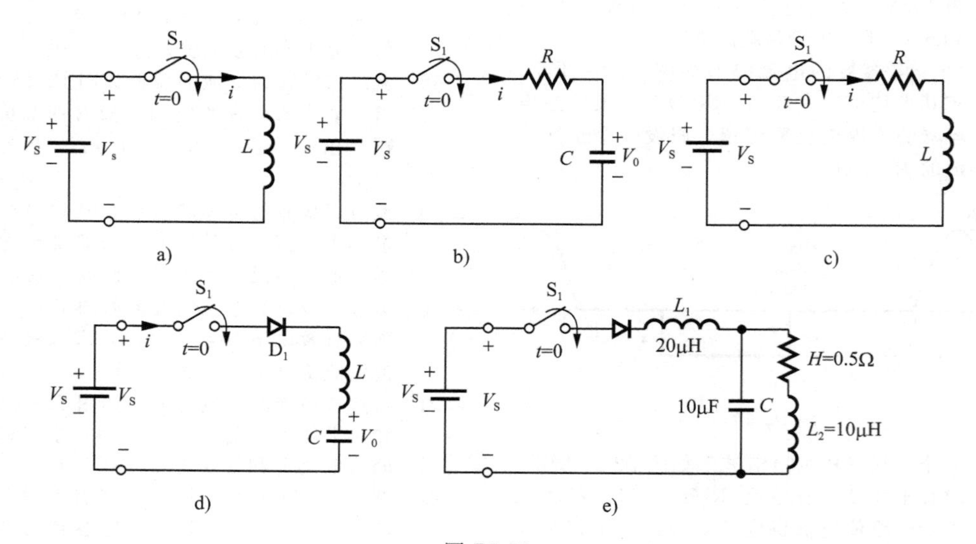

图 P2-28

2.29　图 2-18a 所示的含 LC 负载的二极管电路具有初始电容电压 $V_C(t=0)=0$，直流电源 $V_S=110V$，电容 $C=10\mu F$ 和电感 $L=50\mu H$。如果开关 S_1 在 $t=0$ 时刻闭合，确定(a)通过该二极管的峰值电流；(b)该二极管的导通时间；(c)最终稳态电容电压。

2.30　图 2-20 所示的二阶电路的电源电压 $V_S=220V$，电感 $L=5mH$，电容 $C=10\mu F$ 和电阻 $R=22\Omega$。电容器的初始电压为 $V_{C0}=50V$。如果开关是在 $t=0$ 时闭合，求(a)电流的表达式；(b)二极管的导通时间；(c)画出 $i(t)$的草图。

2.31　如果 $L=4\mu H$，重复例 2.7 问题。

2.32　如果 $C=0.5\mu F$，重复例 2.7 问题。

2.33　如果 $R=16\Omega$，重复例 2.7 问题。

2.34　在图 2-24a 所示电路中，忽略电阻($R=0$)，电源电压为 $V_S=110V$(关于时间的常数)，负载电感为 $L=1mH$。(a)如果开关 S_1 首先闭合 $t_1=100ms$，然后打开，画出负载的电流波形；(b)计算存储在所述负载电感器 L 中的最终能量。

2.35　对于图 2-26a 所示的能量回收电路，变压器的磁化电感为 $L_m=150\mu H$，$N_1=10$，且 $N_2=200$。变压器的漏电感和电阻可以忽略。源电压 $V_S=200V$，并且电路没有初始电流。如果开关 S_1 闭合 $t_1=100ms$，然后打开，(a)确定二极管 D_1 的反向电压；(b)计算一次侧的峰值电流；(c)计算二次侧的峰值电流；(d)确定用于该二极管 D_1 的导通时间；(e)确定由电源提供的能量。

2.36　如果 $L=450\mu H$，重复例 2.9 问题。

2.37　如果 $N_1=10$ 和 $N_2=10$，重复例 2.9 问题。

2.38　如果 $N_1=10$ 和 $N_2=1000$，重复例 2.9 问题。

2.39　二极管电路如图 P2-39 所示，其中负载电流流过二极管D_m。如果开关 S_1 在 $t=0$ 时刻闭合，求：(a)$v_C(t)$、$i_C(t)$和$i_d(t)$的表达式；(b)二极管 D_1 停止导通的时刻 t_1；(c)所述电容器两端的电压变为零的时刻t_q；(d)电容器充电到电源电压 V_S 所需的时间。

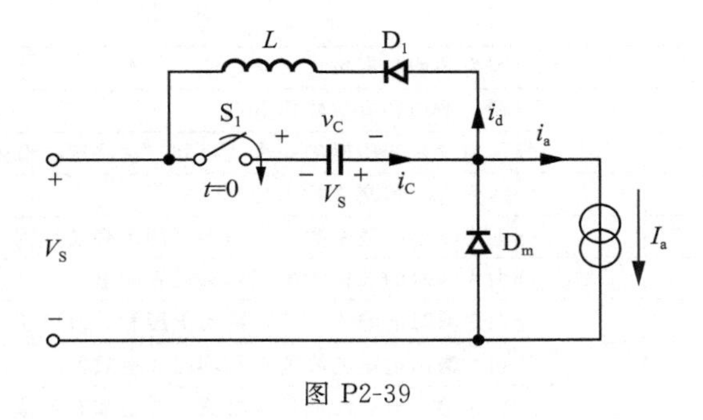

图 P2-39

第3章
二极管整流器

读完本章后，应能做到以下几点：

- 列出二极管整流器的类型及其优缺点；
- 说明二极管整流器的运作和特点；
- 列出并计算二极管整流器的性能参数；
- 分析和设计的二极管整流电路；
- 通过 SPICE 仿真评估二极管整流器的性能；
- 确定负载电感对负载电流的影响；
- 确定整流输出的傅里叶分量；
- 设计二极管整流器的输出端滤波器；
- 确定电源电感对整流器输出电压的影响。

符号及其含义

符　号	含　义
$I_{D(av)}$，$I_{D(rms)}$	分别为平均和有效二极管电流
$I_{o(av)}$，$I_{o(rms)}$	分别为平均和有效输出电流
I_p，I_s	分别为输入变压器的一次绕组和二次绕组的有效电流
P_{dc}，P_{ac}	分别为直流和交流输出功率
RF，TUF，PF	分别为输出纹波系数、变压器利用率和功率因数
$v_{D(t)}$，$i_{D(t)}$	分别为瞬时的二极管电压和二极管的电流
$v_s(t)$，$v_o(t)$，$v_r(t)$	分别为瞬时的输入电压、输出电压和纹波电压
V_m，$V_{o(av)}$，$V_{o(rms)}$	分别为输出电压的峰值、平均值和有效值
$V_{r(pp)}$，$V_{r(p)}$，$V_{r(rms)}$	分别为输出电压纹波的峰峰值、峰值和有效值
n，V_p，V_s	分别为变压器的匝数比、一次电压和二次电压的有效值

3.1 引言

二极管广泛地用于整流器。整流器是一个将交流信号转换成单向信号的电路。整流器是一种 AC-DC 变换器，其也可以看作一个绝对值变换器。如果 v_s是交流输入电压，输出电压 v_o的波形将具有相同的形状，但是负部分将显示为一个正值。也就是说，$v_o=|v_s|$。根据输入电源的类型，整流器分为两种类型：单相和三相。单相整流器可以是半波或全波整流。单相半波整流器是最简单的类型，但它通常不用于工业应用中。为简单起见，把二极管视为理想的。“理想的”是指反向恢复时间 t_{rr}和正向压降 V_D 是可以忽略的，也就是 $t_{rr}=0$，$V_D=0$。

3.2 性能参数

虽然图 3-1a 所示整流器的输出电压，最理想的应为纯直流电压，实用整流器的输出中包含谐波或波纹，如图 3-1b 所示。整流器是一种功率处理器，它应该给出一个谐波含量最少的直流输出电压，同时应该保持输入电流为尽可能的正弦波形式，并与输入电压同相，使功率因数接近 1。衡量一个整流器的功率处理质量时，要求对输入电流、输出电压和输出电流的谐波含量进行测定。可以使用傅里叶级数展开式，以找到电压和电流的谐波含量。对一个整流器的性能评价通常使用以下参数：

输出(负载)电压的平均值 V_{dc}；

输出(负载)电流的平均值 I_{dc}；

输出直流功率

$$P_{dc}=V_{dc}I_{dc} \tag{3-1}$$

输出电压的有效值(rms)V_{rms}；

输出电流的有效值 I_{rms}；

输出交流功率

$$P_{ac}=V_{rms}I_{rms} \tag{3-2}$$

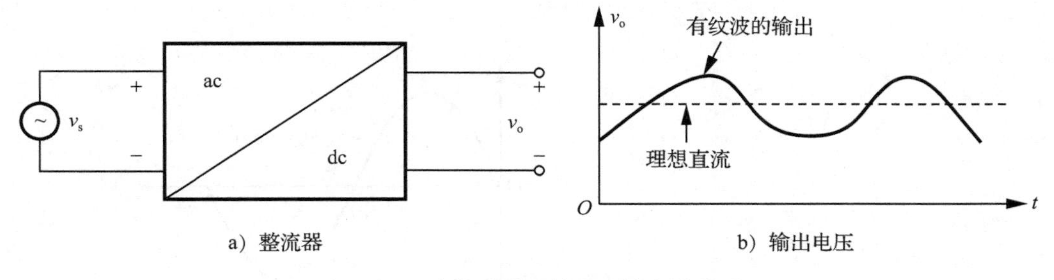

图 3-1　一个整流器的输入和输出的关系

作为一个能比较整流效能的品质因数，整流器的效率(或整流比)定义为：

$$\eta=\frac{P_{dc}}{P_{ac}} \tag{3-3}$$

应注意的是，在这里，η 并不是功率效率，是输出波形质量的量度。对于纯直流输出，转换效率为 1。

可以认为输出电压由两部分组成：直流值和交流分量或波纹。

输出电压的交流分量的有效值(RMS)为：

$$V_{ac}=\sqrt{V_{rms}^2-V_{dc}^2} \tag{3-4}$$

作为对输出电压形状的量度，形状因数定义为：

$$FF=\frac{V_{rms}}{V_{dc}} \tag{3-5}$$

作为对纹波含量的量度，纹波系数定义为：

$$RF=\frac{V_{ac}}{V_{dc}} \tag{3-6}$$

将式(3-4)代入式(3-6)，纹波系数可以表示为：

$$RF=\sqrt{\left(\frac{V_{rms}}{V_{dc}}\right)^2-1}=\sqrt{FF^2-1} \tag{3-7}$$

变压器利用因数定义为：

$$TUF=\frac{P_{dc}}{V_sI_s} \tag{3-8}$$

式中：V_s 和 I_s分别为变压器二次电压有效值和二次电流有效值。认为输入功率近似等于输出交流功率。也就是说，对于功率因数，有如下关系

$$PF=\frac{P_{ac}}{V_sI_s} \tag{3-9}$$

波峰因数(CF)是指相对效值电流 I_s其峰值输入电流 $I_{s(peak)}$的一个量度。它往往关系到对设备和元件的峰值电流额定值的选择。输入电流的 CF 定义为：

$$CF=\frac{I_{s(peak)}}{I_s} \tag{3-10}$$

3.3　单相全波整流器

具有中心抽头变压器的全波整流电路如图 3-2a 所示。在输入电压的正半周期，二极管 D_1 导通，二极管是 D_2 处于阻断状态。输入电压施加在负载上。在输入电压的负半周期，二极管 D_2 导通而二极管 D_1 处于阻断状态。负部分的输入电压在负载的两端显示为正电压。一个完整周期的输出电压波形如图 3-2b 所示。因为没有直流电流流过变压器，变压器铁心没有直流饱和问题。平均输出电压为：

$$V_{\mathrm{dc}} = \frac{2}{T}\int_{0}^{T_2} V_{\mathrm{m}} \sin(\omega t)\,\mathrm{d}t = \frac{2V_{\mathrm{m}}}{\pi} = 0.6366V_{\mathrm{m}} \tag{3-11}$$

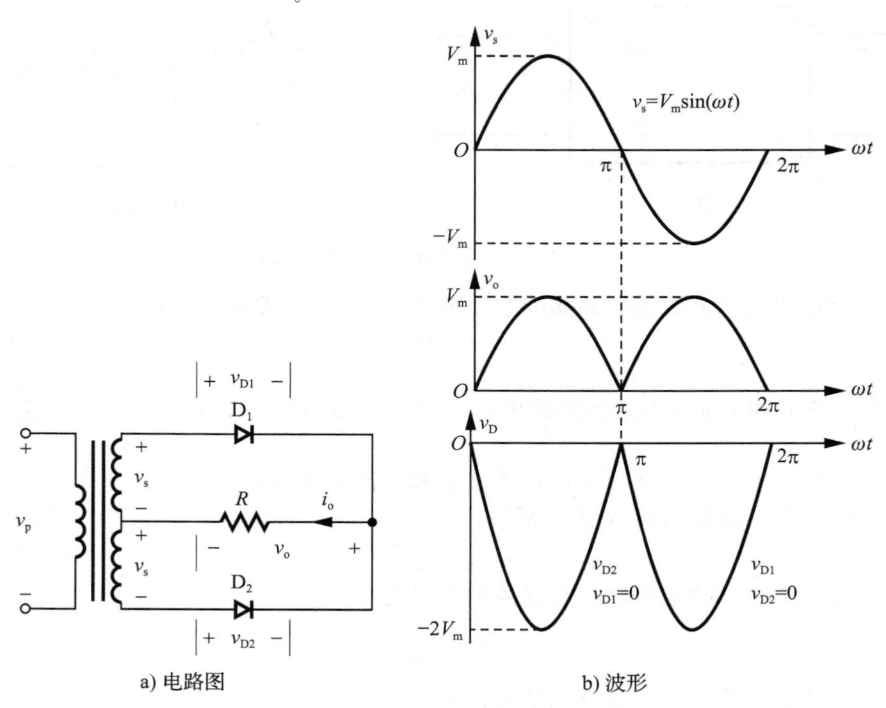

a) 电路图　　b) 波形

图 3-2　具有中心抽头变压器的全波整流器

除了可以使用中心抽头变压器外，还可以使用四个二极管来整流，如图 3-3a 所示。在输入电压的正半周期，电源通过二极管 D_1 和 D_2 给负载供电。在负周期内，二极管 D_3 和 D_4 导通。输出电压的波形如图 3-3b 所示，该波形类似于图 3-2b 所示的波形。一个二极管的峰值反向电压只有 V_m。该电路称为桥式整流器，它常在工业应用中使用[1,2]。

图 3-2 和图 3-3 所示电路的一些优点和缺点列举于表 3-1 中。

表 3-1　中心抽头和桥式整流器的优缺点

	优　点	缺　点
中心抽头变压器	• 简单，只有两个二极管 • 纹波频率是电源频率的 2 倍 • 提供电隔离	• 限于低功率电源，小于 100W • 由于中心抽头变压器，成本增加 • 流过二次侧的直流电流将增加变压器的成本和尺寸
桥式整流器	• 适于高达 100kW 的工业应用 • 纹波频率是电源频率的两倍 • 方便用于可商购的单元	• 负载不能在没有输入侧变压器的情况下接地 • 虽然输入侧变压器不参与整流器的运作，但输入变压器通常还是需要的，以实现负载与电源的隔离

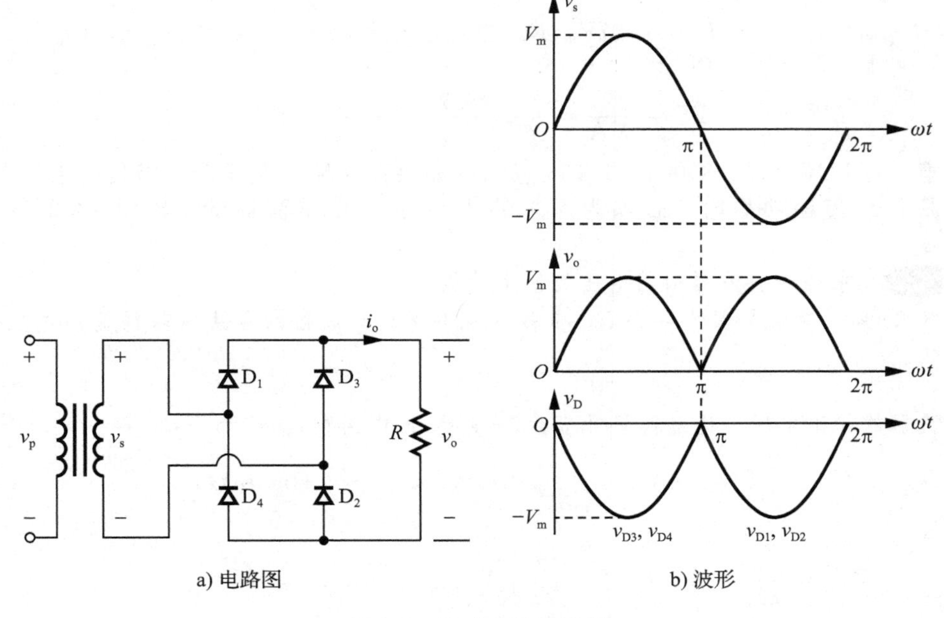

a) 电路图　　b) 波形

图 3-3　桥式全波整流器

例 3.1　求到使用中心抽头变压器的全波整流器的性能参数。

如果图 3-2a 当中的整流器具有纯阻性负载 R，求(a)效率；(b)FF；(c)RF；(d)TUF；(e)二极管的峰值反向电压(PIV)；(f)输入电流的 CF；(g)输入 PF。

解：

由式(3-11)得到平均输出电压为：

$$V_{dc}=\frac{2V_m}{\pi}=0.6366V_m$$

平均负载电流为：

$$I_{dc}=\frac{V_{dc}}{R}=\frac{0.6366V_m}{R}$$

输出电压和电流的有效值为：

$$V_{rms}=\left[\frac{2}{T}\int_0^{T/2}(V_m\sin(\omega t))^2\mathrm{d}t\right]^{1/2}=\frac{V_m}{\sqrt{2}}=0.707V_m$$

$$I_{rms}=\frac{V_{rms}}{R}=\frac{0.707V_m}{R}$$

根据式(3-1)，$P_{dc}=(0.6366V_m)^2/R$，而根据式(3-2)，$P_{ac}=(0.707V_m)^2/R$

(a) 根据式(3-3)，$\eta=(0.6366V_m)^2/(0.707V_m)^2=81\%$。

(b) 根据式(3-5)，$\mathrm{FF}=0.707V_m/0.6366V_m=1.11$。

(c) 根据式(3-7)，$\mathrm{RF}=\sqrt{1.11^2-1}=0.482$ 或 48.2%。

(d) 变压器二次的电压的有效值为 $V_s=V_m/\sqrt{2}=0.707V_m$。变压器二次电流的有效值为 $I_s=0.5V_m/R$。变压器的伏安等级为 $\mathrm{VA}=\sqrt{2}V_sI_s=\sqrt{2}\times0.707V_m\times0.5V_m/R$。由式(3-8)有：

$$\mathrm{TUF}=\frac{0.6366^2}{\sqrt{2}\times0.707\times0.5}=0.81064=81.06\%$$

(e) 峰值反向阻塞电压 PIV$=2V_m$。

(f) $I_{s(peak)}=V_m/R$ 和 $I_s=0.707V_m/R$。输入电流的 CF$=I_{s(peak)}/I_s=1/0.707=\sqrt{2}$。

(g) 阻性负载的输入 PF 为：

$$PF=\frac{P_{ac}}{VA}=\frac{0.707^2}{\sqrt{2}\times 0.707\times 0.5}=1.0$$

注意： 1/TUF=1/0.81064=1.136 意味着如果存在输入变压器，当其用于从一个纯交流正弦电压传递功率时，必须为原来的 1.75 倍。该整流器的 RF 为 48.2%，效率为 81%。

例 3.2 求全波整流器输出电压的傅里叶级数。

图 3-3a 所示整流器具有一个 RL 负载。使用傅里叶级数的方法来获得输出电压 $v_0(t)$ 的表达式。

解：

整流器的输出电压可通过傅里叶级数(在附录 E 中回顾)描述如下：

$$v_0(t)=V_{dc}+\sum_{n=2,4,\cdots}^{+\infty}(a_n\cos(n\omega t)+b_n\sin(n\omega t))$$

式中：

$$V_{dc}=\frac{1}{2\pi}\int_0^{2\pi}v_0(t)\mathrm{d}(\omega t)=\frac{2}{2\pi}\int_0^{\pi}V_m\sin(\omega t)\mathrm{d}(\omega t)=\frac{2V_m}{\pi}$$

$$a_n=\frac{1}{\pi}\int_0^{2\pi}v_0\cos(n\omega t)\mathrm{d}(\omega t)=\frac{2}{\pi}\int_0^{\pi}V_m\sin(\omega t)\cos n(\omega t)\mathrm{d}(\omega t)$$

$$=\begin{cases}\dfrac{4V_m}{\pi}\displaystyle\sum_{n=2,4,\cdots}^{+\infty}\dfrac{-1}{(n-1)(n+1)} & (n=2,4,6,\cdots)\\ 0 & (n=1,3,5,\cdots)\end{cases}$$

$$b_n=\frac{1}{\pi}\int_0^{2\pi}v_0\sin(n\omega t)\mathrm{d}(\omega t)=\frac{2}{\pi}\int_0^{\pi}V_m\sin(\omega t)\sin(n\omega t)\mathrm{d}(\omega t)-0$$

代入a_n和b_n的值，得输出电压为：

$$v_0(t)=\frac{2V_m}{\pi}-\frac{4V_m}{3\pi}\cos(2\omega t)-\frac{4V_m}{15\pi}\cos(4\omega t)-\frac{4V_m}{35\pi}\cos(6\omega t)-\cdots \tag{3-12}$$

注意： 一个全波整流电路的输出只包含偶次谐波，其中二次谐波是最主要的，其频率为 $2f(=120\mathrm{Hz})$。式(3-12)中的输出电压可以通过与开关函数的频谱相乘推导得到，这在附录 C 中给出解释。

3.4 带 *RL* 负载的单相全波整流器

当使用电阻负载时，负载电流与输出电压具有相同的形状。在实践中，大多数负载具有一定程度电感性，负载电流取决于负载电阻 R 和负载电感 L 的值。图 3-4a 所示电路对这一情况进行了描述。

通过在该电路中添加一个电压为 E 的电池来等效电路的输出直流电压，可以推导出描述该电路的通用方程。如果 $v_s=V_m\sin(\omega t)=\sqrt{2}V_s\sin(\omega t)$为输入电压，则负载电流 i_0 为：

$$L\frac{\mathrm{d}i_0}{\mathrm{d}t}+Ri_0+E=\left|\sqrt{2}V_s\sin(\omega t)\right| \qquad (i_0\geqslant 0)$$

解的形式如下：

$$i_0\left|\frac{\sqrt{2}V_s}{Z}\sin(\omega t-\theta)\right|+A_1\,\mathrm{e}^{-(R/L)t}-\frac{E}{R} \tag{3-13}$$

式中：负载阻抗 $Z=[R^2+(\omega L)^2]^{1/2}$；负载阻抗角度 $\theta=\arctan(\omega L/R)$；$V_s$ 是输入电压的有效值。

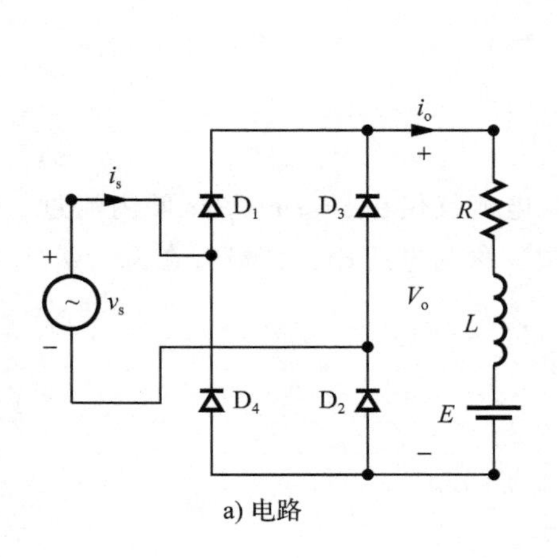

a) 电路

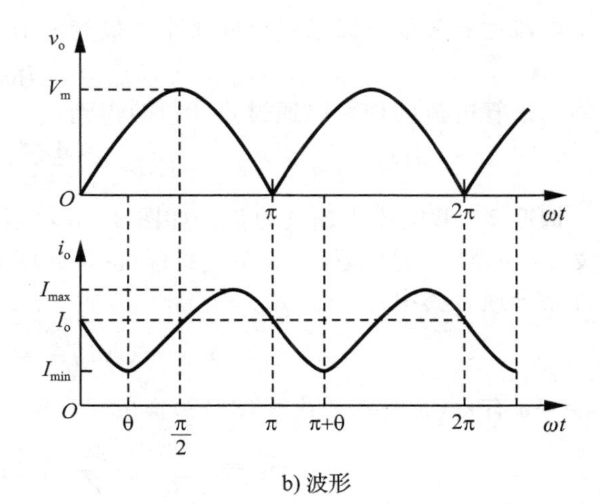

b) 波形

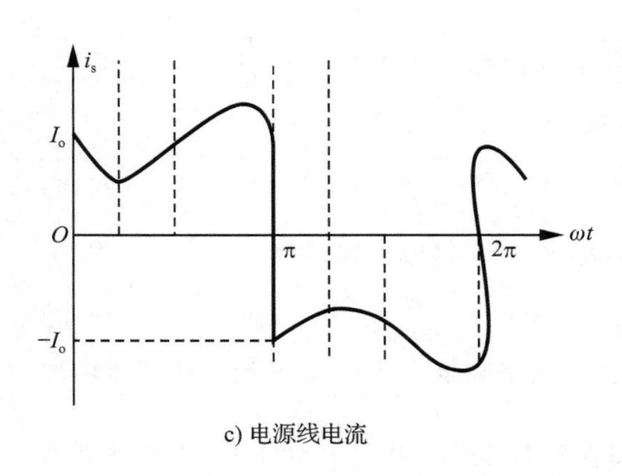

c) 电源线电流

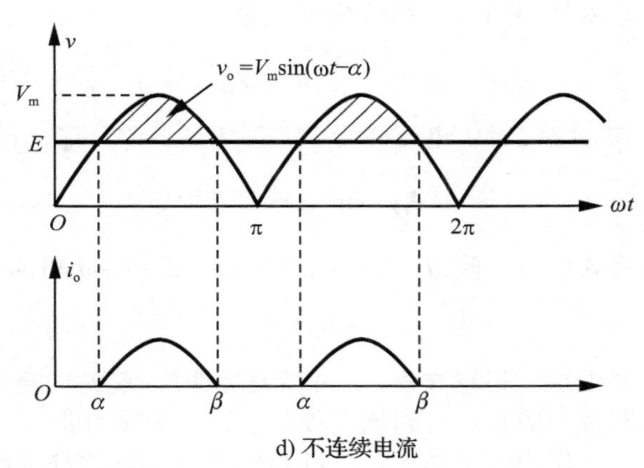

d) 不连续电流

图 3-4　带 RL 负载的全桥整流器

情况 1　负载电流连续。这一情况如图 3-4b 所示。式(3-13)中的常数 A_1 可以通过在 $\omega t=\pi$ 时，$i_0=I_0$的条件确定，即

$$A_1=\left(I_0+\frac{E}{R}-\frac{\sqrt{2}V_s}{Z}\sin\theta\right)e^{(R/L)(\pi/\omega)}$$

把 A_1 代入式(3-13)可以得到：

$$i_0=\frac{\sqrt{2}V_s}{Z}\sin(\omega t-\theta)+\left(I_0+\frac{E}{R}-\frac{\sqrt{2}V_s}{Z}\sin\theta\right)e^{(R/L)(\pi/\omega-t)}-\frac{E}{R} \tag{3-14}$$

在稳态情况下，$i_0(\omega t=0)=i_0(\omega t=\pi)$。也就是，$i_0(\omega t=0)=I_0$。施加这一条件，可以得到 I_0的值为：

$$I_0=\frac{\sqrt{2}V_s}{Z}\sin\theta\frac{1+e^{-(R/L)(\pi/\omega)}}{1-e^{-(R/L)(\pi/\omega)}}-\frac{E}{R}\qquad(I_0\geqslant 0) \tag{3-15}$$

把 I_0代入式(3-14)并化简得到：

$$I_0=\frac{\sqrt{2}V_s}{Z}\left[\sin(\omega t-\theta)+\frac{2}{1-e^{-(R/L)(\pi/\omega)}}\sin\theta\, e^{-(R/L)t}\right]-\frac{E}{R}\qquad(0\leqslant(\omega t-\theta)\leqslant\pi \text{ 和 } i_0\geqslant 0) \tag{3-16}$$

二极管的有效电流可以通过式(3-16)求得：

$$I_{D(rms)}=\left[\frac{1}{2\pi}\int_0^{\pi}i_0^2\,d(\omega t)\right]^{\frac{1}{2}}$$

输出电流的有效值可以通过合并每个二极管的 rms 电流得到：

$$I_{0(\mathrm{rms})} = (I_{\mathrm{D(rms)}}^2 + I_{\mathrm{D(rms)}}^2)^{1/2} = \sqrt{2} I_{\mathrm{r}}$$

平均二极管电流同样可以通过式(3-16)得到：

$$I_{\mathrm{D(av)}} = \frac{1}{2\pi}\int_0^{\pi} i_0 \mathrm{d}(\omega t)$$

情况 2 载电流不连续为负。如图 3-4d 所示。负载电流仅仅在 $\alpha \leqslant \omega t \leqslant \beta$ 区间内流过。定义 $x=E/V_{\mathrm{m}}=E/(\sqrt{2}V_{\mathrm{s}})$ 为负载电池(emf 电动势)常数，称为电压比。二极管在 $\omega t=\alpha$ 时刻开始导通，其中：

$$\alpha = \arcsin \frac{E}{V_{\mathrm{m}}} = \arcsin(x)$$

在 $\omega t=\alpha$ 有 $i_0(\omega t)=0$，由式(3-13)推出：

$$A_1 = \left[\frac{E}{R} - \frac{\sqrt{2}V_{\mathrm{s}}}{Z}\sin(\alpha-\theta)\right]\mathrm{e}^{(R/L)(\alpha/\omega)}$$

代入式(3-13)得到负载电流为：

$$i_0 = \frac{\sqrt{2}V_{\mathrm{s}}}{Z}\sin(\omega t-\theta) + \left[\frac{E}{R} - \frac{\sqrt{2}V_{\mathrm{s}}}{Z}\sin(\alpha-\theta)\right]\mathrm{e}^{(R/L)(\alpha/\omega-t)} - \frac{E}{R} \tag{3-17}$$

在 $\omega t=\beta$ 时，电流降为零，即 $i_0(\omega t=\beta)=0$。也就是：

$$\frac{\sqrt{2}V_{\mathrm{s}}}{Z}\sin(\beta-\theta) + \left[\frac{E}{R} - \frac{\sqrt{2}V_{\mathrm{s}}}{Z}\sin(\alpha-\theta)\right]\mathrm{e}^{(R/L)(\alpha-\beta)/\omega} - \frac{E}{R} = 0 \tag{3-18}$$

将式(3-18)除以$\sqrt{2}V_{\mathrm{s}}/Z$，代入 $R/Z=\cos\theta$ 和 $\omega L/R=\tan\theta$，可以得到：

$$\sin(\beta-\theta) + \left[\frac{x}{\cos\theta} - \sin(\alpha-\theta)\right]\mathrm{e}^{\frac{\alpha-\beta}{\tan(\theta)}} - \frac{x}{\cos\theta} = 0 \tag{3-19}$$

基于这个超越方程，β 可以通过迭代(反复试验)的方法来确定。从 $\beta=0$ 开始，让其值增加非常小的量，直到该方程的左边变为零为止。

作为一个例子，可以利用 Mathcad 软件求出 β 在 $\theta=30°$，$60°$ 且 x 介于 0～1 条件下的值，其在表 3-2 中给出。随着 x 增加，β 减小。在 $x=1.0$ 时，二极管不导通，没有电流流过。

二极管的电流有效值(rms 电流)可以通过式(3-17)求得：

$$I_{\mathrm{D(rms)}} = \left[\frac{1}{2\pi}\int_{\alpha}^{\beta} i_0^2 \mathrm{d}(\omega t)\right]^{1/2}$$

二极管平均电流同样可以通过式(3-17)求得：

$$I_{\mathrm{D(av)}} = \frac{1}{2\pi}\int_{\alpha}^{\beta} i_0 \mathrm{d}(\omega t)$$

表 3-2 角度 β 随电压比 x 的变化情况

电压比 x	0	0.1	0.2	0.3	0.4	0.5	0.6	0.7	0.8	0.9	1.0
$\theta=30°$时的 β	210	203	197	190	183	175	167	158	147	132	90
$\theta=60°$时的 β	244	234	225	215	205	194	183	171	157	138	90

边界条件：电流不连续的情况时，可以通过把式(3-15)中的 I_0 设为 0 求得：

$$0 = \frac{V_{\mathrm{s}}\sqrt{2}}{Z}\sin(\theta)\left[\frac{1+\mathrm{e}^{-\left(\frac{R}{L}\right)\left(\frac{\pi}{\omega}\right)}}{1-\mathrm{e}^{-\left(\frac{R}{L}\right)\left(\frac{\pi}{\omega}\right)}}\right] - \frac{E}{R}$$

可以从上式解出电压比 $x=E/(\sqrt{2}V_{\mathrm{s}})$，因为：

$$x(\theta) := \left[\frac{1+\mathrm{e}^{-\left(\frac{\pi}{\tan\theta}\right)}}{1-\mathrm{e}^{-\left(\frac{\pi}{\tan\theta}\right)}}\right]\sin\theta\cos\theta \tag{3-20}$$

负载阻抗角度 θ 与电压比 x 的关系如图3-5所示。负载角 θ 不能超过 $\pi/2$。当 $\theta=1.5567\text{rad}$ 时，$x=63.67\%$；当 $\theta=0.52308\text{rad}(30°)$ 时，$x=43.65\%$；当 $\theta=0$ 时，$x=0\%$。

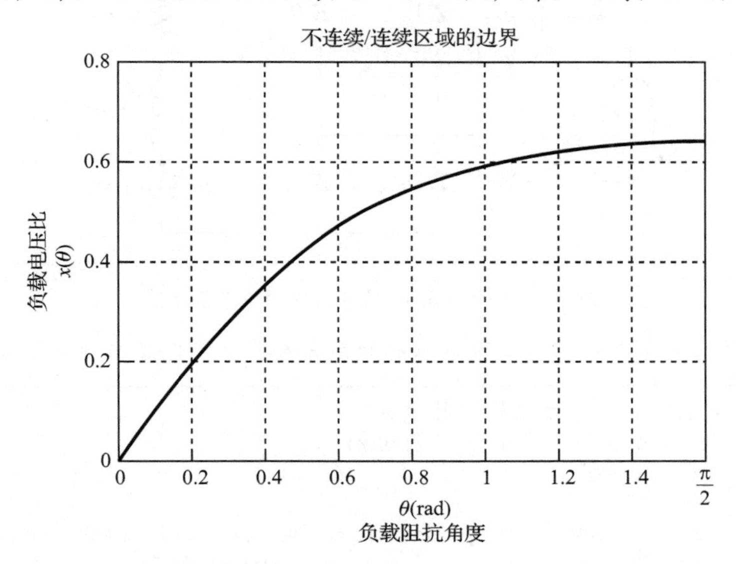

图3-5　单相整流器的连续和不连续区域的边界

例3.3　求具有 RL 负载的全波整流器的性能参数。

图3-4a所示的单相全波整流器中，$L=6.5\text{mH}$，$R=2.5\Omega$，还有 $E=10\text{V}$。60Hz时输入电压 $V_s=120\text{V}$。(a)确定(1)$\omega t=0$ 时的稳态负载电流 I_0；(2)二极管的平均电流 $I_{D(av)}$；(3)二极管的有效电流 $I_{D(rms)}$；(4)输出有效电流 $I_{o(rms)}$；(5)输入的PF。(b)使用PSpice绘制瞬时输出电流 i_0。假设二极管的参数IS=2.22E−15，BV=1800V。

解：

负载电流在一开始不知道是连续的还是不连续的。假设负载电流是连续的，并继续进行求解。如果假设不正确，则负载电流为零，然后转为不连续的情况求解电流。

(a)$R=2.5\Omega$，$L=6.5\text{mH}$，$f=60\text{Hz}$，$\omega=2\pi\times60\text{rad/s}=377\text{rad/s}$，$V_s=120\text{V}$，$Z=[R^2+(\omega L)^2]^{1/2}=3.5\Omega$，$\theta=\arctan(\omega L/R)=44.43°$。

(1)$\omega t=0$ 时的稳态负载电流 $I_0=32.8\text{A}$。因为 $I_0>0$，负载电流是连续的，假设正确。

(2)对式(3-16)的 i_0 进行数值积分，得到二极管的平均电流 $I_{D(av)}=19.61\text{A}$。

(3)对 i_0^2 进行从 $\omega t=0$ 到 π 的数值积分，可以得到二极管的电流有效值为 $I_{D(rms)}=28.5\text{A}$。

(4)输出电流的有效值为 $I_{o(rms)}=\sqrt{2}I_r=\sqrt{2}\times28.50\text{A}=40.3\text{A}$。

(5)交流负载功率 $P_{ac}=I_{rms}^2R=40.3^2\times2.5\text{W}=4.06\text{kW}$。输入功率因数为：

$$\text{PF}=\frac{P_{ac}}{V_sI_{rms}}=\frac{4.061\times10^{-3}}{120\times40.3}=0.84(\text{滞后})$$

注意

(1)i_0 在 $\omega t=25.5°$ 的时候有最小值25.2A，在 $\omega t=125.25°$ 的时候有最大值51.46A。在 $\omega t=\theta$ 的时候 i_0 变成27.41A，在 $\omega t=\theta+\pi$ 的时候变成48.2A。所以，i_0 的最小值大约在 $\omega t=\theta$ 时候取得。

(2)二极管的开关动作使电流的方程变成非线性。对二极管电流进行数值求解比传统技术求解更有效。这里使用一个Mathcad程序通过使用数值积分求解 I_0，$I_{D(av)}$ 和 $I_{D(rms)}$。同学们可以验证这个例子的结果，体会数值解的用处，特别是在解决二极管电路的非线性方程组方面。

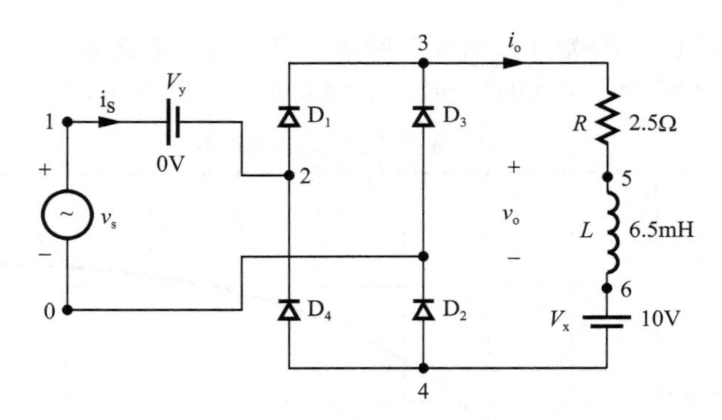

图 3-6　用于 PSpice 仿真的单相桥式整流器

（b）用于 PSpice 仿真单相桥式整流器的如图 3-6 所示。电路文件的清单如下：

```
例 3.3    具有 RL 负载的单相桥式整流器
VS      1     0     SIN (0  169.7V    60HZ)
L       5     6     6.5MH
R       3     5     2.5
VX      6     4     DC 10V; Voltage source to measure the output current
D1      2     3     DMOD                        ; Diode model
D2      4     0     DMOD
D3      0     3     DMOD
D4      4     2     DMOD
VY      1     2     0DC
.MODEL       DMOD   D(IS=2.22E-15  BV=1800V)   ; Diode model parameters
.TRAN        1US    32MS   16.667MS            ; Transient analysis
.PROBE                                         ; Graphics postprocessor
.END
```

PSpice 仿真给出的瞬时输出电流 I_0 的波形如图 3-7 所示，其中得到 $I_0=31.83\text{A}$，而预期结果是 $I_0=32.8\text{A}$。在 PSpice 仿真中，Dbreak 二极管（模型）用于指定二极管的参数。◀

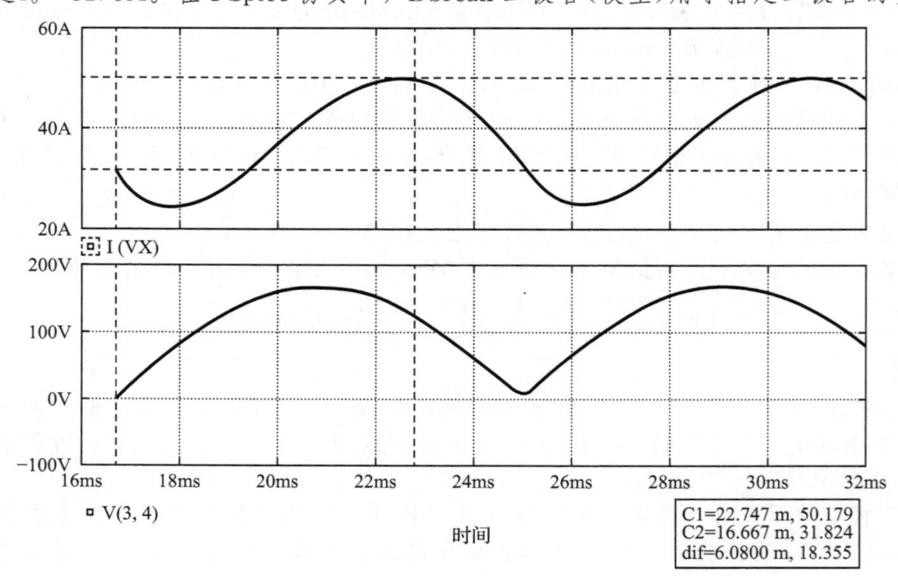

图 3-7　例 3.4 的 PSpice 结果图

3.5 带高度感性负载的单相全波整流器

若整流器连接一个阻性负载，单相整流器的输入电流将是一个正弦波的。若整流器连接一个感性负载，输入电流将会产生畸变，如图3-4c所示。如果负载是高度电感性的，负载电流将保持几乎恒定，而只有少量的纹波分量，输入电流就会像一个方波电流。让我们考虑图3-8所示波形，其中v_s为正弦输入电压，i_s是瞬时输入电流，其中i_{s1}是其基频分量。

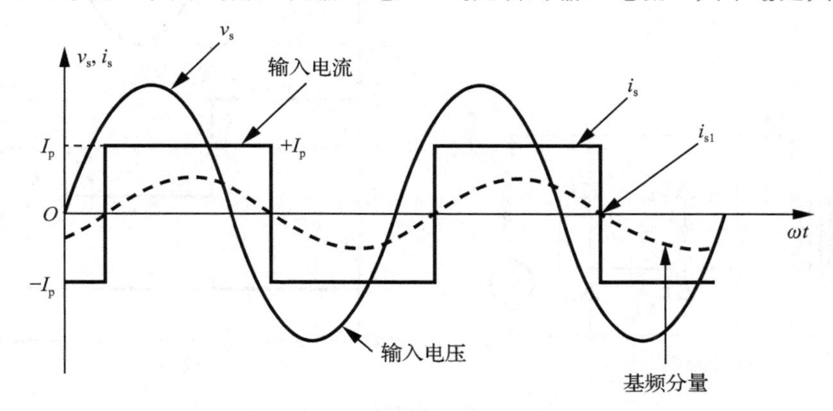

图3-8 输入电压和电流的波形

如果φ是输入电流和电压基频分量之间的夹角，φ称为位移角。位移因数定义为：

$$\mathrm{DF}=\cos\varphi \tag{3-21}$$

输入电流的谐波因数(HF)定义为：

$$\mathrm{HF}=\left(\frac{I_s^2-I_{s1}^2}{I_{s1}^2}\right)^{1/2}=\left[\left(\frac{I_s}{I_{s1}}\right)^2-1\right]^{1/2} \tag{3-22}$$

式中：I_{s1}为输入电流I_s的基频分量。这里I_{s1}和I_s都表示为有效值。输入功率因数(PF)定义为：

$$\mathrm{PF}=\frac{V_sI_{s1}}{V_sI_s}\cos\varphi=\frac{I_{s1}}{I_s}\cos\varphi \tag{3-23}$$

注意：

(1) HF是一个衡量波形失真变形的指标，它同时也称为总谐波失真(THD)。

(2) 如果输入电流i_s是纯正弦的，$I_{s1}=I_s$，PF等于DF。位移角φ变为一个RL负载的阻抗角$\theta=\arctan(\omega L/R)$。

(3) 位移因数DF通常称为位移功率因数(DPF)。

(4) 对于一个理想的整流器，应该有$\eta=100\%$，$V_{ac}=0$，RF$=0$，TUF$=1$，HF$=$THD$=0$，且PF$=$DPF$=1$。

例3.4 求全波整流器的输入功率因数。

如图3-9a所示，用一个单相桥式整流器驱动诸如直流电动机的高感性负载。变压器的匝数比为1。如图3-9b所示，这样的电动机负载使电枢电流I_a平滑而没有纹波。求解(a)输入电流的HF；(b)整流器的输入PF。

解：

通常，直流电动机是一个具有高度的电感性的负载，可看作一个抑制负载纹波电流的滤波器。

(a) 整流器的输入电流和输入电压的波形如图3-9b所示，输入电流可以表示为傅里叶级数，即

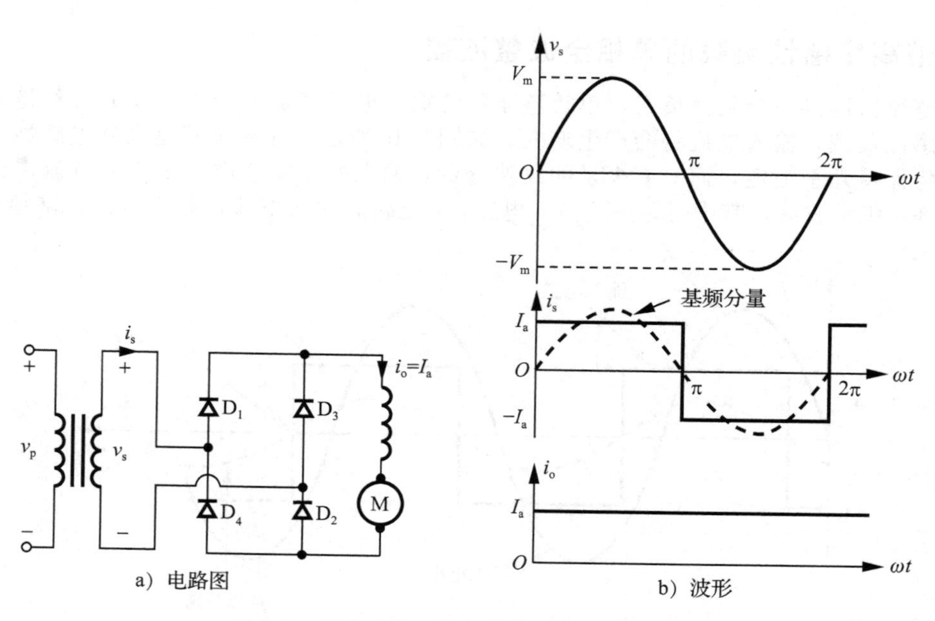

图 3-9　具有直流电机负载的全波桥式整流器

$$i_s(t) = I_{dc} + \sum_{n=1,3,\cdots}^{+\infty}(a_n\cos(n\omega t) + b_n\sin(n\omega t))$$

式中：

$$I_{dc} = \frac{1}{2\pi}\int_0^{2\pi} i_s(t)\mathrm{d}(\omega t) = \frac{1}{2\pi}\int_0^{2\pi} I_a\mathrm{d}(\omega t) = 0$$

$$a_n = \frac{1}{\pi}\int_0^{2\pi} i_s(t)\cos(n\omega t)\mathrm{d}(\omega t) = \frac{2}{\pi}\int_0^{\pi} I_a\cos(n\omega t)\mathrm{d}(\omega t) = 0$$

$$b_n = \frac{1}{\pi}\int_0^{2\pi} i_s(t)\sin(n\omega t)\mathrm{d}(\omega t) = \frac{2}{\pi}\int_0^{\pi} I_a\sin(n\omega t)\mathrm{d}(\omega t) = \frac{4I_a}{n\pi}$$

代入a_n和b_n的值，得输入电流为：

$$i_s(t) = \frac{4I_a}{\pi}\left(\frac{\sin(\omega t)}{1} + \frac{\sin(3\omega t)}{3} + \frac{\sin(5\omega t)}{5} + \cdots\right) \tag{3-24}$$

输入电流基频分量的有效值为：

$$I_{s1} = \frac{4I_a}{\pi\sqrt{2}} = 0.90I_a$$

输入电流的有效值为：

$$I_s = \frac{4}{\pi\sqrt{2}}I_a\left[1 + \left(\frac{1}{3}\right)^2 + \left(\frac{1}{5}\right)^2 + \left(\frac{1}{7}\right)^2 + \left(\frac{1}{9}\right)^2 + \cdots\right]^{1/2} = I_a$$

由式(3-22)得：

$$\mathrm{HF} = \mathrm{THD} = \left[\left(\frac{1}{0.90}\right)^2 - 1\right]^{1/2} = 0.4843 \text{ 或 } 48.43\%$$

(b)位移角 $\varphi=0$ 且 $\mathrm{DF}=\cos\varphi=1$。由式(3-23)，得功率因数为：

$$\mathrm{PF} = (I_{s1}I_s)\cos\varphi = 0.90(\text{滞后})$$

◀

3.6　多相星形整流器

由式(3-11)可知，单相全波整流器可以达到的平均输出电压是 $0.6366V_m$。这些整流器可用于功率高达 15kW 的应用场合。对于更大的功率输出，需要使用三相和多相整流器。式(3-12)给出的输出电压傅里叶级数表明，单相全波整流器输出包含谐波，其波的频率为输入电源频率的 2 倍($2f$)。在实践中，通常使用滤波器来减少负载的谐波水平，滤波器体积的大小随谐波频率的增加而降低。使用多相整流器后，除了具有更大的输出功率，其功率也增加为输入电源频率的 q 倍(qf)。这种整流器也称为星形整流器。

图 3-2a 所示的整流电路，可以通过在其变压器二次侧采用多相绕组的方式(见图 3-10a)将其扩展为多相电路。该电路可认为是 q 个单相半波整流器组成的。当第 k 相的电压比其他相的高时，第 k 个二极管导通。该波形的电压和电流如图 3-10b 所示。每个二极管的导通时间为 $2\pi/q$。

由图 3-10b 可以知，流过二次绕组的电流是单向的，并包含一个直流分量。在特定的时间只有一个二次绕组流过电流，并因此一次线圈必须连接成三角形来消除变压器输入侧的直流分量。这减少了主线路电流的谐波含量。

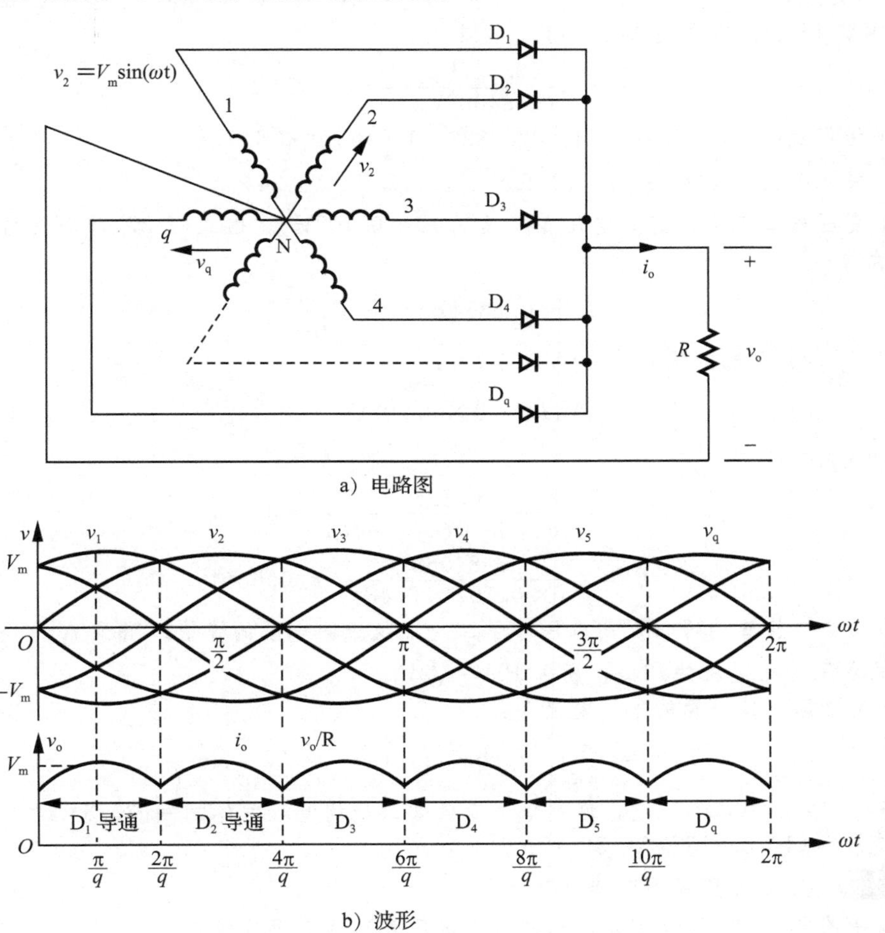

图 3-10　多相整流器

假设一个从 π/q 到 $2\pi/q$ 的余弦波，第 q 相的整流器输出平均电压为：

$$V_{\mathrm{dc}}=\frac{2}{2\pi/q}\int_{0}^{\pi/q}V_{\mathrm{m}}\cos(\omega t)\mathrm{d}(\omega t)=V_{\mathrm{m}}\frac{q}{\pi}\sin\frac{\pi}{q}\tag{3-25}$$

$$V_{\mathrm{rms}}=\left[\frac{2}{2\pi/q}\int_{0}^{\pi/q}V_{\mathrm{m}}^{2}\cos^{2}(\omega t)\mathrm{d}(\omega t)\right]^{\frac{1}{2}}=V_{\mathrm{m}}\left[\frac{q}{2\pi}\left(\frac{\pi}{q}+\frac{1}{2}\sin\frac{2\pi}{q}\right)\right]^{\frac{1}{2}}\tag{3-26}$$

如果负载为纯阻性的，则流过一个二极管的峰值电流为 $I_{\mathrm{m}}=V_{\mathrm{m}}/R$，二极管的电流(或者变压器二次电流)有效值为：

$$I_s=\left[\frac{2}{2\pi}\int_0^{\pi/q}I_m^2\cos^2(\omega t)\mathrm{d}(\omega t)\right]^{\frac{1}{2}}=I_m\left[\frac{1}{2\pi}\left(\frac{\pi}{q}+\frac{1}{2}\sin\frac{2\pi}{1}\right)\right]^{\frac{1}{2}}=\frac{V_{rms}}{R} \tag{3-27}$$

例 3.5 求三相星形整流器的性能参数。

三相星形整流器具有 R 纯阻性负载。确定(a)效率，(b)FF，(c)RF，(d)TUF，(e)各二极管的 PIV，(f)假设整流器在$V_{dc}=140V$ 输出电压下提供$I_{dc}=30A$，此时通过二极管的峰值电流。

解：

在三相整流器中 q=3，代入式(3-25)至式(3-27)。

(a) 根据式(3-25)，$V_{dc}=0.827V_m$，$I_{dc}=0.827\ V_m/R$。根据式(3-26)，$V_{rms}=0.84068\times V_m$，$I_{rms}=0.84068\ V_m/\mathrm{R}$。根据式(3-1)，$P_{dc}=(0.827\ V_m)^2/R$；根据式(3-2)，$P_{ac}=(0.84068\ V_m)^2/R$；还有根据式(3-3)，效率为：

$$\eta=\frac{(0.827V_m)^2}{(0.84068V_m)^2}=96.77\%$$

(b) 根据式(3-5)，FF=0.84068/0.827=1.0165 或者 101.65%。

(c) 根据式(3-7)，$\mathrm{RF}=\sqrt{1.0165^2-1}=0.1824=18.24\%$。

(d) 变压器二次侧的有效电压 $V_s=V_m/\sqrt{2}=0.707V_m$。由式(3-27)，变压器二次侧的有效电流为：

$$I_s=0.4854I_m=\frac{0.4854V_m}{R}$$

$q=3$ 情况下，变压器的伏安等级(VA 率)为：

$$\mathrm{VA}=3V_sI_s=3\times0.707V_m\times\frac{0.4854V_m}{R}$$

根据式(3-8)，有：

$$\mathrm{TUF}=\frac{0.827^2}{3\times0.707\times0.4854}=0.6643$$

$$\mathrm{PF}=\frac{0.84068^2}{3\times0.707\times0.4854}=0.6844$$

(e) 每个二极管的峰值反向电压等于二次绕组线间电压的峰值。附录 A 讨论了三相电路。线间电压为相电压的$\sqrt{3}$倍，所以 $\mathrm{PIV}=\sqrt{3}V_m$。

(f) 流过每个二极管的平均电流为：

$$I_{D(av)}=\frac{2}{2\pi}\int_0^{\pi/q}I_m\cos(\omega t)\mathrm{d}(\omega t)=I_m\frac{1}{\pi}\sin\frac{\pi}{q} \tag{3-28}$$

对于 $q=3$，$I_{D(av)}=0.2757\ I_m$。流过每个二极管的平均电流为$I_{D(av)}=(30/3)\mathrm{A}=10\mathrm{A}$，对应峰值电流$I_m=(10/0.2757)\mathrm{A}=36.27\mathrm{A}$。◀

例 3.6 求 q 相整流器的傅里叶级数。

(a) 将图 3-10a 所示 q 相整流器的输出电压表达为傅里叶级数。

(b) 如果 $q=6$，$V_m=170V$，电源频率 $f=60Hz$，求主导谐波的有效值(rms)及其频率。

解：

(a) q 脉冲的波形如图 3-10b 所示。输出的频率为基波分量的 q 倍(qf)。为了求傅里叶级数的常量，从$-\pi/q$ 到 π/q 积分，得到常量为：

$$b_n=0$$

$$a_n=\frac{1}{\pi/q}\int_{-\pi/q}^{\pi/q}V_m\cos(\omega t)\cos(n\omega t)\mathrm{d}(\omega t)=\frac{qV_m}{\pi}\left\{\frac{\sin[(n-1)\pi/q]}{n-1}+\frac{\sin[(n+1)\pi/q]}{n+1}\right\}$$

$$= \frac{qV_m}{\pi} \frac{(n+1)\sin[(n-1)\pi/q] + (n-1)\sin[(n+1)\pi/q]}{n^2-1}$$

经过化简以后使用以下三角函数关系：

$$\sin(A+B) = \sin A\cos B + \cos A\sin B$$

和

$$\sin(A-B) = \sin A\cos B - \cos A\sin B$$

可以得到：

$$a_n = \frac{2aV_m}{\pi(n^2-1)}\left(n\sin\frac{n\pi}{q}\cos\frac{\pi}{q} - \cos\frac{n\pi}{q}\sin\frac{\pi}{q}\right) \tag{3-29}$$

对于一个每周期有 q 个脉冲的整流器，输出电压的谐波为：第 q 次，第 $2q$ 次，第 $3q$ 次，第 $4q$ 次。式(3-29)对 $n=0$，$1q$，$2q$，$3q$ 有效。其中 $\sin(n\pi/q)=\sin\pi=0$，式(3-29)变为：

$$a_n = \frac{-2qV_m}{\pi(n^2-1)}\left(\cos\frac{n\pi}{q}\sin\frac{\pi}{q}\right)$$

直流分量可以在 $n=0$ 时候得到，即

$$V_{dc} = \frac{a_0}{2} = V_m\frac{q}{\pi}\sin\frac{\pi}{q} \tag{3-30}$$

该结果与式(3-25)一样。输出电压 v_o的傅里叶级数表示为：

$$v_o(t) = \frac{a_0}{2} + \sum_{n=q,2q,\cdots}^{+\infty} a_n\cos(n\omega t)$$

代入a_n的值，得到：

$$v_o = V_m\frac{q}{\pi}\sin\frac{\pi}{q}\left(1 - \sum_{n=q,2q,\cdots}^{+\infty}\frac{2}{n^2-1}\cos\frac{n\pi}{q}\cos(n\omega t)\right) \tag{3-31}$$

(b) 当 $q=6$ 时，输出电压为：

$$v_o(t) = 0.9549V_m\left(1 + \frac{2}{35}\cos(6\omega t) - \frac{2}{143}\cos(12\omega t) + \cdots\right) \tag{3-32}$$

6 次谐波是主导的分量。正弦电压的有效值是最大幅值的 $1/\sqrt{2}$。6 次谐波的有效值为$V_{6h}=0.9549V_m\times2/(35\times\sqrt{2})=6.56\text{V}$，其频率为 $f_6=6f=360\text{Hz}$。 ◀

3.7 三相桥式整流器

三相桥式整流器常用于大功率应用，如图 3-11 所示。它是一个全波整流器，可以连接或不连接变压器工作，其输出电压具有 6 个脉冲波动(每周期)。二极管按传导顺序编号。每一个导通 120°。二极管的导通顺序是 D_1-D_2，D_3-D_2，D_3-D_4，D_5-D_4，D_5-D_6和 D_1-D_6。连接在具有最高瞬时线间电压的那对电源线的一对二极管将会导通。线间电压等于$\sqrt{3}$乘以三相 Y 形连接电源的相电压。二极管的波形和导通时间如图 3-12 所示[4]。

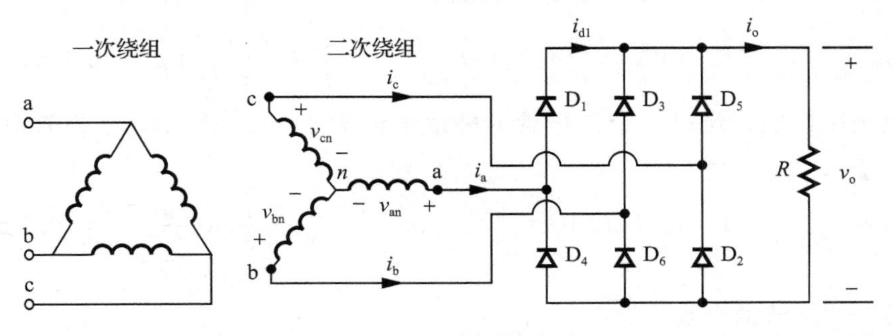

图 3-11 三相桥式整流器

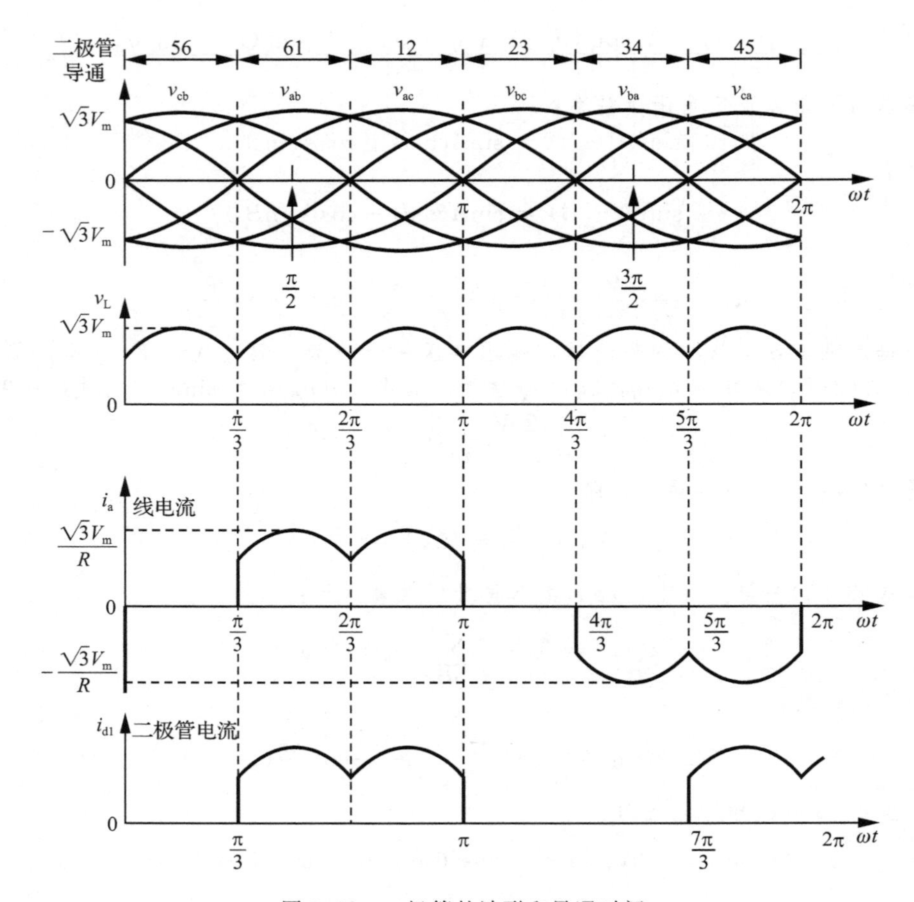

图 3-12　二极管的波形和导通时间

如果 V_m 是相电压的峰值，那么瞬时相电压为：

$$v_{an}=V_m\sin(\omega t),v_{bn}=V_m\sin(\omega t-120°),v_{cn}=V_m\sin(\omega t-240°)$$

因为线电压比相电压超前 30°，瞬时的线到线电压为：

$$v_{ab}=\sqrt{3}V_m\sin(\omega t+30°),v_{bc}=\sqrt{3}V_m\sin(\omega t-90°),v_{ca}=\sqrt{3}V_m\sin(\omega t-210°)$$

平均输出电压为：

$$V_{dc}=\frac{2}{2\pi/6}\int_0^{\pi/6}\sqrt{3}V_m\cos(\omega t)\mathrm{d}(\omega t)=\frac{3\sqrt{3}}{\pi}V_m=1.654V_m \tag{3-33}$$

式中：V_m 是相电压的峰值。输出电压的有效值为：

$$V_{rms}=\left[\frac{2}{2\pi/6}\int_0^{\pi/6}3V_m^2\cos^2(\omega t)\mathrm{d}(\omega t)\right]^{\frac{1}{2}}=\left(\frac{3}{2}+\frac{9\sqrt{3}}{4\pi}\right)^{\frac{1}{2}}V_m=1.6554V_m \tag{3-34}$$

如果负载是纯阻性的，流过一个二极管的峰值电流为 $I_m=\sqrt{3}V_m/R$，二极管电流的有效值为：

$$I_{D(rms)}=\left[\frac{4}{2\pi}\int_0^{\pi/6}I_m^2\cos^2(\omega t)\mathrm{d}(\omega t)\right]^{\frac{1}{2}}=I_m\left[\frac{1}{\pi}\left(\frac{\pi}{6}+\frac{1}{2}\sin\frac{2\pi}{6}\right)\right]^{\frac{1}{2}}=0.5518I_m \tag{3-35}$$

并且变压器二次电流的有效值为：

$$I_s=\left[\frac{8}{2\pi}\int_0^{\pi/6}I_m^2\cos^2(\omega t)\mathrm{d}(\omega t)\right]^{\frac{1}{2}}=I_m\left[\frac{2}{\pi}\left(\frac{\pi}{6}+\frac{1}{2}\sin\frac{2\pi}{6}\right)\right]^{\frac{1}{2}}=0.7804I_m \tag{3-36}$$

式中：I_m是二次线电流的峰值。

对于三相整流器，$q=6$，由式(3-32)给出瞬时输出电压为：

$$v_o(t)=0.9549V_m\left[1+\frac{2}{35}\cos(6\omega t)-\frac{2}{143}\cos(12\omega t)+\cdots\right] \tag{3-37}$$

注意：

为了使输出电压的脉冲数增加到 12，两个三相整流器串联，一个整流器的输入端连接变压器的 Y 形二次绕组，另一个整流器的输入端连接变压器的三角形二次绕组。

例 3.7 求一个三相桥式整流器的性能参数。

一个三相桥式整流器具有纯阻性负载 R。求(a)效率，(b)FF，(c)RF，(d)TUF，(e)每一个二极管的 PIV，(f)二极管的峰值电流。整流器在输出电压$V_{dc}=280.7\text{V}$ 的时候承载电流$I_{dc}=60\text{A}$，电源频率为 60Hz。

解：

(a) 由式(3-33)，$V_{dc}=1.654V_m$，$I_{dc}=1.654V_m/R$。从式(3-34)，$V_{rms}=1.6554V_m$，$I_{o(rms)}=1.6554V_m/R$。从式(3-1)，$P_{dc}=(1.654V_m)^2/R$，由式(3-2)，$P_{ac}=(1.6554V_m)^2/R$，由式(3-3)，效率为：

$$\eta=\frac{(1.654V_m)^2}{(1.6554V_m)^2}=99.83\%$$

(b) 由式(3-5)，FF=1.6554/1.654=1.0008=100.08%。

(c) 由式(3-6)，$\text{RF}=\sqrt{1.0008^2-1}=0.04=4\%$。

(d) 由式(3-15)，变压器二次绕组的有效电压$V_s=0.707V_m$。

由式(3-36)，变压器二次有效电流为：

$$I_s=0.7804I_m=0.7804\times\sqrt{3}\,\frac{V_m}{R}$$

变压器的伏安等级为：

$$\text{VA}=3V_sI_s=3\times0.707V_m\times0.7804\times\sqrt{3}\,\frac{V_m}{R}$$

由式(3-8)，得：

$$\text{TUF}=\frac{1.654^2}{3\times\sqrt{3}\times0.707\times0.7804}=0.9542$$

输入功率因数为：

$$\text{PF}=\frac{P_{ac}}{VA}=\frac{1.6554^2}{3\times\sqrt{3}\times0.707\times0.7804}=0.956(\text{滞后})$$

(e) 由式(3-33)，相电压的峰值为$V_m=(280.7/1.654)\text{V}=169.7\text{V}$。每个二极管的峰值反向电压等于二次侧线电压的峰值，$\text{PIV}=\sqrt{3}V_m=\sqrt{3}\times169.7\text{V}=293.9\text{V}$。

(f) 流过每个二极管的平均电流为：

$$I_{D(av)}=\frac{4}{2\pi}\int_0^{\pi/6}I_m\cos(\omega t)\,d(\omega t)=I_m\,\frac{2}{\pi}\sin\frac{\pi}{6}=0.3183I_m$$

流过每个二极管的平均电流为$I_{D(av)}=(60/3)\text{A}=20\text{A}$；因此电流峰值为$I_m=(20/0.3183)\text{A}=62.83\text{A}$。◀

注意：与图 3-10 所示的具有六个脉冲的多相整流器比较，这一整流器可观地提升了性能。

3.8 带 *RL* 负载的三相桥式整流器

3.4 节所推导的公式可用于计算带有 *RL* 负载的三相整流器(见图 3-13)的负载电流。由图 3-12 可以注意到输出电压变为：

$$v_{ab} = \sqrt{2}V_{ab}\sin(\omega t) \qquad \left(\frac{\pi}{3} \leqslant \omega t \leqslant \frac{2\pi}{3}\right)$$

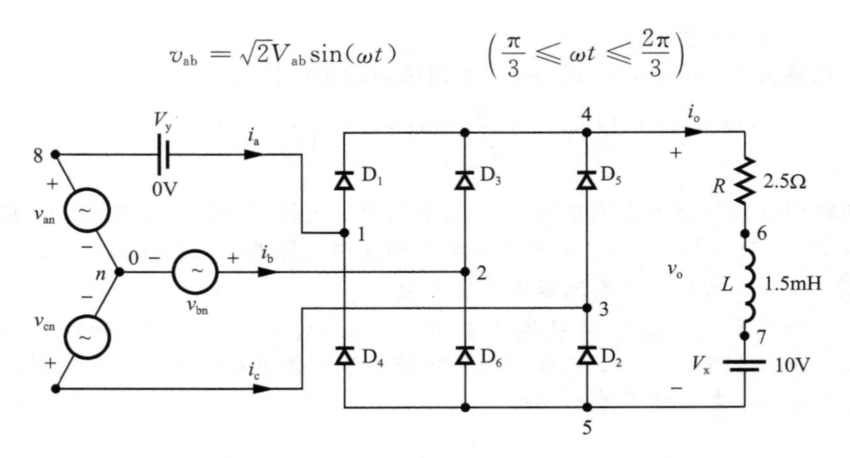

图 3-13　PSpice 仿真用的三相桥式整流器

式中：V_{ab}是线到线的有效输入电压。负载电流i_o可以由下式求得：

$$L\frac{di_0}{dt} + Ri_0 + E = \left|\sqrt{2}V_{ab}\sin(\omega t)\right| \qquad (i_o \geqslant 0)$$

其解有以下形式：

$$i_0 = \left|\frac{\sqrt{2}V_{ab}}{Z}\sin(\omega t - \theta)\right| + A_1\ e^{-(R/L)t} - \frac{E}{R} \tag{3-38}$$

式中：负载阻抗为 $Z=[R^2+(\omega L)^2]^{\frac{1}{2}}$负载阻抗角度为 $\theta=\arctan(\omega L/R)$。式(3-38)的常数 A_1 可以通过以下条件：在 $\omega t=\pi/3$ 时 $i_0=I_0$，求得：

$$A_1 = \left[I_0 + \frac{E}{R} - \frac{\sqrt{2}V_{ab}}{Z}\sin\left(\frac{\pi}{3} - \theta\right)\right]e^{(R/L)(\pi/(3\omega))}$$

将 A_1 代入式(3-38)，得到：

$$i_0 = \frac{\sqrt{2}V_{ab}}{Z}\sin(\omega t - \theta) + \left[I_0 + \frac{E}{R} - \frac{\sqrt{2}V_{ab}}{Z}\sin\left(\frac{\pi}{3} - \theta\right)\right]e^{(R/L)(\pi/(3\omega) - t)} - \frac{E}{R} \tag{3-39}$$

在稳态条件下，$i_0(\omega t=2\pi/3)=i_0(\omega t=\pi/3)$。也就是 $i_0(\omega t=2\pi/3)=I_0$。使用这一条件，可以得到 I_0的值为：

$$I_0 = \frac{\sqrt{2}V_{ab}}{Z}\ \frac{\sin(2\pi/3 - \theta) - \sin(\pi/3 - \theta)e^{-(R/L)(\pi/(3\omega))}}{1 - e^{-(R/L)(\pi/(3\omega))}} - \frac{E}{R} \qquad (I_0 \geqslant 0) \tag{3-40}$$

将该式代入式(3-39)并化简，得到：

$$i_0 = \frac{\sqrt{2}V_{ab}}{Z}\left[\sin(\omega t - \theta) + \frac{\sin(2\pi/3 - \theta) - \sin(\pi/3 - \theta)}{1 - e^{-(R/L)(\pi/(3\omega))}}\ e^{-(R/L)(\pi/(3\omega) - t)}\right] - \frac{E}{R}$$

$$(\pi/3 \leqslant \omega t \leqslant 2\pi/3 \text{ 和 } i_0 \geqslant 0) \tag{3-41}$$

二极管的有效值电流可以通过式(3-41)得到：

$$I_{D(rms)} = \left[\frac{2}{2\pi}\int_{\pi/3}^{2\pi/3} i_0^2\,d(\omega t)\right]^{1/2}$$

然后有效输出电流可以通过合并每一个二极管的 rms 电流得到：

$$I_{0(rms)} = (I_{D(rms)}^2 + I_{D(rms)}^2 + I_{D(rms)}^2)^{1/2} = \sqrt{3}I_r$$

平均二极管电路可以通过式(3-40)求得：

$$I_{D(av)} = \frac{2}{2\pi}\int_{\pi/3}^{2\pi/3} i_0\,d(\omega t)$$

边界条件：通过设式(3-40)中的 I_0为零，可以得到不连续电流的条件为：

$$\frac{\sqrt{2}V_{AB}}{Z}\left[\frac{\sin\left(\frac{2\pi}{3}-\theta\right)-\sin\left(\frac{\pi}{3}-\theta\right)e^{-\left(\frac{R}{L}\right)\left(\frac{\pi}{3\omega}\right)}}{2-e^{-\left(\frac{R}{L}\right)\left(\frac{\pi}{3\omega}\right)}}\right]-\frac{E}{R}=0$$

从该式子可以解出电压比 $x=E/(\sqrt{2}V_{AB})$ 为：

$$x(\theta)=\left[\frac{\sin\left(\frac{2\pi}{3}-\theta\right)-\sin\left(\frac{\pi}{3}-\theta\right)e^{-\left(\frac{\pi}{3\tan\theta}\right)}}{1-e^{-\left(\frac{\pi}{3\tan\theta}\right)}}\right]\cos\theta \tag{3-42}$$

负载阻抗角 θ 与电压比 x 的函数关系如图 3-14 所示。负载角 θ 不能超过 $\pi/2$。当 $\theta=1.5598\text{rad}$ 时 $x=95.49\%$；当 $\theta=0.52308\text{rad}$（30°）时，$x=95.03\%$；当 $\theta=0$ 时，$x=86.68\%$。

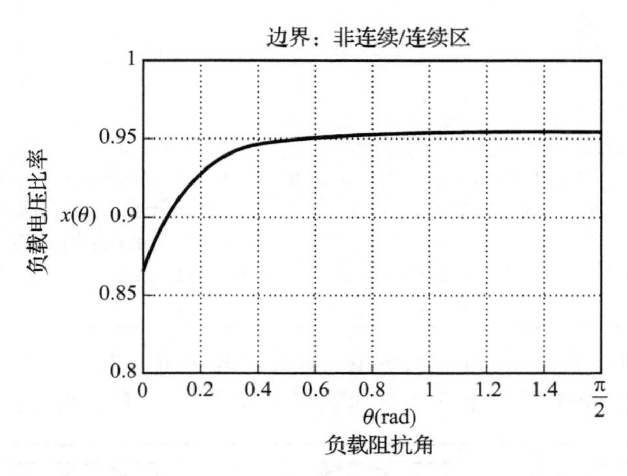

图 3-14 三相整流器的连续和不连续区域的边界

例 3.8 求一个具有 RL 负载的三相桥式整流器的性能参数。

图 3-13 所示的三相全波整流器具有 $L=1.5\text{mH}$，$R=2.5\Omega$ 和 $E=10\text{V}$ 的负载。线到线输入电压为 $V_{ab}=208\text{V}$，60Hz。(a) 计算 (1) 在 $\omega t=\pi/3$ 情况下的稳态负载电流 I_0；(2) 二极管的平均电流 $I_{D(av)}$；(3) 二极管的有效电流 $I_{D(rms)}$；(4) 输出有效电流 $I_{o(rms)}$；(5) 输入功率因数 PF。(b) 使用 PSpice 绘制瞬时输出电流 i_0。假设二极管的参数 IS=2.22E−15，BV=1800V。

解：

(a) $R=2.5\Omega$，$L=1.5\text{mH}$，$f=60\text{Hz}$，$\omega=2\pi\times60\text{rad/s}=377\text{rad/s}$，$V_{ab}=208\text{V}$，$Z=[R^2+(\omega L)^2]^{\frac{1}{2}}=2.56\Omega$，还有 $\theta=\arctan(\omega L/R)=12.74°$。

(1) 在 $\omega t=\pi/3$ 的情况下，稳态负载电流 $I_0=105.77\text{A}$。

(2) 对式 (3-41) 中的 i_0 进行数值积分，得到二极管平均电流 $I_{D(av)}=36.09\text{A}$。因为 $I_0>0$，负载电流是连续的。

(3) 对 i_0^2 在 $\omega t=\pi/3$ 至 $2\pi/3$ 范围内进行数值积分，得到二极管 rms 电流为 $I_{D(rms)}=62.53\text{A}$。

(4) 输出电流有效值 $I_{D(rms)}=\sqrt{3}I_{o(rms)}=\sqrt{3}\times62.53\text{A}=108.31\text{A}$。

(5) 交流负载功率为 $P_{ac}=I_{0(rms)}^2R=108.31^2\times2.5\text{W}=29.3\text{kW}$。输入功率因数为：

$$\text{PF}=\frac{P_{ac}}{3\sqrt{2}V_sI_{D(rms)}}=\frac{29.3\times10^3}{3\sqrt{2}\times120\times62.53}=0.92(\text{滞后})$$

(b) 图 3-13 给出三相桥式整流器的 PSpice 仿真电路图。电路文件如下：

例 3.8　具有 *RL* 负载的三相桥式整流器

```
Example 3.8 Three-Phase Bridge Rectifier with RL load
VAN   8   0    SIN (0 169.7V 60HZ)
VBN   2   0    SIN (0 169.7V 60HZ 0 0 120DEG)
VCN   3   0    SIN (0 169.7V 60HZ 0 0 240DEG)
L     6   7    1.5MH
R     4   6    2.5
VX    7   5    DC 10V ; Voltage source to measure the output current
VY    8   1    DC  0V ; Voltage source to measure the input current
D1    1   4    DMOD                    ; Diode model
D3    2   4    DMOD
D5    3   4    DMOD
D2    5   3    DMOD
D4    5   1    DMOD
D6    5   2    DMOD
.MODEL  DMOD  D (IS=2.22E-15 BV=1800V)    ; Diode model parameters
.TRAN   10US  25MS  16.667MS  10US        ; Transient analysis
.PROBE                                    ; Graphics postprocessor
.options ITL5=0 abstol = 1.000n reltol = .01 vntol = 1.000m
.END
```

图 3-15 给出了瞬时输出电流i_0的 PSpice 结果，其中可得到I_0=104.89A，而期望值为105.77A。在这个仿真中使用一个二极管来表征特定的二极管参数。

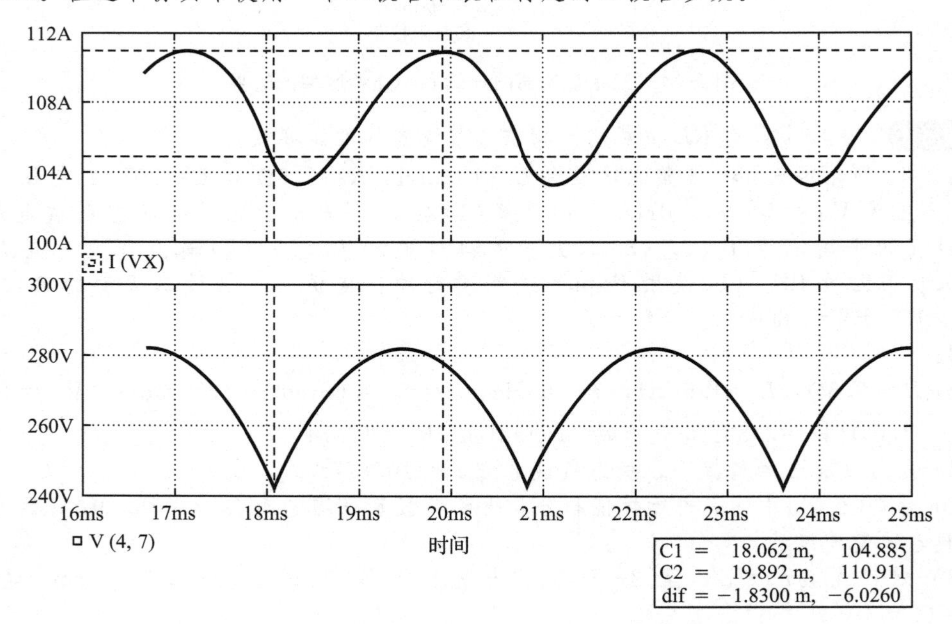

图 3-15　例 3.10 的 PSpice 结果图

3.9　带高度感性负载的三相整流器

对于一个高度感性负载，图 3-11 所示三相整流器的负载电流是连续的，其纹波含量可忽略。

图 3-12 显示了线电流的波形。线电流关于角度($q=p/6$)对称，此时相电压等于零，

而不是线到线电压 v_{ab} 等于零。所以满足 $f(x+2\pi)=f(x)$ 的条件，输入电流可以描述为：

$$i_s(t)=I_a \qquad \left(\frac{\pi}{6}\leqslant \omega t\leqslant \frac{5\pi}{6}\right)$$

$$i_s(t)=-I_a \qquad \left(\frac{7\pi}{6}\leqslant \omega t\leqslant \frac{11\pi}{6}\right)$$

以傅里叶级数形式可以表示为：

$$i_s(t)=I_{dc}+\sum_{n=1}^{+\infty}(a_n\cos(n\omega t)+b_n\sin(n\omega t))=\sum_{n=1}^{+\infty}c_n\sin(n\omega t+\varphi_n)$$

式中：

$$I_{dc}=\frac{1}{2\pi}\int_0^{2\pi}i_s(t)\mathrm{d}(\omega t)=\frac{1}{2\pi}\int_0^{2\pi}I_a\mathrm{d}(\omega t)=0$$

$$a_n=\frac{1}{\pi}\int_0^{2\pi}i_s(t)\cos(n\omega t)\mathrm{d}(\omega t)=\frac{1}{\pi}\left[\int_{\frac{\pi}{6}}^{\frac{5\pi}{6}}I_a\cos(n\omega t)\mathrm{d}(\omega t)-\int_{\frac{7\pi}{6}}^{\frac{11\pi}{6}}I_a\cos(n\omega t)\mathrm{d}(\omega t)\right]=0$$

$$b_n=\frac{1}{\pi}\int_0^{2\pi}i_s(t)\sin(n\omega t)\mathrm{d}(\omega t)=\frac{1}{\pi}\left[\int_{\frac{\pi}{6}}^{\frac{5\pi}{6}}I_a\sin(n\omega t)\mathrm{d}(\omega t)-\int_{\frac{7\pi}{6}}^{\frac{11\pi}{6}}I_a\sin(n\omega t)\mathrm{d}(\omega t)\right]=0$$

经过积分和化简，得到：

$$b_n=\frac{-4I_a}{n\pi}\cos(n\pi)\sin\left(\frac{n\pi}{2}\right)\sin\left(\frac{n\pi}{3}\right) \qquad (n=1,5,7,11,13,\cdots)$$

$$b_n=0 \qquad (n=2,3,4,6,8,9,\cdots)$$

$$c_n=\sqrt{(a_n)^2+(b_n)^2}=\frac{-4I_a}{n\pi}\cos(n\pi)\sin\left(\frac{n\pi}{2}\right)\sin\left(\frac{n\pi}{3}\right)$$

$$\varphi_n=\arctan\left(\frac{a_n}{b_n}\right)=0$$

因此，输入电流的傅里叶级数为：

$$i_s=\frac{4\sqrt{3}I_a}{2\pi}\left(\frac{\sin(\omega t)}{1}-\frac{\sin(5\omega t)}{5}-\frac{\sin(7\omega t)}{7}+\frac{\sin(11\omega t)}{11}+\frac{\sin(13\omega t)}{13}-\frac{\sin(17\omega t)}{17}-\cdots\right) \tag{3-43}$$

输入电流的第 n 阶谐波的有效值为：

$$I_{sn}=\frac{1}{\sqrt{2}}(a_n^2+b_n^2)^{\frac{1}{2}}=\frac{2\sqrt{2}I_a}{n\pi}\sin\frac{n\pi}{3} \tag{3-44}$$

基频电流的有效值为：

$$I_{s1}=\frac{\sqrt{6}}{\pi}I_a=0.7797I_a$$

输入电流的有效值为：

$$I_s=\left[\frac{2}{2\pi}\int_{\pi/6}^{5\pi/6}I_a^2\mathrm{d}(\omega t)\right]^{\frac{1}{2}}=I_a\sqrt{\frac{2}{3}}=0.8165I_a$$

$$\mathrm{HF}=\left[\left(\frac{I_s}{I_{s1}}\right)^2-1\right]^{\frac{1}{2}}=\left[\left(\frac{\pi}{3}\right)^2-1\right]^{\frac{1}{2}}=0.3108\text{ 或 }31.08\%$$

$$\mathrm{DF}=\cos\varphi_1=\cos(0)=1$$

$$\mathrm{PF}=\frac{I_{s1}}{I_s}\cos(0)=\frac{0.7797}{0.8165}=0.9549$$

注意：如果将此处的功率因数 PF 和例 3-7 中纯阻性负载的情况作比较，可以发现输入 PF 取决于负载角。纯阻性负载的 PF=0.956。

3.10 二极管整流器的比较

一个整流器的目标是产生一个满足给定直流输出功率的特定直流输出电压，因此，使用V_{dc}和P_{dc}表达性能参数会比较方便。例如，如果将输入电压的有效值依据需要的输出电压V_{dc}进行表达，整流器电路中变压器的额定值和匝数比可以很方便地得到。重要的参数汇总在表 3-3 中[3]。由于它们的相对优点，单相和三相桥式整流器最为常用。

表 3-3　带有电阻性负载的二极管整流器的性能参数

性能参数	带有中心抽头变压器的单相整流器	单相桥式整流器	六相星形整流器	三相桥式整流器
反向重复峰值电压V_{RRM}	3.14 V_{dc}	1.57 V_{dc}	2.09 V_{dc}	1.05 V_{dc}
每个变压器的输入电压有效值V_s	1.11 V_{dc}	1.11 V_{dc}	0.74 V_{dc}	0.428 V_{dc}
二极管平均电流$I_{D(av)}$	0.50 I_{dc}	0.50 I_{dc}	0.167 I_{dc}	0.333 I_{dc}
正向重复峰值电流I_{FRM}	1.57 I_{dc}	1.57 I_{dc}	6.28 I_{dc}	3.14 I_{dc}
二极管有效值电流$I_{D(rms)}$	0.785 I_{dc}	0.785 I_{dc}	0.409 I_{dc}	0.579 I_{dc}
二极管电流的形状因数$I_{D(rms)}/I_{D(av)}$	1.57	1.57	2.45	1.74
整流因数 η	0.81	0.81	0.998	0.998
形状因数 FF	1.11	1.11	1.0009	1.0009
纹波系数 RF	0.482	0.482	0.042	0.042
变压器一次侧伏安额定值 VA	1.23 P_{dc}	1.23 P_{dc}	1.28 P_{dc}	1.05 P_{dc}
变压器二次侧伏安额定值 VA	1.75 P_{dc}	1.23 P_{dc}	1.81 P_{dc}	1.05 P_{dc}
输出纹波频率f_r	2 f_s	2 f_s	6 f_s	6 f_s

3.11　整流器电路设计

整流器的设计包括确定半导体二极管的额定值。二极管的额定值通常指定为：平均电流、电流有效值、峰值电流和峰值反向电压。没有标准的程序设计，但需要确定二极管的电流和电压的形状。

我们注意到式(3-12)和式(3-37)，该整流器的输出含有高次谐波。滤波器可以用来使整流器的直流输出电压变平滑，它们称为直流滤波器。直流滤波器通常是 L、C 和 LC 型的，如图 3-16 所示。由于整流作用，整流器的输入电流也包含谐波，交流滤波器用于过滤掉一些来自电源系统的谐波。交流滤波器通常是 LC 型的，如图 3-17 所示。

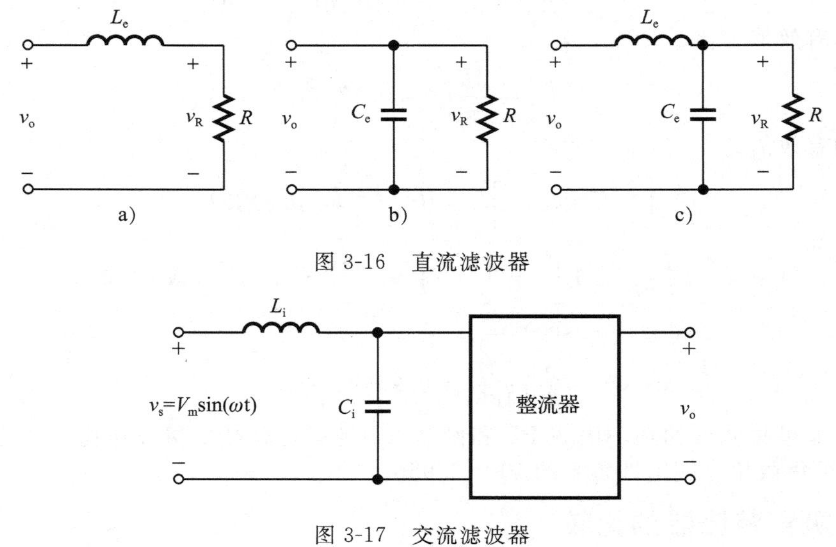

图 3-16　直流滤波器

图 3-17　交流滤波器

通常，滤波器的设计需要确定谐波的幅值和频率。设计整流器和滤波器的步骤将通过以下例子加以说明。

例3.9 根据二极管电流求二极管额定值。

三相桥式整流提供了一个高度感性的负载，使得平均负载电流$I_{dc}=60A$，纹波含量可忽略不计。如果星形联结的电源的线到中性点电压为120V，60Hz，确定二极管的额定值。

解：

流过二极管的电流如图3-18所示。二极管的平均电流为$I_d=60/3A=20A$。有效电流为：

$$I_r=\left[\frac{1}{2\pi}\int_{\pi/3}^{\pi}I_{dc}^2\mathrm{d}(\omega t)\right]^{\frac{1}{2}}=\frac{I_{dc}}{\sqrt{3}}=34.64A$$

峰值反向电压$PIV=\sqrt{3}V_m=\sqrt{3}\times\sqrt{2}\times120V=294V$。

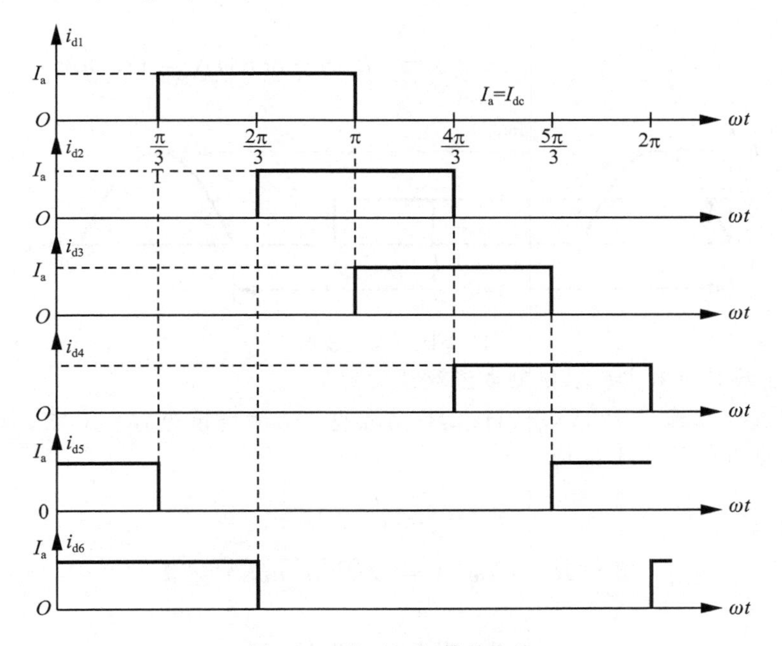

图3-18 流过二极管的电流

注意：$\sqrt{2}$是有效值到峰值的转换系数。

例3.10 从波形找出二极管的平均和有效电流。

流过一个二极管的电路如图3-19所示。确定(a)有效电流；(b)二极管平均电流；假设$t_1=100\mu s$，$t_2=350\mu s$，$t_3=500\mu s$，$f=500Hz$，$f_s=5kHz$，$I_m=450A$，$I_a=150A$。

解：

(a) 有效值定义为：

$$I_{D(rms)}=\left[\frac{1}{T}\int_0^{t_1}(I_m\sin(\omega_s t))^2\mathrm{d}t+\frac{1}{T}\int_{t_2}^{t_3}I_a^2\mathrm{d}t\right]^{\frac{1}{2}}=(I_{t_1}^2+I_{t_2}^2)^{\frac{1}{2}} \tag{3-45}$$

式中：$\omega_s=2\pi f_s=31415.93rad/s$；$t_1=\pi/\omega_s=100\mu s$；$T=1/f$。

$$I_{D1(rms)}=\left[\frac{1}{T}\int_0^{t_1}(I_m\sin(\omega_s t))^2\mathrm{d}t\right]^{\frac{1}{2}}=I_m\sqrt{\frac{ft_1}{2}}=50.31A \tag{3-46}$$

和

$$I_{D2(rms)} = \left(\frac{1}{T}\int_{t_2}^{t_3} I_a dt\right)^2 = I_a \sqrt{ft_3 - t_2)} = 29.05\text{A} \tag{3-47}$$

将式(3-46)和式(3-47)代入式(3-45)，有效值为：

$$I_{D(rms)} = \left[\frac{I_m^2 ft_1}{2} + I_a^2 f(t_3 - t_2)\right]^{\frac{1}{2}} = (50.31^2 + 29.05^2)^{\frac{1}{2}}\text{A} = 58.09\text{A} \tag{3-48}$$

(b)平均电流可根据下式求解：

$$I_{D(av)} = \left[\frac{1}{T}\int_0^{t_1}(I_m \sin(\omega_s t))dt + \frac{1}{T}\int_{t_2}^{t_3} I_a dt\right] = I_{D1(av)} + I_{D2(av)}$$

式中：

$$I_{D1} = \frac{1}{T}\int_0^{t_1}(I_m \sin(\omega_s t))dt = \frac{I_m f}{\pi f_s} \tag{3-49}$$

$$I_{D2} = \frac{1}{T}\int_{t_2}^{t_3} I_a dt = I_a f(t_3 - t_2) \tag{3-50}$$

所以平均电流为：

$$I_{dc} = \frac{I_{mf}}{\pi f_s} + I_a f(t_3 - t_2) = (7.16 + 5.63)\text{A} = 12.79\text{A}$$

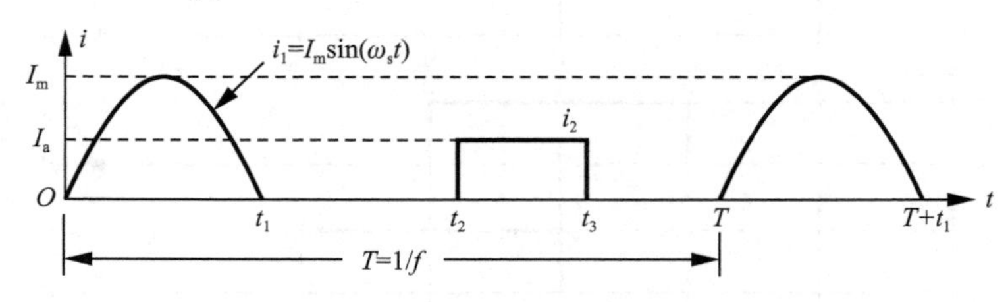

图 3-19 电流波形

例 3.11 设计负载电感以限制电流纹波的数量

单相桥式整流器通过 120V，60Hz 的电源供电。负载电阻为 R=500Ω。计算串联电感 L 以抑制纹波电流I_{ac}至小于I_{dc}的 5%。

解：

负载阻抗为：

$$Z = R + j(n\omega L) = \sqrt{R^2 + (n\omega L)^2} \angle \theta_n \tag{3-51}$$

和

$$\theta_n = \arctan\frac{n\omega L}{R} \tag{3-52}$$

瞬时电流为：

$$i_0(t) = I_{dc} - \frac{4V_m}{\pi\sqrt{R^2 + (n\omega L)^2}}\left[\frac{1}{3}\cos(2\omega t - \theta_2) + \frac{1}{15}\cos(4\omega t - \theta_4) + \cdots\right] \tag{3-53}$$

式中：

$$I_{dc} = \frac{V_{dc}}{R} = \frac{2V_m}{\pi R}$$

式(3-53)给出纹波电流的有效值为：

$$I_{ac}^2 = \frac{(4V_m)^2}{2\pi^2[R^2 + (2\omega L)^2]}\left(\frac{1}{3}\right)^2 + \frac{(4V_m)^2}{2\pi^2[R^2 + (4\omega L)^2]}\left(\frac{1}{15}\right)^2 + \cdots$$

只考虑最低两次的谐波(n=2)，可以得到：

$$I_{ac} = \frac{4V_m}{\sqrt{2}\pi \times \sqrt{R^2 + (2\omega L)^2}}\left(\frac{1}{3}\right)$$

使用I_{dc}的值进一步化简，得到纹波因数为：

$$\mathrm{RF}=\frac{I_{ac}}{I_{dc}}=\frac{0.4714}{\sqrt{1+(2\omega L/R)^2}}=0.05$$

当 $R=500\Omega$ 和 $f=60\text{Hz}$，电感值可以计算为$0.4714^2=0.05^2[1+(4\times 60\times \pi L/500)^2]$，即 $L=6.22\text{H}$。

我们由式(3-53)可以看出，负载中的电感为谐波电流提供一个高阻抗，表现为一个削减谐波的滤波器。然而，该电感给负载电流引入一个相对于输入电压的时间延迟；而在单相半波整流器的情况下，续流二极管是必需的，以为此感应电流提供一个路径。◀

例 3.12 设计滤波电容以限制输出电压纹波的数量。

单相桥式整流器使用 120V，60Hz 电源供电。负载电阻为 $R=500\Omega$。(a)设计一个电容滤波器，以使输出电压的纹波系数小于 5%。(b)滤波器中电容 C 的值，计算平均负载电压V_{dc}。

解：

(a) 当图 3-20a 所示瞬时电压v_s比瞬时电容器电压v_o更高时，二极管(D_1 和 D_2 或D_3和D_4)导通；电容器这时从电源充电。如果瞬时供给电压v_s低于瞬时电容器电压v_o，二极管(D_1 和 D_2 或D_3和D_4)反向偏置，电容器C_e通过负载电阻R_L放电，该电容器电压v_o在最小值$V_{o(min)}$和最大值$V_{o(max)}$之间变化，如图 3-20b 所示。

输出纹波电压，即最大电压$V_{o(max)}$和最小电压$V_{o(min)}$之间的差值，可以以不同的方式表示，如表 3-4 所示。

假设t_c是电容器C_e的充电时间，t_d是其放电时间。充电时的等效电路如图 3-20c 所示。在充电期间，电容从$V_{o(min)}$充到V_m。假设在角度 α(rad/s)时，正向输入电压等于电容器放电结束时的最低电容电压$V_{o(min)}$。当输入电压从 0 正弦上升到V_m，角度 α 可由下式确定：

$$V_{o(min)}=V_m\sin(\alpha)\quad 或\quad \alpha=\arcsin\left(\frac{V_{o(min)}}{V_m}\right)\tag{3-54}$$

通过重新定义时间原点($\omega t=0$)，以 $\pi/2$ 作为第一区间的开端，我们可以由电容通过电阻 R 呈指数形式放电的过程推导放电电压，即

$$\frac{1}{C_e}\int i_o \mathrm{d}t-v_C(t=0)+R_L i_o=0$$

结合初始条件 $v_C(\omega t=0)=V_m$，可以得到：

$$i_o=\frac{V_m}{R}\mathrm{e}^{-t/(R_L C_e)}\qquad (0\leqslant t\leqslant t_d)$$

放电过程的瞬时输出(或电容)电压v_o为：

$$v_o(t)=R_L i_o=V_m\,\mathrm{e}^{-t/(R_L C_e)}\tag{3-55}$$

表 3-4 测量输出纹波电压的术语

术语定义	关系
输出电压峰值	$V_{o(max)}=V_m$
输出纹波电压峰峰值$V_{r(pp)}$	$V_{r(pp)}=V_{o(max)}-V_{o(min)}=V_m-V_{o(min)}$
输出电压的纹波系数	$\mathrm{RF}_v=\frac{V_{r(pp)}}{V_m}=\frac{V_m-V_{o(min)}}{V_m}=1-\frac{V_{o(min)}}{V_m}$
输出电压的最小值	$V_{o(min)}=V_m(1-\mathrm{RF}_v)$

图 3-20d 给出了放电时的等效电路。放电时间t_d或者放电角 β(rad/s)表示为：

$$\omega t_d=\beta=\pi/2+\alpha\tag{3-56}$$

a) 电路模型

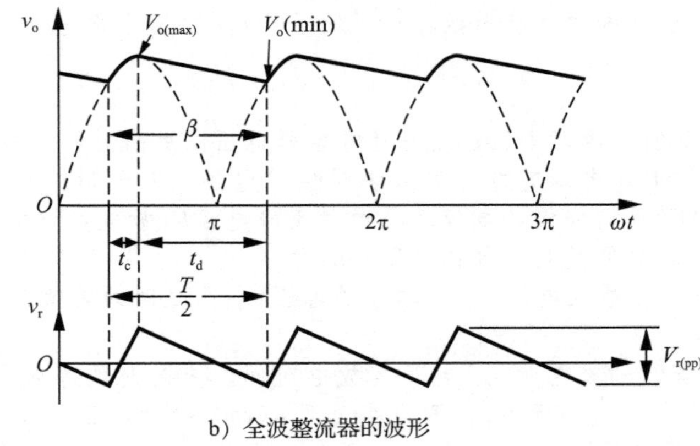

b) 全波整流器的波形

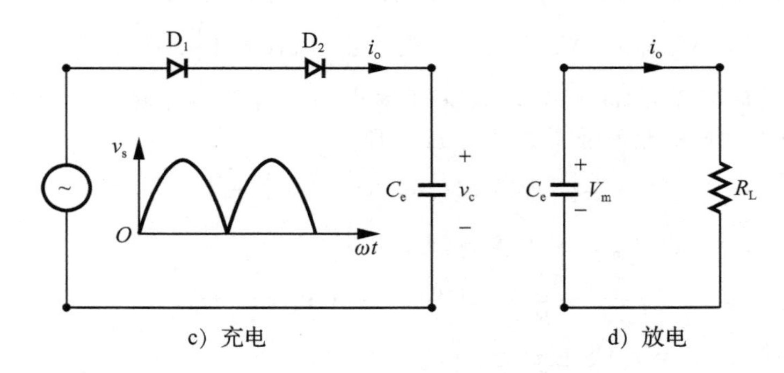

c) 充电　　d) 放电

图 3-20 具有电容滤波器的单相桥式整流器

在 $t=t_d$ 时，式(3-55)变为 v_o 等于$V_{o(min)}$，t_d和$V_{o(min)}$可以通过下式建立起关系：

$$v_o = (t = t_d) = V_{o(min)} = V_m e^{-t_d/(R_L C_e)} \tag{3-57}$$

求解可得放电时间t_d为：

$$t_d = R_L C_e \ln\left(\frac{V_m}{V_{o(min)}}\right) \tag{3-58}$$

让式(3-58)的t_d等于式(3-56)的t_d，我们可以得到：

$$\omega R_L C_e \ln\left(\frac{V_m}{V_{o(min)}}\right) = \pi/2 + \alpha = \pi/2 + \arcsin\left(\frac{V_{o(min)}}{V_m}\right) \tag{3-59}$$

所以，滤波电容C_e可以求得为：

$$C_e = \frac{\pi/2 + \arcsin\left(\frac{V_{o(min)}}{V_m}\right)}{\omega R_L \ln\left(\frac{V_m}{V_{o(min)}}\right)} \tag{3-60}$$

重新定义时间原点($\omega t=0$)，以$\pi/2$作为放电区间的开端，平均输出电压$V_{o(av)}$为：

$$V_{o(av)}=\left[\int_0^{\beta}e^{-\frac{\omega t}{R_L C_e}}d(\omega t)+\int_{\beta}^{\pi}\cos(\omega t)d(\omega t)\right]=\frac{V_m}{\pi}\left[\omega R_L C_e\left(1-e^{-\frac{\beta}{\omega R_L C_e}}\right)+\sin\beta\right] \tag{3-61}$$

上述关于C的方程(式(3-60)和式(3-61))和关于$V_{o(av)}$的方程(式(3-61))为非线性方程。如果依照以下的假设，我们可以推导以电容值为参考的纹波电压的简明表达式。

- t_c是电容器C_e的充电时间。
- t_d是电容器C_e的放电时间。

通常地，充电时间t_c比放电时间t_d小，也就是$t_d \gg t_c$，根据此假设，我们可以通过输入电源的周期T把t_c和t_d关联起来，即

$$t_d=T/2-t_c\approx T/2=1/(2f) \tag{3-62}$$

使用$e^{-x}=1-x$在微小值$x\ll 1$的泰勒级数展开，式(3-57)可化简为：

$$V_{o(min)}=V_m e^{-t_d/(R_L C_e)}=V_m\left(1-\frac{t_d}{R_L C_e}\right) \tag{3-63}$$

可以得到纹波电压峰峰值$V_{r(pp)}$的表达式为：

$$V_{r(pp)}=V_m-V_{o(min)}=V_m\frac{t_d}{R_L C_e}=\frac{V_m}{2fR_L C_e} \tag{3-64}$$

只要纹波系数在10%范围内，式(3-64)可以在合理精度内计算大部分实际情况下电容器C_e的值。可以由式(3-64)观察到，该纹波电压与电源频率f，滤波电容C_e和负载电阻R_L成反比。

如果假设输出电压在放电期间从$V_{o(max)}(=V_m)$线性递减至$V_{o(min)}$，则平均输出电压为：

$$V_{o(av)}=\frac{V_m+V_{o(min)}}{2}=\frac{1}{2}\left[V_m+V_m\left(1-\frac{t_d}{R_L C_e}\right)\right] \tag{3-65}$$

代入t_d，上式变为：

$$V_{o(av)}=\frac{1}{2}\left[V_m+V_m\left(1-\frac{1}{2R_L fC_e}\right)\right]=\frac{V_m}{2}\left[2-\frac{1}{2R_L fC_e}\right] \tag{3-66}$$

纹波系数可以计算为：

$$\mathrm{RF}=\frac{V_{r(pp)}/2}{V_{o(av)}}=\frac{1}{4R_L fC_e-1} \tag{3-67}$$

峰值输入电压V_m一般关于电源是定值的，其最小电压$V_{o(min)}$，可从几乎为0通过调节C_e，f和R_L的值改变到V_m。因此，可以通过设计得到范围在$V_m/2$到V_m之间的平均输出电压$V_{o(av)}$。我们可以得到电容器C_e的值，以满足特定的最低电压$V_{o(min)}$或平均输出电压$V_{o(av)}$，以使得$V_{o(min)}=(2V_{o(av)}-V_m)$。

(a) 通过式(3-67)可以求解C_e

$$C_e=\frac{1}{4fR}\left(1+\frac{1}{\mathrm{RF}}\right)=\frac{1}{4\times 60\times 500}\times\left(1+\frac{1}{0.05}\right)\mathrm{F}=175\mu\mathrm{F}$$

(b) 根据式(3-66)，平均输出电压为：

$$V_{o(av)}=\frac{V_m}{2}\left[2-\frac{1}{R_L 2fC_e}\right]=\frac{169}{2}\times\left[2-\frac{1}{500\times 2\times 60\times C_e}\right]=153.54\mathrm{V}$$ ◀

例3.13 设计一个LC输出滤波器用于限制输出纹波电压。

如图3-16c所示的LC滤波器，用来减小单相全波整流器的输出电压的纹波分量。负载电阻$R=40\Omega$，负载电感$L=10\mathrm{mH}$，电源频率为60Hz(或377rad/s)。(a)确定L_e和C_e的值，以使输出电压的RF为10%。(b)使用PSpice计算输出电压v_o的傅里叶分量。假设二极管的参数IS=2.22E−15，BV=1800V。

解：

(a) 谐波的等效电路如图3-21所示。为了使第n阶谐波的纹波电流通过滤波电容，负

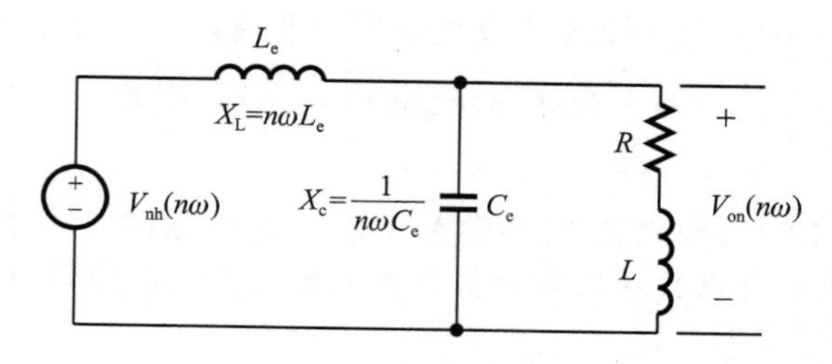

图 3-21　谐波的等效电路

载阻抗必须远远大于电容的阻抗，也就是

$$\sqrt{R^2+(n\omega L)^2} \gg \frac{1}{n\omega C_e}$$

该条件在以下情况下大致成立：

$$\sqrt{R^2+(n\omega L)^2}=\frac{10}{n\omega C_e} \tag{3-68}$$

在该情况下，负载的影响可以忽略。输出的第 n 次谐波分量的有效值可以使用电压分配原则得到，并表达为：

$$V_{on}=\left|\frac{-1/(n\omega C_e)}{(n\omega C_e)-1/(n\omega C_e)}\right|V_{nh}=\left|\frac{-1}{(n\omega)^2L_eC_e-1}\right|V_{nh} \tag{3-69}$$

由所有谐波造成的纹波电压总量为：

$$V_{ac}=\left(\sum_{n=2,4,6,\cdots}^{+\infty}V_{on}^2\right)^{1/2} \tag{3-70}$$

对于给定的一个V_{ac}值，并根据式(3-68)的C_e值，L_e的值可以计算出来。我们可以仅考虑主导谐波，从而简化计算。由式(3-12)，我们发现二次谐波是占主导地位的，其有效值$V_{2h}=2V_m/(3\sqrt{2}\pi)$，其直流值$V_{dc}=2V_m/\pi$。

对于 $n=2$，由式(3-69)和式(3-70)，给出：

$$V_{ac}=V_{o2}=\left|\frac{-1}{(2\omega)^2L_eC_e-1}\right|V_{2h}$$

滤波电容C_e的值可以从下式计算得到：

$$\sqrt{R^2+(2\omega L)^2}=\frac{10}{2\omega C_e}$$

或者

$$C_e=\frac{10}{4\pi f\times\sqrt{R^2+(4\pi fL)^2}}=326\mu\text{F}$$

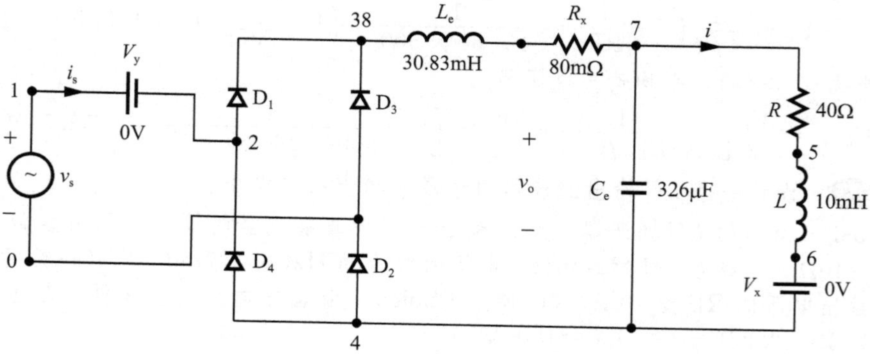

图 3-22　PSpice仿真用到的单相桥式整流器

根据式(3-6)，RF定义为：

$$\mathrm{RF}=\frac{V_{\mathrm{ac}}}{V_{\mathrm{dc}}}=\frac{V_{\mathrm{o2}}}{V_{\mathrm{dc}}}=\frac{V_{\mathrm{2h}}}{V_{\mathrm{dc}}}\frac{1}{(4\pi f)^2L_{\mathrm{e}}C_{\mathrm{e}}-1}=\frac{\sqrt{2}}{3}\left|\frac{1}{(4\pi f)^2L_{\mathrm{e}}C_{\mathrm{e}}-1}\right|=0.1$$

或者$(4\pi f)^2 L_{\mathrm{e}}C_{\mathrm{e}}-1=4.714$和$L_{\mathrm{e}}=30.83\mathrm{mH}$。

(b)在PSpice仿真中用到的单相桥式整流器如图3-22所示。为了避免在仿真中由L_{e}和C_{e}构成的零电阻直流路径的PSpice收敛问题。在该路径上加入一个小电阻R_{x}。电路文件如下：

例3.13　带有LC滤波器的单相桥式整流器

```
VS    1    0    SIN (0 169.7V 60HZ)
LE    3    8    30.83MH
CE    7    4    326UF              ; Used to converge the solution
RX    8    7    80M
L     5    6    10MH
R     7    5    40
VX    6    4    DC OV ; Voltage source to measure the output current
VY    1    2    DC OV ; Voltage source to measure the input current
D1    2    3    DMOD               ; Diode models
D2    4    0    DMOD
D3    0    3    DMOD
D4    4    2    DMOD
.MODEL  DMOD    D (IS=2.22E-15 BV=1800V) ; Diode model parameters
.TRAN   10US    50MS 33MS 50US          ; Transient analysis
.FOUR   120HZ   V(6,5)          ; Fourier analysis of output voltage
.options ITL5=0  abstol=1.000u  reltol=.05  vntol=0.01m
.END
```

对于输出电压V(6，5)的PSpice仿真结果如下：

```
DC COMPONENT = 1.140973E+02
HARMONIC  FREQUENCY   FOURIER     NORMALIZED    PHASE     NORMALIZED
   NO       (HZ)      COMPONENT   COMPONENT     (DEG)     PHASE (DEG)
   1      1.200E+02   1.304E+01   1.000E+00   1.038E+02   0.000E+00
   2      2.400E+02   6.496E-01   4.981E-02   1.236E+02   1.988E+01
   3      3.600E+02   2.277E-01   1.746E-02   9.226E+01  -1.150E+01
   4      4.800E+02   1.566E-01   1.201E-02   4.875E+01  -5.501E+01
   5      6.000E+02   1.274E-01   9.767E-03   2.232E+01  -8.144E+01
   6      7.200E+02   1.020E-01   7.822E-03   8.358E+00  -9.540E+01
   7      8.400E+02   8.272E-02   6.343E-03   1.997E+00  -1.018E+02
   8      9.600E+02   6.982E-02   5.354E-03  -1.061E+00  -1.048E+02
   9      1.080E+03   6.015E-02   4.612E-03  -3.436E+00  -1.072E+02
TOTAL HARMONIC DISTORTION = 5.636070E+00 PERCENT
```

该结果验证了设计的合理性。◀

例3.14　设计一个LC输入滤波器用于限制输入纹波电压。

如图3-17所示的一个LC输入滤波器，用于减少如图3-9a所示的单相全波整流器的输入电流谐波。负载电流没有纹波，其平均值是I_{a}。如果电源频率为$f=60\mathrm{Hz}$(或377rad/s)，确定滤波器的谐振频率，使得总输入谐波电流降低到其基波分量的1%。

解：

图 3-23 给出第 n 阶谐波分量的等效电路。使用电压分配原则，可以得到电源的第 n 次谐波分量的有效值为：

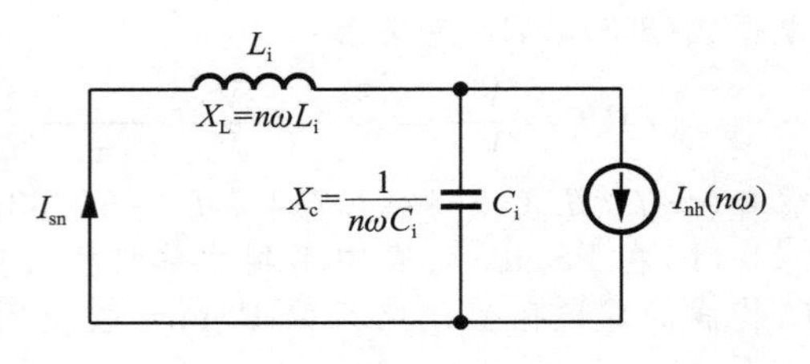

图 3-23　谐波电流的等效电路

$$I_{sn}=\left|\frac{1/(n\omega C_i)}{n\omega L_i-1/(n\omega C_i)}\right|I_{nh}$$

$$=\left|\frac{1}{(n\omega)^2L_iC_i-1}\right|I_{nh} \tag{3-71}$$

式中：I_{nh}是第 n 次谐波电路的有效值。电源线的谐波电路总量为：

$$I_h=\left(\sum_{n=2,3,\cdots}^{+\infty}I_{sn}^2\right)^{\frac{1}{2}}$$

输入电流（通过滤波器）的谐波因数为：

$$r=\frac{I_h}{I_{s1}}=\left[\sum_{n=2,3,\cdots}^{+\infty}\left(\frac{I_{sn}}{I_{s1}}\right)^2\right]^{\frac{1}{2}} \tag{3-72}$$

根据式（3-24），$I_{1h}=4\ I_a/(\sqrt{2}\pi)$，和$I_{nh}=4\ I_a/(\sqrt{2}n\pi)$，其中，$n=3$，5，7，…。根据式（3-71）和式（3-72），我们得到：

$$r^2=\sum_{n=3,5,7,\cdots}^{+\infty}\left(\frac{I_{sn}}{I_{s1}}\right)^2=\sum_{n=3,5,7,\cdots}^{+\infty}\left|\frac{(\omega^2L_iC_i-1)^2}{n^2\left[(n\omega)^2L_iC_i-1\right]^2}\right| \tag{3-73}$$

求解该公式可得到 L_iC_i 的值。为简化计算，只考虑第三次谐波，$3[(3\times2\times\pi\times60)^2L_iC_i-1]/(\omega^2L_iC_i-1)=1/0.01=100$ 或者$L_iC_i=9.349\times10^{-6}$，滤波器频率为 $1/\sqrt{L_iC_i}=327.04\text{rad/s}$，或者 52.05Hz。假设$C_i=1000\mu\text{F}$，可以得到$L_i=9.349\text{mH}$。◀

注意：交流滤波器通常被调谐到所需的谐振频率，但它需要仔细地设计，以避免与电力系统发生共振的可能性。第三阶谐波电流的谐振频率是 377×3rad/s=1131rad/s

3.12　经过 *LC* 滤波器的输出电压

一个具有 LC 滤波器的全波整流器的等效电路如图 3-24a 所示。假定C_e的值非常大，从而它的电压没有纹波，且平均值为$V_{o(dc)}$。L_e是总电感，包括源或线路的电感，并且通常放置在输入侧作为交流电感，而并非直流扼流器。

如果V_{dc}小于V_m，电流i_0从 α 开始流动，即

$$V_{dc}=V_m\sin\alpha$$

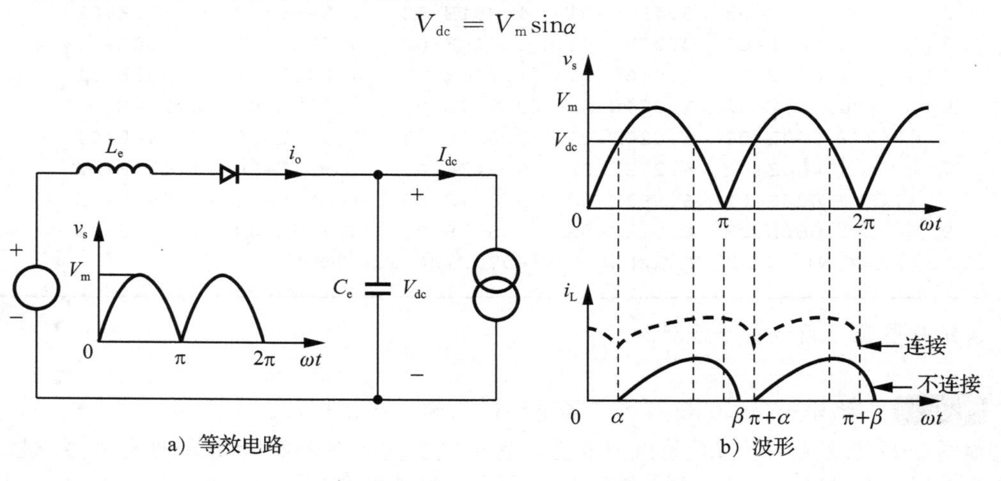

a）等效电路　　b）波形

图 3-24　经过 LC 滤波器的输出电压

于是有：

$$\alpha = \arcsin\frac{V_{dc}}{V_m} = \arcsin x$$

式中：$x=V_{dc}/V_m$。对于输出电流i_0，有：

$$\frac{L_e di_L}{dt} = V_m\sin(\omega t) - V_{dc}$$

可以解得i_0为：

$$i_0 = \frac{1}{\omega L_e}\int_{\alpha}^{\omega t}(V_m\sin(\omega t) - V_{dc})d(\omega t) = \frac{V_m}{\omega L_e}(\cos\alpha - \cos(\omega t)) - \frac{V_{dc}}{\omega L_e}(\omega t - \alpha) \qquad (\omega t \geqslant \alpha) \tag{3-74}$$

即i_0降到 0 时 $\omega t=\beta=\pi+\alpha$ 的临界值可以根据条件$i_0(\omega t=\beta)=\pi+\alpha=0$ 得到。

平均电路I_{dc}可以计算为：

$$I_{dc} = \frac{1}{\pi}\int_{\alpha}^{\pi+\alpha} i_0(t)d(\omega t)$$

经过积分和化简，得到：

$$I_{dc} = \frac{V_m}{\omega L_e}\left[\sqrt{1-x^2} + x\left(\frac{2}{\pi} - \frac{\pi}{2}\right)\right] \tag{3-75}$$

对于$V_{dc}=0$，可以流过整流器的峰值电流为$I_{pk}=V_m/(\omega L_e)$。以I_{pk}为参考，对I_{dc}进行归一化，可以得到

$$k(x) = \frac{I_{dc}}{I_{pk}} = \sqrt{1-x^2} + x\left(\frac{2}{\pi} - \frac{\pi}{2}\right) \tag{3-76}$$

以I_{pk}为参考，对有效值I_{rms}进行归一化，有：

$$k_r(x) = \frac{I_{rms}}{I_{pk}} = \sqrt{\frac{1}{\pi}\int_{\alpha}^{\pi+\alpha} i_0(t)^2 d(\omega t)} \tag{3-77}$$

因为α取决于电压比x，式(3-75)和式(3-76)依赖于x。表 3-6 给出了不同x下对应的$k(x)$和$k_r(x)$的值。

因为整流器的平均电压为$V_{dc}=2V_m/\pi$，平均电流为：

$$I_{dc} = \frac{2V_m}{\pi R}$$

于是

$$\frac{2V_m}{\pi R} = I_{dc} = I_{pk}k(x) = \frac{V_m}{\omega L_e}\left[\sqrt{1-x^2} + x\left(\frac{2}{\pi} - \frac{\pi}{2}\right)\right]$$

式中：对于连续电流情况的临界电感值$L_{cr}(=L_e)$为：

$$L_{cr} = \frac{\pi R}{2\omega}\left[\sqrt{1-x^2} + x\left(\frac{2}{\pi} - \frac{\pi}{2}\right)\right] \tag{3-78}$$

所以，对于流过电感器的连续电流，L_e的值必须大于临界值L_{cr}，也就是

$$L_e > L_{cr} = \frac{\pi R}{2\omega}\left[\sqrt{1-x^2} + x\left(\frac{2}{\pi} - \frac{\pi}{2}\right)\right] \tag{3-79}$$

不连续情况：如果$\omega t=\beta\leqslant(\pi+\alpha)$电流不连续。电流为零时的角度$\beta$为：

$$\cos(\alpha) - \cos(\beta) - x(\beta - \alpha) = 0$$

式中：

$$\sqrt{1-x^2} - x(\beta - \arcsin(x)) = 0 \tag{3-80}$$

例 3.15　求实现连续负载电流的电感器临界值。

图 3-24a 所示电路的有效输入电压为 220V，60Hz。(a)如果在$I_{dc}=10A$ 时候的直流输出电压为$V_{dc}=100V$，确定临界电感L_e，α和I_{rms}的值。(b)如果$I_{dc}=15A$和$L_e=6.5mH$，使用表 3-5 确定V_{dc}，α，β和I_{rms}的值。

表 3-5 归一化负载电流

$x(\%)$	$I_{dc}/I_{pk}(\%)$	$I_{rms}/I_{pk}(\%)$	α 角度(°)	β 角度(°)
0	100.0	122.47	0	180
5	95.2	115.92	2.87	182.97
10	90.16	109.1	5.74	185.74
15	84.86	102.01	8.63	188.63
20	79.30	94.66	11.54	191.54
25	73.47	87.04	14.48	194.48
30	67.37	79.18	17.46	197.46
35	60.98	71.1	20.49	200.49
40	54.28	62.82	23.58	203.58
45	47.26	54.43	26.74	206.74
50	39.89	46.06	30.00	210.00
55	32.14	38.03	33.37	213.37
60	23.95	31.05	36.87	216.87
65	15.27	26.58	40.54	220.54
70	6.02	26.75	44.27	224.43
72	2.14	28.38	46.05	226.05
72.5	1.15	28.92	46.47	226.47
73	0.15	29.51	46.89	226.89
73.07	0	29.60	46.95	226.95

解：

$$\omega = 2\pi \times 60\text{rad/s} = 377\text{rad/s}, V_s = 120\text{V}, V_m = \sqrt{2} \times 120\text{V} = 169.7\text{V}$$

(a) 电压比 $x = V_{dc}/V_m = 100/169.7 = 0.5893 = 58.93\%$；$\alpha = \arcsin(x) = 36.87°$。式(3-67)给出平均电流比 $k = I_{dc}/I_{pk} = 0.2575 = 25.75\%$。所以 $I_{dc} = I_{pk}/k = (10/0.2575)\text{A} = 38.84\text{A}$。临界电感值为：

$$L_{cr} = \frac{V_m}{\omega I_{pk}} = \frac{169.7}{377 \times 38.84}\text{H} = 11.59\text{mH}$$

式(3-76)给出有效电流比 $k_r = I_{rms}/I_{pk} = 32.4\%$。所以，

$$I_{rms} = k_r I_{pk} = 0.324 \times 38.84\text{A} = 12.58\text{A}$$

(b) $L_e = 6.5\text{mH}$，$I_{pk} = V_m/(\omega L_e) = 169.7\text{V}/(377\text{rad/s} \times 6.5\text{mH}) = 69.25\text{A}$。

$$k = \frac{I_{dc}}{I_{pk}} = \frac{15}{69.25} = 21.66\%$$

使用线性插值，我们得到：

$$x = x_n + \frac{(x_{n+1} - x_n)(k - k_n)}{k_{n+1} - k_n} = 60 + \frac{(65 - 60) \times (21.66 - 23.95)}{15.27 - 23.95} = 61.23\%$$

$$V_{dc} = xV_m = 0.6132 \times 169.7\text{V} = 104.06\text{V}$$

$$\alpha = \alpha_n + \frac{(\alpha_{n+1} - \alpha_n)(k - k_n)}{k_{n+1} - k_n} = 36.87° + \frac{(40.54° - 36.87°)(21.66 - 23.95)}{15.27 - 23.95} = 37.84°$$

$$\beta = \beta_n + \frac{(\beta_{n+1} - \beta_n)(k - k_n)}{k_{n+1} - k_n} = 216.87° + \frac{(220.54° - 216.87°)(21.66 - 23.95)}{15.27 - 23.95}$$

$$= 217.85°$$

$$k_r = \frac{I_{rms}}{I_{pk}} = k_{r(n)} + \frac{(k_{r(n+1)} - k_{r(n)})(k - k_n)}{k_{n+1} - k_n}$$

$$= 31.05 + \frac{(26.58 - 31.05)(21.66 - 23.95)}{15.27 - 23.95} = 29.87\%$$

因此 $I_{rms} = 0.2987 \times I_{pk} = 0.2987 \times 69.25\text{A} = 20.68\text{A}$。 ◀

3.13 电源和负载电感的影响

在输出电压和整流器的性能指标的推导中，假定该电源没有电感和电阻。然而，在实际的变压器和电源中，电感和电阻总是存在的，整流器的性能也会有稍微变化。由图 3-25a 所示电路可以说明，电源电感的影响会比电阻的更显著。

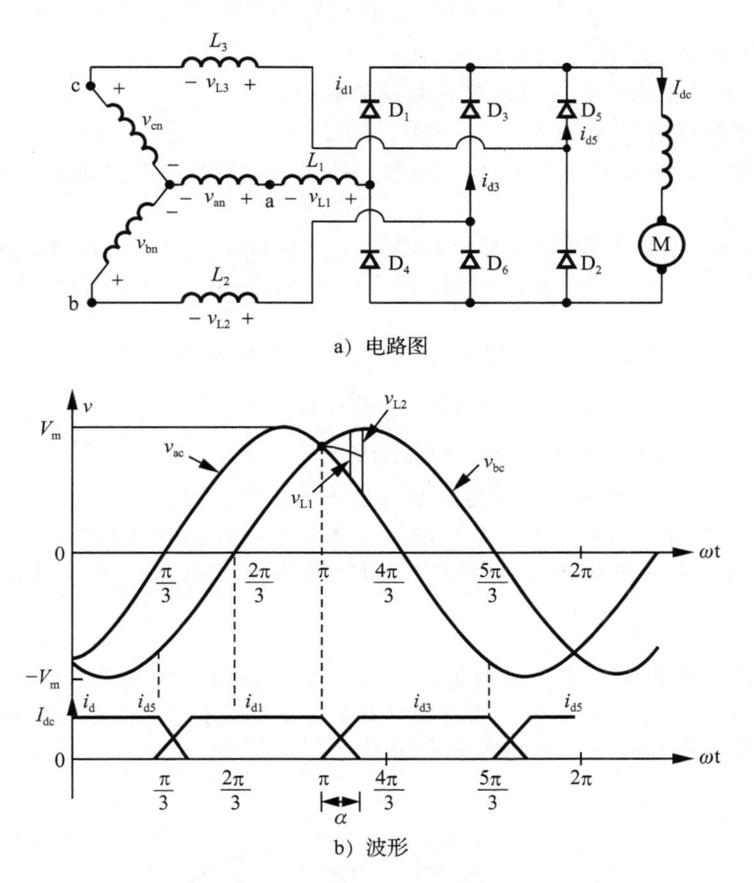

a）电路图

b）波形

图 3-25 带有电源电感的三相桥式整流器

具有最大正电压的二极管将导通。让我们考虑在 $\omega t=\pi$ 处，即 v_{ac} 和 v_{bc} 相等，如图 3-25b 所示。电流 I_{dc} 仍然从二极管 D_1 流过。由于电感 L_1 的存在，电流不能立即下降为零，电流的转变不能在瞬间完成。电流 i_{d1} 减小，从而产生一个横跨 L_1 的感应电压 $+v_{01}$，输出电压变为 $v_0=v_{ac}+v_{01}$。与此同时，电流通过 D_3，i_{d3} 从零增加，感应出相同的横跨 L_2 的电压 $-v_{02}$，输出电压变为 $v_{02}=v_{bc}-v_{02}$。其结果是，二极管 D_1 和 D_3 的阳极电压相等；两个二极管一起导通一段时间，该间隔称为换向（或重叠）角 μ。这个电流从一个二极管转移到另一个二极管的过程称为换向。对应于该电感的电抗称为换向电抗。

实现这种重叠的效果是为了降低变换器的平均输出电压。L_2 两端的电压为：

$$v_{L2}=L_2\frac{\mathrm{d}i}{\mathrm{d}t} \tag{3-81}$$

假设电流 i 从 0 到 I_{dc} 线性上升（或者 $\mathrm{d}i/\mathrm{d}t=\Delta i/\Delta t$ 为一个常数），我们可以把式（3-81）写成：

$$v_{L2}\Delta t=L_2\Delta i \tag{3-82}$$

该过程在一个三相桥式整流器中重复六次。根据式（3-82），由于换向电感而造成的平均电压下降为：

$$V_x = \frac{1}{T}2(v_{L1} + v_{L2} + v_{L3})\Delta t = 2f(L_1 + L_2 + L_3)\Delta i = 2f(L_1 + L_2 + L_3)I_{dc} \tag{3-83}$$

如果所有的电感值相等而且$L_c = L_1 = L_2 = L_3$，式(3-83)变为：

$$V_x = 6fL_cI_{dc} \tag{3-84}$$

式中：f是电源频率，单位为Hz。

例3.16　求线电感对整流器的输出电压的影响。

一个三相整流桥使用Y形连接的208V，60Hz的电源供电。平均负载电流为60A，纹波可以忽略不计。如果每相的电感为0.5mH，计算由于换向减少的输出电压百分比。

解：

$L_c = 0.5\text{mH}$，$V_s = (208/\sqrt{3})\text{V} = 120\text{V}$，$f = 60\text{Hz}$，$I_{dc} = 60\text{A}$，$V_m = \sqrt{2} \times 120\text{V} = 169.7\text{V}$。由式(3-33)，$V_{dc} = 1.6554 \times 1.69.7\text{V} = 281.14\text{V}$。式(3-84)给出输出电压下降量，即

$$V_x = 6 \times 60 \times 0.5 \times 10^{-3} \times 60\text{V} = 10.8\text{V}$$

$$\text{或}\quad 10.8 \times \frac{100}{280.7} = 3.85\%$$

有效的输出电压为$(281.14 - 10.8)\text{V} = 270.38\text{V}$。◀

例3.17　求二极管恢复时间对整流器的输出电压的影响。

如图3-3a所示的单相全波整流电路中的二极管具有反向恢复时间$t_{rr} = 50\mu\text{s}$和有效输入电压$V_s = 120\text{V}$。如果电源频率为(a)$f_s = 2\text{kHz}$和(b)$f_s = 60\text{Hz}$，确定反向恢复时间对平均输出电压的影响。

解：

反向恢复时间会影响到整流器的输出电压。在图3-3a所示的全波整流器中，二极管D_1在$\omega t = \pi$处是不闭合的；相反，它持续导通直到$t = \pi\omega + t_{rr}$。由于反向恢复时间，平均输出电压被降低，输出电压的波形如图3-26所示。

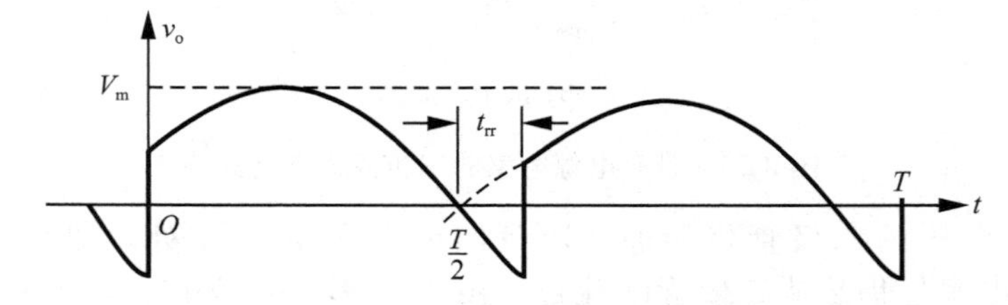

图3-26　反向恢复时间对输出电压的影响

如果输入电压为$v = V_m\sin(\omega t) = \sqrt{2}V_s\sin(\omega t)$，平均输出电压的下降量为：

$$V_{rr} = \frac{2}{T}\int_0^{t_{rr}} V_m\sin(\omega t)\,dt = \frac{2V_m}{T}\left[-\frac{\cos(\omega t)}{\omega}\right]_0^{t_{rr}} = \frac{V_m}{\pi}(1 - \cos(\omega t_{rr})) \tag{3-85}$$

$$V_m = \sqrt{2}V_s = \sqrt{2} \times 120\text{V} = 169.7\text{V}$$

没有反向恢复时间的话，式(3-11)给出平均输出电压$V_{dc} = 0.6366\,V_m = 108.03\text{V}$。

(a)当$t_{rr} = 50\mu\text{s}$和$f = 2000\text{Hz}$时，式(3-84)给出输出直流电压的下降值为：

$$V_{rr} = \frac{V_m}{\pi}(1 - \cos(2\pi f_s t_{rr})) = 0.061V_m = 10.3\text{V}\qquad\text{或为 }V_{dc}\text{ 的 }9.51\%$$

(b)当$t_{rr} = 50\mu\text{s}$和$f_s = 60\text{Hz}$，式(3-84)给出输出直流电压的下降值为：

$$V_{rr} = \frac{V_m}{\pi}(1 - \cos(2\pi f_s t_{rr})) = 5.65 \times 10^{-5}V_m = 9.6 \times 10^{-3}\text{V}$$

$$\text{或为}\quad V_{dc}\text{ 的 } 8.88\times10^{-3}\%$$ ◀

注意：在高频电源的情况下，t_{rr}的影响是显著的；而对于一般 60Hz 电源，其影响可以忽略不计。

3.14 选择电感器和电容器的实际考虑

输出端的电感器载着直流电流。一个直流电感器(或扼流器)比交流电感需要更多的磁通量和磁性材料。所以一个直流电感器比较昂贵，并且更重。

电容器广泛用于电力电子设备和交流滤波、直流滤波和能量存储的应用中。这些应用包括高强度放电(HID)照明，高电压应用，逆变器，电动机控制，闪光灯，电源，高频脉冲电源，射频电容，可存储闪存和表面贴装。有两种类型的电容器：交流和直流类型。市售电容器分为五类[5]：(1)交流薄膜电容器，(2)陶瓷电容器，(3)铝电解电容器，(4)固体钽电容器，(5)超级电容器。

3.14.1 交流薄膜电容器

交流薄膜电容器使用一个金属化聚丙烯的薄膜，该薄膜提供一个自修复机制。在该机制中，介电击穿将“清除”金属化物，并在数微秒之内将电容器中的该区域隔离开。薄膜电容器提供严格的电容公差，非常低的漏电流，其电容值随温度的变化而变化很小。这些电容器以损耗低著称，具有非常低的耗散因数和等效串联电阻(ESR)，故能允许相对较高的电流密度。

薄膜电容具有了高容量和低位移因数 DF 的优点，允许交流大电流流过，尤其适合用于交流应用中，然而，它们具有相对大的尺寸和重量。

薄膜电容器广泛用于电力电子应用中，包括直流连接，直流输出滤波，作为 IGBT 的缓冲电路和功率因数校正电路等。在功率因数校正电路中，其提供超前无功功率(KVAR)以校正由感性负载引起的电流滞后。铝箔电极用在需要非常高的峰值和有效电流的情况下。

3.14.2 陶瓷电容器

陶瓷电容器已成为非常重要的通用电容器，尤其是在表面贴装技术(SMT)芯片器件，其低廉的成本使陶瓷电容器具有很大的吸引力。随着较薄的额定电压小于 10V 的多层介电单元的出现，数百微法拉的电容值已经可以达到。这对传统的高容量电容带来冲击。陶瓷电容器不会被极化，因此可以在交流应用中使用。

3.14.3 铝电解电容器

铝电解电容器由浸润在液体电解质的卷绕电容器元件制成。该元件连接至端子并密封在一个罐子内。这些电容通常提供的电容值从 0.1μF 至 3F，额定电压从 5V 至 750V。如图 3-27 所示的等效电路模拟了铝电解电容器的正常工作，以及过压和反向电压的行为。

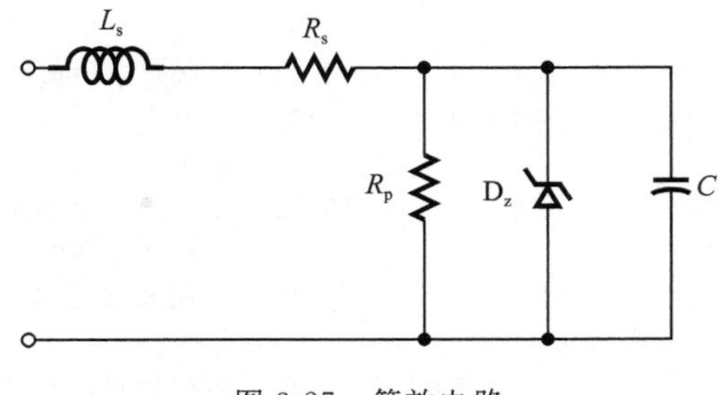

图 3-27　等效电路

电容 C 是等效电容，并且随着频率的增加而减小。电阻R_s是等效串联电阻，它随频率和温度的增加而降低。它随着额定电压的增加而增加，典型值的范围从 10mΩ 至 1Ω。对于给定的额定电压，R_s与电容值成反比。电感L_s是等效串联电感，它相对独立于频率和温度，典型值的范围从 10nH 到 200nH。

R_p是等效并联电阻，用于解释电容器的漏电流，它随电容、温度和电压的增加而减小，并且会在施加电压时增加。对于在 μF 级别的 C，R_p的典型值是$(100/C)$MΩ 的数量级。例如，一个 100μF 的电容器对应约为 1MΩ 的R_p。齐纳二极管 D 模拟过压和反向电压的行为。超出电容器的额定浪涌电压 50V 左右的应用将导致很高的漏电流。

3.14.4 固体钽电容器

像铝电解电容器一样，固体钽电容器是有极性的器件(最大反向电压 1V)。固体钽电容器需要区分正负极，并有不同的样式。典型的电容值从 0.1μF 至 1000μF，额定电压从 2V 至 50V。典型的最大电容－电压组合约为：22μF，50V(引线形式)和 22μF，35V(表面贴装)。

3.14.5 超级电容器

超级电容器提供非常高的电容值(容值可达几法拉)，它有多种封装选择，能满足低配置、表面贴装、通孔和高密度组装的要求。它们有无限的充放电能力，没有必要回收，寿命长达 15 年之久，低等效串联电阻，延长电池续航时间可达 1.6 倍，高性能，低价格。电容范围为 0.22F 至 70F。

本章小结

二极管和输入变压器经过不同的连接方式可以制造出不同类型的整流器。整流器的性能参数的定义在本章中得到详细论述。整流器的性能随其类型不同而不同。整流器产生的谐波会进入负载和电源线；这些谐波可以通过滤波器来降低。整流器的性能还会受到电源和负载中的电感影响。

参考文献

[1] J. Schaefer, *Rectifier Circuits—Theory and Design,* New York: John Wiley & Sons, 1975.

[2] R. W. Lee, *Power Converter Handbook—Theory Design and Application*, Canadian General Electric, Peterborough, Ontario, 1979.

[3] Y.-S. Lee and M. H. L. Chow, *Power Electronics Handbook*, edited by M. H. Rashid. San Diego, CA: Academic Press, 2001, Chapter 10.

[4] IEEE Standard 597, *Practices and Requirements for General Purpose Thyristor Drives*, Piscataway, NJ, 1983.

[5] *Capacitors for Power Electronics—Application Guides*, CDM Cornell Dubilier, Liberty, South Carolina, http://www.cde.com/catalog/, accessed November 2011.

复习题

3.1 什么是变压器的匝数比？
3.2 什么是整流器？整流器和变换器之间的区别是什么？
3.3 什么是二极管的阻断状态？
3.4 什么是整流器的性能参数？
3.5 整流器的形状因数有什么重要意义？
3.6 整流器的纹波因数有什么重要意义？
3.7 什么是整流的效率？
3.8 变压器的利用因数有什么重要意义？
3.9 什么是位移因数？
3.10 什么是输入功率因数？
3.11 什么是谐波因数？
3.12 什么是一个单相全波整流器的直流输出电压？
3.13 什么是一个单相全波整流电路的输出电压的基波频率？
3.14 三相整流器与单相整流器相比的优势是什么？
3.15 多相半波整流器的缺点是什么？
3.16 三相桥式整流器与六相星形整流器相比的优势是什么？
3.17 滤波器在整流器电路中的目的是什么？

3.18　交流和直流滤波器之间的差异是什么？

3.19　电源电感对整流器的输出电压的影响是什么？

3.20　负载电感对整流器输出的影响是什么？

3.21　什么是二极管的换向？

3.22　整流器的换向角是什么？

习题

3.1　如图3-3a所示的单相桥式整流器具有一个纯电阻负载$R=5\Omega$，峰值电源电压$V_m=170V$和电源频率$f=60Hz$。如果源电感可以忽略不计，确定整流器的平均输出电压。

3.2　如果每相的源极电感(包括变压器的漏电感)是$L_c=0.5mH$，重复习题3.1问题。

3.3　如图3-10所示的六相星形整流器有一个纯电阻负载$R=5\Omega$，峰值电源电压$V_m=170V$和电源频率$f=60Hz$。如果源电感可以忽略不计，确定整流器的平均输出电压。

3.4　如果每相的源极电感(包括变压器的漏电感)是$L_c=0.5mH$，重复习题3.3问题。

3.5　如图3-11所示的三相桥式整流器有一个纯电阻负载$R=40\Omega$，并从280V，60Hz的电源供电。输入变压器的一次绕组和二次绕组采用Y形连接。如果源电感可以忽略不计，确定整流器的平均输出电压。

3.6　如果每相的源极电感(包括变压器的漏电感)是$L_c=0.5mH$，重复习题3.5问题。

3.7　如图3-3a所示的单相桥式整流器需要为电阻负载$R=10\Omega$提供一个$V_{dc}=240V$的平均电压。确定二极管和变压器的电压和电流的额定值。

3.8　一种三相桥式整流器需要在满足无纹波电流$I_{dc}=6000A$前提下提供一个$V_{dc}=750V$的平均电压。变压器的一次绕组和二次绕组采用Y形连接。确定二极管和变压器的电压和电流的额定值。

3.9　如图3-3a所示的单相整流器具有一个RL负载。若输入电压峰值为$V_m=170V$，电源频率为$f=60Hz$，负载电阻$R=10\Omega$，确定负载电感L，使负载电流谐波被限制在平均值I_{dc}的4%。

3.10　如图3-10a所示的三相星形整流器具有一个RL负载。如果每相的副边峰值电压为$V_m=170V$，频率60Hz，而负载电阻为$R=10\Omega$，确定负载电感L，使负载电流谐波被限制在平均值I_{dc}的2%。

3.11　图P3-11中，电池电压为$E=10V$，容量为200W·h。平均充电电流应为$I_{dc}=10A$。原边输入电压是$V_p=120V$，60Hz，变压器的匝数比$h=2:1$。计算(a)二极管的导通角δ，(b)限流电阻R，(c)R的额定功率P_R，(d)充电时间h_o(单位：h)，(e)整流效率η，及(f)二极管的峰值反向电压(PIV)。

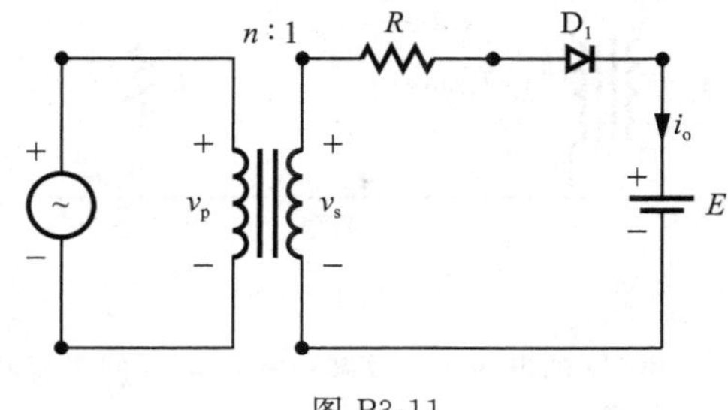

图P3-11

3.12　图P3-11所示电路中，电池电压为$E=12V$，容量为100W·h。平均充电电流应为$I_{dc}=5A$。原边输入电压是$V_p=120V$，60Hz，变压器的匝数比$h=2:1$。计算(a)二极管的导通角δ，(b)限流电阻R，(c)R的额定功率P_R，(d)充电时间h_o(单位：h)，(e)整流效率η，及(f)二极管的峰值反向电压(PIV)。

3.13　图3-4a所示的单相全波整流器中$L=4.5mH$的，$R=4\Omega$，$E=20V$。输入电压为$V_s=120V$，60Hz。(a)确定(1)在$\omega t=0$的稳态负载电流I_0，(2)二极管的平均电流$I_{D(av)}$，(3)有效二极管电流$I_{D(rms)}$，(4)有效输出电流$I_{o(rms)}$。(b)使用PSpice绘制的瞬时输出电流i_0。假设二极管的参数IS=2.22E-15，BV=1800V。

3.14　图3-11所示的三相全波整流器中$L=2.5mH$的，$R=5\Omega$，$E=20V$。线间输入电压为$V_{ab}=208V$，60Hz。(a)确定(1)在$\omega t=\pi/3$的稳态负载电流I_0，(2)二极管的平均电流$I_{D(av)}$，(3)有效二极管电流$I_{D(rms)}$，(4)有效输出电流$I_{o(rms)}$。(b)使用PSpice绘制的瞬时输出电流i_0。假设二极管的参数IS=2.22E-15，BV=1800V。

3.15　图3-3a所示的单相桥式整流器是从120V，60Hz电源供电。负载电阻$R_L=140\Omega$。(a)设计一个电容滤波器，使得输出电压的纹波系数小于5%。(b)使用(a)部分得到的电容器C_e的值，计算平均负载电压V_{dc}。

3.16　考虑如图P3-16所示的单相半波整流器，重复习题3.15问题。

3.17　如图P3-16所示的单相半波整流器具有纯电阻负载R。确定(a)效率，(b)FF，(c)RF，(d)TUF，(e)二极管的PIV，(f)输入电流的CF，(g)输入PF。假设$V_m=100V$。

3.18　如图P3-16所示的单相半波整流器连接到

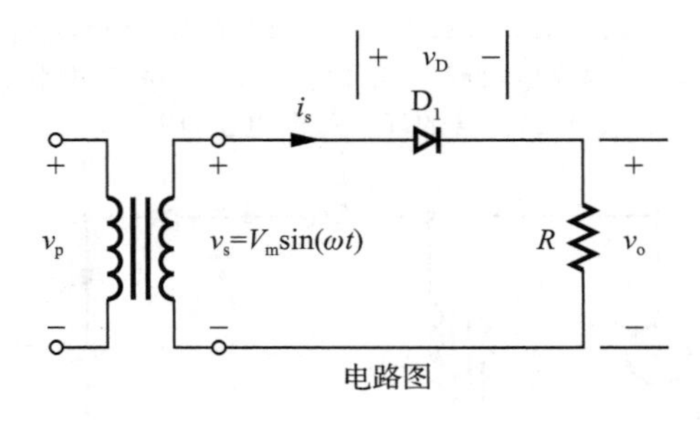

图 P3-16

60Hz 的电源。计算瞬时输出电压的傅里叶级数。

3.19 图 3-20a 所示电路的 rms 输入电压为 120V，60Hz。(a)如果在I_{dc}=20A 的直流输出电压为V_{dc}=48V。确定电感L_e，α，I_{rms}(b)若I_{dc}=15A 和L_e=6.5mH，使用表 3-6 来计算V_{dc}，α，β和I_{rms}的值。

3.20 图 3-3a 所示的单相整流器具有电阻负载 R，一个电容器 C 与负载两端相连。平均负载电流是I_{dc}。假设与放电时间相比，电容器的充电时间是可以忽略的，确定输出电压高次谐波V_{ac}的有效值。

3.21 图 3-16c 所示的 LC 滤波器用于降低一个六相星形整流器的输出电压中的纹波成分。负载电阻为 R=10Ω，负载电感 L=5mH 的，另电源的频率为 60Hz。确定滤波器参数L_e 和 C_e，使得输出电压的纹波因数为 5%。

3.22 图 3-13 所示的三相整流器有一个 RL 负载，电能从一个 Y 形连接的电源供给。(a)使用傅里叶级数的方法给出输出电压v_0(t)和负载电流i_0(t)的表达式。(b)若峰值相电压为V_m=170V，60Hz，负载电阻为 R=200Ω，确定负载电感 L 以限制纹波电流至平均值I_{dc}的 2%。

3.23 图 P3-23 所示的单相半波整流器具有一个续流二极管和一个无纹波的平均负载电流I_a。(a)画出流过二极管D_1、D_m和变压器原边的电流波形；(b)求原边电流的傅里叶级数；(c)确定在整流输入下输入电流的输入 PF 和 HF。假设一个变压器以比例作为单位。

3.24 图 3-2a 所示的单相全波整流器有一个全波平均负载电流 I_a。(a)画出 D_1、D_2和变压器一次电流波形；(b)用傅里叶级数表达一次电流；(c)判断在整流输入下输入电流的输入 PF 和 HF。假设一个变压器以比例作为单位。

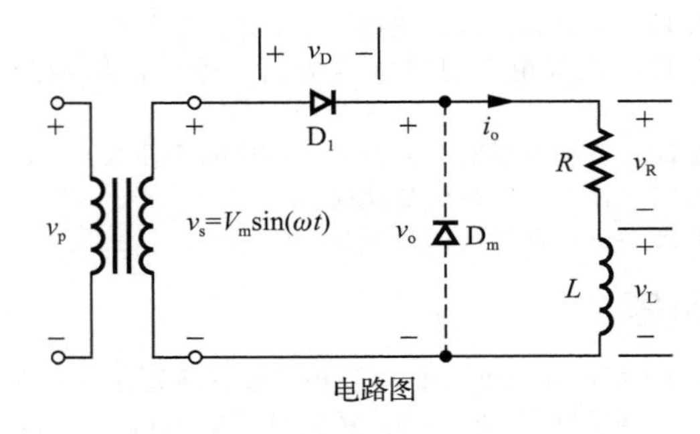

图 P3-23

3.25 图 3-10a 所示的多相星形整流器有三个脉冲并且供应一个无波平均负载电流 I_a。变压器的一次电流和二次电流是 Y 形连接。假设一个变压器以比例作为单位。(a)画出D_1、D_2、D_3和变压器一次电流波形；(b)用傅里叶级数表达原边电流；(c)判断在整流输入下输入电流的输入 PF 和 HF。

3.26 如果变压器的一次绕组是三角形连接，二次绕组是星形联结，重复习题 3.25 问题。

3.27 图 3-10a 所示的多相星形整流器有六个脉冲并且供应一个无波平均负载电流 I_a。变压器的一次电流和二次电流是星形联结。假设一个变压器以比例作为单位。(a)画出D_1，D_2，D_3和变压器一次电流波形；(b)用傅里叶级数表达一次电流；(c)判断在整流输入下输入电流的输入 PF 和 HF。

3.28 图 3-11 所示的三相桥式整流器提供一个无波纹负载电流 I_a。变压器的一次电流和二次电流是星形联结。假设一个变压器以比例作为单位。假设一个变压器以比例作为单位。(a)画出 D_1，D_3，D_5 和变压器一次电流波形；(b)用傅里叶级数表达一次电流；(c)判断在整流输入下输入电流的输入 PF 和 HF。

3.29 重复习题 3.28，如果变压器的原边为三角形连接，二次绕组是星形联结。

3.30 重复习题 3.28，变压器的一次电流和二次电流是三角形联结。

3.31 图 3-10a 所示为一个十二相星形整流器，带一个为 R 纯电阻负载。判断(a)效率，(b)FF，(c)RF，(d)TUF 因数，(e)每个二极管的 PIV，(f)如果整流器在输出电压V_{dc}=240V 时提供 I_{dc}=300A 的情况下的通过二极管的电流峰值。

3.32 图 3-10a 所示星形联结整流器有 q=12，V_m=170V，供电频率为 f=60Hz。判断主要谐波的有效值和它的频率。

第二部分

功率晶体管和 DC-DC 变换器

第4章 功率晶体管

学习完本章后，应能做到以下几点：

- 列出理想晶体管开关的特性；
- 描述不同功率晶体管的开关特性，比如 MOSFET、COOLMOS、BJT、IGBT 以及 SIT；
- 描述晶体管作为开关使用的局限性；
- 描述功率晶体管门极控制的要求及模型；
- 设计晶体管的 di/dt 和 dv/dt 的保护电路；
- 设计晶体管串并联使用时的布局；
- 描述 MOSFET、BJT 以及 IGBT 的 SPICE 模型；
- 描述 BJT、MOSFET、JFET 以及 IGBT 的门极驱动特性和要求；
- 描述高压功率电路和低压驱动电路之间的隔离要求。

符号及其含义

符　　号	含　　义
i，v	电流和电压的瞬时值
I，V	电流和电压的平均值
I_G，I_D，I_S，I_{DS}	MOSFET 的门极电流、漏极电流、源极电流、饱和漏极电流
I_B，I_C，I_E，I_{CS}	BJT 的基极电流、集电极电流、发射极电流、饱和集电极电流
V_{GS}，V_{DS}	MOSFET 的栅-源极电压、漏-源极电压
V_{BE}，V_{CE}	BJT 的基极-发射极电压、集电极-发射极电压
I_C，V_{GE}，V_{CE}	IGBT 的集电极电流、门极电压、集电极-发射极电压
T_A，T_C，T_J，T_S	环境温度、管壳温度、结温度、散热器温度
t_d，t_r，t_n，t_s，t_f，t_o	晶体管的延迟时间、上升时间、导通时间、存储时间、下降时间、关断时间
$\beta_F(=h_{FE})$，α_F	BJT 的电流放大系数以及集电极-发射极电流比
R_C，R_D，R_G	集电极电阻、漏极电阻、门极电阻

4.1 引言

功率晶体管的导通和截止可控，通常作为开关元件使用，导通时运行在饱和区，其通态压降很低。现代晶体管的开关速度比晶闸管的要快很多，广泛应用于 DC-DC 以及 DC-AC 变换器中，并通过反并联二极管以实现电流的双向流动。但与晶闸管相比，晶体管的额定电压、电流更低，通常应用于中小功率场合。随着功率半导体技术的发展，功率晶体管的额定容量不断提高，例如，IGBT 在大功率场合得到了广泛的应用。功率晶体管可从宏观上分为以下五类：

(1) 金属氧化物半导体场效应晶体管(MOSFET)；

(2) COOLMOS；

(3) 双极结型晶体管(BJT)；

(4) 绝缘门极双极型晶体管(IGBT)；

(5) 静电感应晶体管(SIT)。

在描述功率变换技术时，MOSFET，COOLMOS，BJT，IGBT 和 SIT 都可认为是理想开关，所以在变换器电路中选择任一开关器件均可，只要它的电压、电流额定值满足变换器的输出要求。但是，实际晶体管与理想器件有所不同，它们存在着某些局限性，通常只能应用于特定场合。每一种类型的晶体管特性和容量决定了它适用于哪种场合。

驱动电路是功率变换器的一部分，它用来驱动开关器件。变换器的输出取决于驱动电路的工作状态，即开关函数，因此，驱动电路是实现变换器期望输出的关键因素。驱动电路的设计需要知道晶体管的门极特性，包括晶闸管、门极关断晶闸管(GTO)、双极结型晶体管、金属氧化物半导体场效应管，以及绝缘门极双极型晶体管这样的器件。

门极驱动电路要求具有高速，高效率且结构紧凑的特性，目前，门极驱动集成电路(IC)已实现商业化。

4.2 碳化硅晶体管

电力半导体器件是决定变换器拓扑类型以及性能的关键因素，电力开关器件从最初的硅二极管逐步发展到双极型晶体管、晶闸管、MOSFET、COOLMOS，以及IGBT。IGBT凭借其优越的开关特性，已成为最理想的器件。基于硅的IGBT的额定电压等级在1.2～6.5kV之间，目前，基于硅的器件几乎已达到它的极限值，如果要在器件性能上寻求更大突破，需要更好的材料，或者更佳的器件结构。

宽禁带(WBG)半导体材料，如碳化硅(SiC)、氮化镓(GaN)和钻石，有着优良的材料特性，在同等条件下与硅器件相比，WBG半导体器件具有更优的性能。表4-1给出了硅以及WBG半导体材料的主要特性[30]。4H代表在电力半导体中使用的SiC晶体结构。半导体材料的主要特性如下[30,31,32,34,38,45]。

表4-1 硅以及WBG半导体材料的主要特性

参数	Si	GaAs	4H-SiC	6H-SiC	3C-SiC	2H-GaN	钻石
能带，E_g(eV)	1.1	1.42	3.3	3.0	2.3	3.4	5.5
击穿场强，E_c(MV/cm)	0.25	0.6	2.2	3	1.8	3	10
电子迁移速度(cm/s)	1×10^7	1.2×10^7	2×10^7	2×10^7	2.5×10^7	2.2×10^7	2.7×10^7
热导率λ(W/(cm·K))	1.5	0.5	4.9	4.9	4.9	1.3	22

- 具有更宽的能带，使得WBG器件的漏电流更小，工作温度显著提高。同时，辐射硬度也得到提升。
- 具有更高的临界电流，意味着WBG器件在耗尽层更薄的同时，掺杂浓度更高，这使得通态电阻值与等效的硅器件相比要低好几个数量级。
- 具有更高的电子饱和速率，使得工作频率更高。
- 具有更高的热导率(例如SiC和钻石)，提升了散热性能，可以确保在更高的功率密度下运行。

宽禁带的最大优势之一是它的高击穿电压场强。举例来说，硅器件无法承受每厘米300kV以上的电场，电场力拖拽载流子使其具有足够的能量，进而撞击其他电子让它们脱离价带，这些自由电子同样也会加速并且撞击其他电子，制造出雪崩效应使电流积聚并最终破坏材料。因为将SiC的电子推入导带需要更多的能量，所以这种材料可以承受更强的电场，可高达硅材料的最大值的10倍。所以，基于SiC的器件在与硅器件具有相同尺寸的同时，可承受10倍于硅器件的电压。在相同的电压等级下，SiC器件的厚度只有硅器件厚度的1/10，因为电压差并不需要分布在整个材料上。这些更薄的器件速度更快，同时电阻更小，这意味着当SiC器件导电时，由于发热所导致的损耗更小[33]。

英飞凌研发的碳化硅肖特基二极管[30]开创了电力半导体器件的新纪元。碳化硅电力电子器件在高效、高频、高温场合有取代硅(Si)器件的趋势[29]。SiC电力电子器件有很多优势，比如更高的电压等级、更小的电压降、更高的工作温度，以及更高的热导率。SiC晶体管是单极型器件，没有因过量电荷的累积和移动所导致的动态效应。随着SiC技术的发展，SiC器件的制造成本有望逐步下降，且和基于硅的器件具有可比性。从20世纪90年代开始，SiC单晶晶体技术不断进步，促进了低缺陷、厚外延SiC材料，以及高压SiC器件[41,53]的发展，这其中包括7kV的GTO[66]、10kV的SiC MOSFET[51]和13kV的IGBT[64]。以下几种SiC器件是目前已有的或正在开发的：

- 结型场效应晶体管(JFET)；
- 金属氧化物硅场效应晶体管(MOSFET)；
- 双极结型晶体管(BJT)；
- 绝缘门极双极型晶体管(IGBT)。

4.3 电力MOSFET

电力MOSFET是压控型器件，只需要很小的驱动电流，它的开关速度非常高，开关时间为纳秒数量级。电力MOSFET在小功率、高频率的变换器中得到了广泛的应用。MOSFET没有BJT所存在的二次击穿问题，但是存在静电放电问题，使用时要特别注意。另外，在短路故障下的保护要相对困难。

MOSFET分两种类型：(1)耗尽型MOSFET；(2)增强型MOSFET[6-8]。n沟道耗尽型MOSFET用p型硅材料做衬底，如图4-1a所示，有两个高掺杂的n^+硅区，以实现导通时的低电阻。栅极通过很薄的氧化层同沟道隔离开来，三个端口分别称为栅极、漏极、源极，衬底通常同源极相连。栅源极之间的电压V_{GS}可为正或为负：若V_{GS}为负，n^-沟道区域内的一些电子受到排斥，在氧化层下方会产生耗尽区，这导致有效沟道变窄，漏极源

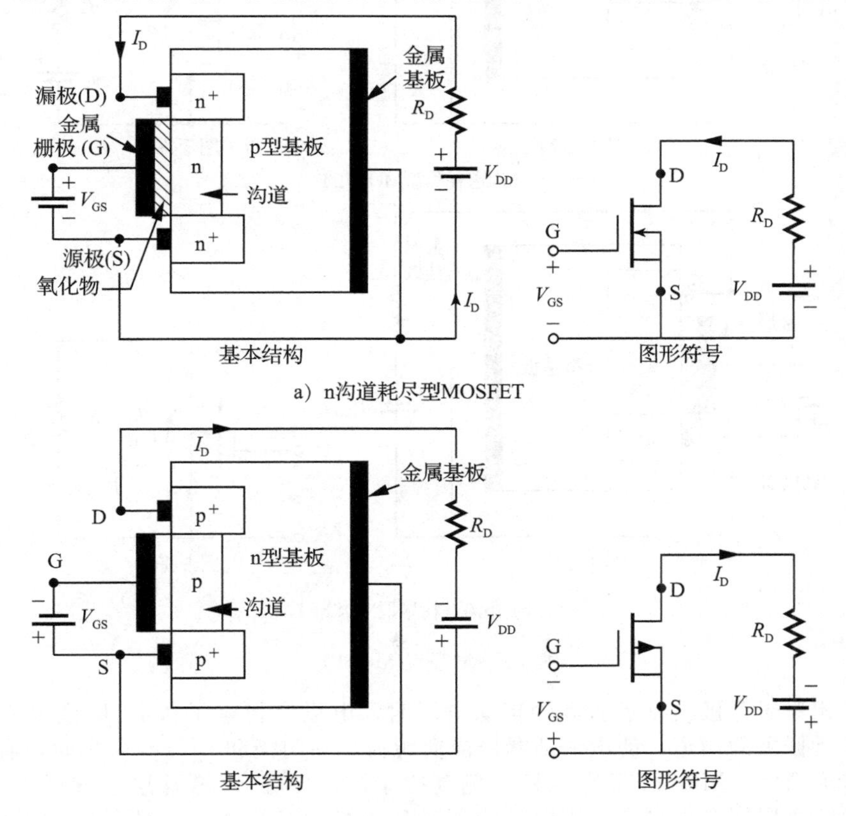

图4-1 耗尽型MOSFET

极之间的电阻 R_{DS}很大，若 V_{GS}负值足够大，则沟道将会被完全耗尽，R_{DS}的值非常大，没有电流从漏极流向源极，即 $I_{DS}=0$，此时的 V_{DS}称为夹断电压 V_P；若 V_{GS}为正，则沟道会变得更宽，由于 R_{DS}减小，I_{DS}会增加。对于 p 沟道耗尽型 MOSFET，V_{DS}、I_{DS}，以及 V_{GS}的极性反向，如图 4-1b 所示。

n 沟道增强型 MOSFET 没有物理上的沟道，如图 4-2a 所示。若 V_{GS}为正，感应电压会从 p 型衬底吸引电子，这些电子将会在氧化层下方表面聚集，若 V_{GS}大于或等于开启电压 V_T，所聚集的电子足以形成虚拟的 n 沟道，如图 4-2a 阴影部分所示，此时电流便会从漏极流向源极。对于 p 沟道增强型 MOSFET，V_{DS}、I_{DS}，以及 V_{GS}的极性反向，如图 4-2b 所示。不同尺寸大小的功率 MOSFET 如图 4-3 所示。

因为耗尽型 MOSFET 在栅极电压为零时仍保持导通，而增强型 MOSFET 在栅极电压为零时则保持截止，所以通常使用增强型 MOSFET 作为开关器件。为拥有更大的电流导通面积，以降低导通电阻，MOSFET 通常采用垂直导电型(V 型)结构，V 型 MOSFET 的横截面如图 4-4a 所示。

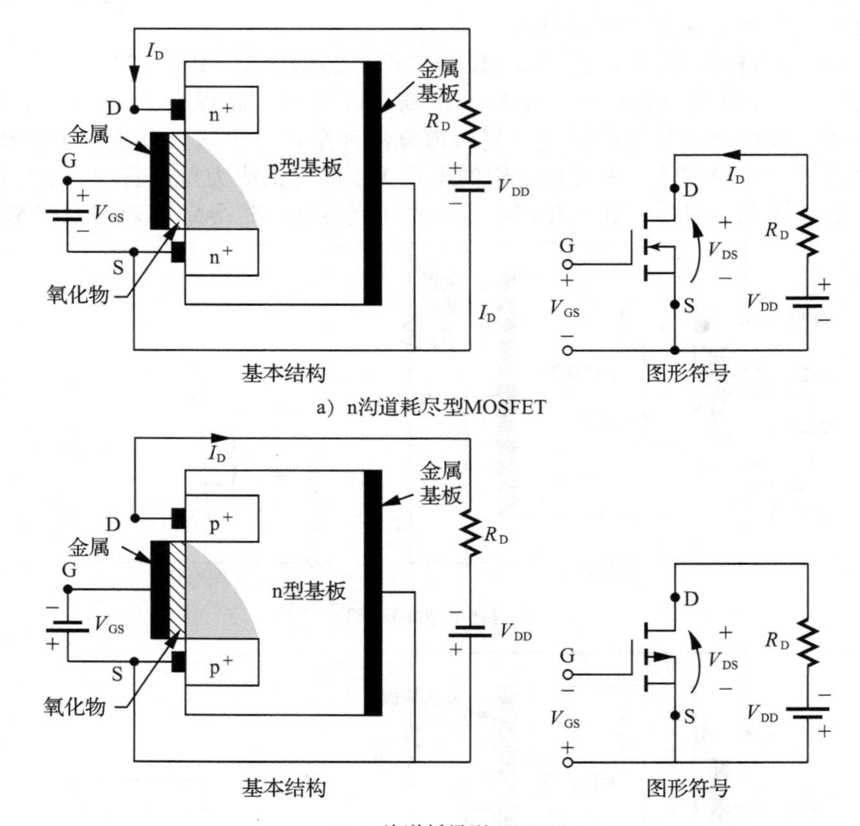

图 4-2　增强型 MOSFET

当栅极相对于源极具有足够大的正向电压时，电场会将电子从 n^+ 层拖入 p 层，这形成了一条靠近栅极的沟道，使电流从漏极流向源极。在门极和 n^+、p 层之间，有一个硅氧化物(SiO_2)绝缘层。MOSFET 在源极一侧高掺杂，以便在 n^- 漂移层下方产生一个 n^+ 缓冲层，使得耗尽层同漏极隔离，同时分担了 n 层上的电压应力，也使导通时电压降减小。缓冲层也使器件具有非对称性，即反向电压能力很低。

MOSFET 需要的栅极能量很少，并且具有很快的开关速度和很低的开关损耗。它的

图 4-3　功率 MOSFET(引用得到了国际整流器公司的许可)

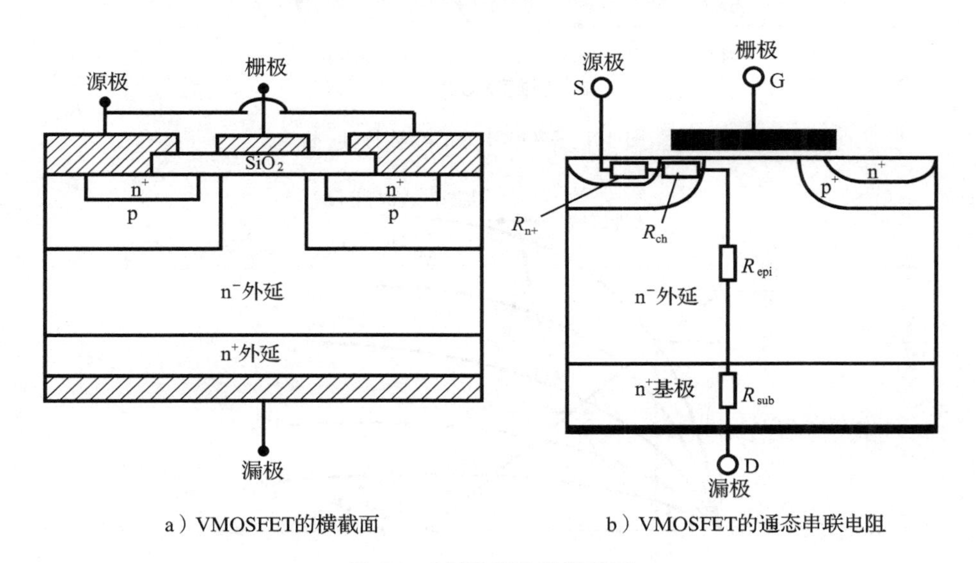

a) VMOSFET的横截面　　b) VMOSFET的通态串联电阻

图 4-4　MOSFET 的横截面

输入阻抗很高，为 $10^9 \sim 10^{11}\,\Omega$。然而，MOSFET 的缺点在于导通电阻以及通态损耗均较大，如图 4-4b 所示，这使得它们并不适合于高功率场合，但很适合做晶闸管的门极驱动器(见第 9 章)。

4.3.1　稳态特性

MOSFET 是压控型器件，具有很高的输入阻抗。栅极的漏电流很小，通常为纳安数量级，电流增益即漏极电流 I_D 与输入门极电流 I_G 的比值，通常在 10^9 数量级上，但是，电流增益在实际应用中并非十分关注，而跨导在设计中却备受关注，它定义了转移特性，即漏极电流与栅极电压的比值。

n 沟道和 p 沟道 MOSFET 的转移特性曲线如图 4-5 所示，图 4-5b 所示的 n 沟道增强型 MOSFET 的转移特性曲线可用来计算通态漏极电流 i_D，即

$$i_D = K_n(v_{GS} - V_T)^2 \qquad (v_{GS} > V_T \text{ 且 } v_{DS} \geqslant (v_{GS} - V_T)) \tag{4-1}$$

式中：K_n 是 MOS 常数，单位为 A/V^2；v_{GS} 是栅极到源极的电压；V_T 是开启电压。

图 4-6 所示为 n 沟道增强型 MOSFET 的输出特性曲线，图中有三个工作区域：(1)截止区，$v_{GS} \leqslant V_T$；(2)夹断区或饱和区，$v_{DS} \geqslant v_{GS} - V_T$；(3)线性区，$v_{DS} \leqslant v_{GS} - V_T$。夹断发生在 $v_{DS} = v_{GS} - V_T$ 时。在线性区，漏极电流 I_D 同漏-源极电压 V_{DS} 呈正比例变化，由于漏

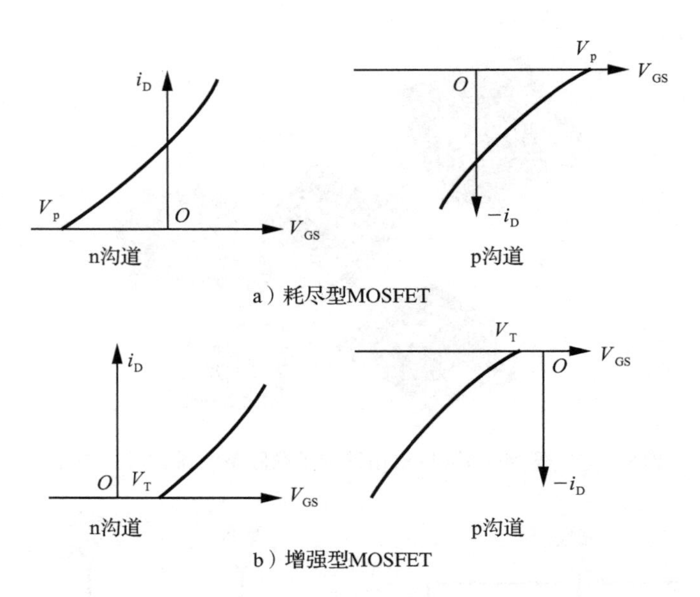

图 4-5 MOSFET 的转移特性

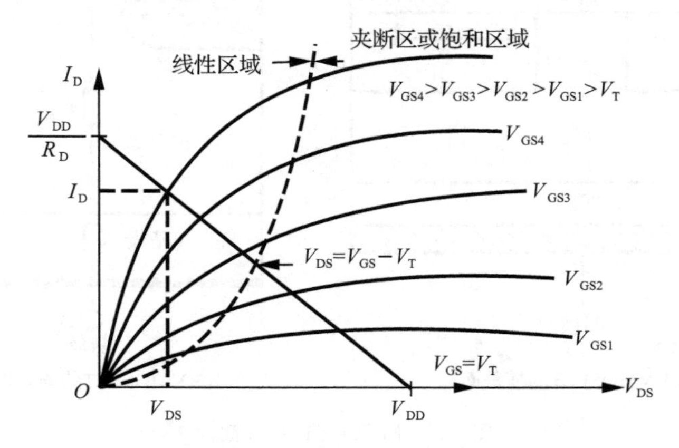

图 4-6 增强型 MOSFET 的输出特性

极电流大和漏极电压小，所以导通电阻小，可以当做开关使用。在饱和区，无论 V_{DS} 的值增大多少，漏极电流都几乎保持不变，通常在这个区域内用做电压放大器。值得注意的是，功率 MOSFET 的饱和区和截止区与双极型晶体管的恰好相反。在线性区，漏-源电压 v_{DS} 很低，图 4-6 所示的 i_D-v_{DS} 特性曲线可由如下关系描述：

$$i_D = K_n[2(v_{GS} - V_T)v_{DS} - v_{DS}^2] \qquad (v_{GS} > V_T \text{ 且 } 0 < v_{DS} < (v_{GS} - V_T)) \tag{4-2}$$

当 v_{DS} 很小($\ll V_T$)时，上式可近似写成：

$$i_D = K_n 2(v_{GS} - V_T)v_{DS} \tag{4-3}$$

当负载电阻为 R_D 时，MOSFET 的连接电路如图 4-7a 所示，i_D 可表示为：

$$i_D = \frac{V_{DD} - v_{DS}}{R_D} \tag{4-4}$$

式中：当 $v_{DS}=0$ 时，$i_D=V_{DD}/R_D$；当 $i_D=0$ 时，$v_{DS}=V_{DD}$。

为了使 V_{DS} 在导通时很低，栅-源电压 V_{GS} 必须较大，使得 MOSFET 运行在线性区。

MOSFET 的等效稳态电路模型如图 4-7b 所示，对耗尽型 MOSFET 和增强型 MOSFET 都是如此。R_D 是负载电阻，R_G 并联在栅极和源极之间，通常为兆欧数量级，R_S($\ll R_G$)用来限制 MOSFET 栅极电容的充电电流。MOSFET 跨导可定义为：

$$g_m = \left.\frac{\Delta I_D}{\Delta V_{GS}}\right|_{V_{DS}=\text{constant}} \tag{4-5}$$

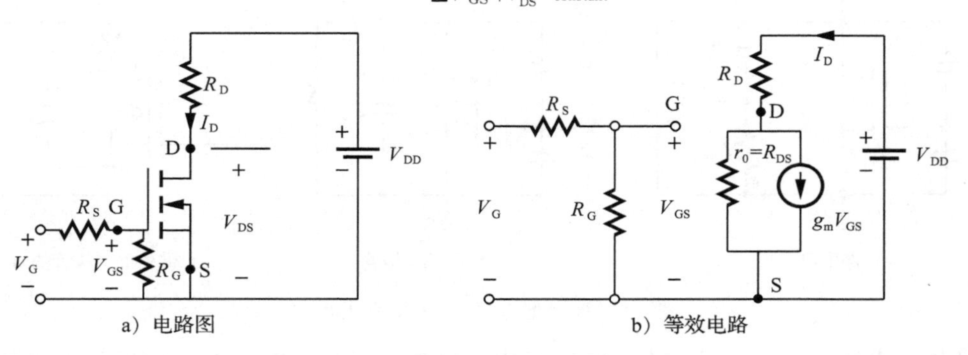

图 4-7　MOSFET 稳态开关模型

假定 MOSFET 工作在 $v_{gs}=V_{GS}$，$i_d=I_D$处，跨导 g_m可由式(4-1)和式(4-2)得到，即

$$g_m = \frac{di_D}{dv_{GS}} = \begin{cases} 2K_n V_{DS}\,|_{V_{DS}=\text{constant}} & \text{（线性区）} \\ 2K_n(V_{GS}-V_T)\,|_{V_{DS}=\text{constant}} & \text{（饱和区）} \end{cases} \tag{4-6}$$

由上式可以看出，g_m在饱和区由 V_{GS}决定，但在线性区却几乎保持不变，因此 MOSFET 可以在饱和区放大电压信号。

输出电阻 r_o可定义为：

$$r_o = R_{DS} = \frac{\Delta V_{DS}}{\Delta I_D} \tag{4-7}$$

在截止区非常大，一般是兆欧数量级，而在线性区则非常小，一般为毫欧数量级。在线性区中，式(4-3)给出了漏-源电阻 R_{DS}为：

$$R_{DS} = \frac{v_{DS}}{i_D} = \frac{1}{K_n 2(v_{GS}-V_T)} \qquad (v_{GS} > V_T) \tag{4-8}$$

因此，MOSFET 开关的通态电阻 R_{DS}可通过提高栅-源驱动电压 v_{GS}来减小。

对于耗尽型 MOSFET，栅极(输入)电压可为正或负，但增强型 MOSFET 的栅极电压只能为正，一般商用功率 MOSFET 都是增强型的。但在一些特殊场合，例如需要逻辑兼容的 dc(直流)、ac(交流)开关中，当逻辑电源下降且 V_{GS}为 0 时，开关要保持导通，此时耗尽型 MOSFET 更有优势，可以简化逻辑电路设计。耗尽型 MOSFET 的特性在此不多做讨论。

4.3.2　开关特性

没有驱动信号时，增强型 MOSFET 可看做两个二极管背靠背连接而成的(见图 4-2a 的 np 和 pn 二极管)，或者就是一个 npn 型晶体管。栅极对源极存在寄生电容 C_{gs}，栅极对漏极存在寄生电容 C_{gd}，npn 型 MOSFET 也存在一个从漏极至源极的反偏结，可看作一个等效电容 C_{ds}。图 4-8a 所示的为 MOSFET 的寄生模型，它含有一个双极型晶体管。npn 型晶体管的基极-发射极长度比较短，同时由于 n 区和 p 区的体电阻作用，基极到发射极的电阻 R_{be}非常小。因此，MOSFET 具有一个寄生二极管，等效电路如图 4-8b 所示。寄生电容的大小依赖于它们各自的电压。

内部寄生的二极管通常称为体二极管，体二极管的开关速度远低于 MOSFET 的。若电路使得电流从源极流向漏极，nMOS(n 沟道金属氧化物半导体)就类似于一个不可控的二极管器件。当 nMOS 用来向感性负载传递能量时，这种情况可能会出现，此时 nMOS 类似一个续流二极管，为电流从源极流向漏极提供流通路径。它的数据手册中通常会给出寄生二极管的额定电流。

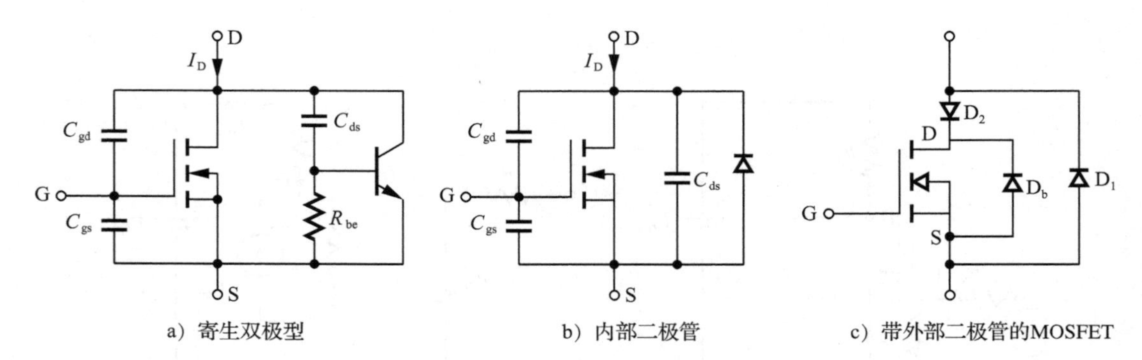

图 4-8　增强型 MOSFET 的寄生模型

若体二极管 D_b 导通，则在其关断过程中会出现很高的峰值电流，MOSFET 可能会因无法承受这么大的电流而失效。为了避免这种情况的发生，可在外部串联二极管 D_2，以及反并联二极管 D_1，如图 4-8c 所示。电力 MOSFET 可通过设计，使其体二极管的恢复速度加快，当体二极管在 MOSFET 额定电流下导通时，器件可以可靠工作，但是这样的体二极管的开关速度却比较低，会产生很大的开关损耗。设计者应当折中考虑额定值以及体二极管的速度，以满足运行要求。

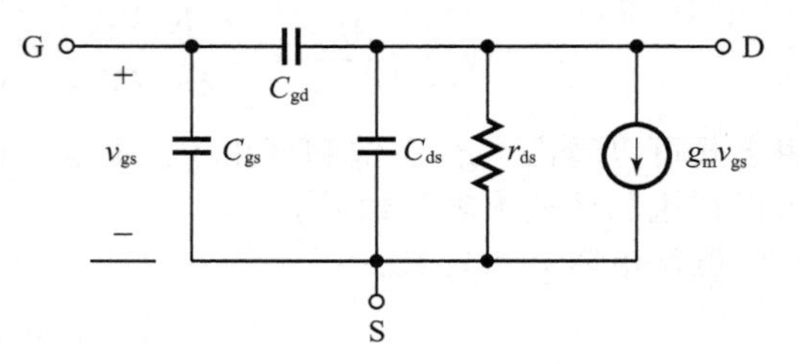

图 4-9　MOSFET 的开关模型

带寄生电容的 MOSFET 等效开关模型如图 4-9 所示，典型的开关波形如图 4-10 所示。开通延迟时间 $t_{d(on)}$ 是给输入电容充电，以到达开启电压所需要的时间；上升时间 t_r 是给栅极从开启电压到全部栅极电压 V_{GSP} 充电所需要的时间，V_{GSP} 是驱动晶体管进入线性区所需要的电压；关断延迟时间 $t_{d(off)}$ 是输入电容从栅极过驱动电压 V_1 放电至夹断区所需要的时间，V_{GS} 必须在 V_{DS} 开始上升前显著下降；下降时间 t_f 是输入电容从夹断区至开启电压所需要的放电时间。若 $V_{GS} \leqslant V_T$，MOSFET 便关断。

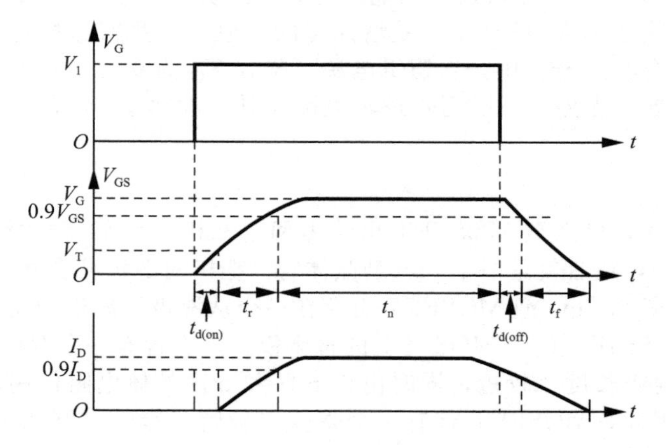

图 4-10　开关波形和时刻

4.3.3　碳化硅 MOSFET

一个结型场效应管 JFET 的栅源表现为反向偏置 pn 结，并需要有限的栅极驱动电流。一个 MOSFET 是绝缘的，理论上需要零栅极驱动电流。SiC MOSFET 的正常关断特性对功率电子变换器的设计者是可利用的。高压 MOSFET 有两个主要限制：一是低沟道迁移率导致器件附加的导通电阻，从而增加了功率损耗；二是栅氧化层的不可靠性和不稳定性，特别是在长时间和高温情况下。制造的问题也限制了 SiC MOSFET 的发展速度。

SiC 技术已经获得了巨大的进步，目前可以制造出性能远胜于 Si IGBT 的 MOSFET，特别是在大功率高温方面[37]。新一代的 SiC MOSFET 将漂移层的厚度削减为原来的1/10，同时使得掺杂系数增加为原先的 10 倍，使得漂移电阻减小为等效 Si MOSFET 的1/100。SiC MOSFET 相比硅器件具有明显的优势，它通过更高的工作频率使得系统的效率达到前所未有的高度，并减小了系统的尺寸、重量以及成本。对于 1.2kV，额定电流为10～20A 的 SiC MOSFET，其通态电阻通常为 80～160mΩ[35,36,37]。

典型的 SiC MOSFET 结构的横截面[43]如图 4-11a 所示。由于 n 漂移区和 p 阱区之间的反向 pn 结的作用，器件应该常处于关断状态。栅-源之间的正向开启电压可使器件击穿 pn 结，从而导通。与图 4-11a 所示的类似，图 4-11b 所示为一个 10A，10kV 的 4H-SiC DMOSFET 单元的横截面[48]，两者的整体结构是一样的。n^+层和 p^+层的尺寸和浓度决定了 MOSFET 的特性，比如额定电压、电流。图 4-12 给出了 MOSFET 中的寄生 npn 型晶体管、二极管、漂移电阻以及 JFET[42]。

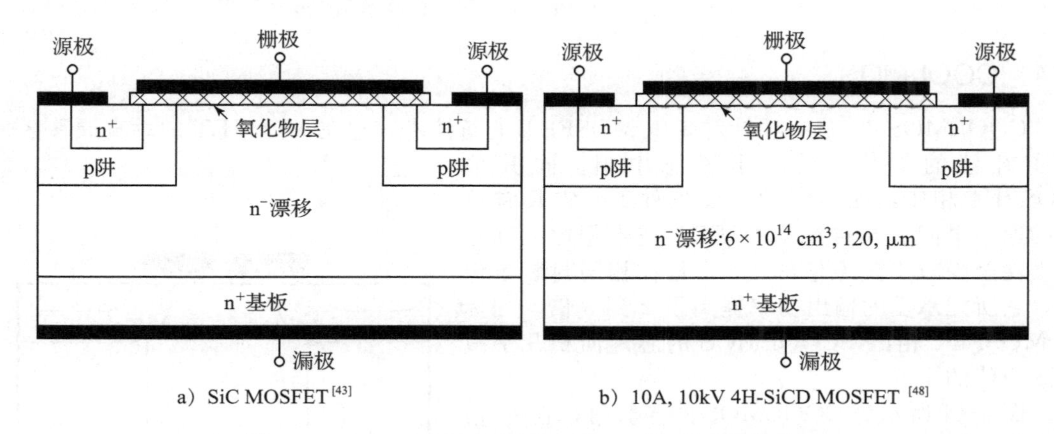

a) SiC MOSFET[43]　　b) 10A, 10kV 4H-SiCD MOSFET [48]

图 4-11　10A，10kV. 4H-SiC DMOSFET 单元的横截面

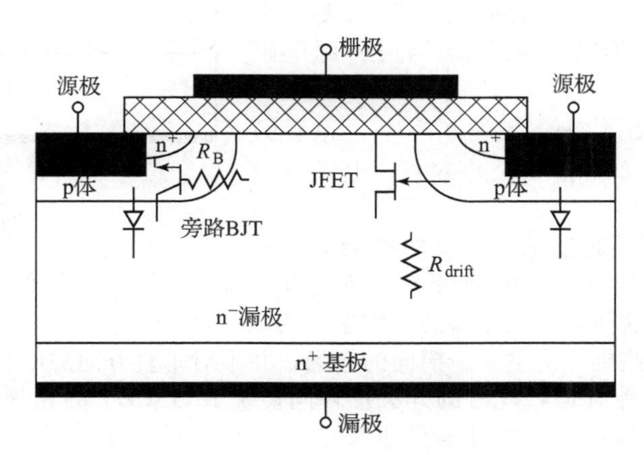

图 4-12　n 沟道 MOSFET 的寄生器件[42]

Cree 公司已经制造出额定电流为 10A，额定电压为 10kV 的 SiC MOSFET 芯片，用于 120A 半桥模块[48]。同最先进的 6.5kV Si IGBT 相比，10kV 的 SiC MOSFET 有着更好的性能。碳化硅 MOSFET 可以挑战 IGBT，成为在高压电力电子场合新的选择。V 型栅极 DMOSFET 的横截面如图 4-13 所示[39]，它是常关型器件。施加正的栅-源电压会使 p

型层耗尽，n 型层增强，移除栅-源电压则使器件关断，V 型栅极结构可使器件导通和关断的速度更快。

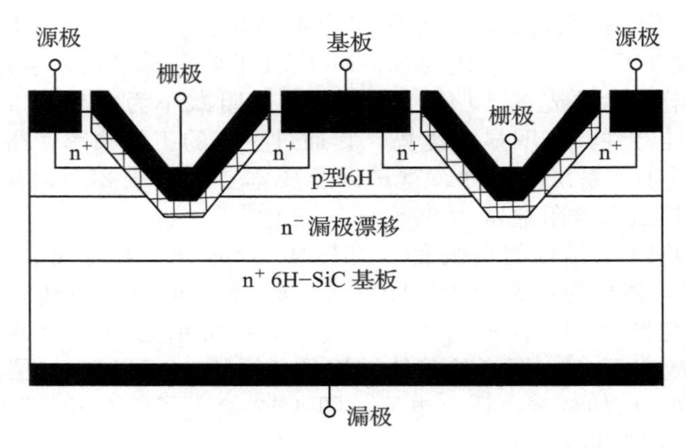

图 4-13　功率 SiC 6H-MOSFET 的横截面[39]

4.4　COOLMOS

COOLMOS[9-11]是一项针对高压 MOSFET 的新技术，它在 MOSFET 的垂直漂移区采用了补偿的结构，减小了通态电阻。同其他 MOSFET 相比，在相同的封装条件下，它具有更低的通态电阻。与传统 MOSFET 技术相比，其导通损耗至少减少到原值的 1/5，且在相同封装条件下，它所能承受的输出功率提高了 2 到 3 倍。同标准 MOSFET 相比，COOLMOS 的芯片面积几乎减小到原值的 1/5。

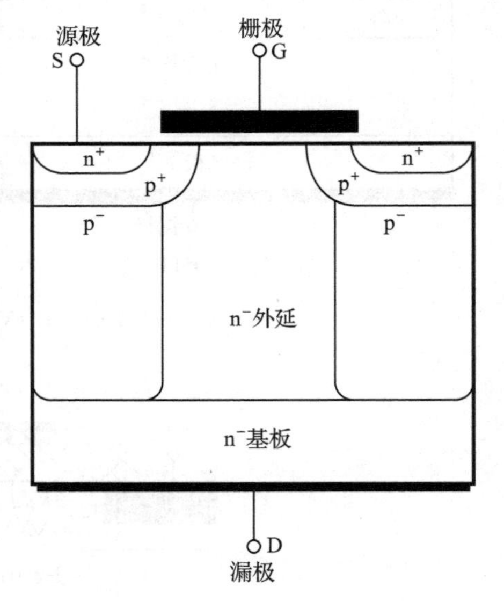

图 4-14　COOLMOS 的横截面

图 4-14 所示为 COOLMOS 的横截面，它将 n^- 层的掺杂度提升了约一个数量级，但并没有改变器件的阻断能力。晶体管的高阻断电压 V_{BR} 需要一个相对厚且掺杂低的外延层，通过下式将栅-源电阻同 V_{BR} 联系起来：

$$R_{D(on)} = V_{BR}^{k_c} \tag{4-9}$$

式中：k_c是一个介于 2.4 和 2.6 的常数。上式是一个著名的定律。

导通电阻的问题可通过添加相反的掺杂类型来克服，它们被安放在漂移区，掺杂沿着一条垂直于电流流动方向进行。这需要通过相邻的 p 掺杂区对 n 区进行电荷补偿，这些电荷产生一个横向的电场，并不对垂直方向的电场分布产生影响。

因为没有双极电流补偿，此时的开关损耗同传统 MOSFET 的相等。用来维持 n^- 层的电压掺杂提升约一个数量级；额外垂直插入的 p^- 层区，补偿了传导 n 型电荷的过量电流，该结构的电场由两个相反掺杂层的静电荷决定，因此当两个区域互相完美地平衡时，即可实现近似水平分布的电场。要使相邻 p^- 掺杂区和 n^- 掺杂区对的静电荷为零，需要极其精确的工艺，任何的电荷不平衡都会影响器件的阻断电压。若要获得更高的阻断电压，只需增加柱的深度，而无需改变掺杂。阻断电压和通态电阻之间的线性关系[10]如图 4-15 所示。一个 600V/47A 的 COOLMOS，它的通态电阻为 70mΩ。COOLMOS 具有线性的 v-i 特性和低开启电压[10]。

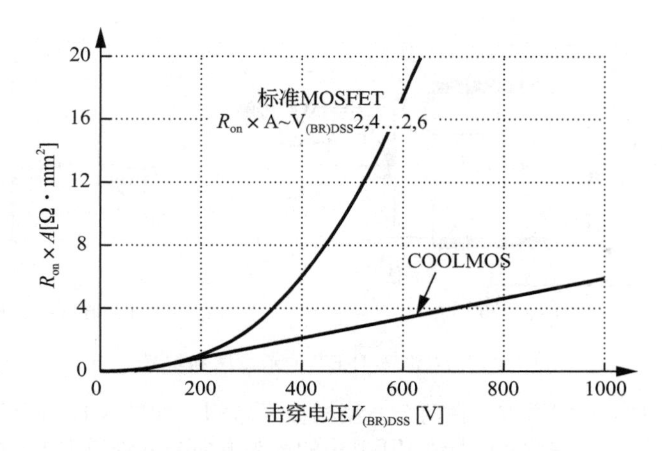

图 4-15 阻断电压和通态电阻之间的线性关系

COOLMOS 器件应用场合的功率范围不超过 2kV · A，如工作站或服务器的电源、不间断电源(UPS)、微波和医疗系统中的电源、电磁炉，以及焊接设备。COOLMOS 器件可在绝大部分场合取代传统的电力 MOSFET，且几乎不需要做电路上的改动。当开关频率在 100kHz 以上时，COOLMOS 器件处理电流的能力就更为优越，例如，在给定的电流下，所需的芯片面积最小。内部的反向二极管也是该器件的一大优势，任何可引起漏-源极电压反向尖峰的寄生振荡都可被该二极管钳位至一个给定电压。

4.5 JFET

结型场效应晶体管(JFET)的物理结构比较简单[44]，在低功率的放大器中，它们逐渐被 MOSFET 取代，但由于碳化硅材料的优点，以及 JFET 简单的结构，碳化硅 JFET 正成为功率开关中极具前景的一类器件。SiC JFET 的特点在于它的正温度系数特性，易于并联；同时开关速度极快，且无尾拖电流；通态电阻 $R_{DS(on)}$ 低，650V 的器件通常为 50mΩ。它具有较小的寄生电容，因而需要的栅极充电电荷比较少。同时，其寄生的体二极管的开关性能可同外部的 SiC 肖特基势垒二极管相媲美。

4.5.1 JFET 的运行特性

与 MOSFET 不同，JFET 一般只有连接源极和漏极的导电沟道，栅极用来控制流过沟道的电流。同 MOSFET 类似，JFET 有两种类型：n 沟道型和 p 沟道型。n 沟道 JFET 如图 4-16a 所示，n 沟道被夹在两个 p 型栅极区域间，该沟道由低掺杂(低导电率)的材料制成，通常是硅或碳化硅，在沟道末端为金属连接端。栅极区域由两块高掺杂(高导电率)的 p 型材料制成，它们通过金属连接在一起。n 沟道 JFET 的图形符号如图 4-16b 所示，箭头从 p 型区指向 n 型区。

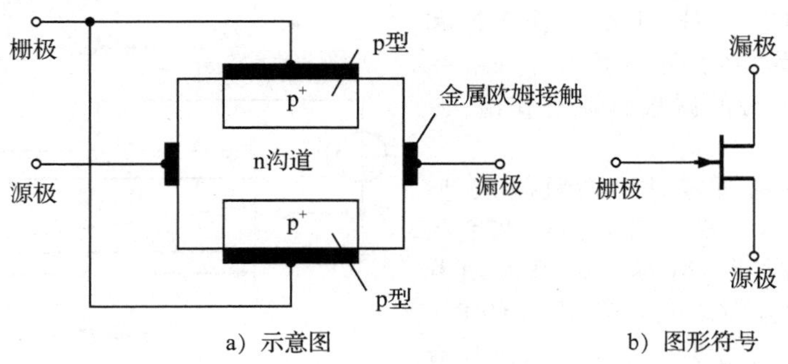

图 4-16 n 沟道 JFET 的示意图和符号

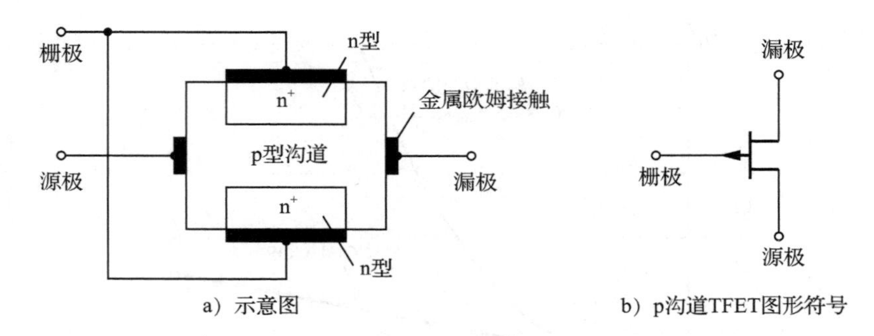

a）示意图　　b）p沟道TFET图形符号

图 4-17　p 沟道 JFET 的示意图和符号

在 p 沟道 JFET 中，p 沟道被夹在两个 n 型栅极区域间，如图 4-17a 所示。p 沟道 JFET 的图形符号如图 4-17b 所示，注意，p 沟道 JFET 中的箭头方向与 n 沟道 JFET 中的相反。

当器件关断时，以源极为参考点，n 沟道 JFET 的漏极为正电位，栅极为负电位，如图 4-18a 所示，在栅极之间形成两个 pn 结，此时沟道是反偏的，栅极电流 I_G很小(纳安数量级)。注意，对于 n 沟道 JFET，I_G是负的，但对于 p 沟道 JFET，则为正。

同理，当器件关断时，对于 p 沟道 JFET，以源极为参考点，漏极为负电位，栅极为正电位，如图 4-18b 所示。两个 pn 结仍是反偏的，栅极电流 I_G很小，可以忽略。p 沟道 JFET 的漏极电流由多数载流子(空穴)引起，从源极流向漏极，而 n 沟道 JFET 的漏极电流则由多数载流子(电子)引起，从漏极流向源极。

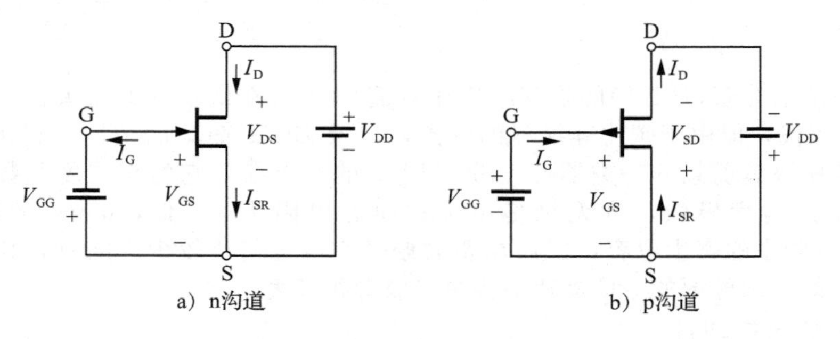

a）n沟道　　b）p沟道

图 4-18　JFET 的偏置图

转移特性和输出特性：假设 n 沟道 JFET 的栅-源电压为 0：$V_{GS}=0V$。若 V_{DS}从零开始增加到一个很小的值(约为 1V)，漏极电流将会遵循欧姆定律($i_D=v_{DS}/R_{DS}$)，同 V_{DS}成正比例变化。但当 V_{DS}在夹断电压 $|V_p|$ 以上增加时，JFET 会工作于饱和区，漏极电流不会有明显增加。$V_{DS}=|V_p|$ ($V_{GS}=0$) 时的漏极电流称作漏-源饱和电流 I_{DSS}。

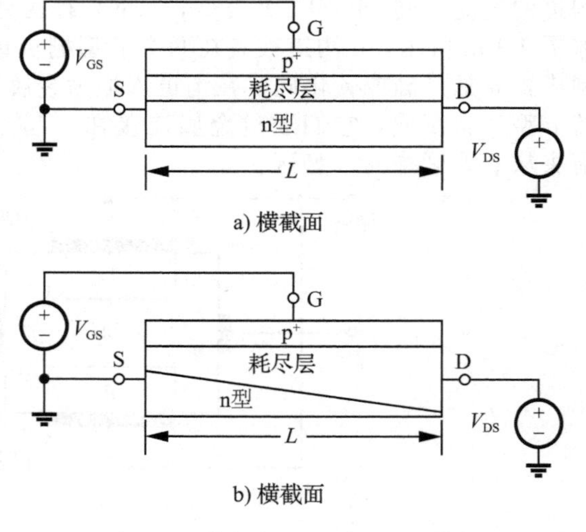

a) 横截面

b) 横截面

图 4-19　简化的 n 沟道 JFET 结构

当漏-源电压接近零时，p 型区和 n 型区之间形成耗尽区，沿沟道方向的宽度相同，如图 4-19a 所示。耗尽区的宽度随着它两端电压的变化而改变，当 $V_{DS}=0$ 时，且 $V_{GS}=0$，耗尽区宽度几乎为零。在制造 JFET 时，通常在栅极区域的掺杂浓度要远

高于沟道区域的，这样会使耗尽区向沟道的扩展更多。当 V_{DS} 正向增加时，耗尽区沿着沟道方向上的宽度不再相同，它会在漏极端更宽，因为加在栅极与沟道之间的反偏电压增加到 $(V_{DS} + |V_{GS}|)$，如图 4-19b 所示。当耗尽区扩展到整个沟道宽度时，沟道便被夹断了。

在不同 V_{GS} 值下的 i_D-v_{DS} 特性如图 4-20a 所示。输出特性可分成三个区域：欧姆区、饱和区和截止区。v_{DS} 超过 JFET 的击穿电压会导致雪崩击穿，漏极电流急剧增加，栅极电压为零时的击穿电压用 V_{BD} 表示，这时 JFET 会因过热而损坏，这必须避免。由于加在漏极的反偏电压最高，击穿通常发生在这一极。击穿电压由制造商确定。

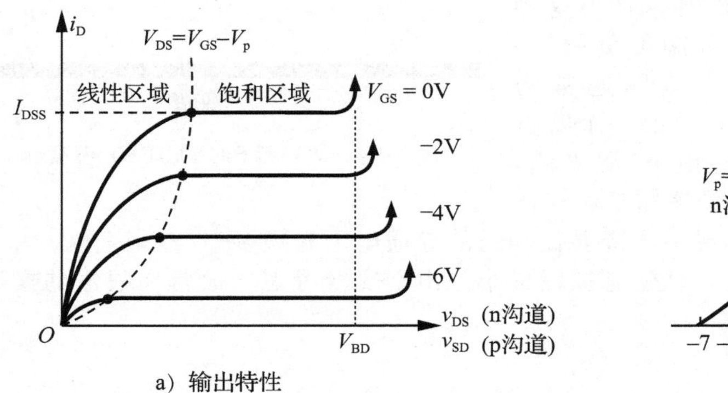

a）输出特性

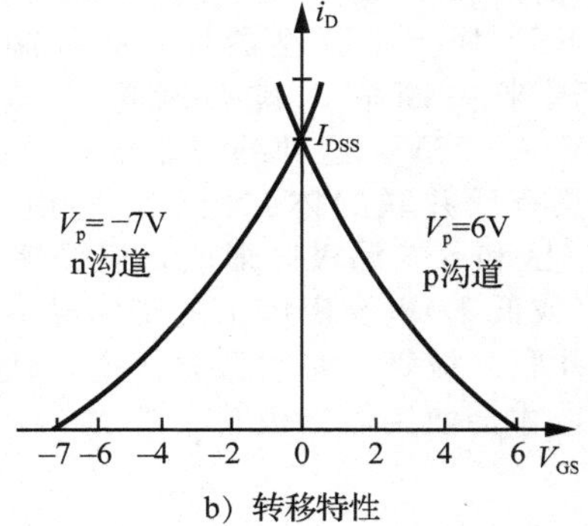

b）转移特性

图 4-20 n 沟道 JFET 的特性

欧姆区 在欧姆区，漏-源电压 V_{DS} 很低且沟道未被夹断，漏极电流 i_D 可表示为：

$$i_D = K_p[2(v_{GS} - V_p)v_{DS} - v_{DS}^2] \quad (0 < v_{DS} \leqslant (v_{GS} - V_p)) \tag{4-10}$$

当 V_{DS} 的值很小($\ll |V_p|$)时，上式可近似写成：

$$i_D = K_p[2(v_{GS} - V_p)v_{DS}] \tag{4-11}$$

式中：

$$K_p = \frac{I_{DSS}}{V_p^2}$$

饱和区 在饱和区，$v_{DS} \geqslant (v_{GS} - V_p)$，漏-源电压 V_{DS} 大于夹断电压，此时漏极电流 i_D 几乎与 V_{DS} 无关，将限制条件 $v_{DS} = v_{GS} - V_p$ 代入式(4-10)，可得漏极电流为：

$$\begin{aligned} i_D &= K_p[2(v_{GS} - V_p)(v_{GS} - V_p) - (v_{GS} - V_p)^2] \\ &= K_p(v_{GS} - V_p)^2 \quad (v_{DS} \geqslant (v_{GS} - V_p) \text{ 且 } V_p \leqslant v_{GS} \leqslant 0) \end{aligned} \tag{4-12}$$

式(4-12)代表了转移特性，如图 4-20b 所示，图中包含了 n 沟道与 p 沟道。对于一个给定的 i_D 值，式(4-12)可得到两个 V_{GS} 的解，但只有一个满足 $V_p \leqslant v_{GS} \leqslant 0$。欧姆区和饱和区的边界可通过夹断轨迹来描述，将 $v_{GS} = V_{DS} + V_p$ 代入式(4-12)，可得：

$$i_D = K_p(v_{DS} + V_p - V_p)^2 = K_p v_{DS}^2 \tag{4-13}$$

由上式可知，夹断轨迹是一条抛物线。

截止区 在截止区，栅-源电压小于夹断电压，即对于 n 沟道，$v_{GS} < V_p$，对于 p 沟道，$v_{GS} > V_p$。此时 JFET 关断，漏极电流为零，$i_D = 0$。

4.5.2 碳化硅 JFET 结构

功率 JFET 是新兴器件[46,47,55,57]，目前存在的该类型 SiC 器件结构包括：

- 横向沟道 JFET(LCJFET)；
- 垂直 JFET(VJFET)；
- 垂直槽 JFET(VTJFET)；
- 掩埋栅 JFET(BGJFET)；
- 双栅极垂直沟道槽 JFET(DGVTJFET)。

横向沟道 JFET(LCJFET) 在过去 10 年，SiC 材料特性的提高推动了现代 SiC JFET

的制造[68]。目前主要的SiC JFET的额定电压为1200V，但1700V的也可以见到。常开型JFET的额定电流可达48A，通态电阻在45～100mΩ。横向沟道JFET是现代SiC JFET设计中的一种，如图4-21所示[43]。

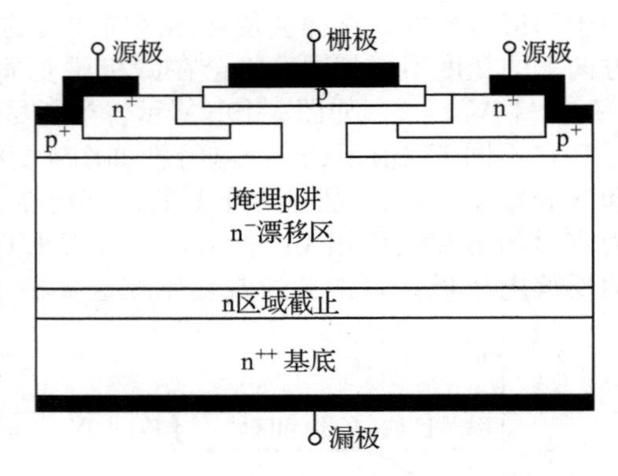

图4-21　常开型SiC LCJFET横截面

通过器件的负载电流可双向流动，这取决于电路的具体情况，这种双向流动特性是受掩埋p^+栅极和n^+源极组成的pn结控制的。这种SiC JFET属于常开型器件，必须施加负的栅-源电压来关断它，其夹断电压范围通常为－16V～－26V。这种结构非常重要的一个特点是，具有反并联的体二极管，它由p^+源极侧，n漂移区和n^{++}漏极区形成，但是该体二极管在额定(或低于)电流密度下的正向导通压降要比沟道的导通电压高很多[68,69]。因此，为了利用反并联二极管，必须调整沟道，使通态损耗最小。出于安全考虑，通常在很短的换流过程中，才会使用体二极管[49,50]。

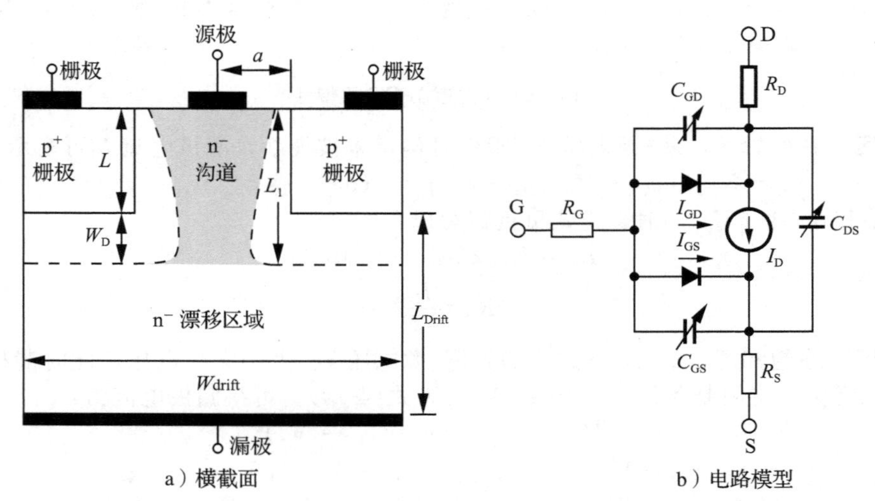

图4-22　SiC垂直JFET的典型结构

垂直JFET(VJFET)　n沟道垂直JFET的典型结构如图4-22a所示[40]，可见它有两个耗尽区，同时，含有两个寄生二极管[62]，如图4-22b所示。该器件为常开型(耗尽模式)，施加负的栅-源电压即可使其关断。

垂直槽JFET(VTJFET)　VTJFET的横截面如图4-23所示，该图来自Semisouth Laboratories公司[49,50]。该器件既可以常关(增强模式)，也可以常开(耗尽模式)，这取决于垂直沟道的厚度以及结构中的掺杂浓度。该器件目前的额定电流可高达30A，通态电阻为63mΩ。

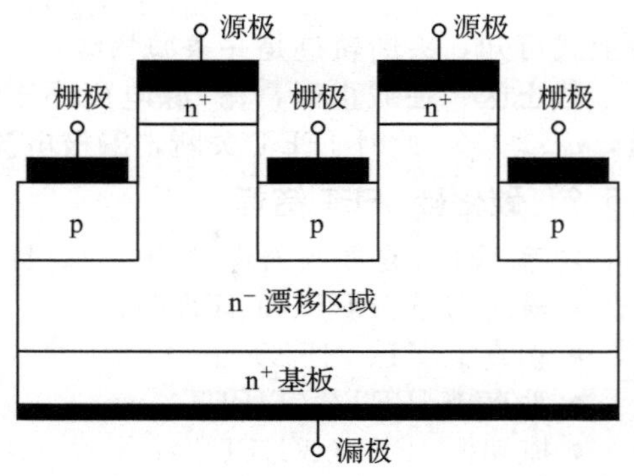

图4-23　SiC垂直槽JFET的横截面

掩埋栅JFET(BGJFET)　图4-24a所示为BGJFET的横截面。它的尺寸更小，这使得通态电阻低，饱和电流密度高。但它没有反并联体二极管，制造流程较 LCJFET 的要更困难[51]。

双栅极垂直沟道槽 JFET(DGVTJFET)　图 4-24b 所示的为 DGVTJFET 的截面图，它实际上是 LCJFET 和 BGJFET 的结合产物[43,51]，由 DENSO 公司率先提出[51]。这种设计具有低栅-源电容带来的快速开关能力，以及小尺寸、双栅极控制所带来的低通态电阻特性。图 4-24a 所示的结构中，多个 p 栅极可以使栅极控制能力更强，图 4-24b 所示的 T 形栅极结构也有类似的优点。JFET 的特性，比如额定电压、电流，取决于它的结构、尺寸以及 n^+ 层和 p^+ 层的浓度。

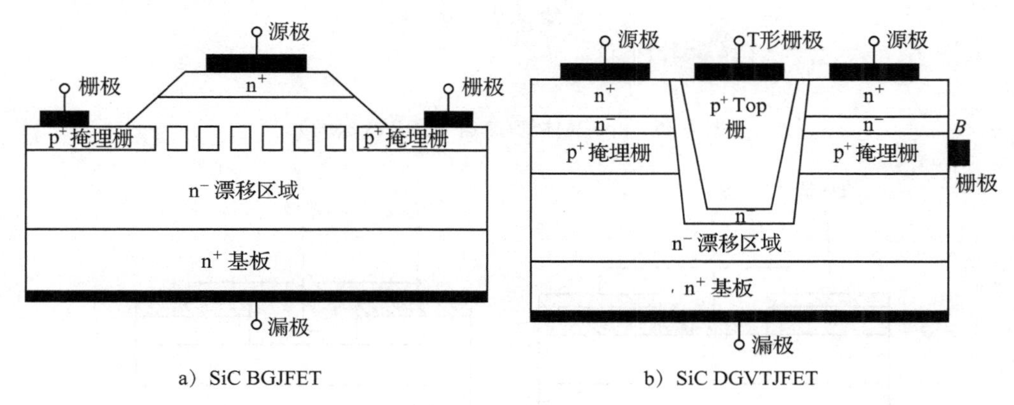

a）SiC BGJFET　b）SiC DGVTJFET

图 4-24　SiC BGJFET 和 SiC DGTJFET 的横截面

4.6　双极结型晶体管

BJT 是在 pn 结的基础上，加入另一个 p 区或 n 区所形成的。当有两个 n 区一个 p 区时，会形成两个 pn 结，称作 npn 晶体管，如图 4-25a 所示，当有两个 p 区一个 n 区时，称作 pnp 晶体管，如图 4-25b 所示。图中三个端子分别为集电极，发射极和基极。BJT 存在两个结，一个是集电极-基极结(CBJ)，另一个是基极-发射极结(BEJ)[1-5]。不同尺寸的 npn 晶体管如图 4-26 所示。

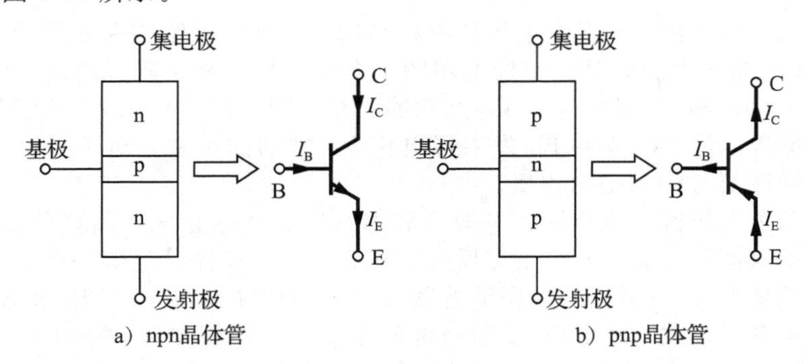

a）npn晶体管　b）pnp晶体管

图 4-25　BJT

图 4-27a 所示的 npn 晶体管，它的发射极存在两个 n^+ 区；图 4-27b 所示的 pnp 晶体管，它的集电极存在两个 p^+ 区。对于 npn 型，集电极侧的 n 层较宽，基极侧的 p 层较窄，发射极处的 n 层窄并且掺杂度高。对于 pnp 型，发射极侧的 p 层较宽，基极侧的 n 层较窄，集电极处的 p 层窄并且掺杂度高。基极到集电极的电流有两条并行的路径，使得通态时的集电极-发射极电阻 $R_{CE(ON)}$ 较低。

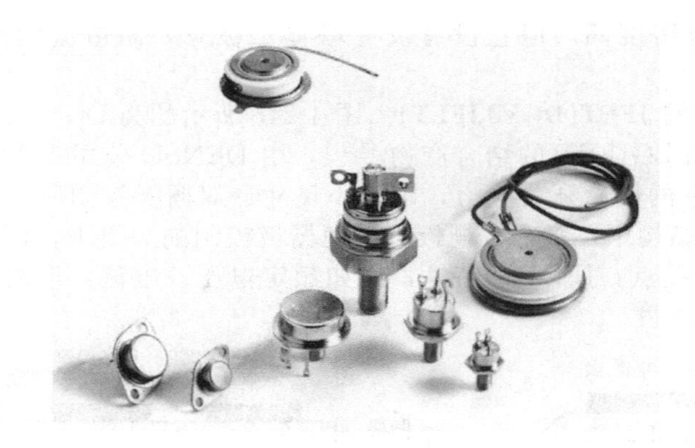

图 4-26　npn 晶体管(来自 Powerex 公司)

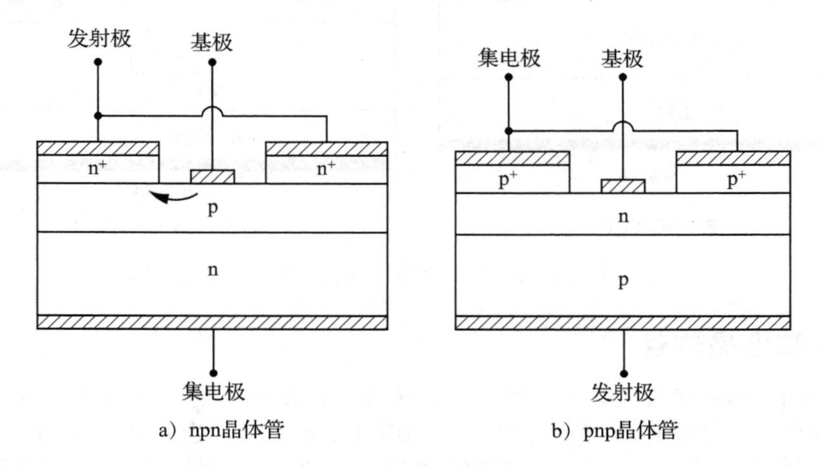

图 4-27　BJT 的截面图

4.6.1　静态特性

在共集电极、共基极，以及共射极的三种结构中，共射极结构在实际应用中最多。图 4-28a 所示为 npn 晶体管的共射极结构电路图，图 4-28b 所示为典型的输入特性曲线，反映了基极电流 I_B和基极-发射极电压 V_{BE}之间的关系，图 4-28c 所示的为典型的输出特性曲线，反映了集电极电流 I_C和集电极-发射极电压 V_{CE}之间的关系。对于 pnp 晶体管，所有的电流、电压极性都与 npn 型的相反。

晶体管有三个工作区：截止区，有源区和饱和区。在截止区，晶体管处于关断状态，即基极电流不足以使其导通，两个结均反偏；在有源区，晶体管类似一个放大器，基极电流被放大，并且集电极-发射极的电压随着基极电流的增加而减小，CBJ 反偏，BEJ 正偏；在饱和区，基极电流很大，集电极-发射极电压很小，晶体管类似一个开关，两个结(CBJ 和 BEJ)均正偏。反映 V_{CE}和 I_B之间关系的转移特性曲线，如图 4-29 所示。

在静态直流工作点处的 npn 晶体管模型如图 4-30 所示。电流之间的关系为：

$$I_E = I_C + I_B \tag{4-14}$$

基极电流为输入电流，集电极电流为输出电流，集电极电流 I_C同基极电流 I_B的比值 β_F称为前向电流增益，即

$$\beta_F = h_{FE} = \frac{I_C}{I_B} \tag{4-15}$$

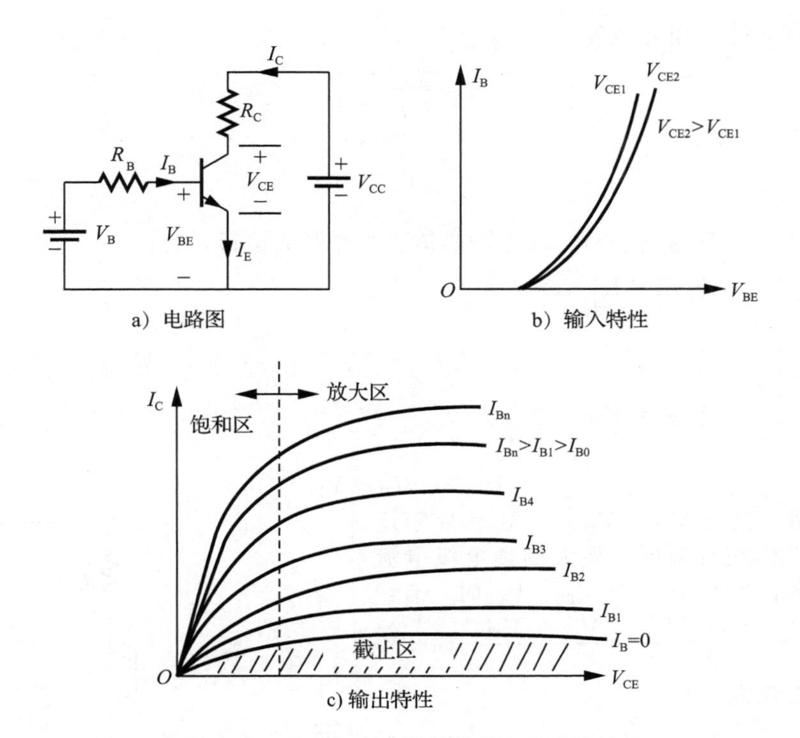

图 4-28 共射极 npn 晶体管的电路及特性

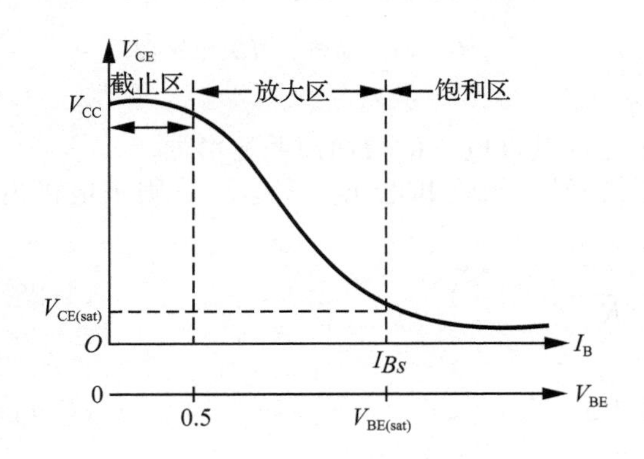

图 4-29 V_{CE}和 I_B 之间的转移特性

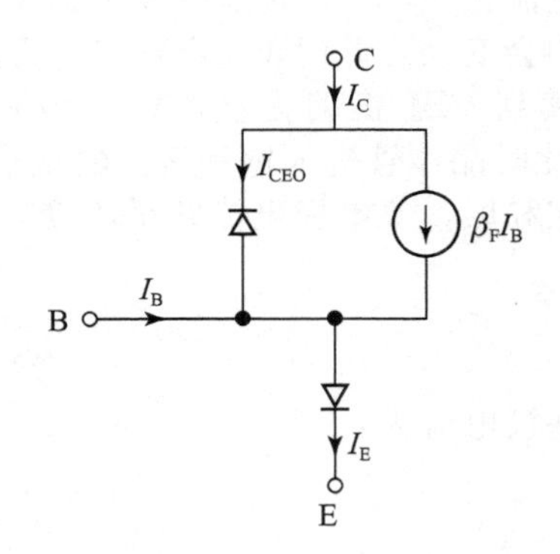

图 4-30 静态直流工作点处的 npn 晶体管模型

集电极电流包含两个部分：一部分是由基极电流产生的，另一部分为 CBJ 的漏电流，即

$$I_C = \beta_F I_B + I_{CEO} \tag{4-16}$$

式中：I_{CEO}是当基极开路时，集电极-发射极的漏电流，与 $\beta_F I_B$相比可以忽略不计。

通过式(4-14)～式(4-16)，可得：

$$I_E = I_B(1+\beta_F) + I_{CEO} \tag{4-17}$$

$$\approx I_B(1+\beta_F) \tag{4-18}$$

$$I_E \approx I_C\left(1+\frac{1}{\beta_F}\right) = I_C\,\frac{\beta_F+1}{\beta_F} \tag{4-19}$$

因为 $\beta_F \gg 1$，集电极电流可表示为：

$$I_C \approx \alpha_F I_E \tag{4-20}$$

式中：α_F是一个与β_F相关的量，

$$\alpha_F = \frac{\beta_F}{\beta_F + 1} \tag{4-21}$$

或

$$\beta_F = \frac{\alpha_F}{1 - \alpha_F} \tag{4-22}$$

对图4-31所示的电路进行分析，图中的晶体管当作开关运行，有：

$$I_B = \frac{V_B - V_{BE}}{R_B} \tag{4-23}$$

$$V_C = V_{CE} = V_{CC} - I_C R_C = V_{CC} - \frac{\beta_F R_C}{R_B}(V_B - V_{BE}) \tag{4-24}$$

$$V_{CE} = V_{CB} + V_{BE}$$

或者

$$V_{CB} = V_{CE} - V_{BE} \tag{4-25}$$

式(4-25)表明，只要$V_{CE} \geqslant V_{BE}$，CBJ就处于反偏，晶体管工作在有源区。最大的集电极电流出现在有源区，当$V_{CB}=0$且$V_{BE}=V_{CE}$时，有：

$$I_{CM} = \frac{V_{CC} - V_{CE}}{R_C} = \frac{V_{CC} - V_{BE}}{R_C} \tag{4-26}$$

相应的基极电流为：

$$I_{BM} = \frac{I_{CM}}{\beta_F} \tag{4-27}$$

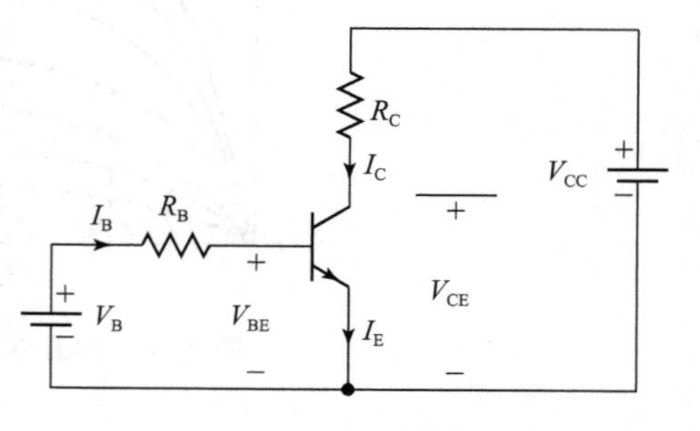

图4-31 晶体管开关电路图

若基极电流在I_{BM}之上继续变大，则V_{BE}和集电极电流均会变大，此时V_{CE}会比V_{BE}低。这个过程将持续到CBJ正偏为止，V_{BC}大约为0.4～0.5V，此时晶体管进入饱和区，集电极电流不再因基极电流的增加而明显增加。

在饱和区，集电极电流几乎不变，若集电极-发射极饱和电压为$V_{CE(sat)}$，则集电极电流为：

$$I_{CS} = \frac{V_{CC} - V_{CE(sat)}}{R_C} \tag{4-28}$$

相应的基极电流为：

$$I_{BS} = \frac{I_{CS}}{\beta_F} \tag{4-29}$$

通常在设计电路时，I_B大于I_{BS}，I_B与I_{BS}的比值称作过驱动因数(ODF)：

$$\text{ODF} = \frac{I_B}{I_{BS}} \tag{4-30}$$

I_{CS}与I_B的比值记作β_{forced}，有：

$$\beta_{forced} = \frac{I_{CS}}{I_B} \tag{4-31}$$

两个结中的总功率损耗为：

$$P_T = V_{BE} I_B + V_{CE} I_C \tag{4-32}$$

高ODF值并不能显著减小集电极-发射极电压，但随着基极电流增加而增加的V_{BE}，则会使BEJ中的功率损耗变大。

例4.1 求解BJT饱和时的参数。

如图4-31所示的双极型晶体管，β_F值的范围为8～40，负载电阻$R_C=11\Omega$，直流电源电压$V_{CC}=200V$，基极电路的输入电压为$V_B=10V$。若$V_{CE(sat)}=1.0V$，$V_{BE(sat)}=1.5V$，

求(a)使得晶体管饱和，且 ODF 为 5 时的 R_B 的值，(b)β_{forced}，(c)晶体管的功率损耗 P_T。

解：

$V_{CC}=200V$，$\beta_{min}=8$，$\beta_{max}=40$，$R_C=11\Omega$，ODF=5，$V_B=10V$，$V_{CE(sat)}=1.0V$ 且 $V_{BE(sat)}=1.5V$。由式(4-28)知，$I_{CS}=((200-1.0)/11)A=18.1A$。由式(4-29)知，$I_{BS}=18.1/\beta_{min}=(18.1/8)A=2.2625A$。由式(4-30)可得出当 ODF 为 5 时的基极电流为：

$$I_B=5\times 2.2625A=11.3125A$$

(a)由式(4-23)得出所需的 R_B 值为：

$$R_B=\frac{V_B-V_{BE(sat)}}{I_B}=\frac{10-1.5}{11.3125}\Omega=0.7514\Omega$$

(b)由式(4-31)可得：

$$\beta_{forced}=18.1/11.3125=1.6$$

(c)由式(4-32)可推算出总损耗为：

$$P_T=(1.5\times 11.3125+1.0\times 18.1)W=(16.97+18.1)W=35.07W。$$ ◀

注： 当 ODF 为 10 时，$I_B=22.265A$，功率损耗 $P_T=(1.5\times 22.265+18.1)W=51.5W$。一旦晶体管饱和，集电极-发射极电压不再随着基极电流的增加而减小，但功率损耗增加。当 ODF 值很大时，晶体管有可能因过热而损坏。另一方面，若 $I_B<I_{CB}$，晶体管工作在有源区，V_{CE}增加，会使得功率损耗变大。

4.6.2 开关特性

正偏的 pn 结存在两个并联的电容：势垒电容和扩散电容，而反偏的 pn 结只存在一个势垒电容。在稳态条件下，这些电容并不起作用，但在瞬态过程中，电容对晶体管的开通和关断过程均有影响。

晶体管在瞬态条件下的模型如图 4-32 所示，C_{cb}和 C_{be}分别为 CBJ 和 BEJ 的等效电容，这些电容的大小与结电压，以及晶体管的物理结构有关。由于米勒效应[6]，C_{cb}对输入电容的影响很大。集电极到发射极的电阻和基极到发射极的电阻分别记为 r_{ce}和 r_{be}。BJT 中的跨导 g_m为 ΔI_C和 ΔV_{BE}的比值。

图 4-33 所示的为开关波形。当输入电压 v_B从零上升到 V_1，基极电流上升到 I_{B1}时，集电极电流不会立刻变大，在集电极电流出现之前存在一段时延，即延迟时间 t_d，在这段延迟时间内，BEJ 的电容被充电至正向偏置电压 V_{BE}(约 0.7V)。经过时延之后，集电极电流上升至稳态值 I_{CS}，上升时间 t_r与由 BEJ 电容决定的时间常数有关。

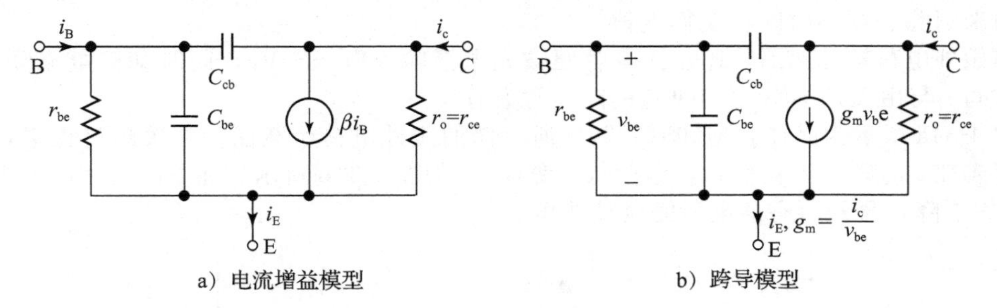

图 4-32　BJT 瞬态模型

实际应用中，导通时的基极电流通常比饱和所需的基极电流大，这会使过量的少数载流子存储在基区，ODF 越大，存储在基区的额外电荷就会越多，这些额外的电荷称为饱和电荷，它们的数量同基极的过驱动程度以及相应的电流 I_e成正比例，I_e为：

$$I_e=I_B-\frac{I_{CS}}{\beta}=ODF\cdot I_{BS}-I_{BS}=I_{BS}(ODF-1) \tag{4-33}$$

饱和电荷为：

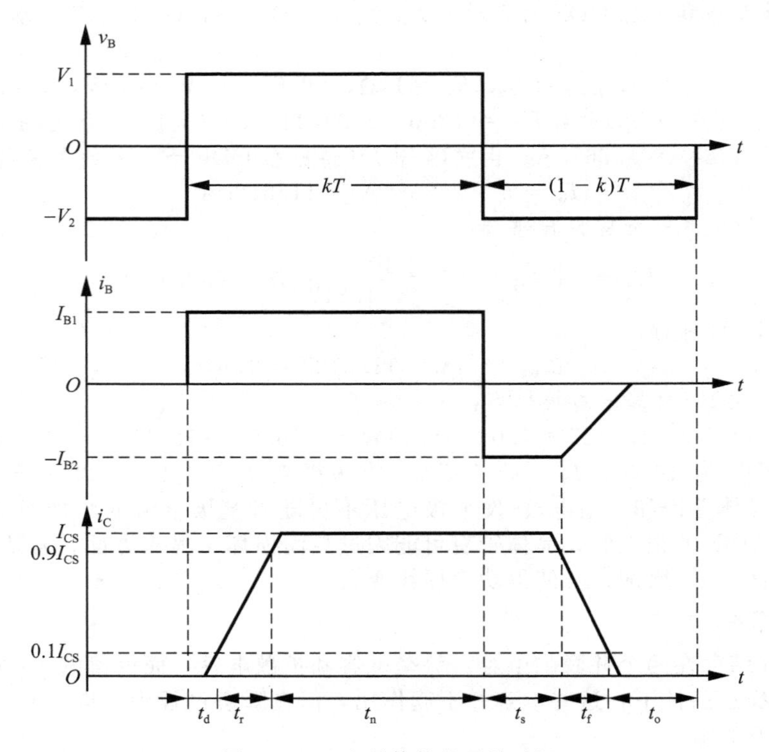

图 4-33　双向晶体管的开关时间

$$Q_s = \tau_s I_e = \tau_s I_{BS}(\text{ODF} - 1) \tag{4-34}$$

式中：τ_s 是晶体管的存储时间常数。

当输入电压从 V_1 变为 $-V_2$ 时，基极电流也相应地变为 $-I_{B2}$，而集电极电流在存储时间 t_s 内保持不变，饱和电荷在这段时间内从基区被抽走，集电极电流越高，基极电流就越高，恢复存储电荷需要的时间就越长，相应的恢复时间就越长。因为 v_{BE} 仍为正且仅为 0.7V，由于 v_B 的极性从 V_1 变为 $-V_2$ 而反向，因而基极电流会反向，这个反向电流 $-I_{B2}$ 将额外的电荷抽离基区，帮助基区释放电荷。如果没有 $-I_{B2}$，那么饱和电荷只能完全依靠复合作用来消除，存储时间将变得更长。

在额外电荷被抽离后，BEJ 的电容便被充电至输入电压 $-V_2$，同时基极电流降至零。下降时间 t_f 与由反偏 BEJ 电容决定的时间常数有关。

图 4-34a 所示为晶体管饱和时，基区所存储的额外电荷示意图。在关断过程中，这些电荷首先在 t_s 时间段内被抽离，电荷从 a 变至 c，如图 4-34b 所示。在下降时间内，电荷从 c 处开始下降，直到所有的电荷完全被抽离。

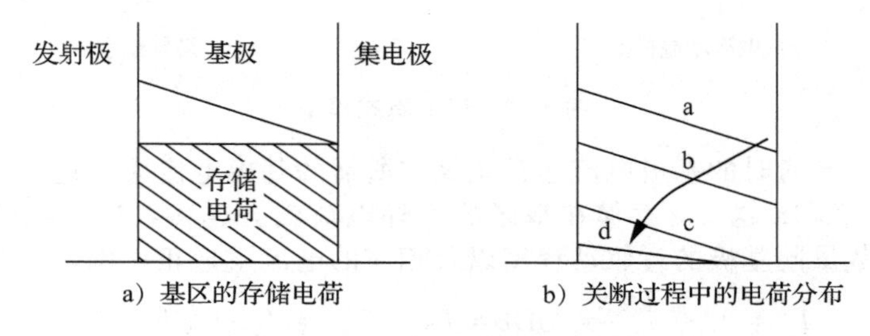

a）基区的存储电荷　　b）关断过程中的电荷分布

图 4-34　双极型晶体管饱和时的存储电荷

开通时间 t_n 是延迟时间 t_d 和上升时间 t_r 的和，即

$$t_n = t_d + t_r$$

关断时间 t_o 是存储时间 t_s 和下降时间 t_f 的和，即

$$t_o = t_s + t_f$$

例 4.2 求解晶体管的开关损耗。

图 4-31 所示晶体管的开关波形如图 4-35 所示，$V_{CC}=250V$，$V_{BE(sat)}=3V$，$I_B=8A$，$V_{CS(sat)}=2V$，$I_{CS}=100A$，$t_d=0.5\mu s$，$t_r=0.5\mu s$，$t_s=0.5\mu s$，$t_f=0.5\mu s$，$f_s=10kHz$，占空比 $k=50\%$，基极-发射极漏电流 $I_{CEO}=3mA$。(a)计算由集电极电流引起的功率损耗(1)在开通时间内 $t_{on}=t_d+t_r$；(2)在导通时间段 t_n 内；(3)在关断时间内 $t_o=t_s+t_f$；(4)在关断时间段 t_n 内。(b)求总的平均损耗 P_T。(c)画出瞬时功率曲线 P_c(t)。

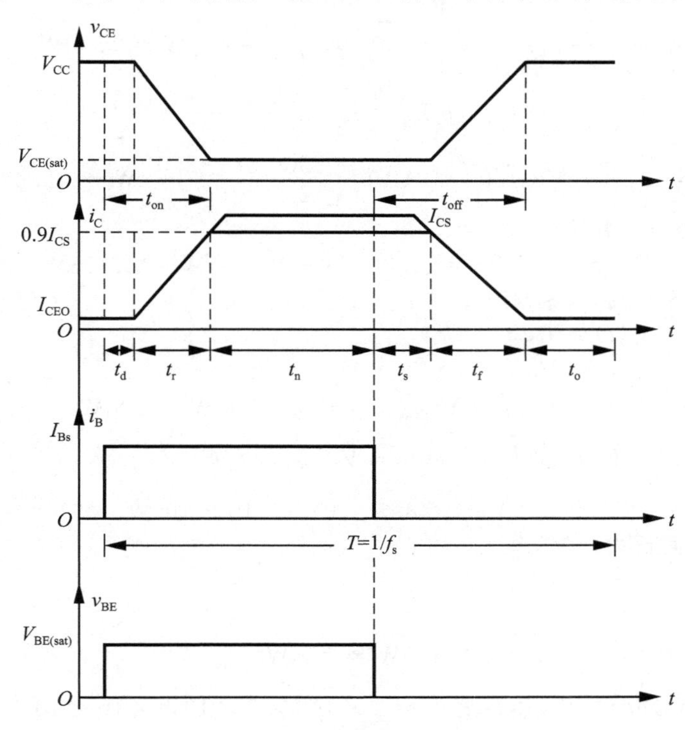

图 4-35　晶体管的开关波形

解：

$T=1/f_s=100\mu s$，$k=0.5$，$kT=t_d+t_r+t_n=50\mu s$，$t_n=(50-0.5-1)\mu s=48.5\mu s$，$(1-k)T=t_s+t_f+t_o=50\mu s$，$t_o=(50-5-3)\mu s=42\mu s$。

(a)

(1)在延时时间内，$0\leqslant t\leqslant t_d$，有：

$$i_c(t) = I_{CEO}$$
$$v_{CE}(t) = V_{CC}$$

由集电极电流引起的瞬时功率为：

$$P_c(t) = i_c v_{CE} = I_{CEO}V_{CC} = 3\times 10^{-3}\times 250W = 0.75W$$

延时时间内的功率损耗为：

$$\begin{aligned} P_d &= \frac{1}{T}\int_0^{t_d} P_c(t)\mathrm{d}t = I_{CEO}V_{CC}t_d f_s \\ &= 3\times 10^{-3}\times 250\times 0.5\times 10^{-6}\times 10\times 10^3 W = 3.75mW \end{aligned} \tag{4-35}$$

在上升时间内，$0 \leqslant t \leqslant t_r$，有：

$$i_c(t) = \frac{I_{CS}}{t_r}t$$

$$v_{CE}(t) = V_{CC} + (V_{CE(sat)} - V_{CC})\frac{t}{t_r}$$

$$P_c(t) = i_c v_{CE} = I_{CS}\frac{t}{t_r}\left[V_{CC} + (V_{CE(sat)} - V_{CC})\frac{t}{t_r}\right] \tag{4-36}$$

功率 P_c(t)在 $t=t_m$ 时最大，此时 t_m 为：

$$t_m = \frac{t_r V_{CC}}{2[V_{CC} - V_{CE(sat)}]} = 1 \times \frac{250}{2(250-2)}\mu s = 0.504\mu s \tag{4-37}$$

从式(4-36)可推出峰值功率为：

$$P_p = \frac{V_{CC}^2 I_{CS}}{2[V_{CC} - V_{CE(sat)}]} = 250^2 \times \frac{100}{4(250-2)}W = 6300W \tag{4-38}$$

$$\begin{aligned} P_r &= \frac{1}{T}\int_0^{t_r} P_c(t)dt = f_s I_{CS} t_r \left[\frac{V_{CC}}{2} + \frac{V_{CE(sat)} - V_{CC}}{3}\right] \\ &= 10 \times 10^3 \times 100 \times 1 \times 10^{-6}\left[\frac{250}{2} + \frac{2-250}{3}\right]W = 42.33W \end{aligned} \tag{4-39}$$

开通时间内的总功率损耗为：

$$P_{on} = P_d + P_r = (0.00375 + 42.33)W = 42.33W \tag{4-40}$$

(2)在导通时间段内，$0 \leqslant t \leqslant t_n$，有：

$$\begin{aligned} i_c(t) &= I_{CS} \\ v_{CE}(t) &= V_{CE(sat)} \\ P_c(t) &= i_c v_{CE} = V_{CE(sat)} I_{CS} = 2 \times 100W = 200W \\ P_d &= \frac{1}{T}\int_0^{t_n} P_c(t)dt = V_{CE(sat)} I_{CS} t_n f_s \\ &= 2 \times 100 \times 48.5 \times 10^{-6} \times 10 \times 10^3 W = 97W \end{aligned} \tag{4-41}$$

(3)在存储时间段内，$0 \leqslant t \leqslant t_s$，有：

$$i_c(t) = I_{CS}$$

$$v_{CE}(t) = V_{CE(sat)}$$

$$P_c(t) = i_c v_{CE} = V_{CE(sat)} I_{CS} = 2 \times 100W = 200W$$

$$P_s = \frac{1}{T}\int_0^{t_s} P_c(t)dt = V_{CE(sat)} I_{CS} t_s f_s = 2 \times 100 \times 5 \times 10^{-6} \times 10 \times 10^3 W = 10W \tag{4-42}$$

在下降时间段内，$0 \leqslant t \leqslant t_f$，有：

$$i_c(t) = I_{CS}\left(1 - \frac{t}{t_f}\right) \quad (\text{忽略 } I_{CEO})$$

$$v_{CE}(t) = \frac{V_{CC}}{t_f}t \quad (\text{忽略 } I_{CEO}) \tag{4-43}$$

$$P_c(t) = i_c v_{CE} = V_{CC} I_{CS}\left[\left(1 - \frac{t}{t_f}\right)\frac{t}{t_f}\right]$$

在下降时间段内的功率损耗最大值在 $t = t_f/2 = 1.5\mu s$ 时出现，由式(4-43)可得峰值功率为：

$$P_m = \frac{V_{CC} I_{CS}}{4} = 250 \times \frac{100}{4}W = 6250W \tag{4-44}$$

$$P_f = \frac{1}{T}\int_0^{t_f} P_c(t)dt = \frac{V_{CC} I_{CS} t_f f_s}{6} = \frac{250 \times 100 \times 3 \times 10^{-6} \times 10 \times 10^3}{6}W = 125W \tag{4-45}$$

在关断时间内的功率损耗为：

$$P_{off}=P_s+P_f=I_{CS}f_s\left(t_sV_{CE(sat)}+\frac{V_{CC}t_f}{6}\right)=(10+125)\text{W}=135\text{W}\quad(4\text{-}46)$$

(4)在关断时间段内，$0\leqslant t\leqslant t_o$，有：

$i_c(t)=I_{CEO}$

$v_{CE}(t)=V_{CC}$

$$P_c(t)=i_cv_{CE}=I_{CEO}V_{CC}=3\times10^{-3}\times250\text{W}=0.75\text{W}\quad(4\text{-}47)$$

$$P_0=\frac{1}{T}\int_0^{t_o}P_c(t)\mathrm{d}t=I_{CEO}V_{CC}t_of_s=3\times10^{-3}\times250\times42\times10^{-6}\times10\times10^3\text{W}=0.315\text{W}$$

(b)由集电极电流引起的晶体管总的功率损耗为：

$$P_T=P_{on}+P_n+P_{off}+P_0=(42.33+97+135+0.315)\text{W}=274.65\text{W}\quad(4\text{-}48)$$

(c)瞬时功率曲线如图 4-36 所示。◀

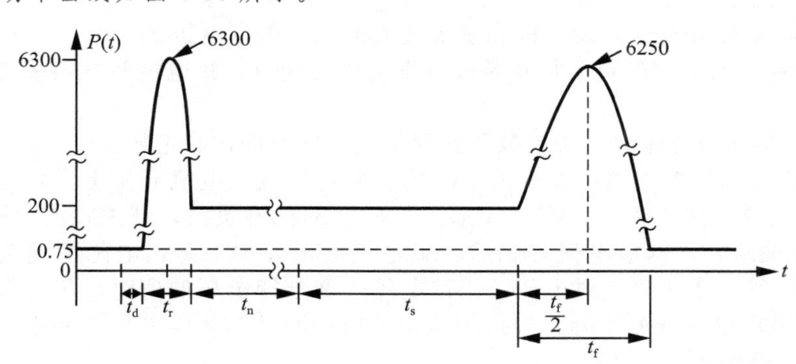

图 4-36　例 4.2 的瞬时功率曲线图

注意： 从开通到关断的瞬态过程中，开关损耗要比通态损耗要大得多，从关断到开通的瞬态过程也是如此，因此，必须采取保护措施使得晶体管不会因过高的结温而被击穿。

例 4.3　求晶体管的基极驱动损耗。

根据例 4.2 的参数，计算由基极电流引起的平均功率损耗。

解：

$V_{BE(sat)}=3\text{V}$，$I_B=8\text{A}$，$T=1/fs=100\mu\text{s}$，$k=0.5$，$kT=50\mu\text{s}$，$t_d=0.5\mu\text{s}$，$t_r=1\mu\text{s}$，$t_n=(50-1.5)\text{s}=48.5\text{s}$，$t_s=5\mu\text{s}$，$t_f=3\mu\text{s}$，$t_{on}=t_d+t_r=1.5\mu\text{s}$，$t_{off}=t_s+t_f=(5+3)\mu\text{s}=8\mu\text{s}$。

在 $0\leqslant t\leqslant t_{on}+t_n$ 这段时间内，有：

$$I_b(t)=I_{BS}$$

$$V_{BE}(t)=V_{BE(sat)}$$

瞬时功率为：

$$P_b(t)=i_bv_{BE}=I_{BS}V_{BS(sat)}=8\times3\text{W}=24\text{W}$$

在 $0\leqslant t\leqslant t_o=(T-t_{on}-t_n-t_s-t_f)$ 这段时间内，有：$P_b(t)=0$。平均功率损耗为：

$$P_B=I_{BS}V_{BE(sat)}(t_{on}+t_n+t_s+t_f)f_s$$

$$=8\times3\times(1.5+48.5+5+3)\times10^{-6}\times10\times10^3\text{W}=13.92\text{W}\quad(4\text{-}49)$$ ◀

注意： 考虑到 MOSFET 的栅极驱动电流非常小，因此电力 MOSFET 的栅极驱动损耗很小，可以忽略不计。

4.6.3　开关限制

二次击穿(SB)　二次击穿是由于电流流向基区的很小一部分产生局部热点导致的毁坏性现象。若这些热点处的能量足够大，则局部过热会损坏晶体管，因此二次击穿是由电流过度集中所引发的热击穿造成的。电流集中可能是由于晶体管的结构缺陷造成的。二次击穿是在电压、电流和时间的共同作用下发生的，因此与能量相关。

正偏安全工作区(FBSOA) 在开通和通态条件下，平均结温以及二次击穿限制了晶体管的安全工作区。厂家通常会给出在特定测试条件下的FBSOA曲线，FBSOA给出了晶体管的i_c-v_{CE}的限制区域，为了保证晶体管的可靠运行，其耗散功率不能大于FBSOA曲线所规定的范围。

反偏安全工作区(RBSOA) 在关断时，晶体管可能承受高压、大电流，大部分情况下基极-发射极间的pn结反偏。在特定的集电极电流下，集电极-发射极电压必须控制在安全区内。厂家通常会提供反偏关断时的I_{CE}-V_{CE}限制线，即为RBSOA。

击穿电压 击穿电压的定义为，当第三个端子开路、短路或处于正偏、反偏状态时，另两个端子间承受的最大电压。当发生击穿现象时，电压基本保持不变，而电流快速上升。厂家通常会给出以下几种击穿电压：

V_{EBO}：当集电极开路时，发射极和基极之间的反向击穿电压。

V_{CEV}或V_{CEX}：当一定的负压加在基极和发射极之间时，集电极和发射极之间的反向击穿电压。

$V_{CEO(SUS)}$：当基极开路时，集电极和发射极之间的反向击穿电压。

对于图4-37a所示的电路，在开关SW闭合后，集电极电流开始上升，经过一段瞬态过程，稳态集电极电流为$I_{CS}=(V_{CC}-V_{CE(sat)})/R_C$。对感性负载，开关轨迹为图4-37b所示的ABC。当开关断开，基极电流移除后，集电极电流开始下降，电感两端会感应出电压$L(di/dt)$，晶体管会承受瞬态过电压，当该电压达到维持电压的值时，集电极电压便几乎不变，随后集电极电流开始下降，经过很短的一段时间，晶体管便处于断态，关断过程的开关轨迹为图4-37b所示的CDA。

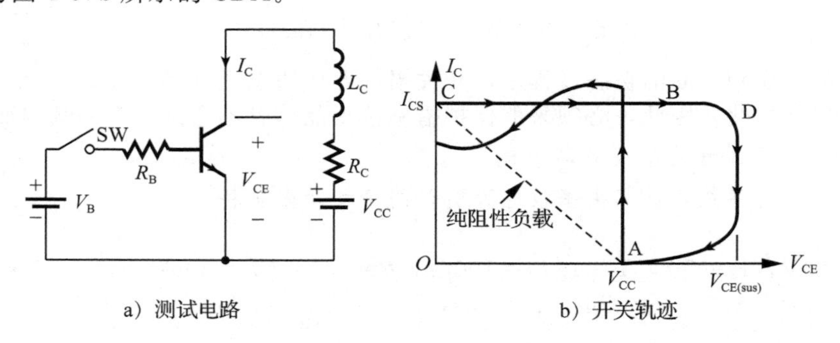

图4-37 测试电路、开通和关断时的轨迹

4.6.4 碳化硅BJT

与Si BJT类似，SiC BJT是双极型常关器件，它同时具有低通态压降(100A/cm^{2}时约为0.32V)[58]和高开关速度的特点。低通态压降是因为消除了基极-发射极、基极-集电极间的两个pn结。但SiC BJT是电流控制型器件，只要存在集电极电流，那么就需要很大的基极电流。由于SiC BJT所具有的低通态电阻以及高温、高功率密度下运行的能力[56,57,58]，它在电力电子应用中十分具有吸引力。为了和硅器件进行竞争，SiC BJT的共射极电流增益β、通态电阻(R_{on})，以及击穿电压都亟待优化，为了提升它的性能还有很多工作要做。

目前存在的SiC BJT的额定电压可达1.2kV，额定电流范围在6～40A内，对于6A的器件，其电流增益在室温下可超过70[59]，但电流增益与温度有很大关系，在125℃时，电流增益同室温条件下的相比会下降50%。尽管SiC BJT需要较大的基极电流，它的发展还是相当成功的，特别是在千伏范围内具有很强的竞争力。SiC npn-BJT的截面图如图4-38a所示[60]，与Si BJT相比，结终端扩展会使击穿电压更高。通态电阻的等效电路如图 4-38b 所示。结构、尺寸，以及 n^+ 层和 p^+ 层的浓度将决定 BJT 的特性，比如额定电压、电流。

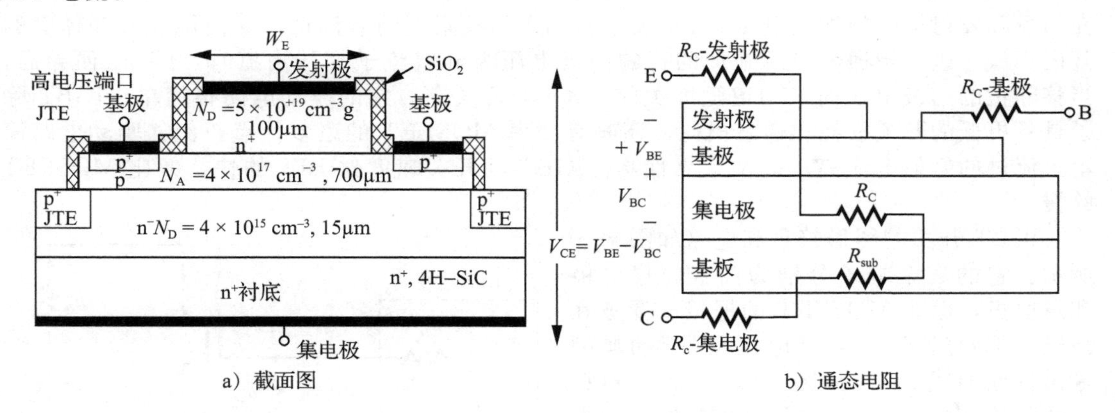

a) 截面图　　　　b) 通态电阻

图 4-38　4H-SiC BJT 器件的截面图

4.7　IGBT

IGBT(绝缘门控双极型晶体管)结合了 BJT 和 MOSFET 的优点，具有类似于 MOSFET 的高输入阻抗，以及类似于 BJT 的低通态损耗。同 BJT 相比，它并不存在二次击穿问题。可通过优化芯片设计和结构，来控制等效的漏-源电阻 R_{DS}，使其类似于 BJT 中的 R_{DS}[13-14]。

IGBT 的硅横截面如图 4-39a 所示，除了 p^+ 衬底，其余部分都和 MOSFET 的一样。实际上，IGBT 的性能更接近于 BJT，而非 MOSFET，这是由于 p^+ 的存在，将少数载流子注入了 n 区。等效电路如图 4-39b 所示，可简化为图 4-39c 所示电路。IGBT 由四个交替的 pnpn 层构成，当满足($\alpha_{npn}+\alpha_{pnp}$)>1 时，IGBT 可不依赖于外部驱动而导通，类似于晶闸管，为避免这个问题，可通过不同的内部结构设计来实现，例如，增加 n^+ 缓冲层和加宽外延的基区，以降低 npn 端的增益。IGBT 有两种结构：穿通型(PT)和非穿通型(NPT)。在 PT IGBT 结构中，通过集电极附近漂移区中高掺杂的 n 缓冲层的作用，可以

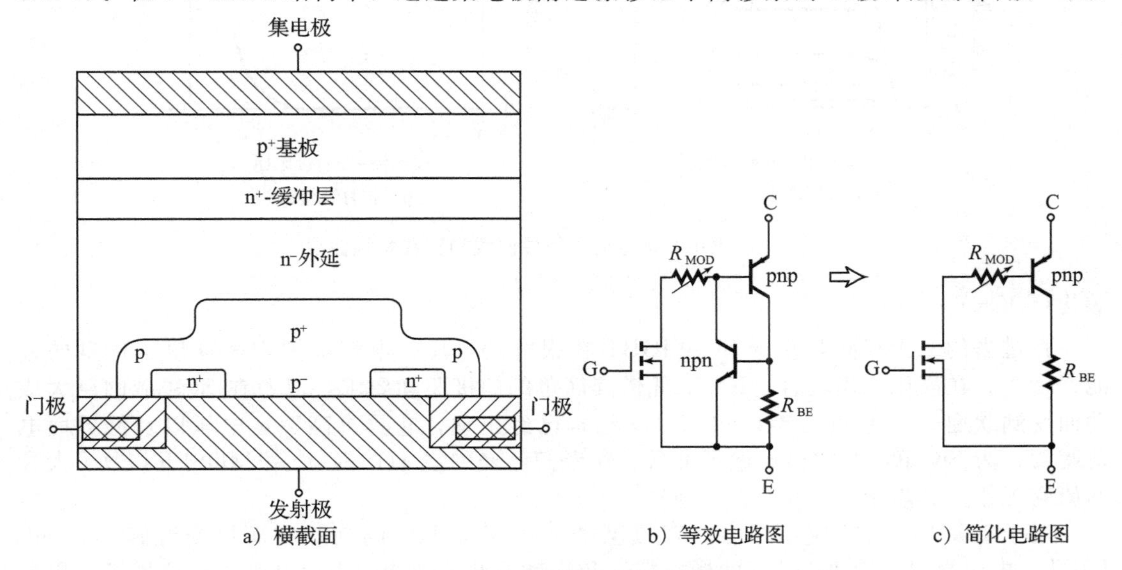

a) 横截面　　　　b) 等效电路图　　　　c) 简化电路图

图 4-39　IGBT 横截面和等效电路图

减小开关时间。在NPT结构中，载流子寿命比PT结构的更长，在漂移区产生电导调制效应，减小通态电压降。与MOSFET类似，IGBT是电压控制型器件，为开通IGBT，需在门极和发射极间施加正电压，n载流子被抽入门极附近的p沟道，这使得npn晶体管的基区正偏，进而导通。当所施加的正的门极电压为n载流子打开沟道时，IGBT便导通；当移除正的门极电压时，沟道随即关闭，IGBT便关断。它的驱动电路很简单。IGBT除了具备更低的开关损耗和通态损耗，还兼有功率MOSFET的诸多优点，例如驱动电路简单，流过的峰值电流高，以及可靠性高。IGBT的开关速度比BJT的快，但比MOSFET的慢。

IGBT开关的图形符号和电路如图4-40所示。它的三个端子分别为门极、集电极和发射极，而非MOSFET的栅极、漏极和源极。不同门极-发射极电压v_{GE}下的典型输出特性曲线i_C-v_{CE}如图4-41a所示，典型的转移特性曲线i_C-v_{GE}如图4-41b所示。参数和符号与MOSFET的几乎一致，除了源极和漏极的下标分别改为发射极和集电极外。单个IGBT的额定值可高达6500V/2400A，开关频率可达20kHz。IGBT在中等功率场合正得到越来越多的应用，如直流电动机和交流电动机的驱动，电源和固态开关。

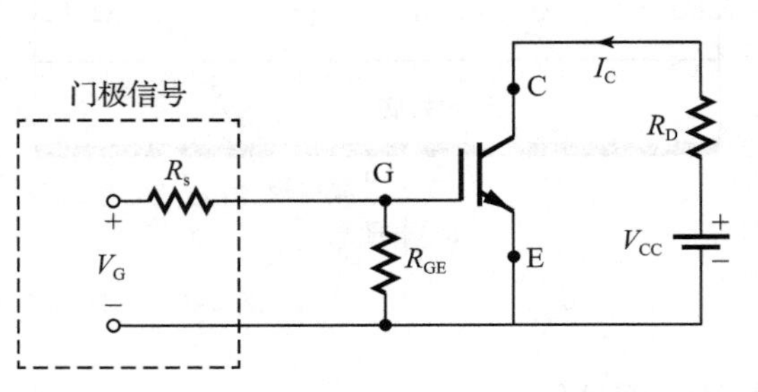

图4-40 IGBT符号和电路图

随着目前商用IGBT上限额定值的提高(可高达6500V，2400A)，IGBT正逐步取代BJT和传统MOSFET，在许多应用场合中作为开关使用。

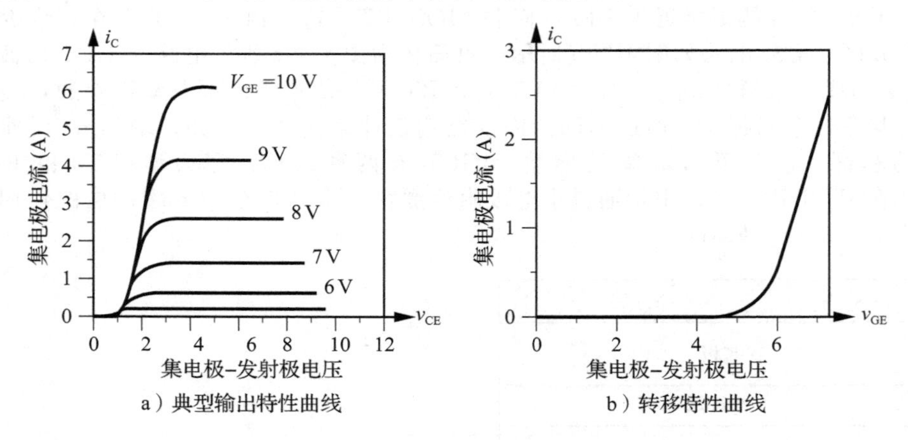

图4-41 IGBT典型输出特性曲线和转移特性曲线

碳化硅IGBT

在过去的二十年间，基于Si的IGBT在很宽的电压、电流范围内表现出了优良的性能[63,65,66]。在高压应用场合，IGBT凭借其简单的门极驱动要求，以及在Si领域的巨大成功而受到欢迎[36]。最近几年，SiC MOS结构已经出现，它具有高额定电压以及低界面电荷密度，为SiC IGBT的出现做了准备。学者们已经围绕4H-SiC功率MOSFET做了大量的研究工作，其阻断电压可高达10kV[62,63]。

对于10kV以上的应用场合，双极型器件由于其电导调制效应而更受青睐，如SiC IGBT，由于自身具有MOS管的栅极特性和优越的开关性能，而比晶闸管在这种场合更具吸引力。目前，业界已用4H-SiC成功制作了具有高阻断电压的n沟道IGBT和p沟道

IGBT。与 10kV 的 MOSFET 相比，这类 IGBT 在漂移层具有很强的电导调制效应，通态电阻得到了显著的降低。SiC p 沟道 IGBT 有很多优点，例如，通态电阻很低，温度系数为正，开关速度快，开关损耗低，以及安全工作区更大，因此它非常适合应用于大功率、高频场合。4H-SiC p 沟道 IGBT 的横截面如图 4-42a 所示[63]，等效电路如图 4-42b 所示[61]。结构、尺寸，以及 n^+ 层和 p^+ 层的浓度将决定 IGBT 的特性，比如电压、电流。

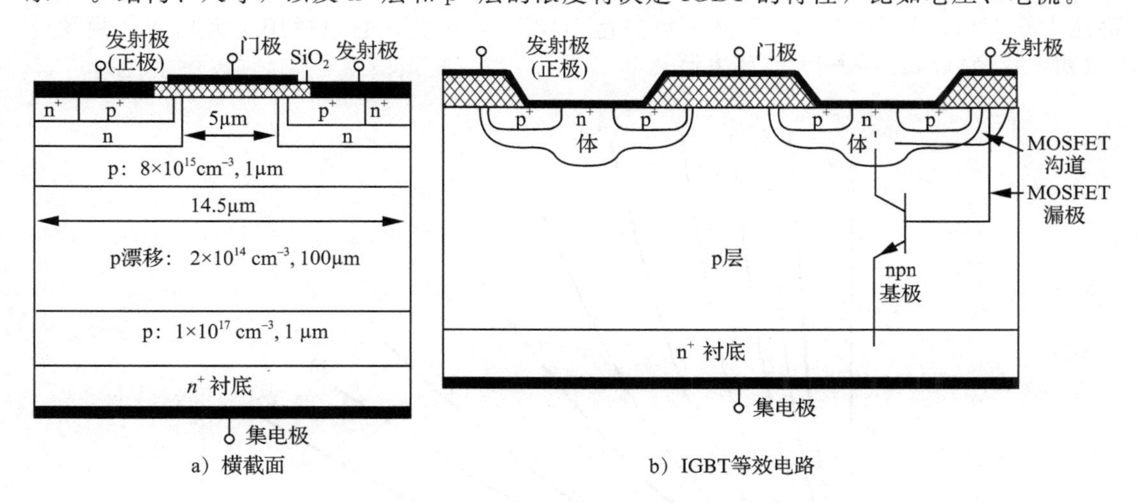

图 4-42　4H-SiC p 沟道 IGBT 的简化结构

4.8　SIT

SIT(静电感应晶体管)是大功率、高频器件。自从日本学者 J. Nishizawa 发明静电感应器件以来[17]，这一类器件的数量正不断增长[19]，它本质上是固态版的真空三极管。SIT 的横截面[15]以及图形符号如图 4-43 所示，它属于垂直结构型器件，具有多条短沟道，因此不受空间限制，非常适合在高频大功率场合运行。栅极电极掩埋于漏极和源极的 n 外延层中。SIT 除了垂直结构和掩埋的栅极外，与 JFET 完全相同，正是这一不同，使它的沟道电阻更低，压降也相应变低。SIT 的沟道长度较短，栅极串联电阻小，栅-源电容小，热阻小。它的开通和关断时间很短，通常为 0.25μs，因此可应用于高频场合。

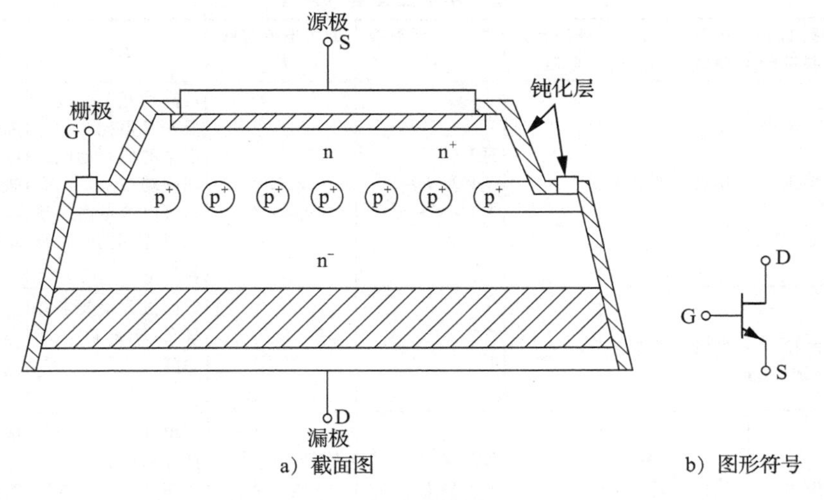

图 4-43　SIT 截面图和符号

它的通态压降非常高，对于 180A 的器件，通常为 90V，对于 18A 的器件，通常为 18V。SIT 为常开型器件，负的栅极电压可使其保持关断。它的常开特性以及高通态压降限制了它在通用功率变换装置中的应用。典型的 SIT 特性如图 4-44 所示[18]。静电感应器件中的电流是由静电感应的势垒所控制的。在频率为 100kHz 时，SIT 可在 100kV・A 功率等级下运行；在频率为 10GHz 时，SIT 可在 10V・A 功率等级下运行。SIT 的额定值可高达 1200V/300A，此时的开关频率可高达 100kHz，因此，它最适用于大功率高频场合（声频、较高频/超高频和微波放大器）。

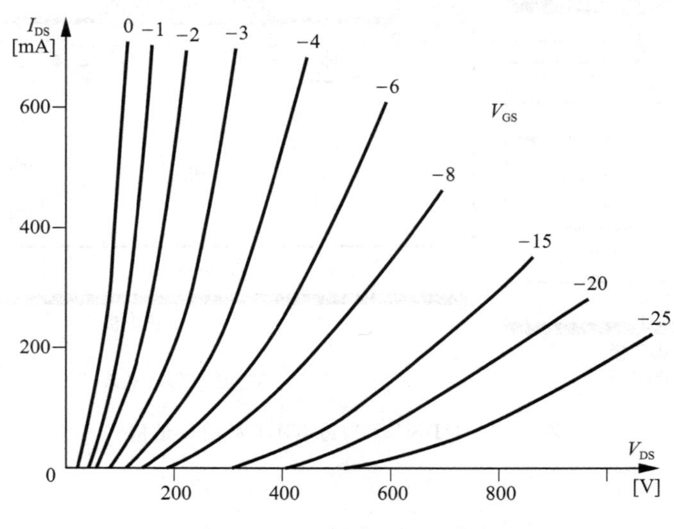

图 4-44　SIT 的典型 *I-V* 曲线

4.9　晶体管的对比

表 4-2 给出了 BJT、MOSFET 和 IGBT 的对比。同单象限不可控的二极管相比，BJT 和 IGBT 是单象限可控器件。当晶体管反并联二极管时可以实现电流的双向流动，晶体管串联二极管可承受正向和反向电压。

表 4-2　功率晶体管的对比

开关类型	基极/栅极控制变量	控制特性	开关频率	开通状态电压降	最大电压等级 V_s	最大电流等级 I_s	优点	限制
MOSFET	电压	连续	非常高	高	1kV $S_s=V_sI_s=$ 0.1MV・A	150A $S_s=V_sI_s=$ 0.1MV・A	较高的开关速度 低开关损耗 简单的们驱动电路 低门功率 门极电流负温度系数并且促进平行操作	高开通状态压降，高达 10V 较低的关闭状态电压性能 单级电压设备
COOLMOS	电压	连续	非常高	低	1kV	100A	低门极驱动要求并且低开通状态功率降	低功率器件 低电压和电流等级
BJT	电流	连续	中等 20 kHz	低	1.5kV $S_s=V_sI_s=$ 1.5MV・A	1kA $S_s=V_sI_s=$ 1.5MV・A	简单开关 低开通状态降 较高关闭状态电压性能 高开关损耗	电流控制的器件并且要求较高的基极电流来开通并且维持开通状态电流

（续）

开关类型	基极/栅极控制变量	控制特性	开关频率	开通状态电压降	最大电压等级 V_s	最大电流等级 I_s	优点	限制
IGBT	电压	连续	高	中等	3.5kV $S_s=V_sI_s$ $=1.5$MV・A	2kA $S_s=V_sI_s$ $=1.5$MV・A	低开通态电压 小门极功率	较低的关断态电压性能 非极性电压器件
SIT	电压	连续	非常高	高			高电压等级	较高的开通态电压降 较低的电流等级

由于 MOSFET 具有体二极管，MOSFET 是一个电流可双向流动的二象限运行器件。任何晶体管(BJT、MOSFET 或 IGBT)和二极管组合都可以实现双向电压和双向电流的四象限运行，如表 4-3 所示。

表 4-3　有二极管的晶体管操作象限

器件	正向电压抵抗	反向电压抵抗	正向电流	反向电流	图形符号
二极管		x	x		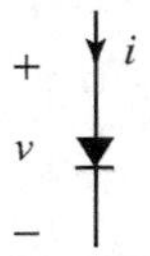 + i v −
MOSFET	x		x	x	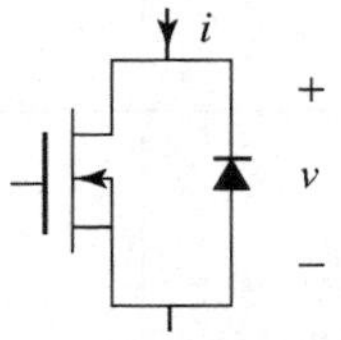 i + v −
有两个外部二极管的 MOSFET	x		x	x	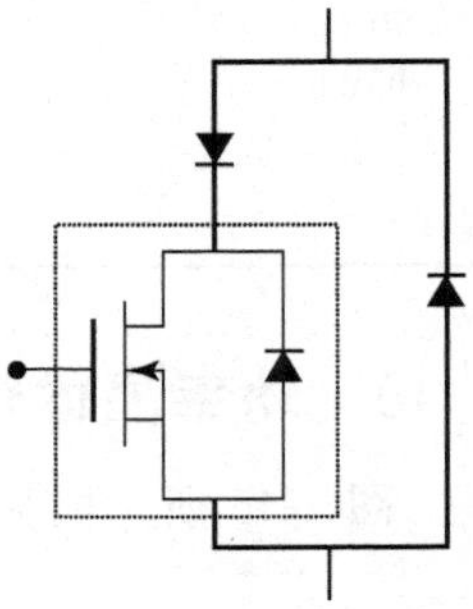
BJT/IGBT	x		x		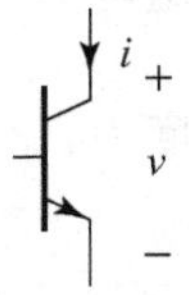 i + v −
有一个反平行二极管的 BJT/IGBT	x		x	x	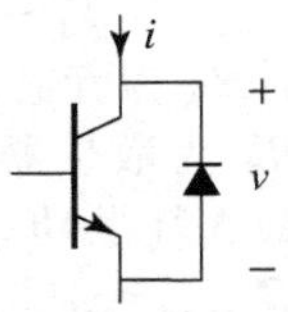 i + v −

（续）

器件	正向电压抵抗	反向电压抵抗	正向电流	反向电流	图形符号
有一个串联二极管的 BJT/IGBT	x	x	x		
有两个串联二极管的两个 BJT/IGBT	x	x	x	x	
有两个反平行二极管的两个 BJT/IGBT	x	x	x	x	
有四桥连接二极管的 BJT/IGBT	x	x	x	x	

4.10　功率晶体管的降额

图 4-45 所示的为晶体管的等效热电路，假设总平均损耗为 P_T，壳温为：

$$T_C = T_J - P_T R_{JC}$$

散热器温度为：

$$T_S = T_C - P_T R_{CS}$$

环境温度为：

$$T_A = T_S - P_T R_{SA}$$

并且

$$T_J - T_A = P_T(R_{JC} + R_{CS} + R_{SA}) \qquad (4\text{-}50)$$

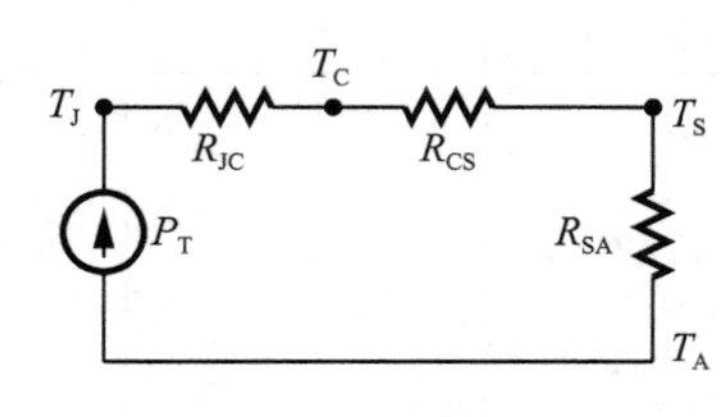

图 4-45　晶体管的热等效电路

式中：R_{JC}为管芯到管壳的热阻；R_{CS}为管壳到散热器的热阻；R_{SA}为散热器到周围环境的热阻；热阻的单位为℃/W。

最大耗散功率 P_T 通常是指环境温度 T_A 为 25℃时耗散功率的值，如果环境温度提高到 $T_A = T_{J(max)} = 150$℃，那么晶体管能耗散的功率为 0，也就是不能工作。因此，当解释器件的额定功率时必须要考虑环境温度和热阻的大小。制造厂商通常会给出热降额的曲线和电压二次击穿降额。

例 4.4 求晶体管的壳温。

晶体管的结温最大值为 $T_J=150℃$，环境温度 $T_A=25℃$，如果 $R_{JC}=0.4℃/W$，$R_{CS}=0.1℃/W$，$R_{SA}=0.5℃/W$，求：(a)最大耗散功率；(b)晶体管的壳温。

解：

(a) $T_J-T_A=P_T(R_{JC}+R_{CS}+R_{SA})=P_TR_{JA}$，$R_{JA}=(0.4+0.1+0.5)℃/W=1.0℃/W$，$150-25=1.0P_T$，可得最大耗散功率为 $P_T=125W$。

(b) $T_C=T_J-P_TR_{JC}=(150-125\times0.4)℃=100℃$。◀

4.11 d*i*/d*t* 和 d*v*/d*t* 的限制

忽略延时时间 t_d 和存储时间 t_s，晶体管典型的电压和电流开关波形如图 4-46 所示。在开通过程中，集电极电流上升，di/dt 为：

$$\frac{di}{dt}=\frac{I_L}{t_r}=\frac{I_{CS}}{t_r} \tag{4-51}$$

在关断过程中，集电极到发射极的电压上升，同时电流下降，dv/dt 为：

$$\frac{dv}{dt}=\frac{V_S}{t_f}=\frac{V_{CS}}{t_f} \tag{4-52}$$

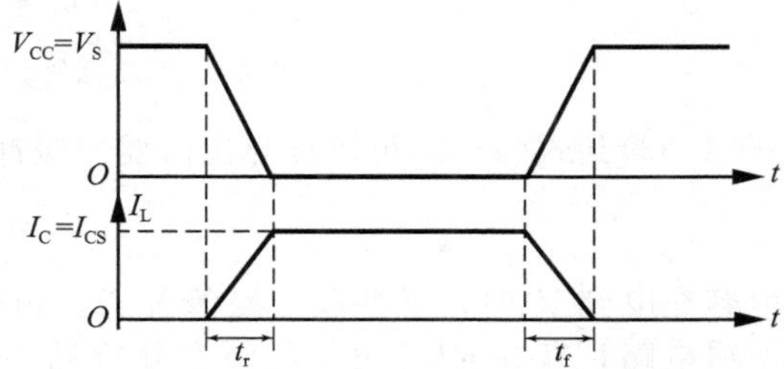

图 4-46　电压和电流波形

式(4-51)和式(4-52)中的 di/dt 和 dv/dt 由晶体管的特性决定。通常采用保护电路来保证晶体管的 di/dt 和 dv/dt 在限制范围内，典型的晶体管 di/dt 和 dv/dt 保护电路如图 4-47a 所示，4-47b 所示的为其工作波形。晶体管两端的 RC 网络称为缓冲电路或缓冲器，它用来限制 dv/dt，而电感 L_s 用来限制 di/dt，通常称为串联缓冲器。

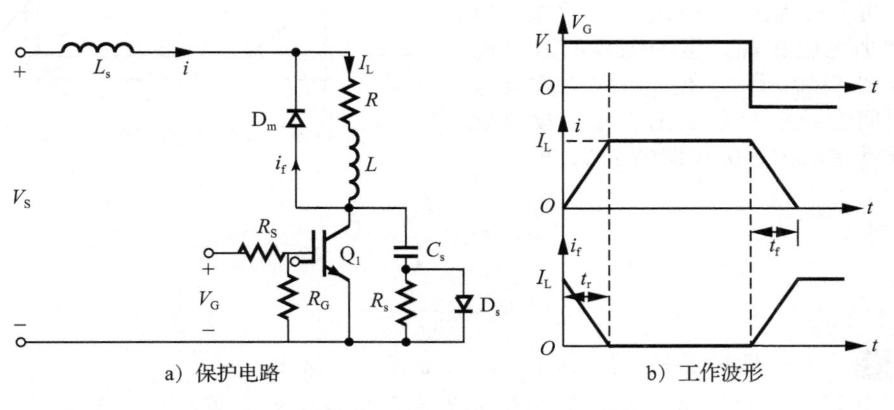

图 4-47　晶体管开关的 di/dt 和 dv/dt 保护电路

忽略反并联二极管 D_m 的反向恢复时间，假设稳态时负载电流 I_L 通过 D_m 续流，当 Q_1 开通时，由于 D_m 相当于短路，晶体管集电极电流上升，二极管电流下降，此时晶体管的开通等效电路如图 4-48a 所示，di/dt 为：

$$\frac{di}{dt}=\frac{V_s}{L_s} \tag{4-53}$$

由式(4-51)到式(4-53)可以计算得到 L_s

$$L_s = \frac{V_s t_r}{I_L} \tag{4-54}$$

在关断过程中，负载电流对电容C_s充电，其等效电路如图4-48b所示，此时晶体管两端电压等于电容电压，$\mathrm{d}v/\mathrm{d}t$为：

$$\frac{\mathrm{d}v}{\mathrm{d}t} = \frac{I_L}{C_s} \tag{4-55}$$

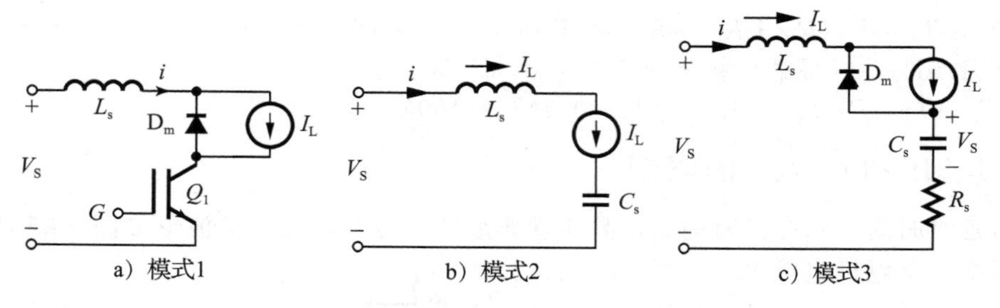

图4-48　晶体管开关瞬间的等效电路

由式(4-52)到式(4-55)可以推导出需要的缓冲电容为：

$$C_s = \frac{I_L t_f}{V_S} \tag{4-56}$$

当电容充电到V_S时，反并联二极管开通，由于L_s存储了能量，形成如图4-48c所示的阻尼谐振电路，有关RLC电路的瞬态分析见17.4节。为了抑制RLC电路的振荡，通常使其工作在临界阻尼状态，此时$\delta=1$，并且根据式(18-15)可以得到：

$$R_s = 2\sqrt{\frac{L_s}{C_s}} \tag{4-57}$$

需要注意的是：电容C_s会通过晶体管放电，这增加了晶体管的额定电流，为了避免这种情况，可以把电阻R_s放置在C_s两端，但是这会增加电阻损耗。缓冲电容的放电电流波形如图4-49所示。在选取R_s时需要考虑放电时间常数$\tau_s=R_sC_s$的大小，放电时间常数通常选取为开关周期的1/3，即

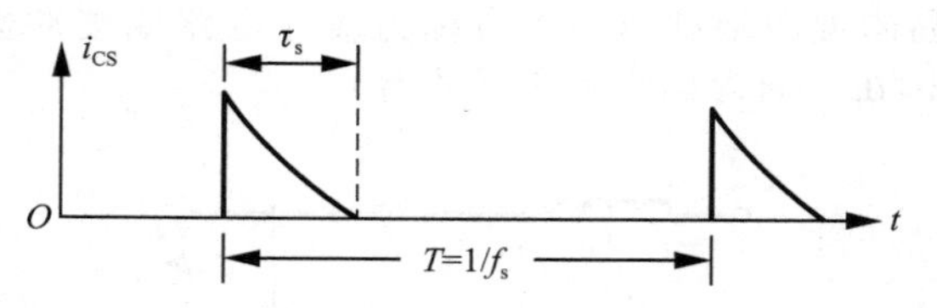

图4-49　缓冲电容的放电电流波形

$$3R_sC_s = T_s = \frac{1}{f_s}$$

或

$$R_s = \frac{1}{3f_sC_s} \tag{4-58}$$

例4.5　求限制BJT开关的$\mathrm{d}v/\mathrm{d}t$和$\mathrm{d}i/\mathrm{d}t$缓冲电路参数。

如图4-47所示的斩波电路，开关频率$f_s=10\mathrm{kHz}$，直流电压$V_s=220\mathrm{V}$，负载电流$I_L=100\mathrm{A}$，$V_{CE(sat)}=0\mathrm{V}$，$t_d=0$，$t_r=3\mu\mathrm{s}$，$t_f=1.2\mu\mathrm{s}$。求(a)L_s；(b)C_s；(c)临界阻尼时的R_s；(d)当电容放电时间限制为开关周期的1/3时的R_s；(e)当放电电流最小值为负载电流的10%时，求此时的R_s；(f)忽略电感L_s对电容电压C_s的影响，求缓冲电路的总损耗P_s。

解：

$I_L=100\mathrm{A}$，$V_s=220\mathrm{V}$，$f_s=10\mathrm{kHz}$，$t_r=3\mu\mathrm{s}$，$t_f=1.2\mu\mathrm{s}$

(a)由式(4-54)，得$L_s=V_st_r/I_L=(220\times3/100)\mathrm{H}=6.6\mu\mathrm{H}$

(b)由式(4-56)，得$C_s=I_Lt_f/V_s=(100\times1.2/220)\mathrm{F}=0.55\mu\mathrm{F}$

(c)由式(4-57)，得$R_s=2\sqrt{L_s/C_s}=(2\times\sqrt{6.6/0.55})\Omega=6.93\Omega$

(d)由式(4-58)，得 $R_s=1/(3f_sC_s)=(1000/(3\times10\times0.55))\Omega=60.6\Omega$

(e)$V_s/R_s=0.1\times I_L$，$220/R_s=0.1\times100$，$R_s=22\Omega$

(f)忽略缓冲二极管 D_s 的损耗，缓冲电路的总损耗为：

$$P_s\approx0.5C_sV_s^2f_s=0.5\times0.55\times10^{-6}\times220^2\times10\times10^3\text{W}=133.1\text{W} \quad (4-59)$$ ◀

4.12 串并联运行

当系统输入电压较高时，可以通过晶体管的串联来提高耐压能力。串联运行的关键是要保证晶体管同时开通和同时关断，否则，开通慢的器件和关断快的器件可能承受全部电压，从而导致器件的损坏。串联运行需要晶体管的增益、电导、门槛电压、通态压降、开通时间和关断时间都一致，甚至门极或基极的驱动特性也要相同，实际中可采用均压电路来实现晶体管的串联均压。

当负载电流很大时，可采用多个晶体管并联运行，并联运行要求晶体管的增益、电导、通态压降、开通时间和关断时间都一致。在实际电路中，通常无法同时满足这些要求，这时可通过在发射极(或源极)串联电阻实现大致的均流(2个晶体管分别承担45%到55%的电流)，如图4-50所示。图4-50所示的电阻可实现稳态时的并联均流，动态时则可通过耦合电感实现均流，如图4-51所示：如果 Q_1 的电流增大，那么 L_1 上的电压 $L(di/dt)$ 增加，由于耦合电感的作用，L_2 上将有反向电压，从而使得 Q_2 支路的等效阻抗减小，部分电流转移到 Q_2 上，从而实现动态均流。但是，电感在关断时会产生电压尖峰，而且体积和成本都比较高。

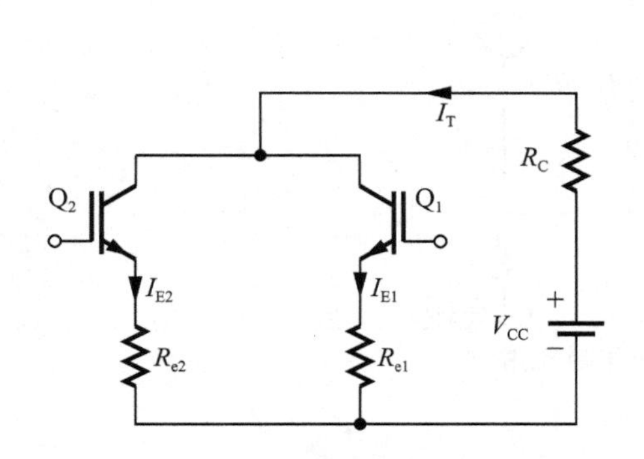

图4-50 晶体管的稳态并联

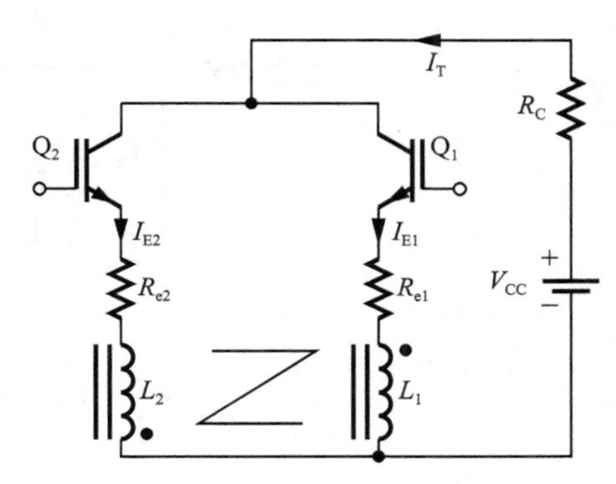

图4-51 晶体管的动态并联

BJT的通态电阻具有负温度系数，当2个BJT并联时，假如其中一个BJT流过的电流偏大，那么它会导致温度上升，从而通态电阻下降，结果流过的电流进一步增大，最终会破坏并联运行。相反，MOSFET的通态电阻具有正温度系数，流过电流大的MOSFET发热更快，其通态电阻增大，导致电流转移到电流小的器件，因此并联运行容易实现。IGBT随集电极电流的变化而呈现出变温度系数的特点，因此在设计中要注意。

例4.6 求2个并联MOSFET的电流。

如图4-50所示，2个MOSFET并联运行，总电流 $I_T=20\text{A}$，Q_1 的漏源电压 $V_{DS1}=2.5\text{V}$，Q_2 的 $V_{DS2}=3\text{V}$。求当串联电阻分别为以下两种情况时流过每个晶体管漏极的电流：(a)$R_{s1}=0.3\Omega$，$R_{s2}=0.2\Omega$，(b)$R_{s1}=R_{s2}=0.5\Omega$

解：

(a)$I_{D1}+I_{D2}=I_T$，$V_{DS1}+I_{D1}R_{s1}=V_{DS2}+I_{D2}R_{s2}=V_{DS2}=R_{s2}(I_T-I_{D1})$，因而

$$I_{D1}=\frac{V_{DS1}-V_{DS1}+I_TR_{s2}}{R_{s1}+R_{s2}}=\frac{3-2.5+20\times0.2}{0.3+0.2}\text{A}=9\text{A} \quad (4-60)$$

$$I_{D2}=(20-9)\text{A}=11\text{A}$$

$$\Delta I = 55\% - 45\% = 10\%$$

（b）

$$I_{D1} = \frac{3-2.5+20\times0.2}{0.3+0.2}\text{A} = 10.5\text{A}$$

$$I_{D2} = (20-10.5)\text{A} = 9.5\text{A}$$

$$\Delta I = 52.5\% - 47.5\% = 5\%$$

◀

4.13　SPICE 模型

由于电力电子电路具有非线性的特点，借助计算机仿真进行电力电子电路的设计和分析是非常重要的[20]。器件厂商通常会提供功率器件的 SPICE 模型。

4.13.1　BJT 的 SPICE 模型

PSpice 模型是依据古梅尔和波恩的积分电荷控制模型[16]，如图 4-52a 所示；PSpice 稳态(dc)模型如图 4-52b 所示；如果有些参数不能确定，可以采用通用的 PSpice Ebers-Moll 模型，如图 4-52c 所示。

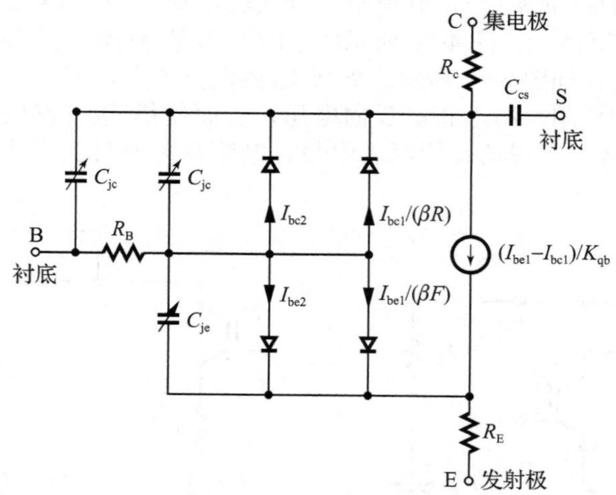

a）古梅尔和波恩积分电荷控制模型

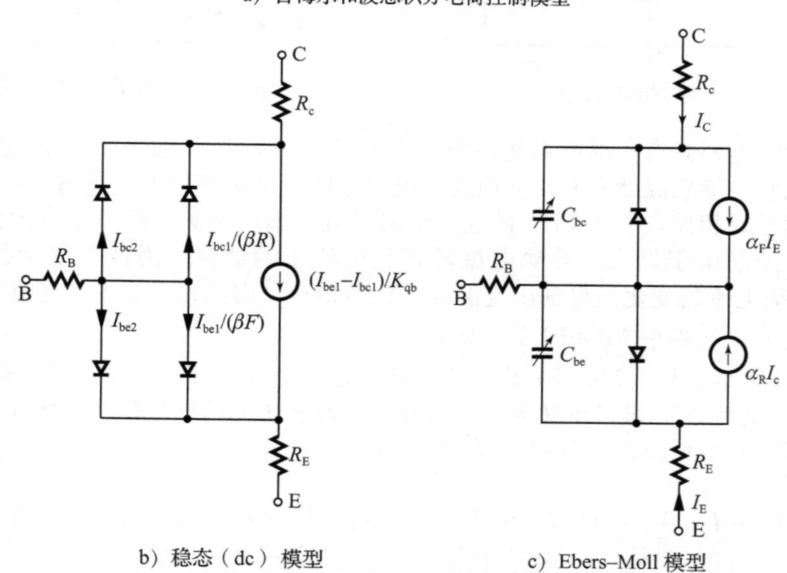

b）稳态（dc）模型　　　c）Ebers–Moll 模型

图 4-52　BJT 的 PSpice 模型

npn 晶体管的通用模型为：

```
.MODEL QNAME NPN (P1 = V1 P2 = V2 P3 = V3… PN = VN)
```

npn 晶体管的通用模型为：

```
.MODEL QNAME PNP (P1 = V1 P2 = V2 P3 = V3… PN = VN)
```

模型中的 QNAME 是 BJT 模型的名字，NPN 和 PNP 分别为 npn 型和 pnp 型 BJT 的特定符号，P1、P2、…和 V1、V2、…为变量与其值。IS、BF、CJE、CJC、TR 和 TF 这些参数会影响 BJT 的开关特性，BJT 的符号是 Q，模型中必须以 Q 开始，其通用格式为：

```
Q<name>NC NB NE NS QNAME [ (area)value ]
```

模型中的 NC、NB、NE 和 NS 分别是集电极、基极、发射极和衬底节点。衬底节点是可选的：如果没有特别指出，则默认为地。正向电流指电流流进一个端子，例如，对于 npn BJT 来说，正向电流指从集电极流进，发射极流出。

影响 BJT 开关特性的参数定义如下：

IS　　pn 结饱和电流；
BF　　理想的最大放大倍数；
CJE　　零偏压的基极-发射极 pn 结电容；
CJC　　零偏压的基极-集电极 pn 结电容；
TR　　理想反向传输时间；
TF　　理想正向传输时间。

4.13.2　MOSFET 的 SPICE 模型

n 沟道 MOSFET 的 PSpice 模型[16]如图 4-53a 所示，稳态(dc)模型如图 4-53b 所示。n 沟道MOSFET 的通用模型为：

```
.MODEL MNAME NOMS (P1 = V1 P2 = V2 P3 = V3… PN = VN)
```

p 沟道 MOSFET 的通用模型为：

```
.MODEL MNAME POMS (P1 = V1 P2 = V2 P3 = V3… PN = VN)
```

模型中的 MNAME 是 MOSFET 模型名字，NMOS 和 PMOS 分别是 n 沟道和 p 沟道 MOSFET 的符号，L、W、VTO、KP、IS、CGSO 和 CGDO 这些参数决定了 BJT 的开关特性。

MOSFET 名字为 M，MOSFET 就必须以 M 开始，它的形式如下：

```
M<name>      ND    NG      NS    NB    MNAME
+            [L=<value]   [W=<value>]
+            [AD=<value>]   [AS=<value>]
+            [PD=<value>]   [PS=<value>]
+            [NRD=<value>]   [NRS=<value>]
+            [NRG=<value>]   [NRB=<value>]
```

这里的 ND、NG、NS 和 NB 分别为漏极、门极、源极和衬底节点。

影响 MOSFET 开关特性的主要参数定义如下：

L　　沟道长度；
W　　沟道宽度；
VTO　　零偏压阈值电压；
IS　　体 pn 结饱和电流；

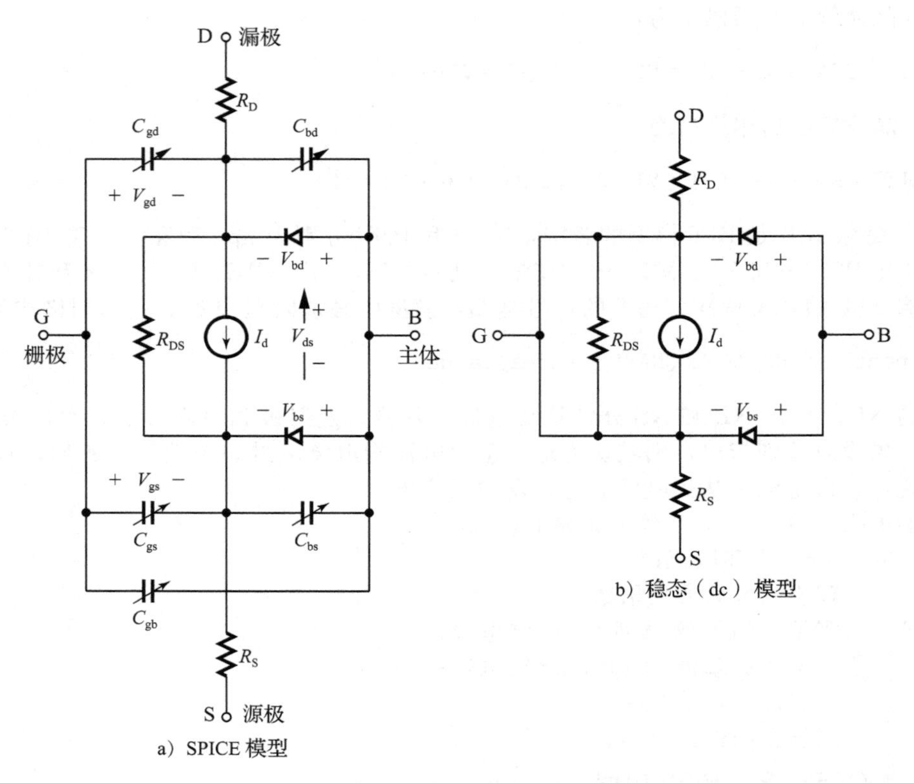

图 4-53 n 沟道 MOSFET 的 PSpice 模型

CGSO 每米沟道宽度的栅-源覆盖电容；

CGDO 每米沟道宽度的栅-漏覆盖电容。

SPICE 没有提供任何支持 COOLMOS 的模型，但是，通常厂商会提供 COOLMOS 模型[11]。

4.13.3 IGBT 的 SPICE 模型

n 沟道 IGBT 是由 *n* 沟道 MOSFET 驱动的 pnp 型双极型晶体管，因此，IGBT 的稳态和动态特性由双极型晶体管和 MOSFET 的物理结构决定，其内部的电路如图 4-54a 所示。

IGBT 的电路模型[16]如图 4-54b 所示，该电路模型参数与各节点电流相关，而节点电流又与器件的参变量及其变化率有非线性关系。发射极-基极的结电容 C_{eb}定义为基极电荷与基极-发射极电压之比；I_{ceb}为基极-发射极电容电流，定义为基极电荷的变化率；流过集电极-发射极分布电容的电流 I_{ccer}是集电极电流的一部分；I_{css}由基极-发射极电压变化率决定；I_{bss}是基极电流的一部分，但不流过 C_{eb}，并且不依赖于集电极-基极电压变化率。

在 SPICE 中有两种方法建立 IGBT 模型：(1)复合模型，(2)解析模型。复合模型由已存在的 SPICE pnp BJT 模型和 n 沟道 MOSFET 模型组成，复合模型的等效电路如图 4-55a 所示，它由 PSpice 中的 BJT 和 MOSFET 连接成达林顿结构，模型求解可利用已有的 BJT 和 MOSFET 模型的内部方程。这种模型可实现快速可靠的计算，但是它无法建立 IGBT 的精确模型。

IGBT 的解析模型[22,23]是基于物理方程和内部载流子及电荷而形成的，由于这些方程要根据复杂的半导体物理理论得到，因此这种模型很复杂，通常不容易收敛，仿真计算慢，仿真时间通常比复合模型长 10 倍以上。

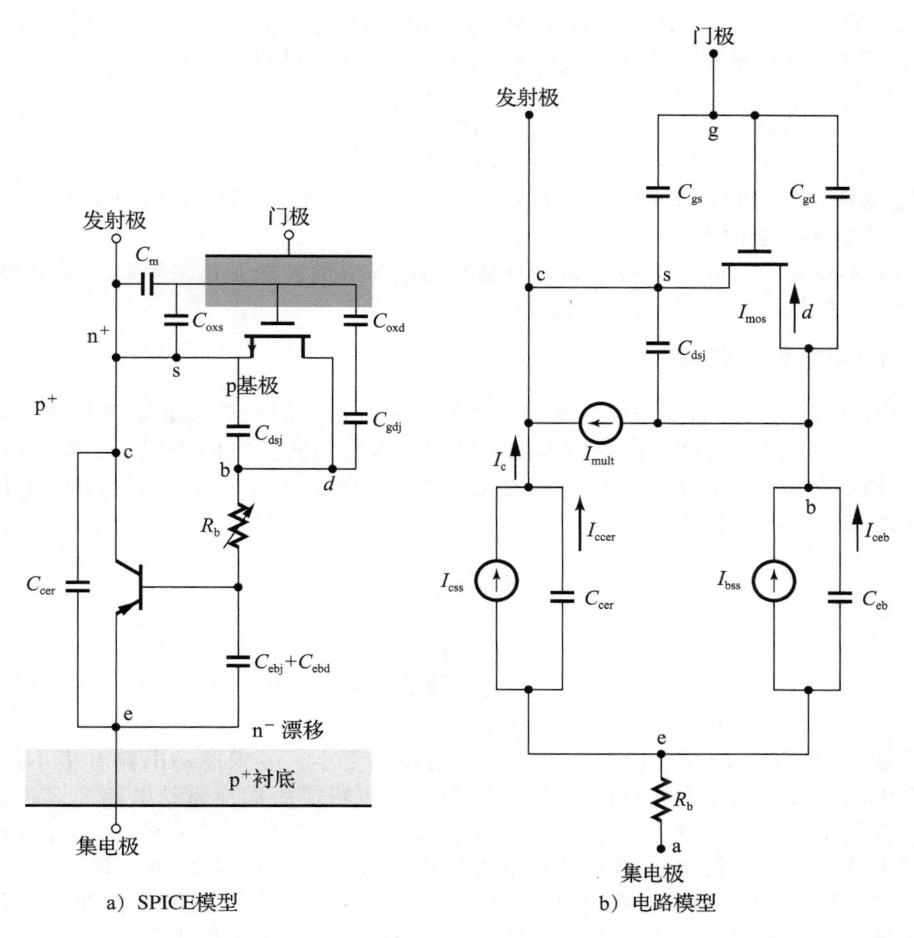

图 4-54　IGBT 模型

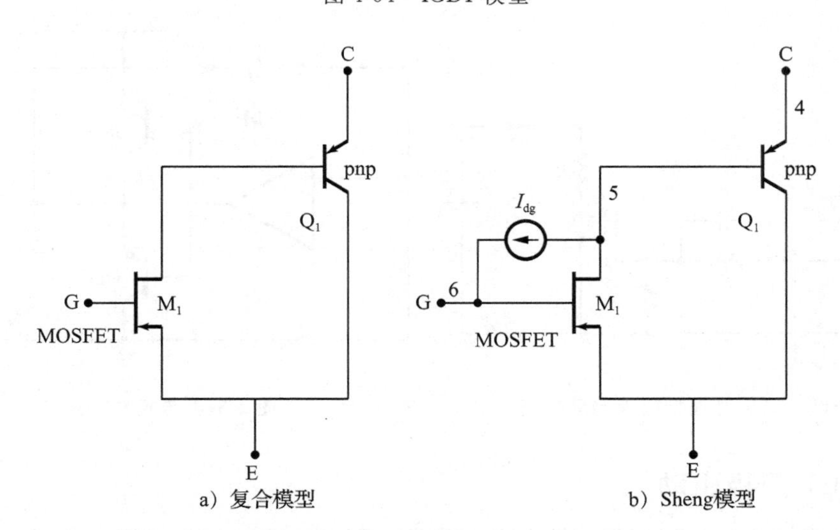

图 4-55　IGBT 的 SPICE 模型等效电路[文献[21]，K. Sheng]

文献中有很多关于 IGBT 的 SPICE 模型的文章，如 Sheng[24] 比较了各种模型的优缺点及局限性，图 4-55b 所示的为 Sheng 的模型[21] 的等效电路，该模型在漏极和栅极增加了一个电流源，发现n沟道MOSFET的动态特性与漏-栅极电容C_{dg}有关，在高压开关动作时，漏-栅极电容C_{dg}随着漏-栅极电压V_{dg}的平方变化而变化，可表示为：

$$C_{dg}=\frac{\varepsilon_{si}C_{oxd}}{\sqrt{\frac{2\varepsilon_{si}V_{dg}}{qN_B}}C_{oxd}+A_{dg}\varepsilon_{si}} \tag{4-61}$$

式中：A_{dg}是栅极到基极的面积；ε_{si}是硅的介电常数；C_{oxd}是栅-漏极的覆盖电容；q是电子电荷；N_B是基区掺杂浓度

PSpice不包含电容的平方根模型，而是空间电荷层的阶跃变化来等效。采用类比行为方程，PSpice能模拟栅-漏极电容的高非线性。

4.14 MOSFET门极驱动

MOSFET是电压控制型器件，具有很高的输入阻抗，因而门极漏电流很小(纳安数量级)。MOSFET的开通时间由门极电容或者是门极电容的充电时间决定，实际中可以采用如图4-56所示的RC电路提高门极电容的充电速度，减小开通时间。当门极施加开通电压时，电容的初始充电电流为：

$$I_G=\frac{V_G}{R_S} \tag{4-62}$$

门极电压的稳态值为：

$$V_{GS}=\frac{R_GV_G}{R_S+R_1+R_G} \tag{4-63}$$

式中：R_S是门极驱动的电阻。

为了使MOSFET的开关速度在100ns数量级或更小，要求驱动电路有很小的输出阻抗，并有瞬时吸收和输出大电流的能力，如果图4-57所示的推挽驱动电路能满足该要求，则图中晶体管工作在线性区而不是在饱和区，减小了延迟时间。MOSFET的门极信号可由运算放大器产生，门极电压的上升和下降速度可通过反馈电容C进行调节，进而控制MOSFET漏极电流的上升和下降速度，电容C上并联一个二极管可以使开通过程加快。目前，市场上有很多相关的集成驱动电路，它们能够用于大多数晶体管。

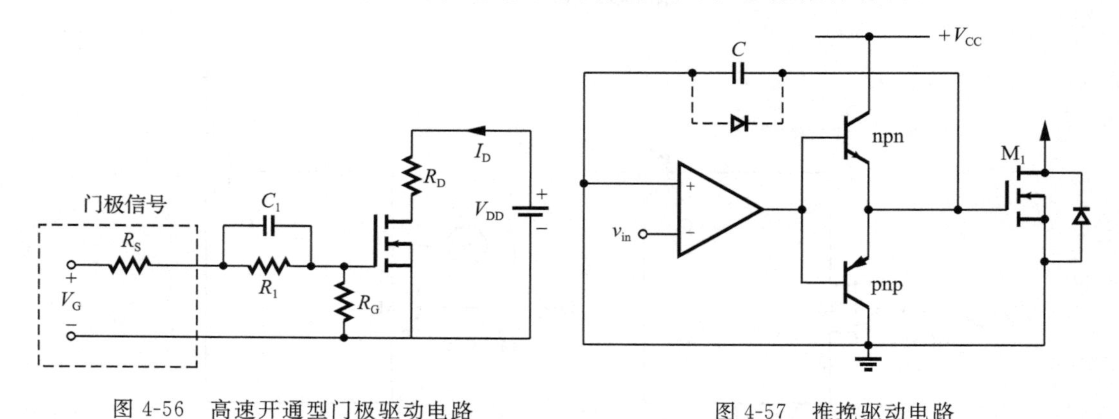

图4-56 高速开通型门极驱动电路

图4-57 推挽驱动电路

4.15 JFET门极驱动

SiC JFET是电压控制型的，且大多数是常开器件，此时门极需要一个低于夹断电压的电压信号使它处于关断状态[61,62]。

常开型SiC JFET门极驱动：SiC JEFT的门极驱动[43]如图4-58所示，门极驱动由电阻R_p、电容C、二极管D和门极驱动R_g构成，其中，R_p的阻值很大。当SiC JEFT处于通态时，$v_g=0V$，器件流过最大电流 I_{DSS}；当 JFET 处于断态时，v_g 由 0V 变为 $-V_s$，门极电流流过驱动电阻 R_g 和电容 C，门极到源极之间的寄生结电容 C_{gs} 放电，电容 C 上的电压降等于 $-V_s$ 减去门极关断电压。

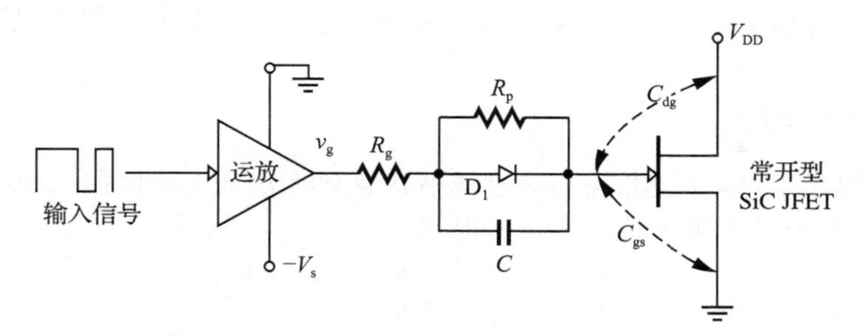

图 4-58　常开型 SiC JFET 的门极驱动

在断态时，只需要很小的门极电流便可维持 JFET 关断，这个关断电流流过电阻 R_p，R_p 的阻值不能选取太小，以避免门极击穿。通常在门极和源极间并联一个兆欧数量级的电阻 R_{GS}，使 C_{gs} 放电有一个固定的阻抗。门极驱动需要在驱动电源丢失的情况下提供直通保护能力。

常闭型 SiC JFET 门极驱动　常闭 SiC JFET 是一个电压控制型器件，但是在导通时也需要一定的门极驱动电流，尤其是需要一个的大尖峰电流，使得门极电容能快速充放电，从而使 SiC JFET 快速开通和关断。

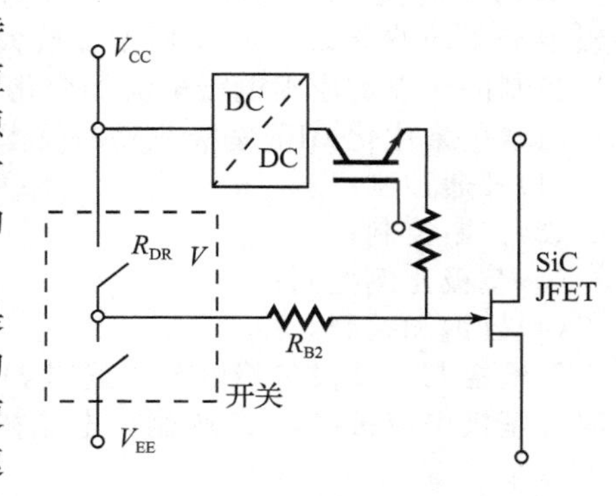

图 4-59　常闭型 SiC JFET 两级门极驱动单元[43]

一个带驱动电阻的两级驱动电路如图 4-59 所示[43,53]：在开通和关断过程的瞬态时间内，通过驱动开关(图中虚线框)和驱动电阻 R_{B2} 提供一个较大的电压，因而产生大电流尖峰，驱动 SiC JFET 快速开通和关断，这一级也称为动态级；第二级包括一个 DC-DC 降压变换器、一个 BJT 和电阻 R_{B1}，在开通过程结束后，辅助 BJT 导通，提供稳定的门极驱动电流，JFET 处于通态，这一级称为静态级。这种电路不需要加速电容，但是由于存在一定的充放电时间，可能会减小占空比的范围。

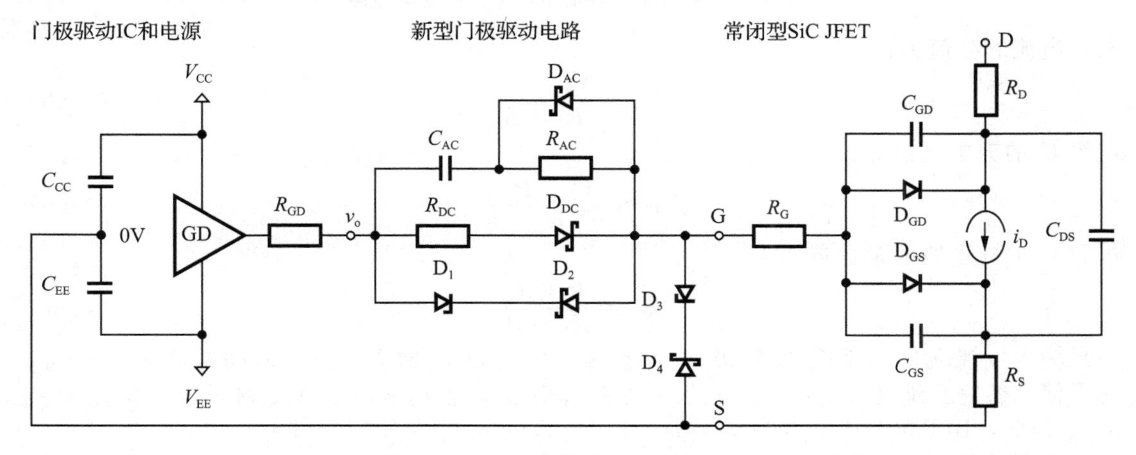

图 4-60　供常闭型 SiC JFET 用的两级门极驱动电路[54]

如图4-60所示的两级驱动电路能够提供较高的开关速度[54]。当JFET处于通态时，R_{DC}和D_{DC}提供一个稳定的驱动电流，由于压降低，电路损耗小；在关断和断态过程中，齐纳二极管D_3($V_{Z(D3)}$)用来抑制驱动电路干扰，二极管D_1和D_2用于减小米勒效应，开通时，V_{CC}和C_{AC}上电压V_{CAC}一起作用到门极，加快开通过程。这种门极驱动电路不会限制驱动频率和占空比。

4.16　BJT基极驱动

提高BJT的开通和关断速度可以通过减小开通时间t_{on}和关断时间t_{off}来实现：t_{on}减小可以通过加大基极驱动电流峰值来实现，但这会使放大倍数$\beta(\beta_F)$减小，在开通后，β_F会增加到一个较高的值，晶体管进入准饱和状态；t_{off}减小可以通过加大反向基极驱动电流峰值来实现，增大反向基极电流I_{B2}能够减小存储时间。典型的基极电流驱动波形如图4-61所示。放大系数β是可以控制的，以适应集电极电流的变化。

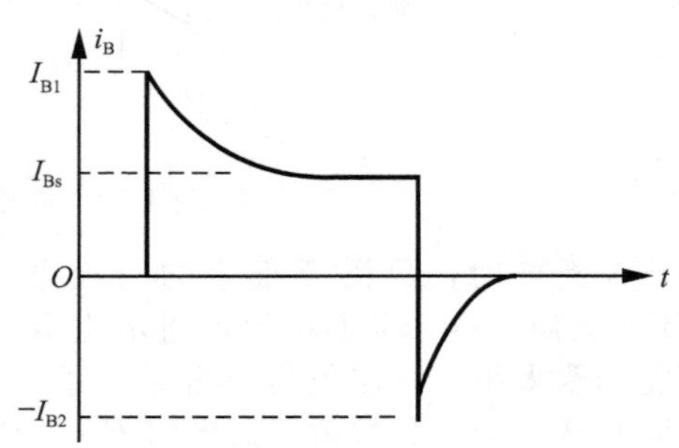

图4-61　基极电流驱动波形

通常用来优化BJT基极驱动的技术有：

(1)开通控制；

(2)关断控制；

(3)基极比例控制；

(4)抗饱和控制。

开通控制　基极尖峰电流可通过如图4-62所示的驱动电路实现，当输入v_B有正向电压时，基极电流被电阻R_1限制，电流初值为：

$$I_B = \frac{V_1 - V_{BE}}{R_1} \tag{4-64}$$

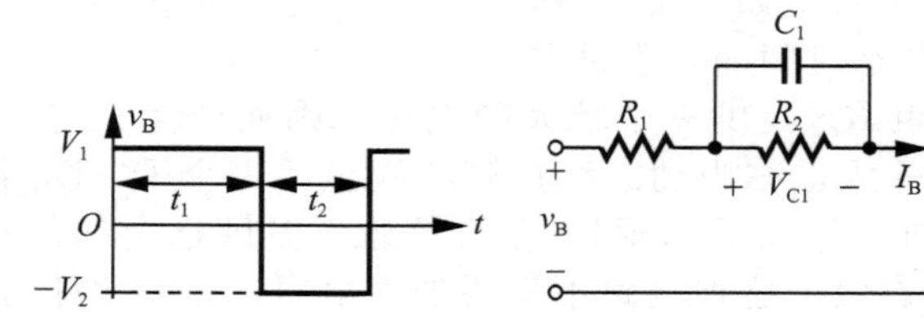

图4-62　具有基极峰值驱动电流的驱动电路

基极电流的终值为：

$$I_{BS} = \frac{V_1 - V_{BE}}{R_1 + R_2} \tag{4-65}$$

电容C_1的充电终值为：

$$V_C \approx V_1 \frac{R_2}{R_1 + R_2} \tag{4-66}$$

电容C_1的充电时间常数近似为：

$$\tau_1 = \frac{R_1 R_2 C_1}{R_1 + R_2} \tag{4-67}$$

一旦输入v_B变为零，基极-发射极pn结反偏，C_1通过R_2放电，放电时间常数$\tau_2 = R_2 C_1$，为了使电容完全地充放电，要求基极开通脉冲宽度满足$t_1 \geqslant 5\tau_1$，关断脉冲宽度满足$t_2 \geqslant 5\tau_2$，因此，BJT的最大开关频率为$f_s = 1/T = 1/(t_1 + t_2) = 0.2/(\tau_1 + \tau_2)$。

关断控制　如果图4-62所示的输入电压v_B变为$-V_2$，那么开关管基极的电压为V_2加上电容电压V_C，此电压为反向电压，使基极电流达到方向峰值。之后，电容C_1放电，反向电压会快速减小到稳态值 V_2。当 BJT 的开通和关断特性不同时，需要增加如图 4-63 所示的关断电路(C_2、R_3 和 R_4)，二极管 D_1 起到分离开通和关断的作用。

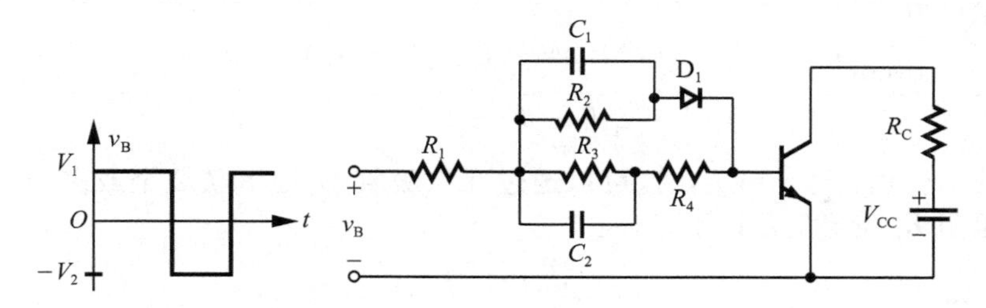

图 4-63　开通和关断分离的基极驱动电路

基极比例控制　这种驱动方式优于前述的驱动电流恒定的电路。当负载电流发生变化时，集电极电流随之变化，基极驱动电流就需要与集电极电流成比例地变化，这种驱动电路如图 4-64 所示，当开关 S_1 开通，一个大电流脉冲将流过 Q_1，Q_1 开通并进入饱和区，一旦集电极有电流，就会通过变压器感应出一个成比例的基极电流，此时 BJT 将进入自运行状态，即 S_1 关断也不会影响它的开通状态，变压器变比 $N_2/N_1=I_C/I_B=\beta$。为了保证此电路的正常工作，要求励磁电流比集电极电流小得多。此电路还需要 C_1 的放电电路和用于关断晶体管的变压器磁心复位电路才能正常工作。

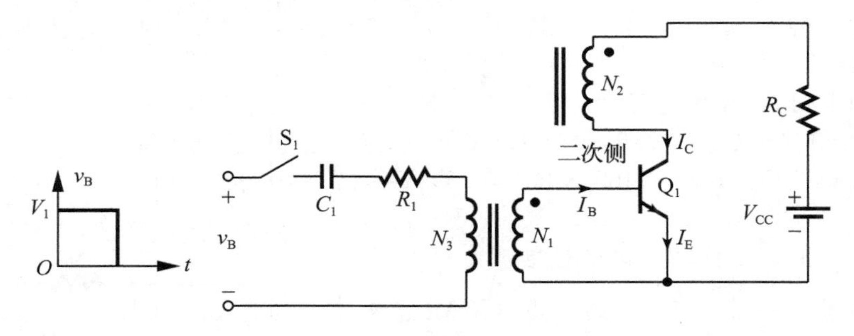

图 4-64　基极比例控制电路

抗饱和控制　如果晶体管处于硬饱和状态，此时与基极电流成正比例的存储时间较长，从而使开关速度变慢。如果使晶体管工作在软饱和状态，那么就能减小存储时间，这可通过将集电极到发射极电压钳位到一个给定值来实现，此时集电极电流为：

$$I_C=\frac{V_{CC}-V_{cm}}{R_C} \tag{4-68}$$

式中：V_{cm} 为钳位电压，并且 $V_{cm}>V_{CE(sat)}$。图 4-65 所示的为具有钳位功能(又称为贝克钳位)的驱动电路。不带钳位的硬驱动状态的基极电流为：

$$I_B=I_1=\frac{V_B-V_{d1}-V_{BE}}{R_B} \tag{4-69}$$

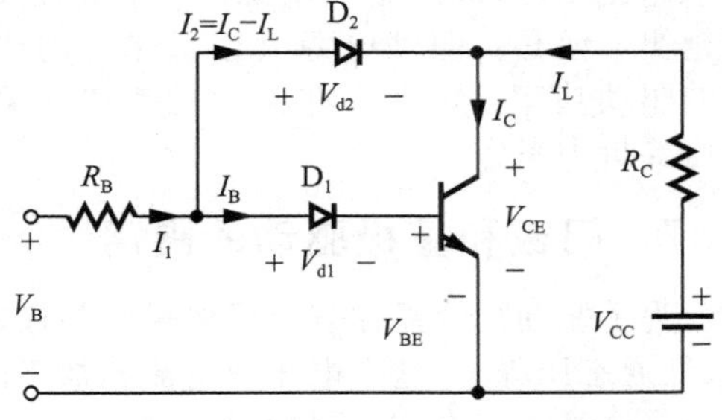

图 4-65　带集电极钳位的基极驱动电路

相应的集电极电流为：

$$I_C=\beta I_B \tag{4-70}$$

在集电极电流上升后，BJT 导通，钳位电路工作(由于 D_2 正向导通)，可得：

$$V_{CE}=V_{BE}+V_{d1}-V_{d2} \tag{4-71}$$

负载电流为：

$$I_L = \frac{V_{CC} - V_{CE}}{R_C} = \frac{V_{CC} - V_{BE} - V_{d1} + V_{d2}}{R_C} \tag{4-72}$$

带钳位的集电极电流为：

$$\begin{aligned} I_C &= \beta I_B = \beta(I_1 - I_C + I_L) \\ &= \frac{\beta}{1+\beta}(I_1 + I_L) \end{aligned} \tag{4-73}$$

由于钳位电路的作用，$V_{d1} > V_{d2}$，这可以通过在二极管 D_1 处串联 2 个或多个二极管实现。另外，负载电阻 R_C 需要满足以下条件：

$$\beta I_B > I_L$$

由式(4-72)，得：

$$\beta I_B R_C > (V_{CC} - V_{BE} - V_{d1} + V_{d2}) \tag{4-74}$$

钳位功能减小了集电极电流并基本消除了存储时间，同时实现了 BJT 的快速开通。但是，由于 V_{CE} 的增大，晶体管通态损耗也相应增大，但是开关损耗减小了。

例 4.7 求带集电极钳位驱动的 BJT 的电压和电流。

如图 4-64 所示的是带集电极钳位基极驱动电路，$V_{CC}=100V$，$R_C=1.5\Omega$，$V_{d1}=2.1V$，$V_{d2}=0.9V$，$V_{BE}=0.7V$，$V_B=15V$，$R_B=2.5\Omega$，$\beta=13.6$。求(a)无钳位时的集电极电流；(b)集电极到发射极间的钳位电压 V_{CE}；(c)有钳位时的集电极电流。

解：

(a)由式(4-69)，$I_1=((15-2.1-0.7)/2.5)A=4.88A$，因此，无钳位时，$I_C=13.6\times4.88A=66.368A$。

(b)由式(4-71)，钳位电压为：

$$V_{CE} = (0.7 + 2.1 - 0.9)V = 1.9V$$

(c)由式(4-72)，$I_L=((100-1.9)/1.5)A=65.4A$

式(4-73)给出了钳位时的集电极电流为：

$$I_C = 13.6 \times \frac{4.88 + 65.4}{13.6 + 1}A = 65.456A$$ ◀

SiC BJT 基极驱动 SiC BJT 是电流控制型器件，且需要一个稳定的基极电流来驱动导通，驱动电路如图 4-66 所示，它由一个开关、加速电容 C_B 和电阻 R_B 组成。驱动电源 V_{CC} 越大，开关速度就越快，但是，驱动电源大也意味着需要提供更大的驱动功率，因此，在驱动功率和开关速度之间需要折中考虑。

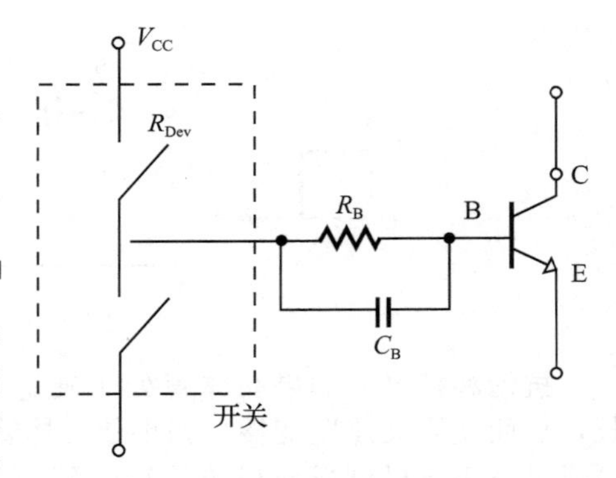

图 4-66 具有加速电容的 SiC BJT 基极驱动电路

4.17 门极和基极驱动的隔离

为了驱动功率晶体管，需要供给门极或基极合适的电压或电流，使晶体管进入饱和状态(低通态压降)，这个电压或电流施加于门极与源极或基极与发射极。功率变换器通常有多个晶体管，每个都需要独立驱动。

图 4-67a 所示的为一个单相桥逆变器，以 G 点为参考地，直流电源电压为 V_S，图 4-67b 所示的的数字逻辑电路会产生 4 路脉冲信号，如图 4-67c 所示，这些脉冲信号一般是基于 SPWM 的方式得到的。需要注意的是，图中 4 个脉冲信号具有公共参考点 C，这个公共参考点需要与直流电源的参考地 G 相连，如图中虚线所示。因此，节点 g_1 不能直接连接到门极节点 G_1 上，因为 g_1 相对节点 C 的电压才为 V_{g1}，而 V_{g1} 要加到晶体管 M_1 的门极 G_1 和源极 S_1 上，这就要求 g_1 的逻辑脉冲电路与晶体管 M_1 间有隔离和驱动

电路。但是，如果逻辑脉冲信号能满足门极驱动的要求，晶体管 M_2 和 M_4 可以不需要隔离电路。

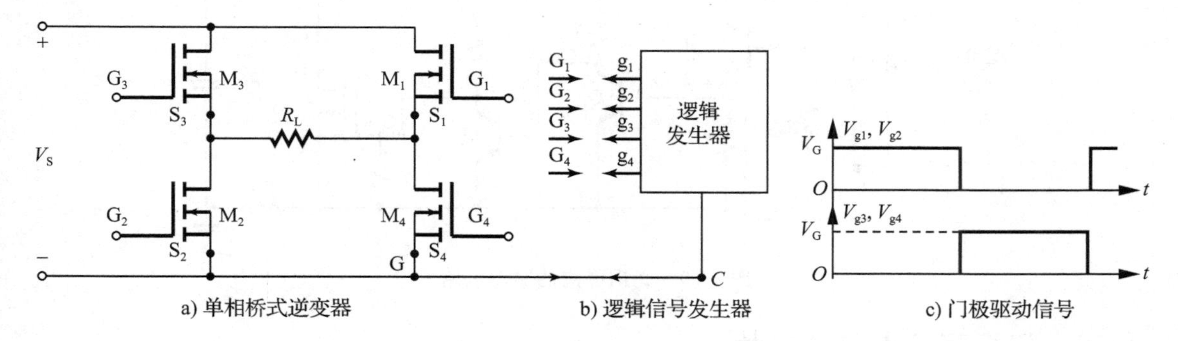

图 4-67　单相桥逆变器及其驱动信号

图 4-68 所示电路解释了晶体管驱动是加在门极与源极之间，而不是门极与参考地之间的原因，负载电阻连接在源极和参考地之间。门极驱动电压为：

$$V_{GS}=V_G-R_L I_D(V_{GS}) \tag{4-75}$$

式中：$I_D(V_{GS})$ 随 V_{GS} 变化而变化。当晶体管开通时，$I_D(V_{GS})$ 增大，V_{GS} 减小，显然这种方式会导致 V_{GS} 随负载变化而变化，因而这种驱动连接方式不合理。有 2 种方式来隔离控制与驱动信号：

(1)脉冲变压器；

(2)光耦。

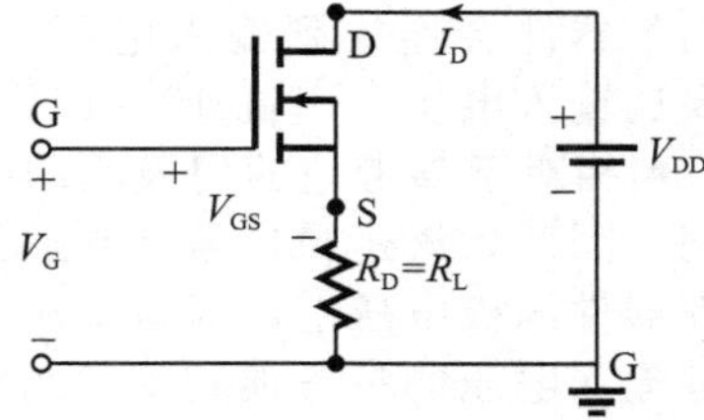

图 4-68　门极电压加在门极和参考地之间

4.17.1　脉冲变压器隔离

脉冲变压器有一个一次绕组，但二次绕组可以有一个或多个，多个二次绕组能够用于晶体管的串并联。图 4-69 给出了一个脉冲变压器隔离的驱动电路，这个电路要求变压器有很小的漏感且输出脉冲的上升时间要很小。在脉冲宽度较大和开关频率较低时，变压器可能会饱和，且输出脉冲会发生变形。

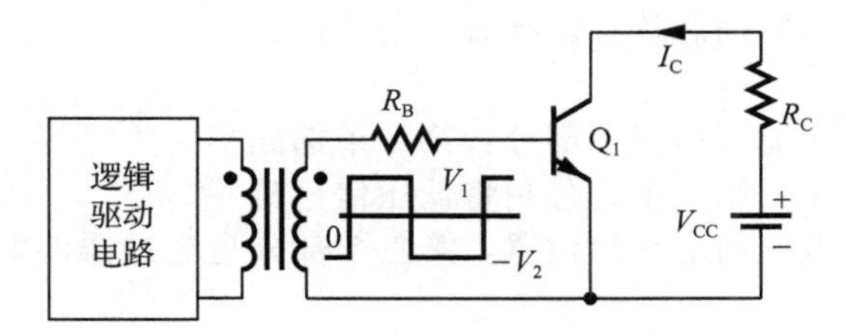

图 4-69　变压器隔离的驱动电路

4.17.2　光耦隔离

光耦由红外发光二极管和硅光敏晶体管组成，输入信号加给发光二极管时，光敏晶体管导通。光敏晶体管的上升和下降时间都非常小，光耦的典型开通时间 $t_n=2\sim5\mu s$，关断时间 $t_o=300ns$，这个开通和关断时间使其不能应用在非常高频的场合。图 4-70 所示的为采用光敏晶体管的隔离驱动电路，光敏晶体管可以采用达林顿结构，加大驱动能力。缺点是光敏晶体管需要独立电源供电，驱动电路的复杂度、成本和重量都增加了。

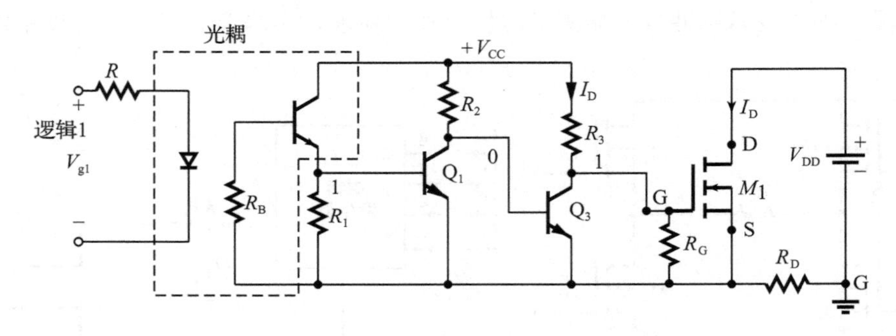

图 4-70　光耦隔离的驱动电路

4.18　门极驱动电路的芯片

如图 4-71 所示的 MOSFET 或 IGBT 的门极驱动电路要满足以下几点要求[25-28]。

- 驱动电压要比源极或发射极电压高 10～15V。由于功率器件会连接到输入电压$+V_S$，门极驱动电压也需要比输入电压$+V_S$高 10～15V。
- 相对于参考地的门极驱动电压必须通过逻辑电路控制。因此，该逻辑信号必须通过电平转换电路转换到功率器件源极电压上，通常情况下，这个信号会在功率器件输入电压的参考地和V^+之间变换。
- 通常，功率器件组合以桥臂的形式成对出现，一个低侧(下桥臂)的功率器件会和另一个高侧(上桥臂)的功率器件相连，高侧的功率器件直接和输入的高压相连。驱动电路消耗的功率必须很小而不会影响功率变换器的总效率。

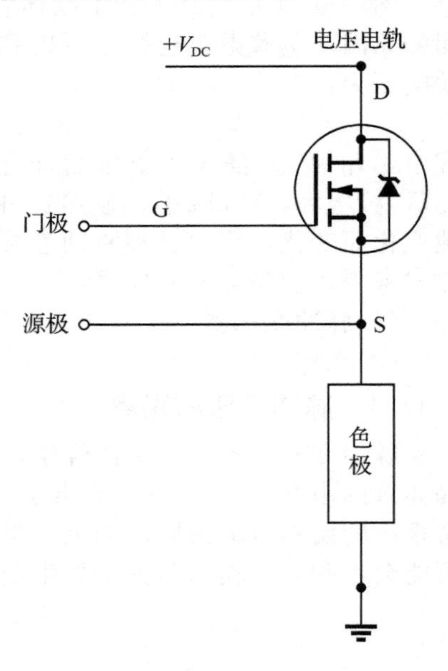

图 4-71　MOSFET 或 IGBT 的门极驱动

表 4-4 给出了几种满足驱动要求的电路，每种驱动电路都能够应用到多种拓扑中。驱动芯片通常紧凑地集成封装了上桥臂和下桥臂器件驱动的功能，具有高性能和低损耗的优点。此外，驱动芯片必须具有一定的过载和故障保护功能。

门极驱动和保护的功能包括三个部分：第一个部分是能输出门极需要的电压，第二个部分是将低压信号转换为高压器件门极驱动电压的电平移位器，第三个部分是流过器件电流的过载检测、过载保护，以及故障反馈。

表 4-4　门极驱动技术，参考 2(德国西门子集团)

方法	基本电路	主要特征
浮地的门极驱动源	浮地电源 门极驱动 电平移位器或光绝缘体 负载或低端设备	可在任意开关周期对门极实现完全控制； 隔离电源的成本较高(每个位于桥臂上端的 MOSFET 都需要)； 对不同参考地的电信号进行电平变换比较困难： 电平变换电路必须能耐受主电路的全电压，能快速开关并具有最小传播时延，并且其光敏隔离器件必须为低功耗。这样的光敏隔离器相对昂贵，在其带宽和噪声敏感性上有较大限制

（续）

方法	基本电路	主要特征
脉冲变压器	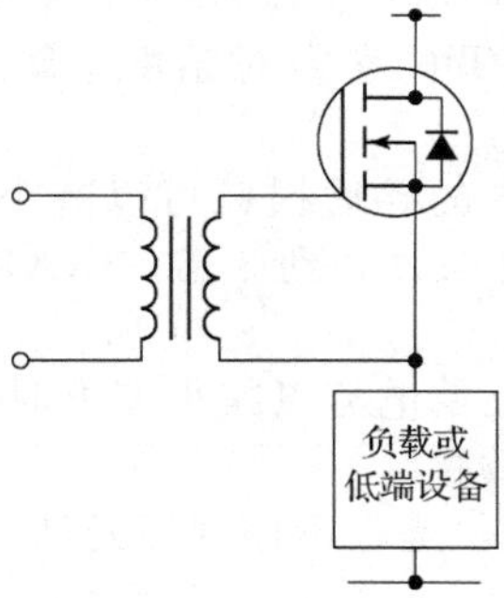 负载或低端设备	简单，成本低，但是在很多方面受限； 当该电路在占空比变化范围较大时，需要复杂的技术改进； 驱动变压器的大小随频率降低而大幅上升； 寄生参数较大，由于其影响，在高速开关时，该驱动电路的实际波形与理想波形相差较大
电荷泵	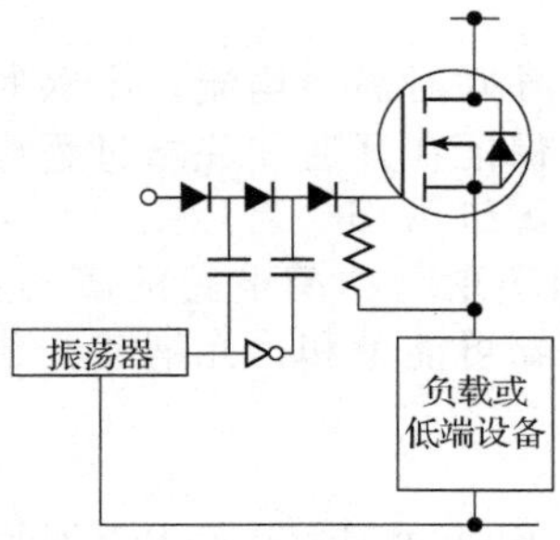 振荡器 负载或低端设备	当器件开通时，通过电平移位器或门极电荷泵的作用，其门极电压可高于驱动电路的辅助电源电压；在第一个情况中，电平移位器的设计比较复杂，在第二个情况中，由于受对电荷泵充电的要求限制，其开通时间对于开关应用来说过长；在上述的两种情况中，其门极电压都可以保持任意的时间，但是由于这种倍压电路的效率较低，通常需要两级以上的电路来实现电压的泵升
自举电路	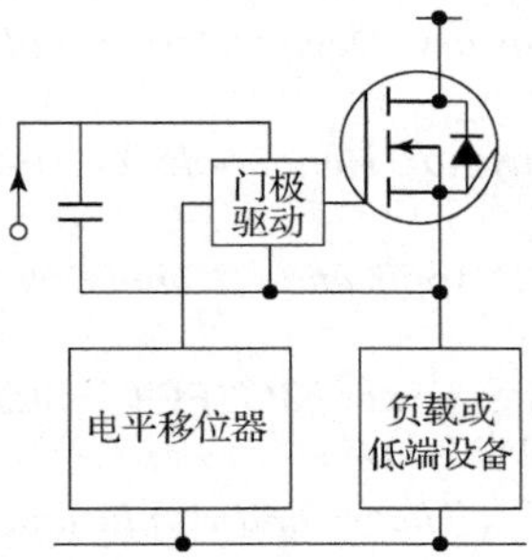 门极驱动 电平移位器 负载或低端设备	简单并且便宜，但其脉冲变压器的设计会产生一定的限制：其占空比和最大导通时间都受限于自举电容的充放电时间常数；如果这个电容由一个高压侧充电，其功率消耗会很大。该电路需要电平移位电路，也会带来相应的技术难点
载波驱动	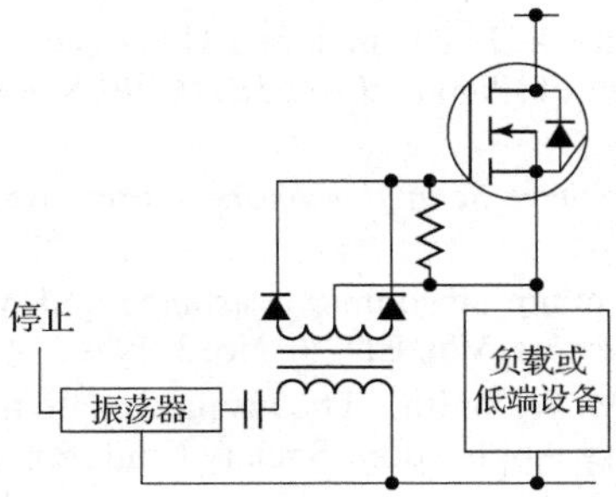 停止 振荡器 负载或低端设备	可在任意开关周期对门极实现完全控制，但是在某种程度上也限制了开关性能；如果需要改善这个缺陷，电路的复杂度会显著提高

本章小结

功率晶体管可分为五类：MOSFET、COOLMOS、BJT、IGBT 和 SIT。MOSFET 是电压控制型器件，门极驱动功率很低，MOSFET 的参数对温度不敏感，它不存在二次中断问题，关断时不需要加负的门极电压。

相比于其他的 MOSFET 器件，COOLMOS 的导通损耗可以减小到原值的 1/5；与同等封装尺寸的 MOSFET 相比，它的输出功率可以大 2 到 3 倍。COOLMOS 由于具有较低的导通损耗，很适用于高效小功率场合。

BJT 存在二次击穿问题，需要在关断时加反偏电流以减小充电时间，但它的饱和电压较低。BJT 是电流控制型元件，参数对温度较敏感。

IGBT 将 MOSFET 和 BJT 的优点结合起来，是电压控制型元件。与 BJT 相似，IGBT 具有较低的导通电压。IGBT 没有二次击穿现象。

SIT 是大功率、高频元件，最适合用于音频、VHF/UHF 和微波放大器，具有较高的导通压降。

晶体管可以串联使用，也可以并联使用。并联时需要均流，串联时需要考虑参数的一致性问题，尤其是在开通和关断过程中。为了保证在开通和关断过程中器件的电压和电流不超过额定值，通常会采用缓冲电路限制 dv/dt 和 di/dt。

门极驱动信号可以采用脉冲变压器或光耦实现与功率电路的隔离：脉冲变压器简单，但要求漏电感很小，且在低频、宽脉冲下变压器可能饱和；光耦需要独立的电源供电。

参考文献

[1] B. J. Baliga, *Power Semiconductor Devices*. Boston, MA: PWS Publishing. 1996.

[2] S. K. Ghandi, *Semiconductor Power Devices*. New York: John Wiley & Sons. 1977.

[3] S. M. Sze, *Modern Semiconductor Device Physics*. New York: John Wiley & Sons. 1998.

[4] B. I. Baliga and D. Y. Chen, *Power Transistors: Device Design and Applications*. New York: IEEE Press. 1984.

[5] Westinghouse Electric, *Silicon Power Transistor Handbook*. Pittsburgh: Westinghouse Electric Corp. 1967.

[6] R. Severns and J. Armijos, *MOSPOWER Application Handbook*. Santa Clara, CA: Siliconix Corp. 1984.

[7] S. Clemente and B. R. Pelly, "Understanding power MOSFET switching performance," *Solid-State Electronics*, Vol. 12, No. 12, 1982, pp. 1133–1141.

[8] D. A. Grant and I. Gower, *Power MOSFETs: Theory and Applications*. New York: John Wiley & Sons. 1988.

[9] L. Lorenz, G. Deboy, A. Knapp, and M. Marz, "COOLMOS™—a new milestone in high voltage power MOS," *Proc. ISPSD 99*, Toronto, 1999, pp. 3–10.

[10] G. Deboy, M. Marz, J. P. Stengl, H. Strack, J. Tilhanyi, and H. Weber, "A new generation of high voltage MOSFETs breaks the limit of silicon," *Proc. IEDM 98*, San Francisco, 1998, pp. 683–685.

[11] Infineon Technologies, *CoolMOS™: Power Semiconductors*. Germany: Siemens. 2001. www.infineon.co.

[12] C. Hu, "Optimum doping profile for minimum ohmic resistance and high breakdown voltage," *IEEE Transactions on Electronic Devices*, Vol. ED-26, No. 3, 1979.

[13] B. J. Baliga, M. Cheng, P. Shafer, and M. W. Smith, "The insulated gate transistor (IGT): a new power switching device," IEEE Industry Applications Society Conference Record, 1983, pp. 354–363.

[14] B. J. Baliga, M. S. Adler, R. P. Love, P. V. Gray, and N. Zommer, "The insulated gate transistor: a new three-terminal MOS controlled bipolar power device," *IEEE Transactions Electron Devices*, ED-31, 1984, pp. 821–828.

[15] *IGBT Designer's Manual*. El Segundo, CA. International Rectifier, 1991.

[16] K. Shenai, *Power Electronics Handbook*, edited by M. H. Rashid. Los Angeles, CA: Academic Press. 2001, Chapter 7.

[17] I. Nishizawa and K. Yamamoto, "High-frequency high-power static induction transistor," *IEEE Transactions on Electron Devices,* Vol. ED25, No. 3, 1978, pp. 314–322.

[18] J. Nishizawa, T. Terasaki, and J. Shibata, "Field-effect transistor versus analog transistor (static induction transistor)," *IEEE Transactions on Electron Devices*, Vol. 22, No. 4, April 1975, pp. 185–197.

[19] B. M. Wilamowski, *Power Electronics Handbook*, edited by M. H. Rashid. Los Angeles, CA: Academic Press. 2001, Chapter 9.

[20] M. H. Rashid, *SPICE for Power Electronics and Electric Power*. Englewood Cliffs, NJ: Prentice-Hall. 1993.

[21] K. Sheng, S. J. Finney, and B. W. Williams, "Fast and accurate IGBT model for PSpice," *Electronics Letters*, Vol. 32, No. 25, December 5, 1996, pp. 2294–2295.

[22] A. G. M. Strollo, "A new IGBT circuit model for SPICE simulation," *Power Electronics Specialists Conference*, June 1997, Vol. 1, pp. 133–138.

[23] K. Sheng, S. J. Finney, and B. W. Williams, "A new analytical IGBT model with improved electrical characteristics," *IEEE Transactions on Power Electronics,* Vol. 14, No. 1, January 1999, pp. 98–107.

[24] K. Sheng, B. W. Williams, and S. J. Finney, "A review of IGBT models," *IEEE Transactions on Power Electronics*, Vol. 15, No. 6, November 2000, pp. 1250–1266.

[25] A. R. Hefner, "An investigation of the drive circuit requirements for the power insulated gate bipolar transistor (IGBT)," *IEEE Transactions on Power Electronics*, Vol. 6, 1991, pp. 208–219.

[26] C. Licitra, S. Musumeci, A. Raciti, A. U. Galluzzo, and R. Letor, "A new driving circuit for IGBT devices," *IEEE Transactions Power Electronics*, Vol. 10, 1995, pp. 373–378.

[27] H. G. Lee, Y. H. Lee, B. S. Suh, and J. W. Lee, "A new intelligent gate control scheme to drive and protect high power IGBTs," *European Power Electronics Conference Records*, 1997, pp. 1.400–1.405.

[28] S. Bernet, "Recent developments of high power converters for industry and traction applications," *IEEE Transactions on Power Electronics*, Vol. 15, No. 6, November 2000, pp. 1102–1117.

[29] A. Elasser, M. H. Kheraluwala, M. Ghezzo, R. L. Steigerwald, N. A. Evers, J. Kretchmer, and T. P. Chow, "A comparative evaluation of new silicon carbide diodes and state-of-the-art silicon diodes for power electronic applications," *IEEE Transactions on Industry Applications*, Vol. 39, No. 4, July/August 2003, pp. 915–921.

[30] D. Stephani, "Status, prospects and commercialization of SiC power devices," *IEEE Device Research Conference,* Notre Dame, IN, June 25–27, 2001, p. 14.

[31] P. G. Neudeck, *The VLSI Handbook*. Boca Raton, FL: CRC Press LLC, 2006, Chapter 5—Silicon Carbide Technology.

[32] B. J. Baliga, *Silicon Carbide Power Devices*. Hackensack, NJ: World Scientific, 2005.

[33] B. Ozpineci and L. Tolbert, "Silicon carbide: smaller, faster, tougher," *IEEE Spectrum*, October 2011.

[34] J. A. Cooper, Jr. and A. Agarwal, "SiC power-switching devices—the second electronics revolution?" *Proc. of the IEEE*, Vol. 90, No. 6, 2002, pp. 956–968.

[35] J. W. Palmour, "High voltage silicon carbide power devices," presented at the ARPA-E Power Technologies Workshop, Arlington, VA, February 9, 2009.

[36] A. K. Agarwal, "An overview of SiC power devices," *Proc. International Conference Power, Control and Embedded Systems (ICPCES)*, Allahabad, India, November 29–December 1, 2010, pp. 1–4.

[37] L. D. Stevanovic, K. S. Matocha, P. A. Losee, J. S. Glaser, J. J. Nasadoski, and S. D. Arthur, "Recent advances in silicon carbide MOSFET power devices," *IEEE Applied Power Electronics Conference and Exposition (APEC)*, 2010, pp. 401–407.

[38] Bob Callanan, "Application Considerations for Silicon Carbide MOSFETs," *Cree Inc.*, USA, January 2011.

[39] J. Palmour, *High Temperature, Silicon Carbide Power MOSFET*. Cree Research, Inc., Durham, North Carolina, January 2011.

[40] S.-H. Ryu, S. Krishnaswami, B. Hull, J. Richmond, A. Agarwal, and A. Hefner, "10 kV, 5A 4H-SiC power DMOSFET," *Proc. of the 18th IEEE International Symposium on Power Semiconductor Devices and IC's (ISPSD '06)*, Naples, Italy, June 2006, pp. 1–4.

[41] A. Agarwal, S. H. Ryu, J. Palmour, et al., "Power MOSFETs in 4H-SiC: device design and technology," *Silicon Carbide: Recent Major Advances*, eds., W. J. Choyke, H. Matsunami, and G. Pensl, Springer, Berlin, Germany, 2004, pp. 785–812.

[42] J. Dodge, Power MOSFET tutorial, Part 1, Microsemi Corporation, December 5, 2006, Design Article, EE Times, http://www.eetimes.com/design/power-management-design/4012128/Power-MOSFET-tutorial-Part-1#. Accessed October 2012.

[43] J. Rabkowski, D. Peftitsis, and H.-P. Nee, "Silicon carbide power transistors: A new era in power electronics is initiated," *IEEE Industrial Electronics Magazine*, June 2012, pp. 17–26.

[44] M. H. Rashid, *Microelectronic Circuits: Analysis and Design*. Florence, KY. Cengage Learning, 2011.

[45] W. Wondrak, et al., "SiC devices for advanced power and high-temperature applications," *IEEE Transactions On Industrial Electronics*, Vol. 48, No. 2, April 2001, pp. 238–244.

[46] K. Kostopoulos, M. Bucher, M. Kayambaki, and K. Zekentes, "A compact model for silicon carbide JFET," *Proc. 2nd Panhellenic Conference on Electronics and Telecommunications (PACET)*, Thessaloniki, Greece, March 16–18, 2012, pp. 176–185.

[47] E. Platania, Z. Chen, F. Chimento, A. E. Grekov, R. Fu, L. Lu, A. Raciti, J. L. Hudgins, H. A. Mantooth, D. C. Sheridan, J. Casady, and E. Santi, "A physics-based model for a SiC JFET accounting for electric-field-dependent mobility," *IEEE Trans. on Industry Applications*, Vol. 47, N. 1, January 2011, pp. 199–211.

[48] Q. (Jon) Zhang, R. Callanan, M. K. Das, S.-H. Ryu, A. K. Agarwal, and J. W. Palmour, "SiC power devices for microgrids," *IEEE Transactions on Power Electronics*, Vol. 25, No. 12, December 2010, pp. 2889–2896.

[49] I. Sankin, D. C. Sheridan, W. Draper, V. Bondarenko, R. Kelley, M. S. Mazzola, and J. B. Casady, "Normally-off SiC VJFETs for 800 V and 1200 V power switching applications," *Proc. 20th International Symposium Power Semiconductor Devices and IC's, ISPSD*, May 18–22, 2008, pp. 260–262.

[50] R. L. Kelley, M. S. Mazzola, W. A. Draper, and J. Casady, "Inherently safe DC/DC converter using a normally-on SiC JFET," *Proc. 20th Annual IEEE Applied Power Electronics Conference Exposition, APEC,"* Vol. 3, March 6–10, 2005, pp. 1561–1565.

[51] R. K. Malhan, M. Bakowski, Y. Takeuchi, N. Sugiyama, and A. Schöner, "Design, process, and performance of all-epitaxial normally-off SiC JFETs," *Physica Status Solidi A*, Vol. 206, No. 10, 2009, pp. 2308–2328.

[52] S. Round, M. Heldwein, J. W. Kolar, I. Hofsajer, and P. Friedrichs, "A SiC JFET driver for a 5 kW, 150 kHz three-phase PWM converter," IEEE-Industry Application Society (IAS), 40th IAS Annual Meeting—Conference record Vol. 1, 2005, pp. 410–416.

[53] R. Kelley, A. Ritenour, D. Sheridan, and J. Casady, "Improved two-stage DC-coupled gate driver for enhancement-mode SiC JFET," *Proc. 25th Annual IEEE Applied Power Electronics Conference Exposition (APEC)*, Atlanta, GA, 2010, pp. 1838–1841.

[54] B. Wrzecionko, S. Kach, D. Bortis, J. Biela, and J. W. Kolar, "Novel AC coupled gate driver for ultra fast switching of normally off SiC JFETs," *Proc. IECON 36th Annual Conference, IEEE Industrial Electronics Society*, November 7–10, 2010, pp. 605–612.

[55] S. Basu and T. M. Undeland, "On understanding and driving SiC power JFETs. power electronics and applications (EPE 2011)," *Proc. of the 2011-14th European Conference*, 2011, pp. 1–9.

[56] M. Domeji, "Silicon carbide bipolar junction transistors for power electronics applications." *TranSiC semiconductor*, http://www.transic.com/. Accessed October 2012.

[57] J. Zhang, P. Alexandrov, T. Burke, and J. H. Zhao, "4H-SiC power bipolar junction transistor with a very low specific ON-resistance of 2.9 mΩ · cm2," *IEEE Electron Device Letters*, Vol. 27, No. 5, May 2006, pp. 368–370.

[58] A. Lindgren and M. Domeij, "1200V 6A SiC BJTs with very low VCESAT and fast switching," in *Proc. 6th Int. Conf. Integrated Power Electronics Systems (CIPS)*, March 16–18, 2010, pp. 1–5.

[59] A. Lindgren and M. Domeij, "Degradation free fast switching 1200 V 50 A silicon carbide BJT's," *Proc. 26th Annual IEEE Applied Power Electronics Conference Exposition (APEC)*, March 6–11, 2011, pp. 1064–1070.

[60] H.-Seok Lee, M. Domeij, C.-M. Zetterling, M. Östling, F. Allerstam, and E. Ö. Sveinbjörnsson, "1200-V 5.2-mΩ · cm2 4H-SiC BJTs with a high common-emitter current gain," *IEEE Electron Device Letters*, Vol. 28, No. 11, November 2007, pp. 1007–1009.

[61] M. Saadeh, H. A. Mantooth, J. C. Balda, E. Santi, J. L. Hudgins, S.-H. Ryu, and A. Agarwal, "A Unified Silicon/Silicon Carbide IGBT Model," *IEEE Applied Power Electronics Conference and Exposition*, 2012, pp. 1728–1733.

[62] Q. J. Zhang, M. Das, J. Sumakeris, R. Callanan, and A. Agarwal, "12 kV p-channel IGBTs with low ON-resistance in 4 H-SiC," *IEEE Eletron Device Letters*, Vol. 29, No. 9, September 2008, pp. 1027–1029.

[63] Q. Zhang, J. Wang, C. Jonas, R. Callanan, J. J. Sumakeris, S. H. Ryu, M. Das, A. Agarwal, J. Palmour, and A. Q. Huang, "Design and characterization of high-voltage 4H-SiC p-IGBTs," *IEEE Transactions on Electron Devices*, Vol. 55, No. 8, August 2008, pp. 2121–2128.

[64] M. Das, Q. Zhang, R. Callanan, et al., "A 13 kV 4H-SiC N-channel IGBT with low Rdiff, on and fast switching," *Proc. of the International Conference on Silicon Carbide and Related Materials (ICSCRM '07)*, Kyoto, Japan, October 2007.

[65] R. Singh, S.-H. Ryu, D. C. Capell, and J. W. Palmour, "High temperature SiC trench gate p-IGBTs," *IEEE Transactions on Electron Devices*, Vol. 50, No. 3, March 2003, pp. 774–784.

[66] S. Van Camper, A. Ezis, J. Zingaro, et al., "7 kV 4H-SiC GTO thyristor," *Materials Research Society Symposium Proceedings*, Vol. 742, San Francisco, California, USA, April 2002, paper K7.7.1.

[67] J. A. Cooper Jr., M. R. Melloch, R. Singh, A. Agarwal, and J. W. Palmour, "Status and prospects for SiC power MOSFETs," *IEEE Transactions Electron Devices*, Vol. 49, No. 4, April 2002, pp. 658–664.

[68] P. Friedrichs and R. Rupp, "Silicon carbide power devices-current developments and potential applications," *Proc. European Conference Power Electronics and Applications*, 2005, pp. 1–11.

[69] G. Tolstoy, D. Peftitsis, J. Rabkowski, and H-P. Nee, "Performance tests of a 4.134.1 mm2 SiC LCVJFET for a DC/DC boost converter application," *Materials Science Forum*, Vol. 679–680, 2011, pp. 722–725.

复习题

4.1 什么是双极型晶体管(BJT)?

4.2 BJT 的类型有哪些?

4.3 npn 型晶体管和 pnp 型晶体管有何不同?

4.4 什么是 npn 型晶体管的输入特性?

4.5 什么是 npn 型晶体管的输出特性?

4.6 BJT 有哪三个工作区?

4.7 BJT 中的 β 代表什么?

4.8 BJT 的 β 和 β_F 有什么区别?

4.9 什么是 BJT 的跨导?

4.10 什么是 BJT 的过驱动因数?

4.11 什么是 BJT 的开关模型?

4.12 BJT 的延迟时间是由什么导致的?

4.13 BJT 的存储时间是由什么导致的?

4.14 BJT 的上升时间是由什么导致的?

4.15 BJT 的下降时间是由什么导致的?

4.16 什么是 BJT 的饱和模型?

4.17 什么是BJT的开通时间？

4.18 什么是BJT的关断时间？

4.19 什么是BJT的FBSOA？

4.20 什么是BJT的RBSOA？

4.21 为什么要使BJT在关断过程中处于反偏？

4.22 什么是BJT的二次击穿？

4.23 BJT的优点和缺点各是什么？

4.24 什么是MOSFET？

4.25 MOSFET的类型有哪些？

4.26 增强型MOSFET和耗尽型MOSFET有何不同？

4.27 什么是MOSFET的夹断电压？

4.28 什么是MOSFET的开启电压？

4.29 什么是MOSFET的跨导？

4.30 什么是n沟道MOSFET的开关模型？

4.31 什么是MOSFET的转移特性？

4.32 什么是MOSFET的输出特性？

4.33 MOSFET的优点和缺点各是什么？

4.34 为什么MOSFET在关断过程中不需要负向栅极电压？

4.35 为什么饱和的概念在BJT和MOSFET中不一样？

4.36 什么是MOSFET的开通时间？

4.37 什么是MOSFET的关断时间？

4.38 什么是SIT？

4.39 SIT的优点有哪些？

4.40 SIT的缺点有哪些？

4.41 什么是IGBT？

4.42 什么是IGBT的转移特性？

4.43 什么是IGBT的输出特性？

4.44 IGBT的优点和缺点各是什么？

4.45 MOSFET和BJT的主要不同有哪些？

4.46 BJT的并联运行有哪些问题？

4.47 MOSFET的并联运行有哪些问题？

4.48 IGBT的并联运行有哪些问题？

4.49 BJT的串联运行有哪些问题？

4.50 MOSFET的串联运行有哪些问题？

4.51 IGBT的串联运行有哪些问题？

4.52 IGBT中并联缓冲器的目的是什么？

4.53 IGBT中串联缓冲器的目的是什么？

4.54 SiC晶体管的优点是什么？

4.55 SiC晶体管的局限是什么？

4.56 什么是JFET的夹断电压？

4.57 什么是JFET的转移特性？

4.58 MOSFET和JFET有哪些不同？

习题

4.1 如图4-7a所示的MOSFET，其参数为V_{DD}=100V，R_D = 10mΩ，K_n = 25.3mA/V^2，V_T=4.83V，V_{DS}=3.5V且V_{GS}=10V。利用式(4-2)求解漏极电流I_D，漏-源电阻$R_{DS}=V_{DS}/I_D$。

4.2 用习题4.1中的参数，利用式(4-2)求解漏极电流I_D，漏-源电阻$R_{DS}=V_{DS}/I_D$。

4.3 利用式(4-2)，画出i_D随v_{DS}变化的曲线，并作出它们的比值$R_{DS}=v_{DS}/i_D$，v_{DS}从0变化到10V，增量为0.1V。假设K_n=25.3mA/V^2，V_T=4.83V。

4.4 利用式(4-3)，画出i_D随v_{DS}变化而变化的曲线，并作出它们的比值$R_{DS}=v_{DS}/i_D$，v_{DS}从0变化到10V，增量为0.1V。假设K_n=25.3mA/V^2，V_T=4.83V。

4.5 利用式(4-8)，画出漏-源电阻$R_{DS}=v_{DS}/i_D$，v_{GS}从0变化到10V，增量为0.1V。假设K_n=25.3mA/V^2，V_T=4.83V。

4.6 利用式(4-6)，画出线性区内跨导g_m随v_{GS}变化而变化的曲线，v_{GS}从0变化到10V，增量为0.1V。假设K_n = 25.3mA/V^2，V_T=4.83V。

4.7 如图4-31所示的双极型晶体管，其β值在10到60之间变化。负载电阻R_C=6Ω，直流电源电压为V_{CC}=100V，相对于基极的输入电压为V_B=8V。若$V_{CE(sat)}$=2.5V，$V_{BE(sat)}$=1.75V，求(a)过驱动因数为20时，引起饱和的R_B值；(b)强制β；(c)晶体管的功率损耗P_T。

4.8 如图4-31所示的双极型晶体管，其β值在12到75之间变化。负载电阻R_C=1.2Ω，直流电源电压为V_{CC}=40V，相对于基极的输入电压为V_B=6V。若$V_{CE(sat)}$=1.2V，$V_{BE(sat)}$=1.6V，R_B=0.7Ω，求(a)ODF；(b)强制β；(c)晶体管的功率损耗P_T。

4.9 晶体管作开关使用，波形如图4-35所示。参数为V_{CC}=220V，$V_{BE(sat)}$=3V，I_B=8A，$V_{CE(sat)}$=2V，I_{CS}=100A，t_d=0.5μs，t_r=1μs，t_s=5μs，t_f=3μs，且f_s=10kHz。占空比k=50%，集电极-射极漏电流为I_{CEO}=3mA。计算由于集电极电流引起的功率损耗(a)在开通时间$t_{on}=t_d+t_r$内；(b)在通态时间t_n内；(c)在关断时间$t_{off}=t_s+t_f$内；(d)在断态时间t_o内；(e)总的平均功率损耗P_T；(f)画出由于集电极电流引起的瞬时功率曲线P_c(t)。

4.10 习题4.9中，双极型晶体管的最大结温为T_j=150℃，环境温度为T_A=30℃。若热阻为R_{JC} = 0.4℃/W，以及R_{CS} = 0.05℃/W，计算散热器热阻R_{SA}。（提示：忽略由基极驱动引起的功率损耗）

4.11 根据习题4.9中的参数，计算由于基极电流引起的平均功率损耗P_B。

4.12　当参数为 $V_{BE(sat)}=2.3V$，$I_B=8A$，$V_{CE(sat)}=1.4V$，$I_{CS}=100A$，$t_d=0.1\mu s$，$t_r=0.45\mu s$，$t_s=3.2\mu s$，$t_f=1.1\mu s$ 时，重新计算习题4.9的问题。

4.13　MOSFET 作开关使用，如图4-10所示。参数为 $V_{DD}=40V$，$I_D=25A$，$R_{DS}=28m\Omega$，$V_{GS}=10V$，$t_{d(on)}=25ns$，$t_r=60ns$，$t_{d(off)}=70ns$，$t_f=25ns$，且 $f_s=20kHz$。漏-源漏电流为 $I_{DSS}=250\mu A$，占空比 $k=60\%$。计算由于漏电流引起的功率损耗(a)在开通时间 $t_{on}=t_{d(on)}+t_r$ 内；(b)在通态时间 t_n 内；(c)在关断时间 $t_{off}=t_{d(off)}+t_f$ 内；(d)在断态时间 t_o 内；(e)总的平均功率损耗 P_T。

4.14　习题4.13中，MOSFET的最大结温为 $T_j=150℃$，环境温度为 $T_A=32℃$。若热阻为 $R_{JC}=1K/W$，以及 $R_{CS}=1K/W$，计算散热器热阻 R_{SA}。（提示：K=℃+273。）

4.15　两个BJT如图4-50所示的那样并联。总负载电流为 $I_T=150A$，晶体管 Q_1 的集电极-射极电压为 $V_{CE1}=1.5V$，晶体管 Q_2 的 $V_{CE2}=1.1V$. 计算每个晶体管的集电极电流和分流电流差，假定分流电阻分别为(a)$R_{e1}=10m\Omega$，$R_{e2}=20m\Omega$；(b)$R_{e1}=R_{e2}=20m\Omega$。

4.16　一个晶体管以 $f_s=20kHz$ 的频率作为斩波开关。电路如图4-47a所示。输入斩波器的直流电压 $V_S=400V$ 且负载电流 $I_L=120A$。开关时间分别为 $t_r=1\mu s$ 且 $t_f=3\mu s$。计算(a)L_S；(b)C_S；(c)临界阻尼条件下的 R_S；(d)如果放电时间被限制在三分之一的开关周期下的 R_S；(e)如果放电电流被限制在5%的负载电流以内的 R_S；(f)由于 R_C 阻尼产生的功率损耗 P_S，忽略电感 L_S 对阻尼电容 C_S 电压的影响。假设 $V_{CE(sat)}=0V$。

4.17　一个MOSFET以 $f_s=50kHz$ 的频率作为斩波开关。电路如图4-47a所示。输入斩波器的直流电压 $V_S=30V$ 且负载电流 $I_L=450A$，开关时间分别为 $t_r=60ns$ 且 $t_f=25ns$。计算(a)L_S；(b)C_S；(c)临界阻尼条件下的 R_S；(d)如果放电时间被限制在三分之一的开关周期下的 R_S；(e)如果放电电流被限制在5%的负载电流以内的 R_S；(f)由于 R_C 阻尼产生的功率损耗 P_S，忽略电感 L_S 对阻尼电容 C_S 电压的影响。假设 $V_{CE(sat)}=0V$。

4.18　如图4-62所示，电路的基极驱动电压为幅值为10V的方波。峰值基极电流 $I_{BO}\geq 1mA$。计算(a)C_1，R_1 和 R_2 的值；(b)所允许的最大开关频率 f_{max}。

4.19　图4-65所示的基极驱动电路有 $V_{CC}=400V$，$R_C=3.5\Omega$，$V_{d1}=3.6V$，$V_{d2}=0.9V$，$V_{BE(sat)}=0.7V$，$V_B=15V$，$R_B=1.1\Omega$，且 $\beta=12$。计算(a)不钳位情况下的集电极电流；(b)集电极钳位电压 V_{CE}；(c)钳位情况下的集电极电流。

第5章

DC-DC 变换器

在完成本章的学习后，应能够做到以下几点：

- 列出理想晶体管的开关特性；
- 描述 DC-DC 变换器的开关技术；
- 列出 DC-DC 变换器的各种类型；
- 描述 DC-DC 变换器的工作原理；
- 列出 DC 变换器的性能参数；
- 分析 DC 变换器的设计；
- 使用 SPICE 对直流变换器仿真；
- 描述感性负载对负载电流的影响以及电流连续的条件。

符号及其含义

符　号	含　义
v，i	分别为瞬时电压和电流
f，T，k	分别为开关频率、周期和占空比
$i(t)$，$i_1(t)$，$i_2(t)$	分别为瞬时电流、模式 1 下的电流和模式 2 下的电流
I_1，I_2，I_3	分别为模式 1、模式 2、模式 3 开始时的稳态电流
I_o，V_o	分别为输出负载电流、电压的有效值
I_L，i_L，v_L，v_C	分别为负载电流幅值、负载电流瞬时值、负载电压、电容电压
ΔI，ΔI_{max}	分别为输出电流纹波的峰峰值和最大差值
P_o，P_i，R_i	分别为输出功率、输入功率和有效输入电阻
t_1，t_2	分别为模式 1 和模式 2 的时长
v_r，v_{cr}	分别为参考信号和载波信号
V_a，I_a	分别为输出电压和电流的平均值
V_s，V_o，v_o	分别为直流输入电压、输出电压有效值和输出电压瞬时值

5.1 引言

在很多工业应用中，要求把恒定的直流电压源转换为可变的直流电压源。DC-DC 变换器(DC-DC converter)可以直接将直流电变换为直流电，简称为直流变换器。类比于普通的交流变压器，直流变换器可以看成有连续调压比的直流变压器，它可以用来降低或者提升直流电压。

直流变换器广泛应用于各种场合的电动机控制，包括电动汽车、有轨电车、船用起重机、叉车和矿山车。它可以提供平滑的加速控制、高的效率和快速的动态响应。直流变换器可以在直流电动机的回馈制动时将能量返还给电源，这种特性能够在需要频繁启停的交通系统中节省能量。直流变换器用于直流稳压源；也可以与电感连接来构成直流电流源，特别是用于电流源型逆变器。在可再生能源技术不断发展的时代，直流变换器是能量变换领域的必备设备。

5.2　DC-DC 变换器的性能参数

DC-DC 变换器的输入和输出电压都是直流的。如图 5-1a 所示，这种类型的变换器可以从一个恒定或可变的直流电压产生另一个恒定或可变的直流电压。输出电压和输入电流可以理想化为单纯的直流电；但对于一个实际的 DC-DC 变换器，输出电压和输入电流都含有一定的谐波和纹波，如图 5-1b 和 c 所示。只有当变换器连接供电电源和负载，该变换器才会从输入的直流源中吸取电流，此时输入的电流是不连续的。

输出的直流功率为：

$$P_{dc} = I_a V_a \tag{5-1}$$

式中：V_a和 I_a分别是负载电压和电流的平均值。

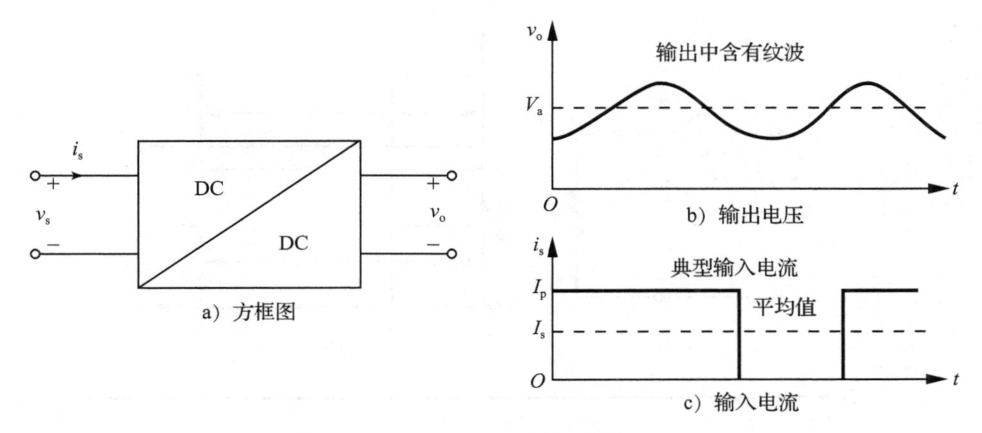

图 5-1　DC-DC 变换器的输入输出关系

输出的交流功率为：

$$P_{ac} = I_o V_o \tag{5-2}$$

式中：V_o和 I_o分别是负载电压和电流的有效值。

变换器的效率(不是能量转化率)为：

$$\eta_c = \frac{P_{dc}}{P_{ac}} \tag{5-3}$$

输出电压中纹波电压的有效值为：

$$V_r = \sqrt{V_o^2 - V_a^2} \tag{5-4}$$

输入电流中纹波电流的有效值为：

$$I_r = \sqrt{I_i^2 - I_s^2} \tag{5-5}$$

式中：I_i和 I_s分别是输入直流电流的有效值和平均值。

输出电压的纹波因数(ripple factor，RF)为：

$$\mathrm{RF}_o = \frac{V_r}{V_a} \tag{5-6}$$

输入电流的纹波因数为：

$$\mathrm{RF}_s = \frac{I_r}{I_a} \tag{5-7}$$

输出功率与输入功率的比值，即能量效率，由开关损耗决定；而开关损耗反过来又由变换器的开关频率决定。为了减小电容和电感的容/感值和体积，开关频率 f 需要提高。设计者不得不对这些相互冲突的要求做折中处理。一般而言，开关频率 f 要比人耳可听见的频率(即 18kHz)高。

5.3 降压工作的原理

图5-2a解释了降压工作原理。当开关SW(也称为斩波器)在t_1时间内闭合时，输入电压V_s直接出现在负载两端。如果开关在t_2时间段内保持断开状态，负载两端的电压为零。负载电压和电流的波形如图5-2b所示。变换器的开关可以使用(1)功率双极结型晶体管(Bipolar Junction Transistor，BJT)；(2)功率金属-氧化物-半导体场效应管(Metal Oxide Semiconductor Field-Effect Transistor，MOSFET)；(3)门极可关断(gate-turn-off，GTO)晶闸管；(4)绝缘门极双极晶体管(Insulated-Gate Bipolar Transistor，IGBT)。实际的器件会有一个有限的导通压降，一般为0.5V到2V之间。为了分析简便，可以忽略这些功率半导体器件上的导通压降。

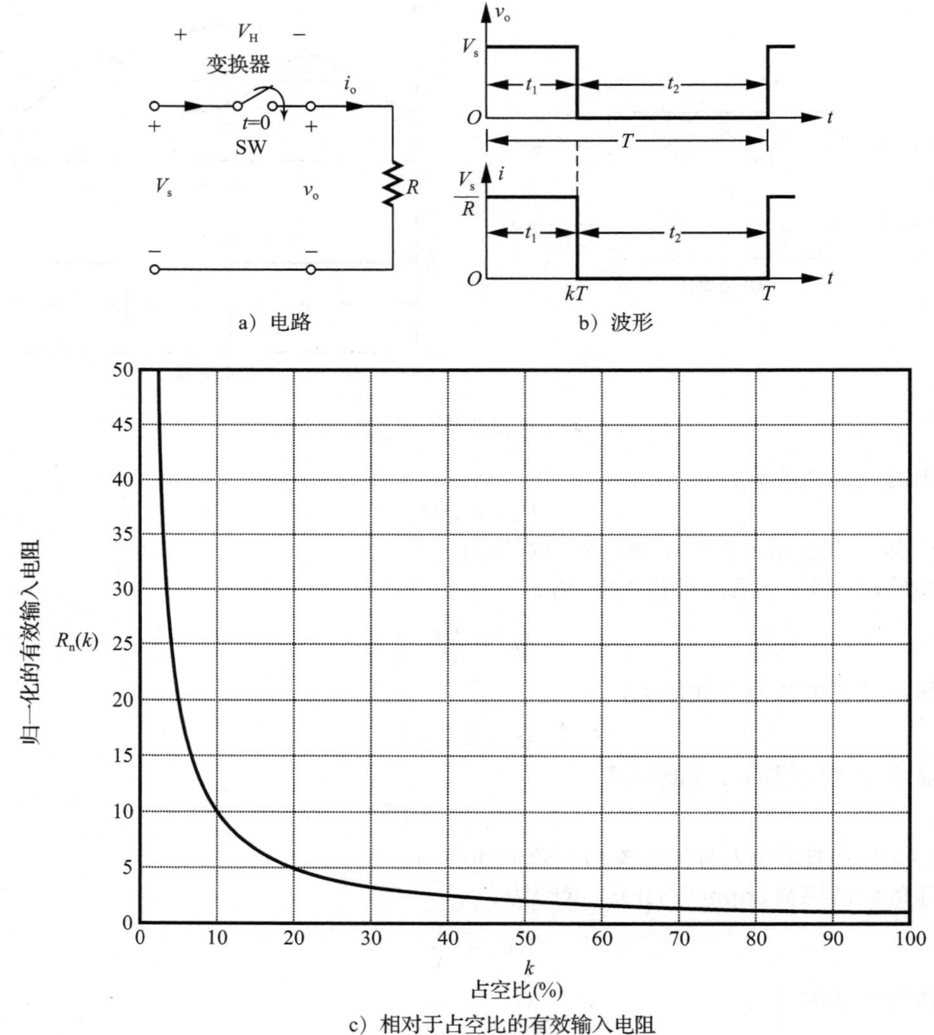

a）电路　b）波形

c）相对于占空比的有效输入电阻

图5-2

输出电压平均值为：

$$V_a = \frac{1}{T}\int_0^{t_1} v_o \mathrm{d}t = \frac{t_1}{T}V_s = ft_1V_s = kV_s \tag{5-8}$$

负载电流的平均值为：

$$I_a = V_a/R = kV_s/R$$

式中：T 为开关周期；$k=t_1/T$ 为开关的占空比；f 为开关频率。

输出电压有效值为：

$$V_o = \left(\frac{1}{T}\int_0^{kT} v_0^2 \mathrm{d}t\right)^{1/2} = \sqrt{k}V_s \tag{5-9}$$

假设对于无损耗的变换器，输入功率等于输出功率，并可以表示为：

$$P_i = \frac{1}{T}\int_0^{kT} v_0 i \mathrm{d}t = \frac{1}{T}\int_0^{kT} \frac{v_0^2}{R}\mathrm{d}t = k\frac{V_s^2}{R} \tag{5-10}$$

从电源端看入，有效输入电阻为：

$$R_i = \frac{V_s}{I_a} = \frac{V_s}{kV_s/R} = \frac{R}{k} \tag{5-11}$$

上式表明，变换器使输入电阻 R_i 成为一个值为 R/k 的可变电阻。图5-2c显示了归一化后的输入电阻对占空比的变化。需要注意到，图5-2所示的开关可由BJT、MOSFET、IGBT或者GTO实现。

通过改变 t_1、T 或者 f，占空比 k 可以从0到1变化。因此通过改变 k，输出电压 V_o 可以在0到 V_s 间变化，因而可以控制功率流动。

(1)恒频工作模式：变换器或者开关的频率 f(或者说开关周期 T)保持恒定，导通时间 t_1 可变。脉冲宽度是可变的，这种类型的控制称为脉冲宽度调制(Pulse Width Modulation，PWM)控制。

(2)变频工作模式：开关频率 f 是可变的。导通时间 t_1 和关断时间 t_2 之一保持恒定。这称为频率调制。频率需要在一个宽的范围内变化，以此达到全输出电压范围。这种类型的控制将在不可预测的频率上产生谐波，使得滤波器的设计变得困难。

例5.1 计算DC-DC变换器的性能参数

图5-2a所示的直流变换器带有阻性负载 $R=10\Omega$，输入电压 $V_s=220\text{V}$。当变换器的开关保持开通，开关上的压降为 $v_{ch}=2\text{V}$，开关频率为 $f=1\text{kHz}$。当占空比为50%时，计算(a)输出电压平均值 V_a；(b)输出电压有效值 V_o；(c)变换器的效率；(d)变换器的有效输入电阻 R_i；(e)输出电压的 RF_o；(f)输出谐波电压中最低次分量的有效值。

解：

$$V_s = 220\text{V}, k = 0.5, R = 10\Omega, v_{ch} = 2V$$

(a)由式(5-8)，$V_a=0.5\times(220-2)\text{V}=109\text{V}$

(b)由式(5-9)，$V_o=\sqrt{0.5}\times(220-2)\text{V}=154.15\text{V}$

(c)输出功率可由下式算得：

$$\begin{aligned} P_o &= \frac{1}{T}\int_0^{kT} \frac{v_0^2}{R}\mathrm{d}t = \frac{1}{T}\int_0^{kT} \frac{(V_s - v_{ch})^2}{R}\mathrm{d}t = k\frac{(V_s - v_{ch})^2}{R} \\ &= 0.5 \times \frac{(220-2)^2}{10}\text{W} = 2376.2\text{W} \end{aligned} \tag{5-12}$$

输入功率可由下式算得

$$\begin{aligned} P_i &= \frac{1}{T}\int_0^{kT} V_s i \mathrm{d}t = \frac{1}{T}\int_0^{kT} \frac{V_s(V_s - v_{ch})}{R}\mathrm{d}t = k\frac{V_s(V_s - v_{ch})}{R}\mathrm{d}t = k\frac{V_s(V_s - v_{ch})}{R} \\ &= 0.5 \times 220 \times \frac{220-2}{10}\text{W} = 2398\text{W} \end{aligned} \tag{5-13}$$

变换器效率为：

$$\frac{P_o}{P_i} = \frac{2376.2}{2398} = 99.09\%$$

(d)由式(5-11)，得：

$$R_i = V_s/I_a = V_s(V_a/R) = 220\times(109/10)\Omega = 20.18\Omega$$

(e)将式(5-8)中的 V_a和式(5-9)中的 V_o代入式(5-6)，可得纹波因数为：

$$RF_o = \frac{V_r}{V_a} = \sqrt{\frac{1}{k}-1} = \sqrt{\frac{1}{0.5}-1} = 100\% \tag{5-14}$$

(f)由图 5-2b 所示，输出电压可展开为傅里叶级数：

$$v_0(t) = kV_s + \sum_{n=1}^{+\infty}\frac{V_s}{n\pi}\sin(2n\pi k)\cos(2n\pi ft) + \frac{V_s}{n\pi}\sum_{n=1}^{+\infty}(1-\cos(2n\pi k))\sin(2n\pi ft) \tag{5-15}$$

输出谐波电压中的最低次分量($n=1$)可以由式(5-15)算得：

$$v_1(t) = \frac{V_s - v_{ch}}{\pi}[\sin(2\pi k)\cos(2\pi ft) + (1-\cos(2\pi k)\sin(2\pi ft))]$$

$$= \frac{(220-2)\times 2}{\pi}\sin(2\pi\times 1000t) = 138.78\sin(6283.2t)\text{V} \tag{5-16}$$

其有效值为：$$V_1 = 138.78/\sqrt{2} = 98.13\text{V}$$ ◀

注意：计算效率时，需要考虑变换器的导通损耗，但不考虑实际变换器开通和关断过程的开关损耗。实际变换器的效率在 92%到 99%之间。

占空比的产生

将一个直流参考信号 v_r与锯齿载波信号 v_{cr}相比较，可以产生占空比 k。如图 5-3 所示，V_r为 v_r的幅值，V_{cr}为 v_{cr}的幅值。参考信号 v_r可表示为：

$$v_r = \frac{V_r}{T}t \tag{5-17}$$

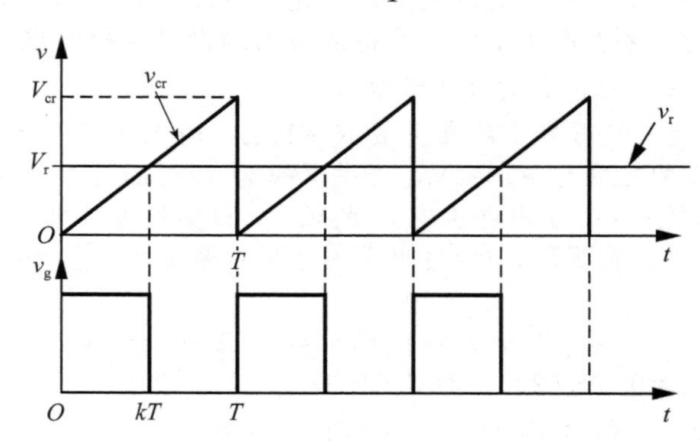

图 5-3 参考信号与载波信号比较

在 kT 时刻，其一定等于载波信号 $v_{cr}=V_{cr}$，也就是：

$$V_{cr} = \frac{V_r}{T}kT$$

由此得到占空比 k 为：

$$k = \frac{V_{cr}}{V_r} = M \tag{5-18}$$

式中：M 称为调制因数。通过改变载波信号 v_{cr}从 0 到 V_{cr}变化，占空比 k 可以从 0 到 1 变化。

产生开关门极驱动信号的算法如下。

(1)产生一个周期为 T 的三角波作为参考信号 v_r，一个直流信号作为载波 v_{cr}。

(2)使用比较器比较以上两个信号，得到其差值 $v_r - v_{cr}$，然后通过硬限幅器得到脉宽为 kT 的方波脉冲。该脉冲必须经过隔离电路加载到开关器件上。

(3)任何 v_{cr} 的变化都会使占空比 k 随之线性变化。

5.4 带阻感性负载的降压型变换器

图 5-4 所示的为带阻感性(RL)负载的变换器[1]。该变换器的工作可以分为两种模式。在模式 1，开关闭合，电流从电源流向负载。在模式 2，开关断开，负载电流流过续流二极管 D_m。两种模式的等效电路如图 5-5a 所示。假设负载电流线性上升，负载电流与输出电压的波形如图 5-5b 所示。然而，流经阻感性负载的电流按指数规律上升或下降。该指数函数的时间常数，即负载时间常数($\tau = L/R$)通常远大于开关周期 T。因此对电流波形的线性化近似处理在很多电路运用中是可行的，从中也可以得到较为准确的简化表达式。

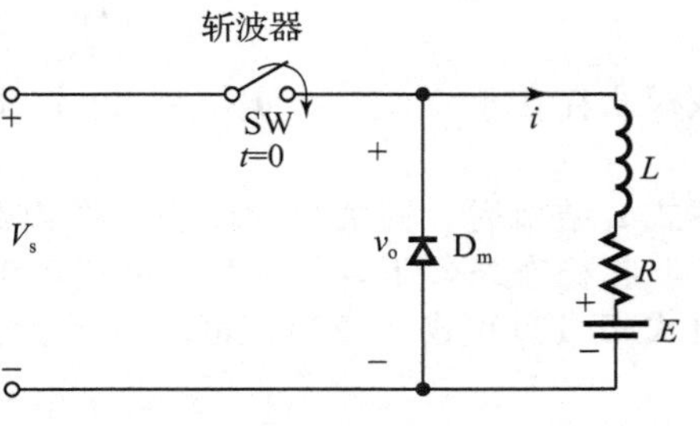

图 5-4 带阻感性负载的直流变换器

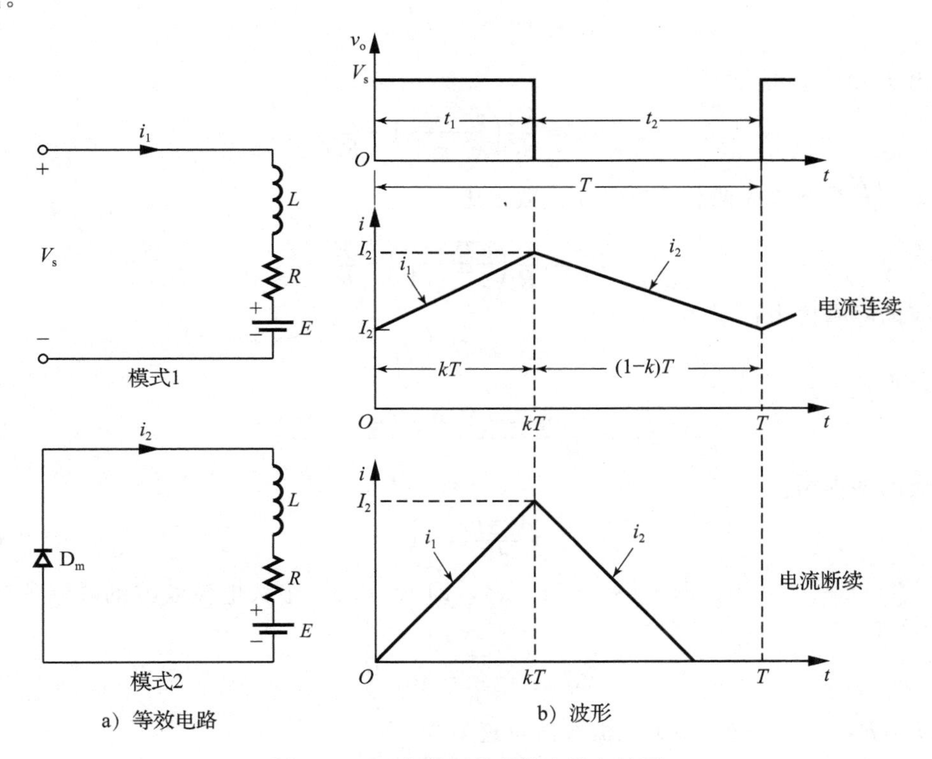

图 5-5 RL 负载下的等效电路与波形

模式 1 的负载电流可以从下式得出：

$$V_s = Ri_1 + L\frac{di_1}{dt} + E$$

假设初始电流 $i_1(t=0)=I_1$，负载电流可表示为：

$$i_1(t) = I_1 e^{-tR/L} + \frac{V_s - E}{R}(1 - e^{-tR/L}) \tag{5-19}$$

该模式存在于 $0 \leqslant t \leqslant t_1(=kT)$；在该模式末尾，负载电流变为：

$$i_1(t = t_1 = kT) = I_2 \tag{5-20}$$

模式 2 的负载电流可以从下式得出：

$$0 = Ri_2 + L\frac{\mathrm{d}i_2}{\mathrm{d}t} + E$$

在模式2的初始时刻重新定义时间原点（如 $t=0$），则初始电流 $i_2(t=0)=I_2$，负载电流为：

$$i_2(t) = I_2\mathrm{e}^{-tR/L} - \frac{E}{R}(1-\mathrm{e}^{-tR/L}) \tag{5-21}$$

该模式存在于 $0 \leqslant t \leqslant t_2[=(1-k)T]$；在该模式快结束时，负载电流变为：

$$i_2(t=t_2) = I_3 \tag{5-22}$$

模式2结束后，开关再次闭合，变换器进入下一周期运行，$T=1/f=t_1+t_2$。

在稳态条件下，$I_1=I_3$。负载电流纹波的峰峰值可以从式(5-19)～式(5-22)推导出。由式(5-19)和式(5-20)，可算得 I_2 为：

$$I_2 = I_1\mathrm{e}^{-kTR/L} + \frac{V_s-E}{R}(1-\mathrm{e}^{-kTR/L}) \tag{5-23}$$

由式(5-21)和式(5-22)，可算得 I_3 为：

$$I_3 = I_1 = I_2\mathrm{e}^{-(1-k)TR/L} - \frac{E}{R}(1-\mathrm{e}^{-(1-k)TR/L}) \tag{5-24}$$

从中解出 I_1 和 I_2，即分别为：

$$I_1 = \frac{V_s}{R}\left(\frac{\mathrm{e}^{kz}-1}{\mathrm{e}^{z}-1}\right) - \frac{E}{R} \tag{5-25}$$

式中：$z=\frac{TR}{L}$是开关周期和负载时间常数之比；

$$I_2 = \frac{V_s}{R}\left(\frac{\mathrm{e}^{-kz}-1}{\mathrm{e}^{-z}-1}\right) - \frac{E}{R} \tag{5-26}$$

电流纹波的峰峰值为：

$$\Delta I = I_2 - I_1$$

化简后，得：

$$\Delta I = \frac{V_s}{R}\frac{1-\mathrm{e}^{-kz}+\mathrm{e}^{-z}-\mathrm{e}^{-(1-k)z}}{1-\mathrm{e}^{-z}} \tag{5-27}$$

纹波最大的条件为：

$$\frac{\mathrm{d}(\Delta I)}{\mathrm{d}k} = 0 \tag{5-28}$$

解得，$\mathrm{e}^{-kz}-\mathrm{e}^{-(1-k)z}=0$，即 $-k=-(1-k)$，即 $k=0.5$。最大电流纹波的峰峰值（在 $k=0.5$ 时刻）为：

$$\Delta I_{\max} = \frac{V_s}{R}\tanh\frac{R}{4fL} \tag{5-29}$$

对于 $4fL \gg R$，$\tanh\theta \approx \theta$。最大电流纹波可近似为：

$$\Delta I_{\max} = \frac{V_s}{4fL} \tag{5-30}$$

注意：式(5-19)到式(5-30)只在电流连续条件下成立。对于长关断时间，尤其是在低开关频率、低输出电压条件下，负载电流可能会不连续。如果 $L/R \gg T$ 或者 $Lf \gg R$，则负载电流一般连续。在电流不连续情况下，$I_1=0$，且式(5-19)变为：

$$i_1(t) = \frac{V_s-E}{R}(1-\mathrm{e}^{-tR/L})$$

式(5-21)在 $0 \leqslant t \leqslant t_2$ 时成立，此时 $i_2(t=t_2)=I_3=I_1=0$，可得：

$$t_2 = \frac{L}{R}\ln\left(1+\frac{RI_2}{E}\right)$$

因为在 $t=kT$ 时刻，有：

$$i_1(t) = I_2 = \frac{V_s - E}{R}(1 - e^{-kz})$$

在代入 I_2 后，上式变为：

$$i_2 = \frac{L}{R}\ln\left[1 + \left(\frac{V_s - E}{R}\right)(1 - e^{-kz})\right]$$

电流连续条件：对于 $I_1 \geqslant 0$，由式(5-25)得：

$$\left(\frac{e^{kz} - 1}{e^z - 1} - \frac{E}{V_s}\right) \geqslant 0$$

可以得到负载电势(electromotive force，emf)比 $x = E/V_s$ 为：

$$x = \frac{E}{V_s} \leqslant \frac{e^{kz} - 1}{e^z - 1} \tag{5-31}$$

例 5.2 计算带阻感性负载的直流变换器电流。

如图 5-4 所示，变换器带阻感性负载，$V_s = 220\text{V}$，$R = 5\Omega$，$L = 7.5\text{mH}$，$f = 1\text{kHz}$，$k = 0.5$，$E = 0\text{V}$。计算(a)最小瞬时负载电流 I_1；(b)瞬时负载电流峰值 I_2；(c)最大负载电流纹波峰峰值；(d)负载电流平均值 I_a；(e)负载电流有效值 I_o；(f)从电源端看进去的有效输入电阻 R_i；(g)斩波器电流有效值 I_R；(h)保证负载电流连续的负载电感临界值。使用 PSpice 画出负载电流、输入电流以及二极管续流电流。

解：

$V_s = 220\text{V}$，$R = 5\Omega$，$L = 7.5\text{mH}$，$f = 1\text{kHz}$。由式(5-23)，得：

$$I_2 = 0.7165 I_1 + 12.473$$

由式(5-24)，得：

$$I_1 = 0.7165 I_2 + 0$$

(a)解以上两个方程，得到： $I_1 = 18.37\text{A}$

(b) $I_2 = 25.63\text{A}$

(c)$\Delta I = I_2 - I_1 = (25.63 - 18.37)\text{A} = 7.26\text{A}$。由式(5-29)，得 $\Delta I_{max} = 7.26\text{A}$；由式(5-30)，可以得出近似值 $\Delta I_{max} = 7.33\text{A}$。

(d)平均负载电流近似为：

$$I_a = \frac{I_2 + I_1}{2} = \frac{25.63 + 18.37}{2}\text{A} = 22\text{A}$$

(e)假设负载电流从 I_1 到 I_2 线性上升，瞬时负载电流可以表示为：

$$i_i = I_1 + \frac{\Delta It}{kT} \qquad (0 < t < kT)$$

负载电流有效值为：

$$I_o = \left(\frac{1}{kT}\int_0^{kT} i_1^2 \mathrm{d}t\right)^{1/2} = \left[I_1^2 + \frac{(I_2 - I_1)^2}{3} + I_1(I_2 - I_1)\right]^{1/2} = 22.1\text{A} \tag{5-32}$$

(f)平均输入电流为：

$$I_s = kI_a = 0.5 \times 22\text{A} = 11\text{A}$$

有效输入电阻为 $R_i = \frac{V_s}{I_s} = \frac{220}{11}\Omega = 20\Omega$

(g)斩波器电流有效值由下式算得：

$$I_R = \left(\frac{1}{T}\int_0^{kT} i_1^2 \mathrm{d}t\right)^{\frac{1}{2}} = \sqrt{k}\left[I_1^2 + \frac{(I_2 - I_1)^2}{3} + I_1(I_2 - I_1)\right]^{\frac{1}{2}} = \sqrt{k} I_o$$

$$= \sqrt{0.5} \times 22.1\text{A} = 15.63\text{A} \tag{5-33}$$

(h)可以重写式(5-31)如下：

$$V_s\left(\frac{e^{kz} - 1}{e^z - 1}\right) = E$$

在迭代后可以得到 $z=TR/L=52.5\text{ms}\cdot\Omega/\text{mH}$ 和 $L=1\text{ms}\times5\Omega/(52.5\text{ms}\cdot\Omega/\text{mH})=0.096\text{mH}$。SPICE 仿真结果[32]如图 5-6 所示，包括负载电流 $I(R)$，输入电流 $-I(V_s)$ 和二极管电流 $I(\text{D}_\text{m})$。我们可以得到 $I_1=17.96\text{A}$ 和 $I_2=25.46\text{A}$。

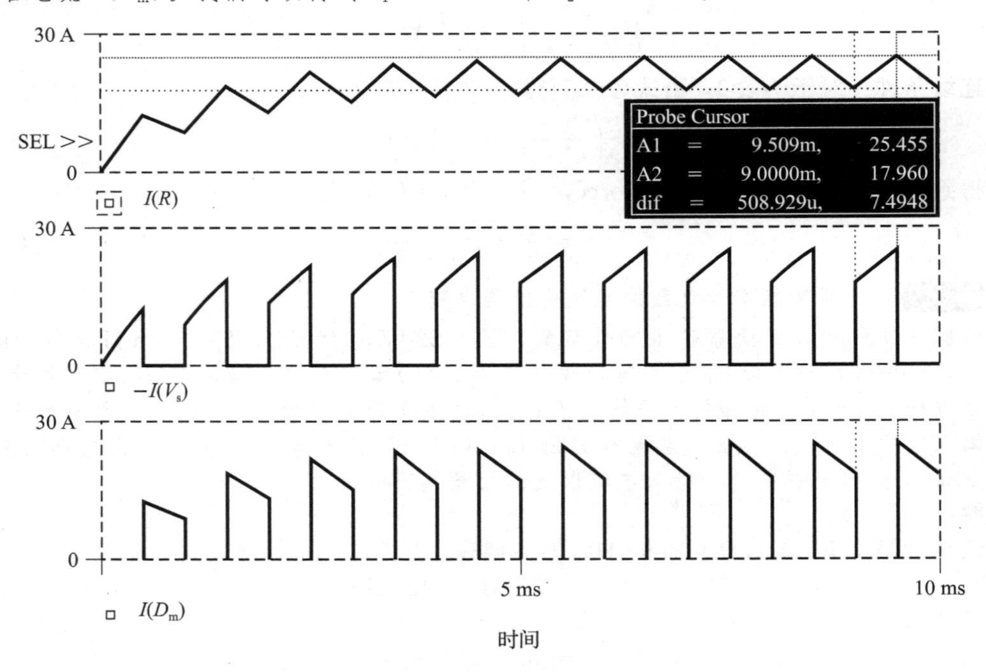

图 5-6　用 SPICE 画出的例 5.2 中负载、输入和二极管电流 ◀

例 5.3　计算用于限制负载电流纹波的负载电感。

图 5-4 所示的变换器的负载电阻为 $R=0.25\Omega$，输入电压为 $V_s=550\text{V}$，电池电势为 $E=0\text{V}$。平均负载电流 $I_a=200\text{A}$，开关频率 $f=250\text{Hz}$。用平均输出电压计算负载电感 L，该电感将负载电流纹波最大值限制为 10% 的 I_a。

解：

$V_s=550\text{V}$，$R=0.25\Omega$，$E=0\text{V}$，$f=250\text{Hz}$，$T=1/f=0.004\text{s}$，$\Delta i=200\times0.1\text{A}=20\text{A}$。输出电压平均值 $V_a=kV_s=RI_a$。电感两端的电压为：

$$L\frac{\text{d}i}{\text{d}t}=V_s-RI_a=V_s-kV_s=V_s(1-k)$$

假设负载电流线性上升，$\text{d}t=t_1=kT$ 且 $\text{d}i=\Delta i$，

$$\Delta i=\frac{V_s(1-k)}{L}kT$$

纹波最大条件为：

$$\frac{d(\Delta i)}{\text{d}k}=0$$

则可得 $k=0.5$，

$$\Delta iL=20\times L=550\times(1-0.5)\times0.5\times0.004$$

所需电感值为：

$$L=27.5\text{mH}$$ ◀

注意：对于 $\Delta i=20\text{A}$，由式(5-27)算得 $z=0.036\text{ms}\cdot\Omega/\text{mH}$，即 $L=27.194\text{mH}$。

5.5　升压工作的原理

变换器也可以用来升高直流电压，升压工作的原理图如 5-7a 所示。当开关 SW 在 t_1 时段内闭合时，电感电流上升，能量存储于电感 L 中。如果开关在 t_2 时段内开路，存储在

电感中的能量会通过二极管 D_1 转移到负载，同时电感电流下降。假设电流连续，电感电流波形如 5-7b 所示。

当变换器工作时，电感两端电压为：

$$v_L = L\frac{\mathrm{d}i}{\mathrm{d}t}$$

由此得到电感电流纹波的峰峰值为：

$$\Delta I = \frac{V_s}{L}t_1 \tag{5-34}$$

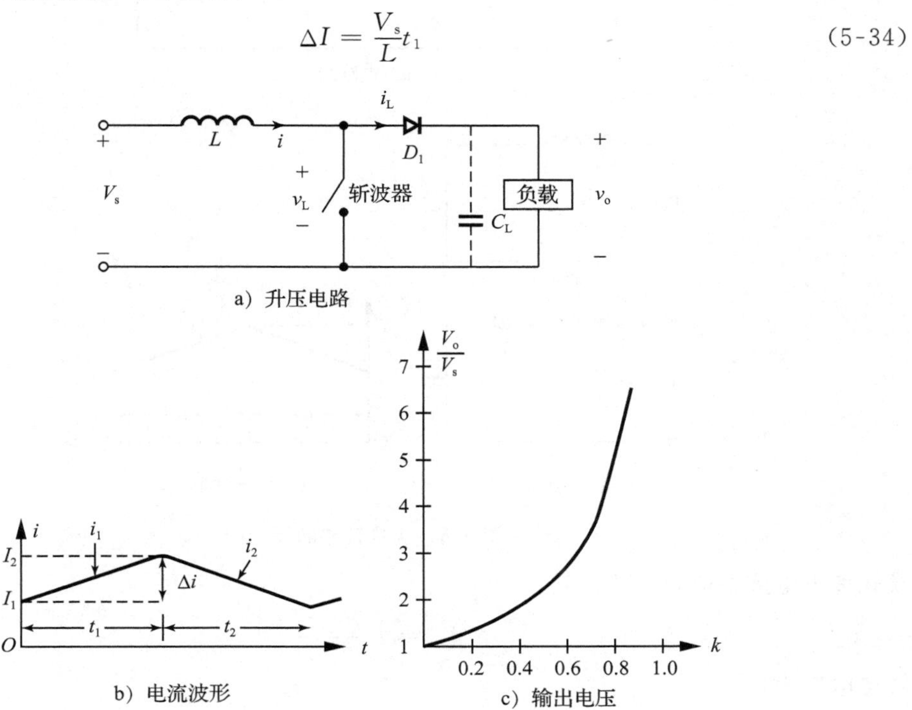

图 5-7　升压工作电路

输出电压平均值为：

$$v_o = V_s + L\frac{\Delta I}{t_2} = V_s\left(1+\frac{t_1}{t_2}\right) = V_s\frac{1}{1-k} \tag{5-35}$$

如图 5-7a 虚线所示，如果一个大电容 C_L 连接在负载两端，输出电压就是连续的，v_o 就会等于其平均值 V_a。由式(5-35)可以注意到，负载两端的电压可以通过改变占空比 k 来升高；当 $k=0$ 时，其达到最小值，为 V_s。然而该变换器中的开关不能一直连续闭合，即 $k=1$。当 k 的取值接近于 1 时，输出电压会非常高并且对 k 的变化变得很敏感，如图 5-7c 所示。

如图 5-8a 所示，这一原理可以应用于将能量从一个电压源转移到另一个电压源。该工作模式的等效电路如图 5-8b 所示。图 5-8c 所示的为电流波形。模式 1 下电感电流由下式得到：

$$V_s = L\frac{\mathrm{d}i_1}{\mathrm{d}t}$$

即电流为：

$$i_1(t) = \frac{V_s}{L}t + I_1 \tag{5-36}$$

式中：I_1 是模式 1 的初始电流。在模式 1 下，电流一定上升，保证电流上升的条件为：

$$\frac{\mathrm{d}i_1}{\mathrm{d}t}>0 \quad 或 \quad V_s>0$$

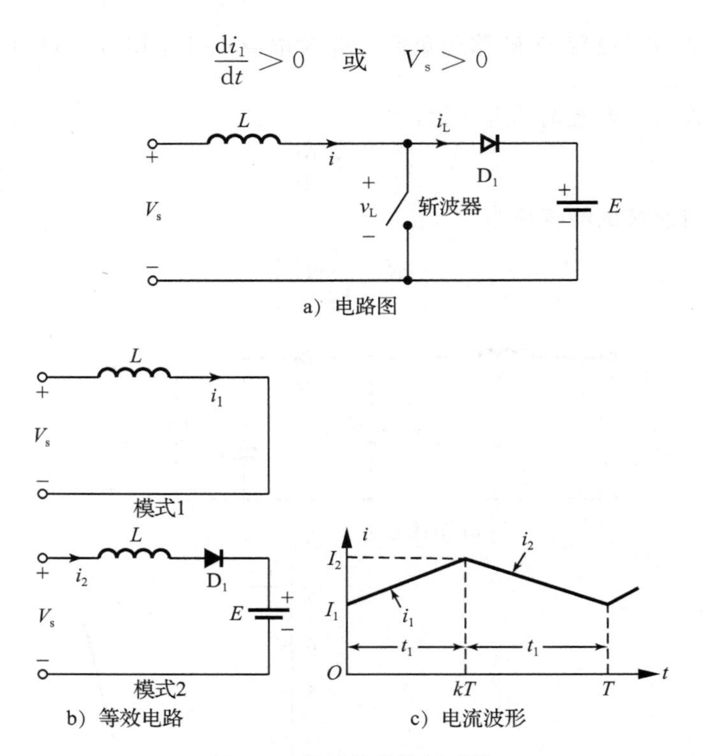

a）电路图

b）等效电路　　c）电流波形

图 5-8　能量转移的原理图

模式 2 下电感电流由下式得到：

$$V_s = L\frac{\mathrm{d}i_2}{\mathrm{d}t}+E$$

解得电流为：

$$i_2(t)=\frac{V_s-E}{L}t+I_2 \tag{5-37}$$

式中：I_2是模式 2 的初始电流。对于一个稳定系统，电流一定下降，保证电流下降的条件为：

$$\frac{\mathrm{d}i_2}{\mathrm{d}t}<0 \quad 或 \quad V_s<E$$

如果该条件没有满足，电感电流会继续上升，系统会变得不稳定。因此，能量转移可控的条件是：

$$0<V_s<E \tag{5-38}$$

式(5-38)指出，电压源V_s必须小于电压E，以此保证能量从一个恒定(或者变化)的电压源转移到一个恒定的直流电压源。当直流电动机回馈制动时，电动机以直流发电机模式运行，当电动机降速时端口电压下降。该变换器允许能量转移到一个恒定直流源或电阻负载。

当变换器的开关闭合时，能量从电源V_s转移到电感L上。随后当开关断开时，存储在电感L中的一部分能量从V_s转移到电池E中。

注意：当不进行斩波操作时，v_s必须大于E才能将能量从v_s转移到E中。

5.6　带阻性负载的升压型变换器

带阻性负载的升压型变换器如图 5-9a 所示。当开关S_1闭合时，电流上升，流经L和开关。模式 1 的等效电路如图 5-9b 所示，电流可由下式描述：

$$V_s = L\frac{\mathrm{d}}{\mathrm{d}t}i_1$$

若初始电流为 I_1，则有：

$$i_1(t) = \frac{V_s}{L}t + I_1 \tag{5-39}$$

上式在 $0 \leqslant t \leqslant kT$ 时成立。在模式1结束时，即 $t=kT$，有：

$$I_2 = i_1(t = kT) = \frac{V_s}{L}kT + I_1 \tag{5-40}$$

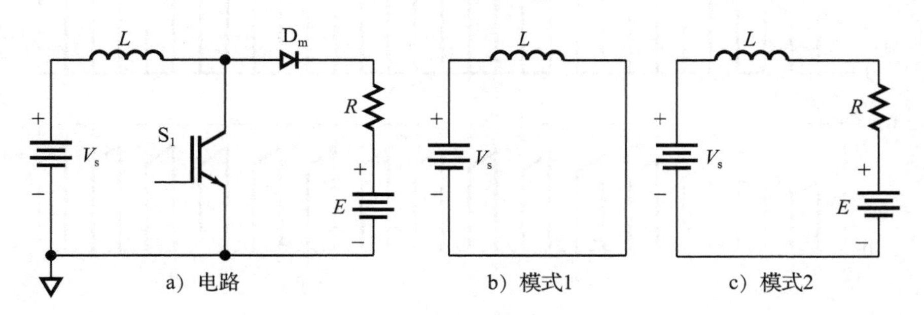

图5-9 带阻性负载的升压型变换器

当开关 S_1 开路时，电感电流流过 RL 负载，模式2的等效电路如图5-9c所示，电流由下式描述：

$$V_s = Ri_2 + L\frac{\mathrm{d}i_2}{\mathrm{d}t} + E$$

若初始电流为 I_2，有：

$$i_2(t) = \frac{V_s - E}{R}\left(1 - \mathrm{e}\frac{\sqrt{-tR}}{L}\right) + I_2\,\mathrm{e}^{\frac{-tR}{L}} \tag{5-41}$$

上式在 $0 \leqslant t \leqslant (1-k)T$ 时成立。在模式2结束时，即 $t=(1-k)T$，有：

$$I_1 = i_2[t = (1+k)T] = \frac{V_s - E}{R}[1 - \mathrm{e}^{-(1-k)z}] + I_2\,\mathrm{e}^{-(1-k)z} \tag{5-42}$$

式中：$z=TR/L$。由式(5-40)和式(5-42)解得 T_1 和 T_2，即

$$I_1 = \frac{V_s kz}{R}\,\frac{\mathrm{e}^{-(1-k)z}}{1 - \mathrm{e}^{-(1-k)z}} + \frac{V_s - E}{R} \tag{5-43}$$

$$I_2 = \frac{V_s kz}{R}\,\frac{1}{1 - \mathrm{e}^{-(1-k)z}} + \frac{V_s - E}{R} \tag{5-44}$$

电流纹波为：

$$\Delta I = I_2 - I_1 = \frac{V_s}{R}kT \tag{5-45}$$

这些方程在 $E \leqslant V_s$ 时成立。当 $E \geqslant V_s$ 并且开关断开时，电感将能量通过 R 传给电源，电感电流断续。

例5.4 计算升压型直流变换器的电流。

对于图5-9a所示的升压型变换器，$V_s=10\text{V}$，$f=1\text{kHz}$，$R=5\Omega$，$L=6.5\text{mH}$，$E=0\text{V}$，$k=0.5$，计算 I_1、I_2 和 ΔI。用SPICE仿真得到以上电流值并且画出负载、二极管和开关电流。

解：

由式(5-43)和式(5-44)，算出 $I_1=3.64\text{A}$（SPICE仿真结果为3.66A）和 $I_2=4.4\text{A}$（SPICE仿真结果为4.15A）。负载电流 $I(L)$、二极管电流 $I(\mathrm{D_m})$ 和开关电流 $\mathrm{IC}(\mathrm{Q_1})$ 如图5-10所示。

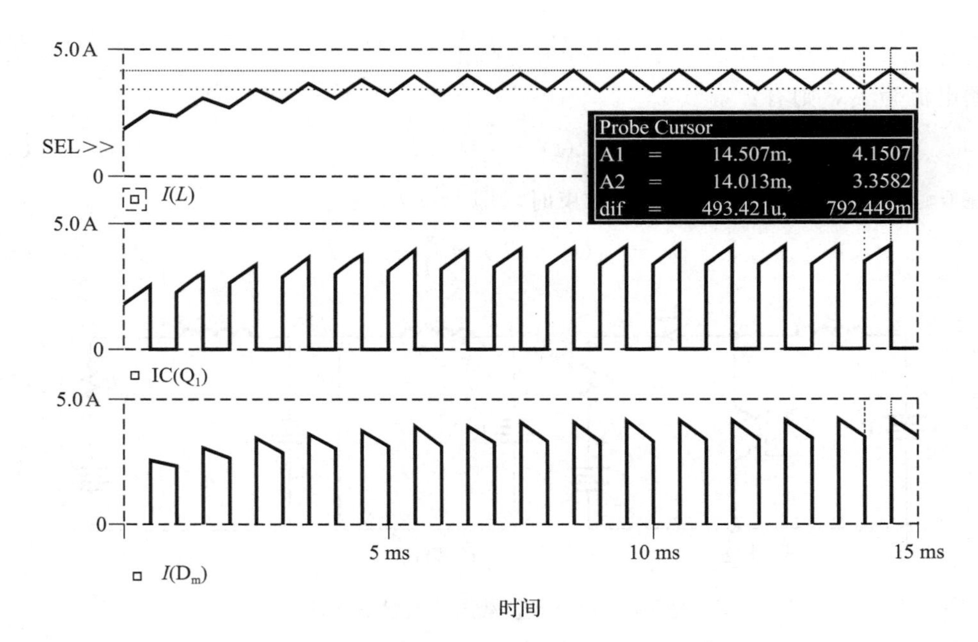

图 5-10　例 5.4 中负载、输入和二极管电流的仿真波形

5.7　频率限制参数

功率半导体器件有最小开通时间和最小关断时间。因此占空比只能控制在最小值 k_{min} 和最大值 k_{max} 之间，这样输出电压也会被限制在一个最小值和最大值之间。同时开关频率也被限制住了。由式(5-30)可看出，开关频率 f 越大，负载电流纹波越小。因此开关频率需要尽可能高，来抑制负载电流纹波，并减小所需串联的滤波电感的体积。

以下为限制升压型变换器和降压型变换器开关频率的参数：

- 电感电流纹波 ΔI_L；
- 最大开关频率 f_{max}；
- 电感电流连续或断续条件；
- 为保证电感电流连续的最小电感值；
- 输出电压和输出电流的纹波分量，也叫作总谐波分量 THD；
- 输入电流的纹波分量 THD。

5.8　变换器分类

图 5-2a 所示的降压型变换器只允许功率从输入流向负载，这也叫作第一象限变换器。在半导体开关两端连接反并联的二极管可以允许反向电流流过，变换器可以在两个象限内工作。负载端电压反向可以使变换器在双向电压下工作。根据电压和电流方向，直流变换器可以分为如下五类：

(1)第一象限变换器；

(2)第二象限变换器；

(3)第一和第二象限变换器；

(4)第三和第四象限变换器；

(5)四象限变换器。

第一象限变换器　负载电流流进负载。负载电流和负载电压都为正，如图 5-11a 所示。这是一个单象限变换器，也称为整流器。5.3 节和 5.4 节中的方程也被应用于评价第一象限变换器的性能。

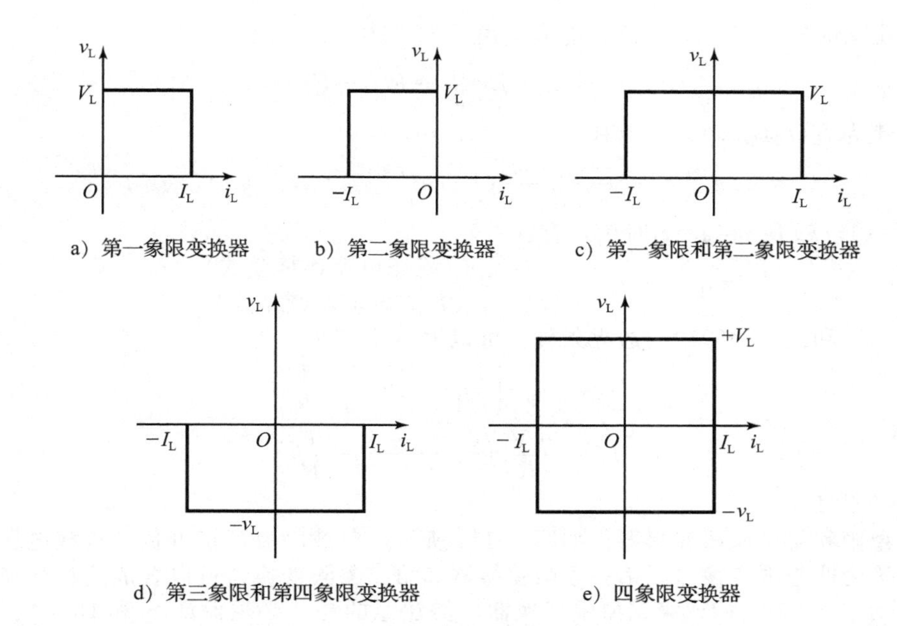

图 5-11　直流变换器分类

第二象限变换器　负载电流流出负载。负载电压为正，但负载电流为负，如图 5-11b 所示。这也是一个单象限变换器，但工作于第二象限，也称为逆变器。图 5-12a 所示为一个第二象限变换器，其中电池 E 是负载的一部分，也可看成直流电动机的反电势。

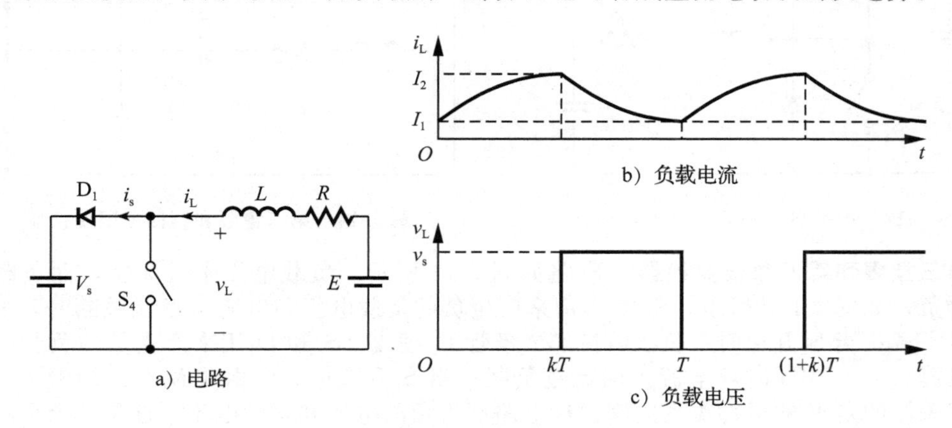

图 5-12　第二象限变换器

当开关 S_4 开通，电压 E 驱动电流流过电感 L，负载电压 v_L 变为零。负载电压瞬时值 v_L 和负载电流 i_L 分别如图 5-12b 和图 5-12c 所示。此时电流 i_L 上升，并由下式描述：

$$0 = L\frac{\mathrm{d}i_L}{\mathrm{d}t} + Ri_L - E$$

式中：若初始电流 $i_L(t=0)=I_1$，则有

$$i_L = I_1\,\mathrm{e}^{-(\frac{R}{L})t} + \frac{E}{R}(1-\mathrm{e}^{-(\frac{R}{L})t}) \qquad (0 \leqslant t \leqslant kT) \tag{5-46}$$

在 $t=t_1$ 时刻，有

$$i_L(t = t_1 = kT) = I_2 \tag{5-47}$$

当开关 S_4 关断，一部分存储在电感 L 中的能量通过二极管 D_1 返回给电源 V_s。负载电流下

降。重新定义时间原点 $t=0$，负载电流 i_L 由下式描述：

$$-V_s = L\frac{di_L}{dt} + Ri_L - E$$

若初始电流为 $i_L(t=t_2)=I_2$，则有：

$$i_L = I_2 e^{-(R/L)t} + \frac{-V_s+E}{R}(1-e^{-(\frac{R}{L})t}) \quad (0 \leqslant t \leqslant t_2) \tag{5-48}$$

式中：$t_2=(1-k)T$。在 $t=t_2$ 时刻，有：

$$i_L(t=t_2) = \begin{cases} I_1 & \text{（稳态电流连续模式）} \\ 0 & \text{（稳态电流断续模式）} \end{cases} \tag{5-49}$$

使用式(5-47)和式(5-49)中的边界条件，可以解出 I_1 和 I_2，即

$$I_1 = \frac{-V_s}{R}\left[\frac{1-e^{-(1-k)z}}{1-e^{-z}}\right] + \frac{E}{R} \tag{5-50}$$

$$I_2 = \frac{-V_s}{R}\left(\frac{e^{-kz}-e^{-z}}{1-e^{-z}}\right) + \frac{E}{R} \tag{5-51}$$

式中：$z=TR/L$。

第一象限和第二象限变换器 如图5-11c所示，负载电流可正可负。负载电压永远为正。这被称为两象限变换器。第一象限变换器和第二象限变换器可以合成这种变换器，如图5-13所示。S_4 和 D_1 构成第二象限变换器。需注意的是，必须保证 S_1 和 D_4 不同时导通，否则电源 V_s 会被短路。这种类型的变换器既可以作为整流器又可以作为逆变器。

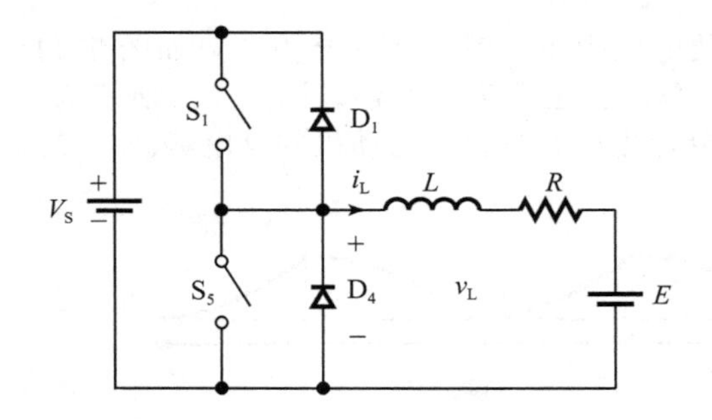

图5-13 第一象限和第二象限变换器

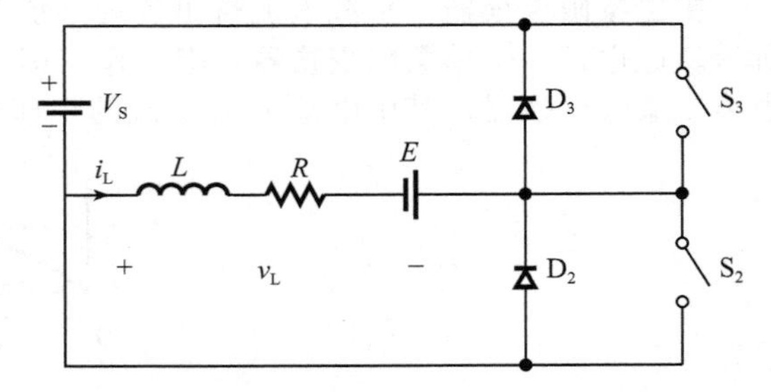

图5-14 第三象限和第四象限变换器

第三象限和第四象限变换器 电路如图5-14所示。负载电压永远为负，而负载电流可正可负，如图5-11d所示。S_3 和 D_2 用来产生负的负载电压和电流。当 S_3 关断时，电流反向流过负载；当 S_3 开通时，负载电流经二极管 D_2 续流。S_2 和 D_3 用来产生负的负载电压和正的电流。当 S_2 关断时，电流正向流过负载；当 S_2 开通时，负载电流经二极管 D_3 续流。尤为需关注的是 E 的极性需反向来保证电路产生负的电压和正的电流。这是一个负的两象限变换器。这种类型的变换器既可以作为整流器又可以作为逆变器。

四象限变换器[2] 如图5-11e所示，负载电流可正可负，负载电压也可正可负。一个第一和第二象限变换器与一个第三和第四象限变换器可以合成一个四象限变换器，如图5-15a所示。负载电流和电压的极性如图5-15b所示，在不同象限内元件的工作模式如图5-15c所示。对于工作在第四象限的情况，电池 E 必须要反向，这种变换器构成了6.4节中单相全桥变换器的基础。

对于直流电动机这样带反电势的感性负载，四象限变换器可以控制功率流向和电动机调速，如正向加速(v_L 为正且 i_L 为正)，正向制动(v_L 为正且 i_L 为负)，反向加速(v_L 为负且 i_L 为负)和反向制动(v_L 为负且 i_L 为正)。

5.9 开关稳压源

直流变换器可以作为开关稳压源，用来将一个不稳定的直流电压变换为一个稳定的直

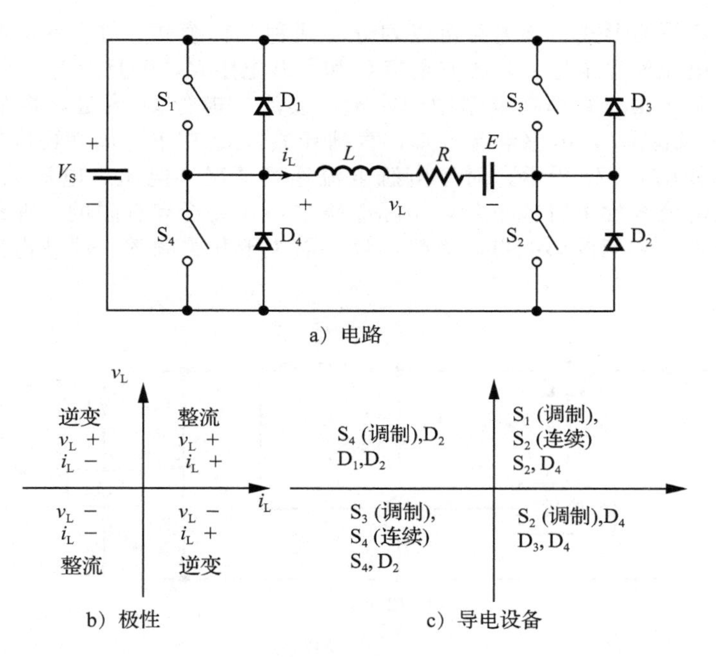

图　5-15

流电压。稳压过程一般通过固定频率的 PWM 来实现，开关器件通常选用 BJT、MOSFET 或 IGBT。开关稳压源的组成成分如图 5-16 所示。从图 5-2b 可以注意到带阻性负载的直流变换器输出是不连续的，且含有谐波分量。谐波分量通常会用 LC 滤波器来减小。

市场上有做成集成电路的开关稳压源。设计者可以通过选择振荡器中 R 和 C 的值来设定开关频率。最重要的一条选择原则是，为使效率最大化，振荡器最小的振荡周期需要是开关管开关周期的 100 倍以上。例如，若开关管的开关时间为 0.5μs，则振荡器的周期需要是 50μs，这使得最大振荡频率为 20kHz。有这样的限制是因为存在开关管的开关损耗。开关损耗随开关频率上升而升高，结果带来效率的降低。此外，电感的铁心损耗限制了高频工作。通过比较输出电压与其期望值来得到控制电压 v_c。v_{cr} 再与锯齿波电压 v_r 比较，产生用于直流变换器的 PWM 控制信号。有四种基本的开关电源拓扑结构[33,34]：

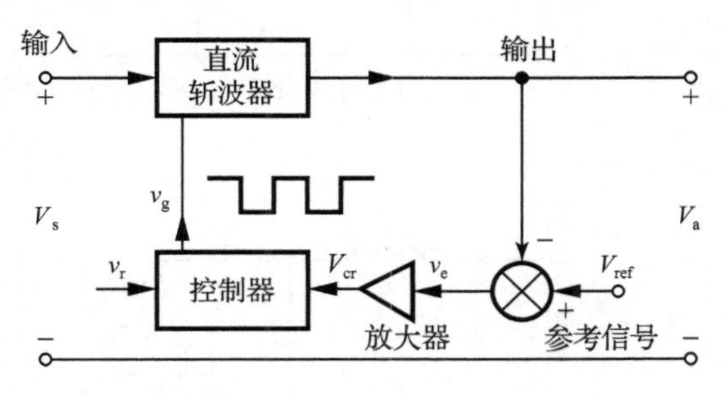

图 5-16　开关稳压源的组成

（1）降压型（buck）稳压源；

（2）升压型（boost）稳压源；

（3）降压-升压型（buck-boost）稳压源；

（4）升压-降压型（cúk）稳压源。

5.9.1　降压型稳压源

在降压型稳压源中，平均输出电压 V_a 小于输入电压 V_s，因此得名为降压型（buck），这是一种非常常用的电源[6,7]。图 5-17a 所示的为使用功率 BJT 的 buck 电源，这就类似于前面提到的降压工作的变换器。开关管 Q_1 等效于一个可控的开关，二极管 D_m 等效于一个不可控的开关。它们工作时等效为两个双向的单刀单掷开关。图 5-17 所示的电路通常简化为5-17b所示开关的形式。该电路可以划分为两种工作模式。在$t=0$时刻Q_1导通，模式1开启。输入电流流过电感L、滤波电容C和负载电阻R，并且上升。在$t=t_2$时刻，Q_1关断，模式2开启。由于存储在电感中的能量，续流二极管D_m导通，电感电流继续流过L、C、负载和二极管D_m，电感电流下降，直到开关管Q_1在下一周期再次导通。两种工作模式的等效电路如图5-17c所示。对于电感电流连续情况，电压、电流的波形如图5-17d所示。此处假设电流线性上升或下降，实际电路中，开关管有有限的、非线性的内阻，在大多数应用场合下，它们的影响可以忽略不计。取决于开关频率、滤波电感和电容，电感电流可能断续。

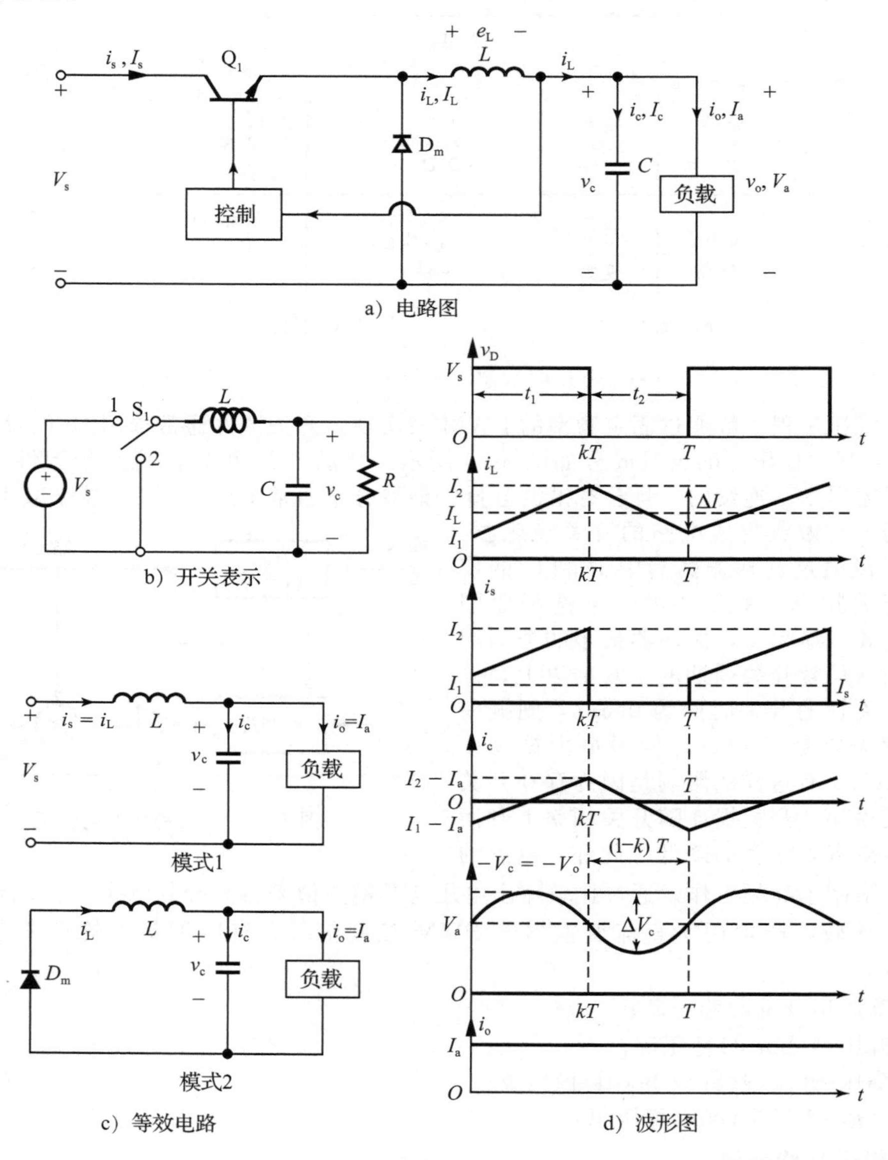

图5-17 i_L连续的buck稳压源

电感L两端的电压为：

$$e_L = L\frac{\mathrm{d}i}{\mathrm{d}t}$$

假设电感电流在 t_1 时间内，从 I_1 到 I_2 线性上升，则有：

$$V_s - V_a = L\frac{I_2 - I_1}{t_1} = L\frac{\Delta I}{t_1} \tag{5-52}$$

或者

$$t_1 = \frac{\Delta IL}{V_s - V_a} \tag{5-53}$$

假设电感电流在 t_2 时间内，从 I_2 到 I_1 线性下降，则有：

$$-V_a = -L\frac{\Delta I}{t_2} \tag{5-54}$$

或者

$$t_2 = \frac{\Delta IL}{V_a} \tag{5-55}$$

式中：$\Delta I = I_2 - I_1$ 是电感电流的峰峰值。让式(5-52)和式(5-54)中的 ΔI 相等，得到：

$$\Delta I = \frac{(V_s - V_a)t_1}{L} = \frac{V_a t_2}{L}$$

代入 $t_1 = kT$ 和 $t_2 = (1-k)T$，得到输出电压平均值为：

$$V_a = V_s\frac{t_1}{T} = kV_s \tag{5-56}$$

假设电路无损耗，$V_s I_s = V_a I_a = kV_s I_a$，则输入电流的平均值为：

$$I_s = kI_a \tag{5-57}$$

电感电流纹波峰峰值　开关周期可以表示为：

$$T = \frac{1}{f} = t_1 + t_2 = \frac{\Delta IL}{V_s - V_a} + \frac{\Delta IL}{V_a} = \frac{\Delta ILV_s}{V_a(V_s - V_a)} \tag{5-58}$$

式中：纹波电流峰峰值为：

$$\Delta I = \frac{V_a(V_s - V_a)}{fLV_s} \tag{5-59}$$

或者

$$\Delta I = \frac{V_s k(1-k)}{fL} \tag{5-60}$$

电容电压纹波峰峰值　运用基尔霍夫电流定律，我们可以写出电感电流 i_L 的表达式为：

$$i_L = i_c + i_o$$

如果假设负载电流纹波 Δi_o 非常小，并可以忽略，$\Delta i_L = \Delta i_c$，则在 $t_1/2 + t_1/2 = T/2$ 的时间段内，流入电容的电流的平均值为：

$$I_c = \frac{\Delta I}{4}$$

电容电压可以表示为：

$$v_c = \frac{1}{C}\int i_c \mathrm{d}t + v_c(t=0)$$

电容电压纹波峰峰值为：

$$\Delta V_c = v_c - v_c(t=0) = \frac{1}{C}\int_0^{T/2}\frac{\Delta I}{4}\mathrm{d}t = \frac{\Delta IT}{8C} = \frac{\Delta I}{8fC} \tag{5-61}$$

将式(5-59)或式(5-60)的 ΔI 代入式(5-61)，得到：

$$\Delta V_c = \frac{V_a(V_s - V_a)}{8LCf^2V_s} \tag{5-62}$$

或者

$$\Delta V_c = \frac{V_s k(1-k)}{8LCf^2} \tag{5-63}$$

电感电流或电容电压连续的条件　如果 I_L 是电感电流平均值，电感电流纹波为 $\Delta I = 2I_L$。

由式(5-56)和式(5-60)，可以得到：

$$\frac{V_s(1-k)k}{fL} = 2I_L = 2I_a = \frac{2kV_s}{R}$$

从中算得电感 L_c 的临界值为：

$$L_c = L = \frac{(1-k)R}{2f} \tag{5-64}$$

如果 V_c 是平均电容电压，电容电压纹波为 $\Delta V = 2V_c$。由式(5-56)和式(5-63)，可以得到：

$$\frac{V_s(1-k)k}{8LCf^2} = 2V_a = 2kV_s$$

从中算得电容 C_c 的临界值为：

$$C_c = C = \frac{1-k}{16Lf^2} \tag{5-65}$$

buck 稳压源只需要一个开关管，因此很简易并且超过 90% 的高效率。负载电流的 di/dt 由电感 L 限制。然而输入电流是断续的，因此通常需要一个输入端的滤波器。它只能提供单极性的输出电压和单方向的输出电流。它也需要一套保护电路来防止二极管支路的短路。

例 5.5　计算 buck 稳压源中 LC 滤波器的参数。

图 5-17a 所示的 buck 稳压源的输入电压为 $V_s=12\text{V}$。在 $R=500\Omega$ 的情况下，所需的输出电压平均值为 $V_a=12\text{V}$，输出电压纹波峰峰值为 20mV。开关频率为 25kHz。如果电感电流纹波峰峰值限制到 0.8A，计算(a)占空比 k；(b)滤波电感 L；(c)滤波电容 C；(d)L 和 C 的临界值。

解：

$V_s=12\text{V}$，$\Delta V_c=20\text{mV}$，$\Delta I=0.8\text{A}$，$f=25\text{kHz}$，$V_a=5\text{V}$

(a)根据式(5-56)，$V_a=kV_s$，且 $k=V_a/V_s=5/12=0.4167=41.67\%$

(b)根据式(5-59)，

$$L = \frac{5(12-5)}{0.8\times 25000\times 12}\text{H} = 145.83\mu\text{H}$$

(c)根据式(5-61)，

$$C = \frac{0.8}{8\times 20\times 10^{-3}\times 25000}\text{F} = 200\mu\text{F}$$

(d)根据式(5-64)，可得，$L_c=\dfrac{(1-k)R}{2f}=\dfrac{(1-0.4167)\times 500}{2\times 25\times 10^3}\text{H}=5.83\text{mH}$

根据式(5-65)，可得，$C_c=\dfrac{1-k}{16Lf^2}=\dfrac{1-0.4167}{16\times 145.83\times 10^{-6}\times (25\times 10^3)^2}\text{F}=0.4\mu\text{F}$ ◀

5.9.2　升压型稳压电压源

在升压型稳压源[8,9]中输出电压大于输入电压，因此得名为“升压型(boost)”。图 5-18a 所示为使用功率 MOSFET 的 boost 稳压源。开关管 M_1 等效于一个可控的开关，二极管 D_m 等效于一个不可控的开关。它们工作时等效为两个双向的单刀单掷开关。图 5-18a 所示的电路通常简化为图 5-18b 所示开关的形式。该电路可以划分为两种工作模式。在 $t=0$ 时刻 M_1 导通，模式 1 开启。输入电流流过电感 L 和开关管 M_1。在 $t=t_1$ 时刻 M_1 关断，模式 2 开启。由于存储在电感中的能量，续流二极管 D_m 导通，电感电流继续流过 L、C、负载和二极管 D_m。电感电流下降，直到开关管 Q_1 在下一周期再次导通为止。存储在电感 L

中的能量转移到负载。两种工作模式的等效电路如图 5-18c 所示。对于电感电流连续情况，电压、电流的波形如图 5-18d 所示，此处假设电流线性上升或下降。

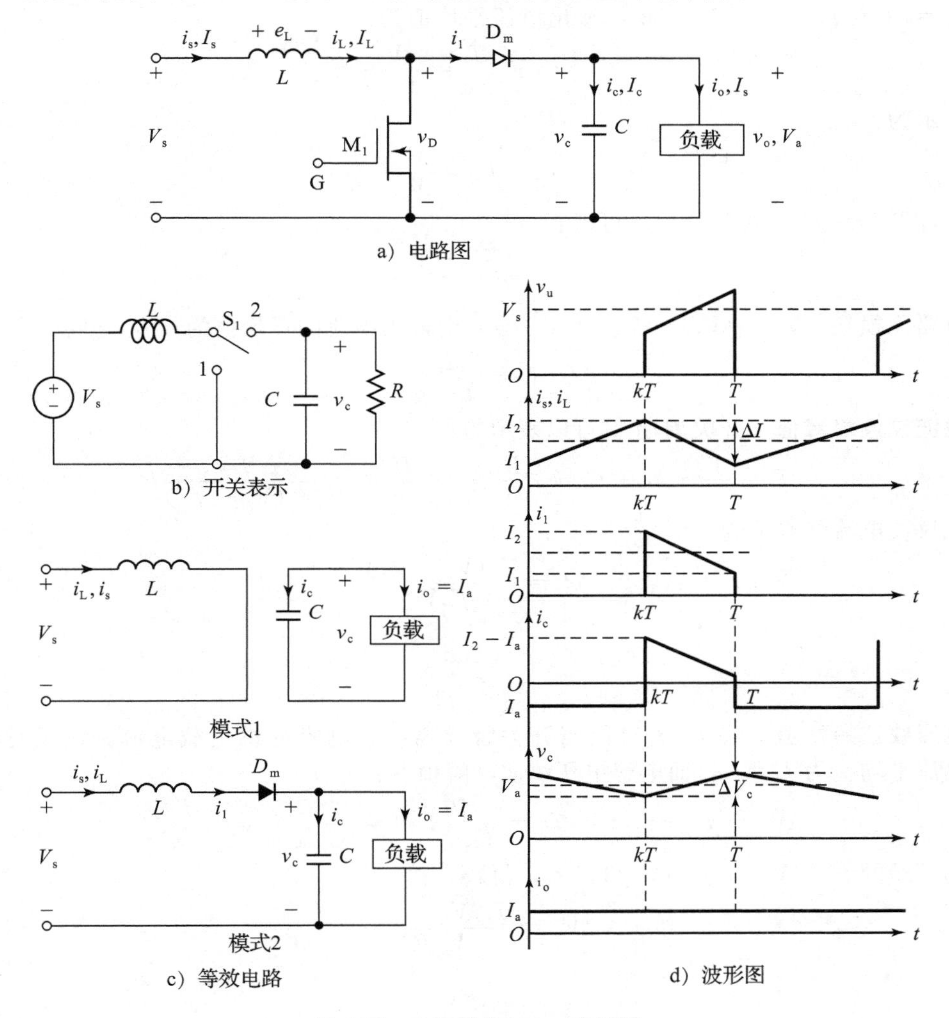

图 5-18 i_L连续的 boost 稳压源

假设电感电流在 t_1时间内，从 I_1到 I_2线性上升，则有：

$$V_s = L\frac{I_2 - I_1}{t_1} = L\frac{\Delta I}{t_1} \tag{5-66}$$

或者

$$t_1 = \frac{\Delta IL}{V_s} \tag{5-67}$$

电感电流在 t_2时间内，从 I_2到 I_1线性下降，则有：

$$V_s - V_a = -L\frac{\Delta I}{t_2} \tag{5-68}$$

或者

$$t_2 = \frac{\Delta IL}{V_a - V_s} \tag{5-69}$$

式中：$\Delta I = I_2 - I_1$是电感电流的峰峰值。让式(5-66)和式(5-68)中的 ΔI 相等，得到：

$$\Delta I=\frac{V_s t_1}{L}=\frac{(V_a-V_s)t_2}{L}$$

代入 $t_1=kT$ 和 $t_2=(1-k)T$，得到输出电压平均值为：

$$V_a=V_s\frac{T}{t_2}=\frac{V_s}{1-k} \tag{5-70}$$

也可表示为：

$$(1-k)=\frac{V_s}{V_a} \tag{5-71}$$

将 $k=t_1/T=t_1 f$ 代入式(5-71)，可得：

$$t_1=\frac{V_a-V_s}{V_a f} \tag{5-72}$$

假设电路无损耗，$V_s I_s=V_a I_a=V_s I_a/(1-k)$，则输入电流的平均值为：

$$I_s=\frac{I_a}{1-k} \tag{5-73}$$

电感电流纹波峰峰值　开关周期 T 可以表示为：

$$T=\frac{1}{f}=t_1+t_2=\frac{\Delta IL}{V_s}+\frac{\Delta IL}{V_a-V_s}=\frac{\Delta ILV_a}{V_s(V_a-V_s)} \tag{5-74}$$

式中：纹波电流峰峰值为

$$\Delta I=\frac{V_s(V_a-V_s)}{fLV_a} \tag{5-75}$$

或者

$$\Delta I=\frac{V_s k}{fL} \tag{5-76}$$

电容电压纹波峰峰值　在 $t=t_1$ 时段当开关管导通时，电容提供负载电流。该段时间内，电容电流平均值为 $I_c=I_a$，而电容电压纹波峰峰值为：

$$\Delta V_c=v_c-v_c(t=0)=\frac{1}{C}\int_0^{t_1}I_c\mathrm{d}t=\frac{1}{C}\int_0^{t_1}I_a\mathrm{d}t=\frac{I_a t_1}{C} \tag{5-77}$$

将式(5-72)的 $t_1=(V_a-V_s)/(V_a f)$代入，得：

$$\Delta V_c=\frac{I_a(V_a-V_s)}{V_a fC} \tag{5-78}$$

或者

$$\Delta V_c=\frac{I_a k}{fC} \tag{5-79}$$

电感电流或电容电压连续的条件　如果 I_L是电感电流平均值，电感电流纹波为 $\Delta I=2I_L$。

由式(5-70)和式(5-76)，可以得到：

$$\frac{kV_s}{fL}=2I_L=2I_s=\frac{2V_s}{(1-k)^2}$$

从中算得电感 L_c的临界值为：

$$L_c=L=\frac{k(1-k)R}{2f} \tag{5-80}$$

如果 V_c是平均电容电压，电容电压纹波为 $\Delta V=2V_c$。由式(5-79)，可以得到：

$$\frac{I_a k}{Cf}=2V_a=2I_a R$$

从中算得电容 C_c的临界值为：

$$C_c=C=\frac{k}{2fR} \tag{5-81}$$

boost 稳压源能够不借助变压器升高输出电压。由于只使用了一个开关管，它有很高的效率。输入电流是连续的。然后高峰值的电流会流过功率半导体管。输出电压对占空比 k 的变化很敏感，因此电源很难稳定。输出电流平均值为电感电流平均值的(1－k)，而一个有效值更大的电流将流过滤波电容，结果造成该电路需要比 buck 稳压源中更大的滤波电感和滤波电容。

例 5.6 计算 boost 稳压源的电压、电流。

图 5-18a 所示的 boost 稳压源的输入电压为 $V_s=5V$。输出电压平均值为 $V_a=15V$，负载电流平均值为 $I=0.5A$，开关频率为 25kHz。如果 $L=150\mu H$，且 $C=220\mu F$，计算(a)占空比 k；(b)电感电流纹波 ΔI；(c)电感电流峰值 I_2；(d)电容电压纹波 ΔV_c；(e)L 和 C 的临界值。

解：

$V_s=5V$，$V_a=15V$，$f=25kHz$，$L=150\mu H$，且 $C=220\mu F$

(a)根据式(5-70)，得：

$$15=5/(1-k)\Rightarrow k=2/3=0.6667=66.67\%$$

(b)根据式(5-75)，得：

$$\Delta I=\frac{5\times(15-5)}{25000\times150\times10^{-6}\times15}A=0.89A$$

(c)根据式(5-73)，得：$I_s=0.5/(1-0.667)=1.5A$，则电感电流峰值为：

$$I_2=I_s+\frac{\Delta I}{2}=\left(1.5+\frac{0.89}{2}\right)A=1.945A$$

(d)根据式(5-79)，可得：

$$(\Delta)V_c=\frac{0.5\times0.6667}{25000\times220\times10^{-6}}V=60.61mV$$

(e)$R=\dfrac{V_a}{I_a}=\dfrac{15}{0.5}\Omega=30\Omega$

根据式(5-80)，可得：

$$L_c=\frac{(1-k)kR}{2f}=\frac{(1-0.6667)\times0.6667\times30}{2\times25\times10^3}H=133\mu H$$

根据式(5-81)，可得：

$$C_c=\frac{k}{2fR}=\frac{0.6667}{2\times25\times10^3\times30}F=0.44\mu F$$ ◀

5.9.3 降压-升压型稳压源

降压-升压型稳压源提供的输出电压既可比输入电压大，也可比输入电压小，因此得名“降压-升压型(buck-boost)”稳压源。输出电压的极性相对于输入电压是相反的，因此也称反极性稳压源。图 5-19a 所示的为 buck-boost 电源的原理图。开关管 Q_1 等效于一个可控的开关，二极管 D_m 等效于一个不可控的开关。它们工作时等效为两个双向的单刀单掷开关。图 5-19a 所示的电路通常简化为图 5-19b 所示开关的形式。

该电路可以划分为两种工作模式。在 $t=0$ 时刻 Q_1 导通，二极管 D_m 反向截止，模式 1 开启。输入电流流过电感 L 和开关管 Q_1。在模式 2 下，Q_1 关断，电感电流继续流过 L、C、负载和二极管 D_m。电感电流下降，直到开关管 Q_1 在下一周期再次导通。存储在电感 L 中的能量转移到负载，电感电流持续下降直到 Q_1 再度开启，电路进入下一周期。两种工作模式的等效电路如图 5-19c 所示。对于电感电流连续情况，电压、电流的波形如图 5-19d 所示，此处假设电流线性上升或下降。

假设电感电流在 t_1 时间内，从 I_1 到 I_2 线性上升，则有：

$$V_s=L\frac{I_2-I_1}{t_1}=L\frac{\Delta I}{t_1}\tag{5-82}$$

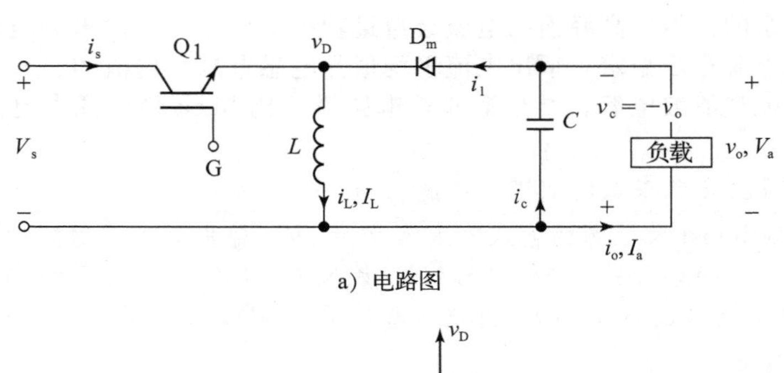

a）电路图

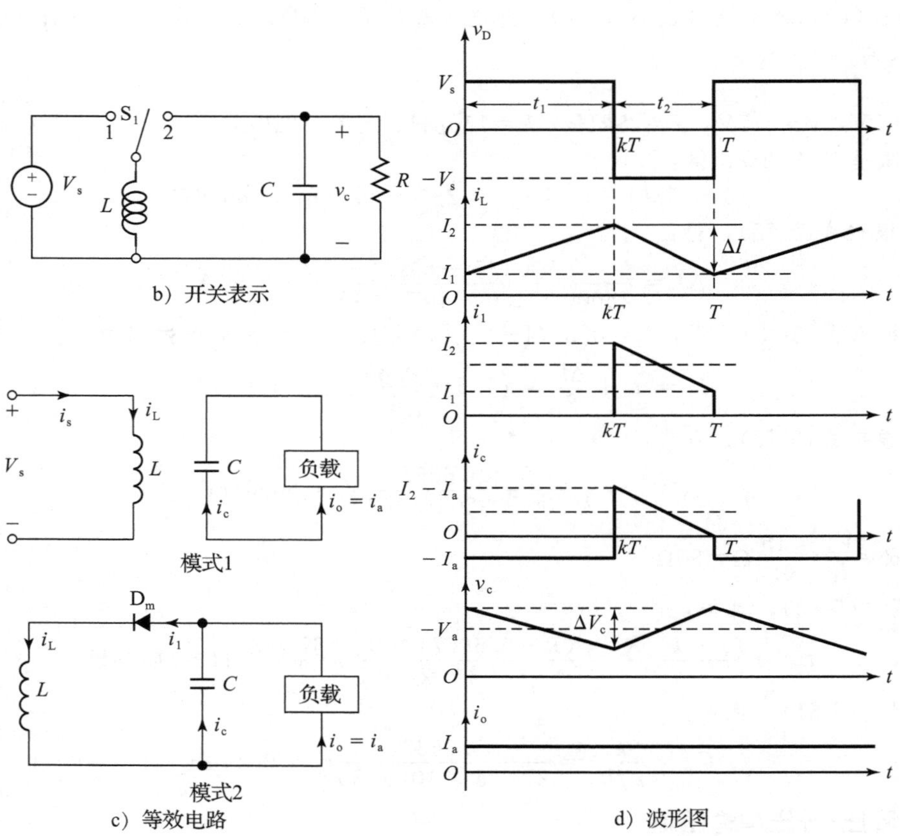

b）开关表示

c）等效电路

d）波形图

图 5-19　i_L连续的 buck-boost 稳压源

或者

$$t_1 = \frac{\Delta IL}{V_s} \tag{5-83}$$

电感电流在 t_2时间内，从 I_2到 I_1线性下降，则有：

$$V_a = -L\frac{\Delta I}{t_2} \tag{5-84}$$

或者

$$t_2 = \frac{-\Delta IL}{V_a} \tag{5-85}$$

式中：$\Delta I = I_2 - I_1$是电感电流的峰峰值。让式(5-82)和式(5-84)的 ΔI 相等，得到：

$$\Delta I = \frac{V_s t_1}{L} = \frac{-V_a t_2}{L}$$

代入 $t_1 = kT$ 和 $t_2 = (1-k)T$，得到输出电压平均值为：

$$V_a = -\frac{V_s k}{1-k} \tag{5-86}$$

将 $t_1 = kT$ 和 $t_2 = (1-k)T$ 代入式(5-86)，可得：

$$(1-k) = \frac{-V_s}{V_a - V_s} \tag{5-87}$$

将式(5-87)中的 $t_2 = (1-k)T$ 和$(1-k)$，代入式(5-86)，可得：

$$t_1 = \frac{V_a}{(V_a - V_s)f} \tag{5-88}$$

假设电路无损耗，$V_s I_s = -V_a I_a = V_s I_a k/(1-k)$，则输入电流的平均值为：

$$I_s = \frac{I_a k}{1-k} \tag{5-89}$$

电感电流纹波峰峰值　开关周期 T 可以表示为：

$$T = \frac{1}{f} = t_1 + t_2 = \frac{\Delta IL}{V_s} - \frac{\Delta IL}{V_a} = \frac{\Delta IL\,(V_a - V_s)}{V_s V_a} \tag{5-90}$$

式中：纹波电流峰峰值为

$$\Delta I = \frac{V_s V_a}{fL(V_a - V_s)} \tag{5-91}$$

或者

$$\Delta I = \frac{V_s k}{fL} \tag{5-92}$$

电感电流平均值由下式给出：

$$I_L = I_s + I_a = \frac{kI_a}{1-k} + I_a = \frac{I_a}{1-k} \tag{5-92a}$$

电容电压纹波峰峰值　在 $t = t_1$ 时段当开关管导通时，电容提供负载电流。该段时间内，电容电流平均值为 $I_c = -I_a$，而电容电压纹波峰峰值为：

$$\Delta V_c = \frac{1}{C}\int_0^{t_1} -I_c\,\mathrm{d}t = \frac{1}{C}\int_0^{t_1} I_a\,\mathrm{d}t = \frac{I_a t_1}{C} \tag{5-93}$$

将式(5-88)的 $t_1 = V_a/[(V_a - V_s)f]$代入，得：

$$\Delta V_c = \frac{I_a V_a}{(V_a - V_s)fC} \tag{5-94}$$

或者

$$\Delta V_c = \frac{I_a k}{fC} \tag{5-95}$$

电感电流或电容电压连续的条件　如果 I_L是电感电流平均值，电感电流纹波为 $\Delta I = 2I_L$。

由式(5-70)和式(5-76)，可以得到：

$$\frac{kV_s}{fL} = 2I_L = 2I_a = \frac{2kV_s}{(1-k)R}$$

从中算得电感 L_c的临界值为：

$$L_c = L = \frac{(1-k)R}{2f} \tag{5-96}$$

如果 V_c是平均电容电压，在连续导通的临界条件下，电容电压纹波为 $\Delta V_c = -2V_a$。由式(5-95)，可以得到：

$$-\frac{I_a k}{Cf} = -2V_a = -2I_a R$$

从中算得电容 C_c的临界值为：

$$C_c = C = \frac{k}{2fR} \tag{5-97}$$

buck-boost稳压源可以在没有变压器的情况下使输出电压极性反向。它有很高的效率。在开关管击穿短路的条件下，故障电流的 di/dt 为 V_s/L，被电感 L 所限制。输出短路保护也很容易实施，然而输入电流是断续的，流过开关管 Q_1 的电流峰值较大。

例5.7 计算buck-boost稳压源的电流和电压。

图5-19a所示的buck-boost稳压源的输入电压为 $V_s=12V$。占空比 $k=0.25$，且开关频率为25kHz。电感 $L=150\mu H$，且滤波电容 $C=220\mu F$。负载电流平均值为 $I_a=1.25A$，计算(a)输出电压平均值为 V_a；(b)输出电压纹波 ΔV_c；(c)电感电流纹波 ΔI；(d)开关管电流峰峰值 I_p；(e)L 和 C 的临界值。

解：

$V_s=12V$，$k=0.25$，$I_a=1.25A$，$f=25kHz$，$L=150\mu H$ 且 $C=220\mu F$。

(a)根据式(5-86)得：

$$V_a = (-12\times 0.25/(1-0.25))V = -4V$$

(b)根据式(5-95)，得：

$$\Delta V_c = \frac{1.25\times 0.25}{25000\times 220\times 10^{-6}}V = 56.8mV$$

(c)根据式(5-92)，则电感纹波电流为：

$$\Delta I = \frac{12\times 0.25}{25000\times 150\times 10^{-6}}A = 0.8A$$

(d)根据式(5-89)，得 $I_s=1.25\times 0.25/(1-0.25)A=0.4167A$，因为 I_s 是 kT 时段内的平均值，故开关管电流峰峰值为：

$$I_p = \frac{I_s}{k}+\frac{\Delta I}{2} = \left(\frac{0.4167}{0.25}+\frac{0.8}{2}\right)A = 2.067A$$

(e)

$$R=\frac{-V_a}{I_a}=\frac{4}{1.25}\Omega=3.2\Omega$$

根据式(5-96)，可得：

$$L_c = \frac{(1-k)R}{2f} = \frac{(1-0.25)\times 3.2}{2\times 25\times 10^3}H = 450\mu H$$

根据式(5-97)，可得：

$$C_c = \frac{k}{2fR} = \frac{0.25}{2\times 25\times 10^3\times 3.2}F = 1.56\mu F$$ ◀

5.9.4 升压-降压型稳压源

图5-20a所示为使用功率BJT的cúk稳压源[10]。类似于buck-boost稳压源，cúk提供的输出电压既可比输入大也可比输入小，但其极性一定是和输入反向的。该变换器由它的发明者命名[1]。当开关管 Q_1 关断时，二极管 D_m 正向偏置，电容 C_1 通过 L_1 和 D_m，经电源 V_s 充电。开关管 Q_1 等效于一个可控的开关，二极管 D_m 等效于一个不可控的开关。它们工作时等效为两个双向的单刀单掷开关。图5-20a所示的电路通常简化为图5-20b所示开关的形式。

该电路可以划分为两种工作模式。在 $t=0$ 时刻 Q_1 导通，模式1开启。电流流过电感 L_1 并上升。与此同时 C_1 上的电压使二极管 D_m 反向截止。存储在 C_1 中的能量通过 C_1、C_2、负载和 L_2 放电。在 $t=t_1$ 时刻 Q_1 关断，模式2开启。电容 C_1 由输入电源充电和存储在 L_2 中的能量转移到负载。Q_1 和 D_m 异步开关。电容 C_1 是能量从电源到负载传输的中介。两种工作模式的等效电路如图5-20c所示。对于电感电流连续情况，电压、电流的波形如图5-20d所示，此处假设电流线性上升或下降。

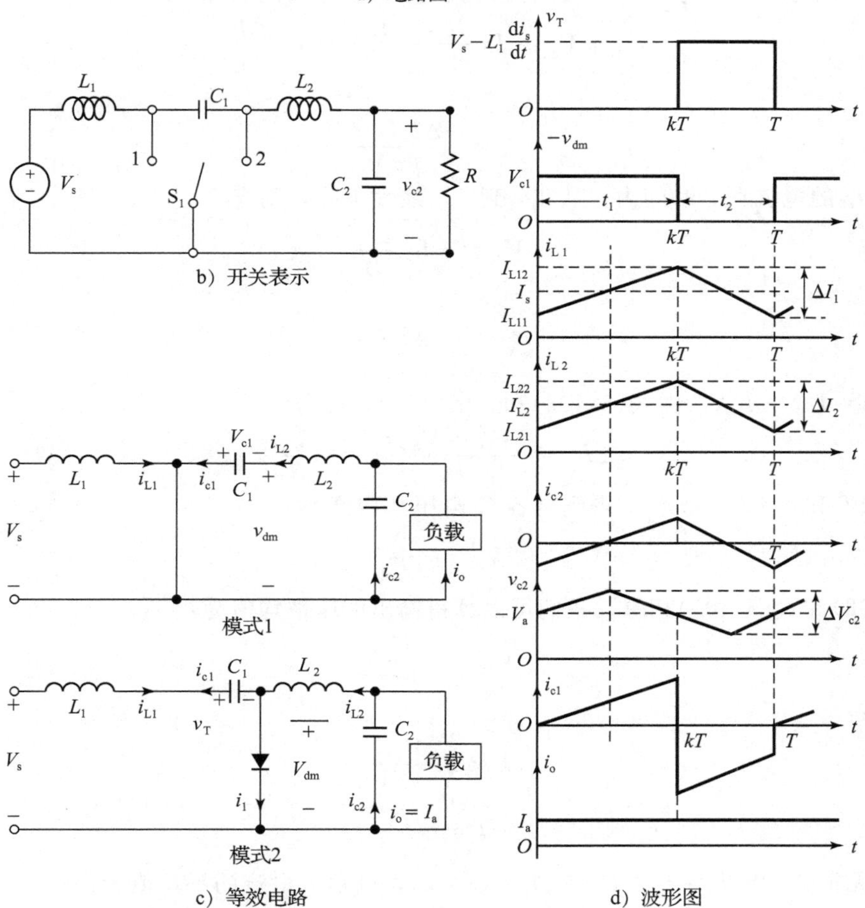

图 5-20　cúk 稳压源

假设流经电感 L_1 的电流在 t_1 时间内，从 I_{L11} 到 I_{L12} 线性上升，则有：

$$V_s = L_1 \frac{I_{L12} - I_{L11}}{t_1} = L_1 \frac{\Delta I_1}{t_1} \tag{5-98}$$

或者

$$t_1 = \frac{\Delta I_1 L_1}{V_s} \tag{5-99}$$

由于电容 C_1 已经被充电，流经电感 L_1 的电流在 t_2 时间内，从 I_{L12} 到 I_{L11} 线性下降，则有：

$$V_s - V_{c1} = -L_1 \frac{\Delta I_1}{t_2} \tag{5-100}$$

或者

$$t_2 = \frac{-\Delta I_1 L_1}{V_s - V_{c1}} \tag{5-101}$$

式中：V_{c1}是电容C_1的电压的平均值；$\Delta I_1=I_{L12}-I_{L11}$。由式(5-98)和式(5-100)，可得到：

$$\Delta I_1=\frac{V_s t_1}{L_1}=\frac{-(V_s-V_{c1})t_2}{L_1}$$

代入$t_1=kT$和$t_2=(1-k)T$，得到电容C_1的电压平均值为：

$$V_{c1}=\frac{V_s}{1-k} \tag{5-102}$$

假设流经滤波电感L_2的电流在t_1时间内，从I_{L21}到I_{L22}线性上升，则有：

$$V_{c1}+V_a=L_2\frac{I_{L22}-I_{L21}}{t_1}=L_2\frac{\Delta I_2}{t_1} \tag{5-103}$$

或者

$$t_1=\frac{\Delta I_2 L_2}{V_{c1}+V_a} \tag{5-104}$$

流经电感L_2的电流在t_2时间内，从I_{L22}到I_{L21}线性下降，则有：

$$V_a=-L_2\frac{\Delta I_2}{t_2} \tag{5-105}$$

或者

$$t_2=-\frac{\Delta I_2 L_2}{V_a} \tag{5-106}$$

式中：$\Delta I_2=I_{L22}-I_{L21}$。由式(5-103)和式(5-105)，可得：

$$\Delta I_2=\frac{(V_{c1}+V_a)t_1}{L_2}=-\frac{V_a t_2}{L_2}$$

代入$t_1=kT$和$t_2=(1-k)T$，得到电容C_1电压平均值为：

$$V_{c1}=-\frac{V_a}{k} \tag{5-107}$$

使式(5-102)和式(5-107)相等，我们可以算得输出电压平均值为：

$$V_a=-\frac{kV_s}{1-k} \tag{5-108}$$

由此可得：

$$k=\frac{V_a}{V_a-V_s} \tag{5-109}$$

$$1-k=\frac{V_s}{V_s-V_a} \tag{5-110}$$

假设电路无损耗，$V_s I_s=-V_a I_a=V_s I_a k/(1-k)$，则输入电流的平均值为：

$$I_s=\frac{kI_a}{1-k} \tag{5-111}$$

电感电流纹波峰峰值　开关周期T可以由式(5-99)和式(5-101)算得：

$$T=\frac{1}{f}=t_1+t_2=\frac{\Delta I_1 L_1}{V_s}-\frac{\Delta I_1 L_1}{V_s-V_{c1}}=\frac{-\Delta I_1 L_1 V_{c1}}{V_s(V_s-V_{c1})} \tag{5-112}$$

由此可得电感L_1电流纹波峰峰值为：

$$\Delta I_1=\frac{-V_s(V_s-V_{c1})}{fL_1V_{c1}} \tag{5-113}$$

或者

$$\Delta I_1=\frac{V_s k}{fL_1} \tag{5-114}$$

开关周期T也可以由式(5-104)和式(5-106)算得：

$$T=\frac{1}{f}=t_1+t_2=\frac{\Delta I_2 L_2}{V_{c1}+V_a}-\frac{\Delta I_2 L_2}{V_a}=\frac{-\Delta I_2 L_2 V_{c1}}{V_a(V_{c1}+V_a)} \tag{5-115}$$

由此可得电感 L_2 电流纹波峰峰值为：

$$\Delta I_2 = \frac{-V_a(V_{c1}+V_a)}{fL_2V_{c1}} \tag{5-116}$$

或者

$$\Delta I_2 = -\frac{V_a(1-k)}{fL_2} = \frac{kV_s}{fL_2} \tag{5-117}$$

电容电压纹波峰峰值　当开关管 Q_1 关断，中间储能电容 C_1 在 $t_1=t_2$ 时间内由输入电流充电。充电电流平均值为 $I_{c1}=I_s$，而电容 C_1 电压纹波峰峰值为：

$$\Delta V_{c1} = \frac{1}{C_1}\int_0^{t_2} I_{c1}\,\mathrm{d}t = \frac{1}{C_1}\int_0^{t_2} I_s\,\mathrm{d}t = \frac{I_s t_2}{C_1} \tag{5-118}$$

由式(5-110)得：

$$t_2 = V_s/[(V_s-V_a)f]$$

则式(5-118)变形为：

$$\Delta V_{c1} = \frac{I_sV_s}{(V_s-V_a)fC_1} \tag{5-119}$$

或者

$$\Delta V_{c1} = \frac{I_s(1-k)}{fC_1} \tag{5-120}$$

如果假设负载电流纹波 Δi_o 可以忽略，$\Delta i_{L2}=\Delta i_{c2}$。$C_2$ 的充电电流持续时间为 $T/2$，其平均值为 $\Delta I_{c2}=\Delta I_2/4$，则电容 C_2 的电压纹波峰峰值为：

$$\Delta V_{c2} = \frac{1}{C_2}\int_0^{T/2} I_{c2}\,\mathrm{d}t = \frac{1}{C_2}\int_0^{T/2} \frac{\Delta I_2}{4}\mathrm{d}t = \frac{\Delta I_2}{8fC_2} \tag{5-121}$$

或者

$$\Delta V_{c2} = \frac{V_a(1-k)}{8C_2L_2f^2} = \frac{kV_s}{8C_2L_2f^2} \tag{5-122}$$

电感电流或电容电压连续的条件　如果 I_{L1} 是电感 L_1 的电流平均值，电感电流纹波为 $\Delta I_1=2I_{L1}$。

由式(5-111)和式(5-114)，可以得到：

$$\frac{kV_s}{fL_1} = 2I_{L1} = 2I_s = \frac{2kI_a}{1-k} = 2\left(\frac{k}{1-k}\right)^2\frac{V_s}{R}$$

从中算得电感 L_{c1} 的临界值为：

$$L_{c1} = L_1 = \frac{(1-k)^2R}{2kf} \tag{5-123}$$

如果 I_{L2} 是电感 L_2 的电流平均值，则电感电流纹波 $\Delta I_2=2I_{L2}$。

由式(5-108)和式(5-117)，可以得到：

$$\frac{kV_s}{fL_2} = 2I_{L2} = 2I_a = \frac{2V_a}{R} = \frac{2kV_s}{(1-k)R}$$

从中算得电感 L_{c2} 的临界值为：

$$L_{c2} = L_2 = \frac{(1-k)R}{2f} \tag{5-124}$$

如果 V_{c1} 是平均电容电压，在连续导通的临界条件下，电容电压纹波为 $\Delta V_{c1}=2V_a$。由式(5-120)，可以得到：

$$\frac{I_s(1-k)}{fC_1} = 2V_a = 2I_aR$$

在代入 I_S 后算得电容 C_{c1} 的临界值为：

$$C_{c1} = C_1 = \frac{k}{2fR} \tag{5-125}$$

如果 V_{c2} 是平均电容电压，在连续导通的临界条件下，电容电压纹波为 $\Delta V_{c2}=2V_a$。由式(5-108)和式(5-122)，可以得到：

$$\frac{kV_s}{8C_2L_2f^2}=2V_a=\frac{2kV_s}{1-k}$$

在代入 I_S 后，算得电容 C_{c2} 的临界值为：

$$C_{c2}=C_2=\frac{1}{8fR} \tag{5-126}$$

cúk 稳压源是基于电容能量转移原理得到的，因而输入电流连续，电路开关损耗低，并有很高的效率。当开关管 Q_1 闭合时，它承载的电流为电感 L_1 的电流和电感 L_2 的电流之和，因而流过 Q_1 的电流峰值很大。由于电容用于转移能量，电容 C_1 的电流纹波也很高。这种电路还需要额外的一组电容和电感。

cúk 变换器，既有 buck-boost 变换器那样反极性的特点，又保证了输入、输出端口的电流连续、无脉动。SEPIC(Single-Ended Primary Inductance Converter)是一种非反极性的 cúk 变换器，可以由图 5-20a 所示的电路交换二极管 D_m 和电感 L_2 构成。SEPIC 如图 5-21a 所示。cúk 和 SEPIC 中的开关 MOSFET 都是源极直接接地的，这是一种很好的特性，因为其简化了门极驱动电路的构造。SEPIC 和 SEPIC 的对偶变换器的输出电压都是 $V_a=V_sk/(1-k)$。如图 5-21b 所示，SEPIC 的对偶变换器由交换开关和电感的位置得到。

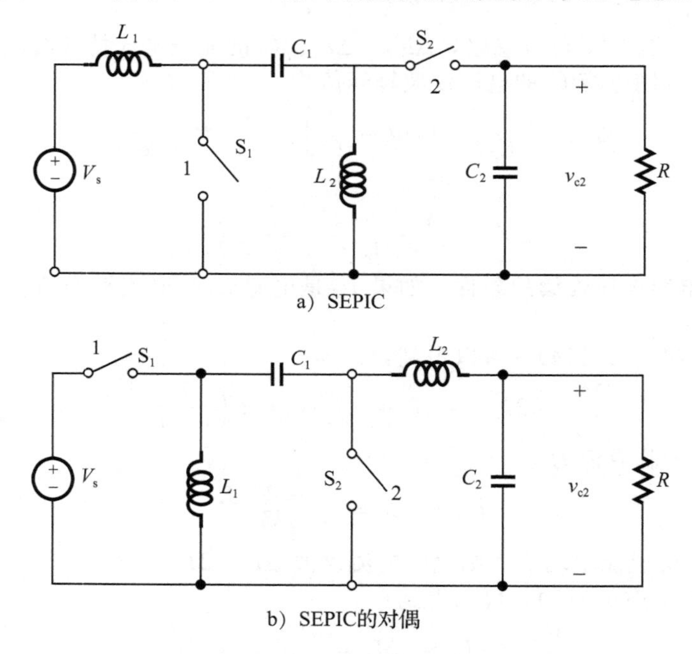

图 5-21　SEPIC 变换器

例 5.8　计算 cúk 稳压源的电流和电压。

图 5-20 所示的 cúk 稳压源的输入电压为 $V_s=12\text{V}$。占空比 $k=0.25$，且开关频率为 25kHz。滤波电感 $L_2=150\mu\text{H}$，且滤波电容 $C_2=220\mu\text{F}$。用于能量转移的电容 $C_1=200\mu\text{F}$，且电感 $L_1=180\mu\text{H}$。负载电流平均值为 $I_a=1.25\text{A}$，计算(a)输出电压平均值为 V_a；(b)输入电流平均值 I_s；(c)电感 L_1 的电流纹波 ΔI_1；(d)电容 C_1 的电压纹波 ΔV_{c1}；(e)电感 L_2 的电流纹波 ΔI_2；(f)电容 C_2 的电压纹波 ΔV_{c2}；(g)开关管峰值电流 I_p。

解：

$V_s=12\text{V}$，$k=0.25$，$I_a=1.25\text{A}$，$f=25\text{kHz}$，$L_1=180\mu\text{H}$

$C_1=200\mu\text{F}$，$L_2=150\mu\text{H}$，$C_2=220\mu\text{F}$

(a)根据式(5-108)，得：$V_a=(-12\times0.25/(1-0.25))\text{V}=-4\text{V}$

(b)根据式(5-111)，得：$I_s=(1.25\times0.25/(1-0.25))\text{A}=0.42\text{A}$

(c)根据式(5-114)，得：$\Delta I_1=(12\times0.25/(25000\times180\times10^{-6}))\text{A}=0.67\text{A}$

(d)根据式(5-120)，得：$\Delta V_{c1}=(0.42\times(1-0.25)/(25000\times200\times10^{-6}))\text{V}=63\text{mV}$

(e)根据式(5-117)，得：$\Delta I_2=(0.25\times12/(25000\times150\times10^{-6}))\text{A}=0.8\text{A}$

(f)根据式(5-121)，得：$\Delta V_{c2}=(0.8/(8\times25000\times220\times10^{-6}))\text{V}=18.18\text{mV}$

(g)加在二极管两端的平均电压可由下式计算：

$$V_{dm}=-kV_{c1}=-V_a k\frac{1}{-k}=V_a \tag{5-127}$$

对于无损电路，$I_{L2}V_{dm}=V_aI_a$，且电感 L_2 内电流的平均值为：

$$I_{L2}=\frac{I_aV_a}{V_{dm}}=I_a=1.25\text{A} \tag{5-128}$$

因此开关管的电流峰峰值为：

$$I_p=I_s+\frac{\Delta I_1}{2}+I_{L2}+\frac{\Delta I_2}{2}=\left(0.42+\frac{0.67}{2}+1.25+\frac{0.8}{2}\right)\text{A}=2.405\text{A}$$ ◀

5.9.5 单级变换的限制

上述四种稳压源都只使用一个开关管，采用一级变换，并需要电感和电容用于能量的转移。受单个开关管电流大小的限制，这些变换器的输出功率很小，通常只有几十瓦特。在更高的电流条件下，这些元器件的尺寸需要增加，同时还会带来元器件损耗的增加和效率的下降。此外，输入和输出电压间也没有隔离，在很多应用场合，输入、输出隔离都是一个重要的指标。对于高功率应用，需要使用多级变换器，其中直流电压会先由逆变器转化为交流电压。交流输出由变压器隔离，然后由整流器转化为直流电压。多级变换器将在13-4节予以讨论。

5.10 稳压源间的比较

电流流过电感会建立一个磁场。任何电流的变化都会改变这个磁场，并感应出一个电动势，电动势的方向用于维持磁通密度不变。这种现象称为自感。电感限制了电流的上升和下降，并试图保持电流纹波较低。

buck 和 buck-boost 稳压源中的开关管 Q_1 位置相同，都连在了直流输入上。相似地，boost 和 cúk 稳压源中的开关管 Q_1 位置相同，都连在了两条输入线之间。当开关关断，输入通过电感短接，这会限制输入电流的上升速率。

在5.9节，我们推导的电压增益都是基于这样的一个假设，即电感和电容上没有寄生电阻。然而这种电阻，尽管很小，仍然会显著减小电压增益[11,12]。表5-1所示的是稳压源的电压增益。图5-22所示为不同变换器电压增益的比较。SEPIC 的输出就是 cúk 变换器的反向，与 cúk 变换器有相同的特点。

表5-1 变换器电压增益总结

变换器类型	电压增益，$G(k)=V_a/V_s$，r_L和r_C可忽略	电压增益，$G(k)=V_a/V_s$，计入r_L和r_C
buck	k	$\frac{kR}{R+r_L}$
boost	$\frac{1}{1-k}$	$\frac{1}{1-k}\left[\frac{(1-k)^2R}{(1-k)^2R+r_L+k(1-k)\left(\frac{r_CR}{r_C+R}\right)}\right]$
buck-boost	$\frac{-k}{1-k}$	$\frac{-k}{1-k}\left[\frac{(1-k)^2R}{(1-k)^2R+r_L+k(1-k)\left(\frac{r_CR}{r_C+R}\right)}\right]$

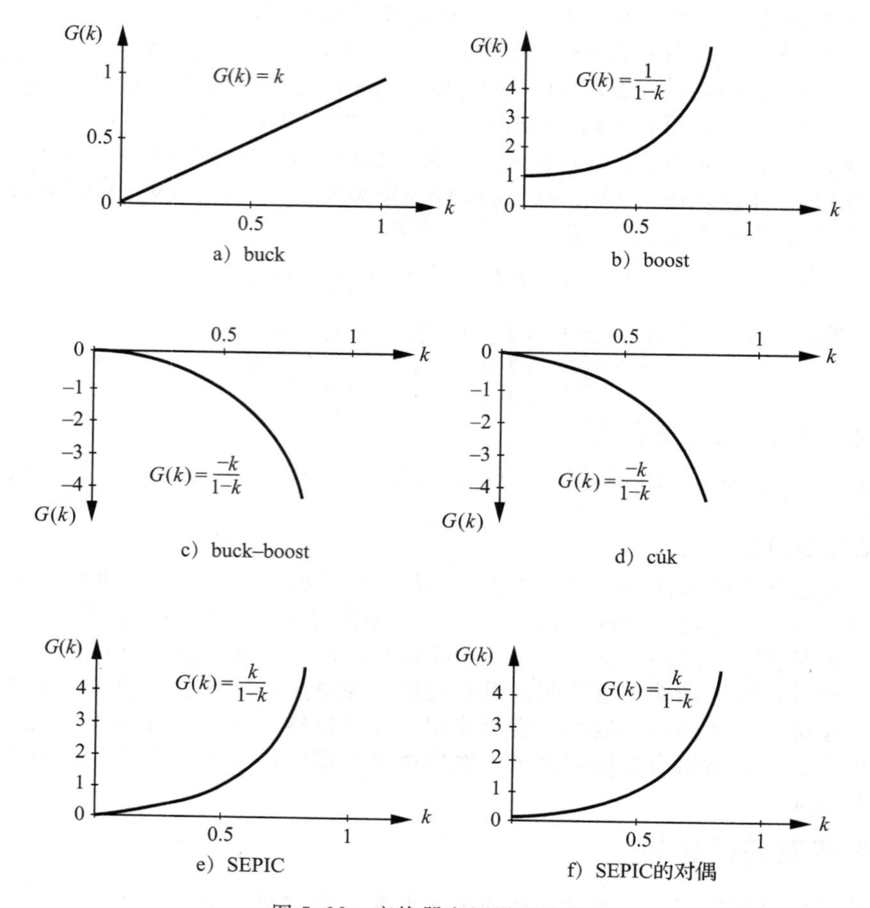

图 5-22　变换器电压增益比较

在开关模式的稳压源中，电感和电容作为储存能量的单元或者滤波单元来除去电流谐波。由附录 B 式(B. 17)和式(B. 18)可看出，磁损耗按频率的平方增加。另一方面，更高的频率将会减小滤波电感的体积并降低滤波的要求。DC-DC 变换器的设计要求在开关频率、电感体积、电容体积和开关损耗间取折中。

5. 11　多输出 boost 变换器

对于一个数字信号处理(DSP)芯片，高速计算需要高的供电电压 V_s。因为功率消耗正比于 V_s的平方，所以在低运算速度的状况下可以使用低供电电压 V_s[8,9]。boost 变换器能将低输入电压给高速处理器核心供电。一个单电感双输出(Single-Inductor Dual-Output，SIDO) boost 变换器拓扑如图 5-23 所示。

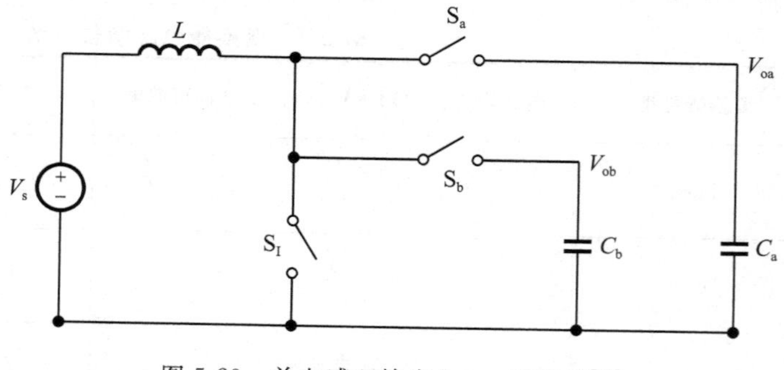

图 5-23　单电感双输出 boost 变换器[12]

两个输出 V_{oa} 和 V_{ob} 共用电感 L 和开关 S_I。图 5-24 所示为该变换器的时序图。它依照两个互补的相位 ϕ_a 和 ϕ_b 运行。当 $\phi_a=1$，S_b断开且没

有电流流入 V_{ob}，同时 S_I 先开始处于关闭状态。电感电流 I_L 上升直到时间 $k_{1a}T$ 结束(由误差放大器的输出决定)，其中，T 是变换器的开关周期。在时间 $k_{2a}T$ 内，S_I 断开而 S_a 闭合来将电感电流转移到输出 V_{oa}。一个零电流探测器检测电感电流，当电流过零时，变换器进入时段 $k_{3a}T$，S_a 再次断开。电感电流保持为零，直到 $\phi_b=1$ 为止。因此 k_{1a}、k_{2a} 和 k_{3a} 必须满足以下条件：

$$k_{1a}+k_{2a}\leqslant 0.5 \tag{5-129}$$

$$k_{1a}+k_{2a}+k_{3a}=1 \tag{5-130}$$

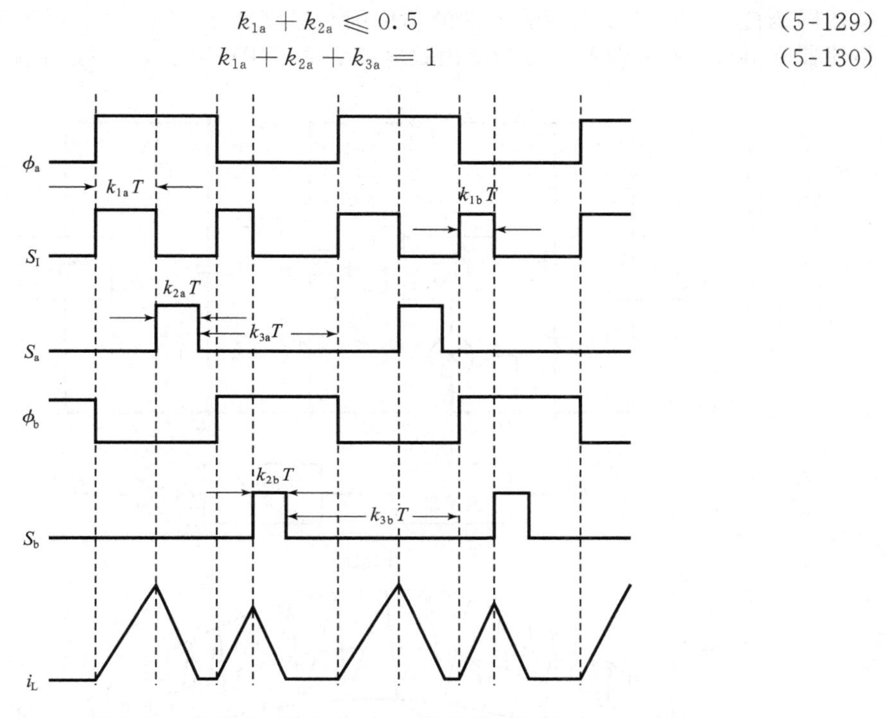

图 5-24　单电感双输出 boost 变换器的时序图

当 $\phi_a=1$ 时，控制器控制电感电流流向输出 V_{oa}。相似地，$\phi_b=1$ 控制器控制电感电流流向输出 V_{ob}。控制器选择性地调节两个输出端口电压。由于 $k_{3a}T$ 和 $k_{3b}T$ 的存在，变换器工作于断续导通模式(DCM)，这本质上隔离了对两个输出的控制，使得一个输出的负载变化不会影响到另一个输出。因此这减轻了两个输出交叉调节的问题。另一个 DCM 控制的好处是系统的稳定性更容易补偿，因为每一路输出的环路增益的传递函数都只有一个左半平面的极点[13]。

运用类似的时分复用(Time Multiplexing，TM)控制技术，双输出变换器可以轻易地扩展到多输出，如图 5-25 所示。如果 N 个不重叠的相被分配给相应的每个输出。通过采用 TM 控制，多个输出可以共享一个控制器。采用同步整流，即将二极管替换为开关管，当电感电流过零变负时控制关断，这样可以降低二极管压降并提升效率。所有的功率开关和控制器都可以集成在芯片上[14,15]，所有输出共用一个电感，这样可以将片外元件最小化。

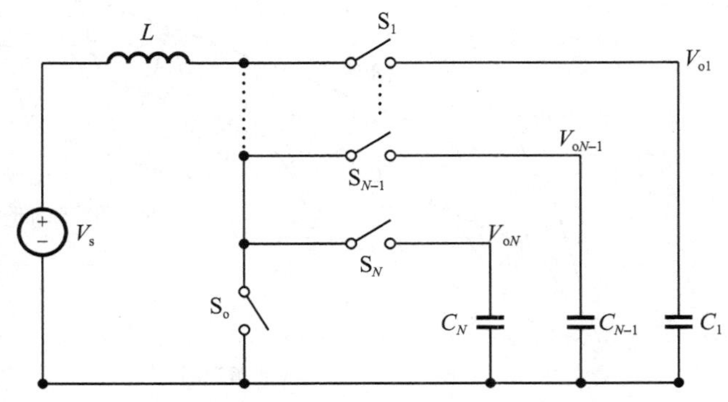

图 5-25　具有 N 路输出 boost 变换器拓扑

5.12 二极管整流器供电的boost变换器

在所有交流输入装置(如计算机、通信系统、日光灯和空调)中，二极管整流电路是最广泛使用的一种电路。带阻性负载的二极管整流器的功率因数可以高达0.9，带无功负载时，功率因数会降低一些。运用现代控制技术，可以让输入电流的波形为正弦波并与输入电压同相位，这样就可以使输入端的功率因数近似为1。图5-26a所示为一个结合了全桥整流器和boost变换器的单位功率因数电路。通过PWM控制，控制输入电流跟随输入电

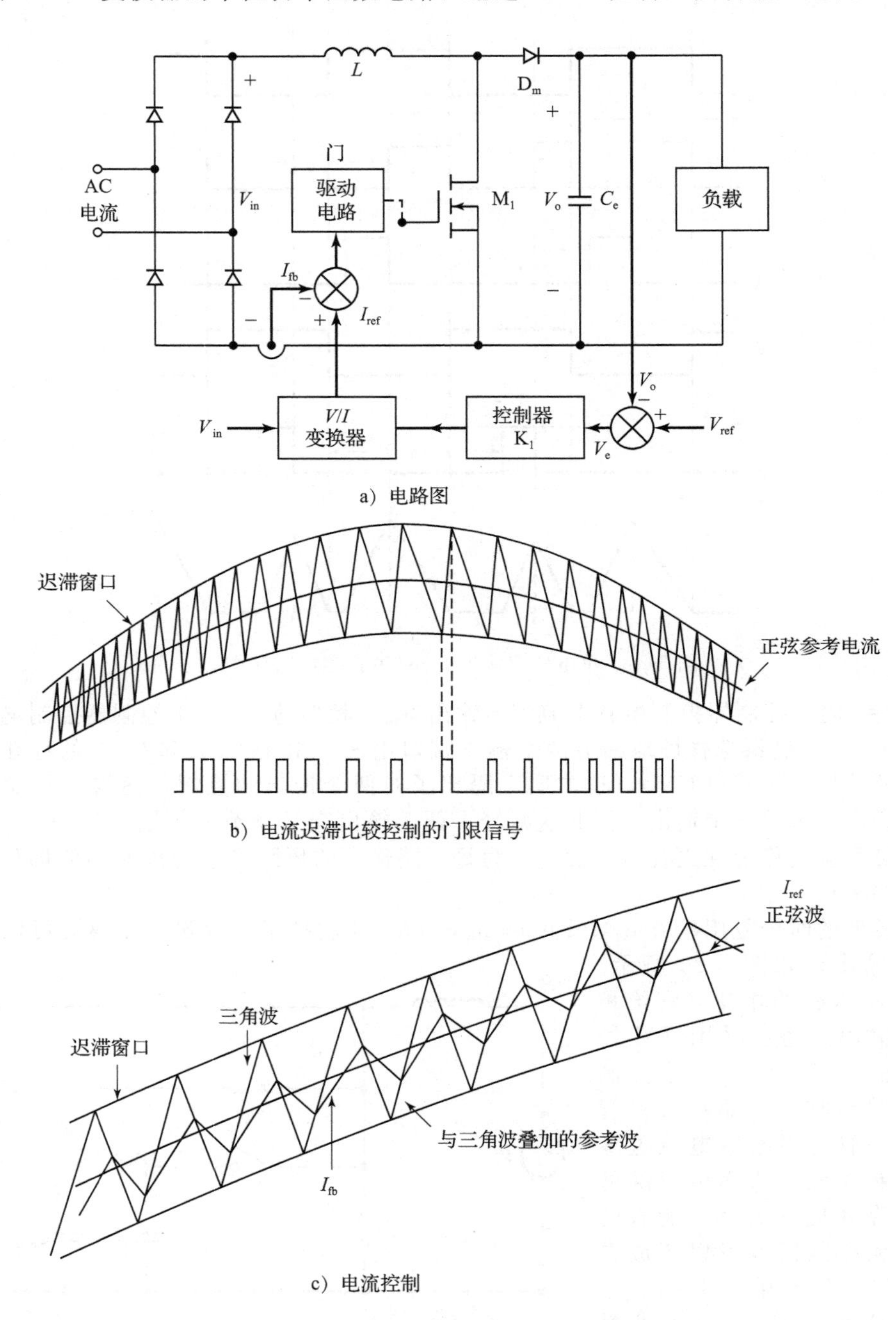

a) 电路图

b) 电流迟滞比较控制的门限信号

c) 电流控制

图5-26 二极管整流器的功率因数调节

压做正弦变化[16-23]。PWM 控制信号可以用迟滞比较(Bang-Bang Hysteresis，BBH)产生。如图 5-26b 所示，这种技术的优势在于可以产生瞬时的电流控制值，因此有很快的响应速度。然而，开关频率并不固定且在每一个输入电压半周期内都有很大的变化范围。该频率也对电路元件值很敏感。

如图 5-26c 所示，通过使用参考电流 I_{ref} 和每个开关周期内反馈电流平均值 I_{fb}，开关频率可以保持恒定。I_{ref} 与 I_{fb} 比较，如果 $I_{ref}>I_{fb}$，则占空比大于 50%；如果 $I_{ref}=I_{fb}$，则占空比等于 50%；如果 $I_{ref}<I_{fb}$，则占空比小于 50%。误差保持在三角波的最大和最小值之间，电感电流跟随正弦参考波的变化而变化，该正弦参考波上叠加了一个三角波。参考电流 I_{ref} 由误差电压 $V_e(=V_{ref}-V_o)$ 和 boost 变换器的输入电压 V_{in} 得到。

如图 5-27 所示，这种 boost 变换器也可以作为功率因数校正器应用于带输出滤波电容的三相二极管整流器[19,29]。这种 boost 变换器工作在断续电流模式(DCM)下，使得输入电流的波形为正弦波。该电路只使用一个有源开关，不对电流进行主动控制。这种简单变换器的缺点是，存在输出过电压和线电流上的 5 次谐波。这种变换器广泛用于需要高输入功率因数的工业和商业应用中，因为其输入电流自动跟随输入电压的变化而变化。此外，这种电路还有非常高的效率。

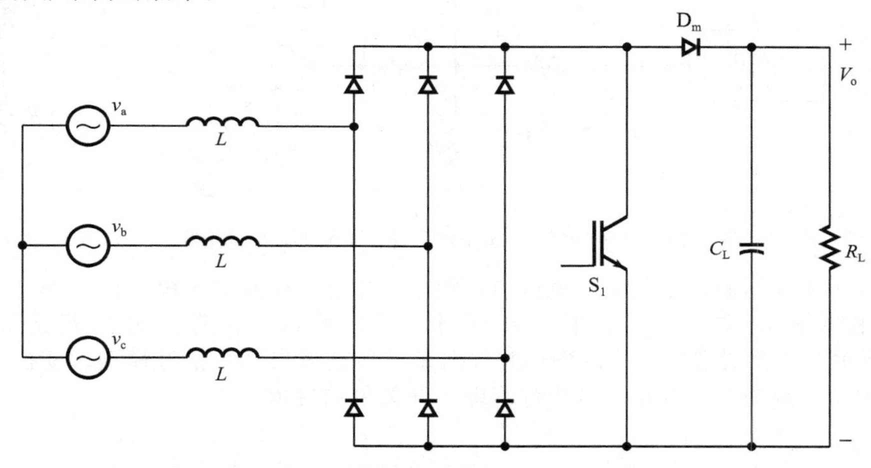

图 5-27　三相二极管整流供电的 boost 变换器[29]

然而，如果该电路采用传统的恒频、低带宽、输出电压反馈控制，即保持开关占空比在整流周期内恒定，整流器的输入电流就会呈现相当大的 5 次谐波。结果造成，在 5kW 的功率等级下，为满足 IEC55-2 中关于允许最大电流谐波等级的规定[30]，5 次谐波会带来严重的设计、性能、成本上的权衡。先进的控制方法，例如，谐波注入方法[31]可以减小输入电流中的 5 次谐波，这样即使提高功率等级，依然能够满足 IEC555-2 中关于电流谐波分量的规定。

图 5-28 展示了文献[3-5]提出的采用谐波注入方式的方框图。一个与整流三相线电压的交流分量成比例的电压信号，被注入输出电压反馈环路中。在每一个线电压周期内，注入的信号随占空比变化而变化，用于减小 5 次谐波和整流器输入电流的总谐波分量(THD)。

5.13　变换器的平均模型

5.9 节推导出的输出电压平均值的表达式给出了当占空比为 k 时输出电压的稳态值。为了维持输出电压为一个特定值，变换器通常工作在如图 5-26a 所示的闭环状态下，且占空比不断变化以维持所需输出电平。可知占空比的微小变化将会引起输出电压值的变化，因此，变换器小信号模型的建立对于反馈电路的分析和设计具有重要意义。

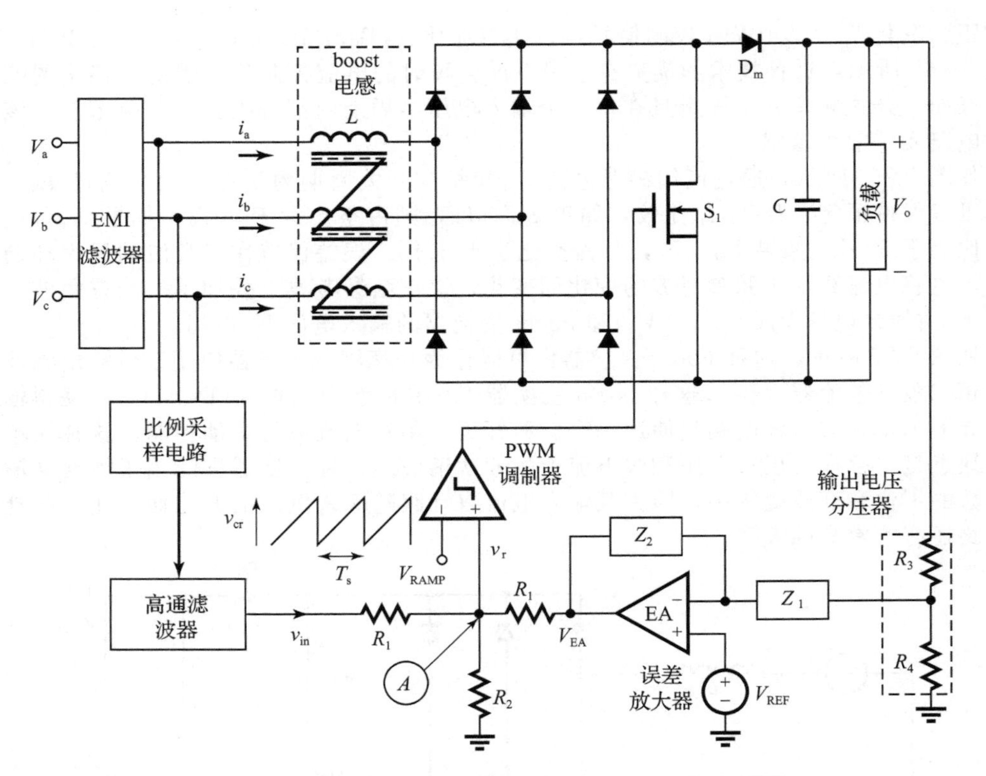

图 5-28 基于谐波注入调制的三相 DCM boost 整流器[31]

对于一个变换器而言，其输出电压值、输出电流值，以及输入电流值均为时变量，且波形由工作模式决定。在建立平均模型时，由开关和二极管组成的网络等效为如图 5-29a 所示的一个两端口开关网络，并根据其平均值得出其小信号模型。变换之后，开关变量与模型均成为时不变量，这个过程即为**开关平均建模**。

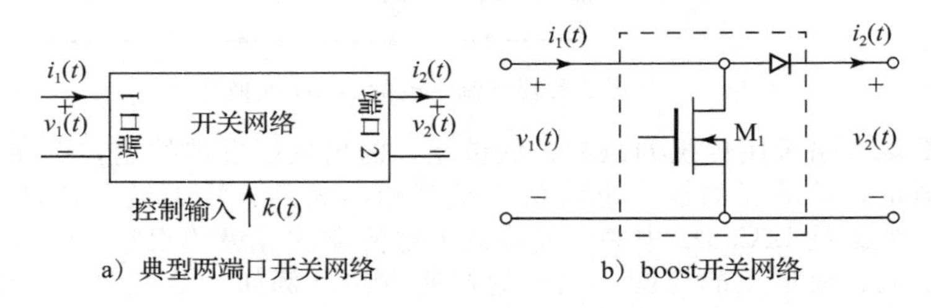

图 5-29 boost 开关两端口网络

电路平均法简单易行，可用于推导变换器的小信号(也即直流)模型。boost 变换器正逐渐广泛使用于输入功率因数校正及可再生能源利用的升压过程中，下文将给出直流模型的具体推导步骤。该模型也可适用于其他类型的变换器，如整流器、逆变器、谐振变换器，以及相控整流器。

步骤 1 确定如图 5-29b 所示[36-38]的两端口开关网络的终端。

步骤 2 选择自变量与因变量。当开关断开时，v_2 与 i_1 均不变，因此可将它们定义为自变量。此时，$i_1(t)$通过一个开关流向端口 2 的终端 3，$v_2(t)$与 $i_1(t)$均取决于电路状态。因变量 v_1 和 i_2 可表示为：

$$v_1 = f_1(i_1, v_2) \tag{5-131}$$

$$i_2 = f_2(i_1, v_2) \tag{5-132}$$

用受控源替换开关网络后，可得到如图 5-30a 所示的等效电路。

步骤 3　画出因变量随自变量变化的波形图。如图 5-30b 所示，当 $t_1=kT_S$ 时，开关闭合，$v_1(t)$与 $i_2(t)$均变为零；当 $t_2=(1-k)T_S$ 时，开关断开，$v_1(t)$等于 $v_2(t)$，$i_2(t)$等于 $i_1(t)$。在开断期间，$v_2(t)$的上升速率及 $i_1(t)$的下降速率均由负载阻抗(R、L)决定。

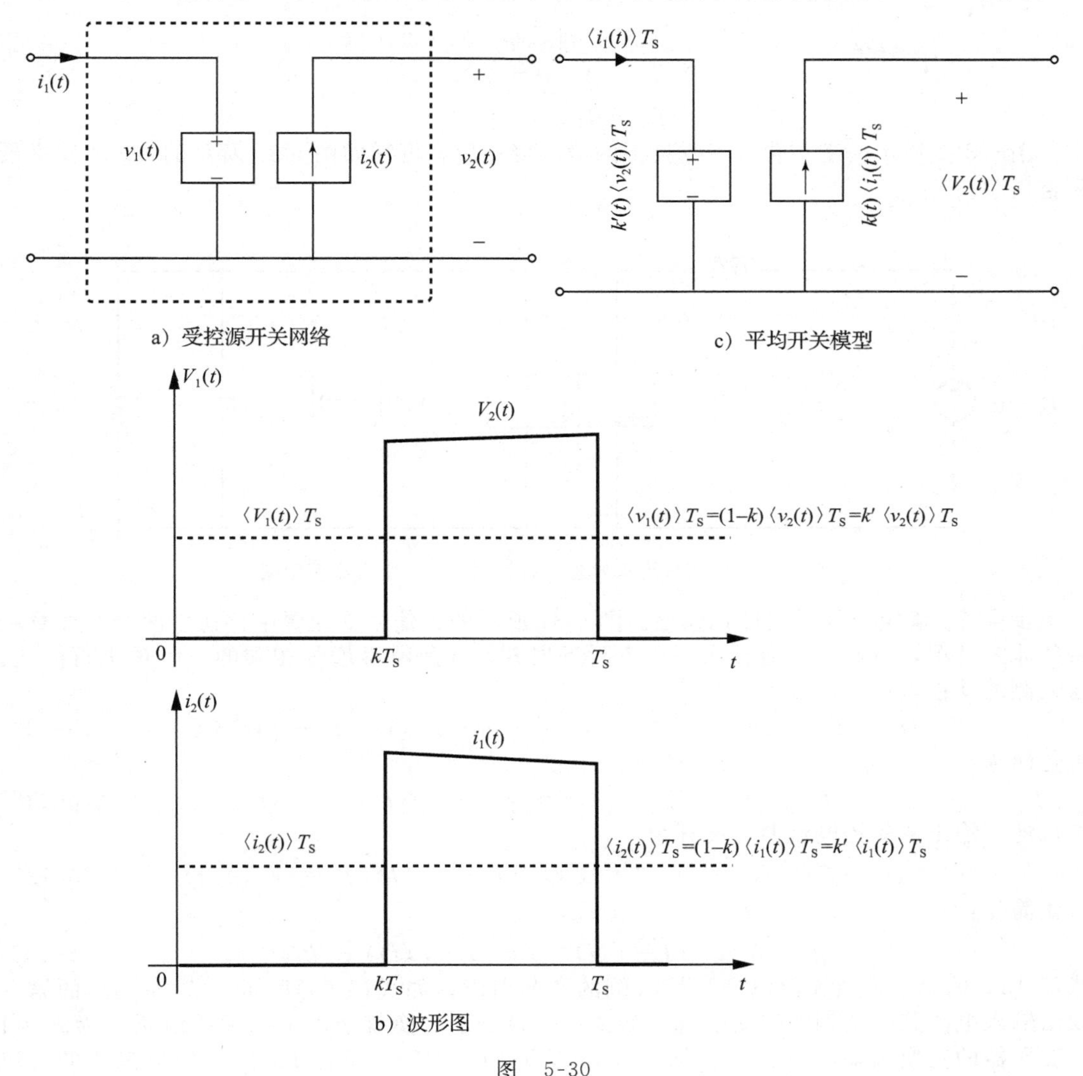

图　5-30

步骤 4　求得自变量在开关切换周期内的平均值。可以假定变换器的时间常数远大于开关切换周期 T_S，此时可以直接求得变量的平均值，而不必对时变的复杂波形图进行平均化。$v_2(t)$与 $i_1(t)$的纹波分量可以忽略不计，也即：时间常数 $RC\gg T_S$，$L/R\gg T_S$。基于如上假设，平均值可表示为：

$$\langle v_1(t)\rangle T_S=(1-k)\langle v_1(t)\rangle T_S=k'\langle v_1(t)\rangle T_S \tag{5-133}$$

$$\langle i_2(t)\rangle T_S=(1-k)\langle i_1(t)\rangle T_S=k'\langle i_1(t)\rangle T_S \tag{5-134}$$

式中：$k'=1-k$。将因变量的大信号平均值代入，可得到开关平均模型，如图 5-30c 所示。

步骤 5　在大信号平均值附近给一个小扰动。占空比 k 是控制量，当 $k(t)$在大信号 k 附近发生 $\delta(t)$的微小变化时，输入电源电压 V_S 也会发生$\tilde{v}_s(t)$的微小变化，从而会导致因变量在其大信号值附近发生微小变化，可得：

$$v_S(t)=V_S+\tilde{v}_s(t)$$
$$k(t)=k+\delta(t)$$
$$k'(t)=k'-\delta'(t)$$
$$\langle i(t)\rangle T_S=\langle i_1(t)\rangle T_S=I+\tilde{i}(t)$$
$$\langle v(t)\rangle T_S=\langle v_2(t)\rangle T_S=V+\tilde{v}(t)$$
$$\langle v_1(t)\rangle T_S=V_1+\tilde{v}_1(t)$$
$$\langle i_2(t)\rangle T_S=I_2+\tilde{i}_2(t)$$

图 5-30b 所示模型在包含了受控源的微小变化后，可得如图 5-31 所示的 boost 变换器完整模型。

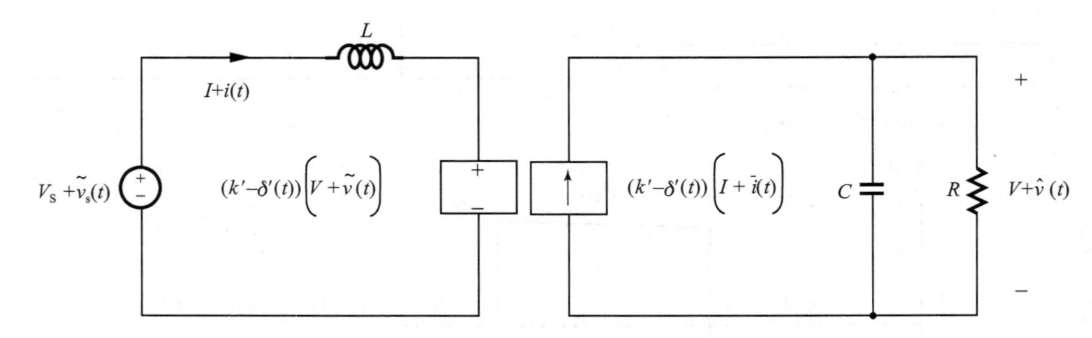

图 5-31　大信号附近发生小扰动时 boost 变换器模型图

步骤 6　确定小信号线性化模型。图 5-31 所示的大信号受控源中存在着两个时变量相乘的非线性项，对此可以通过在工作点附近展开，并忽略微增量相乘的二阶项进行简化。输入侧的受控电压源可以展开为：

$$(k'-\delta'(t))(V+\tilde{v}(t))=k'(V+\tilde{v}(t))-V\delta'(t)-\tilde{v}(t)\delta'(t)\tag{5-135}$$

可化简为：

$$(k'-\delta'(t))(V+\tilde{v}(t))\approx k'(V+\tilde{v}(t))-V\delta'(t)\tag{5-136}$$

类似地，输出侧受控电流源可展开为：

$$(k'-\delta'(t))(I+\tilde{i}(t))=k'(I+\tilde{i}(t))-I\delta'(t)-\tilde{i}(t)\delta'(t)\tag{5-137}$$

可化简为：

$$(k'-\delta'(t))(I+\tilde{i}(t))\approx k'(I+\tilde{i}(t))-I\delta'(t)\tag{5-138}$$

式(5-136)的第一项由输出电压到输入侧的变换引起，如式(5-70)所示。式(5-138)的第一项由输入电流到输出侧的变换引起，如式(5-73)所示。换言之，第一项是由匝比为 $k':1$ 的变压器的变换效果带来的。结合式(5-136)及式(5-137)，可得 boost 变换器最终的直流及交流小信号平均模型如图 5-32 所示。

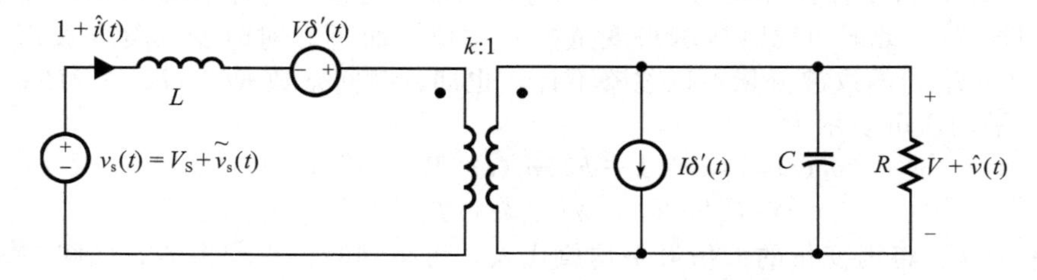

图 5-32　boost 变换器的直流及交流小信号平均模型

根据以上 6 步，可以得到 buck 变换器[37,39] 以及 buck-boost 变换器[35,38] 的平均模型，如图 5-33 所示。图 5-34a 给出了 SEPIC 的开关网络，图 5-34b 给出了平均模型。从变换器的平均模型中可以观察得到：

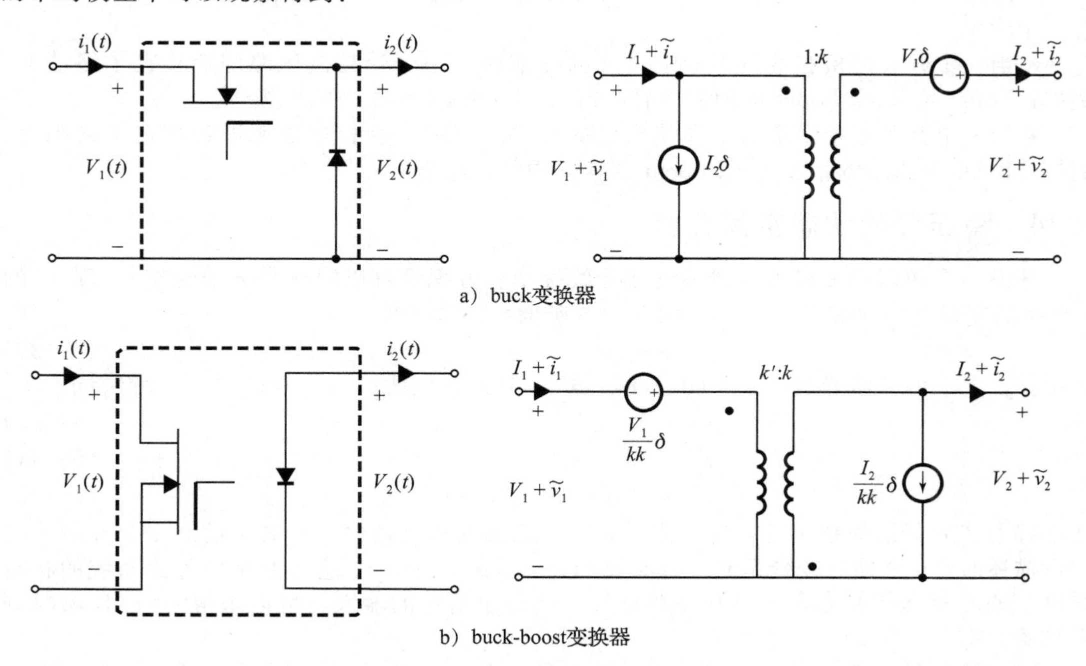

a）buck变换器

b）buck-boost变换器

图 5-33　buck 及 buck-boost 变换器的直流及交流小信号平均模型

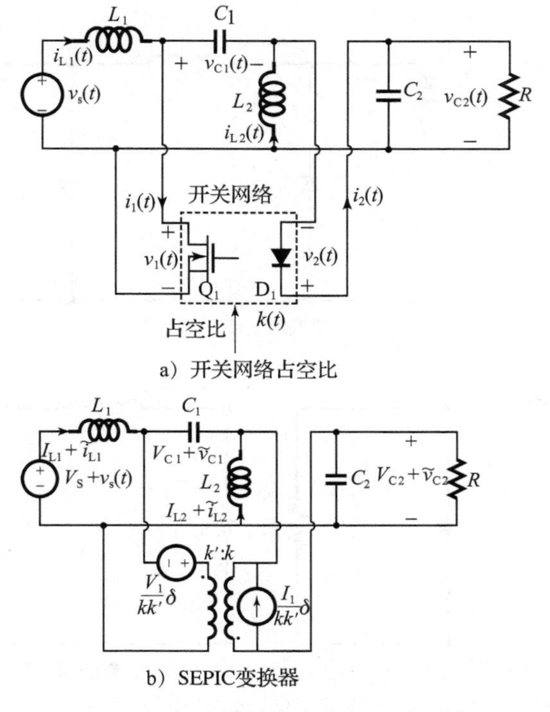

a）开关网络占空比

b）SEPIC变换器

图 5-34　SEPIC 的直流及交流小信号平均模型

- 输入与输出侧之间直流及交流小信号电压电流的变换由转换系数确定。

- 开关门控制信号带来的占空比的变化会使电压及电流的交流小信号发生变化。
- 当晶体管开关断开时，二极管开关允许电流流过，即晶体管和二极管在同一时刻仅有一个导电。
- 当一个开关跨接在端口 1 或端口 2 的终端时，一个受控电压源即跨接在了终端上。例如：boost 及 buck-boost 中的晶体管，buck 及 buck-boost 中的二极管。
- 当一个开关连接了端口 1 和端口 2 的终端时，一个受控电流源即跨接在了终端上。例如：buck 中的晶体管及 buck-boost 变换器中的二极管[35]。

5.14　稳压源的状态空间分析

任意一个单时间变量的 n 阶线性或非线性微分方程都可以写作[26] n 个含有 x_1 到 x_n 的 n 个时间变量的一阶微分方程。例如，如下所示的三阶方程：

$$y^{m} + a_2\, y^{n} + a_1\, y' + a_0 = 0 \tag{5-139}$$

式中：y'是 y 的一阶导数，$y'=(\mathrm{d}/\mathrm{d}t)y$。令 y 为 x_1，则式(5-139)可用三个方程表示：

$$x'_1 = x_2 \tag{5-140}$$

$$x''_2 = x_3 \tag{5-141}$$

$$x''_3 = -a_0\, x_1 - a_1\, x_2 - a_3\, x_3 \tag{5-142}$$

在求解上述方程组的精确解之前，需要有 n 个已知的初始条件。在对于任意一个 n 阶系统进行描述时，n 个独立变量是充分且必要的，x_1，x_2，…，x_n 这些变量即称为系统的状态变量。若 t_0 时刻线性系统的初始条件已知，则对于给定的输入，可以求得 $t>t_0$ 任意时刻系统的状态。

所有状态量均用 x 表示，所有输入量均用 u 表示。将直流电源 V_s 用更通用的电源 u_1 替换后，重画图 5-17a 所示的基本 buck 变换器，如图 5-35a 所示。

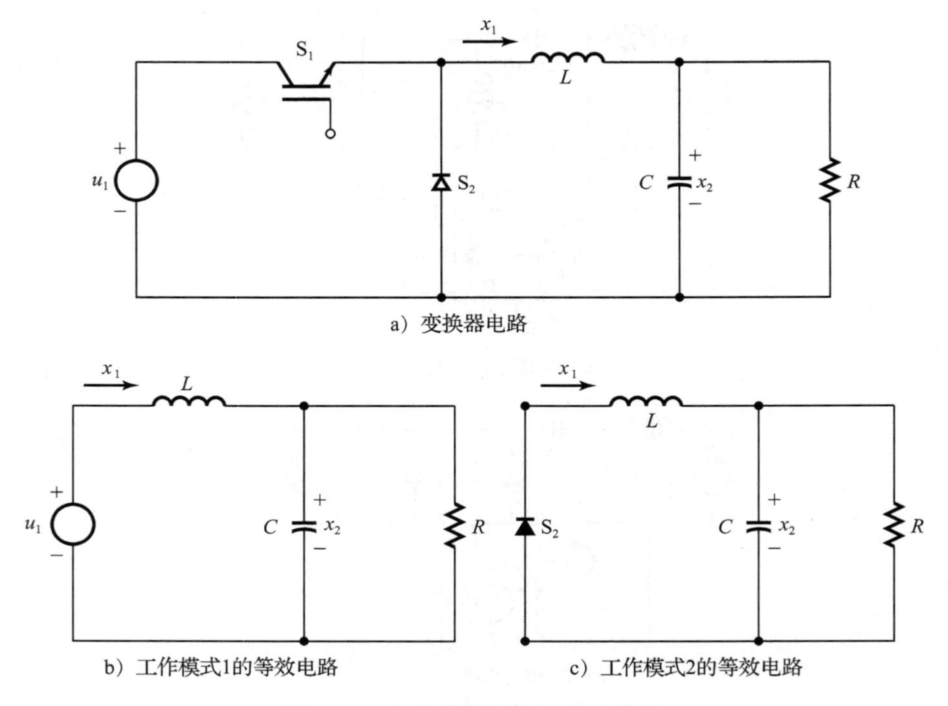

a）变换器电路

b）工作模式1的等效电路　　c）工作模式2的等效电路

图 5-35　含状态变量的 buck 变换器

模式 1　开关 S_1 闭合，开关 S_2 断开，等效电路图如图 5-35b 所示。应用基尔霍夫电压定律(KVL)，可得：

$$u_1 = L x_1' + x_2$$

$$C x_2' = x_1 - \frac{1}{R} x_2$$

可改写为：

$$x_1' = \frac{-1}{L} x_2 + \frac{1}{L} u_1 \tag{5-143}$$

$$x_2' = \frac{-1}{C} x_2 + \frac{1}{RC} x_2 \tag{5-144}$$

上式可写作通用形式：

$$x' = \boldsymbol{A}_1 \boldsymbol{x} + \boldsymbol{B}_1 \boldsymbol{u}_1 \tag{5-145}$$

式中：$\boldsymbol{x}$=状态变量=$\begin{pmatrix} x_1 \\ x_2 \end{pmatrix}$

$\boldsymbol{A}_1$=状态系数矩阵=$\begin{pmatrix} 0 & \frac{-1}{L} \\ \frac{1}{C} & \frac{-1}{RC} \end{pmatrix}$

$\boldsymbol{u}_1$=源向量

$\boldsymbol{B}_1$=源系数矩阵=$\begin{pmatrix} \frac{1}{L} \\ 0 \end{pmatrix}$

模式 2 开关 S_1 断开，开关 S_2 闭合，等效电路图如图 5-35c 所示。应用 KVL，可得：

$$0 = L x_1' + x_2$$

$$C x_2' = x_1 - \frac{1}{R} x_2$$

可改写为：

$$x_1' = \frac{-1}{L} x_2 \tag{5-146}$$

$$x_2' = \frac{-1}{C} x_2 + \frac{1}{RC} x_2 \tag{5-147}$$

上式可写作通用形式：

$$x' = \boldsymbol{A}_2 \boldsymbol{x} + \boldsymbol{B}_2 \boldsymbol{u}_1 \tag{5-148}$$

式中：$\boldsymbol{x}$=状态变量=$\begin{pmatrix} x_1 \\ x_2 \end{pmatrix}$

$\boldsymbol{A}_2$=状态系数矩阵=$\begin{pmatrix} 0 & \frac{-1}{L} \\ \frac{1}{C} & \frac{-1}{RC} \end{pmatrix}$

$\boldsymbol{u}_1$=源向量=0

$\boldsymbol{B}_2$=源系数矩阵=$\begin{pmatrix} 0 \\ 0 \end{pmatrix}$

在反馈系统中，占空比 k 是 $\boldsymbol{x}$ 的函数，也可能同时是 $\boldsymbol{u}$ 的函数。因此，可以通过状态空间平均来获得全解，即通过对切换后线性模式的每一个分析进行求和。采用通用形式，可得：

$$\boldsymbol{A} = \boldsymbol{A}_1 k + \boldsymbol{A}_2 (1-k) \tag{5-149}$$

$$\boldsymbol{B} = \boldsymbol{B}_1 k + \boldsymbol{B}_2 (1-k) \tag{5-150}$$

替换掉 $\boldsymbol{A}_1$，$\boldsymbol{A}_2$，$\boldsymbol{B}_1$ 和 $\boldsymbol{B}_2$ 后，可得：

$$\boldsymbol{A}=\begin{bmatrix}0 & \dfrac{-1}{L}\\ \dfrac{1}{C} & \dfrac{1}{RC}\end{bmatrix} \tag{5-151}$$

$$\boldsymbol{B}=\begin{bmatrix}\dfrac{k}{L}\\ 0\end{bmatrix} \tag{5-152}$$

反之可得如下状态方程：

$$x_1'=\frac{-1}{L}x_2+\frac{k}{L}u_1 \tag{5-153}$$

$$x_2'=\frac{-1}{C}x_2+\frac{1}{RC}x_2 \tag{5-154}$$

图 5-36 绘出了如式(5-153)及式(5-154)所描述的连续非线性电路，其非线性是由 k 一般情况下是 x_1、x_2 及 u_1 的函数造成的。

空间状态平均法是一个求近似的方法，即对于足够高的开关频率，允许连续时间信号的频域分析独立于开关频域分析。对于任意给定的开关状态，即便初始系统是线性的，其一般最后仍会变得非线性(见图 5-36)。因此，在进行拉普拉斯变换、波特图绘制前需采用小信号近似法来获得线性化的小信号特性。

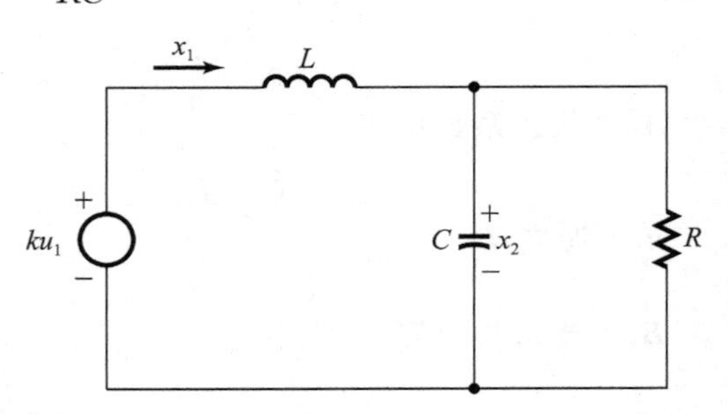

图 5-36　含状态变量 buck 变换器的连续时间等效电路

5.15　输入滤波器及变换器的设计问题

由式(5-14)可见，输出电压含有谐波分量，在输出端接入 C、LC、L 型的输出滤波器时可以对该谐波分量进行衰减[24,25]。滤波器的设计方法与例 3.13 及例 3.14 类似。

图 5-37a 所示为一个含有高感性负载的变换器，负载电流纹波分量可忽略不计($\Delta I=0$)，即当 I_a 为平均负载电流时，电流峰值 $I_m=I_a+\Delta I=I_a$。当输入电流波形为如图 5-37b 所示的脉冲波形时，其谐波分量可表示为傅里叶级数：

$$i_{nh}(t)=kI_a+\frac{I_a}{n\pi}\sum_{n=1}^{+\infty}\sin(2n\pi k)\cos(2n\pi ft)+\frac{I_a}{n\pi}\sum_{n=1}^{+\infty}(1-\cos(2n\pi k))\sin(2n\pi ft) \tag{5-155}$$

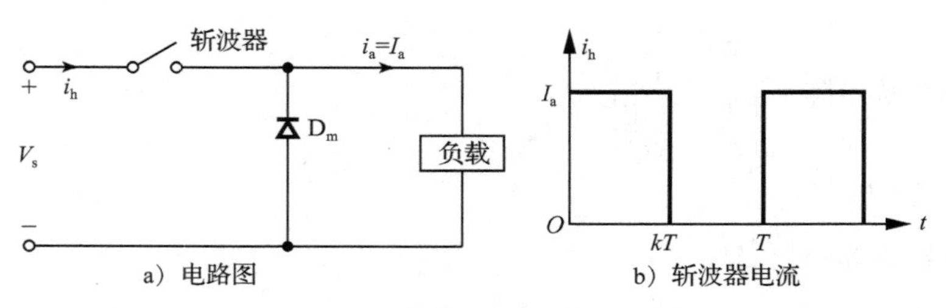

图 5-37　变换器输入电流波形

变换器在输入端产生的谐波电流的基波分量($n=1$)为：

$$i_{1h}(t)=\frac{I_a}{\pi}\sin(2\pi k)\cos(2\pi ft)+\frac{I_a}{\pi}(1-\cos(2\pi k))\sin(2\pi ft) \tag{5-156}$$

在实际应用中，如图 5-38 所示的输入滤波器一般用于滤除来自电源线的变换器谐波。图 5-39 所示为可用于产生该谐波电流的等效电路，且电源中第 n 阶谐波分量的方均根值为：

$$I_{ns}=\frac{1}{1+(2n\pi f)^2L_eC_e}I_{nh}=\frac{1}{1+(nf/f_0)^2}I_{nh} \tag{5-157}$$

式中：f 为斩波频率；$f_0=1/(2\pi\sqrt{L_eC_e})$ 为滤波器谐振频率。一般情况下 $(f/f_0)\gg1$，电源中第 n 阶谐波电流为：

$$I_{ns}=I_{nh}\left(\frac{f_0}{nf}\right)^2 \tag{5-158}$$

提高斩波频率可以减小输入滤波器元件的大小，但电源线中变换器产生的谐波频率也随之增大，有可能造成控制信号与通信信号之间的相互干扰。

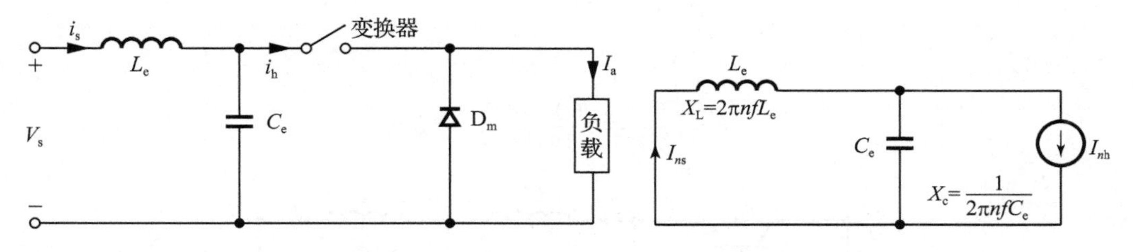

图 5-38　含输入滤波器的变换器　　图 5-39　谐波电流等效电路

若电源含有电抗 L_S，且图 5-2a 所示的变换器开关闭合，则电源电感中会存储大量能量。在断开变换器开关时，存储能量所产生的电压可能会损坏功率半导体器件。在变换器动作时，LC 输入滤波器等效为一个低阻抗电源。

例 5.9　直流变换器输入电流谐波分量的分析。

如图 5-37a 所示，变换器接入一个高感负载，平均负载电流 $I_a=100\text{A}$，负载电流纹波分量可忽略不计($\Delta I=0$)。接入一个 LC 输入滤波器，$L_e=0.3\text{mH}$，$C_e=4500\mu\text{F}$。当变换器工作频率为 350Hz，且占空比为 0.5 时，求电源线上变换器产生的谐波基波分量的最大方均根值。

解：

当 $I_a=100\text{A}$，$f=350\text{Hz}$，$k=0.50$，$C_e=4500\mu\text{F}$ 且 $L_e=0.3\text{mH}$，$f_0=1/(2\pi\sqrt{C_eL_e})=136.98\text{Hz}$ 时。式(5-156)可写作：

$$I_{1h}(t)=A_1\cos(2\pi ft)+B_1\sin(2\pi ft)$$

式中：$A_1=(I_a/\pi)\sin(2\pi k)$；$B_1=(I_a/\pi)(1-\cos(2\pi k))$。电流的峰值为：

$$I_{ph}=(A_1^2+B_1^2)^{1/2}=\frac{\sqrt{2}I_a}{\pi}(1-\cos(2\pi k))^{1/2} \tag{5-159}$$

电流的方均根值为：

$$I_{1h}=\frac{I_a}{\pi}(1-\cos(2\pi k))^{1/2}=45.02\text{A}$$

当 $k=0.5$ 时有最大值。由式(5-157)可求得电源线上变换器产生的谐波电流的基波分量：

$$I_{1s}=\frac{1}{1+(f/f_0)^2}I_{1h}=\frac{45.02}{1+(350/136.98)^2}\text{A}=5.98\text{A}$$

若 $f/f_0\gg1$，电源谐波电流分量约为：

$$I_{1s}=I_{1h}\left(\frac{f_0}{f}\right)^2$$

◀

例 5.10 如图 5-40 所示 buck 变换器，输入电压 $V_s=110V$，平均负载电压 $V_a=60V$，平均负载电流 $I_a=20A$。斩波频率 $f=20kHz$。负载电压纹波的峰峰值为 2.5%，负载电流纹波的峰峰值为 5%，滤波器 L_e 电流纹波的峰峰值为 10%。(a)利用 PSpice 求 L_e、L 及 C_e 的值；(b)绘出电容电压 v_c，负载电流 i_L 的瞬态值来验证结果的正确性；(c)计算傅里叶系数及输入电流 i_S。晶体管 SPICE 模型的系数：IS=6.734f，BF=416.4，BR=0.7371，CJC=3.638P，CJE=4.493P，TR=239.5N，TF=301.2P，二极管系数：IS=2.2E−15，BV=1800V，TT=0。

解：

$$V_s=110V,\quad V_a=60V,\quad I_a=20A$$

$$\Delta V_c=0.025\times V_a=0.025\times 60V=1.5V$$

$$R=\frac{V_a}{I_a}=\frac{60}{20}\Omega=3\Omega$$

由式(5-56)得：

$$k=\frac{V_a}{V_s}=\frac{60}{110}=0.5455$$

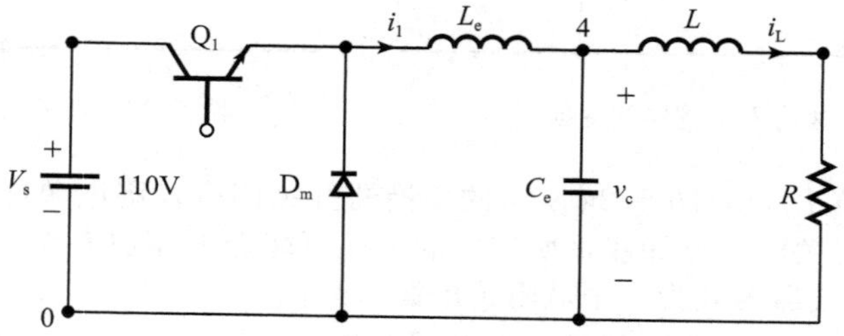

图 5-40 buck 变换器

由式(5-57)得：

$$I_s=kI_a=0.5455\times 20A=10.91A$$

$$\Delta I_L=0.05\times I_a=0.05\times 20A=1A$$

$$\Delta I=0.1\times I_a=0.1\times 20A=2A$$

(a)由式(5-59)，可得 L_e 的值为：

$$L_e=\frac{V_a(V_s-V_a)}{\Delta IfV_s}=\frac{60\times(110-60)}{2\times 20\times 10^3\times 110}H=681.82\mu H$$

由式(5-61)，可得 C_e 的值为：

$$C_e=\frac{\Delta I}{\Delta V_c\times 8f}=\frac{2}{1.5\times 8\times 20\times 10^3}F=8.33\mu F$$

设从 $t=0$ 到 $t_1=kT$ 时，负载电流 i_L 线性增大，可近似写作：

$$L\frac{\Delta I_L}{t_1}=L\frac{\Delta I_L}{kT}=\Delta V_c$$

则可得 L 的近似值为：

$$L=\frac{kT\Delta V_c}{\Delta I_L}=\frac{k\Delta V_c}{\Delta I_{Lf}}=\frac{0.5454\times 1.5}{1\times 20\times 10^3}H=40.91\mu H \tag{5-160}$$

(b)$k=0.5455$，$f=20kHz$，$T=1/f=50\mu s$，$t_{on}=k\times T=27.28\mu s$。PSpice 仿真中 buck 斩波器如图 5-41a 所示，控制电压 V_g 如图 5-41b 所示。电路参数如下：

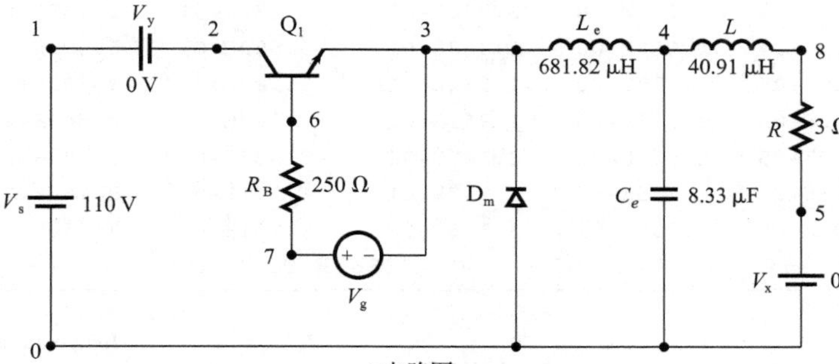

a) 电路图

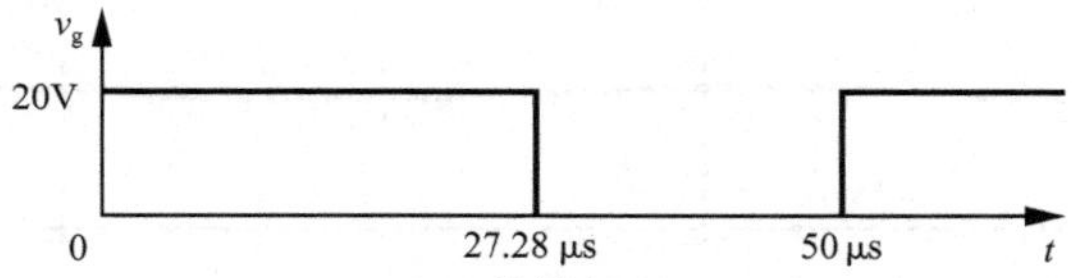

b) 控制电压

图 5-41　PSpice 仿真 buck 斩波器

例 5.10　buck 变换器

```
VS     1    0    DC     110V
VY     1    2    DC     0V    ; Voltage source to measure input current
Vg     7    3    PULSE (0V  20V  0  0.1NS  0.1NS  27.28US 50US)
RB     7    6    250                             ; Transistor base resistance
LE     3    4    681.82UH
CE     4    0    8.33UF    IC=60V ; initial voltage
L      4    8    40.91UH
R      8    5    3
VX     5    0    DC     OV             ; Voltage source to measure load current
DM     0    3    DMOD                        ; Freewheeling diode
.MODEL DMOD    D(IS=2.2E-15 BV=1800V TT=0)    ; Diode model parameters
Q1     2    6    3    QMOD                   ; BJT switch
.MODEL  QMOD  NPN  (IS=6.734F BF=416.4 BR=.7371 CJC=3.638P
+ CJE=4.493P TR=239.5N TF=301.2P)            ; BJT model parameters
.TRAN 1US 1.6MS   1.5MS   1US     UIC        ; Transient analysis
.PROBE                                       ; Graphics postprocessor
.options  abstol = 1.00n reltol = 0.01 vntol = 0.1 ITL5=50000 ; convergence
.FOUR    20KHZ     I(VY)                     ; Fourier analysis
.END
```

图 5-42 所示为 PSpice 图形，其中 $I(VX)$＝负载电流，$I(Le)$＝电感 L_e 电流，$V(4)$＝电容电压。对于图 5-42 所示的使用 PSpice 光标定位可得：$V_a = V_c = 59.462\text{V}$，$\Delta V_c = 1.782\text{V}$，$\Delta I = 2.029\text{A}$，$\Delta I_L = 0.3278\text{A}$，$I_a = 19.8249\text{A}$。验证了设计的合理性，且 ΔI_L 的结果比预期更好。

(c)输入电流的傅里叶系数如下：

```
FOURIER COMPONENTS OF TRANSIENT RESPONSE I(VY)
 DC COMPONENT = 1.079535E+01
HARMONIC     FREQUENCY     FOURIER     NORMALIZED      PHASE      NORMALIZED
   NO          (HZ)       COMPONENT     COMPONENT      (DEG)      PHASE (DEG)
   1        2.000E+04     1.251E+01     1.000E+00    -1.195E+01    0.000E+00
   2        4.000E+04     1.769E+00     1.415E-01     7.969E+01    9.163E+01
```

```
3      6.000E+04   3.848E+00   3.076E-01   -3.131E+01   -1.937E+01
4      8.000E+04   1.686E+00   1.348E-01    5.500E+01    6.695E+01
5      1.000E+05   1.939E+00   1.551E-01   -5.187E+01   -3.992E+01
6      1.200E+05   1.577E+00   1.261E-01    3.347E+01    4.542E+01
7      1.400E+05   1.014E+00   8.107E-02   -7.328E+01   -6.133E+01
8      1.600E+05   1.435E+00   1.147E-01    1.271E+01    2.466E+01
9      1.800E+05   4.385E-01   3.506E-02   -9.751E+01   -8.556E+01
TOTAL HARMONIC DISTORTION =    4.401661E+01 PERCENT
```

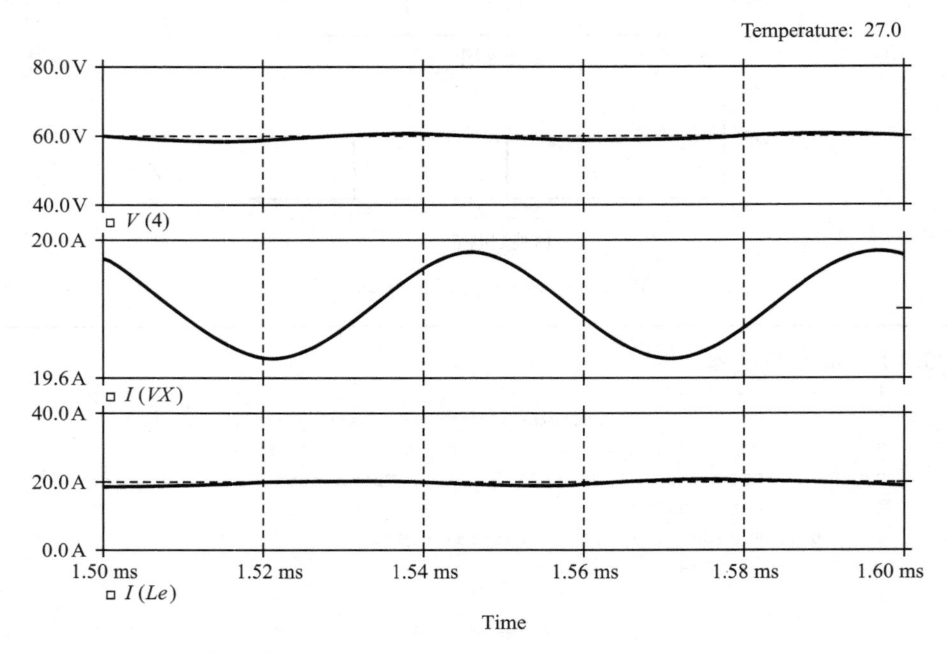

图 5-42　例 5-10 的 PSpice 仿真图形

5.16　变换器的驱动电路

目前已有多种商业化的功率变换器驱动集成电路，包括脉冲宽度调制(PWM)控制，功率因数校正(PFC)控制，PWM 与 PFC 联合控制，电流模式控制[42]，桥式驱动器，伺服驱动器，半桥式驱动器，步进电动机驱动器，以及晶闸管门极驱动。以上这些集成电路均适用于 buck 变换器，可用于电池充电器、开关磁阻电动机驱动的双管正激变换器、电流模式控制的全桥逆变器、无刷感应电动机驱动的三相逆变器、电源中桥式推挽变换器，以及开关式电源的同步 PWM 控制(SMPS)。典型多用途的高压悬浮门驱动电路(MGD)如图 5-43 所示[40]。

输入逻辑通道由兼容的 TTL/CMOS 输入进行控制，转换阈值则取决于器件的种类。一些 MGD 的转换阈值正比于逻辑电路电源 V_{DD}(3V 至 20V)，其施密特触发器的缓冲与滞后电压等于 V_{DD}的 10%，从而使得输入值有足够长的时间上升，然而一些 MGD 在 1.5V 到 2V 之间有固定的逻辑 0 到逻辑 1 的转换点。一些 MGD 仅能驱动一个高压侧功率器件或者同时驱动一个高压侧及一个低压侧功率器件，而有些能驱动一个三相桥。任意一个高压侧驱动器均可以驱动低压侧的器件。含两个门极驱动通道的 MGD 可以输入双重、彼此独立的控制信号，或者输入一个含互补驱动及已定死区时间的单一信号。

低压侧输出级装设有组成图腾柱式的两个 n 沟道 MOSFET 或一个 n 沟道、一个 p 沟

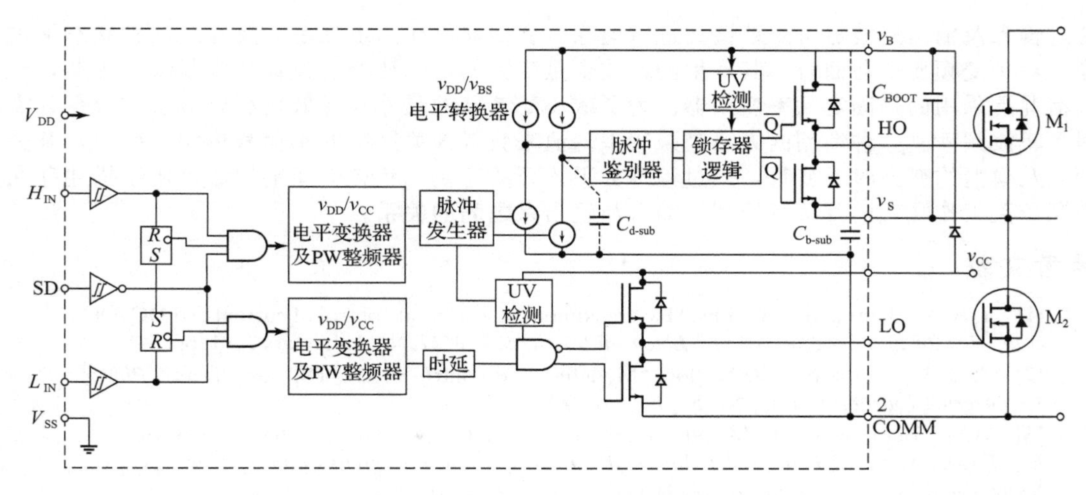

图 5-43　MOS 门极驱动器框图(由国际整流器公司提供)[40]

道的 CMOS 逆变器。源极跟随器用于吸收电流源及共源极电流。低压侧的电源由引脚 2 独立引出，故功率器件的电源与门极驱动电流的反馈之间直接联系了起来，可防止当 V_{CC} 小于某一值(一般为 8.2V)时有通道工作在低压封锁状态。

高压侧通道被建立为一个“隔离桶”，在共地(COM)时可以悬浮。该桶“悬浮”于 V_{CC} 的输入电压(一般为 15V)所设计的 V_S 处，并在两值之间波动。高压侧 MOSFET 的栅极电荷由自举电容 C_B 提供，该电容在元件断电时由 V_{CC} 通过限幅二极管进行充电。由于该电容由低压侧电源进行充电，用于驱动门极的吸收功率很小，故 MOS 门极控制晶体管体现出容性输入特性，即通过对门极进行充电而非提供持续电流来开启电路器件。

PWM 电流模式控制器的一个典型应用如图 5-44 所示，该控制器具有低待机功耗、软启动、峰值电流检测、低输入电压闭锁、热保护，以及过压保护等特性，且其开关频率高达 100kHz。

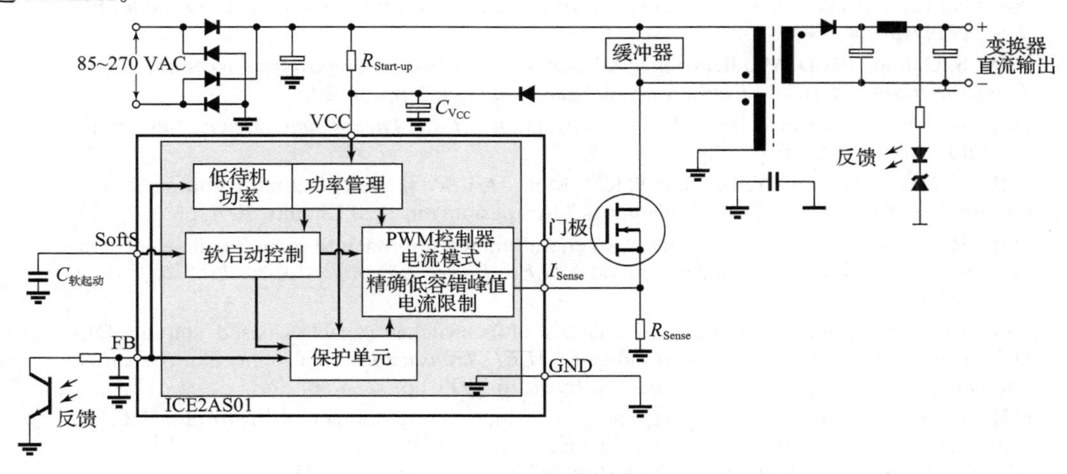

图 5-44　开关功率电源电流模式控制集成电路的典型应用
(图片由德国西门子公司提供)[42]

本章小结

直流变换器可用作直流变压器对固定直流电压进行升压或降压，该变换器也可用于开关稳压器及两直流电源之间功率的传递。然而，变换器的输入端与负载端可能产生谐波，通过输入及输出滤波器可对该谐波进行消除。变换器可在固定频率下及变频两种状态下工作，对于变频变换器而言，其产生的谐波也是变频的，滤波器的设计较为复杂。因此，一般情况下采用的是固定频率变换器。为了减小滤波器的尺寸及降低负载电流纹波分量，需提高斩波频率。一种惯用的方法是采用平均值来获得开关网络的小信号模型，此时，开关变量及模型均变为时不变量，该过程称为平均开关建模。状态空间平均法可用于描述存在不同开关工作状态的开关变换器的输入与输出量之间的关系。

参考文献

[1] J. A. M. Bleijs and J. A. Gow, "Fast maximum power point control of current-fed DC–DC converter for photovoltaic arrays," *Electronics Letters*, Vol. 37, No. 1, January 2001, pp. 5–6.

[2] A. J. Forsyth and S. V. Mollov, "Modeling and control of DC–DC converters," *Power Engineering Journal*, Vol. 12, No. 5, 1998, pp. 229–236.

[3] A. L. Baranovski, A. Mogel, W. Schwarz, and O. Woywode, "Chaotic control of a DC–DC-Converter," *Proc. IEEE International Symposium on Circuits and Systems*, Geneva, Switzerland, 2000, Vol. 2, pp. II-108–II-111.

[4] H. Matsuo, F. Kurokawa, H. Etou, Y. Ishizuka, and C. Chen, Changfeng, "Design oriented analysis of the digitally controlled dc–dc converter," *Proc. IEEE Power Electronics Specialists Conference*, Galway, U.K., 2000, pp. 401–407.

[5] J. L. Rodriguez Marrero, R. Santos Bueno, and G. C. Verghese, "Analysis and control of chaotic DC–DC switching power converters," *Proc. IEEE International Symposium on Circuits and Systems*, Orlando, FL, Vol. 5, 1999, pp. V-287–V-292.

[6] G. Ioannidis, A. Kandianis, and S. N. Manias, "Novel control design for the buck converter," *IEE Proceedings: Electric Power Applications*, Vol. 145, No. 1, January 1998, pp. 39–47.

[7] R. Oruganti and M. Palaniappan, "Inductor voltage control of buck-type single-phase ac–dc converter," *IEEE Transactions on Power Electronics*, Vol. 15, No. 2, 2000, pp. 411–417.

[8] V. J. Thottuvelil and G. C. Verghese, "Analysis and control design of paralleled DC/DC converters with current sharing," *IEEE Transactions on Power Electronics*, Vol. 13, No. 4, 1998, pp. 635–644.

[9] Y. Berkovich, and A. Ioinovici, "Dynamic model of PWM zero-voltage-transition DC–DC boost converter," *Proc. IEEE International Symposium on Circuits and Systems*, Orlando, FL, Vol. 5, 1999, pp. V-254–V-25.

[10] S. Cúk and R. D. Middlebrook, "Advances in switched mode power conversion," *IEEE Transactions on Industrial Electronics*, Vol. IE30, No. 1, 1983, pp. 10–29.

[11] K. Kit Sum, *Switch Mode Power Conversion—Basic Theory and Design*. New York: Marcel Dekker. 1984, Chapter 1.

[12] D. Ma, W. H. Ki, C. Y. Tsui, and P. K. T. Mok, "A 1.8-V single-inductor dual-output switching converter for power reduction techniques," Symposium on VLSI Circuits, 2001, pp. 137–140.

[13] R. D. Middlebrook and S. Cúk, "A general unified approach to modeling dc-to-dc converters in discontinuous conduction mode," *IEEE Power Electronics Specialist Conference*, 1977, pp. 36–57.

[14] H. S. H. Chung, "Design and analysis of a switched-capacitor-based step-up DC/DC converter with continuous input current," *IEEE Transactions on Circuits and Systems I: Fundamental Theory and Applications*, Vol. 46, No. 6, 1999, pp. 722–730.

[15] H. S. H. Chung, S. Y. R. Hui, and S. C. Tang, "Development of low-profile DC/DC converter using switched-capacitor circuits and coreless PCB gate drive," *Proc. IEEE Power Electronics Specialists Conference*, Charleston, SC, Vol. 1, 1999, pp. 48–53.

[16] M. Kazerani, P. D. Ziogas, and G. Ioos, "A novel active current wave shaping technique for solid-state input power factor conditioners," *IEEE Transactions on Industrial Electronics*, Vol. IE38, No. 1, 1991, pp. 72–78.

[17] B. I. Takahashi, "Power factor improvements of a diode rectifier circuit by dither signals," *Conference Proc. IEEE-IAS Annual Meeting*, Seattle, WA, October 1990, pp. 1279–1294.

[18] A. R. Prasad and P. D. Ziogas, "An active power factor correction technique for three phase diode rectifiers," *IEEE Transactions on Power Electronics*, Vol. 6, No. 1, 1991, pp. 83–92.

[19] A. R. Prasad, P. D. Ziogas, and S. Manias, "A passive current wave shaping method for three phase diode rectifiers," *Proc. IEEE APEC-91 Conference Record,* 1991, pp. 319–330.

[20] M. S. Dawande and G. K. Dubey, "Programmable input power factor correction method for switch-mode rectifiers," *IEEE Transactions on Power Electronics*, Vol. 2, No. 4, 1996, pp. 585–591.

[21] M. S. Dawande, V. R. Kanetkar, and G. K. Dubey, "Three-phase switch mode rectifier with hysteresis current control," *IEEE Transactions on Power Electronics*, Vol. 2, No. 3, 1996, pp. 466–471.

[22] E. L. M. Mehl and I. Barbi, "An improved high-power factor and low-cost three-phase rectifier," *IEEE Transactions on Industry Applications*, Vol. 33, No. 2, 1997, pp. 485–492.

[23] F. Daniel, R. Chaffai, and K. AI-Haddad, "Three-phase diode rectifier with low harmonic distortion to feed capacitive loads," *IEEE APEC Conference Proc.*, 1996, pp. 932–938.

[24] M. Florez-Lizarraga and A. F. Witulski, "Input filter design for multiple-module DC power systems," *IEEE Transactions on Power Electronics*, Vol. 2, No. 3, 1996, pp. 472–479.

[25] M. Alfayyoumi, A. H. Nayfeh, and D. Borojevic, "Input filter interactions in DC–DC switching regulators," *Proc. IEEE Power Electronics Specialists Conference*, Charleston, SC, Vol. 2, 1999, pp. 926–932.

[26] D. M. Mitchell, *DC–DC Switching Regulator*. New York: McGraw-Hill. 1988, Chapters 2 and 4.

[27] B. Lehman and R. M. Bass, "Extensions of averaging theory for power electronic systems," *IEEE Transactions on Power Electronics*, Vol. 2, No. 4, 1996, pp. 542–553.

[28] H. Bevrani, M. Abrishamchian, and N. Safari-shad," Nonlinear and linear robust control of switching power converters," *Proc. IEEE International Conference on Control Applications*, Vol. 1, 1999, pp. 808–813.

[29] C. A. Mufioz and I. Barbi, "A new high-power-factor three-phase ac–dc converter: analysis, design, and experimentation," *IEEE Transactions on Power Electronics*, Vol. 14, No. 1, January 1999, pp. 90–97.

[30] *IEC Publication 555:* Disturbances in supply systems caused by household appliances and similar equipment; Part 2: Harmonics.

[31] Y. Jang and M. M. Jovanovic, "A new input-voltage feed forward harmonic-injection technique with nonlinear gain control for single-switch, three-phase, DCM boost rectifiers," *IEEE Transactions on Power Electronics*, Vol. 28, No. 1, March 2000, pp. 268–277.

[32] M. H. Rashid, *SPICE for Power Electronics Using PSpice*. Englewood Cliffs, N.J.: Prentice-Hall. 1993, Chapters 10 and 11.

[33] P. Wood, *Switching Power Converters*. New York: Van Nostrand Reinhold. 1981.

[34] R. P. Sevems and G. E. Bloom, *Modern DC-to-DC Switch Mode Power Converter Circuits*. New York: Van Nostrand Reinhold. 1983.

[35] R. W. Erickson, *Fundamentals of Power Electronics.* 2nd ed. Springer Publishing, New york January 2001.

[36] L. Allan, A. Merdassi, L. Gerbaud, and S. Bacha, "Automatic modelling of power electronic converter, average model construction and Modelica model generation," *Proceedings 7th Modelica Conference*, Como, Italy, September 20–22, 2009.

[37] Y. Amran, F. Huliehel, and S. (Sam) Ben-Yaakov, "A unified SPICE compatible average model of PWM converters," *lEEE Transactions On Power Electronics,* Vol. 6, No. 4, October 1991.

[38] S. R. Sanders, J. Mark Noworolslti, Xiaojuii Z. Liu, and George C. Vergliese, "Generalized averaging method for power conversion circuits," *IEEE Transactions on Power Electronics,* Vol. 6, No. 2, 1990, pp. 521–259.

[39] J. V. Gragger, A. Haumer, and M. Einhorn, "Averaged model of a buck converter for efficiency analysis," *Engineering Letters*, Vol. 18, No. 1, February 2010.

[40] "HV floating MOS-gate driver ICs," Application Note AN978, International Rectifier, Inc., El Segunda, CA, July 2001. www.irf.com.

[41] "Enhanced generation of PWM controllers," Unitrode Application Note U-128, Texas Instruments, Dallas, Texas, 2000.

[42] "Off-line SMPS current mode controller," Application Note ICE2AS01, Infineon Technologies, Munich, Germany, February 2001. www.infineon.com.

复习题

5.1 什么是直流斩波器？什么是直流变换电源？
5.2 降压型变换器的工作原理是什么？
5.3 升压型变换器的工作原理是什么？
5.4 什么是变换器的脉冲宽度调制控制？
5.5 什么是变换器的频率调制控制？
5.6 变频变换器的优缺点各是什么？
5.7 负载电感对负载电流纹波有何影响？
5.8 斩波频率对负载电流纹波有何影响？
5.9 为保证两个直流电源间能量可控制转移需要满足哪些条件？
5.10 产生变换器占空比信号的算法是什么？
5.11 PWM控制的调制比是什么？
5.12 什么是第一和第二象限变换器？
5.13 什么是第三和第四象限变换器？
5.14 什么是四象限变换器？
5.15 变换器的频率限制参数有哪些？
5.16 什么是开关模式的稳压源？
5.17 有哪四种基本的开关模式稳压源？
5.18 buck稳压源有何优缺点？
5.19 boost稳压源有何优缺点？
5.20 buck-boost稳压源有何优缺点？
5.21 cúk稳压源有何优缺点？
5.22 占空比为多少时负载电流纹波最大？
5.23 斩波频率对滤波器体积有何影响？
5.24 什么是变换器的断续工作模式？
5.25 什么是多输出的boost变换器？
5.26 为什么多输出的boost变换器一定要使用时分复用控制(TM控制)？
5.27 为什么多输出的boost变换器一定要工作在断续模式？
5.28 如何让整流器供电的boost变换器的输入电流为正弦波且与输入电压同相？
5.29 什么是变换器的平均开关模型？
5.30 什么是空间向量平均技术？

习题

5.1 图5-2a中的直流变换器带有一阻性负载$R=20\Omega$，输入电压为$V_s=220V$。当变换器保持开启时，它的电压降为$V_{ch}=1.5V$且斩波频率为$f=10kHz$。如果占空比为80%，计算(a)平均输出电压V_a；(b)输出电压有效值V_o；(c)变换器效率；(d)有效输入电阻R_i；(e)输出电压谐波基频分量的有效值。

5.2 如图5-4所示，变换器驱动RL负载，$V_s=220V$，$R=5\Omega$，$L=15.5mH$，$f=5kHz$，$R=0.5\Omega$，且$E=20V$。计算(a)负载电流最小值I_1；(b)负载电流峰值I_2；(c)负载电流纹波峰峰值；(d)平均负载电流I_a；(e)负载电流的方均根值I_o；(f)有效输入电阻R_i；(f)输出电流的有效值I_R。

5.3 图5-4所示的直流变换器带有一阻性负载$R=0.25\Omega$，输入电压为$V_s=220V$，电池电动势$E=10V$。平均负载电流$I_a=200A$，且开关频率为$f=200Hz$。使用平均输出电压来计算负载电感L，其将负载电流纹波最大值限制在I_a的5%以内。

5.4 图5-8a所示的直流变换器用于控制功率从一个直流电压$V_s=110V$流向电池电压$E=220V$。转移到电池的功率为25kW，电感电流纹波可以忽略。计算(a)占空比K；(b)有效负载电阻R_{eq}；(c)输入电流平均值I_s。

5.5 对于习题5.4，画出电感电流和电池电流的波形，设定$L=6.5mH$，$f=250Hz$且$k=0.5$。

5.6 如图5-4所示，变换器驱动RL负载，如果负载电阻$R=0.2\Omega$，电感$L=20mH$，供电电压$V_s=600V$，电池电动势$E=140V$，且开关频率为$f=250Hz$，计算负载电流的最大值和最小值、负载电流纹波峰峰值，当k从0.1到0.9每次步进0.1时的平均负载电流。

5.7 使用式(5-29)和式(5-30)计算习题5.6中电流纹波的最大峰峰值，并进行结果。

5.8 图5-9所示的升压型变换器有$R=7.5\Omega$，$L=6.5mH$，$E=5V$且$k=0.5$。计算I_1、I_2和ΔI。使用SPICE计算这些值，并画出负载、二极管和开关电流波形。

5.9 图5-17a所示的buck稳压源的输入电压$V_s=15V$，所需的平均输出电压$V_a=6.5V$，此时$I_a=0.5A$且输出电压纹波峰峰值为10mV。开关频率为20kHz，电感电流纹波峰峰值限制在0.25A。计算(a)占空比k；(b)滤波电感L；(c)滤波电容C；(d)L和C的临界值。

5.10 图5-18a所示的boost稳压源的输入电压$V_s=6V$，平均输出电压$V_a=12V$，此时$I_a=0.5A$，开关频率为20kHz。如果$L=250\mu H$且$C=440\mu F$，计算(a)占空比k；(b)电感电流纹波ΔI；(c)电感电流峰值I_2；(d)滤波电容电压纹波ΔV_c；(e)L和C的临界值。

5.11 图5-19a所示的buck-boost稳压源的输入电压$V_s=12V$，占空比$k=0.6$，开关频率为25kHz。$L=250\mu H$且$C=220\mu F$，负载电流平均值$I_a=1.2A$。计算(a)平均输出电压V_a；(b)滤波电容电压纹波峰峰值ΔV_c；(c)电感电流纹波峰峰值ΔI；(d)开关管电流峰值I_p；(e)L和C的临界值。

5.12 图5-20a所示的cúk稳压源输入电压$V_s=15V$，占空比$k=0.45$，开关频率为25kHz。滤波电感$L_2=350\mu H$，滤波电容$C_2=220\mu F$，能量中转电容$C_1=400\mu F$，电感$L_1=250\mu H$。负载电流平均值$I_a=1.2A$。计算(a)平均输出电压V_a；(b)平均输入电流I_s；(c)电感L_1电流纹波峰峰值ΔI_1；(d)电容C_1电压纹波峰峰值ΔV_{c1}；(e)电感L_2电流纹波峰峰值ΔI_2；(f)电容C_2电压纹波峰峰值ΔV_{c2}；(g)开关管电流峰值I_p。

5.13 对于习题5.12中的cúk稳压源，计算L_1、C_1、L_2和C_2的临界值。

5.14 图5.40中的buck变换器的稳压电源输入电压为$V_s=110V$，平均负载电压为$V_a=80V$，平均负载电流为$I_a=15A$，斩波频率为$f=10kHz$。此时存在5%负载电压纹波(峰峰值)，2.5%的负载电流纹波(峰峰值)以及10%的滤波电感L_e的电流纹波(峰峰值)。(a)计算电感L_e、L以及电容C_e的值，(b)使用PSpice画出电容瞬时电压V_C，以及电感瞬时电流i_L，并验证计算结果。(c)计算输入电流i_s的傅里叶系数。使用例5.10的SPICE模型参数。

5.15 图5.18a的boost变换器的稳压电源输入电压为$V_s=5V$，负载电阻$R=120\Omega$，电感$L=150\mu H$，滤波电容$C=220\mu F$，斩波频率为$f=20kHz$，且占空比为$k=60\%$。(a)使用PSpice仿真画出输出电压v_C，输入电流i_s，以及MOSFET电压v_T的波形；(b)计算输入电流i_s的傅里叶系数。在SPICE中MOSFET的模型参数为$L=2U$，$W=0.3$，VTO=2.831，KP=20.53U，IS=194E−18，CGSO=9.027N，CGDO=1.679N。

5.16 直流变换器运行在占空比为$k=0.4$的状态下。此时负载电阻为$R=120\Omega$，电感电阻为$r_L=1\Omega$，滤波电容的电阻值为$r_c=0.2\Omega$。求出以下变换器的电压增益(a)buck变换器，(b)boost变换器，(c)buck-boost变换器。

5.17 在稳态下buck变换器的占空比为$k=50\%$，且输出电压平均值为$V_a=20V$，输出功率为$P=150W$。如果占空比发生微小变化，变化量为$\delta=+5\%$，通过使用图5.33a的小信号模型来确定输入电压V_1变化的百分比以及输出电流I_2变化的百分比。

5.18 在稳态下boost变换器的占空比为$k=50\%$，输出电压平均值为$V_a=20V$，输出功率为$P=150W$。如果占空比发生微小变化，变化量为$\delta=+5\%$，通过使用图5.32的小信号模型来确定输入电压V_1变化的百分比以及输出电流I_2变化的百分比。

5.19 在稳态下buck-boost变换器的占空比为$k=40\%$，输出电压平均值为$V_a=20V$，输出功率为$P=150W$。如果占空比发生微小变化，变化量为$\delta=+5\%$，通过使用图5.33b的小信号模型来确定输入电压V_1变化的百分比以及输出电流I_2变化的百分比。

5.20 在稳态下SEPIC变换器的占空比为$k=40\%$，输出电压平均值为$V_a=20V$，输出功率为$P=150W$。如果占空比发生微小变化，变化量为$\delta=+5\%$，通过使用图5.34所示的小信号模型来确定输入电压V_1变化的百分比以及输出电流I_2变化的百分比。

5.21 从$k=0$到1，以0.1为增幅，画出式(5.159)中的电流比I_{ph}/I_a。

5.22 图5.12a中的第二象限变换器的参数为$V_s=10V$，$f=2kHz$，$R=2.5\Omega$，$L=4.5mH$，E=5V，以及$k=0.5$。求I_1、I_2和ΔI。

第三部分

逆　变　器

第6章

DC-AC 变换器

学习完本章后，应能做到以下几点：

- 叙述出逆变器的开关技术，列出逆变器的类型；
- 叙述出逆变器的工作原理；
- 列出逆变器的性能指标；
- 列出逆变器的各种调制技术；
- 分析和设计逆变器；
- 采用 PSpice 软件评估逆变器的性能；
- 分析负载阻抗对负载电流的影响。

符号及其含义

符　号	含　　义
d，p	半个周期的脉冲宽度和脉冲个数
f，f_s	输出频率和开关频率
M，A_r，A_c	调制比、参考信号和载波信号
P_{o1}	基波输出功率
R，L	负载电阻和电感
T_s，T	开关周期和输出周期
THD，DF，HF_n	总谐波畸变率、畸变系数和 n 次谐波系数
V_o，V_{o1}	输出电压有效值和输出电压基波有效值
v_o，i_o	输出电压和输出电流的瞬时值
V_S，$v_s(t)$，$i_s(t)$	输入电压平均值、输入电压瞬时值和输入电流瞬时值
v_{an}，v_{bn}和 v_{cn}	三相输出相电压的瞬时值
v_{ab}，v_{bc}和 v_{ca}	三相输出线电压的瞬时值
V_L，V_P，V_{L1}	输出线电压有效值、相电压有效值和相电压基波有效值

6.1 引言

DC-AC 变换器又称为逆变器，逆变器的功能是把一种直流输入电压变换成为另一种要求的幅值和频率的交流输出电压[1]，这个交流输出电压的幅值和频率可以是固定的或者是变化的。当逆变器的输入、输出变比固定时，输出电压幅值的变化可以通过改变直流输入电压的幅值实现。然而，当逆变器的直流输入电压固定时，输出电压的变化可以通过改变逆变器的变比(通常采用脉冲宽度调制实现)实现。逆变器的变比可以定义为输出电压和直流输入电压的比值。

理想情况下，逆变器的输出电压波形应该是正弦的，但是实际逆变器的波形通常不可能是纯正弦波，它含有谐波。对于小和中等功率应用场合，方波和准方波电压也是可以接受的；对于大功率应用场合，一般希望逆变器的波形是畸变率较小的正弦波。随着高速功率半导体器件的应用，输出电压的谐波成分可以通过半导体的高速开关技术来减少。

逆变器广泛用于工业应用中，如交流电动机传动、可再生能源、交通、感应加热，备用电源与不间断电源等。其输入可以是电池、燃料电池、太阳能电池或其他直流电源。典型的单相输出是 120V/60Hz、220V/50Hz 和 115V/400Hz，典型的三相输出是 220～380V/50Hz、120～208V/60Hz 和 115～200V/400Hz。

逆变器可以广义地分为两类：单相逆变器和三相逆变器。这两种逆变器都可以应用半导体器件的通断来实现，例如双极结型晶体管(BJT)、金属氧化物半导体场效应晶体管(MOSFET)、绝缘栅极双极型晶体管(IGBT)、金属氧化物半导体控制晶闸管(MCT)、静电感应晶体管(SIT)与门极关断晶闸管(GTO)。逆变器通常采用(PWM)控制来产生交流输出电压，按照输入的形式可以分为电压源型逆变器(输入电压保持恒定)、电流源型逆变器(输入电流保持恒定)与可变直流环节逆变器(输入电压可控)。如果逆变器的输出电压或电流通过一个 LC 谐振电路被强迫到零，这种逆变器称为谐振型逆变器，在电力电子电路中有广泛的应用，第 7 章将详细讨论这种逆变器。

6.2 性能指标

对逆变器而言，输入电压是直流电压，输出电压(或电流)是交流电压，如图 6-1a 所示。理想的输出电压应该是一个纯正弦波，但是实际中逆变器的输出电压通常包含谐波，如图 6-1b 所示。逆变器带负载时，要从输入直流电源吸收电流，该电流不是纯直流的，它包含有谐波，如图 6-1c 所示。逆变器的波形质量通常从以下几个性能指标来评估。

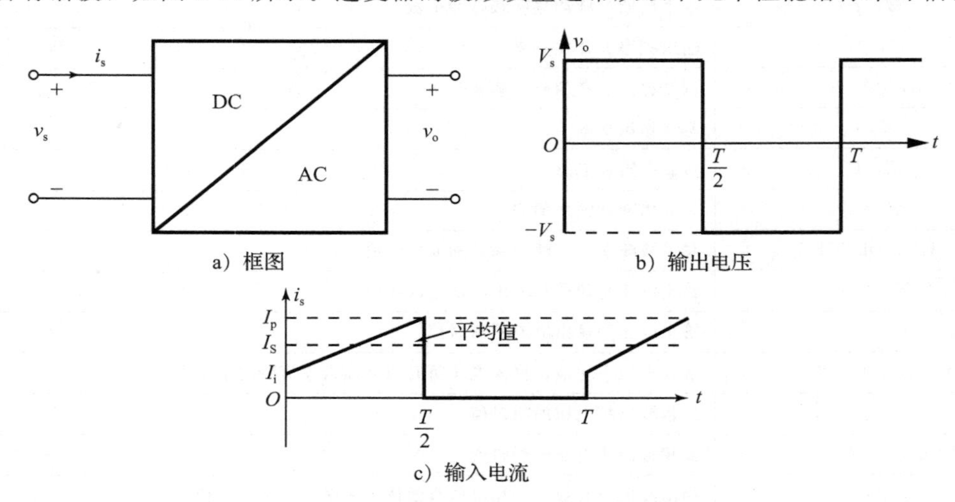

图 6-1 逆变器的输入和输出波形图

输出有功功率定义为：

$$P_{ac} = I_o V_o \cos\theta = I_o^2 R \tag{6-1}$$

式中：V_o和 I_o分别为输出电压和输出电流的有效值；θ 是负载阻抗角；R 是负载电阻。

逆变器的直流输入有功功率为：

$$P_S = I_S V_S \tag{6-2}$$

式中：V_S和 I_S分别为输入电压和输入电流的平均值。

直流输入电流纹波分量的有效值为：

$$I_r = \sqrt{I_i^{\,2} - I_S^2} \tag{6-3}$$

式中：I_i和 I_S分别为直流输入电流的有效值和平均值。

直流输入电流的纹波系数为：

$$\mathrm{RF_s} = \frac{I_r}{I_S} \tag{6-4}$$

逆变器的效率为输出有功功率和直流输入有功功率的比值，它主要由开关损耗和通态损耗决定，其中开关损耗取决于逆变器的开关频率。

n 次谐波系数 HF_n

n 次谐波系数表征了第 n 次谐波分量的比例，定义为：

$$\mathrm{HF}_n = \frac{V_{on}}{V_{o1}} \qquad (n > 1) \tag{6-5}$$

式中：V_{o1}是基波分量的有效值；V_{on}是第 n 次谐波分量的有效值。

总谐波畸变率 THD

总谐波畸变率表征了实际波形与其基波正弦分量的差异程度，定义为：

$$\mathrm{THD} = \frac{1}{V_{o1}}\sqrt{\sum_{n=2,3,\cdots}^{+\infty} V_{on}^2} \tag{6-6}$$

畸变系数 DF

总谐波畸变率 THD 不能表征每次谐波分量的大小，当用输出滤波器对逆变器的输出电压进行滤波时，高次谐波将会得到极大的衰减，因此需要一个变量来表征经过滤波器后各次谐波分量的大小。谐波系数 DF 表征经过二阶滤波器衰减后的谐波畸变率，定义为：

$$\mathrm{DF} = \frac{1}{V_{o1}}\sqrt{\sum_{n=2,3,\cdots}^{+\infty}\left(\frac{V_{on}}{n^2}\right)^2} \tag{6-7}$$

n 次谐波畸变系数为：

$$\mathrm{DF_n} = \frac{V_{on}}{V_{o1}n^2} \qquad (n > 1) \tag{6-8}$$

最低次谐波 LOH

最低次谐波是指与基波频率最接近的谐波。

6.3　工作原理

单相半桥逆变器的工作原理如图 6-2a 所示，它由两个斩波器构成：在 0 到 $T_0/2$ 的时间内，仅仅开关管 Q_1导通，负载上的瞬时电压是 $V_s/2$；在 $T_0/2$ 到 T_0的时间内，仅仅开关管 Q_2导通，负载上的瞬时电压是 $-V_s/2$，控制电路应该保证 Q_1和 Q_2不会同时导通。图 6-2b 给出了阻性负载条件下输出电压和开关管电流的波形，这里要注意当负载为阻性时，输出电压与基波输出电流的相角差为零，即 $\theta_1=0$。当开关管关断时，它所承受的正向电压是 V_s而不是 $V_s/2$。

输出电压的方均根值(有效值)为：

$$V_o = \left(\frac{2}{T_0}\int_0^{T_0/2}\frac{V_s^2}{4}\mathrm{d}t\right)^{1/2} = \frac{V_s}{2} \tag{6-9}$$

输出电压的傅里叶级数表达式为：

$$v_o = \frac{a_0}{2} + \sum_{n=1}^{+\infty}(a_n\cos(n\omega t) + b_n\sin(n\omega t))$$

因为输出电压是沿着 x 轴四分之一波长对称(奇谐波函数)的，所以 a_0和 a_n都为零，而且 b_n的偶数项为零，b_n可表示为：

$$b_n = \frac{1}{\pi}\left[\int_{-\frac{\pi}{2}}^{0}\frac{-V_s}{2}\sin(n\omega t)\mathrm{d}(\omega t) + \int_0^{\frac{\pi}{2}}\frac{V_s}{2}\sin(n\omega t)\mathrm{d}(\omega t)\right] = \frac{2V_s}{n\pi}$$

输出电压的瞬态值 v_o可以表示为：

$$v_o\begin{cases}\sum\limits_{n=1,3,5,\cdots}^{+\infty}\dfrac{2V_s}{n\pi}\sin(n\omega t) \\ (n=2,4,\cdots)\end{cases} \tag{6-10}$$

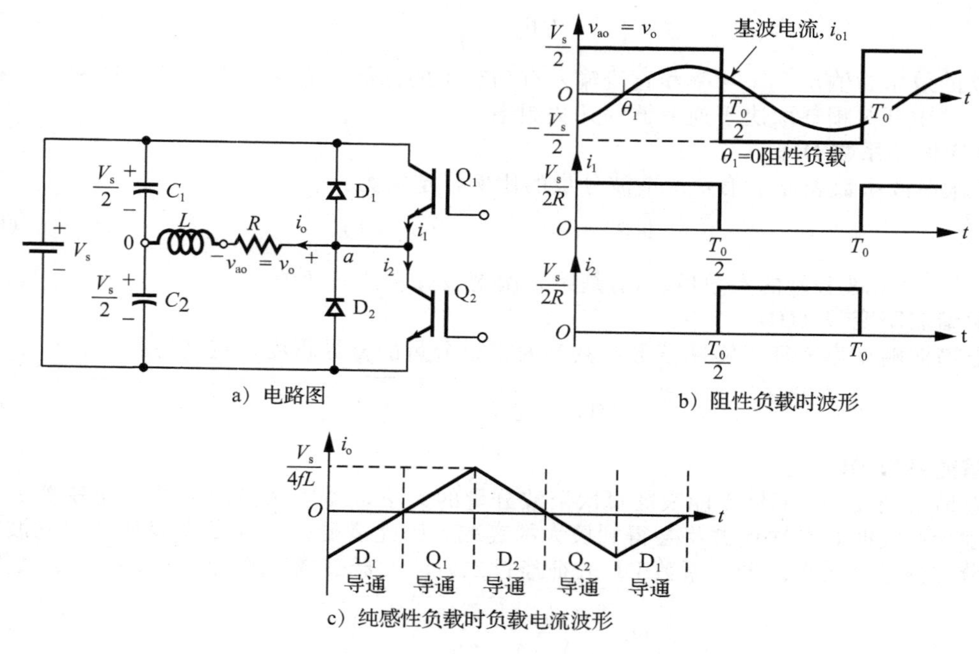

图 6-2 单相半桥逆变器

式中：$\omega=2\pi f_0$是输出电压的角频率。由于输出电压沿着 x 轴四分之一波长对称，所以不存在直流分量和偶次谐波项。当 $n=1$ 时，由式(6-10)得到的输出电压基波有效值为：

$$V_{o1}=\frac{2V_s}{\sqrt{2}\pi}=0.45V_s \tag{6-11}$$

对于感性负载而言，负载电流不能瞬时突变。当 Q_1 在 $t=T_0/2$ 时刻关断，负载电流将流过 D_2 和直流电源的下半部分电容 C_2 续流。类似地，当 Q_2 在 $t=T_0$ 时刻关断时，负载电流将流过 D_1 和直流电源的上半部分 C_1 续流。当二极管 D_1 或 D_2 导通时，能量回馈到直流电源，因此称这些二极管为续流二极管。图 6-2c 给出了在纯感性负载条件下负载电流和各开关器件状态的示意图。从该图可以发现，在纯感性负载条件下，每个开关管导通 $T_0/4$ 的时间(90°)，当负载阻抗角发生变化时，两个开关管的导通时间都将在 90°到 180°之间变化。

任意一种开关器件都可以用作图 6-2 所示的开关管。假定 t_0 是一个开关器件的关断时刻，那么在一个开关管关断的时刻和另一个开关管马上触发导通的时刻之间必须有一个最小延迟时间 T_D，所以每个开关器件的最大导通时间为 $t_{n(\max)}=T_0/2-t_d$。所有的开关器件在实际中都有一定的开通和关断时间，因此为了保证逆变器的可靠运行，在设计驱动电路时应该考虑这个延迟时间。

对于阻感性 RL 负载，负载电流的瞬态值为负载电压瞬态值除以负载阻抗 $Z=R+\mathrm{j}n\omega L$，因此可得

$$i_0=\sum_{n=1,3,5,\cdots}^{+\infty}\frac{2V_s}{n\pi\sqrt{R^2+(n\omega L)^2}}\sin(n\omega t-\theta_n) \tag{6-12}$$

式中：$\theta_n=\arctan(n\omega L/R)$。如果定义 I_{01} 为负载电流的基波有效值，那么基波输出有功率为：

$$P_{01}=V_{01}I_{01}\cos\theta_1=I_{01}^2R=\left[\frac{2V_s}{\sqrt{2}\pi\sqrt{R^2+(\omega L)^2}}\right]^2R \tag{6-13}$$

注意：在大多数应用场合，如电动机驱动系统中，由基波电流产生的输出功率通常是

有功功率，由谐波电流产生的功率则以热的形式散发出去，从而使负载的温度升高。

直流电源电流：假定逆变器不产生损耗，那么负载吸收的平均功率与直流电源供给的平均功率相等。因而可以得到以下关系式：

$$\int_0^T v_s(t) i_s(t) \mathrm{d}t = \int_0^T v_o(t) i_o(t) \mathrm{d}t$$

式中：T是交流输出电压的基波周期。对于感性负载而言，如果逆变器的开关频率比较高，那么负载电流i_o近似是正弦的，只有输出电压的基波成分产生平均功率供给负载。直流电源电压$v_s(t)$通常恒定为V_s，因此可以得到以下关系式：

$$\int_0^T i_s(t) \mathrm{d}t = \frac{1}{V_s} \int_0^T \sqrt{2} V_{o1} \sin(\omega t) \sqrt{2} I_o \sin(\omega t - \theta_1) \mathrm{d}t = T I_s$$

式中：V_{o1}是基波输出电压的有效值；I_o是负载电流的有效值；θ_1是基波频率的负载阻抗角。

根据上面公式，直流输入电流可以简化为：

$$I_s = \frac{V_{o1}}{V_s} I_o \cos(\theta_1) \tag{6-14}$$

门极驱动信号：产生开关器件的门极驱动信号步骤如下：

(1)产生一个频率为f_o、占空比为50%的方波输出信号给v_{g1}，v_{g2}与v_{g1}在逻辑上相反。

(2)v_{g1}通过一个门极隔离电路驱动Q_1，v_{g2}可以不通过隔离电路驱动Q_2。

例6.1　求单相半桥逆变器的参数。

单相半桥逆变器如图6-2a所示，负载为纯阻性，$R=2.4\Omega$，直流输入电压$V_s=48V$。求(a)输出电压的基波有效值V_{o1}；(b)输出功率P_o；(c)流过开关管的电流的平均值和峰值；(d)开关管关断时承受的电压峰值V_{BR}；(e)输入电流平均值I_s；(f)输出电压总谐波畸变率THD；(g)畸变系数DF；(h)谐波系数HF和最低次谐波LOH。

解：

$$V_s = 48\text{V} \text{ 和 } R = 2.4\Omega$$

(a)由式(6-11)，得：$V_{o1}=0.45\times48V=21.6V$

(b)由式(6-9)，得：$V_o=V_s/2=(48/2)V=24V$

输出功率为：$P_o=V_o^2/R=(24^2/2.4)W=240W$

(c)流过开关管的电流峰值为$I_p=24/2.4=10A$。因为每个开关管的占空比为50%，所以流过每个开关管的电流平均值为$I_Q=0.5\times10=5A$。

(d)开关管关断时承受的电压峰值为：

$$V_{BR} = 2 \times 24\text{V} = 48\text{V}$$

(e)输入电流平均值为：

$$I_s = P_o / V_s = (240/48)\text{A} = 5\text{A}$$

(f)由式(6-11)，得：

$$V_{o1} = 0.45 V_s$$

谐波电压的平均值V_h为：

$$V_h = \left(\sum_{n=3,5,7,\cdots}^{+\infty} V_{on}^2 \right)^{1/2} = \sqrt{V_0^2 - V_{o1}^2} = 0.2176 V_s$$

由式(6-6)，得：THD$=(0.2176V_s)/(0.45V_s)=48.34\%$

(g)由式(6-10)可以得到各次谐波V_{on}，从而可以得到

$$\left[\sum_{n=3,5,7,\cdots}^{+\infty} \left(\frac{V_{on}}{n^2} \right)^2 \right]^{1/2} = \left[\left(\frac{V_{o3}}{3^2} \right)^2 + \left(\frac{V_{o5}}{5^2} \right)^2 + \left(\frac{V_{o7}}{7^2} \right)^2 + \cdots \right]^{1/2} = 0.024 V_s$$

由式(6-7)，得

$$DF = 0.024V_s/(0.45V_s) = 5.382\%$$

(h)最低次谐波 LOH 是 3 次谐波，$V_{o3}=V_{o1}/3$。由式(6-5)得：

$$HF_3 = V_{o3}/V_{o1} = 1/3 = 33.33\%$$

由式(6-8)，得

$$DF_3 = (V_{o3}/3^2)/V_{o1} = 1/27 = 3.704\%$$

◀

6.4 单相桥式逆变器

单相桥式电压源逆变器如图 6-3a 所示，它包含 4 个斩波器。当开关管 Q_1 和 Q_2 同时导通时，输入电压 V_s 加在负载两端；当开关管 Q_3 和 Q_4 同时导通时，加在负载两端的电压则为 $-V_s$，输出电压的波形如图 6-3b 所示。

表 6-1 列出了逆变器的五种开关状态。如果两个开关器件中一个是上管导通，一个是下管导通，那么输出电压为 $\pm V_s$，此时开关状态为有效状态；但是当所有开关器件均关断时，开关状态为 off。

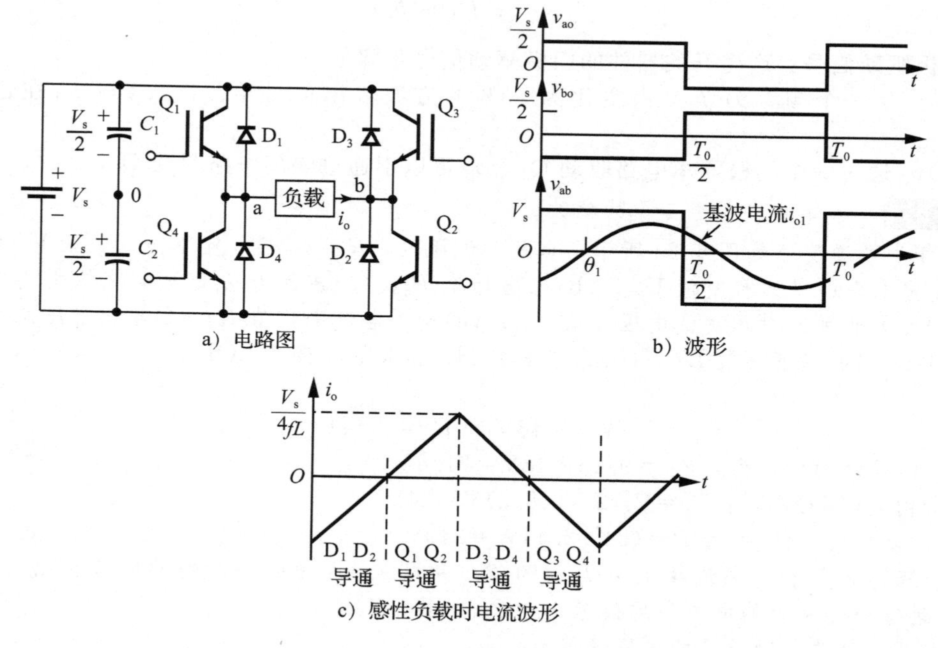

图 6-3 单相全桥逆变器

表 6-1 单项全桥电压源逆变器的开关状态

状态	状态序号	开关状态	v_{ao}	v_{bo}	v_o	工作元件
S_1S_2 导通 S_4S_3 截止	1	10	$V_s/2$	$-V_s/2$	V_s	S_1 和 S_2 当 $i_o>0$ D_1 和 D_2 当 $i_o<0$
S_4S_3 导通 S_1S_2 截止	2	01	$-V_s/2$	$V_s/2$	$-V_s$	D_4 和 D_3 当 $i_o>0$ S_4 和 S_3 当 $i_o<0$
S_1S_3 导通 S_4S_2 截止	3	11	$V_s/2$	$V_s/2$	0	S_1 和 D_3 当 $i_o>0$ D_1 和 S_3 当 $i_o<0$
S_4S_2 导通 S_1S_3 截止	4	00	$-V_s/2$	$-V_s/2$	0	D_4 和 S_2 当 $i_o>0$ S_4 和 D_2 当 $i_o<0$
S_1S_2 S_3S_4 均截止	5	off	$-V_s/2$ $V_s/2$	$V_s/2$ $-V_s/2$	$-V_s$ V_s	D_4 和 D_3 当 $i_o>0$ D_1 和 D_2 当 $i_o<0$

注：S 代表 Q。

输出电压有效值为：

$$V_o = \left(\frac{2}{T_0}\int_0^{\frac{T_0}{2}} V_s^2 \mathrm{d}t\right)^{1/2} = V_s \tag{6-15}$$

输出电压可以表示成傅里叶级数的形式，即

$$v_o = \sum_{n=1,3,5\cdots}^{+\infty} \frac{4V_s}{n\pi}\sin(n\omega t) \tag{6-16}$$

对于 $n=1$，即输出电压的基波有效值为：

$$v_{o1} = \frac{4V_s}{\sqrt{2}\pi} = 0.90V_s \tag{6-17}$$

根据式(6-12)，阻感性负载条件下的负载电流 i_o可表示为：

$$i_0 = \sum_{n=1,3,5,\cdots}^{+\infty} \frac{4V_s}{n\pi\sqrt{R^2+(n\omega L)^2}}\sin(n\omega t-\theta_n) \tag{6-18}$$

式中：$\theta_n=\arctan(n\omega L/R)$。

当二极管 D_1和 D_2导通时，负载中的能量回馈到直流电源，因此，它们称为续流二极管。图6-3c示出了纯感性负载时负载电流的波形。

直流电源电流 忽略逆变器的损耗，可以得到以下瞬时功率平衡时关系式：

$$v_s(t)i_s(t) = v_o(t)i_o(t)$$

在阻感性负载和开关频率相对比较高的情况下，负载电流和基波输出电压可以假定是正弦的。由于直流输入电压 $v_s(t)$恒定为 V_s，可以得到：

$$i_s(t) = \frac{1}{V_s}\sqrt{2}V_{o1}\sin(\omega t)\sqrt{2}I_o\sin(\omega t-\theta_1)$$

上式可以简化为：

$$i_s(t) = \frac{V_{o1}}{V_s}I_o\cos(\theta_1) - \frac{V_{o1}}{V_s}I_o\cos(2\omega t-\theta_1) \tag{6-19}$$

式中：V_{o1}是基波输出电压有效值；I_o是负载电流的有效值，θ_1是基波负载阻抗角。

式(6-19)表明直流输入电流存在二次谐波，这个二次谐波电流会注入直流电源中，因此，设计时应该考虑到这个问题，以保证直流电压是接近恒定的。通常采用一个大电容跨接到直流电源上来解决这个问题。但是，这个电容成本一般比较高，而且占用的空间也较大，设计时应该折中考虑，尤其是在中大功率电源系统中。

例6.2 求单相全桥逆变器的参数。

如图6-3a所示的是单相全桥逆变器，求解例6.1中的问题。

解：

$$V_s = 48\text{V} \qquad \text{和} \qquad R = 2.4\Omega$$

(a)由式(6-17)，得：$V_1=0.9\times48\text{V}=43.2\text{V}$

(b)由式(6-15)，得：$V_o=V_s=48\text{V}$

输出功率为 $P_o=V_o^2/R=(48^2/2.4)\text{W}=960\text{W}$

(c)流过开关管的电流峰值 $I_p=(48/2.4)\text{A}=20\text{A}$。每个开关管的占空比为50%，故流过每个开关管的电流平均值 $I_Q=(0.5\times20)\text{A}=10\text{A}$

(d)开关管关断时承受的电压峰值 $V_{BR}=2\times24\text{V}=48\text{V}$

(e)输入电流平均值 $I_s=P_o/V_s=(960/48)\text{A}=20\text{A}$

(f)由式(6-17)得，$V_{o1}=0.9V_s$，谐波电压平均值 V_h为：

$$V_h = \left(\sum_{n=3,5,7,\cdots}^{+\infty} V_{on}^2\right)^{1/2} = \sqrt{V_o^2-V_{o1}^2} = 0.4359V_s$$

由式(6-6)，得：$\text{THD}=(0.4359V_s)/(0.9V_s)=48.43\%$

(g)由式(6-16)，可以得到各次谐波 V_{on}，从而可以得到：

$$\left[\sum_{n=3,5,7,\cdots}^{+\infty}\left(\frac{V_{on}}{n^2}\right)^2\right]^{1/2}=\left[\left(\frac{V_{o3}}{3^2}\right)^2+\left(\frac{V_{o5}}{5^2}\right)^2+\left(\frac{V_{o7}}{7^2}\right)^2+\cdots\right]^{1/2}=0.048V_s$$

由式(6-7)，得：$DF=0.048V_s/(0.9V_s)=5.333\%$

(h)最低次谐波 LOH 是 3 次谐波，$V_{o3}=V_{o1}/3$。由式(6-5)得：

$$HF_3=V_{o3}/V_{o1}=1/3=33.33\%$$

由式(6-8)得：

$$DF_3=(V_{o3}/3^2)/V_{o1}=1/27=3.704\%$$ ◀

注意：单相半桥逆变器和单相全桥逆变器开关管承受的电压波形与输出电压波形是一样的，单相全桥逆变器的输出电压是单相半桥逆变器的 2 倍，对输出功率而言，单相全桥逆变器的输出功率是单相半桥逆变器的 4 倍。

例 6.3 求带 *RLC* 负载的单相全桥逆变器的输出电压和电流。

单相全桥逆变器如图 6-3a 所示，带 *RLC* 负载，$R=10\Omega$，$L=31.5\text{mH}$，$C=112\mu\text{F}$，逆变器输出频率 $f_o=60\text{Hz}$，直流输入电压 $V_s=220\text{V}$。求(a)负载电流的傅里叶级数；(b)输出基波电流有效值 I_{o1}；(c)负载电流的 *THD*；(d)负载吸收的功率 P_o和基波功率 P_{o1}；(e)输入电流平均值 I_s；(f)流过开关管电流的有效值和峰值；(g)画出负载电流的基波波形并表示出开关管和二极管的导通间隔；(h)开关管的导通时间；(i)二极管的导通时间；(j)负载阻抗角 θ。

解：

$V_s=220\text{V}$，$f_0=60\text{Hz}$，$R=10\Omega$，$L=31.5\text{mH}$，$C=112\mu\text{F}$，$\omega_o=2\pi\times 60\text{rad/s}=377\text{rad/s}$

电感的 n 次谐波阻抗为：

$$X_L=\text{j}_n\omega L=\text{j}2n\pi\times 60\times 31.5\times 10^{-3}\Omega=\text{j}11.87\text{n}\Omega$$

电容的 n 次谐波阻抗为：

$$X_c=\frac{\text{j}}{n\omega C}=\frac{\text{j}\,10^6}{2n\pi\times 60\times 112}\Omega=-\frac{\text{j}23.68}{n}\Omega$$

负载的 n 次谐波阻抗为：

$$|Z_n|=\sqrt{R^2+\left(n\omega L-\frac{1}{n\omega C}\right)^2}=\left[10^2+\left(11.87n-\frac{23.68}{n}\right)^2\right]^{1/2}$$

负载 n 次谐波的功率因数角为：

$$\theta_n=\arctan\frac{11.87n-23.68/n}{10}=\arctan\left(1.187n-\frac{2.368}{n}\right)$$

(a)由式(6-16)，输出电压瞬态值傅里叶级数可以表示为：

$$v_o(t)=280.1\sin(377t)+93.4\sin(3\times 377t)+56.02\sin(5\times 377t)+40.02\sin(7\times 377t)+31.12\sin(9\times 377t)+\cdots$$

输出电流为输出电压除以负载，其表达式为：

$$i_o(t)=18.1\sin(377t+49.72°)+3.17\sin(3\times 377t-70.17°)+56.02\sin(5\times 377t-79.63°)+0.5\sin(7\times 377t-82.85°)+0.3\sin(9\times 377t-84.52°)+\cdots$$

(b)负载电流基波峰值 $I_{m1}=18.1\text{A}$，因而负载电流的基波有效值为 $I_1=(18.1/1.414)\text{A}=12.8\text{A}$

(c)只考虑至 9 次谐波，负载电流峰值为：

$$I_m=(18.1^2+3.17^2+1.0^2+0.5^2+0.3^2)^{1/2}\text{A}=18.41\text{A}$$

负载电流的谐波分量有效值为：

$$I_h=\frac{(I_m^2-I_{m1}^2)^{1/2}}{\sqrt{2}}=\frac{\sqrt{18.41^2-18.1^2}}{\sqrt{2}}\text{A}=2.3789\text{A}$$

由式(6-6)，得负载电流的THD为：

$$\mathrm{THD}=\frac{(I_m^2-I_{m1}^2)^{1/2}}{I_{m1}}=\left[\left(\frac{18.41}{18.1}\right)^2-1\right]^{1/2}=18.59\%$$

(d)负载电流的有效值为 $I_o \approx I_m/1.414=13.02\mathrm{A}$，负载有功功率为 $P_o=13.02^2\times 10\mathrm{W}=1695\mathrm{W}$。由式(6-13)，得负载基波有功功率为：

$$P_{o1}=I_{o1}^2R=12.8^2\times 10\mathrm{W}=1638.4\mathrm{W}$$

(e)输入电流平均值 $I_s=P_o/V_s=(1695/220)\mathrm{A}=7.7\mathrm{A}$。

(f)流过开关管的电流峰值为 $I_p\approx I_m=14.81\mathrm{A}$，开关管允许通过的最大电流有效值为 $I_{Q(\max)}=I_o/1.414=I_p/1.414=9.2\mathrm{A}$。

(g)由基波负载电流 $i_1(t)$ 的波形如图6-4所示。

(h)由图6-4可以得到，每个开关管的导通时间为：

$$\omega t_0=180°-49.72°=130.28°$$

$$t_0=130.28\times\pi/(180\times 377)\mu\mathrm{s}=6031\mu\mathrm{s}$$

(i)二极管的导通时间为：

$$t_d=(180-130.28)\times\frac{\pi}{180\times 377}\mu\mathrm{s}=2302\mu\mathrm{s}$$

(j)根据

$$V_oI_o\cos\theta=P_o=220\times 13.02\times\cos\theta=1695$$

负载阻抗角为 $\theta=53.73°$。◀

注意：

(1)为了精确计算负载电流的峰值、开关管和二极管的导通时间，负载电流的波形应该画出，如图6-4所示。

(2)当逆变器带 R、RL 或 RLC 负载时，可同样采用例6.3的方法计算逆变器的参数，只需要修改负载阻抗 Z_L 和负载阻抗角 θ_n。

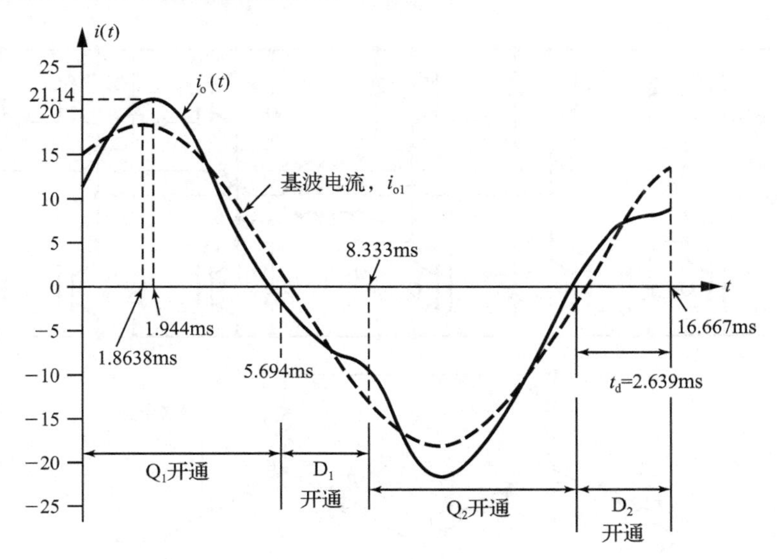

图6-4　例6.3波形

门极驱动信号　门极驱动信号产生步骤如下：

(1)产生两个频率为 f_o、占空比为50%的门极驱动信号 v_{g1} 和 v_{g2}，v_{g3} 和 v_{g4} 分别与 v_{g1} 和 v_{g2} 的逻辑相反。

(2)v_{g1} 和 v_{g3} 通过隔离电路分别驱动 Q_1 和 Q_3，v_{g2} 和 v_{g4} 可以不通过隔离电路驱动 Q_2，

和 Q_4。

6.5　三相逆变器

三相逆变器通常用于大功率场合。三个单相全桥(或半桥)逆变器并联在一起，组合成一个三相逆变器，如图 6-5a 所示，为了得到三相平衡的基波输出电压，每个单相逆变器的门极信号应该互相差 120°。变压器一次绕组应该互相隔离，但是二次绕组可以采用星形或三角形联结形式。为了消除输出电压中的 3，6，9 等 3 倍次的谐波，二次绕组通常采用三角形联结方式，如图 6-5b 所示。这种结构需要 12 个开关管和 12 个二极管。如果单相逆变器输出电压的幅值和相位不平衡，那么三相输出电压也不平衡。

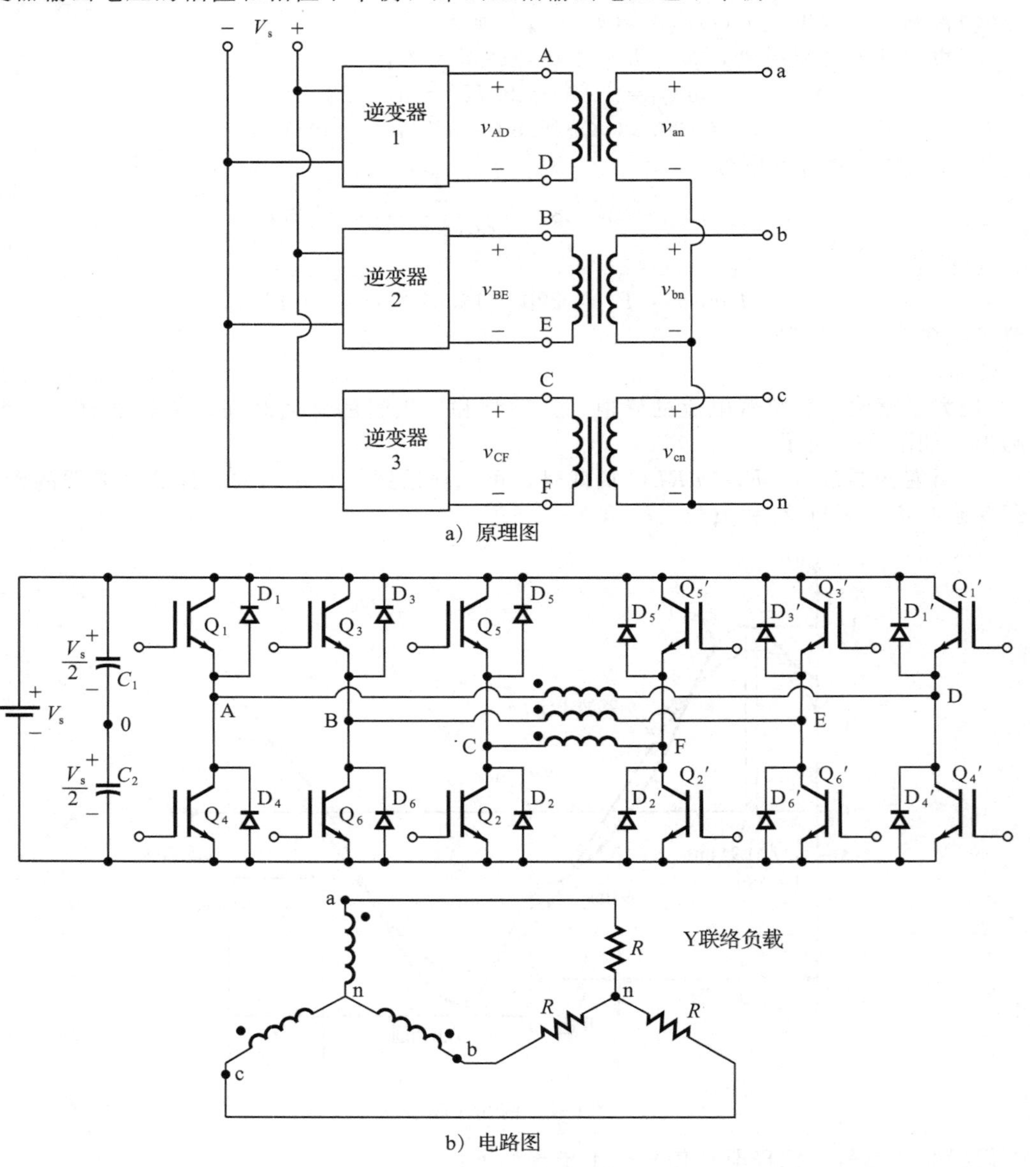

a）原理图

b）电路图

图 6-5　三个单相逆变器构成的三相逆变器

三相输出也可通过图 6-6a 所示的结构得到，它需要 6 个开关管和 6 个二极管。其开关管的控制信号有两种方式：180°导电模式和 120°导电模式。其中，180°导电模式是首选模式，因为这种模式下开关管可以得到充分利用。

这种电路结构称为三相桥式逆变器。它有广泛的应用，包括图 6-6 所示的可再生能源系统，图中，整流器把风力发电机产生的交流电压转换为直流电压，再由电压源逆变器(VSI)把直流电压转换为与交流电网匹配的交流电压。

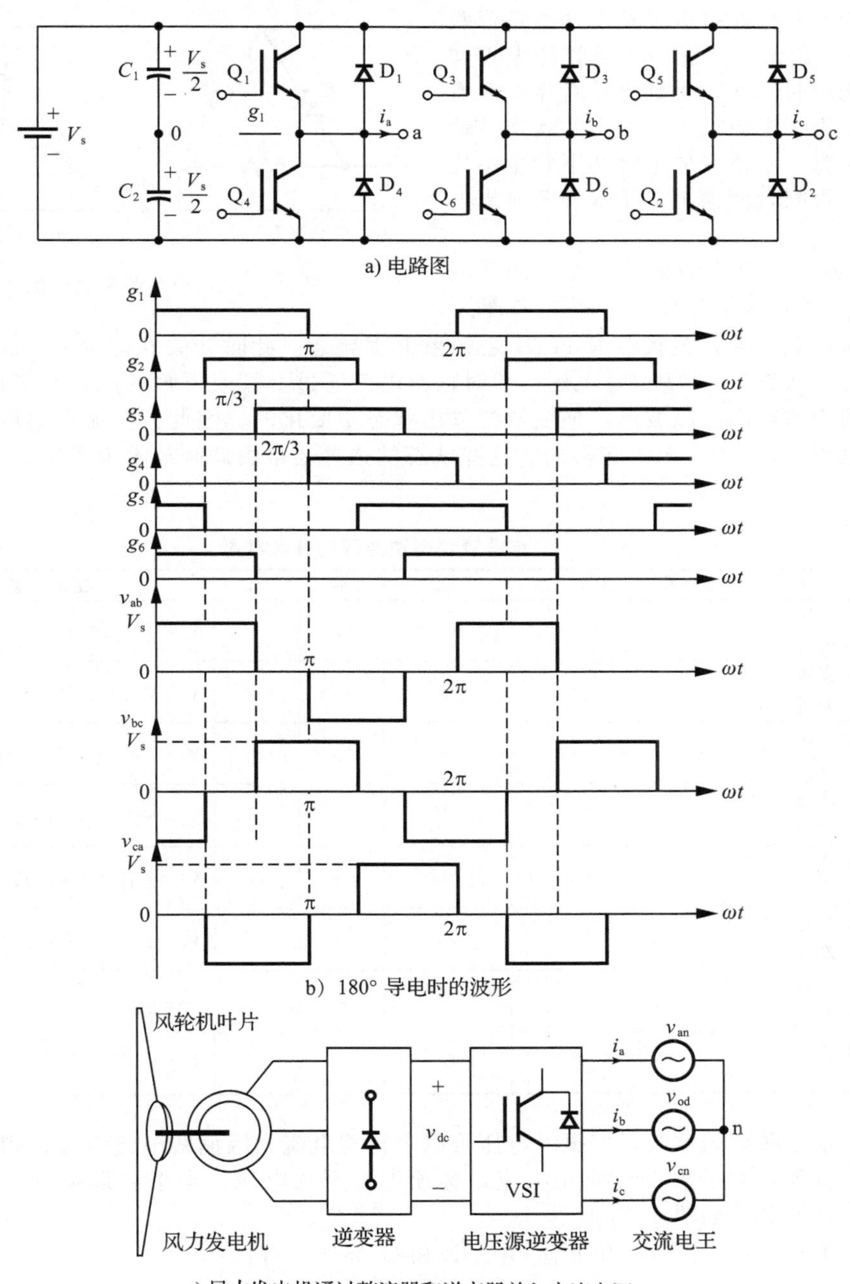

图 6-6　三相桥式逆变器

6.5.1　180°导电模式

每个开关管导通 180°，任意瞬间总有三个开关管导通，当开关管 Q_1 导通时，a 点连接到直流输入电源的正极；当开关管 Q_4 导通时，a 点连接到直流输入电源的负极。一个周期中有 6 种运行模式，每种模式持续 60°。开关管的导电顺序按开关管的标号依次导通，如 123、234、345、456、561 和 612，图 6-6b 给出了开关管的门极信号，每个相邻的门极信号互差 60°，以保证输出三相平衡电压。

负载的连接方式可以是星形或三角形联结，如图 6-7 所示。任意一个桥臂的上管和下管都不能同时导通，否则会使直流电源短路。同样，为了避免产生不确定的状态及输出电压，任意一个桥臂的上管和下管也不能同时关断，否则会使输出电压依赖于输出电流极性。

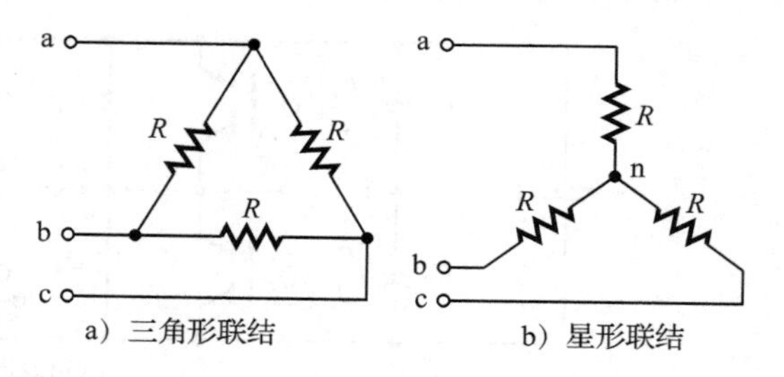

图 6-7 三角形负载和星形负载

表 6-2 给出了 8 个有效的状态，图 6-5a 所示的 $Q_1 \sim Q_6$ 代表表中的 $S_1 \sim S_6$。如果一相上管导通，此时的开关状态为 1；反之如果下管导通，此时开关状态为 0。状态 1.6 输出非零电压，状态 7、8 输出零电压，此时输出电流通过上管或下管的反并联二极管续流。为了产生期望的输出电压波形，逆变器的输出状态是变化的。因此，交流输出电压是从三种不同的电压 $+V_s$，0，$-V_s$ 获得的。这些状态的选择通常由调制技术来实现。

表 6-2 三相电源源型逆变器的开关状态

状态	状态序号	开关状态	v_{ab}	v_{bc}	v_{ca}	空间向量
S_1，S_2，S_6 开通 S_4，S_5，S_3 关断	1	100	V_s	0	$-V_s$	$\boldsymbol{V}_1=1+j0.577=2/\sqrt{3}30°$
S_2，S_3，S_1 开通 S_5，S_6，S_4 关断	2	110	0	V_s	$-V_s$	$\boldsymbol{V}_2=j1.155=2/\sqrt{3}90°$
S_3，S_4，S_2 开通 S_6，S_1，S_5 关断	3	010	$-V_s$	V_s	0	$\boldsymbol{V}_3=-1+j0.577=2/\sqrt{3}150°$
S_4，S_5，S_3 开通 S_1，S_2，S_6 关断	4	011	$-V_s$	0	V_s	$\boldsymbol{V}_4=-1-j0.577=2/\sqrt{3}210°$
S_5，S_6，S_4 开通 S_2，S_3，S_1 关断	5	001	0	$-V_s$	V_s	$\boldsymbol{V}_5=-j1.155=2/\sqrt{3}270°$
S_6，S_1，S_5 开通 S_3，S_4，S_2 关断	6	101	V_s	$-V_s$	0	$\boldsymbol{V}_6=1-j0.577=2/\sqrt{3}330°$
S_1，S_3，S_5 开通 S_4，S_6，S_2 关断	7	111	0	0	0	$\boldsymbol{V}_7=0$
S_4，S_6，S_2 开通 S_1，S_3，S_5 关断	8	000	0	0	0	$\boldsymbol{V}_0=0$

对于三角形联结的负载，依据线电压可以求得相电流，因而线电流也可以得到。对于星形联结的负载，为了求得线或相电流，必须先得到相电压。半个周期中有三种运行模态，其相应等效电路如图 6-8a 所示。

在模式 1($0 \leqslant \omega t < \pi/3$)，开关管 Q_1、Q_5 和 Q_6 导通，有：

$$R_{eq} = R + \frac{R}{2} = \frac{3R}{2}$$

$$i_1 = \frac{V_s}{R_{eq}} = \frac{2V_s}{3R}$$

$$v_{an} = v_{cn} = \frac{i_1 R}{2} = \frac{V_s}{3}$$

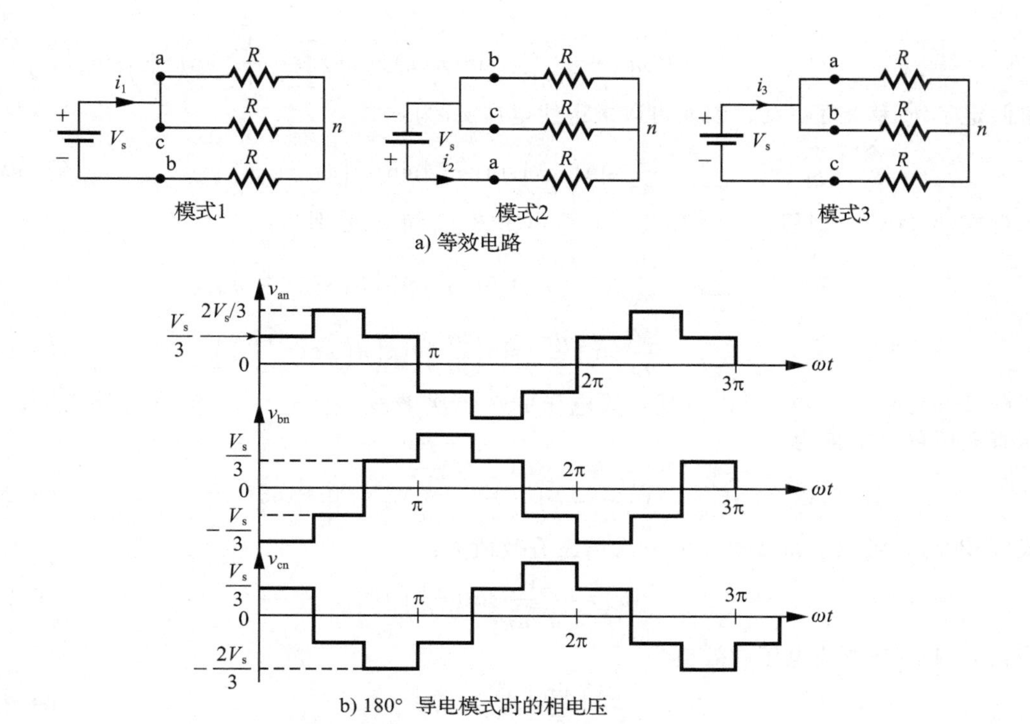

a) 等效电路

b) 180° 导电模式时的相电压

图 6-8 带阻性负载星形联结时的等效电路

$$v_{bn} = -i_1 R = \frac{-2V_s}{3}$$

在模式 2($\pi/3 \leqslant \omega t < 2\pi/3$)，开关管 Q_1、Q_2 和 Q_6 导通，有：

$$R_{eq} = R + \frac{R}{2} = \frac{3R}{2}$$

$$i_2 = \frac{V_s}{R_{eq}} = \frac{2V_s}{3R}$$

$$v_{an} = i_2 R = \frac{2V_s}{3}$$

$$v_{bn} = v_{cn} = \frac{-i_2 R}{2} = \frac{-V_s}{3}$$

在模式 3($2\pi/3 \leqslant \omega t < \pi$)，开关管 Q_1、Q_2 和 Q_3 导通，有：

$$R_{eq} = R + \frac{R}{2} = \frac{3R}{2}$$

$$i_3 = \frac{V_s}{R_{eq}} = \frac{2V_s}{3R}$$

$$v_{an} = v_{bn} = \frac{i_3 R}{2} = \frac{V_s}{3}$$

$$v_{cn} = -i_3 R = \frac{-2V_s}{3}$$

图 6-8b 示出了相电压。图 6-6b 示出的线电压 v_{ab} 可以表示成傅里叶级数为：

$$v_{ab} = \frac{a_0}{2} + \sum_{n=1}^{+\infty} (a_n \cos(n\omega t) + b_n \sin(n\omega t))$$

因为 v_{ab} 沿 x 轴四分之一波长对称，所以 a_0 和 a_n 都为零。假定沿着 y 轴在 $wt = \pi/6$ 对称，可以求得 b_n 为：

$$b_n = \frac{1}{\pi}\left[\int_{-5\pi/6}^{-\pi/6} -V_s\sin(n\omega t)\mathrm{d}(\omega t) + \int_{\pi/6}^{5\pi/6} V_s\sin(n\omega t)\mathrm{d}(\omega t)\right] = \frac{4V_s}{n\pi}\sin\left(\frac{n\pi}{2}\right)\sin\left(\frac{n\pi}{3}\right)$$

这里假定了 v_{ab} 移相了 $\pi/6$，因而可以求得线电压 v_{ab} 为：

$$v_{ab} = \sum_{n=1,3,5,\cdots}^{+\infty} \frac{4V_s}{n\pi}\sin\left(\frac{n\pi}{2}\right)\sin\left(\frac{n\pi}{3}\right)\sin\left(n\left(\omega t + \frac{\pi}{6}\right)\right) \tag{6-20a}$$

如果把式(6-20a)分别移相 120°和 240°，可以求得 v_{bc} 和 v_{ca} 分别为：

$$v_{bc} = \sum_{n=1,3,5,\cdots}^{+\infty} \frac{4V_s}{n\pi}\sin\left(\frac{n\pi}{2}\right)\sin\left(\frac{n\pi}{3}\right)\sin\left(n\left(\omega t - \frac{\pi}{2}\right)\right) \tag{6-20b}$$

$$v_{ca} = \sum_{n=1,3,5,\cdots}^{+\infty} \frac{4V_s}{n\pi}\sin\left(\frac{n\pi}{2}\right)\sin\left(\frac{n\pi}{3}\right)\sin\left(n\left(\omega t - \frac{7\pi}{6}\right)\right) \tag{6-20c}$$

由式(6-20a)到式(6-20c)可以发现：线电压的 3 倍次谐波(n=3，9，15，…)等于零。线电压有效值可以求得为：

$$V_L = \left(\frac{2}{2\pi}\int_0^{\frac{2\pi}{3}} V_s^2\mathrm{d}(\omega t)\right)^{1/2} = \sqrt{\frac{2}{3}}V_s = 0.8165V_s \tag{6-21}$$

由式(6-20a)，可以求得线电压的 n 次谐波有效值为：

$$V_{Ln} = \frac{4V_s}{\sqrt{2}n\pi}\sin\left(\frac{n\pi}{3}\right) \tag{6-22}$$

式中：n=1 时基波线电压有效值为：

$$V_{L1} = \frac{4V_s\sin 60^\circ}{\sqrt{2}\pi} = 0.7797V_s \tag{6-23}$$

相电压的有效值可以从线电压求得为：

$$V_p = \frac{V_L}{\sqrt{3}} = \frac{\sqrt{2}V_s}{3} = 0.4714V_s \tag{6-24}$$

当负载为阻性时，二极管不起作用；当负载为感性时，流过逆变器每个桥臂的电流将滞后电压一个角度 θ，如图 6-9 所示。当 Q_4 关断时，线电流 i_a 流过 D_1 续流，此时，负载 a 点连接到直流电源正极，该状态持续到 $t=t_1$ 时负载电流反向。在 $0\leqslant t\leqslant t_1$ 期间，开关管 Q_1 没有导通。与 Q_1 类似，Q_4 在 $t=t_2$ 时导通。在 $0\leqslant t\leqslant t_1$ 期间，开关管 Q_1 必须一直有驱动导通的信号，因为开关管和二极管的导通时间依赖于负载的功率因数。

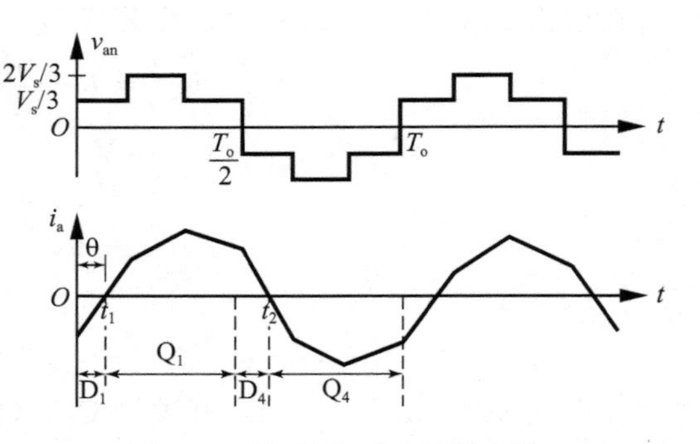

图 6-9 *RL* 负载时三相逆变器

当负载为星形联结时，相电流幅值 $v_{an}=v_{ab}/\sqrt{3}$，对于 n=1，7，13，19，…次的正序分量，相位滞后于线电压 v_{ab}30°，对于负序 n=5，11，17，23，…次，相位超前于线电压 v_{ab}30°。因此，对于星形联结负载，瞬态相电压为：

$$v_{aN} = \sum_{n=1}^{+\infty} \frac{4V_s}{\sqrt{3}n\pi}\sin\left(\frac{n\pi}{2}\right)\sin\left(\frac{n\pi}{3}\right)\sin\left[n\left(\omega t + \frac{\pi}{6}\right)\mp\frac{\pi}{6}\right] \tag{6-25a}$$

$$v_{bN} = \sum_{n=1}^{+\infty} \frac{4V_s}{\sqrt{3}n\pi}\sin\left(\frac{n\pi}{2}\right)\sin\left(\frac{n\pi}{3}\right)\sin\left[n\left(\omega t - \frac{\pi}{2}\right)\mp\frac{\pi}{6}\right] \tag{6-25b}$$

$$v_{cN} = \sum_{n=1}^{+\infty} \frac{4V_s}{\sqrt{3}n\pi}\sin\left(\frac{n\pi}{2}\right)\sin\left(\frac{n\pi}{3}\right)\sin\left[n\left(\omega t - \frac{7\pi}{6}\right)\mp\frac{\pi}{6}\right] \tag{6-25c}$$

假定负载阻抗为：

$$Z = R + \mathrm{j}n\omega L$$

根据式(6-25a)，相电流 i_a 为：

$$i_a = \sum_{n=1,3,5,\cdots}^{+\infty}\left[\frac{4V_s}{\sqrt{3}\left[n\pi\sqrt{R^2+(n\omega L)^2}\right]}\sin\left(\frac{n\pi}{2}\right)\sin\left(\frac{n\pi}{3}\right)\right]\sin\left[n\left(\omega t+\frac{\pi}{6}\right)\mp\frac{\pi}{6}-\theta_n\right] \tag{6-26}$$

式中：$\theta_n = \arctan(n\omega L/R)$。

注：当负载为三角形联结时，相电压（v_{aN}、v_{bN} 和 v_{cN}）和线电压（v_{ab}、v_{bc} 和 v_{ca}）相同，如图 6-7a 所示，其数学形式为式(6-20)。

直流电源电流

忽略逆变器的损耗，依据输入、输出侧瞬时功率平衡的关系，有：

$$v_s(t)i_s(t) = v_{ab}(t)i_a(t) + v_{bc}(t)i_b(t) + v_{ca}(t)i_c(t)$$

式中：$i_a(t)$、$i_b(t)$ 和 $i_c(t)$ 为三角形连接时的相电流。假定输出电压是正弦的，且直流电压恒定为 $v_s(t)=V_s$，则直流电源电流为：

$$i_s(t) = \frac{1}{V_s}\begin{bmatrix}\sqrt{2}V_{o1}\sin(\omega t)\times\sqrt{2}I_o\sin(\omega t-\theta_1) \\ +\sqrt{2}V_{o1}\sin(\omega t-120^\circ)\times\sqrt{2}I_o\sin(\omega t-120^\circ-\theta_1) \\ +\sqrt{2}V_{o1}\sin(\omega t-240^\circ)\times\sqrt{2}I_o\sin(\omega t-240^\circ-\theta_1)\end{bmatrix}$$

直流电源电流可简化为：

$$I_s = 3\frac{V_{o1}}{V_s}I_o\cos\theta_1 = \sqrt{3}\frac{V_{o1}}{V_s}I_L\cos\theta_1 \tag{6-27}$$

式中：$I_L=\sqrt{3}I_o$ 为负载线电流的有效值；V_{o1} 为输出线电压的基波有效值；I_o 为负载电流的有效值；θ_1 为基波频率的负载阻抗角。

因此，如果负载电压没有谐波成分，那么直流电源电流也没有谐波；如果负载线电压包含谐波成分，那么直流电源电流也有谐波。

门极驱动信号

产生门极驱动信号的步骤如下：

(1)产生三个频率为 f_o，占空比为 50%的门极驱动信号 v_{g1}、v_{g3} 和 v_{g5}、v_{g4}、v_{g6} 和 v_{g2} 与 v_{g1}、v_{g3} 和 v_{g5} 的逻辑相反，每两个相邻信号互差 60°。

(2)v_{g1}、v_{g3} 和 v_{g5} 通过隔离电路分别驱动 Q_1、Q_3 和 Q_5、v_{g2}、v_{g4} 和 v_{g6} 可以不通过隔离电路驱动 Q_2、Q_4 和 Q_6。

例 6.4 求带 RL 负载的三相全桥逆变器的输出电压和电流。

三相全桥逆变器如图 6-6a 所示，负载为星形联结，$R=5\Omega$，$L=23\text{mH}$，逆变器输出频率 $f_o=60\text{Hz}$，直流输入电压 $V_s=220\text{V}$。求(a)线电压 $v_{ab}(t)$ 和负载电流 $i_a(t)$ 的傅里叶级数；(b)线电压的有效值 V_L；(c)相电压的有效值 V_p；(d)线电压基波的有效值 V_{L1}；(e)相电压的基波有效值 V_{p1}；(f)总谐波畸变率 THD；(g)畸变系数 DF；(h)最低次谐波 LOH 的畸变系数 DF 和谐波系数 HF；(i)负载功率 P_o；(j)流过开关管电流的平均值 $I_{Q(av)}$；(k)流过开关管电流的有效值 $I_{Q(rms)}$。

解：

$V_s=220\text{V}$，$f_o=60\text{Hz}$，$R=5\Omega$，$L=23\text{mH}$，$\omega_o=2\pi\times60\text{rad/s}=377\text{rad/s}$

(a)由式(6-20a)，得线电压 $v_{ab}(t)$ 可以表示为：

$$\begin{aligned}v_{ab}(t) = {}& 242.58\sin(377t+30^\circ) - 48.52\sin5(377t+30^\circ) - 34.66\sin7(377t+30^\circ) \\ & + 22.05\sin11(377t+30^\circ) + 18.66\sin13(377t+30^\circ) - 14.27\sin17(377t+30^\circ) + \cdots\end{aligned}$$

$$Z_L = \sqrt{R^2+(n\omega L)^2}\angle\arctan(n\omega L/R) = \sqrt{5^2+(8.67n)^2}\angle\arctan(8.67/5)$$

由式(6-26)得，负载电流可表示为：

$$i_a(t) = 14\sin(377t-60^\circ) - 0.64\sin(5\times377t+36.6^\circ)$$

$$-0.33\sin(7\times377t+94.7°)+0.13\sin(11\times377t+213°)$$
$$+0.10\sin(13\times377t+272.5°)-0.06\sin(17\times377t+391.9°)-\cdots$$

(b)由式(6-21)，得：$V_L=0.8165\times220V=179.63V$

(c)由式(6-24)，得：$V_p=0.4714\times220V=103.7V$

(d)由式(6-23)，得：$V_{L1}=0.7797\times220V=171.53V$

(e)$V_{p1}=V_{L1}/1.732V=99.03V$

(f)由式(6-23)，得：$V_{L1}=0.7797V_s$

$$\left(\sum_{n=5,7,11,\cdots}^{+\infty}{V_{Ln}}^2\right)^{1/2}=\sqrt{V_L^2-V_{L1}^2}=0.2436V_s$$

由式(6-6)，得：$\text{THD}=(0.2436V_s)/(0.7797V_s)=31.08\%$

$$V_{Lh}=\left[\sum_{n=5,7,11,\cdots}^{+\infty}\left(\frac{V_{Ln}}{n^2}\right)^2\right]^{1/2}=0.00941V_s$$

(g)由式(6-7)，得：$\text{DF}=0.00941V_s/(0.7797V_s)=1.211\%$

(h)最低次谐波LOH是5次谐波，$V_{o3}=V_{o1}/5$。由式(6-5)，得：

$$\text{HF}_5=V_{L5}/V_{L1}=1/5=20\%$$

由式(6-8)，得：

$$\text{DF}_5=(V_{o5}/5^2)/V_{o1}=1/125=0.8\%$$

(i)对于星形联结而言，线电流和负载电流相同，所以线电流的有效值为：

$$I_L=\frac{(14^2+0.64^2+0.33^2+0.13^2+0.10^2+0.06^2)^{1/2}}{\sqrt{2}}A=9.91A$$

负载功率为：$P_o=3I_L^2/R=3\times9.91^2\times5W=1473W$

(j)输入电流的平均值为：

$$I_s=P_o/220=1473/220=6.7A$$

开关管的平均电流值为：

$$I_{Q(av)}=6.7/3=2.23A$$

(k)由于线电流由三个开关管共同承担，故每个开关管的电流有效值为$I_{Q(rms)}=I_L/1.732=5.72A$。◀

6.5.2 120°导电模式

在120°导电模式下，每个开关管导通120°，任意瞬间仅有两个开关管导通。门极驱动信号如图6-10所示，开关管的导通顺序为61、12、23、34、45、56、61。当负载为星形联结时，半个周期中有三种运行模态，如图6-11所示。

在模式1($0\leqslant\omega t\leqslant\pi/3$)，开关管1和6导通，有：

$$v_{an}=\frac{V_s}{2},\quad v_{bn}=-\frac{V_s}{2},\quad v_{cn}=0$$

在模式2($\pi/3\leqslant\omega t\leqslant2\pi/3$)，开关管1和2导通，有：

$$v_{an}=\frac{V_s}{2},\quad v_{bn}=0,\quad v_{cn}=-\frac{V_s}{2}$$

在模式3($2\pi/3\leqslant\omega t\leqslant\pi$)，开关管2和3导通，有：

$$v_{an}=0,\quad v_{bn}=\frac{V_s}{2},\quad v_{cn}=-\frac{V_s}{2}$$

图6-10所示的相电压可以用傅里叶级数表示为：

$$v_{an}=\sum_{n=1,3,5,\cdots}^{+\infty}\frac{2V_s}{n\pi}\sin\left(\frac{n\pi}{2}\right)\sin\left(\frac{n\pi}{3}\right)\sin\left(n\left(\omega t+\frac{\pi}{6}\right)\right)\tag{6-28a}$$

$$v_{bn}=\sum_{n=1,3,5,\cdots}^{+\infty}\frac{2V_s}{n\pi}\sin\left(\frac{n\pi}{2}\right)\sin\left(\frac{n\pi}{3}\right)\sin\left(n\left(\omega t-\frac{\pi}{2}\right)\right)\tag{6-28b}$$

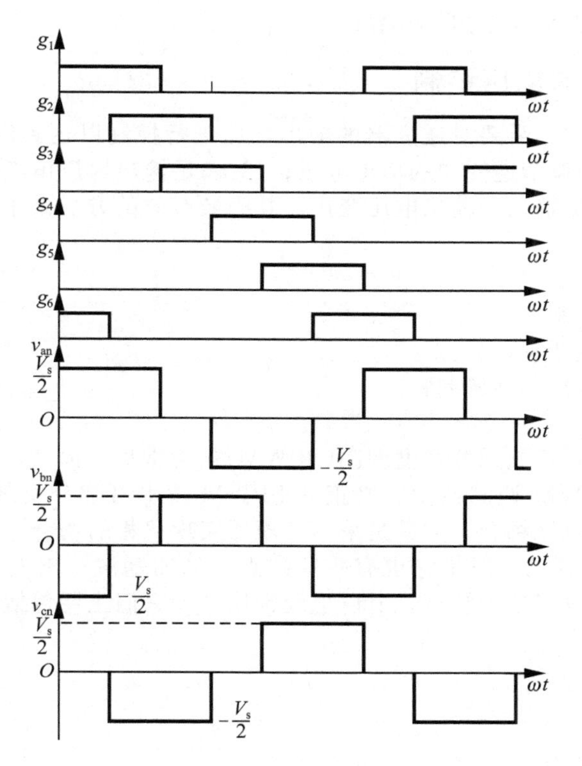

图 6-10 120°导电模式的门极驱动信号

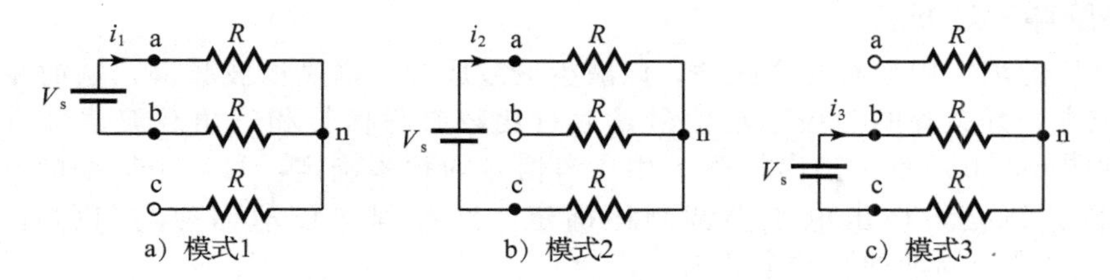

图 6-11 带阻性负载星形联结时的等效电路

$$v_{cn}=\sum_{n=1,3,5,\cdots}^{+\infty}\frac{2V_s}{n\pi}\sin\left(\frac{n\pi}{2}\right)\sin\left(\frac{n\pi}{3}\right)\sin\left(n\left(\omega t-\frac{7\pi}{6}\right)\right) \tag{6-28c}$$

对于 $n=1$，7，13，19，…次正序分量，其相位超前于相电压 30°，对于 $n=5$，11，17，23，…次负序分量，其相位滞后于相电压 30°，线电压幅值 $v_{ab}=\sqrt{3}v_{an}$。因此，对于星形联结负载而言，线电压瞬时值为：

$$v_{ab}=\sum_{n=1}^{+\infty}\frac{2\sqrt{3}V_s}{n\pi}\sin\left(\frac{n\pi}{2}\right)\sin\left(\frac{n\pi}{3}\right)\sin\left[n\left(\omega t+\frac{\pi}{6}\right)\pm\frac{\pi}{6}\right] \tag{6-29a}$$

$$v_{bc}=\sum_{n=1}^{+\infty}\frac{2\sqrt{3}V_s}{n\pi}\sin\left(\frac{n\pi}{2}\right)\sin\left(\frac{n\pi}{3}\right)\sin\left[n\left(\omega t-\frac{\pi}{2}\right)\pm\frac{\pi}{6}\right] \tag{6-29b}$$

$$v_{ca}=\sum_{n=1}^{+\infty}\frac{2\sqrt{3}V_s}{n\pi}\sin\left(\frac{n\pi}{2}\right)\sin\left(\frac{n\pi}{3}\right)\sin\left[n\left(\omega t-\frac{7\pi}{6}\right)\pm\frac{\pi}{6}\right] \tag{6-29c}$$

在开关管 Q_1 关断和 Q_4 开通之间有 $\pi/6$ 角度的间隙，因此，上管和下管不存在直流电源短路的危险。任意时刻总有两相负载连接到直流电源，另外一相开路，且该相的电位不确定，与负载性质有关。因为每个开关管导通 120°，所以开关管的利用率比 180°导电模式低。因此，三相逆变器通常采用180°导电模式。

6.6 单相逆变器的电压控制

在很多工业应用中，需要对逆变器的输出电压进行控制以达到以下目的：(1)应对直流输入电压变化；(2)调节逆变器的输出电压；(3)满足输出恒压恒频的要求。目前有多种技术可以改变逆变器的输入、输出电压变比，其中最有效的方法是采用PWM控制，常用的技术有：

(1)单脉冲调制；

(2)多脉冲宽度调制；

(3)正弦脉冲宽度调制；

(4)修正的正弦脉冲宽度调制；

(5)移相控制。

在以上技术当中，正弦脉冲宽度调制(SPWM)最为常见。但是，多脉冲宽度调制可以使我们更好地理解PWM调制技术。修正的SPWM技术可部分实现对交流电压的控制。移相控制通常用于高电压场合，尤其是采用变压器实现移相的场合。

SPWM技术最为常见，但是它也有一些缺点，例如基波输出电压较低。下面将介绍的一些先进技术可以改善这个缺点，所以也经常用到。它们主要包括：

- 阶梯波调制[3]；
- 台阶波调制[4]；
- 分段调制[5,8]；
- 谐波注入调制；
- 三角形调制。

6.6.1 多脉冲宽度调制

输出电压的半个周期有几个脉冲，以减少谐波成分，提高谐波频率，从而减小滤波器的尺寸和成本。开关管的门极驱动信号是通过比较参考信号和三角载波信号得到的，如图6-12a和图6-12b所示。输出频率f_o由参考信号的频率确定，每半个周期的脉冲个数p由载波频率f_c确定，输出电压由调制比确定，这种调制技术称为均匀脉冲宽度调制(UPWM)。每半个周期的脉冲个数为：

$$p=\frac{f_c}{2f_o}=\frac{m_f}{2} \tag{6-30}$$

式中：$m_f=f_c/f_o$为频率调制系数。

输出电压的瞬时值为$v_o=V_s(g_1-g_4)$。单相桥式逆变器采用UPWM控制时，其输出电压如图6-12c所示。如果δ是每个脉冲的宽度，那么输出电压的有效值可以计算为：

$$V_o=\left[\frac{2p}{2\pi}\int_{(\pi/p-\delta)/2}^{(\pi/p+\delta)/2}V_s^2\mathrm{d}(\omega t)\right]^{1/2}=V_s\sqrt{\frac{p\delta}{\pi}} \tag{6-31}$$

调制比$M=A_r/A_{cr}$在0到1之间变化，脉冲宽度d在0到$T/(2p)$之间变化，输出电压有效值在0到V_s之间变化，输出电压的傅里叶级数的一般形式为：

$$v_o(t)=\sum_{n=1,3,5,\cdots}^{+\infty}B_n\sin(n\omega t) \tag{6-32}$$

式中：系数B_n由脉冲宽度δ与正半周脉冲起始角α和负半周脉冲起始角$\pi+\alpha$确定，如图6-12c所示。所有脉冲对的结果加在一起可以得到输出电压的最终表达形式。

如果正半周的第m个脉冲起始角为$\omega t=\alpha_m$，终止角为$\omega t=\alpha_m+\delta$，那么第m对脉冲的傅里叶系数为：

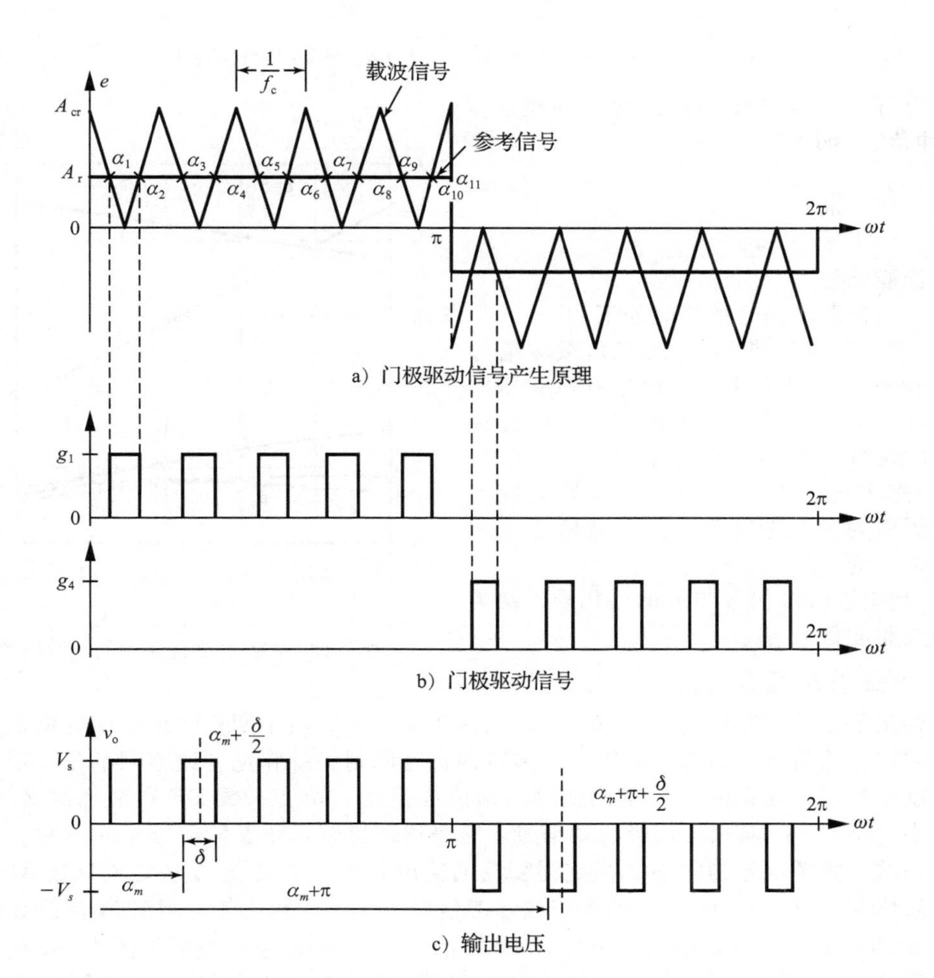

图 6-12 多脉冲宽度调制

$$b_n = \frac{2}{\pi}\left[\int_{\alpha_m}^{\alpha_m+\delta}\sin(n\omega t)\mathrm{d}(\omega t) - \int_{\pi+\alpha_m}^{\pi+\alpha_m+\delta}\sin(n\omega t)\mathrm{d}(\omega t)\right]$$
$$= \frac{4V_s}{n\pi}\sin\left(\frac{n\delta}{2}\right)\left[\sin\left(n\left(\alpha_m+\frac{\delta}{2}\right)\right)\right] \tag{6-33}$$

系数 B_n 为：

$$B_n = \sum_{m=1}^{2p}\frac{4V_s}{n\pi}\sin\left(\frac{n\delta}{2}\right)\left[\sin\left(n\left(\alpha_m+\frac{\delta}{2}\right)\right)\right] \tag{6-34}$$

多脉冲调制的性能可以用计算机编程计算得到。图 6-13 给出了每半个周期脉冲个数 $p=5$ 时谐波与调制比的关系曲线图，谐波的阶次与单脉冲调制比的阶次相同，但是谐波系数明显比单脉冲调制的小。然而，由于开关管的开关次数明显增多，开关损耗也将增大。低次谐波的幅值比单脉冲调制的小，但是高次谐波的幅值却要比单脉冲调制的大，然而，高次谐波很容易滤除。

因为输出电压沿 x 轴对称，所以 $A_n=0$，偶次谐波也为零。第 m 个脉冲的起始时间、终止时间为：

$$t_m = \frac{\alpha_m}{\omega} = (m-M)\frac{T_s}{2} \quad (m=1,3,\cdots,2p+1) \tag{6-35a}$$

$$t_m = \frac{\alpha_m}{\omega} = (m - 1 + M)\frac{T_s}{2} \quad (m = 2,4,\cdots,2p) \tag{6-35b}$$

由于所有脉冲宽度都相同，因此脉冲宽度 d（或脉冲角 δ）为：

$$d = \frac{\delta}{\omega} = t_{m+1} - t_m = MT_s \tag{6-35c}$$

式中：$T_s = T/(2p)$。

门极驱动信号

产生门极驱动信号的步骤如下：

(1)产生开关周期为 T_s的三角载波信号 v_{cr}，比较 v_{cr}与直流参考参考信号 v_r以获得差值 $v_g = v_{cr} - v_r$，再通过一个比较器产生脉冲宽为 d，周期为 T_s的方波信号。

(2)把上述方波信号与一个脉冲宽度为50%、周期为 T 和幅值为 1 的方波信号 v_z相乘，结果作为门极驱动信号 g_1。

(3)把上述方波信号与 v_z的反相乘，结果作为门极驱动信号 g_2。

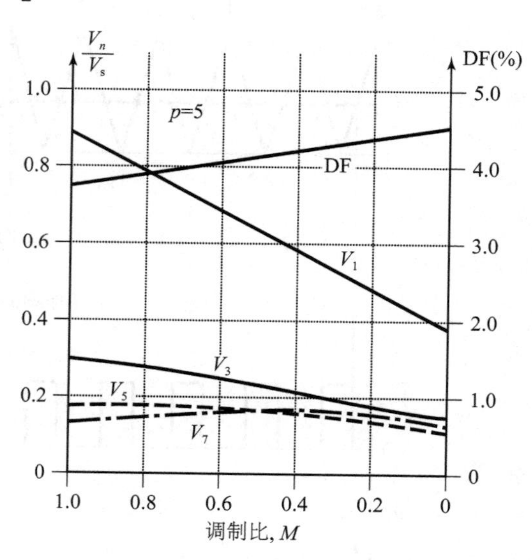

图 6-13 多脉冲宽度调制的谐波特性

6.6.2 正弦脉冲宽度调制

这种正弦脉冲宽度调制(SPWM)广泛应用于工业中。由于期望输出电压的波形是正弦波，因此把正弦信号作为参考电压。与多脉冲宽度调制保持脉宽一致不同的是：正弦脉冲宽度调制的脉宽是变化的，且与正弦波的幅值成正比，畸变系数 DF 和最低次谐波 LOH 大大减小。图 6-14a 画出了门极驱动信号，它是通过比较正弦参考信号与频率为 f_c的载波信号得到的。参考信号的频率 f_r决定逆变器的输出频率 f_o，峰值 A_r决定调制比 M 和输出电压有效值 V_o。载波信号 v_{cr}与两个正弦参考信号 v_r和 $-v_r$相比较，得到门极驱动信号 g_1和 g_4，如图 6-14b 所示，输出电压为 $v_o = V_s(g_1 - g_2)$，输出电压波形如图 6-14c 所示。每半个周期的脉冲个数与载波频率有关。类似的门极信号可通过单边载波与正弦电压比较产生，如图 6-14d 所示。这种方法很容易实现且经常在实际中使用，门极信号 g_1与 g_2完全相同，它们是通过比较载波信号 v_{cr}与正弦参考信号 $v_r = V_r\sin(\omega t)$得到的；同理，门极信号 g_3与 g_4完全一致，是通过比较载波信号 v_{cr}与正弦参考信号 $v_r = -V_r\sin(\omega t)$得到的。这种 PWM 信号的获取方法与 6.6.1 小节中的统一 PWM 获取方法类似，只是参考信号是正弦波 $v_r = V_r\sin(\omega t)$罢了。

输出电压有效值通过改变调制比 $M = A_r/A_c$来改变。每个脉冲的面积与对应时间段内的正弦波面积相等。假定 δ_m为第 m 个脉冲的宽度，依据式(6-31)可得到输出电压有效值为：

$$V_o = V_s\left(\sum_{m=1}^{2p}\frac{\delta_m}{\pi}\right)^{1/2} \tag{6-36}$$

依据式(6-34)，可得到输出电压的傅里叶级数为：

$$B_n = \sum_{m=1}^{2p}\frac{4V_s}{n\pi}\sin\left(\frac{n\delta_m}{2}\right)\left[\sin n\left(\alpha_m + \frac{\delta_m}{2}\right)\right] \quad (n = 1,3,5\cdots) \tag{6-37}$$

每个脉冲宽度和 SPWM 调制的谐波性能可以通过计算机编程得到，图 6-15 示出了每半个周期 5 个脉冲时 SPWM 调制的谐波曲线图，与多脉冲调制相比，畸变系数 DF 大大减小，且消除了 $2p-1$ 次以下的谐波。当 $p=5$ 时，最低次谐波为 9 次。

第 m 个脉冲的起始时间 t_m和起始角 α_m为：

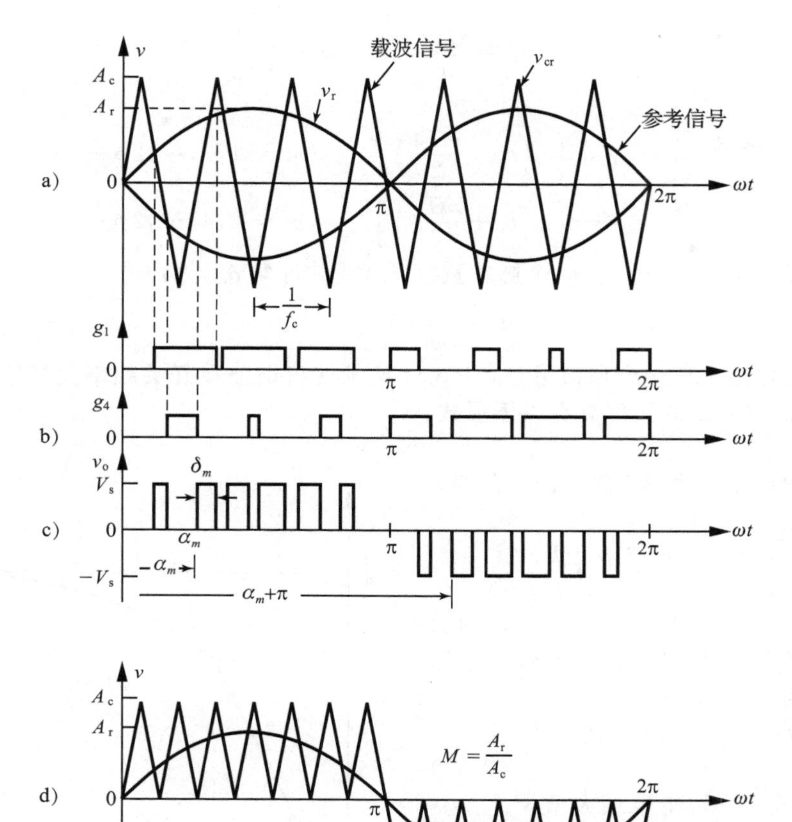

图 6-14　正弦脉冲宽度调制

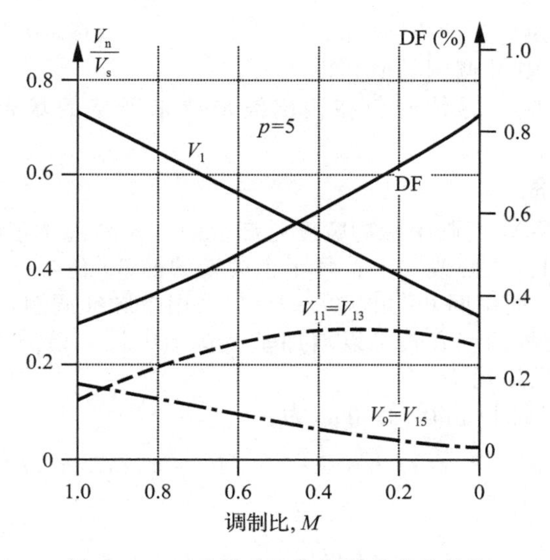

图 6-15　正弦脉冲宽度调制的谐波特性

$$t_m = \frac{\alpha_m}{\omega} = t_x + m\frac{T_s}{2} \tag{6-38a}$$

式中：t_x为：

$$1 - \frac{2t}{T_s} = M\sin\left[\omega\left(t_x + \frac{mT_s}{2}\right)\right] \quad (m = 1,3,\cdots,2p+1) \tag{6-38b}$$

$$\frac{2t}{T_s} = M\sin\left[\omega\left(t_x + \frac{mT_s}{2}\right)\right] \quad (m = 2,4,\cdots,2p) \tag{6-38c}$$

式中：$T_s = T/(2(p+1))$。第 m 个脉冲宽度 d_m（或脉冲角 δ_m）为：

$$d_m = \frac{\delta_m}{\omega} = t_{m+1} - t_m \tag{6-38d}$$

逆变器的输出电压包含谐波分量，PWM 技术使得谐波在开关频率及其倍频 m_f、m_{2f}、m_{3f}等附近，谐波分量的频率具有以下形式：

$$f_n = (jm_f \pm k)f_c \tag{6-39}$$

式中：谐波的第 n 次为第 j 倍载波比的第 k 次边带。

$$n = jm_f \pm k = 2jp \pm k$$
$$(j = 1,2,3,\cdots \text{ 和 } k = 1,3,5,\cdots) \tag{6-40}$$

当采用 PWM 和 SPWM 调制时，输出电压的基波峰值为：

$$V_{m1} = dV_s \quad (0 \leqslant d \leqslant 1.0) \tag{6-41}$$

当 $d=1$ 时，式(6-41)中取最大值 $V_{m1(\max)} = V_s$。由式(6-6)可知，当采用单脉冲调制时，$V_{m1(\max)} = 4V_s/\pi = 1.273V_s$。在 SPWM 调制下，当要增大基波输出电压时，$d$ 必须大于 1.0，大于 1.0 的情况称为过调制，如图 6-16 所示，当 $V_{m1(\max)} = 1.273V_s$ 时，d 的值由脉冲波数 p 来决定，当 $p=7$ 时，d 约等于 3。过调制与单脉冲调制类似，也会增加谐波分量，因而应该尽量避免在输出波形要求严格的场合使用，如不间断电源(UPS)。

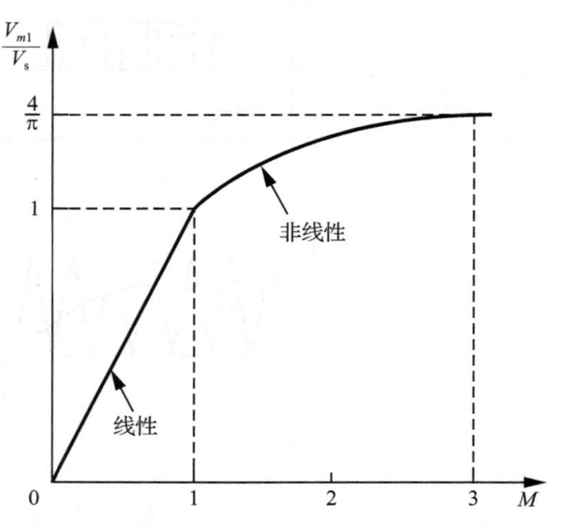

图 6-16 输出电压基波峰值与调制比 M 的关系

6.6.3 修正 SPWM 调制

图 6-14c 所示的 SPWM 调制中脉冲宽度是渐变的，这是由于正弦参考信号电压是渐变的，如果把 SPWM 调制方式修改一下：每半个周期的前 60°角(0°～60°)和后 60°角(120°～180°)采用 SPWM 调制，而中间 60°角(60°～120°)采用单脉冲调制，这就是修正 SPWM 调制，如图 6-17 所示。这种调制方式可以增加基波输出电压，谐波也有所改善，同时减少了器件的开关次数和开关损耗。

第 m 个脉冲的起始时间 t_m 和起始角 α_m 为：

$$t_m = \frac{\alpha_m}{\omega} = t_x + m\frac{T_s}{2} \quad (m = 1,2,3,\cdots,p) \tag{6-42a}$$

式中：t_x为：

$$1 - \frac{2t}{T_s} = M\sin\left[\omega\left(t_x + \frac{mT_s}{2}\right)\right] \quad (m = 1,3,\cdots,2p+1) \tag{6-42b}$$

$$\frac{2t}{T_s} = M\sin\left[\omega\left(t_x + \frac{mT_s}{2}\right)\right] \quad (m = 2,4,\cdots,2p) \tag{6-42c}$$

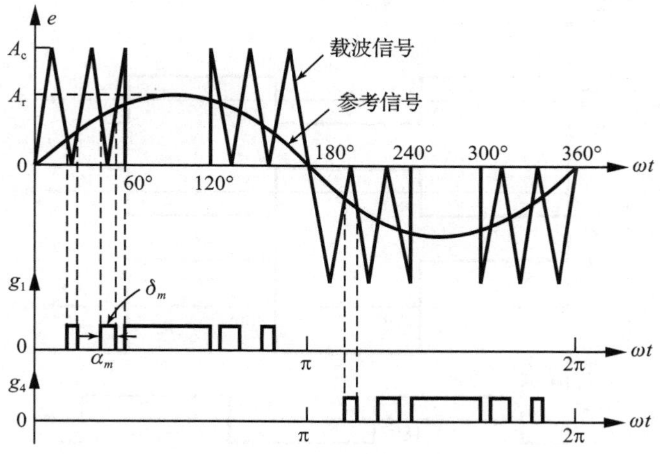

图 6-17 修正 SPWM 调制

后 60°角中正弦波与参考波的交点时间可计算为：

$$t_{m+1}=\frac{\alpha_{m+1}}{\omega}=\frac{T}{2}-t_{2p-m}$$

$$(m=p,p+1,\cdots,2p-1)\tag{6-42d}$$

式中：$T_s=T/(6(p+1))$。第 m 个脉冲宽度 d_m(或脉冲角 δ_m)为：

$$d_m=\frac{\delta_m}{\omega}=t_{m+1}-t_m\tag{6-42e}$$

每个脉冲的宽度和修正 SPWM 调制的性能可以通过计算机编程得到。图 6-18 示出了每半个周期 5 个脉冲时修正 SPWM 调制的谐波曲线图。60°角区间内的脉冲个数 q 与载波比有关，当逆变器相数为三相时，有如下关系式：

$$\frac{f_c}{f_o}=6q+3\tag{6-43}$$

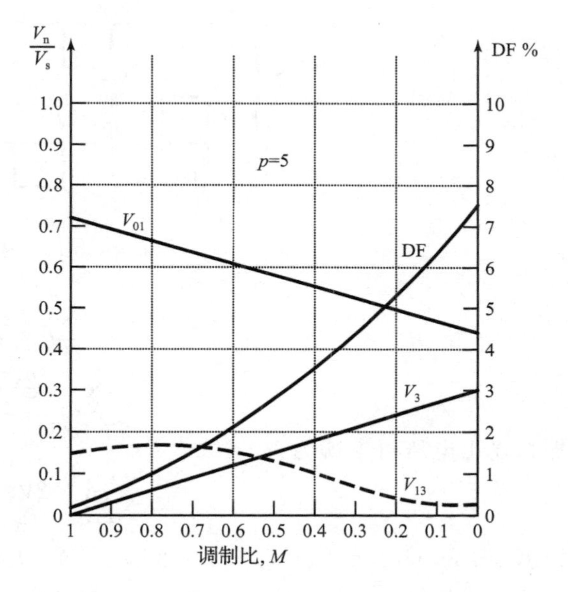

图 6-18 修正 SPWM 调制的谐波特性

逆变器输出电压 $v_o=V_s(g_1-g_4)$，驱动信号的产生步骤与 6.6.1 小节的 SPWM 类似，除了 60°～120°区间外。

6.6.4 移相控制

逆变器输出电压变化可通过采用多个逆变器组合来实现，图 6-3a 所示单相全桥逆变器可看成是由图 6-2 所示两个单相半桥逆变器组合而成的，当两个半桥逆变器的相移为 180°时，输出电压如图 6-19c 所示，当相移为 α 角时，输出电压如图 6-19e 所示。

例如，门极驱动信号 g_1 延迟 α 角，就得到门极驱动信号 g_2，输出电压有效值可求得为：

$$V_o=V_s\sqrt{\frac{\alpha}{\pi}}\tag{6-44}$$

如果

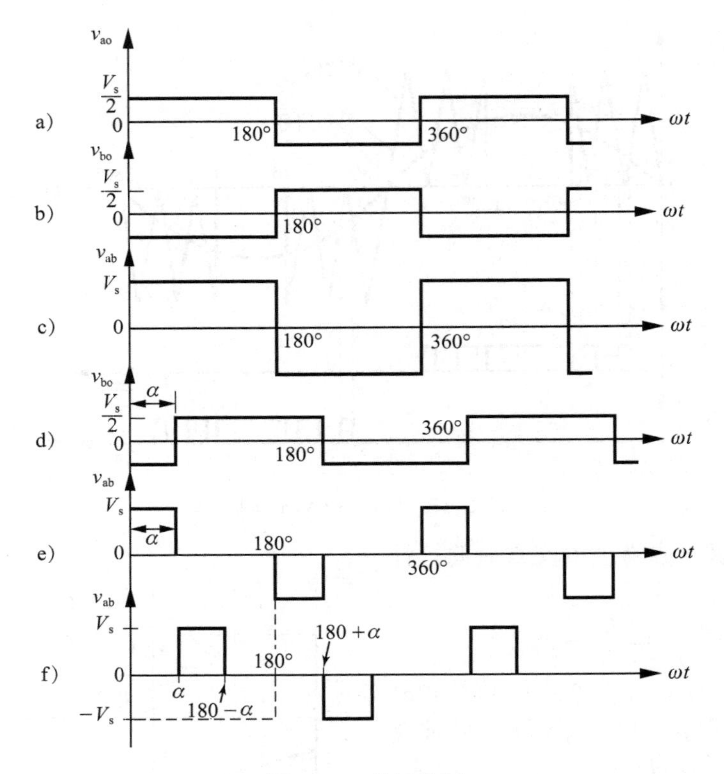

图 6-19 移相控制

$$v_{ao} = \sum_{n=1,3,5,\cdots}^{+\infty} \frac{2V_s}{n\pi}\sin(n\omega t)$$

$$v_{bo} = \sum_{n=1,3,5,\cdots}^{+\infty} \frac{2V_s}{n\pi}\sin n(\omega t - \alpha)$$

那么输出电压可求得为：

$$v_{ab} = v_{ao} - v_{bo} = \sum_{n=1,3,5,\cdots}^{+\infty} \frac{2V_s}{n\pi}[\sin(n\omega t) - \sin n(\omega t - \alpha)]$$

根据 $\sin A-\sin B=2\sin[(A-B)/2]\cos[(A+B)/2]$可以简化得到：

$$v_{ab} = \sum_{n=1,3,5,\cdots}^{+\infty} \frac{4V_s}{n\pi}\sin\left(\frac{n\alpha}{2}\right)\cos\left[n\left(\omega t - \frac{\alpha}{2}\right)\right] \tag{6-45}$$

基波输出电压有效值为：

$$V_{o1} = \frac{4V_s}{\pi\sqrt{2}}\sin\frac{\alpha}{2} \tag{6-46}$$

上式表明改变输出电压可通过改变延迟角 α 得到，这种控制方式特别适用于要求很多个开关器件并联使用的大功率场合。

如果两个门极驱动信号 g_1 和 g_2 分别有延迟角 $\alpha_1=\alpha$ 和 $\alpha_2=\pi-\alpha$，则输出电压波形沿 $\pi/2$ 角四分之一波长对称，因此输出电压为：

$$v_{ao} = \sum_{n=1}^{+\infty} \frac{2V_s}{n\pi}\sin[n(\omega t - \alpha)] \qquad (n = 1,3,5,\cdots)$$

$$v_{bo} = \sum_{n=1}^{+\infty} \frac{2V_s}{n\pi}\sin[n(\omega t - \pi + \alpha)] \qquad (n = 1,3,5,\cdots)$$

$$v_{ab}=v_{ao}-v_{bo}=\sum_{n=1}^{+\infty}\frac{4V_s}{n\pi}\cos(n\alpha)\sin(n\omega t)\quad(n=1,3,5,\cdots)\tag{6-47}$$

6.7 三相逆变器的电压控制

三相逆变器可以看成是由三个互差 120°的单相逆变器构成的，因此 6.6 节介绍的单相逆变器电压控制技术可以应用到三相逆变器中。然而，三相逆变器通常采用以下电压控制技术：

- SPWM；
- 三次谐波注入 PWM；
- 60°PWM；
- 空间向量调制。

SPWM 应用广泛，但它的缺点是，在线性调制区内输出线电压的峰值不超过直流输入电压 V_s；修正 SPWM(60° PWM)含有低次谐波，应用较少；三次谐波注入 PWM 的基波峰值可以比 V_s大；空间向量调制则更加灵活，可以使用数字编程来合成输出电压。

6.7.1 SPWM 调制

SPWM 调制的门极驱动信号如图 6-20a 所示，共有 3 个互差 120°的正弦参考信号和 1 个三角载波，正弦参考波 v_{ra}、v_{rb}、v_{rc}与三角载波 v_{cr}比较后，得到门极驱动信号 g_1、g_3和 g_5，如图 6-20b 所示。开关管 Q_1-Q_6的通断由驱动信号 g_1-g_6决定，当 $v_{ra}>v_{cr}$时，a 相上管 Q_1导通，上管 Q_1和下管 Q_4互补，因此 Q_4关断。门极驱动信号 g_2、g_4和 g_6分别与 g_1、g_3和 g_5互补，如图 6-20b 所示。输出相电压 $v_{an}=V_s g_1$，$v_{bn}=V_s g_3$，线电压 $v_{ab}=V_s(g_1-g_3)$，如图 6-20c 所示，这里忽略了每个桥臂的死区时间，图 6-20d 画出了输出线电压的基波成分 v_{ab1}。

载波频率归一化后，m_f应该为 3 的奇数倍，所以，输出相电压 v_{aN}、v_{bN}和 v_{cN}相等，互差 120°，它们都没有偶次谐波。此外，每相 3 的倍数次谐波的幅值和相位都相同，例如，a 相的 9 次谐波电压为：

$$v_{an9}(t)=\hat{v}_9\sin(9\omega t)\tag{6-48}$$

b 相的 9 次谐波为：

$$v_{bn9}(t)=\hat{v}_9\sin(9(\omega t-120°))=\hat{v}_9\sin(9\omega t-1080°)=\hat{v}_9\sin(9\omega t)\tag{6-49}$$

所以，输出线电压 $v_{ab}=v_{an}-v_{bn}$没有 9 次谐波，输出线电压含有的谐波频率具有以下形式

$$n=jm_f\pm k\tag{6-50}$$

式中：当 $k=2$，4，6，…时，$j=1$，3，5，…，当 $k=1$，5，7，…时，$j=2$，4，6，…。因此，n 不等于 3 的倍数，谐波在 $m_f\pm2$，$m_f\pm4$，…，$2m_f\pm1$，$2m_f\pm5$，…，$3m_f\pm2$，$3m_f\pm4$，…，$4m_f\pm1$，$4m_f\pm5$，…。当负载电流为正弦时，直流输入电流含有的谐波频率具有以下形式：

$$n=jm_f\pm k\pm1\tag{6-51}$$

式中：当 $k=1$，5，7，…时，$j=0$，2，4…，当 $k=2$，4，6，…时，$j=1$，3，5，…。因此，$n=jm_f\pm k$ 为正整数且不等于 3 的倍数。

因为在线性调制区内 $M\leqslant1$，输出相电压基波分量的最大峰值为 $V_s/2$，所以输出线电压基波分量的最大峰值$\hat{v}_{ab1}=\sqrt{3}V_s/2$，线电压峰值可表示为：

$$\hat{v}_{ab1}=M\sqrt{3}\frac{V_s}{2}\qquad(0\leqslant M\leqslant1)\tag{6-52}$$

过调制

为了增加输出基波电压的幅值，参考波的峰值可以大于载波的峰值，称为过调制。此时基波输出电压与直流电压的关系是非线性的，在过调制时，基波输出线电压的幅值在以下区间内：

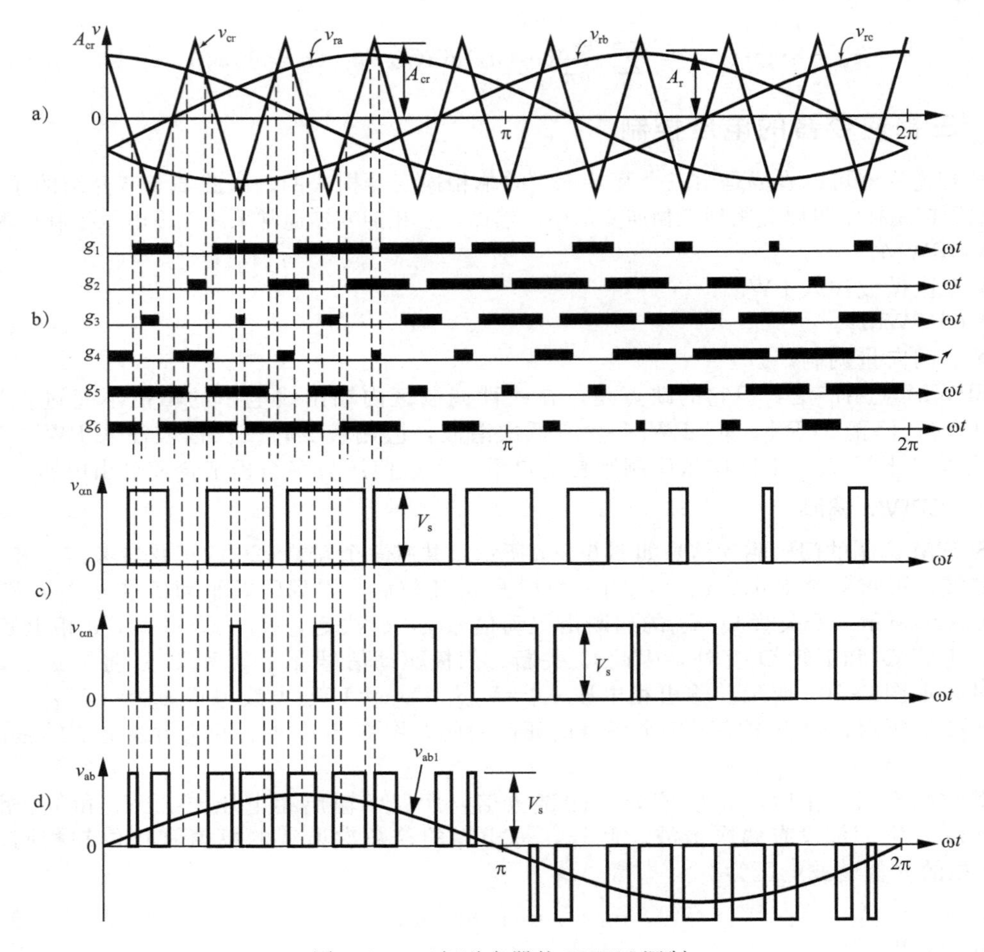

图 6-20 三相逆变器的 SPWM 调制

$$\sqrt{3}\,\frac{V_s}{2} < \hat{v}_{ab1} = \hat{v}_{bc1} = \hat{v}_{ca1} < \frac{4}{\pi}\sqrt{3}\,\frac{V_s}{2} \tag{6-53}$$

当 M 很大时，SPWM 调制接近于全范围过调制，此时与单脉冲调制很相似，每个开关管导通 180°，如图 6-21 所示，输出电压的调节只能通过调节直流电压 V_s 来实现，基波输出电压峰值为：

$$\hat{v}_{ab1} = \frac{4}{\pi}\sqrt{3}\,\frac{V_s}{2} \tag{6-54}$$

交流输出线电压谐波频率 f_n 处于 $n=6k\pm 1$（$k=1，2，3，\cdots$）处，谐波幅值与谐波次数成反比，即

$$\hat{v}_{abn} = \frac{1}{n}\,\frac{4}{\pi}\sqrt{3}\,\frac{V_s}{2} \tag{6-55}$$

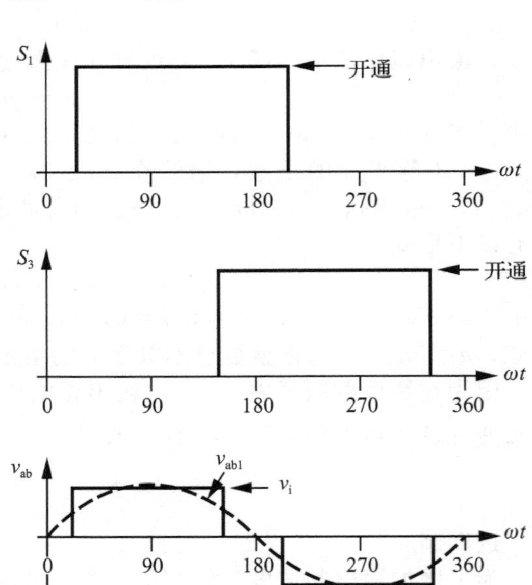

图 6-21 过调制

例 6.5 求直流输入电压的允许值。

单相全桥逆变器采用均匀 PWM 控制，

每半个周期输出 5 个脉冲，带阻性负载，输入直流电压 $V_s=220\text{V}$，每个脉冲宽度为 30°。求(a)负载电压的有效值；(b)如果直流电压增加 10%，要得到相同的负载功率，求此时的脉冲宽度。如果脉冲宽度的最大值 35°，求直流输入电压的最小值。

解：

(a)$V_s=220\text{V}$，$p=5$，$\delta=30°$，由式(6-31)，得：$V_o=220\sqrt{5\times30/180}=200.8\text{V}$

(b)$V_s=220\times1.1=242\text{V}$，由式(6-31)，得：$242\sqrt{5\delta/180}=200.8$，从而可得 $\delta=24.75°$。

当脉冲宽度为最大值 35°时，为了保持输出电压为 200.8V，故有 $200.8=V_s\sqrt{5\times35/180}$，从而输入电压所允许的最小值为 $V_s=203.6\text{V}$。◀

6.7.2　60° PWM 调制

60° PWM 调制与图 6-17 所示的修正 PWM 类似，它的主要做法是在 60°到 120°和 240°到 300°之间始终输出高或者低，开关器件在 1/3 个输出周期不动作，从而减小开关损耗。三相系统中线电压没有 3 倍次谐波(3 次，9 次，12 次，21 次，27 次等)。60° PWM 调制输出的基波电压分量为 SPWM 调制的 $2/\sqrt{3}$倍，因而直流电源的利用率更高(相电压 $V_P=0.57735V_s$，线电压 $V_L=V_s$)，输出电压波形如图 6-22 所示，基波分量和前几次谐波分量如图 6-22 所示。

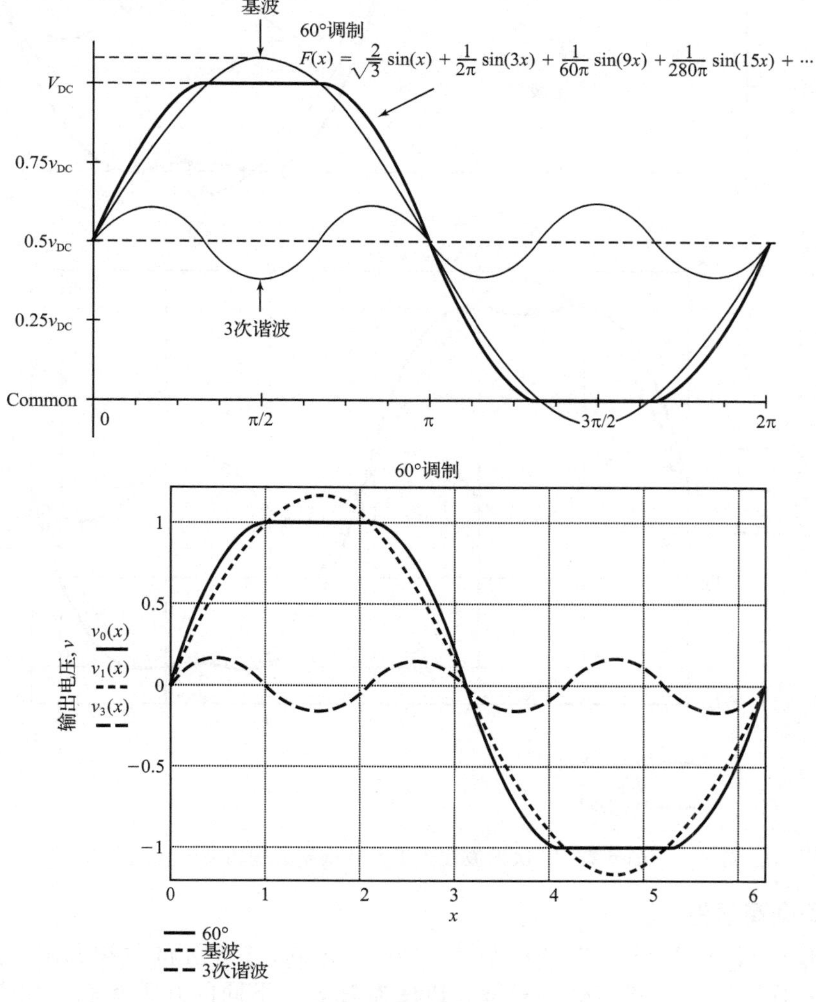

图 6-22　60° PWM 调制的输出波形

6.7.3 3次谐波注入PWM调制

3次谐波注入PWM调制是在SPWM调制的基础上注入3次谐波，因此参考波不再是正弦波，而是一个正弦波和3次谐波之和，如图6-23所示，参考电压的峰值不超过直流电压V_s，但基波输出电压可能比V_s大。

由于每相相对参考点的3次谐波电压完全相等，因而线电压中没有3次谐波，输出相电压v_{aN}、v_{bN}和v_{cN}也没有3次谐波，峰值为$V_{P1}=V_P=V_s/\sqrt{3}=0.57735V_s$，线电压峰值为$V_L=\sqrt{3}V_P=\sqrt{3}\times0.57735V_s=V_s$，电压利用率比SPWM调制的大约高15.5%，因而性能更优。

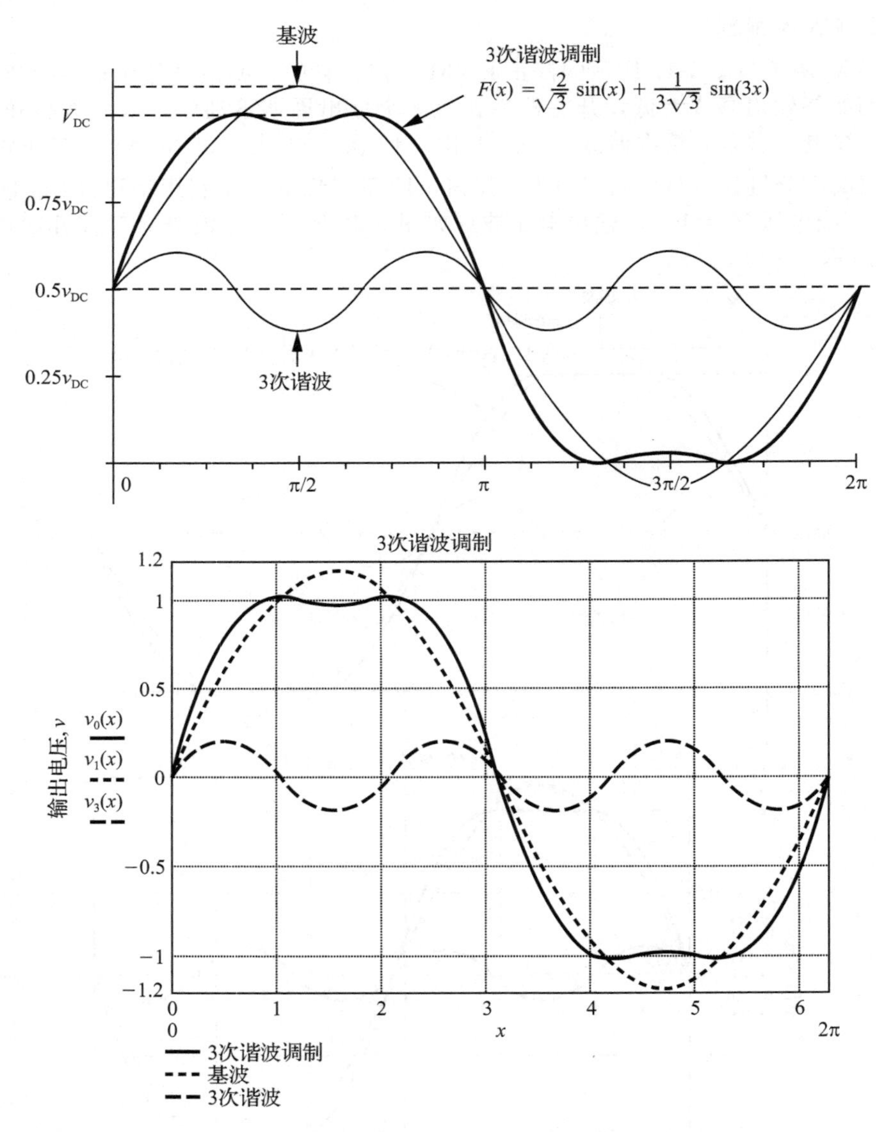

图6-23 3次谐波注入PWM调制的输出波形

6.7.4 空间向量调制

空间向量调制(SVM)与PWM调制的机理完全不同，PWM的三相调制可以看成三个独立的过程，而空间向量调制统一对待。逆变器有8个不同的开关状态，如表6-2所示，

SVM 调制轮流输出不同的开关状态，其控制容易在数字系统中实现，目标是产生期望的输出电压，还要通过选取合适的开关状态，并作用合适的时间实现。开关状态的选取和作用时间要由空间向量(SV)合成完成。

坐标变换

假定一个三相电压满足

$$u_a(t)+u_b(t)+u_c(t)=0 \tag{6-56}$$

那么这个三相电压可以用二维静止空间表示，由于 $u_c(t)=-u_a(t)-u_b(t)$，如果知道了两相电压，第三相电压很容易计算得到，所以，经过 a-b-c/x-y 变换后(附录 G)，可以把三相变量变换到二相坐标系，坐标系的 x 轴与向量 $[u_a \quad 0 \quad 0]^T$ 在同一个轴线上，向量 $[0 \quad u_b \quad 0]^T$ 和向量 $[0 \quad 0 \quad u_c]^T$ 依次相差 120°和 240°，如图 6-24 所示。空间合成向量 $\boldsymbol{u}(t)$ 定义为：

$$\boldsymbol{u}(t)=\frac{2}{3}[u_a+u_b e^{j(2/3)\pi}+u_c e^{-j(2/3)\pi}] \tag{6-57}$$

式中：系数 2/3 是由于要保持合成后的电压向量模长不变，式(6-57)可表示成在 x 轴的实部与 y 轴的虚部，即

$$\boldsymbol{u}(t)=u_x+ju_y \tag{6-58}$$

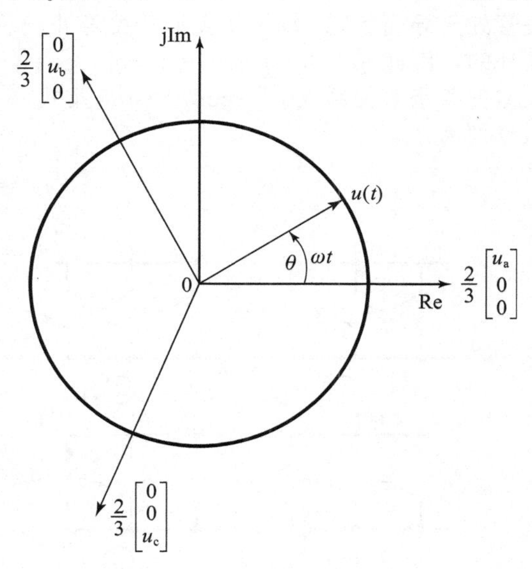

图 6-24　三相并列向量和空间向量 $u(t)$

因而由式(6-57)和式(6-58)可以得到从 a-b-c 轴转换到 x-y 轴的坐标变换为：

$$\begin{pmatrix}u_x\\u_y\end{pmatrix}=\frac{2}{3}\begin{pmatrix}1 & \frac{-1}{2} & \frac{-1}{2}\\ 0 & \frac{\sqrt{3}}{2} & \frac{-\sqrt{3}}{2}\end{pmatrix}\begin{pmatrix}u_a\\u_b\\u_c\end{pmatrix} \tag{6-59}$$

同时也可以写成

$$u_x=\frac{2}{3}[u_a-0.5(u_b+u_c)] \tag{6-60a}$$

$$u_y=\frac{\sqrt{3}}{3}(u_b-u_c) \tag{6-60b}$$

定义一对以角速度 ω 旋转的坐标轴 α-β，则从 x-y 坐标旋转到 α-β 坐标的坐标变换关系式为：

$$\begin{pmatrix}u_\alpha\\u_\beta\end{pmatrix}=\begin{pmatrix}\cos(\omega t) & \cos\left(\frac{\pi}{2}+\omega t\right)\\ \sin(\omega t) & \sin\left(\frac{\pi}{2}+\omega t\right)\end{pmatrix}\begin{pmatrix}u_x\\u_y\end{pmatrix}=\begin{pmatrix}\cos(\omega t) & -\sin(\omega t)\\ \sin(\omega t) & \cos(\omega t)\end{pmatrix}\begin{pmatrix}u_x\\u_y\end{pmatrix} \tag{6-61}$$

根据式(6-57)，可得坐标变换关系式为：

$$u_a=\mathrm{Re}(\boldsymbol{u}) \tag{6-62a}$$

$$u_b=\mathrm{Re}(\boldsymbol{u}e^{-j(2/3)\pi}) \tag{6-62b}$$

$$u_c=\mathrm{Re}(\boldsymbol{u}e^{j(2/3)\pi}) \tag{6-62c}$$

例如，当 u_a，u_b 和 u_c 为峰值为 V_m 的平衡三相电源电压，则可得：

$$u_a=V_m\cos(\omega t) \tag{6-63a}$$

$$u_b=V_m\cos(\omega t-2\pi/3) \tag{6-63b}$$

$$u_c = V_m \cos(\omega t + 2\pi/3) \tag{6-63c}$$

那么，由式(6-57)，可得合成的空间向量为：

$$\boldsymbol{u}(t) = V_m \mathrm{e}^{\mathrm{j}\theta} = V_m \mathrm{e}^{\mathrm{j}\omega t} \tag{6-64}$$

上式表明合成向量为一个幅值为 V_m、以恒定角速度 ω 旋转的向量。

空间向量(SV)

开关器件的通断状态可以用二进制符号 q_1、q_2、q_3、q_4、q_5 和 q_6 表示，$q_k=1$ 表示开关管处于导通状态，$q_k=0$ 表示开关管处于关断状态，开关对 q_1 和 q_4，q_3 和 q_6，q_5 和 q_2 是互补的，因此 $q_4=1-q_1$，$q_6=1-q_3$，$q_2=1-q_5$。逆变器的八个开关状态如图 6-25 所示。根据三角函数关系式 $\mathrm{e}^{\mathrm{j}\theta}=\cos\theta+\mathrm{j}\sin\theta$ 及式(6-57)，可求得开关状态(100)的三相输出相电压分别为：

$$v_a(t) = \frac{2}{3}V_s;\ v_b(t) = \frac{-1}{3}V_s;\ v_a(t) = \frac{-1}{3}V_s \tag{6-65}$$

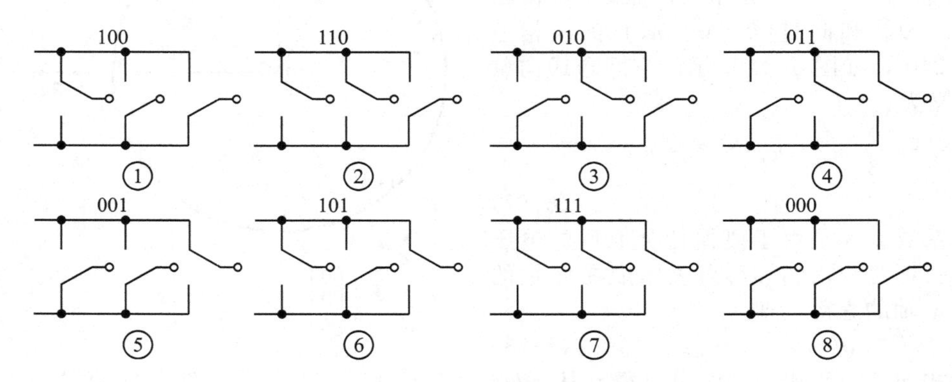

图 6-25 逆变器的开关状态

把上式代入式(6-57)，可求得合成向量为：

$$\boldsymbol{V}_1 = \frac{2}{3}V_s \mathrm{e}^{\mathrm{j}0} \tag{6-66}$$

类似，可求得六个合成向量为：

$$\boldsymbol{V}_n = \frac{2}{3}V_s \mathrm{e}^{\mathrm{j}(n-1)\frac{\pi}{3}} \qquad (n = 1,2,\cdots,6) \tag{6-67}$$

零向量有两个开关状态(111)和(000)，因而存在冗余，冗余的零向量可以用来优化逆变器的运行，如减少开关频率。表 6-2 给出了每一个开关状态对应的空间向量，这几个空间向量在空间的位置是静止的。图 6-24 和式(6-64)表示的要合成的向量却是以 ω 角速度旋转的，其旋转角速度为：

$$\omega = 2\pi f \tag{6-68}$$

式中：f 是逆变器输出电压的基波频率。

根据式(6-59)中三相到二相的坐标变换的关系，可以用开关函数 q_1、q_3 和 q_5 表示为：

$$\begin{pmatrix} V_{L\alpha} \\ V_{L\beta} \end{pmatrix} = \frac{2}{3}\sqrt{\frac{3}{2}}V_s \begin{pmatrix} 1 & \frac{-1}{2} & \frac{-1}{2} \\ 0 & \frac{\sqrt{3}}{2} & \frac{-\sqrt{3}}{2} \end{pmatrix} \begin{pmatrix} q_1 \\ q_2 \\ q_3 \end{pmatrix} \tag{6-69}$$

因为输出相电压与线电压有$\sqrt{2}$倍的关系，所以线电压的峰值为 $V_{L(peak)}=2V_s/\sqrt{3}$，相电压的峰值为 $V_{p(peak)}=V_s/\sqrt{3}$。以相电压 $\boldsymbol{V}_a$ 作为参考，线电压 $\boldsymbol{V}_{ab}$ 超前 V_a $\pi/6$ 角度，因而可得到归一化的线电压峰值向量为：

$$\boldsymbol{V}_{\mathrm{n}}=\frac{\sqrt{2}\times\sqrt{2}}{\sqrt{3}}\mathrm{e}^{\mathrm{j}(2n-1)\pi/6}=\frac{2}{\sqrt{3}}\left[\cos\frac{(2n-1)\pi}{6}+\mathrm{j}\sin\frac{(2n-1)\pi}{6}\right]\qquad(n=0,1,2,6)\tag{6-70}$$

总共有 6 个非零向量 $\boldsymbol{V}_1\sim\boldsymbol{V}_6$ 和 2 个零向量 $\boldsymbol{V}_0$，$\boldsymbol{V}_7$，如图 6-26 所示。定义一个函数 $\boldsymbol{U}$ 为向量 $\boldsymbol{V}_n$ 的积分：

$$\boldsymbol{U}=\int\boldsymbol{V}_{\mathrm{n}}\mathrm{d}t+\boldsymbol{U}_{\mathrm{o}}\tag{6-71}$$

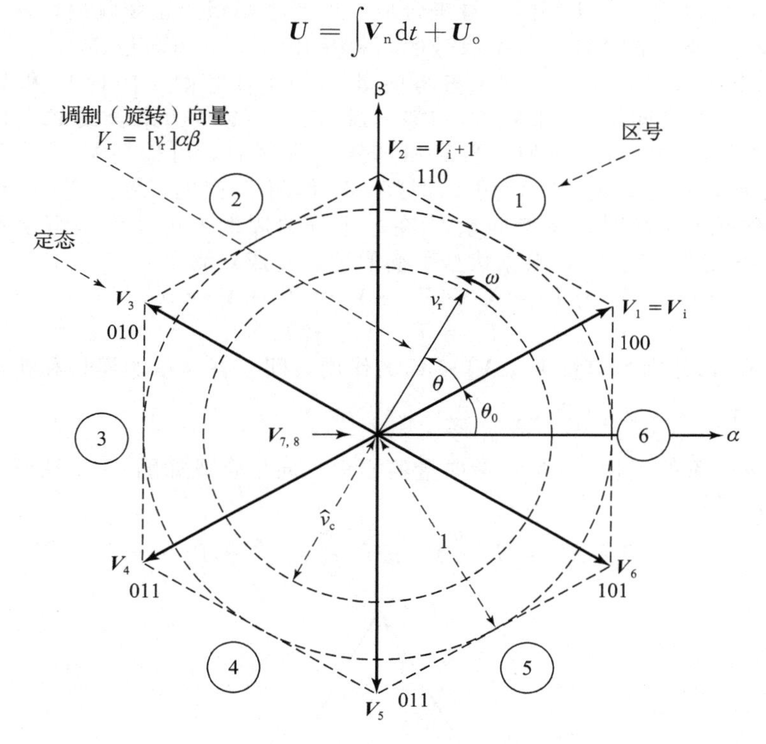

图 6-26　典型空间向量

式中：$\boldsymbol{U}_0$ 是初始条件。由式(6-71)可知，$\boldsymbol{U}$ 的轨迹是一个正六边形，它决定了 6 个电压向量的模长。如果输出电压为纯正弦，那么希望合成的向量为：

$$\boldsymbol{U}^*=M\mathrm{e}^{\mathrm{j}\theta}=M\mathrm{e}^{\mathrm{j}\omega t}\tag{6-72}$$

式中：M 为调制比（$0\leqslant M\leqslant 1$），它用来调节输出电压；ω 是输出角频率；$\boldsymbol{U}^*$ 是一个圆形轨迹，如图 6-26 虚线圆形所示。$M=1$ 时输出电压最大。$\boldsymbol{U}$ 的轨迹可以通过选择向量 $\boldsymbol{V}_{\mathrm{n}}$ 来合成，以达到 $\boldsymbol{U}^*$ 的效果，这称为准圆形轨迹法，$\boldsymbol{U}$ 和 $\boldsymbol{U}^*$（$=\boldsymbol{V}_r$）的轨迹如图 6-26 所示。

参考向量 $\boldsymbol{V}_{\mathrm{r}}$ 与 α 轴的角度差可以表示为：

$$\theta(t)=\int_0^t\omega(t)\mathrm{d}t+\theta_{\mathrm{o}}\tag{6-73}$$

当参考向量 $\boldsymbol{V}_{\mathrm{r}}$ 逐个经过这六个扇区时，逆变器可以用相应的向量来合成。当 $\boldsymbol{V}_{\mathrm{r}}$ 旋转一周时，逆变器的一个周期就结束了。逆变器的输出频率和幅值分别由 $\boldsymbol{V}_{\mathrm{r}}$ 的旋转速度和模长决定。

调制参考向量

根据式(6-59)和式(6-60)，三相调制参考向量 $[v_{\mathrm{r}}]_{\mathrm{abc}}=[v_{\mathrm{ra}}\quad v_{\mathrm{rb}}\quad v_{\mathrm{rc}}]^{\mathrm{T}}$ 可以用复向量 $\boldsymbol{U}^*=\boldsymbol{V}_r=[v_r]_{\alpha\beta}=[v_{r\alpha}\quad v_{r\beta}]^{\mathrm{T}}$ 表示为：

$$v_{\mathrm{r}\alpha}=\frac{2}{3}[v_{\mathrm{ra}}-0.5(v_{\mathrm{rb}}+v_{\mathrm{rc}})]\tag{6-74}$$

$$v_{r\beta}=\frac{\sqrt{3}}{3}(v_{rb}-v_{rc}) \tag{6-75}$$

如果调制参考向量$[v_r]_{abc}$为三相平衡正弦电压，且幅值$A_c=1$，角频率为ω，那么得到的在α-β轴相应的参考向量$\boldsymbol{V}_c=[v_r]_{\alpha\beta}$的幅值为$MA_c$，角频率为$\omega$，如图6-26所示。

空间向量开关信号

参考向量$\boldsymbol{V}_r$可以用三个相邻的向量来合成，以产生期望的正弦输出，从而产生每个扇区开关管的驱动信号。空间向量开关信号的目标是用八个空间向量($\boldsymbol{V}_n$($n=0$，1，2，…，7))来实现正弦电压参考向量$\boldsymbol{V}_r$，如果参考向量$\boldsymbol{V}_r$处于任意两个向量$\boldsymbol{V}_n$和$\boldsymbol{V}_{n+1}$之间的扇区，那么选择两个非零向量($\boldsymbol{V}_n$和$\boldsymbol{V}_{n+1}$)和零向量($\boldsymbol{V}_z=\boldsymbol{V}_0$或$\boldsymbol{V}_7$)来合成$\boldsymbol{V}_r$，以获得最大输出电压，且最小化开关频率。例如，当$\boldsymbol{V}_r$处于第一扇区时，可选择$\boldsymbol{V}_1$，$\boldsymbol{V}_2$和两个零向量($\boldsymbol{V}_0$和$\boldsymbol{V}_7$)合成$\boldsymbol{V}_r$，换句话说，$\boldsymbol{V}_1$作用$T_1$时间，$\boldsymbol{V}_2$作用$T_2$时间，零向量($\boldsymbol{V}_0$和$\boldsymbol{V}_7$)作用$T_z$时间，当开关频率足够高时，参考向量$\boldsymbol{V}_r$在一个开关周期内可认为是恒定不变的，由于$\boldsymbol{V}_1$和$\boldsymbol{V}_2$是恒定不变的，$\boldsymbol{V}_z=0$。根据伏秒平衡原理，合成式满足

$$\boldsymbol{V}_r\times T_s=\boldsymbol{V}_1\times T_1+\boldsymbol{V}_2\times T_2+\boldsymbol{V}_z\times T_z \tag{6-76a}$$

$$T_s=T_1+T_2+T_z \tag{6-76b}$$

式中：T_1、T_2和T_z分别为向量$\boldsymbol{V}_1$、$\boldsymbol{V}_2$和$\boldsymbol{V}_z$的作用时间。各向量的模长和相角分别为：

$$\boldsymbol{V}_1=\frac{2}{3}V_s;\qquad \boldsymbol{V}_2=\frac{2}{3}V_s e^{j\frac{\pi}{3}};\qquad \boldsymbol{V}_z=0;\qquad V_r=V_r e^{j\theta} \tag{6-77}$$

式中：V_r是参考向量的模长；θ是参考向量的相角。向量合成如图6-27所示，把式(6-77)代入式(6-76a)，得：

$$T_s V_r e^{j\theta}=T_1\frac{2}{3}V_s+T_2\frac{2}{3}V_s e^{j\frac{\pi}{3}}+T_z\times 0$$

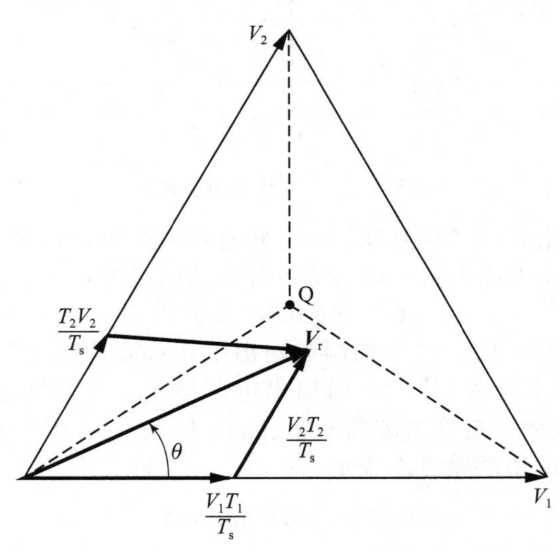

图6-27 状态时间的确定

把上式在直角坐标系分解，得：

$$T_s V_r(\cos\theta+j\sin\theta)=T_1\frac{2}{3}V_s+T_2\frac{2}{3}V_s\left(\cos\frac{\pi}{3}+j\sin\frac{\pi}{3}\right)+T_z\times 0$$

令上式的左右两边实部和虚部分别相等，得：

$$T_s V_r\cos\theta=T_1\frac{2}{3}V_s+T_2\frac{2}{3}V_s\cos\frac{\pi}{3}+T_z\times 0 \tag{6-78a}$$

$$jT_sV_r\sin\theta = jT_2\frac{2}{3}V_s\sin\frac{\pi}{3} \tag{6-78b}$$

从上式可以求出 T_1、T_2 和 T_z 为：

$$T_1 = \frac{\sqrt{3}T_sV_r}{V_s}\sin\left(\frac{\pi}{3}-\theta\right) \tag{6-79a}$$

$$T_2 = \frac{\sqrt{3}T_sV_r}{V_s}\sin(\theta) \tag{6-79b}$$

$$T_z = T_s - T_1 - T_2 \tag{6-79c}$$

如果参考向量 $\boldsymbol{V}_r$ 处于向量 $\boldsymbol{V}_1$ 和 $\boldsymbol{V}_2$ 的正中间，即 $\theta=\delta=\pi/6$，那么 $T_1=T_2$；如果参考向量 $\boldsymbol{V}_r$ 离 $\boldsymbol{V}_2$ 更近，那么 $T_2>T_1$；如果参考向量 $\boldsymbol{V}_r$ 离 $\boldsymbol{V}_1$ 更近，那么 $T_2<T_1$。这个关系如表 6-3所示。

表 6-3　在第一扇区中作用时间和空间向量角 θ 的关系

角度	$\theta=0$	$0\leqslant\theta\leqslant\pi/6$	$\theta=\pi/6$	$0\leqslant\theta\leqslant\pi/2$	$\theta=\pi/3$
停留时间 T_1	$T_1>0$	$T_1>T_2$	$T_1=T_2$	$T_1<T_2$	$T_1=0$
停留时间 T_2	$T_2=0$	$T_2<T_1$	$T_1=T_2$	$T_2>T_1$	$T_2>0$

当参考向量处于第 2-6 扇区时，只把式(6-79)中的 θ 换成 θ_k 即可得到其他扇区的各向量的作用时间，θ_k 为：

$$\theta_k = \theta-(k-1)\frac{\pi}{3} \qquad (0\leqslant Q_k\leqslant\pi/3) \tag{6-80}$$

上式假定逆变器处于恒压恒频模式。

调制比

式(6-79)可以表示成：

$$T_1 = T_sM\sin\left(\frac{\pi}{3}-\theta\right) \tag{6-81a}$$

$$T_2 = T_sM\sin(\theta) \tag{6-81b}$$

$$T_z = T_s - T_1 - T_2 \tag{6-81c}$$

式中：M 为

$$M = \frac{\sqrt{3}V_r}{V_s} \tag{6-82}$$

假定 V_{a1} 为逆变器输出相电压的有效值，V_r 与 V_{a1} 的关系为：

$$V_r = \sqrt{2}V_{a1}$$

上式代入式(6-82)，可得到 M 为：

$$M = \frac{\sqrt{3}V_r}{V_s} = \frac{\sqrt{6}V_{a1}}{V_s} \tag{6-83}$$

上式表明输出相电压有效值与调制比成正比，由于图 6-26 所示 $\boldsymbol{V}_1\sim\boldsymbol{V}_6$ 的模长为 V_s，因此参考向量的最大值为：

$$V_{r(\max)} = \frac{2}{3}V_s\times\frac{\sqrt{3}}{2} = \frac{V_s}{\sqrt{3}} \tag{6-84}$$

把 $V_{r(\max)}$ 代入式(6-82)，可得到最大调制比 $M_{\max}$ 为：

$$M_{\max} = \frac{\sqrt{3}}{V_S}\times\frac{V_s}{\sqrt{3}} = 1 \tag{6-85}$$

所以空间向量调制 SVM 的调制范围为：

$$0\leqslant M_{\max}\leqslant 1 \tag{6-86}$$

空间向量驱动信号

空间向量驱动信号要保证负载线电压沿四分之一周期对称，使输出电压没有偶次谐波。开关管在一个周期中仅开通、关断各一次，以减小开关频率，而且从一个扇区到另一个扇区的转换也要尽可能减少开关次数。例如，假定参考向量处于第1扇区，开关顺序依次为$\boldsymbol{V}_0$、$\boldsymbol{V}_1$、$\boldsymbol{V}_2$、$\boldsymbol{V}_7$、$\boldsymbol{V}_2$、$\boldsymbol{V}_1$、$\boldsymbol{V}_0$，T_z的作用时间对称剖分（$T_0=T_7$），分别作用在每个采样周期T_s的开始和末尾，图6-28给出了开关管在两个采样周期内的驱动信号和相应的输出电压波形，由图可见：两个零向量在一个采样周期内是对称的，即$\boldsymbol{V}_0$和$\boldsymbol{V}_7$各作用$T_z/2$的时间。

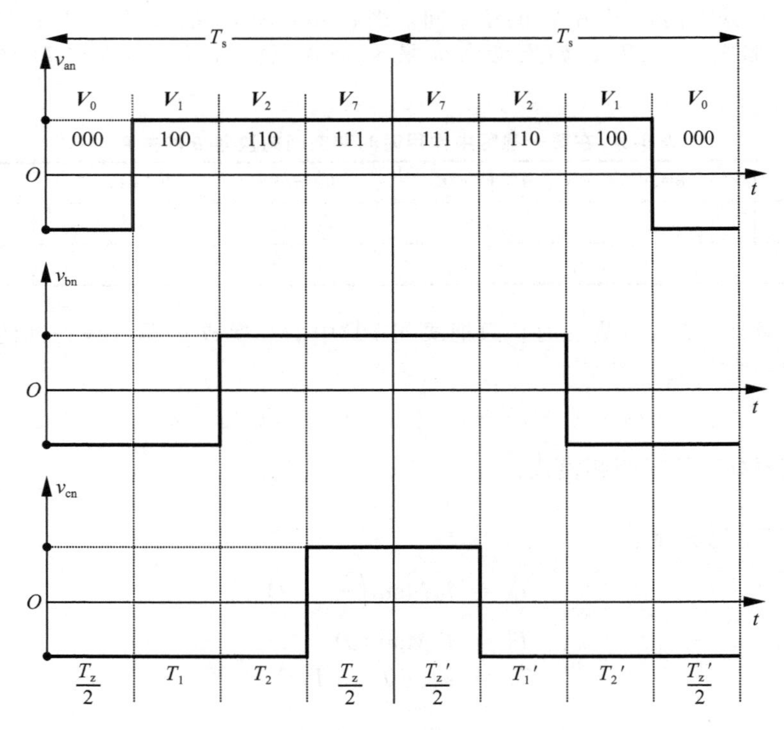

图6-28 空间向量调制SVM模式

图6-28所示的驱动信号有如下特征：

(1)驱动信号沿四分之一周期对称；

(2)图中7个时间段的和等于一个采样周期($T_s=T_1+T_2+T_z$)或$2T_s$；

(3)从开关状态(000)到(100)的转换仅有两个动作，即Q_1开通，Q_4关断；

(4)开关状态(111)作用$T_z/2$的时间，以减少每个采样周期开关动作的次数，开关状态(000)也作用$T_z/2$的时间；

(5)每个开关管在每个采样周期各开通和关断一次，因此开关器件的开关频率f_{sw}等于采样频率的1/2；

(6)图6-28所示驱动信号的作用时间通常为nT_s。例如，当$n=2$时，图中包含2个采样周期。

假定参考向量处于第1扇区，那么输出相电压可求得为：

$$v_{aN}=\frac{V_s}{2T_s}\left(\frac{-T_z}{2}+T_1+T_2+\frac{T_z}{2}\right)=\frac{V_s}{2}\sin\left(\frac{\pi}{3}+\theta\right) \tag{6-87a}$$

$$v_{bN}=\frac{V_s}{2T_s}\left(\frac{-T_z}{2}-T_1+T_2+\frac{T_z}{2}\right)=V_s\frac{\sqrt{3}}{2}\sin\left(\theta-\frac{\pi}{6}\right) \tag{6-87b}$$

$$v_{cN}=\frac{V_s}{2T_s}\left(\frac{-T_z}{2}-T_1-T_2+\frac{T_z}{2}\right)=-v_{an} \tag{6-87c}$$

为了尽量减少空间向量调制的谐波，归一化的采样频率应等于 6 的倍数，即 $T=6nT_s(n=1, 2, 3, \cdots)$，这是因为共有 6 个扇区，每个扇区的时间相等，从而产生对称输出电压。例如，图 6-29 所示空间向量调制的采样频率 $f_{sn}=18$，$M=0.8$。

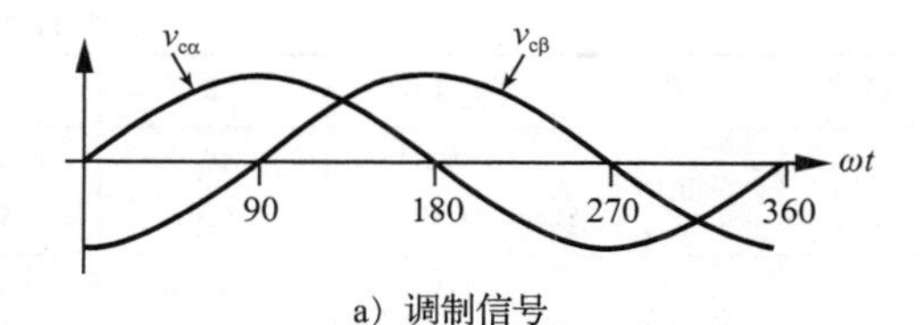

a）调制信号

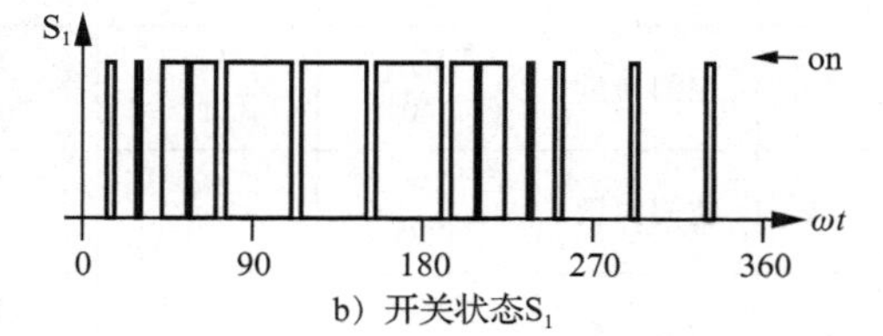

b）开关状态S_1

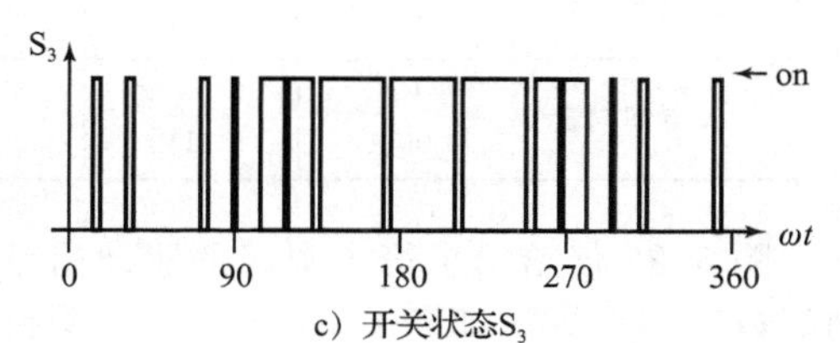

c）开关状态S_3

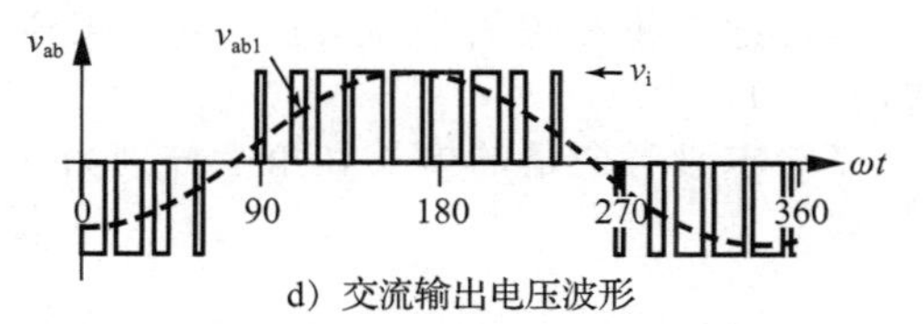

d）交流输出电压波形

图 6-29 三相空间向量调制的波形

过调制

在过调制状态下，参考向量仍是个圆形轨迹，但部分轨迹处于六边形之外。当参考向量处于六边形之内时，此时各向量的作用时间 T_n，T_{n+1}和 T_z仍按式(6-81)计算；当参考向量处于六边形之外时，如图 6-30 所示，此时各向量作用时间 T_n和 T_{n+1}为：

$$T_n=T_s\frac{\sqrt{3}\cos\theta-\sin\theta}{\sqrt{3}\cos\theta+\sin\theta} \tag{6-88a}$$

$$T_{n+1}=T_s\frac{2\sin\theta}{\sqrt{3}\cos\theta+\sin\theta} \tag{6-88b}$$

$$T_z=T_s-T_1-T_2=0 \tag{6-88c}$$

空间向量的最大调制比为 $M_{max}=2/\sqrt{3}$，当 $0\leqslant M\leqslant 1$ 时，逆变器工作在线性调制区；当 $M\geqslant 2/\sqrt{3}$时，逆变器工作于阶梯波模式，此时每个输出周期仅有 6 个不同的开关状态，即开关管在每个输出周期仅通断一次，以减少开关频率；当 $1<M<2/\sqrt{3}$时，逆变器工作在过调制区，过调制可以看成是线性调制与阶梯波调制的合成。虽然过调制的直流电压利用率比常规 SVM 的更高，但它会产生很大的低次谐波。

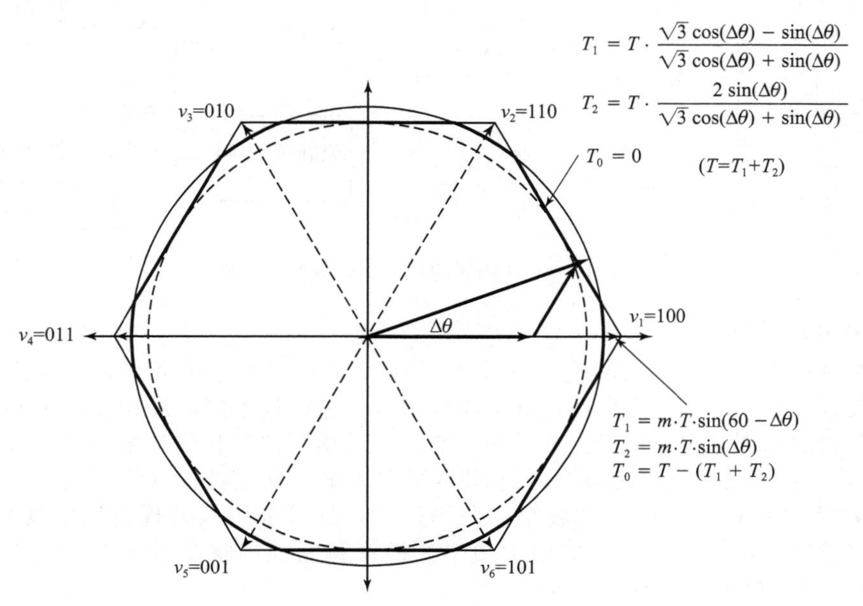

图 6-30 过调制

表 6-4 所有扇区的开关驱动信号

区号	段	1	2	3	4	5	6	7
1	空间向量	$\boldsymbol{V}_0$ 000	$\boldsymbol{V}_1$ 100	$\boldsymbol{V}_2$ 110	$\boldsymbol{V}_7$ 111	$\boldsymbol{V}_2$ 110	$\boldsymbol{V}_1$ 100	$\boldsymbol{V}_0$ 000
2	空间向量	$\boldsymbol{V}_0$ 000	$\boldsymbol{V}_3$ 111	$\boldsymbol{V}_2$ 110	$\boldsymbol{V}_7$ 111	$\boldsymbol{V}_2$ 110	$\boldsymbol{V}_3$ 010	$\boldsymbol{V}_0$ 000
3	空间向量	$\boldsymbol{V}_0$ 000	$\boldsymbol{V}_3$ 111	$\boldsymbol{V}_4$ 011	$\boldsymbol{V}_7$ 111	$\boldsymbol{V}_4$ 011	$\boldsymbol{V}_3$ 010	$\boldsymbol{V}_0$ 000
4	空间向量	$\boldsymbol{V}_0$ 000	$\boldsymbol{V}_5$ 111	$\boldsymbol{V}_4$ 011	$\boldsymbol{V}_7$ 111	$\boldsymbol{V}_4$ 011	$\boldsymbol{V}_5$ 001	$\boldsymbol{V}_0$ 000
5	空间向量	$\boldsymbol{V}_0$ 000	$\boldsymbol{V}_5$ 111	$\boldsymbol{V}_6$ 101	$\boldsymbol{V}_7$ 111	$\boldsymbol{V}_6$ 101	$\boldsymbol{V}_5$ 001	$\boldsymbol{V}_0$ 000
6	空间向量	$\boldsymbol{V}_0$ 000	$\boldsymbol{V}_1$ 111	$\boldsymbol{V}_6$ 101	$\boldsymbol{V}_7$ 111	$\boldsymbol{V}_6$ 101	$\boldsymbol{V}_1$ 100	$\boldsymbol{V}_0$ 000

图 6-28 仅给出了第 1 扇区的驱动信号，表 6-4 给出了六个扇区的驱动信号。SVM 调制的数字实现算法如图 6-31 所示，主要包括以下步骤：

(1)把三相参考信号从 a-b-c 坐标系变换到 α-β 坐标系，得到 $v_{r\alpha}$ 和 $v_{r\beta}$（见式(6-74)和式(6-75)）。

(2)求参考向量的模长和角度分别为

$$V_r = \sqrt{v_{r\alpha}^2 + v_{r\beta}^2} \tag{6-89a}$$

$$\theta = \arctan \frac{v_{r\beta}}{v_{r\alpha}} \tag{6-89b}$$

(3)根据式(6-80)，计算扇区角度 θ_k。

(4)根据式(6-82)，计算调制比 M。

(5)根据式(6-81)，计算 T_1、T_2 和 T_z。

(6)根据表 6-4，得出开关驱动信号。

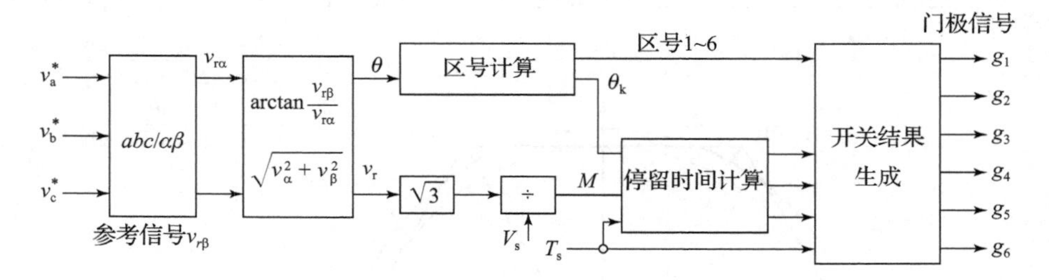

图 6-31 SVM 调制的数字实现算法方框图

6.7.5 PWM 技术比较

每种调制技术都可产生变频变压交流电。SPWM 技术通过一个高频三角载波与三个正弦参考波进行比较，产生逆变器的开关驱动信号，这种技术广泛应用于模拟和数字控制中；三次谐波注入调制仅适用于三相系统；空间向量调制把三相作为统一体，旋转到二相(α-β)坐标系后，再进行统一考虑，这与 SPWM 调制和三次谐波注入调制有 3 个调制信号明显不同，*SVM* 调制产生的谐波较小，调制比大，且可采用微处理器来实现数字控制，实现起来比较容易，目前已广泛应用于功率变换器和电动机驱动系统中。表 6-5 总结了 M=1 时各种调制技术的性能。

表 6-5　各种调制技术汇总

调制类型	标准化相电压	标准化线电压	输出波形
正弦 PWM	0.5	$0.5\times\sqrt{3}=0.8666$	正弦
60°PWM	$1/\sqrt{3}=0.57735$	1	正弦
三次谐波 PWM	$1/\sqrt{3}=0.57735$	1	正弦
SVM	$1/\sqrt{3}=0.57735$	1	正弦
过调制	高于 $M=1$ 时的值	高于 $M=1$ 时的值	非正弦
六步调制	$\sqrt{2}/3=0.4714$	$\sqrt{(2/3)}=0.81645$	非正弦

6.8　谐波消除技术

6.6 节和 6.7 节介绍了，逆变器产生的脉冲个数和脉冲宽度是由调制产生的，这些输出电压包含谐波，其中一些低次谐波应当消除，以满足电动机驱动系统对谐波转矩、谐波发热和供电等系统的要求。

移相

由式(6-45)可知，n 次谐波可通过选择合适的移相角 α 来消除，即

$$\cos(n\alpha)=0$$

或

$$\alpha=\frac{90^\circ}{n} \tag{6-90}$$

当 $\alpha=90^\circ/3=30^\circ$时，三次谐波消除。

开口双极性输出电压

如果双极性输出电压在 1/4 个周期内具有两个开口且对称，如图 6-32 所示，那么该单相逆变器可以消除两种不用次数的谐波。

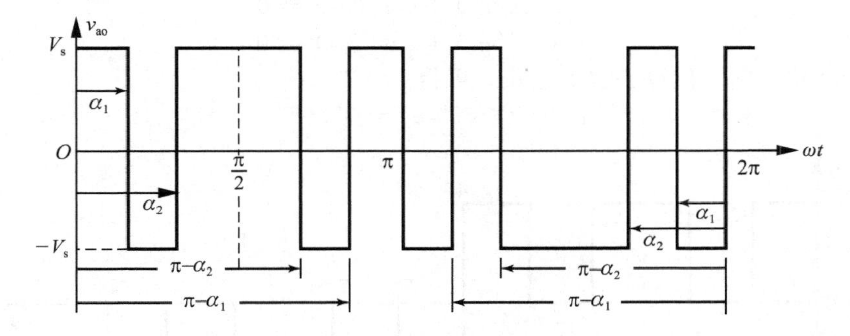

图 6-32　双极性输出在半个周期内具有两个开口的示意图

逆变器输出电压的傅里叶级数可表示为：

$$v_o=\sum_{n=1,3,5,\cdots}^{+\infty}B_n\sin(n\omega t) \tag{6-91}$$

式中：

$$\begin{aligned}B_n&=\frac{4V_s}{\pi}\left[\int_0^{\alpha_1}\sin(n\omega t)\mathrm{d}(\omega t)-\int_{\alpha_1}^{\alpha_2}\sin(n\omega t)\mathrm{d}(\omega t)+\int_{\alpha_2}^{\pi/2}\sin(n\omega t)\mathrm{d}(\omega t)\right]\\&=\frac{4V_s}{\pi}\frac{1-2\cos(n\alpha_1)+2\cos(n\alpha_2)}{n}\end{aligned} \tag{6-92}$$

当 1/4 个周期中有 m 个开口，B_n可以表示为：

$$B_n = \frac{4V_s}{n\pi}(1-2\cos(n\alpha_1)+2\cos(n\alpha_2)-2\cos(n\alpha_3)+2\cos(n\alpha_4)-\cdots) \tag{6-93}$$

$$B_n = \frac{4V_s}{n\pi}\left[1+2\sum_{k=1}^{m}(-1)^k\cos(n\alpha_k)\right] \qquad (n=1,3,5,\cdots) \tag{6-94}$$

式中：$\alpha_1<\alpha_2<\cdots<\alpha_k<\pi/2$。

当 $B_3=B_5=0$ 时，3 次和 5 次谐波消除，代入式(6-92)，可得：

$$1-2\cos(3\alpha_1)+2\cos(3\alpha_2)=0 \quad 或 \quad \alpha_2=\frac{1}{3}\arccos(\cos(3\alpha_1)-0.5)$$

$$1-2\cos(5\alpha_1)+2\cos(5\alpha_2)=0 \quad 或 \quad \alpha_1=\frac{1}{5}\arccos(\cos(5\alpha_2)+0.5)$$

上式可采用迭代算法：假定初始迭代条件 $\alpha_1=0$，然后迭代计算 α_1 和 α_2，最终得到的结果为：

$$\alpha_1=23.62°,\ \alpha_2=33.3°$$

开口单极性输出电压

如果单极性输出电压在 1/4 个周期具有两个开口且对称，如图 6-33 所示，那么系数 B_n 可求得为：

$$\begin{aligned} B_n &= \frac{4V_s}{\pi}\left[\int_0^{\alpha_1}\sin(n\omega t)\mathrm{d}(\omega t)+\int_{\alpha_2}^{\pi/2}\sin(n\omega t)\mathrm{d}(\omega t)\right] \\ &= \frac{4V_s}{\pi}\frac{1-\cos(n\alpha_1)+\cos(n\alpha_2)}{n} \end{aligned} \tag{6-95}$$

当 1/4 个周期有 m 个开口时，B_n 可表示为：

$$B_n = \frac{4V_s}{n\pi}\left[1+\sum_{k=1}^{m}(-1)^k\cos(n\alpha_k)\right] \qquad (n=1,3,5,\cdots) \tag{6-96}$$

式中：$\alpha_1<\alpha_2<\cdots<\alpha_k<\pi/2$。当 $B_3=B_5=0$ 时，3 次和 5 次谐波消除，代入式(6-95)，可得

$$1-\cos(3\alpha_1)+\cos(3\alpha_2)=0$$
$$1-\cos(5\alpha_1)+\cos(5\alpha_2)=0$$

采用 Mathcad 软件的迭代算法求解上式，可得：

$$\alpha_1=17.83°,\alpha_2=37.97°$$

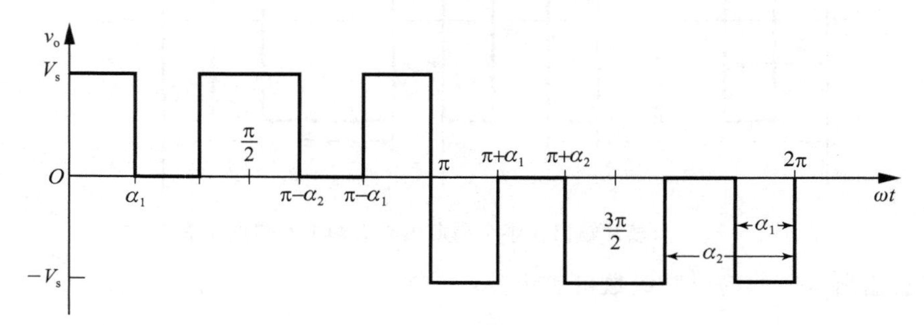

图 6-33 单极性输出电压在 1/4 个周期具有两个开口且对称输出电压

修正 PWM

采用修正 PWM 调制时，B_n 的系数为：

$$B_n = \frac{4V_s}{n\pi}\left[\int_{\alpha_1}^{\alpha_2}\sin(n\omega t)\mathrm{d}(\omega t)+\int_{\alpha_3}^{\alpha_4}\sin(n\omega t)\mathrm{d}(\omega t)+\int_{\alpha_5}^{\alpha_6}\sin(n\omega t)\mathrm{d}(\omega t)+\int_{\pi/3}^{\pi/2}\sin(n\omega t)\mathrm{d}(\omega t)\right]$$

$$B_n = \frac{4V_s}{n\pi}\left[\frac{1}{2}-\sum_{k=1}^{m}(-1)^k\cos(n\alpha_k)\right] \qquad (n=1,3,5,\cdots) \tag{6-97}$$

修正 SPWM 可以产生多个开口，以消除输出电压中某些频次的谐波，如图 6-34 所示。

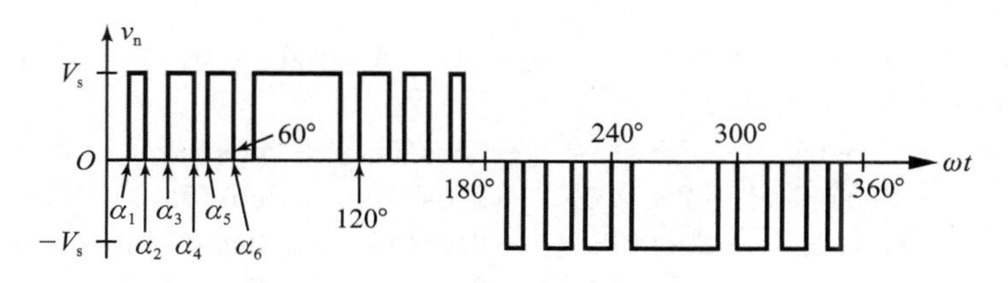

图 6-34 修正 SPWM 的输出电压

采用变压器连接消除谐波

当两个或多个逆变器通过变压器串联连接时，可消除输出电压中某些频次的谐波，逆变器主电路如图 6-35a 所示，相应输出电压波形如图 6-35b 所示，第二台逆变器比第一台逆变器滞后 60°。

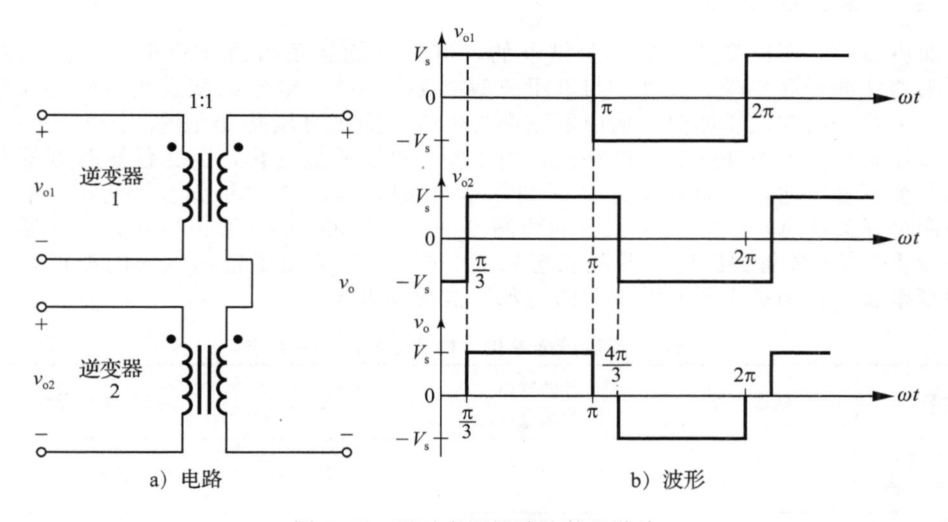

图 6-35 通过变压器消除某些谐波

根据式(6-6)，第一台逆变器输出电压的傅里叶级数可表示为：

$$v_{o1} = A_1\sin(\omega t) + A_3\sin(3\omega t) + A_5\sin(5\omega t) + \cdots$$

第二台逆变器滞后 π/3 的角度，其傅里叶级数为：

$$v_{o2} = A_1\sin\left(\omega t - \frac{\pi}{3}\right) + A_3\sin\left(3\left(\omega t - \frac{\pi}{3}\right)\right) + A_5\sin\left(5\left(\omega t - \frac{\pi}{3}\right)\right) + \cdots$$

逆变器最终输出为两台逆变器输出电压的向量和，为：

$$v_o = v_{o1} + v_{o2} = \sqrt{3}\left[A_1\sin\left(\omega t - \frac{\pi}{6}\right) + A_5\sin\left(5\left(\omega t + \frac{\pi}{6}\right)\right) + \cdots\right]$$

从上式可知，通过逆变器串联且一台逆变器滞后 π/3 角后，消除了输出电压的 3 次和 3 倍数次的谐波。此外，逆变器的基波输出电压并未达到每台逆变器输出电压的 2 倍，而是$\sqrt{3}$倍。因此，实际输出电压减小了(1－0.866＝)13.4％。

这种谐波消除技术提升了最低次谐波的次数，因此可以用更小的滤波器来滤除谐波，但是这些技术仅适用于固定输出电压的场合，而且开关器件的开关损耗和变压器的铁损(或磁心损耗)会增加，因而需要统一考虑。

例 6.6 求解开口的数量和角度。

一台单相全桥逆变器输出电压为双极性的，如图 6-32 所示，有多个开口，要求输出电压中没有5、7、11和13次谐波，求开口的数量和相应的角度。

解：

为了消除5、7、11和13次谐波，即$A_5=A_7=A_{11}=A_{13}=0$，每1/4个周期中开口的数量应为4，由式(6-93)，可得到：

$$1-2\cos(5\alpha_1)+2\cos(5\alpha_2)-2\cos(5\alpha_3)+2\cos(5\alpha_4)=0$$
$$1-2\cos(7\alpha_1)+2\cos(7\alpha_2)-2\cos(7\alpha_3)+2\cos(7\alpha_4)=0$$
$$1-2\cos(11\alpha_1)+2\cos(11\alpha_2)-2\cos(11\alpha_3)+2\cos(11\alpha_4)=0$$
$$1-2\cos(13\alpha_1)+2\cos(13\alpha_2)-2\cos(13\alpha_3)+2\cos(13\alpha_4)=0$$

采用Mathcad软件的迭代算法求解上式，可得：

$$\alpha_1=10.55°,\quad \alpha_2=16.09°,\quad \alpha_3=30.91°,\quad \alpha_4=32.87°$$ ◀

注：在三相连接系统中，3次和3的倍数次谐波不存在。因此，三相逆变器通常要求消除5、7和11次谐波，最低次谐波为13次。

6.9 电流源型逆变器

前面讲述的逆变器都是由电压源供电的，电流只能从正极流向负极，当负载为感性时，开关器件都要反并联二极管。与电压源型逆变器不同，电流源型逆变器的输入是一个电流源，不管负载的性质如何，输出电流都为恒值，输出电压是变化的。图6-36a给出了单相方波控制的电流源型逆变器电路图，由于输入电流不能变化，因此任意时刻都有一个上管和一个下管导通，导通顺序为12，23，34和41，如图6-36b所示。表6-6给出了逆变器的四个开关状态，表中$S_1\sim S_4$分别为图6-36a所示的$Q_1\sim Q_4$。当开关管导通时，开关状态为1；当开关管关断时，开关状态为0。图6-36c给出了输出电流的波形，二极管与开关管串联，目的是阻断开关管关断时承受的反向电压。

表6-6 电流源型单相全桥逆变器的开关状态

状态	状态序号	开关状态 $S_1S_2S_3S_4$	i_o	工作元件
S_1与S_2导通 S_4与S_3关断	1	1100	I_L	S_1S_2 D_1D_2
S_3与S_4导通 S_1与S_2关断	2	0011	$-I_L$	S_3S_4 D_3D_4
S_1与S_3导通 S_3与S_2关断	3	1001	0	S_1S_4 D_1D_4
S_3与S_2导通 S_1与S_4关断	4	0110	0	S_3S_2 D_3D_2

当不同桥臂的两个开关器件导通时，电流I_L流过负载；当同一个桥臂的两个开关器件导通时，电流I_L不流过负载。电流源I_L的设计与例5.10的类似。负载电流的傅里叶级数形式为：

$$i_0=\sum_{n=1,3,5,\cdots}^{+\infty}\frac{4I_L}{n\pi}\sin\left(\frac{n\delta}{2}\right)\sin(n\omega t) \tag{6-98}$$

图6-37a给出了三相电流源逆变器的电路图，各开关管的门极驱动信号和负载星形联结时的输出电流波形如图6-37b所示。任意时刻只有一个上管导通，同样，任意时刻只有一个下管导通，每个开关管一个周期导通120°。由式(6-20a)，可得负载为星形联结时a相输出电流为：

$$i_a=\sum_{n=1,3,5,\cdots}^{+\infty}\frac{4I_L}{n\pi}\sin\left(\frac{n\pi}{2}\right)\sin\left(\frac{n\pi}{3}\right)\sin\left(n\left(\omega t+\frac{\pi}{6}\right)\right) \tag{6-99}$$

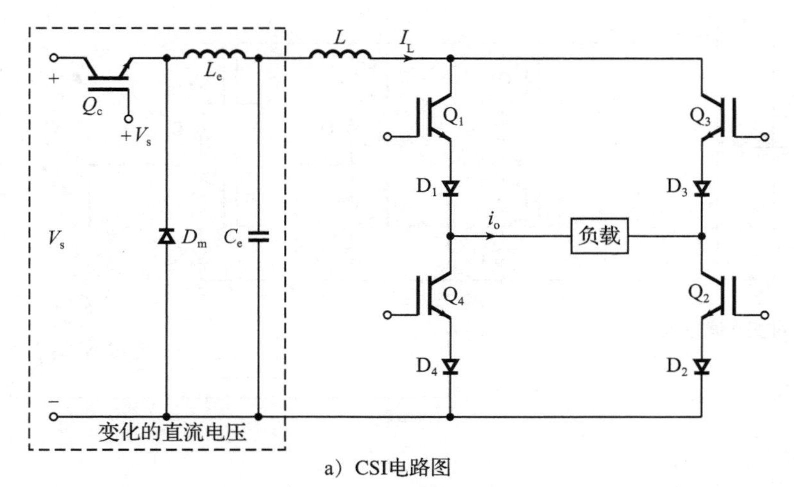

a) CSI电路图

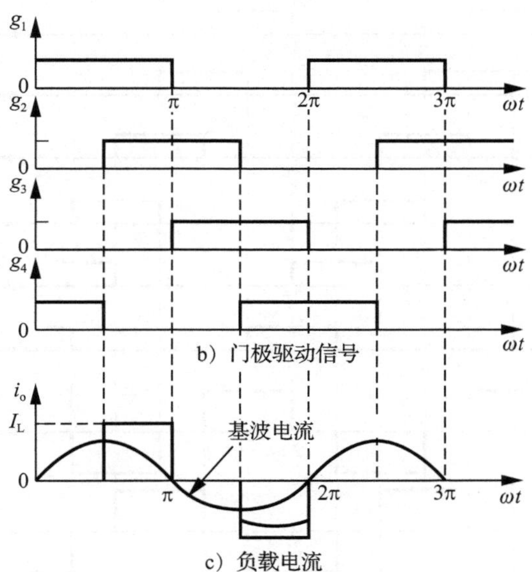

b) 门极驱动信号

c) 负载电流

图 6-36 单相电流源型逆变器

由式(6-25a)，可得负载三角形连接时的输出电流为：

$$i_a = \sum_{n=1,3,5,\cdots}^{\infty} \frac{4I_L}{\sqrt{3}n\pi}\sin\left(\frac{n\pi}{2}\right)\sin\left(\frac{n\pi}{3}\right)\sin(n\omega t) \qquad (n=1,3,5,\cdots) \tag{6-100}$$

当希望改变电流的大小及改善波形质量时，可以采用 PWM、SPWM、MSPWM 或 SVM 技术。电流源型逆变器与电压源型逆变器具有对偶的关系，即电流源型逆变器的输出电流形状与电压源型逆变器的输出线电压的类似。电流源型逆变器有如下优点：(1)因为直流输入电流是可控的且受到输入电感的约束，所以开关器件驱动脉冲丢失或者短路不会产生严重问题；(2)开关器件的峰值电流受电感的约束；(3)当开关器件为晶闸管时，换向电路更简单；(4)在没有续流二极管时，负载可以为感性，且能量可以反馈。

为了实现电流源特性和改变电流幅值，电流源型逆变器直流侧需要一个较大的电感和一个额外的变换器，因而动态响应速度慢。此外，为了减小换流时产生的输出电压尖峰，输出侧通常需要滤波器。

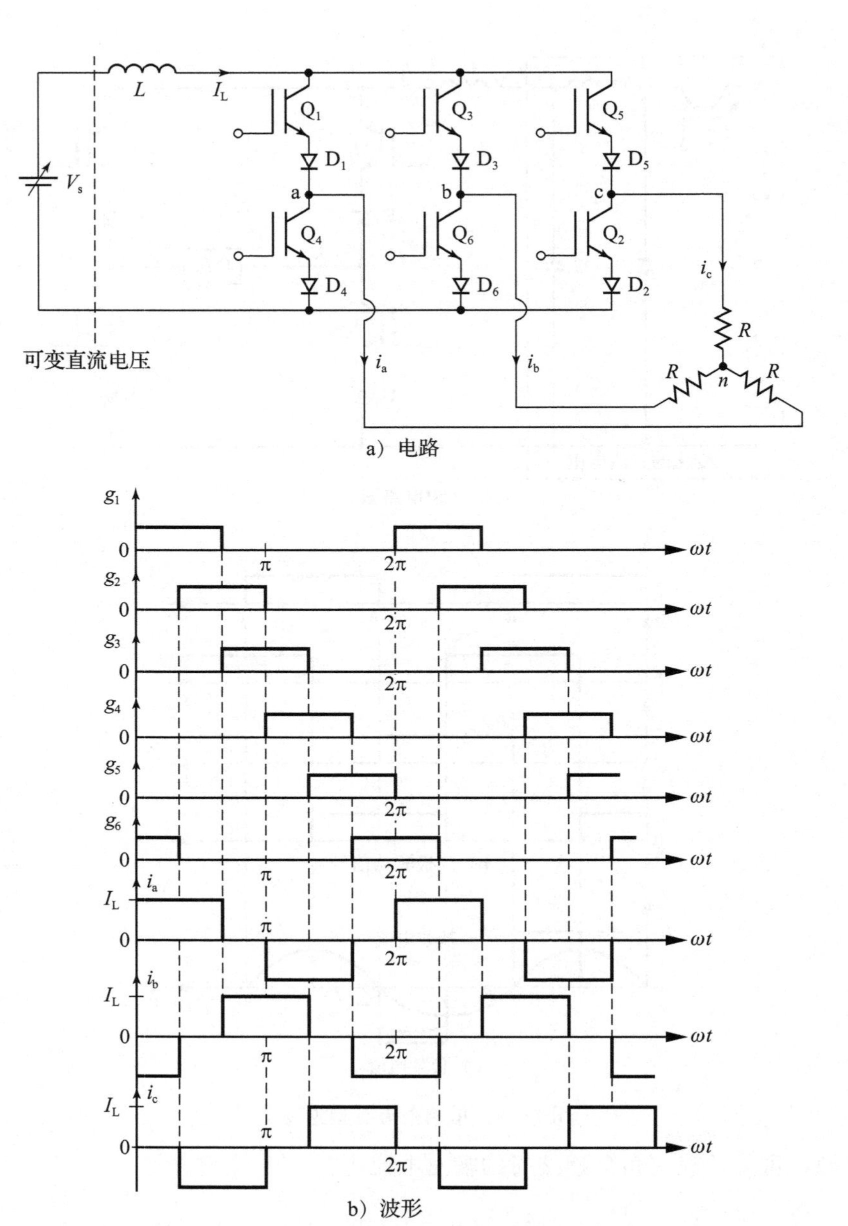

图 6-37 三相电流源型逆变器

6.10 可变直流环节逆变器

当直流输入电压恒定时，逆变器输出电压可通过改变调制比而改变，这种控制方法可能使输出电压含有低次谐波。为了消除某些低次谐波，可以保持脉宽不变，采用改变直流输入电压的方法来改变输出电压，以达到消除指定谐波和改变输出电压的目的，这种逆变器称为可变直流环节逆变器，其电路结构如图 6-38 所示，其中，除了全桥逆变结构外，还有一个变换器，这种电路不能回馈能量。这种电路的输出电压波形可预先设置好，以达到负载对波形质量的要求，输出电压幅值的调节由直流环节实现。

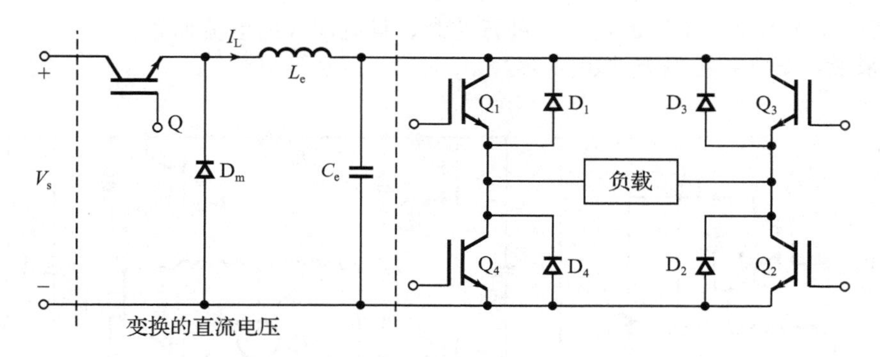

图 6-38 可变直流环节逆变器

6.11 升压逆变器

图 6-3a 所示的单相全桥逆变器是降压型的，即输出电压峰值小于直流输入电压。当要求的输出电压峰值比输入电压高时，如果还采用图 6-3a 所示的逆变器结构，那么就要在直流电源和逆变器之间插入一个升压 DC-DC 变换器，这会导致系统的体积、重量和成本上升，效率下降。全桥的拓扑结构可以构成升压逆变器，使交流输出电压峰值高于直流输入电压。

基本原理

假定两个 DC-DC 变换器供给阻性负载 R，如图 6-39a 所示。两个变换器的输出都是带直流偏置的正弦波，两个输出电压的瞬时值都大于零，如图 6-39b 所示，这两个正弦波的相位差为 180°，因此，这两个变换器的输出电压分别为：

$$v_a = V_{dc} + V_m \sin(\omega t) \tag{6-101}$$

$$v_b = V_{dc} + V_m \sin(\omega t) \tag{6-102}$$

因此，逆变器输出电压为正弦量，即

$$v_o = v_a - v_b = 2V_m \sin(\omega t) \tag{6-103}$$

所以，输出电压中没有直流分量，尽管负载相对参考地含有直流偏置。

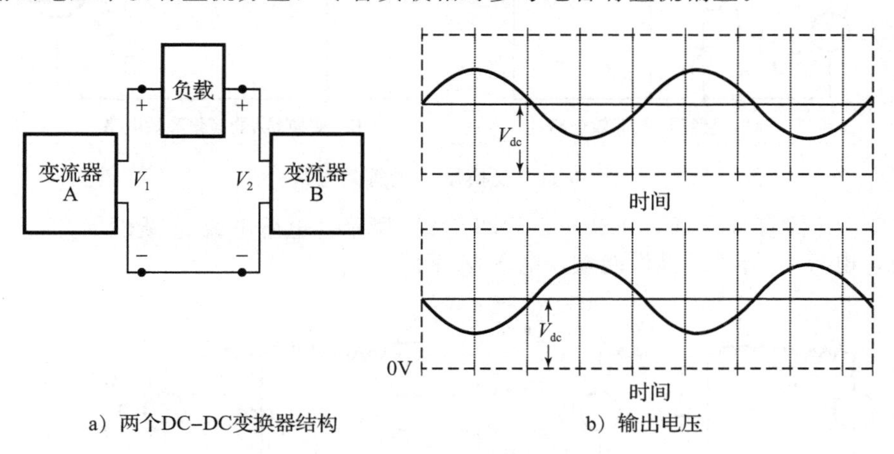

a) 两个DC-DC变换器结构　　b) 输出电压

图 6-39 升压逆变器的工作原理

升压逆变器电路

两个 DC-DC 变换器的结构相同，都是电流可双向流动的升压变换器，如图 6-40a 所示。合成以后的升压逆变器如图 6-40b 所示，升压逆变器的控制方法有两种：

(1)使变换器 A 的占空比为 k，变换器 B 的占空比为 $1-k$；

(2)两个变换器采用不同的占空比进行控制，且有同样的电流偏置。

一般来说，第二种控制方法更常见。

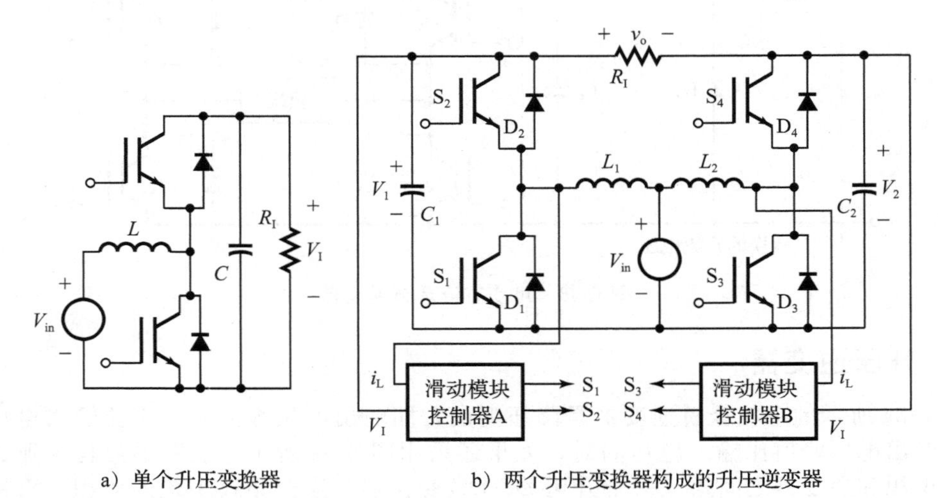

a) 单个升压变换器　　b) 两个升压变换器构成的升压逆变器

图 6-40 两个升压变换器构成的升压逆变器

电路运行

逆变器的工作原理可通过图 6-41a 所示的变换器 A 的工作原理来解释，变换器 A 的简化电路图如图 6-41b 所示，包括两个模态：

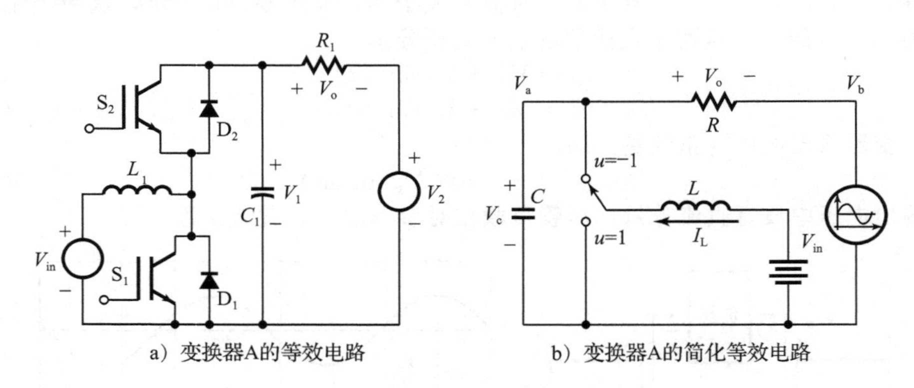

a) 变换器A的等效电路　　b) 变换器A的简化等效电路

图 6-41 变换器 A 的等效电路

模态 1 开关管 S_1 导通，S_2 截止，如图 6-42a 所示，电感电流 i_{L1} 线性上升，二极管 D_2 反向截止，电容 C_1 给负载提供能量，电压 V_a 下降。

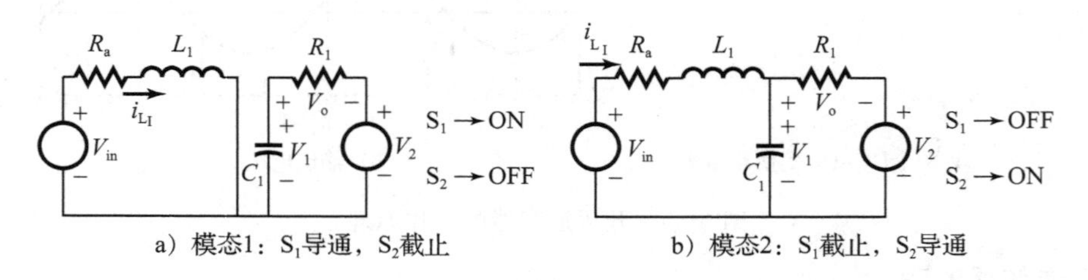

a) 模态1：S_1导通，S_2截止　　b) 模态2：S_1截止，S_2导通

图 6-42 各工作模态的等效电路

模态 2 开关管 S_1 截止，S_2 导通，如图 6-42b 所示，电感电流 i_{L1} 流过电容 C_1 和负载，i_{L1} 下降，C_1 充电。

变换器 A 工作在升压模式，其输出电压平均值为：

$$V_a = \frac{V_s}{1-k} \tag{6-104}$$

变换器 B 工作在降压模式，其输出电压平均值为：

$$V_b = \frac{V_s}{k} \tag{6-105}$$

因此，输出电压平均值为：

$$V_o = V_a - V_b = \frac{V_s}{1-k} - \frac{V_s}{k}$$

由上式可得升压逆变器的直流增益为：

$$G_{dc} = \frac{V_o}{V_s} = \frac{2k-1}{(1-k)k} \tag{6-106}$$

式中：k 为占空比。当 $k=0.5$ 时，V_o为零；当 k 沿静态工作点 0.5 变化时，负载两端的电压为交流电。由式(6-103)可得交流输出电压为变换器 A 输出的交流成分的 2 倍，因此，交流输出电压峰值为：

$$V_{o(pk)} = 2V_m = 2V_a - 2V_{dc} \tag{6-107}$$

因为升压变换器的输出电压总大于直流输入电压，所以直流成分必须满足：

$$V_{dc} \geqslant 2(V_m + V_s) \tag{6-108}$$

由上式可知，V_{dc}的最小值为 $V_m + V_s$，此时开关器件有最小的电压应力。由式(6-104)，式(6-107)和式(6-108)，可得：

$$V_{o(pk)} = \frac{2V_s}{1-k} - 2\left(\frac{V_{o(pk)}}{2} + V_s\right)$$

求解上式可得交流电压增益为：

$$G_{ac} = \frac{V_{o(pk)}}{V_s} = \frac{k}{1-k} \tag{6-109}$$

上式表明：$k=0.5$ 时，$V_{o(pk)} = V_s$。升压逆变器的交流和直流增益与 k 的关系如图 6-43 所示。

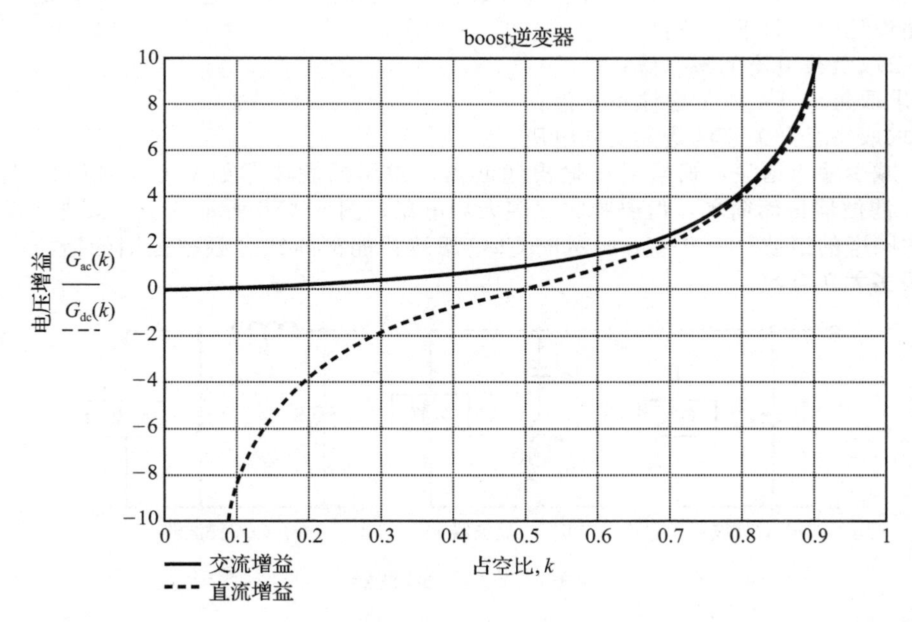

图 6-43　升压逆变器的交流和直流增益

电感电流 I_L与负载电阻值和占空比 k 相关，它们之间的关系为：

$$I_L = \left[\frac{k}{1-k}\right]\frac{V_s}{(1-k)R} \tag{6-110}$$

开关器件的电压应力由交流增益 G_{ac}、输出电压峰值 V_m和负载电流 I_L决定。

升降压逆变器

全桥电路拓扑也可用于升降压逆变器，如图 6-44 所示，它既可以作升压逆变器使用，也可以作降压逆变器使用，它的工作原理与升压逆变器类似，稳态工作条件下的分析也与升压逆变器的类似，这里不再重复。

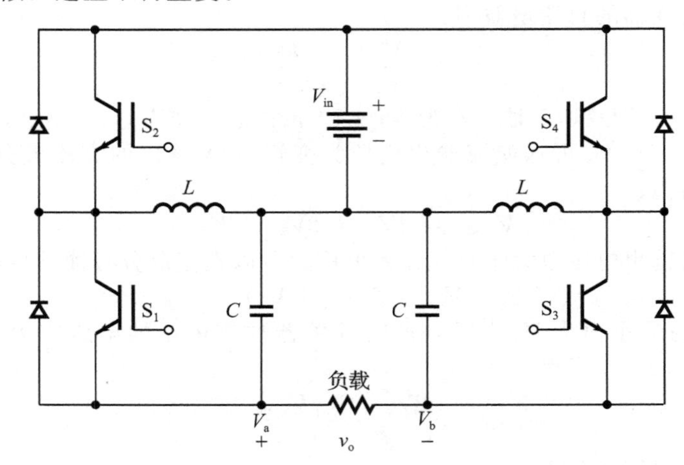

图 6-44 升降压逆变器

6.12 逆变器主电路设计

逆变器中开关管的电压和电流额定值取决于逆变器的类型、电压和电流控制方法，因此主电路设计包括以下步骤：

(1)求取负载电流的瞬态值；

(2)求取每个开关管的电流瞬态值；

(3)求取每个开关管的最大反向电压。

为了减少输出谐波，通常需要输出滤波器，常用的滤波器如图 6-45 所示，图 6-45a 所示的 C 滤波器虽然简单，但要吸收很多无功电流；图 6-45b 所示的 LC 滤波器仅仅能消除特定次频率的谐波；图 6-45c 所示的 CLC 滤波器能消除很宽频率范围的谐波，且不需要吸收很多无功电流。

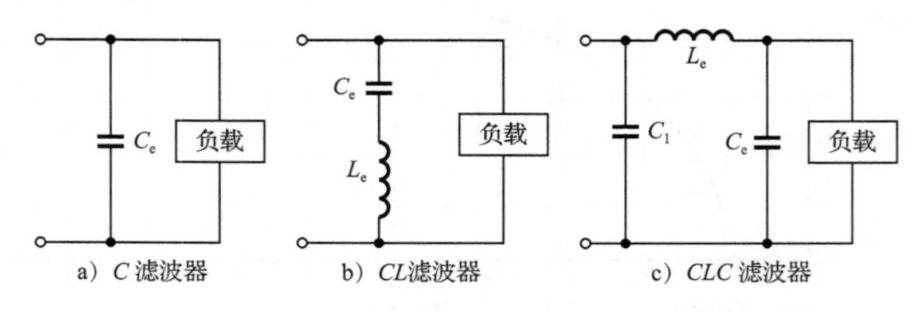

a) C 滤波器 b) CL滤波器 c) CLC 滤波器

图 6-45 输出滤波器

例 6.7 求解消除指定次谐波的滤波电容 C。

单相全桥逆变器如图 6-3a 所示，负载为 RLC 负载，$R=10\Omega$，$L=31.5\text{mH}$，$C=112\mu\text{F}$，直流输入电压 $V_s=220\text{V}$，输出频率 $f_o=60\text{Hz}$，输出电压有两个开口，以消除 3 次谐波和 5 次谐波。求(a)载电流 $i_o(t)$ 的表达式；(b)当采用 C 滤波器时，要求消除 7 次及以上谐波的滤波电容器 C_e。

解：

输出电压波形如图 6-32 所示，$V_s=220\text{V}$，$f_o=60\text{Hz}$，$R=10\Omega$

$L=31.5\text{mH}$，$C=112\mu\text{F}$，$\omega_o=2\pi\times60=377\text{rad/s}$

电感的 n 次谐波阻抗为：

$$X_L=\text{j}2n\pi\times60\times31.5\times10^{-3}\Omega=\text{j}11.87n\Omega$$

电容的 n 次谐波阻抗为：

$$X_c=\frac{\text{j}\,10^6}{2n\pi\times60\times112}\Omega=-\frac{\text{j}23.68}{n}\Omega$$

负载的 n 次谐波阻抗为：

$$|Z_n|=\left[10^2+\left(11.87n-\frac{23.68}{n}\right)^2\right]^{1/2}\Omega$$

负载 n 次谐波的功率因数角为：

$$\theta_n=\arctan\frac{11.87n-23.68/n}{10}=\arctan\left(1.187n-\frac{2.368}{n}\right)$$

(a)由式(6-92)，可得傅里叶级数的系数为：

$$B_n=\frac{4V_s}{\pi}\frac{1-2\cos(n\alpha_1)+2\cos(n\alpha_2)}{n}$$

当 $\alpha_1=23.62°$，$\alpha_2=33.3°$时，消除了 3 次和 5 次谐波。由式(6-91)可得输出电压的傅里叶级数为：

$$\begin{aligned}v_o(t)=&235.1\sin(377t)+69.4\sin(7\times377t)+114.58\sin(9\times377t)\\&+85.1\sin(11\times377t)+\cdots\end{aligned}$$

输出电流为输出电压除以负载，其表达式为：

$$\begin{aligned}i_o(t)=&15.19\sin(377t+49.74°)+0.86\sin(7\times377t-82.85°)\\&+1.09\sin(9\times377t-84.52°)+0.66\sin(11\times377t-85.55°)+\cdots\end{aligned}$$

(b)对于 n 次和更高次的谐波，如果滤波器的阻抗远小于负载的阻抗(通常选取 1：10)，那么负载上的谐波将大大减小，可得：

$$|Z_n|=10X_e$$

式中：$|X_e|=1/(377nC_e)$，电容 C_e可根据下式求得：

$$\left[10^2+\left(11.87n-\frac{23.68}{n}\right)^2\right]^{1/2}=\frac{10}{377nC_e}$$

对于 7 次谐波，$n=7$，求得 $C_e=47.3\mu\text{F}$。 ◀

例 6.8 采用 PWM 控制的单相逆变器 PSpice 模拟。

单相全桥逆变器采用 PWM 控制，如图 6-12a 所示。每半个周期的脉冲数为 5，直流输入电压 $V_s=100\text{V}$，调制比 $M=0.6$，输出频率 $f_o=60\text{Hz}$，负载电阻 $R=2.5\Omega$，采用 PSpice 模拟，求(a)画出输出电压波形；(b)计算输出电压的傅里叶级数。SPICE 模型中开关管的参数是 IS=6.734F，BF=416.4，CJC=3.638P，CJE=4.493P，二极管的参数是 IS=2.2E−15，BF=1800V，TT=0。

解：

(a)$M=0.6$，$f_o=60\text{Hz}$，$T=1/f_o=16.667$。逆变器的 PSpice 模拟电路如图 6-46a 所示，图 6-46b 所示的是一个比较器，用来产生 PWM 信号，载波和参考波信号如图 6-46c

所示，电路文件如下所示：

例 6.8 采用 PWM 控制的单相逆变器

```
VS       1    0    DC   100V
Vr      17    0    PULSE (50V 0V 0 833.33US 833.33US INS 16666.67US)
Rr      17    0    2MEG
Vcl     15    0    PULSE (0 -30V 0 INS INS 8333.33US 16666.67US)
Rcl     15    0    2MEG
Vc3     16    0    PULSE (0 -30V 8333.33US INS INS 8333.33US 16666.67US)
Rc3     16    0    2MEG
R        4    5    2.5
*L       5    6      10MH        ; Inductor L is excluded
VX       3    4    DC     0V     ; Measures load current
VY       1    2    DC     0V     ; Voltage source to measure supply current
D1       3    2    DMOD          ; Diode
D2       0    6    DMOD          ; Diode
D3       6    2    DMOD          ; Diode
D4       0    3    DMOD          ; Diode
.MODEL      DMOD  D (IS=2.2E-15 BV=1800V TT=0)  ; Diode model parameters
Q1       2    7    3    QMOD                     ; BJT switch
Q2       6    9    0    QMOD                     ; BJT switch
Q3       2   11    6    QMOD                     ; BJT switch
Q4       3   13    0    QMOD                     ; BJT switch
.MODEL QMOD NPN (IS=6.734F BF=416.4 CJC=3.638P CJE=4.493P); BJT parameters
Rg1      8    7    100
Rg2     10    9    100
Rg3     12   11    100
Rg4     14   13    100
*        Subcircuit call for PWM control
XPW1    17   15    8    3      PWM    ; Control voltage for transistor Q1
XPW2    17   15    10   0      PWM    ; Control voltage for transistor Q2
XPW3    17   16    12   6      PWM    ; Control voltage for transistor Q3
XPW4    17   16    14   0      PWM    ; Control voltage for transistor Q4
*        Subcircuit for PWM control
.SUBCKT    PWM      1       2        3          4
*        model    ref.   carrier  +control   -control
*         name    input   input    voltage    voltage
R1       1    5    1K
R2       2    5    1K
RIN      5    0    2MEG
RF       5    3    100K
RO       6    3    75
CO       3    4    10PF
E1       6    4    0    5    2E+5         ; Voltage-controlled voltage source
.ENDS PWM                                 ; Ends subcircuit definition
.TRAN 10US 16.67MS 0 10US                 ; Transient analysis
.PROBE                                    ; Graphics postprocessor
.options abstol = 1.00n reltol = 0.01 vntol = 0.1 ITL5=20000 ; convergence
.FOUR 60HZ V(3, 6)                        ; Fourier analysis
.END
```

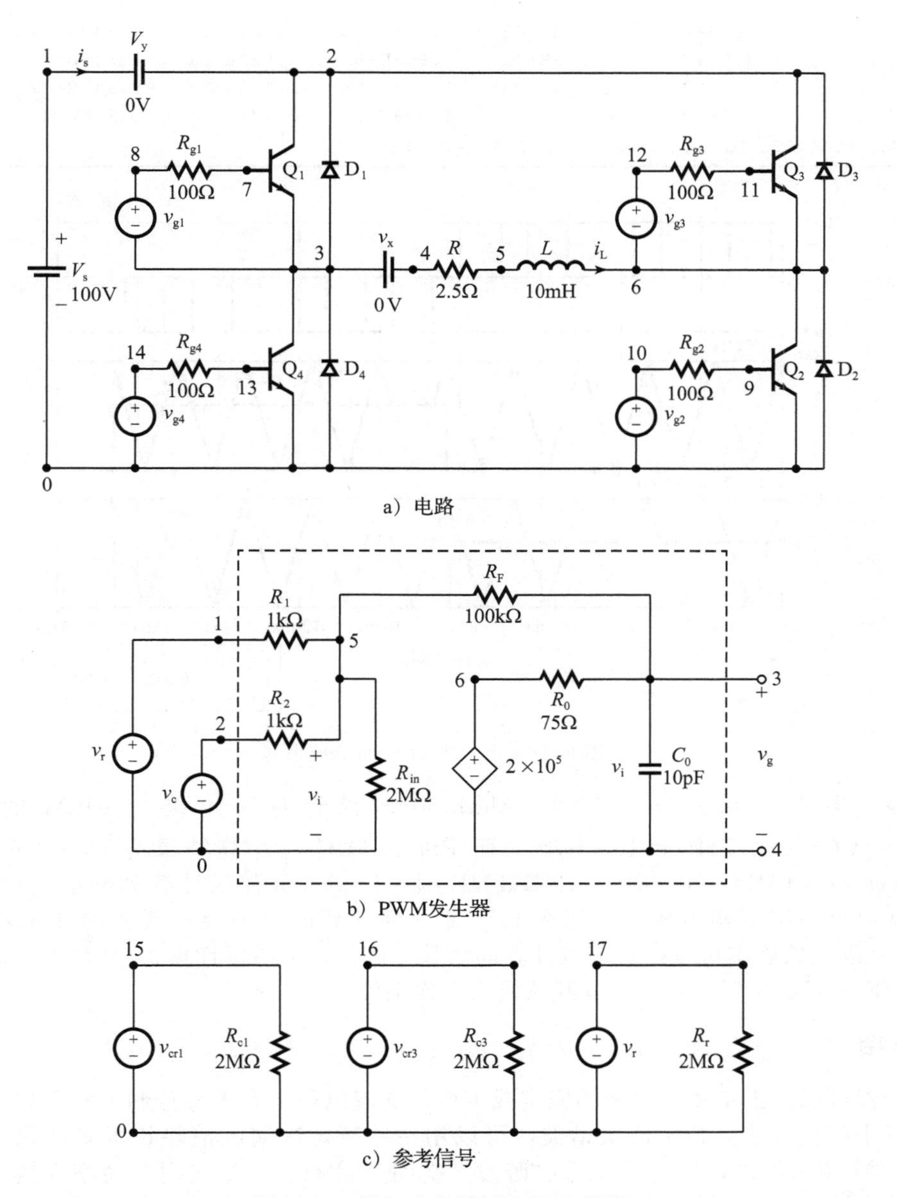

图 6-46　单相逆变器的 PSpice 模拟

PSpice 给出的输出电压波形如图 6-47 所示，$V(17)$为参考信号的电压波形，$V(3，6)$为输出电压波形。

(b)傅里叶级数仿真结果如下：

```
FOURIER COMPONENTS OF TRANSIENT RESPONSE V (3, 6)
DC COMPONENT = 6.335275E-03
HARMONIC  FREQUENCY     FOURIER      NORMALIZED     PHASE      NORMALIZED
   NO       (HZ)       COMPONENT     COMPONENT      (DEG)      PHASE (DEG)
   1      6.000E+01    7.553E+01    1.000E+00    6.275E-02    0.000E+00
   2      1.200E+02    1.329E-02    1.759E-04    5.651E+01    5.645E+01
   3      1.800E+02    2.756E+01    3.649E-01    1.342E-01    7.141E-02
   4      2.400E+02    1.216E-02    1.609E-04    6.914E+00    6.852E+00
   5      3.000E+02    2.027E+01    2.683E-01    4.379E-01    3.752E-01
```

6	3.600E+02	7.502E-03	9.933E-05	-4.924E+01	-4.930E+01
7	4.200E+02	2.159E+01	2.858E-01	4.841E-01	4.213E-01
8	4.800E+02	2.435E-03	3.224E-05	-1.343E+02	-1.343E+02
9	5.400E+02	4.553E+01	6.028E-01	6.479E-01	5.852E-01

TOTAL HARMONIC DISTORTION = 8.063548E+01 PERCENT

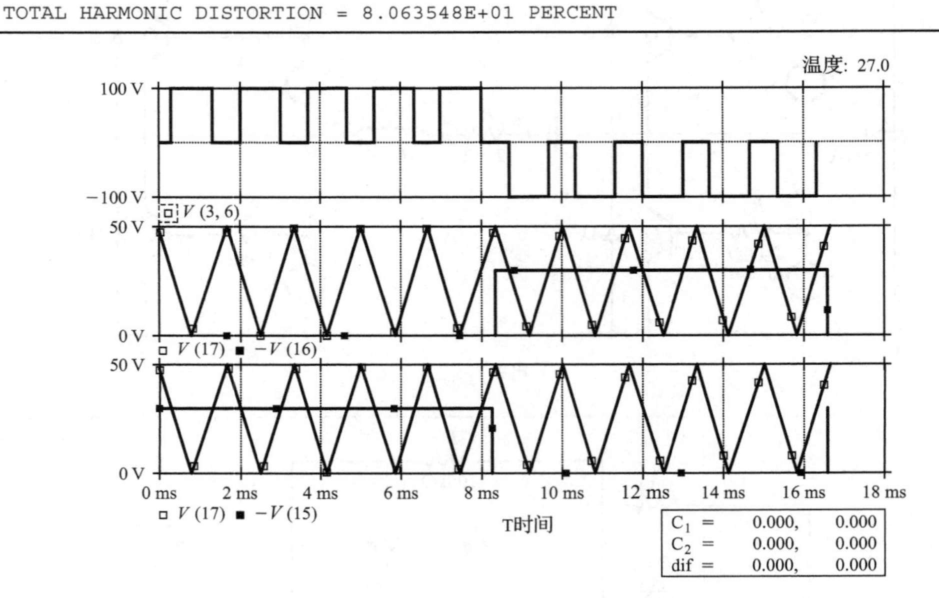

图 6-47 例 6.8 的 PSpice 波形

注意： 当 $M=0.6$，$p=5$ 时，Mathcad 软件计算采用统一 PWM 的结果为 $V_1=54.59\text{V(rms)}$，THD＝100.65％，而 PSpice 软件的计算结果为 $V_1=75.53/\sqrt{2}=53.41\text{V(rms)}$，THD＝80.65％。计算 THD 时，PSpice 软件只计算到 9 次谐波，因此，如果 9 次以上的谐波幅值较大，那么 PSpice 软件计算的结果会比真实的 THD 小很多，PSpice8.0 以上的版本可以指定谐波计算的次数，例如，当指定计算到 30 次谐波时，程序为 .FOUR 60HZ 30 V(3，6)，其默认值为 9 次谐波。

本章小结

逆变器可以输出单相和三相的固定或可变的交流电压。有多种控制方法可以输出交流电压，其中有些方法会产生低次谐波，可以用一些特定次谐波消除技术来消除指定的谐波。SPWM 技术可以有效地消除低次谐波。空间矢量调制大量应用在功率变换器和电机驱动系统中。电流源逆变器与电压源逆变器可以看成是对偶关系。单相全桥电路拓扑可控制为升压逆变器。

参考文献

[1] B. D. Bedford and R. G. Hoft, *Principle of Inverter Circuits*. New York: John Wiley & Sons. 1964.

[2] T. Ohnishi and H. Okitsu, "A novel PWM technique for three-phase inverter/converter," *International Power Electronics Conference*, 1983, pp. 384–395.

[3] K. Taniguchi and H. Irie, "Trapezoidal modulating signal for three-phase PWM inverter," *IEEE Transactions on Industrial Electronics*, Vol. IE3, No. 2, 1986, pp. 193–200.

[4] K. Thorborg and A. Nystorm, "Staircase PWM: an uncomplicated and efficient modulation technique for ac motor drives," *IEEE Transactions on Power Electronics*, Vol. PE3, No. 4, 1988, pp. 391–398.

[5] J. C. Salmon, S. Olsen, and N. Durdle, "A three-phase PWM strategy using a stepped 12 reference waveform," *IEEE Transactions on Industry Applications*, Vol. IA27, No. 5, 1991, pp. 914–920.

[6] M. A. Boost and P. D. Ziogas, "State-of-the-art carrier PWM techniques: A critical evaluation," *IEEE Transactions on Industry Applications*, Vol. IA24, No. 2, 1988, pp. 271–279.

[7] K. Taniguchi and H. Irie, "PWM technique for power MOSFET inverter," *IEEE Transactions on Power Electronics*, Vol. PE3, No. 3, 1988, pp. 328–334.

[8] M. H. Ohsato, G. Kimura, and M. Shioya, "Five-stepped PWM inverter used in photovoltaic systems," *IEEE Transactions on Industrial Electronics*, Vol. 38, October, 1991, pp. 393–397.

[9] P. D. Ziogas, "The delta modulation techniques in static PWM inverters," *IEEE Transactions on Industry Applications*, March/April 1981, pp. 199–204.

[10] J. R. Espinoza, *Power Electronics Handbook*, edited by M. H. Rashid. San Diego, CA: Academic Press. 2001, Chapter 14–Inverters.

[11] D.-C. Lee and G.-M. Lee, "Linear control of inverter output voltage in overmodulation," *IEEE Transactions on Industrial Electronics*, Vol. 44, No. 4, August 1997, pp. 590–592.

[12] F. Blaabjerg, J. K. Pedersen, and P. Thoegersen, "Improved modulation techniques for PWM-V SI drives," *IEEE Transactions on Industrial Electronics*, Vol. 44, No. 1, February 1997, pp. 87–95.

[13] H. W. Van der Broeck, H.-C. Skudelny, and G. V. Stanke "Analysis and realization of a pulse-width modulator based on voltage space vectors," *IEEE Transactions on Industry Applications*, Vol. 24, No. 1, January/February, 1988, pp. 142–150.

[14] Y. Iwaji and S. Fukuda, "A pulse frequency modulated PWM inverter for induction motor drives," *IEEE Transactions on Power Electronics*, Vol. 7, No. 2, April 1992, pp. 404–410.

[15] H. L. Liu and G. H. Cho, "Three-level space vector PWM in low index modulation region avoiding narrow pulse problem," *IEEE Transactions on Power Electronics*, Vol. 9, September 1994, pp. 481–486.

[16] T.-P. Chen, Y.-S. Lai, and C.-H. Liu, "New space vector modulation technique for inverter control," *IEEE Power Electronics Specialists Conference*, Vol. 2, 1999, pp. 777–782.

[17] S. R. Bowes and G. S. Singh, "Novel space-vector-based harmonic elimination inverter control," *IEEE Transactions on Industry Applications*, Vol. 36, No. 2, March/April 2000, pp. 549–557.

[18] C. B. Jacobina, A. M. N. Lima, E. R. Cabral da Silva, R. N. C. Alves, and P. F. Seixas, "Digital scalar pulse-width modulation: A simple approach to introduce non-sinusoidal modulating waveforms," *IEEE Transactions on Power Electronics*, Vol. 16, No. 3, May 2001, pp. 351–359.

[19] C. Zhan, A. Arulampalam, V. K. Ramachandaramurthy, C. Fitzer, M. Barnes, and N. Jenkins, "Novel voltage space vector PWM algorithm of 3-phase 4-wire power conditioner," *IEEE Power Engineering Society Winter Meeting*, 2001, Vol. 3, pp. 1045–1050.

[20] R. Valentine, *Motor Control Electronics Handbook*. New York: McGraw-Hill. 1996, Chapter 8.

[21] H. S. Patel and R. G. Hoft, "Generalized techniques of harmonic elimination and voltage control in thyristor converter," *IEEE Transactions on Industry Applications*, Vol. IA9, No. 3, 1973, pp. 310–317; Vol. IA10, No. 5, 1974, pp. 666–673.

[22] R. O. Caceres and I. Barbi, "A boost dc–ac converter: Operation, analysis, control and experimentation," *Industrial Electronics Control and Instrumentation Conference*, November 1995, pp. 546–551.

[23] R. O. CaCeres and I. Barbi, "A boost dc–ac converter: Analysis, design, and experimentation," *IEEE Transactions on Power Electronics*, Vol. 14, No. 1, January 1999, pp. 134–141.

[24] J. Almazan, N. Vazquez, C. Hernandez, J. Alvarez, and J. Arau, "Comparison between the buck, boost and buck–boost inverters," *International Power Electronics Congress*, Acapulco, Mexico, October 2000, pp. 341–346.

[25] B. H. Kwon and B. D. Min, "A fully software-controlled PWM rectifier with current link. *IEEE Transactions on Industrial Electronics*, Vol. 40, No. 3, June 1993, pp. 355–363.

[26] M. H. Rashid, *Power Electronics—Devices, Circuits, and Applications*. Upper Saddle River, NJ: Prentice Hall Inc., 3rd ed., 2003, Chapter 6.

[27] Bin Wu, Y. Lang, N. Zargari, and S. Kouro, *Power Conversion and Control of Wind Energy Systems*. New York: Wiley-IEEE Press, 2011.

复习题

6.1 什么是逆变器？
6.2 逆变器的工作原理是怎么样的？
6.3 逆变器的类型有哪些？
6.4 半桥和全桥逆变器有哪些不同？
6.5 逆变器的性能指标有哪些？
6.6 逆变器中续流二极管的用处是什么？
6.7 为得到三相输出电压，三相桥式逆变器的开关顺序是怎么样的？
6.8 逆变器的电压控制方法有哪些？
6.9 什么是正弦 SPWM？
6.10 过调制的目的是什么？
6.11 为什么三相逆变器的载波频率 m_f 归一化后应该是 3 的奇数倍？
6.12 什么是 3 次谐波注入 PWM？
6.13 什么是 60°PWM？
6.14 什么是空间向量调制？
6.15 SVM 调制的优点有哪些？
6.16 空间向量坐标变换是怎么样的？
6.17 什么是空间向量？
6.18 逆变器的开关状态有哪些？
6.19 空间向量的参考向量是怎么样的？
6.20 空间向量的开关信号是怎么样的？
6.21 空间向量的驱动信号是怎么样的？
6.22 什么是零向量？
6.23 移相控制的优点和缺点分别是什么？
6.24 谐波消除技术有哪些？
6.25 消除低次谐波的好处有哪些？
6.26 开关管的关断时间对逆变器的输出频率有什么影响？
6.27 电流源型逆变器的优点和缺点有哪些？
6.28 电压源和电流源型逆变器的主要不同在哪里？
6.29 可变直流环节逆变器的优点和缺点有哪些？
6.30 升压逆变器的工作原理是怎么样的？
6.31 升压逆变器的两种电压控制方法是怎么样的？
6.32 升压逆变器的直流增益为多少？
6.33 升压逆变器的交流增益为多少？
6.34 逆变器的输出侧为什么通常要加滤波器？
6.35 交流和直流滤波器的不同有哪些？

习题

6.1 单相半桥逆变器如图 6-2a 所示，负载为纯阻性，$R=5\Omega$，直流输入电压 $V_s=220$V。求(a)输出电压的基波有效值 V_1；(b)输出功率 P_o；(c)流过开关管的电流的平均值、有效值和峰值；(d)开关管开断时承受的电压峰值 V_{BB}；(e)输出电压总谐波畸变率 THD；(f)畸变因数 DF；(g)最低次谐波的谐波因数和畸变因数。

6.2 当逆变器为单相全桥逆变器时，其余的条件与习题 6.1 完全相同，求习题 6.1 的(a)－(g)问。

6.3 单相全桥逆变器如图 6-3a 所示，带 RLC 负载，$R=6.5\Omega$，$L=10$mH，$C=26\mu$F，逆变器输出频率 $f_o=400$Hz，直流输入电压 $V_s=220$V。求(a)负载电流的傅里叶级数；(b)输出基波电流有效值 I_1；(c)负载电流的 THD；(d)输入电流平均值 I_s；(e)流过开关管电流的平均值、有效值和峰值。

6.4 当 $f_o=60$Hz，$R=5\Omega$，$L=25$mH，$C=10\mu$F 时，其余的条件与习题 6.3 的相同，求习题 6.3 的问题(a)～(e)。

6.5 当 $f_o=60$Hz，$R=6.5\Omega$，$L=20$mH，$C=10\mu$F 时，其余的条件与习题 6.3 的相同，求习题 6.3 的问题(a)～(e)。

6.6 三相桥式逆变器如图 6-6a 所示，负载为星形联接，$R=6.5\Omega$，输出频率 $f_o=400$Hz，直流输入电压 $V_s=220$V。求输出相电压和相电流的傅里叶级数。

6.7 求习题 6.6 中的线电压和输出电流的傅里叶级数。

6.8 当负载为三角形联结时，求习题 6.6 中的输出相电压和相电流的傅里叶级数。

6.9 当负载为三角形联结时，求习题 6.6 中的输出线电压和输出电流的傅里叶级数。

6.10 三相桥式逆变器，如图 6-6a 所示，负载为星形联结，每相负载为 $R=4\Omega$，$L=10$mH，$C=25\mu$F，输出频率 $f_o=60$Hz，直流输入电压 $V_s=220$V。求流过开关管电流的有效值、平均值和峰值。

6.11 单相全桥逆变器采用 PWM 控制，每半个周期输出 1 个脉冲。求当基波输出电压为直流输入电压 70%时的脉冲宽度。

6.12 单相全桥逆变器采用均匀 PWM 控制，每半个周期输出 2 个脉冲。画出谐波因数、基波输出和最低次谐波与调制比的关系曲线图。

6.13 单相全桥逆变器采用均匀 PWM 控制，每半个周期输出 2 个脉冲，负载为 $R=4\Omega$，

$L=15\text{mH}$，$C=25\mu\text{F}$，直流输入电压 $V_s=220\text{V}$。求当 $M=0.8$，$f_o=60\text{Hz}$ 时负载电流 $i_o(t)$的傅里叶级数。

6.14 单相全桥逆变器采用均匀 PWM 控制，每半个周期输出 4 个脉冲，输出频率 $f=1\text{kHz}$。画出畸变因数、基波输出和 THD 与调制比的关系曲线图。

6.15 单相全桥逆变器采用均匀 PWM 控制，每半个周期输出 7 个脉冲。画出畸变因数、基波输出和最低次谐波与调制比的关系曲线图。

6.16 单相全桥逆变器采用 SPWM 控制，每半个周期输出 4 个脉冲，输出频率 $f=1\text{kHz}$。画出畸变因数、基波输出和 THD 与调制比的关系曲线图。

6.17 单相全桥逆变器采用 SPWM 控制，每半个周期输出 7 个脉冲。画出谐波因数，基波输出和最低次谐波与调制比的关系曲线图。

6.18 单相全桥逆变器采用修正 SPWM 控制，每半个周期输出 5 个脉冲。画出畸变因数、基波输出和最低次谐波与调制比的关系曲线图。

6.19 单相全桥逆变器如图 6-17 所示，采用修正 SPWM 控制，每半个周期输出 3 个脉冲，输出频率 $f=1\text{kHz}$。画出畸变因数、基波输出和最低次谐波与调制比的关系曲线图。

6.20 单相全桥逆变器采用均匀 PWM 控制，每半个周期输出 5 个脉冲。求当输出电压有效值为直流输入电压 80%时的脉冲宽度。

6.21 单相全桥逆变器如图 6-19f 所示，采用移相控制来改变输出电压，每半个周期输出 1 个脉冲。求当基波输出电压有效值为直流输入电压 70%时的移相角。

6.22 单相半桥逆变器如图 P6-22 所示，采用梯形波调制，每半个周期输出 5 个脉冲。画出畸变因数、基波输出和 THD 与调制比的关系曲线图。

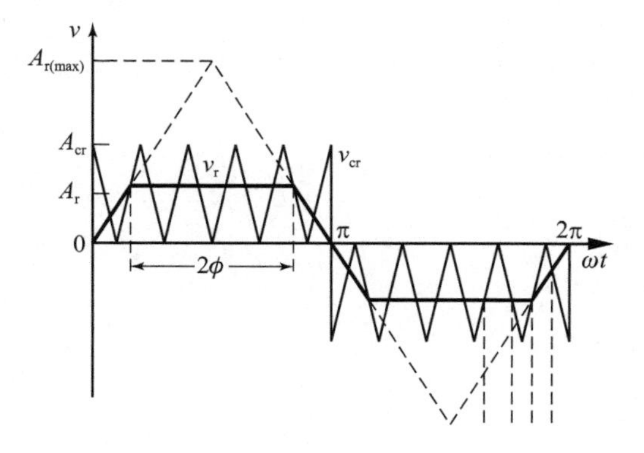

图 P6-22

6.23 单相半桥逆变器如图 P6-23 所示，采用阶梯波调制，每半个周期输出 7 个脉冲。画出畸变因数、基波输出和 THD 与调制比的关系曲线图。

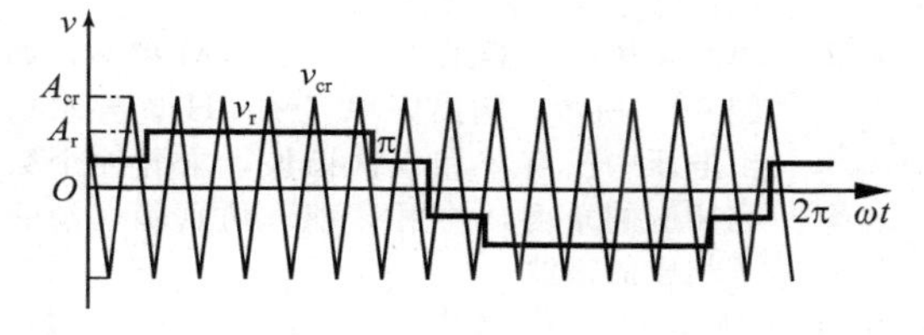

图 P6-23

6.24 单相半桥逆变器如图 P6-24 所示，采用分段调制，每半个周期输出 5 个脉冲。画出畸变因数、基波输出和 THD 与调制比的关系曲线图。

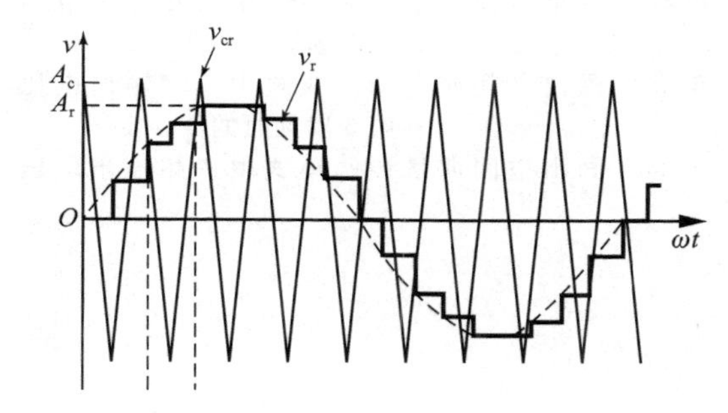

图 P6-24

6.25 单相半桥逆变器如图 P6-25 所示，采用 3 次和 9 次谐波注入调制，每半个周期输出 6 个脉冲。画出畸变因数、基波输出和 THD 与调制比的关系曲线图。

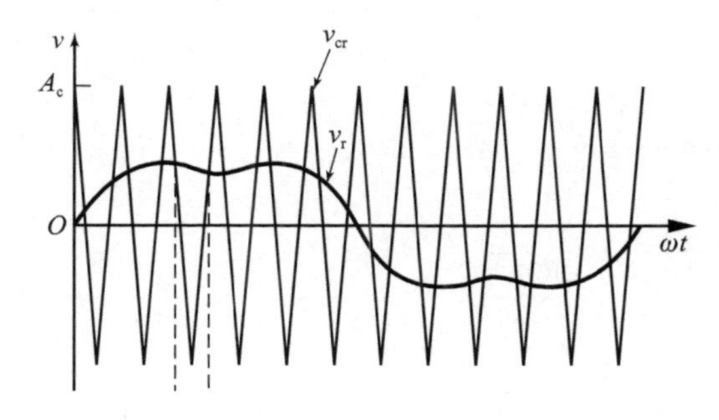

图 P6-25

6.26 单相全桥逆变器输出电压为双极性，有多个开口，要求输出电压中没有 3、5、7 和 11 次谐波，求开口的数量和相应的角度。

6.27 单相全桥逆变器输出电压为双极性，有多个开口，要求输出电压中没有 3、5、7 和 9 次谐波，求开口的数量和相应的角度。

6.28 单相全桥逆变器输出电压为单极性，如图6-33所示，输出频率 $f=1\text{kHz}$。要求输出电压中没有3、5、7和9次谐波，求开口的数量和相应的角度，并用PSpice仿真确认消除了相应的谐波。

6.29 单相全桥逆变器采用修正SPWM控制，如图6-34所示，输出频率 $f=1\text{kHz}$。要求输出电压中没有3和5次谐波，求脉冲个数和相应的角度，并用PSpice仿真确认消除了相应的谐波。

6.30 画出归一化状态时间 $T_1/(MT_s)$、$T_2/(MT_s)$ 和 $T_z/(MT_s)$ 与两个相邻向量间的角度 $\theta(0\leqslant\theta\leqslant\pi/3)$ 的关系曲线图。

6.31 两个相邻向量 $\mathbf{V}_1=1+\text{j}0.577$，$\mathbf{V}_2=\text{j}1.155$。当两个向量间的角度 $\theta=\pi/6$，调制比 $M=0.8$ 时，求调制向量 $\mathbf{V}_{cr}$。

6.32 画出空间向量调制模式中三相输出电压 v_{an}、v_{bn} 和 v_{cn} 在第2扇区时的值。

6.33 画出空间向量调制模式中三相输出电压 v_{an}、v_{bn} 和 v_{cn} 在第3扇区时的值。

6.34 画出空间向量调制模式中三相输出电压 v_{an}、v_{bn} 和 v_{cn} 在第4扇区时的值。

6.35 画出空间向量调制模式中三相输出电压 v_{an}、v_{bn} 和 v_{cn} 在第5扇区时的值。

6.36 画出空间向量调制模式中三相输出电压 v_{an}、v_{bn} 和 v_{cn} 在第6扇区时的值。

6.37 升压逆变器如图6-40b所示，占空比 $k=0.6$。求(1)直流电压增益 G_{dc}；(2)交流电压增益 G_{ac}；(3)瞬时电容电压 v_a 和 v_b。

6.38 单相全桥逆变器如图6-3a所示，负载 $R=4\Omega$，$L=15\text{mH}$，$C=30\mu\text{F}$，直流输入电压 $V_s=220\text{V}$，逆变器输出频率 $f_o=400\text{Hz}$，输出电压有两个开口且没有3次和5次谐波。如果输出电压用 LC 滤波器来消除7次谐波，求滤波器参数的值。

6.39 单相全桥逆变器如图6-3a所示，负载 $R=4\Omega$，$L=25\text{mH}$，$C=40\mu\text{F}$，直流输入电压 $V_s=220\text{V}$，逆变器输出频率 $f_o=60\text{Hz}$。输出电压有三个开口且没有3、5和7次谐波。如果输出电压用 C 滤波器来消除9次和更高次谐波，求滤波器电容的值 C_e。

第7章 谐振脉冲逆变器

学习完本章后，应能做到以下几点：

- 列出谐振脉冲逆变器的类型；
- 解释谐振脉冲逆变器的开关技术；
- 解释谐振脉冲逆变器的运行方式；
- 解释谐振脉冲逆变器的频率特性；
- 列出谐振脉冲逆变器的性能参数；
- 解释谐振脉冲逆变器零电压和零电流开关的技术；
- 设计和分析谐振脉冲逆变器。

符号及其含义

符　　号	含　　义
f_o，f_r，f_{max}	分别为输出、谐振和最大输出频率
$G(\omega)$，Q_s，Q_p	分别为频域增益和串联、并联谐振电路的品质因数
$i_1(t)$，$i_2(t)$，$i_3(t)$	分别为模式 1、模式 2 和模式 3 的瞬时电流
I_A，I_R	分别为平均和有效器件电流
T_o，T_r	分别为输出电压和谐振振荡的周期
u	输出频率和谐振频率的比率
$v_{c1}(t)$，$v_{c2}(t)$，$v_{c3}(t)$	分别为模式 1、模式 2 和模式 3 的电容器瞬时电压
V_i，I_i	分别为有效基频输入电压和输入电流
V_s，V_c	分别为直流电源电压和电容电压
V_o，V_i	分别为有效输出和输入电压
α	阻尼比
ω_o，ω_r	分别为输出和谐振圆频率

7.1 引言

在脉冲宽度调制(PWM)变换器中，开关器件可以通过控制产生输出电压或电流的期望波形。然而，这些器件可能在具有较高的 di/dt 值的负载电流下接通和断开。这些开关经受高电压应力，而且一个开关器件的功率损耗随着开关频率的增加而线性增加。导通和关断损耗可能是总功率损耗的重要组成。电磁干扰也因变换器波形中很大的 di/dt 和 dv/dt 而产生。

如果开关器件上的电压或电流变为零时对其进行“开”和“关”[1]，则 PWM 控制的缺点可以消除或最小化。加入一个 LC 谐振电路，电压和电流就可强制过零，这类电路称为谐振脉冲变换器。该类谐振变换器可大致分为八种类型：

- 串联谐振逆变器；
- 并联谐振逆变器；
- E 类谐振变换器；

- E 类谐振整流器；
- 零电流开关(ZCS)谐振变换器；
- 零电压开关(ZVS)谐振变换器；
- 二象限 ZVS 谐振变换器；
- 直流母线谐振逆变器。

串联谐振逆变器产生一个接近正弦波的输出电压，输出电流取决于负载阻抗。并联谐振逆变器产生一个接近正弦波的输出电流，输出电压取决于负载阻抗。这些类型的逆变器[13]用于产生高频输出电压或电流，并且通常用作直流源和直流功率电源之间的中介。电压通过使用高频变压器提升，然后整流为直流。

E 类谐振逆变器和整流器用于低功耗应用。零电压和零电流开关变换器越来越多地用于需要低开关损耗、更高转换效率的应用中。操作 ZVS 变换器，可以获得一个二象限的输出。直流母线谐振逆变器用于产生可变输出电压，同时保持输出波形固定。

一个逆变器应该把直流电源电压转换为一个已知幅度和频率的接近正弦波的输出电压。谐振逆变器的性能参数与第 6 章讨论的 PWM 逆变器是相似的。

7.2 串联谐振逆变器

串联谐振逆变器的工作原理是基于谐振的电流振荡。谐振元件和开关元件与负载串联连接，以形成一个欠阻尼电路。由于电路的固有特性，通过开关装置的电流会自然下降到零。当开关元件是晶闸管时，这种工作方式可称为自动换向。这种类型的逆变器输出一个高频的近似正弦的波形，频率范围为 200Hz～100kHz，通常用在输出相对固定的应用中(例如：感应加热，声呐发射器，荧光灯照明，或超声波发生器)。由于开关频率很高，谐振元件的尺寸可以很小。

串联谐振逆变器有各种不同的结构，取决于开关元件和负载的连接方式，可以分为两大类：

(1)使用单向开关的串联谐振逆变器；

(2)使用双向开关的串联谐振逆变器。

使用单向开关的串联谐振逆变器有三种类型：基本型、半桥型和全桥型、半桥型和全桥型是常用的。对基本型逆变器的分析有助于理解其原理和运行方式，并且可以推广到其他类型。类似地，双向开关可用于基本、半桥和全桥逆变器，以改善输入和输出波形的质量。

7.2.1 使用单向开关的串联谐振逆变器

图 7-1a 给出一个简单的使用两个单向晶体管开关串联逆变器的电路图。当晶体管 Q_1 接通时，电流谐振脉冲流经负载，电流在 $t=t_{1m}$ 下降到零，Q_1 自动换向。导通的晶体管 Q_2 导致一个反向谐振电流流过负载，Q_2 也是自切换的。电路的操作可分为三种模式，等效电路如图 7-1b 所示。晶体管门控信号、负载电流和电容电压的波形分别如图 7-1c、d 和 e 所示。

用 L、C 和负载(假设为阻性)形成的串联谐振电路必须为欠阻尼的，即

$$R^2 < \frac{4L}{C} \tag{7-1}$$

模式 1 当 Q_1 导通时，该模式开始，此时一个电流谐振脉冲流过 Q_1 和负载。该模式的瞬时负载电流可由下式求得：

$$L\frac{\mathrm{d}i_1}{\mathrm{d}t} + Ri_1 + \frac{1}{C}\int i_1\,\mathrm{d}t + v_{c1}(t=0) = V_s \tag{7-2}$$

其初始条件为 $i_1(t=0)=0$ 且 $v_{c1}(t=0)=-V_c$。因为电路是欠阻尼的，式(7-2)的解为：

$$i_1(t) = A_1\,\mathrm{e}^{-tR/(2L)}\sin(\omega_r t) \tag{7-3}$$

式中：ω_r是谐振频率，即

$$\omega_r = \left(\frac{1}{LC} - \frac{R^2}{4L^2}\right)^{1/2} \tag{7-4}$$

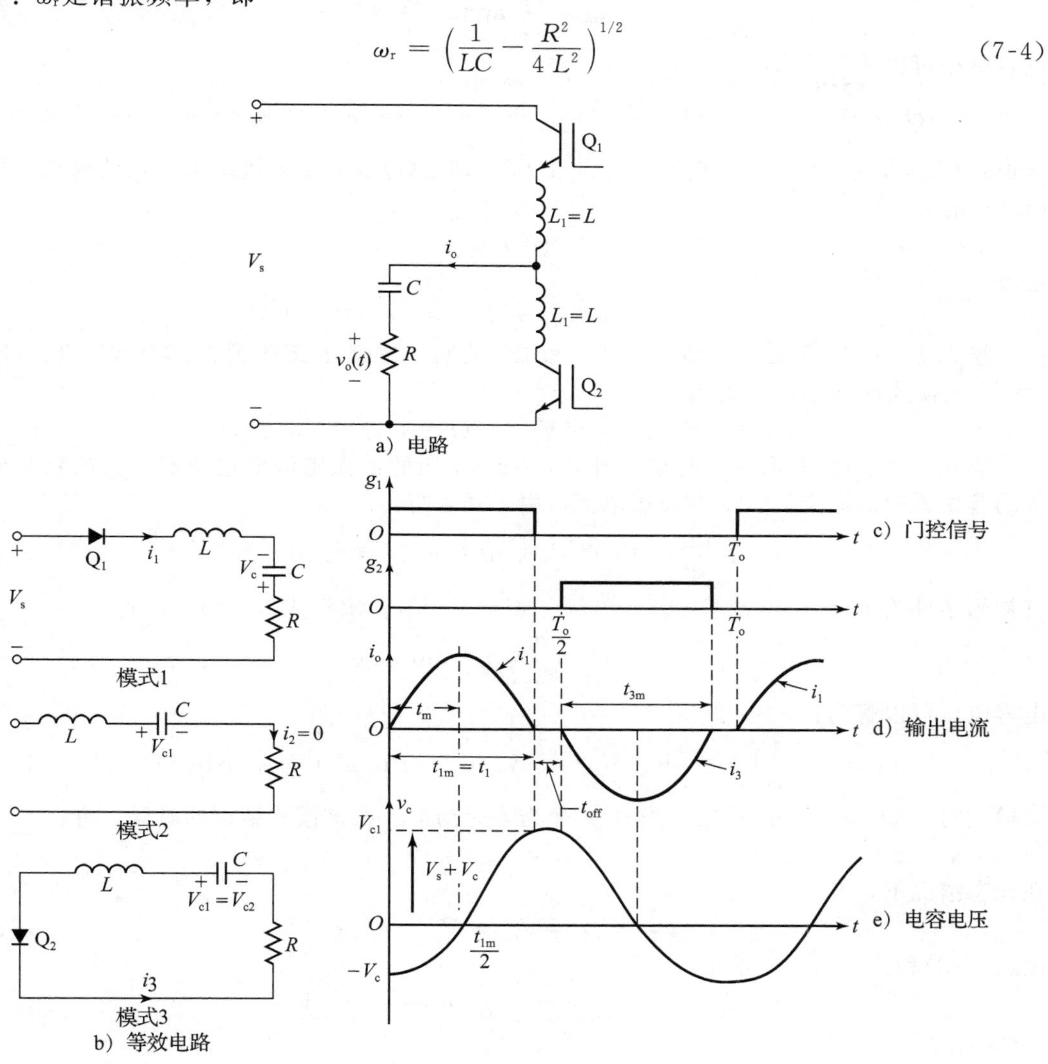

图 7-1 基本串联谐振逆变器

式(7-3)的常数 A_1 可以从初始条件求得：

$$\left.\frac{\mathrm{d}i_1}{\mathrm{d}t}\right|_{t=0} = \frac{V_s + V_c}{\omega_r L} = A_1$$

和

$$i_1(t) = \frac{V_s + V_c}{\omega_r L}\mathrm{e}^{-\alpha t}\sin(\omega_r t) \tag{7-5}$$

式中：

$$\alpha = \frac{R}{2L} \tag{7-6}$$

式(7-5)的电流 $i_1(t)$最大值对应的时刻 t_m可以从下列条件得到：

$$\frac{\mathrm{d}i_1}{\mathrm{d}t} = 0 \text{ 或者 } \omega_r\,\mathrm{e}^{-\alpha t_m}\cos(\omega_r t_m) - \alpha\,\mathrm{e}^{-\alpha t_m}\sin(\omega_r t_m) = 0$$

即

$$t_{\mathrm{m}}=\frac{1}{\omega_{\mathrm{r}}}\arctan\frac{\omega_{\mathrm{r}}}{\alpha} \tag{7-7}$$

电容电压可以从下式求得：

$$v_{\mathrm{c1}}(t)=\frac{1}{C}\int_{0}^{t}i_{1}(t)\mathrm{d}t-V_{\mathrm{c}}=-(V_{\mathrm{s}}+V_{\mathrm{c}})\mathrm{e}^{-\alpha t}(\alpha\sin(\omega_{\mathrm{r}}t)+\omega_{\mathrm{r}}\cos(\omega_{\mathrm{r}}t))/\omega_{\mathrm{r}}+V_{\mathrm{s}} \tag{7-8}$$

该模式在 $0\leqslant t\leqslant t_{1\mathrm{m}}(=\pi/\omega_{\mathrm{r}})$时有效，并在 $t_{1\mathrm{m}}$，即 $i_1(t)$变成零时候结束。在此模式结束的时候，有：

$$i_1(t=t_{1\mathrm{m}})=0$$

还有

$$v_{\mathrm{c1}}(t=t_{1\mathrm{m}})=V_{\mathrm{c1}}=(V_{\mathrm{s}}+V_{\mathrm{c}})\mathrm{e}^{-\alpha\pi/\omega_{\mathrm{r}}}+V_{\mathrm{s}} \tag{7-9}$$

模式 2 在此模式下，晶体管 Q_1 和 Q_2 关断。重新定义此模式的开端为时间原点 $t=0$，此模式在 $0\leqslant t\leqslant t_{2\mathrm{m}}$时有效，有

$$i_2(t)=0,v_{\mathrm{c2}}(t)=V_{\mathrm{c1}},v_{\mathrm{c2}}(t=t_{2\mathrm{m}})=V_{\mathrm{c2}}=V_{\mathrm{c1}}$$

模式 3 当 Q_2 开启时，此模式开始，一个反向的谐振电流流过负载。重新定义此模式的起始为时间原点 $t=0$，则负载电流可由下式求得，

$$L\frac{\mathrm{d}i_3}{\mathrm{d}t}+Ri_3+\frac{1}{C}\int i_3\mathrm{d}t+v_{\mathrm{c3}}(t=0)=0 \tag{7-10}$$

其初始条件为 $i_3(t=0)=0$ 且 $v_{\mathrm{c3}}(t=0)=-V_{\mathrm{c2}}=-V_{\mathrm{c1}}$。求解式(7-10)，得到：

$$i_3(t)=\frac{V_{\mathrm{c1}}}{\omega_{\mathrm{r}}L}\mathrm{e}^{-\alpha t}\sin(\omega_{\mathrm{r}}t) \tag{7-11}$$

电容电压可以解为：

$$v_{\mathrm{c3}}(t)=\frac{1}{C}\int_{0}^{t}i_3(t)\mathrm{d}t-V_{\mathrm{c1}}=-V_{\mathrm{c1}}\mathrm{e}^{-\alpha t}(\alpha\sin(\omega_{\mathrm{r}}t)+\omega_{\mathrm{r}}\cos(\omega_{\mathrm{r}}t))/\omega_{\mathrm{r}} \tag{7-12}$$

该模式对 $0\leqslant t\leqslant t_{3\mathrm{m}}=\pi\omega_{\mathrm{r}}$有效，当 $i_3(t)$变为零时结束。在该模式结束的时候，有：

$$i_3(t=t_{3\mathrm{m}})=0$$

在稳态情况下，有：

$$v_{\mathrm{c3}}(t=t_{3\mathrm{m}})=V_{\mathrm{c3}}=V_{\mathrm{c}}=V_{\mathrm{c1}}\mathrm{e}^{-\alpha\pi/\omega_{\mathrm{r}}} \tag{7-13}$$

由式(7-9)和式(7-13)，给出：

$$V_{\mathrm{c}}=V_{\mathrm{s}}\frac{1+\mathrm{e}^{-z}}{\mathrm{e}^{z}-\mathrm{e}^{-z}}=V_{\mathrm{s}}\frac{\mathrm{e}^{z}+1}{\mathrm{e}^{2z}-1}=\frac{V_{\mathrm{s}}}{\mathrm{e}^{z}-1} \tag{7-14}$$

$$V_{\mathrm{c1}}=V_{\mathrm{s}}\frac{1+\mathrm{e}^{z}}{\mathrm{e}^{z}-\mathrm{e}^{-z}}=V_{\mathrm{s}}\frac{\mathrm{e}^{z}(1+\mathrm{e}^{z})}{\mathrm{e}^{2z}-1}=\frac{V_{\mathrm{s}}\mathrm{e}^{z}}{\mathrm{e}^{z}-1} \tag{7-15}$$

式中：$z=\alpha\pi/\omega_{\mathrm{r}}$。把式(7-14)的 V_{c}与 V_{s}相加，得到：

$$V_{\mathrm{s}}+V_{\mathrm{c}}=V_{\mathrm{c1}} \tag{7-16}$$

式(7-16)意味着，在稳态条件下，通过负载的式(7-5)给出的正电流峰值和式(7-11)给出的负电流峰值是相同的。

负载电流 $i_1(t)$必须为零，Q_1 必须在 Q_2 导通前关断，否则，晶体管与直流电源会产生短路。因此，称为死区的有效关断时间 $t_{2\mathrm{m}}(=t_{\mathrm{off}})$必须大于晶体管的关断时间 t_{off}，即

$$\frac{\pi}{\omega_{\mathrm{o}}}-\frac{\pi}{\omega_{\mathrm{r}}}=t>t_{\mathrm{off}} \tag{7-17}$$

式中：ω_{o}是输出电压的频率，单位是 rad/s。式(7-17)表示最大可能的输出频率受限于

$$f_{\mathrm{o}}\leqslant f_{\max}=\frac{1}{2(t_{\mathrm{off}}+\pi/\omega_{\mathrm{r}})} \tag{7-18}$$

图 7-1a 所示的谐振逆变器电路非常简单，它提供了基本的概念并描述了特征方程，这些概念和描述可以用于其他类型的谐振逆变器。在这个电路中，直流电源的功率流是不

连续的，直流电源侧具有较高的峰值电流，并包含谐波。如果电感器紧密耦合，则可对图7-1a所示的基础逆变器进行改进，结果如图7-2所示。当Q_1开启且电流$i_1(t)$开始上升时，L_1两端的电压是正的，极性如图所示。在L_2感应得到的电压与C的电压相加，使得Q_2反向偏置。此时Q_2被关断。其结果是，一个晶体管导通会导致另一个关断，这一动作甚至发生在负载电流到达零之前。

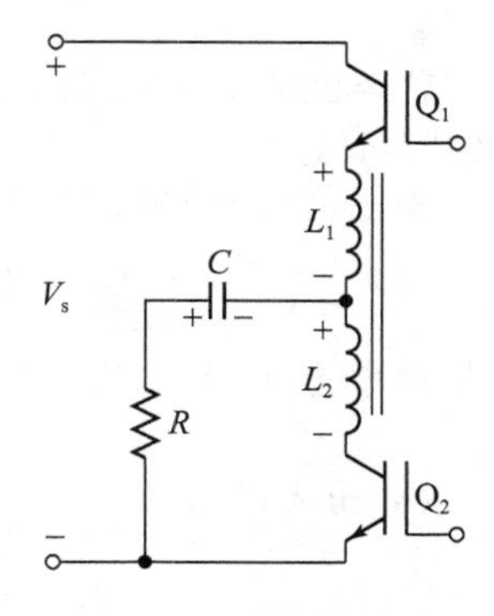

图7-2 带有耦合电感的串联谐振逆变器

上述电路中，直流电源侧存在大脉冲电流的缺点可以通过使用如图7-3所示的半桥式结构加以克服，其中，$L_1=L_2$且$C_1=C_2$。在输出电压的每个半周期中，功率从直流源中输出。一半的负载电流是由电容C_1或C_2提供的，而另一半由直流电源提供。

如图7-4所示的全桥式逆变器可以实现更高的输出功率。当Q_1和Q_2导通时，一个正的谐振电流流过负载；而当Q_3和Q_4导通时，一个负的负载电流流过。该电源电流是连续但脉动的。

由于谐振逆变器的谐振频率和可用的死区依赖于负载，因此，它适合用于负载固定的场合。逆变器的负载(或电阻器R)也可以与电容器并联连接。

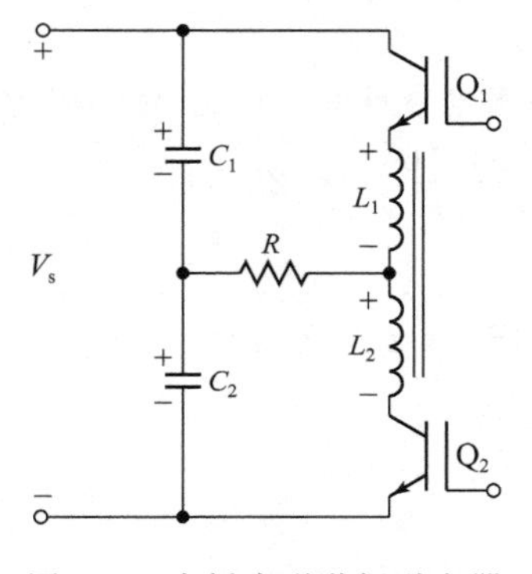

图7-3 半桥串联谐振逆变器

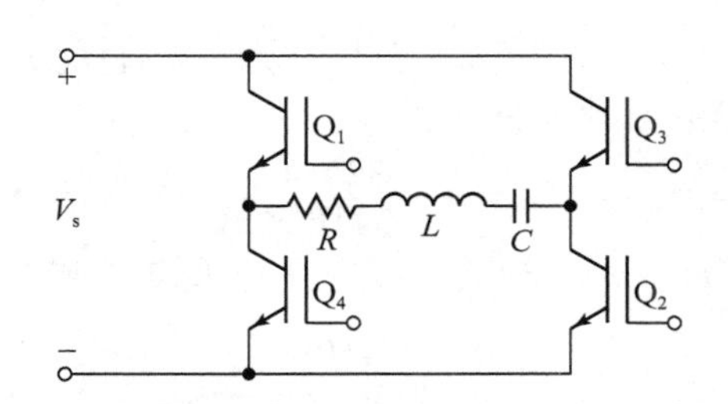

图7-4 全桥串联谐振逆变器

器件的选择和驱动信号的要求 晶体管可以由双极结型晶体管(BJT)、金属氧化物半导体场效应晶体管(MOSFET)、绝缘门极双极型晶体管(IGBT)，或门极关断晶闸管(GTO)或晶闸管所取代。但是，设备的选择取决于输出功率和频率的需求。在一般情况下，晶闸管比晶体管具有较高的电压和电流额定值，但是晶体管可以比晶闸管工作在更高的频率下。

晶闸管只需要一个脉冲门控信号来打开，并能自动在$t=t_{1m}$半周期振荡的结束时关断，而晶体管需要连续的门极脉冲。第一个晶体管Q_1的脉冲宽度t_{pw}必须满足条件$t_{1m}<t_{pw}<T_o/2$，使得谐振振荡可以在下一个晶体管Q_2于$t=T_o/2(>t_{1m})$导通之前完成其半周期。

例7.1 基本谐振逆变器的分析。

图7-2所示的串联谐振逆变器有$L_1=L_2=L=50\mu H$，$C=6\mu F$和$R=2\Omega$。直流输入电压为$V_s=220V$和输出电压的频率$f_o=7kHz$。晶体管的关断时间为$t_{off}=10\mu s$。确定：(a)可用(或电路)的关断时间t_{off}；(b)允许的最大频率f_{max}；(c)电容电压峰峰值V_{pp}；(d)峰值负载电流I_p；(e)画出瞬时负载电流$i_o(t)$、电容电压$v_c(t)$和直流电源电流$i_s(t)$；(f)有效(RMS)负载电流I_o；(g)输出功率P_o；(h)平均电源电流I_s；(i)晶体管电流的平均值、峰值和有效值。

解：

$V_s=220V$，$C=6\mu F$，$L=50\mu H$，$R=2\Omega$，$f_o=7kHz$，$t_q=10\mu s$，$\omega_o=2\pi\times7000rad/s=43982rad/s$。

由式(7-4)，得：

$$\omega_r=\left(\frac{1}{LC}-\frac{R^2}{4L^2}\right)^{1/2}=\left(\frac{10^{12}}{50\times6}-\frac{2^2\times10^{12}}{4\times50^2}\right)^{1/2}rad/s=54160rad/s$$

谐振频率为 $f_r=\omega_r/2\pi=8619.8Hz$，$T_r=1/f_r=116\mu s$。由式(7-6)得：

$$\alpha=2/(2\times50\times10^{-6})=20000$$

(a)由式(7-17)，得：

$$t_{off}=\left(\frac{\pi}{43982}-\frac{\pi}{54160}\right)s=13.42\mu s$$

(b)由式(7-18)，得最大可能频率为：

$$f_{max}=\frac{1}{2(10\times10^{-6}+\pi/54160)}Hz=7352Hz$$

(c)由式(7-14)，得：

$$V_c=\frac{V_s}{e^{\alpha\pi/\omega_r}-1}=\frac{220}{e^{20\pi/54.16}-1}V=100.4V$$

由式(7-16)，得：

$$V_{c1}=(220+100.4)V=320.4V$$

电容器电压峰峰值为 $V_{pp}=(100.4+320.4)V=420.8V$

(d)由式(7-7)，可得负载电流峰值，同时也是电源电流峰值，发生的时间为：

$$t_m=\frac{1}{\omega_r}\arctan\frac{\omega_r}{\alpha}=\left(\frac{1}{54160}\right)\arctan\left(\frac{54.16}{20}\right)s=22.47\mu s$$

式(7-5)给出负载电流峰值为：

$$i_1(t=t_m)=I_p=\frac{320.4}{0.05416\times50}e^{-0.02\times22.47}\sin(54160\times22.47\times10^{-6})A=70.82A$$

(e)$i(t)$、$v_c(t)$和 $i_s(t)$的示意如图 7-5 所示。

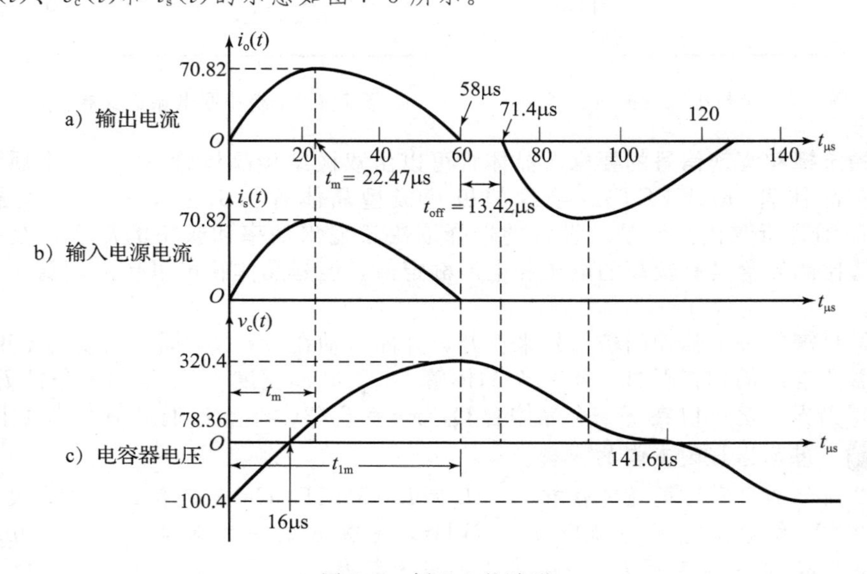

图 7-5　例 7-1 的波形

(f)负载电流的有效值可由式(7-5)和式(7-11)通过数值方法得到：

$$I_o = \left[2f_o\int_0^{T_r/2} i_0^2(t)\mathrm{d}t\right]^{1/2} = 44.1\mathrm{A}$$

(g)输出功率 $P_o = 44.1^2 \times 2\mathrm{V} = 3889\mathrm{W}$。

(h)平均电压电流 $I_s = 3889/220\mathrm{A} = 17.68\mathrm{A}$。

(i)晶体管电流平均值为：

$$I_A = f_o\int_0^{T_r/2} i_0(t)\mathrm{d}t = 17.68\mathrm{A}$$

晶体管电流峰值 $I_{pk} = I_p = 70.82\mathrm{A}$，晶体管电流有效值 $I_R = I_o\sqrt{2} = (44.1\times\sqrt{2})\mathrm{A} = 31.18\mathrm{A}$。◀

例 7.2 半桥谐振逆变器的分析。

图 7-3 所示的半桥谐振逆变器运行在输出频率 $f_o = 7\mathrm{kHz}$ 中。如果 $C_1 = C_2 = C = 3\mu\mathrm{F}$，$L_1 = L_2 = L = 50\mu\mathrm{H}$，$R = 2\Omega$ 和 $V_s = 220\mathrm{V}$，确定(a)峰值电源电流 I_{ps}，(b)晶体管平均电流 I_A；(c)晶体管有效电流 I_R。

解：

$V_s = 220\mathrm{V}$，$C = 3\mu\mathrm{F}$，$L = 50\mu\mathrm{H}$，$R = 2\Omega$ 和 $f_o = 7\mathrm{kHz}$。图 7-6a 给出晶体管 Q_1 导通、Q_2 关断时的等效电路。电容器 C_1 和 C_2 最初分别充电至 $V_{c1}(=V_s+V_c)$ 和 V_c，稳态条件下的极性如图所示。因为 $C_1 = C_2$，负载电流将由 C_1 和直流电源平分，如图 7-6b 所示。

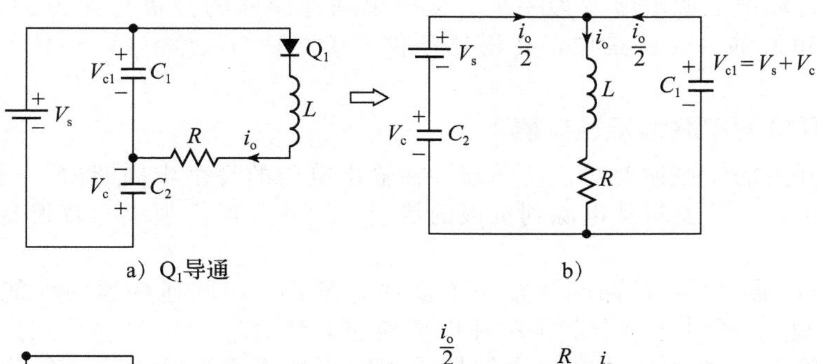

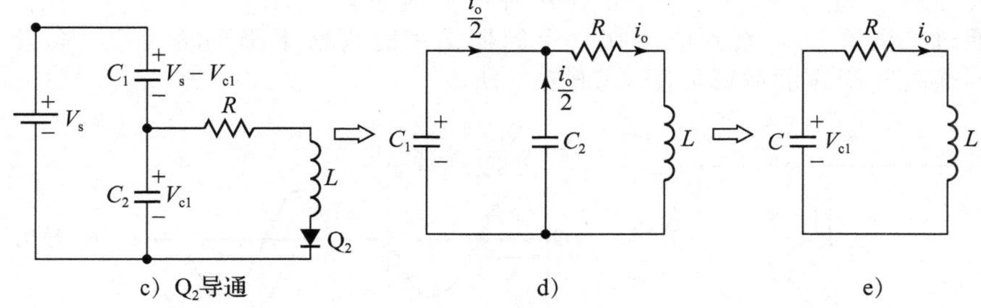

图 7-6 例 7.2 的等效电路

当晶体管 Q_2 导通，Q_1 关闭，等效电路如图 7-6c 所示。电容器 C_1 和 C_2 最初分别充电至 V_{c1} 和 $V_s - V_{c1}$，极性如图所示。负载电流由 C_1 和 C_2 平分，如图 7-6d 所示，或进一步简化为图 7-6e 所示电路。

考虑由 C_2、直流电源、L 和负载所形成的回路，瞬时负载电流可以通过以下公式(见图 7-6b)描述：

$$L\frac{\mathrm{d}i_o}{\mathrm{d}t} + Ri_0 + \frac{1}{2C_2}\int i_o\mathrm{d}t + v_{c2}(t=0) - V_s = 0 \tag{7-19}$$

其初始条件 $i_0(t=0)=0$ 和 $v_{c2}(t=0) = -V_c$。对于欠阻尼的情况且 $C_1 = C_2 = C$，可应用式(7-5)，得：

$$i_0(t) = \frac{V_s + V_c}{\omega_r L}\mathrm{e}^{-\alpha t}\sin(\omega_r t) \tag{7-20}$$

这里，有效电容值是 $C_e = C_1 + C_2 = 2C$，且

$$\omega_r = \left(\frac{1}{2LC_2} - \frac{R^2}{4L^2}\right)^{1/2} \tag{7-21}$$

$$= \left(\frac{10^{12}}{2 \times 50 \times 3} - \frac{2^2 \times 10^{12}}{4 \times 50^2}\right)^{1/2} \text{rad/s} = 54160\text{rad/s}$$

电容器 C_2 两端的电压可表达为：

$$v_{c2}(t) = \frac{1}{2C_2}\int_0^t i_0(t)\mathrm{d}t - V_c = -(V_s + V_c)\,\mathrm{e}^{-\alpha t}(\alpha\sin(\omega_r t) + \omega_r\cos(\omega_r t))/\omega_r + V_s \tag{7-22}$$

(a)因为谐振频率与例 7.1 的一样，假设等效电容 $C_e = C_1 + C_2 = 6\mu\text{F}$，例 7.1 的结果仍然有效。根据例 7.1，$V_c = 100.4\text{V}$，$t_m = 22.47\mu\text{s}$，还有 $I_o = 44.1\text{A}$。由式(7-20)，得负载电流峰值为 $I_p = 70.82\text{A}$。电源电流峰值，即负载电流峰值的一半为 $I_p = 70.822\text{A} = 35.41\text{A}$。

(b)晶体管平均电流 $I_A = 17.68\text{A}$。

(c)晶体管有效电流 $I_R = I_o/\sqrt{2} = 31.18\text{A}$。◀

注意：对于相同的输出功率和谐振频率，图 7-3 所示的电容 C_1 和 C_2 应该是图 7-1 和图 7-2 所示的一半。峰值电源电流变为一半。全桥串联逆变器的分析与如图 7-1a 所示的基本串联逆变器是相似的。也就是说，在稳态条件下 $i_3(t) = i_1(t) = (V_s + V_c)(\omega_r L)\alpha^{-\alpha t}\sin(\omega_r t)$。

7.2.2　使用双向开关的串联谐振逆变器

对于具有单向开关的谐振逆变器，功率器件在输出电压的每个半周期内导通。这一特性限制了逆变器频率，以及能量从电源到负载的传递。此外，器件须承受着很高的峰值反向电压。

如图 7-7a 所示，通过在器件两端连接一个反并二极管，串联逆变器的性能可以得到显著改善。当器件 Q_1 导通时，一个谐振脉冲电流流过，Q_2 在 $t = t_1$ 自动换向。然而谐振振荡继续通过二极管 D_1，直到电流在一个周期结束时再次下降到零为止。负载电流和功率器件的导通时间间隔的波形如图 7-7b 和 c 所示。

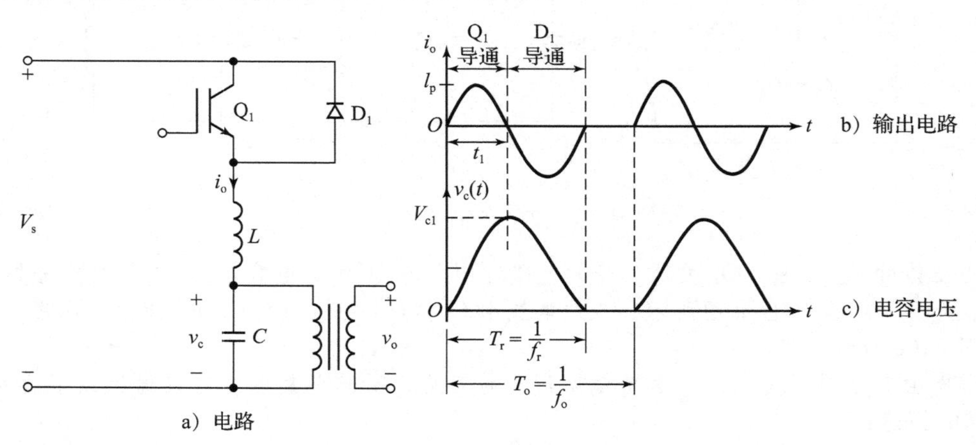

图 7-7　具有双向开关的基本串联谐振逆变器

如果二极管的导通时间大于其关断时间，则没有必要设置死区，输出频率 f_o 与谐振频率相同，即

$$f_o = f_r = \frac{\omega_r}{2\pi} \tag{7-23}$$

式中：f_r是以 Hz 为单位的串联电路的谐振频率。最小器件开关时间 t_{sw} 由延迟时间、上升时间、下降时间、存储时间组成，即 $t_{sw}=t_d+t_r+t_f+t_s$。因此，最大逆变器频率为：

$$f_{s(max)}=\frac{1}{2t_{sw}} \tag{7-24}$$

f_o应该比 $f_{s(max)}$ 小。

如果该开关装置是一个晶闸管，且 t_{off} 为它的关断时间，则最大逆变器频率为：

$$f_{s(max)}=\frac{1}{2t_{off}} \tag{7-25}$$

如果变换器中的开关用晶闸管实现，则应尽量减小其内部回路上的杂散电感。二极管 D_1 应尽可能近地连接到晶闸管，连接引线应尽量短，以减小 T_1 和 D_1 回路上的任何杂散电感。基于晶闸管的变换器将需要特殊的设计考虑。因为在晶闸管 T_1 恢复时间内的反向电压已经很低(通常为 1V)，任何在二极管回路上的电感会降低 T_1 两端的净反向电压，从而使晶闸管 T_1 无法关断。为了克服这个问题，可以使用反向导电晶闸管(RCT)。RCT 是通过在单一的硅芯片中整合一个不对称晶闸管和一个快速恢复二极管实现的，RCT 是串联谐振逆变器的理想之选。

如图 7-8a 所示的是半桥串联谐振变换器的电路，其负载电流和功率器件导通时间间隔的波形如图 7-8b 所示。全桥串联谐振变换器的结构如图 7-9a 所示。该逆变器可以在非重叠和重叠两种不同的模式下工作。在非重叠模式下，直到通过二极管的最后电流振荡结束，晶体管器件才会导通，如图 7-8b 所示。在重叠模式下，其他部分的二极管电流仍然导通时，晶体管则已经开通，如图 7-9b 所示。重叠模式增加了输出频率，也增大了输出功率。

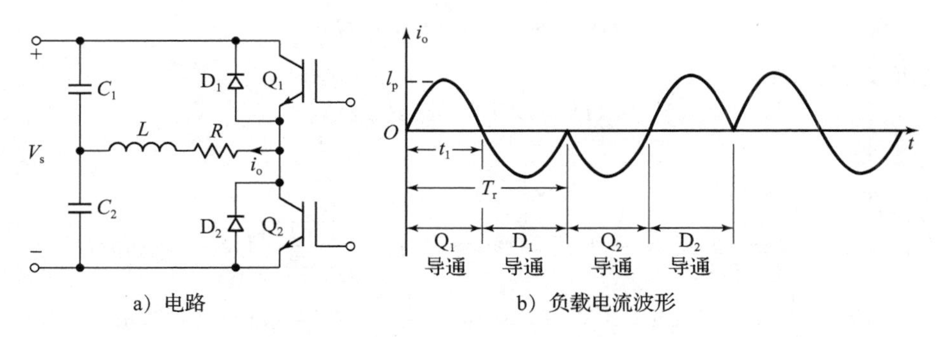

a) 电路　　b) 负载电流波形

图 7-8　具有双向开关的半桥串联逆变器

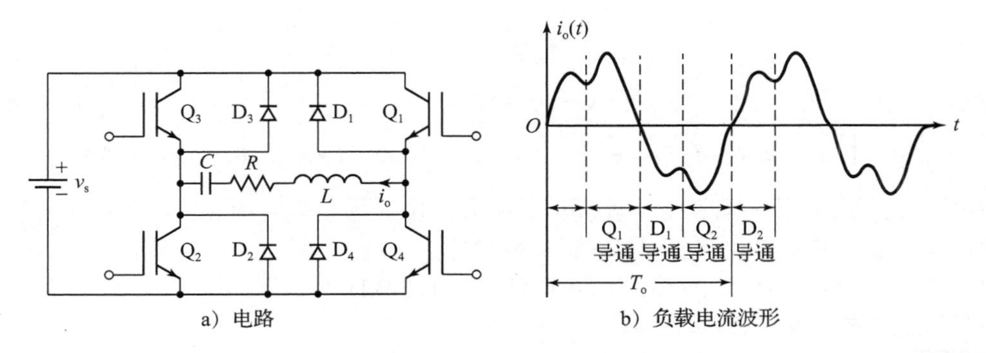

a) 电路　　b) 负载电流波形

图 7-9　具有双向开关的全桥串联逆变器

晶闸管最高频率有限，其关断或换向一般需要 12μs 到 20μs，而晶体管关断时间仅需要几微秒或更短。晶体管逆变器能在谐振频率下运行。如图 7-10 所示，晶体管的半桥逆变器带输出变压器连接负载。在晶体管 Q_1 关断之后，晶体管 Q_2 几乎可以在瞬间打开。

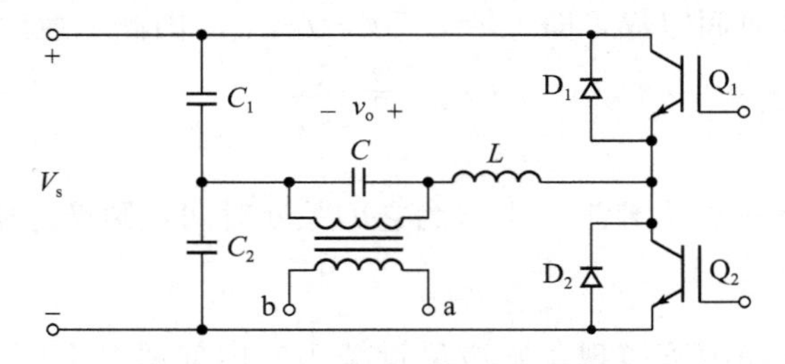

图 7-10　半桥晶体管谐振逆变器

例 7.3　求解一个简单谐振逆变器的电流和电压。

如图 7-7a 所示的谐振逆变器有 $C=2\mu F$，$L=20\mu H$，$R=\infty$，$V_s=220V$。晶体管的开关时间 $t_{sw}=10\mu s$。输出频率为 $f_o=20kHz$。求(a)电源电流峰值 I_p；(b)器件平均电流 I_A；(c)器件有效电流 I_R；(d)电容器电压峰峰值 V_{pp}；(e)最大可达到的输出频率 f_{max}；(f)电源平均电流 I_s。

解：

当 Q_1 器件导通，电流描述为：

$$L\frac{di_0}{dt}+\frac{1}{C}\int i_0\,dt+v_c(t=0)=V_s$$

初始条件 $i_o(t=0)=0$，$v_c(t=0)=V_c=0$。求解电流得到：

$$i_0(t)=V_s\sqrt{\frac{C}{L}}\sin(\omega_r t) \tag{7-26}$$

电容器电压为：

$$v_c(t)=V_s(1-\cos(\omega_r t)) \tag{7-27}$$

式中：

$$\omega_r=1/\sqrt{LC}$$

$$\omega_r=\frac{10^6}{\sqrt{20\times 2}}\text{rad/s}=158114\text{rad/s 和 } f_r=\frac{158114}{2\pi}\text{Hz}=25165\text{Hz}$$

$$T_r=\frac{1}{f_r}=\frac{1}{25165}\mu s=39.74\mu s,t_1=\frac{T_r}{2}=\frac{39.74}{2}\mu s=19.87\mu s$$

在 $\omega_r t=\pi$ 时，有：

$$v_c(\omega_r t=\pi)=V_{c1}=2V_s=2\times 220V=440V$$

$$v_c(\omega_r t=0)=V_c=0$$

(a) $I_p=V_s\sqrt{C/L}=220\times\sqrt{2/20}A=69.57A$。

(b) $I_A=f_o\int_0^\pi I_p\sin\theta d\theta=I_p f_o/(\pi f_r)=(69.57\times 20000/(\pi\times 25165)A=17.6A$。

(c) $I_R=I_p\sqrt{f_o t/2}=69.57\times\sqrt{20000\times 19.87\times 10^{-6}/2}A=31.01A$。

(d)电容器电压峰峰值 $V_{pp}=V_{c1}-V_c=440V$。

(e)由式(7-24)，得 $f_{max}=10^6/(2\times 12)Hz=41.67kHz$。

(f)因为电路没有损耗，$I_s=0$。◀

例 7.4　分析具有双向开关的半桥谐振逆变器。

图 7-8a 所示的半桥谐振逆变器运行在在 $f_o=3.5kHz$ 的频率下。如果 $C_1=C_2=C=3\mu F$，$L_1=L_2=L=50\mu H$，$R=2\Omega$ 和 $V_s=220V$，确定(a)供电电流的峰值 I_p；(b)该设备的平均电流 I_A；(c)设备的有效电流 I_R；(d)负载电流有效值 I_o；(e)平均电源电流 I_s。

解：

$V_s=220\text{V}$，$C_e=C_1+C_2=6\mu\text{F}$，$L=50\mu\text{F}$，$R=2\Omega$ 和 $f_o=3500\text{Hz}$

对该逆变器的分析类似于对图7-3所示逆变器的分析。不同于每个周期有两个电流脉冲，这儿的输出电压的每个完整周期有四个脉冲，每一个脉冲通过Q_1、D_1、Q_2和D_2中的一个器件。式(7-20)是适用的。在正半周期内，电流流过Q_1，负半周期内，电流流过D_1。在一个非重叠控制中，在输出频率f_o的整个周期内有两个谐振周期。由式(7-21)，有：

$$\omega_r=54160\text{rad/s}, f_r=\frac{54160}{2\pi}\text{Hz}=8619.9\text{Hz}$$

$$T_r=\frac{1}{8619.9}\text{s}=116\mu\text{s}, t_1=\frac{116}{2}\mu\text{s}=58\mu\text{s}$$

$$T_0=\frac{1}{3500}\text{s}=285.72\mu\text{s}$$

负载电流的关断时间为：

$$t_d=T_0-T_r=(285.72-116)\mu\text{s}=169.72\mu\text{s}$$

因为t_d大于零，逆变器工作中非重叠模式。由式(7-14)，得：

$$V_c=100.4\text{V}, V_{c1}=(220+100.4)\text{V}=320.4\text{V}$$

(a)由式(7-7)，得：

$$t_m=\left(\frac{1}{54160}\arctan\frac{54160}{20000}\right)\text{s}=22.47\mu\text{s}$$

$$i_0(t)=\frac{V_s+V_c}{\omega_r L}\text{e}^{-\alpha t}\sin(\omega_r t)$$

而负载峰值电流变为$I_p=i_0(t=t_m)=70.82\text{A}$。

(b)一个器件从t_1导通。器件平均电流为：

$$I_A=f_o\int_0^{t_1}i_0(t)\text{d}t=8.84\text{A}$$

(c)器件有效电流为：

$$I_R=\left[f_o\int_0^{r_1}i_0^2(t)\text{d}t\right]^{1/2}=22.05\text{A}$$

(d)负载电流有效值$I_o=2I_R\text{A}=2\times22.05\text{A}=44.1\text{A}$。

(e)$P_o=44.1^2\times2\text{W}=3889\text{W}$，电源平均电流$I_s=3889/220\text{A}=17.68\text{A}$。 ◀

注意：当使用双向开关时，器件的电流额定值减小。对于同样的输出功率，器件平均电流是单向开关逆变器的一半，而有效电流是其$1/\sqrt{2}$。

例7.5 分析具有双向开关的全桥谐振逆变器。

如图7-9a所示的全桥谐振逆变器工作在$f_o=3.5\text{kHz}$的频率下。如果$C=6\mu\text{F}$，$L=50\mu\text{H}$，$R=2\Omega$和$V_s=220\text{V}$，确定(a)峰值电源电流I_p；(b)器件平均电流I_A；(c)器件有效电流I_R；(d)负载有效电流I_o；(e)电源平均电流I_s。

解：

$V_s=220\text{V}$，$C=6\mu\text{F}$，$L=50\mu\text{H}$，$R=2\Omega$ 和 $f_o=3.5\text{kHz}$

由式(7-21)，得：

$$\omega_r=54160\text{rad/s}$$

$$f_r=(54160/(2\pi))\text{Hz}=8619.9\text{Hz}, \alpha=20000$$

$$T_r=(1/8619.9)\text{s}=116\mu\text{s}, t_1=(116/2)\mu\text{s}=58\mu\text{s}$$

而$T_o=(1/3500)\text{s}=285.72\mu\text{s}$。负载电流的关断时间为$t_d=T_o-T_r=(285.72-116)\mu\text{s}=169.72\mu\text{s}$，逆变器工作在非重叠模式下。

模式1 当Q_1和Q_2导通，该模式开始。谐振电流流经Q_1、Q_2、负载和电源。模式1的等效电路如图7-11a所示，初始的电容电压也在图中给出。瞬时电流可描述为：

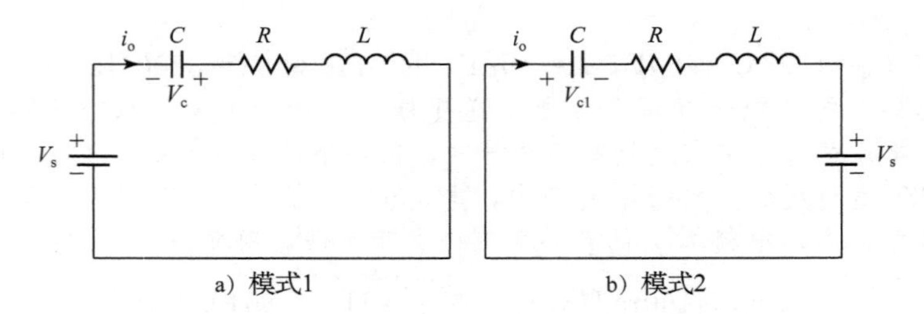

图 7-11 全桥逆变器的模式等效电路

$$L\frac{\mathrm{d}i_0}{\mathrm{d}t}+Ri_0+\frac{1}{C}\int i_0\,\mathrm{d}t+v_c(t=0)=V_s$$

其初始条件 $i_0(t=0)=0$，$v_{c1}(t=0)=-V_c$，电流可求解为：

$$i_0(t)=\frac{V_s+V_c}{\omega_r L}\mathrm{e}^{-\alpha t}\sin(\omega_r t) \tag{7-28}$$

$$v_c(t)=-(V_s+V_c)\mathrm{e}^{-\alpha t}(\alpha\sin(\omega_r t)+\omega_r\cos(\omega_r t))+V_s \tag{7-29}$$

器件 Q_1 和 Q_2 在 $t_1=\pi/\omega_r$ 时关断，此时，$i_1(t)$ 变为零。

$$V_{c1}=v_c(t=t_1)=(V_s+V_c)\mathrm{e}^{-\alpha\pi/\omega_r}+V_s \tag{7-30}$$

模式 2 当 Q_3 和 Q_4 导通时，该模式开始。一个反向的谐振电流流经 Q_3、Q_4、负载和电源。模式 2 的等效电路如图 7-11b 所示，初始的电容电压也在图中给出。瞬时电流可描述为：

$$L\frac{\mathrm{d}i_0}{\mathrm{d}t}+Ri_0+\frac{1}{C}\int i_0\,\mathrm{d}t+v_c(t=0)=-V_s$$

其初始条件 $i_2(t=0)=0$，$v_c(t=0)=V_{c1}$，电流可求解为：

$$i_0(t)=-\frac{V_s+V_{c1}}{\omega_r L}\mathrm{e}^{-\alpha t}\sin(\omega_r t) \tag{7-31}$$

$$v_c(t)=(V_s+V_{c1})\mathrm{e}^{-\alpha t}(\alpha\sin(\omega_r t)+\omega_r\cos(\omega_r t))/\omega_r-V_s \tag{7-32}$$

器件 Q_3 和 Q_4 在 $t_1=\pi/\omega_r$ 时关断，此时 $i_0(t)$ 变为零。

$$V_c=-v_c(t=t_1)=(V_s+V_{c1})\mathrm{e}^{-\alpha\pi/\omega_r}+V_s \tag{7-33}$$

根据式(7-30)和式(7-33)，求解 V_c 和 V_{c1} 得到：

$$V_c=V_{c1}=V_s\frac{\mathrm{e}^z+1}{\mathrm{e}^z-1} \tag{7-34}$$

式中：$z=\alpha\pi/\omega_r$。对于 $z=20000\pi/54160=1.1601$，式(7-34)给出 $V_c=V_{c1}=420.9V$。

(a)由式(7-7)，得：

$$t_m=\left(\frac{1}{54160}\arctan\frac{54160}{20000}\right)\mathrm{s}=22.47\mu\mathrm{s}$$

由式(7-28)，得峰值负载电流为：

$$I_p=i_0(t=t_m)=141.64\mathrm{A}$$

(b)一个器件从 t_1 开始导通。器件平均电流可以根据式(7-28)求解，如下：

$$I_A=f_o\int_0^{t_1}i_0(t)\mathrm{d}t=17.68\mathrm{A}$$

(c)器件有效电流可以根据式(7-28)求解，如下：

$$I_R=\left[f_o\int_0^{t_1}i_0^2(t)\mathrm{d}t\right]^{1/2}=44.1\mathrm{A}$$

(d)负载有效电流为：

$$I_o=2I_R=2\times44.1\mathrm{A}=88.2\mathrm{A}$$

(e)$P_o=88.2^2\times2W=15556W$，而电源平均电流为

$$I_s=(15556/220)A=70.71A$$

◀

注意：对于相同的电路参数，全桥逆变器的输出功率为半桥逆变器的4倍，器件电流为半桥的2倍。

7.3　串联谐振逆变器的频率响应

从图7-7b和图7-8b的波形可以看到，改变开关频率$f_s(=f_a)$可以改变输出电压。电压增益的频率响应显示出对应频率变化的增益限制[2]。负载电阻R相对于谐振元件有三种可能的连接：(1)串联，(2)并联和(3)串并联组合。

7.3.1　串联负载的频率响应

在图7-4、图7-8和图7-9a所示电路，负载电阻R与谐振元件L和C构成串联电路，等效电路如图7-12a所示。输入电压v_c是一个方波，其基波峰值为$V_{i(pk)}=4V_s/\pi$，其有效值是：

$$V_i=4V_s/(\sqrt{2}\pi)$$

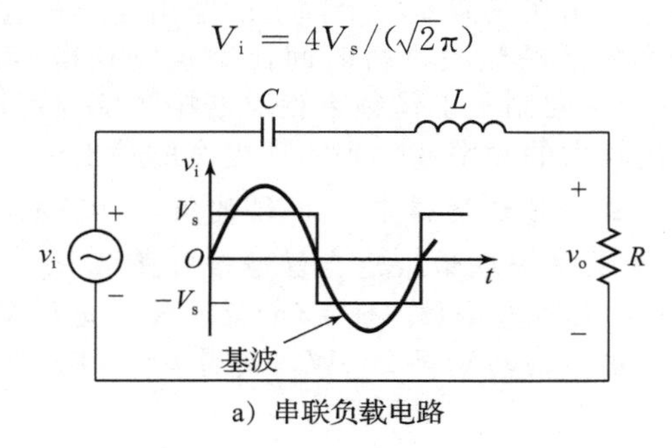

a) 串联负载电路

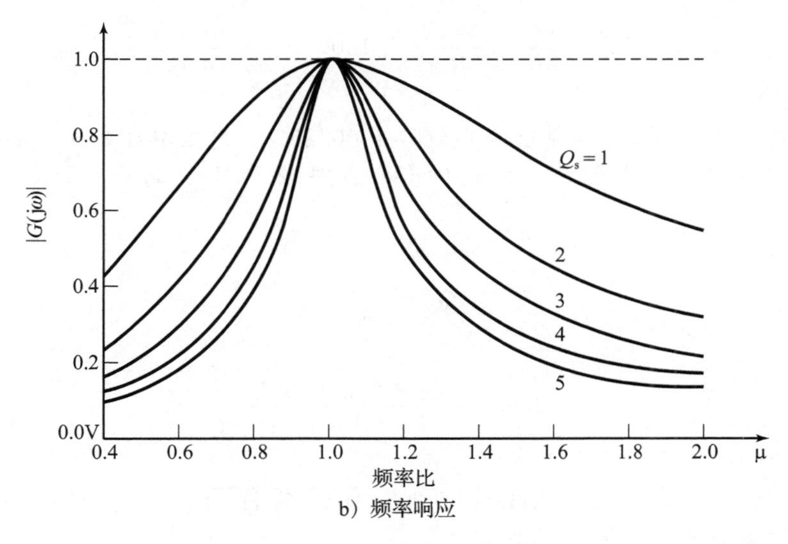

b) 频率响应

图7-12　串联负载的频率响应

使用在频域上的分压法则，串联谐振电路的电压增益为

$$G(j\omega)=\frac{V_o}{V_i}(j\omega)=\frac{1}{1+j\omega L/R+j/(\omega CR)}$$

让谐振频率$\omega_0=1/\sqrt{LC}$，品质因数$Q_s=\omega_0L/R$。将L、C和R代换成Q_s和ω_0，可以得到：

$$G(j\omega)=\frac{v_o}{v_i}(j\omega)=\frac{1}{1+j\,Q_s(\omega/\omega_0-\omega_0/\omega)}=\frac{1}{1+j\,Q_s(u-1/u)}$$

式中：$u=\omega/\omega_0$。$G(j\omega)$的幅值为：

$$|G(j\omega)|=\frac{1}{[1+Q_s^2(u-1/u)^2]^{1/2}} \tag{7-35}$$

图 7-12b 所示的是对应$Q_s=1\sim5$ 时，式(7-35)的幅度图。对于连续的输出电压，开关频率应大于谐振频率 f_0。如果逆变器工作在谐振点附近，且负载发生短路，电流上升到一个很高的值，特别当负载电流已经很高时。但是，输出电流可以通过提高开关频率来控制。通过开关器件的电流随负载电流减小而减小，从而具有更低的导通状态损耗，并在部分负载下具有很高的效率。该系列变频器最合适高电压低电流的应用。最大输出发生在谐振的时候，$u=1$ 情况下最大增益为 $|G(j\omega)|_{max}=1$。

在空载条件下，$R=\infty$和$Q_s=0$。因此，该曲线将仅仅是一条水平线。也就是说，对于$Q_s=1$，该特性具有很差的“选择性”，输出电压从空载到满载状态会显著变化，因此调节性能很差。谐振逆变器通常用在只需要一个固定的输出电压的应用中。然而，一些空载调整可以通过在比谐振频率稍低的频段进行时间比率控制获得(例如，见图 7-8b)。这种类型的控制有两个缺点：(1)它限制了工作频率相对谐振频率的可调节范围；(2)由于品质因数较低，该电路需要通过较大的频率变化来实现更宽的输出电压控制。

例 7.6 求一个串联负载谐振逆变器中 L 和 C 的值，以获取指定的输出功率。

图 7-8a 所示具有串联负载的串联谐振逆变器谐振时提供 $P_L=1\text{kW}$ 的负载功率。负载电阻为 $R=10\Omega$，谐振频率为 $f_0=20\text{kHz}$。确定(a)直流输入电压 V_s；(b)品质因数 Q_1，如果需要通过频率控制来降低输出的功率至 250W，使得 $u=0.8$；(c)电感 L；(d)电容 C。

解：

(a)因为谐振时，$u=1$ 且 $|G(j\omega)|_{max}=1$，负载电压基波峰值为 $V_p=V_{i(pk)}=4V_s/\pi$。

$$P_L=\frac{V_p^2}{2R}=\frac{4^2\,V_s^2}{2R\,\pi^2} \text{ 或 } 1000=\frac{4^2\,V_s^2}{2\,\pi^2\times10}$$

于是有 $V_s=110\text{V}$。

(b)若要把负载功率降低到原值的 1/4(即 1000/250)，电压增益必须在 $u=0.8$ 情况下降低到原值的 1/2。也就是说，由式(7-35)，可得到 $1+Q_s^2(u-1/u)^2=2^2$，求得 $Q_s=3.85$。

(c)Q_s定义为：

$$Q_s=\frac{\omega_0 L}{R}$$

或者

$$3.85=\frac{2\pi\times20\text{kHz}\times L}{10}$$

得到 $L=306.37\mu\text{H}$。

(d)$f_0=1/(2\pi\sqrt{LC})$或者 $20\text{kHz}=1/[2\pi\sqrt{306.37\mu\text{H}\times C}]$，得出 $C=0.2067\mu\text{F}$。◀

7.3.2 并联负载的频率响应

对于如图 7-7a 所示直接跨接在电容器 C 上(或通过一个变压器)的负载，其等效电路如图 7-13a 所示。采用频域分压法则，电压增益为：

$$G(j\omega)=\frac{V_o}{V_i}(j\omega)=\frac{1}{1-\omega^2LC+j\omega L/R}$$

式中：谐振频率 $\omega_0=1/\sqrt{LC}$；品质因数 $Q=1/Q_s=R/(\omega_0 L)$。将 L、C 和 R 替换成 Q 和 ω_0，得到：

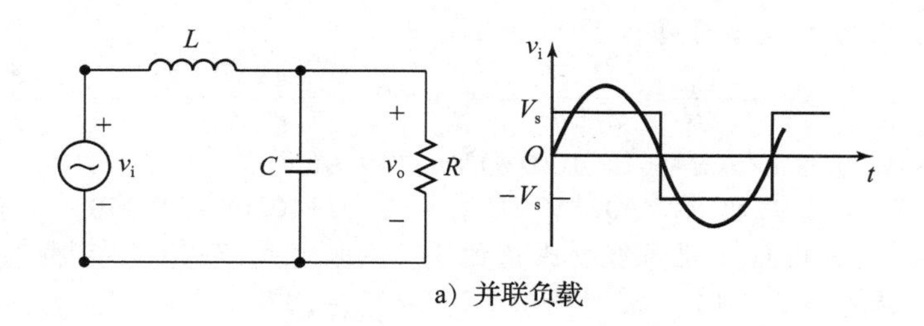

a）并联负载

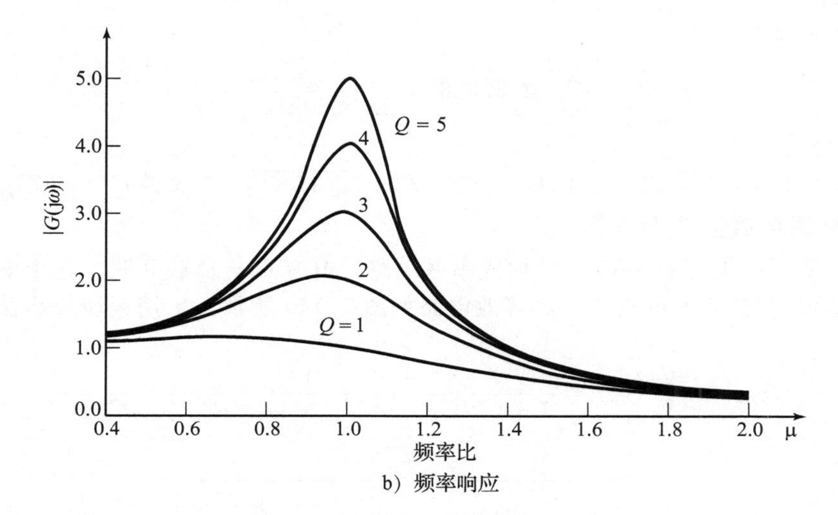

b）频率响应

图 7-13　串并联负载的频率响应

$$G(j\omega)=\frac{V_o}{V_i}(j\omega)=\frac{1}{[1-(\omega/\omega_0)^2]+j(\omega/\omega_0)Q}=\frac{1}{(1-u^2)+ju/Q}$$

式中：$u=\omega/\omega_0$。

$G(j\omega)$的幅度为：

$$|G(j\omega)|=\frac{1}{[(1-u^2)^2+(u/Q)^2]^{1/2}} \tag{7-36}$$

图 7-13b 所示为对应 $Q=1\sim5$ 时，式(7-36)给出的电压增益的幅值图。最大增益在$Q>2$附近，对于 $u=1$，其值为：

$$|G(j\omega)|_{\max}=Q \tag{7-37}$$

在空载情况下，$R=\infty$和 $Q=\infty$。因此，谐振时的输出电压是负载的函数，并且如果工作频率不提高，在空载时，该电压可以非常高。然而，输出电压通常在空载条件下通过在高于谐振频率的频段改变工作频率进行控制。通过开关器件的电流独立于负载，但随着直流输入电压的增加而增加。因此，导通损耗保持相对稳定，从而导致轻负载时效率较低。

如果电容器 C 由于负载故障被短路，则电流会受限于电感器 L。这类逆变器提供自然短路保护，是具有严重的短路要求的应用所需要的。该逆变器主要用于低压、大电流的应用中，输入电压范围比较窄，一般可达±15%。

例 7.7　求一个并联负载谐振逆变器中 L 和 C 的值，以获取指定的输出功率。

带有并联负载的串联谐振逆变器在正弦负载电压峰值 $V_p=330\text{V}$ 和谐振的情况下为负载提供 $P_L=1\text{kW}$ 的负载功率。负载电阻为 $R=10\Omega$。谐振频率为 $f_0=20\text{kHz}$ 的。确定(a)直流输入电压 V_s；(b)频率比 u(如果需要通过频率控制，以降低负载功率至 250W)；(c)电感器 L；(d)电容器 C。

解：

(a)一个方波电压的基波分量峰值为 $V_p = 4V_s/\pi$。

$$P_L = \frac{V_p^2}{2R} = \frac{4^2 V_s^2}{2\pi^2 R} \text{ 或者 } 1000 = \frac{4^2 V_s^2}{2\pi^2 \times 10}$$

可求得 $V_s = 110V$。$V_{i(pk)} = 4V_s/\pi = (4 \times 100/\pi)V = 140.06V$。

(b)根据式(7-37)，品质因数为 $Q = V_p/V_{i(pk)} = 330/140.06 = 2.356$。若要把负载功率降低为原来的1/4，电压增益必须降低到原值的1/2。即由式(7-36)，可得到

$$(1-u^2)^2 + (u/2.356)^2 = 2^2$$

求得 $u = 1.693$。

(c)Q 定义为：

$$Q = \frac{R}{\omega_0 L} \text{ 或 } 2.356 = \frac{R}{2\pi \times 20\text{kHz} \times L}$$

可求得 $L = 33.78\mu\text{H}$。

(d)$f_0 = 1/(2\pi\sqrt{LC})$ 或者 $20\text{kHz} = 1/2\pi\sqrt{33.78\mu\text{H} \times C}$，可求得 $C = 1.875\mu\text{F}$。 ◀

7.3.3 串并联负载的频率响应

图7-10所示的电容 $C_1 = C_2 = C_s$ 构成串联电路，电容 C 与负载并联。这个电路是串联负载和并联负载特性之间的折中。其等效电路如图7-14a所示。采用频域分压法则，电压增益为：

$$G(j\omega) = \frac{V_o}{V_i}(j\omega) = \frac{1}{1 + C_p/C_s - \omega^2 LC_p + j\omega L/R - j/(\omega C_s R)}$$

C_s L v_i V_s O $-V_s$ t C_p R v_o

a) 串并联负载

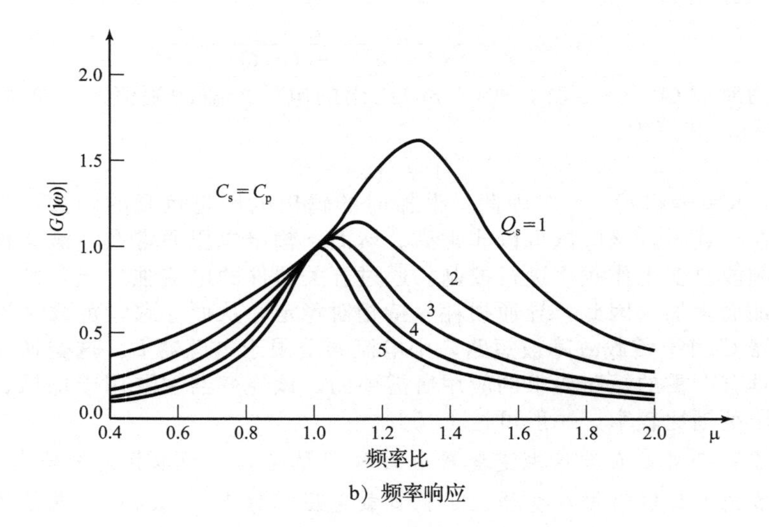

b) 频率响应

图7-14 串并联负载的频率响应

设谐振频率为 $\omega_0 = 1/\sqrt{LC_s}$，品质因数 $Q_s = \omega_0 L/R$。将 L、C 和 R 替换为 Q_s 和 ω_0，得到：

$$G(\mathrm{j}\omega)=\frac{V_o}{V_i}(\mathrm{j}\omega)=\frac{1}{1+C_p/C_s-\omega^2LC_p+\mathrm{j}\,Q_s(\omega/\omega_0-\omega_0/\omega)}$$
$$=\frac{1}{1+(C_p/C_s)(1-u^2)+\mathrm{j}\,Q_s(u-1/u)}$$

式中：$u=\omega/\omega_0$。

$G(\mathrm{j}\omega)$的幅值为：

$$|G(\mathrm{j}\omega)|=\frac{1}{\{[1+(C_p/C_s)(1-u^2)]^2+Q_s^2(u-1/u)^2\}^{1/2}} \tag{7-38}$$

图 7-14b 所示为在$Q_s=1\sim5$ 时，$C_p/C_s=1$ 情况下，电压增益式(7-38)给出的幅值图。该逆变器结合了串联负载和并联负载的最佳特性，同时消除了诸如串联负载缺乏调节性和并联负载中负载电流独立等薄弱环节。

如果 C_p变得越来越小，则逆变器具有串联负载的特性。当 C_p为一个合理值时，逆变器具有一些并联负载的特性，并且可以在空载下运行。如 C_p变小，实现特定输出电压所需的上限频率升高。选取 $C_p=C_s$一般来说是在合理的较高频率之中对部分负载效率和空载调节性能的良好折中。为了使电流随着负载下降从而保持部分负载下的高效率，满负载 Q 值一般为 4～5。一个具有串并联负载的逆变器可以使用较宽的输入电压，负载范围从空载到满载，同时保持出色的转换效率。

7.4　并联谐振逆变器

并联谐振逆变器是串联谐振逆变器的对偶形式。电能从一个电流源供给，以使电路对开关电流提供一个高阻抗。并联谐振电路如图 7-15 所示。因为电流的连续控制，变换器故障条件下有更好的短路保护。对 R、L 和 C 的电流求和得到：

$$C\frac{\mathrm{d}v}{\mathrm{d}t}+\frac{v}{R}+\frac{1}{L}\int v\mathrm{d}t=I_s$$

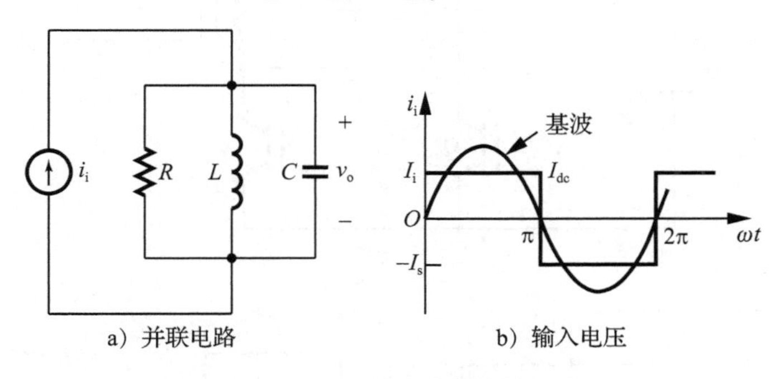

a) 并联电路　　b) 输入电压

图 7-15　并联谐振电路

其初始条件 $v(t=0)=0$ 和 $i_L(t=0)=0$。如果将 i 替换为 v，R 替换为 $1/R$，L 替换为 C，C 替换为 L，还有 V_s替换为 I_s，则该式与式(7-2)相同。根据式(7-5)，电压 v 为：

$$v=\frac{I_s}{\omega_r C}\mathrm{e}^{-\alpha t}\sin(\omega_r t) \tag{7-39}$$

式中：$\alpha=1/(2RC)$。

阻尼谐振频率 ω_r为：

$$\omega_r=\left(\frac{1}{LC}-\frac{1}{4R^2C^2}\right)^{1/2} \tag{7-40}$$

根据式(7-7)，式(7-39)中的电压 v 在 t_m处变为最大，即

$$t_m=\frac{1}{\omega_r}\arctan\frac{\omega_r}{\alpha} \tag{7-41}$$

t_m可近似为 π/ω_r。输入阻抗为：

$$Z(j\omega) = \frac{V_o}{I_i}(j\omega) = R\frac{1}{1+jR/(\omega L)+j\omega CR}$$

式中：I_i是交流有效输入电流，$I_i = 4I_s/(\sqrt{2}\pi)$。

品质因数Q_p为：

$$Q_p = \omega_0 CR = \frac{R}{\omega_0 L} = R\sqrt{\frac{C}{L}} = 2\delta \tag{7-42}$$

式中：δ是阻尼因数，$\delta = \alpha/\omega_0 = (R/2)\sqrt{C/L}$。将 L、C 和 R 替换为 Q_p 和 ω_0，可得到：

$$Z(j\omega) = \frac{V_o}{I_i}(j\omega) = \frac{1}{1+jQ_p(\omega/\omega_0 - \omega_0/\omega)} = \frac{1}{1+j\,Q_p(u-1/u)}$$

式中：$u = \omega/\omega_0$。

$Z(j\omega)$的幅值为：

$$|Z(j\omega)| = \frac{1}{[1+Q_p^2(u-1/u)^2]^{1/2}} \tag{7-43}$$

与式(7-35)中的电压增益 $|G(j\omega)|$ 一样。幅值增益图如图 7-12 所示。并联谐振逆变器如图 7-16a 所示。电感器 L_e充当一个电流源，电容器 C 是谐振元件。L_m为变压器的互感并作为谐振电感器。恒定的电流由晶体管 Q_1 和 Q_2 交替地切换到谐振电路。门控信号如图 7-16c 所示。将负载电阻 R_L 参照到一次侧，并忽略变压器的漏电感，其等效电路如图 7-16b 所示。一种为荧光灯供电的实用谐振逆变器如图 7-17 所示。

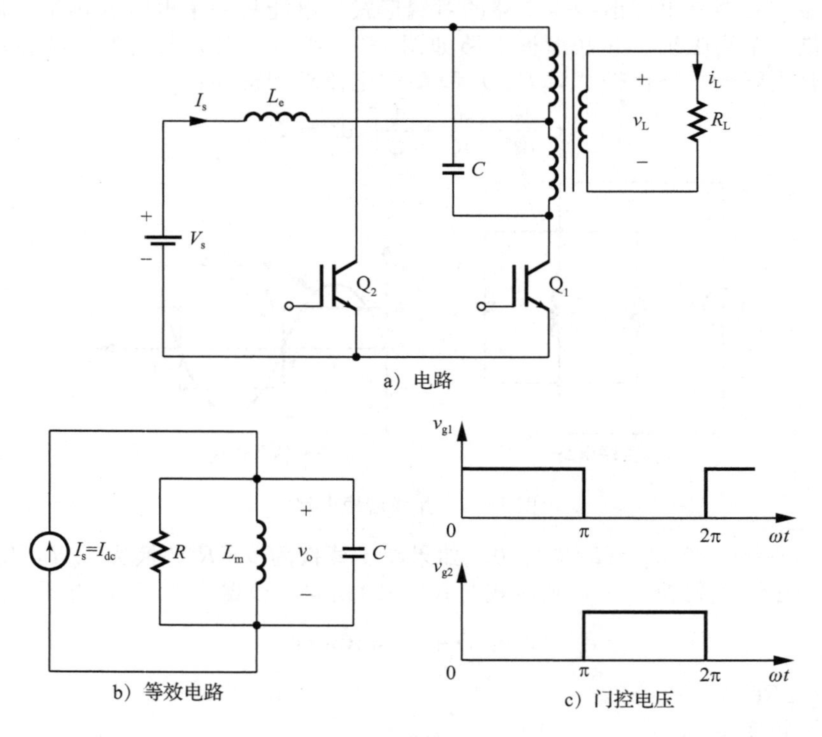

图 7-16 并联谐振逆变器

例 7.8 求解并联谐振逆变器中 L 和 C 的值，以产生特定的输出功率。

图 7-16a 所示的并联谐振逆变器在峰值正弦负载电压 $V_p = 170\text{V}$ 和谐振条件下，提供的 $P_L = 1\text{kW}$ 的负载功率。负载电阻为 $R = 10\Omega$。谐振频率为 $f_0 = 20\text{kHz}$。确定(a)直流电源输入电流 I_s；(b)品质因数Q_p(如果需要通过频率控制来降低负载功率至 250W，使得

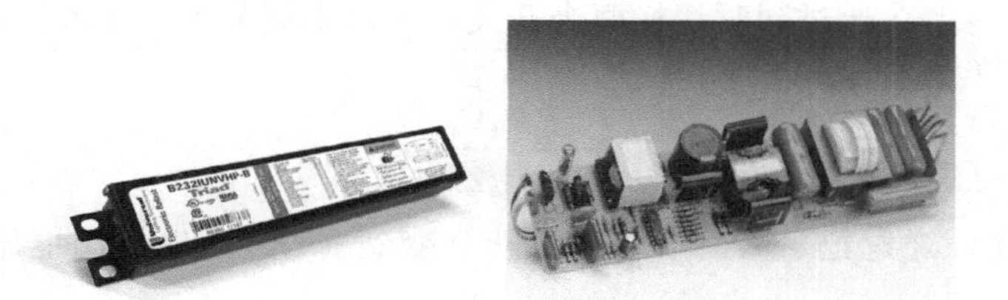

图 7-17 并联谐振逆变器(图片由 Universal Lighting Technologies 提供)

$u=1.25$);(c)电感器 L;(d)电容器 C。

解:

(a)因为谐振时,$u=1$,$|Z(j\omega)|_{\max}=1$,负载电流基波峰值为 $I_p=4I_s/\pi$。

$$P_L=\frac{I_p^2R}{2}=\frac{4^2\ I_s^2R}{2\ \pi^2} \text{ 或者 } 1000=\frac{4^2\ I_s^2 10}{2\ \pi^2}$$

求解得到 $I_s=11.1\text{A}$。

(b)为了将负载功率降低(1000/250)到原值的 1/4,阻抗必须在 $u=1.25$ 时降低到原值的 1/2。也就是说,由式(7-43)得到 $1+Q_p^2(u-1/u)^2=2^2$,求解得到 $Q_p=3.85$。

(c)Q_p 被定义为 $Q_p=\omega_0 CR$ 或者 $3.85=2\pi\times 20\text{kHz}\times C\times 10$,求解得到 $C=3.06\mu\text{F}$。

(d)$f_0=1/(2\pi\sqrt{LC})$ 或者 $20\text{kHz}=1/[2\pi\sqrt{3.06\mu\text{F}\times L}]$,求解得到 $L=20.67\mu\text{H}$。◀

7.5 谐振逆变器的电压控制

准谐振逆变器(QRIS)[3] 通常用于输出电压控制。QRIS 可视为谐振器和 PWM 逆变器的混合体。基本原理是用谐振开关取代 PWM 逆变器的功率开关。开关的电流或电压的波形被强制以一个准正弦波方式振动。许多传统的逆变器电路可以转化为对等的谐振逆变器[4]。

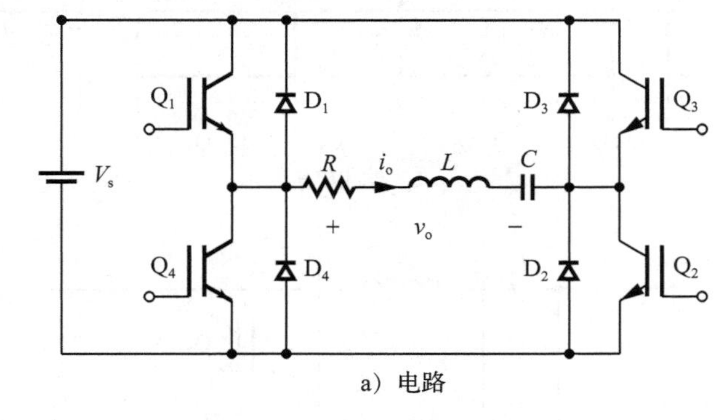

a) 电路

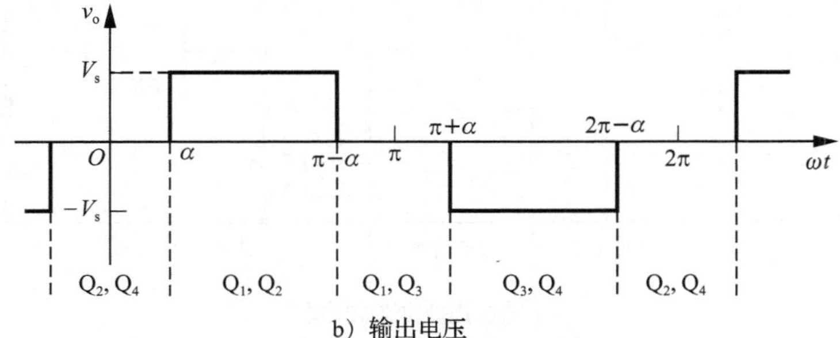

b) 输出电压

图 7-18 串联谐振逆变器的准方波电压控制

桥式拓扑结构,如图 7-18a 所示,可以用来实现对输出电压的控制。开关频率 f_s 恒定

保持在谐振频率 f_0上。通过同时切换两个开关，可以得到如图 7-18b 所示的准方波。输入电压基波的有效值为：

$$V_i = \frac{4V_s}{\sqrt{2}\pi}\cos\alpha \tag{7-44}$$

式中：α 是控制角。通过把 α 以恒定的频率从 0 变到 $\pi/2$，可以控制电压 V_i从 $4V_s/(\pi\sqrt{2})$ 变到 0。

图 7-19a 所示的桥式拓扑可以控制输出电压。开关频率 f_s恒定保持在谐振频率 f_0上。通过同时切换两个开关，可以得到如图 7-19b 所示的准方波。输入电流基波的有效值为：

$$I_i = \frac{4I_s}{\sqrt{2}\pi}\cos\alpha \tag{7-45}$$

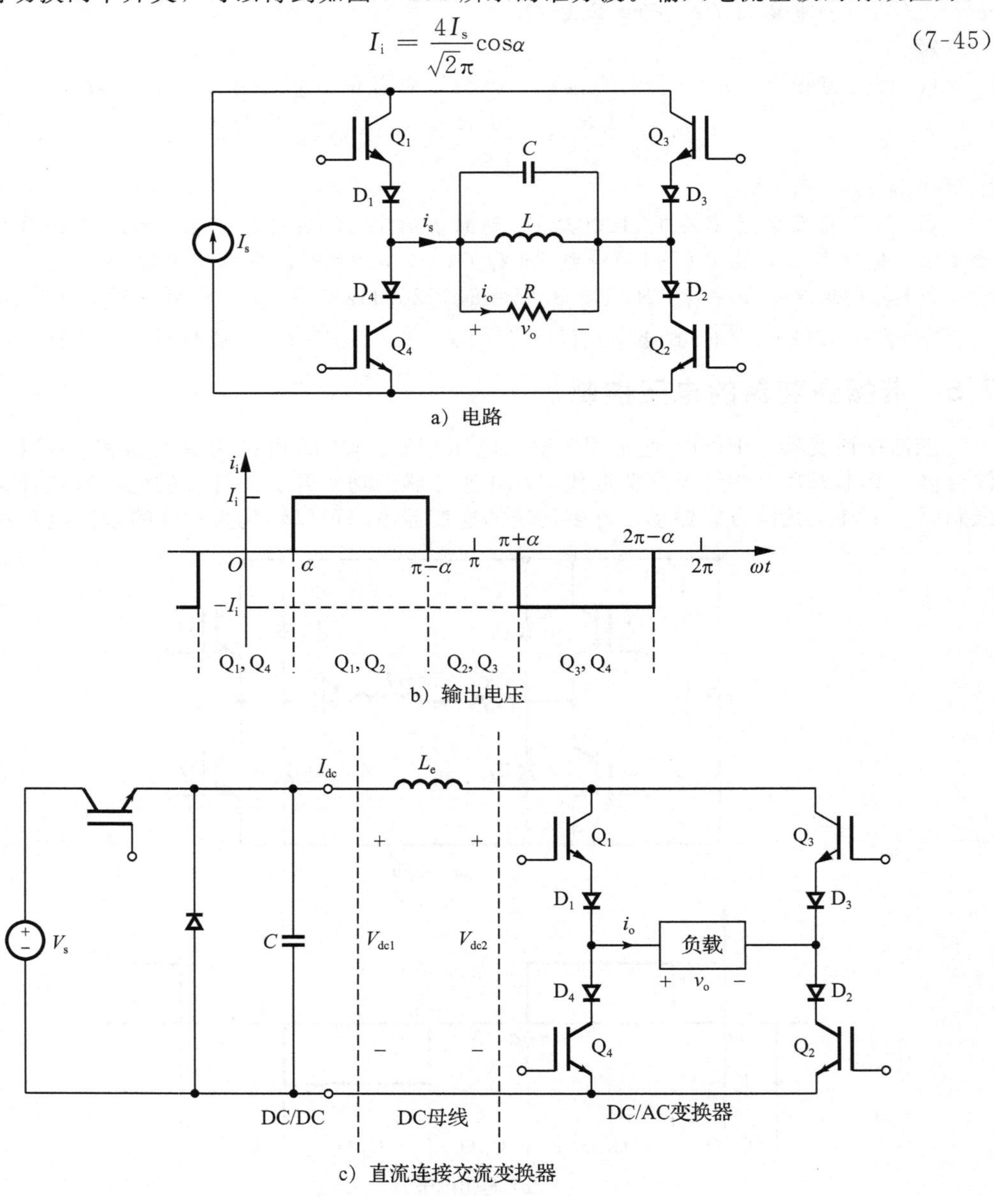

图 7-19　并联谐振逆变器的准方波电流控制

把 α 以恒定的频率从 0 变到 $\pi/2$，就可以控制电流 I_i从 $4I_s/(\pi\sqrt{2})$变到 0。

这个概念可以扩展到高压直流（HVDC）的应用中。在 HVDC 的应用中，交流电压被转换为直流电压，再转换回交流电压。传输通常以一个恒定直流电流 I_{dc} 实现。单相的版本如图 7-19c 所示。

7.6　E 类谐振逆变器

E 类谐振逆变器只使用一个晶体管，并具有很低的开关损耗，能得到超过 95% 的高效率，对应该电路如图 7-20a 所示。它通常用于功率需求小于 100W 的低功率应用中，特别是高频电子镇流器。其开关器件需要能够承受高电压。这种逆变器通常用来得到固定输出电压。然而，输出电压可以通过改变开关频率而改变。该电路的运行可分为两种模式：模式 1 和模式 2。

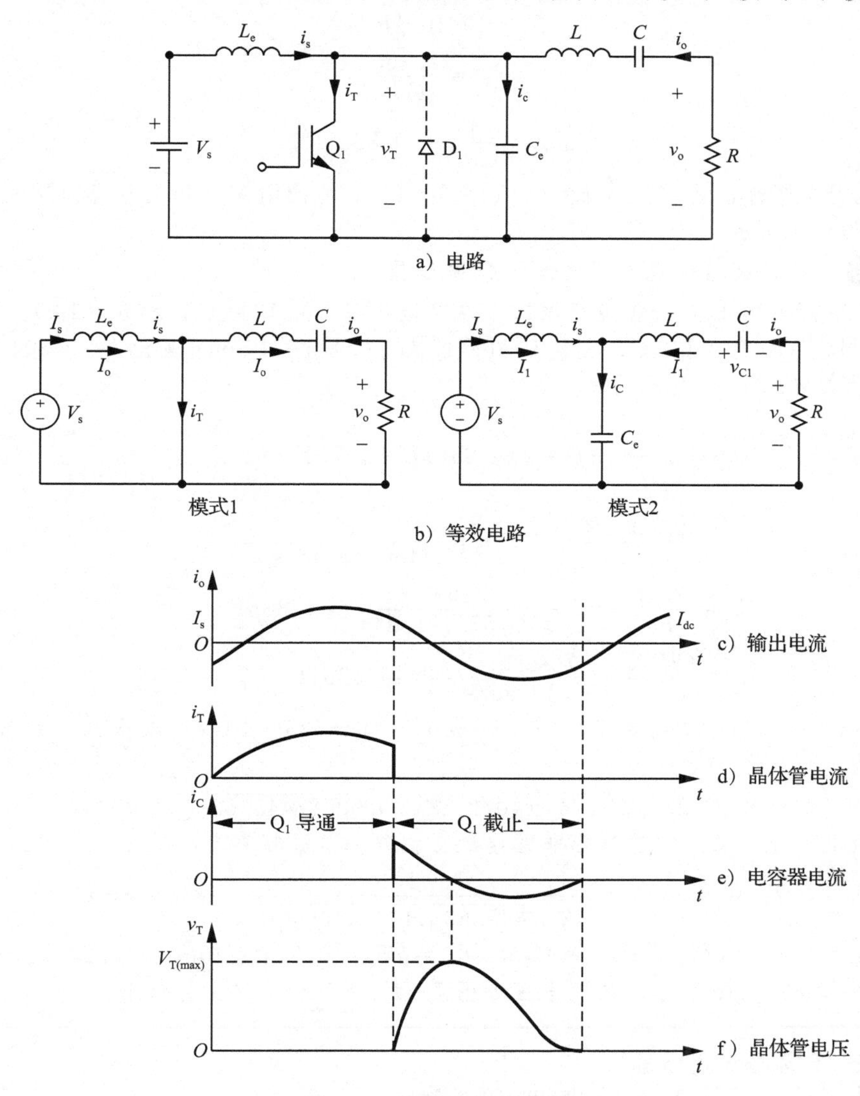

图 7-20　E 类谐振逆变器

模式 1　在此模式中，晶体管 Q_1 导通，其等效电路如图 7-20b 所示。开关电流 i_T 由源电流 i_s 和负载电流 i_o 组成。为了得到一个几乎正弦的输出电流，L 和 C 的选取以获得高品质因数为原则，一般要获得 $Q \geqslant 7$ 和低阻尼比，通常 $\delta \leqslant 0.072$。开关在零电压关断。当开关关断时，电流立即改道并流至电容器 C_e。

模式 2　在此模式下，晶体管 Q_1 关断。其等效电路如图 7-20b 所示。电容器电流 i_c 变

为 i_s和 i_o的总和。开关电压从零上升到一个最大值并再次下降到零。当开关电压下降到零时，$i_c = C_e \mathrm{d}v_T/\mathrm{d}t$ 通常是负的。因此，开关电压将趋于负。要限制此负电压，需要连接一个反并联二极管，如用图 7-20a 虚线所示。如果开关是一个 MOSFET，它的负电压将被其内置的二极管限制为一个二极管压降。

模式 3 此模式仅当开关电压以有限负斜率下降到零时存在。除了初始条件不同，其等效电路类似模式 1。在模式 3 的最终，负载电流下降到零。但是，如果电路参数使得所述开关的电压降为零时斜率也为零，就没有必要连接一个二极管，该模式也不会存在。即，$v_T = 0$，并且 $\mathrm{d}v_T/\mathrm{d}t = 0$。通常满足这些条件，并给出最大效率的最佳参数为[5,6]：

$$L_e = 0.4001R/\omega_s$$

$$C_e = \frac{2.165}{R\omega_s}$$

$$\omega_s L - \frac{1}{\omega_s C} = 0.3533R$$

式中：ω_s为开关频率。占空比为 $k = t_{on}/T_s = 30.4\%$。输出电流、开关电流和开关电压的波形如图 7-20c～f 所示。

例 7.9 求 E 类谐振逆变器的最优 C 和 L 值。

图 7-20a 所示的 E 类谐振逆变器工作在谐振状态，且 $V_s = 12V$ 和 $R = 10\Omega$。开关频率为 $f_s = 25\text{kHz}$。(a)确定 L、C、C_e和 L_e的最佳值；(b)利用 PSpice 画出 $k = 0.304$ 时的输出电压 v_0和开关电压 v_T。假设 $Q = 7$。

解：

$V_s = 12\text{V}$，$R = 10\Omega$，$\omega_s = 2\pi f_s = 2\pi \times 25\text{kHz} = 157.1\text{krad/s}$。

(a)

$$L_e = \frac{0.4001\text{R}}{\omega_s} = 0.4001 \times \frac{10}{157.1\text{krad/s}} = 25.47\mu\text{H}$$

$$C_e = \frac{2.165}{R\omega_s} = \frac{2.165}{10 \times 157.1\text{krad/s}} = 1.38\mu\text{F}$$

$$L = \frac{QR}{\omega_s} = \frac{7 \times 10}{157.1\text{krad/s}} = 445.63\mu\text{H}$$

$\omega_s L - 1/(\omega_s C) = 0.3533R$ 或者 $7 \times 10 - 1/(\omega_s C) = 0.3533 \times 10$，可以得到 $C = 0.0958\mu\text{F}$。损耗因数为：

$$\delta = (R/2)\sqrt{C/L} = (10/2) \times \sqrt{0.0958/445.63} = 0.0733$$

该损耗因数非常小，输出电流波形非常接近正弦波。谐振频率为：

$$f_0 = \frac{1}{2\pi\sqrt{LC}} = \frac{1}{2\sqrt{445.63\mu\text{H} \times 0.0958\mu\text{F}}} = 24.36\text{kHz}$$

(b) $T_s = 1/f_s = 1/(25\text{kHz}) = 40\mu\text{s}$，$t_{on} = kT_s = 0.304 \times 40\mu\text{s} = 12.24\mu\text{s}$。该电路的 PSpice 仿真如图 7-21a 所示。控制电压如图 7-21b 所示。电路文件如下：

```
例 7.9  E 类谐振逆变器
Example 7.9       Class E Resonant Inverter
VS      1    0    DC      12V
VY      1    2    DC      0V   , Voltage source to measure input current
VG      8    0    PULSE (0V  20V  0  1NS  1NS  12.24US  40US)
RB      8    7    250          ; Transistor base-drive resistance
R       6    0    10
LE      2    3    25.47UH
CE      3    0    1.38UF
C       3    4    0.0958UF
L       5    6    445.63UH
```

```
VX      4    5    DC     0V  ; Voltage source to measure load current of L2
Q1      3    7    0    MODQ1                       ; BJT switch
.MODEL MODQ1 NPN (IS=6.734F BF=416.4 ISE=6.734F BR=.7371
+    CJE=3.638P  MJC=.3085 VJC=.75 CJE=4.493P MJE=.2593 VJE=.75
+    TR=239.5N    TF=301.2P)                ; Transistor model parameters
.TRAN    2US    300US    180US    1US UIC        ; Transient analysis
.PROBE                                           ; Graphics postprocessor
.OPTIONS ABSTOL = 1.00N RELTOL = 0.01 VNTOL = 0.1 ITL5=20000 ; convergence
.END
```

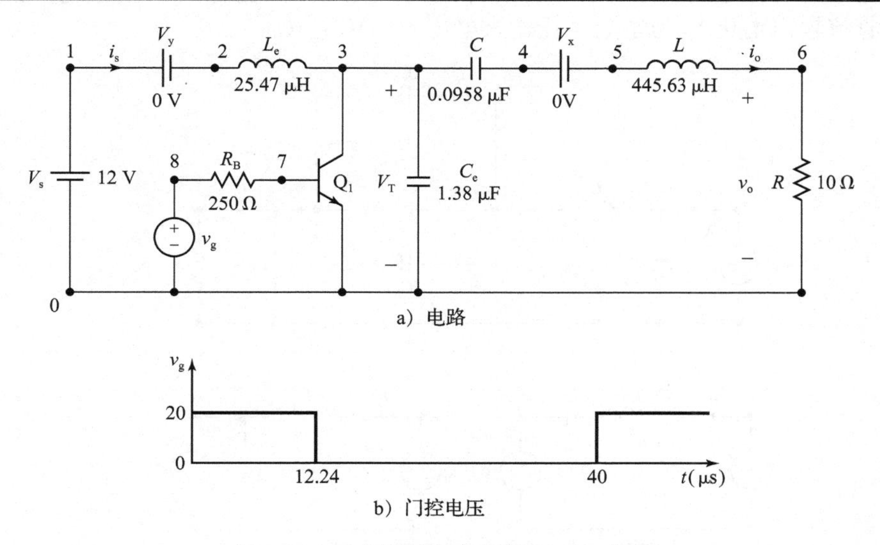

a）电路

b）门控电压

图 7-21　E 类谐振逆变器的 PSpice 仿真

PSpice 仿真图如图 7-22 所示，其中 $V(3)$ = 开关电压，$V(6)$ = 输出电压。使用如图 7-22 所示的 PSpice 指针得到 $V_{o(pp)}=29.18\text{V}$，$V_{T(peak)}=31.481\text{V}$，输出频率 $f_o = 1/(2\times19.656\mu s)=25.44\text{kHz}$（期望 24.36kHz）。

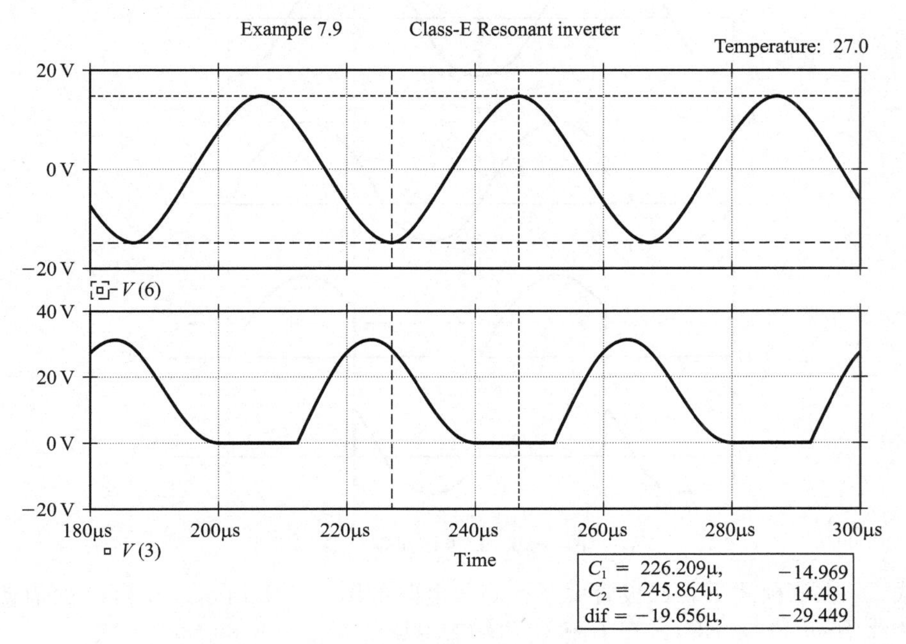

图 7-22　例 7.9 的 PSpice 仿真图

7.7　E类谐振整流器

AC-DC 变换器通常包含一个 DC-DC 谐振逆变器和 DC-AC 整流器，高频二极管整流器具有诸如传导损耗、开关损耗、寄生振荡和输入电流多高次谐波分量等缺点。如图 7-23a 所示的 E 类谐振整流器[7]克服了这些局限。它使用二极管的零电压开关原理。也就是，二极管在零电压关断。二极管结电容 C_j包含在谐振电容 C 内，因此，不会对电路动作产生不良的影响。该电路的运行可分为两种模式：模式 1 和模式 2。假设滤波电容 C_f 足够大，使得直流输出电压 V_o为常数。让输入电压 $v_s = V_m \sin(\omega t)$。

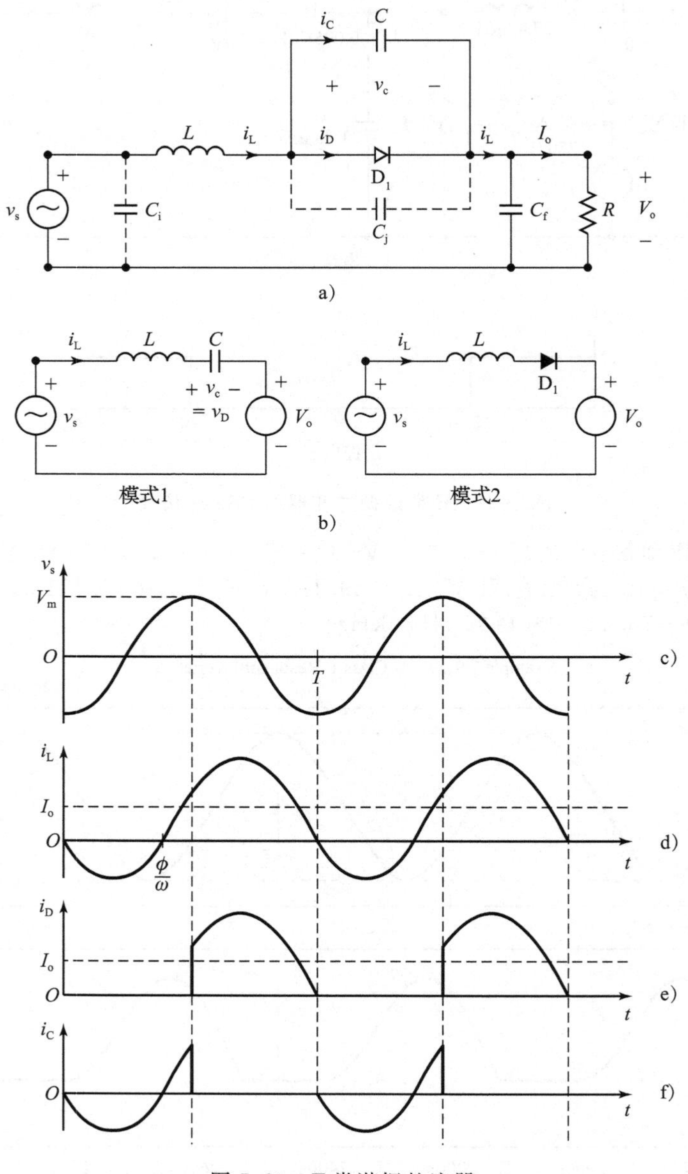

图 7-23　E 类谐振整流器

模式 1　在该模式下，二极管关断，等效电路如图 7-23b 所示。L 和 C 的值使得在工作频率 f 下有 $\omega L = 1/(\omega C)$。在 L 和 C 两端的电压是 $v_{(LC)} = V_s \sin(\omega t) - V_o$。

模式 2　在此模式下，二极管接通，等效电路如图 7-23b 所示。L 两端的电压为 $v_L =$

$V_s\sin(\omega t)-V_o$。当与电感器电流 i_L 相同的二极管电流 i_D 到达零时，二极管关断。在关断时，$i_D=i_L=0$ 和 $v_D=v_c=0$。也就是，$i_c=Cdv_c/dt=0$，于是得出 $dv_c/dt=0$。因此，二极管电压在关断时为零，从而降低了开关损耗。电感电流可以大约表示为：

$$i_L = I_m\sin(\omega t-\phi)-I_o \tag{7-46}$$

式中：$I_m=V_m/R$ 且 $I_o=V_o/R$。当二极管导通时，相移 ϕ 为 90°。当二极管关断时，相移为 0°，因为 $\omega L=1/(\omega C)$。因此 ϕ 的值在 0°和 90°之间，其值取决于负载电阻 R。电流峰峰值为 $(2V_m/R)$。输入电流的一个直流分量 I_o 和相移 ϕ，如图 7-23d 所示。为了提高输入功率因数，通常连接一个输入电容器，如图 7-23a 虚线所示。

例 7.10 求 E 类整流器的 L 和 C 的值。

图 7-23a 所示的 E 类整流器在 $V_o=4V$ 下的峰值电压提供 $P_L=400mW$ 的负载功率。电源峰值电压为 $V_m=10V$。电源频率为 $f=250kHz$。直流输出电压的纹波峰峰值为 $\Delta V_o=40mV$。(a)确定 L、C 和 C_f 的值；(b)L 和 C 的有效和直流电流；(c)使用 PSpice 来绘制输出电压 v_o 和电感电流 i_L。

解：

$V_m=10V$，$V_o=4V$，$\Delta V_o=40mV$，$f=250kHz$

(a)选择一个适合的 C 值，让 $C=10nF$。让谐振频率 $f_0=f=250kHz$，由 $250kHz=f_0=1/[2\pi\sqrt{(L\times 10nF)}]$，求得 $L=40.5\mu H$。由 $P_L=V_o^2/R$ 或者 $400mW=4^2/R$，求得 $R=40\Omega$。$I_o=V_o/R=4/40=100mA$。电容 C_f 的值为：

$$C_f=\frac{I_o}{2f\Delta V_o}=\frac{100mA}{2\times 250kHz\times 40mV}=5\mu F$$

(b) $I_m=V_m/R=10/40=250mA$。

电感器有效电流 I_L 为：

$$I_{L(rms)}=\sqrt{100^2+\frac{250^2}{2}}=203.1mA$$

$$I_{L(dc)}=100mA$$

电容器 C 的有效电流为：

$$I_{C(rms)}=\frac{250}{\sqrt{2}}mA=176.78mA$$

$$I_{C(dc)}=0$$

(c) $T=1f=1/(250kHz)=4\mu s$。

PSpice 仿真电路如图 7-24 所示。电路文件如下：

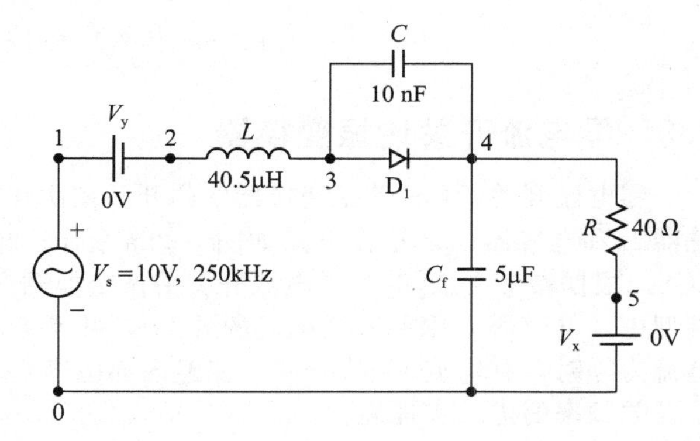

图 7-24 PSpice 仿真 E 类谐振整流器

例 7.10 E 类谐振整流器

```
VS    1   0   SIN (0   10V   250KHZ)
VY    1   2   DC     0V   ; Voltage source to measure input current
R     4   5   40
L     2   3   40.5UH
C     3   4   10NF
CF    4   0   5UF
VX    5   0   DC     0V   ; Voltage source to measure current through R
D1    3   4   DMOD                         ; Rectifier diode
.MODEL DMOD D                              ; Diode default parameters
.TRAN 0.1US  1220US 1200US 0.1US UIC       ; Transient analysis
.PROBE                                     ; Graphics postprocessor
.OPTIONS ABSTOL = 1.00N RETOL1 = 0.01 VNTOL = 0.1 ITL5=40000 ; convergence
.END
```

PSpice 的仿真曲线如图 7-25 所示，其中 $I(L)$=电感电流，$V(4)$=输出电压。使用如图 7-25所示的 PSpice 指针给出 $V_o=3.98\text{V}$，$\Delta V_o=63.04\text{mV}$ 和 $i_{L(pp)}=489.36\text{mA}$。

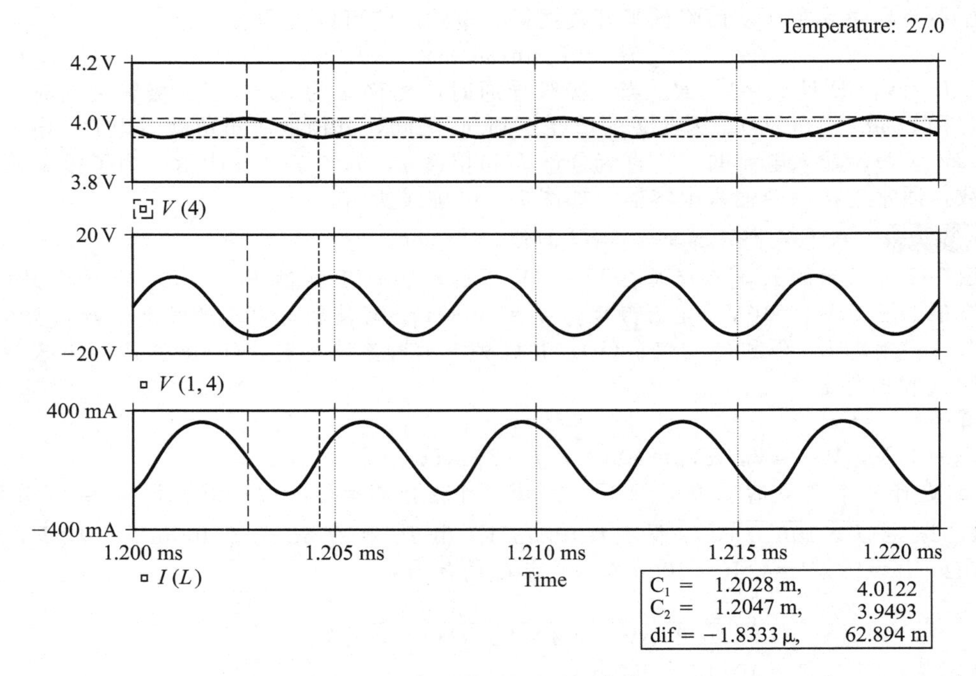

图 7-25 例 7.10 的 PSpice 仿真图

7.8 零电流开关谐振变换器

零电流开关(ZCS)谐振变换器中的开关依次在零电流时开启和关闭。包含开关 S_1、电感器 L 和电容器 C 的谐振电路如图 7-26a 所示。电感器 L 与一个功率开关 S_1 串接以实现 ZCS。根据参考文献[8]，零电流开关谐振变换器分为两种类型：L 形和 M 形。在这两种类型中，电感器 L 限制开关电流的 di/dt，并且 L 和 C 构成一个串联谐振电路[8]。当开关电流为零时，有电流 $i=C_f dv_T/dt$ 流经内部电容 C_j。这个电流导致开关的损耗上升，限制了开关频率的进一步提高。

该开关可以用一个如图 7-26b 所示的半波结构实现，其中二极管 D_1 允许单向电流流动；或者以一个如图 7-26c 所示的全波结构实现，其中开关的电流可以双向流动。由于其恢复时间，实际器件在零电流时并不能关断。其结果是，一部分的能量会被困在 M 形结构的电感器 L 中，开关两端出现电压瞬变。这一特性使得 L 形结构较 M 形结构更有优势。对于 L 形结构，C 可以是单极的电解电容，而 M 形结构中的电容 C 必须为一个交流电容器。

7.8.1 L 形 ZCS 谐振变换器

一个 L 形 ZCS 谐振变换器如图 7-27a 所示。该电路的运行可分为五种模式，其等效电路如图 7-27b 所示。分别重新定义每个模式的开始为时间原点，$t=0$。

模式 1 该模式适用于 $0\leqslant t\leqslant t_1$。开关 S_1 闭合，二极管 D_m 导通。电感器电流 i_L 线性上升，有：

$$i_L=\frac{V_s}{L}t \tag{7-47}$$

该模式在 $t=t_1$ 时结束，此时 $i_L(t=t_1)=I_o$。也就是，$t_1=I_oL/V_s$。

模式 2 该模式适用于 $0\leqslant t\leqslant t_2$。开关 S_1 保持闭合，但二极管 D_m 处于关闭状态。电

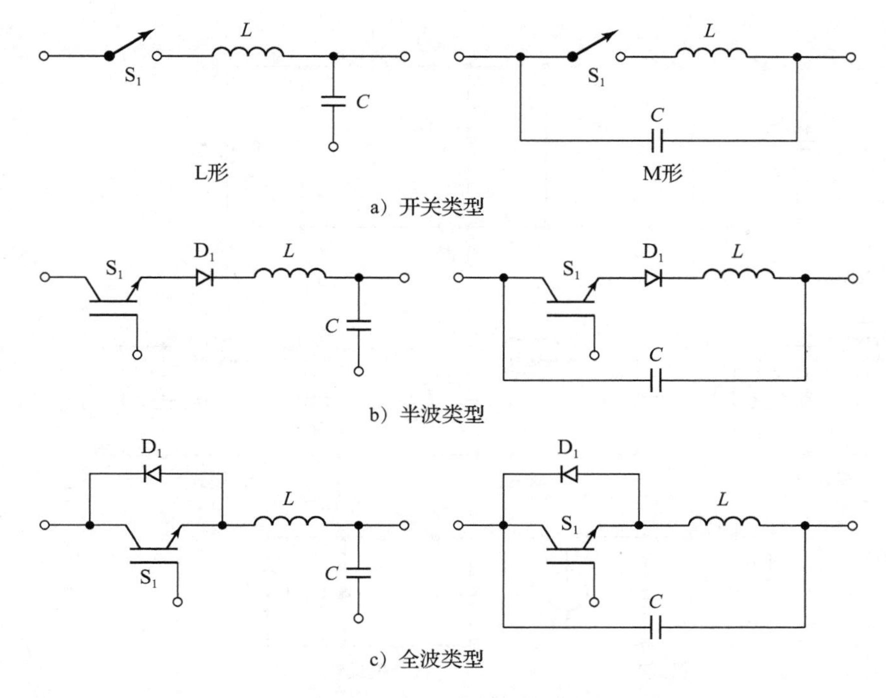

图 7-26　零电流开关(ZCS)谐振变换器的开关结构

感电流 i_L 为：

$$i_{\mathrm{L}} = I_{\mathrm{m}}\sin(\omega_0 t) + I_{\mathrm{o}} \tag{7-48}$$

其中 $I_{\mathrm{m}}=V_{\mathrm{s}}\sqrt{C/L}$ 且 $\omega_0=1\ \sqrt{LC}$。电容电压 v_{c} 为：

$$v_{\mathrm{c}} = V_{\mathrm{s}}(1-\cos(\omega_0 t))$$

发生在 $t=(\pi/2)\times\sqrt{LC}$ 的开关峰值电流为：

$$I_{\mathrm{p}} = I_{\mathrm{m}} + I_{\mathrm{o}}$$

电容器峰值电压为：

$$V_{\mathrm{c(pk)}} = 2V_{\mathrm{s}}$$

该模式在 $t=t_2$ 结束，此时 $i_{\mathrm{L}}(t=t_2)=I_{\mathrm{o}}$ 并且 $v_{\mathrm{c}}(t=t_2)=V_{\mathrm{c2}}=2V_{\mathrm{s}}$。因此 $t_2=\pi\ \sqrt{LC}$。

模式 3　该模式在 $0\leqslant t\leqslant t_3$ 时有效。从 I_{o} 下降到零的电感器电流为：

$$i_{\mathrm{L}} = I_{\mathrm{o}} - I_{\mathrm{m}}\sin(\omega_0 t) \tag{7-49}$$

电容器电压为：

$$v_{\mathrm{c}} = 2V_{\mathrm{s}}\cos(\omega_0 t) \tag{7-50}$$

该模式终止于 $t=t_3$，该时刻 $i_{\mathrm{L}}(t=t_3)=0$，并且 $v_{\mathrm{c}}(t=t_3)=V_{\mathrm{c3}}$。因此，得：

$$t_3 = \sqrt{LC}\ \arcsin(1/x)$$

式中：

$$x=I_{\mathrm{m}}/I_{\mathrm{o}}=(V_{\mathrm{s}}/I_{\mathrm{o}})\sqrt{C/L}$$

模式 4　该模式在 $0\leqslant t\leqslant t_4$ 时有效。电容提供负载电流 I_{o}。其电压为：

$$v_{\mathrm{c}} = V_{\mathrm{c3}} - \frac{I_{\mathrm{o}}}{C}t \tag{7-51}$$

该模式终止于 $t=t_4$，该时刻 $v_{\mathrm{c}}(t=t_4)=0$。因此 $t_4=V_{\mathrm{c3}}C/I_{\mathrm{o}}$。

模式 5　该模式在 $0\leqslant t\leqslant t_5$ 时有效。当电容器电压倾向为负时，二极管 $\mathrm{D_m}$ 导通。负载电流 I_{o} 流过二极管 $\mathrm{D_m}$。该模式终止于 $t=t_5$，此时开关 $\mathrm{S_1}$ 再次接通，该循环重复。即 $t_5=T-(t_1+t_2+t_3+t_4)$。

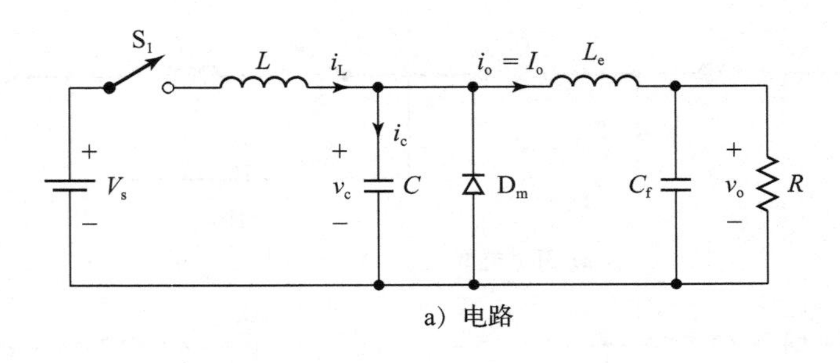

a）电路

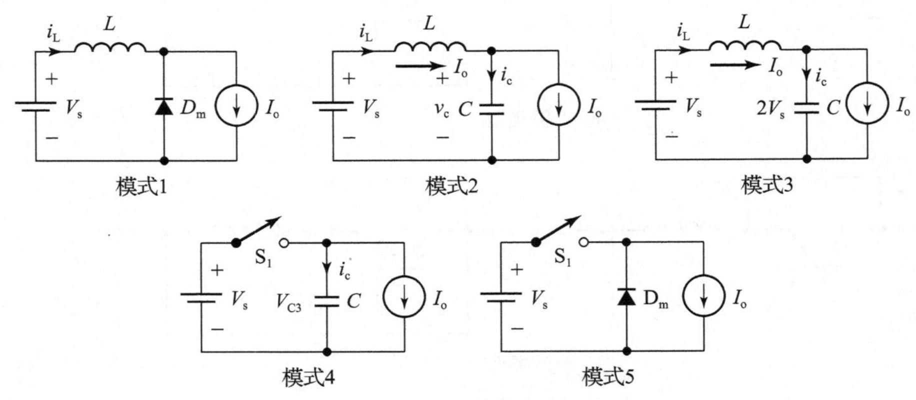

b）等效电路

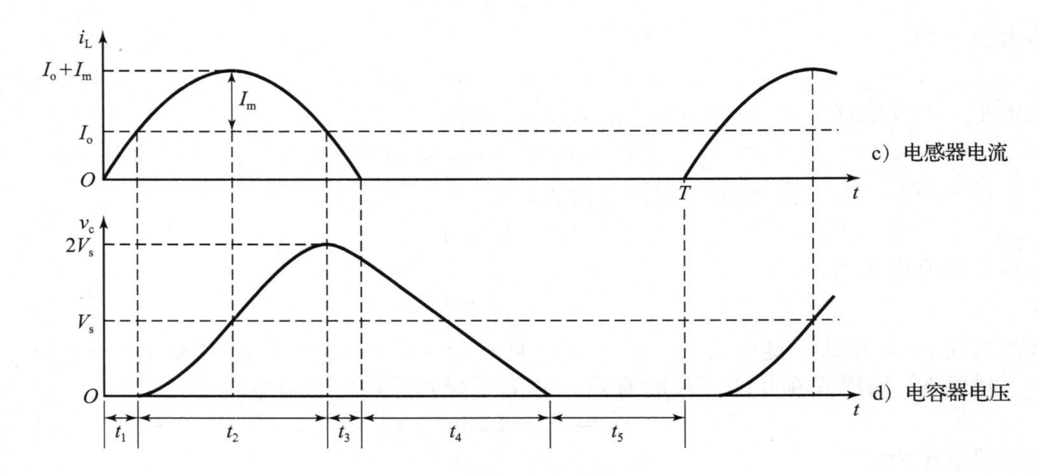

图 7-27　L 形 ZCS 谐振变换器

i_L和 v_c的波形如图 7-27c 及 d 所示。开关峰值电压等于直流供给电压 V_s。由于开关电流在导通和关断时为零，开关损耗，也就是 v 和 i 的乘积，变得非常小。谐振电流的峰值 I_m必须比负载电流 I_o高，这限制了负载电阻 R 的最小值。通过在开关两端连接反并联二极管，可以使得输出电压对负载变化不敏感。

例 7.11　求零电流开关变换器的 L 和 C 的值。

图 7-27a 所示的 ZCS 谐振变换器在 $V_o=4\text{V}$ 处，提供最大功率 $P_L=400\text{mW}$。电源电压为 $V_s=12\text{V}$。最高工作频率 $f_{max}=50\text{kHz}$。确定 L 和 C 的值。假设时间间隔 t_1 和 t_3 非常小，并且 $x=1.5$。

解：

$V_s=12\text{V}$，$f_{max}=50\text{kHz}$，并且 $T=1/(50\text{kHz})=20\mu\text{s}$。$P_L=V_oI_o$或者 $400\text{mW}=4I_o$，

得到 $I_o=100\text{mA}$。最大频率在 $t_5=0$ 时发生。因为 $t_1=t_3=t_5=0$，$t_2=t_4=T$。代入 $t_4=2V_sC/I_m$，且使用 $x=(V_s/I_o)\sqrt{C/L}$ 得到：

$$\pi\sqrt{LC}+\frac{2V_sC}{I_o}=T \text{ 或者 } \frac{\pi V_s}{xI_o}C+\frac{2V_s}{I_o}C=T$$

解得 $C=0.0407\mu\text{F}$。因此 $L=(V_s/(xI_o))^2C=260.52\mu\text{H}$。◀

7.8.2　M 形 ZCS 谐振变换器

M 形 ZCS 谐振变换器如图 7-28a 所示。该电路的运行可分为五种模式，其等效电路如图 7-28b 所示。我们重新定义每个模式的开始为时间原点，即 $t=0$。模式方程类似于 L 形变换器的，除了以下几点。

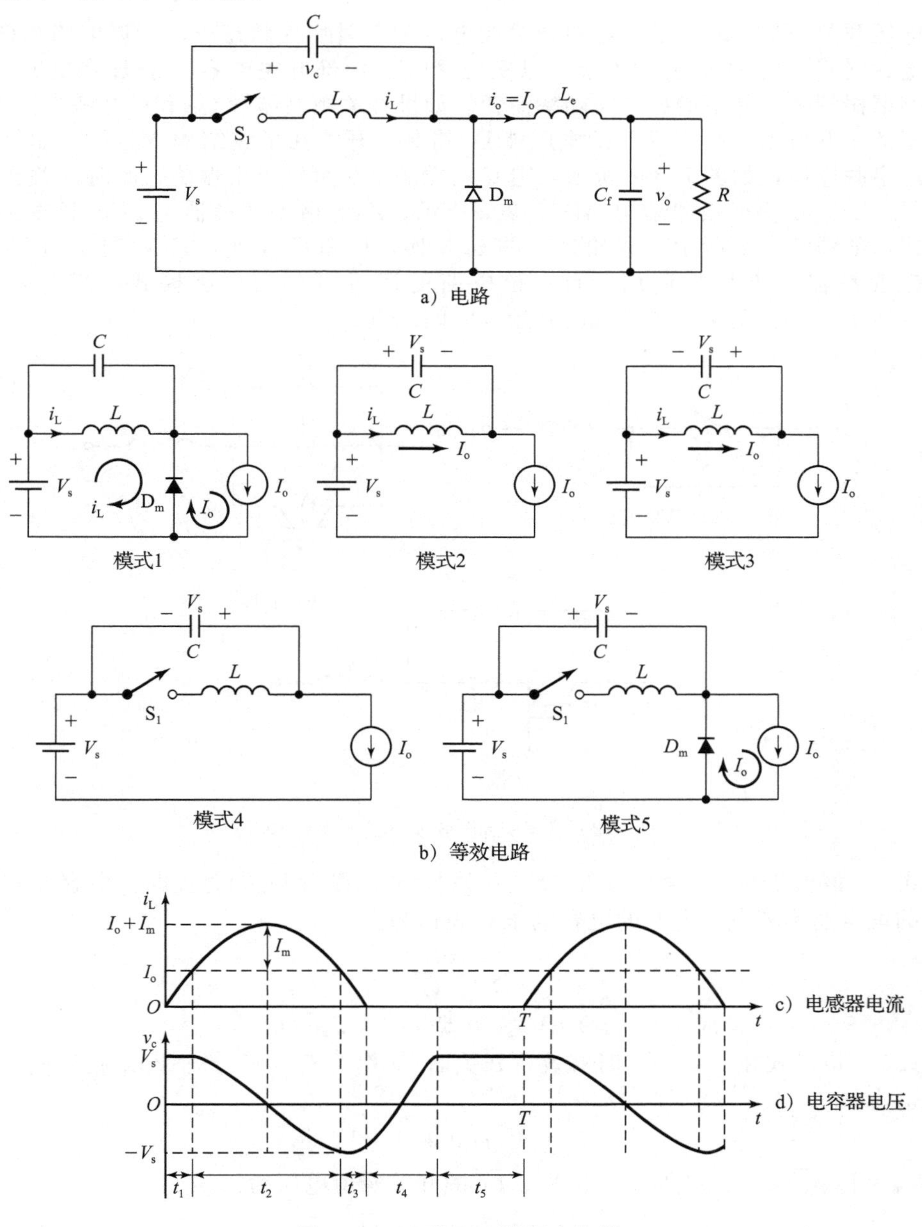

图 7-28　M 形 ZCS 谐振变换器

模式 2 电容器电压 v_c 为：

$$v_c = V_s\cos(\omega_0 t) \tag{7-52}$$

电容器峰值电压为 $V_{c(pk)} = V_s$。该模式终止于 $t=t_2$，$v_c(t=t_2)=V_{c2}=-V_s$。

模式 3 电容器电压为：

$$v_c = -V_s\cos(\omega_0 t) \tag{7-53}$$

该模式终止于 $t=t_3$，此时 $v_c(t=t_3)=V_{c3}$。需要注意 V_{c3} 会出现负值。

模式 4 该模式终止于 $t=t_4$，此时 $v_c(t=t_4)=V_s$。因此 $t_4=(V_s-V_{c3})C/I_o$。i_L 和 v_c 的波形分别如图 7-28c 及 d 所示。

7.9 零电压开关谐振变换器

零电压开关(ZVS)谐振变换器的开关在电压为零时切换状态[9]。谐振电路如图 7-29a 所示。电容器 C 与开关 S_1 并联连接，以实现 ZVS。内部开关电容 C_j 叠加在电容器 C 上，它只影响谐振频率，并不增加开关功率消耗。如果开关用晶体管 Q_1 和反并联二极管 D_1 实现，如图 7-29b 所示，则 C 两端的电压被 D_1 钳制，开关在半波结构下运行。如果二极管 D_1 与 Q_1 串联连接，如图 7-29c 所示，则 C 两端的电压可以自由振荡，此时开关在全波结构下运行。ZVS 谐振变换器结构如图 7-30a 所示。ZVS 谐振变换器是 ZCS 谐振变换器的对偶形式，如图 7-28a 所示。假如将 i_L 与 v_c 互换，L 和 C 互换，且 V_s 与 I_o 互换，M 形 ZCS 谐振变换器的方程将适用于此。该电路的运行可分为五种模式，其等效电路如图 7-30b 所示。重新定义每个模式的开始为时间原点 $t=0$。

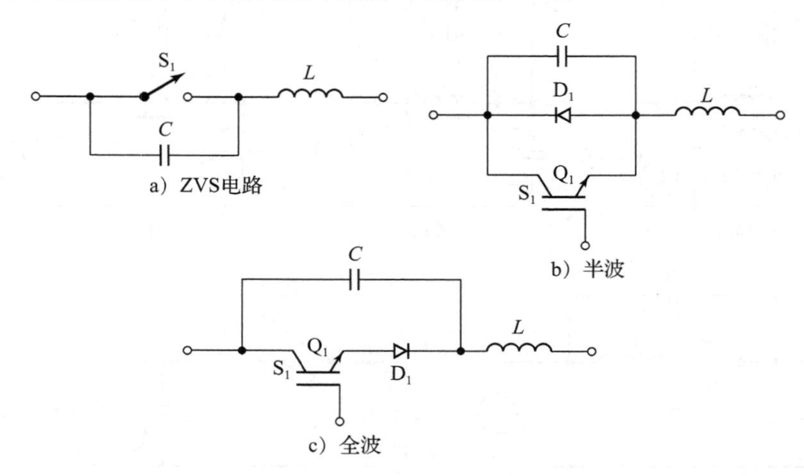

图 7-29 ZVS 谐振变换器的开关结构

模式 1 该模式在 $0\leqslant t\leqslant t_1$ 时有效。开关 S_1 和二极管 D_m 同时关断。电容器 C 以负载电流 I_o 的恒定速率充电。上升的电容电压 v_c 表达为：

$$v_c = \frac{I_o}{C}t \tag{7-54}$$

该模式终止于 $t=t_1$，此时 $v_c(t=t_1)=V_s$。也就是 $t_1=V_sC/I_o$。

模式 2 该模式在 $0\leqslant t\leqslant t_2$ 时有效。开关 S_1 依然关断，而二极管 D_m 则导通。电容电压 v_c 表达为：

$$v_c = V_m\sin(\omega_0 t)+V_s \tag{7-55}$$

式中：$V_m=I_o\sqrt{L/C}$。发生在 $t=(\pi/2)\sqrt{LC}$ 的开关峰值电压为：

$$V_{T(pk)} = V_{c(pk)} = I_o\sqrt{\frac{L}{C}}+V_s \tag{7-56}$$

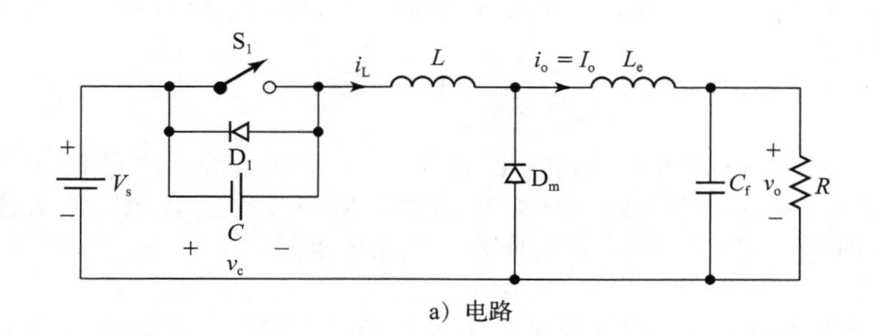

a）电路

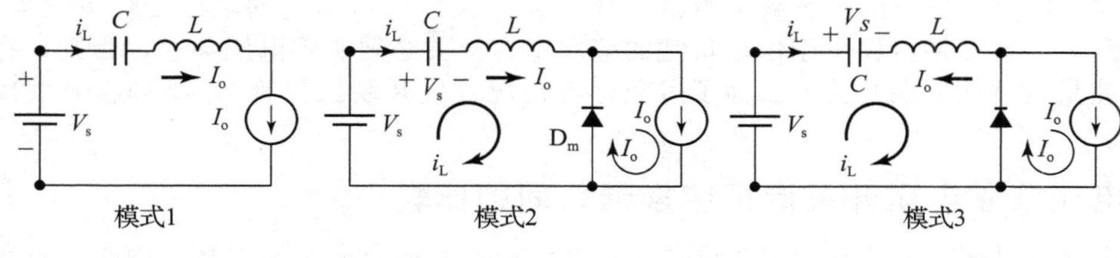

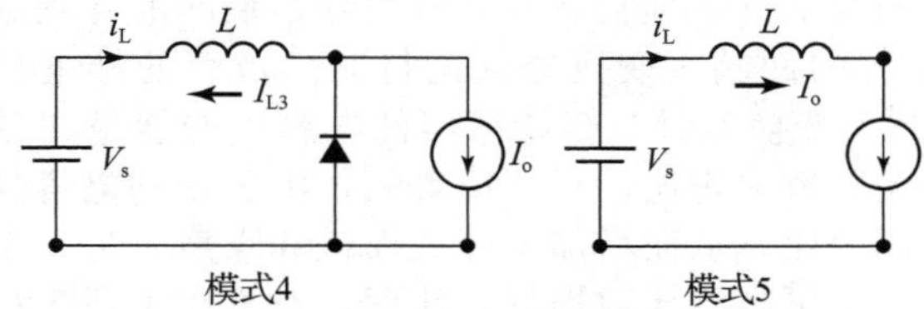

b）等效电路

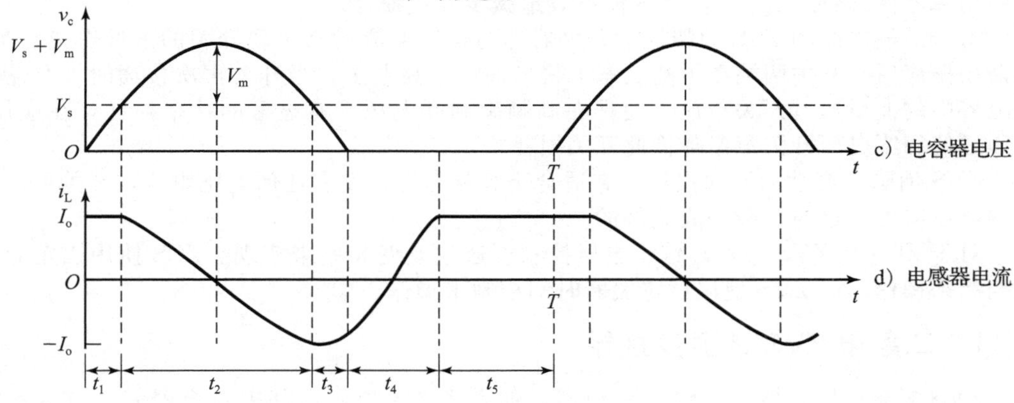

图 7-30　ZVS 谐振变换器

电感器电流 i_L 为：

$$i_L = I_o \cos(\omega_0 t) \tag{7-57}$$

该模式终止于 $t=t_2$，此时 $v_c(t=t_2)=V_s$，且 $i_L(t=t_2)=-I_o$。因此 $t_2=\pi\sqrt{LC}$。

模式 3　该模式在 $0\leqslant t\leqslant t_3$ 时有效。从 V_s 下降到零的电容器电压为：

$$v_c = V_s - V_m \sin(\omega_0 t) \tag{7-58}$$

电感器电流 i_L 为：

$$i_L = -I_o \cos(\omega_0 t) \tag{7-59}$$

该模式终止于 $t=t_3$，此时 $v_c(t=t_3)=0$，且 $i_L(t=t_3)=I_{L3}$。因此，有：

$$t_3 = \sqrt{LC}\,\arcsin x$$

其中 $x=V_s/V_m=(V_s/I_o)\sqrt{C/L}$。

模式 4 该模式在 $0\leqslant t\leqslant t_4$ 时有效。开关 S_1 导通，二极管 D_m 依然导通。从 I_{L3} 线性上升到 I_o 的电感器电流为：

$$i_L = I_{L3} + \frac{V_s}{L}t \tag{7-60}$$

该模式终止于 $t=t_4$，此时 $i_L(t=t_4)=0$。因此 $t_4=(I_o-I_{L3})(L/V_s)$。注意 I_{L3} 为一负数。

模式 5 该模式在 $0\leqslant t\leqslant t_5$ 时有效。开关 S_1 导通，但 D_m 关断。负载电流 I_o 流过开关。此模式结束于 $t=t_5$ 时刻，此时开关 S_1 再次断开，该循环重复，也就是，$t_5=T-(t_1+t_2+t_3+t_4)$。

i_L 和 v_c 的波形分别如图 7-30c 和 d 所示。由式(7-56)可知，开关峰值电压 $V_{T(pk)}$ 依赖于负载电流 I_o。因此，宽范围的负载电流的变化会使开关器件所承受的电压变化也很大。由于这个原因，ZVS 变换器仅用于恒定负载的应用中，开关必须在零电压导通，否则，存储在 C 中的能量会被耗散在开关上。为了避免这种情况，反并联二极管 D_1 必须在开关闭合之前导通。

7.10 零电流及零电压开关谐振变换器之间的比较

ZCS 变换器可以消除关断时的开关损耗，并且减少导通期间的开关损耗。因为一个相对大的电容器连接在二极管 D_m 的两端，变换器的运行对二极管的结电容变得不敏感。当功率 MOSFET 用于零电流开关变换器时，存储在器件电容中的能量在导通期间消耗在器件里。该容性开通损耗与开关频率成正比。在开通瞬间，由于米勒电容的耦合作用，门极驱动电路中会出现较高的电压变化，从而增加了开关损耗和噪声。另一个局限是，开关承受着很高的电流应力，于是产生更高的导通损耗。然而，对于在关断过程中具有较大尾电流的功率器件(诸如 IGBT)，ZCS 能有效地减少开关损耗。

由于谐振回路和 ZCS 的特性，开关器件的峰值电流远高于硬开关的方波电流。另外，在谐振振荡后，开关两端在关断状态下将形成一个高电压，当开关再次接通时，存储在输出电容中的能量通过开关释放，使得在高频率和高电压下有显著的功率损耗，在应用中，可通过使用零电压开关策略降低此开关损耗。

ZVS 消除了容性的开通损耗，它适合于高频运行，没有任何电压钳位，开关可承受过高的电压应力，这与负载是成比例的。

对于 ZCS 和 ZVS 两者，输出电压控制可通过改变频率来实现。ZCS 使用固定导通时间控制来操作，而 ZVS 使用恒定关断时间控制来操作。

7.11 二象限 ZVS 谐振变换器

ZVS 概念可以扩展到二象限变换器，如图 7-31a 所示，其中电容器 $C_+=C_-=C/2$。它和电感 L 形成了一个谐振电路。谐振频率为 $f_0=1/(2/\pi\sqrt{LC})$，该频率比开关频率 f_s 大很多。假设输入端的滤波电容 C_e 非常大，负载被换成直流电压 V_{dc}，如图 7-31b 所示。该电路的运行可分为六种模式。各种模式的等效电路如图 7-31e 所示。

模式 1 开关 S_+ 闭合。假设一个初始电流 $I_{L0}=0$，电感电流 i_L 为：

$$i_L = \frac{V_s}{L}t \tag{7-61}$$

此模式结束时，电容器 C_+ 的电压是零，且 S_+ 关断。C_- 上的电压为 V_s。

模式 2 开关 S_+ 和 S_- 都断开。这种模式从 C_+ 具有零电压，且 C_- 为 V_s 时开始。这个模式的等效可以简化为一个初始电感器电流为 I_{L1}，具有 C 和 L 的谐振电路。电流 I_{L1} 可以近似表示为：

$$i_L = (V_s - V_{dc})\sqrt{\frac{L}{C}}\sin(\omega_0 t) + I_{L1} \tag{7-62}$$

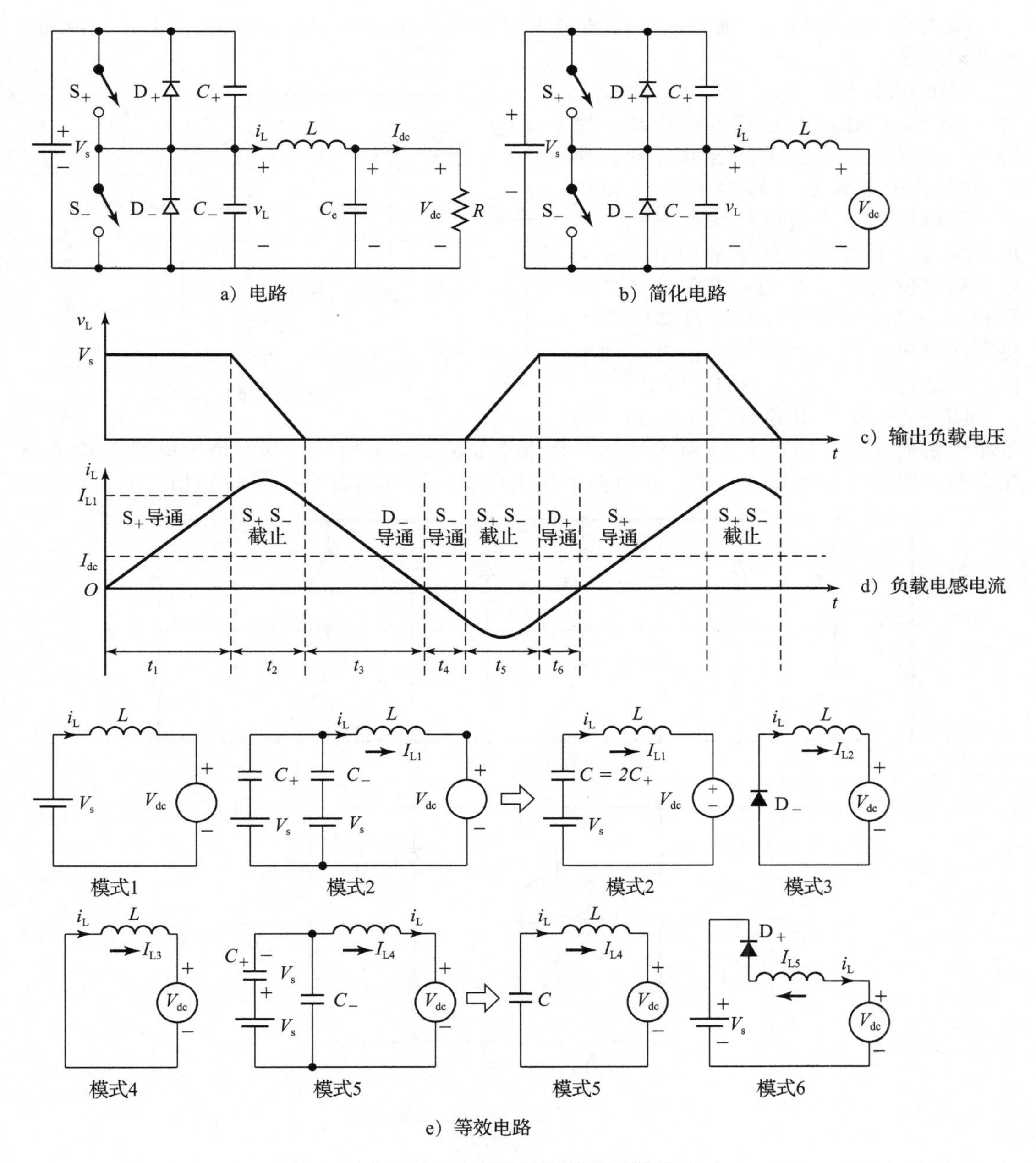

图 7-31　二象限 ZVS 谐振变换器

电压 v_o可以近似为从 V_s到 0 的线性下降。也就是：

$$v_o = V_s - \frac{V_s C}{I_{L1}} t \tag{7-63}$$

该模式在 v_o变为零且二极管 D_- 导通时结束。

模式 3　二极管 D_- 导通。电流 i_L从 I_{L2}（$=I_{L1}$）至 0 线性下降。

模式 4　当 I_L和 v_o变成零时，开关 S_- 闭合。电感器电流 i_L继续在负方向下降至 I_{L4}，直到开关电压变为零，并且 S_- 截止。

模式 5　开关 S_+ 和 S_- 皆断开。这个模式开始时 C_- 为零电压且 C_+ 为 V_s，和模式 2 类似。电压 v_o可近似认为从 0 线性增加到 V_s。此模式结束时 v_o趋于比 V_s大，且二极管 D_1 导通。

模式 6 二极管D_+导通；i_L从I_{L5}直线下降至零。当$i_L=0$时，此模式结束。S_+接通，该循环重复。

i_L和v_o的波形如图 7-31c 和 d 所示。对于 ZVS，i_L必须在任意方向流动，使得一个二极管在其开关闭合前导通。通过选择比开关频率大得多的谐振频率f_0，可得到几乎为方波的输出电压。输出电压可以通过控制频率来调节。开关电压被钳位到V_s，然而，开关器件必须承载i_L，其具有高波纹和比负载电流I_o更高的峰值。该变换器可以在电流调节模式下运行，以获得期望的i_L波形。

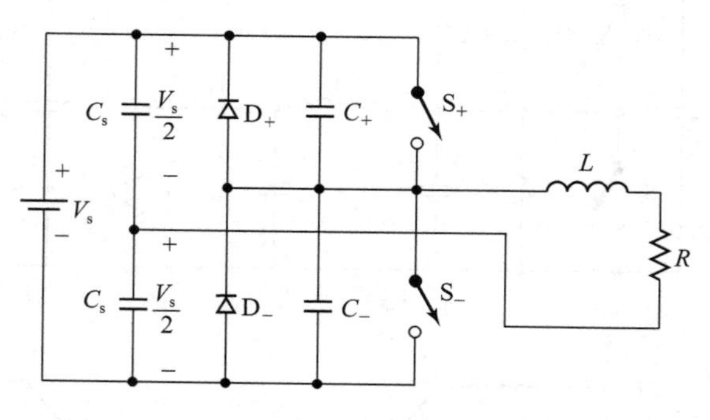

图 7-32 单相 ZVS 谐振逆变器

图 7-31a 所示电路可以扩展到一个单相半桥逆变器，如图 7-32 所示。其三相版本如图 7-33a 所示，其中负载电感L构成谐振电路。图 7-33b 给出在一个三相电路中使用独立谐振电感器[10]的其中一相。

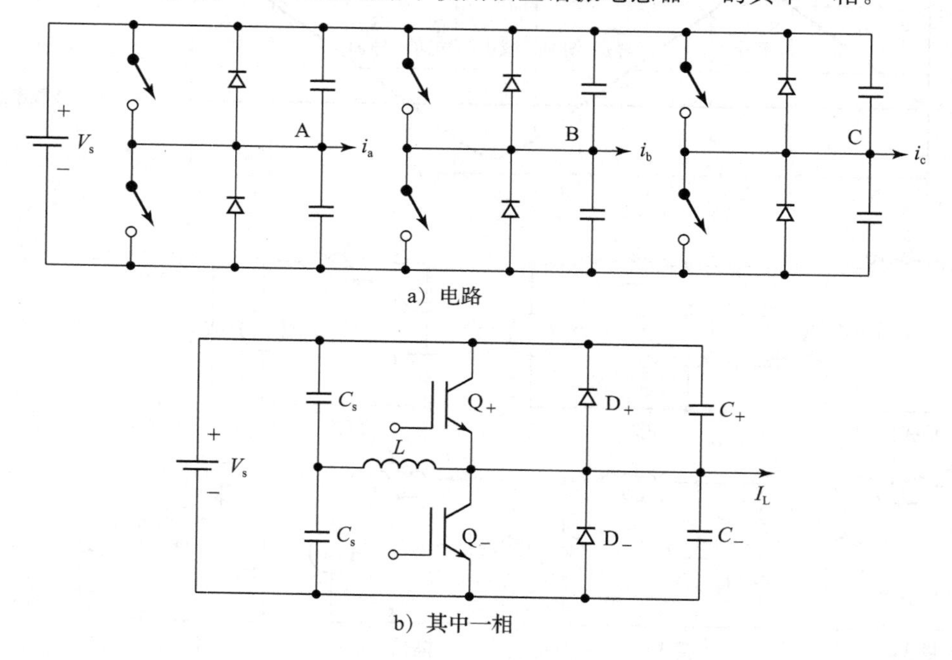

a) 电路

b) 其中一相

图 7-33 三相 ZVS 谐振变换器

7.12 直流母线谐振逆变器

在直流母线谐振逆变器中，谐振电路连接在直流输入电压和 PWM 逆变器之间，从而逆变器的输入电压在零和比直流输入电压的 2 倍稍大的一个值之间振荡。类似于图 7-20a 所示的 E 类逆变器的谐振链接如图 7-34a 所示，其中I_o是被逆变器抽取的电流。假设电路无损且$R=0$，链路电压为：

$$v_c = V_s(1-\cos(\omega_0 t)) \tag{7-64}$$

且电感器电流i_L为：

$$i_L = V_s\sqrt{\frac{C}{L}}\sin(\omega_0 t) + I_o \tag{7-65}$$

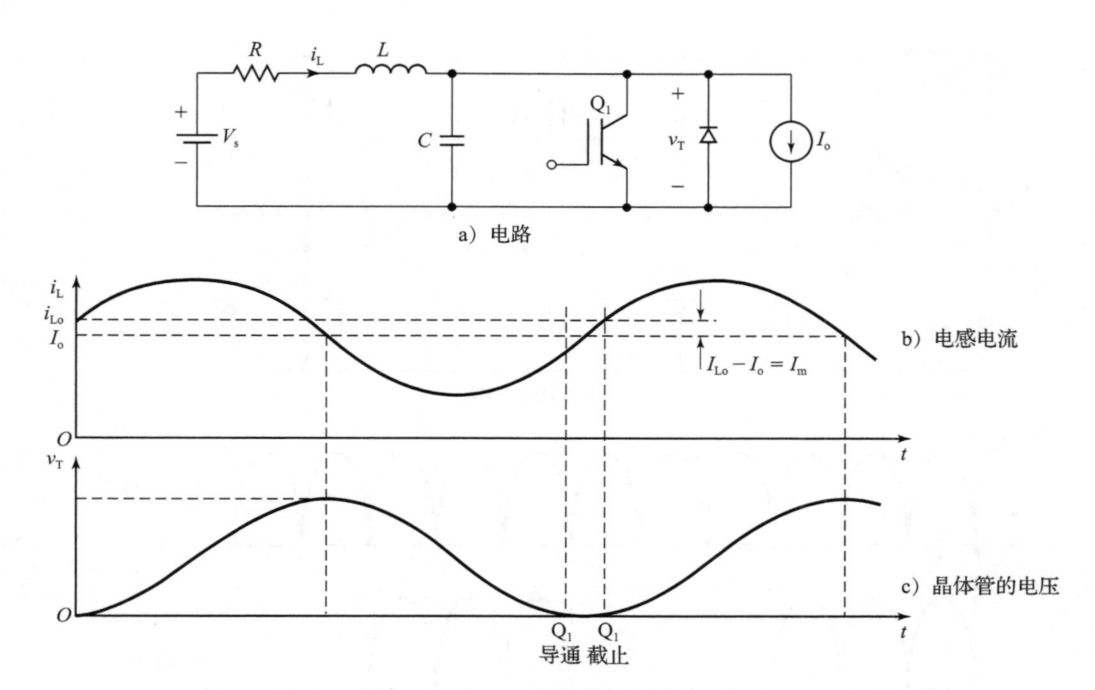

图 7-34　谐振直流连接

在无损的条件下，振荡继续，并且没有必要打开开关 S_1。然而在实践中，R 有功率损耗，i_L为衰减的正弦波，且 S_1 导通从而使电流回到初始电平。若 R 的值较小，则电路为欠阻尼的。在这种条件下，i_L和 v_c可以表达为[11]：

$$i_L \approx I_o + e^{\alpha t}\left[\frac{V_s}{\omega L}\sin(\omega_0 t) + (I_{Lo} - I_o)\cos(\omega_0 t)\right] \tag{7-66}$$

且电容器电压 v_c为：

$$v_c \approx V_s + e^{-\alpha t}[\omega_0 / L(I_{Lo} - I_o)\sin(\omega_0 t) - V_s\cos(\omega_0 t)] \tag{7-67}$$

v_c和 i_L的波形如图 7-34b 和 c 所示。当电容电压下降到零时，开关 S_1 导通；当电流 i_L达到初始电流的水平时，开关关断。电容器电压只取决于差值 $I_m(=I_{Lo}-I_o)$，而不是负载电流 I_o。因此，控制电路应该在开关导通时候监视(i_L-I_o)，当达到 I_m期望值时，将开关断开。

三相直流母线谐振逆变器[12]如图 7-35a 所示。六个逆变器以某种方式控制选通，以在直流连接 LC 电路上建立周期振荡。该器件在零母线电压下导通和关断，从而实现所有设备的无损开启和关断。母线电压和逆变器线到线电压的波形如图 7-35b 和 c 所示。

直流母线谐振的周期通常以恒定的电容器初始电流开始。这会导致直流母线谐振电压超过 $2V_s$，并且所有的逆变器器件将经受着该高电压应力。一个有源钳位[12]，如图 7-36a 所示，可以将母线电压限制在图 7-36b 和 c 所示的位置。钳位系数 k 与回路周期 T_k和谐振频率 $\omega_0=1/\sqrt{LC}$有如下关系：

$$T_k\omega_0 = 2\left[\arccos(1-k) + \frac{\sqrt{k(2-k)}}{k-1}\right] \quad (1 \leqslant k \leqslant 2) \tag{7-68}$$

也就是，对于一个固定的 k 值，一个给定的谐振电路的 T_k可以确定。对于 $k=1.5$，回路周期 T_k应该为 $T_k=7.65\sqrt{LC}$。

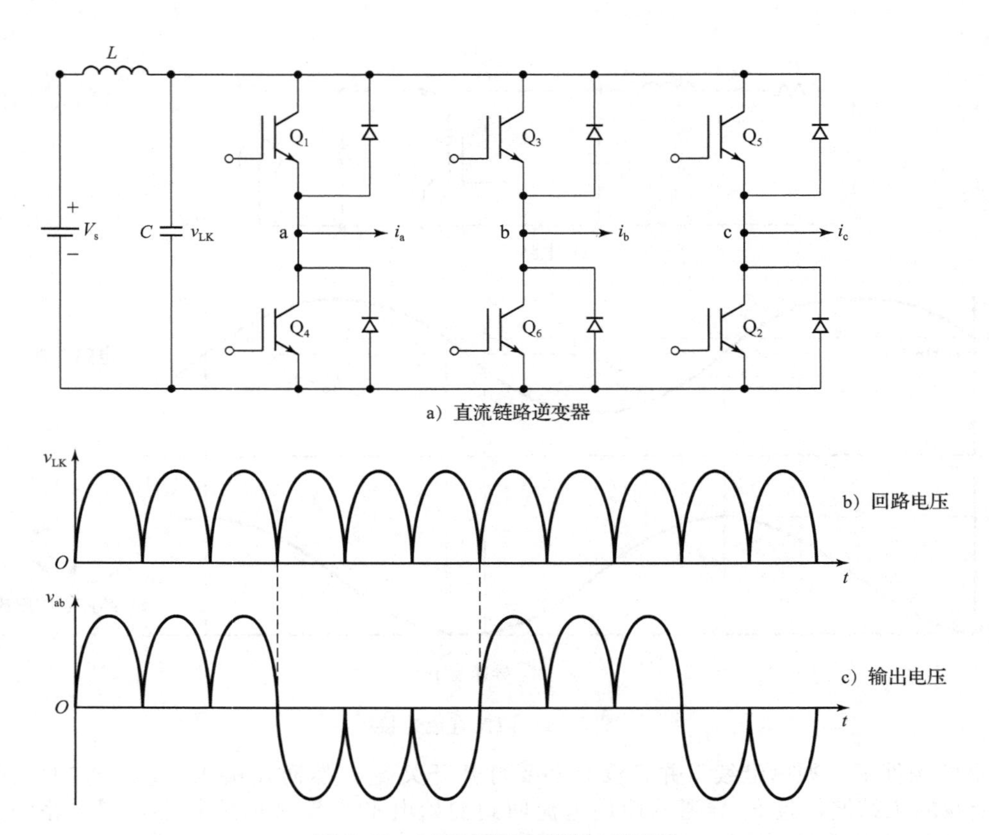

图 7-35 三相直流母线谐振逆变器

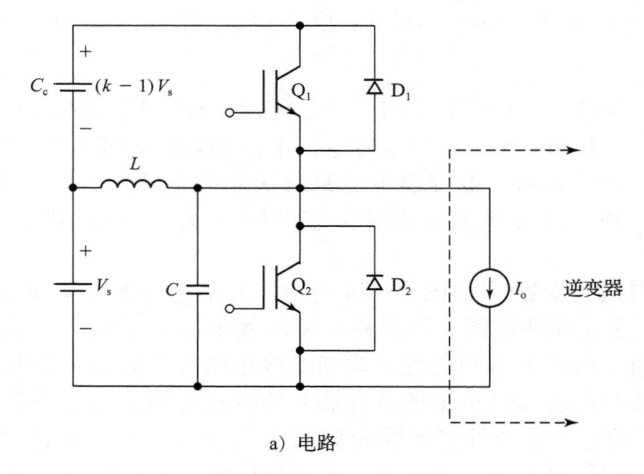

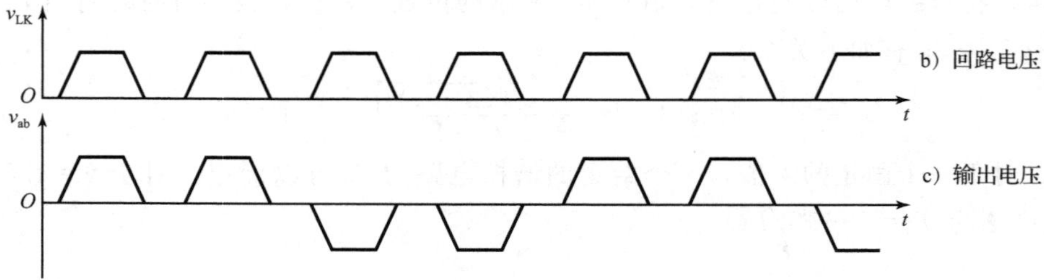

图 7-36 有源钳位直流母线谐振逆变器

本章小结

谐振逆变器用于需要固定输出电压的高频率应用中。其最大谐振频率受限于晶闸管或晶体管的关断时间。谐振逆变器允许对输出电压有限调节。并联谐振逆变器的能量由一个恒定的直流源提供，并输出一个正弦波电压。E 类谐振逆变器和整流器结构简单，主要用于低功耗，高频率的应用。ZVS 和 ZCS 变换器正变得越来越流行，因为它们在零电流或电压时闭合和关断，从而消除了开关损耗。在直流母线谐振逆变器中，一个谐振电路连接在逆变器和直流电源之间。谐振电压脉冲在逆变器的输入端产生，逆变器器件在零电压时导通和截止。

参考文献

[1] A. J. Forsyth, "Review of resonant techniques in power electronic systems," *IEE Power Engineering Journals*, 1996, pp. 110–120.

[2] R. L. Steigerwald, "A compromise of half-bridge resonance converter topologies," *IEEE Transactions on Power Electronics*, Vol. PE3, No. 2, 1988, pp. 174–182.

[3] K. Liu, R. Oruganti, and F. C. Y. Lee, "Quasi-resonant converters: Topologies and characteristics," *IEEE Transactions on Power Electronics*, Vol. PE2, No. 1, 1987, pp. 62–71.

[4] R. S. Y. Hui and H. S. Chung, *Power Electronics Handbook*, edited by M. H. Rashid. San Diego, CA: Academic Press. 2001, Chapter 15—Resonant and Soft-Switching Converter.

[5] N. O. Sokal and A. D. Sokal, "Class E: A new class of high-efficiency tuned single-ended switching power amplifiers," *IEEE Journal of Solid-State Circuits*, Vol. 10, No. 3, 1975, pp. 168–176.

[6] R. E. Zuliski, "A high-efficiency self-regulated class-E power inverter/converter," *IEEE Transactions on Industrial Electronics*, Vol. IE-33, No. 3, 1986, pp. 340–342.

[7] M. K. Kazimierczuk and I. Jozwik, "Class-E zero-voltage switching and zero-current switching rectifiers," *IEEE Transactions on Circuits and Systems*, Vol. CS-37, No. 3, 1990, pp. 436–444.

[8] F. C. Lee, "High-Frequency Quasi-Resonant and Multi-Resonant Converter Technologies," *IEEE International Conference on Industrial Electronics*, 1988, pp. 509–521.

[9] W. A. Tabisz and F. C. Lee, "DC Analysis and Design of Zero-Voltage Switched Multi-Resonant Converters," *IEEE Power Electronics Specialist Conference*, 1989, pp. 243–251.

[10] C. P. Henze, H. C. Martin, and D. W. Parsley, "Zero-Voltage Switching in High Frequency Power Converters Using Pulse-Width Modulation," *IEEE Applied Power Electronics Conference*, 1988, pp. 33–40.

[11] D. M. Devan, "The resonant DC link converter: A new concept in static power conversion," *IEEE Transactions on Industry Applications*, Vol. IA-25, No. 2, 1989, pp. 317–325.

[12] D. M. Devan and G. Skibinski, "Zero-switching loss inverters for high power applications," *IEEE Transactions on Industry Applications*, Vol. IA-25, No. 4, 1989, pp. 634–643.

[13] M. K. Kazimierczuk and D. Czarkowski, *Resonant Power Converters*. New York: Wiley-IEEE Press, 2nd ed., April 2011.

复习题

7.1 串联谐振逆变器的原理是什么？

7.2 谐振逆变器死区是什么？

7.3 具有双向开关的谐振逆变器有哪些优缺点？

7.4 具有单向开关的谐振逆变器有哪些优缺点？

7.5 什么是串联谐振振荡的必要条件？

7.6 半桥谐振逆变器中的耦合电感的目的是什么？

7.7 在谐振逆变器中的反向导通晶闸管的好处是什么？

7.8 什么是谐振逆变器的重叠控制？

7.9 什么是逆变器的非重叠控制？

7.10 串联谐振逆变器中的串联负载的有什么作用？

7.11 串联谐振逆变器中的并联负载的有什么作用？

7.12 串联谐振逆变器中的串并联负载的有什么作用？

7.13 控制串联谐振逆变器的电压有哪些方法？

7.14 并联谐振逆变器的好处是什么？

7.15 什么是 E 类谐振逆变器？

7.16 E类谐振逆变器的优点和局限性是什么？

7.17 什么是E类谐振整流器？

7.18 E类谐振整流器的优点和局限性是什么？

7.19 零电流开关谐振变换器的原理是什么？

7.20 零电压开关谐振变换器的原理是什么？

7.21 零电流变换器的优点和局限性是什么？

7.22 零电压变换器的优点和局限性是什么？

习题

7.1 对如图7-1a所示的基本串联谐振逆变器有$L_1=L_2=L=25\mu H$，$C=2\mu F$和$R=4\Omega$。直流输入电压$V=220V$，输出频率为$f_o=6.5kHz$。晶体管的关断时间为$t_{off}=15\mu s$。确定(a)有效的(或电路的)关断时间t_{off}；(b)允许的最大频率f_{max}；(c)电容器的电压峰峰值V_{pp}；(d)负载电流峰值的I_p；(e)画出瞬时负载电流$i_0(t)$，电容器电压$v_c(t)$和直流电源电流$I_s(t)$；(f)计算有效负载电流I_o；(g)输出功率P_o；(h)电源平均电流I_s；(i)晶体管电流的平均值，峰值和有效值。

7.2 如图7-3所示的半桥谐振逆变器采用非重叠控制。逆变器频率是$f_0=8.5kHz$。如果$C_1=C_2=C=2\mu F$，$L_1=L_2=L=40\mu H$，$R=1.2\Omega$和$V_s=220V$，确定(a)峰值电流I_{ps}；(b)晶体管平均电流I_A；(c)晶体管电流有效值I_R。

7.3 如图7-7a所示的谐振逆变器具有$C=2\mu F$，$L=20\mu H$，$R=\infty$和$V_s=220V$。晶体管的关断时间$t_{off}=12\mu s$。输出频率为$f_o=15kHz$。确定(a)电源峰值电流I_p；(b)晶体管平均电流I_A；(c)晶体管有效电流I_R；(d)电容器电压峰峰值V_{pp}；(e)最大允许输出频率f_{max}；(f)电源平均电流I_s。

7.4 如图7-8a所示的半桥谐振逆变器工作在频率$f_0=3.5kHz$的非重叠模式下。如果$C_1=C_2=C=2\mu F$，$L=20\mu H$，$R=1.5\Omega$和$V_s=220V$。确定(a)电源峰值电流I_p；(b)晶体管平均电流I_A；(c)晶体管有效电流I_R；(d)负载有效电流I_o；(e)电源平均电流I_s。

7.5 使用重叠控制重复习题7.4，使得Q_1和Q_2的导通提前谐振频率的50%。

7.6 如图7-9a所示的全桥谐振逆变器在$f_0=3.5kHz$的频率下运行。如果$C=2\mu F$，$L=20\mu H$，$R=1.2\Omega$和$V_s=220V$。确定(a)电源电流峰值I_p；(b)晶体管平均电流I_A；(c)晶体管有效电流I_R；(d)负载有效电流I_a；(e)电源平均电流I_s。

7.7 使用串联负载的串联谐振逆变器在谐振时提供$P_L=2kW$的负载功率。负载电阻$R=5\Omega$。谐振频率为$f_0=25kHz$。确定(a)直流输入电压V_s；(b)品质因数Q_s(如果需要使用频率控制以降低负载功率至500W，使得$u=0.8$)；(c)电感器L；(d)电容器C。

7.8 使用并联负载的串联谐振逆变器在峰值正弦负载电压$V_p=330V$和谐振时提供$P_L=2kW$的负载功率。负载电阻为$R=5\Omega$。谐振频率为$f_0=25kHz$。确定(a)直流输入电压V_s；(b)频率比u(如果需要通过频率控制，以降低负载功率至500W)；(c)电感器L；(d)电容器C。

7.9 并联谐振逆变器在峰值正弦负载电压$V_p=170V$和谐振时提供$P_L=2kW$的负载功率。负载电阻为$R=5\Omega$。谐振频率为$f_0=25kHz$。确定(a)直流输入电流I_s；(b)品质因数Q_p(如果需要通过频率控制；以降低负载功率至500W，使得$u=1.25$)；(c)电感器L；(d)电容器C。

7.10 如图7-20a所示的E类逆变器工作在谐振状态，并且$V_s=18V$，$R=5\Omega$，开关频率$f_s=50kHz$。(a)决定L、C、C_e和L_e的最佳值；(b)对于$k=0.304$，使用PSpice画出输出电压v_o和开关电压v_T。假设$Q=7$。

7.11 如图7-23a所示的E类整流器在$V_o=5V$情况下提供负载功率$P_L=1.5W$。峰值电源电压为$V_m=12V$。电源频率为$f=350kHz$。输出电压的纹波峰峰值为$\Delta V_o=20mV$。(a)确定L、C和C_f的值；(b)L和C的有效和直流电流；(c)使用PSpice来绘制输出电压v_o和电感器电流i_L。

7.12 如图7-27a所示的ZCS谐振变换器在$V_o=5V$情况下提供最大负载功率$P_L=1.5W$。电源电压为$V_s=15V$。最大工作频率为$f_{max}=40kHz$。确定L和C的值。假设间隔t_1和t_3都非常小，且$x=I_m I_o=1.5$。

7.13 如图7-30a所示的ZVS谐振变换器在$V_o=5V$情况下提供负载功率$P_L=1.5W$。电源电压为$V_s=15V$。工作频率为$f=40kHz$。L和C的值为$L=150\mu H$和$C=0.05\mu F$。(a)确定开关峰值电压V_{pk}和电流I_{pk}；(b)每一模式的持续时间。

7.14 对于图7-36所示的有源钳位电路，画出$1<k\leqslant2$时的f_o/f_k比值。

第 8 章

多电平逆变器

学习完本章后，应能做到以下几点：

- 列出多电平逆变器的类型；
- 叙述出多电平逆变器的调制方法；
- 叙述出多电平逆变器的工作原理；
- 列出多电平逆变器的主要特点；
- 列出多电平逆变器的优缺点；
- 叙述出解决电容均压问题的控制策略；
- 列出多电平逆变器的应用场合。

符号及其含义

符　号	含　义
I_o，I_m	输出电流的瞬时值和峰值
V_a，V_b和V_c	输出线电压的有效值
V_{aN}，V_{bN}和V_{cN}	a 相、b 相和 c 相输出相电压的有效值
V_{dc}和E_m	直流输入电源电压和电容电压
m	电平数
V_1，V_2，V_3，V_4和V_5	电平 1、2、3、4 和 5 的电压
V_D	钳位二极管承受的电压

8.1 引言

电压源型逆变器的输出电压为 0 或者$\pm V_{dc}$，由于仅仅有两个电平，所以称为两电平逆变器。为了输出高品质的电压或电流波形，逆变器通常采用 PWM 调制策略，且希望高频开关频率尽可能高，但是在高压大功率应用场合，受到开关器件及开关损耗的限制，两电平逆变器的开关频率不可能很高；而且，半导体开关器件也应该尽量避免串并联使用，虽然这样可以用于更高电压、更大电流场合。

多电平逆变器在电力、交通运输和可再生能源等领域得到了大量的应用[12]，例如无功功率补偿。多电平结构适用于高压大功率逆变器，因为这种结构能在单个器件功率等级不增加的前提下提高逆变器的输出功率等级。通过增加电平数，多电平逆变器不需要使用变压器或器件串联，同时能够输出高电压、低谐波的电压波形，随着电平数的增加，逆变器输出电压的谐波含量显著减少[1,2]。多电平逆变器的特征参数类似于第 6 章讨论的 PWM 逆变器。

8.2 多电平的概念

三相逆变系统如图 8-1a 所示，直流输入电压为V_{dc}，电容串联连接，承担输入电压V_{dc}，每个电容分担电压E_m为：

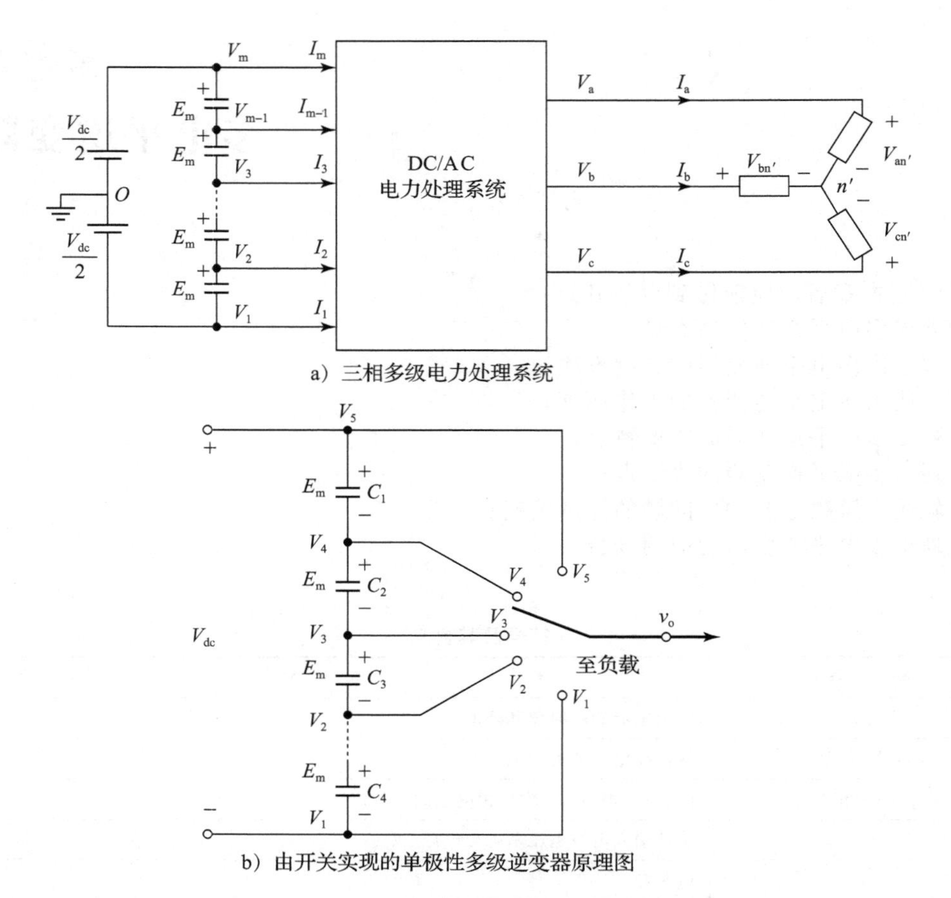

a）三相多级电力处理系统

b）由开关实现的单极性多级逆变器原理图

图 8-1 多电平逆变器的一般拓扑

$$E_m = \frac{V_{dc}}{m-1} \tag{8-1}$$

式中：m 表示电平数。电平数指逆变器串联连接电容的节点数。m 电平的逆变器需要 $m-1$ 个电容。

以 o 点为参考地，如图 8-1a 所示，输出相电压定义为逆变器的输出端与参考地的电位差，输入节点电压为电容节点相对于参考地的电压，输入节点电流为从电容结点流入逆变器的电流，例如，输入结点电压用 V_1、V_2 等表示，输入结点电流用 I_1、I_2 等表示；V_a、V_b 和 V_c 为输出线电压的有效值，I_a、I_b 和 I_c 为输出电流的有效值。图 8-1b 给出了单极输出的多电平逆变器示意图，图中，v_o 为输出相电压，其输出电平数由节点电压 V_1、V_2 等决定，因此，多电平逆变器的每一极可以用一个单刀多掷开关来表示，通过将开关与结点依次连接，能够获得期望的输出电压，图 8-2 给出了一个五电平逆变器的典型输出电压波形，这需要在每个结点处采用双向开关器件。

多电平逆变器的拓扑结构应该有如下特点：

(1)尽可能减少开关器件的数量；

(2)能够承受高输入电压，以便用于大功率场合；

(3)开关器件的开关频率尽可能低。

8.3 多电平逆变器的类型

多电平逆变器通过多电平的电容电压合成近似正弦波的输出电压，随着电容电压电平

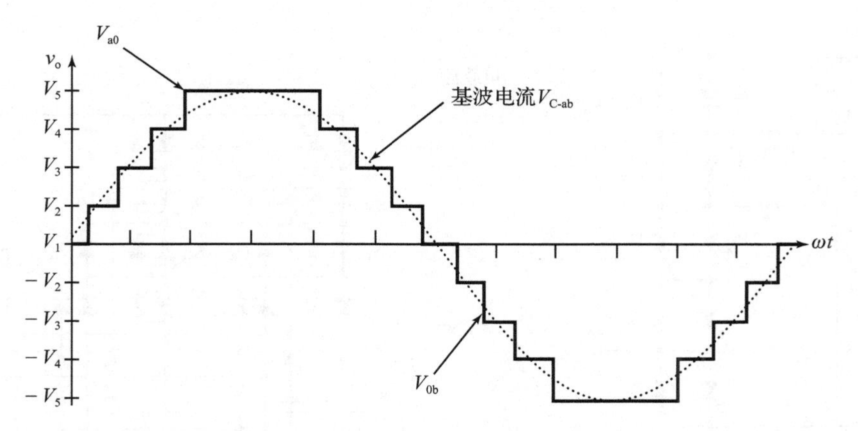

图 8-2　5 电平逆变器的典型输出电压波形

数的增加，输出电压的电平数也增多，这些电平能够产生接近理想正弦电压的阶梯波，同时，随着电平数的增加，输出电压的谐波含量逐渐减少，谐波畸变率也趋近于零。输出电压为多个电压电平的合成，在正半周期内为：

$$v_{ao} = \sum_{n=1}^{m} E_n \mathrm{SF}_n \tag{8-2}$$

式中：SF_n 是第 n 个节点的开关函数，取值为 0 或 1。一般来说，电容端电压 E_1、E_2、… 的值相等，且为 E_m，因此，输出电压的峰值为 $v_{ao(peak)}=(m-1)E_m=V_{dc}$。为了使输出电压负半周为负值，还有另外一极以产生负值 v_{ob}，因此 $v_{ab}=v_{ao}+v_{ob}=v_{ao}-v_{bo}$。

多电平逆变器一般分为以下三类：二极管钳位型多电平逆变器、飞跨电容型多电平逆变器和级联型多电平逆变器。二极管钳位型多电平逆变器有又可分为三类：基本型、改进型和修正型，其中修正型多电平逆变器有许多优点；飞跨电容型多电平逆变器采用钳位电容代替钳位二极管，输出性能与二极管钳位型的相似；级联型多电平逆变器由多个半桥逆变器构成，输出波形质量比其他两种更好，但是，每个半桥逆变器都需要一个独立的直流电源供电。与二极管钳位型和飞跨电容型多电平逆变器不同，级联型多电平逆变器不需要任何钳位二极管或者钳位电容。

8.4　二极管钳位型多电平逆变器

典型的二极管钳位型多电平逆变器(DCMLI)直流母线有 $m-1$ 个电容串联，输出相电压有 m 个电平，图 8-3a 给出了 5 电平二极管钳位型逆变器一个桥臂的电路图，图 8-3b 给出了 5 电平二极管钳位型单相全桥逆变器的电路图，图中开关器件的编号为 S_{a1}、S_{a2}、S_{a3}、S_{a4}、S'_{a1}、S'_{a2}、S'_{a3} 和 S'_{a4}，直流母线由 4 个电容 C_1、C_2、C_3 和 C_4 构成，每个电容上的电压为 $V_{dc}/4$，每个开关器件的电压应力被限制在电容电压 $V_{dc}/4$。一般来说，m 电平的逆变器需要$(m-1)$个电容，如果每个钳位二极管的额定耐压都与开关管的额定电压相同，则每个桥臂需要 $2(m-1)$个开关器件和$(m-1)(m-2)$个钳位二极管。

8.4.1　工作原理

为了分析二极管钳位型多电平逆变器的工作原理，以图 8-3a 所示的一个桥臂为例进行分析，直流侧负极 0 作为输出的参考地，5 电平输出电压的合成步骤如下：

(1)所有上桥臂的开关管 S_{a1} 到 S_{a4} 导通，此时输出电压为 $v_{ao}=V_{dc}$；

(2)三个上桥臂开关管 S_{a2} 到 S_{a4} 和一个下桥臂开关管 S'_{a1} 导通，此时输出电压为 $v_{ao}=3V_{dc}/4$；

(3)两个上桥臂开关管 S_{a3}、S_{a4} 和两个下桥臂开关管 S'_{a1}、S'_{a2} 导通，此时输出电压为

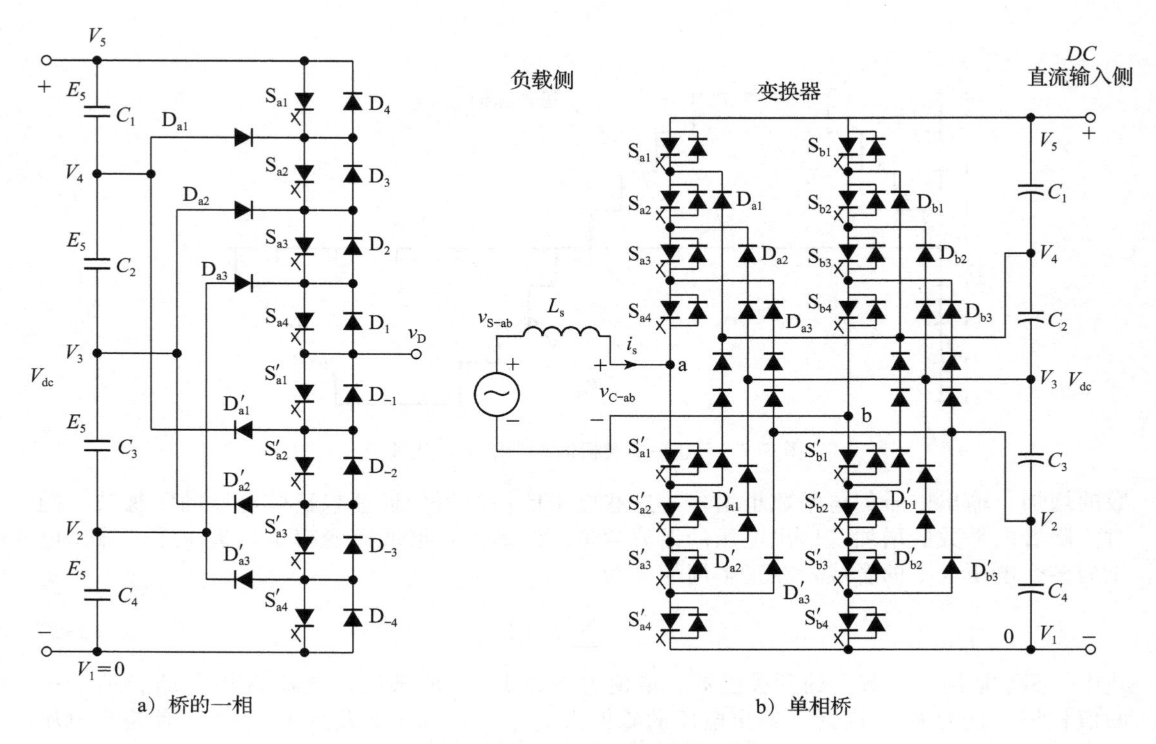

图 8-3　5 电平二极管钳位型逆变器

$v_{ao}=V_{dc}/2$；

(4)一个上桥臂开关管 S_{a4} 和三个下桥臂开关管 S'_{a1} 到 S'_{a3} 导通，此时输出电压为 $v_{ao}=V_{dc}/4$；

(5)所有下桥臂的开关管 S'_{a1} 到 S'_{a4} 导通，此时输出电压为 $v_{ao}=0$。

表 8-1 给出了输出电压电平与每个开关管的开关状态的对应关系，1 表示开关管处于导通状态，0 表示开关管处于关断状态。值得注意的是，每个开关管在一个开关周期内仅通断一次，并且每一相有 4 对互补开关管对：(S_{a1}，S'_{a1})，(S_{a2}，S'_{a2})，(S_{a3}，S'_{a3})和(S_{a4}，S'_{a4})。因此，如果互补开关管对的一个开关管处于导通状态，则另一个开关管处于截止状态。在任意时刻总有 4 个开关管处于导通状态。

图 8-4 给出了 5 电平逆变器的输出电压波形，输出电压由正半周 V_{a0} 和负半周 V_{0b} 构成，它是 9 电平的阶梯波，这说明一个 m 电平的全桥逆变器能够产生 $2m-1$ 个电平。

表 8-1　输出电压电平与每个开关管的开关状态的对应关系

输出 v_{a0}	开关状态							
	S_{a1}	S_{a2}	S_{a3}	S_{a4}	S'_{a1}	S'_{a2}	S'_{a3}	S'_{a4}
$V_5=V_{dc}$	1	1	1	1	0	0	0	0
$V_4=3V_{dc}/4$	0	1	1	1	1	0	0	0
$V_3=V_{dc}/2$	0	0	1	1	1	1	0	0
$V_2=V_{dc}/4$	0	0	0	1	1	1	1	0
$V_1=0$	0	0	0	0	1	1	1	1

8.4.2　二极管钳位型逆变器的特点

二极管钳位型逆变器的主要特点如下。

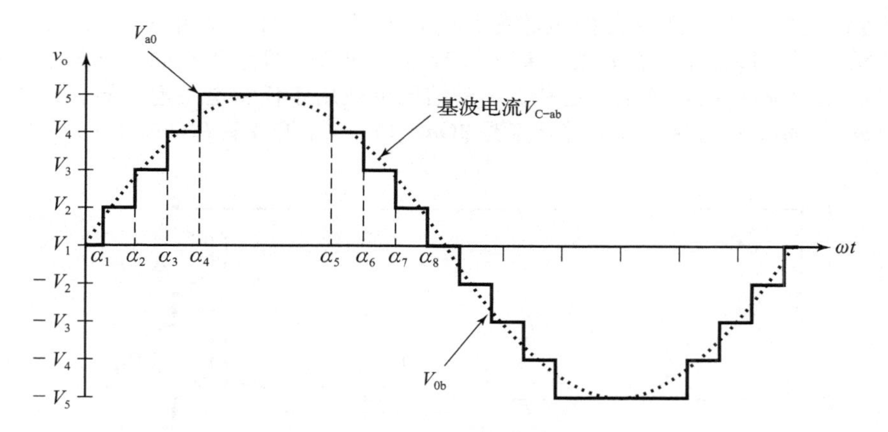

图 8-4 5电平逆变器的输出电压波形

(1)钳位二极管承受很高的电压。尽管每个开关管都只承受$V_{dc}/(m-1)$的反压，但是不同的钳位二极管承受的反向电压也不同，例如，当下桥臂开关管S'_{a1}到S'_{a4}导通时，二极管D'_{a1}需要承受三个电容电压$3V_{dc}/4$；同理，二极管D_{a2}和D'_{a2}需要承受$2V_{dc}/4$电压，D_{a3}需要承受$V_{dc}/4$电压，即钳位二极管的承受电压由其所处的位置决定。在m电平的逆变器中，每个二极管承受电压的一般形式为：

$$V_D = \frac{m-1-k}{m-1}V_{dc} \tag{8-3}$$

式中：m为电平数；k在1到$(m-2)$之间变化；V_{dc}为直流母线总电压。

如果每个钳位二极管的额定承受电压都与开关管的额定电压相同，则每个桥臂需要的二极管数量为$N_D=(m-1)\times(m-2)$，这个值是m的二次函数，因此，当$m=5$时，$N_D=(m-1)\times(m-2)=12$。当m很大时，需要的钳位二极管数量非常多，此时一般不采用二极管钳位型电路结构。

(2)开关器件额定电流不一致。由表8-1可知：开关管S_{a1}仅在$v_{ao}=V_{dc}$时导通，而开关管S_{a4}却在除$v_{ao}=0$外的所有时间段导通，因而导致开关管具有不同的额定电流。因此，如果开关管的设计是按照平均占空比来选取电流额定值的，那么最上面开关管的电流额定值比较小，而下面的开关管的电流额定值会比较大；如果按照最坏工况进行设计，那么每相将有$2\times(m-2)$个开关管选型过大。

(3)电容均压问题。由于每个电容节点的电压等级不同，因此这些电容提供的电流也不相同。当逆变器并网运行，且功率因数为1时，直流侧电容的放电时间(或当作整流器运行时的充电时间)会不相同，导致电容电压不相等。多电平逆变器中的电压不平衡问题可通过将电容用恒定直流电压源、PWM电压源或蓄电池代替来解决。

二极管钳位型逆变器的主要优点总结如下：

- 当电平数足够多时，输出侧的谐波成分非常低，不需要使用输出滤波器；
- 由于开关管的开关频率为输出基波频率，所以逆变器的效率很高；
- 控制方法简单。

二极管钳位型逆变器的主要缺点总结如下：

- 当电平数很高时，钳位二极管的数量庞大；
- 在多变换器系统中，很难对每个变换器的有功功率进行独立控制。

8.4.3 改进型二极管钳位型逆变器

钳位二极管的耐压不一致问题可通过串联恰当数量的二极管来解决，如图8-5所示，然而，由于二极管特性可能不完全一致，分担的电压可能也不相等。图8-6给出了一种改进型二极管钳位型5电平逆变器的电路拓扑[6]，开关编号的顺序为S_1、S_2、S_3、S_4、S_1'、S_2'、S_3'和S_4'，每个桥臂总共有8个开关管和12个二极管，且耐压相同，这与二极管串联的二极管钳位型逆变器相同，理论上这种金字塔结构可适用于任意电平逆变器。这种5电平逆变器需要$(m-1=)4$个电容，每个桥臂需要$2(m-1)=8$个开关管和$(m-1)(m-2)=12$个钳位二极管。

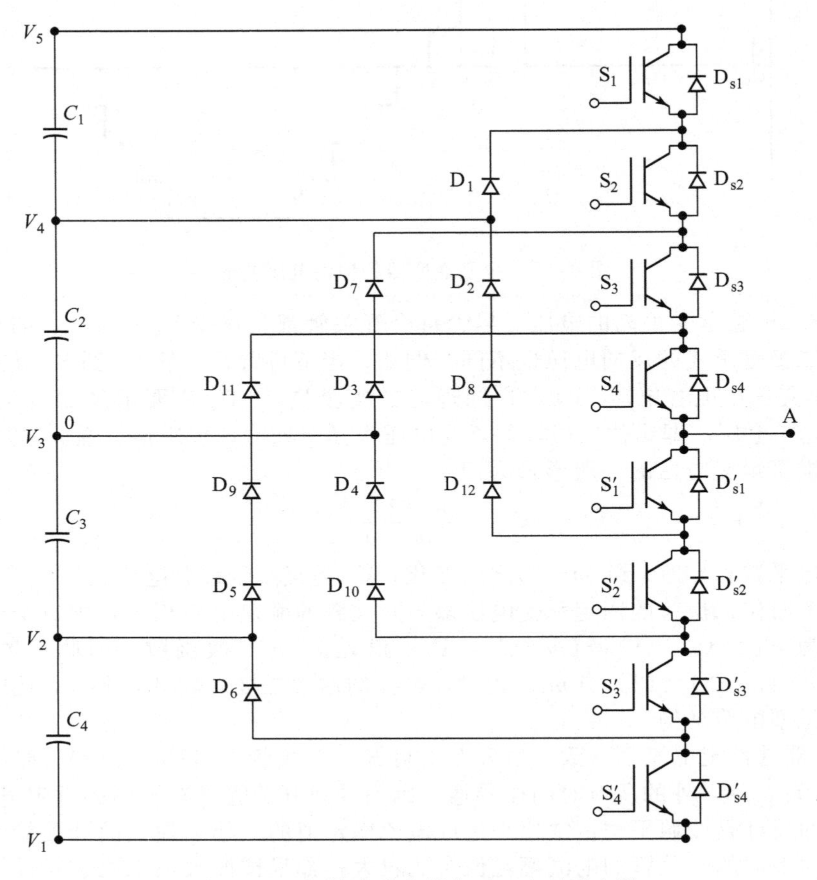

图 8-5 二极管串联的钳位型5电平逆变器

工作原理 改进型的二极管钳位型逆变器可以分解为多个2电平单元，对于一个m电平的逆变器，有$(m-1)$个2电平单元，对于$m=5$，可分解为4个2电平单元：单元1中，开关管S_2、S_3和S_4一直导通，S_1和S_1'交替导通，以产生$V_{dc}/2$和$V_{dc}/4$的输出电压；单元2中，开关S_3、S_4和S_1'一直导通，S_2和S_2'交替导通，产生$V_{dc}/4$和0的输出电压；单元3中，开关S_4、S_1'和S_2'一直导通，S_3和S_3'交替导通，产生0和$-V_{dc}/4$的输出电压；单元4中，开关S_1'、S_2'和S_3'一直导通，S_4和S_4'交替导通，产生$-V_{dc}/4$和$-V_{dc}/2$的输出电压。

上述4个单元的工作方式与一个标准的2电平逆变器的相同，除了每个单元的电流流经$(m-1)$个器件而不是一个之外。以单元2为例，当S_2导通时，正向电流流经的开关器件为D_1、S_2、S_3和S_4，反向续流的路径为S_1'、D_{12}、D_8和D_2，逆变器的输出始终为$V_{dc}/4$；当S_2'导通时，正向电流流经的开关器件为S_1'、S_2'、D_{10}和D_4，反向续流的路径为D_3、D_7、S_3和S_4，逆变器的输出始终为0。m电平逆变器的通断规则如下：

(1)任意时刻都有$(m-1)$个相邻的开关管处于导通状态。

(2)对于任意两个相邻的开关管，只有当里层的开关管处于导通状态时，外层的开关管才能开通。

(3)对于任意两个相邻的开关管，只有当外面的开关管处于截止状态时，里层的开关管才能关断。

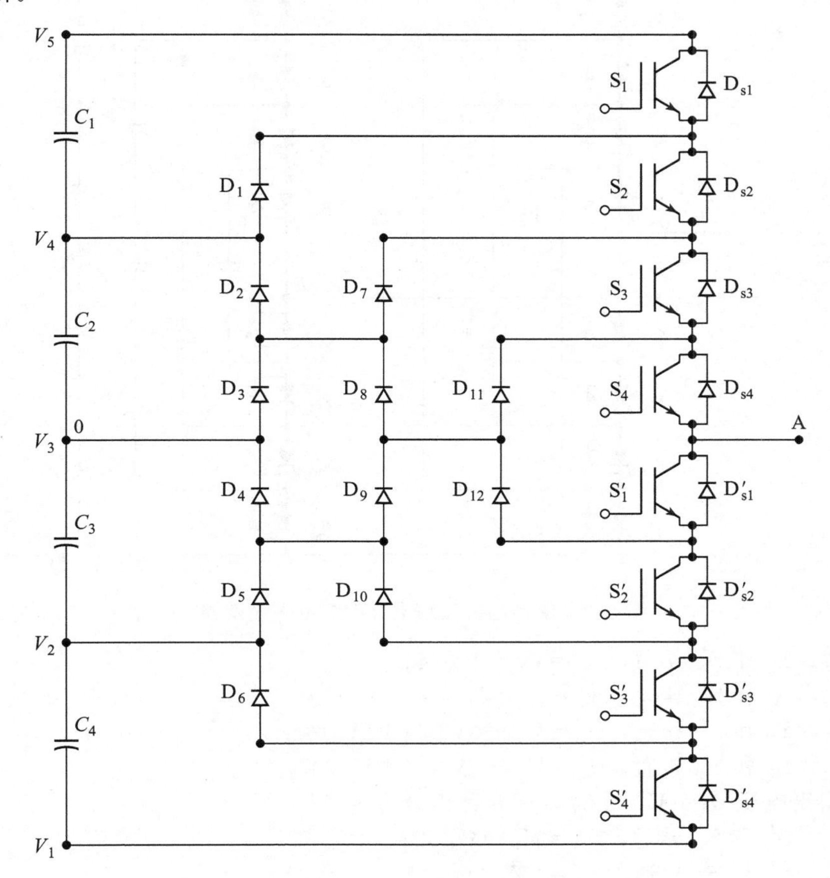

图 8-6　改进型二极管钳位5电平逆变器

8.5　飞跨电容型多电平逆变器

图 8-7 给出了一个单相全桥飞跨电容型5电平逆变器的拓扑(FCMLI)，开关的编号顺序为 S_{a1}、S_{a2}、S_{a3}、S_{a4}、S'_{a4}、S'_{a3}、S'_{a2}和 S'_{a1}，开关的编号顺序与图 8-3 所示的二极管钳位型逆变器不同。假设每个电容的耐压都相同，a 相桥臂的三个均压电容 C_{a1}、C_{a2}和 C_{a3}与 b 相的均压电容相互独立，这些电容共同连接到直流侧电容 C_1～C_4 中。

飞跨电容型逆变器的电平数和二极管钳位型变换器的相同，即 m 电平逆变器的相电压 v_{ao}有 m 个电平，线电压 V_{ab}有$(2m-1)$个电平。假定每个电容的耐压与开关器件的耐压相同，那么 m 电平逆变器的直流侧需要$(m-1)$个电容，每个桥臂需要的电容数量为 $N_C=\sum_{j=1}^{m}(m-j)$，当 $m=5$ 时，$N_C=10$。

8.5.1　运行原理

为了分析二极管飞跨电容型多电平逆变器的工作原理，以图 8-7 所示的一个桥臂为例进行分析，直流侧负极 0 作为输出的参考地，5 电平输出电压的开关管通断方式如下。

(1)所有上桥臂的开关管 S_{a1}到 S_{a4}导通，此时输出电压为 $v_{ao}=V_{dc}$。

(2)当输出电压 $v_{ao}=3V_{dc}/4$ 时，有 4 种组合方式：

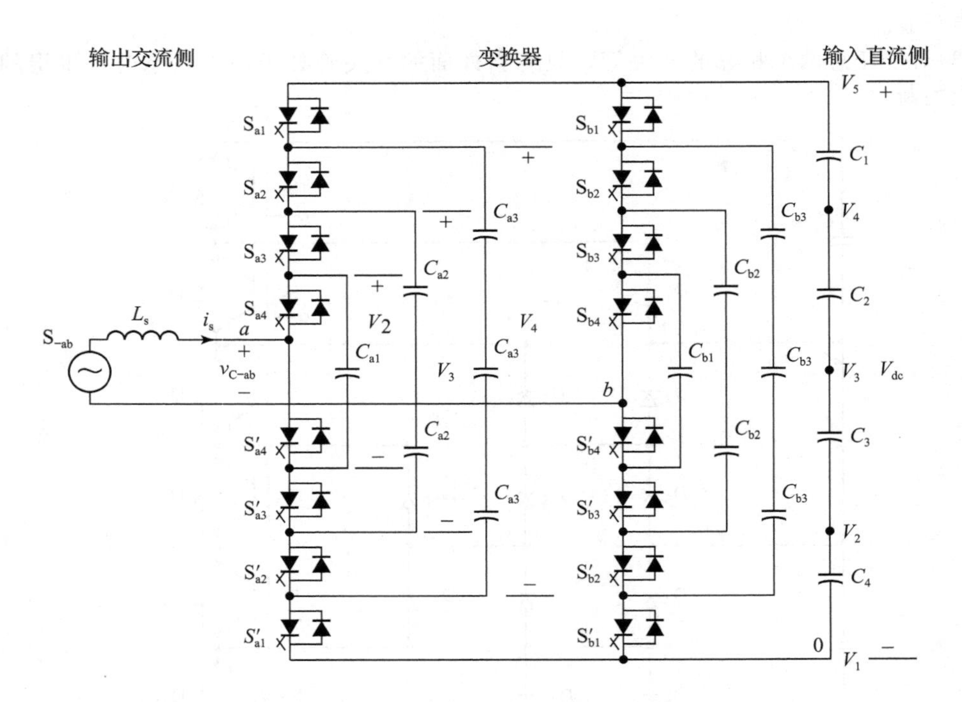

图 8-7 单相全桥飞跨电容型 5 电平逆变器

S_{a1}、S_{a2}、S_{a3}和S'_{a4}导通，$v_{ao}=V_{dc}-V_{dc}/4$；

S_{a2}、S_{a3}、S_{a4}和S'_{a1}导通，使$v_{ao}=3V_{dc}/4$；

S_{a1}、S_{a3}、S_{a4}和S'_{a2}导通，$v_{ao}=V_{dc}-3V_{dc}/4+2V_{dc}/4$；

S_{a1}、S_{a2}、S_{a4}和S'_{a3}导通，$v_{ao}=V_{dc}-2V_{dc}/4+V_{dc}/4$。

(3)当输出电压$v_{ao}=V_{dc}/2$时，有 6 种组合方式：

S_{a1}、S_{a2}、S'_{a3}和S'_{a4}导通，$v_{ao}=V_{dc}-V_{dc}/2$；

S_{a3}、S_{a4}、S'_{a1}和S'_{a2}导通，$v_{ao}=2V_{dc}/4$；

S_{a1}、S_{a3}、S'_{a2}和S'_{a4}导通，$v_{ao}=V_{dc}-3V_{dc}/4+V_{dc}/2-V_{dc}/4$；

S_{a1}、S_{a4}、S'_{a2}和S'_{a3}导通，$v_{ao}=V_{dc}-3V_{dc}/4+V_{dc}/4$；

S_{a2}、S_{a4}、S'_{a1}和S'_{a3}导通，$v_{ao}=3V_{dc}/4-V_{dc}/2+V_{dc}/4$；

S_{a2}、S_{a3}、S'_{a1}和S'_{a4}导通，$v_{ao}=3V_{dc}/4-V_{dc}/4$。

(4)当输出电压$v_{ao}=V_{dc}/4$时，有 4 种组合方式。

(a)开通器件S_{a1}，S'_{a2}，S'_{a3}和S'_{a4}，使$v_{ao}=V_{dc}-3V_{dc}/4$。

(b)开通器件S_{a4}，S'_{a1}，S'_{a2}和S'_{a3}，使$v_{ao}=V_{dc}/4$。

(c)开通器件S_{a3}，S'_{a1}，S'_{a2}和S'_{a4}，使$v_{ao}=V_{dc}/2-V_{dc}/4$。

(d)开通器件S_{a2}，S'_{a1}，S'_{a3}和S'_{a4}，使$v_{ao}=3V_{dc}/4-V_{dc}/2$。

(5)所有下桥臂的开关管S'_{a1}～S'_{a4}导通，此时输出电压为$v_{ao}=0$。

从以上开关管通断方式可知，每个输出电平可能有多种组合方式，但是，为了减小开关损耗，每个开关管通常在一个开关周期内仅通断一次，表 8-2 列举了与此对应的开关状态。和二极管钳位型逆变器相似，表 8-2 所示的每个开关器件的导通时间不相同，此外，输出线电压为 9 电平。飞跨电容型逆变器的电平数和二极管钳位型变换器的相同，即 m 电平逆变器的相电压v_{ao}有 m 个电平，线电压V_{ab}有$(2m-1)$个电平。

表 8-2　飞跨电容逆变器的一种开关组合可能性

输出 v_{a0}	开关状态							
	S_{a1}	S_{a2}	S_{a3}	S_{a4}	S'_{a4}	S'_{a3}	S'_{a2}	S'_{a1}
$V_5=V_{dc}$	1	1	1	1	0	0	0	0
$V_4=3V_{dc}/4$	1	1	1	0	1	0	0	0
$V_3=V_{dc}/2$	1	1	0	0	1	1	0	0
$V_2=V_{dc}/4$	1	0	0	0	1	1	1	0
$V_1=0$	0	0	0	0	1	1	1	1

8.5.2　飞跨电容型逆变器的特点

飞跨电容型逆变器的主要特点如下。

(1)电容数量庞大。假设每个电容的耐压都与开关器件相同，除了直流母线需要 $m-1$ 个主电容外，每个桥臂还需要$(m-1)\times(m-2)/2$ 个辅助电容，而二极管钳位型逆变器仅仅需要 $m-1$ 个电容，当 $m=5$ 时，二极管钳位型的电容数 $N_C=4$，而飞跨电容型的电容数 $N_C=4\times3/2+4=10$。

(2)电容电压平衡问题。与二极管钳位型逆变器不同，飞跨电容型逆变器得到一个输出电平时开关状态有冗余，开关状态的冗余可以用来独立控制每个电容的电压，即对于同样的输出电平，可以通过选取不同的开关状态来选择电容是充电还是放电，从而平衡电容的电压。因此，通过恰当的开关状态组合，飞跨电容型逆变器也可用于传输有功功率。但是，当传输有功功率时，开关状态的组合非常复杂，而且开关频率必须大于基波频率。

飞跨电容型逆变器的主要优点总结如下：

- 在系统掉电时，大量的储能电容可以支撑无功功率。
- 输出同样的电压电平时，开关状态有冗余，这可以用来平衡电容电压。
- 与多电平二极管钳位型逆变器一样，输出谐波含量低，可以不使用输出滤波器。
- 可以传输有功功率和无功功率。

飞跨电容型逆变器的主要缺点总结如下：

- 电容数量随电平数增加而急剧上升，当电平数较大时，电容数量很多，成本很高。
- 传输有功功率时，逆变器的控制非常复杂，开关频率较高，开关损耗大。

8.6　级联型多电平逆变器

级联型多电平逆变器由多个单相全桥逆变器(H 桥逆变器)串联而成，这些串联的全桥逆变器的直流侧都由独立直流电源(SDCS)供电，例如蓄电池，燃料电池或者太阳能电池，图 8-8a 给出了一个单相级联型逆变器的基本结构，每个 H 桥逆变器都由独立直流电源供电，交流输出端串联连接。级联型逆变器不需要钳位二极管或钳位电容，这点与二极管钳位型和飞跨电容型逆变器不同。

8.6.1　工作原理

图 8-8b 给出了一个 5 电平级联型逆变器的输出电压波形，直流电压都为 V_{dc}，它由 4 个逆变器输出组合合成，$v_{an}=v_{a1}+v_{a2}+v_{a3}+v_{a4}$，每个逆变器有 4 个开关管 S_1，S_2，S_3 和 S_4，可以输出$+V_{dc}$，0 和$-V_{dc}$三种电平：S_1 和 S_4 导通，输出 $v_{a4}=+V_{dc}$；S_2 和 S_3 导通，输出 $v_{a4}=-V_{dc}$；所有开关管关断时，输出 $v_{a4}=0$。如果全桥逆变器和直流电源的数量为 N_S，则输出电压电平为 $m=N_S+1$。因此，5 电平的级联型逆变器需要 4 个直流电源和 4 个全桥逆变器。

当 H 桥的开关管工作在基频频率时，级联逆变器的输出电压波形近似为正弦波，而且可以通过控制逆变器的导通角来使输出电压的谐波畸变率最小，能够使总谐波畸变率(THD)小于5%。如果输出电流 i_a为正弦的，且超前或者滞后输出电压 v_{an}90°，如图 8-8b 所示，那么在一个周期内电容的充电和放电电荷之和为 0，因此，所有逆变器的直流侧电容电压不变。

每个 H 桥逆变器的两个桥臂采用移相控制，产生一个可控的准方波输出，如图 8-9b 所示，每个开关管导通 180°(或半周期)，这种模式下所有开关器件的电流应力相等。

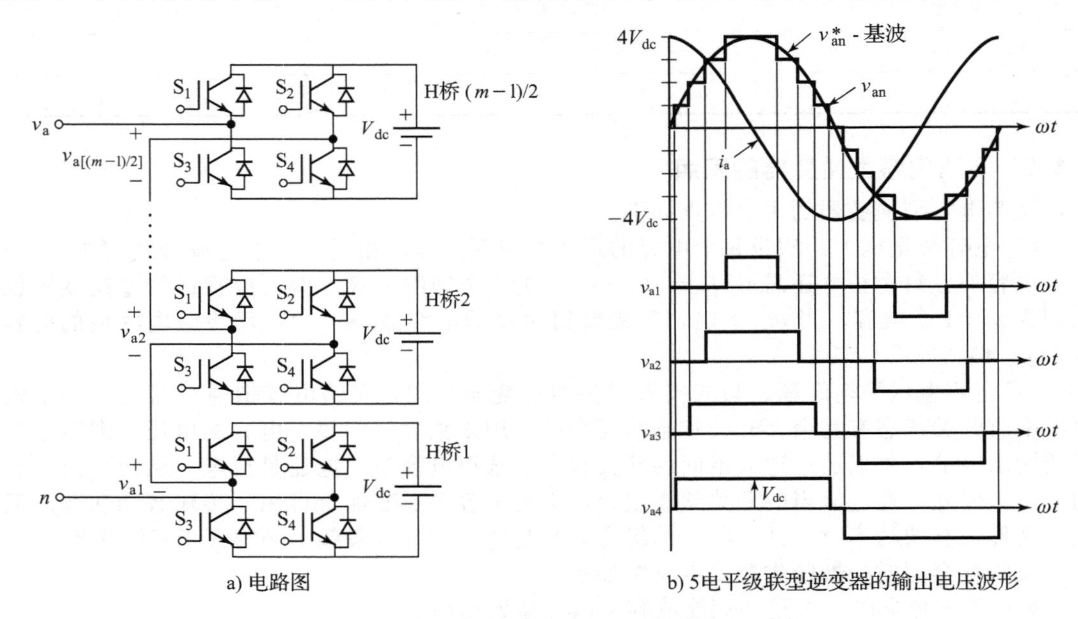

图 8-8 单相 H 桥多电平逆变器

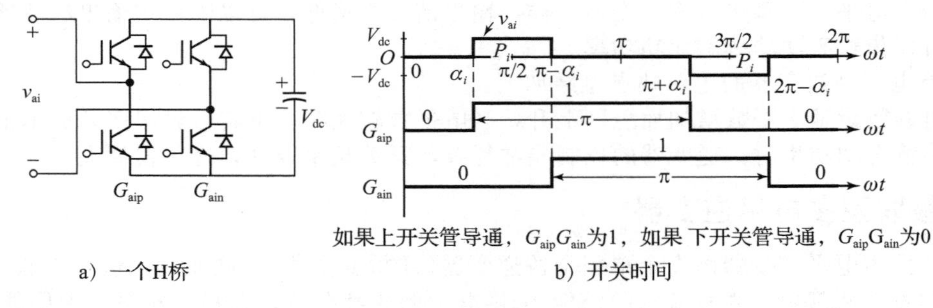

图 8-9 准方波输出的产生

8.6.2 级联型逆变器的特点

级联型多电平逆变器的主要特点如下。

- 传输有功功率时，级联型逆变器的直流侧需要独立的直流电源。这种结构很适用于各种可再生能源发电，如燃料电池、光伏发电和生物能发电。
- 直流电源必须是独立的，因为如果直流电源通过背靠背的方式得到，则会导致后面的开关管发生短路。

级联型多电平逆变器的优点总结如下：

- 与二极管钳位型和飞跨电容型逆变器相比，当输出电平数相同时，级联型逆变器需要的器件最少。
- 模块化结构使得电路布局和封装更加优化，且不需要额外的钳位二极管和钳位电容。

- 可以应用软开关技术减少开关管的开关损耗和电应力。

级联型逆变器的缺点如下。

- 传输有功功率时，需要独立的直流电源，这限制了级联型逆变器的应用。

例 8.1 求指定消除谐波的开关角。

当 $m=6$(包括 0 电平)时，单相级联型逆变器的输出电压波形如图 8-10 所示，求：(a)输出电压傅里叶级数的表达式；(b)如果输出基波电压峰值是最大值的 80%，求出消除 5 次、7 次、11 次和 13 次谐波的开关角；(c)输出电压的基波成分 B_1、总谐波畸变率 THD 和畸变因数(DF)。

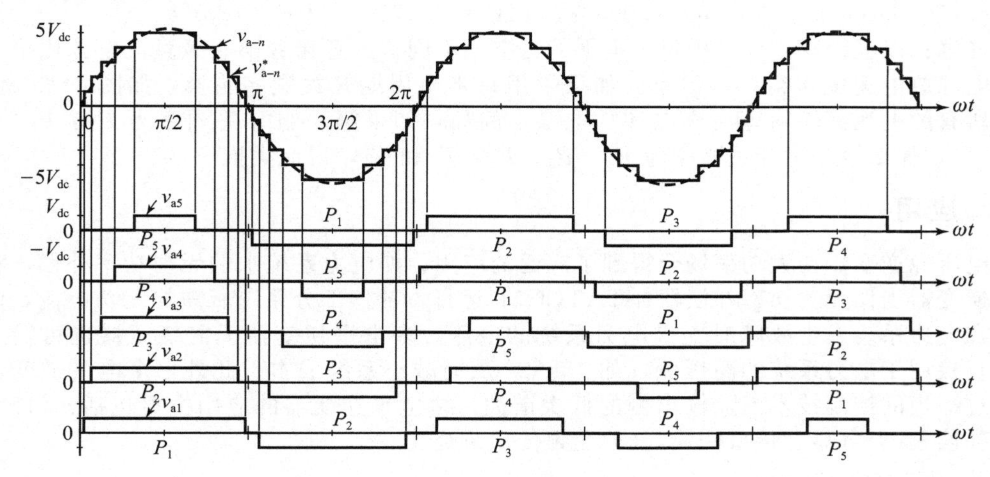

图 8-10 级联型逆变器开关顺序轮换示意图

解：

(a)对于 m 电平(包括 0 电平)级联型逆变器，输出电压为：

$$v_{an}=v_{a1}+v_{a2}+v_{a3}+\cdots+v_{am-1} \tag{8-4}$$

由于输出波形沿 x 轴四分之一周期对称，傅里叶系数 A_0 和 A_n 都为 0，B_n 的表达式为：

$$B_n=\frac{4V_{dc}}{\pi}\left[\int_{\alpha_1}^{\pi/2}\sin(n\omega t)\mathrm{d}(\omega t)+\int_{\alpha_2}^{\pi/2}\sin(n\omega t)\mathrm{d}(\omega t)+\cdots+\int_{\alpha_{m-1}}^{\pi/2}\sin(n\omega t)\mathrm{d}(\omega t)\right] \tag{8-5}$$

$$B_n=\frac{4V_{dc}}{n\pi}\left[\sum_{j=1}^{m-1}\cos(n\alpha_j)\right] \tag{8-6}$$

因而得出输出电压 v_{an} 的傅里叶表达式为：

$$v_{an}(\omega t)=\frac{4V_{dc}}{n\pi}\left[\sum_{j=1}^{m-1}\cos(n\alpha_j)\right]\sin(n\omega t) \tag{8-7}$$

(b)导通角 α_1，α_2，…，α_{m-1} 如果选取得当，可以消除某些低次谐波。假定基波输出相电压峰值为 $V_{an(peak)}$，输出电压的最大值为 $V_{cr(peak)}=(m-1)V_{dc}$，调制比为：

$$M=\frac{V_{cr(peak)}}{V_{an(peak)}}=\frac{V_{cr(peak)}}{(m-1)V_{dc}} \tag{8-8}$$

为了消除 5、7、11 和 13 次谐波，且使输出基波电压峰值为最大值的 80%，得到以下方程：

$$\begin{gathered}\cos(5\alpha_1)+\cos(5\alpha_2)+\cos(5\alpha_3)+\cos(5\alpha_4)+\cos(5\alpha_5)=0\\ \cos(7\alpha_1)+\cos(7\alpha_2)+\cos(7\alpha_3)+\cos(7\alpha_4)+\cos(7\alpha_5)=0\\ \cos(11\alpha_1)+\cos(11\alpha_2)+\cos(11\alpha_3)+\cos(11\alpha_4)+\cos(11\alpha_5)=0\end{gathered} \tag{8-9}$$

$$\cos(13\alpha_1)+\cos(13\alpha_2)+\cos(13\alpha_3)+\cos(13\alpha_4)+\cos(13\alpha_5)=0$$
$$\cos(\alpha_1)+\cos(\alpha_2)+\cos(\alpha_3)+\cos(\alpha_4)+\cos(\alpha_5)=(m-1)M=5\times0.8=4$$

这组非线性超越方程可以通过迭代法求解，例如牛顿-拉弗森迭代法，通过 Mathcad 软件计算得到：$\alpha_1=6.57°$，$\alpha_2=18.94°$，$\alpha_3=27.18°$，$\alpha_4=45.15°$，$\alpha_5=62.24°$。

因此，如果逆变器的开关管对称地通断，且在正半周 6.57°时输出连接$+V_{dc}$，在 18.94°时连接$+2V_{dc}$，在 27.18°时连接$+3V_{dc}$，在 45.15°时连接$+4V_{dc}$，在 62.24°时连接$+5V_{dc}$；类似，在负半周 186.57°时连接$-V_{dc}$，在 198.94°时连接$-2V_{dc}$，在 207.18°时连接$-3V_{dc}$，在 225.15°时连接$-4V_{dc}$，在 242.24°时连接$-5V_{dc}$，输出电压中没有 5、7、11 和 13 次谐波。

(c)用 Mathcad 求得：$B_1=5.093\%$，THD=5.975%和 DF=0.08%。◀

注意：以上级联逆变器中每个电平的占空比不同，这意味着第一级直流电源比第 5 级直流电源放电速度快得多，但是，如果采用每半个周期开关顺序轮换，如图 8-10 所示，那么所有的电池都能均等地充电和放电[7]，例如，如果第一组开关顺序为 P_1、P_2、P_3、P_4和 P_5，那么第二组开关顺序为 P_2、P_3、P_4、P_5和 P_1，以此类推。

8.7 应用

电压源逆变器在大功率场合得到了广泛的应用，如电力系统中的无功功率补偿，稳态时，逆变器当作无功功率补偿器(STATCOM)运行，补偿部分系统所需的无功电流，同时也可在电力系统发生故障时支撑电力系统的电压。多电平逆变器无需变压器也可输出高压，直接用于电力系统的高压侧，如 13kV，从而减小系统成本。此外，多电平逆变器还可通过适当的控制技术消除输出侧的低次谐波。多电平逆变器的应用主要包括：(1)无功功率补偿，(2)背靠背接口变换，(3)变频传动系统。

8.7.1 无功功率补偿

图 8-11 示出了由多电平逆变器构成的无功功率补偿器，它既可运行于 AC-DC 整流器模式，也可运行于 DC-AC 逆变器模式，补偿部分电力系统所需的无功电流。无功功率补偿器的交流侧与电网相连，直流侧未连接任何直流电源。

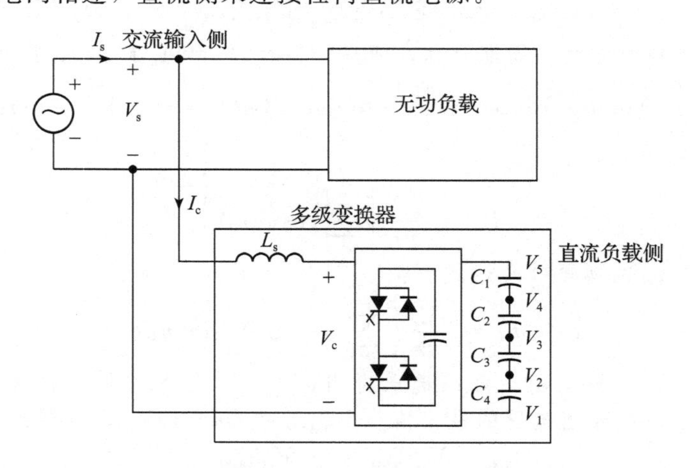

图 8-11 由多电平逆变器构成的无功功率补偿器

当多电平逆变器吸收容性或感性无功功率时，相电压和相电流相差 90°，此时直流侧电容充电和放电时间相等，因此电容电压是平衡的。多电平逆变器用于补偿无功功率(吸收容性无功功率)时，称为静态无功功率发生器(SVG)。多电平逆变器都可用于补偿无功功率，且没有电容电压平衡问题。

电网电压与逆变器输出电压的关系为：

$$V_S = V_c + jI_C X_S$$

式中：I_C为逆变器的输出电流；X_S为电感的感抗。图8-12a和b示出了输出电流超前和滞后时的逆变器与电网电压的向量关系图，从图中可以看出，控制逆变器的输出电压幅值V_C(与直流电压和调制比相关)，就可控制无功电流的幅值和相位。

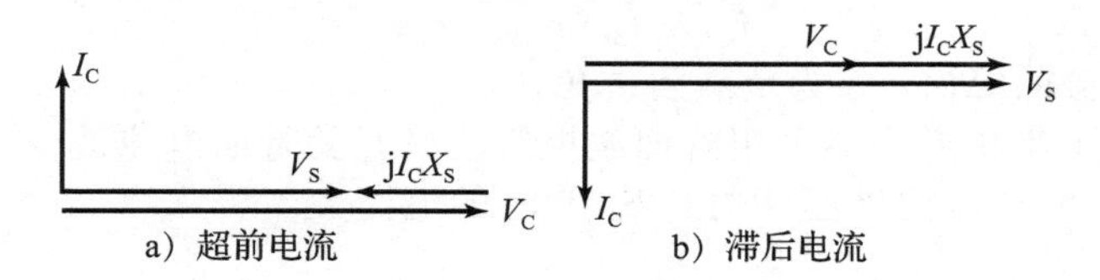

图8-12　用于无功功率补偿时逆变器与电网电压的向量关系图

8.7.2　背靠背电网接口变换器

图8-13示出了两个背靠背连接的二极管钳位多电平逆变器，中间通过直流电容连接，左边的变换器与电网连接，当作整流器运行，右边的变换器当作逆变器运行，给负载供电，两个变换器的开关管每个基波周期仅通断一次。这种背靠背的系统电容电压是平衡的，因为整流器和逆变器的运行会自动使得电容电压平衡，这种系统成为背靠背接口变换器。

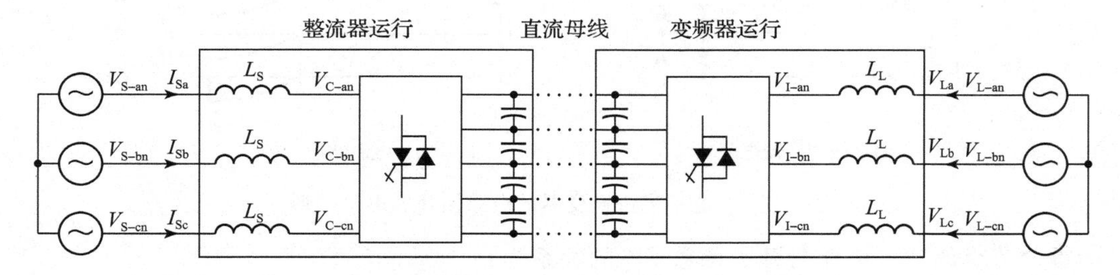

图8-13　背靠背连接的二极管钳位多电平逆变器

背靠背接口变换器的功率潮流可以双向流动，它可以用于：(1)频率变换器，(2)移相变换器，(3)功率潮流控制器。图8-14示出了交流输入侧的电压电流向量图，电源电流可以超前、同相和滞后于电网电压，电网电压与整流器交流侧电压的角度差为δ，当电网电压恒定时，可以通过控制整流器的交流侧电压来控制功率的流向，当$\delta=0$，电流要么超前电网90°，要么滞后电网90°，这意味着仅有无功功率的流动。

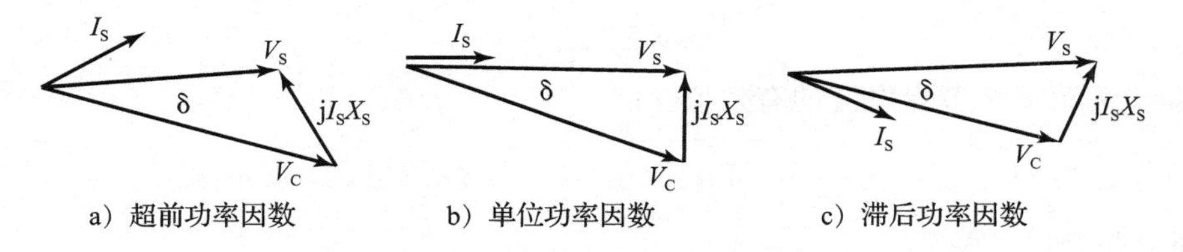

图8-14　交流输入侧电压电流向量图

8.7.3　变速传动

背靠背连接的多电平逆变器也可用于变速传动系统，输入与固定频率的交流电网相连，输出则连接到变频的交流负载。理想情况下，要求该系统为单位功率因数，电网侧不产生谐波污染，且没有电磁干扰(EMI)问题。背靠背连接的多电平逆变器用于变速传动系统与用于电网接口变换的主要不同，在于控制器设计和直流侧电容，尤其是直流侧电容需要精细设计，以避免在不同输出频率时直流电容电压波动。

8.8 开关管电流

5 电平二极管钳位半桥逆变器如图 8-15a)所示，图中 V_o和 I_o分别为负载的输出电压和输出电流，假定直流侧电容电压恒定，且负载电感比较大，那么输出电流为正弦波，即

$$i_o = I_m \sin(\omega t - \phi) \tag{8-10}$$

式中：I_m为负载电流的峰值；ϕ 为负载阻抗角。

图 8-15b 示出了半桥逆变器采用阶梯波控制法时开关管的电流波形，由图可见，流过内侧开关管 S_4和 S'_1的电流比外侧开关管 S_1和 S'_4的电流大。

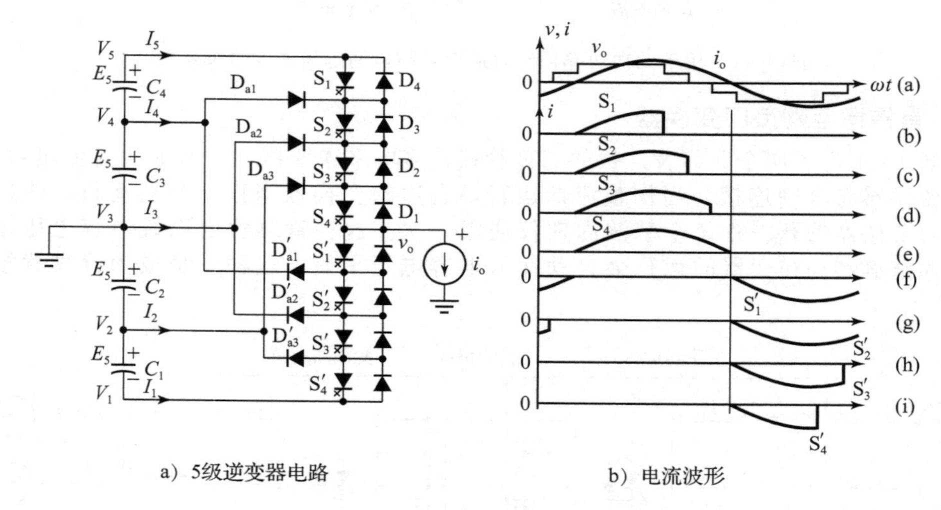

a) 5级逆变器电路　　b) 电流波形

图 8-15　5 电平半桥逆变器的电路拓扑和电流波形

每个节点的输入电流与开关函数 SF_n的关系为：

$$i_n = SF_n i_o \quad (n = 1,2,3,\cdots,m) \tag{8-11}$$

因为图 8-1b 所示的单刀多掷开关在任意瞬间只与一个节点连接，所以输出负载电流与各节点电流的关系为：

$$i_o = \sum_{n=1}^{m} i_n \tag{8-12}$$

负载电流的有效值与各节点电流的有效值之间的关系为：

$$I_{o(rms)}^2 = \sum_{n=1}^{m} I_{n(rms)}^2 \tag{8-13}$$

式中：$I_{n(rms)}$为第 n 个节点电流的有效值，

$$I_{n(rms)} = \sqrt{\frac{1}{2\pi}\int_0^{2\pi} SF_n i_o^2 \mathrm{d}(\omega t)} \qquad (n = 1,2,3,\cdots,m) \tag{8-14}$$

另外，还可得到以下关系：

$$i_{1(rms)}^2 = i_{5(rms)}^2, i_{2(rms)}^2 = i_{4(rms)}^2 \tag{8-15}$$

从上式可知，流经开关管 S'_1到 S'_4的电流有效值分别与流经开关管 S_4到 S_1的电流有效值相等。

8.9 直流电容电压平衡

对于多电平逆变器而言，电容电压平衡是非常关键的。图 8-16a 和 b 分别示出了半桥型 5 电平逆变器的原理图和输出电压、电流波形，负载电流波形假设为正弦波，即

$$i_o = I_m \sin(\omega t - \phi)$$

第 1 个节点输入电流 i_1 的平均值为：

$$I_{1(avg)} = \frac{1}{2\pi}\int_{\alpha_2}^{\pi-\alpha_2} i_o \mathrm{d}(\omega t) = \frac{1}{2\pi}\int_{\alpha_2}^{\pi-\alpha_2} I_m \sin(\omega t - \phi)\mathrm{d}(\omega t) = \frac{I_m}{\pi}\cos\phi\cos\alpha_2 \tag{8-16}$$

同理，可求得第 2 个节点输入电流 i_2 的平均值为：

$$\begin{aligned} I_{2(avg)} &= \frac{1}{2\pi}\int_{\alpha_1}^{\alpha_2} i_o \mathrm{d}(\omega t) = \frac{1}{2\pi}\int_{\alpha_1}^{\alpha_2} I_m \sin(\omega t - \phi)\mathrm{d}(\omega t) \\ &= \frac{I_m}{\pi}\cos\phi(\cos\alpha_1 - \cos\alpha_2) \end{aligned} \tag{8-17}$$

由对称性可得：$I_{3(avg)}=0$，$I_{4(avg)}=-I_{2(avg)}$，$I_{5(avg)}=-I_{1(avg)}$，所以每个电容放电电流的平均值为：

$$I_{C1(avg)} = I_{1(avg)} = \frac{I_m}{\pi}\cos\phi\cos\alpha_2 \tag{8-18}$$

$$I_{C2(avg)} = I_{1(avg)} + I_{2(avg)} = \frac{I_m}{\pi}\cos\phi\cos\alpha_1 \tag{8-19}$$

因此，当 $\alpha_1 < \alpha_2$ 时，$I_{C1(avg)} < I_{C2(avg)}$，这意味着电容 C_2 和 C_3 的放电比电容 C_1 和 C_4 小得多，从而导致电容电压不平衡，所以需要外加控制器对电容电压进行调节，否则最终 V_{C1} 和 V_{C2} 将趋于零。第 n 个电容充放电电流的平均值可依据式(8-18)和式(8-19)得到：

$$I_{Cn(avg)} = \frac{I_m}{\pi}\cos\phi\cos\alpha_n \tag{8-20}$$

由式(8-18)和式(8-19)，可得：

$$\frac{\cos\alpha_2}{\cos\alpha_1} = \frac{I_{C2(avg)}}{I_{C1(avg)}} \tag{8-21}$$

第 n 个与第 $n-1$ 个电容电流的关系式为：

$$\frac{\cos\alpha_n}{\cos\alpha_{n-1}} = \frac{I_{Cn(avg)}}{I_{C(n-1)(avg)}} \tag{8-22}$$

上式意味着电容电压不平衡问题始终存在，不平衡度由控制角 α_1、α_2、…、α_n 决定，且与负载大小和性质无关，因而需要外加控制器使外电容转移一部分能量到内电容，从而解决电容电压不平衡问题。

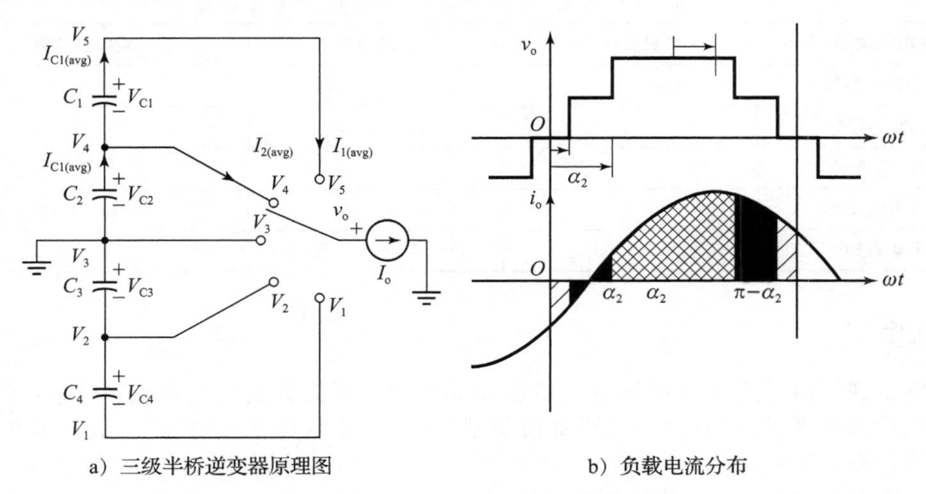

a）三级半桥逆变器原理图　　b）负载电流分布

图 8-16　半桥型五电平逆变器的电容电流

8.10　多电平逆变器的特点

由于使用了二极管、电容等钳位元件，多电平逆变器可以不使用变压器而达到升压的目的，直流母线电压可以远大于每一个开关管的额定电压，使系统输出电压升高，从而提高系统的输出功率。此外，当输出电平数大于 3 时，多电平逆变器可以有效地消除低次谐波[2,3]。多电平逆变器的特点如下：

- 输出电压和输出功率随电平数增加而增加，电平数每增加 1 个，每相开关管的数量增加 2 个；
- 电平数越多，输出电压谐波含量越小，所需的滤波元件体积也越小；
- 电平数增加时，开关角选择也越自由，通常可以采用指定谐波消除技术来选择开关角；
- 不采用 PWM 技术时，开关损耗也很小；
- 多电平逆变器可在不提高单个开关器件的额定电压的前提下，提高输出电压和输出功率；
- 由于采用了钳位二极管和钳位电容，实现了开关管的静态和动态电压平衡，所以多电平逆变器可应用于电动机驱动和电网等大功率应用场合。

8.11　多电平逆变器的比较

多电平逆变器可以取代传统的使用变压器的多重化逆变器。三种典型的多电平逆变器都可应用于高压大功率场合，例如用作静态无功发生器(SVG)，此时不存在电容电压平衡问题，因为 SVG 不输出有功功率。二极管钳位型变换器更适用于背靠背的接口变换，例如统一潮流控制器(UPFC)，其他两种多电平逆变器也可应用于背靠背接口变换，但是控制技术相对复杂。多电平逆变器适用于变速传动系统，因为它的谐波、EMI 和电动机轴电流的问题比 2 电平小得多。

表 8-3 比较了三种多电平逆变器每相使用的元件数量，所有开关器件的耐压都相同，其中级联型逆变器是全桥结构的。从该表可见，在同样的电平数的前提下，级联型逆变器使用的元件数量最少，因而更适用于电网等高压应用场合。

表 8-3　三种多电平逆变器每相使用的元件数量比较

变换器类型	二极管钳位	飞跨电容	级联逆变器
主要开关器件	$(m-1)\times 2$	$(m-1)\times 2$	$(m-1)\times 2$
主要二极管	$(m-1)\times 2$	$(m-1)\times 2$	$(m-1)\times 2$
钳位二极管	$(m-1)\times(m-2)$	0	0
直流母线电容	$(m-1)$	$(m-1)$	$(m-1)/2$
平衡点融	0	$(m-1)\times(m-2)/2$	0

本章小结

多电平逆变器适用于电网和电动机驱动等场合，因为其输出电压 THD 小，效率高。主要有三种多电平逆变器：(1)二极管钳位型，(2)飞跨电容型，(3)级联型。多电平逆变器的主要优点如下：

- 适用于高电压、大电流应用场合；
- 由于开关器件的开关频率低，系统效率高；
- 当用作接口变换器时，电网输入侧的功率因数接近于 1；
- EMI 问题相对较小；

● 背靠背接口变换器不存在电容电压不平衡问题。

多电平逆变器要求串联的电容电压是平衡的，而在传输有功功率时，电容电压会自然地产生不平衡，因此，必须采用电容电压平衡控制技术，以使流入电容的有功功率等于流出电容的有功功率，从而达到电容电压平衡的目的。

参考文献

[1] A. Nabae, I. Takahashi, and H. Akagi, "A new neutral-point clamped PWM inverter," *IEEE Transactions on Industry Applications*, Vol. IA-17, No. 5, September/October 1981, pp. 518–523.

[2] P. M. Bhagwat and V. R. Stefanovic, "Generalized structure of a multilevel PWM inverter," *IEEE Transactions on Industry Applications*, Vol. 19, No. 6, November/December 1983, pp. 1057–1069.

[3] M. Carpita and S. Teconi, "A novel multilevel structure for voltage source inverter," *Proc. European Power Electronics*, 1991, pp. 90–94.

[4] N. S. Choi, L. G. Cho, and G. H. Cho, "A general circuit topology of multilevel inverter," *IEEE Power Electronics Specialist Conference*, 1991, pp. 96–103.

[5] J.-S. Lai and F. Z. Peng, "Multilevel converters—a new breed of power converters," *IEEE Transactions on Industry Applications*, Vol. 32, No. 3, May/June 1996, pp. 509–517.

[6] X. Yuan and I. Barbi, "Fundamentals of a new diode clamping multilevel inverter," *IEEE Transactions on Power Electronics*, Vol. 15, No. 4, July 2000, pp. 711–718.

[7] L. M. Tolbert, F. Z. Peng, and T. G. Habetler, "Multilevel converters for large electric drives," *IEEE Transactions on Industry Applications*, Vol. 35, No. 1, January/February 1999, pp. 36–44.

[8] C. Hochgraf, R. I. Asseter, D. Divan, and T. A. Lipo, "Comparison of multilevel inverters for static-var compensation," IEEF-IAS Annual Meeting Record, 1994, pp. 921–928.

[9] L. M. Tolbert and T. G. Habetler, "Novel multilevel inverter carrier-based PWM method," *IEEE Transactions on Industry Applications*, Vol. 35, No. 5, September/October 1999, pp. 1098–1107.

[10] L. M. Tolbert, F. Z. Peng, and T. G. Habetler, "Multilevel PWM methods at low modulation indices," *IEEE Transactions on Power Electronics*, Vol. 15, No. 4, July 2000, pp. 719–725.

[11] J. H. Seo, C. H. Choi, and D. S. Hyun, "A new simplified space—vector PWM method for three-level inverters," *IEEE Transactions on Power Electronics*, Vol. 16, No. 4, July 2001, pp. 545–550.

[12] B. Wu, Y. Lang, N. Zargari, and S. Kouro, *Power Conversion and Control of Wind Energy Systems*. New York: Wiley-IEEE Press. August 2011.

复习题

8.1 什么是多电平逆变器？

8.2 多电平逆变器的基本原理是什么？

8.3 多电平逆变器的特点是什么？

8.4 多电平逆变器有哪些类型？

8.5 画出二极管钳位型多电平逆变器的原理电路，并说明其工作原理。

8.6 二极管钳位型多电平逆变器的优点有哪些？

8.7 二极管钳位型多电平逆变器的缺点有哪些？

8.8 修正型二极管钳位型多电平逆变器的优点有哪些？

8.9 画出飞跨电容型多电平逆变器的原理电路图，并说明其工作原理。

8.10 飞跨电容型多电平逆变器的优点有哪些？

8.11 飞跨电容型多电平逆变器的缺点有哪些？

8.12 画出级联型多电平逆变器的原理电路，并说明其工作原理。

8.13 级联型多电平逆变器的优点有哪些？

8.14 级联型多电平逆变器的缺点有哪些？

8.15 说明背靠背接口变换器的工作原理。

8.16 电容电压不平衡会产生哪些问题？

8.17 说明多电平逆变器的主要应用场合。

习题

8.1 单相二极管钳位型逆变器输出电平数 $m=5$，求输出电压傅里叶级数的表达式和 THD。

8.2 单相二极管钳位型逆变器输出电平数 $m=7$，$V_{dc}=5\text{kV}$，$i_o=50\sin(\theta-\pi/3)$，求开关管和二极管承受的电压峰值和额定电流。

8.3 单相二极管钳位型逆变器输出电平数 $m=5$，$V_{dc}=5kV$，$i_o=50\sin(\theta-\pi/3)$，求：(a)每个节点电流的瞬时值、平均值和有效值；(b)电容电流的平均值和有效值。

8.4 单相飞跨电容型逆变器输出电平数 $m=5$，求输出电压傅里叶级数的表达式和 THD。

8.5 单相飞跨电容型逆变器输出电平数 $m=7$，$V_{dc}=5\text{kV}$，求电容数量、开关管和二极管承受的电压峰值和额定电流。

8.6 比较电平数 $m=5$ 时的二极管钳位型、飞跨电容型和级联型逆变器的二极管和电容的数量。

8.7 单相级联型逆变器输出电平数 $m=5$，$V_{dc}=1\text{kV}$，$i_o=150\sin(\theta-\pi/6)$，求 H 桥开关管承受的电压峰值和额定电流的平均值、有效值。

8.8 单相级联型逆变器输出电平数 $m=5$，$V_{dc}=1\text{kV}$，$i_o=150\sin(\theta-\pi/6)$，求每个直流电源的平均电流。

8.9 单相级联型逆变器输出电平数 $m=5$，求：(a)输出电压傅里叶级数的表达式和 THD；(b)消除 5 次、7 次、11 次和 13 次谐波的开关角。

8.10 单相级联型逆变器输出电平数 $m=5$，如果输出基波电压峰值是最大值的 60%，求：消除 5 次、7 次、和 11 次谐波的开关角。

8.11 二极管钳位型逆变器 $m=7$，仿照表 8-1 画出输出电压电平与每个开关管的开关状态的对应关系。

8.12 二极管钳位型逆变器 $m=9$，仿照表 8-1 画出输出电压电平与每个开关管的开关状态的对应关系。

8.13 飞跨电容型逆变器 $m=7$，仿照表 8-2 画出输出电压电平与每个开关管的开关状态的对应关系。

8.14 飞跨电容型逆变器 $m=9$，仿照表 8-2 画出输出电压电平与每个开关管的开关状态的对应关系。

第四部分

晶闸管与晶闸管变换器

第9章
晶闸管

学习完本章后，应能做到以下几点：
- 列举出不同类型的晶闸管；
- 描述晶闸管的开通和关断特性；
- 描述晶闸管的双晶体管模型；
- 说明晶闸管用作开关时的局限性；
- 描述不同晶闸管的模型、门极特性及其控制条件；
- 应用晶闸管 SPICE 模型。

符号说明

符　　号	说　　明
α	晶闸管模型中晶体管的电流增益
C_j，V_j	分别为结电容、结电压
i_T，v_{AK}	分别为晶闸管的瞬时电流、瞬时阳极-阴极电压
I_C，I_B，I_E	分别为晶闸管模型中晶体管的集电极、基极与发射极电流
I_A，I_K	分别为晶闸管的阳极与阴极电流
I_L，I_H	分别为晶闸管的擎住电流、维持电流
t_{rr}，t_q	分别为晶闸管的反向恢复时间、关断时间
V_{BO}，V_{AK}	分别为晶闸管的击穿电压、阳极-阴极电压

9.1 引言

晶闸管是一类功率半导体器件，广泛用于电力电子电路中[51]。它们作为双稳态开关，在导通与非导通状态下运行。晶闸管在许多应用中可看作理想开关，但实际的晶闸管会表现出某些不理想特性与局限性。

传统的晶闸管没有门极控制关断能力，要想使晶闸管从导通状态变为非导通状态必须采用其他方法使电流减为0。而门极关断晶闸管(GTO)既有控制开通的能力又有控制关断的能力。

与晶体管相比，晶闸管具有更低的通态损耗和更强的功率处理能力。另一方面，晶闸管通常具有更高的开关速度和更低的开关损耗。为了使器件在两方面都获得最佳性能(例如，增强功率处理能力的同时降低通态损耗与开关损耗)改进工作一直在持续。

晶闸管一般用于大功率应用中，而在中、低功率应用中则被功率晶体管所代替。

像晶闸管这样的碳化硅(SiC)双结注入式器件有潜力缓解之前所提到的许多局限性。它们能提供更低的通态电压、数千赫兹的开关频率，并且便于并联。因为这类器件具有更短的载流子寿命和极低的本征载流子密度，达到给定的阻断电压只需要更薄的、更高掺杂的外延层[60]。即使阻断电压达到10～25kV数量级，具有双面载流子注入的特点和漂移区强电导调制效应的SiC晶闸管仍能在高温下保持较低的正向压降。高压(10～25kV)SiC晶闸管未来将在电力系统中有重要应用，包括脉冲功率应用，因为与硅基器件相比它能大大减少串联器件数量，可使电力电子系统的体积、重量、控制复杂程度、冷却成本都极大减小，并提升系统的效率与可靠性。显然，SiC 晶闸管是高压（>5kV）开关应用中最具前景的器件之一。

9.2　晶闸管特性

晶闸管是一个 pnpn 结构的 4 层半导体器件，共有 3 个 pn 结。它有 3 个端子：阳极、阴极和门极。图 9-1 给出了晶闸管的符号与 3 个 pn 结的剖视图。晶闸管是用扩散法制造的。

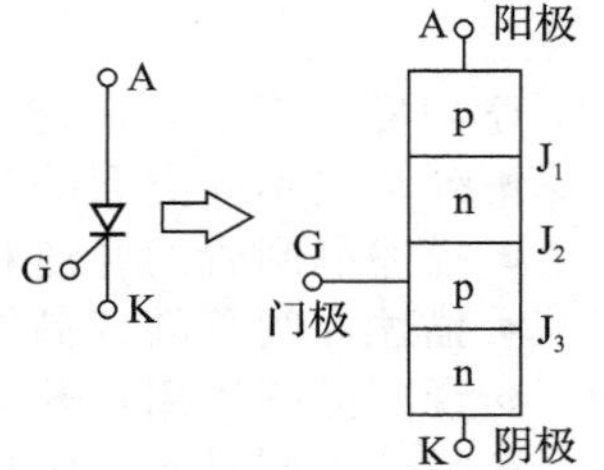

图 9-1　晶闸管符号及其中的 3 个 pn 结

晶闸管的横截面如图 9-2a 所示，并可按图 9-2b 所示分成 npn 和 pnp 两个部分。当阳极电压相对于阴极为正时，结 J_1、J_3 正向偏置，结 J_2 反向偏置，只有很小的漏电流从阳极流向阴极。此时称晶闸管处于正向阻断状态，或断态，相应的漏电流称为断态电流 I_D。如果阳极-阴极电压 V_{AK} 足够大，反向偏置的结 J_2 将击穿，这称为雪崩击穿，相应的电压称为正向击穿电压 V_{BO}。因为结 J_1、J_3 已经正向偏置，载流子能自由移动通过三个 pn 结，形成大的正向阳极电流。这时器件处于导通状态，或称通态。电压降由四层的电阻压降决定，其值很小，典型值为 1V。在通态，阳极电流受到外部阻抗或电阻 R_L 的限制，如图 9-3a 所示。阳极电流必须大于擎住电流 I_L，这样才能有足够的载流子流过 pn 结；否则，随着阳极-阴极电压减小，器件会恢复到阻断状态。擎住电流 I_L 是晶闸管刚开通、并移除门极信号后保证晶闸管立即进入通态所需的最小阳极电流。晶闸管的典型 v-i 特性如图 9-3b 所示[1]。

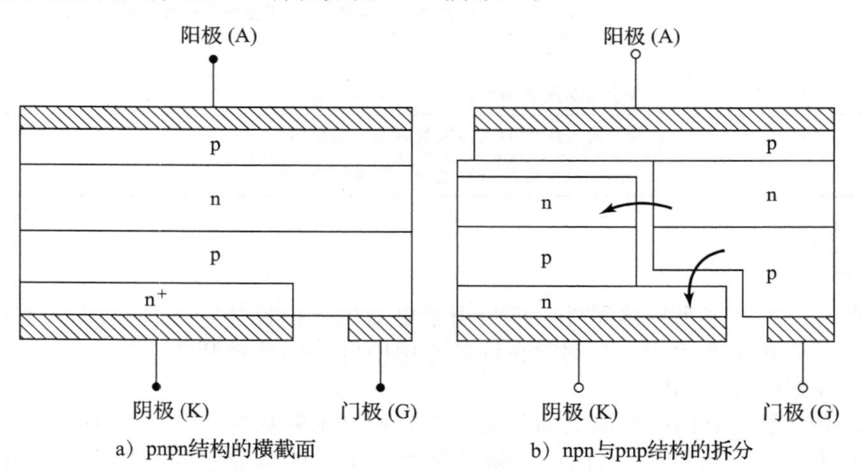

图 9-2　晶闸管的横截面

一旦晶闸管导通，它表现为类似于一个导通的二极管并且不受控制。由于载流子可以自由移动，结 J_2 不会产生耗尽层，晶闸管将持续导通。然而，如果正向阳极电流小于维持电流 I_H，由于载流子数量减少，结 J_2 附近将产生耗尽区，晶闸管进入阻断状态。维持电流为毫安数量级，并且小于擎住电流 I_L，即 $I_H < I_L$。维持电流 I_H 是维持晶闸管处于通态所需的最小阳极电流。

当阴极电压相对阳极为正时，结 J_2 正向偏置而结 J_1、J_3 反向偏置。这就像两个施加反向电压的串联二极管。此时晶闸管处于反向阻断状态，流过器件的电流为反向漏电流，称为反向电流 I_R。

当正向电压 V_{AK} 大于 V_{BO} 时晶闸管会导通，但这种导通是破坏性的。在实际应用中，正向电压应始终小于 V_{BO}，晶闸管是通过在其门极与阴极之间施加一个正电压来开通的，如图 9-3b 的虚线所示。一旦晶闸管在门极驱动信号下开通，阳极电流就会大于维持电流，由于正反馈作用，即使移除门极驱动信号器件仍将保持导通。晶闸管是一种闭锁型器件。

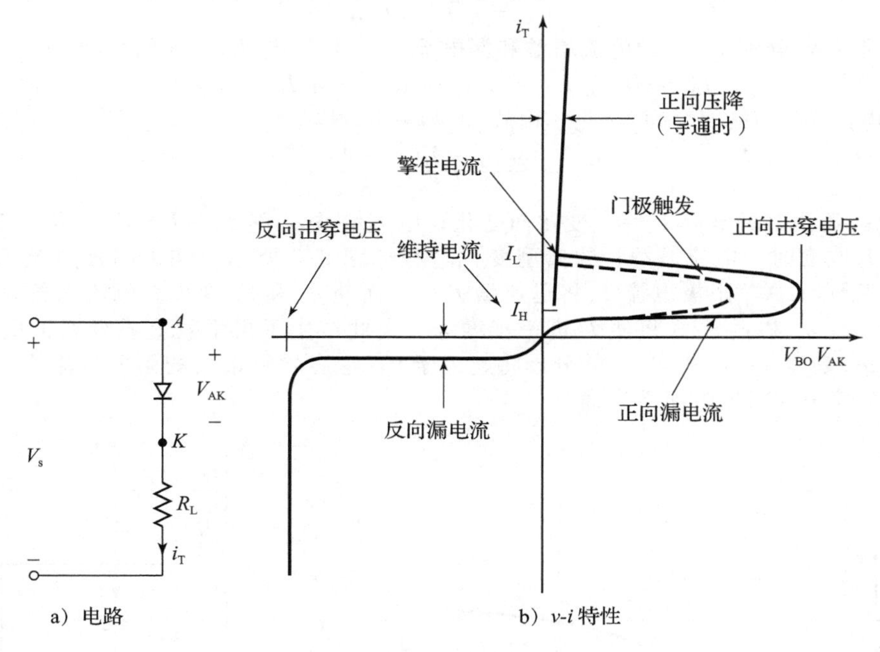

a）电路　　b）v-i 特性

图 9-3　晶闸管电路及其 v-i 特性

9.3　晶闸管的双晶体管模型

由正反馈引起的再生或闭锁作用可用晶闸管的双晶体管模型来说明。晶闸管可以看成两个互补的晶体管，一个是 pnp 晶体管 Q_1，另一个是 npn 晶体管 Q_2，如图 9-4a 所示。等效电路模型如图 9-4b 所示。

晶闸管的集电极电流 I_C 通常与发射极电流 I_E 和集电极-基极结漏电流 I_{CBO} 相关，关系如下：

$$I_C = \alpha I_E + I_{CBO} \tag{9-1}$$

共基极电流增益定义为 $\alpha \approx I_C / I_E$。对于晶体管 Q_1，发射极电流为阳极电流 I_A，集电极电流 I_{C1} 可由式(9-1)得到：

$$I_{C1} = \alpha_1 I_A + I_{CBO1} \tag{9-2}$$

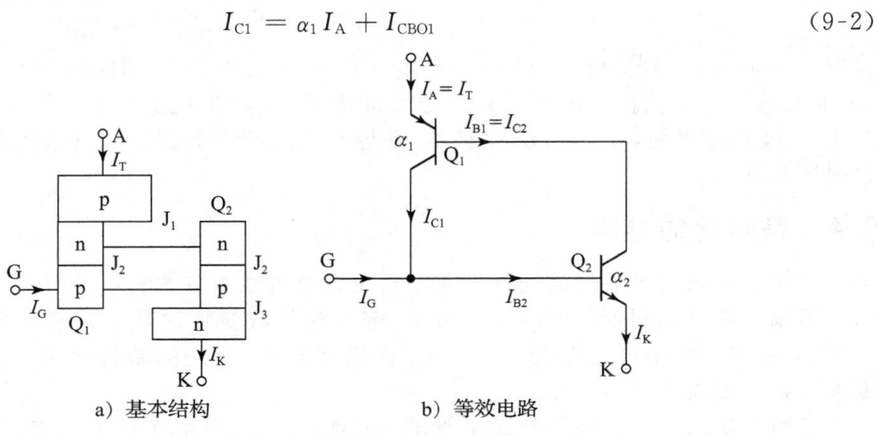

a）基本结构　　b）等效电路

图 9-4　晶闸管的双晶体管模型

式中：α_1 和 I_{CBO1}分别是 Q_1 的电流增益和漏电流。类似地，对于晶体管 Q_2，集电极电流 I_{C2}为：

$$I_{C2}=\alpha_2 I_K+I_{CBO2} \tag{9-3}$$

式中：α_2 和 I_{CBO2}分别是 Q_2 的电流增益和漏电流。合并 I_{C1}与 I_{C2}，我们得到：

$$I_A=I_{C1}+I_{C2}=\alpha_1 I_A+I_{CBO1}+\alpha_2 I_K+I_{CBO2} \tag{9-4}$$

对于门极电流 I_G，有：$I_K=I_A+I_G$，由式(9-4)解 I_A得：

$$I_A=\frac{\alpha_2 I_G+I_{CBO1}+I_{CBO2}}{1-(\alpha_1+\alpha_2)} \tag{9-5}$$

电流增益 α_1 随发射极电流 $I_A=I_E$变化而变化；电流增益 α_2 随 $I_K=I_A+I_G$变化而变化。发射极电流 I_E改变时，电流增益 α 的典型变化过程如图 9-5 所示。如果门极电流 I_G突然增大，从 0 变到 1mA，阳极电流 I_A将迅速增大，进而使 α_1 和 α_2 变大。电流增益 α_2 的值取决于 I_A和 I_G。α_1 和 α_2 变大将使 I_A进一步增大。由此产生了再生效应或者说正反馈效应。如果$(\alpha_1+\alpha_2)$趋近于 1，式(9-5)的分母将趋近于 0，这会导致很大的阳极电流 I_A，至此晶闸管在一个较小的门极电流下导通。

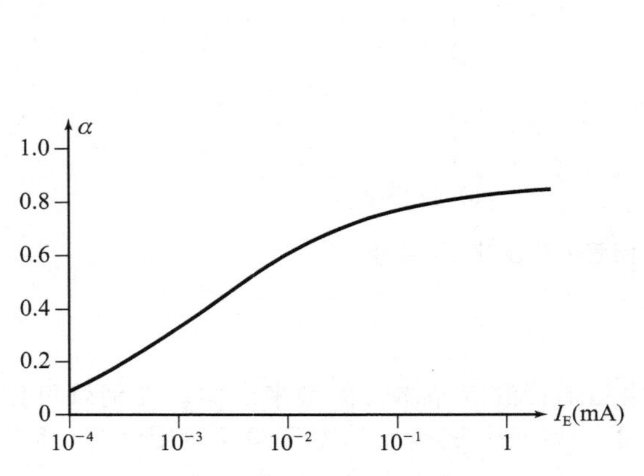

图 9-5 电流增益随发射极电流变化的典型曲线

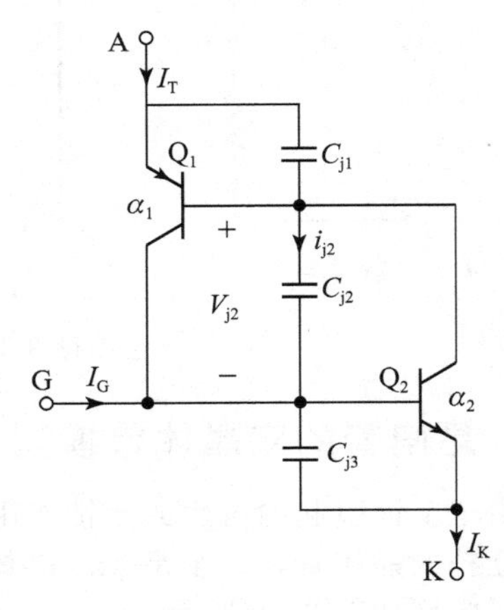

图 9-6 晶闸管的双晶体管瞬态模型

在暂态过程中，如图 9-6 所示的 pn 结电容会影响晶闸管的特性。如果晶闸管处于阻断状态，施加于器件两端的电压迅速上升会导致有很大的电流流过结电容。流过电容 C_{j2}的电流可表示为：

$$i_{j2}=\frac{d(q_{j2})}{dt}=\frac{d}{dt}(C_{j2}V_{j2})=V_{j2}\frac{dC_{j2}}{dt}+C_{j2}\frac{dV_{j2}}{dt} \tag{9-6}$$

式中：C_{j2}和 V_{j2}分别为结 J_2 的电容和电压；q_{j2}是晶体管 Q_2 的电荷量。如果电压上升率 dv/dt 很大，i_{j2}的值也会很大，并会导致漏电流 I_{CBO1}和 I_{CBO2}增大。根据式(9-5)，足够大的 I_{CBO1}和 I_{CBO2}可使$(\alpha_1+\alpha_2)$趋近于 1，并导致晶闸管误导通。流过结电容的大电流也可能会损坏器件。

9.4 晶闸管的导通

增加阳极电流可以使晶闸管导通，这可以通过以下方式实现。

高温 如果晶闸管的温度高，电子-空穴对的数量将增加，并使漏电流增大。进而使 α_1 和 α_2 变大。由于再生作用，$(\alpha_1+\alpha_2)$将趋近于 1，可使晶闸管导通。这种导通会引起温度失控，所以通常应当避免。

光照 如果光可以照射到晶闸管的 pn 结上，电子-空穴对将增加，可使晶闸管导通。光触发晶闸管正是通过让光照射到硅片上来导通的。

高电压　如果正向阳极-阴极电压比正向击穿电压 V_{BO} 大，足够大的漏电流将引发再生导通。这种导通是破坏性的，故应当避免。

dv/dt　由式(9-6)可以看出如果阳极-阴极电压的上升速率高，容性结的充电电流会大到足以导通晶闸管。很大的充电电流可能会损坏晶闸管，所以必须避免晶闸管的 dv/dt 过高。制造商通常要给出晶闸管的最大允许 dv/dt 值。

门极电流　如果晶闸管正向偏置，在门极与阴极端子之间施加的正门极电压将引入门极电流，使晶闸管开通。随着门极电流增大，正向阻断电压下降，如图 9-7 所示。

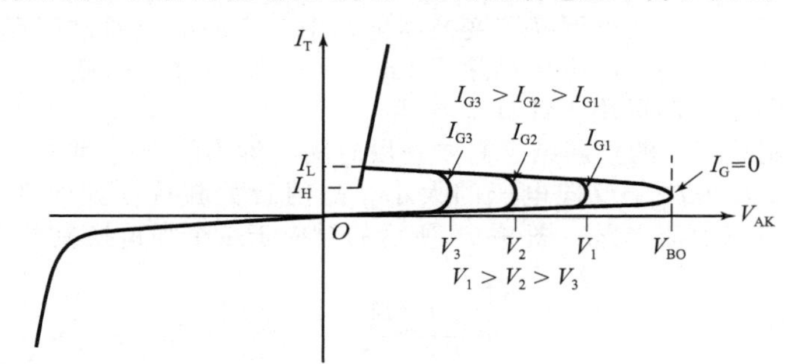

图 9-7　门极电流对正向阻断电压的影响

图 9-8 给出了阳极电流的波形与门极信号的应用。从施加门极信号到晶闸管导通之间的时间延迟称为导通时间 t_{on}。t_{on} 定义为电流从 10% 的稳态门极电流 $(0.1I_G)$ 上升到 90% 的晶闸管稳态通态电流 $(0.9I_T)$ 所需的时间。t_{on} 是延迟时间 t_d 和上升时间 t_r 之和。t_d 定义为电流从 10% 的门级电流 $(0.1I_G)$ 上升到 10% 的晶闸管通态电流 $(0.1I_T)$ 所需的时间。t_r 是阳极电流从 10% 的通态电流 $(0.1I_T)$ 上升到 90% 的通态电流 $(0.9I_T)$ 所需的时间。这些时间参数如图 9-8 所示。

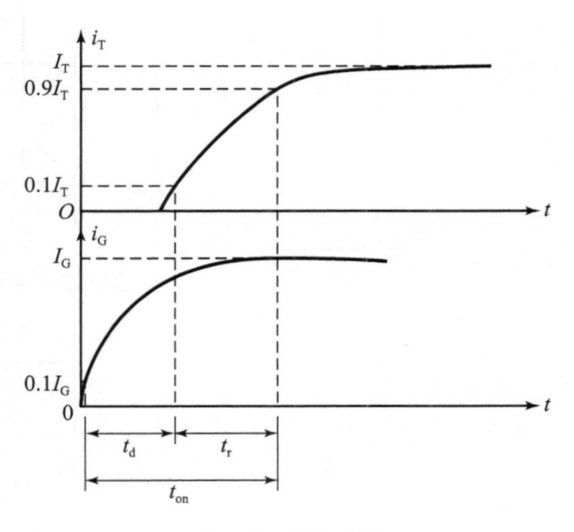

图 9-8　导通特性

在设计门极控制电路中需要考虑以下几点。

(1)在晶闸管导通后门极信号应当移除。持续的门极驱动信号会增加门极结的功率损耗。

(2)晶闸管反向偏置时不能施加门极信号，否则晶闸管可能会由于漏电流增大而失效。

(3)门极脉冲宽度 t_G 必须比阳极电流上升到擎住电流 I_L 所需的时间更长。在实际应用中，脉冲宽度 t_G 通常大于晶闸管的导通时间 t_{on}。

例 9.1　求晶闸管的电压变化率的临界值。

晶闸管中反向偏置的结 J_2 的电容为 $C_{J2}=20pF$，并假设其与断态电压无关。要求使晶闸管导通的充电电流限流值是 16mA。确定电压变化率的临界值。

解：

$C_{J2}=20pF$，$i_{J2}=16mA$。因为 $d(C_{J2})/dt=0$，由式(9-6)可得临界值为：

$$\frac{dv}{dt}=\frac{i_{J2}}{C_{J2}}=\frac{16\times10^{-3}}{20\times10^{-12}}V/s=800V/\mu s$$ ◀

9.5　晶闸管的截止

正向电流小于维持电流 I_H时，处于通态的晶闸管就会截止。关断晶闸管有多种技术，而所有换流技术均采用使阳极电流在足够长的时间内保持小于维持电流的方法，这样晶闸管四层中过量的载流子就会被移除或是重新结合。

由于两个外 pn 结 J_1、J_3 的存在，晶闸管的关断特性与二极管的类似，表现出反向恢复时间 t_{rr}和反向恢复电流峰值 I_{RR}。I_{RR}可以远大于通常的反向阻断电流 I_R。如图 9-9a 所示，在输入电压为交变电压的电网换流变换器电路中，正向电流通过零点后晶闸管两端立即产生一个反向电压。这一反向电压移除了 pn 结 J_1、J_3 中过剩的载流子，因而加速了关断过程。式(9-6)和式(9-7)可用于计算 t_{rr}与 I_{RR}。

内 pn 结 J_2 过剩载流子的重新结合需要一段时间，称为复合时间 t_{rc}。一个负的反向电压会减小复合时间。t_{rc}取决于反向电压的大小。晶闸管关断特性如图 9-9 所示，图 9-9a 所示的对应于一个电网换流电路，图 9-9b 所示的对应于一个强迫换流电路。

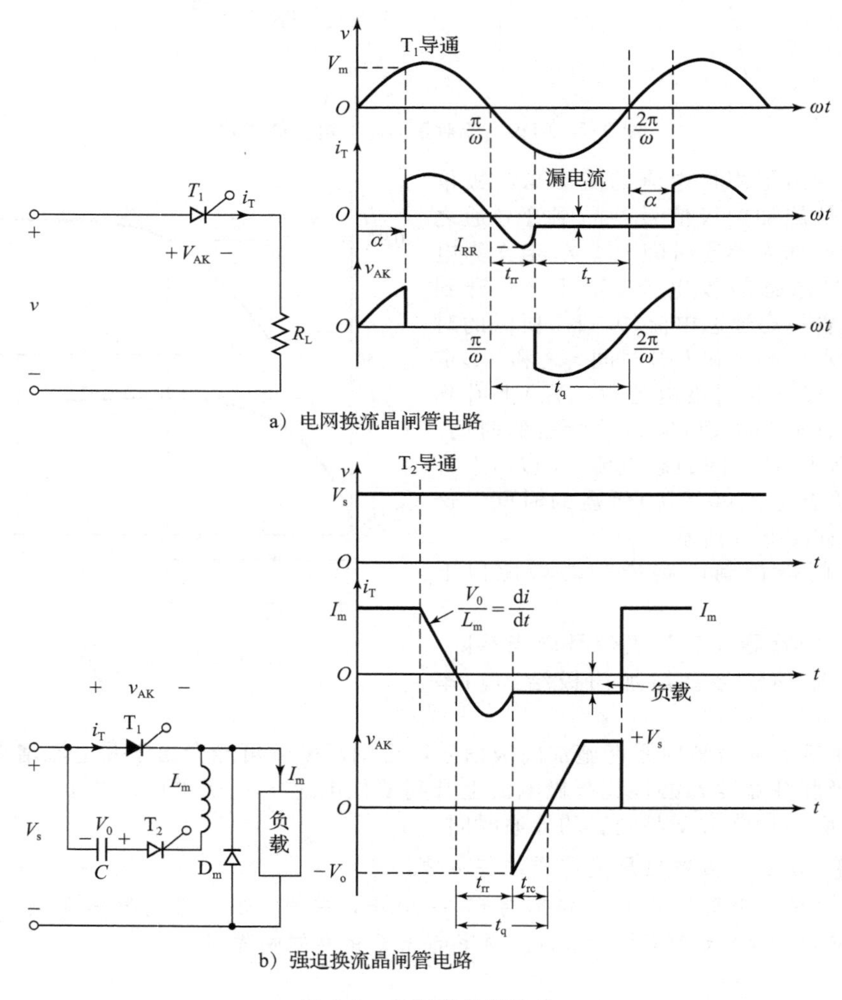

图 9-9　晶闸管关断特性

关断时间 t_q是反向恢复时间 t_{rr}与复合时间 t_{rc}之和。关断过程结束时，结 J_2 处形成一个耗尽层，晶闸管恢复其承受正向电压的能力。任何换流技术均在晶闸管关断的过程中施加一个反向电压。

关断时间 t_q 是从通态电流减为零的时刻到晶闸管能承受正向电压的时刻之间的最小时间间隔。t_q 取决于通态电流峰值和通态电压瞬时值。

反向恢复电荷量 Q_{RR} 是关断过程中必须恢复的电荷量。它的值由反向恢复电流的路径所包围的区域决定。Q_{RR} 的值取决于通态电流的下降率和关断前通态电流的峰值。Q_{RR} 会造成器件内相应的能量损耗。

9.6　晶闸管类型

几乎所有的晶闸管都是由扩散法制造的。施加门极信号以使晶闸管导通时，阳极电流需要一个有限的时间从门极附近扩散到整个结中。制造商用不同的门极结构来控制 di/dt，开通时间和关断时间。用一个短脉冲可以很容易地使晶闸管开通，而关断时需要专门的驱动电路或者专门的内部结构来辅助。有几种晶闸管其自身就具有关断能力，而任何新器件的目标在于提升关断能力。对于同时具有开通与关断能力的新器件的迫切需求，导致只有开通能力的晶闸管被称为“传统晶闸管”，或是“晶闸管”。而其他类型的晶闸管或可控硅整流器(SCR)基于其首字母缩写获得了别的名称。使用晶闸管这一术语时通常指的是传统晶闸管。根据物理结构、开通和关断特性的差异，晶闸管可大致分为 13 类：

(1)相控晶闸管(或 SCR)；
(2)双向相控晶闸管(BCT)；
(3)不对称快速晶闸管(或 ASCR)；
(4)光控可控硅整流器(LASCR)；
(5)双向晶闸管(TRIAC)；
(6)逆导晶闸管(RCT)；
(7)门极关断晶闸管(GTO)；
(8)场效应晶闸管(FET-CTH)；
(9)MOS 关断型晶闸管(MTO)；
(10)发射极关断晶闸管(ETO)；
(11)集成门极换流晶闸管(IGCT)；
(12)MOS 控制晶闸管(MCT)；
(13)静电感应晶闸管(SITH)。

注： GTO 和 IGCT 越来越多地用于大功率应用中。

9.6.1　相控晶闸管

这种类型晶闸管通常在电网频率下工作，并通过自然换流关断。当触发电流脉冲通过门极到达阴极时，晶闸管开始正向导通，并迅速锁住完全导通状态，此时晶闸管只有一个很低的正向压降。此后门极信号无法再使它的电流减为零，相反它依赖于电路的自然行为使其电流变为零。当阳极电流变为零时，晶闸管会在数十毫秒内恢复反向阻断电压的能力，并能持续阻断正向电压直到施加下一个开通脉冲为止。关断时间 t_q 为 50～100μs 的数量级。这种特性最适合用在低速开关应用中，因此相控晶闸管也称为变流器晶闸管。因为晶闸管主要是由硅制造的受控器件，所以它也称为可控硅整流器(SCR)。

对于电压在 600～4000V 之间的器件，通态电压 V_T 通常为 1.15～2.5V；而对于一个电压为 1200V、电流为 5500A 的晶闸管，V_T 典型值为 1.25V。现代的晶闸管会使用放大门极，即用一个门极信号触发辅助晶闸管 T_A，而 T_A 产生放大的输出则作为主晶闸管 T_M 的门极信号。如图 9-10 所示。放大门极允许高动态特性，典型的 dv/dt 和 di/dt 分别可达 1000V/μs 和 500A/μs，从而通过减小或者说小型化限制 di/dt 的电感和 dv/dt 保护电路来简化电路设计。

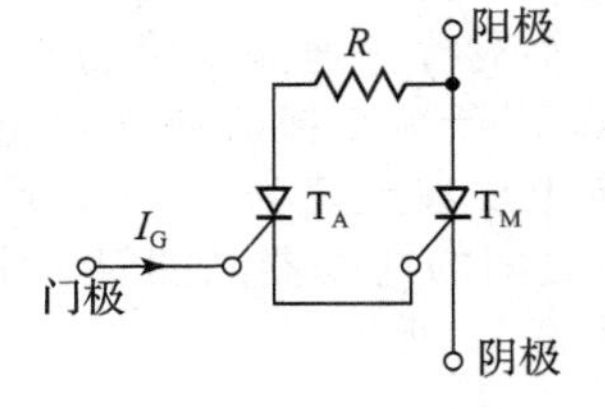

图 9-10　放大门极晶闸管

由于相控晶闸管成本低、效率高、耐用性强、电压与电流承受能力大，故这类晶闸管广泛用于 50Hz 或 60Hz 主电源的 DC-AC 变换器，以及关断功能不是重要因素的高性价比的应用中。由于具有关断能力通常并不足以弥补器件的高成本和高损耗的缺陷，相控晶闸管用于几乎所有的高压直流(HVDC)输电和相当大比例的工业应用中。

9.6.2 双向相控晶闸管

BCT[5]是一种新概念的大功率相控器件。它的图形符号如图 9-11a 所示。它是一种独特的器件，它将两个晶闸管置于一个封装中，具有使设备设计更紧凑、简化冷却系统、增强系统可靠性的优点。BCT 使设计者可以应对关于最终产品的体积、集成化、可靠性和成本的更高要求。它们适用于静态无功补偿器、静态开关、软启动器和电动机驱动等应用中。在 1.8kA 电流下其最大额定电压高达 6.5kV，而在 1.8kV 电压下其最大额定电流高达 3kA。

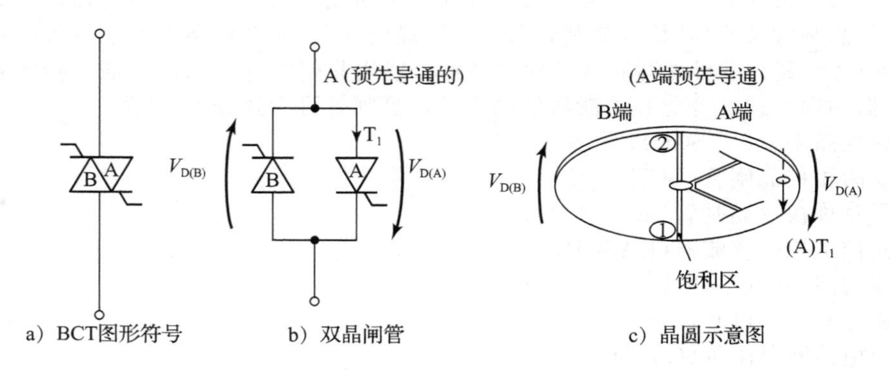

图 9-11 双向相控晶闸管[5]

BCT 的电气特性与两个反并联的晶闸管一致，图 9-11b 所示 BCT 中的两个晶闸管集成在一个硅片上。每个晶闸管分别表现出对应的全晶圆晶闸管的静态和动态特性。BCT 晶片的每一面都有阳极区和阴极区。晶片上的 A、B 晶闸管分别用 A、B 表示。

集成两个晶闸管的主要挑战是避免在所有相关操作条件下两个部分之间的有害串扰。器件必须在两个部分的器件参数之间表现出高度的一致性，例如，反向恢复电荷量和通态压降。如图 9-11c 所示的区域“①”和区域“②”对再次施加“反向”电压后的浪涌电流以及 BCT 的 t_q 最为敏感。

开通与关断 BCT 有两个门极：一个用于导通正向电流，一个用于导通反向电流。在任意一个门极上施加脉冲电流都能使晶闸管开通。当阳极电流由于电压或电流的自然行为下降到低于维持电流时，晶闸管关断。

9.6.3 不对称快速晶闸管

这类晶闸管用于带强迫换流的高速开关应用中(例如，第 7 章的谐振逆变器和第 6 章的逆变器)。它们关断时间快，通常在 5～50μs，并且受电压范围的影响。通态正向压降的变化大致为关断时间 t_q的反比例函数。这种晶闸管也称为逆变器晶闸管。

不对称快速晶闸管的 dv/dt 和 di/dt 高，典型有 1000V/μs 和 100A/μs。快速关断和高 di/dt 对于减小换流或无功电路元件的体积和重量十分重要。1800V、2200A 的晶闸管的通态电压典型值为 1.7V。反向阻断能力非常有限、通常为 10V，而关断速度很快、在 3～5μs 之间的逆变器晶闸管常常称为不对称晶闸管(ASCR)[14]。几种不同尺寸的快速晶闸管如图 9-12 所示。

9.6.4 光控晶闸管整流器

这种器件在光直接照射到硅晶片的情况下开通。光照产生的电子-空穴对会在电场作用下形成触发电流。门极结构的设计使其有足够的敏感度在实际光源下触发(例如，发光二极管(LED)，并实现高 di/dt 和高 dv/dt 性能)。

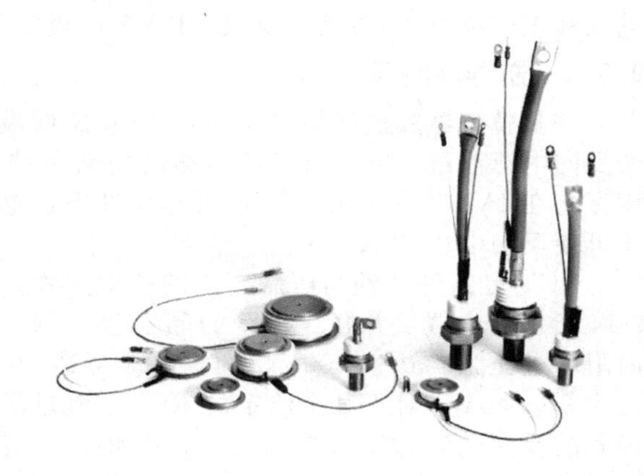

图 9-12 快速晶闸管(Powerex 公司供图)

LASCR 用于高压、大电流应用(例如，高压直流输电、静态无功补偿或 VAR 补偿)中。它能让光触发源和功率变换器的开关器件之间实现完全的电气隔离，后者有着高达几百千伏的电压。在 1500A 电流下 LASCR 的额定电压可高达 4kV，光触发功率则低于 100mW。通常其 di/dt 为 250A/μs，而 dv/dt 可高达 2000V/μs。

9.6.5 双向晶闸管

TRIAC 在两个方向上均能导通，通常用于交流相位控制(例如，第 11 章的交流电压控制器)。它可以看作是两个反并联的共门极的 SCR，如图 9-13a 所示。它的图形符号如图 9-13b 所示，v-i 特性曲线如图 9-13c 所示。

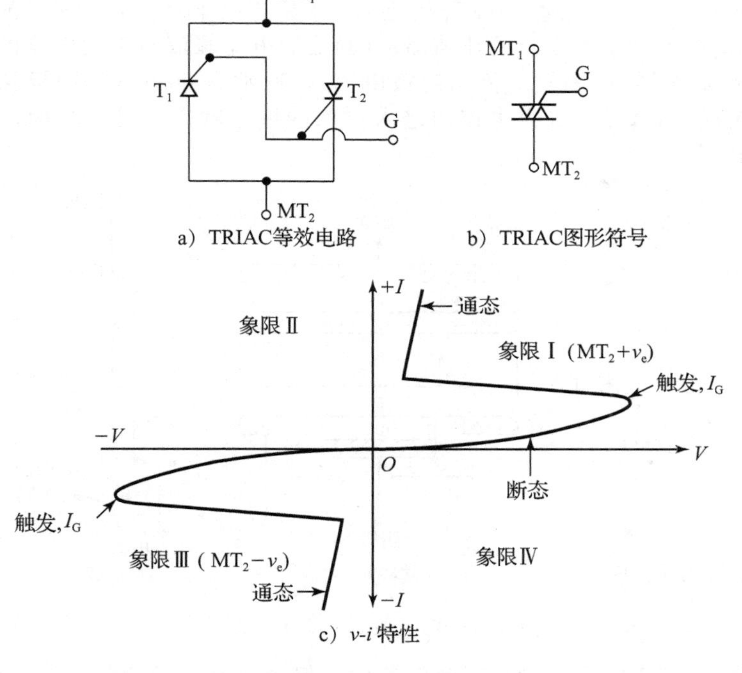

图 9-13 TRIAC 特性

因为 TRIAC 是一个双向器件，故它的端子不能命名为阳极和阴极。如果端子 MT_2 相对于 MT_1 为正，在门极 G 和端子 MT_1 之间施加正门极信号可以使 TRIAC 开通。如果端子 MT_2 相对于端子 MT_1 为负，在门极 G 和端子 MT_1 之间施加负门极信号可以使其开通。由于 TRIAC 在任意一个正或负的门极信号下都能开通，没有必要使用两种极性的门极信号。实际应用中，TRIAC 的敏感度随象限不同而改变，它通常工作在第一象限 I^+(正门极电压和正门极电流)或第三象限 III^-(负门极电压和负门极电流)。

9.6.6 逆导晶闸管

许多整流器和逆变器电路中，在 SCR 两端反向并联一个二极管以允许感性负载导致的反向电流流过，并改善换流电路的关断条件。二极管使稳态条件下 SCR 的反向阻断电压保持在 1V 或 2V。然而，在瞬态条件下，电路寄生电感的感应电压可使反向电压升至 30V。

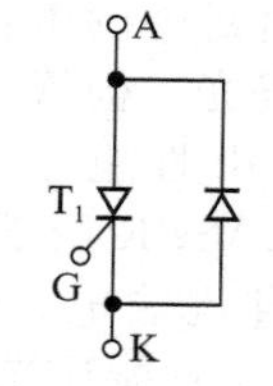

图 9-14 逆导晶闸管图形符号

RCT 是器件特性与电路要求的折中产物；它可以看作一个如图 9-14 所示的内置反并联二极管的晶闸管。RCT 也称为 ASCR。其正向阻断电压为 400～2000V，额定电流可达 500A，反向阻断电压通常为 30～40V。对于某个给定的 RCT，流过晶闸管的正向电流与二极管的反向电流的比值是固定的，因此它的应用限于某些特殊的电路设计中。

9.6.7 门极关断(GTO)晶闸管

GTO 像 SCR 一样可通过施加正门极信号开通。另一方面，GTO 还可通过负门极信号关断。GTO 是一种非闭锁器件，其额定电压和额定电流可与 SCR 相当[7-10]。GTO 在门极有短的正脉冲时导通，有短的负脉冲时关断。与 SCR 相比，GTO 具有以下优点：(1)消除强迫换流的换流元件，从而降低成本，减小重量与体积；(2)由于消除换流电抗器，降低了噪声与电磁噪声；(3)具有更快的关断速度，允许高开关频率；(4)提升了变换器的效率[15]。

在低功率应用中，与双极型晶体管相比 GTO 具有以下优点：(1)更强的阻断电压能力；(2)可控峰值电流与平均电流的比值高；(3)浪涌电流峰值与平均电流的比值高，通常为 10∶1；(4)高通态增益(阳极电流与门极电流)，通常为 600；(5)门极脉冲信号持续时间短。在浪涌情况下，GTO 因再生作用进入更深的饱和状态。另一方面，双极型晶体管则会解除饱和状态。

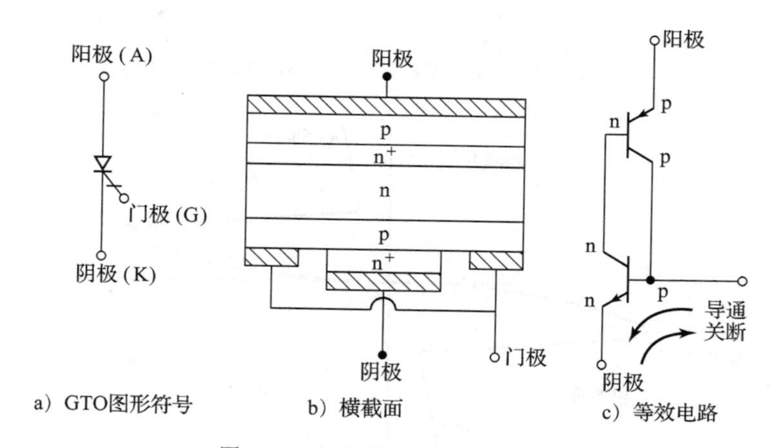

图 9-15 门极关断(GTO)晶闸管

与晶闸管类似，GTO 是一种导通闭锁器件，但它也是一种关断闭锁器件。GTO 的图形符号如图 9-15a 所示，其横截面如图 9-15b 所示。与传统晶闸管相比，GTO 在阳极附近增加了一个 n^+ 层，这就在门极和阴极之间形成了一个与开通门极并联的关断电路。GTO 的等效电路如图 9-15c 所示，除了其内部的关断机构，与图 9-4b 所示的晶闸管的等效电路类似。如果一个较大的脉冲电流从阴极，也就是 npn 型晶体管 Q_1 的发射极流至门极，从阴极带走了足够多的电子载流子，那么 pnp 型晶体管 Q_2 的再生作用将停止。随着晶体管 Q_1 关断，晶体管 Q_2 基极悬空，GTO 恢复到非导通状态。

开通 GTO具有高度梳状门极结构而没有再生门极，如后文中图9-19所示。因此，GTO需要较大的初始门极触发脉冲使其开通。典型的门极触发脉冲及其参数如图9-16a所示。I_{GM}的最小值和最大值可从器件数据手册中查出。di_g/dt的值在数据手册的器件特性中给出，与开通时间相对。门极电流的上升率di_g/dt影响器件的开通损耗。I_{GM}脉冲的持续时间应不小于数据手册中所给额定最小时间的一半。如果阳极电流的di/dt小，则需要使I_{GM}保持更长的时间，直到建立足够大的阳极电流为止。

通态 一旦GTO导通，必须在整个导通期间保持正向门极电流，以确保器件维持在导通状态，否则器件无法在通态期间保持导通。通态门极电流至少为开通脉冲的1%才能确保门极不会解除闭锁。

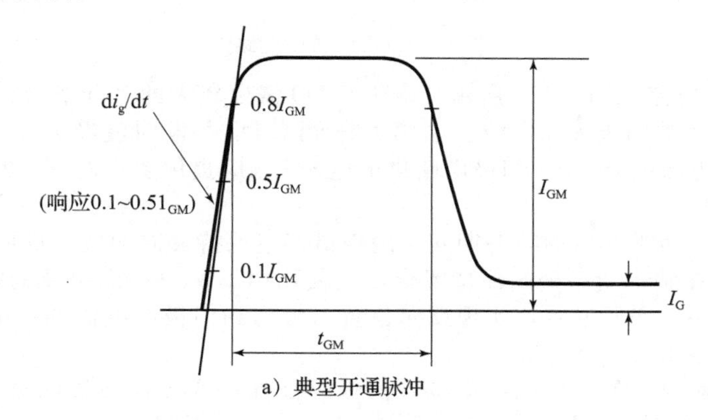

a）典型开通脉冲

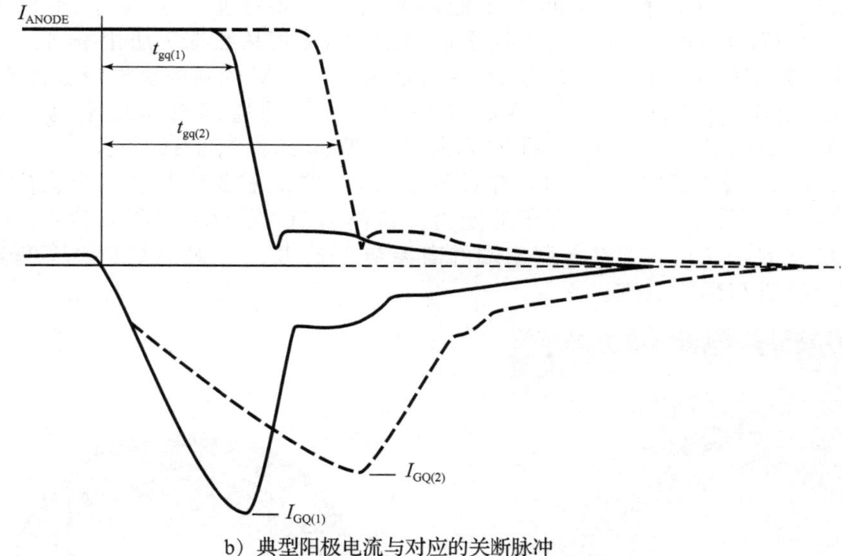

b）典型阳极电流与对应的关断脉冲

图9-16 典型的GTO开通、关断脉冲

关断 GTO的关断性能受门极关断电路特性的影响极大。因此，关断电路的特性必须与器件的要求相匹配。关断过程包括门极电荷的抽出、门极的雪崩期和阳极电流的衰减。抽出的电荷量属于器件参数，其值不会明显受到外部电路条件的影响。初始关断电流峰值和关断时间是关断过程的重要参数，取决于外部电路元件。典型的关断脉冲与相对应的阳极电流如图9-16b所示。器件数据手册会给出I_{GQ}的典型值。GTO在关断过程的末尾有持续时间较长的关断拖尾电流，所以下一次开通必须等到阳极端剩余电荷通过复合过程完全耗尽才能开始。

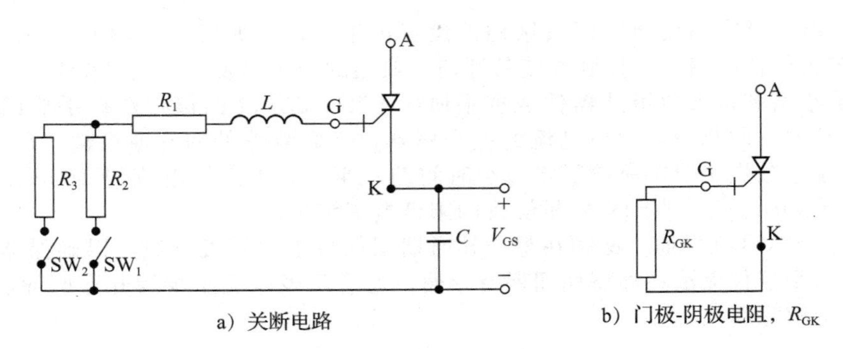

图 9-17　GTO 关断电路[8]

GTO 的关断电路如图 9-17a 所示。由于 GTO 需要较大的关断电流，通常用一个充电电容 C 来提供所需的门极关断电流。电感 L 限制 GTO 关断时流经 R_1、R_2、SW_1 和 L 形成的电路的门极电流的 di/dt。门极电路供电电压 V_{GS} 应提供要求的 V_{GQ} 的值。R_1 和 R_2 的值应当最小化。

从拖尾电流减为零开始的断态期间，门极最好应保持反向偏置。反向偏置能保证最大阻断能力。SW_1 在整个断态期间保持闭合，或使用由 SW_2 和 R_3 组成的阻抗更高的电路，可以提供一个最小负电压通路，实现反向偏置。考虑到门极漏电流的影响，由 SW_2 和 R_3 组成的高阻抗电路阻抗不能过高。

万一门极关断电路的辅助电源失效，门极可能保持在反向偏置状态，GTO 有可能无法阻断电压。为了确保器件的阻断电压能够维持，需要增加一个最小门极-阴极电阻（R_{GK}），如图 9-17b 所示。对于一定电网电压的 R_{GK} 的值可从数据手册中查出。

GTO 在断态期间增益低，通常为 6，并且需要一个相对较高的负电流脉冲来关断。它的通态电压比 SCR 的高。一个 1200V、550A 的 GTO 的通态电压通常为 3.4V。一个 200V、160A 的 160PFT 型 GTO 如图 9-18 所示，其 pn 结如图 9-19 所示。

GTO 大多用于电压源变换器中，并且每个 GTO 两端需要反并联一个快恢复二极管。因此，GTO 通常不需要承受反向电压的能力。这类 GTO 称为不对称 GTO。这是通过所谓的缓冲层实现的，它是一个在 n 层末端的高参杂的 n^+ 层。不对称 GTO 有更低的电压降和更大的额定电压与额定电流。

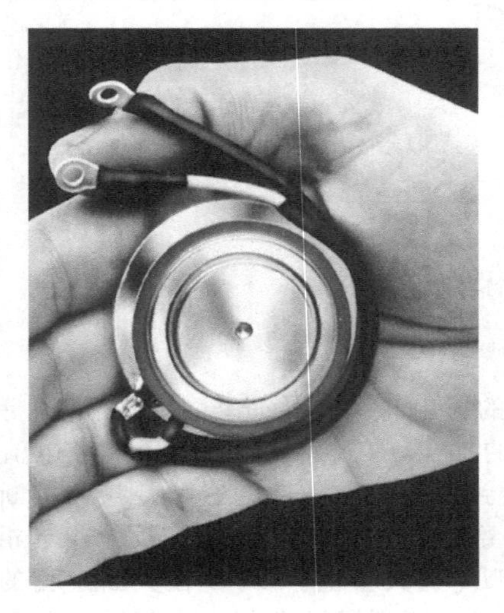

图 9-18　200V、160A GTO
（Vishay Intertechnology 公司供图）

图 9-19　在图 9-18 中 160A GTO 的 pn 结（Vishay Intertechnology 公司供图）

可控通态电流峰值 I_{TGQ} 是可受门极控制关断的通态电流的峰值。断态电压在GTO关断后一瞬间再次建立，此时的 dv/dt 只受缓冲电容的限制。一旦GTO关断，负载电流 I_L 通过缓冲电容转移并对其充电，这时负载电流决定断态电压重新建立时的 dv/dt，即

$$\frac{dv}{dt}=\frac{I_L}{C_s}$$

式中：C_s 是缓冲电容。

碳化硅GTO 4H-SiC GTO是一种关断时间小于1μs的快速开关器件[54-58]。这类器件有更高的阻断电压、更大的总电流，以及较短开关时间、低通态压降和高电流密度。器件的开、关特性是表征GTO性能的最重要参数。4H-SiC GTO有较低的通态压降和创纪录的门极关断电流密度[59,61]。SiC GTO的横截面如图9-20a所示，它有一个阳极和两个并联的门极，这样可以获得更好的门极控制。它还具有两个n型结终端扩展(JTE)。图9-20b给出了其一门极、两阳极的结构，这样可以获得更低的通态电阻。以上两种结构均使用了n型门极。图9-20c给出了GTO三个pn结的图示。

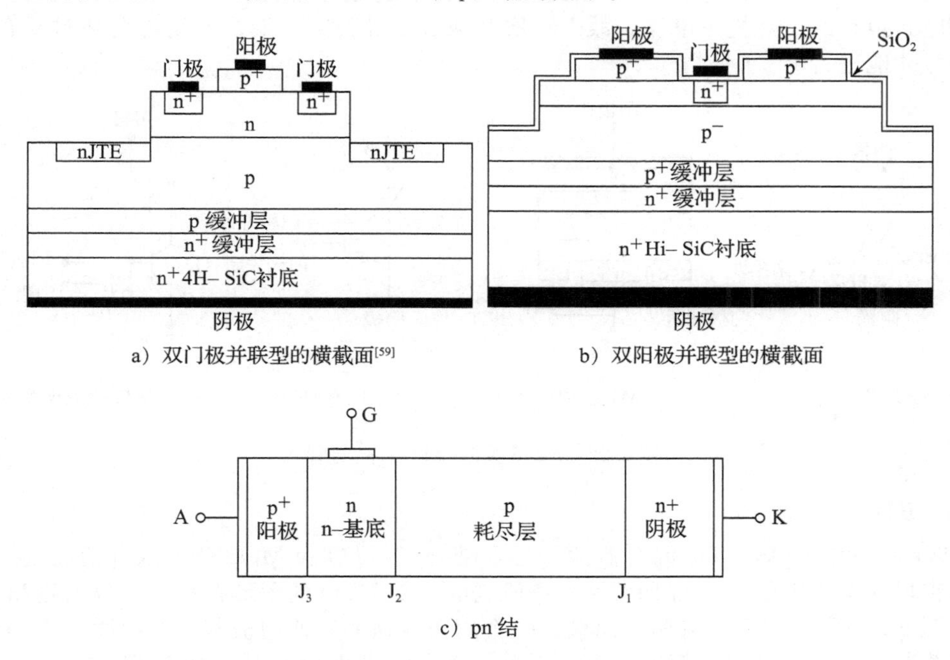

a) 双门极并联型的横截面[59] b) 双阳极并联型的横截面

c) pn结

图9-20 SiC GTO晶闸管的横截面示意图

9.6.8 场效应晶闸管

FET-CTH器件[40]是一种将MOSFET和晶闸管并联而成的器件，如图9-21所示。如果在MOSFET的门极施加足够大的电压，通常为3V，就会在器件内部形成一个晶闸管的触发电流。FET-CTH开关速度快、di/dt 高和 dv/dt 高。

该器件的开通与传统晶闸管的类似，但不能由门极控制其关断。这种器件可以应用于采用光触发实现输入或控制信号与功率变换器开关器件之间电气隔离的场合。

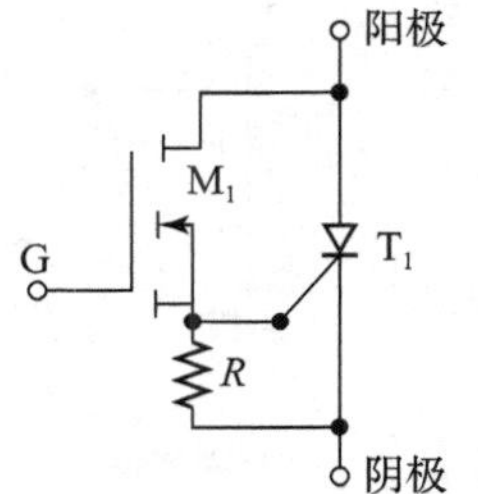

图9-21 场效应晶闸管图形符号

9.6.9 MTO

MTO是由Silicon Power公司(SPCO)研制的[16]。它由GTO和MOSFET结合而成，克服了GTO在关断能力上的局限性。GTO的

主要缺陷在于它的门极阻抗低，而需要一个大脉冲电流驱动电路。门极电路必须提供门极关断电流，这一电流的峰值通常可达受控电流的 35%。MTO 与 GTO 具有相同的功能，而 MTO 的门极驱动只需要提供信号级别的电压就能使 MOSFET 开通或关断。图 9-22 给出了 MTO 图形的符号、结构和等效电路。它的结构与 GTO 类似，并保留了 GTO 能承受高电压(高达 10kV)、大电流(高达 4000A)的优点。MTO 可用于从 1～20MV・A 的大功率应用中[17-20]。

开通 与 GTO 类似，MTO 通过在触发门极施加电流脉冲来开通。触发脉冲使 npn 型晶体管 Q_1 开通，随后 Q_1 又使 pnp 型晶体管 Q_2 开通并使 MTO 闭锁。

关断 关断 MTO 需要在 MOSFET 的门极施加脉冲电压。导通的 MOSFET 使 npn 型晶体管 Q_1 的发射极和基极短路，导致闭锁过程停止。与此相反，GTO 是通过从 npn 型晶体管的发射极-基极移除足够大的电流来关断的，这需要施加一个很大的负脉冲以终止再生闭锁作用。因此，MTO 的关断比 GTO 的快很多，与存储时间相关的损耗几乎完全消除了。同时 MTO 有更高的 dv/dt，因此只需要更小的缓冲元件。与 GTO 类似，MTO 在关断末尾有很长的关断拖尾电流，故下一次开通必须等到阳极端的残留电荷通过复合过程完全耗尽才能进行。

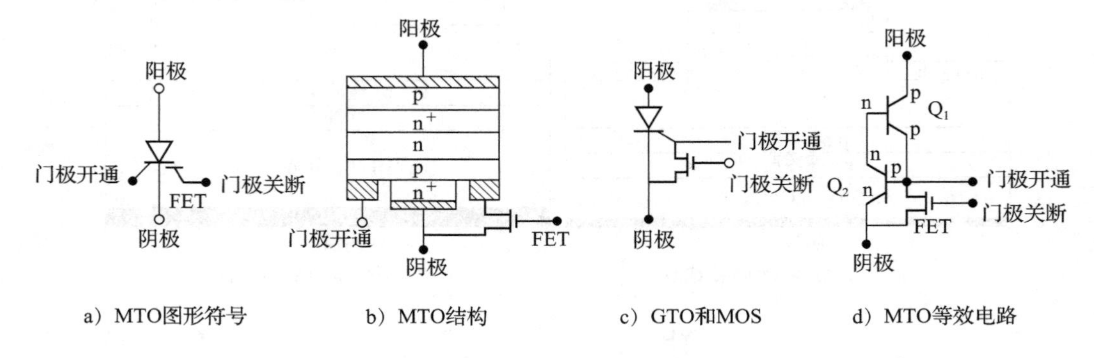

图 9-22 MOS 关断(MTO)晶闸管

9.6.10 ETO

ETO 是一种 MOS-GTO 混合器件[21,22]，结合了 GTO 和 MOSEFT 两者的优点。ETO 是由弗吉尼亚电力电子中心与 SPCO 合作研制的[17]。ETO 的图形符号、等效电路和 pn 结结构如图 9-23 所示。ETO 有两个门极：一个用于导通的普通门极和一个串联了 MOSFET 的用于关断的门极。已实现额定电流达 4kA、额定电压达 6kV 的大功率 ETO[23]。

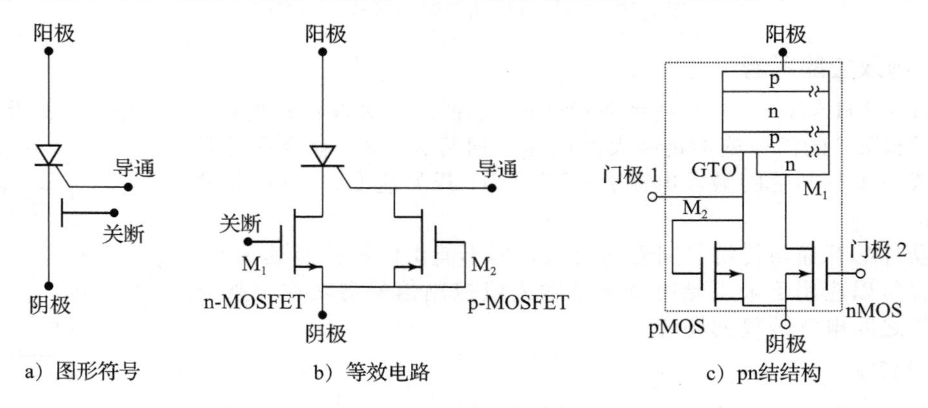

图 9-23 发射极关断(ETO)晶闸管[22]

开通 ETO通过在门极1和门极2上加正电压开通。加在门极2的正电压使阴极的MOSFET Q_E导通并使门极MOSFET Q_G关断。由于GTO的存在，在GTO门极(通过门极1)注入电流使ETO开通。

关断 当在阴极的MOSFET Q_E上施加用于关断的负电压信号时，阴极(GTO中npn型晶体管的n型发射极)关断，而所有的阴极电流通过门极MOSFET Q_G转移到基极。这会终止再生闭锁过程并导致快速关断。

需要注意的是无论ETO上的电压有多高，阴极MOSFET Q_E和门极MOSFET Q_G都不会承受高电压。这是因为GTO的门极-阴极是一个pn结。串联MOSFET的缺点是它必须承受GTO的大部分电流，这使总压降增加了0.3～0.5V，也增加了相应的损耗。与GTO类似，ETO在关断末尾有很长的关断拖尾电流，而下一次导通必须等到阳极端的残留电荷通过复合过程完全耗尽。

碳化硅ETO Si ETO的概念也适用于SiC晶闸管技术。通过集成高压SiC GTO与成熟的硅基功率MOSFET，SiC ETO不仅有望简化用户接口，并能提高器件的开关速度和动态特性。MOS控制的SiC晶闸管，又称为SiC发射极关断晶闸管(ETO)，已证明是在未来高压、高频开关应用中极具前景的技术。

世界上第一个4.5kV的SiC p型ETO样品是基于0.36cm^{2}的SiC p型门极制造的，在25A/cm^{2}电流密度下正向压降为4.6V，关断能量损耗为9～88mJ[61]。这种器件在一个传统的温控管理系统中能在4kHz频率下工作。这种频率性能大约比4.5kV级硅功率器件高出4倍。由于SiC n型ETO中下端双极型晶体管有更小的电流增益，高压(10kV)SiC n型ETO在性能上比p型ETO更平衡[62]。SiC ETO简化的等效电路[62]如图9-24a所示，其图形符号如图9-24b所示。一个nMOS和一个pMOS与一个npn晶体管共源共栅。

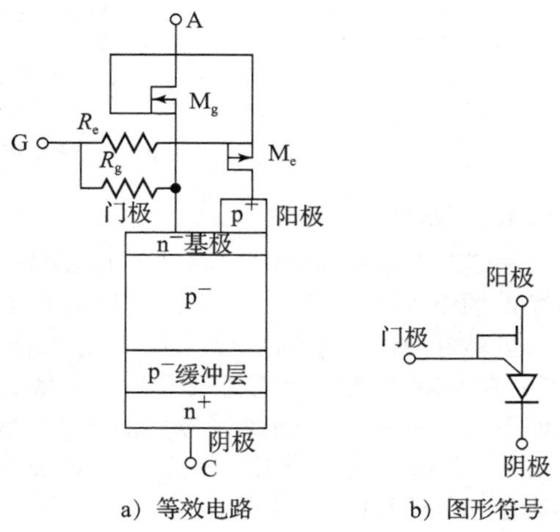

a）等效电路 b）图形符号

图9-24 p型SiC ETO[62]

9.6.11 IGCT

IGCT集成了一个门极换流晶闸管(GCT)和一个多层印制电路板门极驱动器[24,25]。GCT是一种硬开关的GTO，具有非常陡且幅值很大的门极电流脉冲，这一电流与额定电流值相当，能在1μs内使阴极的所有电流都转入门极，确保快速关断。

GCT的内部结构和等效电路与图9-14b所示的GTO相似。其横截面如图9-25所示。IGCT也可以整合一个反向二极管，如图9-25右侧的n^+n^-p结所示。与GTO、MTO和ETO类似，IGCT的n型缓冲层缓解了n^-层的电压应力，使n^-层厚度减小，降低了通态损耗，并使器件变得不对称。阳极的p层很薄并且掺杂度低，这样可使关断过程中阳极的载流子更快地移除。

开通 与GTO类似，IGCT是通过在门极施加触发电流来开通的。

关断 IGCT是由多层门极驱动电路来关断的，这一电路可以提供边沿上升快的关断脉冲，例如，只需20V门极-阴极电压就可产生上升率达到4kA/μs的门极电流。在这种门极电流上升率下，阴极端的npn型晶体管能在1μs内完全关断，而阳极的pnp晶体管因基极开路几乎瞬间关断。由于脉冲持续时间非常短，门极驱动功率大大减小，门极驱动的能耗最小化。门极驱动电源要求由于与GTO相比五个方面的因素而降低。为了施加边沿上升快、幅值大的门极电流，IGCT采用了特殊方法来尽可能地减小门极电路的电感。这一特性对于MTO和ETO的门极驱动电路来说也是必要的。

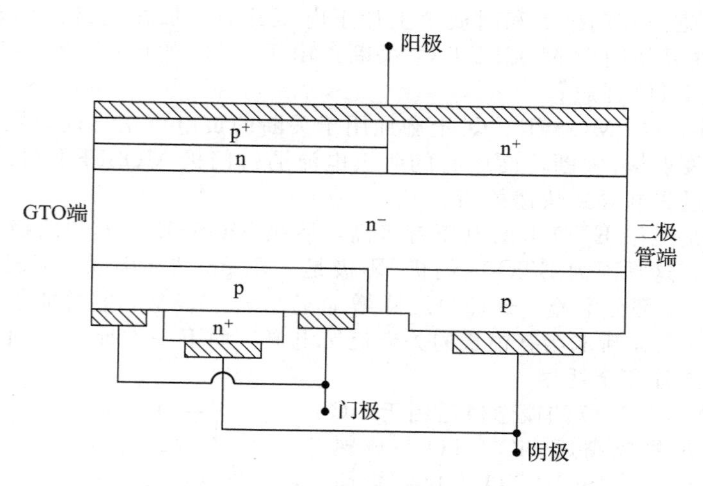

图 9-25 带反向二极管的 IGCT 横截面

9.6.12 MCT

MCT 结合了再生四层晶闸管和 MOS 门极结构的特点。像结合了双极结与场效应结构的优点的 IGBT 一样，MCT 是在以一对 MOSFET 实现开、关的晶闸管的基础上改进而得的。虽然在 MCT 系列中以独特方式结合沟道与门极结构的器件有多种[26]，但是 p 沟道 MCT 在文献中被广泛地提及[27,28]。p 型 MCT 单元的电路原理图如图 9-26a 所示，等效电路如图 9-26b 所示，图形符号如图 9-26c 所示[29−36]。其 npnp 结构可以用一个 npn 晶体管 Q_1 和一个 pnp 晶体管 Q_2 表示，而 MOS 门极结构可以用一个 p 沟道 MOSFET M_1 和一个 n 沟道 MOSFET M_2 表示。

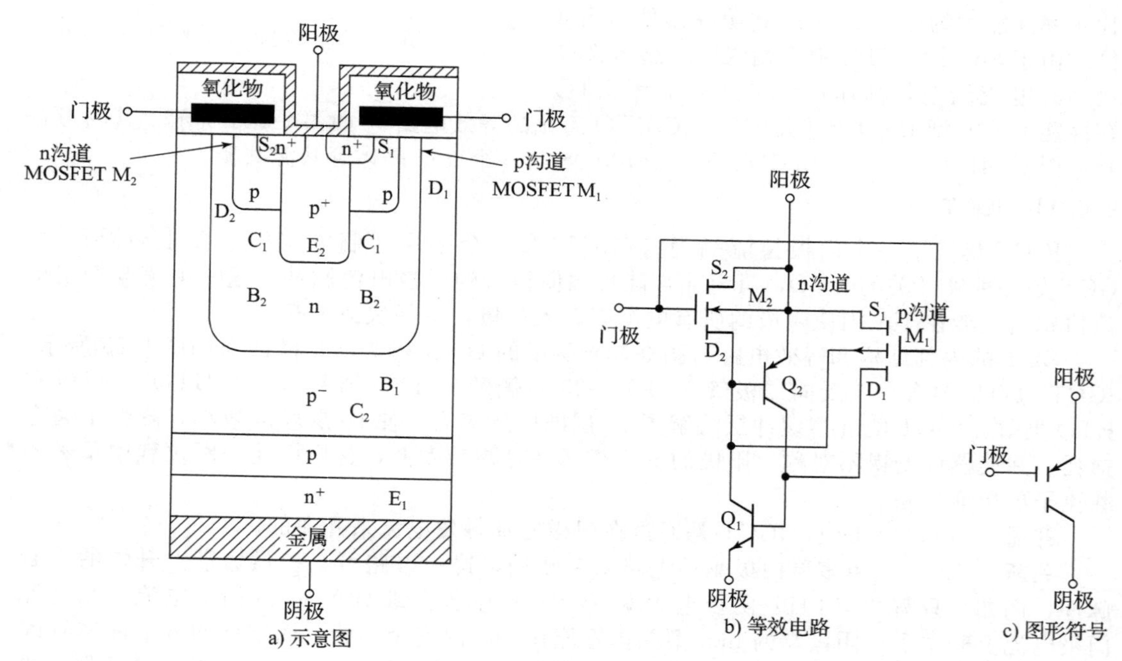

图 9-26 p 沟道 MCT 的示意图与等效电路

由于用 npnp 结构代替了普通 SCR 中的 pnpn 结构，阳极作为所有门极信号的参考端子。假设 MCT 处于正向阻断状态并施加一个负电压 V_{GA}。此时在 n 型掺杂的材料中将形成一个 p 沟道(或反型层)，导致空穴从 Q_2 的 p 型发射极 E_2(p 沟道 MOSFET M_1 的源极 S_1)通过 p 沟道流入 Q_1 的 p 型基极 B_1(p 沟道 MOSFET M_1 的漏极 D_1)。这一空穴流是 npn 晶体管 Q_1 的基极电流。随后 Q_1 的 n^+ 发射极 E_1 注入之前聚集在 n 型基极 B_2(和 n 型集电极 C_1)中的电子，使 p 型发射极 E_2 向 n 型基极 B2 注入空穴，导致 pnp 晶体管 Q_2 导通而锁住 MCT。简而言之，p 沟道 MOSFET M_1 在负的门极电压 V_{GA}下开通，并为晶体管 Q_2 提供基极电流。

假设 MCT 处于导通状态时施加一个正电压 V_{GA}。此时在 p 型掺杂的材料中将形成一个 n 沟道，导致电子从 Q_2 的 n 型基极 B_2(n 沟道 MOSFET M_2 的源极 S_2)通过 n 沟道流入 Q_2 的高掺杂 n^+ 型发射极 E_2(n+沟道 MOSFET M_2 的漏极 D_2)。这一电子流转移了 pnp 晶体管 Q_2 的基极电流，使其基极-发射极结关断，而 Q_1 的 p 型基极 B_1(和 Q_2 的 p 型集电极)无法聚集空穴。p 型基极 B_1 的空穴电流被消除导致 npn 晶体管 Q_1 关断，MCT 恢复到阻断状态。简而言之，正的门极脉冲 V_{GA}消除了驱动 Q_1 基极的电流，从而关断 MCT。

在实际制造中，MCT 是由大量单元(～100000)组成的，每个单元都包含一个宽基 npn 晶体管和一个窄基 pnp 晶体管。单元中每个 pnp 晶体管的发射极和基极之间都提供一个 n 沟道 MOSFET，只有少数(～4%)pnp 晶体管的发射极和集电极之间会串联一个 p 沟道 MOSFET。MCT 中的少数 PMOS 单元提供了足够的电流使其导通，而大量的 nMOS 单元提供了足够的电流使其关断。

因为 p 沟道 MCT 的门极通常是以阳极而非阴极为参照的，它有时称为互补 MCT(C-MCT)。而 n 沟道 MCT 是一种 pnpn 型器件，可以用一个 pnp 晶体管 Q_1 和一个 npn 晶体管 Q_2 来表示。n 沟道 MCT 的门极是以阴极为参考的。

开通 当 p 沟道 MCT 处于正向阻断状态时，可通过在门极施加相对于阳极为负的脉冲来开通。当 n 沟道 MCT 处于正向阻断状态时，可通过在门极施加相对于阴极为正的脉冲来开通。MCT 将保持通态，直到器件电流反向或在门极加关断脉冲为止。

关断 当 p 沟道 MCT 处于通态时，可通过在门极施加相对于阳极为正的脉冲来关断。当 n 沟道 MCT 处于通态时，可通过在门极施加相对于阴极为负的脉冲来关断。

如果电流小于可控峰值电流，MCT 可作为一种门控器件。在电流大于其额定可控峰值电流时，关断 MCT 可能使器件损坏。对于电流值更大的情况，MCT 必须像一个标准的 SCR 一样进行换流。器件电流较小时，门极脉冲宽度并不苛刻。而电流较大时，关断脉冲宽度必须更大。此外，在关断过程中门极会形成一个峰值电流。在包括逆变器和整流器的许多应用中，为避免状态模糊，门极脉冲要在整个导通或关断期间持续。

MCT 具有(1)导通期间正向电压降低；(2)开通时间与关断时间短，对于一个 500V 300A 的 MCT，两者的值通常分别为 0.4μs 和 1.25μs；(3)低开关损耗；(4)低反向电压阻断能力；(5)高门极输入阻抗，这一特性大大简化了驱动电路。虽然每个器件的额定电流较小，MCT 有效并联可以用来开关大电流。为防止状态模糊而需要保持连续偏置时，MCT 不能简单地用脉冲变压器来驱动。

由于 MOS 结构分布于整个器件表面，MCT 的开通与关断快速且开关损耗很低。此外开通或关断需要的功率或能量很小，因电荷存储而产生的延迟时间也很短。作为一种闭锁晶闸管器件，MCT 的通态电压降低。因此，在大功率变换器应用中，MCT 具有作为接近最终形态的通态损耗低、开关损耗低，以及开关速度高的门极关断晶闸管的潜力。

9.6.13 SITH

SITH，又称为场控二极管(FCD)，最早由特斯兹纳于 20 世纪 60 年代提出[41]。SITH 是一种最小化载流子数量的器件，因此它具有很低的通态电阻或电压降，它可以做成更高的额定电压和额定电流。SITH 有快速开关并能承受很高的 dv/dt 和 di/dt 的能力。其开关时间在 1～6μs 之间，额定电压[42-46]达 2500V，而额定电流不超过 500A。这种器件对过程极为敏感，在制造过程中的微小扰动会使器件特性产生很大变化。随着 SiC 技术的发展，4H-SiC SITH 已能实现 300V 正向阻断电压[47]。半 SITH 单元结构的横截面如图 9-27a 所示，等效电路如图 9-27b 所示，图形符号如图 9-27c 所示。

开通　SITH 通常是通过施加相对于阴极为正的门极电压来开通的。只要门极电流和电压驱动足够，SITH 就会十分迅速地开关。一开始，门极-阴极 PiN 二极管导通，电子从 n^+ 阴极区域注入 p^+ 门极和 n^+ 阴极间的基极区域，之后进入沟道并调制沟道电阻率。正门极电压减小了沟道的势垒，使其逐渐导通。当电子到达结 J_1，p^+ 阳极开始向基极注入空穴，为晶体管 Q_2 提供基极电流。随着基极电流增加，Q_2 进入饱和状态，结 J_2 最终正向偏置。此时器件完全导通。

p^+ 门极和沟道区域可用双极模式的结型场效应晶体管（JEFT）作为模型。电子通过沟道从阴极流入 p^+ 门极下方的基极区域，并提供 $p^+n^-p^+$ 晶体管的基极电流。因为 p^+ 门极掺杂度高，所以没有电子流入 p^+ 门极。部分空穴电流经过 p^+ 门极和沟道直接流入阴极。剩下的空穴电流经过 p^+ 门极流入沟道，这一电流为双极模式 JFET（BMFET）的门极电流。阴极、门极间距小导致载流子均匀且高度地集中在这一区域，因此电压降可以忽略不计。

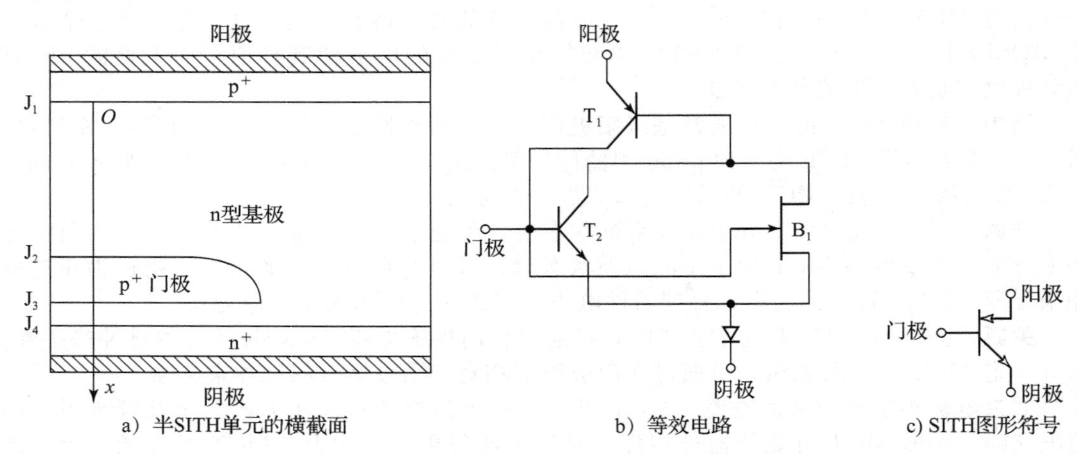

图 9-27　SITH 的横截面与等效电路[参考 49，J. Wang]

关断　SITH 通常是通过施加相对于阴极为负的门极电压来关断的。若给门极加足够大的负电压，在 p^+ 门极附近就会形成耗尽层。J_2 中的耗尽层在沟道中逐渐扩展，并建立起势垒，使沟道变窄，并将多余的载流子移出沟道。如果门极电压足够大，相邻的门极区中的耗尽层在沟道中合并，最后关断沟道中的电子流。最终耗尽层将完全切断沟道。尽管没有电子流，由于基极中的剩余载流子衰减缓慢，仍有空穴流流过。沟道电流的移除也阻止了电子和空穴注入门极与阴极间的区域，这一区域的寄生 PiN 二极管随之关断。综上所述，负的门极电压在沟道中建立起势垒，阻碍了电子从阴极到阳极的传输。SITH 可在阳极电压很高时保持较小的漏电流，并完全切断沟道。

9.6.14　晶闸管对比

表 9-1 所示的是从门极控制、优点与局限性几个方面对不同晶闸管进行了对比。

表 9-1 不同晶闸管的对比

开关类型	门极控制	控制特性	开关频率	通态压降	最大额定电压	最大额定电流	优点	局限性
相控 SCR	电流控制开通 无关断控制能力	脉冲信号下开通 自然换流关断	低,60Hz	低	1.5kV, 0.1MV·A	1kA, 0.1MV·A	开通简单 闭锁器件 导通增益很高 低成本 高压大电流器件	开关速度低 适用于 50～60Hz 的电网换流应用 无法通过门极控制关断
双向晶闸管	两门极 电流控制开通 无关断控制能力	脉冲信号下开通 自然换流关断	低,60Hz	低	6.5kV@ 1.8kA, 0.1MV·A	3kA@ 1.8kV, 0.1MV·A	与相控 SCR 基本相同,区别在于其有两个门极,电流双向流动 在一个器件中结合两个背靠背的 SCR	与相控 SCR 相似
光控晶闸管(LASCR)	光信号控制开通 无关断控制能力	脉冲信号下开通 自然换流关断	低,60Hz	低			与相控 SCR 基本相同,区别在于其门极是隔离的,可远程控制	与相控 SCR 相似
TRIAC	电流控制开通 无关断控制能力	对于双向流动电流,在门极施加脉冲信号时均可开通 自然换流关断	低,60Hz	低			与相控 SCR 基本相同,区别在于电流可双向流动 一个门极用于双向开通 类似于两个背靠背的 SCR	与相控 SCR 相似,区别在于其用于低功率应用中
快速晶闸管	电流控制开通 无关断控制能力	脉冲信号下开通 自然换流关断	中,5kHz	低			与相控 SCR 基本相同,区别在于关断更快 最适用于中、高功率应用中强迫换流变换器	与相控 SCR 相似
GTO	开通和关断均由电流控制	正脉冲信号下开通 负脉冲信号下关断	中,5kHz	低			与快速晶闸管相似,区别在于可用负门极信号关断	关断增益低,为 5～8,需要较大门极电流来关断大的通态电流 关断拖尾电流长 虽然是闭锁器件,需要一个最小门极电流以保持通态电流
MTO	两个门极;开通控制和关断控制均可,电流脉冲下开通,电压信号下关断	触发门极加正脉冲电流时开通,MOS 关断门极加正电压时关断并解除闭锁	中,5kHz	低	10kV@ 20MV·A, 4.5kV@ 500A	4kA@ 20MV·A	与 GTO 类似,区别在于其可用普通门极开通,用 MOSFET 门极关断 由于 MOS 门极,关断电流小,关断时间短	与 GTO 类似,关断拖尾电流长

（续）

开关类型	门极控制	控制特性	开关频率	通态压降	最大额定电压	最大额定电流	优点	局限性
ETO	两个门极 开通控制和关断控制均可	触发门极加正脉冲电流且MOS关断门极加正脉冲电压时开通 MOS关断门极加负脉冲电压时关断	中，5kHz	中			由于串联MOS，电流转移到阴极区域迅速，关断快 串联的MOSFET需承受主要阳极电流	与GTO类似，关断拖尾电流长 串联MOSFET需承受主要阳极电流，使通态压降增大0.3～0.5V，并增加导通损耗
IGCT	两个门极 开通控制和关断控制均可	触发门极加正脉冲电流时开通，多层门极驱动电路加快速上升的负电流时关断	中，5kHz	低	5kV@400A		类似硬开关的GTO 由于门极关断电流大且上升快，关断很快 门极关断功率要求低 内部可有一个反并联二极管	与其他GTO器件类似，门极驱动和阴极回路的电感必须很小
MCT	两个门极；开通控制和关断控制均可	相对于阳极施加负电压时使p沟道MCT开通，施加正电压时关断	中，5kHz	中			在单个器件上结合GTO和MOSFET门极的优点 开通与关断的功率/能量需求很小；由于电荷存储时间导致的延迟时间很短；作为闭锁器件其通态压降低	在大功率变换器应用中，有潜力作为接近最终形态的低通态损耗、低开关损耗、高速开关的门极关断晶闸管
SITH	一个门极；开通控制和关断控制均可	施加正门极驱动电压时开通，施加负门极电压时关断	高，100kHz	低 1.5V@300A， 2.6V@900A	2500V@		一种最小化载流子数量的器件 通态电阻与压降低 开关速度快，承受 dv/dt 和 di/dt 能力强	一种场控器件，需要持续门极电压 对过程极为敏感，制造过程中小的扰动就会使器件特性产生很大变化

注：额定电压与额定电流会随着功率半导体技术发展而变化。

例9.2 求晶闸管的平均通态电流。

一晶闸管的电流如图9-28所示，电流脉冲周期性变化的频率为 $f_s=50\text{Hz}$。求通态电流平均值 I_T。

解：

$I_p=I_{TM}=1000\text{A}$，$T=1/f_s=(1/50)\text{s}=20\text{ms}$，并且 $t_1=t_2=5\mu\text{s}$。平均通态电流为：

$$I_T=\frac{1}{20000}[0.5\times5\times1000+(20000-2\times5)\times1000+0.5\times5\times1000]\text{A}=999.5\text{A}$$

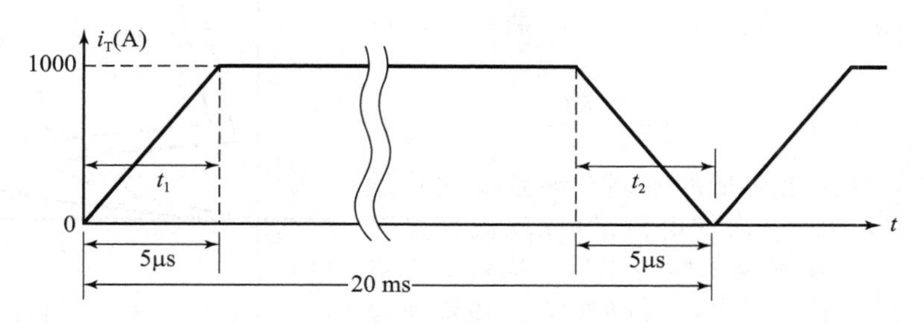

图9-28 晶闸管电流波形 ◀

9.7 晶闸管的串联运行

对于高压应用，可将两个或多个晶闸管串联使用，以满足所需承受的电压。然而，因为晶闸管生产的扩大与普及，同型号晶闸管的特性并不一致。图9-29给出了两个晶闸管的断态特性。对于同样的断态电流，它们的断态电压不同。

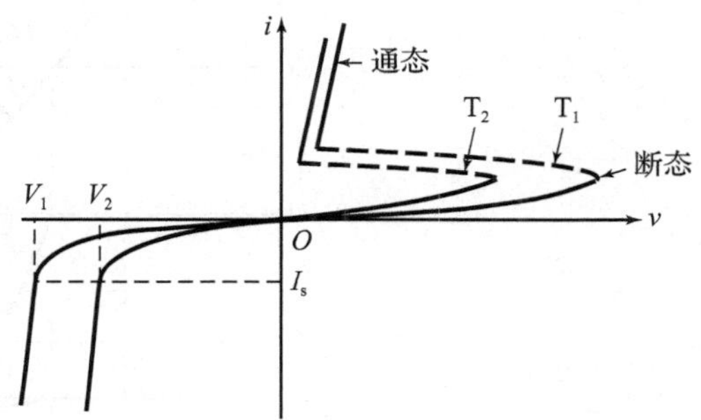

图9-29 两个晶闸管的关断特性

对于二极管来说，只有反向阻断电压必须保持相同；而对于晶闸管来说，反向和断态两种情况下都需要均压电路。均压通常是通过在每个晶闸管两端并联电阻来实现的，如图9-30所示。电压相同时，各个晶闸管的断态电流会不同，如图9-31所示。假设支路中有 n_s 个晶闸管。晶闸管 T_1 的断态电流是 I_{D1}，其他晶闸管的断态电流相等，即 $I_{D2}=I_{D3}=I_{Dn}$，且 $I_{D1}<I_{D2}$。因为晶闸管 T_1 的断态电流最小，T_1 分得的电压更高。

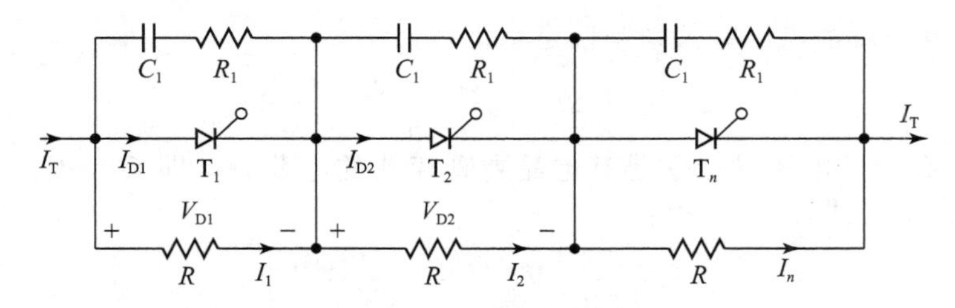

图9-30 三个晶闸管串联

如果 T_1 两端并联电阻 R 的电流为 I_1，其他电阻的电流相等，即 $I_2=I_3=I_n$，断态电流分布为：

$$\Delta I_D=I_{D1}-I_{D2}=I_T-I_2-I_T+I_1=I_1-I_2\text{，或 }I_2=I_1-\Delta I_D$$

T_1 两端电压为 $V_{D1}=RI_1$。由基尔霍夫电压定律得：

$$\begin{aligned} V_s &= V_{D1} + (n_s - 1)I_2R = V_{D1} + (n_s - 1)(I_1 - \Delta I_D)R \\ &= V_{D1} + (n_s - 1)I_1R - (n_s - 1)R\Delta I_D \\ &= n_sV_{D1} - (n_s - 1)R\Delta I_D \end{aligned} \tag{9-7}$$

解式(9-7)求 T_1 两端电压 V_{D1}，得：

$$V_{D1} = \frac{V_s + (n_s - 1)R\Delta I_D}{n_s} \tag{9-8}$$

当 ΔI_D最大时，V_{D1} 达最大。当 $I_{D1}=0$ 且 $\Delta I_D = I_{D2}$ 时，式(9-8)给出了最坏情况下，T_1 两端的稳态电压为：

$$V_{DS(max)} = \frac{V_s + (n_s - 1)RI_{D2}}{n_s} \tag{9-9}$$

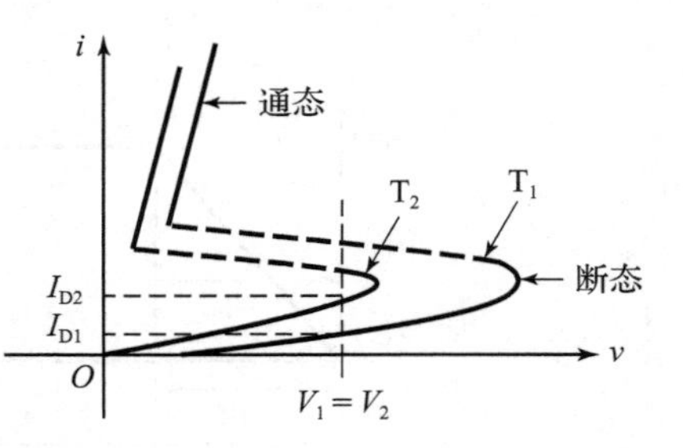

图 9-31 分压相等时的漏电流

在关断过程中，存储电荷量的不同会导致反向均压不同，如图 9-32 所示。恢复电荷量(或反向恢复时间)最小的晶闸管面临最高的瞬态电压。决定瞬态电压分配的结电容通常不够大，所以通常有必要在每个晶闸管两端并联一个电容 C_1，如图 9-30 所示。R_1则限制放电电流大小。相同的 RC 电路广泛用于瞬时电压均压和 dv/dt 保护。

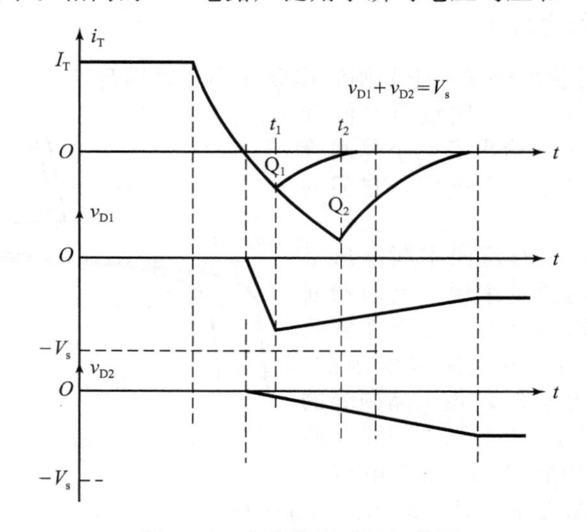

图 9-32 反向恢复时间与分压

T_1 的瞬时电压可由电压差关系来确定，即

$$\Delta V = R\Delta I_D = \frac{Q_2 - Q_2}{C_1} = \frac{\Delta Q}{C_1} \tag{9-10}$$

式中：Q_1是 T_1 存储的电荷量；Q_2是其他晶闸管存储的电荷量，即 $Q_2 = Q_3 = Q_n$，且 $Q_1 < Q_2$。将式(9-10)代入式(9-8)，得：

$$V_{D1} = \frac{1}{n_s}\left[V_s + \frac{(n_s - 1)\Delta Q}{C_1}\right] \tag{9-11}$$

当 $Q_1 = 0$ 且 $\Delta Q = Q_2$时，瞬时电压分配处于最坏情况，为：

$$V_{DT(max)} = \frac{1}{n_s}\left[V_s + \frac{(n_s - 1)Q_2}{C_1}\right] \tag{9-12}$$

通常用一个降额因数来提升支路的可靠性，其定义为：

$$\mathrm{DRF} = 1 - \frac{V_s}{n_sV_{DS(max)}} \tag{9-13}$$

例9.3 求串联晶闸管的电压分配。

在一条支路中有十个串联的晶闸管，需承受 $V_s=15kV$ 的直流电压。晶闸管间漏电流与恢复电荷量的最大差值分别为 10mA 和 150μC。每个晶闸管的分压电阻为 $R=56k\Omega$，电容为 $C_1=0.5\mu F$。试求(a)最大稳态分压 $V_{DS(max)}$；(b)稳态电压降额因数；(c)最大暂态分压 $V_{DT(max)}$；(d)暂态电压降额因数。

解：

$n_s=10$，$V_s=15kV$，$\Delta I_D=I_{D2}=10mA$，且 $\Delta Q=Q_2=150\mu C$

(a)由式(9-9)，可得最大稳态分压为：

$$V_{DS(max)}=\frac{15000+(10-1)\times 56\times 10^3\times 10\times 10^{-3}}{10}V=2004V$$

(b)由式(9-13)，可得稳态降额因数为：

$$DRF=1-\frac{15000}{10\times 2004}=25.15\%$$

(c)由式(9-12)，可得最大暂态分压为：

$$V_{DT(max)}=\frac{15000+(10-1)\times 150\times 10^{-6}/(0.5\times 10^{-6})}{10}V=1770V$$

(d)由式(9-13)，可得暂态降额因数为：

$$DRF=1-\frac{15000}{10\times 1770}=15.25\%$$ ◀

注意： 每个电阻会产生 71.75W 的功率损耗，只有在高功率应用中这种损耗才是可以接受的。

9.8 晶闸管的并联运行

当晶闸管并联时，由于特性上的差异负载电流没有均分到各个晶闸管上。如果一个晶闸管的电流比其他晶闸管的大，其功率损耗增加，导致结温上升，使内部电阻减小。这反过来又会增加管子分担的电流，可能损坏晶闸管。这种温度失控是可以避免的，一个普通散热器就可以使所有单元在同一温度下工作。

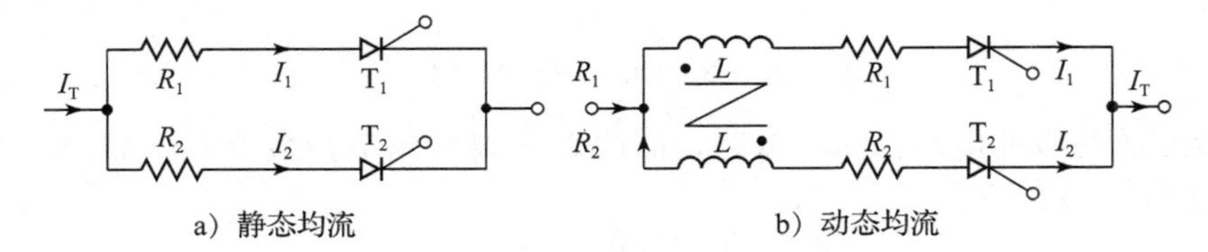

图 9-33　晶闸管的均流

如图 9-33a 所示，每个晶闸管串联一个小电阻可以使电流平均分配，但在串联电阻上会产生相当大的功率损失。一种常见的晶闸管均流方法是使用磁耦合电感的方法，如图 9-33b 所示。如果流过晶闸管 T_1 的电流增加，晶闸管 T_2 所在支路的电感中感应出极性相反的电压，使 T_2 所在支路的阻抗减小，导致流过 T_2 的电流增加。

9.9 di/dt 保护

晶闸管需要一个最短时间来使传导电流均匀扩散于所有结中。与开通过程的扩散速度相比，如果阳极电流的上升率很大，过高的电流密度可能会导致一个局部性"热点"产生，器件则可能因过高的温度而损坏。

实际器件必须设置防止 di/dt 过高的保护。例如，考虑图 9-34 所示的电路。电路稳态运行下，当晶闸管 T_1 关断时 D_m 导通。如果在 D_m 仍导通时触发 T_1，di/dt 将非常高，且仅受到电路杂散电感的限制。

在实际应用中，用一个串联电感 L_s 来限制 di/dt 大小，如图 9-34 所示。正向 di/dt 为：

$$\frac{di}{dt}=\frac{V_s}{L_s} \tag{9-14}$$

式中：L_s 是串联电感，包含所有杂散电感。

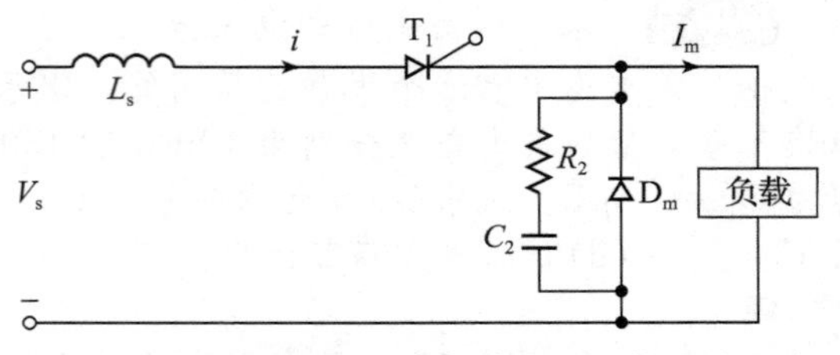

图 9-34 具有限制 di/dt 电感的晶闸管开关电路

9.10 dv/dt 保护

如果图 9-35a 所示的开关 S_1 在 $t=0$ 时刻闭合，一个阶跃电压将加在晶闸管 T_1 两端，dv/dt 可能非常高，足以使器件开通。通过并联一个电容 C_s 可限制 dv/dt，如图 9-35a 所示。在晶闸管 T_1 导通后，电容的放电电流大小通过电阻 R_s 限制，如图 9-35b 所示。

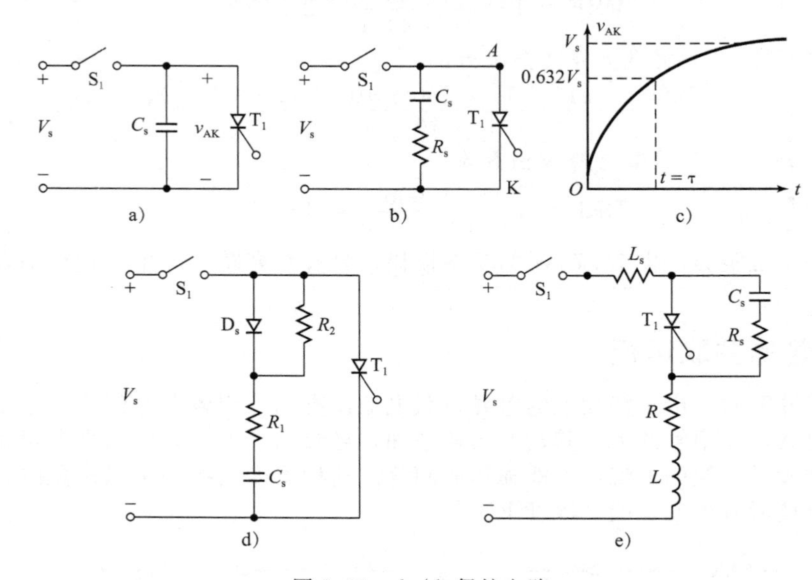

图 9-35 dv/dt 保护电路

由于存在称为缓冲电路的 RC 电路，晶闸管两端电压呈指数上升，如图 9-35c 所示，而电路中的 dv/dt 约为：

$$\frac{dv}{dt}=\frac{0.632V_s}{\tau}=\frac{0.632V_s}{R_sC_s} \tag{9-15}$$

对于已知的 dv/dt 值，缓冲时间常数 $\tau=R_s*C_s$ 可由式(9-15)确定。R_s 的值由放电电流 I_{TD} 求出，即

$$R_s=\frac{V_s}{I_{TD}} \tag{9-16}$$

用一个以上的电阻来限制 dv/dt 和放电过程也是可行的，如图 9-35d 所示。dv/dt 由 R_1 和 C_s 来限制。(R_1+R_2) 限制放电电流的大小，即

$$I_{TD}=\frac{V_s}{R_1+R_2} \tag{9-17}$$

负载与图 9-35e 所示的缓冲电路可以形成一个串联电路。由式(2-40)和式(2-41)，二阶方程的阻尼系数 δ 为：

$$\delta=\frac{\alpha}{\omega_0}=\frac{R_s+R}{2}\sqrt{\frac{C_s}{L_s+L}} \tag{9-18}$$

式中：L_s是杂散电感；L和R分别是负载电感和负载电阻。

为了限制加在晶闸管两端的电压超调量峰值，阻尼系数在0.5～1之间的范围取值。如果负载电感大，通常情况下也如此，可以选取较大的R_s和较小的C_s，以保持期望的阻尼系数。R_s值大减小了放电电流，C_s值小降低了缓冲损耗。用图9-35所示的电路来限制dv/dt的值时，需要做全面分析，以确定所需的阻尼系数值。一旦阻尼系数确定，R_s和C_s的值就可以求出。类似的RC电路或者缓冲器常常用于dv/dt的保护，及抑制反向恢复时间引起的瞬态电压。瞬态电压抑制将在17.6节中分析。

例9.4 求晶闸管缓冲电路的参数。

图9-35e所示的输入电压为$V_s=200V$，负载电阻为$R=5\Omega$。负载电感与杂散电感均忽略不计。晶闸管工作在$f_s=2kHz$的频率下。如果要求的dv/dt是$100V/\mu s$，放电电流限制在100A，试求(a)R_s和C_s的值；(b)缓冲器损耗；(c)缓冲电阻的额定功率。

解：

由题意可知$dv/dt=100V/\mu s$，$I_{TD}=100A$，$R=5\Omega$，$L=L_s=0$，$V_s=200V$

(a)根据图9-35e所示电路，缓冲电容充电电流可表示为：

$$V_s=(R_s+R)i+\frac{1}{C_s}\int i\mathrm{d}t+v_C(t=0)$$

由初始状态$v_C(t=0)=0$，充电电流为：

$$i(t)=\frac{V_s}{R_s+R}\mathrm{e}^{-t/\tau} \tag{9-19}$$

式中：$\tau=(R_s+R)C_s$。晶闸管两端的正向电压为：

$$v_T(t)=V_s-\frac{RV_s}{R_s+R}\mathrm{e}^{-\frac{t}{\tau}} \tag{9-20}$$

在$t=0$时，$v_T(0)=V_s-RV_s/(R_s+R)$，$t=\tau$时，$v_T(\tau)=V_s-0.368RV_s/(R_s+R)$，有：

$$\frac{\mathrm{d}v}{\mathrm{d}t}=\frac{v_T(\tau)-v_T(0)}{\tau}=\frac{0.632RV_s}{C_s(R_s+R)^2} \tag{9-21}$$

由式(9-16)，$R_s=V_s/I_{TD}=(200/100)\Omega=2\Omega$。代入式(9-21)，得：

$$C_s=\frac{0.632\times 5\times 200\times 10^{-6}}{(2+5)^2\times 100}\mathrm{F}=0.129\mu\mathrm{F}$$

(b)缓冲器损耗为：

$$P_s=0.5C_sV_s^2f_s=0.5\times 0.129\times 10^{-6}\times 200^2\times 2000\mathrm{W}=5.2\mathrm{W} \tag{9-22}$$

(c)假设C_s中存储的能量全部耗散在R_s上，则缓冲电阻的额定功率为5.2W。◀

9.11 晶闸管的SPICE模型

随着新器件加入晶闸管系列名单，计算机辅助模型的问题不断产生。新器件的模型仍在发展之中。传统的晶闸管如GTO、MCT和SITH等已有SPICE模型。

9.11.1 晶闸管的SPICE模型

假设图9-36a所示的晶闸管在交流电源下工作。该晶闸管将表现出以下特性：

(1)只要阳极-阴极电压为正，施加一个小的正门极电压时晶闸管应转换到通态；

(2)只要有阳极电流流动晶闸管应保持通态；

(3)当阳极电流过零反向时晶闸管应转换到断态。

晶闸管的开关动作可以用一个电压控制的开关和一个多项式电流源[23]来建模，如图9-36b所示。导通过程可由以下步骤说明。

(1)在节点3和节点2之间的正门极电压V_g作用下，门极电流为$I_g=I(VX)=V_g/R_G$。

(2)门极电流I_g激活受控电流源F_1，产生一个值为$F_g=P_1I_g=P_1I(VX)$的电流，且$F_1=F_g+F_a$。

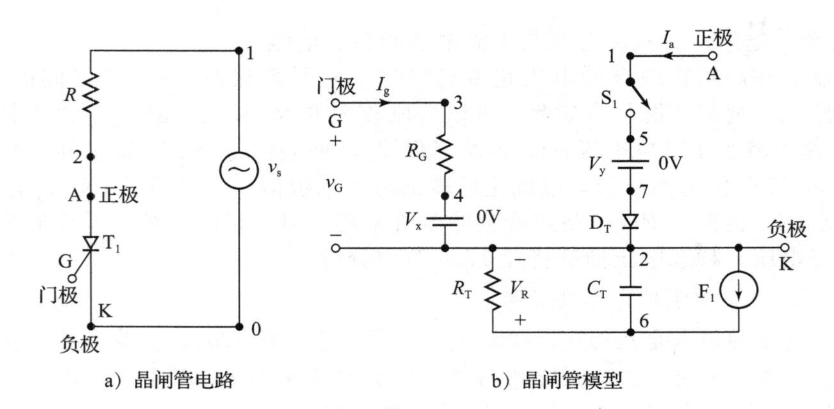

a）晶闸管电路　　b）晶闸管模型

图 9-36　SPICE 晶闸管模型

(3)电流源 F_g 使电阻 R_T 两端的电压迅速上升。

(4)随着电压 V_R 增大超过零，电压控制的开关 S_1 的电阻 R_s 从 R_{OFF} 减为 R_{ON}。

(5)只要阳极-阴极电压为正，随着开关 S_1 的电阻 R_s 减小，阳极电流 $I_a=I(VY)$ 增加。这一上升的阳极电流 I_a 产生了电流 $F_a=P_2I_a=P_2I(VY)$，导致电压 V_R 增大。

(6)随着开关迅速进入到低阻态(通态)，产生了再生条件，如果移除门极电压 V_g，开关仍保持导通。

(7)只要开关处于通态且阳极电流为正，阳极电流 I_a 就能持续流通。

在断态时，门极电流关断，$I_g=0$。亦即 $F_g=0$，$F_1=F_g+F_a=F_a$。关断过程可由以下步骤说明：

(1)如果门极电压 V_g 不再存在，随着阳极电流 I_a 变为负，电流 F_1 反向。

(2)由于 F_1 为负，电容 C_T 通过电流源 F_1 和电阻 R_T 放电。

(3)随着电压 V_R 降到较低值，开关 S_1 的电阻值 R_s 由低(R_{on})变高(R_{off})。

(4)随着电压 V_R 变为 0，这又是一个开关电阻迅速驱动到 R_{off} 的再生过程。

该模型能很好地处理晶闸管电流因其自然特性而减为 0 的变换器电路。然而，对于第 10 章所讨论的有连续负载电流的全波交流/直流变换器，晶闸管的电流会转移至另一晶闸管中，故该模型不再能给出正确结果。这一问题可以通过增加二极管 D_T 来解决，如图 9-36b 所示。二极管会阻止电路中由其他晶闸管的触发所产生的反向电流流过该晶闸管。

该晶闸管模型可以作为一个支路。开关 S_1 受节点 6 和节点 2 之间的控制电压 V_R 的控制。调整开关或二极管的参数就能得到所需的晶闸管通态压降。我们需要用到的二极管参数为 IS=2.2×10^{-15}，BV=1800V，TT=0，开关参数为 RON=0.0125，ROFF=10×10^5，VON=0.5V，VOFF=0V。SCR 晶闸管模型的支路定义如下：

```
*    Subcircuit for ac thyristor model
.SUBCKT  SCR     1       3        2
*        model  anode  control   cathode
*        name          voltage
S1   1   5    6    2     SMOD                  ; Voltage-controlled switch
RG   3   4    50
VX   4   2    DC       OV
VY   5   7    DC       OV
DT   7   2    DMOD                         ; Switch diode
RT   6   2    1
CT   6   2    10UF
F1   2   6    POLY(2)     VX     VY    0    50    11
. MODEL SMOD VSWITCH (RON=0.0125 ROFF=10E+5 VON=0.5V VOFF=OV)   ;
* Switch model
. MODEL DMOD D(IS=2.2E-15 BV=1800V TT=0)      ; Diode model parameters
. ENDS SCR                                    ; Ends subcircuit definition
```

图 9-36b 所示的电路模型只包含了直流条件下晶闸管的开关特性。它不包含二级效应，如过电压、dv/dt、延迟时间 t_d、关断时间 t_q、通态电阻 R_{on}、门极阈值电压或门极阈值电流。如图 9-37 所示的格拉西亚模型包括了这些可从数据手册中查出的参数。

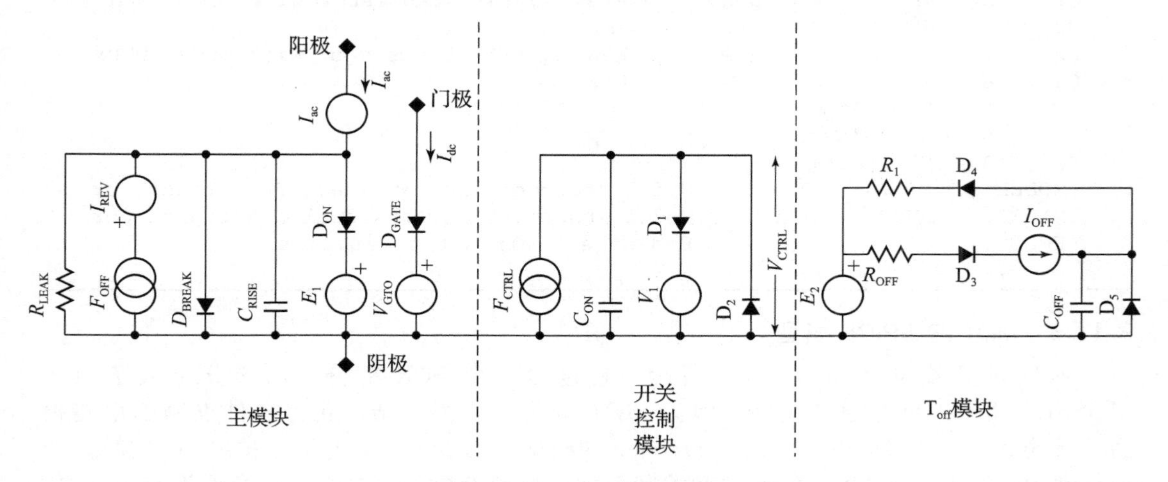

图 9-37 完整的晶闸管整流器模型[4]

9.11.2 GTO 的 SPICE 模型

GTO 可用图 9-15c 所示的两个晶体管进行建模。然而，由于 GTO 的模型[6,11-13]包含两个并联的晶体管，其通态、导通和关断特性都得到改善。图 9-38 给出了包含 4 个晶体管的示例。

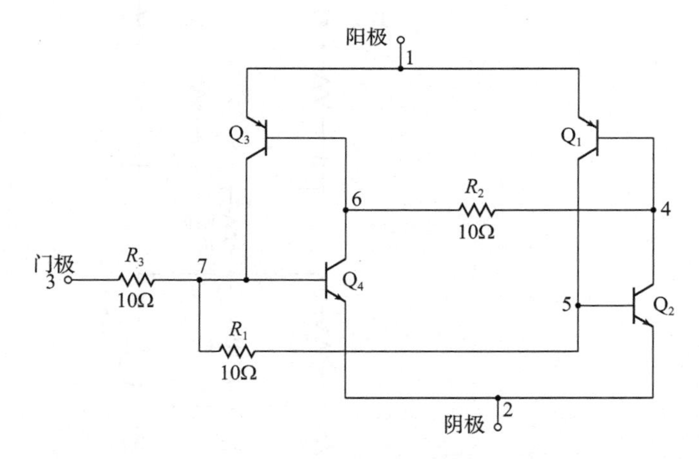

图 9-38 4-晶体管的 GTO 模型[12]

当阳极-阴极电压 V_{AK} 为正且不加门极电压时，GTO 模型处于断态，其特性类似一个标准的晶闸管。只要门极上加一个小电压，I_{B2} 就不再为 0，因此 $I_{C1}=I_{C2}$ 也都不再为 0。此时会有电流由阳极流至阴极。当在 GTO 模型上加一个负的门极脉冲时，靠近阴极的 pnp 结呈现出类似二极管的特性。因为门极电压相对于阴极为负，二极管反向偏置，因此 GTO 停止导通。

当阳极-阴极电压为负，即阳极电压相对于阴极为负时，GTO 模型表现得像一个反向偏置二极管。这是因为 pnp 型晶体管的发射极电压为负，而 npn 型晶体管的发射极电压为正。此时，两晶体管均处于断态，故 GTO 不导通。SPICE 中 GTO 模型的支路描述如下：

```
.SUBCIRCUIT   1       2        3      ; GTO Sub-circuit definition
*Terminal     anode   cathode  gate
Q1    5    4  1       DPNP     PNP    ; PNP transistor with model DPNP
Q3    7    6  1       DPNP     PNP
Q2    4    5  2       DNPN     NPN    ; PNP transistor with model DNPN
Q4    6    7  2       DNPN     NPN
R1    7    5  10ohms
R2    6    4  10ohms
R3    3    7  10ohms
.MODEL     DPNP    PNP    ; Model statement for an ideal PNP transistor
.MODEL     DNPN    NPN    ; Model statement for an ideal NPN transistor
.ENDS                     ; End of sub-circuit definition
```

9.11.3　MCT 的 SPICE 模型

MCT 的等效电路如图 9-39a 所示，它包含一个 SCR 部分，该部分集成了两个 MOSFET 用于进行开通和关断。因为 MCT 的集成相当复杂，获得器件准确的电路模型[39]十分困难。图 9-39b 所示的 Yuvarajan 的模型[37]较为简单，是通过扩展 SCR 模型[2,3]而得到的，能表现出 MCT 的开通和关断特性。模型参数可从制造商的数据手册中获得。不过这一模型不能模拟 MCT 的全部特性，如击穿电压，转折电压，高频运行，以及导通尖峰电压等。Arsov 模型[38]是在 Yuvarajan 模型的基础上修改而得的，是通过扩展 SCR 模型所得的 MCT 的晶体管级等效电路派生出的[3]。

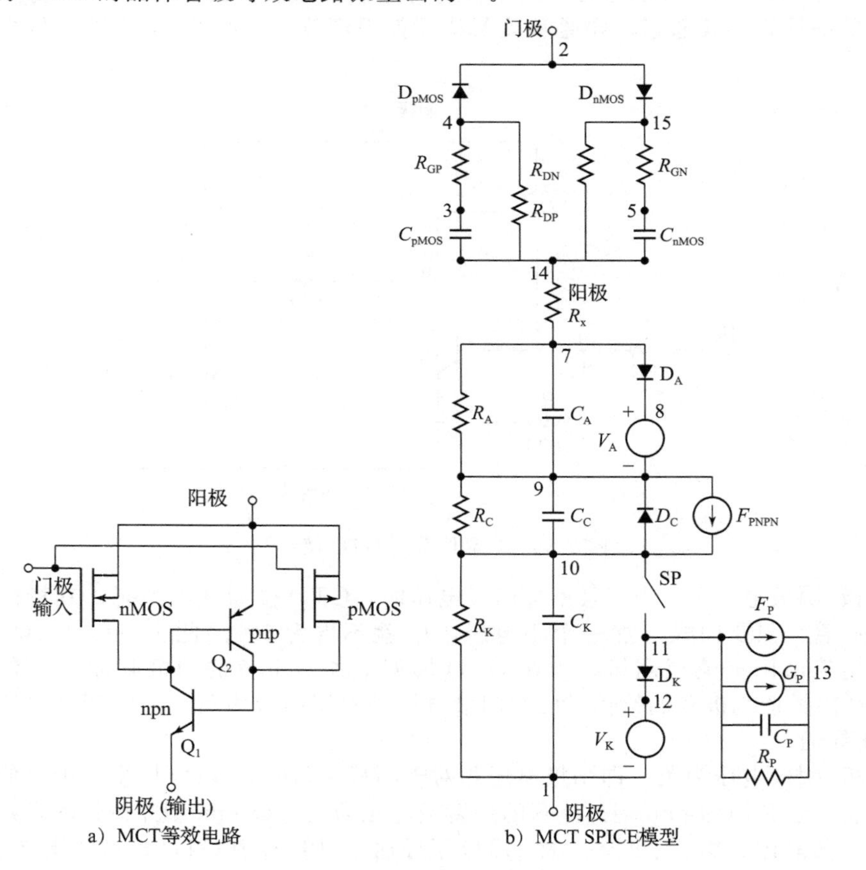

a) MCT等效电路　　b) MCT SPICE模型

图 9-39　MCT 模型[参考 37，S. Yuvarajan]

9.11.4 SITH 的 SPICE 模型

Wang 的 SITH 模型[49]是基于图 9-27b 所示等效电路的内部运行机理建立的，可以预测器件静态和动态两方面特性[48,50]。该模型考虑了器件的结构、寿命和温度所产生的影响。它可以在 PSpice 等电路仿真器中作为一个支路实际应用。

9.12 DIAC

DIAC 或者说“交流二极管”也是晶闸管系列的一员。它就像一个没有门极端子的 TRIAC。DIAC 的横截面如图 9-40a 所示。其等效电路是两个反向四层二极管。图 9-40b 和图 9-40c 所示的两个图形符号都经常使用。DIAC 是一种 pnpn 结构的四层、二端子半导体器件。MT_2 和 MT_1 是器件的两个主要端子。器件中没有控制端。DIAC 结构类似于一个双极结型晶体管(BJT)。

对于施加的任意极性电压 DIAC 均可由断态转为通态。因为它像 TRIAC 一样是一种双侧器件，所以其端子命名是任意的。从断态到通态的转换只需让任一方向电压超过雪崩击穿电压即可简单实现。

DIAC 的典型 v-i 特性如图 9-41 所示。当 MT_2 端的正电压大到足以击穿结 n_2-p_2 时，电流即可通过路径 p_1-n_2-p_2-n_3 由 MT_2 端流至 MT_1 端。如果 MT_1 端的正电压大到足以击穿结 n_2-p_1 时，电流路径为 p_2-n_2-p_1-n_1。DIAC 可以看做两个反向串联的二极管。

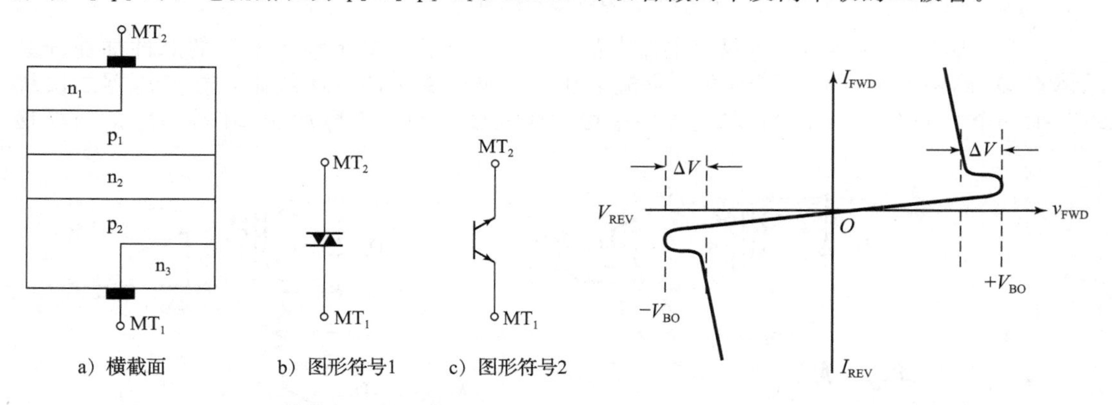

图 9-40 DIAC 横截面及图形符号

图 9-41 DIAC 的 v-i 特性

如果施加的任一极性电压小于雪崩击穿电压 V_{BO}，DIAC 处于断态(或非导通态)，只有非常小的漏电流流过器件。然而，当施加的电压值超过雪崩击穿电压 V_{BO}，DIAC 被击穿，电流将迅速上升，如图 9-41 所示。一旦有电流流过，通态压降 ΔV 就会在负载电流作用下产生。如果 DIAC 所接的是正弦交流电源电压，如图 9-42 所示，那么只有当电源电压的绝对值超过转折电压时负载电流才能流通。应当注意的是，DIAC 通常不单独使用，而是与 TRIAC 等其他晶闸管器件结合使用，用于产生门极触发信号，如图 9-43 所示。

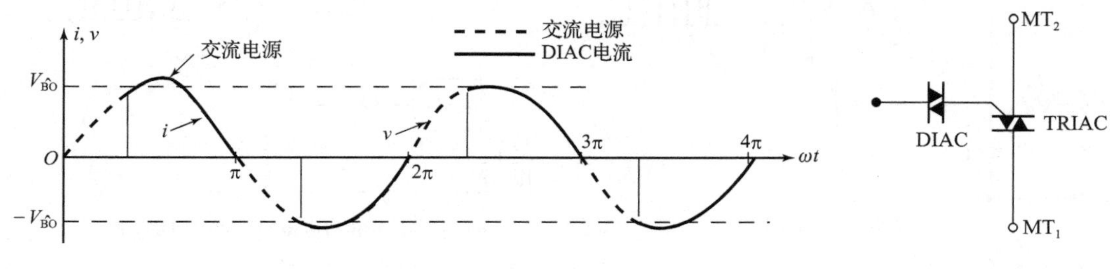

图 9-42 DIAC 电路的电压和电流波形

图 9-43 用 DIAC 触发 TRIAC

9.13　晶闸管触发电路

在晶闸管变换器中，不同端子之间存在电势差[53]。功率电路需要承受高电压，通常高于100V，门极电路保持在低压状态，典型为12～30V。在晶闸管和其门极脉冲产生电路之间需要一个隔离电路。隔离可以通过脉冲变压器或者光耦实现。光耦可以是光控晶体管或者光控晶闸管整流器(SCR)，如图9-44所示。在ILED的输入端 D_1 加一个短脉冲将使光控SCR T_1 和功率晶闸管 T_L 被触发。这种类型隔离电路需要一个独立电源 V_{CC}，这会增加触发电路的成本和重量。

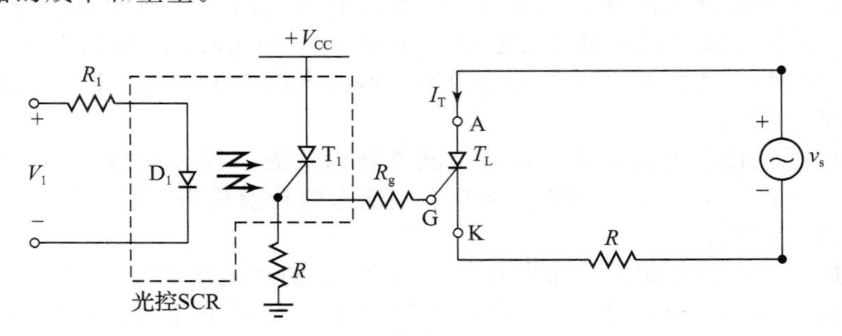

图9-44　光控晶闸管耦合隔离器

一个含脉冲变压器的简单隔离电路[1]如图9-45a所示。当足够大电压的脉冲加在开关晶体管 Q_1 的基极时，晶体管饱和，直流电压 V_{CC} 加到变压器一次绕组，在变压器二次绕组产生一个脉冲电压，并加到晶闸管的门极、阴极端之间。当脉冲从晶体管 Q_1 的门极移

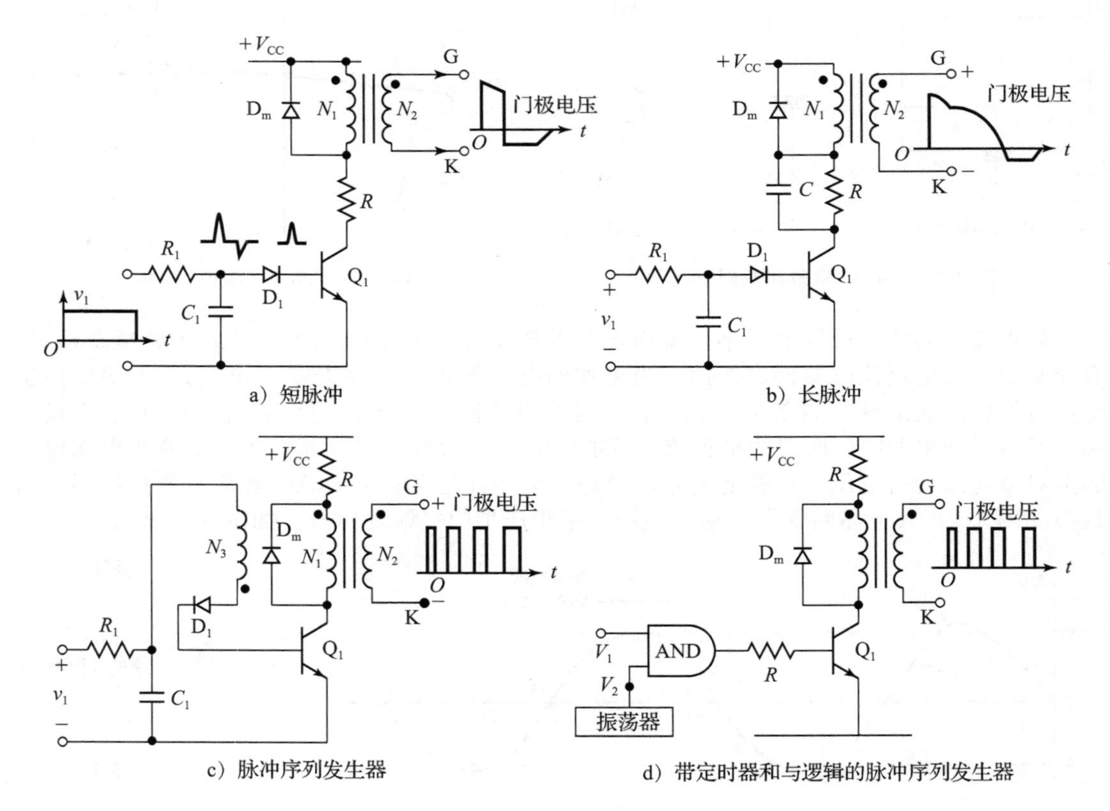

图9-45　脉冲变压器隔离

除时，晶体管关断，变压器一次绕组感应出一个极性相反的电压，续流二极管 D_m 导通。变压器磁场能量产生的电流通过 D_m 衰减到0。在这个瞬态衰减过程中变压器二次绕组感应出相应的反向电压。在电阻 R 上并联一个电容 C 可以使脉冲宽度增加，如图9-45b所示。变压器电流为单方向的，磁心会达到饱和，因此要限制脉冲的宽度。这一类型脉冲隔离适用于宽度为 50～100μs 的脉冲。

在许多带感性负载的功率变换器中，晶闸管的导通时间取决于负载功率因数(PF)，因此晶闸管导通的开始时刻难以定义。在这种情况中，通常需要持续触发晶闸管。然而，持续的门极触发增加晶闸管的损耗。脉冲序列更可取，通过一个辅助绕组可以获得脉冲序列，如图9-45c所示。当晶体管 Q_1 导通时，晶体管 Q_1 基极的辅助绕组 N_3 中产生感应电压，二极管 D_1 反向偏置，Q_1 关断。同时，电容C通过 R_1 充电并再次开通 Q_1。只要有输入信号 v_1 加在隔离器上，这一导通、关断的过程就能一直持续。如果不使用辅助绕组作为间歇振荡器，具有振荡器(或定时器的)“与”(“AND”)逻辑门也可产生如图9-45d所示的脉冲序列。实际中，“与”门不能直接驱动晶体管 Q_1，通常在晶体管 Q_1 之前增设一个缓冲级。

图9-44或图9-45所示门极电路的输出通常加在门极与阴极连同其他门极保护元件之间，如图9-46所示。图9-46a所示的电阻 R_g 增强晶闸管承受 dv/dt 的能力，缩短关断时间，增大维持电流和擎住电流。图9-46b所示的电容 C_g 消除高频噪声，提升 dv/dt 承受能力，增大门极延迟时间。图9-46c所示的二极管 D_g 避免门极承受负电压。然而，对于不对称晶闸管硅整流器SCR，最好有一定的负门极电压，以提高 dv/dt 承受能力，并减小关断时间。所有这些特性可以如图9-46d所示结合在一起，其中二极管 D_1 只允许正脉冲通过，电阻 R_1 抑制任何瞬态振荡并限制门极电流。

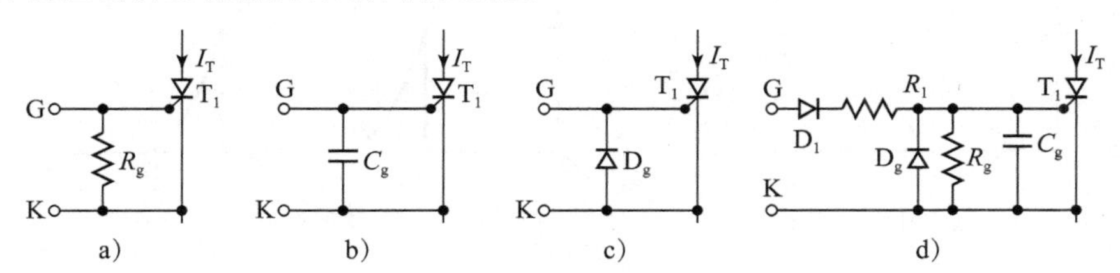

图9-46 门极保护电路

9.14 单结晶体管

单结晶体管(UJT)通常用于产生SCR所需的触发信号[52]。基本的UJT触发电路如图9-47a所示。UJT有三个端子，分别称为发射极E，基极一 B_1 和基极二 B_2。在 B_1 和 B_2 之间的单结具有普通电阻的特性。该电阻为基极间电阻 R_{BB}，其值在4.7～9.1kΩ之间。UJT的静态特性如图9-47b所示。

当输入直流电源电压 V_s 时，由于UJT的发射极电路处于开路状态，电容 C 通过电阻 R 充电。充电电路的时间常数为 $\tau_1=RC$。发射极电压 V_E 与电容电压 v_C 相等，当其达到峰值电压 V_p 时，UJT导通，电容 C 开始通过 R_{B1} 放电，其速率取决于时间常数 $\tau_2=R_{B1}C$。$\tau_2 \ll \tau_1$。当发射极电压 V_E 衰减至波谷值 V_v 时，发射极不再导通，UJT关断，充电周期重复。发射极电压与触发电压的波形如图9-47c所示

触发电压 V_{B1} 的波形与电容 C 的放电电流的波形相同。触发电压 V_{B1} 的值应当足够大，这样才能使SCR导通。振荡周期 T 在很大程度上独立于直流电源电压 V_s，由下式给出：

$$T=\frac{1}{f}\approx RC\ln\frac{1}{1-\eta} \tag{9-23}$$

式中：参数 η 称为固有平衡率，η 的值在0.51～0.82之间。

电阻 R 限制在3kΩ～3MΩ之间。R 和 V_s 形成的负载线与器件特性曲线应交于波峰点

右边、波谷点左边，这一条件决定了 R 的上限值。如果负载线没有经过波峰点右边，UJT 无法导通。当 $V_s - I_p R > V_p$ 时条件可以得到满足，即

$$R < \frac{V_s - V_p}{I_p} \tag{9-24}$$

在波谷点 $I_E = I_V$，$V_E = V_v$，为确保关断，R 的下限值条件是 $V_s - I_v R < V_v$，即

$$R > \frac{V_s - V_v}{I_v} \tag{9-25}$$

电源电压 V_s 推荐范围在 10～35V 之间。对于固定的 η，峰值电压 V_p 随着两基极间电压 V_{BB} 变化而变化。V_p 由下式给出：

$$V_p = \eta V_{BB} + V_D(=0.5V) \approx \eta V_s + V_D(=0.5V) \tag{9-26}$$

式中：V_D 为单个二极管的正向压降。触发脉冲的宽度 t_g 为：

$$t_g = R_{B1} C \tag{9-27}$$

通常，R_{B1} 的值限制在 100Ω 以下，不过在有些应用中其值可能达 2kΩ 或 3kΩ。电阻 R_{B2} 通

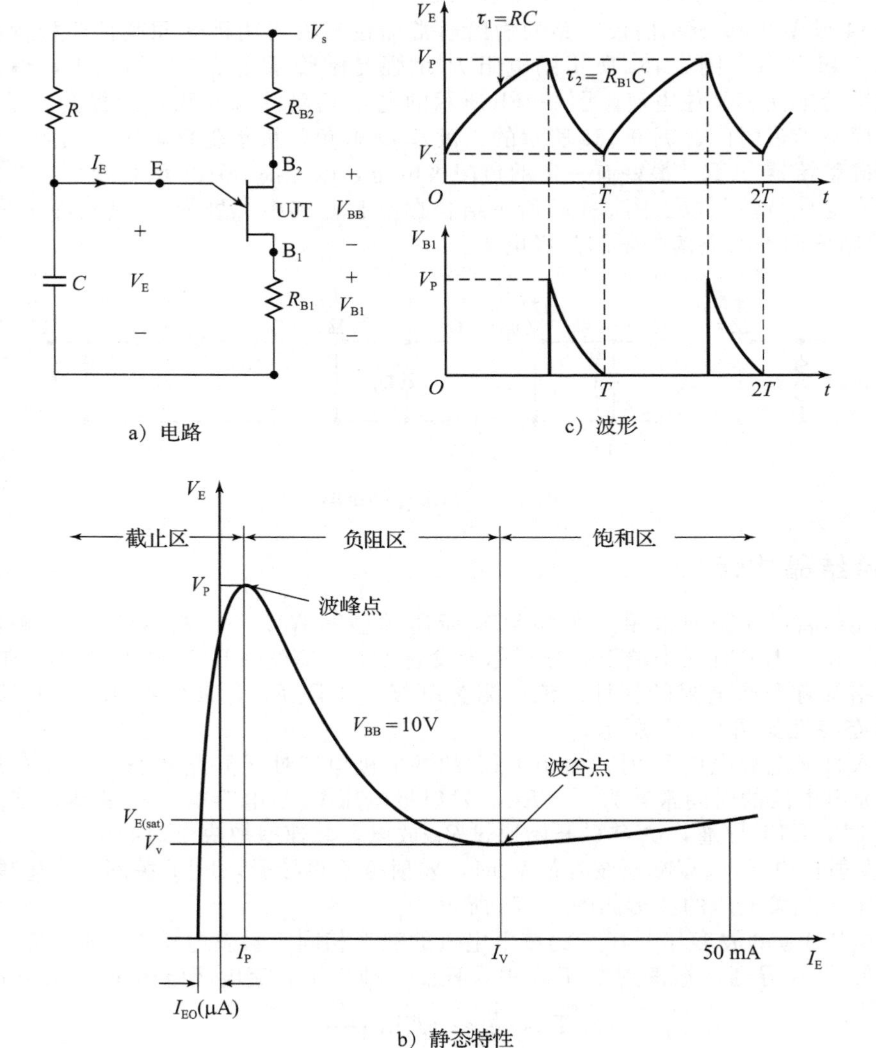

图 9-47 UJT 触发电路

常与基极二串联，以补偿由温度升高导致的 V_p 的减小、避免 UJT 可能出现热失控。电阻 R_{B2} 的值为 100Ω 或更高，大致可由下式确定：

$$R_{B2} = \frac{10^4}{\eta V_s} \tag{9-28}$$

例 9.5 求 UJT 触发电路的参数。

设计图 9-47a 所示的触发电路。UJT 的参数为 $V_s=30\text{V}$，$\eta=0.51$，$I_P=10\mu\text{A}$，$V_v=3.5\text{V}$，$I_v=10\text{mA}$。振荡频率为 $f=60\text{Hz}$，触发脉冲的宽度为 $t_g=50\mu\text{s}$。假设 $V_D=0.5$。

解：

$T=1/f=1/(60\text{Hz})=16.67\text{ms}$。由式(9-26)，$V_P=(0.51\times 30+0.5)\text{V}=15.8\text{V}$。设 $C=0.5\mu\text{F}$。由式(9-24)和式(9-25)，R 的临界值为：

$$R < \frac{(30-15.8)\text{V}}{10\mu\text{A}} = 1.42\text{M}\Omega$$

$$R > \frac{(30-3.5)\text{V}}{10\text{mA}} = 2.65\text{k}\Omega$$

由式(9-23)，$16.67\text{ms}=R\times 0.5\mu\text{F}\times\ln[1/(1-0.51)]$，求得 $R=46.7\text{k}\Omega$，在极限值范围内。门极电压峰值 $V_{B1}=V_P=15.8\text{V}$。由式(9-27)，得：

$$R_{B1} = \frac{t_g}{C} = \frac{50\mu\text{s}}{0.5\mu\text{F}} = 100\Omega$$

由式(9-28)，得

$$R_{B1} = \frac{10^4}{0.51\times 30}\Omega = 654\Omega$$ ◀

9.15 可编程单结晶体管

可编程单结晶体管(PUT)为图 9-48a 所示的小型晶闸管。PUT 可以作为弛豫振荡器，如图 9-48b 所示。门极电压 V_G 从分压电阻 R_1、R_2 上获得，其值决定了峰值电压 V_p。对于 UJT 来说，器件在直流电源电压下的 V_p 是固定的。然而，PUT 的 V_p 可随分压电阻 R_1、R_2 的改变而改变。如果阳极电压 V_A 低于门极电压 V_G，器件会保持在断态。如果 V_A 比门极电压高出一个二极管正向压降 V_D 的值，则电压达到峰值点，器件导通。峰值电流 I_p 和谷值电流 I_v 都取决于门极等效阻抗 $R_G=R_1R_2/(R_1+R_2)$ 和直流电源电压 V_s。通常 R_k 的值限制在 100Ω 以下。

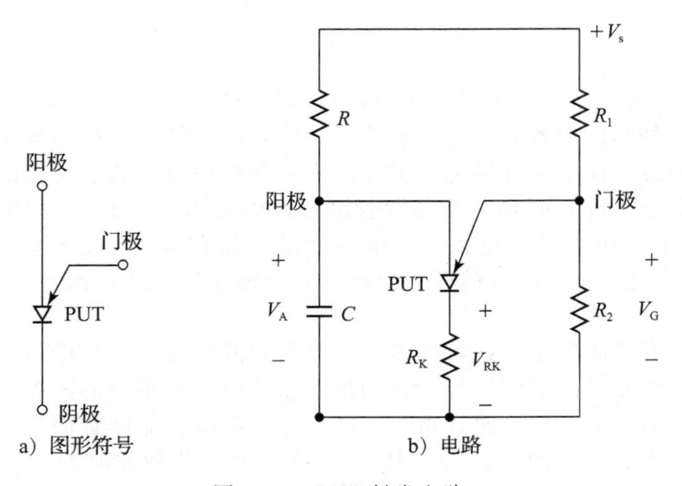

图 9-48 PUT 触发电路

V_p由下式给出：

$$V_p = \frac{R_2}{R_1 + R_2} V_s \tag{9-29}$$

其中固有比率为：

$$\eta = \frac{V_p}{V_s} = \frac{R_2}{R_1 + R_2} \tag{9-30}$$

R 与 C，以及 R_1与 R_2共同决定了频率的大小。振荡周期 T 大致为：

$$T = \frac{1}{f} \approx RC\ln\frac{V_s}{V_s - V_p} = RC\ln\left(1 + \frac{R_2}{R_1}\right) \tag{9-31}$$

门极电流 I_G在波谷点的值为：

$$I_G = (1 - \eta)\frac{V_s}{R_G} \tag{9-32}$$

式中：$R_G = R_1R_2/(R_1 + R_2)$。R_1和 R_2可分别由下式求出：

$$R_1 = \frac{R_G}{\eta} \tag{9-33}$$

$$R_2 = \frac{R_G}{1 - \eta} \tag{9-34}$$

例 9.6 求可编程 UJT 触发电路的参数。

设计图 9-48b 所示的触发电路。PUT 的参数为 $V_s = 30\text{V}$，$I_G = 1\text{mA}$。振荡频率为 $f = 60\text{Hz}$，脉冲宽度为 $t_g = 50\mu\text{s}$，峰值触发电压为 $V_{RK} = 10\text{V}$。

解：

$T = 1/f = 1/(60\text{Hz}) = 16.67\text{ms}$。触发电压峰值 $V_{RK} = V_P = 10\text{V}$。设 $C = 0.5\mu\text{F}$。

由式(9-27)，$R_k = t_g/C = 50\mu\text{s}/0.5\mu\text{F} = 100\Omega$。由式(9-30)，$\eta = V_p/V_s = 10/30 = 1/3$。由式(9-31)，$16.67\text{ms} = R \times 0.5\mu\text{F} \times \ln[30/(30 - 10)]$，求得 $R = 82.2\text{k}\Omega$。当 $I_G = 1\text{mA}$ 时，由式(9-32)，求得 $R_G = \left(1 - \frac{1}{3}\right) \times 30\text{V}/1\text{mA} = 20\text{k}\Omega$。由式(9-33)，得：

$$R_1 = \frac{R_G}{\eta} = 20\text{k}\Omega \times \frac{3}{1} = 60\text{k}\Omega$$

由式(9-34)，得：

$$R_2 = \frac{R_G}{1 - \eta} = 20\text{k}\Omega \times \frac{3}{2} = 30\text{k}\Omega$$ ◀

本章小结

本章介绍了 13 种晶闸管，其中只有 GTO、SITH、MTO、ETO、IGCT 和 MCT 有门极关断功能。每种晶闸管各有其优点和缺点。实际晶闸管的特性与理想晶闸管的有很大不同。虽然有多种方法使晶闸管导通，但用门极控制导通是最切实可行的。由于结电容以及导通过程中的限制条件，必须防止晶闸管因过高的 $\mathrm{d}i/\mathrm{d}t$ 和 $\mathrm{d}v/\mathrm{d}t$ 而失效。缓冲电路常常用于阻止高 $\mathrm{d}v/\mathrm{d}t$。由于恢复电荷量，部分能量存储在 $\mathrm{d}i/\mathrm{d}t$ 与寄生电感中，器件也应避免受到这一能量的影响。GTO 的开关损耗远大于通常的 SCR，因此 GTO 的缓冲元件对于其性能至关重要。

相同类型晶闸管之间由于存在特性差异，晶闸管的串联、并联运行需要均压或均流电路对其进行稳态与瞬态情况下的保护。在功率电路与门极电路间的隔离措施是必要的。脉冲变压器隔离简单而有效。对于感性负载，脉冲序列能减少晶闸管的损耗，常常采用脉冲序列而非连续脉冲来触发晶闸管。UJT 和 PUT 可用于产生触发脉冲。

参考文献

[1] General Electric, D. R. Grafham, and F. B. Golden, *SCR Manual,* 6th ed. Englewood Cliffs, NJ: Prentice Hall. 1982.

[2] L. I. Giacoletto, "Simple SCR and TRIAC PSpice computer models," *IEEE Transactions on Industrial Electronics,* Vol. IE36, No. 3, 1989, pp. 451–455.

[3] R. W. Avant and F. C. Lee, "The J3 SCR model applied to resonant converter simulation," *IEEE Transactions on Industrial Electronics,* Vol. IE-32, February 1985, pp. 1–12.

[4] F. I. Gracia, F. Arizti, and F. I. Aranceta, "A nonideal macro-model of thyristor for transient analysis in power electronic systems," *IEEE Transactions Industrial Electronics,* Vol. 37, December 1990, pp. 514–520.

[5] *Bi-directional control thyristor*, ABB Semiconductors, Lenzburg, Switzerland, February 1999. www.abbsemi.com.

[6] M. H. Rashid, *SPICE for Power Electronics*. Upper Saddle River, NJ: Prentice-Hall. 1995.

[7] M. H. Rashid, *Power Electronics Handbook*, edited by M. H. Rashid. San Diego, CA: Academic Press. 2001, Chapter 4—Gate Turn-Off Thyristors (GTOs).

[8] Westcode Semiconductor: Data GTO data-sheets. www.westcode.com/ws-gto.html

[9] D. Grant and A. Honda, *Applying International Rectifier's Gate Turn-Off Thyristors*. El Segundo, CA: International Rectifier. Application Note AN-315A.

[10] O. Hashimoto, H. Kirihata, M. Watanabe, A. Nishiura, and S. Tagami, "Turn-on and turn-off characteristics of a 4.5-kV 3000-A gate turn-off thyristor," *IEEE Transactions on Industrial Applications,* Vol. IA22, No. 3, 1986, pp. 478–482.

[11] E. Y. Ho and P. C. Sen, "Effect of gate drive on GTO thyristor characteristics," *IEEE Transactions on Industrial Electronics,* Vol. IE33, No. 3, 1986, pp. 325–331.

[12] M. A. I. El-Amin, "GTO PSpice model and its applications," *The Fourth Saudi Engineering Conference,* November 1995, Vol. III, pp. 271–277.

[13] G. Busatto, F. Iannuzzo, and L. Fratelli, "PSpice model for GTOs," *Proceedings of Symposium on Power Electronics Electrical Drives, Advanced Machine Power Quality*, SPEEDAM Conference, June 3–5, 1998, Sorrento, Italy, Col. 1, pp. P2/5–10.

[14] D. J. Chamund, "Characterisation of 3.3 kV asymmetrical thyristor for pulsed power application," *IEE Symposium Pulsed Power 2000* (Digest No. 00/053), May 3–4, 2000, London, pp. 35/1–4.

[15] H. Fukui, H. Amano, and H. Miya, "Paralleling of gate turn-off thyristors," *IEEE Industrial Applications Society Conference Record,* 1982, pp. 741–746.

[16] D. E. Piccone, R. W. DeDoncker, J. A. Barrow, and W. H. Tobin, "The MTO thyristor—A new high power bipolar MOS thyristor," *IEEE Industrial Applications Society Conference Record,* October 1996, pp. 1472–1473.

[17] "MTO data-sheets," Silicon Power Corporation (SPCO), Exton, PA. www.siliconopower.com

[18] R. Rodrigues, D. Piccone, A. Huanga, and R. De Donckerb, "MTO™ thyristor power switches," *Power Systems World '97*, Baltimore, MD, September 6–12, 1997, pp. 3–53–64.

[19] D. Piccone, J. Barrow, W. Tobin, and R. De Doncker, "MTO—A MOS turn-off disc-type thyristor for high voltage power conversion," *IEEE Industrial Applications Society Conference Record,* 1996, pp. 1472–1473.

[20] B. J. Cardoso and T. A. Lipo, "Application of MTO thyristors in current stiff converters with resonant snubbers," *IEEE Transactions on Industry Applications,* Vol. 37, No. 2, March/April 200, pp. 566–573.

[21] Y. Li, A. Q. Huang, and F. C. Lee, "Introducing the emitter turn-off thyristor," *IEEE Industrial Applications Society Conference Record,* 1998, pp. 860–864.

[22] Y. Li and A. Q. Huang, "The emitter turn-off thyristor—A new MOS-bipolar high power device," *Proc. 1997 Virginia Polytechnic Power Electronics Center Seminar,* September 28–30, 1997, pp. 179–183.

[23] L. Yuxin, A. Q. Huang, and K. Motto, "Experimental and numerical study of the emitter turn-off thyristor (ETO)," *IEEE Transactions on Power Electronics*, Vol. 15, No. 3, May 2000, pp. 561–574.

[24] P. K. Steimer, H. E. Gruning, J. Werninger, E. Carrol, S. Klaka, and S. Linder, "IGCT—A new emerging technology for high power, low cost inverters," *IEEE Industry Applications Society Conference Record,* October 5–9, 1997, New Orleans, LA, pp. 1592–1599.

[25] H. E. Gruning and B. Odegard, "High performance low cost MVA inverters realized with integrated gate commutated thyristors (IGCT)," *European Power Electronics Conference,* 1997, pp. 2060–2065.

[26] S. Lindner, S. Klaka, M. Frecker, E. Caroll, and H. Zeller, "A new range of reverse conducting gate commutated thyristors for high voltage, medium power application," *European Power Electronics Conference,* 1997, pp. 1117–1124.

[27] "Data Sheet—Reverse conducting IGCTs," ABB Semiconductors, Lenzburg, Switzerland, 1999.

[28] H. E. Gruening and A. Zuckerberger, "Hard drive of high power GTO's: Better switching capability obtained through improved gate-units," *IEEE Industry Applications Society Conference Record,* October 6–10, 1996, pp. 1474–1480.

[29] B. J. Baliga, M. S. Adler, R. P. Love, P. V. Gray, and N. D. Zommer, "The insulated gate transistor: A new three-terminal MOS-controlled bipolar power device," *IEEE Transactions on Electron Devices*, Vol. ED-31, No. 6, June 1984, pp. 821–828.

[30] V. A. K. Temple, "MOS controlled thyristors: A class of power devices," *IEEE Transactions on Electron Devices,* Vol. ED33, No. 10, 1986, pp. 1609–1618.

[31] T. M. Iahns, R. W. De Donker, I. W. A. Wilson, V. A. K. Temple, and S. L. Watrous, "Circuit utilization characteristics of MOS-controlled thyristors," *IEEE Transactions on Industry Applications*, Vol. 27, No. 3, May/June 1991, pp. 589–597.

[32] "MCT User's Guide," Harris Semiconductor Corp., Melbourne, FL, 1995.

[33] S. Yuvarajan, *Power Electronics Handbook*, edited by M. H. Rashid. San Diego, CA: Academic Press. 2001, Chapter 8—MOS-Controlled Thyristors (MCTs).

[34] P. Venkataraghavan and B. J. Baliga, "The dv/dt capability of MOS-gated thyristors," *IEEE Transactions on Power Electronics*, Vol. 13, No. 4, July 1998, pp. 660–666.

[35] S. B. Bayne, W. M. Portnoy, and A. R. Hefner, Jr., "MOS-gated thyristors (MCTs) for repetitive high power switching," *IEEE Transactions on Power Electronics*, Vol. 6, No. 1, January 2001, pp. 125–131.

[36] B. J. Cardoso and T. A. Lipo, "Application of MTO thyristors in current stiff converters with resonant snubbers," *IEEE Transactions on Industry Applications*, Vol. 37, No. 2, March/April 2001, pp. 566–573.

[37] S. Yuvarajan and D. Quek, "A PSpice model for the MOS controlled thyristor," *IEEE Transactions on Industrial Electronics*, Vol. 42, October 1995, pp. 554–558.

[38] G. L. Arsov and L. P. Panovski, "An improved PSpice model for the MOS-controlled thyristor," *IEEE Transactions on Industrial Electronics*, Vol. 46, No. 2, April 1999, pp. 473–477.

[39] Z. Hossain, K. J. Olejniczak, H. A. Mantooth, E. X. Yang, and C. L. Ma, "Physics-based MCT circuit model using the lumped-charge modeling approach," *IEEE Transactions on Power Electronics*, Vol. 16, No. 2, March 2001, pp. 264–272.

[40] S. Teszner and R. Gicquel, "Gridistor—A new field effect device," *Proc. IEEE*, Vol. 52, 1964, pp. 1502–1513.

[41] J. Nishizawa, K. Muraoka, T. Tamamushi, and Y. Kawamura, "Low-loss high-speed switching devices, 2300-V 150-A static induction thyristor," *IEEE Transactions on Electron Devices*, Vol. ED-32, No. 4, 1985, pp. 822–830.

[42] Y. Nakamura, H. Tadano, M. Takigawa, I. Igarashi, and J. Nishizawa, "Very high speed static induction thyristor," *IEEE Transactions on Industry Applications*, Vol. IA22, No. 6, 1986, pp. 1000–1006.

[43] J. Nishizawa, K. Muraoka, Y. Kawamura, and T. Tamamushi, "A low-loss high-speed switching device; Rhe 2500-V 300-A static induction thyristor," *IEEE Transactions on Electron Devices*, Vol. ED-33, No. 4, 1986, pp. 507–515.

[44] Y. Terasawa, A. Mimura, and K. Miyata, "A 2.5 kV static induction thyristor having new gate and shorted *p*-emitter structures," *IEEE Transactions on Electron Devices*, Vol. ED-33, No. 1, 1986, pp. 91–97.

[45] M. Maeda, T. Keno, Y. Suzuki, and T. Abe, "Fast-switching-speed, low-voltage-drop static induction thyristor," *Electrical Engineering in Japan*, Vol. 116, No. 3, 1996, pp. 107–115.

[46] R. Singh, K. Irvine, and J. Palmour, "4H-SiC buried gate field controlled thyristor," *Annual Device Research Conference Digest*, 1997, pp. 34–35.

[47] D. Metzner and D. Schroder, "A SITH-model for CAE in power- electronics," *International Symposium on Semiconductor Devices ICs*, Tokyo, Japan, 1990, pp. 204–210.

[48] M. A. Fukase, T. Nakamura, and J. I. Nishizawa, "A circuit simulator of the SITh," *IEEE Transactions on Power Electronics*, Vol. 7, No. 3, July 1992, pp. 581–591.

[49] J. Wang and B. W. Williams, "A new static induction thyristor (SITh) analytical model," *IEEE Transactions on Power Electronics*, Vol. 14, No. 5, September 1999, pp. 866–876.

[50] S. Yamada, Y. Morikawa, M. Kekura, T. Kawamura, S. Miyazaki, F. Ichikawa, and H. Kishibe, "A consideration on electrical characteristics of high power SITHs," *International Symposium on Power Semiconductor Devices and ICs*, ISPSD'98, Kyoto, Japan, June 3–6, 1998, pp. 241–244.

[51] S. Bernet, "Recent developments in high power converters for industry and traction applications," *IEEE Transactions on Power Electronics*, Vol. 15, No. 6, November 2000, pp. 1102–1117.

[52] Transistor Manual, *Unijunction Transistor Circuits*, 7th ed. Syracuse, NY: General Electric Company, 1964, Publication 450.37.

[53] Irshad Khan, *Power Electronics Handbook*, edited by M. H. Rashid. Burlington, MA: Elsevier Publishing, 201, Chapter 20—Gate Drive Circuits for Power Converters.

[54] J W. Palmour, R. Singh, L. A. Lipkin, and D. G. Waltz, "4H-SiC high temperature power devices," in *Proceedings of the Third International Conference on High-Temperature Electron* (HiTEC) Vol. 2, Albuquerque, NM, June 9–14, 1996, pp. XVI-9–XVI-14.

[55] B. Li, L. Cao, and J. H. Zhao, "High current density 800-V 4H-SiC gate turn-off thyristors," *IEEE Electron Device Letters*, Vol. 20, May 1999, pp. 219–222.

[56] J. B. Casady et al., "4H-SiC gate turn-off (GTO) thyristor development," *Materials Science Forum*, Vol. 264–268, 1998, pp. 1069–1072.

[57] S. Seshadri et al., "Current status of SiC power switching devices: Diodes & GTOs," in *Proceedings of the Materials Research Society of Spring Managements*, San Francisco, CA, April 1999.

[58] J. B. Fedison et al., "Factors influencing the design and performance of 4H-SiC GTO thyristors," in *Proceedings of the International Conference on Silicon Carbide and Related Materials*, Research Triangle Park, NC, October 1999.

[59] Sei-Hyung Ryu, Anant K. Agarwal, Ranbir Singh, and John W. Palmour, "3100 V, Asymmetrical, Gate Turn-Off (GTO) Thyristors in 4H-SiC." *IEEE Electron Device Letters*, Vol. 22, No. 3, March 2001, pp. 127–129.

[60] Gontran Pâques, Sigo Scharnholz, Nicolas Dheilly, Dominique Planson, and Rik W. De Doncker, "High-Voltage 4H-SiC Thyristors with a Graded Etched Junction Termination Extension." *IEEE Electron Device Letters*, Vol. 32, No. 10, October 2011, pp. 1421–1423.

[61] S. V. Camper, A. Ezis, J. Zingaro, G. Storaska, R. C. Clarke, V. Temple, M. Thompson, and T. Hansen, "7 kV 4H-SiC GTO thyristor," Presented at the *Materials Research Society Symposium*, San Francisco, CA, Vol. 742, 2003, Paper K7.7.1.

[62] Jun Wang, Gangyao Wang, Jun Li, Alex Q. Huang, "Silicon Carbide Emitter Turn-off Thyristor, A Promising Technology For High Voltage and High Frequency Applications." 978-1-422-2812-0/09/$25.00 ©2009 IEEE.

复习题

9.1 晶闸管的 v-i 特性是什么?
9.2 晶闸管的关断条件是什么?
9.3 晶闸管的导通条件是什么?
9.4 什么是晶闸管的擎住电流?
9.5 什么是晶闸管的维持电流?
9.6 什么是晶闸管的双晶闸管模型?
9.7 触发晶闸管有哪些方法?
9.8 什么是晶闸管的开通时间?
9.9 $\mathrm{d}i/\mathrm{d}t$ 保护的目的是什么?
9.10 $\mathrm{d}i/\mathrm{d}t$ 保护的常规方法是什么?
9.11 $\mathrm{d}v/\mathrm{d}t$ 保护的目的是什么?
9.12 $\mathrm{d}v/\mathrm{d}t$ 保护的常规方法是什么?
9.13 什么是晶闸管的关断时间?
9.14 晶闸管有哪些类型?
9.15 什么是 SCR?
9.16 SCR 与 TRIAC 的区别是什么?
9.17 晶闸管的关断特性是什么?
9.18 GTO 的优点与缺点是什么?
9.19 SITH 的优点与缺点是什么?
9.20 RCT 的优点与缺点是什么?
9.21 LASCR 的优点与缺点是什么?
9.22 双向晶闸管的优点与缺点是什么?
9.23 MTO 的优点与缺点是什么?
9.24 ETO 的优点与缺点是什么?
9.25 IGCT 的优点与缺点是什么?
9.26 什么是缓冲电路?
9.27 缓冲电路的设计需要考虑哪些因素?
9.28 串联晶闸管的常规均压技术是什么?
9.29 并联晶闸管的常规均流技术有哪些?
9.30 反向恢复时间对并联晶闸管的瞬态均压有怎样的影响?
9.31 什么是串联晶闸管的降额系数?
9.32 什么是 UJT?
9.33 什么是 UJT 的波峰电压?
9.34 什么是 UJT 的波谷电压?
9.35 什么是 UJT 的固有平衡率?
9.36 什么是 PUT?
9.37 与 UJT 相比 PUT 的优点是什么?

习题

9.1 假设晶闸管的结电容与断态电压无关。使晶闸管导通的充电电流的限制值为 10mA。若 $\mathrm{d}v/\mathrm{d}t$ 的临界值为 $800\mathrm{V}/\mu\mathrm{s}$,求结电容。

9.2 晶闸管的结电容为 $C_{J2}=25\mathrm{pF}$,且假设其与断态电压无关。使晶闸管导通的充电电流的限制值为 15mA。若在晶闸管上并联一个 $0.01\mu\mathrm{F}$ 的电容,求 $\mathrm{d}v/\mathrm{d}t$ 的临界值。

9.3 晶闸管电路如图 P9-3 所示。晶闸管的结电容为 $C_{J2}=20\mathrm{pF}$,且假设其与断态电压无关。使晶闸管导通的充电电流限流值为 5mA,$\mathrm{d}v/\mathrm{d}t$ 的临界值为 $200\mathrm{V}/\mu\mathrm{s}$。求使晶闸管不会因 $\mathrm{d}v/\mathrm{d}t$ 而开通的电容 C_s 的值。

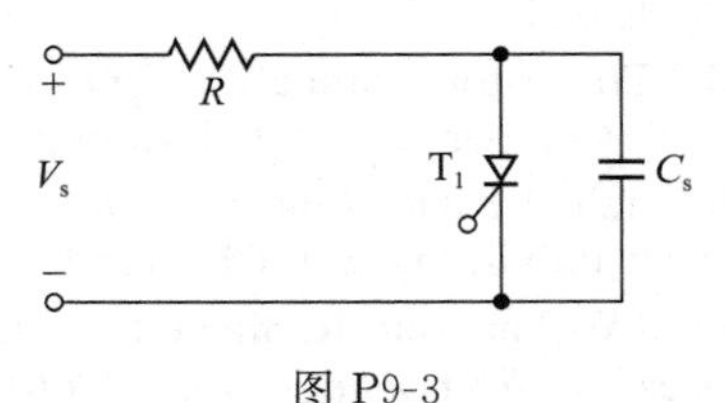

图 P9-3

9.4 图 9-35e 中的输入电压为 $V_s=200\mathrm{V}$,负载电阻 $R=10\Omega$,负载电感 $L=50\mu\mathrm{H}$。如果阻尼比为 0.7,电容的放电电流为 5A,求 (a) R_s 与 C_s 的值;(b) $\mathrm{d}v/\mathrm{d}t$ 的最大值。

9.5 若输入电压改为交流电压,$v_s=179\sin(377t)$,再次求解习题 9.4 中问题。

9.6 晶闸管电流如图 P9-6 所示,开关频率为 $f_s=600\mathrm{Hz}$。求通态电流平均值 I_T。

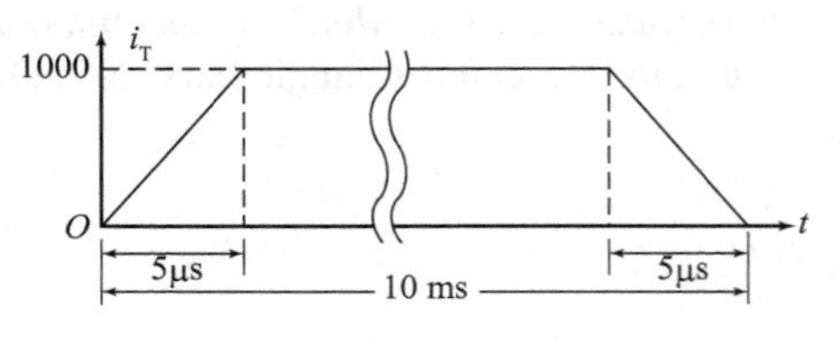

图 P9-6

9.7 若干串联连接的晶闸管承受$V_s=15kV$的直流电压。各个晶闸管的漏电流与恢复电荷量的最大偏差分别为 10mA 和 150μC。晶闸管的稳态与瞬态均压的降额系数为 15%。如果稳态最大分担电压为 1000V，求(a)每个晶闸管的稳态分压电阻 R；(b)每个晶闸管的瞬态分压电容C_1。

9.8 两个晶闸管并联，总负载电流$I_L=500A$。其中一个晶闸管在 300A 电流下的通态压降为$V_{T1}=1.0$，另一个晶闸管在 300A 电流下的通态压降为$V_{T2}=1.5$。求使电流均流偏差在 10%以内的串联电阻值。总电压为 $v=2.5V$

9.9 对于例 9.1，若$C_{J2}=40nF$，$i_{J2}=10mA$，求晶闸管 dv/dt 的临界值。

9.10 对于例 9.2，若电流脉冲的频率为$f_s=1kHz$，求晶闸管的通态电流平均值I_T。

9.11 对于例 9.3，若$\eta_s=20$，$V_s=30kV$，$\Delta I_D=15mA$，$\Delta Q=200\mu C$，$R=47k\Omega$，$C_1=0.47\mu F$，求串联晶闸管的分压。

9.12 对于例 9.4，若 $dv/dt=250V/\mu s$，$I_{TD}=200A$，$R=10\Omega$，$L_s=0$，$V_s=240V$，$f_s=1kHz$，求晶闸管缓冲电路的参数。

9.13 设计图 9-47a 所示的触发电路。UJT 的参数为$V_s=30V$，$\eta=0.66$，$I_P=10\mu A$，$V_v=2.5V$，$I_v=10mA$。振荡频率为 $f=1kHz$，门极脉冲宽度为$t_g=40\mu s$。

9.14 设计图 9-48b 所示的触发电路。PUT 的参数为$V_s=30V$，$I_G=1.5mA$。振荡频率为 $f=1kHz$，脉冲宽度为$t_g=40\mu s$，触发脉冲峰值为$V_{Rk}=8V$。

9.15 一个 240V 50Hz 电源连到图 P9-15 所示的 *RC* 触发电路中。若 *R* 的值从 1.5kΩ 至 24kΩ 之间变化，$V_{GT}=2.5V$，$C=0.47\mu F$，求触发角 α 的最小值与最大值。

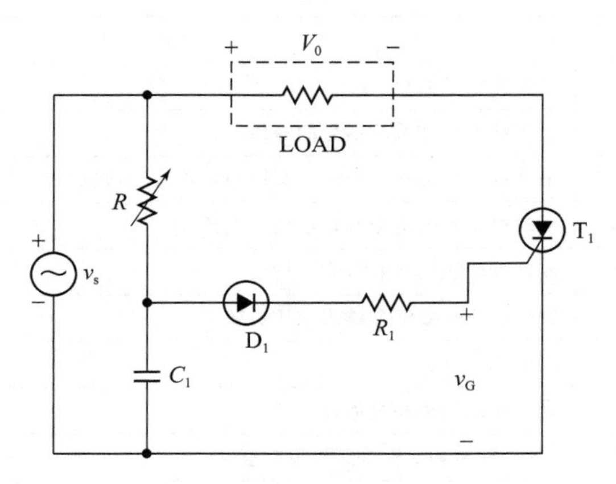

图 P9-15

第10章 可控整流器

学习完本章后，应能做到以下几点：

- 列出可控整流器的类型；
- 解释可控整流器的工作原理；
- 解释可控整流器的特性；
- 计算可控整流器的性能参数；
- 分析可控整流器电路的设计；
- 通过使用SPICE仿真来评估可控整流器的性能；
- 评估负载电感对负载电流的影响。

符号及其含义

符　号	含　　义
α	整流器的延迟角
A_r，A_{cr}	参考波信号和载波信号的峰值
HF，FF，DF，PF，TUF	谐波因数，形式因数，位移因数，功率因数以及功率传输因数
i_s，i_o	瞬时电源输入电流和输出负载电流
I_R，I_A	晶闸管电流的有效值和平均值
I_{rms}，V_{rms}	输出电流有效值和输出电压有效值
M	调制比
P_{ac}，P_{dc}	交流输出功率和直流输出功率
v_{an}，v_{bn}，v_{cn}	a相、b相和c相电压的瞬时值
v_{ab}，v_{bc}，v_{ca}	线电压的瞬时值
v_{g1}，v_{g2}	开关管S_1和S_2的门极驱动信号
v_p，v_s	变压器原边和副边电压瞬时值
v_o，V_{dc}	输出电压的瞬时值和平均值
V_m	输入电源电压的峰值

10.1 引言

通过第3章的学习我们知道，二极管整流只能输出一个固定的电压，为了获得可控的输出电压，使用相控晶闸管来取代二极管，控制晶闸管的延迟角(或称触发角)来改变晶闸管整流器的输出电压，相控晶闸管可通过在门极施加一个窄脉冲使其开通，并且通过自然换相，或称电网换相使其关断；当负载电感较大时，在输入电压的负半周触发整流器的另一个晶闸管使其关断。

这些相控整流器简单而且不贵，效率一般可以达到95%以上。因为这类整流器将交流变换为直流，所以也称为AC-DC变换器，并且在工业应用中得到广泛的使用，特别是在从小功率到兆瓦数量级功率等级的变速传动系统场合。

根据输入电源的类型，相控整流器可以分为两大类：(1)单相整流器和(2)三相整流器。每种类型又可进一步分为(a)半波整流器；(b)全桥整流器；(c)双全桥整流器。半波整流器工作在第一象限，输出电压和输出电流的极性都为正。全桥整流器可工作在两个象限，它的输出电压极性可以为正或者为负，但全桥整流器的输出电流只能有一个极性。双全桥整流器可以工作在四个象限，输出电压和输出电流均可以为正或者为负。在一些应用中，整流器经常串联使用，以输出更高的电压，同时可以提高输入功率因数(PF)。半波整流器有一些优点，例如较好的输入功率因数以及较少的开关器件[27]。全桥整流器可以两象限运行，并且输出电压范围更宽。本书将不再阐述半波整流器，只涉及以下整流器类型：

- 单相全桥和双全桥整流器；
- 三相全桥和双全桥整流器；
- 单相串联全桥整流器；
- 十二脉波整流器；
- 脉冲宽度调制(PWM)整流器。

与二极管整流类似，可控整流器的输入电压的波形为120V/60Hz或者240V/50Hz的正弦波，直流输出电压包含不同频率的谐波。可控整流器的性能与在第3章中所讨论的二极管整流器类似。与二极管整流器的分析类似，采用傅里叶级数法分析相控整流器带 RL 负载时的性能，为了简化分析，认为负载电感足够大，则负载电流连续并且可以忽略脉动。

10.2　单相单全桥变换器整流

单相单全桥整流器的电路结构如图10-1a所示，负载电感较大，因此负载电流连续且无脉动[10]。在输入电压的正半周，晶闸管 T_1 和 T_2 承受正向电压；在 $\omega t=\alpha$ 时，触发这两个晶闸管同时导通，负载通过 T_1 和 T_2 与输入端相连。由于感性负载的作用，晶闸管 T_1 和 T_2 在经过 $\omega t=\pi$ 后继续导通，尽管此时输入电压为负。在输入电压的负半周，晶闸管 T_3 和 T_4 承受正向电压；T_3 和 T_4 的导通会使得晶闸管 T_1 和 T_2 承受反向的电源电压。T_1 和 T_2 由于电网电压换流或自然换流而关断，同时负载电流从 T_1 和 T_2 转移到 T_3 和 T_4。图10-1b给出了整流器的工作区域，图10-1c～f画出了输入电压、输出电压、输出电流，以及输入电流的波形。

在 α 到 π 的这段时间内，输入电压 v_s 和输入电流 i_s 为正，能量从电源流向负载，此时整流器工作在整流模式。在 π 到 $\pi+\alpha$ 的这段时间内，输入电压 v_s 为负，输入电流 i_s 为正，能量从负载流向电源，此时整流器工作在逆变模式。这种整流器广泛使用于工业应用场合，功率可达15kW[1]。根据 α 值的不同，整流器的平均输出电压可以为正或者为负，并且可以实现两象限运行。

平均输出电压为：

$$V_{dc}=\frac{2}{2\pi}\int_{\alpha}^{\pi+\alpha}V_m\sin(\omega t)\mathrm{d}(\omega t)=\frac{2V_m}{2\pi}\left[-\cos(\omega t)\right]_{\alpha}^{\pi+\alpha}=\frac{2V_m}{\pi}\cos\alpha \tag{10-1}$$

当 α 在0到 π 之间变化时，V_{dc} 在 $2V_m/\pi$ 到 $-2V_m/\pi$ 之间变化，最大平均输出电压为 $V_{dm}=2V_m/\pi$，归一化的平均输出电压为：

$$V_n=\frac{V_{dc}}{V_{dm}}=\cos\alpha \tag{10-2}$$

输出电压的有效值为：

$$V_{rms}=\left[\frac{2}{2\pi}\int_{\alpha}^{\pi+\alpha}V_m^2\sin^2(\omega t)\mathrm{d}(\omega t)\right]^{1/2}=\left[\frac{V_m^2}{2\pi}\int_{\alpha}^{\pi+\alpha}(1-\cos(2\omega t))\mathrm{d}(\omega t)\right]^{1/2}=\frac{V_m}{\sqrt{2}}=V_s \tag{10-3}$$

当负载为纯阻性时，晶闸管 T_1 和 T_2 在 α 到 π 区间导通，晶闸管 T_3 和 T_4 在 $\alpha+\pi$ 到 2π 区间

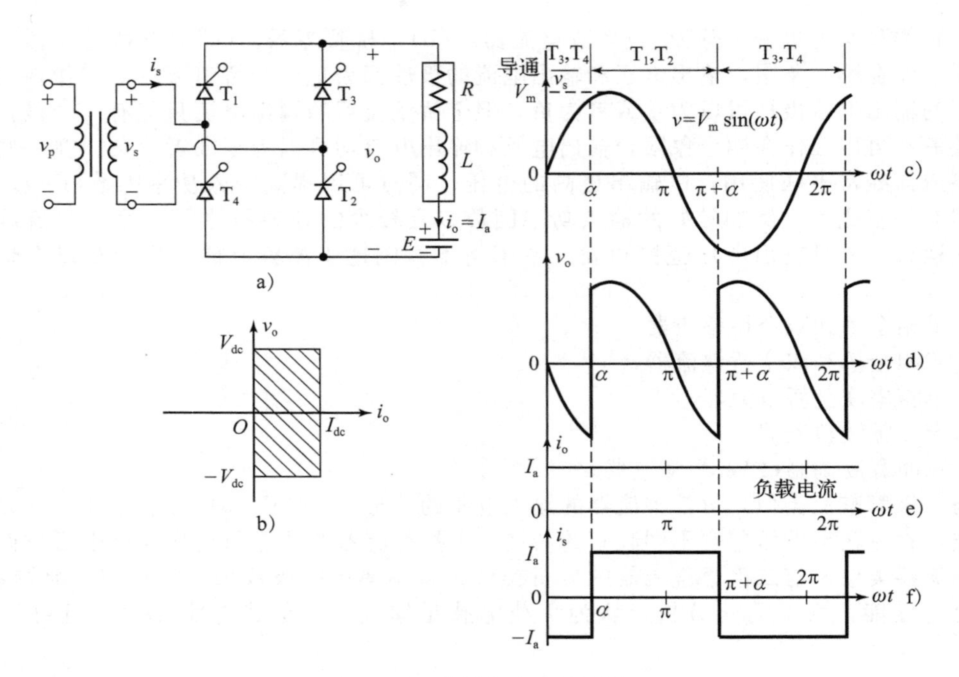

图 10-1　单相单全桥整流器

导通。

例 10.1　求单相单全桥整流器的输入功率因数。

图 10-1a 所示的全桥整流器连接到 120V/60Hz 的电源，负载电流 I_a 连续，并且脉动可以忽略，变压器的匝比为 1，求(a)用傅里叶级数表示输入电流，并求出输入电流的 HF，DF，以及输入侧 PF；(b)如果延迟角 $\alpha=\pi/3$，计算 V_{dc}、V_n、V_{rms}、HF、DF 和 PF。

解：

(a)输入电流波形如图 10-1c 所示，输入电流可用傅里叶级数表示为：

$$i_s(t)=a_0+\sum_{n=1,2,\cdots}^{+\infty}(a_n\cos(n\omega t)+b_n\sin(n\omega t))$$

式中：

$$a_0=\frac{1}{2\pi}\int_{\alpha}^{2\pi+\alpha}i_s(t)\mathrm{d}(\omega t)=\frac{1}{2\pi}\left[\int_{\alpha}^{\pi+\alpha}I_a\mathrm{d}(\omega t)-\int_{\pi+\alpha}^{2\pi+\alpha}I_a\mathrm{d}(\omega t)\right]=0$$

$$\begin{aligned}a_n&=\frac{1}{\pi}\int_{\alpha}^{2\pi+\alpha}i_s(t)\cos(n\omega t)\mathrm{d}(\omega t)\\&=\frac{1}{\pi}\left[\int_{\alpha}^{\pi+\alpha}I_a\cos(n\omega t)\mathrm{d}(\omega t)-\int_{\pi+\alpha}^{2\pi+\alpha}I_a\cos(n\omega t)\mathrm{d}(\omega t)\right]\\&=\begin{cases}-\dfrac{4I_a}{n\pi}\sin(n\alpha) & (n=1,3,5,\cdots)\\0 & (n=2,4,\cdots)\end{cases}\end{aligned}$$

$$\begin{aligned}b_n&=\frac{1}{\pi}\int_{\alpha}^{2\pi+\alpha}i(t)\sin(n\omega t)\mathrm{d}(\omega t)\\&=\frac{1}{\pi}\left[\int_{\alpha}^{\pi+\alpha}I_a\sin(n\omega t)\mathrm{d}(\omega t)-\int_{\pi+\alpha}^{2\pi+\alpha}I_a\sin(n\omega t)\mathrm{d}(\omega t)\right]\end{aligned}$$

$$=\begin{cases}\dfrac{4I_a}{n\pi}\cos(n\alpha) & (n=1,3,5,\cdots)\\0 & (n=2,4,\cdots)\end{cases}$$

由于 $a_0=0$，输入电流可写成：

$$i_s(t)=\sum_{n=1,3,5,\cdots}^{+\infty}\sqrt{2}I_n\sin(n\omega t+\phi_n)$$

式中：

$$\phi_n=\arctan\frac{a_n}{b_n}=-n\alpha \tag{10-4}$$

φ_n 是 n 次谐波电流的位移角；输入电流的 n 次谐波有效值为：

$$I_{sn}=\frac{1}{\sqrt{2}}(a_n^2+b_n^2)^{1/2}=\frac{4I_a}{\sqrt{2}n\pi}=\frac{2\sqrt{2}I_a}{n\pi} \tag{10-5}$$

基波电流有效值为：

$$I_{s1}=\frac{2\sqrt{2}I_a}{\pi}$$

输入电流的有效值可通过式(10-5)计算得到：

$$I_s=\left(\sum_{n=1,3,5,\cdots}^{+\infty}I_{sn}^2\right)^{1/2}$$

I_s也可直接由下式计算得到：

$$I_s=\left[\frac{2}{2\pi}\int_{\alpha}^{\pi+\alpha}I_a^2\mathrm{d}(\omega t)\right]^{1/2}=I_a$$

由式(3-22)，可得到 HF 为：

$$\mathrm{HF}=\left[\left(\frac{I_s}{I_{s1}}\right)^2-1\right]^{1/2}=0.483 \quad 或 \quad 48.3\%$$

由式(3-21)和式(10-4)，可得到 DF 为：

$$\mathrm{DF}=\cos\phi_1=\cos(-\alpha) \tag{10-6}$$

由式(3-23)，可得 PF 为：

$$\mathrm{PF}=\frac{I_{s1}}{I_s}\cos(-\alpha)=\frac{2\sqrt{2}}{\pi}\cos\alpha \tag{10-7}$$

(b)$\alpha=\pi/3$

$$V_{dc}=\frac{2V_m}{\pi}\cos\alpha=54.02\mathrm{V},\quad V_n=0.5$$

$$V_{rms}=\frac{V_m}{\sqrt{2}}=V_s=120\mathrm{V}$$

$$I_{s1}=\left(2\sqrt{2}\frac{I_a}{\pi}\right)=0.90032I_a,\quad I_s=I_a$$

$$\mathrm{HF}=\left[\left(\frac{I_s}{I_{s1}}\right)^2-1\right]^{1/2}=0.4834 或 48.34\%$$

$$\varphi_1=-\alpha,\quad \mathrm{DF}=\cos(-\alpha)=\cos\frac{-\pi}{3}=0.5$$

$$\mathrm{PF}=\frac{I_{s1}}{I_s}\cos(-\alpha)=0.45(滞后)$$ ◀

注意：输入电流的基波分量总是为 I_a的 90.03%，且 HF 保持 48.34%不变。

带 *RL* 负载的单相单全桥整流器

图 10-1a 所示的整流器的工作过程可分为两个模式：模态 1 为 T_1和 T_2导通，模态 2 为 T_3和 T_4导通，在这两个模态中输出电流是类似的，则只需考虑其中一个模态来分析输出电流 i_L。

模态 1 的有效范围是 $\alpha\leqslant\omega t\leqslant(\alpha+\pi)$，若输入电压 $v_s=\sqrt{2}V_s\sin(\omega t)$，则负载电流 i_L可

求解下式得到

$$L\frac{\mathrm{d}i}{\mathrm{d}t}+Ri_L+E=\left|\sqrt{2}V_s\sin(\omega t)\right| \qquad (i_L\geqslant 0)$$

得到：

$$i_L=\frac{\sqrt{2}V_s}{Z}\sin(\omega t-\theta)+A_1\mathrm{e}^{-(R/L)t}-\frac{E}{R} \qquad (i_L\geqslant 0)$$

式中：负载阻抗 $Z=[R^2+(\omega L)^2]^{1/2}$；负载角 $\theta=\arctan(\omega L/R)$。

当 $\omega t=\alpha$，$i_L=I_{Lo}$时，可由初始条件得到常数 A_1为：

$$A_1=\left[I_{Lo}+\frac{E}{R}-\frac{\sqrt{2}V_s}{Z}\sin(\alpha-\theta)\right]\mathrm{e}^{(R/L)(\alpha/\omega)}$$

代入 A_1后，得到：

$$i_L=\frac{\sqrt{2}V_s}{Z}\sin(\omega t-\theta)-\frac{E}{R}+\left[I_{Lo}+\frac{E}{R}-\frac{\sqrt{2}V_s}{Z}\sin(\alpha-\theta)\right]\mathrm{e}^{(R/L)(\alpha/\omega-t)} \qquad (i_L\geqslant 0) \tag{10-8}$$

稳态条件下，当模态 1 结束时，$i_L(\omega t=\pi+\alpha)=I_{L1}=I_L$，代入式(10-8)，并解出 I_{Lo}为：

$$I_{Lo}=I_{L1}=\frac{\sqrt{2}V_s}{Z}\left[\frac{-\sin(\alpha-\theta)-\sin(\alpha-\theta)\mathrm{e}^{-(R/L)(\pi/\omega)}}{1-\mathrm{e}^{-(R/L)(\pi/\omega)}}\right]-\frac{E}{R} \qquad (I_{Lo}\geqslant 0) \tag{10-9}$$

当 I_o为零时，α 的值可通过迭代算法与已知的 θ，R，L，E 及 V_s的值解出。由式(10-8)，可得到晶闸管电流的有效值为：

$$I_R=\left[\frac{1}{2\pi}\int_{\alpha}^{\pi+\alpha}i_L^2\,\mathrm{d}(\omega t)\right]^{1/2}$$

输出电流的有效值为：

$$I_{rms}=(I_R^2+I_R^2)^{1/2}=\sqrt{2}I_R$$

晶闸管的平均电流也可由式(10-8)，得出：

$$I_A=\frac{1}{2\pi}\int_{\alpha}^{\pi+\alpha}i_L\,\mathrm{d}(\omega t)$$

平均输出电流为：

$$I_{dc}=I_A+I_A=2I_A$$

断续负载电流 当 I_{Lo}为零时，可解出此时 α_c的值。将式(10-9)除以$\sqrt{2}V_s/Z$，并将$R/Z=\cos\theta$ 以及 $\omega L/R=\tan\theta$ 代入，可得到：

$$0=\frac{V_s\sqrt{2}}{Z}\sin(\alpha-\theta)\left[\frac{1+\mathrm{e}^{-\left(\frac{R}{L}\right)\left(\frac{\pi}{\omega}\right)}}{1-\mathrm{e}^{-\left(\frac{R}{L}\right)\left(\frac{\pi}{\omega}\right)}}\right]+\frac{E}{R}$$

解上述方程可得：

$$\alpha_c=\theta-\arcsin\left[\frac{1-\mathrm{e}^{-\left(\frac{\pi}{\tan(\theta)}\right)}}{1+\mathrm{e}^{-\left(\frac{\pi}{\tan(\theta)}\right)}}\frac{x}{\cos(\theta)}\right] \tag{10-10}$$

式中：$x=E/(\sqrt{2}V_s)$是电压比；θ 是当 $\alpha\geqslant\alpha_c$且 $I_{Lo}=0$ 时的负载阻抗角。由式(10-8)得到的负载电流在 $\alpha\leqslant\omega t\leqslant\beta$ 时间内流通，在 $\omega t=\beta$ 时，负载电流降到零。3.4 节从二极管整流的断续模式中所推导出的等式也同样适用于可控整流器。

门极驱动信号 门极驱动信号产生步骤如下：

(1)在电源电压正向过零时产生一个脉冲信号，将脉冲时延一个角度 α，通过门极隔离驱动电路施加在 T_1和 T_2的门极和阴极之间。

(2)经过延迟角 $\alpha+\pi$ 后产生另一个脉冲，并通过门极隔离驱动电路施加在 T_3和 T_4的门极和源极之间。

例 10.2 求单相单全桥整流器带 RL 负载时的电流。

图 10-1a 所示的单相全桥整流器带 RL 负载，参数为 $L=6.5\text{mH}$，$R=0.5\Omega$，$E=10\text{V}$，输入电压为 $V_s=120\text{V}/60\text{Hz}$。计算(a)当 $\omega t=\alpha=60°$ 时的负载电流 I_{Lo}；(b)晶闸管平均电流 I_A；(c)晶闸管电流有效值 I_R；(d)输出电流有效值 I_{rms}；(e)输出电流平均值 I_{dc}；(f)延迟角 α_c。

解：

$\alpha=60°$，$R=0.5\Omega$，$L=6.5\text{mH}$，$f=60\text{Hz}$，$\omega=2\pi\times60\text{rad/s}=377\text{rad/s}$，$V_s=120\text{V}$，且 $\theta=\arctan(\omega L/R)=78.47°$。

(a)当 $\omega t=\alpha$ 时，稳态负载电流为 $I_{Lo}=49.34\text{A}$。

(b)对式(10-8)中的 i_L 进行积分，可以得到晶闸管的平均电流为 $I_A=44.05\text{A}$。

(c)对 i_L^2 在区间 $\omega t=\alpha$ 到 $\pi+\alpha$ 之间积分，可以得到晶闸管电流的有效值为 $I_R=63.71\text{A}$。

(d)输出电流有效值 $I_{rms}=\sqrt{2}I_R=\sqrt{2}\times63.71\text{A}=90.1\text{A}$。

(e)输出电流平均值 $I_{dc}=2I_A=2\times44.04\text{A}=88.1\text{A}$。

由式(10-10)，通过迭代法可以得到延迟角为 $\alpha_c=73.23°$。◀

10.3 单相双全桥变换器整流

10.2 节说明了单相单全桥整流器带感性负载时只能运行在两个象限。如果两个这样的全桥整流器背靠背连接，如图 10-2a 所示，那么输出电压和负载电流均可以反向，这个系统可运行在四个象限，所以称为双全桥整流器，常应用于大功率变速传动系统中。假设 α_1 和 α_2 分别是整流器 1 和 2 的延迟角，对应的平均输出电压为 V_{dc1} 和 V_{dc2}。控制延迟角使得一个整流器工作在整流状态，另一个工作在逆变状态；但两个整流器的输出电压平均值相同。图 10-2b～f 画出了两个整流器的输出电压波形，可以发现两个整流器的输出电压平均值相同，图 10-2b 示出了双全桥整流器的 v-i 特性。

由式(10-1)可以得到输出电压平均值为：

$$V_{dc1}=\frac{2V_m}{\pi}\cos\alpha_1 \tag{10-11}$$

和

$$V_{dc2}=\frac{2V_m}{\pi}\cos\alpha_2 \tag{10-12}$$

因为一个整流器工作于整流状态，另一个工作于逆变状态，即

$$V_{dc1}=-V_{dc2} \quad 或 \quad \cos\alpha_2=-\cos\alpha_1=\cos(\pi-\alpha_1)$$

因此

$$\alpha_2=\pi-\alpha_1 \tag{10-13}$$

因为两个整流器的输出电压是反相的，故会存在电压差，这会在两个整流器中引起环流。环流不流经负载，通常用环流电抗器 L_r 来限制它，如图 10-2a 所示。

如果 v_{o1} 和 v_{o2} 分别是两个整流器的输出电压，那么可以从 $\omega t=\pi-\alpha_1$ 开始，对电压差进行积分来求得环流，由于两个输出电压在 $\omega t=\pi+\alpha_1$ 到 $2\pi-\alpha_1$ 区间内幅值相等，方向相反，故瞬时环流 i_r 在这段时间为零。

$$\begin{aligned}i_r&=\frac{1}{\omega L_r}\int_{\pi-\alpha_1}^{\omega t}v_r\,\mathrm{d}(\omega t)=\frac{1}{\omega L_r}\int_{\pi-\alpha_1}^{\omega t}(v_{o1}+v_{o2})\,\mathrm{d}(\omega t)\\&=\frac{V_m}{\omega L_r}\left[\int_{2\pi-\alpha_1}^{\omega t}\sin(\omega t)\,\mathrm{d}(\omega t)-\int_{2\pi-\alpha_1}^{\omega t}-\sin(\omega t)\,\mathrm{d}(\omega t)\right]\\&=\frac{2V_m}{\omega L_r}(\cos\alpha_1-\cos(\omega t))\end{aligned}$$

$$=\begin{cases} i_r > 0 & \left(0 \leqslant \alpha_1 < \dfrac{\pi}{2}\right) \\ i_r < 0 & \left(\dfrac{\pi}{2} < \alpha_1 \leqslant \pi\right) \end{cases} \tag{10-14}$$

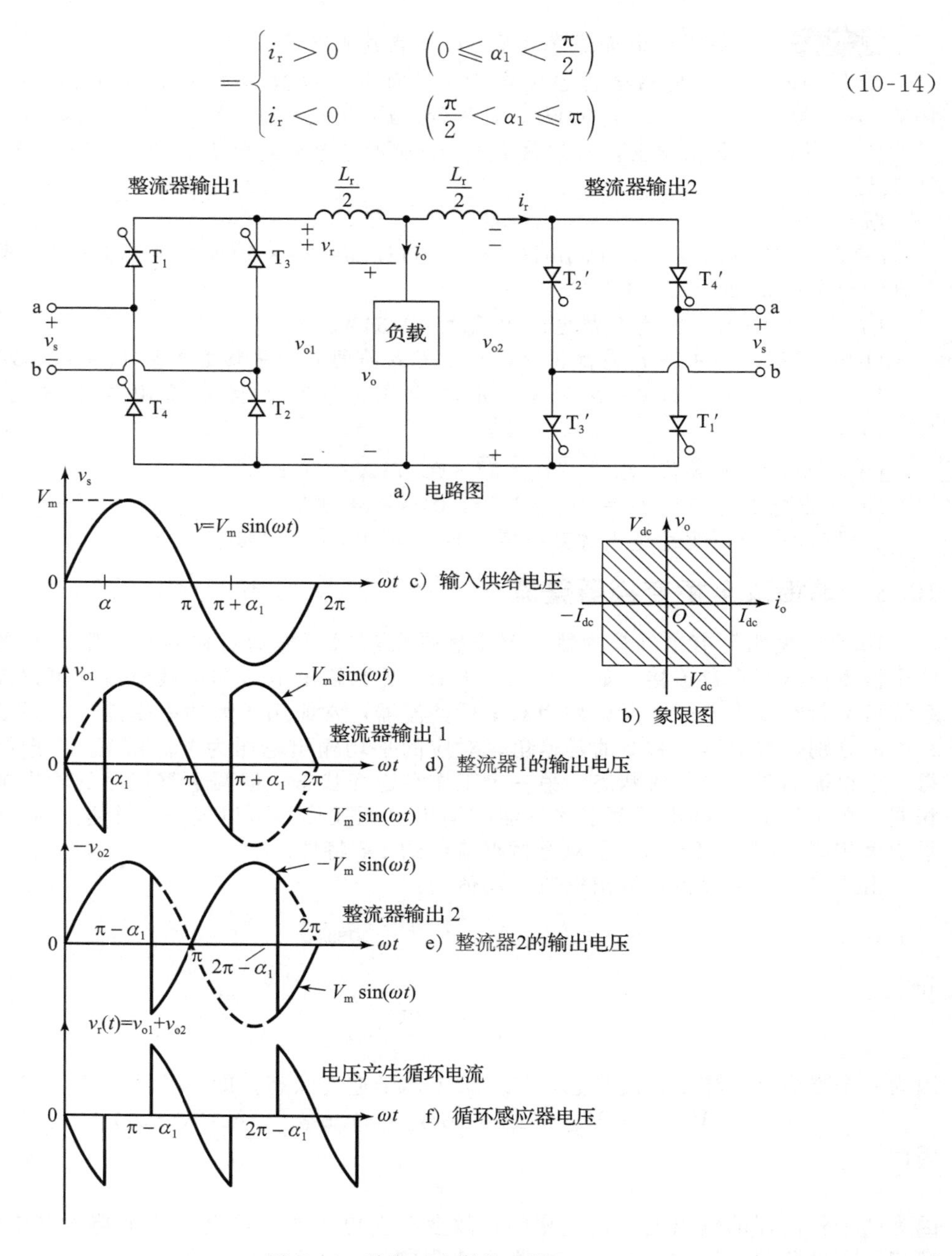

图 10-2　单相双全桥整流器

当 $\alpha_1=0$ 时，只有整流器 1 工作；当 $\alpha_1=\pi$ 时，只有整流器 2 工作。当 $0 \leqslant \alpha_1 < \pi/2$ 时，整流器 1 提供正的负载电流 $+i_o$，因此环流为正；当 $\pi/2 < \alpha_1 \leqslant \pi$ 时，整流器 2 提供负的负载电流 $-i_o$，因此环流为负；当 $\alpha_1=\pi/2$ 时，整流器 1 在第一个半波内提供正向环流，同时整流器 2 在第二个半波内提供负向环流。

瞬时环流依赖于延迟角，当 $\alpha_1=0$ 时，环流的幅值在 $\omega t=n\pi$ ($n=0, 2, 4, \cdots$)，时最小，并且在 $\omega t=n\pi$ ($n=1, 3, 5, \cdots$)，时最大。假设负载电流峰值为 I_p，则其中一个控制功率流动的整流器所承担的峰值电流为 $(I_p+4V_m/(\omega L_r))$。

双全桥整流器可运行在有环流和无环流状态下。当运行在无环流状态时，任意时刻只有一个整流器工作并且承担负载电流，同时另一个整流器通过封锁门极脉冲而完全阻断。有环流工作模式具有以下优点：

(1)环流可保证两个整流器在整个控制范围内工作在连续模式，且与负载无关。

(2)因为一个整流器总是运行在整流状态，另一个整流器运行在逆变状态，所以在任意时刻能量都可以双向流动。

(3)因为两个整流器均工作于连续模式，则从某一个象限变化到另一个象限所需要的响应时间更短。

门极驱动信号 门极驱动信号产生步骤如下：

(1)用延迟角 $\alpha_1=\alpha$ 来触发正向整流器。

(2)通过门极隔离驱动电路用延迟角 $\alpha_2=\pi-\alpha$ 来触发负向整流器。

例 10.3 解单相双整流器的峰值电流。

图 10-2a 所示单相双全桥整流器的工作电压为 120V/60Hz，负载电阻为 $R=10\Omega$，环流电感为 $L_r=40$mH，延迟角为 $\alpha_1=60°$，$\alpha_2=120°$。计算整流器 1 的环流峰值和电流峰值。

解：

$\omega=2\pi\times60\text{rad/s}=377\text{rad/s}$，$\alpha_1=60°$，$V_m=\sqrt{2}\times120\text{V}=169.7\text{V}$，$f=60\text{Hz}$，$L_r=40\text{mH}$。当 $\omega t=2\pi$ 且 $\alpha_1=\pi/3$ 时，根据式(10-14)，求出环流峰值为：

$$I_{r(\max)}=\frac{2V_m}{\omega L_r}(1-\cos\alpha_1)=\frac{169.7}{377\times0.04}\text{A}=11.25\text{A}$$

负载电流峰值为 $I_p=(169.71/10)\text{A}=16.97\text{A}$，整流器 1 的峰值电流为 $(16.97+11.25)\text{A}=28.22\text{A}$。◀

10.4 三相桥式变换器整流

三相整流器[2,11]在工业中得到了广泛使用，它可以运行在两个象限，功率等级可达120kW。图 10-3a 所示的为一个带很大电感负载的全桥整流器电路，这个电路也称为三相桥，晶闸管的导通间隔为 $\pi/3$，输出电压的脉动频率为 $6f_s$，因此与半波整流器相比，对滤波器的要求更低。在 $\omega t=\pi/6+\alpha$ 时，晶闸管 T_6 已经处于导通状态，此时晶闸管 T_1 触发导通。在 $(\pi/6+\alpha)\leqslant\omega t\leqslant(\pi/2+\alpha)$ 的区间内，晶闸管 T_1 和 T_6 导通，线电压 $v_{ab}(=v_{an}-v_{bn})$ 加在负载两端；在 $\omega t=\pi/2+\alpha$ 时，晶闸管 T_2 触发导通，晶闸管 T_6 立刻处于反偏状态，晶闸管 T_6 由于自然换相而关断；在 $(\pi/2+\alpha)\leqslant\omega t\leqslant(5\pi/6+\alpha)$ 的区间内，晶闸管 T_1 和 T_2 导通，线电压 v_{ac} 加在负载两端。若像图 10-3a 所示那样给晶闸管标号，则触发序列为 12，23，34，45，56 和 61。图 10-3b～h 画出了输入电压，输出电压，输入电流，以及流经晶闸管的电流的波形。

若相电压定义为：

$$v_{an}=V_m\sin(\omega t)$$

$$v_{bn}=V_m\sin\left(\omega t-\frac{2\pi}{3}\right)$$

$$v_{cn}=V_m\sin\left(\omega t+\frac{2\pi}{3}\right)$$

则相应的线电压为：

$$v_{ab}=v_{an}-v_{bn}=\sqrt{3}V_m\sin\left(\omega t+\frac{\pi}{6}\right)$$

$$v_{bc}=v_{bn}-v_{cn}=\sqrt{3}V_m\sin\left(\omega t-\frac{\pi}{2}\right)$$

$$v_{ca}=v_{cn}-v_{an}=\sqrt{3}V_m\sin\left(\omega t+\frac{\pi}{2}\right)$$

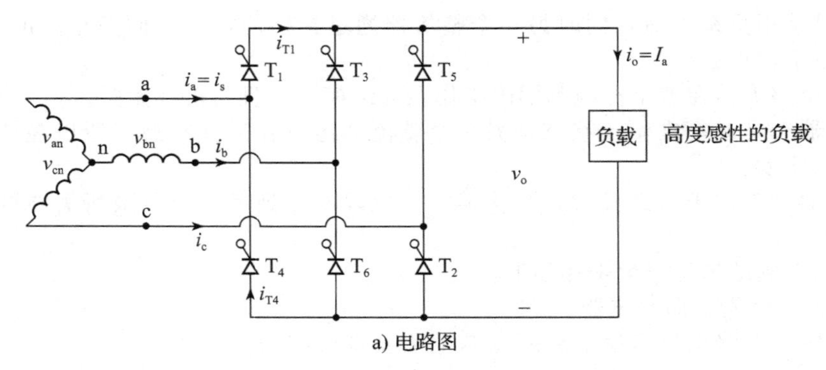

a) 电路图

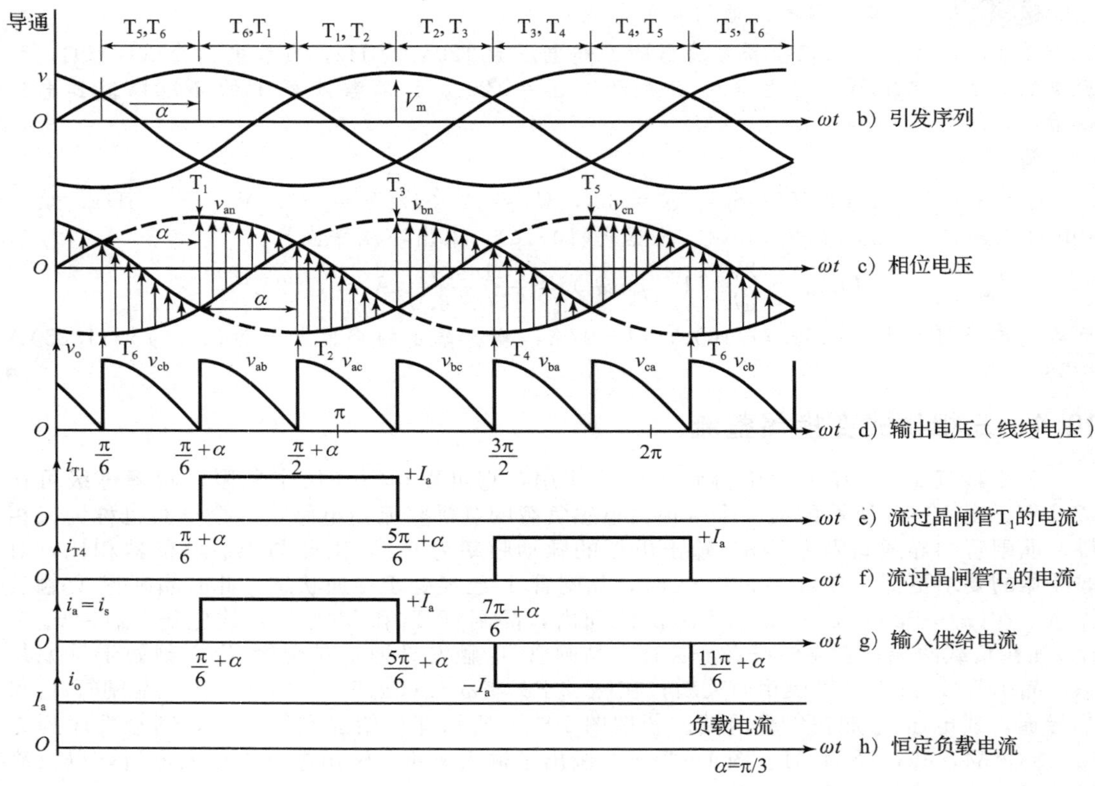

图　10-3

输出电压平均值为：

$$V_{dc}=\frac{3}{\pi}\int_{\pi/6+\alpha}^{\pi/2+\alpha}v_{ab}\,d(\omega t)=\frac{3}{\pi}\int_{\pi/6+\alpha}^{\pi/2+\alpha}\sqrt{3}V_m\sin\left(\omega t+\frac{\pi}{6}\right)d(\omega t)=\frac{3\sqrt{3}V_m}{\pi}\cos\alpha \tag{10-15}$$

三相全桥整流器　图 10-3 所示三相全桥整流器中：a)电路图，b)引发序列，c)相位电压，d)输出电压(线线电压)，e)流过晶闸管 T_1 的电流，f)流过晶闸管 T_2 的电流，g)输入供给电流，h)恒定负载电流。

当延迟角 $\alpha=0$ 时，输出电压平均值的最大值为：

$$V_{dm}=\frac{3\sqrt{3}V_m}{\pi}$$

归一化的输出电压平均值为：

$$V_n = \frac{V_{dc}}{V_{dm}} = \cos\alpha \tag{10-16}$$

输出电压有效值为：

$$V_{rms} = \left[\frac{3}{\pi}\int_{\pi/6+\alpha}^{\pi/2+\alpha} 3V_m^2 \sin^2\left(\omega t + \frac{\pi}{6}\right)d(\omega t)\right]^{1/2} = \sqrt{3}V_m\left(\frac{1}{2} + \frac{3\sqrt{3}}{4\pi}\cos(2\alpha)\right)^{1/2} \tag{10-17}$$

图10-3b～h画出了当$\alpha=\pi/3$时的波形。当$\alpha>\pi/3$时，瞬时输出电压v_o会出现负值，由于流过晶闸管的电流不能为负，负载电流总是为正，因此，当带阻性负载时，负载电压瞬时值不能为负，此时全桥整流器作为半波整流器运行。

门极驱动信号　门极驱动信号产生步骤如下：

(1)在相电压v_{an}正向过零处，发出一个脉冲信号，将该信号延迟$\alpha+\pi/3$角度，通过门极隔离电路施加在T_1的门极和阴极之间。

(2)依次将T_1的门极驱动信号延迟$\pi/3$角度，通过门极隔离电路施加在T_2到T_6的门极和阴极之间。

例10.4　求解三相全桥整流器的性能参数。

如图10-3a所示的三相全桥整流器，由星形联结的208V/60Hz的电源供电，负载电阻为$R=10\Omega$。如果要得到50%的最大输出电压，计算(a)延迟角α；(b)输出电流的有效值和平均值；(c)晶闸管电流的平均值和有效值；(d)整流器的效率；(e)TUF；(f)输入PF。

解：

相电压$V_s=(208/\sqrt{3})\text{V}=120.1\text{V}$，$V_m=\sqrt{2}V_s=169.83\text{V}$，$V_n=0.5$，$R=10\Omega$，最大输出电压$V_{dm}=3\sqrt{3}V_m/\pi=(3\sqrt{3}\times169.83/\pi)\text{V}=280.9\text{V}$，输出电压平均值$V_{dc}=(0.5\times280.9)\text{V}=140.45\text{V}$。

(a)由式(10-16)，$0.5=\cos\alpha$，得到延迟角为$\alpha=60°$。

(b)平均输出电流$I_{dc}=V_{dc}/R=(140.45/10)\text{A}=14.05\text{A}$，由式(10-17)，得到：

$$V_{rms} = \sqrt{3}\times169.83\left[\frac{1}{2} + \frac{3\sqrt{3}}{4\pi}\cos(2\times60°)\right]^{1/2}\text{V} = 159.29\text{V}$$

电流有效值为$I_{rms}=(159.29/10)\text{A}=15.93\text{A}$。

(c)晶闸管的平均电流$I_A=I_{dc}/3=(14.05/3)\text{A}=4.68\text{A}$，每个晶闸管电流的有效值为$I_R=I_{rms}\sqrt{2/6}=(15.93\sqrt{2/6})\text{A}=9.2\text{A}$。

(d)由式(3-3)，可得整流器效率为：

$$\eta = \frac{V_{dc}I_{dc}}{V_{rms}I_{rms}} = \frac{140.45\times14.05}{159.29\times15.93} = 0.778 \quad \text{或}\ 77.8\%$$

(e)输入线电流有效值$I_s=I_{rms}\sqrt{4/6}=13\text{A}$，输入VAR(无功功率)为$VI=3V_sI_s=3\times120.1\times13\text{var}=4683.9\text{var}$。由式(3-8)，可得：$\text{TUF}=V_{dc}I_{dc}/(VI)=140.45\times14.05/4683.9=0.421$。

(f)输出功率$P_o=I_{rms}^2R=15.93^2\times10\text{W}=2537.6\text{W}$，功率因数$\text{PF}=P_o/(VI)=2537.6/4683.9=0.542$(滞后)。◀

注意：PF比三相半整流器的低，但比三相半波整流的器高。

例10.5　求解三相全桥整流器的功率因数。

图10-3a所示的三相全桥整流器的负载电流连续，并且脉动量可忽略。(a)将输入电流用傅里叶级数表示，并求出输入电流的HF，DF，以及输入PF，(b)若延迟角$\alpha=\pi/3$，计算V_n，HF，DF，以及PF。

解：

(a)输入电流波形如图 10-3g 所示，一相的瞬时输入电流可用傅里叶级数表示为：

$$i_s(t)=a_0+\sum_{n=1,2,\cdots}^{+\infty}(a_n\cos(n\omega t)+b_n\sin(n\omega t))$$

式中

$$a_0=\frac{1}{2\pi}\int_0^{2\pi}i_s(t)\mathrm{d}(\omega t)=0$$

$$\begin{aligned}a_n&=\frac{1}{\pi}\int_0^{2\pi}i_s(t)\cos(n\omega t)\mathrm{d}(\omega t)\\&=\frac{1}{\pi}\left[\int_{\pi/6+\alpha}^{5\pi/6+\alpha}I_a\cos(n\omega t)\mathrm{d}(\omega t)-\int_{7\pi/6+\alpha}^{11\pi/6+\alpha}I_a\cos(n\omega t)\mathrm{d}(\omega t)\right]\\&=\begin{cases}-\dfrac{4I_a}{n\pi}\sin\left(\dfrac{n\pi}{3}\right)\sin(n\alpha) & (n=1,3,5,\cdots)\\0 & (n=2,4,6,\cdots)\end{cases}\end{aligned}$$

$$\begin{aligned}b_n&=\frac{1}{\pi}\int_0^{2\pi}i_s(t)\sin(n\omega t)\mathrm{d}(\omega t)\\&=\frac{1}{\pi}\left[\int_{\pi/6+\alpha}^{5\pi/6+\alpha}I_a\sin(n\omega t)\mathrm{d}(\omega t)-\int_{7\pi/6+\alpha}^{11\pi/6+\alpha}I_a\sin(n\omega t)\mathrm{d}(\omega t)\right]\\&=\begin{cases}\dfrac{4I_a}{n\pi}\cos\left(\dfrac{n\pi}{6}\right)\cos(n\alpha) & (n=1,3,5,\cdots)\\0 & (n=2,4,6,\cdots)\end{cases}\end{aligned}$$

因为 $a_0=0$ 且当三相电源电压平衡时不含 3 的倍次谐波(即 $n=3$ 的倍数)，则输入电流可写成：

$$i_s(t)=\sum_{n=1,3,5,\cdots}^{+\infty}\sqrt{2}I_{sn}\sin(n\omega t+\phi_n)\qquad(n=1,5,7,11,13,\cdots)$$

式中：

$$\phi_n=\arctan\frac{a_n}{b_n}=-n\alpha\tag{10-18}$$

输入电流第 n 次谐波有效值为：

$$I_{sn}=\frac{1}{\sqrt{2}}(a_n^2+b_n^2)^{1/2}=\frac{2\sqrt{2}I_a}{n\pi}\sin\left(\frac{n\pi}{3}\right)\tag{10-19}$$

基波电流有效值为：

$$I_{s1}=\frac{\sqrt{6}}{\pi}I_a=0.7797I_a$$

输入电流有效值为：

$$I_s=\left[\frac{2}{2\pi}\int_{\pi/6+\alpha}^{5\pi/6+\alpha}I_a^2\mathrm{d}(\omega t)\right]^{1/2}=I_a\sqrt{\frac{2}{3}}=0.8165I_a$$

$$\mathrm{HF}=\left[\left(\frac{I_s}{I_{s1}}\right)^2-1\right]^{1/2}=\left[\left(\frac{\pi}{3}\right)^2-1\right]^{1/2}=0.3108\quad\text{或 }31.08\%$$

$$\mathrm{DF}=\cos\phi_1=\cos(-\alpha)$$

$$\mathrm{PF}=\frac{I_{s1}}{I_s}\cos(-\alpha)=\frac{3}{\pi}\cos\alpha=0.9549\mathrm{DF}$$

(b)当 $\alpha=\pi/3$，$V_n=\cos(\pi/3)=0.5$，HF=31.08%，DF=cos60°=0.5，且 PF=0.478(滞后)。

注意：输入 PF 取决于延迟角 α。 ◀

三相全桥整流器带 *RL* 负载

由图 10-3d，可知输出电压为：

$$v_o = v_{ab}$$
$$= \begin{cases} \sqrt{2}V_{ab}\sin\left(\omega t + \dfrac{\pi}{6}\right) & \left(\dfrac{\pi}{6} + \alpha \leqslant \omega t \leqslant \dfrac{\pi}{2} + \alpha\right) \\ \sqrt{2}V_{ab}\sin(\omega t') & \left(\dfrac{\pi}{3} + \alpha \leqslant \omega t' \leqslant \dfrac{2\pi}{3} + \alpha\right) \end{cases}$$

式中：$\omega t' = \omega t + \pi/6$；$V_{ab}$是输入线电压(有效值)。负载电流为：

$$L\frac{di}{dt} + Ri_L + E = \sqrt{2}V_{ab}\sin(\omega t') \qquad \left(\frac{\pi}{3} + \alpha \leqslant \omega t' \leqslant \frac{2\pi}{3} + \alpha\right)$$

由式(10-8)，得到：

$$i_L = \frac{\sqrt{2}V_{ab}}{Z}\sin(\omega t' - \theta) - \frac{E}{R} + \left[I_{L1} + \frac{E}{R} - \frac{\sqrt{2}V_{ab}}{Z}\sin\left(\frac{\pi}{3} + \alpha - \theta\right)\right]e^{(R/L)[(\pi/3+\alpha)/\omega - t']} \tag{10-20}$$

式中：$Z = [R^2 + (\omega L)^2]^{1/2}$；$\theta = \arctan(\omega L/R)$。在稳态条件下，$i_L(\omega t' = 2\pi/3 + \alpha) = i_L(\omega t' = \pi/3 + \alpha) = I_{L1}$，将这个条件代入式(10-20)，可得到：

$$I_{L1} = \frac{\sqrt{2}V_{ab}}{Z}\,\frac{\sin(2\pi/3 + \alpha - \theta) - \sin(\pi/3 + \alpha - \theta)e^{-(R/L)(\pi/(3\omega))}}{1 - e^{-(R/L)(\pi/(3\omega))}} - \frac{E}{R} \qquad (I_{L1} \geqslant 0) \tag{10-21}$$

断续负载电流 令式(10-21)中 $I_{L1} = 0$，除以$\sqrt{2}V_s/Z$，并将 $R/Z = \cos\theta$ 以及 $\omega L/R = \tan\theta$ 代入，可得到电压比 $x = E/(\sqrt{2}V_{ab})$为：

$$x = \left[\frac{\sin\left(\dfrac{2\pi}{3} + \alpha - \theta\right) - \sin\left(\dfrac{\pi}{3} + \alpha - \theta\right)e^{-\left(\frac{\pi}{3\tan\theta}\right)}}{1 - e^{-\left(\frac{\pi}{3\tan\theta}\right)}}\right]\cos\theta \tag{10-22}$$

当已知 x 和 θ 的值时，可解得 $\alpha = \alpha_c$。当 $\alpha \geqslant \alpha_c$时，$I_{L1} = 0$。式(10-20)所给出的负载电流只有在 $\alpha \leqslant \omega t \leqslant \beta$ 时间段内才流通；在 $\omega t = \beta$ 时，负载电流再次降到零。在节 3.8 中从二极管整流的不连续模式中所推导出的等式也同样适用于可控整流器。

例 10.6 求解三相全桥整流器带 RL 负载的电流。

图 10-1a 所示的单相全桥整流器带 RL 负载，参数为 $L = 1.5\text{mH}$，$R = 2.5\Omega$，$E = 10\text{V}$，输入线电压为 $V_{ab} = 208\text{V}$(有效值)/60Hz，延迟角 $\alpha = \pi/3$。计算(a)当 $\omega t' = \pi/3 + \alpha$(或 $\omega t = \pi/6 + \alpha$)时的稳态负载电流 I_{L1}；(b)晶闸管平均电流 I_A；(c)晶闸管电流有效值 I_R；(d)输出电流有效值 I_{rms}；(e)输出电流平均值 I_{dc}。

解：

$\alpha = \pi/3$，$R = 2.5\Omega$，$L = 1.5\text{mH}$，$f = 60\text{Hz}$，$\omega = 2\pi \times 60\text{rad/s} = 377\text{rad/s}$，$V_{ab} = 208\text{V}$，$Z = [R^2 + (\omega L)^2]^{1/2} = 2.56\Omega$，且 $\theta = \arctan(\omega L/R) = 12.74°$。

(a)$\omega t' = \pi/3 + \alpha$ 时，稳态负载电流为 $I_{L1} = 20.49\text{A}$。

(b)对式(10-20)中的 i_L 在区间 $\omega t' = \pi/3 + \alpha$ 至 $2\pi/3 + \alpha$ 进行积分，可以得到晶闸管的平均电流为 $I_A = 17.42\text{A}$。

(c)对 i_L^2 在区间 $\omega t' = \pi/3 + \alpha$ 至 $2\pi/3 + \alpha$ 进行积分，得到晶闸管电流的有效值为 $I_R = 31.32\text{A}$。

(d)输出电流有效值 $I_{rms} = \sqrt{3}I_R = \sqrt{3} \times 31.32\text{A} = 54.25\text{A}$。

(e)输出电流平均值 $I_{dc} = 3I_A = 3 \times 17.42\text{A} = 52.26\text{A}$。 ◀

10.5 三相双变换器整流

在许多变速传动应用中，通常要求在四个象限运行，三相双整流器广泛应用于此类场合，功率等级可达 2000kW。三相双整流器如图 10-4a 所示，它由两个三相全桥整流器背靠背连接而成。由 10.3 节了解到，由于两个整流器的输出电压存在瞬时电压差，导致整流器中会流过环流，环流通常用图 10-4a 所示的环流电感 L_r来抑制。若整流器 1 的延迟角是 α_1，则整流器 2 的延迟角为 $\alpha_2=\pi-\alpha_1$。图 10-4bf 画出了输入电压，输出电压，以及电感 L_r两端的电压波形。每个整流器的运行方式与单个三相全桥整流器的相同。在$(\pi/6+\alpha_1)\leqslant\omega t\leqslant(\pi/2+\alpha_1)$的区间内，整流器 1 的输出电压为线电压 v_{ab}，整流器 2 的输出电压为线电压 v_{bc}。

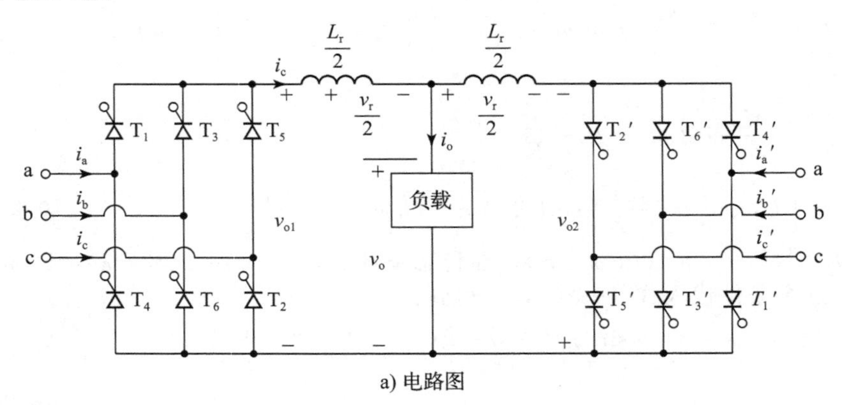

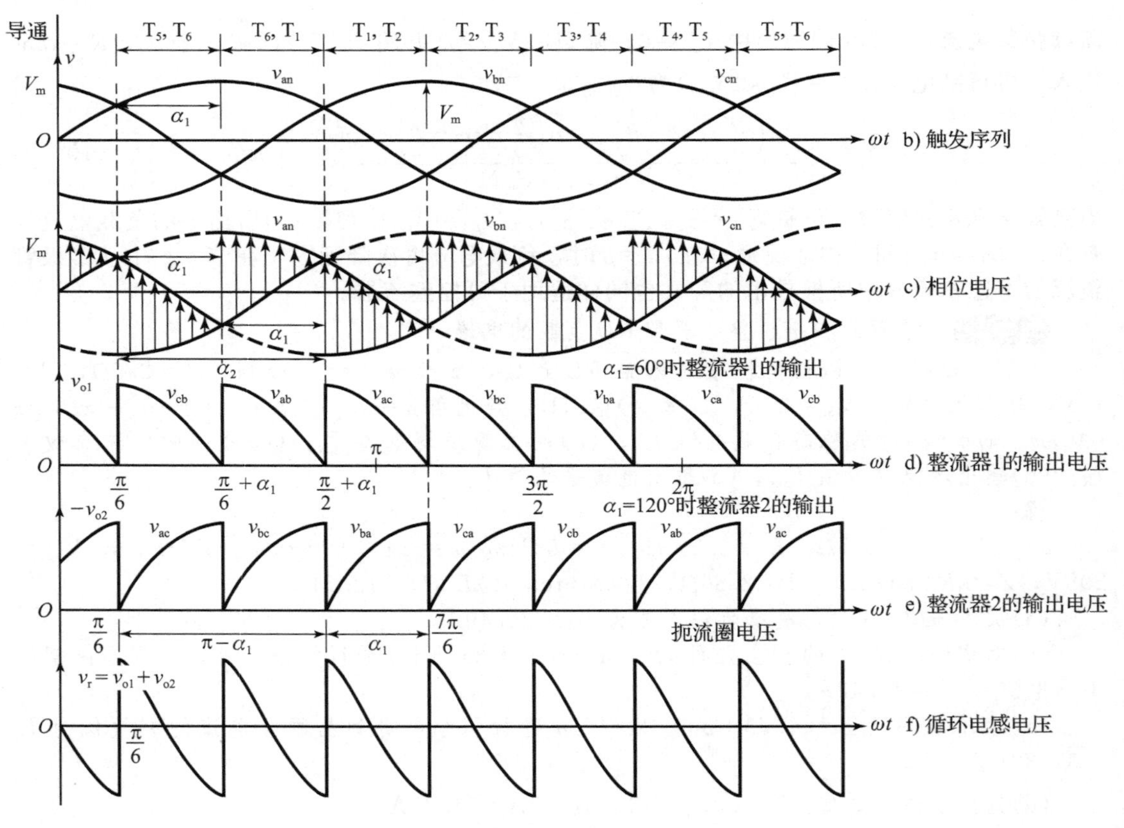

图 10-4 三相双重整流器

若相电压定义为：

$$v_{an}=V_m\sin(\omega t)$$

$$v_{bn} = V_m \sin\left(\omega t - \frac{2\pi}{3}\right)$$

$$v_{cn} = V_m \sin\left(\omega t + \frac{2\pi}{3}\right)$$

则相应的线电压为：

$$v_{ab} = v_{an} - v_{bn} = \sqrt{3}V_m \sin\left(\omega t + \frac{\pi}{6}\right)$$

$$v_{bc} = v_{bn} - v_{cn} = \sqrt{3}V_m \sin\left(\omega t - \frac{\pi}{2}\right)$$

$$v_{ca} = v_{cn} - v_{an} = \sqrt{3}V_m \sin\left(\omega t + \frac{5\pi}{6}\right)$$

如果 v_{o1} 和 v_{o2} 分别是整流器 1 和 2 的输出电压，则在区间 $(\pi/6+\alpha_1) \leqslant \omega t \leqslant (\pi/2+\alpha_1)$ 内电感两端的瞬时电压为：

$$\begin{aligned} v_r = v_{o1} + v_{o2} = v_{ab} - v_{bc} &= \sqrt{3}V_m\left[\sin\left(\omega t + \frac{\pi}{6}\right) - \sin\left(\omega t - \frac{\pi}{2}\right)\right] \\ &= 3V_m \cos\left(\omega t - \frac{\pi}{6}\right) \end{aligned} \quad (10\text{-}23)$$

环流为：

$$\begin{aligned} i_r(t) &= \frac{1}{\omega L_r}\int_{\pi/6+\alpha_1}^{\omega t} v_r \mathrm{d}(\omega t) = \frac{1}{\omega L_r}\int_{\pi/6+\alpha_1}^{\omega t} 3V_m \cos\left(\omega t - \frac{\pi}{6}\right)\mathrm{d}(\omega t) \\ &= \frac{3V_m}{\omega L_r}\left[\sin\left(\omega t - \frac{\pi}{6}\right) - \sin\alpha_1\right] \end{aligned} \quad (10\text{-}24)$$

环流的大小取决于延迟角 α_1 和电感 L_r，当 $\omega t = 2\pi/3$ 且 $\alpha_1 = 0$ 时环流最大。即使没有负载，由于两个整流器的输出电压差加在电感两端，从而引起环流，因此整流器将运行在连续模式，这使得在从某一象限变化到另一象限的过程中，负载电流的反向过程变得平滑，动态响应更快，特别是在电动机驱动场合。

门极驱动信号　门极驱动信号产生步骤如下：

(1)与单相双整流器类似，用延迟角 $\alpha_1 = \alpha$ 来触发正向整流器。

(2)通过门极隔离驱动电路，用延迟角 $\alpha_2 = \pi - \alpha$ 来触发负向整流器。

10.6　脉冲宽度调制

相控整流器的 PF 由延迟角 α 决定，且一般较低，特别是在输出电压较低的场合。整流器会产生谐波电流，从而流入电源，采用如图 10-5 所示的开通或者关断开关器件的强迫换相方法，可以提高输入 PF 并且降低谐波含量。开关器件 Q_1 和 Q_2 同时导通，Q_3 和 Q_4 关断；同理，Q_3 和 Q_4 同时导通，Q_1 和 Q_2 关断。输出电压取决于开关器件的控制方式，这些强迫换相技术对 DC-AC 变换很有吸引力[3,4]。随着功率半导体器件的发展(如门极关断晶闸管(GTO)，绝缘门极双极型晶体管(IGBT)，以及 IGCT)，这些器件可以应用到实际的 DC-AC 变换器当中[12-14]。DC-AC 变换器的基本强迫换相技术可做如下分类：

(1)关断角控制；

(2)对称角控制；

(3)脉冲宽度调制(PWM)；

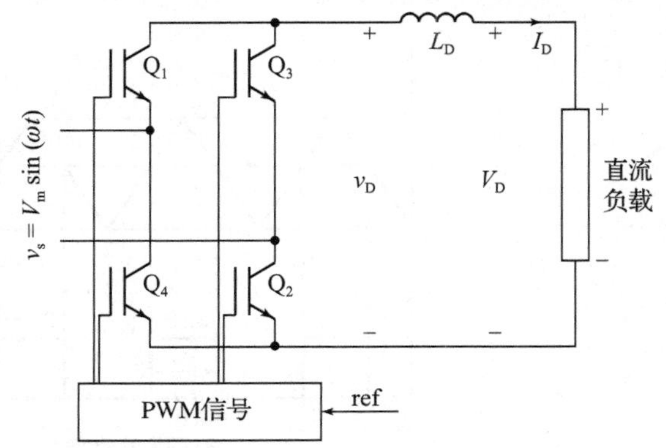

图 10-5　有 PMW 控制的单相整流器

(4)单相正弦 PWM；

(5)三相 PWM 控制。

在关断角控制中，输入电流的基波分量超前输入电压，且位移因数(以及 PF)是超前的，在一些场合中，这种特性用来模拟容性负载，补偿线电压的跌落。在对称角控制中，输入电流的基波分量与输入电压的同相，DF 为 1，这类控制[27]很少使用，本书不做更详细的讨论。正弦 PWM 控制更加常用，同时，PWM 控制的实践丰富了 PWM 本身和正弦 PWM 控制技术。

10.6.1　PWM 控制

若改变单相整流器的延迟角来改变输出电压，那么输入电流在每半个周期内只有一个脉冲，导致最低次谐波为 3 次，很难滤除这种低次谐波电流。在 PWM 控制中，整流器的开关器件在半个周期内开通、关断多次，通过改变脉冲宽度来控制输出电压[15-17]，通过将一个三角载波同一个直流信号相比较来产生门极信号，如图 10-6g 所示。图 10-6a～f 画出了输入电压，输出电压和输入电流的波形。低次谐波可通过增加半个周期内的脉冲个数来消除或减小，虽然增加脉冲个数会使得高次谐波幅值变大，但它们很容易滤除。

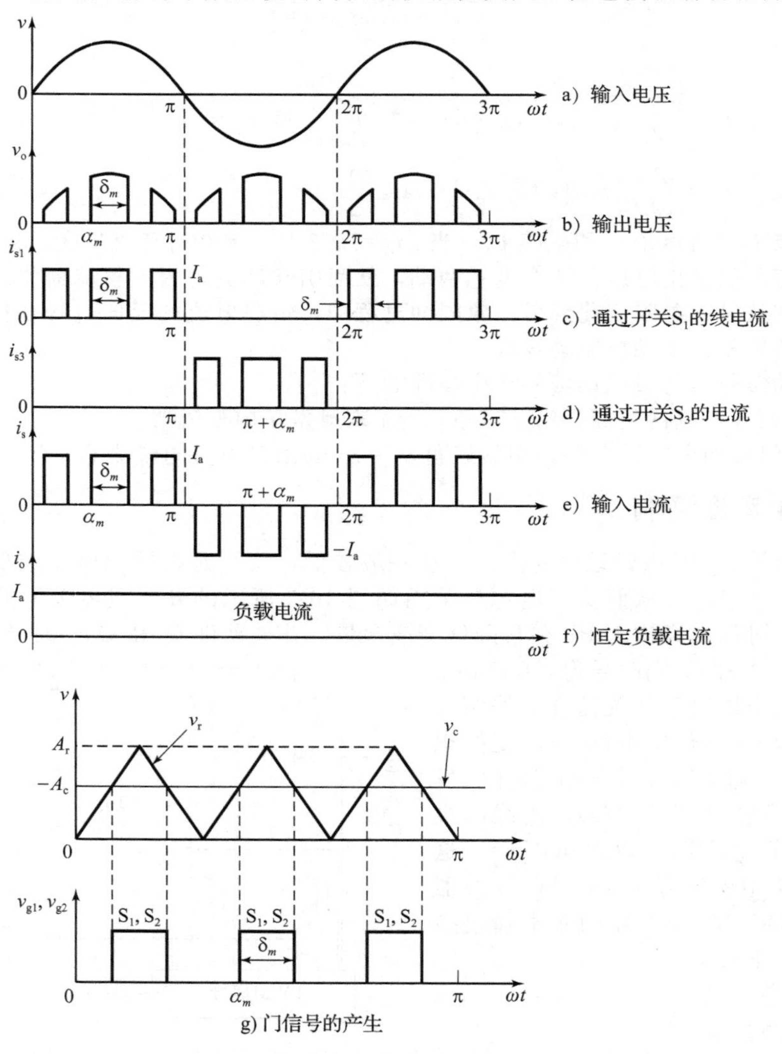

图 10-6　PMW 控制

整流器的输出电压和性能参数可由以下两步计算得到：(1)只考虑一对脉冲，如果一个脉冲的起止时刻为 $\omega t=\alpha_1$ 和 $\omega t=\alpha_1+\delta_1$，则另一个脉冲的起止时刻为 $\omega t=\pi+\alpha_1$ 和 $\omega t=\pi+\alpha_1+\delta_1$；(2)将所有成对脉冲的作用效果结合起来考虑，如果第 m 个脉冲起始于 $\omega t=\alpha_m$，且它的宽度为 δ_m，则由 p 个脉冲所产生的平均输出电压为：

$$V_{\mathrm{dc}}=\sum_{m=1}^{p}\left[\frac{2}{2\pi}\int_{\alpha_m}^{\alpha_m+\delta_m}V_{\mathrm{m}}\sin(\omega t)\mathrm{d}(\omega t)\right]=\frac{V_{\mathrm{m}}}{\pi}\sum_{m=1}^{p}[\cos\alpha_m-\cos(\alpha_m+\delta_m)] \tag{10-25}$$

若负载电流的平均值为 I_{a}，认为电流连续且无脉动，则瞬时输入电流可用傅里叶级数表示为：

$$i_{\mathrm{s}}(t)=A_0+\sum_{n=1,3,\cdots}^{+\infty}(A_n\cos(n\omega t)+B_n\sin(n\omega t)) \tag{10-26}$$

由于输入电流波形对称，无偶次谐波，A_0 为零，式(10-26)中的系数为：

$$A_n=\frac{1}{\pi}\int_0^{2\pi}i_{\mathrm{s}}(t)\cos(n\omega t)\mathrm{d}(\omega t)$$

$$=\sum_{m=1}^{p}\left[\frac{2}{\pi}\int_{\alpha_m+\delta_n/2}^{\alpha_m+\delta_m}I_{\mathrm{a}}\cos(n\omega t)\mathrm{d}(\omega t)-\frac{2}{\pi}\int_{\pi+\alpha_m}^{\pi+\alpha_m+\delta_m/2}I_{\mathrm{a}}\cos(n\omega t)\mathrm{d}(\omega t)\right]=0$$

$$B_n=\frac{1}{\pi}\int_0^{2\pi}i_{\mathrm{s}}(t)\sin(n\omega t)\mathrm{d}(\omega t)$$

$$=\sum_{m=1}^{p}\left[\frac{2}{\pi}\int_{\alpha_m+\delta_m/2}^{\alpha_m+\delta_m}I_{\mathrm{a}}\sin(n\omega t)\mathrm{d}(\omega t)-\frac{2}{\pi}\int_{\pi+\alpha_m}^{\pi+\alpha_m+\delta_m/2}I_{\mathrm{a}}\sin(n\omega t)\mathrm{d}(\omega t)\right]$$

$$B_n=\frac{4I_{\mathrm{a}}}{n\pi}\sum_{m=1}^{p}\sin\left(\frac{n\delta_m}{4}\right)\left[\sin\left[n\left(\alpha_m+\frac{3\delta_m}{4}\right)\right]-\sin\left[n\left(\alpha_m+\frac{\delta_m}{4}+\pi\right)\right]\right]$$

$$(n=1,3,5,\cdots) \tag{10-27}$$

式(10-26)可写为：

$$i_{\mathrm{s}}(t)=\sum_{n=1,3,\cdots}^{+\infty}\sqrt{2}I_n\sin(n\omega t+\phi_n) \tag{10-28}$$

式中：$\phi_n=\arctan(A_n/B_n)=0$；$I_n=(A_n^2+B_n^2)^{1/2}/\sqrt{2}=B_n/\sqrt{2}$

10.6.2 单相正弦 PWM

改变脉冲宽度可以改变输出电压，若半个周期内有 p 个等脉宽的脉冲，则每个脉宽的最大值为 π/p。由于脉冲宽度可以变化，因而可通过改变脉冲宽度来消除相应次的谐波，改变脉冲宽度的方法有很多，最常用的是正弦脉冲宽度调制(SPWM)[18-20]。图 10-7a～e 给出了 SPWM 控制的产生过程，通过将幅值为 A_{c}、频率为 f_{r} 的三角载波 v_{c} 与幅值 A_{r} 可调、频率为 $2f_{\mathrm{s}}$ 的半正弦参考电压 v_{r} 相比较，从而产生脉冲，正弦电压 v_{r} 与输入电压 v_{s} 同相，且频率是电源电压 f_{s} 的 2 倍，脉冲的宽度(和输出电压)可通过改变 A_{r} 的幅值或在 0 到 1 之间改变调制比 M 来调节。调制比的定义为：

$$M=\frac{A_{\mathrm{r}}}{A_{\mathrm{c}}} \tag{10-29}$$

在 SPWM 中，DF 为 1，提高了 PF，消除或者减小了低次谐波。举例来说，若半个周期中有四个脉冲，则最低次谐波为 5 次；若半个周期中有 6 个脉冲，则最低次谐波为 7 次。这可以用计算机程序来评估统一 PWM 和 SPWM 控制的性能。

注意：

(1)对多脉冲调制，脉冲是统一分配的，并有相同的宽度 $\delta=\delta_m$。对 SPWM 来说，脉冲并非统一分配，且每个脉冲宽度也不同，10-6.1 小节推导出的一般等式可适用于 SPWM。

(2)同 PWM 逆变器类似，整流器的门极信号是通过将一个载波信号 v_{cr} 与一个参考波信号 v_{ref} 相比较产生的，进而得到期望的电压或电流。对于整流器，期望输入电流 i_{s} 与电

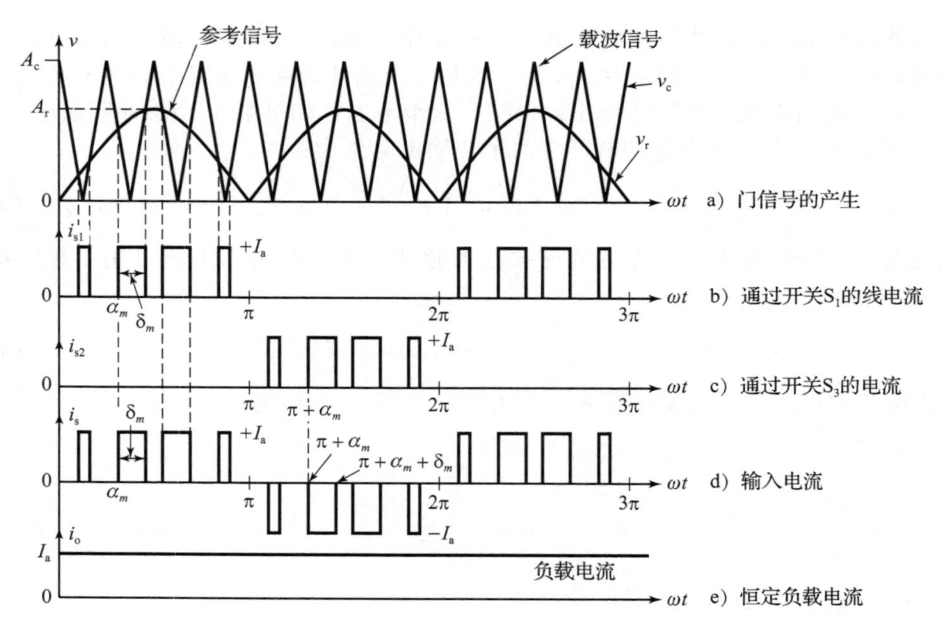

图 10-7 正弦脉冲宽度控制

源电压 v_s同相，以获得高输入 PF，低输入电流 THD。

10.6.3 三相 PWM 整流器

三相整流器有两种电路拓扑：(1)电流源型整流器，功率反向是通过直流电压反向来实现的；(2)电压源型整流器，功率反向是通过直流环节电流反向来实现的。图 10-8 给出了这两种拓扑的基本电路[5]，图 10-8a 所示的电感 L_D使得流入负载的电流值为恒定值，而输入侧的电容则对负载电流呈低阻抗特性；图 10-8b 所示的电容 C_D使负载的电压恒定，而输入侧的电感则使得电网电流连续，提高了输入侧功率因数。

带反馈控制环的三相电压源型整流器如图 10-9a 所示，通过反馈控制环使得直流电压维持在参考值：测量直流电压并与参考电压 V_{ref}相比较产生误差信号，根据误差信号去控制整流器的六个开关器件导通或者关断。功率流向可依据直流电压要求来控制，测量直流侧电容 C_D上的电压 V_D，并控制直流电压，则功率的反向可通过使直流电流反向来实现。

当处于整流模式时，电流 I_D为正，电容 C_D通过负载放电，输出电压的误差信号和控制电路控制开关管，产生开关管的 PWM 信号。此时，能量从交流侧流向直流侧，电容电压得到了恢复。当处于逆变模式时，电流 I_D为负，电容 C_D过充电，误差信号需要控制电容的放电，将能量回馈至交流侧。

PWM 可以控制有功功率和无功功率，因此，这类整流器可作功率因数校正器使用。交流电流波形几乎为正弦波，减少了对主电源的谐波污染。通常按照预先设定好 PWM 模式，如正弦的电压或电流波形来控制开关管[26]，图 10-9b 给出了一相调制的例子，其中调制信号的幅值为 V_{mod}。

受控制策略影响，一个强迫换相的整流器既可工作于逆变模式，也可工作于整流模式[22]，因此，它通常称为变换器。常将两个这样的变换器串联连接，控制交流电源和负载之间的功率流动，如图 10-10 所示。第一个变换器将交流电压变换为可变的直流电压，第二个变换器将直流电压变为幅值可变，频率固定或可变的交流电压[23−25]。一些先进的控制技术(如空间向量调制和 SPWM)可以使输入电流波形接近正弦波，功率因数为 1，并且给负载提供接近正弦的输出电压或者电流[6,7,21]；另外一些先进控制技术可单相输入，三相输出[8,9]。

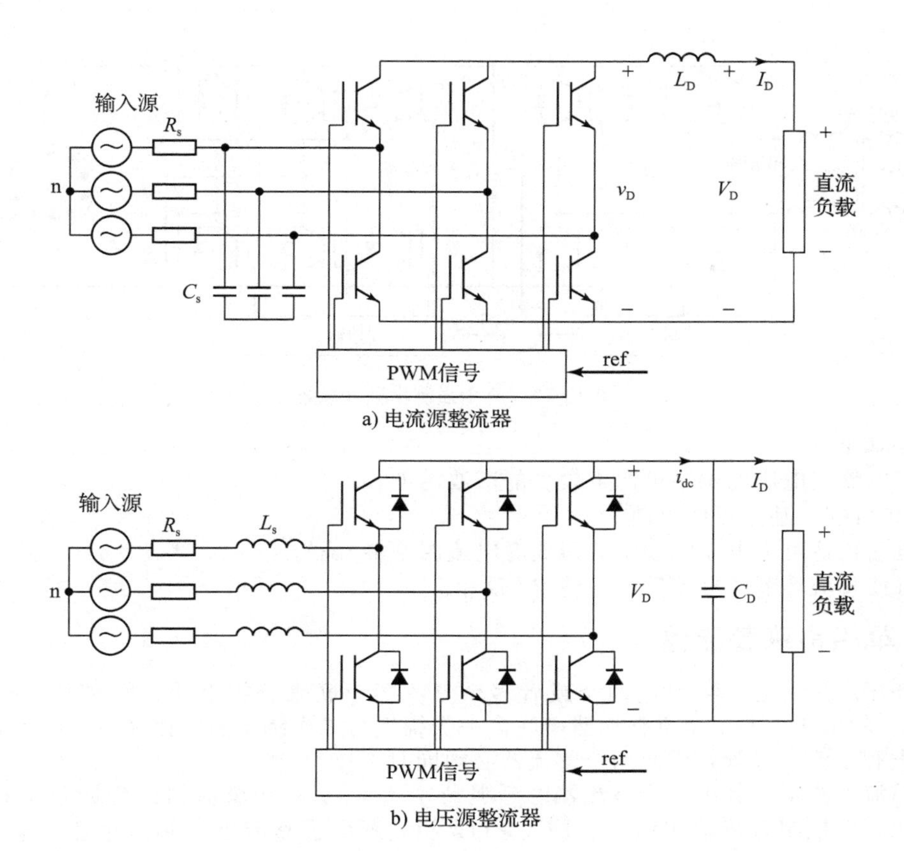

图 10-8　强制 PWM 整流器的基本方法

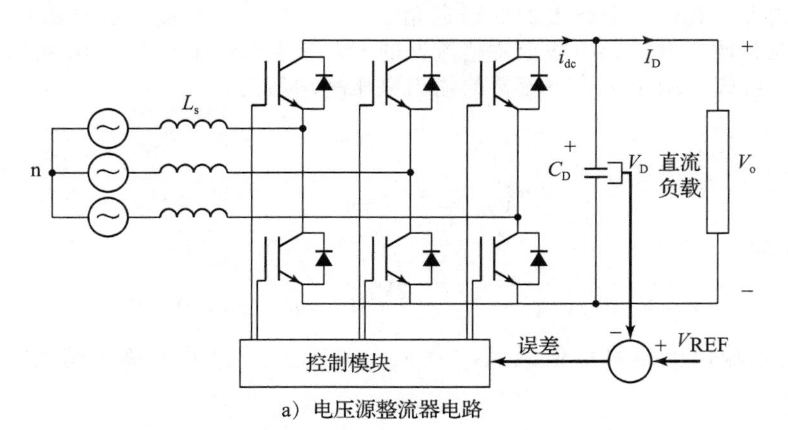

a）电压源整流器电路

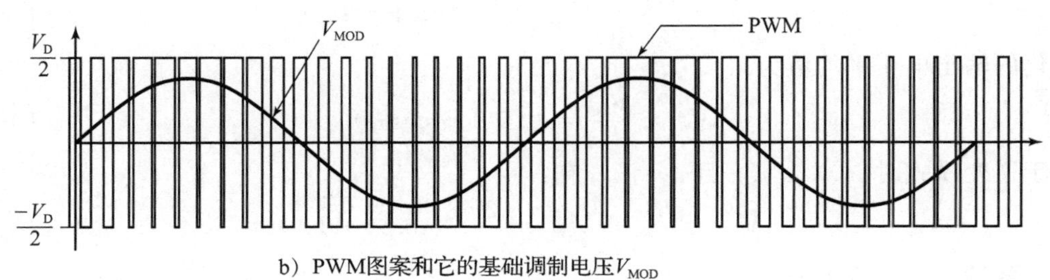

b）PWM图案和它的基础调制电压V_{MOD}

图 10-9　强制电压源整流器

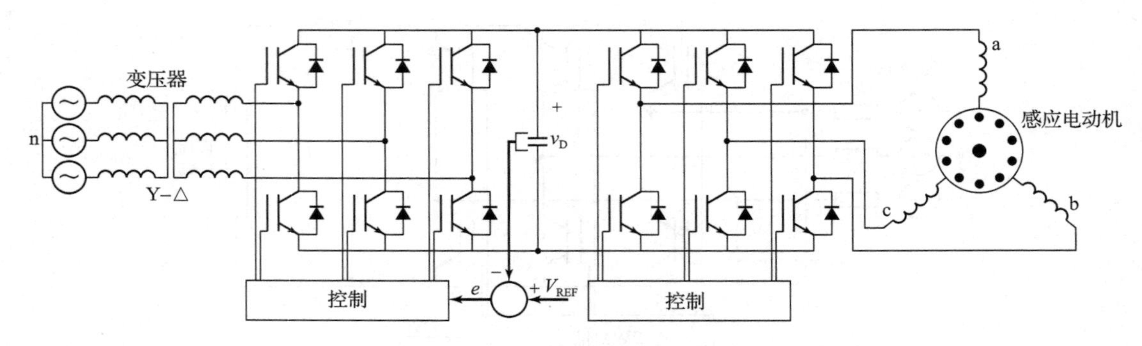

图 10-10 两个强制串联变换器

主要优势如下：

- 对电流或电压的调制可产生较少的谐波污染。
- PF 可控，甚至可以超前。
- 电路构造可为电压源型整流器或者电流源型整流器。
- 可使直流环节的电流反向来使 PF 反相。

10.7 单相串联整流器

在高压应用场合，可以用两个或者多个整流器串联来分担电压，同时可以提高 PF。图 10-11a 所示的为两个全桥整流器串联，一次绕组与二次绕组的匝比为 $N_p/N_s=2$。由于整流器没有续流二极管，因此两个整流器必须同时工作。

在整流模式下，其中一个整流器的延迟角 $\alpha_1=0$，另一个整流器的延迟角 α_2 在 0 到 π 之间变化，以控制直流输出电压。图 10-11b 和 c 画出了整流器的输入电压，输出电压，输入电流，以及电源的输入电流波形。

在逆变模式下，其中一个整流器的延迟角 $\alpha_2=\pi$，另一个整流器的延迟角 α_1 在 0 到 π 之间变化，以控制输出电压。串联全桥整流器的 v-i 特性曲线如图 10-11d 所示。

由式(10-1)可知，两个全桥整流器的输出电压平均值为：

$$V_{dc1}=\frac{2V_m}{\pi}\cos\alpha_1$$

$$V_{dc2}=\frac{2V_m}{\pi}\cos\alpha_2$$

输出电压平均值为：

$$V_{dc}=V_{dc1}+V_{dc2}=\frac{2V_m}{\pi}(\cos\alpha_1+\cos\alpha_2) \tag{10-30}$$

当 $\alpha_1=\alpha_2=0$ 时，输出电压平均值最大，为 $V_{dm}=4V_m/\pi$。当处于整流模式时，$\alpha_1=0$ 且 $0\leqslant\alpha_2\leqslant\pi$，有：

$$V_{dc}=V_{dc1}+V_{dc2}=\frac{2V_m}{\pi}(1+\cos\alpha_2) \tag{10-31}$$

归一化的输出电压平均值为：

$$V_n=\frac{V_{dc}}{V_{dm}}=0.5(1+\cos\alpha_2) \tag{10-32}$$

当处于逆变模式时，$0\leqslant\alpha_1\leqslant\pi$ 且 $\alpha_2=\pi$，有：

$$V_{dc}=V_{dc1}+V_{dc2}=\frac{2V_m}{\pi}(\cos\alpha_1-1) \tag{10-33}$$

归一化的输出电压平均值为：

$$V_n=\frac{V_{dc}}{V_{dm}}=0.5(\cos\alpha_1-1) \tag{10-34}$$

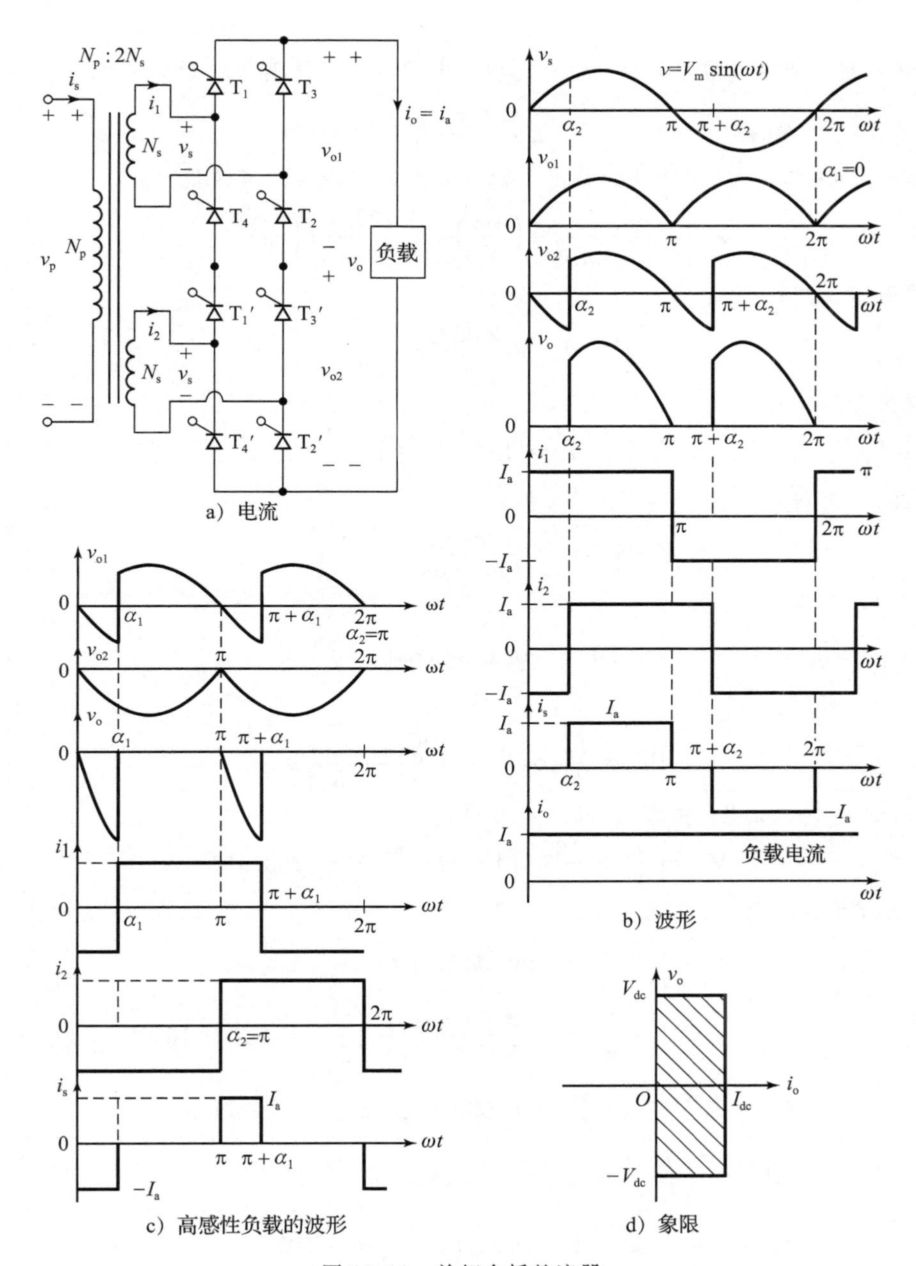

图 10-11　单相全桥整流器

门极驱动信号　门极驱动信号产生步骤如下：

(1)当相电压 v_s正向过零时产生一个脉冲信号。

(2)通过门极隔离驱动电路，将脉冲分别延迟 $\alpha_1=0$，$\alpha_2=\alpha$ 后，再触发整流器 1 和整流器 2。

例 10.7　求解串联单相全桥整流器的输入功率因数。

如图 10-11a 所示，串联全桥整流器的负载电流(平均值为 I_a)连续，并且脉动量可忽略，变压器的匝比为 $N_p/N_s=2$，整流器工作在整流模式，$\alpha_1=0$，α_2在 0 到 π 之间变化。(a)用傅里叶级数表示输入电源电流，并计算输入电流 HF，DF 和输入 PF；(b)若延迟角 $\alpha_2=\pi/2$，输入电压峰值为 $V_m=162\text{V}$，计算 V_{dc}，V_n，V_{rms}，HF，DF 和 PF。

解：

(a)输入电流波形如图 10-11b 所示，输入电源电流可用傅里叶级数表示为：

$$i_s(t)=\sum_{n=1,2,\cdots}^{+\infty}\sqrt{2}I_n\sin(n\omega t+\phi_n) \tag{10-35}$$

式中：$\varphi_n=-n\alpha_2/2$。由式(10-58)给出了输入电流 n 次谐波的有效值为：

$$I_{sn}=\frac{4I_a}{\sqrt{2}n\pi}\cos\left(\frac{n\alpha_2}{2}\right)=\frac{2\sqrt{2}I_a}{n\pi}\cos\left(\frac{n\alpha_2}{2}\right) \tag{10-36}$$

基波电流有效值为：

$$I_{s1}=\frac{2\sqrt{2}I_a}{\pi}\cos\frac{\alpha_2}{2} \tag{10-37}$$

输入电流有效值为：

$$I_s=I_a\left(1-\frac{\alpha_2}{\pi}\right)^{1/2} \tag{10-38}$$

由式(3-22)，可得：

$$\mathrm{HF}=\left[\frac{\pi(\pi-\alpha_2)}{4(1+\cos\alpha_2)}-1\right]^{1/2} \tag{10-39}$$

由式(3-21)，可得：

$$\mathrm{DF}=\cos\phi_1=\cos\left(-\frac{\alpha_2}{2}\right) \tag{10-40}$$

由式(3-23)，可得：

$$\mathrm{PF}=\frac{I_{s1}}{I_s}\cos\frac{\alpha_2}{2}=\frac{\sqrt{2}(1+\cos\alpha_2)}{[\pi(\pi-\alpha_2)]^{1/2}} \tag{10-41}$$

(b)$\alpha_1=0$，$\alpha_2=\pi/2$。由式(10-30)，可得：

$$V_{dc}=\left(2\times\frac{162}{\pi}\right)\left(1+\cos\frac{\pi}{2}\right)\mathrm{V}=103.13\mathrm{V}$$

由式(10-32)可知，$V_n=0.5$ 且

$$V_{rms}^2=\frac{2}{2\pi}\int_{\alpha_2}^{\pi}(2V_s)^2\sin^2(\omega t)\mathrm{d}(\omega t)$$

$$V_{rms}=\sqrt{2}V_s\left[\frac{1}{\pi}\left(\pi-\alpha_2+\frac{\sin(2\alpha_2)}{2}\right)\right]^{1/2}=V_m=162\mathrm{V}$$

$$I_{s1}=I_a\frac{2\sqrt{2}}{\pi}\cos\frac{\pi}{4}=0.6336I_a\text{，或 }I_s=0.7071I_a$$

$$\mathrm{HF}=\left[\left(\frac{I_s}{I_{s1}}\right)^2-1\right]^{1/2}=0.4835\text{，或 }48.35\%$$

$$\phi_1=-\frac{\pi}{4}\quad\text{或}\quad\mathrm{DF}=\cos\left(-\frac{\pi}{4}\right)=0.7071$$

$$\mathrm{PF}=\frac{I_{s1}}{I_s}\cos(-\phi_1)=0.6366\text{（滞后）}$$

◀

注意：串联全桥整流器的性能与单相半整流器相似。

10.8 十二脉波整流器

三相桥式整流电路可产生六脉冲的输出电压，在大功率应用场合，如高压直流输电和直流电动机驱动，通常需要十二脉冲的输出电压来减少脉动，提高谐波频率。两个三相全桥整流器可串联或者并联，产生一个等效的十二脉冲输出，这两种结构如图 10-12 所示。二次绕组之间 30°的相移可通过将一个二次绕组星形联结，另一个三角形联结来实现。

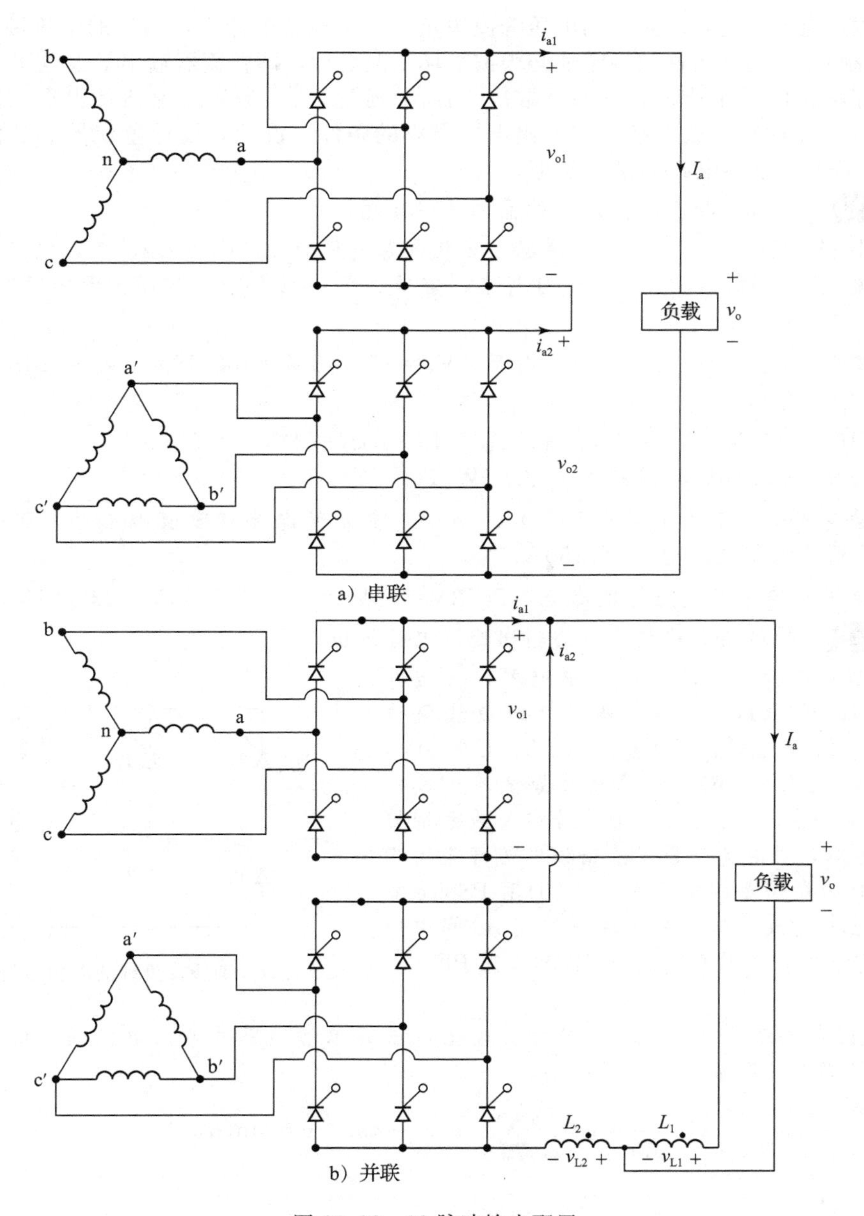

图 10-12 12脉冲输出配置

图 10-12a 所示两个整流器串联，等效输出电压是单个整流器输出电压的 2 倍，即 $v_o=v_{o1}+v_{o2}$，两个整流器中流过相同的负载电流 $i_{a1}=i_{a2}=I_a$。图 10-12b 所示两个整流器并联，等效输出电压与单个整流器相同，即 $v_o=v_{o1}=v_{o2}$，但每个整流器承担的电流为总负载电流的一半，即 $i_{a1}+i_{a2}=2i_{a1}=I_a$，两个相同的电感 L_1 和 L_2 可确保在动态条件下电流分配相等。如图 10-12 所示的电感以同名端连接方式，若流过整流器 1 的电流下降，L_1 两端的电压 $L\mathrm{d}i/\mathrm{d}t$ 下降，在 $L_2(=L_1)$ 两端会感应出大小相等极性相反的电压，最终整流器 2 将为电流提供一个低阻抗通道，使得电流转移到整流器 2 中。

10.9 整流器电路的设计

整流器电路的设计需要确定开关器件（如晶闸管）和二极管的额定值，它由电流平均值，电流有效值，电流峰值，以及反向电压峰值决定。在可控整流器中，器件的电流额定值取决于延迟(控制)角。功率器件的额定值必须按最坏工况设计，即整流器输出最大电压 V_{dm} 时。

整流器输出电压中所包含的谐波取决于控制(延迟)角，最坏工况通常出现在输出电压最小时，输入和输出滤波器必须在输出电压最小的条件下设计，设计整流器和滤波器的步骤与 3.11 节中整流器电路的设计类似。

例 10.8　求解三相全桥整流器的晶闸管额定值。

如图 10-3a 所示的三相全桥整流器，三相电源电压为 230V/60Hz，负载电感很大，负载平均电流为 $I_a=150\text{A}$，且脉动量可忽略，若延迟角 $\alpha=\pi/3$，计算晶闸管的额定值。

解：

晶闸管电流波形如图 10-3e～g 所示。$V_s=230/\sqrt{3}\text{V}=132.79\text{V}$，$V_m=187.79\text{V}$，且 $\alpha=\pi/3$。

由式(10-17)可得，$V_{dc}=3(\sqrt{3}/\pi)\times 187.19\times\cos(\pi/3)\text{V}=155.3\text{V}$。

输出功率 $P_{dc}=155.3\times 150\text{W}=23295\text{W}$。

晶闸管电流平均值为 $I_A=(150/3)\text{A}=50\text{A}$，晶闸管电流有效值为 $I_R=150\sqrt{2/6}\text{A}=86.6\text{A}$，晶闸管峰值电流为 $I_{PT}=150\text{A}$。

反向电压峰值是线电压幅值峰值，即 $\text{PIV}=\sqrt{3}V_m=\sqrt{3}\times 187.79\text{V}=325.27\text{V}$。◀

例 10.9　解单相全桥整流器的输出滤波电容的值。

如图 10-13 所示的单相全桥整流器，三相电源电压为 120V/60Hz。(a)用傅里叶级数法获得输出电压 v_o 的表达式；(b)若 $\alpha=\pi/3$，$E=10\text{V}$，$L=20\text{mH}$，且 $R=10\Omega$，计算负载最低次谐波电流有效值，(c)在(b)问的条件下，若在负载两端接一个滤波电容，计算使得最低次谐波电流降至不带电容时的 10%所需要的电容大小，(d)用 PSpice 绘出输出电压和负载电流，并计算当采用(c)问中的输出滤波电容时，负载电流的 THD 和输入 PF。

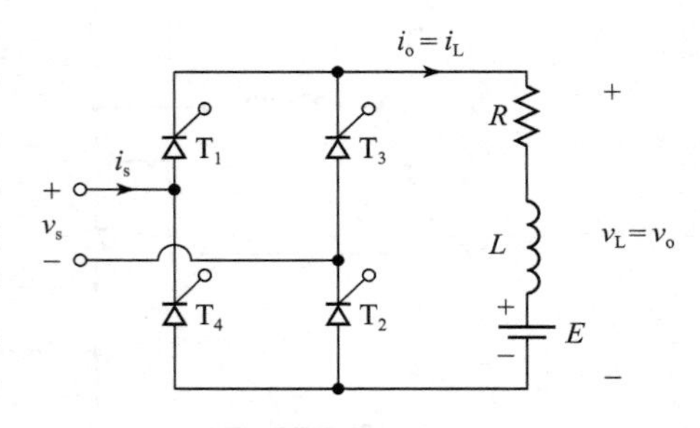

图 10-13　有 RL 负载的单相全桥整流器

解：

(a)输出电压波形如图 10-1d 所示。输出电压的脉动频率是输入电源频率的 2 倍，输出电压可用傅里叶级数表示为：

$$v_o(t)=V_{dc}+\sum_{n=2,4,\cdots}^{+\infty}(a_n\cos(n\omega t)+b_n\sin(n\omega t))\tag{10-42}$$

式中

$$V_{dc}=\frac{1}{2\pi}\int_{\alpha}^{2\pi+\alpha}V_m\sin(\omega t)\mathrm{d}(\omega t)=\frac{2V_m}{\pi}\cos\alpha$$

$$a_n=\frac{2}{\pi}\int_{\alpha}^{\pi+\alpha}V_m\sin(\omega t)\cos(n\omega t)\mathrm{d}(\omega t)=\frac{2V_m}{\pi}\left[\frac{\cos((n+1)\alpha)}{n+1}-\frac{\cos((n-1)\alpha)}{n-1}\right]$$

$$b_n=\frac{2}{\pi}\int_{\alpha}^{\pi+\alpha}V_m\sin(\omega t)\cos(n\omega t)\mathrm{d}(\omega t)=\frac{2V_m}{\pi}\left[\frac{\sin((n+1)\alpha)}{n+1}-\frac{\sin((n-1)\alpha)}{n-1}\right]$$

负载阻抗为：

$$Z=R+\mathrm{j}(n\omega L)=[R^2+(n\omega L)^2]^{1/2}\angle\theta_n$$

且 $\theta_n=\arctan(n\omega L/R)$。将式(10-42)中的 $v_o(t)$ 除以负载阻抗 Z，化简正弦和余弦项后，得到瞬时负载电流为：

$$i_o(t)=I_{dc}+\sum_{n=2,4,\cdots}^{+\infty}\sqrt{2}I_n\sin(n\omega t+\phi_n-\theta_n)\tag{10-43}$$

式中：$I_{dc}=(V_{dc}-E)/R$，$\phi_n=\arctan(A_n/B_n)$，且

$$I_n=\frac{1}{\sqrt{2}}\frac{(a_n^2+b_n^2)^{1/2}}{\sqrt{R^2+(n\omega L)^2}}$$

(b)若 $\alpha=\pi/3$，$E=10\text{V}$，$L=20\text{mH}$，$R=10\Omega$，$\omega=2\pi\times60\text{rad/s}=377\text{rad/s}$，$V_m=\sqrt{2}\times120\text{V}=169.71\text{V}$ 且 $V_{dc}=54.02\text{V}$。

$$I_{dc}=\frac{54.02-10}{10}\text{A}=4.40\text{A}$$

$$a_2=-0.833, b_2=-0.866, \phi_2=-223.9°, \theta_2=56.45°$$

$$a_4=0.433, b_4=-0.173, \phi_4=-111.79°, \theta_4=71.65°$$

$$a_6=-0.029, b_6=0.297, \phi_6=-5.5°, \theta_6=77.53°$$

$$\begin{aligned}i_L(t)&=4.4+\frac{2V_m}{\pi[R^2+(n\omega L)^2]^{1/2}}[1.2\sin(2\omega t+223.9°-56.45°)\\&\quad+0.47\sin(4\omega t+111.79°-71.65°)+0.3\sin(6\omega t-5.5°-77.53°)+\cdots]\\&=\{4.4+\frac{2\times169.71}{\pi[10^2+(7.54n)^2]^{1/2}}[1.2\sin(2\omega t+167.45°)\}\\&\quad+0.47\sin(4\omega t+40.14°)+0.3\sin(6\omega t-80.03°)+\cdots]\end{aligned} \tag{10-44}$$

2 次谐波是最低次谐波，它的有效值为：

$$I_2=\frac{2\times169.71}{\pi[10^2+(7.54\times2)^2]^{1/2}}\left(\frac{1.2}{\sqrt{2}}\right)\text{A}=5.07\text{A}$$

(c)图 10-14 所示是谐波的等效电路，根据分流定理，流过负载的谐波电流为：

$$\frac{I_h}{I_n}=\frac{1/(n\omega C)}{\{R^2+[n\omega L-1/(n\omega C)]^2\}^{1/2}}$$

当 $n=2$，$\omega=377$ 时，有：

$$\frac{I_h}{I_n}=\frac{1/(2\times377C)}{\{10^2+[2\times7.54-1/(2\times377C)]^2\}^{1/2}}=0.1$$

由上式可得 $C=-670\mu\text{F}$ 或 $793\mu\text{F}$，因此，C 取 $793\mu\text{F}$。

(d)电源电压峰值为 $V_m=169.7\text{V}$，当 $\alpha_1=60°$时，延迟时间 $t_1=(60/360)\times(1000/(60\text{Hz}))\times1000=2777.78\mu\text{s}$，延迟时间 $t_2=(240/360)\times(1000/(60\text{Hz}))\times1000=11111.1\mu\text{s}$。单相全桥整流器的 PSpice 仿真电路如图 10-15a 所示，晶闸管的门极电压 V_{g1}，V_{g2}，V_{g3}，V_{g4} 如图 10-15b 所示，已在 9.11 节中对基于晶闸管模型的可控硅整流器(SCR)的下标做了定义。

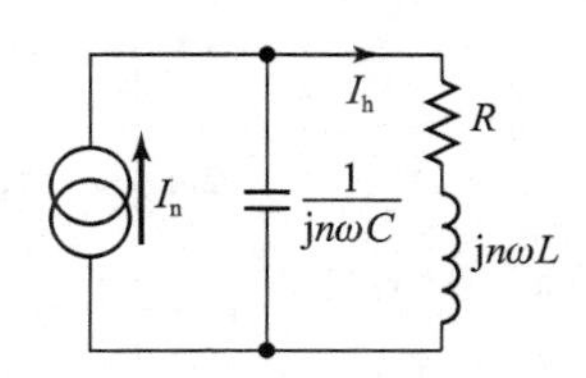

图 10-14　谐波的等效电路

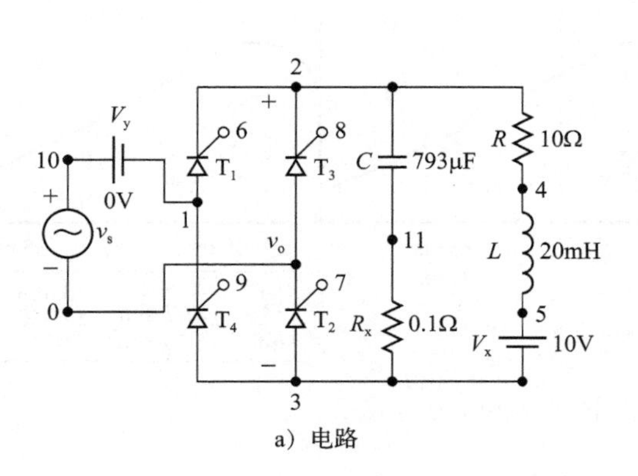

a) 电路

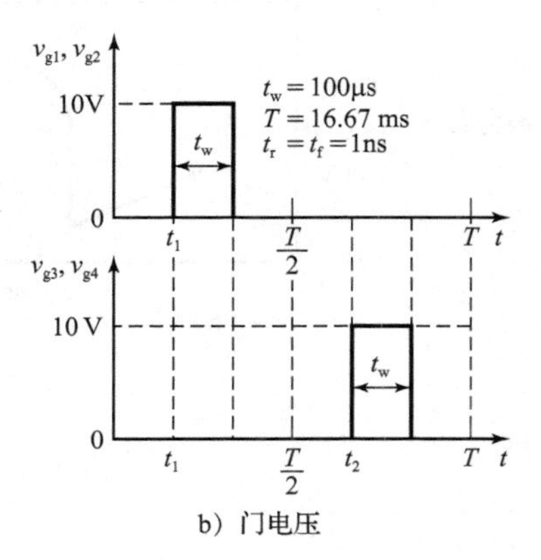

b) 门电压

图 10-15　PSpice 仿真的单相全桥整流器

电路文件如下：

例 10.9 单相全桥整流器

```
VS     10    0  SIN (0  169.  7V  60HZ)
Vg1     6    2  PULSE (0V  10V   2777.8US  1NS  1NS  100US  16666.7US)
Vg2     7    0  PULSE (0V  10V   2777.8US  1NS  1NS  100US  16666.7US)
Vg3     8    2  PULSE (0V  10V  11111.1US  1NS  1NS  100US  16666.7US)
Vg4     9    1  PULSE (0V  10V  11111.1US  1NS  1NS  100US  16666.7US)
R       2    4  10
L       4    5  20MH
C       2   11  793UF
RX     11    3  0.1            ; Added to help convergence
VX      5    3  DC   10V       ; Load battery voltage
VY     10    1  DC   0V        ; Voltage source to measure supply current
*  Subcircuit calls for thyristor model
XT1     1   6  2    SCR               ;  Thyristor T1
XT3     0   8  2    SCR               ;  Thyristor T3
XT2     3   7  0    SCR               ;  Thyristor T2
XT4     3   9  1    SCR               ;  Thyristor T4
*  Subcircuit SCR which is missing must be inserted
.TRAN      10US    35MS    16.67MS         ; Transient analysis
.PROBE                                     ; Graphics postprocessor
.options   abstol = 1.00u reltol = 1.0 m vntol = 0.1 ITL5=10000
.FOUR     120HZ      I(VX)                 ; Fourier analysis
.END
```

PSpice 做出的输出电压 $V(2, 3)$和负载电流 $I(VX)$仿真波形如图 10-16 所示。

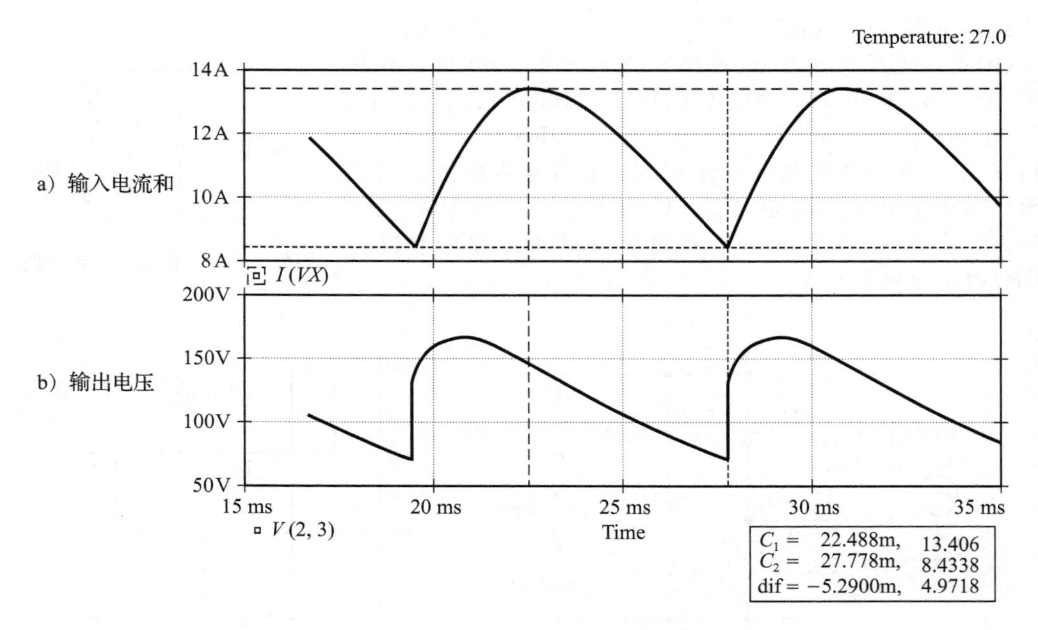

图 10-16 例 10.9 的 SPICE 绘图

负载电流的傅里叶分量如下：

FOURIER COMPONENTS OF TRANSIENT RESPONSE I (VX)
DC COMPONENT = 1.147163E+01

HARMONIC NO	FREQUENCY (HZ)	FOURIER COMPONENT	NORMALIZED COMPONENT	PHASE (DEG)	NORMALIZED PHASE (DEG)
1	1.200E+02	2.136E+00	1.000E+00	-1.132E+02	0.000E+00
2	2.400E+02	4.917E-01	2.302E-01	1.738E+02	2.871E+02
3	3.600E+02	1.823E-01	8.533E-02	1.199E+02	2.332E+02
4	4.800E+02	9.933E-02	4.650E-02	7.794E+01	1.912E+02
5	6.000E+02	7.140E-02	3.342E-02	2.501E+01	1.382E+02
6	7.200E+02	4.339E-02	2.031E-02	-3.260E+01	8.063E+01
7	8.400E+02	2.642E-02	1.237E-02	-7.200E+01	4.123E+01
8	9.600E+02	2.248E-02	1.052E-02	-1.126E+02	6.192E+01
9	1.080E+03	2.012E-02	9.420E-03	-1.594E+02	-4.617E+01

TOTAL HARMONIC DISTORTION = 2.535750E+01 PERCENT

为了求出输入 PF，需要找出输入电流的傅里叶分量，它等于流过电压源 VY 的电流，其值如下：

FOURIER COMPONENTS OF TRANSIENT RESPONSE I (VY)
DC COMPONENT = 1.013355E-02

HARMONIC NO	FREQUENCY (HZ)	FOURIER COMPONENT	NORMALIZED COMPONENT	PHASE (DEG)	NORMALIZED PHASE (DEG)
1	6.000E+01	2.202E+01	1.000E+00	5.801E+01	0.000E+00
2	1.200E+02	2.073E-02	9.415E-04	4.033E+01	-1.768E+01
3	1.800E+02	1.958E+01	8.890E-01	-3.935E+00	-6.194E+01
4	2.400E+02	2.167E-02	9.841E-04	-1.159E+01	-6.960E+01
5	3.000E+02	1.613E+01	7.323E-01	-5.968E+01	-1.177E+02
6	3.600E+02	2.218E-02	1.007E-03	-6.575E+01	-1.238E+02
7	4.200E+02	1.375E+01	6.243E-01	-1.077E+02	-1.657E+02
8	4.800E+02	2.178E-02	9.891E-04	-1.202E+02	-1.783E+02
9	5.400E+02	1.317E+01	5.983E-01	-1.542E+02	-2.122E+02

TOTAL HARMONIC DISTORTION = 1.440281E+02 PERCENT

THD=144%=1.44

位移因数角 $\varphi_1=58.01°$

$$\mathrm{DF}=\cos\varphi_1=\cos(-58.01)=0.53(\text{滞后})$$

$$\mathrm{PF}=\frac{I_{s1}}{I_s}\cos\varphi_1=\frac{1}{[1+(\%\mathrm{THD}/100)^2]^{1/2}}\cos\varphi_1 \tag{10-45}$$

$$=\frac{1}{(1+1.44^2)^{1/2}}\times 0.53=0.302(\text{滞后})$$ ◀

注意：

(1)之前的分析只有当延迟角 α 比 α_0 大时才成立，α_0 为：

$$\alpha_0=\arcsin\frac{E}{V_m}=\arcsin\frac{10}{169.71}=3.38°$$

(2)由于滤波电容 C 的存在，输入电源会流过峰值很高的电流，THD 可高达 144%。

(3)当没有电容 C 时，负载电流断续，负载电流的 2 次谐波峰值为 $i_{2(\mathrm{peak})}=5.845\mathrm{A}$，$I_{dc}$为 6.257A，负载电流的 THD 为 14.75%，输入电流的 THD 为 15.66%。

10.10 负载和电源电感的影响

由式(10-44)注意到，负载电流谐波取决于负载电感，在例 10.4 中计算了纯阻性负载时的输入 PF，而在例 10.5 中计算了负载电感很大时的输入 PF，从中注意到，输入 PF 与负载 PF 相关。

在推导整流器的输出电压和性能指标时，假设电源是没有电感和电阻的。一般来说，线路电阻很小，可以忽略，由电源电感导致的电压降与相控延迟角无关，且与二极管整流器的电压降相等，式(3-82)给出了由线路换相电感 L_c 所引起的电压降，若每相线路电感相等，式(3-83)给出了三相全桥整流器的电压降为 $V_{6x}=6fL_cI_{dc}$。

在正常工况下，电压降与延迟角 α_1 无关，但换相(或重叠)角 μ 随着延迟角的变化而变化，当延迟角变大时，换相角变小，图 10-17 画出了这个角度，阴影区域的电压对时间的积分等于 $I_{dc}L_c$，且与电压值无关，当换流的相电压幅值增加时，所需要的换流时间减少，但“伏-秒”关系不变。

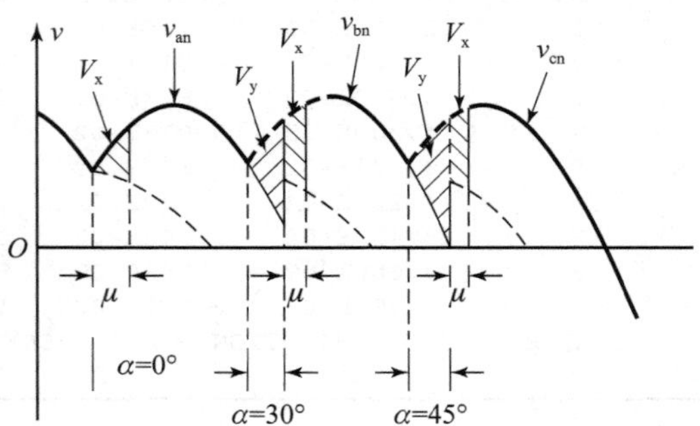

图 10-17 延迟角和叠加角的关系

定义 V_x 为在每个换相过程中由于换相重叠效应导致的电压降落平均值，V_y 为移相导致的电压降平均值，则当延迟角为 α 时，输出电压平均值为：

$$V_{dc}(\alpha)=V_{dc}(\alpha=0)-V_y=V_{dm}-V_y \tag{10-46}$$

且

$$V_y=V_{dm}-V_{dc}(\alpha) \tag{10-47}$$

式中：V_{dm} 为最大输出电压平均值。当换相重叠角为 μ 且存在两个换相过程时，输出电压平均值为：

$$V_{dc}(\alpha+\mu)=V_{dc}(\alpha=0)-2V_x-V_y=V_{dm}-2V_x-V_y \tag{10-48}$$

将式(10-47)的 V_y 代入式(10-48)，可得由换相重叠效应导致的电压降为：

$$2V_x=2f_sI_{dc}L_c=V_{dc}(\alpha)-V_{dc}(\alpha+\mu) \tag{10-49}$$

当已知负载电流 I_{dc}，换相电感 L_c 和延迟角 α 的值时，换相重叠角 μ 可通过式(10-49)计算得到。但要注意的是，式(10-49)仅适用于单相全桥整流器。

例 10.10 求解三相全桥整流器的重叠角。

三相全桥整流器由 230V/60Hz 的电源供电，负载电流连续并且脉动可忽略，若平均负载电流 $I_{dc}=150\text{A}$，换相电感 $L_c=0.1\text{mH}$，计算换相重叠角(a)$\alpha=10°$；(b)$\alpha=30°$(c)$\alpha=60°$。

解：

$V_m=(\sqrt{2}\times230/\sqrt{3})\text{V}=187.79\text{V}$，$V_{dm}=3\sqrt{3}V_m/\pi=310.61\text{V}$。由式(10-15)可知，

$$V_{dc}(\alpha)=310.6\cos\alpha$$

且

$$V_{dc}(\alpha+\mu)=310.61\cos(\alpha+\mu)$$

对于三相整流器，式(10-49)可修改为：

$$6V_x=6f_sI_{dc}L_c=V_{dc}(\alpha)-V_{dc}(\alpha+\mu) \tag{10-50}$$

$$6\times60\times150\times0.1\times10^{-3}=310.61[\cos\alpha-\cos(\alpha+\mu)]$$

(a)当 $\alpha=10°$ 时， $\mu=4.66°$

(b)当 $\alpha=30°$ 时， $\mu=1.94°$

(c)当 $\alpha=60°$ 时， $\mu=1.14°$ ◀

例 10.11 求解单相全桥整流器的门极脉冲宽度最小值。

如图 10-1a 所示的单相全桥整流器，晶闸管的维持电流为 $I_H=500\text{mA}$，延迟时间为

t_d=1.5μs。整流器由120V/60Hz的电源供电，负载L=10mH，R=10Ω，整流器的延迟角为α=30°。计算门极脉冲宽度的最小值t_G。

解：

I_H=500mA=0.5A，t_d=1.5μs，$\alpha=30°=\pi/6$，L=10mH且R=10Ω。输入电压的瞬时值为$v_s(t)=V_m\sin(\omega t)$，式中$V_m=\sqrt{2}\times120\text{V}=169.7\text{V}$。

当$\omega t=\alpha$时，

$$V_1 = v_s(\omega t = \alpha) = 169.7 \times \sin\frac{\pi}{6}\text{V} = 84.85\text{V}$$

在触发瞬间，阳极电流的上升率di/dt大约为：

$$\frac{di}{dt} = \frac{V_1}{L} = \frac{84.85}{10\times10^{-3}}\text{A/s} = 8485\text{A/s}$$

假设在门极触发之后的一段时间内，di/dt不变，则阳极电流上升到维持电流所需要的时间t_1为$t_1=(0.5/8485)\mu\text{s}=58.93\mu\text{s}$，因此，门极脉冲的最小宽度为：

$$t_G = t_1 + t_d = (58.93 + 1.5)\mu\text{s} = 60.43\mu\text{s}$$ ◀

本章小结

本章中，我们了解到ac-dc整流器的平均输出电压(和输出功率)可通过改变功率器件的导通时间来控制。根据供电电源类型的不同，整流器可分为单相的和三相的等两类，它们进一步可分为半波整流器、半整流器和全桥整流器等三类。半整流器和全桥整流器已在实际应用中得到广泛使用。尽管半整流器可以获得比全桥整流器更好的输入PF，但这类整流器仅适用于一象限运行场合；全桥整流器和双整流器分别可以实现两象限运行和四象限运行。三相整流器通常应用于大功率场合，且输出脉动频率更高。

整流器的串联可以提高输出电压等级，并提高输入PF，通过强迫换相，可以进一步提高PF，并减小或消除相应的低次谐波。

负载电流的特性取决于负载时间常数和延迟角。为了分析整流器，采用了傅里叶级数法，但是其他的一些技术(例如传递函数法或开关函数的谱乘法)也可用来分析功率开关电路。换相压降与延迟角无关，且与普通二极管整流器中的电压降相同。

参考文献

[1] J. Rodríguez and A. Weinstein, *Power Electronics Handbook*, edited by M. H. Rashid. Burlington, MA: Elsevier Publishing, 2011. Chapter 11—Single-Phase Controlled Rectifiers.

[2] J. Dixon, *Power Electronics Handbook,* edited by M. H. Rashid. Burlington, MA: Elsevier Publishing, 2011. Chapter 12—Three-Phase Controlled Rectifiers.

[3] P. D. Ziogas, L. Morán, G. Joos, and D. Vincenti, "A refined PWM scheme for voltage and current source converters," *IEEE-IAS Annual Meeting*, 1990, pp. 997–983.

[4] R. Wu, S. B. Dewan, and G.R. Slemon, "Analysis of an AC-to-DC voltage source converter using PWM with phase and amplitude control," *IEEE Transactions on Industry Applications,* Vol. 27, No. 2, March/April 1991, pp. 355–364.

[5] B.-H. Kwon and B.-D. Min, "A fully software-controlled PWM rectifier with current link," *IEEE Transactions on Industrial Electronics,* Vol. 40, No. 3, June 1993, pp. 355–363.

[6] C.-T. Pan and J.-J. Shieh, "A new space-vector control-strategies for three-phase step-up/down ac/dc converter," *IEEE Transactions on Industrial Electronics,* Vol. 47, No. 1, February 2000, pp. 25–35.

[7] P. N. Enjeti and A. Rahman, "A new single-phase to three-phase converter with active input current shaping for low cost AC motor drives," *IEEE Transactions on Industry Applications,* Vol. 29, No. 4, July/August 1993, pp. 806–813.

[8] C.-T. Pan and J.-J. Shieh, "A single-stage three-phase boost-buck AC/DC converter based on generalized zero-space vectors," *IEEE Transactions on Power Electronics,* Vol. 14, No. 5, September 1999, pp. 949–958.

[9] H.-Taek and T. A. Lipo, "VSI-PWM rectifier/inverter system with reduced switch count," *IEEE Transactions on Industry Applications,* Vol. 32, No. 6, November/December 1996, pp. 1331–1337.

[10] J. Rodríguez and A. Weinstein, *Power Electronics Handbook,* edited by M. H. Rashid. San Diego, CA: Academic Press. 2001, Chapter 11—Single-Phase Controlled Rectifiers.

[11] J. Dixon, *Power Electronics Handbook,* edited by M. H. Rashid. San Diego, CA: Academic Press. 2001, Chapter 12—Three-Phase Controlled Rectifiers.

[12] P. D. Ziogas, "Optimum voltage and harmonic control PWM techniques for 3-phase static UPS systems," *IEEE Transactions on Industry Applications,* Vol. IA-I6, No. 4, 1980, pp. 542–546.

[13] P. D. Ziogas, L. Morán, G. Joos, and D. Vincenti, "A refined PWM scheme for voltage and current source converters," *IEEE-IAS Annual Meeting,* 1990, pp. 997–983.

[14] M. A. Boost and P. Ziogas, "State-of-the-Art PWM techniques, a critical evaluation," *IEEE Transactions on Industry Applications,* Vol. 24, No. 2, March/April 1988, pp. 271–280.

[15] X. Ruan, L. Zhou, and Y. Yan, "Soft-switching PWM three-level converters," *IEEE Transactions on Power Electronics,* Vol. 16, No. 5, September 2001, pp. 612–622.

[16] R. Wu, S. B. Dewan, and G. R. Slemon, "A PWM AC-to-DC converter with fixed switching frequency," *IEEE Transactions on Industry Applications,* Vol. 26, No. 5, September–October 1990, pp. 880–885.

[17] J. W. Dixon, and B.-T. Ooi, "Indirect current control of a unity power factor sinusoidal current boost type three-phase rectifier," *IEEE Transactions on Industrial Electronics,* Vol. 35, No. 4, November 1988, pp. 508–515.

[18] R. Wu, S. B. Dewan, and G. R. Slemon, "Analysis of an AC-to-DC voltage source converter using PWM with phase and amplitude control," *IEEE Transactions on Industry Applications,* Vol. 27, No. 2, March/April 1991, pp. 355–364.

[19] R. Itoh and K. Ishizaka, "Three-phase flyback AC–DC convertor with sinusoidal supply currents," *IEE Proceedings Electric Power Applications, Part B,* Vol. 138, No. 3, May 1991, pp. 143–151.

[20] C. T. Pan and T. C. Chen, "Step-up/down three-phase AC to DC convertor with sinusoidal input current and unity power factor," *IEE Proceedings Electric Power Applications,* Vol. 141, No. 2, March 1994, pp. 77–84.

[21] C.-T. Pan and J.-J. Shieh, "A new space-vector control strategies for three-phase step-up/down ac/dc converter," *IEEE Transactions on Industrial Electronics,* Vol. 47, No. 1, February 2000, pp. 25–35.

[22] J. T. Boys, and A. W. Green, "Current-forced single-phase reversible rectifier," *IEE Proceedings Electric Power Applications,* Part B, Vol. 136, No. 5, September 1989, pp. 205–211.

[23] P. N. Enjeti and A. Rahman, "A new single-phase to three-phase converter with active input current shaping for low cost AC motor drives," *IEEE Transactions on Industry Applications,* Vol. 29, No. 4, July/August 1993, pp. 806–813.

[24] G. A. Covic, G. L. Peters, and J. T. Boys, "An improved single phase to three phase converter for low cost AC motor drives," *International Conference on Power Electronics and Drive Systems,* 1995, Vol. 1, pp. 549–554.

[25] C.-T. Pan and J.-J. Shieh, "A single-stage three-phase boost-buck AC/DC converter based on generalized zero-space vectors," *IEEE Transactions on Power Electronics,* Vol. 14, No. 5, September 1999, pp. 949–958.

[26] H.-Taek and T. A. Lipo, "VSI-PWM rectifier/inverter system with reduced switch count," *IEEE Transactions on Industry Applications,* Vol. 32, No. 6, November/December 1996, pp. 1331–1337.

[27] M. H. Rashid, *Power Electronics—Circuits, Devices and Applications*. Upper Saddle River, NJ: Pearson Education, Inc., Third edition, 2004, Chapter 10.

复习题

10.1 什么是自然换相或电网换相？
10.2 什么是可控整流器？
10.3 什么是变换器？
10.4 什么是变换器的延迟角控制？
10.5 什么是全桥整流器？画出两个全桥整流器的电路。
10.6 什么是双全桥整流器？画出两个双全桥整流器的电路。
10.7 相控的原则是什么？
10.8 在双全桥整流器中，环流产生的原因是什么？
10.9 为什么在双全桥整流器中需要环流电感？
10.10 串联整流器的优点和缺点各是什么？
10.11 在双全桥整流器系统中，一个整流器的延迟角与另一个整流器的延迟角有何关系？
10.12 什么是整流器的逆变模式？
10.13 什么是整流器的整流模式？
10.14 三相半整流器中最低次谐波的频率是多少？
10.15 三相全桥整流器中最低次谐波的频率是多少？
10.16 如何开通和关断门极关断晶闸管？
10.17 如何开通和关断相控晶闸管？
10.18 什么是强迫换相？在AC-DC变换器中强迫换相的优点是什么？
10.19 什么是整流器的脉冲宽度调制控制？
10.20 什么是整流器的正弦脉冲宽度调制控制？
10.21 什么是调制比？
10.22 相控整流器的输出电压是如何变化的？
10.23 正弦PWM整流器的输出电压是如何变化的？
10.24 整流器的换相重叠角与延迟角有关么？
10.25 由于换相电感引起的电压跌落的大小与整流器延迟角有关吗？
10.26 整流器的输入功率因数与负载功率因数有关吗？
10.27 整流器的输出电压脉动与延迟角有关吗？

习题

10.1 如图P10-1所示的整流器，电源电压为120V/60Hz，负载为纯阻性$R=10\Omega$，若延迟角为$\alpha=\pi/2$，求(a)整流器效率；(b)形式因数(FF)；(c)脉动因数(RF)；(d)TUF；(e)晶闸管T_1的峰值反向电压(PIV)。

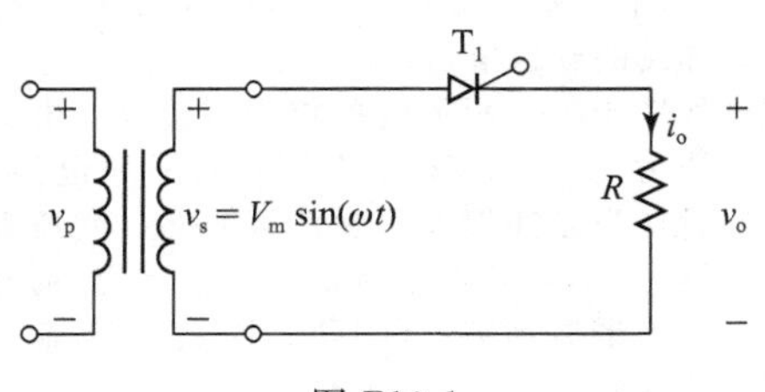

图 P10-1

10.2 如图P10-1所示的单相半波整流器，电源电压为120V/60Hz，负载为纯阻性$R=5\Omega$，延迟角为$\alpha=\pi/3$，求(a)整流器效率；(b)形式因数；(c)脉动因数(RF)；(d)功率传输因数；(e)晶闸管T_1的峰值反向电压(PIV)。

10.3 如图P10-1所示的单相半波整流器，电源电压为120V/60Hz，负载为纯阻性$R=5\Omega$，若平均输出电压为最大平均输出电压的25%，计算(a)延迟角；(b)输出电流的有效值和平均值；(c)晶闸管电流的平均值和有效值；(d)输入功率因数。

10.4 如图P10-1所示的单相半波整流器，电源电压为120V/60Hz，负载两端接续流二极管，负载由电阻$R=5\Omega$，电感$L=5\text{mH}$，电池电压$E=20\text{V}$串联而成。(a)用傅里叶级数表示输出电压；(b)计算输出电流最低次谐波的有效值，假设$\alpha=\pi/6$。

10.5 如图P10-5所示的单相半整流器，电源电压为120V/60Hz，负载电流I_a可认为连续且脉动成分可忽略，变压器匝比为1。(a)用傅里叶级数表示输入电流；计算输入电流谐波因数，位移因数和输入功率因数；(b)若延迟角为$\alpha=\pi/2$，计算V_{dc}，V_{rms}，HF，DF和PF。

10.6 如图P10-5所示的单相半整流器带RL负载，$L=6.5\text{mH}$，$R=2.5\Omega$且$E=10\text{V}$，输

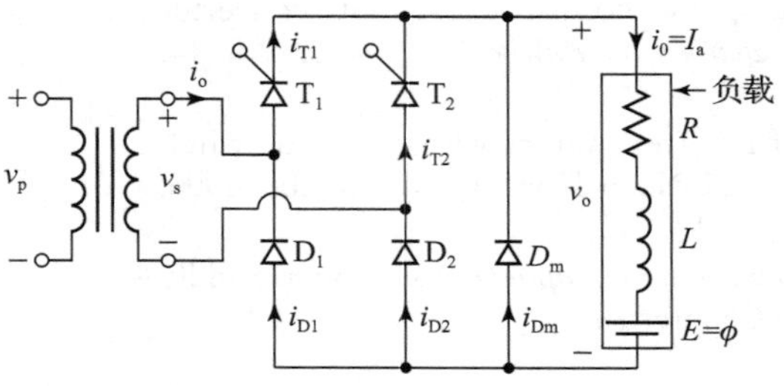

图 P10-5

入电压为 120V/60Hz。计算(a)当 $\omega t=0$ 时的负载电流 I_{Lo}，当 $\omega t=\alpha=0$ 时的负载电流 I_{L1}；(b)晶闸管平均电流 I_A；(c)晶闸管电流有效值 I_R；(d)输出电流有效值 I_{rms}；(e)平均输出电流 I_{dc}；(f)使负载电流保持连续的延迟角 α_c。

10.7 如图 P10-5 所示的单相半整流器，电源电压为 120V/60Hz，负载电流平均值为 I_a，且认为是连续的，脉动可忽略，变压器匝比为 1。若延迟角为 $\alpha=\pi/6$，计算(a)输入电流谐波因数；(b)位移因数；(c)输入功率因数。

10.8 将习题 10.3 中的图变为图 P10-5，重新计算。

10.9 如图 P10-5 所示的单相半整流器，电源电压为 120V/60Hz，负载由电阻 $R=5\Omega$，电感 $L=5\text{mH}$，电池电压 $E=20\text{V}$ 串联而成。(a)用傅里叶级数表示输出电压；(b)计算输出电流最低次谐波的有效值。

10.10 若为图 10-1a 所示的单相全桥整流器，重新计算习题 10.7。

10.11 若为图 10-1a 所示的单相全桥整流器，重新计算习题 10.3。

10.12 若为图 10-1a 所示的单相全桥整流器，重新计算习题 10.9。

10.13 如图 10-2a 所示的双全桥整流器，电源电压为 120V/60Hz，产生脉动可忽略的平均电流 $I_{dc}=25\text{A}$，环流电感为 $L_r=5\text{mH}$，延迟角分别为 $\alpha_1=30°$，$\alpha_2=150°$。计算环流的峰值和整流器 1 的电流峰值。

10.14 如图 P10-14 所示的单相串联半整流器，电源电压为 120V/60Hz，负载由电阻 $R=5\Omega$，若输出电压为最大输出电压的 75%，计算(a)整流器的延迟角；(b)输出电流的有效值和平均值；(c)晶闸管电流的平均值和有效值；(d)输入功率因数。

10.15 如图 P10-14 所示的单相串联半整流器，电源电压为 120V/60Hz，负载电流平均值为 I_a，且认为是连续的，脉动可忽略，变压器匝比为 $N_p/N_s=2$，若延迟角分别为

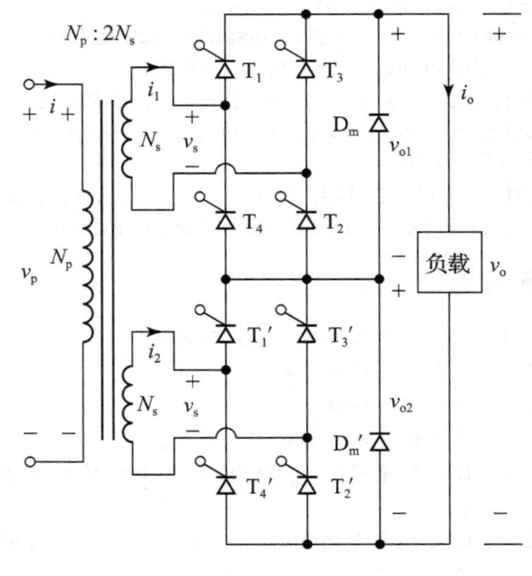

图 P10-14

$\alpha_1=0$，$\alpha=\pi/6$，计算(a)输入电流谐波因数；(b)位移因数；(c)输入功率因数。

10.16 若为图 10-11a 所示的单相串联全桥整流器，重新计算习题 10-14。

10.17 若为图 10-11a 所示的单相串联全桥整流器，重新计算习题 10.15。

10.18 如图 P10-18 所示的三相半波整流器，电源电压为三相 Y 连接，208V/60Hz，负载电阻为 $R=10\Omega$，若输出电压为最大输出电压的 50%，计算(a)延迟角 α；(b)输出电流有效值和平均值；(c)晶闸管电流的平均值和有效值；(d)整流器效率；(e)TUF；(f)输入 PF。

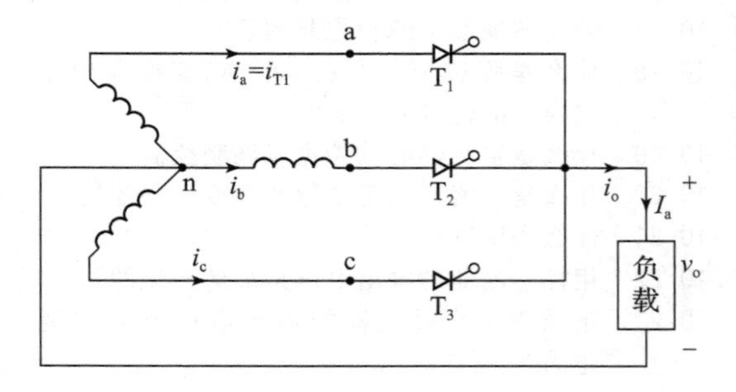

图 P10-18

10.19 如图 P10-18 所示的三相半波整流器，电源电压为三相星形联结，220V/60Hz，负载两端接续流二极管，负载电流平均值为 I_a，且认为是连续的，脉动可忽略，若延迟角为 $\alpha=\pi/3$，计算(a)输入电流的谐波因数；(b)位移因数；(c)输入功率因数。

10.20 如图 P10-18 所示的三相半波整流器，电源电压为三相星形联结，220V/60Hz，负

载电阻为 $R=5\Omega$，若输出电压为最大输出电压的25%，计算(a)延迟角；(b)输出电流有效值和平均值；(c)晶闸管电流的平均值和有效值；(d)整流器效率；(e)功率传输因数；(f)输入功率因数。

10.21 如图P10-18所示的三相半波整流器，电源电压为三相星形联结，220V/60Hz，负载两端接续流二极管。负载由电阻 $R=10\Omega$，电感 $L=5\text{mH}$，电池电压 $E=20\text{V}$ 串联而成。(a)用傅里叶级数表示输出电压；(b)计算输出电流最低次谐波的有效值，假设 $\alpha=\pi/6$。

10.22 如图P10-22所示的三相半整流器，电源电压为三相Y联结，208V/60Hz，负载电阻为 $R=10\Omega$，若输出电压为最大输出电压的50%，计算(a)延迟角 α；(b)输出电流有效值和平均值；(c)晶闸管电流的平均值和有效值；(d)整流器效率；(e)TUF；(f)输入PF。

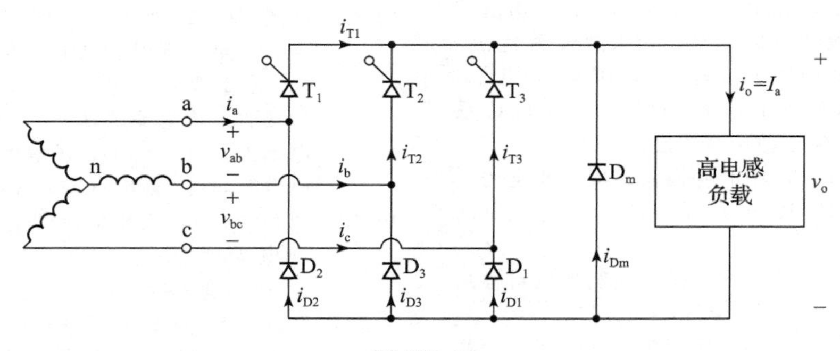

图 P10-22

10.23 如图P10-22所示的三相半整流器，电源电压为三相星形联结，220V/60Hz，负载电流平均值为 I_a，且认为是连续的，脉动可忽略，变压器匝比为1。若延迟角为 $\alpha=\pi/6$，计算(a)输入电流谐波因数；(b)位移因数；(c)输入功率因数。

10.24 若为图P10-22所示的三相半整流器，重新计算习题10.20。

10.25 若输出电压为最大输出电压的90%，重新计算习题10.20。

10.26 对于图P10-22所示的三相半整流器，重新计算习题10.21，假设 $L=5\text{mH}$。

10.27 若为图10-3a所示的三相全桥整流器，重新计算习题10.23。

10.28 若为图10-3a所示的三相全桥整流器，重新计算习题10.20。

10.29 若为图10-3a所示的三相全桥整流器，重新计算习题10.21。

10.30 如图10-4a所示的三相双整流器，电源电压为三相星形联结，220V/60Hz，负载电阻为 $R=5\Omega$，环流电感为 $L_r=5\text{mH}$，延迟角分别为 $\alpha_1=60°$，$\alpha_2=120°$。计算环流的峰值和整流器的电流峰值。

10.31 如图P10-5所示的单相半整流器，带RL负载，$L=1.5\text{mH}$，$R=2.5\Omega$，$E=0\text{V}$，输入电压为120V/60Hz。(a)计算(1)当 $\omega t=0$ 时的负载电流 I_o；当 $\omega t=\alpha=0$ 时的负载电流 I_1；(2)晶闸管平均电流 I_A；(3)晶闸管电流有效值 I_R；(4)输出电流有效值 I_{rms}；(5)平均输出电流 I_{dc}。(b)用SPICE检验你的答案。

10.32 如图10-1a所示的单相全桥整流器，带 RL 负载，$L=4.5\text{mH}$，$R=2.5\Omega$，$E=10\text{V}$，输入电压为120V/60Hz。(a)计算(1)当 $\omega t=\alpha=0$ 时的负载电流 I_o；(2)晶闸管平均电流 I_A；(3)晶闸管电流有效值 I_R；(4)输出电流有效值 I_{rms}；(5)平均输出电流 I_{dc}。(b)用SPICE检验你的答案。

10.33 如图10-3a所示的三相全桥整流器，负载为 $L=1.5\text{mH}$，$R=1.5\Omega$，$E=0\text{V}$。输入线电压为208V/60Hz，延迟角为 $\alpha=\pi/6$，(a)计算(1)当 $\omega t'=\pi/3+\alpha$(或 $\omega t=\pi/6+\alpha$)时的稳态负载电流 I_1；(2)晶闸管平均电流 I_A；(3)晶闸管电流有效值 I_R；(4)输出电流有效值 I_{rms}；(5)平均输出电流 I_{dc}。(b)用SPICE检验你的答案。

10.34 如图10-5所示的单相全桥整流器，工作于如图P10-34所示的对称角控制方式。负载电流平均值为 I_a，且认为是连续的，脉动可忽略。(a)用傅里叶级数表示整流器的输入电流，计算输入电流的HF，DF，输入PF；(b)若导通角为 $\alpha=\pi/3$，输入电压峰值为 $V_m=169.93\text{V}$，计算 V_{dc}、V_{rms}、HF、DF以及PF。

10.35 如图P10.5所示的单相半控变换器的输入端是120V，60Hz的电源，并且使用熄弧

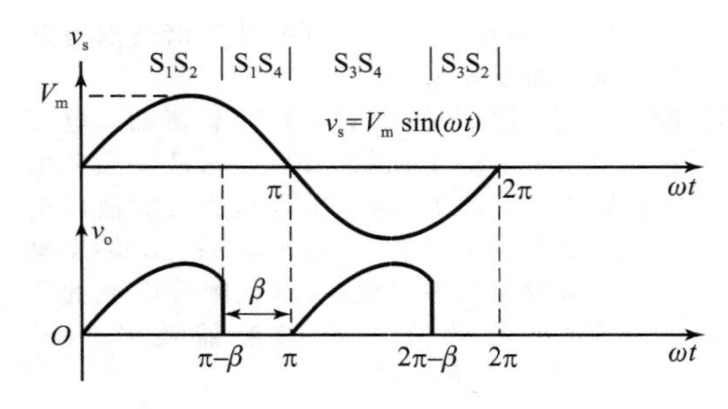

图 P10-34

角控制。输出电流是连续的，且平均值是I_a，其纹波可以忽略。如果熄弧角是$\beta=\pi/3$，试计算（a）输出电压V_{dc}和V_{rms}，（b）输入电流的谐波系数，（c）角位移系数，（d）输入的功率系数。

10.36　将习题10.35中的变换器换成单相全控变换器如图10-5a所示，计算10.35中的问题。

10.37　将习题10.35中的熄弧角控制换成对称角控制，计算习题10.35中的问题。

10.38　将习题10.35中的使用熄弧角控制，计算习题10.35中的问题。

10.39　如图P10.5所示的单相半控变换器的输入端是120V，60Hz的电源，并通过SPWM的方式控制。输出电流是连续的，且平均值是I_a，其纹波可以忽略。每半个周期有5个脉冲，分别在$\alpha_1=7.93°$，$\delta_1=5.82°$；$\alpha_2=30°$，$\delta_2=16.25°$；$\alpha_3=52.07°$，$\delta_3=127.93°$；$\alpha_4=133.75°$，$\delta_4=16.25°$；$\alpha_5=166.25°$，$\delta_5=5.82°$。试计算(a)输出电压V_{dc}和V_{rms}，(b)输入电流的谐波系数，(c)角位移系数，和(d)输入的功率系数。

10.40　重复问题10.39。条件改为每半周期五个脉冲波，且脉冲波的占空比相等，$M=0.8$。

10.41　如图P10.22所示，一个三相半控变换器由一个星形联结、220V、60Hz的电源供电。负载是连续电流，并且纹波可忽略。负载的平均电流为$I_{dc}=150$A，每相整流电感为$L_c=0.5$mH。求解以下条件下的重叠角度(a)$\alpha=\pi/6$，(b)$\alpha=\pi/3$。

10.42　图10-3a中，三相全控变换器晶闸管的保持电流为$I_H=200$mA，延迟时间为2.5μs。变换器由一个三相Y连接、208V、60Hz的电源供电，负载为$L=8$mH，$R=1.5\Omega$，且延迟角度为$\alpha=60°$。求解最小门极脉冲信号宽度t_G。

10.43　重做习题10.42，条件改为$L=0$。

第11章 交流电压控制器

学习完本章后，应能做到以下几点：

- 列举几种不同类型的交流电压控制器；
- 描述交流电压控制器的工作过程；
- 描述交流电压控制器的特性；
- 列举交流电压控制器的性能参数；
- 描述矩阵变换器的工作过程；
- 设计和分析交流电压控制器；
- 用SPICE仿真来评估可控整流器的性能；
- 评估负载电感对负载电流的影响。

符号及其含义

符　　号	含　　义
α，β	分别表示延迟角和灭弧角
f_s，f_o	分别表示输入电源频率及输出频率
HF，FF，DF，PF，TUF	分别表示谐波因数，波形因数，位移因数，变压器利用因数
i_1，i_2	分别表示工作模态1和工作模态2的瞬时电流
i_a，i_b，i_c	分别表示a、b、c相的线电流瞬时值
i_{ab}，i_{bc}，i_{ca}	分别表示a、b、c相的相间电流瞬时值
I_a，I_b，I_c	分别表示a、b、c相的线电流有效值
I_{ab}，I_{bc}，I_{ca}	分别表示a、b、c相的相间电流有效值
I_R，I_A	分别表示晶闸管电流的有效值和平均值
i_P，i_N，i_o	分别表示正向(P)变换器，负向(N)变换器，以及输出负载电流的瞬时值
k	占空比
v_s，i_s	输入电源电压和电流的瞬时值
v_o，i_o	输出电压和电流的瞬时值
V_{dc1}，V_{dc2}	分别为变换器1和2的输出电压平均值
v_{g1}，v_{g2}	分别为开关器件S_1和S_2的瞬时门信号电压
V_s，V_o	分别为输入和输出电压有效值
v_{AN}，v_{BN}，v_{CN}	分别为a、b、c相的相电压瞬时值
v_{AB}，v_{BC}，v_{CA}	分别为a、b、c相的线电压瞬时值
V_A，P_0	分别为伏安(视在功率)和输出功率

11.1　引言

当一个晶闸管开关串联在交流电源和负载之间时，其功率可以通过调节负载上的交流电压有效值来控制；这种功率电路称为交流电压控制器。交流电压控制器最常见的应用是工业加热，变压器带载切换，灯光控制，多相感应电机调速，以及交流电磁铁控制。对于电能传输来说，通常会用到下面两种控制方式：

(1)通断控制；

(2)相角控制。

在通断控制方式中，晶闸管控制负载和输入交流电源接通几个周期，然后再断开几个周期。在移角控制方式中，晶闸管开关在每个输入电源周期中都将负载和交流电源接通一段时间。

交流电压控制器可以分为两个大类：(1)单相电压控制器；(2)三相电压控制器，每个大类又可以进一步细分为(a)单向控制或半波控制；(b)双向控制或全波控制。根据晶闸管开关连接方式的不同，三相电压控制器的结构也是多种多样的。

通断控制方式适用的场合有限。半波变换器(半波控制器)具有一定的优点，例如输入功率因数较高，使用的器件数量较少[14,15]。与半波控制器相比，全波控制器具有更宽的输出电压控制范围和更高的功率因数。本书将不再涵盖半波控制器和通断控制的内容[14]。本书仅包括以下交流电压控制器的相关内容：

- 单相全波控制器；
- 三相全波控制器；
- 三相双向三角形连接电压控制器；
- 单相变压器分接开关；
- 周波变换器；
- PWM 控制型交流电压控制器。

晶闸管可以在几微秒内开通和关断，这一特性使其能作为一个快速动作开关来取代机械式和机电式断路器。在小功率直流应用中，功率晶体管也可以作为开关使用。这样的静态开关[14]具有很多优势(例如：高开关速度，无机械运动部件，无触点闭合振动)。

尽管相控晶闸管比快速晶闸管速度要慢，但其成本要低，由于交流电压控制器的输入电压是交流的，晶闸管可以电网换流(或叫自然换流)，所以相控晶闸管在这样的场合得到了广泛应用。在基波频率高至 400Hz 的应用中，在器件额定值能满足此应用所需的电压电流要求的情况下，通常 TRIAC(双向晶闸管)是人们的首选。

在交流电压控制器中，由于晶闸管可以实现电网换流或自然换流，不需要额外的强制换流回路，因此交流电压控制器的电路结构非常简单。由于其输出电压的特性，特别是当使用相角控制的变换器带 RL(阻感性)负载时，对该电路的性能参数解析表达式的分析和推导比较复杂。为简单起见，本章仅比较不同结构带阻性负载时的工作特性。但实际负载通常是阻感性的，在设计和分析交流电压控制器时需要考虑到这一点。

11.2 交流电压控制器的性能参数

如图 11-1a 所示，交流电压控制器可将一个恒定的交流电压变成一个恒频或变频的可变交流电压。交流电压控制器的输入是一个如图 11-1b 所示普通的 120V，60Hz 或 240V，50Hz 交流电源。理想的变换器输出应该是一个变频或者恒频的纯正弦波形，但是实际的电压控制器输出就像图 11-1c 所描绘那样包含了大量的谐波或纹波。只有当电压控制器将负载和电源连通时，电压控制器才会从输入电源取用电流，因此变换器的输入电流不是一个纯正弦交流波形，而是像图 11-1d 中所描绘的那样包含谐波的波形。交流电压控制器输入侧的性能参数与二极管整流器(第 3 章)及可控硅整流器(第 10 章)的类似。这些参数包括：

- 输入功率 P_i；
- 输入电流方均根值(有效值)I_s；
- 输入功率因数 PF_i；

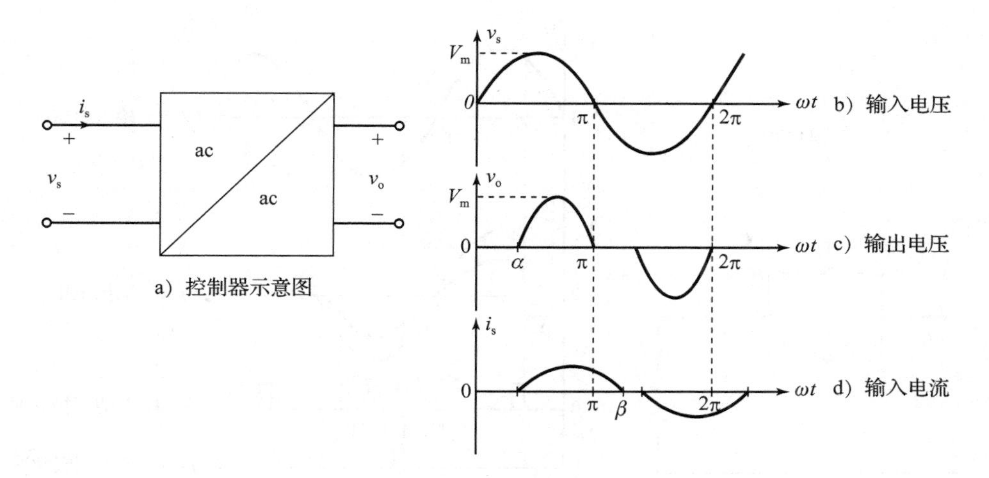

图 11-1　交流电压控制器的输入、输出关系

- 输入电流总谐波畸变系数 THD_i；
- 输入电流波峰因数 CF_i；
- 输入电流谐波因数 HF_i；
- 输入电流波形因数 FF_i；
- 输入变压器利用因数 TUF_i；
- 输入电流纹波因数 RF_i；

交流电压控制器输出侧的性能参数与逆变器(第 6 章)类似。这些参数包括：

- 输出功率 P_o；
- 输出电流方均根值(有效值)I_o；
- 输出频率 f_o；
- 输出电压总谐波畸变率 THD_v；
- 输出电压波峰因子 CF_v；
- 输出电压谐波因数 HF_v；
- 输出电压波形因数 FF_v；
- 输出电压纹波因数 RF_v。

11.3　带阻性负载的单相全波控制器

图 11-2a 所示的是一个带阻性负载单相全波控制器。在输入电压的正半周期间，通过改变晶闸管 T_1 的延迟角可以控制功率；在输入电压负半周时晶闸管 T_2 可以同样控制功率。T_1 和 T_2 的触发脉冲之间保持 180°间隔。图 11-2b～e 中分别描绘了输入电压，输出电压，以及 T_1 和 T_2 的驱动信号的波形。

如果输入电压为$v_s=\sqrt{2}V_s$，并且 T_1 和 T_2 的延迟角等于($\alpha_2=\pi+\alpha_1$)，输出电压的有效值可以表示成：

$$V_o=\left\{\frac{2}{2\pi}\int_{\alpha}^{\pi}2V_s^2\sin^2(\omega t)\mathrm{d}(\omega t)\right\}^{1/2}=\left\{\frac{4V_s^2}{4\pi}\int_{\alpha}^{\pi}(1-\cos(2\omega t))\mathrm{d}(\omega t)\right\}^{1/2}$$

$$=V_s\left[\frac{1}{\pi}\left(\pi-\alpha+\frac{\sin(2\alpha)}{2}\right)\right]^{1/2} \tag{11-1}$$

从 0 到 π 改变 α，V_o 也可以从 V_s 到 0 变化。

图 11-2a 所示的 T_1 和 T_2 的门极驱动信号都必须是隔离的。如图 11-3 所示，通过增加两个二极管，T_1 和 T_2 也可形成共阳极连接方式。正半周时，晶闸管 T_1 和二极管 D_1 同时

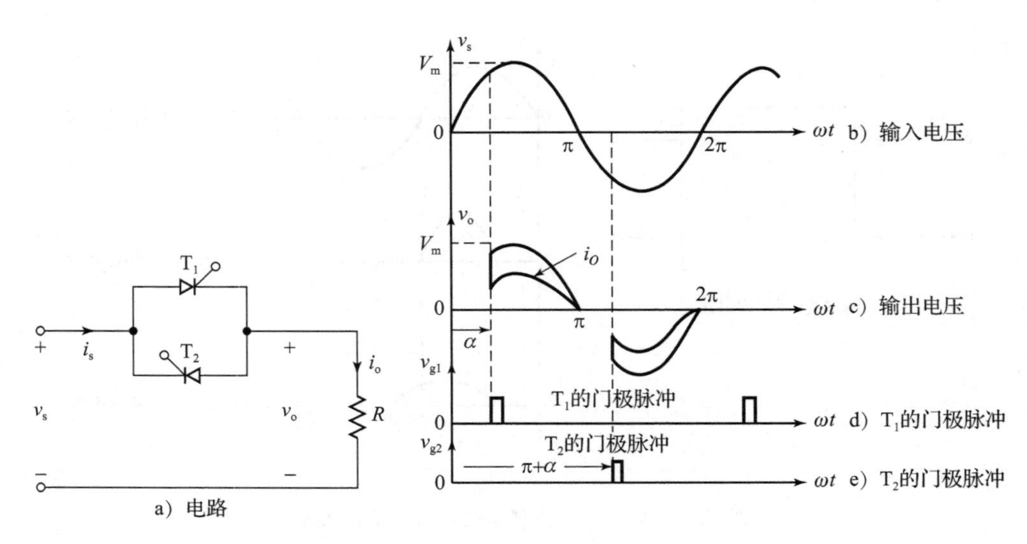

图 11-2　单相全波控制器

导通；在负半周时，晶闸管 T_2 和二极管 D_2 同时导通。由于这样的电路连接方式使 T_1 和 T_2 的门极信号有一个共同的参考端，因此只需要一个隔离电路就可以实现 T_1 和 T_2 的驱动，但是这种方式额外增加了两个二极管的成本。由于该电路工作时有两个器件同时导通，其导通损耗会有所增加，效率也会相应降低。

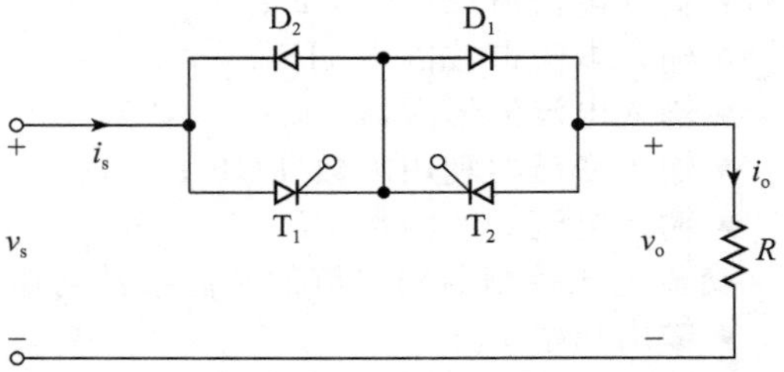

图 11-3　共阴极的单相全波控制器

如图 11-4a 所示，单相全波控制器也可以用一个晶闸管和四个二极管来实现。图 11-4d 描绘了其驱动波形。该电路中的四个二极管构成一个桥式整流器。晶闸管 T_1 两端的电压及流过它的电流总是单方向的。如图 11-4c 所示，当该电路带阻性负载时，由于每半周期可以自然换流，晶闸管的电流也会下降到零。但是当该电路中有大电感时，晶闸管 T_1 在输入电压的每半个周期内有可能无法关断，从而造成失控。在触发下一个晶闸管之前，通常需要对负载电流进行过零检测，从而保证上一个导通晶闸管已经可靠关断。该电路工作时有 3 个功率器件同时导通，所以其效率也会降低。这种桥式整流器加晶闸管（或晶体管）的电路可以整体作为一个“双向开关”运行，这样的“双向开关”作为一个单独的器

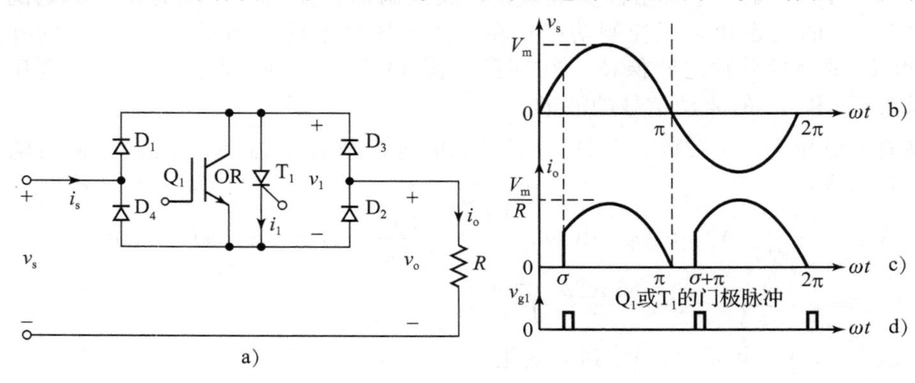

图 11-4　具有一个晶闸管的单相全波控制器

件已经有较低通态损耗的商业产品可供选择。

驱动信号时序　门极驱动的时序如下：

(1)在电源电压 V_s 正向过零时产生一个脉冲信号；

(2)将该脉冲按照期望延迟角度 α 后通过门极隔离电路驱动 T_1；

(3)在延迟角度 $\alpha+\pi$ 后产生另一个驱动信号给 T_2。

例 11.1　求解单相全波电压控制器的性能参数。

如图 11-2a 所示，单相全波交流电压控制器带一个阻性负载 $R=10\Omega$，输入电压 $V_s=120V(rms)$，60Hz。晶闸管 T_1 和 T_2 的延迟角相等：$\alpha_1=\alpha_2=\alpha=\pi/2$。求解(a)输出电压有效值 V_s；(b)输入功率因数 PF；(c)晶闸管的平均电流 I_A；(d)晶闸管的电流有效值 I_R。

解：

$R=10\Omega$，$V_s=120V$，$\alpha=\pi/2$，$V_m=\sqrt{2}\times120V=169.7V$

(a)由公式(11-1)，可得输出电压有效值为：

$$V_o=\frac{120}{\sqrt{2}}V=84.85V$$

(b)负载电流的有效值为 $I_o=V_o/R=(84.85/10)A=8.485A$，负载功率为 $P_o=I_o^2R=8.485^2\times10W=719.95W$。由于输入电流和负载电流相等，所以输入的视在功率 VA 为：

$$VA=V_sI_s=V_sI_o=120\times8.485V\cdot A=1018.2V\cdot A^{⊖}$$

则输入功率因数为：

$$PF=\frac{P_o}{VA}=\frac{V_o}{V_s}=[\frac{1}{\pi}(\pi-\alpha+\frac{\sin(2\alpha)}{2})]^{1/2}$$

$$=\frac{1}{\sqrt{2}}=\frac{719.95}{1018.2}=0.707(\text{滞后}) \tag{11-2}$$

(c)晶闸管电流平均值为：

$$I_A=\frac{1}{2\pi R}\int_{\alpha}^{\pi}\sqrt{2}V_s\sin(\omega t)d(\omega t)=\frac{\sqrt{2}V_s}{2\pi R}(\cos\alpha+1)=\sqrt{2}\times\frac{120}{2\pi\times10}A=2.7A \tag{11-3}$$

(d)晶闸管电流有效值为：

$$I_R=\left[\frac{1}{2\pi R^2}\int_{\alpha}^{\pi}\sqrt{2}\,V_s^2\sin^2(\omega t)d(\omega t)\right]^{1/2}=\left[\frac{2V_s^2}{4\pi R^2}\int_{\alpha}^{\pi}(1-\cos(2\omega t))d(\omega t)\right]^{1/2}$$

$$=\frac{V_s}{\sqrt{2}R}\left[\frac{1}{\pi}\left(\pi-\alpha+\frac{\sin(2\alpha)}{2}\right)\right]^{1/2}=\frac{120}{2\times10}A=6A \tag{11-4}$$ ◀

11.4　带感性负载的单相全波控制器

11.3 节描述了带阻性负载的单相电压控制器。在实际中，多数负载都是一定程度上的感性负载。图 11-5a 描绘了一个带阻感性负载的全波控制器。假设晶闸管 T_1 在正半周时开通并导通负载电流，由于电路中电感的存在，在 $\omega t=\pi$ 时刻，也就是输入电压开始由正变负之时，晶闸管 T_1 的电流不会下降到零为止。晶闸管 T_1 会持续导通，直到其电流 i_1 在 $\omega t=\beta$时刻下降到零为止。晶闸管 T_1 的导通角 $\delta=\beta-\alpha$，并且该角度由延迟角 α 和负载功率因数角 θ 共同决定。图 11-5b～f 描绘了晶闸管电流，门极驱动，以及输入电压的波形。

假设输入电压瞬时值为 $v_s=\sqrt{2}V_s\sin(\omega t)$，晶闸管 T_1 的延迟角为 α，则晶闸管的电流为：

⊖　原书此处为 W，应为 V · A—— 译者注

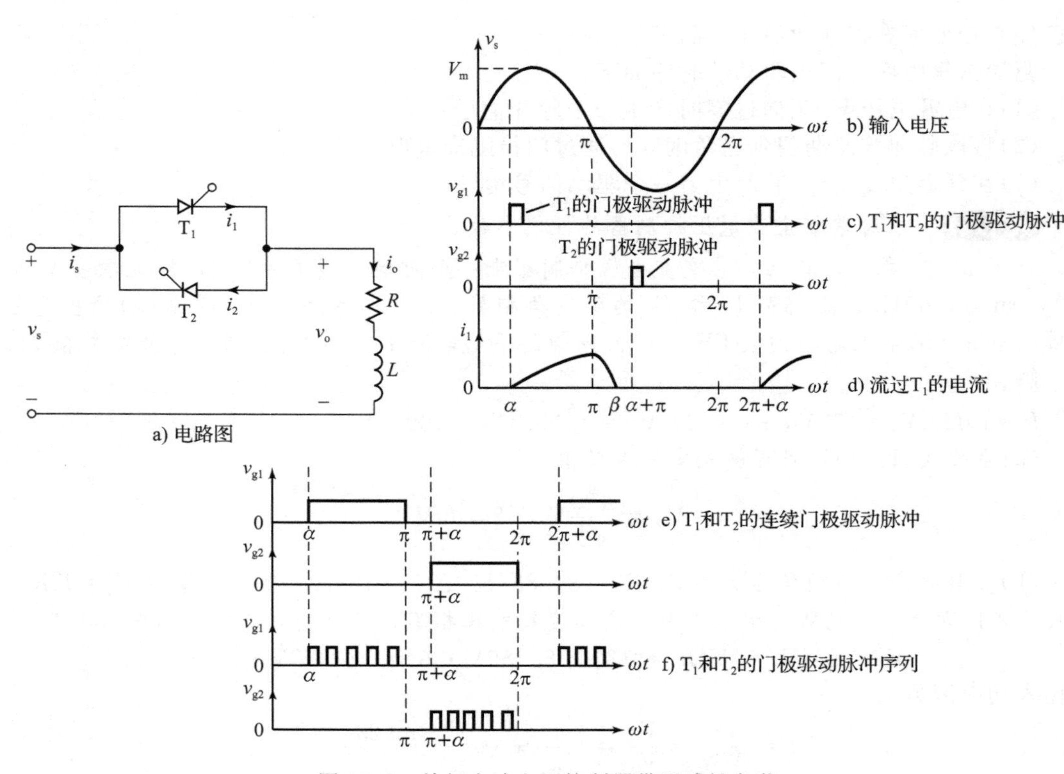

图 11-5 单相全波电压控制器带阻感性负载

$$L\frac{\mathrm{d}i_1}{\mathrm{d}t}+Ri_1=\sqrt{2}V_s\sin(\omega t) \tag{11-5}$$

式(11-5)的解为：

$$i_1=\frac{\sqrt{2}V_s}{Z}\sin(\omega t-\theta)+A_1\mathrm{e}^{-(R/L)t} \tag{11-6}$$

式中：负载阻抗为 $Z=[R^2+(\omega L)^2]^{1/2}$；负载功率因数角为 $\theta=\arctan(\omega L/R)$。$A_1$ 是一个由初始条件 $\omega t=\alpha$，$i_1=0$ 决定的常数。由式(11-6)，可得 A_1 为：

$$A_1=-\frac{\sqrt{2}V_s}{Z}\sin(\alpha-\theta)\mathrm{e}^{-(R/L)(\alpha/\omega)} \tag{11-7}$$

将式(11-7)代入式(11-6)，可得

$$i_1=\frac{\sqrt{2}V_s}{Z}[\sin(\omega t-\theta)-\sin(\alpha-\theta)\mathrm{e}^{(R/L)(\alpha/\omega-t)}] \tag{11-8}$$

当晶闸管 T_1 关断，电流 i_1 为 0 时，由式(11-8)中 $i_1(\omega t=\beta)=0$ 的条件，可以得到角度 β 的关系式为：

$$\sin(\beta-\theta)=\sin(\alpha-\theta)\mathrm{e}^{(R/L)(\alpha-\beta)/\omega} \tag{11-9}$$

角度 β 被称为灭弧角，通过对式(11-9)这个超越方程迭代求解，可以得到 β 的值。一旦得到了 β，就可得到晶闸管 T_1 的导通角 δ 为：

$$\delta=\beta-\alpha \tag{11-10}$$

输出电压有效值为：

$$V_o=\left[\frac{2}{2\pi}\int_\alpha^\beta 2V_s^2\sin^2(\omega t)\mathrm{d}(\omega t)\right]^{1/2}$$
$$=\left[\frac{4V_s^2}{4\pi}\int_\alpha^\beta(1-\cos(2\omega t))\mathrm{d}(\omega t)\right]^{1/2}$$

$$= V_s\left[\frac{1}{\pi}\left(\beta-\alpha+\frac{\sin(2\alpha)}{2}-\frac{\sin(2\beta)}{2}\right)\right]^{1/2} \tag{11-11}$$

由式(11-8)可得晶闸管电流的有效值为：

$$I_R=\left[\frac{1}{2\pi}\int_\alpha^\beta i_1^2\,\mathrm{d}(\omega t)\right]^{1/2}$$

$$=\frac{V_s}{Z}\left[\frac{1}{\pi}\int_\alpha^\beta\{\sin(\omega t-\theta)-\sin(\alpha-\theta)\,\mathrm{e}^{\left(\frac{R}{L}\right)\left(\frac{\alpha}{\omega}-t\right)}\}^2\mathrm{d}(\omega t)\right]^{1/2} \tag{11-12}$$

输出电流的有效值为两个晶闸管电流之和，即

$$I_o=(I_R^2+I_R^2)^{1/2}=\sqrt{2}I_R \tag{11-13}$$

由式(11-8)也可以得到晶闸管电流的平均值为：

$$I_A=\frac{1}{2\pi}\int_\alpha^\beta i_1\,\mathrm{d}(\omega t)=\frac{\sqrt{2}V_s}{2\pi Z}\int_\alpha^\beta\left[\sin(\omega t-\theta)-\sin(\alpha-\theta)\,\mathrm{e}^{\left(\frac{R}{L}\right)\left(\frac{\alpha}{\omega}-t\right)}\right]\mathrm{d}(\omega t) \tag{11-14}$$

当电压控制器带阻性负载时，晶闸管的驱动信号可以是短脉冲的。但是在带感性负载的时候，这样的短脉冲就不适用了。这一点可以通过图 11-5c 来解释。当晶闸管 T_2 在 $\omega t=\pi+\alpha$ 时刻导通时，由于负载电感的存在，晶闸管 T_1 仍然保持导通。在 $\omega t=\beta=\alpha+\delta$ 时刻，当晶闸管 T_1 的电流下降到零并且 T_1 关断时，晶闸管 T_2 的门级驱动脉冲已经停止，因此 T_2 也无法开通。这样结果是只有晶闸管 T_1 能正常运行，从而导致输出的电压电流波形严重不对称。如图 11-5e 所示，这个问题可以通过将门极驱动信号从单个窄脉冲改成周期为 $(\pi-\alpha)$ 的连续信号来得到解决。当 T_1 的电流下降到零时，晶闸管 T_2（使用如图 11-5e 所示门极驱动脉冲）会立即开通。但是，连续的门极信号会使晶闸管开关损耗增大，同时也需要更大的隔离变压器来实现门级驱动。为了解决这个问题，如图 11-5f 所示，人们通常使用一系列的窄脉冲来代替一个连续信号。

图 11-6 描绘了带阻感性负载时输出电压 V_o，输出电流 i_o，以及 T_1 两端电压 V_{T1} 的波形。这些波形中，在负向电流过零之后，有可能存在一个延迟角 γ。

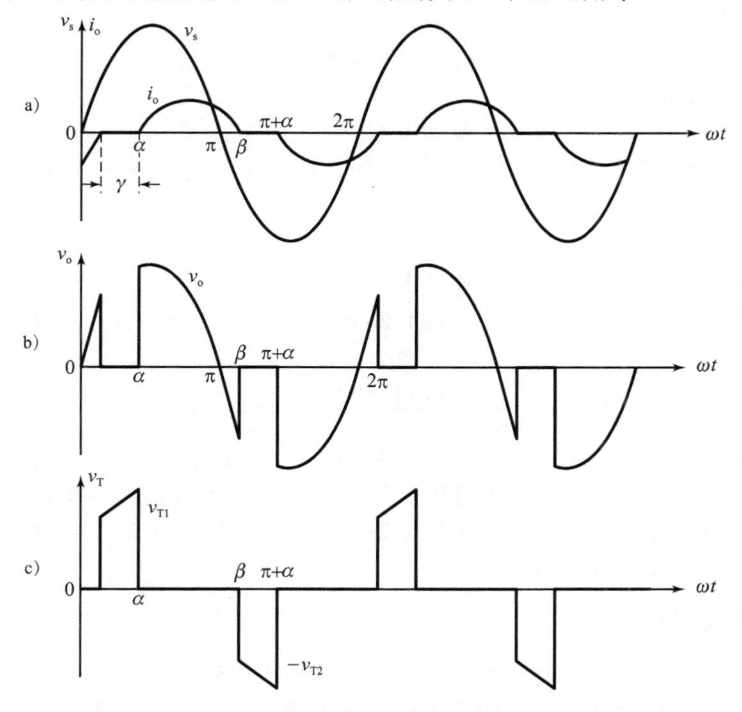

图 11-6　单相电压控制器带 RL 负载时的典型波形

a)输入电压及输出电流，b)输出电压，c)晶闸管 T_1 两端的电压

由式(11-8)可以得到，当延迟角α小于负载角θ时，负载上的电压和电流波形可以保持正弦波形。当α大于θ时，负载电流波形会变成不连续的非正弦波形。

应注意如下：

(1)如果$\alpha=\theta$，由式(11-9)，可以得到：

$$\sin(\beta-\theta)=\sin(\beta-\alpha)=0 \tag{11-15}$$

且

$$\beta-\alpha=\delta=\pi \tag{11-16}$$

(2)由于导通角δ不能超过π，并且负载电流都会有过零的过程，所以延迟角α不能小于θ，并且延迟角控制范围为：

$$\theta\leqslant\alpha\leqslant\pi \tag{11-17}$$

(3)如果$\alpha\leqslant\theta$且晶闸管的门极驱动脉冲是宽脉冲，那么负载电流不会随着α的改变而变化，两个晶闸管的导通角都是π。晶闸管T_1在$\omega t=\theta$时导通，而晶闸管T_2在$\omega t=\theta+\pi$时导通。

门极驱动信号时序　门极驱动的信号时序应该如下：

(1)在输入电压V_s正向过零时产生一连串的脉冲信号[1]；

(2)将这一系列脉冲信号延迟所需的α角度，然后通过门极隔离电路驱动T_1；

(3)延迟$\alpha+\pi$角度后，生成另外一组连续驱动脉冲。

例 11.2　求解带阻感性负载单相全波电压控制器的性能参数。

如图 11-5a 所示的单相全波电压控制器带有一个阻感性负载。其输入电压$V_s=120\text{V}$，60Hz。其负载$L=6.5\text{mH}$，$R=2.5\Omega$。两个晶闸管的延迟角相等：$\alpha_1=\alpha_2=\pi/2$。求解(a)晶闸管T_1的导通角δ；(b)输出电压V_o的有效值；(c)流过晶闸管电流的有效值I_R；(d)输出电流的有效值I_o；(e)晶闸管电流的平均值I_A；(f)输入功率因数。

解：

$R=2.5\Omega$，$L=6.5\text{mH}$，$f=60\text{Hz}$，$\omega=2\pi\times60\text{rad/s}=377\text{rad/s}$，$V_s=120\text{V}$，$\alpha=90°$，$\theta=\arctan(\omega L/R)=44.43°$

(a)由式(11-9)可以求得灭弧角，其迭代值$\beta=220.35°$。其导通角为$\delta=\beta-\alpha=220.35°-90°=130.35°$。

(b)由式(11-11)可得输出电压有效值为$V_o=68.09\text{V}$。

(c)在$\omega t=\alpha$到β区间内对式(11-12)进行数值积分，可以得到晶闸管电流有效值为$I_R=15.07\text{A}$。

(d)由式(11-13)可得$I_o=\sqrt{2}\times15.07\text{A}=21.3\text{A}$。

(e)对式(11-14)进行数值积分，可得$I_A=8.23\text{A}$。

(f)输出功率$P_o=21.3\times2.5\text{W}=1134.25\text{W}$，输入视在功率$V_A=120\times21.3\text{V}\cdot\text{A}=2556\text{V}\cdot\text{A}$，因此

$$\text{PF}=\frac{P_o}{\text{VA}}=\frac{1134.200}{2556}=0.444(\text{滞后})$$ ◀

注意：由于晶闸管的开关动作影响，上述电流的公式为非线性的。相对经典的解法，用数值方法求解晶闸管的导通角和电流更有效率。可以利用电脑程序来解算这个例题。学生们可以主动利用这种方式来验证本例的结果，并且领会数值解法的用处，特别是其在求解晶闸管电路中的非线性方程的优势。

11.5　三相全波控制器

由于单向电压控制器输出电压的不对称性，其输入电流为直流且富含高次谐波，这种控制器通常不会用在交流电动机驱动系统中；通常取而代之的是三相双向控制器。

图 11-7 表示的是一个带星形联结阻性负载的三相全波(或称双向)电压控制器的电路

示意图。其晶闸管触发时序为：T_1，T_2，T_3，T_4，T_5，T_6。

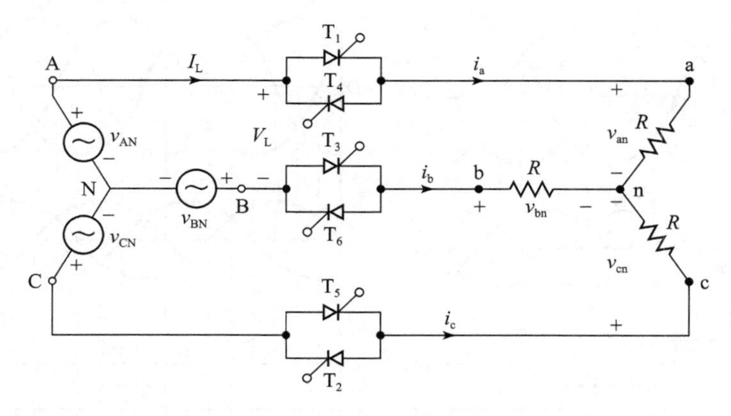

图 11-7　三相双向全压控制器

如果定义瞬时输入相电压为：

$$v_{AN}=\sqrt{2}V_s\sin(\omega t)$$

$$v_{BN}=\sqrt{2}V_s\sin\left(\omega t-\frac{2\pi}{3}\right)$$

$$v_{CN}=\sqrt{2}V_s\sin\left(\omega t-\frac{4\pi}{3}\right)$$

则其瞬时的输入线电压为：

$$v_{AB}=\sqrt{6}V_s\sin\left(\omega t+\frac{\pi}{6}\right)$$

$$v_{BC}=\sqrt{6}V_s\sin\left(\omega t-\frac{\pi}{2}\right)$$

$$v_{CA}=\sqrt{6}V_s\sin\left(\omega t-\frac{7\pi}{6}\right)$$

图 11-8 描绘的是当 $\alpha=60°$ 和 $\alpha=120°$ 时的输入电压，晶闸管的导通角，以及输出的相电压波形。当 $0\leqslant\alpha\leqslant60°$，在触发 T_1 前的瞬间，有两个晶闸管导通。一旦 T_1 导通后，就有 3 个晶闸管导通。当 1 个晶闸管的电流准备反向时，该晶闸管会关断。在这个区间，电路的模态在导通 2 个或 3 个晶闸管之间互相转换。

在 $60°\leqslant\alpha\leqslant90°$ 区间，任何时刻只有 2 个晶闸管导通。在 $90°\leqslant\alpha\leqslant150°$ 区间，尽管在任意时刻总有 2 个晶闸管导通，同时也存在一段时刻没有晶闸管导通。当 $\alpha\geqslant150°$ 时，没有 2 个晶闸管会同时导通，并且，当 $\alpha=150°$ 时，输出电压等于零。其延迟角的范围是：

$$0\leqslant\alpha\leqslant150° \tag{11-18}$$

和半波控制器类似，全波控制器输出相电压有效值的表达式取决于其延迟角的范围。星形联结负载的输出电压有效值可以根据下面的方法求解。

当 $0\leqslant\alpha\leqslant60°$ 时，有：

$$V_o=\left[\frac{1}{2\pi}\int_0^{2\pi}v_{an}^2\,d(\omega t)\right]^{\frac{1}{2}}$$

$$=\sqrt{6}V_s\left\{\frac{2}{2\pi}\left[\int_\alpha^{\frac{\pi}{3}}\frac{\sin^2(\omega t)}{3}d(\omega t)+\int_{\frac{\pi}{4}}^{\frac{\pi}{2}+\alpha}\frac{\sin^2(\omega t)}{4}d(\omega t)+\int_{\frac{\pi}{3}+\alpha}^{\frac{2\pi}{3}}\frac{\sin^2(\omega t)}{3}d(\omega t)\right.\right.$$

$$\left.\left.+\int_{\frac{\pi}{2}}^{\frac{\pi}{2}+\alpha}\frac{\sin^2(\omega t)}{4}d(\omega t)+\int_{\frac{2\pi}{3}+\alpha}^{\pi}\frac{\sin^2(\omega t)}{3}d(\omega t)\right]\right\}^{1/2}$$

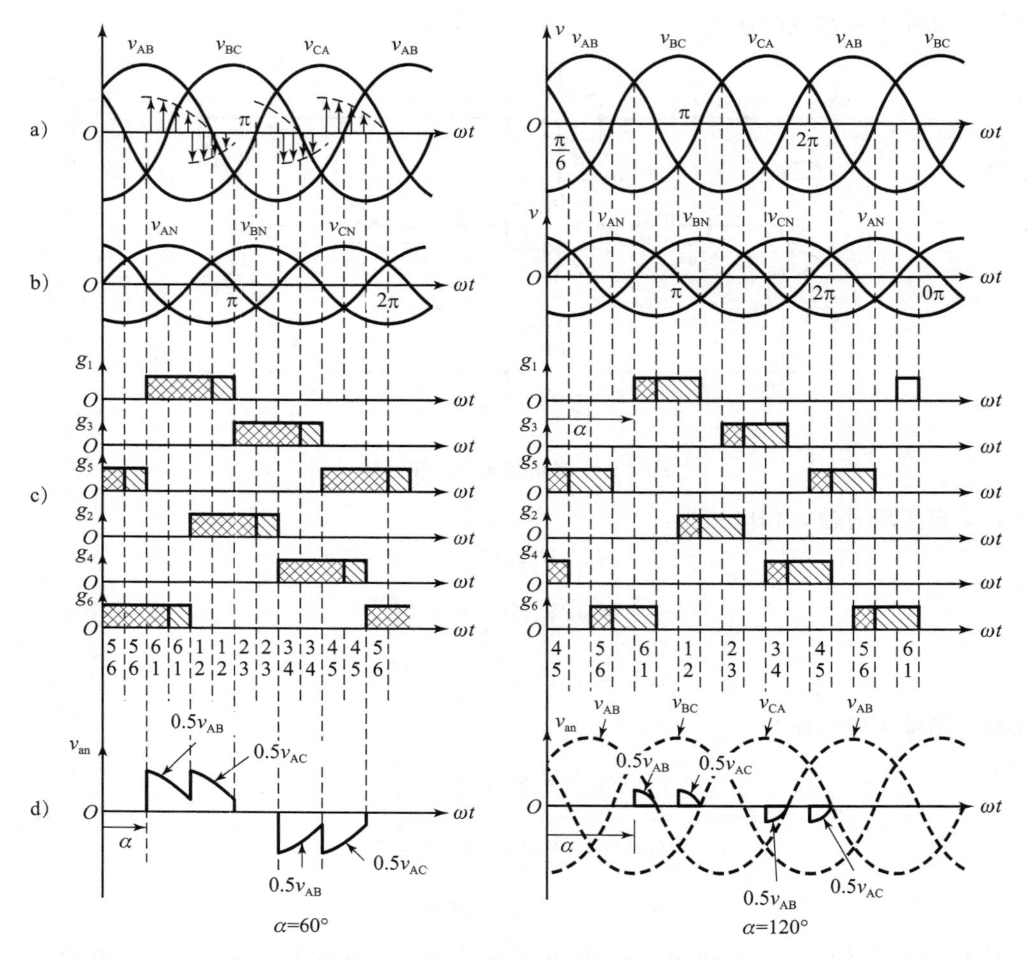

图 11-8 三相双向电压控制器的波形

a)输入线电压，b)输入相电压，c)晶闸管门极驱动脉冲，d)输出相电压

$$=\sqrt{6}V_s\left[\frac{1}{\pi}\left(\frac{\pi}{6}-\frac{\alpha}{4}+\frac{\sin(2\alpha)}{8}\right)\right]^{\frac{1}{2}} \tag{11-19}$$

当 60°≤α≤90°时，有：

$$V_o=\sqrt{6}V_s\left[\frac{2}{2\pi}\left\{\int_{\frac{\pi}{2}-\frac{\pi}{3}+\alpha}^{\frac{5\pi}{6}-\frac{\pi}{3}+\alpha}\frac{\sin^2(\omega t)}{4}\mathrm{d}(\omega t)+\int_{\frac{\pi}{2}-\frac{\pi}{3}+\alpha}^{\frac{5\pi}{6}-\frac{\pi}{3}+\alpha}\frac{\sin^2(\omega t)}{4}\mathrm{d}(\omega t)\right\}\right]^{\frac{1}{2}}$$

$$=\sqrt{6}V_s\left[\frac{1}{\pi}\left(\frac{\pi}{12}+\frac{3\sin(2\alpha)}{16}+\frac{\sqrt{3}\cos(2\alpha)}{16}\right)\right]^{\frac{1}{2}} \tag{11-20}$$

当 90°≤α≤150°时，有：

$$V_o=\sqrt{6}V_s\left[\frac{2}{2\pi}\left\{\int_{\frac{\pi}{2}-\frac{\pi}{3}+\alpha}^{\pi}\frac{\sin^2(\omega t)}{4}\mathrm{d}(\omega t)+\int_{\frac{\pi}{2}-\frac{\pi}{3}+\alpha}^{\pi}\frac{\sin^2(\omega t)}{4}\mathrm{d}(\omega t)\right\}\right]^{\frac{1}{2}}$$

$$=\sqrt{6}V_s\left[\frac{1}{\pi}\left(\frac{5\pi}{24}-\frac{\alpha}{4}+\frac{\sin(2\alpha)}{16}+\frac{\sqrt{3}\cos(2\alpha)}{16}\right)\right]^{\frac{1}{2}} \tag{11-21}$$

如图 11-9 所示，三相双向控制器的功率器件可以连接在一起。这种结构也称为“晶闸管组”(或“晶闸管堆”)。这个特点使所有的晶闸管可以组装成一个独立单元。但是，由于通常电动机的绕组的所有端子无法直接引出，这种结构无法用于电动机控制系统。

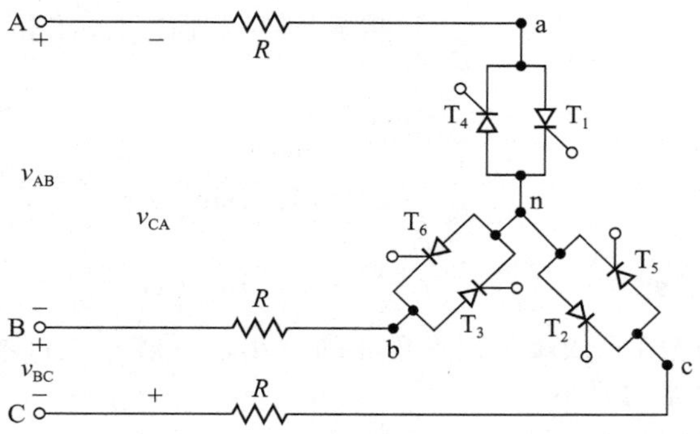

图 11-9　三相双向电压控制器的功率器件的结构

门极驱动时序　这种电路的门极驱动时序如下：

- 当电源相电压 V_{an} 正向过零时产生一个脉冲信号作为基准。
- 将该信号分别延迟角度 α，$\alpha+2\pi/3$，$\alpha+4\pi/3$ 后，通过门极隔离电路分别驱动 T_1，T_3 和 T_5。
- 同样的道理，将前面产生的基准信号分别延迟角度 α，$\alpha+5\pi/3$，$\alpha+7\pi/3$ 后产生新的脉冲驱动 T_2，T_4 和 T_6。

例 11.3　求解三相全波控制器的性能参数。

如图 11-9 所示的三相全波电压控制器，带星形联结的阻性负载，$R=10\Omega$，输入线电压有效值为 208V，60Hz。延迟角 $\alpha=\pi/3$。求解(a)输出相电压有效值 V_o；(b)输入功率因数 PF；(c)a 相输出电压瞬时值的表达式。

解：

$V_L=208V$，$V_s=V_L/\sqrt{3}=120V$，$\alpha=\pi/3$，$R=10\Omega$

(a)由式(11-19)可得输出电压的有效值为 $V_o=100.9V$。

(b)负载相电流 $I_a=(100.9/10)A=10.09A$，输出功率为：

$$P_o = 3I_a^2R = 3\times 10.09^2 \times 10W = 3054.24W$$

由于负载为星形联结，相电流和线电流相等，即 $I_L=I_a=10.09A$，输入视在功率 VA 为：

$$VA = 3V_S I_L = 3\times 120\times 10.09V\cdot A = 3632.4V\cdot A$$

功率因数

$$PF = \frac{P_o}{VA} = \frac{3054.24}{3632.4} = 0.84(滞后)$$

(c)以输相电压 $v_{AN}=120\sqrt{2}\sin(\omega t)V=169.7\sin(\omega t)V$ 为参考，则线电压瞬时值为：

$$v_{AB} = 208\sqrt{2}\sin\left(\omega t+\frac{\pi}{6}\right)V = 294.2\sin\left(\omega t+\frac{\pi}{6}\right)V$$

$$v_{BC} = 294.2\sin\left(\omega t-\frac{\pi}{2}\right)V$$

$$v_{CA} = 294.2\sin\left(\omega t-\frac{7\pi}{6}\right)V$$

输出相电压 v_{an} 的瞬时值由导通的器件数目决定，由图 11-8a 可以求得，不同情况下的输出相电压为：

当 $0\leqslant\omega t\leqslant\frac{\pi}{3}$ 时，　　$v_{an}=0$

当 $\frac{\pi}{3}\leqslant\omega t\leqslant\frac{2\pi}{3}$ 时，　　$v_{an}=\frac{v_{AB}}{2}=147.1\sin\left(\omega t+\frac{\pi}{6}\right)V$

当$\frac{2\pi}{3}\leqslant\omega t\leqslant\pi$时，　　$v_{an}=\frac{v_{AC}}{2}=-\frac{v_{CA}}{2}=147.1\sin\left(\omega t-\frac{7\pi}{6}-\pi\right)V$

当$\pi\leqslant\omega t\leqslant\frac{4\pi}{3}$时，　　$v_{an}=0$

当$\frac{4\pi}{3}\leqslant\omega t\leqslant\frac{5\pi}{3}$时，　　$v_{an}=\frac{v_{AB}}{2}=147.1\sin\left(\omega t+\frac{\pi}{6}\right)V$

当$\frac{5\pi}{3}\leqslant\omega t\leqslant 2\pi$时，　　$v_{an}=\frac{v_{AC}}{2}=147.1\sin\left(\omega t-\frac{7\pi}{6}-\pi\right)V$ ◀

注意：输入功率因数PF依赖于延迟角α的大小，一般来说过本节所述的控制器输入功率因数都是半波控制器的要小。

11.6　三角形联结三相全波控制器

如果三相系统的端子全部可以使用，控制元件(或功率器件)和负载可以按如图11-10所示的三角形联结。由于通常三相系统中相电流是线电流的$1/\sqrt{3}$，这样连接方式下所需的晶闸管电流耐量比将晶闸管或控制元件串联在线上所需的电流耐量要小。

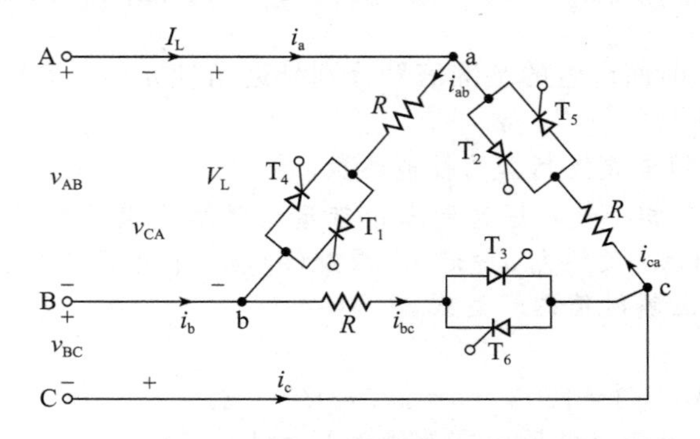

图11-10　三相电压控制器的三角形联结

假设瞬时线电压为：

$$v_{AB}=v_{ab}=\sqrt{2}V_s\sin(\omega t)$$
$$v_{BC}=v_{bc}=\sqrt{2}V_s\sin\left(\omega t-\frac{2\pi}{3}\right)$$
$$v_{CA}=v_{ca}=\sqrt{2}V_s\sin\left(\omega t-\frac{4\pi}{3}\right)$$

图11-11描绘了当$\alpha=120°$，并带阻性负载时的输入线电压，相电流和线电流，以及晶闸管的门级驱动波形。

对于阻性负载，其输出相电压的有效值为：

$$V_o=\left[\frac{1}{2\pi}\int_{\alpha}^{2\pi}v_{ab}^2\,d(\omega t)\right]^{\frac{1}{2}}=\left[\frac{2}{2\pi}\int_{\alpha}^{\pi}2V_s^2\sin(\omega t)\,d(\omega t)\right]^{\frac{1}{2}}$$
$$=V_s\left[\frac{1}{\pi}\left(\pi-\alpha+\frac{\sin(2\alpha)}{2}\right)\right]^{\frac{1}{2}}\tag{11-22}$$

当$\alpha=0$时，输出电压可以达到最大值，所以延迟角的控制范围为：

$$0\leqslant\alpha\leqslant\pi\tag{11-23}$$

由相电流得出线电流为：

$$i_a=i_{ab}-i_{ca}$$
$$i_b=i_{bc}-i_{ab}$$
$$i_c=i_{ca}-i_{bc}\tag{11-24}$$

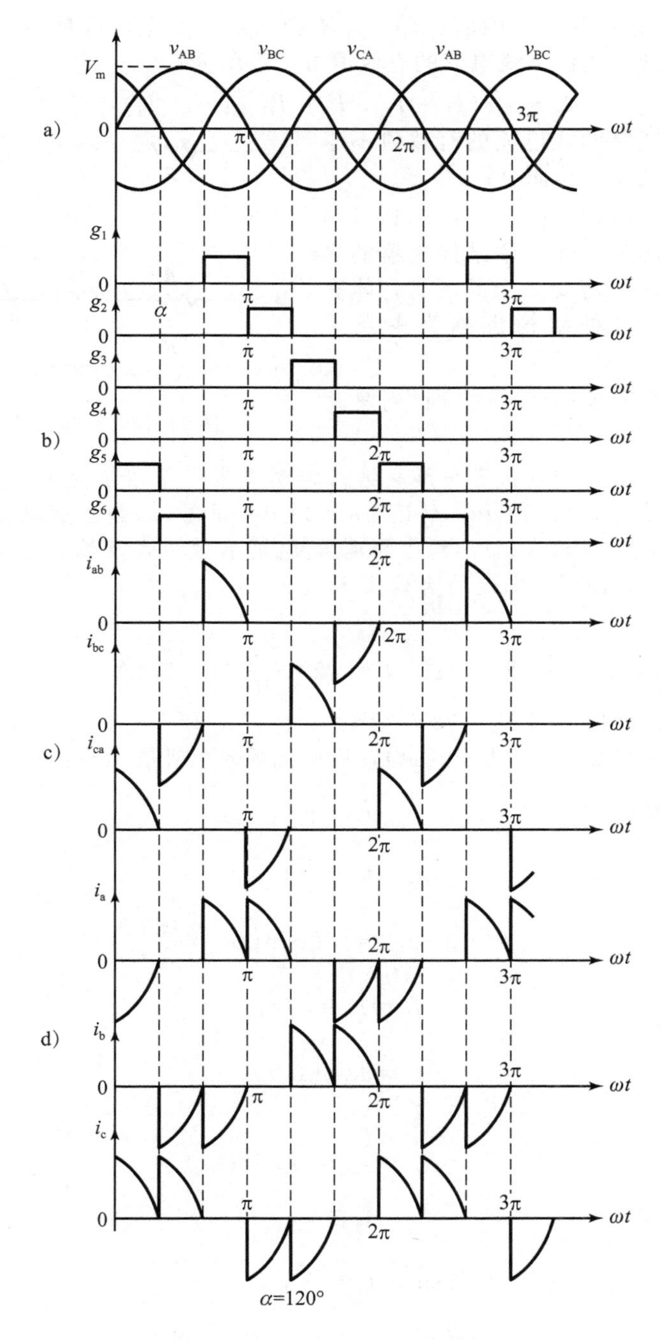

图 11-11　三角形联结电压控制器的波形

a)输入线电压，b)晶闸管门极驱动脉冲，c)输出相电流，d)输出线电流

我们可以注意到，在图 11-11 中，线电流依赖于延迟角的大小，并且有可能不连续。负载的线电流或相电流的有效值大小可以用数值解法或傅里叶分析得出。假定 I_n 为相电流波形的第 n 次谐波，其相电流的有效值可以表示成：

$$I_{ab}=(I_1^2+I_3^2+I_5^2+I_7^2+I_9^2+I_{11}^2+\cdots+I_n^2)^{\frac{1}{2}} \tag{11-25}$$

由于三角形的联结方式，相电流的 3 的整数次谐波(例如次数为 $n=3m$ 的谐波，其中

m 为整奇数)将在三角形联结的内部循环，而不会出现在线上。这是因为所有三相负载里的零序谐波具有相同的相位。线电流的有效值可以表示为：

$$I_a = \sqrt{3}(I_1^2 + I_5^2 + I_7^2 + I_{11}^2 + \cdots + I_n^2)^{\frac{1}{2}} \tag{11-26}$$

因此，三角形联结的线电流的有效值不遵守一般三相系统的规律，从而有：

$$I_a < \sqrt{3} I_{ab} \tag{11-27}$$

图 11-12 所示的是三角形联结控制器的另一种形式，这种形式只需要 3 个晶闸管，能有效简化控制电路。这种结构也称为中点控制器。

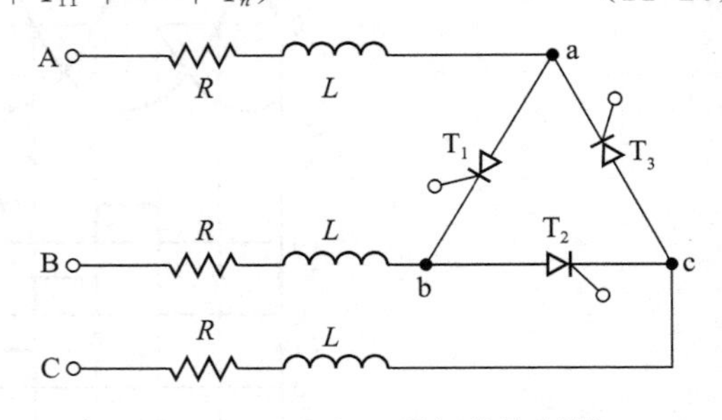

图 11-12　三相三晶闸管控制器

例 11.4　求解三相三角形联结控制器的性能参数。

如图 11-10 所示，三相双向三角形联结的控制器带一个阻值为 $R=10\Omega$ 的阻性负载。线电压 $V_s=208\text{V}$(有效值)，60Hz，延迟角$\alpha=2\pi/3$。求解(a)输出相电压有效值 V_o；(b)瞬时电流 i_a，i_{ab}及 i_{ca}的表达式；(c)输出相电流 I_{ab}的有效值，及线电流 I_a 的有效值；(d)输入功率因数 PF；(f)晶闸管电流的有效值 I_R。

解：

$V_L=V_S=208\text{V}$，$\alpha=\dfrac{2\pi}{3}$，$R=10\Omega$，$I_m=\sqrt{2}\times\dfrac{208}{10}\text{A}=29.4\text{A}$

(a)由式(11-22)可得 $V_o=92\text{V}$

(b)以 i_{ab}为参考相量，$i_{ab}=I_m\sin(\omega t)$，则电流瞬时值可表示为：

当 $0\leqslant\omega t\leqslant\dfrac{\pi}{3}$ 时，　$I_{ab}=0$

$$i_{ca} = I_m\sin\left(\omega t - \frac{4\pi}{3}\right)$$

$$i_a = i_{ab} - i_{ca} = -I_m\sin\left(\omega t - \frac{4\pi}{3}\right)$$

当 $\dfrac{\pi}{3}\leqslant\omega t\leqslant\dfrac{2\pi}{3}$ 时，　$i_{ab}=i_{ca}=i_a=0$

当 $\dfrac{2\pi}{3}\leqslant\omega t\leqslant\pi$ 时，　$i_{ab}=I_m\sin(\omega t)$

$$i_{ca} = 0$$
$$i_a = i_{ab} - i_{ca} = I_m\sin(\omega t)$$

当 $\pi\leqslant\omega t\leqslant\dfrac{4\pi}{3}$ 时，　$i_{ab}=0$

$$i_{ca} = I_m\sin\left(\omega t - \frac{4\pi}{3}\right)$$

$$i_a = i_{ab} - i_{ca} = -I_m\sin\left(\omega t - \frac{4\pi}{3}\right)$$

当 $\dfrac{4\pi}{3}\leqslant\omega t\leqslant\dfrac{5\pi}{3}$ 时，　$i_{ab}=i_{ca}=i_a=0$

当 $\dfrac{5\pi}{3}\leqslant\omega t\leqslant 2\pi$ 时，　$i_{ab}=I_m\sin(\omega t)$

$$i_{ca} = 0$$
$$i_a = i_{ab} - i_{ca} = I_m\sin(\omega t)$$

(c)i_{ab}和 i_a的有效值可以用 Mathcad 软件通过数值积分的方式求得，同学们可以自行尝试。

$$I_{ab}=9.2\text{A}\quad I_L=I_a=13.01\text{A},\quad \frac{I_a}{I_{ab}}=\frac{13.01}{9.2}=1.1414\neq\sqrt{3}$$

(d)输出功率为：

$$P_o=3I_{ab}^2R=3\times9.2^2\times10\text{W}=2537\text{W}$$

视在功率为：

$$\text{VA}=3V_SI_{ab}=3\times208\times9.2\text{V}\cdot\text{A}=5739\text{V}\cdot\text{A}$$

功率因数为：

$$\text{PF}=\frac{P_o}{\text{VA}}=\frac{2537}{5739}=0.442(\text{滞后})$$

(e)由相电流可得出晶闸管电流为：

$$I_R=\frac{I_{ab}}{\sqrt{2}}=\frac{9.2}{\sqrt{2}}\text{A}=6.5\text{A}$$ ◀

注：如图 11-12 所示的交流电压控制器，其线电流 I_a 与相电流 I_{ab} 之间不存在$\sqrt{3}$的关系。这是交流电压控制器中的负载电流不连续的结果。

11.7　单相变压器联结转换开关

晶闸管可以当作一个静态开关，用于变压器带载切换。这种静态连接转换开关具有快速开关动作的优势。其转换过程可以根据负载状况进行控制，并且非常平稳。图 11-13 给出了单相变压器连接转换开关的电路示意图。变压器的二次侧可能有多个绕组，为简单起见，这里仅显示两个绕组的情况。

输入变压器的匝比满足以下关系：假如一次瞬时电压为：

$$v_p=\sqrt{2}V_s\sin(\omega t)=\sqrt{2}V_p\sin(\omega t)$$

则二次的瞬时电压为：

$$v_1=\sqrt{2}V_1\sin(\omega t)$$

以及

$$v_2=\sqrt{2}V_2\sin(\omega t)$$

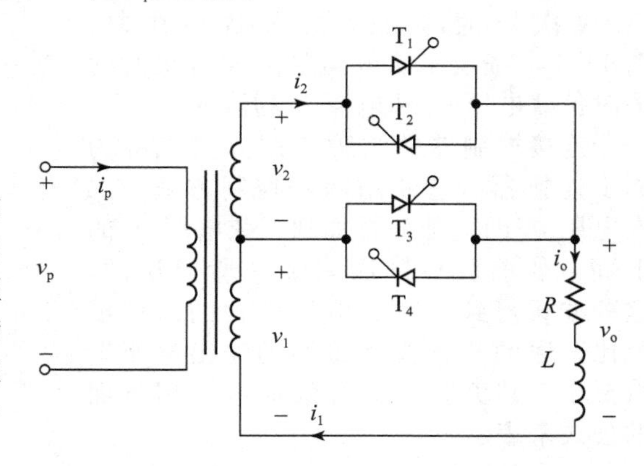

图 11-13　单相变压器连接转换开关

连接转换开关通常普遍用在带阻性加热负载的场合。当只有晶闸管 T_3 和 T_4 以 $\alpha=0$ 的延迟角交替导通的时候，负载电压保持在低电压输出挡，$V_o=V_1$。当需要满电压输出时，仅有 T_1 和 T_2 以 $\alpha=0$ 的延迟角交替导通，此时输出的满电压为 $v_o=V_1+V_2$。

控制晶闸管的门极驱动可以控制负载电压的变化。负载电压的有效值 V_o 可以在以下三个区间内变化：

$$0<V_o<V_1$$
$$0<V_o<(V_1+V_2)$$
$$V_1<V_o<(V_1+V_2)$$

控制区间 1　$0\leqslant V_o\leqslant V_1$。当负载电压在这个范围内调节时，晶闸管 T_1 和 T_2 处于关断状态。晶闸管 T_3 和 T_4 可以作为单相电压控制器来运行。图 11-14c 给出了带阻性负载时的瞬时负载电压 V_o 和电流 I_o 的波形。由式(11-1)可以得到负载电压的有效值为：

$$V_o = V_1\left[\frac{1}{\pi}\left(\pi-\alpha+\frac{\sin(2\alpha)}{2}\right)\right]^{\frac{1}{2}} \tag{11-28}$$

其延迟角的控制范围为 $0\leqslant\alpha\leqslant\pi$。

控制区间 2 $0\leqslant V_o\leqslant(V_1+V_2)$。当负载电压在这个范围内调节时，晶闸管 T_3 和 T_4 处于关断状态。晶闸管 T_1 和 T_2 可以作为单相电压控制器来运行。图 11-14c 给出了带阻性负载时的瞬时负载电压 V_o 和电流 I_o 的波形。其负载电压的有效值为：

$$V_o = (V_1+V_2)\left[\frac{1}{\pi}\left(\pi-\alpha+\frac{\sin(2\alpha)}{2}\right)\right]^{\frac{1}{2}} \tag{11-29}$$

其延迟角的控制范围为 $0\leqslant\alpha\leqslant\pi$。

控制区间 3 $V_1<V_o<(V_1+V_2)$。当 $\omega t=0$ 时，晶闸管 T_3 导通，二次电压 V_1 加在负载两端。在 $\omega t=\alpha$ 时刻，如果将晶闸管 T_1 导通，由于二次电压 V_2 的作用，晶闸管 T_3 将被反向电压偏置并且关断。此时加载在负载两端的电压为 (v_1+v_2)。在 $\omega t=\pi$ 时，T_1 自然关断，T_4 导通。二次电压 V_1 加在负载两端，直到 T_2 在 $\omega t=\pi+\alpha$ 时刻导通为止。当 T_2 在 $\omega t=\pi+\alpha$ 时刻导通之后，T_4 承受反压 V_2 偏置关断，负载电压为 (v_1+v_2)。当 $\omega t=2\pi$ 时，T_2 自然换流关断，T_3 再次导通，如此工作循环往复。图 11-14e 描绘了该电路带阻性负载时的瞬时负载电压 v_o 和电流 i_o 的波形。

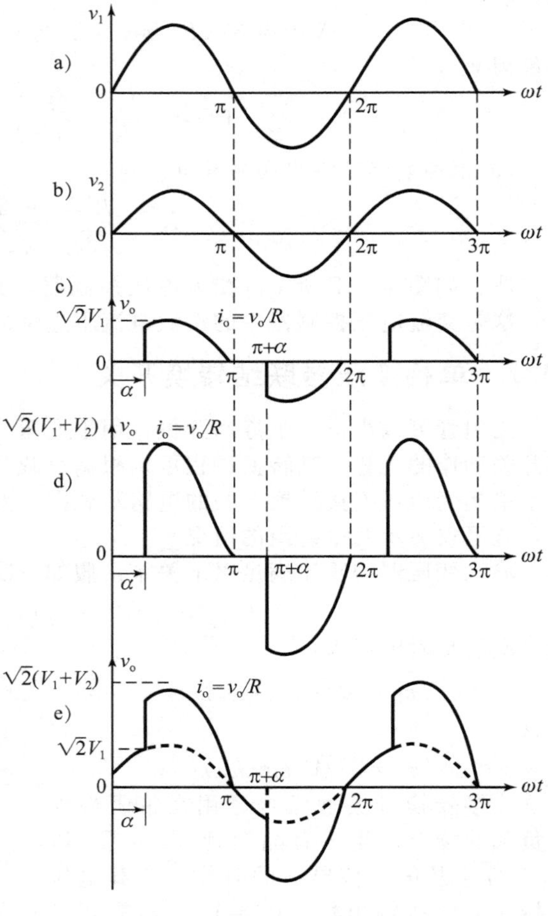

图 11-14 变压器连接转换开关波形

a)二次侧 1 的电压，b)二次侧 2 的电压，c)运行于控制区间 1 时的输出电压，d)运行于控制区间 2 时的输出电压，e)运行于控制区间 3 时的输出电压

连接控制器的这种控制方式也称为同步连接器。它使用两步控制方式。二次电压 v_2 的一部分叠加到正弦电压 v_1 的上面。如前面控制区间 2 中所讨论的，这种方式得到的输出电压所含的谐波成分比普通的相移控制得到的输出电压谐波要小。其负载电压有效值可以用下面的公式来表示：

$$\begin{aligned}V_o &= \left[\frac{1}{2\pi}\int_0^{2\pi} v_0^2\,\mathrm{d}(\omega t)\right]^{\frac{1}{2}}\\ &= \left\{\frac{2}{2\pi}\left[\int_0^{\alpha} 2V_1^2\sin^2(\omega t)\,\mathrm{d}(\omega t)+\int_{\alpha}^{\pi} 2(V_1+V_2)^2\sin^2(\omega t)\,\mathrm{d}(\omega t)\right]\right\}^{\frac{1}{2}}\\ &= \left[\frac{V_1^2}{\pi}\left(\alpha-\frac{\sin(2\alpha)}{2}\right)+\frac{(V_1+V_2)^2}{\pi}\left(\pi-\alpha+\frac{\sin(2\alpha)}{2}\right)\right]^{\frac{1}{2}}\end{aligned} \tag{11-30}$$

当同步连接器带阻感性负载的时候，其门极驱动电路需要特殊设计。假设晶闸管 T_1 和 T_2 处于关断状态，而晶闸管 T_3 和 T_4 在负载电流交流半波过零时导通。其负载电流可以表示为：

$$i_o = \frac{\sqrt{2}V_1}{Z}\sin(\omega t-\theta)$$

式中：$Z=[R^2+(\omega L)^2]^{\frac{1}{2}}$；$\theta=\arctan\left(\frac{\omega L}{R}\right)$

图 11-15a 给出了瞬时的负载电流 i_o的波形。如果 T_1 在 $\omega t=\alpha$ 时导通，且此时$\propto<\theta$，由于此时负载成感性，T_3 依然处于导通续流状态，此时变压器的二次绕组会呈短路状态。因此，变换器的控制电路应该设计成只有当 T_3 关断，且 $i_o\geqslant 0$ 的情况下，T_1 才会导通。类似地，在 T_4 关断且 $i_0\leqslant 0$ 之前，T_2 都不能导通。图 11-15b 和图 11-15c 描绘了当$\propto>\theta$时的负载电压 v_o 及负载电流 i_o 波形。该输出电流包含了大量谐波，图中的虚线表示输出电流的基波成分。

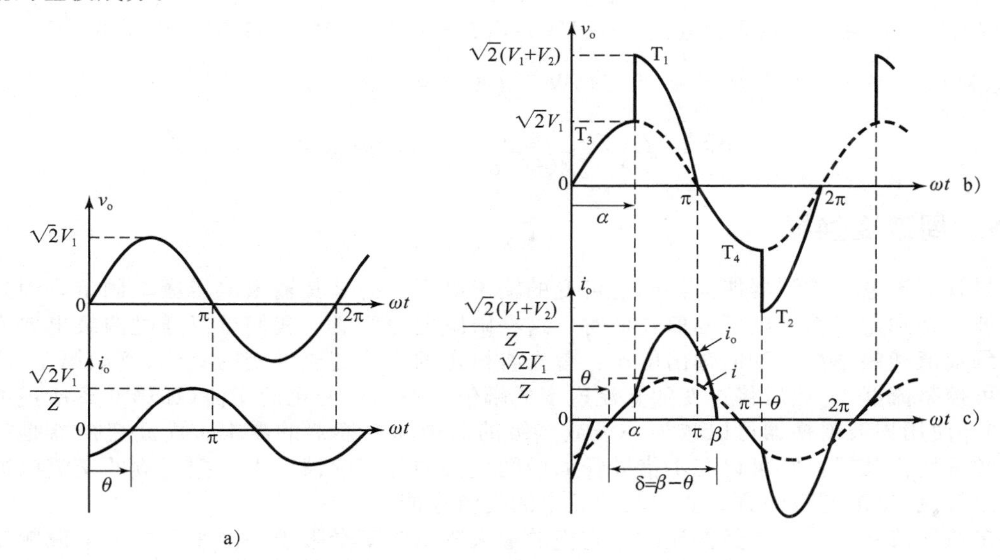

图 11-15　同步连接器带 RL 负载时的电压和电流波形

a)输出电压和电流，b)输出电压，c)输出电流及其基波成分

门极驱动时序　门极驱动时序如下：

(1)控制输出电压为 $0\leqslant V_o\leqslant V_1$时，分别延迟角度 α 和 $\alpha+\pi$，然后驱动 T_3 和 T_4，同时切断 T_1 和 T_2 的驱动信号；

(2)控制输出电压为 $0<V_o<(V_1+V_2)$时，分别延迟角度 α 和 $\alpha+\pi$，然后驱动 T_1 和 T_2，同时切断 T_3 和 T_4 的驱动信号。

例 11.5　求解单相连接变换器的性能参数。

如图 11-13 所示的变换器控制成同步连接变换器运行。一次电压有效值 240V，60Hz。二次电压 $V_1=120$V，$V_2=120$V。假设负载电阻 $R=10\Omega$，且负载电压 180V，求解(a)晶闸管 T_1 和 T_2 的延迟角，(b)流过晶闸管 T_1 和 T_2 的电流有效值，(c)流过晶闸管 T_3和 T_4 的电流有效值，(d)输入功率因数。

解：

$V_o=180$V，$V_p=240$V，$V_1=120$V，$R=10\Omega$

(a)有两种方法可以由式(11-30)求得满足 $V_o=180$V 的延迟角 α(1)作出 V_o 和 α 的关系，然后直接读出 α 的值，(2)用迭代法求解。在本书中我们利用 Mathcad 软件迭代求解式(11-30)，得到 $\alpha=98°$。

(b)由式(11-29)，可求得晶闸管 T_1和 T_2电流的有效值为：

$$I_{R1}=\left[\frac{1}{2\pi R^2}\int_{\alpha}^{\pi}2(V_1+V_2)^2\sin^2(\omega t)\mathrm{d}(\omega t)\right]^{\frac{1}{2}}=\frac{V_1+V_2}{\sqrt{2}R}\left[\frac{1}{\pi}\left(\pi-\alpha+\frac{\sin(2\alpha)}{2}\right)\right]^{\frac{1}{2}}$$
$$=10.9\text{A} \tag{11-31}$$

(c)晶闸管 T_3 和 T_4 电流的有效值为：

$$I_{R1}=\left[\frac{1}{2\pi R^2}\int_{\alpha}^{\pi}2V_1^2\sin^2(\omega t)\mathrm{d}(\omega t)\right]^{\frac{1}{2}}=\frac{V_1}{\sqrt{2}R}\left[\frac{1}{\pi}\left(\alpha-\frac{\sin(2\alpha)}{2}\right)\right]^{\frac{1}{2}}$$
$$=6.5\mathrm{A} \tag{11-32}$$

(d)第二组二次绕组(上面一组)的电流有效值为 $I_2=\sqrt{2}I_{R1}=15.4\mathrm{A}$。第一组二次绕组(下面一组)的电流有效值为晶闸管 T_1、T_2、T_3、T_4 的电流之和，即

$$I_1=\left[(\sqrt{2}I_{R1})^2+(\sqrt{2}I_{R3})^2\right]^{\frac{1}{2}}=17.93\mathrm{A}$$

一次绕组或二次绕组的额定视在功率为 $VA=V_1I_1+V_2I_2=(120\times17.94+12\times15.4)\mathrm{V\cdot A}=4000.8\mathrm{V\cdot A}$，负载功率为 $P_o=\frac{V_o^2}{R}=3240\mathrm{W}$，功率因数为：

$$PF=\frac{P_o}{VA}=\frac{3240}{4000.8}=0.8098(\text{滞后})$$ ◀

11.8 周波变换器

尽管交流电压控制器能提供幅值可变的输出电压，但是其输出电压频率固定，而且富含谐波，特别是当输出电压幅值较低时，这一缺陷尤为明显。我们可以通过两级电能变换来得到幅值和频率都可变的输出电压：首先将恒定的交流变成可变的直流(例如第 10 章所述的可控整流器)，然后将可变的直流逆变成幅值频率均可变化的交流(如第 6 章所述的逆变器)。使用周波变换器可以减少一级或多级的对中间变换器的需求。周波变换器是一种直接频率变换装置，它可以在不借助任何中间变换的环节的情况下，把恒频的交流电能直接通过交流/交流变换的方式变成其他频率的交流电能。

多数周波变换器是自然换流的，它们的最大输出频率受限于一个小于输入电源频率的值。因此周波变换器主要应用在低速交流电动机驱动的场合，其功率范围可达 15000kW，调速范围通常在 0～20Hz。第 15 章详细讨论了交流电动机驱动器的相关知识。

随着功率变换技术及现代控制技术的发展，逆变交流电动机驱动系统逐渐取代了周波变换器式的交流电动机驱动器。然而，近年来高速开关功率器件及微处理器的进步使例如强制换流型直接频率变换(FCDFC)这样的先进的能量变换策略的实现成为了可能。这样的变换策略可以提高电能变换效率并减少谐波成分。FCDFC 的开关控制可以与交流/直流，直流/交流变换器的开关控制相结合。由于 FCDFC 的分析推导的复杂性，本章将不深入讨论强制换流型周波变换器。

11.8.1 单相周波变换器

图 11-16a 阐释了单相输入/单相输出周波变换器的基本工作原理。两个单相变换器被控制成两个桥式整流器。对这两个整流器的延迟角的控制必须能使它们输出幅值相同极性相反的两个不同的电压。假设变换器 P 独立运行时，其输出电压应该为正；同理当变换器 N 独立运行时，其输出电压应该为负。图 11-16b 给出了这种双变换器结构的简化电路。图 11-16c～e 分别给出了当正、负变换器各自工作 $T_0/2$ 时，其输出电压波形及其驱动时序。此时输出电压的频率为 $f_o=1/T_0$。

假设 α_p 为正向变换器的延迟角，则负向变换器的延迟角 $\alpha_n=\pi-\alpha_p$。正向变换器的输出电压平均值等于反向的负向变换器输出电压平均值，即

$$V_{dc2}=-V_{dc1} \tag{11-33}$$

和 10.3 节以及 10.5 节中的双变换器结构类似，两个变换器的输出瞬时电压不一定相等。因此系统中可能存在较大的谐波环流。

这样的环流可以通过切断门极驱动，停止变换器输出负载电流来进行抑制。如

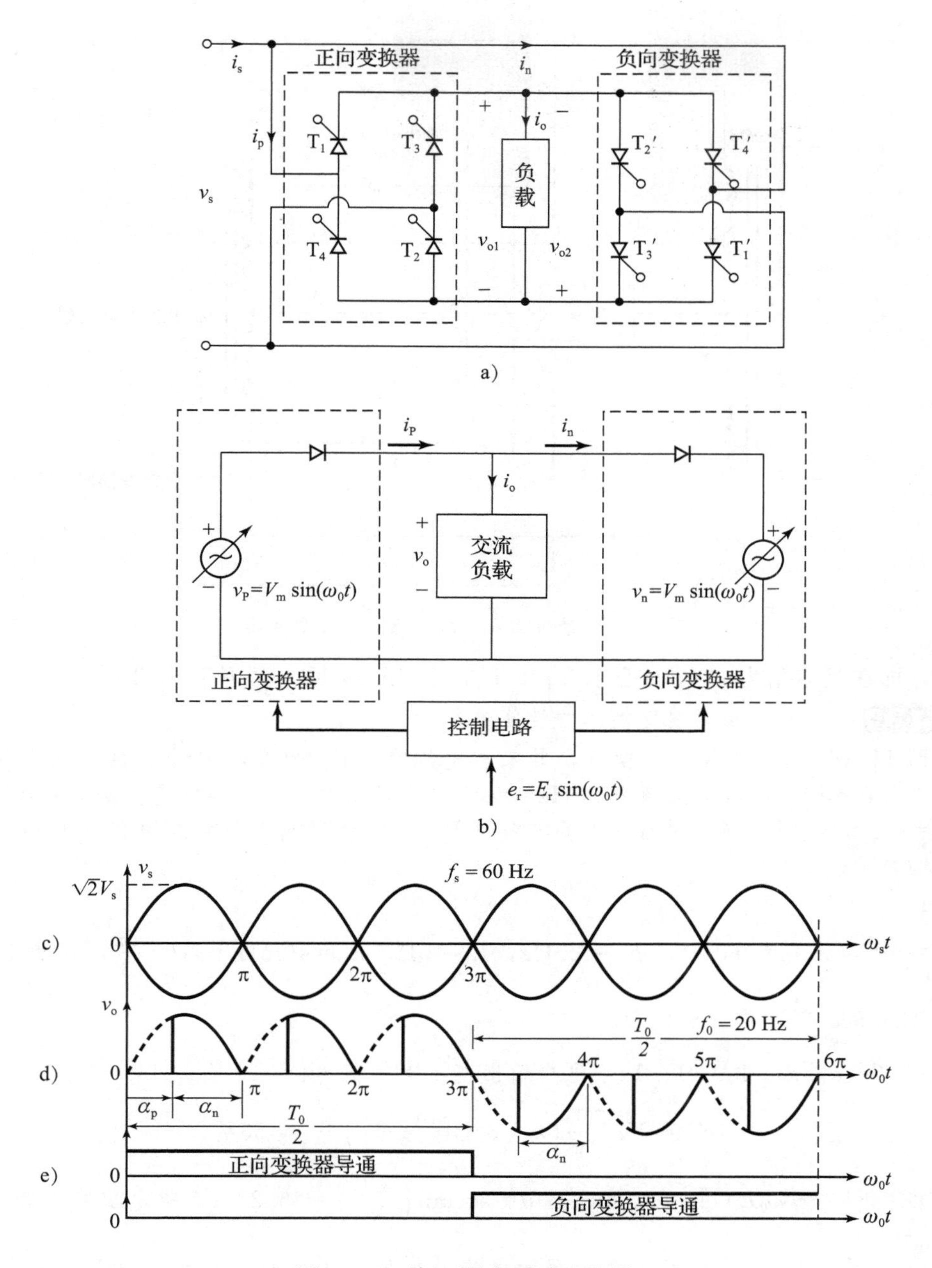

图 11-16　单相/单相周波变换器

a)实际电路示意图，b)等效电路示意图，c)输入电源电压，
d)输出电压，e)正向和负向变换器的导通周期

图 11-17 所示的带中间抽头变压器的单相周波变换器，它通过增加一个相间电感来抑制换流，同时能保证连续的输出电流。

门极驱动时序　其门极驱动时序[1]如下：

(1)在输出频率 $T_0/2$ 的第一个半周，以延迟角为 $\alpha_p=\alpha$ 将变换器 P 控制成一个普通的可控整流器(如 10.2 节所述)，即在延迟角为 α 时，驱动 T_1 和 T_2，在 $\pi+\alpha$ 时驱动 T_3 和 T_4。

(2)在 $T_0/2$ 的第二个半周，以延迟角为 $\alpha_n=\pi-\alpha$ 将变换器 N 控制成一个普通的可控

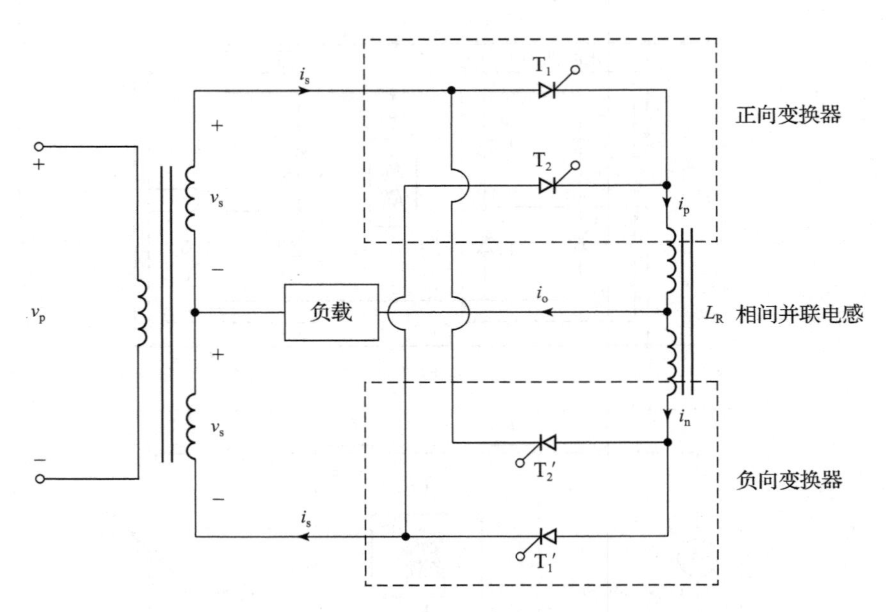

图 11-17　带有相间并联电感的周波变换器

整流器，即在延迟角为 $\pi-\alpha$ 时驱动 T_1' 和 T_2'，在 $2\pi-\alpha$ 时，驱动 T_3' 和 T_4'。

例 11.6　求解单相周波变换器的性能参数。

如图 11-16a 所示的周波变换器，其输出电压有效值 120V，60Hz。负载电阻 5Ω，负载电感 L=40mH。输出电压频率 20Hz。假设变换器工作在半变换状态，即 $0\leqslant\alpha\leqslant\pi$ 且延迟角 $\alpha_p=2\pi/3$。求解：(a)输出电压的有效值 V_o；(b)流过晶闸管电流的有效值 I_R；(c)输入功率因数 PF。

解：

$V_s=120\text{V}$，$f_s=60\text{Hz}$，$f_o=20\text{Hz}$，$R=5\Omega$，$L=40\text{mH}$，$\alpha_P=\dfrac{2\pi}{3}$，$\omega_0=2\pi\times20$ rad/s$=125.66\ \dfrac{\text{rad}}{\text{s}}$，$X_L=5.027\Omega$

(a)当 $0\leqslant\alpha\leqslant\pi$，由式(11-1)，可得输出电压有效值为：

$$V_o=V_s\left[\frac{1}{\pi}\left(\pi-\alpha+\frac{\sin(2\alpha)}{2}\right)\right]^{\frac{1}{2}}=53\text{V} \tag{11-34}$$

(b)$Z=[R^2+(\omega_0L)^2]^{\frac{1}{2}}=7.09\Omega$ 且 $\theta=\arctan\left(\dfrac{\omega_0L}{R}\right)=45.2°$。负载电流有效值为 $I_o=\dfrac{V_o}{Z}=\dfrac{53}{7.09}\text{A}=7.48\text{A}$。流过每个变换器的电流有效值为 $I_p=I_n=\dfrac{I_o}{\sqrt{2}}=5.29\text{A}$，流过每个晶闸管的电流为 $I_R=\dfrac{I_p}{\sqrt{2}}=3.74\text{A}$。

(c)输入电流有效值为 $I_s=I_o=7.48\text{A}$，视在功率 $\text{VA}=V_sI_s=897.6\text{V}\cdot\text{A}$，输出功率 $P_o=V_oI_o\cos\theta=53\times7.48\times\cos45.2°\text{W}=279.35\text{W}$，由式(11-1)，得功率因数为：

$$\text{PF}=\frac{P_o}{V_sI_s}=\frac{V_o\cos\theta}{V_s}=\cos\theta\left[\frac{1}{\pi}\left(\pi-\alpha+\frac{\sin(2\alpha)}{2}\right)\right]^{\frac{1}{2}}$$

$$=\frac{279.35}{897.6}=0.0311(\text{滞后}) \tag{11-35}$$ ◀

注意：式(11-35)没有包含输出电压的谐波成分，仅给出了输入功率因数的近似值。

实际的值会比用式(11-35)计算的结果更低。式(11-34)和式(11-35)也适用于阻性负载的情况。

11.8.2　三相周波变换器

图 11-18a 给出了三相输入单相输出周波变换器的电路示意图。两个交流/直流变换器都是三相可控整流器。图 11-18c 给出了频率为 12Hz 的输出电压的综合波形。正向变换器和负向变换器分别在输出频率的半个周波内工作。对该变换器的分析和单相输入单相输出型周波变换器类似。

在控制(三相)交流电动机时，人们需要频率可变的三相电源。在增加到六个三相变换器之后，图 11-18a 所示的电路可以扩展成为如图 11-19a 所示的三相输入、三相输出的周波变换器。如图 11-19b 所示，每一相都由 6 个晶闸管组成，因此三相总共需要 18 个晶闸管。如果使用三相全波变换器的结构，则一共需要 36 个晶闸管。

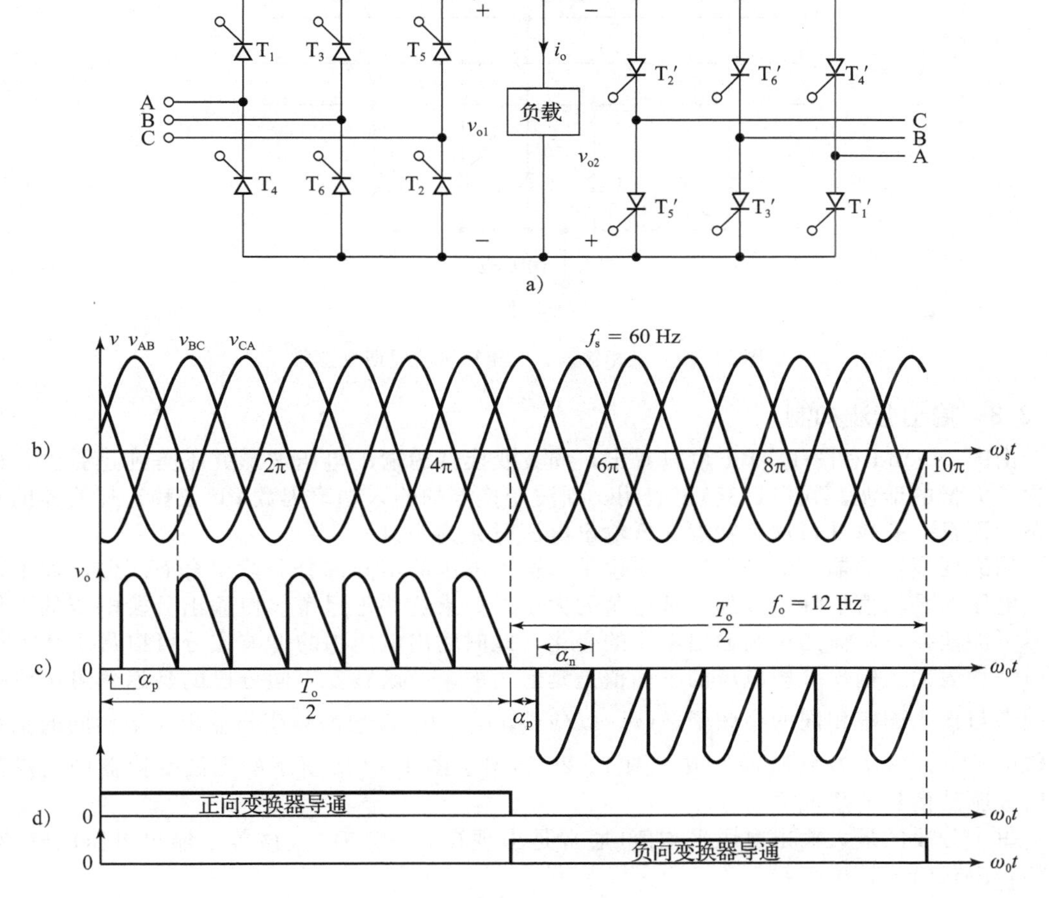

图 11-18　三相/单相周波变换器

a)电路示意图，b)线电压，c)输出电压，d)正向和负向变换器的传导周期

门极驱动时序　该变换器的门极驱动时序如下[1]：

(1)在输出频率 $T_0/2$ 的第一个半周，以延迟角为 $\alpha_p=\alpha$ 将变换器 P 控制成为一个普通的三相可控整流器(如 11.5 节所述)。

(2)在输出频率 $T_0/2$ 的第二个半周，以延迟角为 $\alpha_n=\pi-\alpha$ 将变换器 N 控制成为一个普通的三相可控整流器。

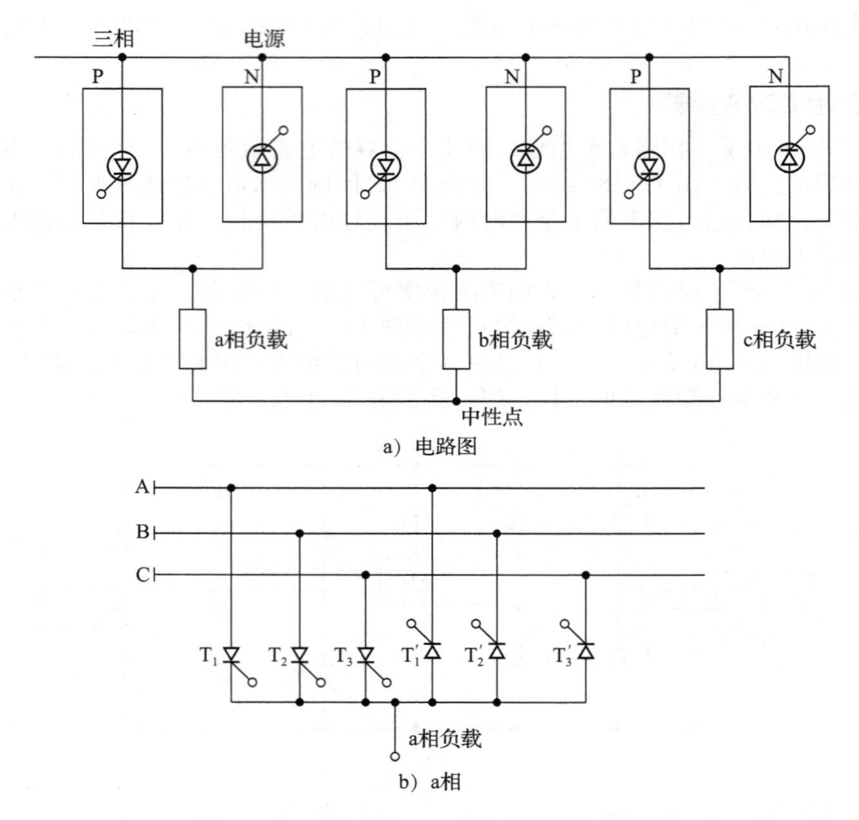

图 11-19　三相输入、三相输出的周期变换器

11.8.3　输出谐波抑制

由图 11-16d 和图 11-18c 可以看出，周波变换器的输出电压波形并不是纯正弦波，而包含了大量的谐波。式(11-35)也表明，周波变换器的输入功率因数 PF 依赖于变换器的延迟角，而且一般较低，这个特点在低输出电压时尤为明显。

周波变换器的输出电压本质上来说是由输入电压的不同部分分段组合而成的，而不同分段电压的平均值依赖于该部分延迟角的大小。如果这些延迟角能使输出分段电压的平均值尽可能地接近所需的正弦输出电压的变化，此时输出电压中的谐波成分可以最小化[2,3]。式(10-1)表明了输出分段电压的平均值是延迟角的余弦函数。不同分段的延迟角可由将一个频率与输入频率相同的余弦函数($v_c=\sqrt{2}V_s\omega_s t$)与一个理想的频率与输出频率相同的正弦函数($v_r=\sqrt{2}V_r\omega_o t$)相比较而生成。图 11-20 给出了图 11-18a 所示的周波变换器中的晶闸管门极驱动信号的生成方法。

每个分段的最大输出电压平均值(通常是出现在 $\alpha_p=0$ 时)应该等于输出电压的峰值，例如，由式(10-1)可得：

$$V_p=\frac{2\sqrt{2}V_s}{\pi}=\sqrt{2}V_o \tag{11-36}$$

由上式可得输出电压有效值为：

$$V_o=\frac{2V_s}{\pi}=\frac{2V_p}{\pi} \tag{11-37}$$

例 11.7　求解具有余弦给定信号的单相周波变换器的性能参数。

如图 11-20 所示，如果周波变换器延迟角由将一个频率与输入频率相同的余弦函数与

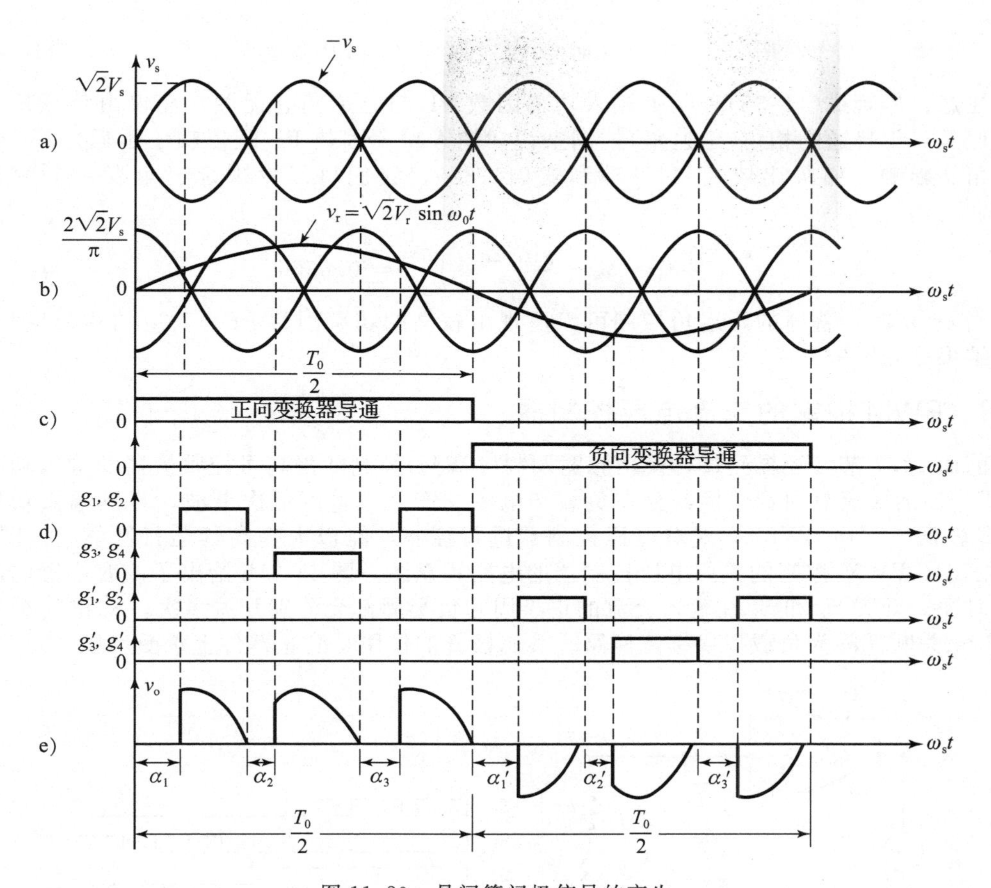

图 11-20　晶闸管门极信号的产生

a)输入电源电压，b)在输出频率的参考电压，c)正向和负向变换器的导通周期，d)晶闸管门极脉冲，e)输出电压

一个频率与输出频率相同的正弦函数相比较而生成，重复求解例 11.6 问题。

解： $V_s=120\text{V}$，$f_s=60\text{Hz}$，$f_0=20\text{Hz}$，$R=5\Omega$，$L=40\text{mH}$，$\alpha_p=\frac{2\pi}{3}$，$\omega_0=2\pi\times 20\text{rad/s}=125.66\text{rad/s}$

$$X_L=\omega_0 L=5.027\Omega$$

(a)由式(11-37)，可得输出电压的有效值为：

$$V_o=\frac{2V_s}{\pi}=0.6366V_s=0.6366\times 120\text{V}=76.39\text{V}$$

(b)$Z=[R^2+(\omega_0 L)^2]^{\frac{1}{2}}=7.09\Omega$，$\theta=\arctan\left(\frac{\omega_0 L}{R}\right)=45.2°$。负载电流有效值为 $I_o=\frac{V_o}{Z}=\frac{76.39}{7.09}\text{A}=10.77\text{A}$。流过每个变换器的电流有效值为 $I_p=I_N=\frac{I_L}{\sqrt{2}}=7.62\text{A}$，流过每个晶闸管的电流有效值为 $I_R=\frac{I_p}{\sqrt{2}}=5.39\text{A}$

(c)输入电流有效值为 $I_s=I_0=10.77\text{A}$，视在功率 $\text{VA}=V_s I_s=1292.4\text{V}\cdot\text{A}$，输出功率为：

$$P_o=V_o I_o\cos\theta=0.6366V_s I_o\cos\theta=579.73\text{W}$$

输入功率因数为：

$$PF = 0.6366\cos\theta = \frac{579.73}{1292.4} = 0.449(\text{滞后}) \tag{11-38}$$ ◀

注意：尽管式(11-38)表明了输入功率因数 PF 与延迟角 α 无关，而仅由负载角 θ 决定，但是对于普通的相角(延迟角)控制来说，输入功率因数 PF 既依赖于延迟角 α，也受负载角 θ 影响。如果比较式(11-35)和式(11-38)，我们可以发现延迟角有一个关键值 α_c，即

$$\left[\frac{1}{\pi}\left(\pi - \alpha_c + \frac{\sin(2\alpha_c)}{2}\right)\right]^{\frac{1}{2}} = 0.6366 \tag{11-39}$$

当 $\alpha < \alpha_c$时，普通的延迟角控制可以呈现出较高的功率因数 PF，对应的式(11-39)的计算结果为 $\alpha_c = 98.59°$。

11.9　PWM 控制的交流电压控制器

前面 11.7 节已经提到过，使用脉宽调制(PWM)控制能提高可控整流器的输入功率因数 PF。自然换流晶闸管变换器会在负载和电源端产生大量的低次谐波，且其输入功率因数 PF 较低。利用 PWM 方式对电压控制器进行控制，能极大提高其运行性能[4]。图 11-21a 给出了 PWM 控制的单相电压控制器的电路示意图。图 11-21b 给出了该变换器的门极驱动时序。开关 S_1 和 S_2 在输入交流的正半周和负半周都会分别开关多次。S_1'和 S_2'分别在 S_1 和 S_2 关断期间为负载提供续流回路。其二极管的作用是防止器件上承受反压。

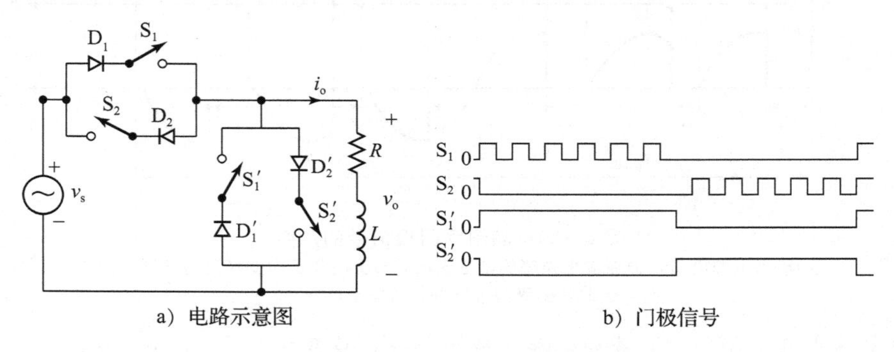

a) 电路示意图　　b) 门极信号

图 11-21　PWM 控制的交流电压控制器

图 11-22a 给出了这种变换器的输出电压波形。对于阻性负载来说，其负载电流波形和输出电压波形类似。而对于阻感性负载来说，其负载电流随着 S_1 或 S_2 的分别开通而正向或负向增长。类似地，当 S_1'或 S_2'开通时，负载电流下降。图 11-22b 给出了阻感性负载时的负载电流波形。

11.10　矩阵变换器

矩阵变换器利用全控型双向开关实现交流/交流的直接变换。矩阵变换器利用 9 个开关器件实现三相输入到三相输出的单级变换[5-7]。它可以用来替换背靠背电压型 PWM 整流逆变器。图 11-23a 描绘了一个三相输入、三相输出(3ϕ-3ϕ)矩阵变换器的电路示意图。该矩阵变换器的 9 个开关可以依据图 11-23b 所示的矩阵开关状态图将三相输入的任意一相和输出的任意一相相连。因此，这种矩阵变换器输入的任意一相电压都可以作为任意一相的输出，同时其任意一相输出的负载电流都可以由其输入电源的一相或者几相提供。矩阵变换器通常在输入侧需要一个交流滤波器来抑制输入侧谐波电流，同时其负载需要呈现足够的感性，以保证其输出电流的连续性[10]。该变换器之所以称为“矩阵”，是因为这种变换器中只利用一个开关就能实现任意输入到任意输出的连接。为了防止输入电源短路或在带感性负载时造成电路断流，连接到同一输出相的三个开关在任意时刻只能有一个允许

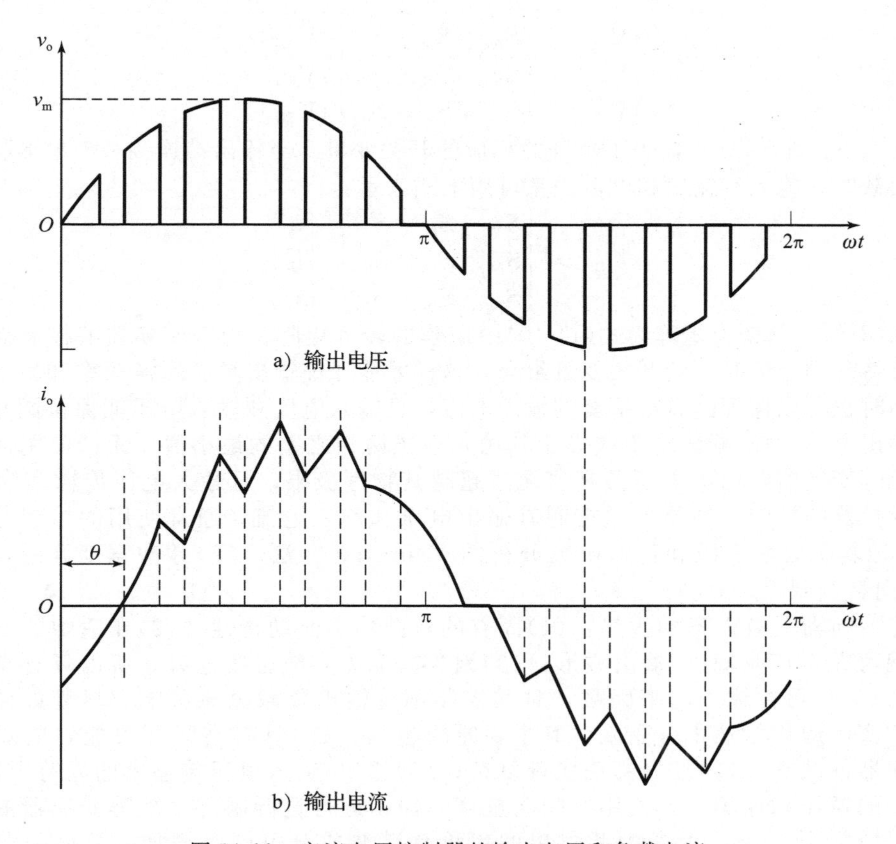

图 11-22　交流电压控制器的输出电压和负载电流

闭合。在这一条件限制下，该变换器共有 512(2^9)种开关状态，但是这些开关状态中只有 27 种组和能提供有效的输出线电压和输出(入)相电流。在给定三相输入电压的情况下，通过选择合适的开关策略，矩阵变换器可以输出任意所需的电压。

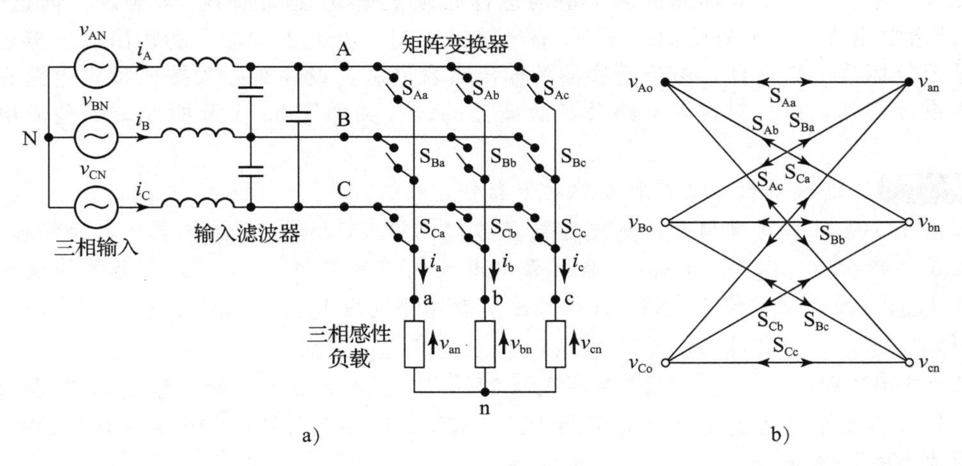

图 11-23　a)带有输入滤波器的三相矩阵变换器电路；b)变换器开关矩阵图

矩阵变换器可在任意时刻将任意的输入相(A，B，C)和输出相(a，b，c)相连。当输入、输出相相连时，输出端相电压 V_{an}，V_{bn}，V_{cn} 和输入端相电压 V_{AN}，V_{BN}，V_{CN} 的关系可用下式表示：

$$\begin{bmatrix} V_{an} \\ V_{bn} \\ V_{cn} \end{bmatrix} = \begin{bmatrix} S_{Aa} & S_{Ba} & S_{Ca} \\ S_{Ab} & S_{Bb} & S_{Cb} \\ S_{Ac} & S_{Bc} & S_{Cc} \end{bmatrix} \begin{bmatrix} V_{AN} \\ V_{BN} \\ V_{CN} \end{bmatrix} \tag{11-40}$$

式中：变量S_{Aa}到S_{Cc}分别代表了各开关相应的开关变量。当输出端连接一个星形联结的平衡线性负载时，输入和输出相电流关系可用下式表示：

$$\begin{bmatrix} i_A \\ i_B \\ i_C \end{bmatrix} = \begin{bmatrix} S_{Aa} & S_{Ba} & S_{Ca} \\ S_{Ab} & S_{Bb} & S_{Cb} \\ S_{Ac} & S_{Bc} & S_{Cc} \end{bmatrix}^T \begin{bmatrix} i_a \\ i_b \\ i_c \end{bmatrix} \tag{11-41}$$

式(11-41)中的开关变量矩阵为式(11-40)中矩阵的转置矩阵。矩阵变换器的控制需要选择一组具有特殊的合适时序的开关变量组合，这样才能保证输出具有所需频率和幅值的平衡电压，同时也可以保证其具有平衡的输入电流，且输入电流和输入电压能保持同相。矩阵变换器输出电压的峰-峰值小于或等于其输入电压两相之差的最小值。无论使用何种开关策略，矩阵变换器的输出电压最高值无法超越其物理极限，且最大电压传输率为0.866。对矩阵变换器的控制必须能独立控制其输出电压和输入电流。通常使用的控制方法有三种[12]：(1)基于数学手段和传递函数分析的 Venturini 方法；(2)脉冲宽度调制(PWM)；(3)空间向量调制[3]。

矩阵变换器具有以下的优势：(1)固有的双向功率流动特性；(2)在适中的开关频率控制下就可获得正弦输入/输出波形；(3)因为其无需直流母线电容，所以具有高功率密度的潜力；(4)可控输入功率因数，且其控制不受输出负载电流影响。尽管如此，矩阵变换器的实际应用依然十分受限。其主要原因包括：(1)具有高频开关能力的双向全控集成功率器件缺乏；(2)控制算法实现复杂；(3)输出/输入电压传输率的固有限制；(4)开关器件的换流和保护。当使用空间向量调制控制进行过调制时，矩阵变换器的电压传输率可以增加到1.05，但是为此付出的代价是谐波成分也同时增加，从而需要更大的滤波电容。

11.11 交流电压控制器电路设计

在设计中，功率半导体器件额定值的选择必须根据其“最坏情况”来确定，而这个“最坏情况”通常出现在变换器输出电压V_o有效值最大时。变换器的输入和输出滤波器也必须根据这个最坏情况来设计。由于变换器的输出富含谐波，设计时必须按照特定电路在最坏情况来设计其延迟角。对这类电路及其滤波器的设计类似于3.11节所介绍的整流电路的设计。

例 11.8 选择单相全波控制器的功率器件。

如图11-2a所示的单相全波交流控制器连接了230V，60Hz的交流电源和阻性负载。其最大设计输出为10kW。求解(a)晶闸管的最大电流有效值I_{RM}；(b)晶闸管的最大电流平均值I_{AM}；(c)晶闸管峰值电流I_p；(d)晶闸管峰值电压V_p。

解：

$P_o = 10000\text{W}$，$V_m = \sqrt{2} \times 230\text{V} = 325.3\text{V}$。当延迟角$\alpha = 0$时，输出功率最大。由式(11-1)可得输出电压的有效值为$V_o = V_s = 230\text{V}$，$P_o = V_o^2/R = 230^2/R = 10000\text{W}$，且负载电阻为$R = 5.29\Omega$。

(a)负载电流最大有效值为：

$$I_{oM} = \frac{V_o}{R} = \frac{230}{5.29}\text{A} = 43.48\text{A}$$

晶闸管电流最大有效值为：

$$I_{RM}=\frac{I_{oM}}{\sqrt{2}}=30.75\mathrm{A}$$

(b)由式(11-3)，得晶闸管电流最大平均值为：

$$I_{AM}=\sqrt{2}\times\frac{230}{\pi\times5.29}\mathrm{A}=19.57\mathrm{A}$$

(c)晶闸管电流峰值为 $I_p=\frac{V_m}{R}=\frac{325.3}{5.29}\mathrm{A}=61.5\mathrm{A}$

(d)晶闸管电压峰值 $V_p=V_m=325.3\mathrm{V}$ ◀

例 11.9 求解单相全波控制器的谐波电压和电流。

如图 11-5a 所示的单相全波交流控制器连接了 120V，60Hz 的交流电源和阻感性负载。(a)求解输出电压 $v_o(t)$ 和负载电流 $i_o(t)$ 以延迟角 α 为变量的傅里叶级数表达式，(b)求解负载电流最低次谐波最高时的延迟角，(c)当 $R=5\Omega$，$L=10\mathrm{mH}$，$\alpha=\pi/2$ 时，求解 3 次谐波的有效值，(d)如图 11-24a 所示，在负载两端接上电容之后，计算将 3 次谐波电流降低到没有接电容时的 10%时所需要的电容值。

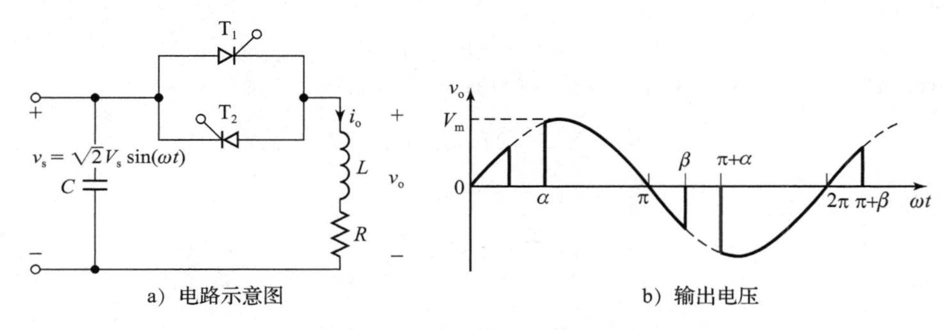

图 11-24　带 RL 负载的单相全波变换器

解：

(a)图 11-5b 描绘了输入电压波形。如图 11-24b 所示的输出波形的瞬时值可以用傅里叶级数形式表示为：

$$v_o(t)=V_{dc}+\sum_{n=1,2,\cdots}^{+\infty}a_n\cos(n\omega t)+\sum_{n=1,2,\cdots}^{+\infty}b_n\sin(n\omega t) \tag{11-42}$$

式中：

$$V_{dc}=\frac{1}{2\pi}\int_0^{2\pi}V_m\sin(\omega t)\mathrm{d}(\omega t)=0$$

$$a_n=\frac{1}{\pi}\left[\int_\alpha^\beta\sqrt{2}V_s\sin(\omega t)\cos(n\omega t)\mathrm{d}(\omega t)+\int_{\pi+\alpha}^{\pi+\beta}\sqrt{2}V_s\sin(\omega t)\cos(n\omega t)\mathrm{d}(\omega t)\right]$$

$$=\begin{cases}\dfrac{\sqrt{2}V_s}{2\pi}\left[\dfrac{\cos(1-n)\alpha-\cos(1-n)\beta+\cos(1-n)(\pi+\alpha)-\cos(1-n)(\pi+\beta)}{1-n}\right.\\ \quad\left.+\dfrac{\cos(1+n)\alpha-\cos(1+n)\beta+\cos(1+n)(\pi+\alpha)-\cos(1+n)(\pi+\beta)}{1+n}\right]\\ \qquad(n=3,5,\cdots)\\ 0\qquad(n=2,4,\cdots)\end{cases} \tag{11-43}$$

$$b_n=\frac{1}{\pi}\left[\int_\alpha^\beta\sqrt{2}V_s\sin(\omega t)\sin(n\omega t)\mathrm{d}(\omega t)+\int_{\pi+\alpha}^{\pi+\beta}\sqrt{2}V_s\sin(\omega t)\sin(n\omega t)\mathrm{d}(\omega t)\right]$$

$$=\begin{cases}\dfrac{\sqrt{2}V_s}{2\pi}\Bigg[\dfrac{\sin(1-n)\beta-\sin(1-n)\alpha+\sin(1-n)(\pi+\beta)-\sin(1-n)(\pi+\alpha)}{1-n}\\ -\dfrac{\sin(1+n)\beta-\sin(1+n)\alpha+\sin(1+n)(\pi+\beta)-\sin(1+n)(\pi+\alpha)}{1+n}\Bigg]\\ \qquad (n=3,5,\cdots)\\ 0 \qquad (n=2,4,\cdots)\end{cases} \tag{11-44}$$

$$a_1=\frac{1}{\pi}\left[\int_{\alpha}^{\beta}\sqrt{2}V_s\sin(\omega t)\cos(\omega t)\mathrm{d}(\omega t)+\int_{\pi+\alpha}^{\pi+\beta}\sqrt{2}V_s\sin(\omega t)\cos(\omega t)\mathrm{d}(\omega t)\right]$$

$$=\frac{\sqrt{2}V_s}{2\pi}[\sin^2\beta-\sin^2\alpha+\sin^2(\pi+\beta)-\sin^2(\pi+\alpha)] \qquad (n=1) \tag{11-45}$$

$$b_1=\frac{1}{\pi}\left[\int_{\alpha}^{\beta}\sqrt{2}V_s\sin(\omega t)\sin(\omega t)\mathrm{d}(\omega t)+\int_{\pi+\alpha}^{\pi+\beta}\sqrt{2}V_s\sin(\omega t)\sin(\omega t)\mathrm{d}(\omega t)\right]$$

$$=\frac{\sqrt{2}V_s}{2\pi}\left[2(\beta-\alpha)-\frac{\sin2\beta-\sin2\alpha+\sin2(\pi+\beta)-\sin2(\pi+\alpha)}{2}\right] \qquad (n=1) \tag{11-46}$$

负载阻抗为：

$$Z=R+\mathrm{j}(n\omega L)=[R^2+(n\omega L)^2]^{\frac{1}{2}}\angle\theta_n$$

且$\theta_n=\arctan(n\omega L/R)$。将式(11-42)的$v_o(t)$除以$Z$，简化后可得到：

$$i_o(t)=\sum_{n=1,3,5,\ldots}^{+\infty}\sqrt{2}I_n\sin(n\omega t-\theta_n+\phi_n) \tag{11-47}$$

式中：

$$\varphi_n=\arctan\left(\frac{a_n}{b_n}\right)$$

且

$$I_n=\frac{1}{\sqrt{2}}\frac{(a_n^2+b_n^2)^{\frac{1}{2}}}{[R^2+(n\omega L)^2]^{\frac{1}{2}}} \tag{11-48}$$

(b)3 次谐波是次数最低的谐波。通过对不同延迟角控制时的计算比较可以知道，在$\alpha=\pi/2$时 3 次谐波最大。随着触发角的增加，谐波畸变更加严重，变换器的输入电流质量下降。图 11-25 给出了低次谐波随触发角变化的关系。由于半波对称性，输入电流中仅存在奇次谐波。

(c)当$\alpha=\pi/2$，$L=6.5\text{mH}$，$R=2.5\Omega$，$\omega=2\pi\times60\text{rad/s}=377\text{rad/s}$，$V_s=120\text{V}$。由例 11.2 可得到消弧角$\beta=220.35°$。当知道式(11-42)的$\alpha$，$\beta$，$R$，$L$，$V_s$，$a_n$，$b_n$值之后，可以根据式(11-47)求得负载电流值为：

$$\begin{aligned}i_o(t)=&28.93\sin(\omega t-44.2°-18°)+7.96\sin(3\omega t-71.2°+68.7°)\\&+2.98\sin(5\omega t-78.5°-68.6°)+0.42\sin(7\omega t-81.7°+122.7°)\\&+0.59\sin(9\omega t-83.5°-126.3°)+\cdots\end{aligned}$$

其电流 3 次谐波的有效值为：

$$I_3=\frac{7.96}{\sqrt{2}}\text{A}=5.63\text{A}$$

(d)图 11-26 描绘了谐波的等效电路。根据电路分流原理，谐波电流可表示为：

$$\frac{I_h}{I_n}=\frac{X_c}{[R^2+(n\omega L-X_c)^2]^{\frac{1}{2}}}$$

式中：$X_c=1/(n\omega C)$。当$n=3$，$\omega=377$时，有：

$$\frac{I_h}{I_n}=\frac{X_c}{[2.5^2+(3\times0.377\times6.5-X_c)^2]^{\frac{1}{2}}}=0.1$$

由此可得$X_c=-0.858$或0.7097。由于X_c不能为负，所以$X_c=0.7097=1/(3\times377C)$，

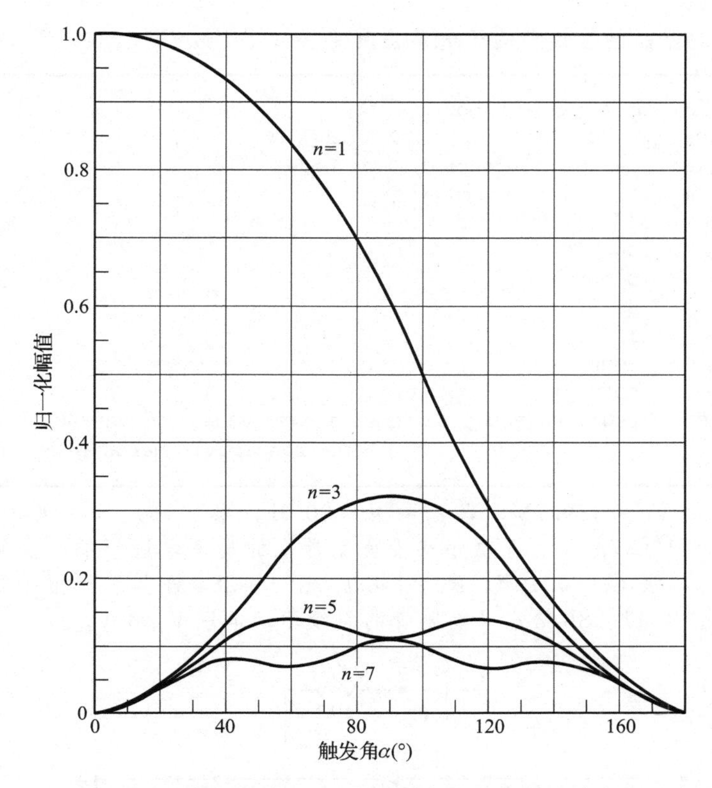

图 11-25 带 RL 负载时单相电压控制器触发角与其谐波成分的关系

$C=1245.94\mu F$。 ◀

例 11.10 单相全波控制器的 PSpice 仿真

如图 11-5a 所示的单相交流控制器带一个阻感性负载 $R=2.5\Omega$，$L=6.5mH$。电源电压有效值为 120V，60Hz，延迟角 $\alpha=\pi/2$。使用 PSpice 绘制输出电压及负载电流波形，并根据该波形计算输出电压电流的总谐波畸变率(THD)及其输入功率因数 PF。

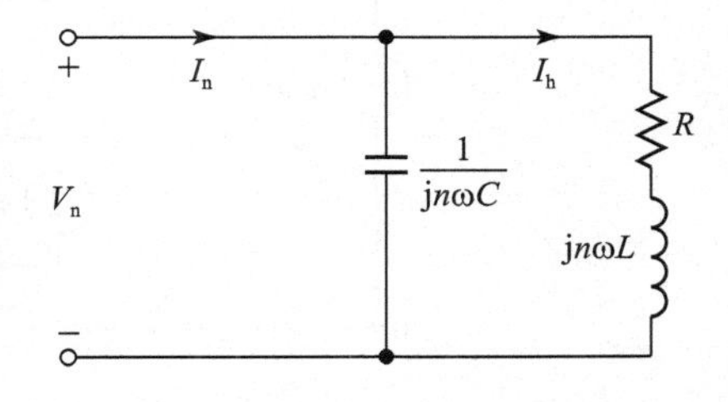

图 11-26 谐波电流的等效电路示意图

解：

交流电压控制器的负载电流也是交流的，而且其晶闸管的电流每个周期都会衰减过零。在这种情况下，图 9.34b 所示的二极管 D_T 可以省略，且晶闸管可以简化为图 11-27 所示的模型。该模型可以作为一个子电路在仿真中使用。

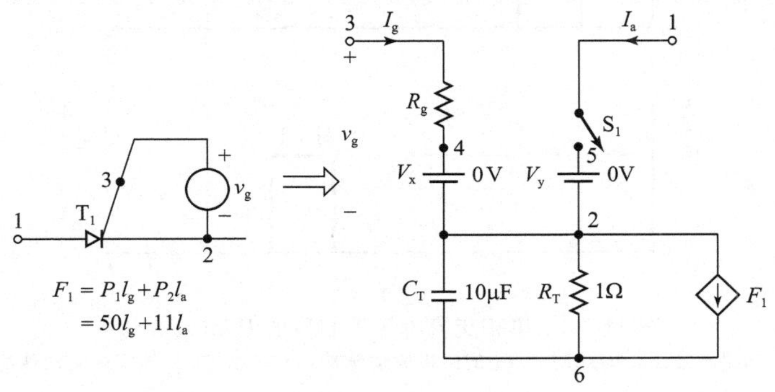

图 11-27 交流晶闸管 SPICE 模型

该可控硅整流器晶闸管模型的子电路仿真定义如下[15]：

```
*Subcircuit for ac thyristor model
.SUBCKT    SCR       1          3           2
*          model    anode     +control    cathode
*          name               voltage
S1    1    5    6    2    SMOD          ; Switch
RG    3    4    50
VX    4    2    DC   0V
VY    5    2    DC   0V
RT    2    6    1
CT    6    2    10UF
F1    2    6    POLY(2)    VX    VY    0    50    11
.MODEL    SMOD    VSWITCH (RON=0.01  ROFF=10E+5  VON=0.1V  VOFF=OV)
.ENDS SCR                          ; Ends subcircuit definition
```

电源电压峰值 $V_m=169.7$V，当 $\alpha_1=\alpha_2=90°$ 时，触发时延 $T_1=(90/360)\times(1000/(60\text{Hz}))\times1000=4166.7\mu$s。为了减小感性负载带来的瞬态电压影响，晶闸管两端并联了一个 RC 缓冲电路，其 $C_s=0.1\mu$F，$R_s=750\Omega$。图 11-28a 给出了单相交流电压控制器的 PSpice 仿真模型。图 11-28b 给出了晶闸管的门级驱动电压 V_{g1} 和 V_{g2}。

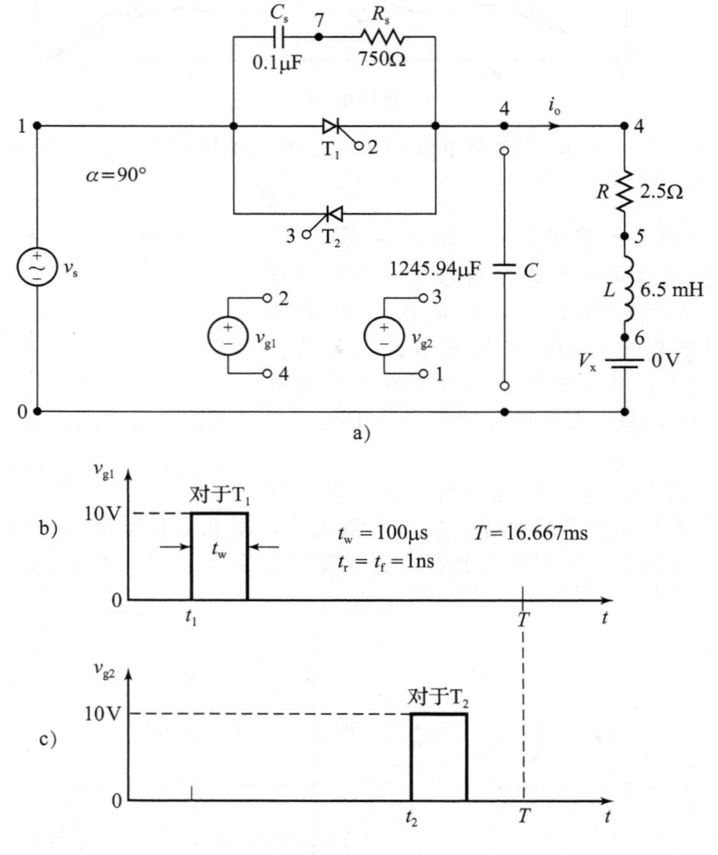

图 11-28 单相交流电压控制器的 PSpice 仿真

a)电路示意图，b)晶闸管 T_1 的门极驱动脉冲，c)晶闸管 T_2 的门极驱动脉冲

仿真文件如下：

```
例 11.10　单相交流电压控制器
VS   1   0  SIN     (0 169.7V 60HZ)
Vg1  2   4  PULSE   (0V 10V   4166.7US 1NS 1NS 100US 16666. 7US)
Vg2  3   1  PULSE   (0V 10V  12500.0US 1NS 1NS 100US 16666. 7US)
R    4   5  2.5
L    5   6  6.5MH
VX   6   0  DC  0V         ;  Voltage source to measure the load current
* C  4   0      1245.94UF  ;  Output filter capacitance    ; Load filter
CS   1   7  0.1UF
RS   7   4  750
* Subcircuit call for thyristor model
XT1  1   2  4    SCR                    ; Thyristor T1
XT2  4   3  1    SCR                    ; Thyristor T2
* Subcircuit SCR which is missing must be inserted
.TRAN   10US   33.33MS                  ; Transient analysis
.PROBE                                  ; Graphics postprocessor
.options abstol = 1.00n reltol = 1.0m vntol = 1.0m ITL5=10000
.FOUR  60HZ V(4)                        ; Fourier analysis
.END
```

图 11-29 给出了 PSpice 仿真的瞬时输出电压波形 V(4)及负载电流波形 I(VX)。

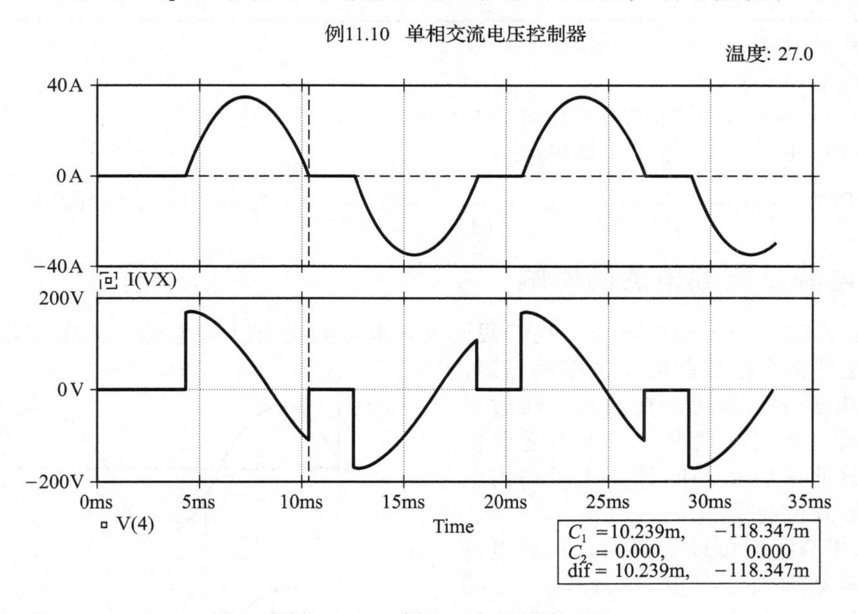

图 11-29　例 11.10 的图形

输出电压成分的傅里叶分析如下：

```
FOURIER COMPONENTS OF TRANSIENT RESPONSE V (4)
DC COMPONENT = 1.784608E-03
HARMONIC   FREQUENCY    FOURIER     NORMALIZED     PHASE      NORMALIZED
   NO         (HZ)      COMPONENT   COMPONENT      (DEG)      PHASE (DEG)
   1       6.000E+01    1.006E+02   1.000E+00   -1.828E+01    0.000E+00
   2       1.200E+02    2.764E-03   2.748E-05    6.196E+01    8.024E+01
   3       1.800E+02    6.174E+01   6.139E-01    6.960E+01    8.787E+01
   4       2.400E+02    1.038E-03   1.033E-05    6.731E+01    8.559E+01
   5       3.000E+02    3.311E+01   3.293E-01   -6.771E+01   -4.943E+01
```

```
   6        3.600E+02    1.969E-03    1.958E-05    1.261E+02     1.444E+02
   7        4.200E+02    6.954E+00    6.915E-02    1.185E+02     1.367E+02
   8        4.800E+02    3.451E-03    3.431E-05    1.017E+02     1.199E+02
   9        5.400E+02    1.384E+01    1.376E-01   -1.251E+02    -1.068E+02
TOTAL HARMONIC DISTORTION = 7.134427E+01 PERCENT
```

在这里输入电流和输出电流一致，输出电流成分的傅里叶分析如下：

```
FOURIER COMPONENTS OF TRANSIENT RESPONSE I (VX)
DC COMPONENT = -2.557837E-03
HARMONIC   FREQUENCY    FOURIER     NORMALIZED     PHASE      NORMALIZED
   NO        (HZ)      COMPONENT    COMPONENT      (DEG)      PHASE (DEG)
   1        6.000E+01    2.869E+01    1.000E+00   -6.253E+01     0.000E+00
   2        1.200E+02    4.416E-03    1.539E-04   -1.257E+02    -6.319E+01
   3        1.800E+02    7.844E+00    2.735E-01   -2.918E+00     5.961E+01
   4        2.400E+02    3.641E-03    1.269E-04   -1.620E+02    -9.948E+01
   5        3.000E+02    2.682E+00    9.350E-02   -1.462E+02    -8.370E+01
   6        3.600E+02    2.198E-03    7.662E-05    1.653E+02     2.278E+02
   7        4.200E+02    4.310E-01    1.503E-02    4.124E+01     1.038E+02
   8        4.800E+02    1.019E-03    3.551E-05    1.480E+02     2.105E+02
   9        5.400E+02    6.055E-01    2.111E-02    1.533E+02     2.158E+02
TOTAL HARMONIC DISTORTION = 2.901609E+01 PERCENT
```

输入电流 THD=29.01%=0.2901

位移角 $\phi_1=-62.53°$

$DF=\cos\phi_1=\cos(-62.53)=0.461$(滞后)

由式(10-96)，可得输入功率因数为：

$$PF=\frac{1}{(1+THD^2)^{\frac{1}{2}}}\cos\phi_1=\frac{1}{(1+0.2901^2)^{\frac{1}{2}}}\times 0.461=0.433(\text{滞后})$$ ◀

11.12 电源及负载电感的影响

在对前面输出电压的推导中，我们假设输入电源侧没有任何电感。而在实际中，任何电源侧的电感都会造成晶闸管关断的延迟。如图 11-30b 所示，晶闸管在输入电压过零处不会关断，在这种情况下，不再适合使用短门级脉冲来驱动晶闸管。此时输出电压的谐波成分也会增加。

从 11.4 节我们可以了解到，负载电感对电压控制器的性能有重要的影响。如图 11-5b 和图 11-30b 所示，尽管其输出电压是脉冲式的波形，负载电感使其输出电流保持连续。从式(11-35)和式(11-38)也可以看出，变换器的输入功率因数 PF 取决于其负载的功率因数 PF。由于晶闸管器件的开关特性，电路中的任何一点电感都会使分析变得更加复杂。

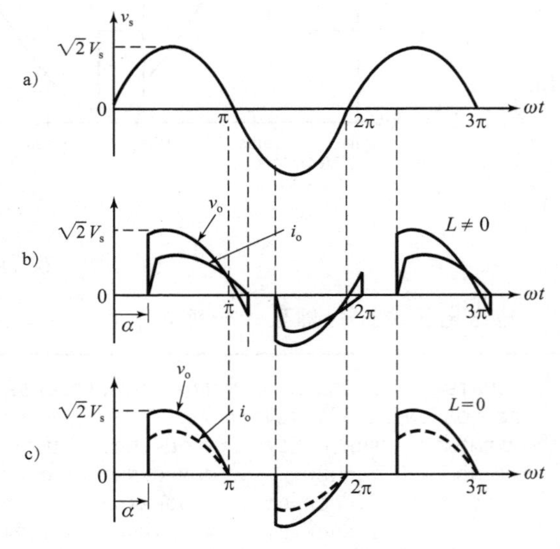

图 11-30 负载电感对负载电流和电压的影响
a)输入电压，b)有负载电感时的输出电压和电流，c)没有负载电感的输出电压和电流

本章小结

交流电压控制器可以采取通断控制或相角控制。通断控制方式更适合应用于大

时间常数系统中。在工业应用中通常使用全波控制器。受晶闸管开关特性的影响，交流电压控制器带感性负载时，求解其运行特性的方程的解析解将会异常复杂，此时使用迭代数值解法将会更加方便。交流电压控制器的输入功率因数 PF 随延迟角变化而变化，通常其 PF 都较低，特别当输出电压较低时，其 PF 恶化尤其严重。交流电压控制也可以作为变压器的静态连接变换器使用。

交流电压控制器的输出电压频率固定。当两个相控整流器以对称方式连接时，该双变换器结构可以作为直接频率变换器运行，这种变换器结构也称为"周波变换器"。快速开关器件的发展使周波变换器的强制换流成为可能，但是这也为开关函数的实现提出了更高的要求。

参考文献

[1] A. K. Chattopadhyay, *Power Electronics Handbook*, edited by M. H. Rashid. Burlington, MA: Elsevier Publishing, 2011. Chapter 16—AC-AC Converters.

[2] A. Ishiguru, T. Furuhashi, and S. Okuma, "A novel control method of forced-commutated cycloconverters using instantaneous values of input line voltages," *IEEE Transactions on Industrial Electronics*, Vol. 38, No. 3, June 1991, pp. 166–172.

[3] L. Huber, D. Borojevic, and N. Burany, "Analysis, design and implementation of the space-vector modulator for forced-commutated cycloconverters," *IEE Proceedings Part B,* Vol. 139, No. 2, March 1992, pp. 103–113.

[4] K. E. Ad'doweesh, "An exact analysis of an ideal static ac chopper," *International Journal of Electronics*, Vol. 75, No. 5, 1993, pp. 999–1013.

[5] M. Venturini, "A new sine-wave in sine-wave out conversion technique eliminates reactive elements," *Proceedings Powercon 7*, 1980, pp. E3.1–3.13.

[6] A. Alesina and M. Venturini, "Analysis and design of optimum amplitude nine-switch direct ac–ac converters," *IEEE Transactions on Power Electronics*, Vol. 4, No. 1, January 1989, pp. 101–112.

[7] P. D. Ziogas, S. I. Khan, and M. Rashid, "Some improved forced commutated cycloconverter structures," *IEEE Transactions on Industry Applications*, Vol. 21, July/August 1985, pp. 1242–1253.

[8] P. D. Ziogas, S. I. Khan, and M. Rashid, "Analysis and design of forced-commutated cycloconverter structures and improved transfer characteristics," *IEEE Transactions on Industrial Electronics*, Vol. 3, No. 3, August 1986, pp. 271–280.

[9] D. G. Holmes and T. A. Lipo, "Implementation of a controlled rectifier using ac–ac matrix converter theory," *IEEE Transactions on Power Electronics*, Vol. 7, No. 1, January 1992, pp. 240–250.

[10] L. Huber and D. Borojevic, "Space vector modulated three-phase to three-phase matrix converter with input power factor correction," *IEEE Transactions on Industry Applications*, Vol. 31, November/December 1995, pp. 1234–1246.

[11] L. Zhang, C. Watthanasarn, and W. Shepherd, "Analysis and comparison of control strategies for ac–ac matrix converters," *IEE Proceedings of Electric Power Applications*, Vol. 145, No. 4, July 1998, pp. 284–294.

[12] P. Wheeler and D. Grant, "Optimised input filter design and low-loss switching techniques for a practical matrix converter," *IEE Proceedings of Electric Power Applications*, Vol. 144, No. 1, January 1997, pp. 53–59.

[13] J. Mahlein, O. Simon, and M. Braun, "A matrix-converter with space-vector control enabling overmodulation," *Conference Proceedings of EPE'99*, Laussanne, September 1999, pp. 1–11.

[14] M. H. Rashid, *Power Electronics—Circuits, Devices, and Applications*. Upper Saddle River, NJ: Pearson Education, Inc., 3rd ed. 2004. Chapter 11.

[15] M. H. Rashid, *SPICE for Power Electronics and Electric Power*. Boca Raton, Fl: CRC Press, 2012.

复习题

11.1 相角控制的优缺点有哪些？
11.2 交流电压控制器性能的负载电感效应有哪些？
11.3 什么是关断角？
11.4 全波控制器的优缺点有哪些？
11.5 什么是控制布局？
11.6 什么是矩阵变流器？
11.7 决定三相全波控制器的输出电压波形的步骤有哪些？
11.8 三角形联结控制器的优缺点有哪些？
11.9 什么是单相全波控制器延迟角的控制范围？
11.10 矩阵变流器的优缺点有哪些？
11.11 什么是三相全波控制器延迟角的控制范围？
11.12 变压器连接变换器的优缺点有哪些？
11.13 变压器连接变换器的输出电压控制的方法有什么？
11.14 什么是同步连接变换器？
11.15 什么是周波变换器？
11.16 周波变换器的优缺点有哪些？
11.17 交流电压控制器的优缺点有哪些？
11.18 周波变换器的操作原理是什么？
11.19 周波变换器性能的负载电感效应有哪些？
11.20 单相全波交流电压控制器的三个可能的排列是哪些？
11.21 周波变换器降低正弦谐波技术的优点是哪些？
11.22 对于带 RL 负载电压控制器的晶闸管的门信号要求是什么？
11.23 电源和负载电感的效应是什么？
11.24 交流电压控制器的电力器件最坏情况的设计有哪些条件？
11.25 交流电压控制器的负载滤波器最坏情况的设计有哪些条件？

习题

11.1 图 P11-1 中一个交流电压控制器有电阻负载 $R=10\Omega$，方均根输入电压 $V_s=120\text{V}$，60Hz。晶闸管开关开启时 $n=25$ 圈，关闭时 $m=75$ 圈。判定(a)方均根输出电压 V_a；(b)输入电压因数；(c)晶闸管的平均和方均根电流。

11.2 图 P11-1 交流电压控制器用于加热电阻负载，$R=2.5\Omega$，输入电压为 $V_s=120\text{V}$ (rms)，60Hz。晶闸管开关开启时 $n=125$ 圈，关闭时 $m=75$ 圈。判定(a)方均根输出电压 V_a；(b)输入电压因数；(c)晶闸管的平均和方均根电流。

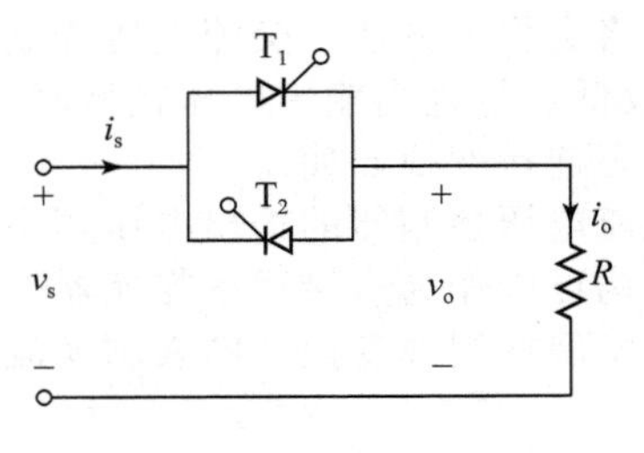

图 P11-1

11.3 图 P11-1 交流电压控制器用于电阻负载的开关控制，$R=2\Omega$，输入电压 $V_s=208\text{V}$ (rms)，60Hz。如果理想输出功率 $P_a=3\text{KW}$，判断(a)占空比 k；(b)输入 PF。

11.4 一个单向交流电压控制器如图 P11-4 有电阻负载 $R=10\Omega$，rms 输入电压 $V_s=120\text{V}$，60Hz。晶闸管 T_t 延迟角为 $\alpha=\pi/2$. 判断(a)方均根输出电压 V_0；(b)输入 PF；(c)方均根输入电流 I_s。

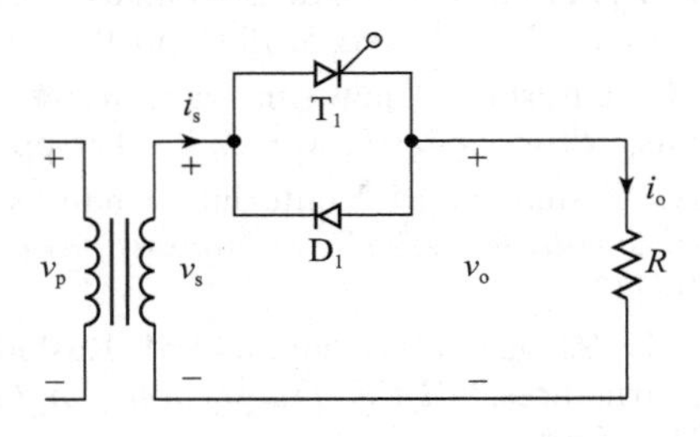

图 P11-4

11.5 一个单向半波交流电压控制器如图 11-1a 所示，有电阻负载 $R=2.5\Omega$，rms 输入电压 $V_s=120\text{V}$，60Hz。晶闸管 T_1 延迟角为 $\alpha=\pi/3$。判断(a)方均根输出电压 V_0；(b)输入 PF；(c)平均输入电流。

11.6 一个单向半波交流电压控制器如图 11-1a 所示，有电阻负载 $R=2.5\Omega$，方均根输入电压 $V_s=208\text{V}$，60Hz。如果理想输出功率 $P_o=2\text{kW}$，计算(a)延迟角 α；(b)输入 PF。

11.7 一个单向全波交流电压控制器如图 11-2a 所示，有电阻负载 $R=2.5\Omega$，方均根输入电压 $V_s=120\text{V}$，60Hz。晶闸管 T_1 和 T_2 的延迟角相等 $\alpha_1=\alpha_2=\alpha=2\pi/3$。判断(a)方均根输出电压 V_o；(b)输入 PF；(c)晶闸管平均电流 I_A；(d)晶闸管的方均根电流 I_R。

11.8 一个单向全波交流电压控制器如图 11-2a 所示，有电阻负载 $R=1.2\Omega$，方均根输入电压 $V_s=120\text{V}$，60Hz。如果理想输出功率 $P_o=7.5\text{kW}$。判断(a)晶闸管 T_1 和 T_2 的延迟角；(b)方均根输出电压 V_o；(c)输入

PF；(d)晶闸管平均电流 I_A；(e)晶闸管的方均根电流 I_R。

11.9　一个交流电压控制器的负载为电阻性，$R=1.2\Omega$。输入电压为 $V_s=120V$ (rms)，60Hz。画出PF与单向半波和全波控制器的延迟角的关系图。

11.10　如图11-5a所示的为单向全波 RL 负载控制器。输入电压为 $V_s=120V$ (rms)，60Hz。负载为 $L=5mH$，$R=5\Omega$。晶闸管 T_1 和 T_2 的延迟角相等 $\alpha=\pi/3$。计算(a)晶闸管 T_1 的导通角 σ；(b)方均根输出电压 V_0；(c)晶闸管的方均根电流 I_R；(d)晶闸管rms输出电流 I_σ；(e)晶闸管平均电流 I_A；(f)输入PF。

11.11　如图11.5a所示的为单向全波 RL 负载控制器。输入电压为 $V_s=120V$ (rms)，60Hz。画出PF与延迟角的关系图，当(a)$L=5mH$，$R=5\Omega$；(b)$R=5\Omega$，$L=0$。

11.12　三相单向星形联结的负载控制器如图P11-12所示。$R=5\Omega$，线线输入电压为208(rms)，60Hz。延迟角为 $\alpha=\pi/6$。判断(a)方均根输出相电压 V_o；(b)输入功率；(c)相角为 α 的瞬时输出电压的表达式。

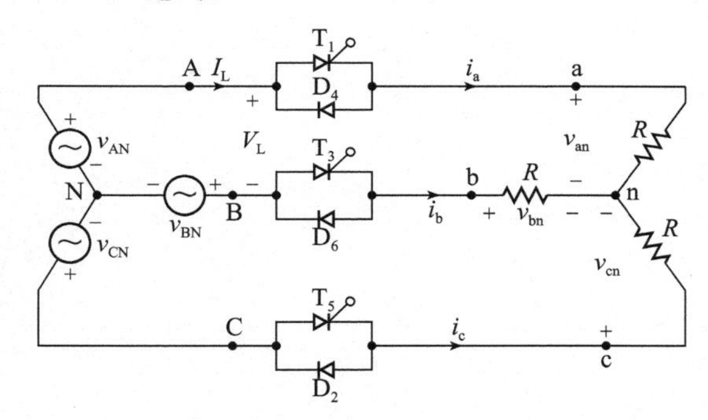

图 P11-12

11.13　三相单向星形联结的负载控制器如图P11-12所示。$R=2.5\Omega$，线线输入电压为208(rms)，60Hz。如果理想输出功率为 $P_o=12kW$，计算(a)延迟角 α；(b)方均根输出相电压 V_0；(c)输入PF。

11.14　三相单向星形联结的负载控制器如图P11-12所示。$R=5\Omega$，线线输入电压为208(rms)，60Hz。延迟角为 $\alpha=2\pi/3$。判断(a)方均根输出相电压 V_o；(b)输入PF；(c)相角为 α 的瞬时输出电压的表达式。

11.15　重复习题11.12，当图11.7所示的为三相双向控制器时。

11.16　重复习题11.13，当图11.7所示的为三相双向控制器时。

11.17　重复习题11.14，当图11.7所示的为三相双向控制器时。

11.18　三相单向星形联结的负载控制器如图11-7所示，$R=5\Omega$，$L=10mH$，线线输入电压为208(rms)，60Hz。延迟角为 $\alpha=\pi/2$。画出控制器开关打开第一周期后线电压的图形。

11.19　一个三相交流电压控制器给星形联结负载供电，$R=5\Omega$，线线输入电压为 $V_s=208V$，60Hz。画出PF与延迟角 α 的图，分别在(a)图P11-12所示半波控制器；(b)图11-7全波控制器。

11.20　一个三相双向三角形联结的控制器如图11.10所示。$R=5\Omega$，线线输入电压为 $V_s=208V$，60Hz，延迟角为 $\alpha=\pi/3$。判断(a)方均根输出相电压 V_0；(b)瞬时电流 i_a，i_{ab} 和 i_{ac} 的表达式；(c)方均根输出相电流 I_{ab} 和rms输出线电流 I_a；(d)输入PF；(e)半导体闸流管的方均根电流 I_R。

11.21　图11-13所示的电路为被控制为一个同步连接转换开关装置。一次电压为208V，60Hz。二次电压为 $V_1=120V$ 和 $V_2=88V$。如果负载为 $R=2.5\Omega$，方均根负载电压为180V，判断(a)晶闸管 T_1 和 T_2 的延迟角；(b)晶闸管 T_1 和 T_2 的方均根电流；(c)输入PF。

11.22　图11.16a所示单相/单相周波变换器的输入电压为120V，60Hz。电阻性负载为2.5Ω，电感性负载为 $L=40mH$. 输出电压的频率为20Hz。如果晶闸管的延迟角为 $\alpha_p=2\pi/4$，判断(a)方均根输出电压；(b)每个晶闸管方均根电流；(c)输入PF。

11.23　重复习题11.22，当 $L=0$ 时。

11.24　对于习题11.22，画出功率因数与延迟角 α 的图。假设是电阻性负载，$L=0$。

11.25　重复习题11.22，当图11-18a所示的为三相/单相周波变换器时。

11.26　重复习题11.22，如果延迟角用于在源频率时的余弦信号与在输出频率下的正弦参照信号作比较，如图11.20所示。

11.27　对于习题11.26，画出输入功率因数与延迟角的关系图。

11.28　单相全波交流电压控制器如图11-4a所示，控制从208V，60Hz交流电源到电阻性复载的功率。

11.29　三相全波交流电压控制器如图P11-12所示，用于控制从一个2300V，60Hz的交流源到三角形联结的负载之间的功率。最大理想输出功率为100kW。计算(a)晶闸管最大rms额定电流 I_{RM}；(b)晶闸管最大

平均额定电流 I_{AM}；（c）晶闸管电压峰值 V_p。

11.30　单相全波控制器如图 11.5a 所示，控制从 RL 负载和一个 208V，60Hz 的电压源之间的功率。负载为 $R=5\Omega$，$L=6.5$mH。(a)判断 3 次谐波的 rms 电流值；(b)如果一个电容链接复杂，计算多大的电容能降低 3 次谐波电流为负载电流的 5%，$\alpha=\pi/3$；(c)用 PSpice 画出输出电压和负载电流的关系，估算输出电压和输出电流总谐波失真(THD)，输入 PF 值在(b)问中输出滤波器电容存不存在的情况下。

第五部分

电力电子技术应用及其保护

第12章 交流柔性输电系统

在完成对本章的学习后，应该做到以下几点：

- 列举几种静态伏安无功补偿器；
- 列举几种传输线补偿的技术；
- 解释补偿器的工作原理及其特性；
- 描述如何使用电力电子开关来控制功率潮流从而实现补偿；
- 列举某个补偿器在某一特定应用场合时的优缺点；
- 设计选取补偿装置中器件的值。

符号及其含义

符　号	含　义
α	延迟角
δ	发送端和接收端电压的相位差
f，ω_n	分别表示电源电压的频率(单位 Hz)以及自然频率(单位 rad/s)
$i_C(t)$，I_C	分别表示电容电流的瞬时值和有效值
$i_L(t)$，I_L	分别表示电感电流的瞬时值和有效值
I_{sm}，I_{mr}	分别表示发送端和接收端电流幅值
n	阻抗比的平方根
P，Q	分别表示有功功率和无功功率
Q_s，Q_r	分别表示发送端和接收端的无功功率
P_p，Q_p	分别表示被传输的有功功率和无功功率
V_s，V_r，V_d	分别表示发送端接收端和中点的相电压
V_{sm}，V_{mr}	分别表示发送端和接收端电压幅值
V_m	电源电压峰值
Z，Y	分别表示阻抗和导纳

12.1 引言

交流输电系统的运行常常受到网络参数(例如线路阻抗)和运行变量(例如电压和电流)的限制。这导致传输线无法控制几个发电站之间的功率潮流流向。因此，尽管其他与之并联的传输线具有承载足够多余功率的能力，但是无法满足负载端功率的需求。交流柔性输电系统(FACTS)是一门新兴的技术，它可以有效加强交流输电系统的可控性及其功率传输能力。FACTS 技术利用电力电子开关变换器可以实现对几十到上百兆瓦的功率潮流进行控制。

FACTS 装置通常都有一个集成控制器，称为交流柔性输电(FACT)控制器。这些装置通常由半控型晶闸管或全控型功率半导体器件组成。交流柔性输电控制器通常可以通过控制相关的线路参数和其他运行变量来管理输电运行，包括调节串联阻抗、并联阻抗、电流、电压、相角，以及对低于额定频率的不同低频振荡进行阻尼。由于交流柔性输电装置可以提供额外的运行灵活性，它可以使输电线路的功率输送能力接近其热极限。

FACTS 为实现功率潮流控制和增强现有线路、新建线路及已升级线路的容量利用率提供了新的机会。由于这种技术能以合适的成本控制流过传输线的电流，这为已有线路的增线扩容，并在正常和异常时都能使用某一 FACTS 元件控制相应的功率潮流通过该线路，提供了巨大的潜力。

FACTS 的基本原理是利用电力电子技术来控制输电系统中的功率潮流，从而使输电线能完全利用其设计的负载能力。电力电子装置（例如静态无功补偿器（VAR Compensator）），在输电系统中已经得到了多年的应用。尽管如此，N. Hingorani 博士在文献[1]中还是将 FACTS 的概念作为一个全新的输电网络控制理念进行介绍。

输电线中的功率潮流可以通过以下方式进行控制：(a)电流补偿，也称为并联补偿；(b)电压补偿，也称为串联补偿；(c)相位补偿，也称为相角补偿；(d)电流和电压同时进行补偿，也称为统一潮流控制器。根据补偿装置与电源和负载间输电线连接方式的不同，补偿器可以分为以下四种：

- 并联补偿器；
- 串联补偿器；
- 相角补偿器；
- 统一潮流控制器。

并联补偿器通过在连接点向系统注入电流来控制潮流。理想情况下，并联补偿器应该接在传输线的中点处。串联补偿器通过在传输线上等效串联一个电压源来控制电流流向。串联和并联补偿器都有不同的电路实现方式。

12.2　电能传输的基本原理

在对电能传输运行建模时，传输线部分可以用一个串联的感抗来表示，其两端分别与发电端和受电端（负载端）两个电压源相连。图 12-1a 描绘了三相系统中一相的示意图。这样一来，系统中所有电压、电流这样的电气量都可以按照每相的方式定义。图中 V_s 和 V_r 分别表示每相的发电端及受电端电压。它们是以传输线的中点位置为参考时对系统进行的戴维南等效。其戴维南等效电路的等效阻抗（jX/2）表示的是传输线的中点左侧和右侧的“短路阻抗”。如图 12-1b 的相量图所示，δ 是它们之间的相角。

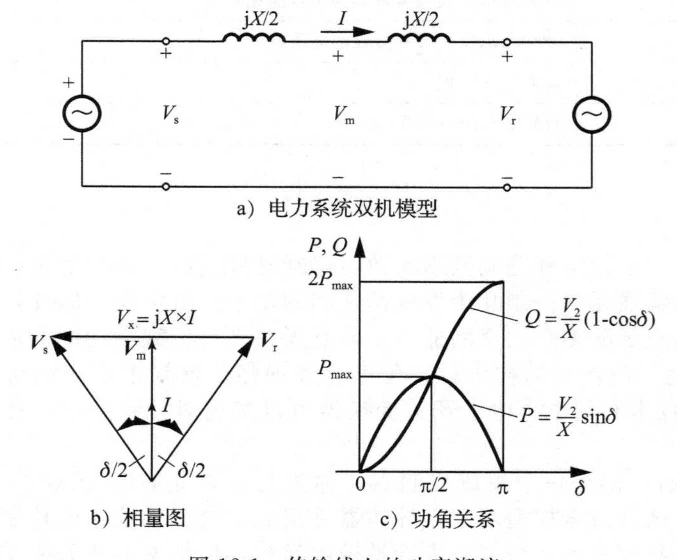

图 12-1　传输线上的功率潮流

为了简单起见，我们假设所有终端电压的幅值恒定为 V，即 $V_s=V_r=V_d=V$。则传输线两端的电压可用相量形式在直角坐标系下表示成：

$$V_s = V\mathrm{e}^{\mathrm{j}\delta/2} = V\left(\cos\frac{\delta}{2}+\mathrm{j}\sin\frac{\delta}{2}\right) \tag{12-1}$$

$$V_r = V\mathrm{e}^{-\mathrm{j}\delta/2} = V\left(\cos\frac{\delta}{2}-\mathrm{j}\sin\frac{\delta}{2}\right) \tag{12-2}$$

式中：δ 是 V_s 和 V_r 之间的相角。因此，中点电压 V_d 可表示为 V_s 和 V_r 电压的平均值：

$$V_d = \frac{V_s+V_r}{2} = V_m\mathrm{e}^{\mathrm{j}0} = V\cos\frac{\delta}{2}\angle 0° \tag{12-3}$$

其线电流的相量表示形式为：

$$\boldsymbol{I} = \frac{V_s-V_r}{X} = \frac{2V}{X}\sin\frac{\delta}{2}\angle 90° \tag{12-4}$$

式中：电流的幅值 $|\boldsymbol{I}|$ 为 $I=(2V/X)\sin(\delta/2)$。对于无损传输线，线路两端及其中点的功率相等。因此，可以计算出线路有功功率 P 为：

$$P = |V_d|\,|\boldsymbol{I}| = \left(V\cos\frac{\delta}{2}\right)\times\left(\frac{2V}{X}\sin\frac{\delta}{2}\right) = \frac{V^2}{X}\sin\delta \tag{12-5}$$

线路受端的无功功率 Q_r 与源端的无功功率 Q_s 幅值相同、方向相反。因此，线路的无功功率可以表示为：

$$Q = Q_s = -Q_r = V|I|\sin\frac{\delta}{2} = V\times\left(\frac{2V}{X}\sin\frac{\delta}{2}\right)\times\sin\frac{\delta}{2} = \frac{V^2}{X}(1-\cos\delta) \tag{12-6}$$

当 $\delta=90°$ 时，式(12.5)中的有功功率 P 可以达到最大值 $P_{\max}=V^2/X$；当 $\delta=180°$ 时，式(12.6)中的无功功率 Q 可以达到最大值 $Q_{\max}$ 功率 $=2V^2/X$。图 12-1c 表示了有功功率 P 和无功功率 Q 随相角 δ 变化而变化的趋势。当线路感抗 X 恒定时，改变相角 δ 可以改变线路传输的有功功率 P。但是，任何有功功率的变化都会相应引起受端和源端对无功功率的需求。

控制变量　功率潮流和电流可以通过下面的一种方式进行控制：

(1)控制中点电压，可以增加或者降低功率幅值。

(2)在线路中串联一个相位与电流相位垂直的电压源，就可以控制电流幅值增加或降低。由于电流相位滞后于电压相位 90°，因此这种方式也会向线路中串联注入无功功率。

(3)如果在线路中串联一个幅值和相位可调的电压源，则通过调节电源的幅值和相位，可以控制有功和无功的电流。这需要向线路中串联注入有功功率和无功功率。

(4)增加或减小感抗 X 可以减小或增加图 12-1c 所示的功率曲线高度。在功率潮流一定时，改变 X，相应地改变了传输线两端电压之间的相角 δ。

(5)调节源端和受电端电压，即调节 V_s 和 V_r 的幅值，也可以控制传输线上的功率潮流。这种控制方式对无功功率潮流的影响大于其对有功功率的影响。

综上所述，可以总结出如下控制传输线上功率潮流的方式：(1)在线路中点施加并联的电压源 V_m；(2)调节线路感抗 X；(3)在线路中串联幅值可调的电压源。

12.3　并联补偿的原理

并联补偿的最终目的是希望通过向线路中注入无功功率来增加线路可输送的功率，从而使其能适应不断变化的负载需求。因此，并联补偿器能最小化轻载时的线路过压，同时能在重载时保持线路的电压水平稳定。如图 12-2a 所示，理想的并联补偿器应该连接在线路的中点处。对于并联补偿，其输出电压相位和线路中点电压 V_m 的一致，其幅值与源端和受电端电压的相等，即有 $V_m=V_r=V_s=V$。中点连接的补偿器可按照其效果将传输线分为两个独立部分：(1)第一段的阻抗为 $\mathrm{j}X/2$，在这段区间功率潮流从源端流向中点；(2)第二段的阻抗也是 $\mathrm{j}X/2$，在这段区间功率潮流从中点流向受电端。

理想的补偿器应该是无损的，即源端、线路中点，以及受电端的有功功率应该相等。根据图 12-2b 所示的向量图，可以利用式(12.3)和式(12.4)分别计算得到电压和电流的幅值为：

$$V_{sm}=V_{mr}=V\cos\frac{\delta}{4} \tag{12-7a}$$

$$I_{sm}=I_{mr}=I=\frac{4V}{X}\sin\frac{\delta}{4} \tag{12-7b}$$

根据式(12.7a)和式(12.7b)，并联补偿器能传输的有功功率 P_p 为：

$$P_p=V_{sm}I_{sm}=V_{mr}I_{mr}=V_mI_{sm}\cos\frac{\delta}{4}=VI\cos\frac{\delta}{4}$$

当把式(12.7b)，代入上式之后，可得：

$$P_p=\frac{4V^2}{X}\sin\frac{\delta}{4}\times\cos\frac{\delta}{4}=\frac{2V^2}{X}\sin\frac{\delta}{2} \tag{12-8}$$

源端的无功功率 Q_s 与受电端的无功功率 Q_r 幅值相同，方向相反，Q_s 可以表示为：

$$Q_s=-Q_r=VI\sin\frac{\delta}{4}=\frac{4V^2}{X}\sin^2\left(\frac{\delta}{4}\right)=\frac{2V^2}{X}\left(1-\cos\frac{\delta}{2}\right) \tag{12-9}$$

由并联补偿器提供的无功功率 Q_p 可以表示为：

$$Q_p=2VI\sin\frac{\delta}{4}=\frac{8V^2}{X}\sin^2\left(\frac{\delta}{4}\right)$$

对上式重新整理可以得到：

$$Q_p=\frac{4V^2}{X}\left(1-\cos\frac{\delta}{2}\right) \tag{12-10}$$

因此，当 $\delta=180°$ 时，P_p 和 Q_p 都为最大值，$P_{p(max)}=2V^2/X$，$Q_{p(max)}=4V^2/X$。图 12-2c 描绘了有功功率 P_p 和无功功率 Q_p 随 δ 变化而变化的趋势。由此可见，经过并联补偿后，最大传输功率显著增大到未补偿时的最大传输值(由式(12.5)可知，该值出现在 $\delta=90°$时)的 2 倍。这样做的代价是，对并联补偿器和线路两端的无功功率需求都有所增加。

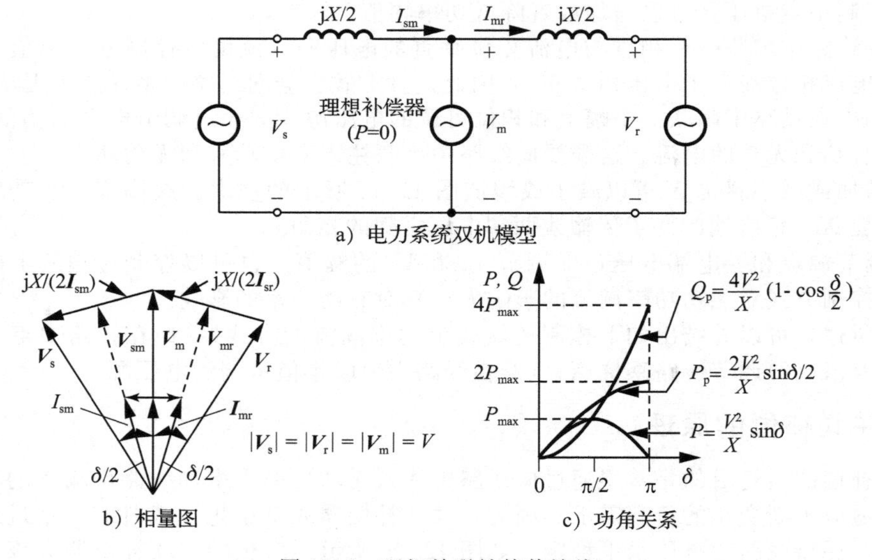

图 12-2　理想并联补偿传输线

值得注意的是，传输线的中点是安装并联补偿器的最佳位置，因为线路中点是未补偿线路中电压下跌(或下垂)最大的点。再者，在中点处安装并联补偿器可以将线路分解为相等两段，每个分段可传输的最大功率相同。当线路分段不等时，较长的一段可以传输的最大功率决定了整条传输线可以传输的功率极限。

12.4　并联补偿器

在并联补偿时，补偿器需要通过连接点向系统中注入电流。这个过程可以通过控制一个并联阻抗，电压源或者电流源来实现。只要注入的电流与线电压相垂直，并联补偿器就只会产生或吸收变化的无功功率[2,3]。基于晶闸管(SCR)、门极关断晶闸管(GTO)、金属氧化栅极可控晶闸管(MCT)或绝缘栅极双极型晶体管(IGBT)等器件的功率变换器都可用于控制注入的电流或补偿电压。

12.4.1　晶闸管可控电抗器

如图 12-3a 所示，晶闸管可控电抗器(TCR)由电感为 L 的固定电抗器(通常是空心线圈)和晶闸管双向开关 SW 组成。改变晶闸管触发延迟角 α，人们就可以控制流过电抗的电流从 0(开关全关断)到其最大值(开关全导通)变化。正如图 12-3b 所示，晶闸管导通角为 σ，而 $\sigma=\pi-2\alpha$。当 $\alpha=0$ 时，开关一直关断，对电感电流无影响。当开关的门极驱动信号以电源电压峰值 V_m 为基准延迟角度 α 之后，$v(t)=v_m\cos\omega t=\sqrt{2}V\cos(\omega t)$，则瞬时的电感电流为：

$$i_L(t)=\frac{1}{L}\int_{\alpha}^{\omega t}v(t)\mathrm{d}t=\frac{V_m}{\omega L}(\sin(\omega t)-\sin\alpha) \tag{12-11}$$

式中：$\alpha\leqslant\omega t\leqslant\pi-\alpha$。对于波形随后的负半周，式(12-11)中的符号变为＋。式(12-11)中$(V_m/(\omega L))\sin\alpha$ 项是一个独立受α 角控制的项，它表征了正弦电流相对 $\alpha=0$ 时的偏置。在每半周内，正半周时，电流向下偏置；负半周时，电流向上偏置。当 $\alpha=0$ 时，电流 $i_L(t)$ 最大，而当 $\alpha=\pi/2$ 时，该电流为 0。图 12-3c 描绘了在 α 角度不同时(α_1，α_2，α_3，α_4)的电流 $i_L(t)$的波形。根据式(12-11)，电感电流基波的有效值为：

$$I_{LF}(\alpha)=\frac{V}{\omega L}\left(1-\frac{2}{\pi}\alpha-\frac{1}{\pi}\sin(2\alpha)\right) \tag{12-12}$$

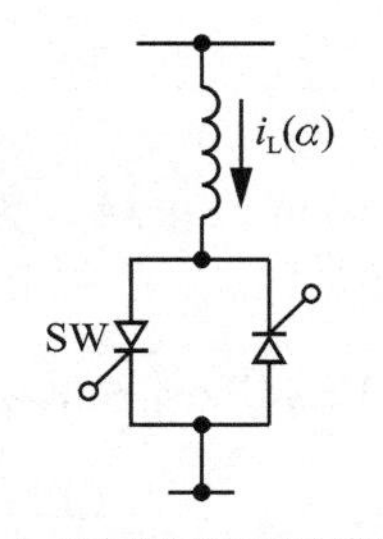

a) 晶闸管受控电抗器电路示意图

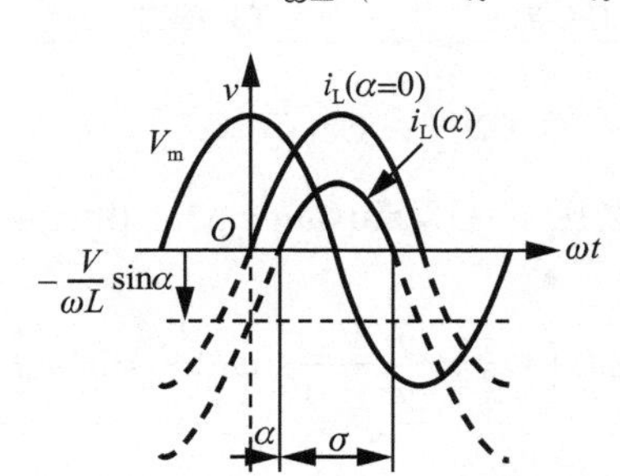

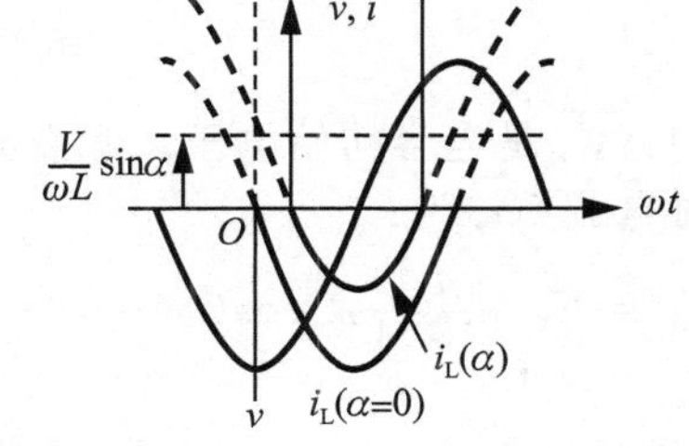

b) 电压及电流波形

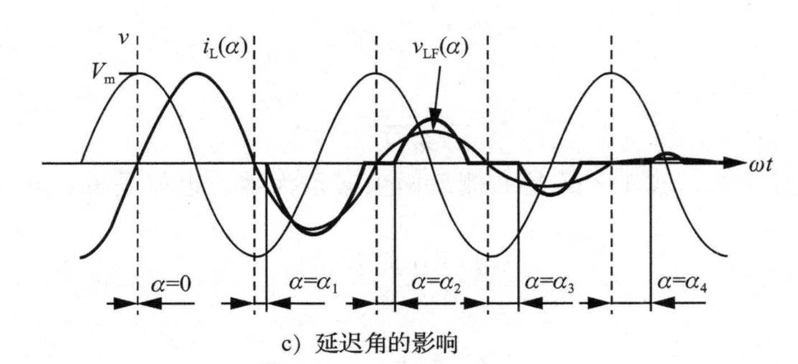

c) 延迟角的影响

图 12-3　晶闸管受控电抗器

从而可以得出导纳对 α 的关系为：

$$Y_{\mathrm{L}}(\alpha)=\frac{I_{\mathrm{LF}}}{V}=\frac{1}{\omega L}\left(1-\frac{2}{\pi}\alpha-\frac{1}{\pi}\sin(2\alpha)\right) \tag{12-13}$$

因此，补偿器可以控制阻抗的变化，$Z_{\mathrm{L}}(\alpha)=1/Y_{\mathrm{L}}(\alpha)$，从而实现对补偿电流的控制。由于这种补偿器使用相角控制，其输出电流中包含低次谐波，因此需要加装无源滤波器来消除这些谐波影响。通常在源端会使用星形一三角形联结的变压器来避免谐波注入到交流电源侧。

12.4.2 晶闸管开关电容

晶闸管开关电容(TSC)由一个电容 C、一个双向晶闸管开关 SW 限波器 L 组成。如图 12-4a 所示，开关可以控制开关电容。在拉普拉斯域的 s 表示并使用 KVL 可得出：

$$V(s)=\left(Ls+\frac{1}{Cs}\right)I(s)+\frac{V_{\mathrm{co}}}{s} \tag{12-14}$$

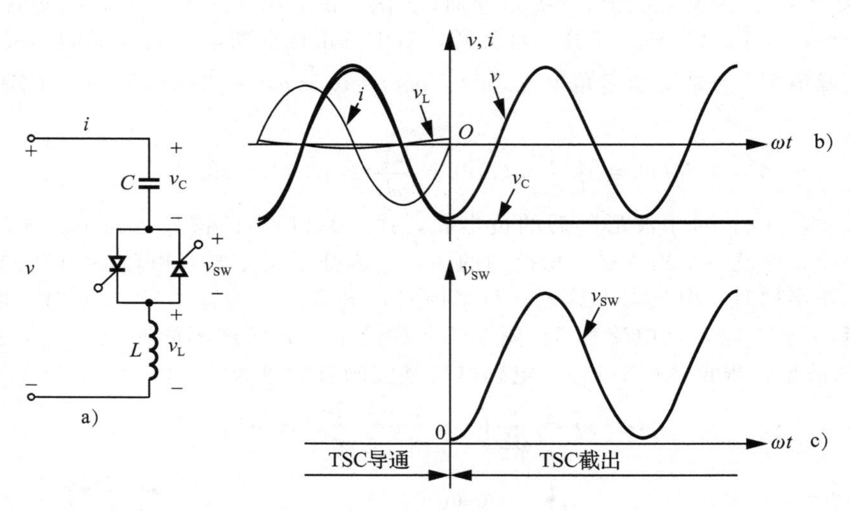

图 12-4 晶闸管开关电容(TSC)[2]

式中：V_{co}是电容初始电压。假设有电压 $v=V_{\mathrm{m}}\sin(\omega t+\alpha)$，由式(12-14)可以求解，因为瞬时电流 $i(t)$为：

$$i(t)=V_{\mathrm{m}}\frac{n^2}{n^2-1}\omega C\cos(\omega t+\alpha)-n\omega C\left(V_{\mathrm{co}}-\frac{n^2V_{\mathrm{m}}}{n^2-1}\sin\alpha\right)\times\sin(\omega_n t)-V_{\mathrm{m}}\omega C\cos\alpha\cos(\omega_n t) \tag{12-15}$$

式中：ω_{n} 是 LC 电路的自然频率，

$$\omega_{\mathrm{n}}=\frac{1}{\sqrt{LC}}=n\omega \tag{12-16}$$

$$n=\frac{1}{\sqrt{\omega^2LC}}=\sqrt{\frac{X_{\mathrm{C}}}{X_{\mathrm{L}}}} \tag{12-17}$$

为了得到无瞬态开关，式 12-15 的右侧后两项必须为零，也就是说，必须满足下列条件：

条件 1

$$\cos\alpha=0 \text{ 或者 } \sin\alpha=1 \tag{12-18a}$$

条件 2

$$V_{\mathrm{co}}=\pm V_{\mathrm{m}}\frac{n^2}{n^2-1} \tag{12-18b}$$

第一个条件说明电容在输入电压的峰值进行门控。第二个条件表明电容必须充电，使其在门空前电压高于电压源。因此，对于一个无瞬态操作，稳态电流(TSC 关断时)可表示为：

$$i(t)=V_{\mathrm{m}}\frac{n^2}{n^2-1}\omega C\cos(\omega t+90^\circ)=-V_{\mathrm{m}}-\frac{n^2}{n^2-1}\omega C\sin(\omega t) \qquad (12\text{-}19)$$

TSC 可以通过事先移开晶闸管门控信号来实现零电流断开。在零电流通过时，电容电压达到峰值 $V_{\mathrm{co}}=\pm V_{\mathrm{m}}n^2/(n^2-1)$。断开的电容保持充电到这个电压如图 12-4 所示。最后通过不导通的 TSC 的电压在零到电源的峰峰值间变化，如图 12-4c 所示。

如果断开的电容电压不变，则 TSC 可以在没有瞬态并在电源峰值的情况下再次打开；如图 12-5a 所示的正向充电电容，以及如图 12-5b 所示的反向充电电容。实际上，电容的电压缓慢在门控周期放电，系统的电压和阻抗会剧烈变化使得任何控制方法麻烦重重。因此电容应该在 0 到 $V_{\mathrm{co}}=\pm V_{\mathrm{m}}n^2/(n^2-1)$的剩余电压范围内重新连接。这可以使 TSC 在剩余电压和电源交流电压相等这些瞬间打开，以达到最小化瞬时振荡的可能性的目的。因此 TSC 应该在其电压为零，也就是零电压开关(ZVS)下操作。否则会产生瞬时开关状态。这些瞬态是由在开关瞬间非零的 $\mathrm{d}v/\mathrm{d}t$ 产生的，如果没有串联电抗，则会导致瞬时的电流$i=C\mathrm{d}v/\mathrm{d}t$ 通过电容。

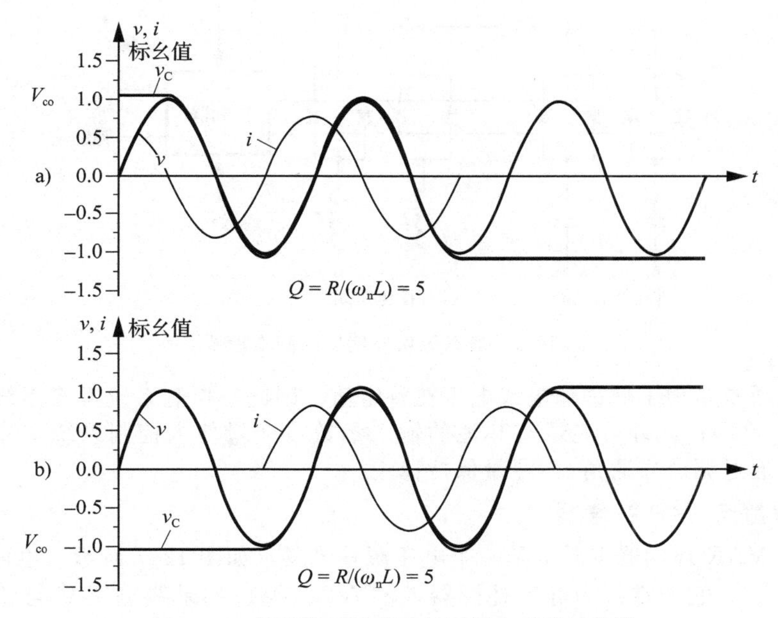

图 12-5　晶闸管开关电容的无瞬态开关过程[2]

无瞬态的开关操作规则如下：

(1)如果剩余电容电压 V_{co}小于交流峰值电压 V_{m}，也就是，$V_{\mathrm{co}}<V_{\mathrm{m}}$，TSC 应该在瞬时交流电压 $v(i)$等于电容电压 $v(t)=V_{\mathrm{co}}$时打开。

(2)如果剩余电容电压 V_{co}大于或等于交流峰值电压 V_{m}，也就是，$V_{\mathrm{co}}\geqslant V_{\mathrm{m}}$，TSC 应该在瞬时交流电压 $v(i)$等于峰值 $v(t)=V_{\mathrm{m}}$ 时打开，使得通过 TSC 的电压，也就是 $V_{\mathrm{co}}-V_{\mathrm{m}}$最小。

对于输入电压，如果开关打开 m_{on}个周期，关断 m_{off}个周期，则电容的有效值可以由下式推出：

$$I_{\mathrm{c}}=\left[\frac{m_{\mathrm{on}}}{2\pi(m_{\mathrm{on}}+m_{\mathrm{off}})}\int_0^{2\pi}i^2(t)\mathrm{d}(\omega t)\right]^{1/2}$$

$$=\left[\frac{m_{\mathrm{on}}}{2\pi(m_{\mathrm{on}}+m_{\mathrm{off}})}\int_0^{2\pi}\left(-V_{\mathrm{m}}\frac{n^2}{n^2-1}\omega C\sin(\omega t)\right)^2\mathrm{d}(\omega t)\right]^{1/2}$$

$$= \frac{n^2 V_m}{n^2 - 1\sqrt{2}} \omega C \sqrt{\frac{m_{on}}{m_{on} + m_{off}}} = \frac{n^2 V_m}{(n^2 - 1)\sqrt{2}} \omega C \sqrt{k} \tag{12-20}$$

式中：$k = m_{on} / (m_{on} + m_{off})$称为开关的占空比。

12.4.3　静态 VAR 补偿器

不论是用 TCR 还是 TSC 都只允许容性或者感性补偿。然而，大多数应用中需要使用容性和感性两种补偿方式。静态 VAR 补偿器(SVC)由 TCR 与一个或者多个 TSC 并联构成[4,7]。通常的 SVC 解决方案如图 12-6 所示。补偿器的反应单元跟传输线通过变压器连接以防止反应单元承受过大系统电压。控制系统通过预设的策略决定了无功单元的门控瞬态。

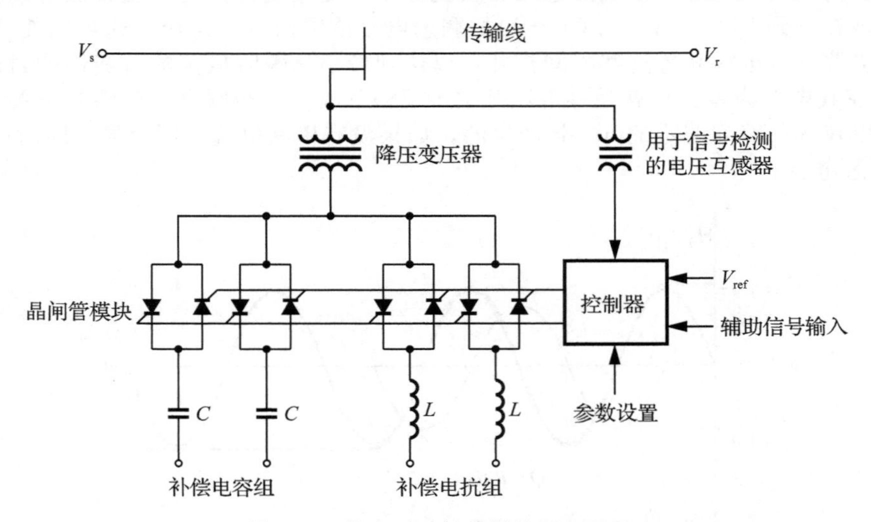

图 12-6　静态无功补偿器的基本配置

这种策略通常是为了保护输电线电压在特定值。因此，控制系统具有系统电压输入通过潜在变压器(PT)；此外可能还有其他的输入参数或变量传入控制系统。控制系统保证了补偿器电压通过调节导通角[5,6]尽量保持稳定。

12.4.4　高级静态 VAR 补偿器

高级静态 VAR 补偿器本质上是一个电压源整流器，如图 12-7 所示。也可以使用电流源换向器替代[11]。它通常称为静态补偿器，STATCOM。如果线电压 V 与整流器输出电

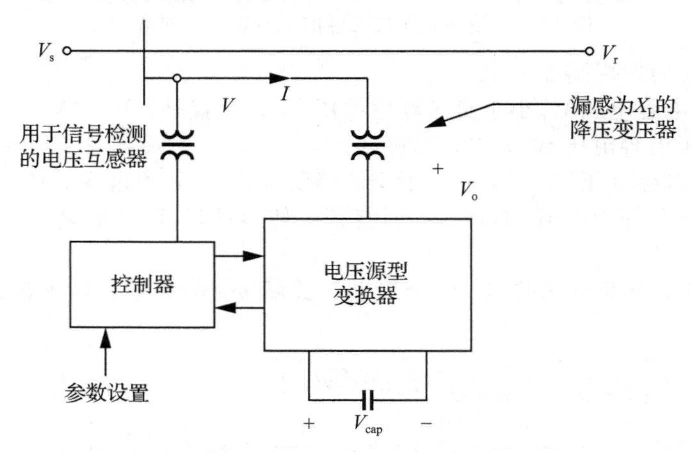

图 12-7　改进型并联静态无功补偿器(静态同步补偿装置)的基本配置

压 V_o 同相并有相同的大小，也就是，$V\angle 0°=V_o\angle 0°$，此时没有电流流入或流出补偿器，也没有无功功率交换。如果现在增大整流器电压，V 和 V_o 的差值将会在降压变压器的漏电抗上出现。结果导致一个由 V 导致的漏电流产生，同时补偿器表现为电容，产生 VAR。相反，如果 $V>V_o$，补偿器产生一个滞后电流，表现为电感吸收 VAR。此时补偿器本质上类似于同步补偿器，其激励可能大于或小于终端电压。这种操作允许无功功率的连续控制，但是要求在高速操作，尤其是带有强制换相整流器的情况比如 GTO、MCT，IGBT。

STATCOM 的主要特性为，(1)具有很大的操作范围，使得全电容阻抗电势较低；(2)为了实现同等的稳定性，额定功率低于传统的 SVC；(3)瞬时功率增加并具有很高的解决动态系统振荡能力。如果一个直流储电装置(如超导线圈)用来代替电容，将有可能交换系统的有功功率和无功功率。在低需求的条件下，超导线圈可以存储电能，在紧急条件下可以释放出来。

例 12.1　求 TCR 的感抗和延迟角。

一种特定的传输线带有一个 TCR，如图 12-3(a)所示，其中 $V=220\text{V}$，$f=60\text{Hz}$，$X=1.2\Omega$，$P_p=56\text{kW}$。TCR 的最大电流为 $I_{L(mx)}=100\text{A}$。求解(a)相角 δ；(b)线电流 I；(c)分流补偿器的无功功率 Q_p；(d)通过 TCR 的电流；(e)感抗 X_L，(f)TCR 在 I_L 为电流峰值 60%时的延迟角。

解：

$V=220\text{V}$，$f=60\text{Hz}$，$X=1.2\Omega$，$\omega=2\pi f=377\text{rad/s}$，$P_p=56\text{kW}$，

$I_{L(mx)}=100\text{A}$，$k=0.6$

(a)由式(12-8)，得：$\delta=2\arcsin\left(\dfrac{XP_p}{2V^2}\right)=2\arcsin\left(\dfrac{1.2\times 56\times 10^3}{2\times 220^2}\right)=87.93°$.

(b)由式(12-7b)，得：$I=\dfrac{4V}{X}\sin\dfrac{\delta}{4}=\dfrac{4\times 220}{1.2}\times\sin\dfrac{87.93}{4}\text{A}=274.5\text{A}$

(c)由式(12-10)，得：$Q_p=\dfrac{4V^2}{X}\left(1-\cos\dfrac{\delta}{2}\right)=\dfrac{4\times 220^2}{1.2}\times\left(1-\cos\dfrac{87.93}{2}\right)\text{A}$

$=45.21\times 10^3\text{A}$

(d)通过 TCR 的电流为：$I_Q=\dfrac{Q_p}{V}=\dfrac{45.21\times 10^3}{220}\text{A}=205.504\text{A}$

(e)电感感抗为：$X_L=\dfrac{V}{I_{L(max)}}=\dfrac{220}{100}\Omega=2.2\Omega$

(f)$I_L=kI_{L(max)}=0.6\times 100\text{A}=60\text{A}$

由式(12-12)，得：$60=220/2.2\times\left(1-\dfrac{2}{\pi}\alpha-\dfrac{1}{\pi}\sin 2\alpha\right)$，通过 Mathcad 软件计算可得出延迟角 $\alpha=18.64°$。◀

12.5　串联补偿原理

电压源与传输线串联可以用来控制电流，从而电能可以从发送端传送到接收端。如图 12-8 所示，理想的串联补偿器用电压源 V_c 表示，连接在传输线的中间。通过输电线的电流：

$$\boldsymbol{I}=\frac{V_s-V_r-V_c}{jX} \tag{12-21}$$

如果这个串联电路引入的电压 V_c 与线电流同象限，则这个串联补偿器不能提供或吸收有功功率。也就是，在 V_c 电源端的电能只能为无功功率。也就是说，感性和容性的等效阻抗可以代替电压源 V_c。输电线的等效阻抗可表示为：

$$X_{eq}=X-X_{comp}=X(1-r) \tag{12-22}$$

式中：

$$r=\frac{X_{\mathrm{comp}}}{X} \tag{12-23}$$

r 是串联补偿程度，$0\leqslant r\leqslant 1$；X_{comp} 是串联等效补偿电抗，如果为容性则是负值，感性则是正值。由式(12-4)，导线电流的大小可表示为：

$$I=\frac{2V}{(1-r)X}\sin\frac{\delta}{2} \tag{12-24}$$

由式(12-5)，流过输电线的有功功率可表示为：

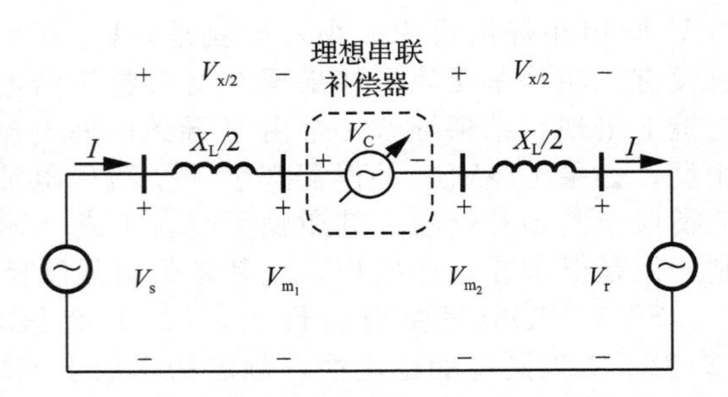

图 12-8　输电线的理想串联补偿器

$$P_{\mathrm{c}}=V_{\mathrm{c}}I=\frac{V^2}{(1-r)X}\sin\delta \tag{12-25}$$

由式(12-6)，V_{c} 端的无功功率 Q_{c} 可表示为：

$$Q_{\mathrm{c}}=I^2X_{\mathrm{comp}}=\frac{2V^2}{X}\times\frac{r}{(1-r)^2}(1-\cos\delta) \tag{12-26}$$

如果电压源 V_{c} 只补偿容性无功功率，线电流将领先电压 V_{c}90°。当有必要减少功率时可以采用容性补偿。不管是感性补偿还是容性补偿，电压源 V_{c} 并没有吸收或发出无功功率。但是感性补偿的应用更广泛些。

串联容性阻抗可以降低从输入端到接收端整体的有效串联传输阻抗，因此增加了可传输功率。一个串联容性补偿的输电线带有两个相同的部分，如图 12-9a 所示。假设终端电压大小恒定为 V。因为 $V_{\mathrm{s}}=V_{\mathrm{r}}=V$，所以对应的电压和电流相位如图 12-9b 所示。假设末端电压相同，输电线串联电感电压大小 $V_{\mathrm{x}}=2V_{x/2}$ 增加到了通过串联电容的反向电压 $-V_{\mathrm{c}}$。这导致了线电压增大。

式(12-25)表示通过改变串联补偿率 r，传输功率可以显著增加。有功功率 P_{C} 和无功功率 Q_{C} 与角 δ 的图像如图 12-9c 所示。传送功率 P_{C} 随着串联补偿度 r 的增加迅速增加。由串联电容产生的无功功率 Q_{C} 随着 s 的增加迅速增长，随着角度 δ 而变化，变化趋势与输电线无功功率 P_{C} 的变化相似。

根据式(12-5)，大的常输电线串联无功阻抗会限制功率传输。在这种情况下，串联补偿电容的阻抗可以抵消一部分实际输电线阻抗，因此有效输电线阻抗减小，就好像输电线物理对变短。

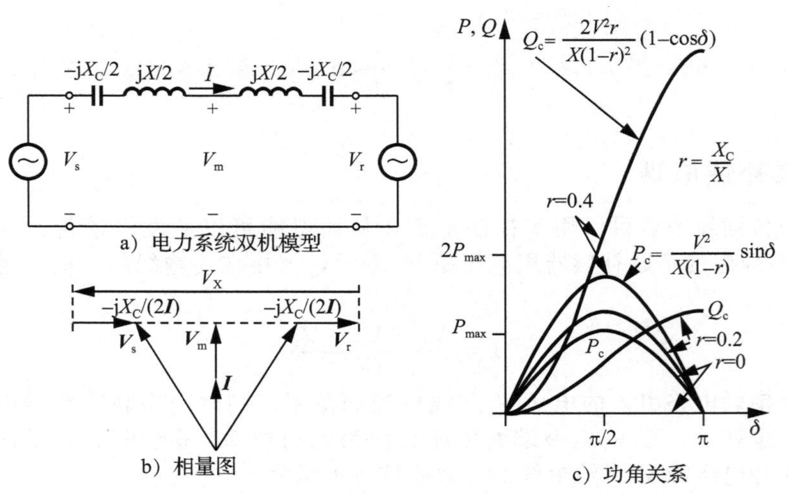

图 12-9　串联电容补偿[2]

12.6　串联补偿器

串联补偿器原则上是在传输线上集成了一个串联电压。不同的阻抗乘以通过的电流表示输电线上的串联电压。只要电压与电流正交，串联补偿器就只会产生或者消耗不同的无功功率。因此串联补偿器可以为不同的阻抗(比如感性阻抗或容性阻抗)或者基于电力电子的可变电源主频率和次同步的谐振频率(或合成)来满足需要的控制策略。

12.6.1　晶闸管开关串联电容

晶闸管开关串联电容(TSSC)由很多电容串联组成，每个电容都并联了由两个反平行晶闸管组成的开关。电路结构如图 12-10a 所示。关断时插入了一个电容，通过打开对应的晶闸管来实现旁路。因此，如果所有开关都关断，等价的电容为 $C_{eq}=C/m$，如果所有开关都同时打开，则 $C_{eq}=0$，有效电容的数量和串联补偿的程度可以用这种步进的方式通过增加或减少插入电容来控制。

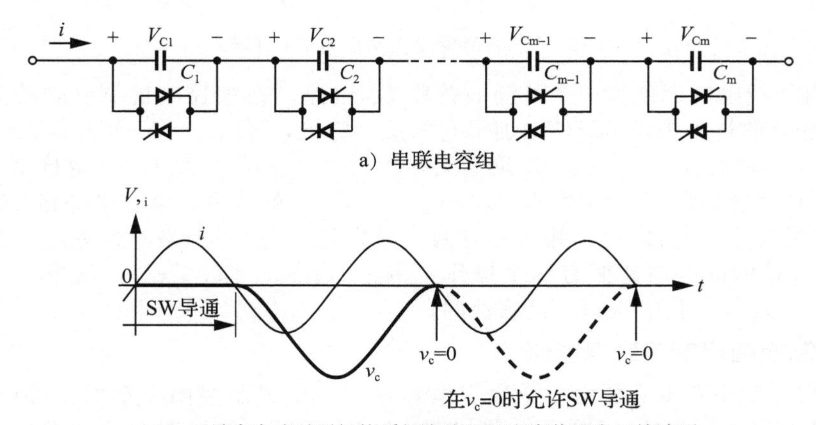

a) 串联电容组

b) 开关在电流过零切换瞬间电流及及电容偏置电压的波形

图 12-10　晶闸管投切串联电容

晶闸管可自然地转换，也就是说，当电流为零的时候关断。因此电容仅在电流为零的时候可以插入电线，也就是零电流开关状态(ZCS)。因为每次插入只能发生在零电流时刻，电感可以在半个电流周期从零到最大值时充电，也可以在连续电流的另一极在下一个半周期从最大值到零时放电。这导致直流补偿电压的产生，它等价于交流电容电压的大小，如图 12-10b 所示。

为了减少通过开关初始电流波动和因 $V_c=C\mathrm{d}v/\mathrm{d}t$ 产生瞬态条件，晶闸管应该只在作为旁路，也就是电容电压为零时打开。直流补偿和 $V_c=0$ 的要求会导致最多一个占空比的延迟，会设定理论上 TSSC 对于可达到的反应时间限制。由于晶闸管对 $\mathrm{d}i/\mathrm{d}t$ 的限制，实际应用中，有必要使用一个限流电抗器与晶闸管串联。电抗器与晶闸管串联成为一个新的电力电路，称为晶闸管控制串联电容(TCSC)(参考 12.6.2 小节)，它可以显著提高 TSSC 的操作和表现特性。

12.6.2　晶闸管控制串联电容

TCSC 由串联补偿电容和晶闸管控制电抗(TCR)并联构成，如图 12-11 所示。这个排列与 TSSC 很相似。如果电抗 X_L 的阻抗足够小于电容电抗 X_C，它就可以像 TSSC 一样在开/关状态下操作。改变延迟角 α，可以改变 TCR 感抗。因此，TCSC 可以通过部分抵消有效 TCR 补偿电感提供连续可变电感。因此，TCSC 的稳态阻抗是一个并联 L_C 电路形成的，由一个定制容抗 X_C 和可变感抗 X_L 组成。TCSC 的有效阻抗可表示为：

$$X_{T}(\alpha)=\frac{X_{C}X_{L}(\alpha)}{X_{L}(\alpha)-X_{C}} \tag{12-27a}$$

式中：$X_{L}(\alpha)$可以由式(12-13)得出：

$$X_{L}(\alpha)=X_{L}\frac{\pi}{\pi-2\alpha-\sin(2\alpha)}\qquad(X_{L}\leqslant X_{L}(\alpha)\leqslant+\infty) \tag{12-27b}$$

式中：$X_{L}=\omega L$；α是由电感电压峰值或者零电流状态下测得的延迟角。

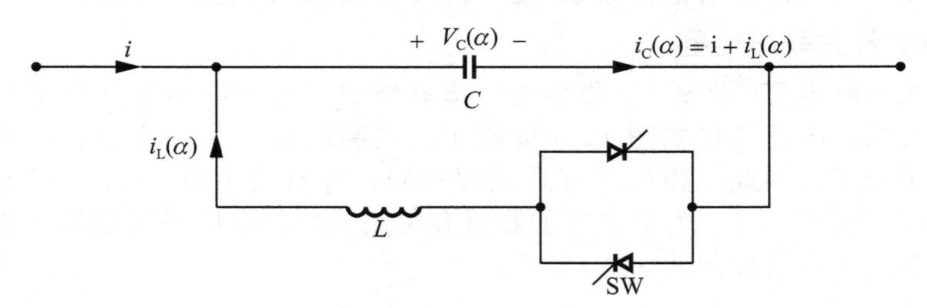

图 12-11　晶闸管受控串联电容(TCSC)

TCSC对于线电流表现为一个可调的并联L_{C}电路。在被控电抗$X_{L}(\alpha)$的阻抗从最大值到最小值变化的过程中，TCSC增加了它的最小容抗，$X_{T(\min)}=X_{C}=1/(\omega C)$，直到并联共振在$X_{C}=X_{L}(\alpha)$时发生，$X_{T(\min)}$理论上无限大。进一步减小$X_{L}(\alpha)$，阻抗$X_{L}(\alpha)$成为容抗，并在$\alpha=0$时达到它的最小值$X_{C}X_{L}/(X_{L}-X_{C})$。也就是说，电容受旁路TCR的影响。通常，$X_{L}$的电抗小于容抗$X_{C}$。相角$\alpha$有两个限定值：(1)一个是感性$\alpha_{L(\lim)}$(2)一个是容性$\alpha_{C(\lim)}$。TCSC内部电路共振有两个操作范围：(1)$\alpha_{C(\lim)}\leqslant\alpha\leqslant\pi/2$，其中$X_{T}(\alpha)$是容性的；(2)$0\leqslant\alpha\leqslant\alpha_{L(\lim)}$，其中$X_{T}(\alpha)$是感性的。

12.6.3　强制换向控制串联电容器

强制换向控制串联电容器由一个固定电容器与一个强制换向类型的器件(比如GTO、MCT或者IGBT)并联组成。GTO电路如图12-12a所示。除了双向强制换向器件替代了双向晶闸管开关外，这和TSC是类似的。当GTO开关SW闭合时，电容两端的电压v_{c}为零；当开关关断时，v_{c}为最大值。开关能够在给定线电流i时控制电容两端的交流电压v_{c}。由此，每半周期与交流系统频率同步地闭合与关断开关，能够控制电容电压。

只要电容电压过零，GTO就会打开；当滞后线电流的角度γ大于或等于零，小于或等于$\pi/2$或者线电压过零时，GTO就会关断。在一定滞后角γ下正半周、负半周的电流i与电容电压v_{c}如图12-12b所示。开关SW从0到γ角度是闭合的，从$\pi-\gamma$到π是关断的。当γ等于0时，开关永久闭合，这时它对结果电容电压v_{c}是没有影响的。

如果开关的闭合相对于线电流$i=I_{m}\cos(\omega t)=\sqrt{2}I\cos(\omega t)$有一个滞后角$\gamma$，电容电压能够表示为：

$$v_{C}(t)=\frac{1}{C}\int_{\gamma}^{\omega t}i(t)\mathrm{d}t=\frac{I_{m}}{\omega C}(\sin(\omega t)-\sin\gamma) \tag{12-28}$$

当$\gamma\leqslant\omega t\leqslant\pi-\gamma$时适用。在紧接着的负半周时间段内，式(12-28)的符号变成正号。式(12-28)里的$(I_{m}/(\omega C))\sin\gamma$项是一个简单的关于$\gamma$的常数。在$\gamma=0$时得到的正弦电压是补偿值，正半周时向下补偿，负半周时向上补偿。

电压过零瞬间闭合GTO可以控制非导通时间γ。也就是说，关断滞后角γ定义了当时的阻塞角$\beta=\pi-2\gamma$。所以，当关断滞后角γ增大时，相应的增加补偿值导致了开关阻塞角β的减小，并且电容电压跟随着减小。在最大滞后$\gamma=\pi/2$时，补偿值也达到最大值$I_{m}/(\omega C)$，此时阻塞角λ与电容电压$v_{C}(t)$都为零。当$\gamma=0$时，电压$v_{C}(t)$最大，当$\gamma=\pi/2$时，它为零。所以，改变关断滞后角使其由$\gamma=0$到$\gamma=\pi/2$，电容电压的最大值可以从最大值$I_{m}/(\omega C)$连续变化到零。不同$\gamma(\gamma_{1}，\gamma_{2}，\gamma_{3}，\gamma_{4})$值的$v_{C}(t)$波形如图12-12c

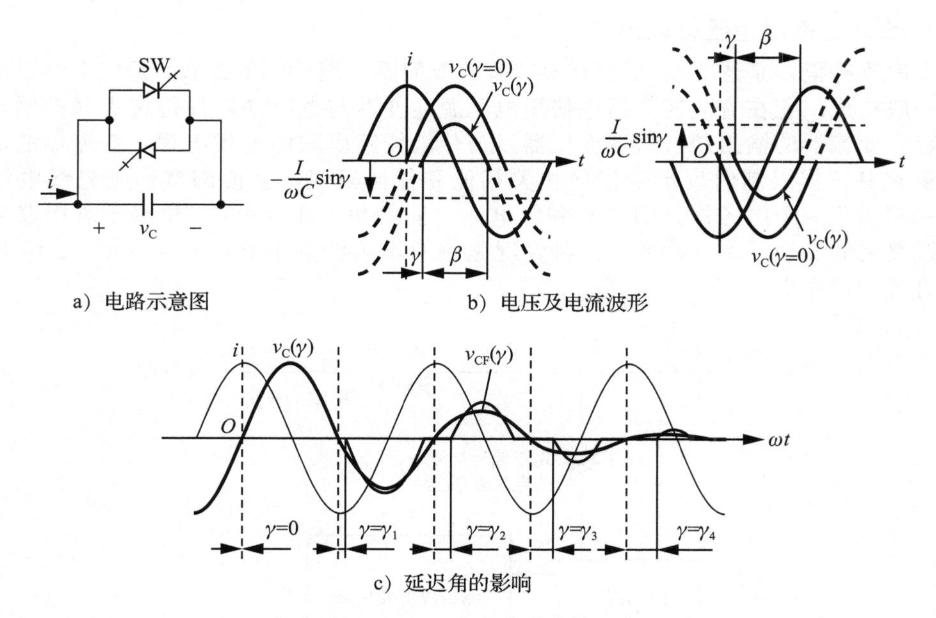

图 12-12　强制换流型可控串联电容补偿装置

所示。

式(12.28)等同于式(12.11)，于是 FCSC 是 TCR 的 2 倍。与式(12-11)类似，基本的电容电压可以表示为：

$$V_{CF}(\gamma)=\frac{I}{\omega C}\left(1-\frac{2}{\pi}\gamma-\frac{1}{\pi}\sin(2\gamma)\right) \tag{12-29}$$

这样阻抗可以写成如下关于 γ 的函数：

$$X_C(\gamma)=\frac{V_{CF}(\gamma)}{I}=\frac{1}{\omega C}\left(1-\frac{2}{\pi}\gamma-\frac{1}{\pi}\sin(2\gamma)\right) \tag{12-30}$$

式中：$I=I_m/\sqrt{2}$为线电流方均根值。所以，FCSC 的作用相当于一个电容阻抗变量，而 TCR 相当于一个电感阻抗变量。

12.6.4　串联静止无功功率补偿器

TSC，TCSC 和 FCSC 的使用是允许电容串联补偿的。一个串联静止无功功率补偿器(SSVC)由一种串联补偿器组成。一个带有 TCSC 的 SSVC 的一般构成如图 12-13 所示。控制系统从一个 PT 接收系统电压输入，从一个电流变压器(CT)接收系统电流输入。同时控制系统还可能有另外的附加输入参数。典型串联补偿器的控制方法是基于获取目标线潮流和阻尼功率振荡的能力之上的。

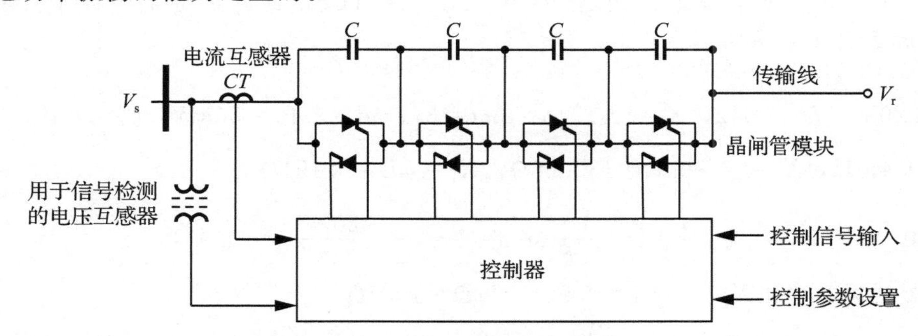

图 12-13　串联型静态无功补偿装置的基本配置

12.6.5　改进型串联电压补偿器

这个串联补偿器是图 12-7 所示分流版本的双回路。图 12-14 所示的是一个高级串联补偿器的一般构成。它在直流变流器中使用电压源逆变器与电容来取代传统串联补偿器中的开关电容。变流器的输出通过串联变压器以与传输线路串联的方式出现。变流器的输出电压 v_c 能够在其工作限制内设定到任何相关相位和任何幅值，它被调整到领先线电流 90°，于是作用相当于一个电容器。如果 v_c 和线电流之间的角度不是 90°，这暗示着串联补偿器和传输线路之间交换了有功功率。这种情况是绝对不可能发生的，因为如图 12-14 所示补偿器没有有功功率电源。

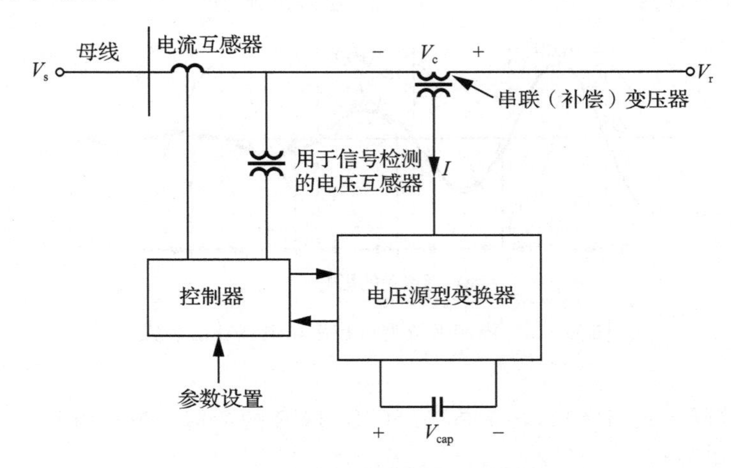

图 12-14　改进型串联静态无功补偿器

这种类型的串联补偿器通过改变 v_c 的幅值能够提供连续角度的串联补偿。并且，它能够保留 v_c 的相位，于是能够增加整体线电抗。这对于限制故障电流或者减弱功率振荡有积极作用。总体而言，可控串联补偿器能够用来增加瞬时稳定性，减少其他固定补偿器使用时的次同步的磁共振，增加线功率能力。

任何线电流的变化不会引起 v_c 的变化。于是，变流器在基本电力系统频率下几乎是零阻抗。通过变流器作用到传输线上的电压是不能由真实的容抗值推导出来的，并且不能够谐振。所以，这个补偿器能够用来产生次同步谐振，这是指串联电容器和线电感之间的谐振。

例 12.2　求 TCSC 的串联补偿电抗和时正角。

如图 12-8 所示，串联传输线路的参数为 $V=220\text{V}$，$f=60\text{Hz}$，$X=12\Omega$，$P_P=56\text{kW}$。TCSC 的参数为 $\delta=80°$，$C=20\mu\text{F}$，$L=0.4\text{mH}$。求 (a) 补偿角 γ；(b) 补偿容抗 X_{comp}；(c) 线电流 I；(d) 无功功率 Q_c；(e) 当 $X_T=-50\Omega$ 时 TCSC 的时正角 α；(f) 作出 $X_L(\alpha)$ 和 $X_T(\alpha)$ 对时正角 α 的图像。

解：

$V=220\text{V}$，$f=60\text{Hz}$，$X=12\Omega$，$\omega=2\pi f=377\text{rad/s}$，$P_c=56\text{kW}$，$C=20\mu\text{F}$

$L=0.4\text{mH}$，$X_C=-\dfrac{1}{\omega C}=-132.63\Omega$，$X_L=\omega L=0.151\Omega$

(a) 由式 (12-25)，得：$r=1-\dfrac{V^2}{X\,P_c}\sin\delta=1-\dfrac{220^2}{12\times56\times10^3}=0.914$

(b) 补偿容抗为：$X_{comp}=rX=0.914\times12\Omega=10.7\Omega$

(c) 由式 (12-24)，得：$I=\dfrac{2V}{(1-r)X}\sin\dfrac{\delta}{2}=\left(\dfrac{2\times220}{(1-0.914)\times1.2}\times\sin\dfrac{80}{2}\right)\text{A}=317.23\text{A}$

(d)由式(12-26)，得：$Q_c=\frac{2V^2}{X}\times\frac{r}{(1-r)^2}(1-\cos\delta)=\frac{2\times220^2\times0.914}{12\times(1-0.914)^2}\times(1-\cos80°)$ V·A$=1.104\times10^6$ V·A

(e)由式(12-27b)，得：$X_L(\alpha)=X_L\frac{\pi}{\pi-2\alpha-\sin(2\alpha)}$

$$X_T(\alpha)=-50\Omega=\frac{X_C\,X_L(\alpha)}{X_L(\alpha)-X_C}$$

解得，延迟角 $\alpha=77.707°$。

(f)$X_L(\alpha)$和$X_T(\alpha)$对延迟角 α 的图像如图12-15所示。

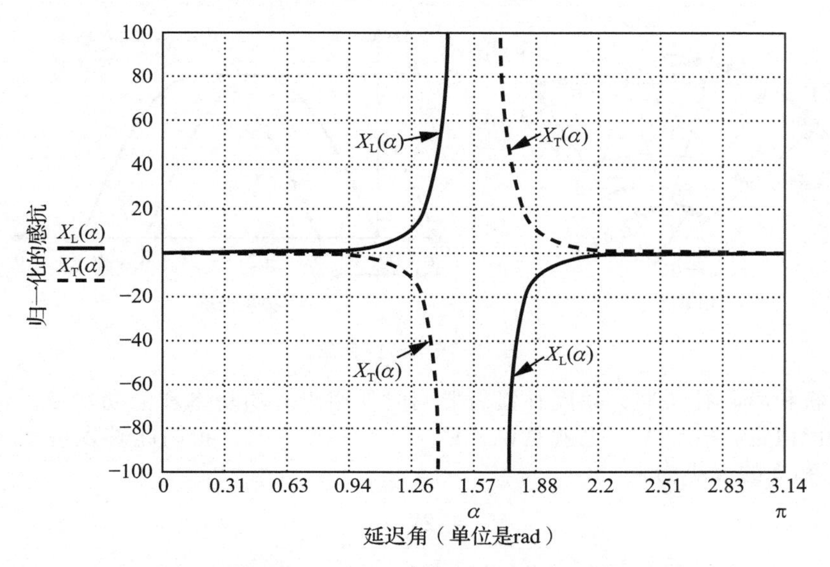

图12-15 晶闸管受控电抗器的阻抗及其有效阻抗与延迟角的关系

12.7 相角补偿原理

相角补偿是如图12-8所示串联补偿的一个特例。潮流是由相角控制的。相位补偿是位于发送端发电机与传输线路之间的。这个补偿器是一个可控幅值和相角的交流电压源。理想的相位补偿如图12-16a所示。补偿器控制两个交流系统之间的相角，所以能够控制这两个交流系统之间交换的电压。有效的发送端电压是发送端电压 V_s 与补偿电压 V_σ 的和，如图12-16b所示。V_s 与 V_σ 之间的角度能够改变，但是得保证角度 σ 变化不会产生幅值变化。也就是说，有：

$$V_{\text{seff}}=V_s+V_\sigma \tag{12-31a}$$

$$|V_{\text{seff}}|=|V_s|=V_{\text{seff}}=V_s=V \tag{12-31b}$$

通过单独控制角度 σ，是可能将传输功率控制在理想水平的，而与传动角 δ 无关。例如，通过控制补偿电压的幅值，在角度 δ 超过最大功率角 $\pi/2$ 时功率能够维持在最大值，所以发送端和接收端电压之间的有效相角$(\delta-\alpha)$保持在 $\pi/2$。由向量图，有相位补偿的传输功率可以定义为：

$$P_a=\frac{V^2}{X}\sin(\delta-\alpha) \tag{12-32}$$

有相位补偿的传输的无功功率可以定义为：

$$Q_a=\frac{2V^2}{X}[1-\cos(\delta-\alpha)] \tag{12-33}$$

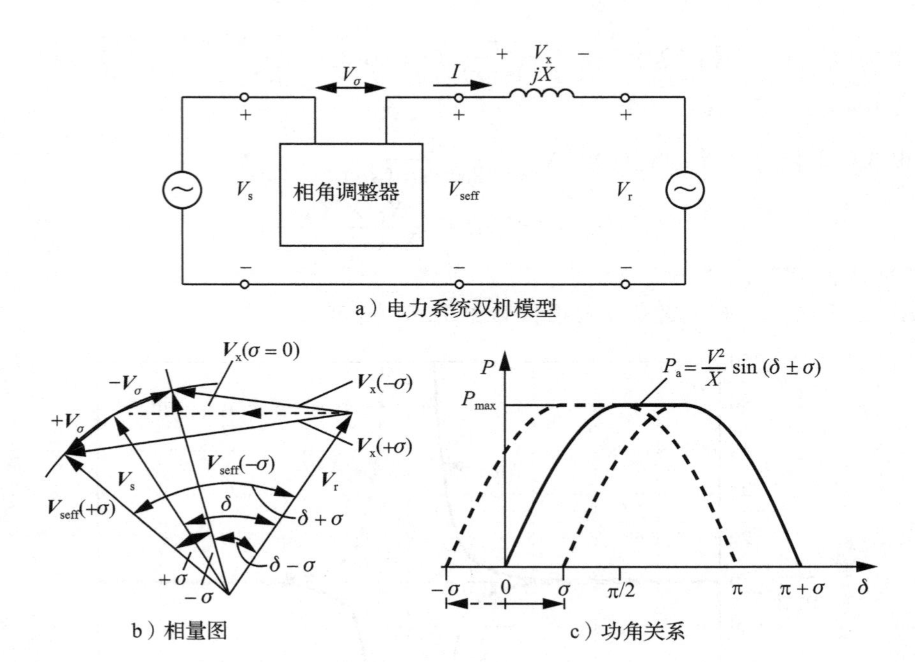

图 12-16 相位补偿

不像其他并联和串联补偿器，角度补偿需要同时作用于有功功率和无功功率。这就假定了端电压要保持恒定，等于 V。也就是说，$V_{seff}=V_S=V_r=V$。我们能够发现图 12-16 所示向量图中 V_σ和 I 的大小为：

$$V_a = 2V\sin\frac{\sigma}{2} \tag{12-34}$$

$$I = \frac{2V}{X}\sin\frac{\delta}{2} \tag{12-35}$$

通过相位补偿器的视在功率(伏安[VA])可以定义为：

$$VA_a = V_a I = \frac{4V^2}{X}\sin\left(\frac{\delta}{2}\right)\sin\left(\frac{\sigma}{2}\right) \tag{12-36}$$

有功功率 P_a对应角度 δ 的图形如图 12-16c 所示。这个顶端平滑的曲线暗示着相位补偿的动作范围。这种补偿器没有增加未补偿线路的传输功率。有功功率 P_a和无功功率Q_a保持与相同传动角的未补偿系统的一样。当任意角度 δ 位于 $\pi/2$ 与 $\pi/2+\sigma$ 的范围时，虽然理论上是可以实现保持功率最大值，但实际上，是将 P_a对应 δ 的曲线向右移动了。通过插入反极性角度补偿的电压，P_a对应 δ 的曲线也能够向左移。因此，功率传输能够增加，并且在小于 $\pi/2$ 的发电机角 $\delta=\frac{\pi}{2}-\sigma$ 就能够达到最大功率。反向链接相位补偿器的影响如虚线表示的曲线所示。

如果向量 $\boldsymbol{V}_\sigma$相对 $\boldsymbol{V}_s$的角度 σ 固定在±90°，相位补偿器就成为了一个满足如下关系式的正交助推器(QB)：

$$V_{seff} = V_s + V_\sigma \tag{12-37a}$$

$$|V_{seff}| = V_{seff} = \sqrt{{V_s}^2 + {V_\sigma}^2} \tag{12-37b}$$

QB 类型的相位补偿器的向量图如图 12-17a 所示，其具有正交助推器的传输功率 P_b，可以定义为：

$$P_b = \frac{V^2}{X}\left(\sin\delta + \frac{V_\sigma}{V}\cos\delta\right) \tag{12-38}$$

传输功率 P_b对应角度 δ 以施加的正交电压 V_σ为参数方程的图像如图 12-17b 所示。最大传输功率随着施加电压 V_σ的增加而增加，因为与相角补偿器相反，QB 增加了有效发送端电压幅值。

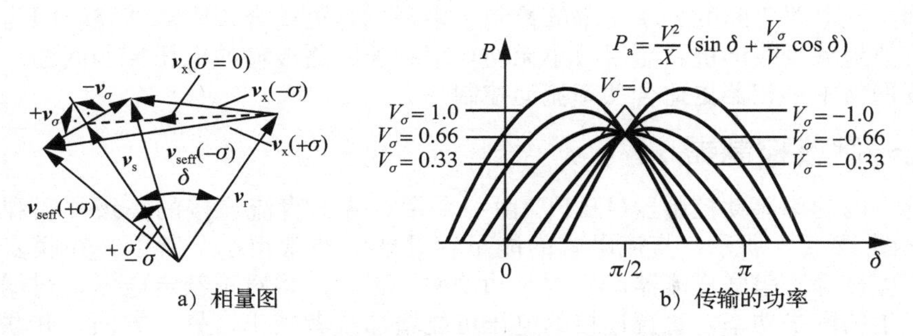

图 12-17　正交增压装置相量图及功率传输示意图

12.8　相角补偿器

当一个晶闸管用作相角补偿时，它就称作移相器。图 12-18a 所示的是移相器的基本构造。并联连接的励磁变压器可能每相有相同或者不同的单独绕组。晶闸管开关连通，构成了一个有载分接开关。晶闸管以反平行方式连接，组成双向自然换向开关。晶闸管调压单元控制二次串联变压器的电压。

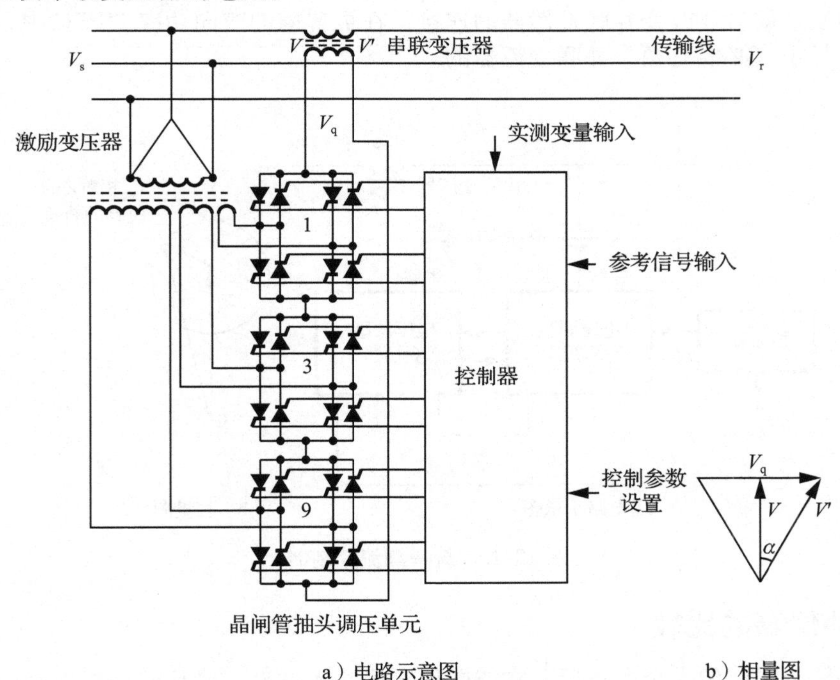

图 12-18　晶闸管受控移相装置的配置图

使用相位控制可能控制串联电压 V_q的幅值。为了避免过多谐波的产生，使用了各种各样的分接开关。分接开关能够完全或部分连接励磁绕组。这样根据分接开关中 12 只晶闸管的开关状态，串联电压 V_q可以是 27 种不同电压值之一。需要注意的是，励磁和串联变压器之间的变换构造保证了 V_q对 V 相差 90°，励磁变压器的一次电压如图 12-18b 所示。于是，它称为正交助推器。移相器的一个重要特点是，有功功率只能从并联流向串联变压器。所以反向功率流动是不可能的。

移相器控制 V_q 的幅值和端电压的移相 α。这种控制通过检测发电机角度或者使用功率测量完成。这个控制器也能够用来减少功率振荡。像串联电容补偿器这样的移相器允许对网络功率和并联电路之间的分享功率的控制。串联电容更适合长距离线路，因为不像移相器，它们有效地减少线电抗，然后减小无功功率和长线路传输的电压控制问题。在紧凑的高功率密度网络中移相器更适合功率流动控制。

12.9 统一潮流控制器

一个统一的功率流动控制器(UPFC)由一个带有普通直流连接的高级并联和串联补偿器组成，如图 12-19a 所示。直流电容的能量存储能力通常很小，所以，并联变流器产生的有功功率应该等于串联变流器产生的有功功率。否则，相对于额定电压，根据两个变流器吸收和产生的网络功率，直流连接的电压可能增加或者减小。另一方面，并联或者串联变流器中的无功功率可以单独选定，为功率流动控制提供更好的灵活性。

通过为 V_s 加串联电压 V_{inj} 实现功率控制，然后就能得出线电压 V_L，如图 12-19b 所示。有了两个变流器，UPFC 能够提供有功功率和无功功率。因为通过并联变流器能够满足任何有功功率的要求，施加的电压能够相对线电流有任意相位。因为对 V_{inj} 没有限制，V_{inj} 的集合是一个中心在 V_s 且最大半径等于最大幅值 $V_{inj}=|V_{inj}|$ 的圆。

UPFC 是一个更完整的补偿器，可以在任何一个补偿模式下作用，就像它的名字一样。需要注意的是，如图 12-19a 所示的 UPFC 只在功率从 V_s 流动到 V_L 时有效。如果功率流动方向相反，就需要改变并联补偿器的连接。在更普遍的双向功率 UPFC 中，在发送端和在接收端是很有必要有两个并联变流器的。

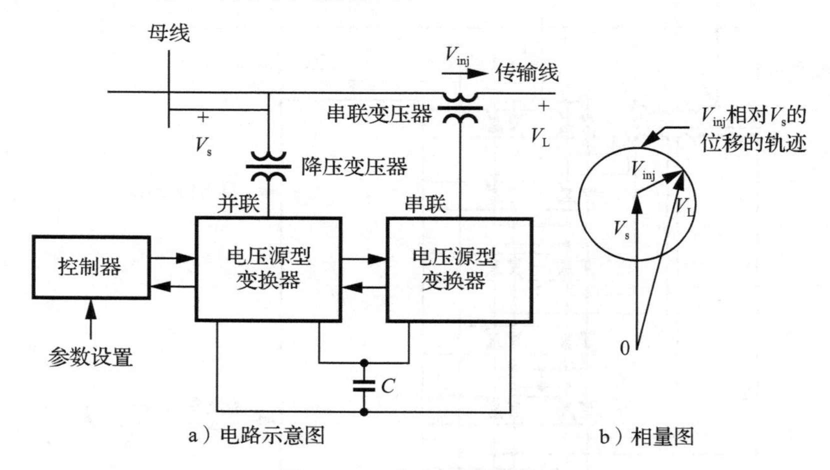

a）电路示意图　　b）相量图

图 12-19 统一潮流控制器

12.10 补偿器的比较

并联补偿装置就像一个电流源，它能向传输线注入电流，或从传输线上吸收电流。因此，使用并联补偿装置能有效地控制补偿接入点附近的传输线电压。并联补偿装置能输出超前或滞后的无功电流，或同时输出有功和无功电流，从而更有效地实现电压控制和抑制电压振荡。并联补偿装置与线路相对独立，其能更有效地保持变电站节点电压稳定。

串联控制器直接影响驱动电压、电流和功率流动。所以，如果是为了控制电流或者功率流动和减少谐振，对于同样优特安培(MVA)的大小，串联控制器比并联控制器有效好几倍。串联控制器的 MVA 容量比并联控制器的小。但是，并联控制器不提供线路中功率流动控制。

串联补偿器，如图 12-8 所示，是图 12-16 所示相角补偿器的特例，不同点是后者可能提供有功功率，然而，串联补偿器仅仅提供或者吸收无功功率。

通常情况下，相角控制器连接在传输线路的发送端或者接收端，虽然串联补偿器是连接在线路的中间。如果目的是控制传输线路上的有功功率流动，那么补偿器的位置只是一个方便与否的问题。基本的不同是相角补偿器可能需要一个电源而串联补偿器不需要。

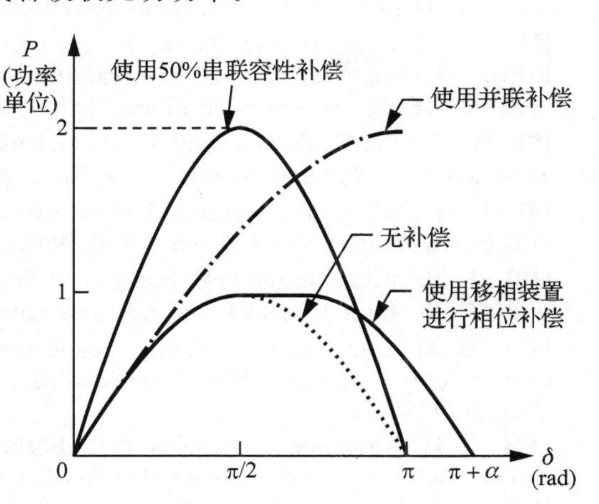

图 12-20　有补偿和无补偿时的功率传输特性

图 12-20 展示的是没有补偿器，有并联和串联补偿器，并且有移相补偿器的交流系统的有功功率传输特性。根据补偿水平，串联补偿器是增加功率传输能力的最好的选择。移相器对于连接两个有过多或者不可控相位差的系统有着重要的作用。并联补偿器对于增加稳定裕度是最好的选择。实际上，对于一个给定的运行点，如果有暂态故障出现，所有提及的的三种补偿器能够有效地增加稳定裕度。对于并联补偿器这尤其是真实状况。

UPFC 整合了这三种补偿器的特性产生了一个更加完整的补偿器。但是，它需要两个电压源：一个串联连接，一个并联连接。这两个电源可以作为串联或者并联的无功补偿器分开运行，并且它们也可能补偿有功功率。基于晶闸管无关断能力的电流源变流器只能消耗无功率，但是不能提供无功功率，而有关断能力的电压源变流器能够提供无功功率。最主流的 FACTS 控制器中需要的变流器是电压源变流器。这样的变流器是有关断能力的。

本章小结

从发送端到接收端传输的功率总量是由传输线路的运行参数(例如线阻抗，发送端和接收端电压之间的相角，电压幅值)所限制的。可以传输的功率可以通过四种补偿方法提高：并联、串联、相角，以及串并联补偿。这些方法通常是通过电力电子开关器件和适当的控制方法配合实现的。这些补偿器以 FACTS 控制器最为人们熟知。

参考文献

[1] N. G. Hingorani, “Power electronics in electric utilities: Role of power electronics in future power systems,” *Proceedings of the IEEE,* Vol. 76, No. 4, April 1988.

[2] N. G. Hingorani and L. Gyugyi, *Understanding FACTS: Concepts and Technology of Flexible AC Transmission Systems.* Piscataway, NJ: IEEE Press. 2000.

[3] Y. H. Song and A. T. Johns, *Flexible AC Transmission Systems*. London, United Kingdom: IEE Press. 1999.

[4] P. Moore and P. Ashmole, “Flexible ac transmission systems: Part 4—advanced FACTS controllers,” *Power Engineering Journal,* April 1998, pp. 95–100.

[5] E. H. Watanabe, R. M. Stephan, and M. Aredes, “New concepts of instantaneous active and reactive power for three phase system and generic loads,” *IEEE Transactions on Power Delivery,* Vol. 8, No. 2, April 1993.

[6] S. Mori, K. Matsuno, M. Takeda, and M. Seto, "Development of a large static VAR generator using self-commutated inverters for improving power system stability," *IEEE Transactions on Power Delivery*, Vol. 8, No. 1, February 1993.

[7] C. Schauder, M. Gernhardt, E. Stacey, T. Lemak, L. Gyugyi, T. W. Cease, and A. Edris, "Development of a ±100 Mvar static condenser for voltage control of transmission system,"*IEEE Transactions on Power Delivery*, Vol. 10, No. 3, July 1995.

[8] B. T. Ooi, S. Z. Dai, and F. D. Galiana, "A solid-state PWM phase shifter," *IEEE Transactions on Power Delivery*, Vol. 8, No. 2, April 1993.

[9] L. Gyugyi, "Unified power-flow control concept for flexible AC transmission systems," *IEE Proceedings-C,* Vol. 139, No. 4, July 1992.

[10] E. H. Watanabe and P. G. Barbosa, "Principles of Operation of Facts Devices," *Workshop on FACTS*—Cigré Brazil CE 38/14, Rio de Janeiro, Brazil, November 6–9, 1995, pp. 1–12.

[11] B. M. Han and S. I. Moon, "Static reactive-power compensator using soft-switching current-source inverter," *IEEE Transactions on Power Electronics,* No. 6, Vol. 48, December 2001, pp. 1158–1165.

[12] E. H. Watanabe, M. Aredes, P. G. Barbosa, F. K. de Ara´ujo Lima, R. F. da Silva Dias, and G. Santos, *Power Electronics Handbook*, edited by M. H. Rashid. Burlington, MA: Elsevier Publishing, 2011, Chapter 32—Flexible AC Transmission Systems.

复习题

12.1 传输线路控制功率的参数有哪些？

12.2 并联补偿的基本原则有哪些？

12.3 什么是晶闸管控制电抗器？

12.4 什么是晶闸管开关电容？

12.5 晶闸管开关电容的无暂态规则有哪些？

12.6 什么是静态 VAR 补偿器(SVC)？

12.7 什么是 STATCOM？

12.8 串联补偿的基本原则有哪些？

12.9 什么是晶闸管开关串联电容(TSSC)？

12.10 什么是晶闸管控制串联电容(TCSC)？

12.11 什么是强制换向控制串联电容器(FCSC)？

12.12 什么是串联静态 VAR 补偿器(SSVC)？

12.13 什么是串联 STATCOM？

12.14 相角补偿的基本原则是什么？

12.15 什么是移相器？

12.16 什么是正交助推器(QB)？

12.17 什么是统一功率流动控制器(UPFC)？

习题

12.1 如图 12-1a 所示的无补偿传输线路的具体参数为 $V=220\text{V}$，$f=60\text{Hz}$，$X=12.2\Omega$，$\delta=70°$。求(a)线电流 I；(b)有功功率 P，(c)无功功率 Q。

12.2 如图 12-2a 所示的并联补偿传输线路的具体参数为 $V=220\text{V}$，$f=60\text{Hz}$，$X=1.2\Omega$，$\delta=70°$。求(a)线电流 I；(b)有功功率 P_p；(c)无功功率 Q_p。

12.3 带有 TCR 的并联补偿器，如图 12-3a 所示，其具体参数为 $V=480\text{V}$，$f=60\text{Hz}$，$X=1.2\Omega$，$P_p=96\text{kW}$。TCR 的最大电流为 $I_{L(mx)}=150\text{A}$。求(a)相角 δ；(b)线电流 I；(c)无功功率 Q_p；(d)通过 TCR 的电流；(e)感抗 X_L；(f)当 I_L 等于 60%的最大电流时，TCR 的延迟角。

12.4 带有 TCR 的传输线路，如图 12-3a 所示，其具体参数为 $V=220\text{V}$，$f=60\text{Hz}$，$X=1.4\Omega$，$P_p=65\text{kW}$。TCR 的最大电流为 $I_{L(mx)}=120\text{A}$。求(a)相角 δ；(b)线电流 I；(c)并联补偿器的无功功率 Q_p；(d)通过 TCR 的电流；(e)感抗 X_L；(f)当 I_L 等于 70%的最大电流时，TCR 的延迟角。

12.5 带有 TSC 的并联补偿器，如图 12-4a 所示，其具体参数为 $V=480\text{V}$，$f=60\text{Hz}$，$X=1.2\Omega$，$\delta=70°$，$C=20\mu\text{F}$，$L=200\mu\text{H}$。晶闸管的开关以 $m_{on}=2$ 和 $m_{off}=1$ 运行。求(a)开关时的电容电压 V_{co}；(b)电容电压的峰-峰值 $V_{c(pp)}$；(c)电容电流 I_c 的方均根值；(d)开关电流的峰值 $I_{sw(pk)}$。

第13章 电　源

学习完本章后，应能做到以下几点：

- 列出电源的种类；
- 列出各种电源的电路拓扑；
- 解释电源的工作原理；
- 设计和分析电源；
- 列出磁路的参数；
- 设计和分析变压器、电感。

符号及其含义

符　号	含　义
f，T	分别表示输出波形的频率和周期
i_p，i_s	分别表示一次、二次电流瞬时值
I_o	输出电流的有效值
I_A，I_R	分别表示晶体管电流的平均值和有效值
k，n	分别表示占空比和匝数比
L_p，L_s	分别表示一次、二次励磁电感
N_p，N_s，N_r	分别表示一次、二次及第三边匝数
P_i，P_o	分别表示输入、输出功率
v_p，v_s	分别表示变压器一次、二次电压瞬时值
$v_L(t)$，$i_L(t)$	分别表示电感上电压、电流瞬时值
V_i，V_o	分别表示输入、输出电压有效值
V_p，V_s	分别表示变压器一次、二次电压值

13.1 引言

在工业中应用广泛的电源应该满足以下要求：

(1)电源和负载之间实现电气隔离；

(2)具有高功率密度，以减小尺寸和重量；

(3)能控制功率流向；

(4)高转化效率；

(5)输入、输出波形应该具有较小的谐波畸变率，以采用较小的滤波器；

(6)交流电源输入时功率因数可控。

第5、6、10、11章所讨论的DC-DC、DC-AC、AC-DC和AC-AC单级变换器大都不满足这些要求，因此需要多级变换器。根据允许的复杂程度和设计需求，可以选择很多不同的拓扑。本章只讨论最基本的拓扑。根据输出电压的类型，电源可以分为两类：

(1)直流电源；

(2)交流电源。

为了达到特定的输出指标，直流电源和交流电源通常需要多级变换。直流电源可以分为三类：(1)开关模式；(2)谐振；(3)双向模式。开关模式具有很高的效率，且在低输出电压时能提供大的负载电流。这类电源可以分为五种电路拓扑：反激式，正激式，推挽式，半桥式，全桥式。

在谐振模式的电源中变压器磁通会被复位，不存在直流饱和问题。由于频率较高，变压器和输出滤波器的尺寸会较小。在一些应用中，例如电池充放电场合，希望变换器具有双向功率流动能力。

交流电源通常用于作重要负载的备用电源，以及一些不能连接市电电源的场合。和直流电源类似，交流电源也可以分为三类：(1)开关模式；(2)谐振模式；(3)双向模式。

13.2 直流电源

第10章介绍的可控整流器中加入一个输入变压器，就可实现输入、输出间的隔离，但其谐波分量很高。5.8节讨论的开关电源不能提供电气隔离，并且输出功率较低。通常的做法是使用两级变换：先逆变，再整流。当输入是交流时，采用三级变换：先整流，再逆变，再整流。电气隔离是由级间变压器实现的。逆变环节可以通过脉冲宽度调制(PWM)或谐振变换器实现。

13.2.1 直流开关电源

开关电源具有很高的效率，且在低输出电压时能提供一个大的负载电流。对于开关电源或PWM方式控制的逆变器通常有五种结构：反激式，正激式，推挽式，半桥式，全桥式[1,2]。直流输出是通过把PWM逆变得到的电压经过二极管整流实现的。由于逆变的开关频率高，直流输出电压上的纹波可以通过很小的滤波器滤掉。为了选择合适的拓扑，需要了解各个拓扑的优缺点，以及应用要求。一般来说，每种拓扑能工作在不同的应用场合[3,9]。

13.2.2 反激式变换器

图13-1a给出了反激式变换器的电路。有两种工作模式：(1)模式1时开关Q_1导通；(2)模式2时开关Q_1关断。图13-1b～f给出了在断续模式下稳态时的波形，其中假设图13-1f中的输出电压是没有纹波的。

模式1　该模式开始于Q_1导通时，导通时间为$0<t\leqslant kT$，其中，k是占空比，T是开关周期，加在变压器一次绕组上的电压为V_s，一次电流i_p开始增加，且将能量存储在一次绕组，由于变压器一次、二次绕组极性相反，二极管D_1反偏截止，输入侧没有能量转移到负载。输出滤波电容C提供输出电压和负载电流。二次电流i_p线性增大，即

$$i_p = \frac{V_s t}{L_p} \tag{13-1}$$

式中：L_p是一次励磁电感。在$t=kT$时，该模式结束，一次电流达到峰值$I_{p(pk)}$，即

$$I_{p(pk)} = i_p(t = kT) = \frac{V_s kT}{L_p} \tag{13-2}$$

二次电流峰值为：

$$I_{se(pk)} = \left(\frac{N_p}{N_s}\right) I_{p(pk)} \tag{13-3}$$

模式2　该模式开始于Q_1关断，由于i_p不能瞬变，二次电压变为上正下负，于是二极管D_1导通，给输出电容C充电，并且给负载输送电流。二次电流线性减小，即

$$i_{se} = I_{se(pk)} - \frac{V_o}{L_s} t \tag{13-4}$$

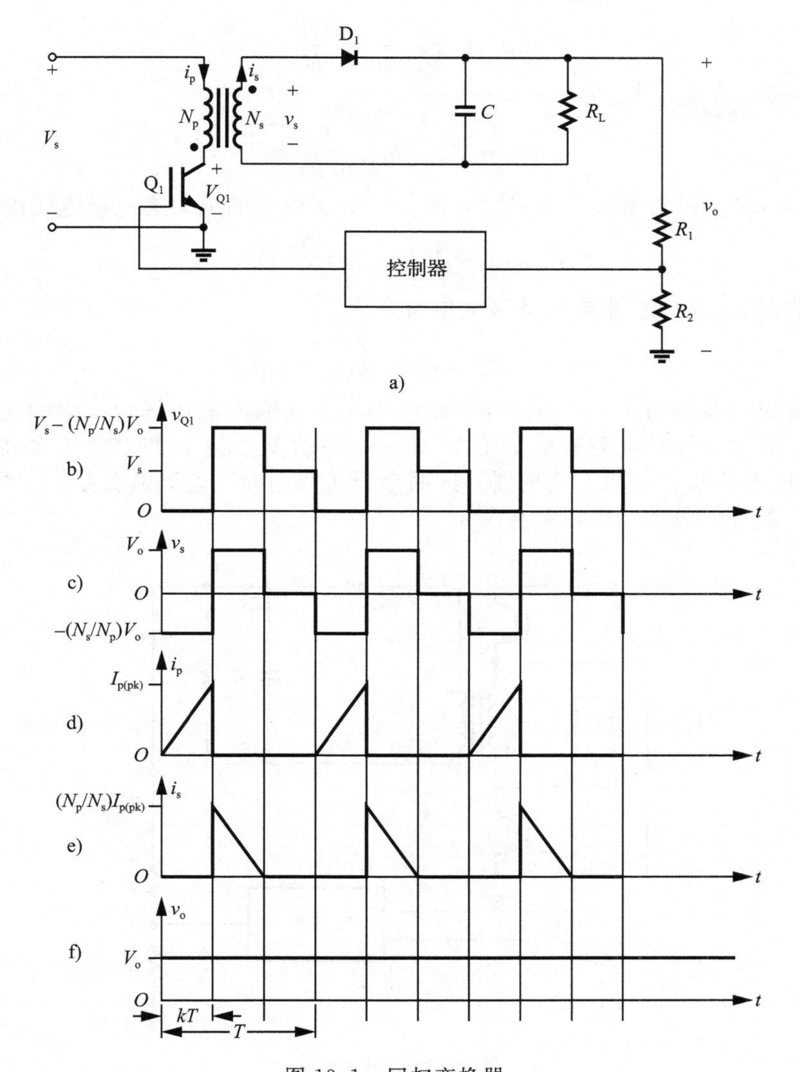

图 13-1　回扫变换器。

a)电路，b)晶体管 Q_1 电压，c)二级电压，d)初级电流，e)二级电流，f)输出电压

式中：L_s 是二次侧励磁电感。在断续模式下，i_{se} 在下一个周期开始之前线性减小到 0。

由于能量仅在 0 到 kT 期间从电源传递到输出侧，输入功率为：

$$P_i = \frac{\frac{1}{2}L_p I_{p(pk)}^2}{T} = \frac{(kV_s)^2}{2fL_p} \tag{13-5}$$

当效率为 η 时，输出功率为：

$$P_o = \eta P_i = \frac{\eta(kV_s)^2}{2fL_p} \tag{13-6}$$

而 $P_o = \frac{V_o^2}{R_L}$，所以输出电压为：

$$V_o = V_s k\sqrt{\frac{\eta R_L}{2fL_p}} \tag{13-7}$$

因此，可以控制 $V_s k$ 为恒定，从而使 V_o 恒定。从上式可以看出，当输入电压最小为 $V_{s(\min)}$ 时，占空比取得最大值为：

$$k_{\max}=\frac{V_{\mathrm{o}}}{V_{\mathrm{s(min)}}}\sqrt{\frac{2fL_{\mathrm{p}}}{\eta R_{\mathrm{L}}}} \tag{13-8}$$

因此，当 k 取最大值时，V_{o} 为：

$$V_{\mathrm{o}}=V_{\mathrm{s(min)}}k_{\max}\sqrt{\frac{\eta R_{\mathrm{L}}}{2fL_{\mathrm{p}}}} \tag{13-9}$$

当 V_{s} 最大时，Q_1 上的集电极电压最大，图 13-1b 所给出的最大集电极电压由下式求得：

$$V_{Q1(\max)}=V_{s(\max)}+\left(\frac{N_{\mathrm{p}}}{N_{\mathrm{s}}}\right)V_{\mathrm{o}} \tag{13-10}$$

一次电流峰值等于流经 Q_1 集电极的最大电流，为：

$$I_{C(\max)}=I_{\mathrm{p(pk)}}=\frac{2P_{\mathrm{i}}}{kV_{\mathrm{s}}}=\frac{2P_{\mathrm{o}}}{\eta V_{\mathrm{s}}k} \tag{13-11}$$

反激式变换器绝大部分用于功率低于 100W 的小功率高输出电压场合，它的主要特性是简单且造价低。开关器件必须能够承受住式(13-10)中的 $V_{Q1(\max)}$，如果电压太高，则需要用到如图 13-2 所示的双管反激式变换器，这两个开关管同时开通同时关断，二极管 D_1 和 D_2 的用处是将开关管的最大电压钳制在 V_{s}。

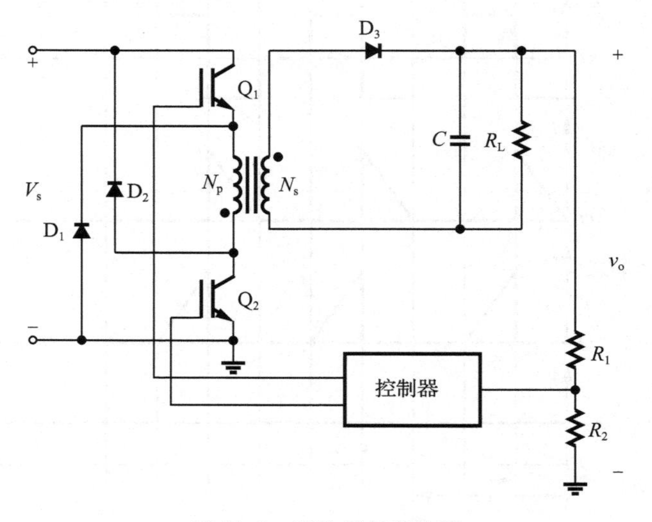

图 13-2　双头回扫变换器

连续模式和断续模式的对比　在连续模式中，Q_1 在二次电流减小到 0 之前导通，这样能在相同的一次电流峰值 $I_{\mathrm{p(pk)}}$ 时提供更大的功率，也就是说，对于同样的输出功率，断续模式的电流峰值更大，因此需要一个额定电流更大、成本更高的功率开关管，而且，在断续模式下，大电流会在开关管关断瞬间产生更大的电压尖峰。尽管如此，断续模式仍旧比连续模式应用广泛，原因有两个：首先，断续模式下励磁电感较小，响应迅速，并且在负载电流和输入电压突变时具有较低的输出电压尖峰；其次，连续模式下传递函数具有右半平面零点，反馈控制电路设计更困难[10,11]。

例 13.1　设计反激式变换器的参数。

图 13-1a 所示的反激式变换器中输出平均(直流)电压 $V_{\mathrm{o}}=24\mathrm{V}$，阻性负载 $R=0.8\Omega$，占空比 $k=50\%$，开关频率 $f=1\mathrm{kHz}$。晶体管和二极管的导通压降分别为 $V_{\mathrm{t}}=1.2\mathrm{V}$，$V_{\mathrm{d}}=0.7\mathrm{V}$。变压器变比 $\alpha=N_{\mathrm{s}}/N_{\mathrm{p}}$。试求(a)输入电流平均值 I_{s}；(b)效率 η；(c)晶体管平均电流 I_{A}；(d)晶体管峰值电流 I_{p}；(e)晶体管电流有效值 I_{R}；(f)晶体管开路电压 V_{oc}；(g)一次侧励磁电感 L_{p}。忽略变压器损耗和负载电流波动。

解：

$$a=\frac{N_s}{N_p}=0.25,\ I_o=\frac{V_o}{R}=\frac{24}{0.8}\text{A}=30\text{A}$$

(a)输出功率为：$P_o=V_oI_o=24\times30\text{W}=720\text{W}$

二次电压为：$V_2=V_o+V_d=(24+0.7)\text{V}=24.7\text{V}$

一次电压为：$V_1=\frac{V_2}{a}=\frac{24.7}{0.25}\text{V}=98.8\text{V}$

输入电压为：$V_s=V_1+V_t=(98.8+1.2)\text{V}=100\text{V}$

输入功率为：$P_i=V_sI_s=1.2I_A+V_dI_o+P_o$

代入 $I_A=I_s$ 得到：$I_s=\frac{0.7\times30+720}{100-1.2}\text{A}=7.5\text{A}$

(b)$P_i=V_sI_s=100\times7.5\text{W}=750\text{W}$，效率 $\eta=\frac{720}{750}=96.0\%$

(c)$I_A=I_s=7.5\text{A}$

(d)$I_p=2\frac{I_A}{k}=2\times\frac{7.5}{0.5}\text{A}=30\text{A}$

(e)$I_R=\sqrt{\frac{k}{3I_p}}=\sqrt{\frac{0.5}{3}}\times30\text{A}=12.25\text{A}$

(f)$V_{oc}=V_s+\frac{V_2}{a}=\left(100+\frac{24.7}{0.25}\right)\text{V}=198.8\text{V}$

(g)由式(13-2)，得到：$L_p=\frac{V_sk}{fI_p}=100\times\frac{0.5}{(1\times10^{-3}\times30)}\text{H}=1.67\text{kH}$。◀

13.2.3 正激式变换器

正激式变换器和反激式变换器类似，如图 13-3a 所示，变压器磁通由复位绕组复位，此时存储在变压器铁心中的能量回馈给电源，因而效率增加，当二次绕组上的电压为正时，二极管 D_2 承受正压导通，因此能量不是像反激式变换器那样存储在一次绕组，变压器可以看成理想变压器。和反激式变换器不同，正激式变换器工作在连续模式，因为在断续模式下，输出滤波器存在二重极点，使得变换器难于控制。正激式变换器有两种工作模式：(1)模式 1 时 Q_1 导通；(2)模式 2 时 Q_1 关断。图 13-3b～g 给出了在连续模式下的稳态波形，如图 13-3g 所示，假设输出电压是没有纹波的。

模式 1 该模式始于 Q_1 导通时，加在变压器一次绕组上的电压为 V_s，D_2 导通，一次电流 i_p 开始增加，变压器的能量从一次绕组传递到二次绕组，通过 L_1C 滤波器到负载 R_L。

如图 13-4 所示，二次电流 I_{se} 反射到一次绕组的电流为：

$$i_p=\frac{N_s}{N_p}i_{se} \tag{13-12}$$

线性增加的一次励磁电流为：

$$I_{mag}=\frac{V_s}{L_p}t \tag{13-13}$$

因此，总的一次电流 i'_p 为：

$$i'_p=i_p+i_{mag}=\frac{N_s}{N_p}i_{se}+\frac{V_s}{L_p}t \tag{13-14}$$

当 $t=kT$ 时，模式 1 结束，此时一次电流达到峰值 $I'_{p(pk)}$，即

$$I'_{p(pk)}=I_{p(pk)}+\frac{V_skT}{L_p} \tag{13-15}$$

式中：$I_{p(pk)}$ 为输出电感 L_1 上的峰值电流反射到一次侧的值，

$$I_{p(pk)}=\left(\frac{N_p}{N_s}\right)I_{L1(pk)} \tag{13-16}$$

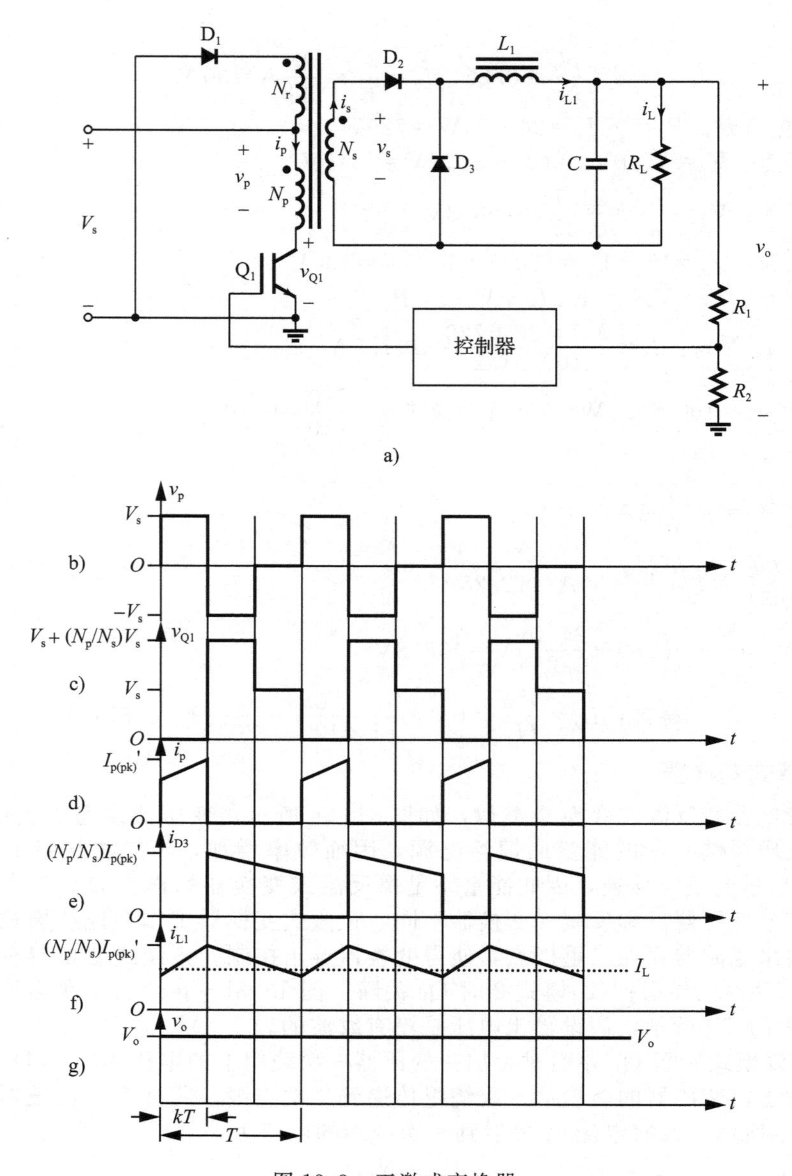

图 13-3　正激式变换器。

a)电路，b)一次电压，c)晶体管电压，d)一次电流，e)二极管 D_3 的电流，f)电感 L_1 的电流，g)转出电压

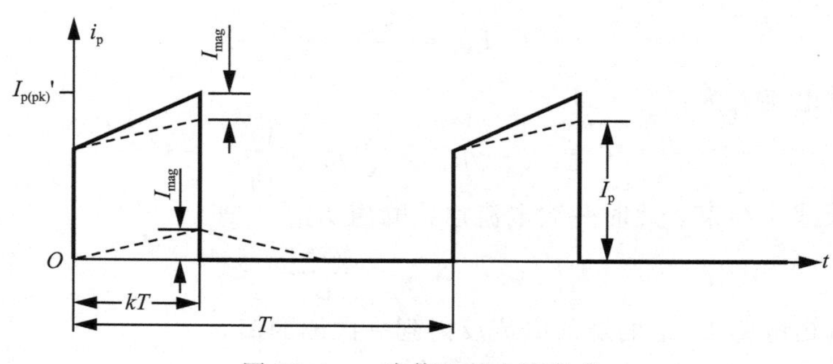

图 13-4　一次绕组的电流组成

二次绕组上的电压为：

$$V_{se}=\left(\frac{N_s}{N_p}\right)V_s \tag{13-17}$$

输出电感 L_1 上的电压为 $V_{se}-V_o$，故它的电流 i_{L1} 线性增加，为：

$$\frac{di_{L1}}{dt}=\frac{V_s-V_o}{L_1}$$

当 $t=kT$ 时，电感电流 $I_{L1(pk)}$ 最大，为

$$I_{L1(pk)}=I_{L1}(0)+\frac{(V_s-V_o)kT}{L_1} \tag{13-18}$$

模式 2　该模式开始于 Q_1 关断时，此时加在变压器上的电压反向，D_2 关断，D_1 和 D_3 导通，电感 L_1 上的能量通过 D_3 传递给负载 R_L，D_1 和变压器的复位绕组给励磁电流提供回馈到输入的通路，电感电流 i_{L1} 线性减小，且等于流过二极管 D_3 的电流，为：

$$i_{L1}=i_{D3}=I_{L1(pk)}-\frac{V_o}{L_1}t\qquad(0<t\leqslant(1-k)T) \tag{13-19}$$

在连续模式下，有：$I_{L1}(0)=i_{L1}(t=(1-k)T)=I_{L1(pk)}-\frac{V_o}{L_1}(1-k)T/L_1$

输出电压 V_o 为二次电压积分的平均值，即

$$V_o=\frac{1}{T}\int_0^{kT}\frac{N_s}{N_p}V_s\,dt=\frac{N_s}{N_p}V_sk \tag{13-20}$$

开关管导通时，最大集电极电流 $I_{C(max)}$ 和二次电流峰值 $I'_{p(pk)}$ 相等，为：

$$I_{C(max)}=I'_{p(pk)}=\left(\frac{N_p}{N_s}\right)I_{L1(pk)}+\frac{V_skT}{L_p} \tag{13-21}$$

开关管关断时，最大集电极电压 $V_{Q1(max)}$ 等于最大输入电压 $V_{i(max)}$ 与复位绕组上的最大电压 $V_{r(max)}$ 之和，为：

$$V_{Q1(max)}=V_{S(max)}+V_{r(max)}=V_{S(max)}\left(1+\frac{N_p}{N_r}\right) \tag{13-22}$$

当 Q_1 导通时，输入电压的积分值等于 Q_1 关断时钳位电压 V_r 的积分值，即

$$V_skT=V_r(1-k)T \tag{13-23}$$

用 $\frac{N_r}{N_p}$ 代替 $\frac{V_r}{V_s}$ 可解得最大占空比 k_{max} 为：

$$k_{max}=\frac{1}{1+\frac{N_r}{N_p}} \tag{13-24}$$

可以看出，k_{max} 取决于复位绕组和一次绕组的匝数比，为了防止变压器饱和，占空比 k 必须小于最大占空比 k_{max}，变压器的励磁电流必须在每个周期里减小到零，否则变压器会饱和，导致开关管损坏。变压器的复位绕组可以在开关管关断时将励磁电流的磁能回馈给电源 V_s，如图 13-3a 所示。

虽然理论上正激变换器可以输出更大的功率，但由于开关管可承受的电压应力有限，所以正激式变换器广泛用于低于 200W 的场合。图 13-5 给出了一个双管正激式变换器，该电路用了两个同时开关的开关管，二极管把开关管最大集电极电压限制在直流输入电压 V_s，因此可以采用较低电压等级的晶体管。

反激式变换器与正激式变换器对比　和反激式变换器不同，正激式变换器需要一个最小负载，否则就会产生过电压。为了避免出现过电压，需要在负载端接一个大电阻。由于变压器不需要储能，对于相同的输出功率等级，正激式变换器的尺寸要比反激式的小。输出电感和续流二极管的存在使得输出电流近似恒定，因此，正激式变换器的输出滤波电容可以做的比较小，电流纹波也比较小。

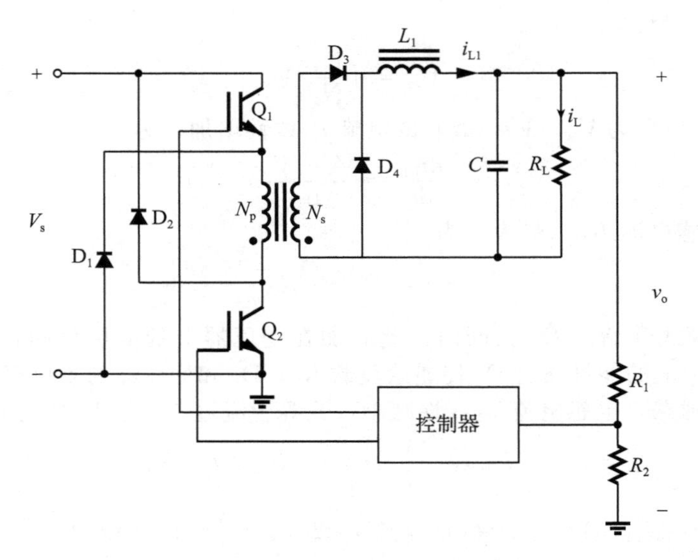

图 13-5 双管正激式变换器

例 13.2 设计正激式变换器的参数。

图 13-3a 所示，正激式变换器输出平均(直流)电压 $V_o=24V$，阻性负载 $R=0.8\Omega$，晶体管和二极管的导通压降分别为 $V_t=1.2V$，$V_d=0.7V$，占空比 $k=40\%$，开关频率 $f=1kHz$，直流电源电压 $V_s=12V$。试求(a)输入电流平均值 I_s；(b)效率 η；(c)晶体管平均电流 I_A；(d)晶体管峰值电流 I_p；(e)晶体管电流有效值 I_R；(f)晶体管开路电压 V_{oc}；(g)保证直流侧输入电流峰峰值纹波为平均值 5%时的一次励磁电感 L_p；(h)保证输出电流峰峰值纹波为平均值 4%时的输出电感 L_1。忽略变压器损耗，输出电压纹波为 3%。

解：

$$a=\frac{N_s}{N_p}=0.25,\ I_o=\frac{V_o}{R}=\frac{24}{0.8}A=30A$$

(a)输出功率为：$P_o=V_oI_o=24\times30W=720W$

二次电压为：$V_2=V_o+V_d=(24+0.7)V=24.7V$

一次电压为：$V_1=V_s-V_t=(12-1.2)V=10.8V$

变比为：$a=\frac{V_2}{V_1}=\frac{24.7}{10.8}=2.287$

输入功率为：$P_i=V_sI_s=V_tkI_s+V_d(1-k)I_s+V_dI_o+P_o$

故 $I_s=\frac{0.7\times30+720}{12-1.2\times0.4-0.7\times0.6}A=66.76A$

(b)$P_i=V_sI_s=12\times66.756W=801W$

效率为：$\eta=\frac{720}{801}=89.9\%$

(c)$I_A=kI_s=0.4\times66.76A=26.7A$

(d)$\Delta I_p=0.05\times I_s=0.05\times66.76A=3.353A$

(e)$I_R=\sqrt{k}\left[I_p^2+\frac{\Delta I_p}{3}+\Delta I_pI_p\right]^{\frac{1}{2}}=\sqrt{0.4}\times\left[66.76^2+\frac{3.35}{3}+3.35\times66.76\right]^{\frac{1}{2}}A=44.3A$

(f)$V_{oc}=V_s+\frac{V_2}{a}=22.8V$

(g)$\Delta I_{L1}=0.04\times I_o=0.04\times30A=1.2A$，$\Delta V_o=0.03\times V_o=0.03\times24V=0.72V$

由式(13-18)，得到：$L_1=\frac{\Delta V_o k}{f\Delta I_{L1}}=\frac{0.72\times0.4}{1\times10^3\times1.2}\text{H}=0.24\text{mH}$。

(h)由式(13-15)，得到：$L_p=\frac{(V_s-V_t)k}{f(\Delta I_p-a\Delta I_{L1})}=\frac{(12-1.2)\times0.4}{1\times10^3(3.353-2.287\times1.2)}\text{H}=7.28\text{mH}$。◀

13.2.4 推挽式变换器

图13-6给出了推挽式变换器的结构，当 Q_1 导通时，V_s 加在一次绕组的下半部分，当 Q_2 导通时，V_s 加在一次绕组的上半部分。Q_1 和 Q_2 交替导通半个周期。

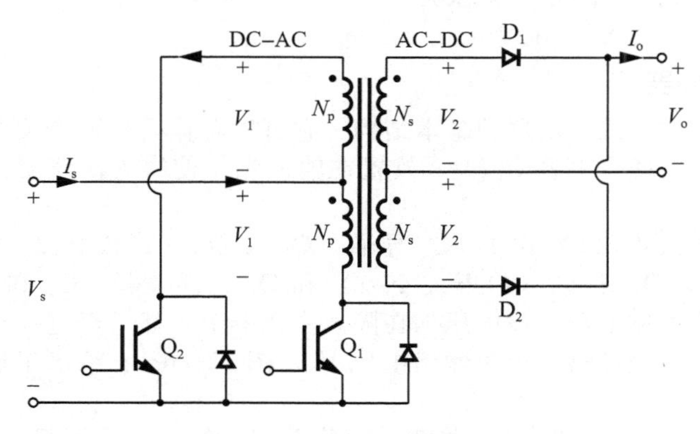

图13-6 推挽式变换器配置

因此一次绕组上的电压为 V_s 或 $-V_s$。理想状态下流过变压器的平均电流为零。输出电压平均值为：

$$V_o=V_2=\frac{N_s}{N_p}V_1=aV_1=aV_s \tag{13-25}$$

开关管 Q_1 和 Q_2 各导通50%的时间。开关管的平均电流为 $I_A=\frac{I_s}{2}$，峰值电流为 $I_p=I_s$。开关管关断时承受的电压为 $V_{oc}=2V_s$，为电源电压的2倍，所以此结构适用于低压场合。

推挽式变换器通常用于恒电流源 I_s 场合，因此，一次电流是方波电流。

例13.3 设计推挽式变换器的参数。

图13-6所示的推挽式变换器中输出平均(直流)电压 $V_o=24\text{V}$，阻性负载 $R=0.8\Omega$，晶体管和二极管的导通压降分别为 $V_t=1.2\text{V}$ 和 $V_d=0.7\text{V}$。变压器变比 $a=\frac{N_s}{N_p}=0.25$。试求(a)输入电流平均值 I_s；(b)效率 η；(c)晶体管平均电流 I_A；(d)晶体管峰值电流 I_p；(e)晶体管电流有效值 I_R；(f)晶体管开路电压 V_{oc}。忽略变压器损耗和输入、负载电流的波动，假定占空比 $k=50\%$。

解：

$$a=\frac{N_s}{N_p}=0.25,\quad I_o=\frac{V_o}{R}=\frac{24}{0.8}\text{A}=30\text{A}$$

(a)输出功率为：$P_o=V_oI_o=24\times30\text{W}=720\text{W}$

二次电压为：$V_2=V_o+V_d=(24+0.7)\text{V}=24.7\text{V}$

一次电压为：$V_1=\frac{V_2}{a}=\frac{24.7}{0.25}\text{V}=98.8\text{V}$

输入电压为：$V_s=V_1+V_t=(98.8+1.2)\text{V}=100\text{V}$

输入功率为：$P_i=V_sI_s=1.2I_A+1.2I_A+V_dI_o+P_o$

代入 $I_A=\frac{I_s}{2}$，得到：$I_s=\frac{0.7\times30+720}{100-1.2}\text{A}=7.5\text{A}$

(b)$P_i=V_sI_s=100\times7.5\text{W}=750\text{W}$

效率为：$\eta=\frac{720}{750}=96.0\%$

(c)$I_A=\frac{I_s}{2}=\frac{7.5}{2}\text{A}=3.75\text{A}$

(d)$I_p=I_s=7.5\text{A}$

(e)$I_R=\sqrt{k}I_p=\sqrt{0.5}\times7.5\text{A}=5.30\text{A}$

(f)$V_{oc}=2V_s=2\times100\text{V}=200\text{V}$ ◀

13.2.5　半桥式变换器

图13-7a给出了半桥式变换器的基本结构，它可以看作是由两个交替导通的背靠背的正激式变换器组成的，两个电容 C_1 和 C_2 放置在输入端，使得一次绕组的电压为输入电压的一半，即 $V_s/2$。

它有四种工作模式：(1)模式1：Q_1 导通，Q_2 关断；(2)模式2：Q_1 和 Q_2 都关断；(3)模式3：Q_1 关断，Q_2 导通；(4)模式4：Q_1 和 Q_2 又都关断。Q_1 和 Q_2 的通断在变压器一次绕组产生交流方波电压，该电压加在隔离变压器上，然后经过二极管 D_1 和 D_2 整流，整流后的电压经过输出滤波器，产生输出电压 V_o。图13-7b～g给出了连续模式下的稳态波形。

模式1　该模式下 Q_1 导通，Q_2 关断，因此 D_1 导通，D_2 反偏截止，一次电压 V_p 为 $\frac{V_s}{2}$。一次电流 i_p 开始增加，变压器的能量从一次侧传递到二次侧，通过 L_1C 滤波器到负载 R_L。二次绕组上的电压为：

$$V_{se}=\frac{N_{s1}}{N_p}\left(\frac{V_s}{2}\right)\tag{13-26}$$

输出电感上的电压为：

$$v_{L1}=\frac{N_{s1}}{N_p}\left(\frac{V_s}{2}\right)-V_o\tag{13-27}$$

电感上的电流线性增加，为：

$$\frac{di_{L1}}{dt}=\frac{v_{L1}}{L_1}=\frac{1}{L_1}\left[\frac{N_{s1}}{N_p}\left(\frac{V_s}{2}\right)-V_o\right]$$

在 $t=kT$ 时该模式结束，电感电流达到峰值 $I_{L1(pk)}$ 为：

$$I_{L1(pk)}=I_{L1(0)}+\frac{1}{L_1}\left[\frac{N_{s1}}{N_p}\left(\frac{V_s}{2}\right)-V_o\right]kT\tag{13-28}$$

模式2　该模式时 Q_1 和 Q_2 都关断，因此，模式1时产生的励磁电流被迫流经 D_1 和 D_2。如果定义该模式的初始时间为0，i_{L1} 的下降率为：

$$\frac{di_{L1}}{dt}=-\frac{V_o}{L_1}\qquad(0<t\leqslant(0.5-k)T)\tag{13-29}$$

故得到 $I_{L1}(0)=i_{L1}(t=(0.5-k)T)=I_{L1(pk)}-\frac{V_o}{L_1}(0.5-k)T/L_1$

模式3和4　模式3时，Q_1 关断 Q_2 导通，故 D_1 反偏截止，D_2 导通，分析过程和模式1时类似。同理，模式4的分析过程和模式2的类似。

输出电压 V_o 为二次电感电压积分的平均值为：

$$V_o=2\times\frac{1}{T}\left[\int_0^{kT}\left(\frac{N_{s1}}{N_p}\left(\frac{V_s}{2}\right)-V_o\right)dt+\int_{\frac{T}{2}}^{\frac{T}{2}+kT}-V_odt\right]=\frac{N_{s1}}{N_p}V_sk\tag{13-30}$$

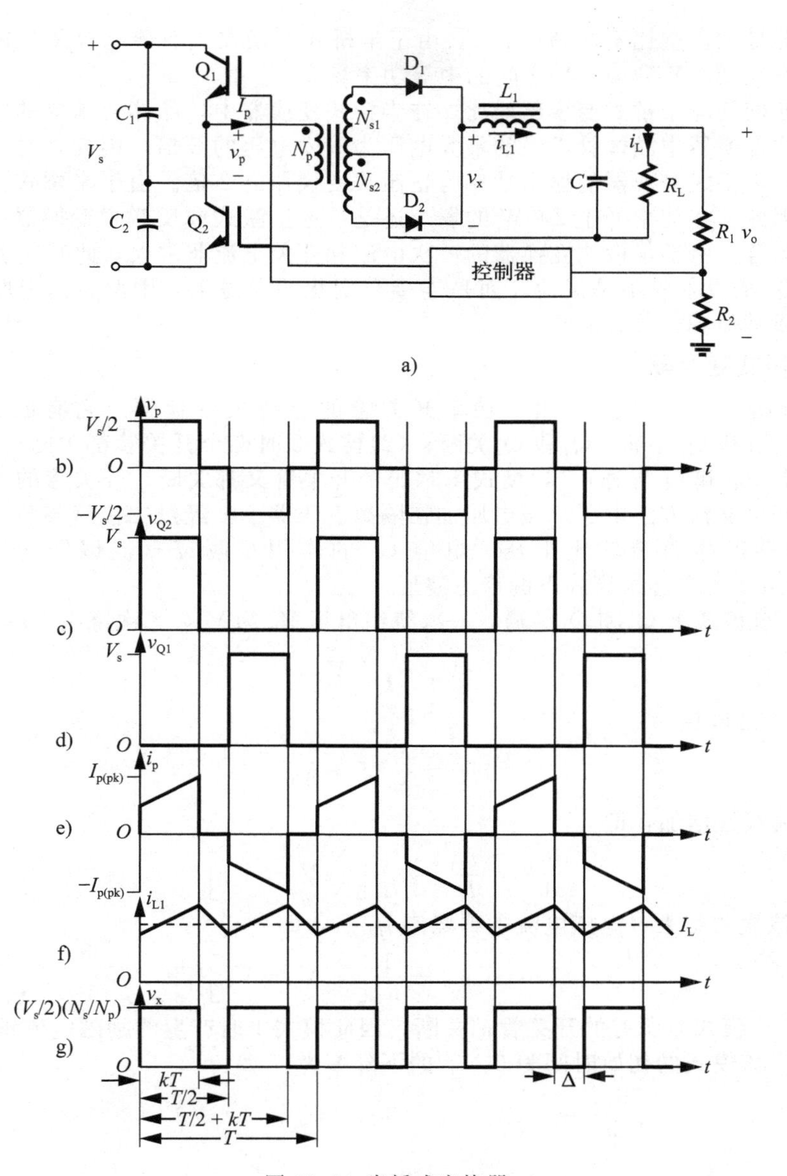

图 13-7 半桥式变换器

输出功率 P_o 为：

$$P_o = V_o I_L = \eta P_i = \eta \frac{V_s I_{p(avg)} k}{2}$$

故得到：

$$I_{p(avg)} = \frac{2P_o}{\eta V_s k} \tag{13-31}$$

式中：$I_{p(avg)}$ 为一次侧平均电流。假定反射到一次侧的负载电流远大于励磁电流，则 Q_1 和 Q_2 的最大集电极电流为：

$$I_{C(max)} = I_{p(avg)} = \frac{2P_o}{\eta V_s k_{max}} \tag{13-32}$$

Q_1 和 Q_2 关断时承受的最大集电极电压为：

$$V_{C(max)} = V_{s(max)} \tag{13-33}$$

半桥式变换器最大占空比不能超过 0.5，由于半桥式变换器具有磁心自复位能力，它广泛用于输出功率在 200W 到 400W 之间的中等功率场合。

正激式变换器与半桥式变换器对比 在半桥式变换器中，晶体管承受的电压为输入电压，而正激式变换器中晶体管承受的最大电压为输入电压的 2 倍。因此，对于相同的开关器件和磁心，半桥式变换器的输出功率为正激式变换器的 2 倍。由于半桥式变换器的结构比较复杂，因此，在功率低于 200W 的场合还是首选正激式或反激式变换器；而在功率高于 400W 的场合，由于半桥式变换器的一次电流和开关电流非常大，此时它也不适用。

注意：Q_1 的发射极不是接地，而是连接在变化的电位上，因此，门极驱动电路必须经过变压器或其他耦合装置隔离。

13.2.6 全桥式变换器

图 13-8a 给出了一个具有四个功率开关管的全桥式变换器。它有四种工作模式：(1)模式 1 时 Q_1 和 Q_4 导通，Q_2 和 Q_3 关断；(2)模式 2 时四个开关管都关断；(3)模式 3 时 Q_1 和 Q_4 关断，Q_2 和 Q_3 导通；(4)模式 4 时四个开关管又都关断。开关管的通断在变压器一次绕组上产生交流方波电压，该电压加在隔离变压器上，经过二极管整流，整流后的电压经过滤波器产生直流输出电压。电容 C_1 的作用是隔离直流以防止变压器饱和。图 13-8b～g 给出了在连续模式下的稳态波形。

模式 1 该模式下 Q_1 和 Q_4 导通，一次绕组电压 V_p 为 V_s，二次绕组上的电压为：

$$V_{se} = \frac{N_s}{N_p}V_s \tag{13-34}$$

输出电感 L_1 上的电压为：

$$v_{L1} = \frac{N_s}{N_p}V_s - V_o \tag{13-35}$$

电感上的电流线性增加，即

$$\frac{di_{L1}}{dt} = \frac{v_{L1}}{L_1} = \frac{1}{L_1}\left[\frac{N_s}{N_p}V_s - V_o\right] \tag{13-36}$$

在 t＝kT 时该模式结束，电感电流达到峰值 $I_{L1(pk)}$，即

$$I_{L1(pk)} = I_{L1(0)} + \frac{1}{L_1}\left[\frac{N_s}{N_p}V_s - V_o\right]kT \tag{13-37}$$

模式 2 该模式时所有的开关管都关断，因此模式 1 时产生的励磁电流被迫流过 D_1 和 D_2。如果定义该模式的初始时间为 0，i_{L1} 的下降率为：

$$\frac{di_{L1}}{dt} = -\frac{V_o}{L_1} \qquad (0 < t \leqslant (0.5-k)T) \tag{13-38}$$

故得到：
$$I_{L1}(0) = i_{L1}(t=(0.5-k)T) = I_{L1(pk)} - \frac{V_o}{L_1}(0.5-k)T/L_1$$

模式 3 和 4 模式 3 时，Q_2 和 Q_3 导通，Q_1 和 Q_4 关断，故 D_1 反偏截止，D_2 导通，分析过程和模式 1 的时类似。同理，模式 4 的分析过程和模式 2 的类似。输出电压 V_o 为二次绕组电感电压积分的平均值，即

$$V_o = 2 \times \frac{1}{T}\left[\int_0^{kT}\left(\frac{N_s}{N_p}V_s - V_o\right)dt + \int_{\frac{T}{2}}^{\frac{T}{2}+kT} - V_o dt\right] = \frac{N_s}{N_p}2V_s k \tag{13-39}$$

输出功率 P_o 为：

$$P_o = \eta P_i = \eta V_s I_{p(avg)} k$$

故得到：

$$I_{p(avg)} = \frac{P_o}{\eta V_s k} \tag{13-40}$$

式中：$I_{p(avg)}$ 为一次绕组平均电流。若忽略励磁电流，则 Q_1、Q_2、Q_3 和 Q_4 的最大集电极电流为：

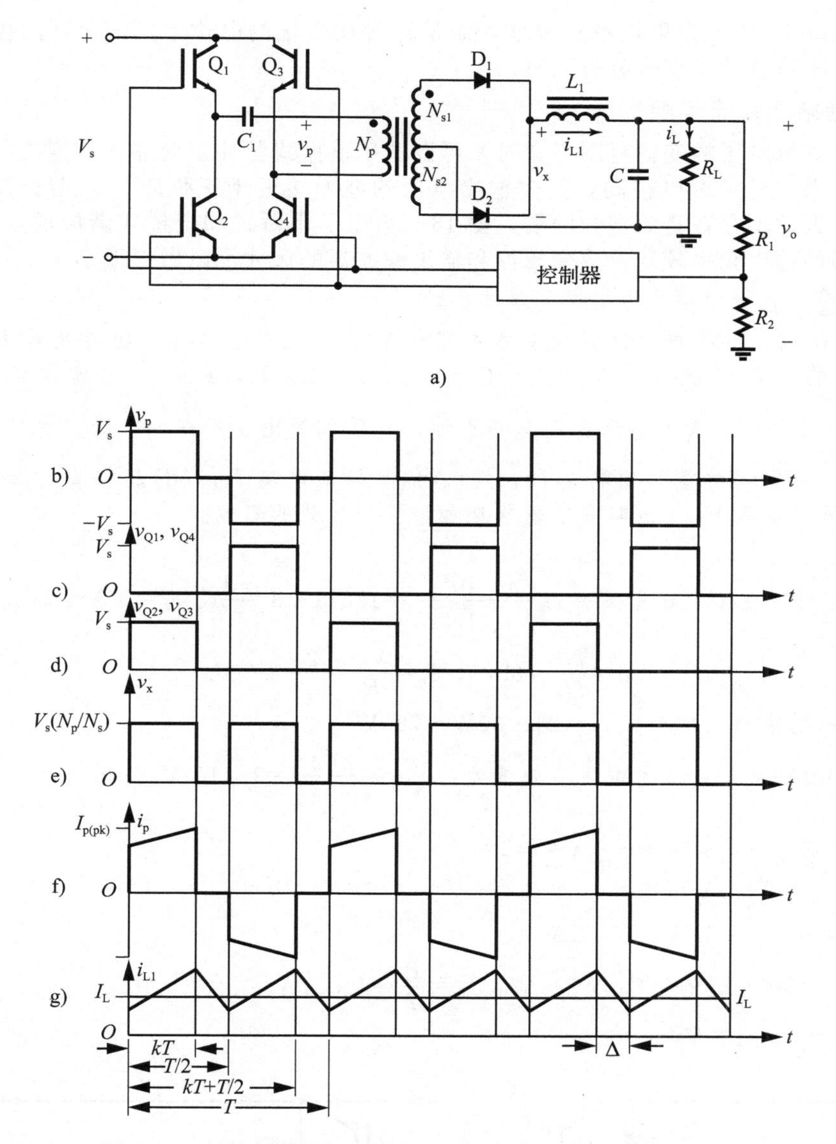

图 13-8 全桥变换器。a)电路，b)一次电压，c)晶闸管 Q_2 电压，d)晶闸管 Q_1 电压，e)整流器输出电压，f)一次电流，g)电感 L_1 电流

$$I_{C(\max)}=I_{p(\text{avg})}=\frac{P_o}{\eta V_s k_{\max}} \tag{13-41}$$

Q_1、Q_2、Q_3 和 Q_4 关断时承受的最大集电极电压为：

$$V_{C(\max)}=V_{s(\max)} \tag{13-42}$$

全桥式变换器适用于几百到几千千瓦的大功率场合，它最有效地利用了磁心和开关器件，不过由于电路比较复杂，造价相对昂贵，一般用于超过 500W 的大功率场合。

全桥式变换器与半桥式变换器对比 半桥式变换器用了两个开关器件，而全桥式变换器用了四个开关器件，因此，对于门极控制电路而言，全桥式变换器额外多需要两个门极驱动器。比较式(13-41)和式(13-31)可以发现，对于相同的输出功率，全桥式变换器的最大集电极电流仅为半桥式的一半，因此，当输入电压、电流相同时，全桥式变换器的输出功率为半桥式的 2 倍。

注意：Q_1和Q_3的发射极不是接地，而是连接在变化的电位上，因此，门极驱动电路必须经过变压器或其他耦合装置隔离。

13.2.7 谐振式直流电源

当输出直流电压的变化范围不宽时，可以选用谐振式脉冲逆变器，该逆变器的输出频率和谐振频率一样且可以很高，同时输出电压的波形接近于正弦波[12]。谐振使得变压器磁心复位，因此不存在直流饱和问题。图 13-9 给出了半桥式和全桥式谐振逆变器的结构，因为逆变器的输出频率较高，故变压器和输出滤波器的尺寸可以做得很小。

例 13.4 设计半桥式谐振逆变器的参数。

图 13-9a 所示的半桥式谐振逆变器中平均输出电压$V_o=24\text{V}$，阻性负载$R_L=0.8\Omega$，逆变器工作在谐振频率下，$C_1=C_2=C=1\mu\text{F}$，$L=20\mu\text{H}$，$R=0$，直流输入电压$V_s=100\text{V}$，晶体管和二极管的导通压降忽略不计，变压器变比$a=\dfrac{N_s}{N_p}=0.25$。试求(a)输入电流平均值I_s；(b)晶体管平均电流I_A；(c)晶体管峰值电流I_p；(d)晶体管电流有效值I_R；(e)晶体管开路电压V_{oc}。忽略变压器损耗和谐振对负载的影响。

解：

$C_e=C_1+C_2=2C$，谐振频率$\omega_r=\dfrac{10^6}{\sqrt{2\times20}}=158113.8\ \dfrac{\text{rad}}{\text{s}}$或$f_r=25164.6\text{Hz}$

$$a=\frac{N_s}{N_p}=0.25,\ I_o=\frac{V_o}{R}=\frac{24}{0.8}=30\text{A}$$

(a)输出功率为：$P_o=V_oI_o=24\times30\text{W}=720\text{W}$

由式(3.11)可知，二次电压有效值为：$V_2=\dfrac{\pi V_o}{(2\sqrt{2})}=1.1107V_o=26.66\text{V}$

输出平均电流为：$I_s=\dfrac{720}{100}\text{A}=7.2\text{A}$

(b)$I_A=I_s=7.2\text{A}$

(c)$I_p=\pi I_A=7.2\pi\text{A}=22.62\text{A}$

(d)对于180°导通的正弦电流而言，$I_R=\dfrac{I_p}{2}=11.31\text{A}$

(e)$V_{oc}=V_s=100\text{V}$ ◀

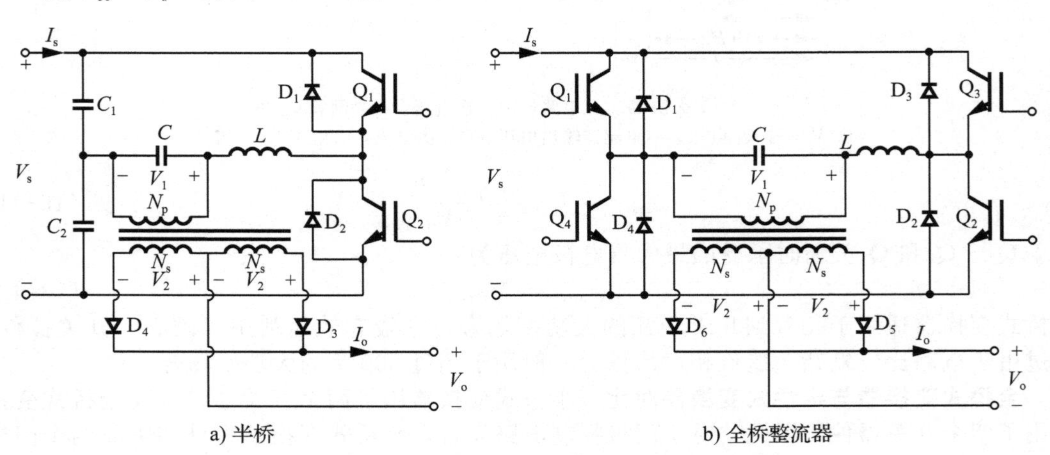

a) 半桥　　b) 全桥整流器

图 13-9 谐振直流功率源的配置

13.2.8 双向电源

在一些应用场合，例如电池充放电系统，希望电源具有能量可双向流动的能力，图 13-10 给出了一个能量可双向流动的电源，能量流动的方向取决于 V_o 和 V_s 的值，以及变比$\left(a=\frac{N_s}{N_p}\right)$。当

$$V_o < aV_s \tag{13-43}$$

时，能量从电源流向负载，逆变器工作在逆变模式；当

$$V_o > aV_s \tag{13-44}$$

时，能量从输出侧流向输入侧，此时逆变器相当于一个整流器。双向变换器允许感性电流朝任意方向流动，故电流变得连续。

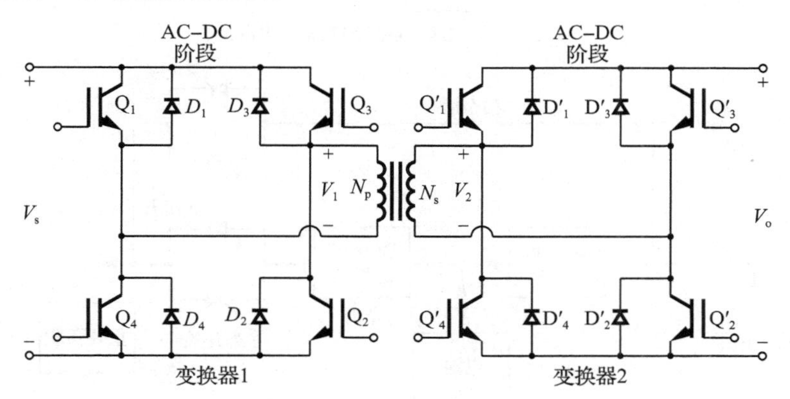

图 13-10　双向直流功率源

13.3 交流电源

交流电源通常用于作重要负载的备用电源，以及一些不能连接市电电源的场合，备用电源又叫作不间断电源(UPS)。图 13-11 给出了不间断电源常用的两种结构，图 13-11a 所示的负载通常由交流电源供电，整流器给电池充电，如果交流市电电源断电，那么负载切到逆变器的输出侧，由逆变器供电，这种结构要求静态开关能够瞬时切断电路，静态开关的动作时间通常是 4ms 到 5ms，而机械接触器的切换需要 30ms 到 50ms。逆变器只在交流市电电源断电时才工作。

图 13-11b 所示的逆变器一直在工作，同时给负载供电。当交流市电电源断电时无需断开。整流器给逆变器供电并且给备用电池充电。逆变器可以把市电交流电源转换成负载需要的电源，避免负载受市电电源波动的影响，同时将负载频率维持在定值。当逆变器故障时，负载切换到交流市电电源上。

备用电池通常为镍镉电池或铅酸蓄电池。因为镍镉电池的电解质不具有腐蚀性，且不释放爆炸性气体，所以它要优于铅酸蓄电池。此外，它能承受过热或过放电，因而寿命更长。然而，它的价格至少是铅酸蓄电池的 3 倍。图 13-12 给出了一个 UPS 的替代方案，它包含一个电池，一个逆变器和一个静态开关，一旦交流市电电源出现故障时，电池给逆变器供电；当交流市电电源恢复正常时，逆变器相当于一个整流器，给电池充电。这种方案中，逆变器工作在输出基波频率下，所以其变压器的尺寸较大。和直流电源类似，交流电源也可以分为三类：

(1)开关模式交流电源；

(2)谐振交流电源；

(3)双向交流电源。

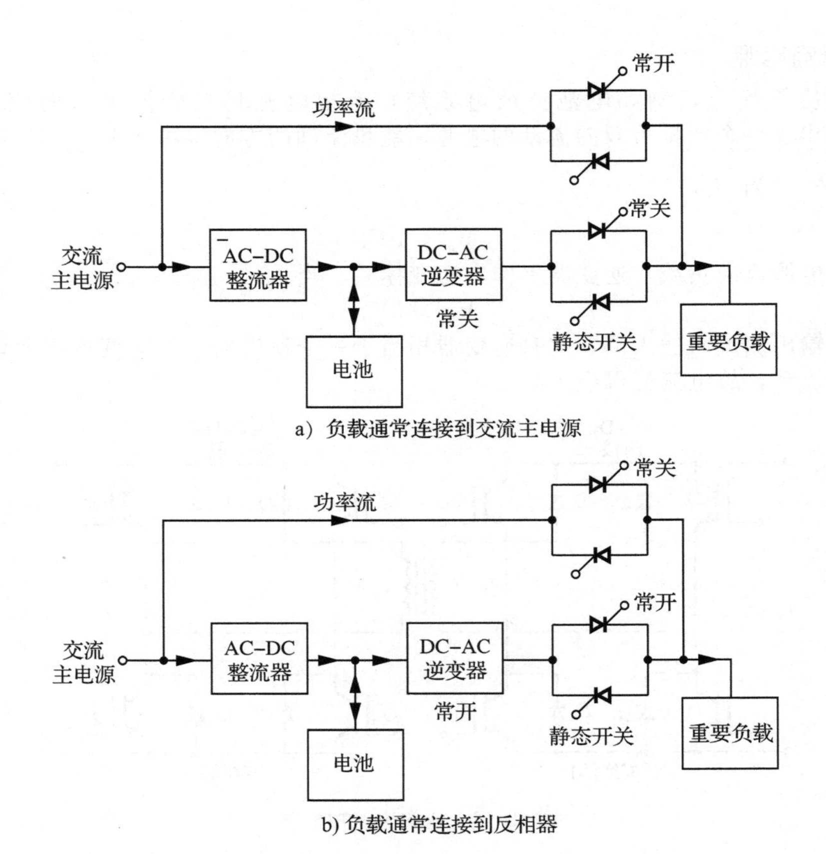

图 13-11　UPS 配置

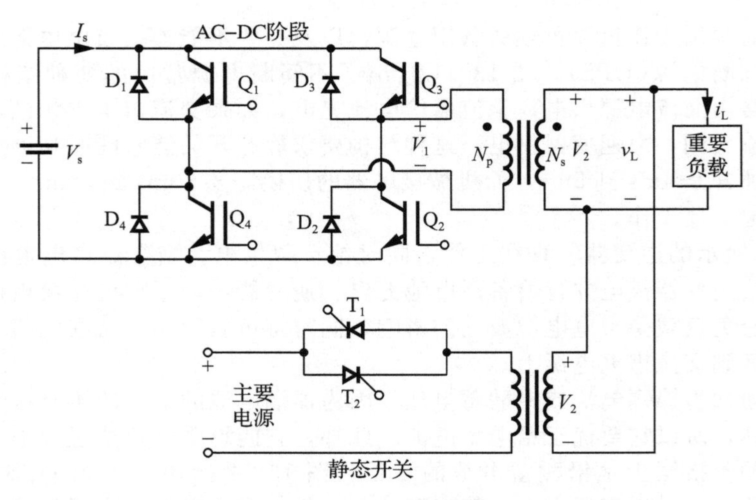

图 13-12　UPS 系统的布置

13.3.1　开关模式交流电源

图 13-13 所示的是在图 13-12 的基础上增加一个高频直流环节而形成的，可以减小变压器的尺寸，输入侧和输出侧各有一个逆变器：输入侧逆变器在高频 PWM 模式下工作，以减小变压器和中间直流环节滤波器的尺寸，而输出侧逆变器在输出基波频率下工作。

13.3.2 谐振交流电源

如图 13-14 所示，图 13-13 所示的输入侧逆变器可以用一个谐振逆变器来替代，输出侧逆变器在 PWM 模式下工作。

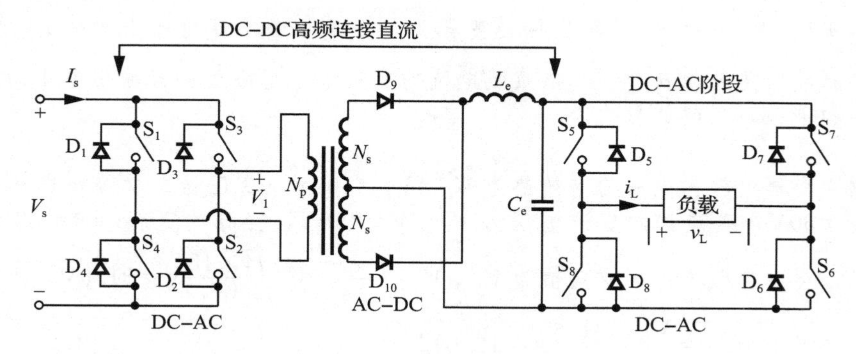

图 13-13 变换式交流功率源

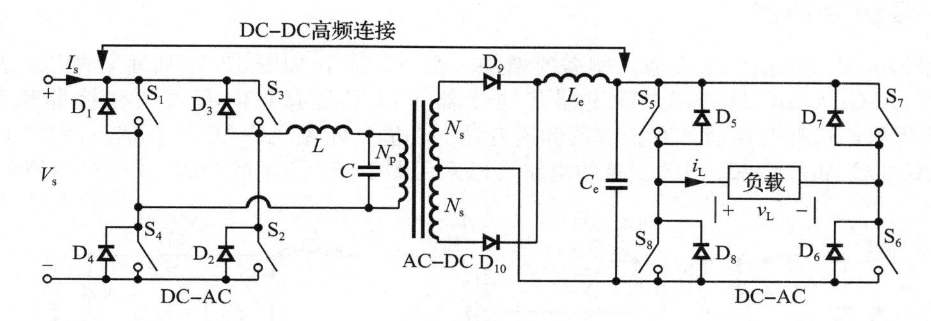

图 13-14 谐振交流功率源

13.3.3 双向交流电源

如图 13-15 所示，二极管整流器和输出逆变器可以用具有双向开关的 AC-AC 变换器代替，AC-AC 变换器可以将高频交流电转变为低频交流电，而且功率可以双向流动。

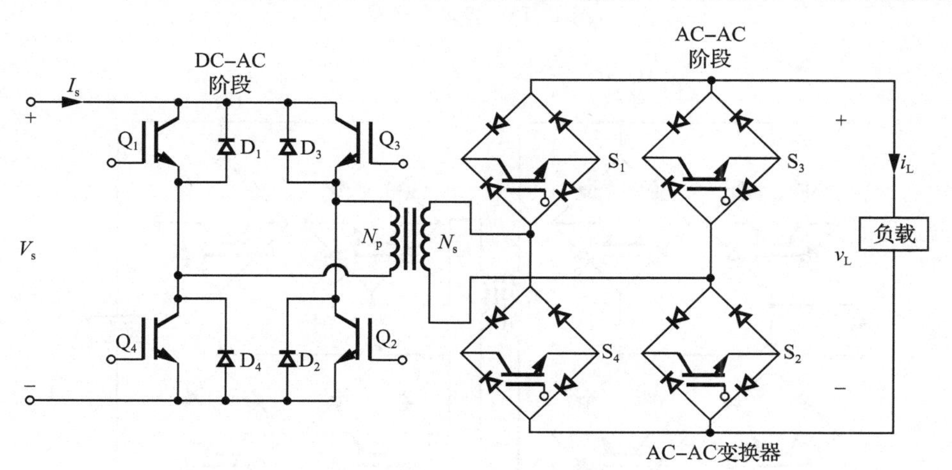

图 13-15 双向交流功率源

例 13.5　设计一个 PWM 控制的交流电源的参数。

图 13-13 所示交流电源负载电阻为 $R=2.5\Omega$，直流输入电压为 $V_s=100\text{V}$，输入侧逆变器工作频率为 20kHz，且每半个周期有一个脉冲，晶体管和二极管的导通压降忽略不计，变压器变比 $a=\dfrac{N_s}{N_p}=0.5$。输出侧逆变器工作在每半个周期有四个对称 PWM 脉冲的模式，每个脉冲的宽度为 $\delta=18°$，求负载电流的有效值。忽略整流器输出电压的波动，变压器的损耗和谐振对负载的影响。

解：

输入侧逆变器的输出电压的有效值为 $V_1=V_s=100\text{V}$，变压器二次绕组电压的有效值为 $V_2=aV_1=50\text{V}$，整流器的直流电压为 $V_o=V_2=50\text{V}$，当脉冲宽度为 $\delta=18°$时，由式(6.31)，可以得到负载电压的有效值为 $V_L=V_o\sqrt{\dfrac{p\delta}{\pi}}=50\sqrt{\dfrac{4\times18}{180}}\text{V}=31.6\text{V}$，则可以得到负载电流的有效值为 $I_L=\dfrac{V_L}{R}=\dfrac{31.6}{2.5}\text{A}=12.64\text{A}$。◀

13.4　多级变换器

如果输入是交流电，那么输入侧需要增加一个整流器，如图 13-16 所示，所以，总共有四级变换：AC-DC-AC-DC-AC。整流器和逆变器可以用具有双向开关的变换器代替，如图 13-17 所示，这种变换器具有整流器和逆变器的功能，叫做 AC-AC 变换器。图 13-16 所示的实现 AC-DC-AC-DC-AC 四级变换的电路可以采用图 13-17 所示的两级 AC-AC 变换器代替。

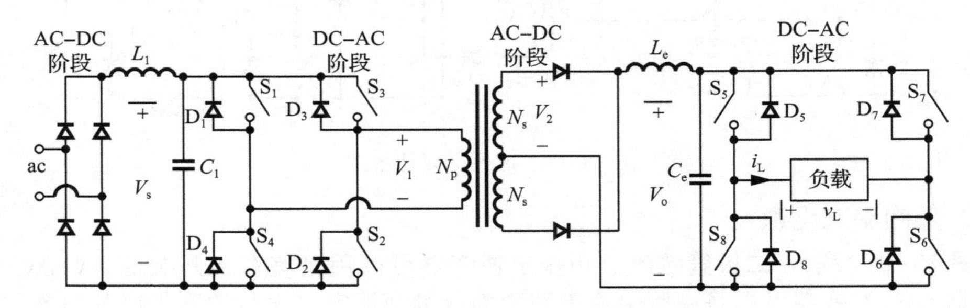

图 13-16　多级变换器

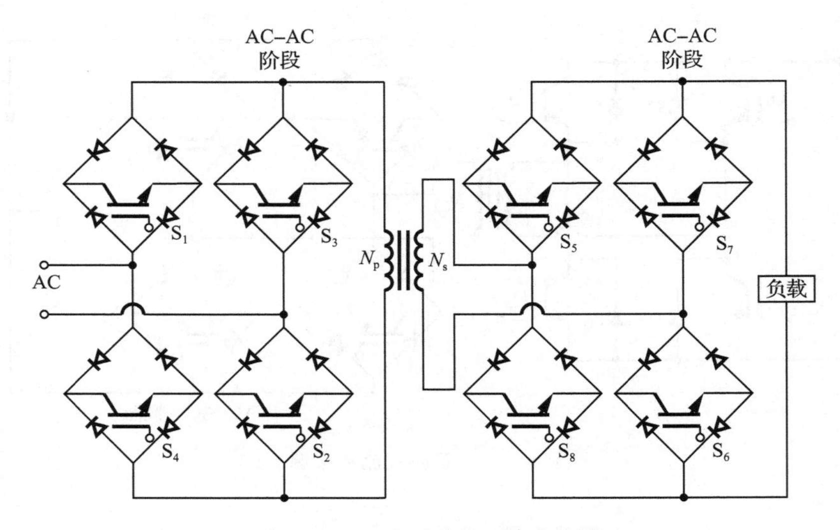

图 13-17　双边开关的回旋变换器

13.5 控制电路

改变占空比 k 可以控制变换器的输出电压。现在已有商用的 PWM 集成控制器，它能用最少的外围元件来构成 PWM 开关电源。一个 PWM 控制器主要包含四个部分：设置开关频率的可调时钟，输出电压误差放大器，与时钟同步的锯齿波发生器，比较输出误差信号和锯齿波信号的比较器。比较器的输出用于驱动开关器件。控制器可采用电压模式控制或电流模式控制。

电压模式控制　图 13-18a 给出了一个工作在固定频率的 PWM 控制的正激式变换器。开关管的导通时间由锯齿波和误差电压决定。

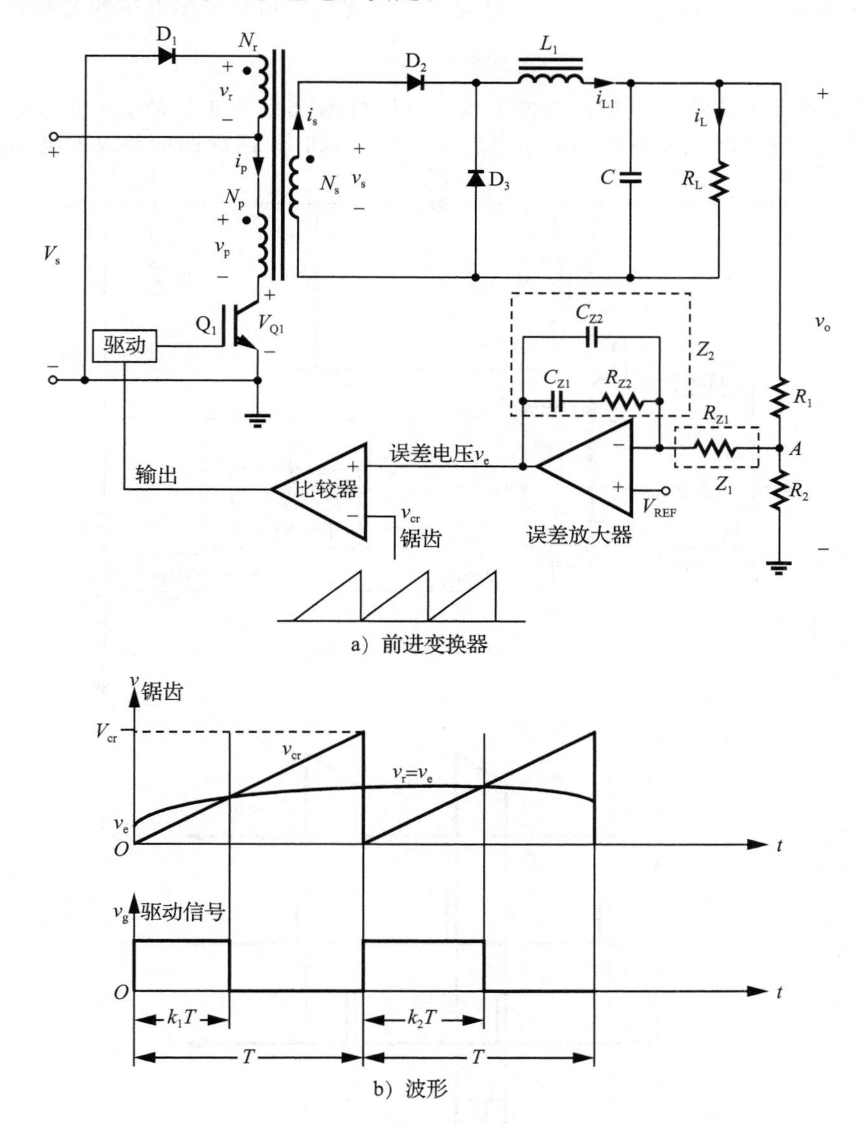

图 13-18　前进变换器的电压模式控制

误差电压 v_E 为：

$$v_E = \left(1 + \frac{Z_2}{Z_1}\right) V_{REF} - \frac{Z_2}{Z_1} v_A \tag{13-45}$$

它由两部分组成：$v_E = V_E + \Delta v_e$，$v_A = V_A + \Delta v_a$。直流静态工作点为：

$$V_E = \left(1 + \frac{Z_2}{Z_1}\right)V_{REF} - \frac{Z_2}{Z_1}V_A \tag{13-46}$$

由此可得小信号为：

$$\Delta v_e = -\frac{Z_2}{Z_1}\Delta v_a \tag{13-47}$$

图 13-18b 所示电路中，占空比 k 与误差电压的关系为：

$$k = \frac{v_e}{V_{cr}} \tag{13-48}$$

式中：V_{cr}为锯齿波的峰值电压。因此，小信号占空比与小信号误差电压的关系为：

$$\Delta k = \frac{\Delta v_e}{V_{cr}} \tag{13-49}$$

输出电压低于指令值会产生一个正误差电压，这意味着 Δv_e 为正，故 Δk 也为正。在电压模式控制中，占空比增大使得输出电压也增大。由 Z_1 和 Z_2 组成的误差放大电路决定了反

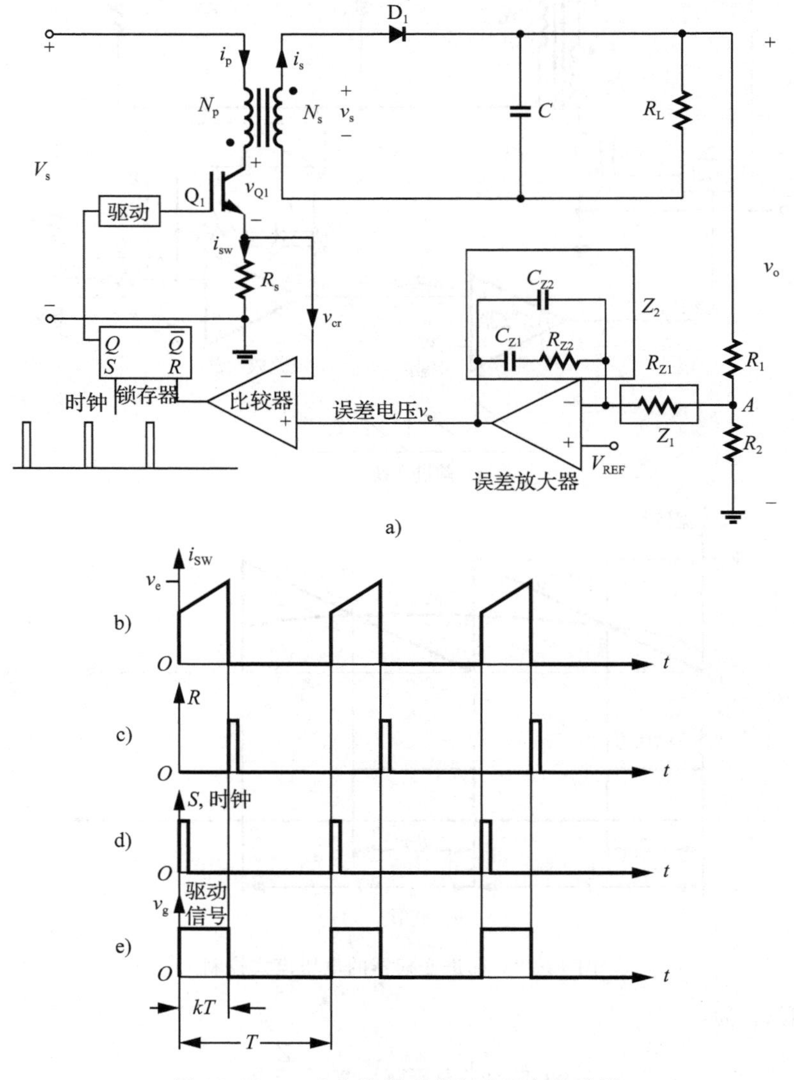

图 13-19　一个电流模型控制的回扫校准器

馈系统的动态性能。

电流控制模式　电流控制模式是将电流作为反馈信号从而实现输出电压控制的模式[5]。内环采样一次电流，一旦一次电流达到由电压外环设定的值，就马上关断开关管，这样，电流模式控制的响应速度比电压模式控制的更快，因此，一次电流像锯齿波。电流的采样电压可以用小电阻或电流变压器实现。图 13-19a 给出了一个电流模式控制的反激式变换器，其中，开关电流 i_{sw} 用作载波信号，电流 i_{sw} 在 R_s 上产生一个电压，该电压反馈给比较器。开关管的导通发生在时钟脉冲的起始点，而关断发生在输入电流和误差电压相等的时刻。

由于电流模式控制具有峰值电流限制能力，可以增加开关管的可靠性，动态性能也随着电流反馈的加入而提高。电流模式控制通过将电感电流和输出电压联系起来，有效地将系统阶次降至一阶，从而提高了动态响应速度。图 13-18b～e 给出了波形。

13.6　磁路设计

变压器通常用来升压或降压，电感在能量传递过程中存储能量。如果想提供一个恒定的电流，那么可以采用电感，因为电感可以流过直流电流，直流电流太大会使铁心饱和，进而使电感失效。磁链是变压器变压和电感具有电感量的关键因素，对于一个正弦电压 $e=E_m\sin(\omega t)=\sqrt{2}E\sin(\omega t)$ 来说，其磁通量也是正弦的，即 $\varphi=\varphi_m\sin(\omega t)$，根据法拉第定律，一次绕组瞬时电压为：

$$e = N\frac{d\varphi}{dt} = -N\varphi_m\omega\cos(\omega t) = N\varphi_m\omega\sin(\omega t - 90°)$$

则峰值为 $E_m=N\varphi_m\omega$，有效值为：

$$E = \frac{E_m}{\sqrt{2}} = \frac{2\pi f N\varphi_m}{\sqrt{2}} = 4.44fN\varphi_m \tag{13-50}$$

13.6.1　变压器设计

如图 13-20 所示，变压器的视在功率 P_t 由变换器电路决定，为输入功率 P_i 与输出功率 P_o 之和。变压器效率 η、P_t 和 P_o 之间的关系为：

$$P_t = P_i + P_o = \frac{P_o}{\eta} + P_o = \left(1 + \frac{1}{\eta}\right)P_o \tag{13-51}$$

由式(13-50)，可得一次电压为：

$$V_1 = k_t f N_1 \Phi_m \tag{13-52}$$

式中：k_t 为常数，正弦波时，是 4.44，矩形波时，是 4。变压器的视在功率等于一次侧伏安值与二次侧伏安值之和，即

$$P_t = V_1 I_1 + V_2 I_2$$

因此，对于 $N_1=N_2=N$ 和 $I_1=I_2=I$，一次侧或二次侧伏安值为：

$$P_t = VI = k_t f N\phi_m I = k_t f B_m A_c NI \tag{13-53}$$

式中：A_c 为磁路的横截面面积；B_m 为磁通密度的峰值。

安匝数与电流密度 J 的关系为：

$$NI = K_u W_a J \tag{13-54}$$

式中：W_a 为窗口面积，K_u 为窗口系数，通常介于 0.4 和 0.6 之间。

将式(13-54)代入式(13-53)，可以得到面积乘积为：

$$A_p = W_a A_c = \frac{P_t}{K_t f B_c K_u J} \tag{13-55}$$

电流密度 J 与 A_p 的关系为[1]：

$$J = K_j A_p^x \tag{13-56}$$

式中：K_j 和 x 为常数，其大小取决于铁心，如表 13-1 所示，P_{cu} 是铜损，P_{fe} 是铁损。

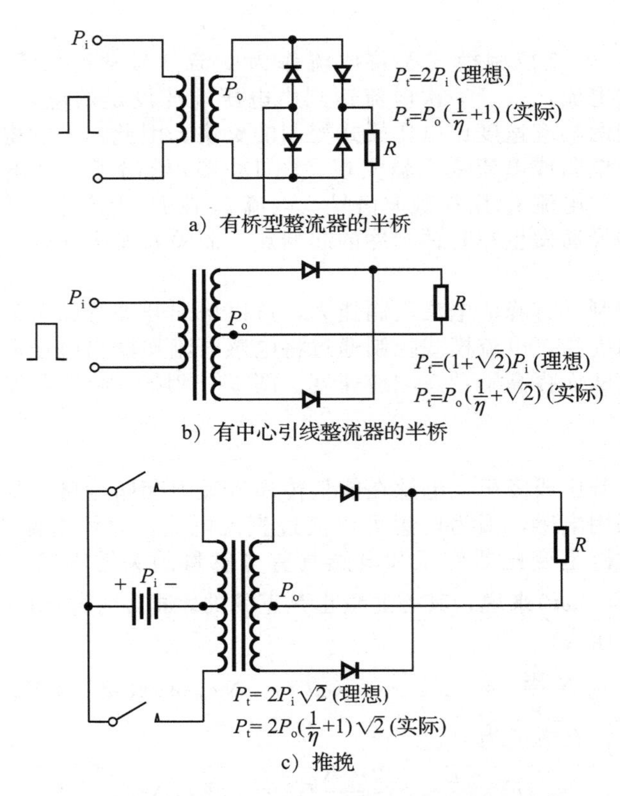

图 13-20　多变变换器电路图的变压器视在功率

将式(13-56)代入式(13-55)可以得到：

$$A_p=\left[\frac{P_t\times 10^4}{K_t f B_m K_u K_j}\right]^{\frac{1}{1+x}} \tag{13-57}$$

式中：B_m 是磁通密度，单位为 cm^2。式(13-57)将铁心面积和变压器功率联系在一起，铜线的种类与铁氧体或其他铁心材料的种类决定了变压器的功率 P_t，通过计算 A_p 的值，可以选择铁心类型，铁心的特性和尺寸可以从生产厂家获取，图 13-21 给出了不同类型的铁心对应的磁路横截面积 A_c。

表 13-1　铁心配置常量

铁心类型	K_j @25℃	K_j @50℃	x，指数	铁心损耗
盆形铁心	433	632	−0.17	$P_{cu}=P_{fe}$
功率铁心	403	590	−0.12	$P_{cu}\gg P_{fe}$
E 层压铁地心	366	534	−0.14	$P_{cu}=P_{fe}$
C 形铁心	323	468	−0.14	$P_{cu}=P_{fe}$
单圈	395	569	−0.14	$P_{cu}\gg P_{fe}$
带绕铁心	250	365	−0.13	$P_{cu}=P_{fe}$

例 13.6　变压器设计实例。

如图 13-20a 所示，AC-DC 变换器先通过变压器降压，再经桥式整流电路给负载供电。设计一个 60Hz 的变压器，要求如下：一次电压 $V_1=120V$，60Hz(方波)，二次输出电压 $V_o=40V$，二次输出电流 $I_o=6.5A$。假定变压器效率 $\eta=95\%$，窗口系数 $K_u=0.4$，

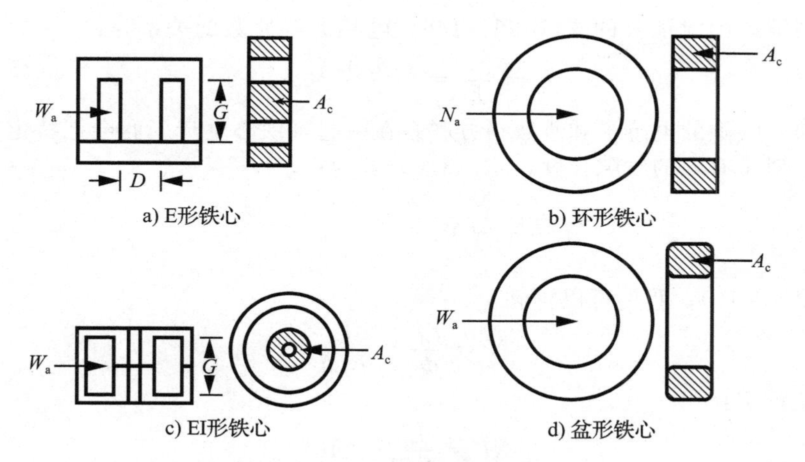

a) E形铁心 b) 环形铁心 c) EI形铁心 d) 盆形铁心

图 13-21 多种磁心种类的磁心面积

使用 E 型铁心。

解：

对于方波而言，$K_t=4.44$，$P_o=40\times6.5\text{W}=260\text{W}$。由式(13-51)，得：

$$P_t=\left(1+\frac{1}{0.95}\right)260\text{W}=533.7\text{W}$$

对于 E 型铁心，由表 13-1 可得：$K_j=366$，$x=-0.14$，令 $B_m=1.4$，由式(13-57)，可得：

$$A_p=\left[\frac{533.7\times10^4}{0.4\times60\times1.4\times0.4\times366}\right]^{\frac{1}{1+0.14}}\text{cm}^4=206.1\text{ cm}^4$$

选择 E 型铁心 2-138EI，$A_p=223.39\text{ cm}^4$，铁心重量 $W_t=3.901\text{kg}$，铁心横截面积 $A_c=24.4\text{ cm}^2$，每匝的平均长度为 $l_{mt}=27.7\text{cm}$。

由式(13-50)，可得一次绕组匝数为：

$$N_p=\frac{V_1\times10^4}{K_t fB_m A_c}=132 \tag{13-58}$$

二次绕组匝数为：

$$N_s=\frac{N_p}{V_1}V_o=\frac{132\times40}{120}=44 \tag{13-59}$$

由式(13-56)，可得： $J=K_jA_p^x=366\times206.7^{-0.14}\text{A/cm}^2$

一次电流为：$I_1=\dfrac{(P_t-P_o)}{V_1}=\dfrac{(533.7-260)}{120}\text{A}=2.28\text{A}$

一次绕组裸线的横截面积为：$A_{wp}=I_1/J=(0.28/173.6)\text{cm}^2=0.013\text{ cm}^2$

从附录 B 的表 B-2，可以找到对应 16 号 $\text{AWG}\sigma_p=131.8\mu\Omega/\text{cm}$，一次侧电阻为 $R_p=l_{mt}N_p\sigma_p\times10^{-6}=27.7\times132\times131.8\Omega=0.48\Omega$，一次侧铜损为 $P_p=I_p^2R_p=2.28^2\times0.48\text{W}=2.5\text{W}$，二次绕组裸线的横截面积为：$A_{ws}=I_o/J=0.037\text{ cm}^2$。

从附录 B 的表 B.2，可以找到对应 14 号 $\text{AWG}\sigma_s=41.37\mu\Omega/\text{cm}$。二次侧电阻为 $R_s=l_{mt}N_s\sigma_s\times10^{-6}=27.7\times44\times41.37\Omega=0.05\Omega$。二次侧铜损为 $P_s=I_o^2R_s=6.5^2\times0.05\text{W}=2.1\text{W}$。

由附录 B 的图 B.1 可知。

变压器铁心损耗为 $P_{fe}=0.557\times10^{-3}\times60^{1.68}\times1.4^{1.86}\text{W}=3.95\text{W}$

变压器效率为：$\eta=P_o/(P_o+P_p+P_s+P_{fe})=260/(260+2.5+2.1+3.9)=96\%$ ◀

13.6.2 直流电感

直流电感是功率变换器最基本的元件，几乎用在所有的功率变换器中，用于输入滤波器和输出滤波器。由附录B的式(B.11)可知，电感L与匝数的关系为：

$$L=\frac{N^2}{\Re}=\frac{\mu_o\mu_r A_c}{l_c}\times N^2 \tag{13-60}$$

这将具有分布式气隙的电感量和匝数平方联系在一起，铁心生产厂商会把特定匝数的电感值标注出来，对于有限的气隙长度，式(13-60)变为：

$$L=\frac{N^2}{\Re_c+\Re_g}=\frac{\mu_o A_c}{l_g+\dfrac{l_c}{\mu_r}}\times N^2 \tag{13-61}$$

由附录B的式(B.10)，我们可以得到：

$$N=\frac{LI}{\Phi}=\frac{LI}{B_c A_c}$$

两边同时乘I得到：

$$NI=\frac{LI^2}{B_c A_c}\times 10^4 \tag{13-62}$$

代入式(13-53)，可得：

$$A_p=W_a A_c=\frac{LI^2\times 10^4}{B_c K_u J} \tag{13-63}$$

将式(13-56)代入式(13-63)，可得A_p为：

$$A_p=\left[\frac{LI^2\times 10^4}{B_c K_u K_j}\right]^{\frac{1}{1-x}} \tag{13-64}$$

式中：B_c是磁通密度，单位为cm^2。式(13-64)反映了电感储能的能力。铜线的种类与铁氧体或其他铁心材料的种类决定了电感储能的能力W_L。通过计算A_p的值，可以选择铁心类型，铁心的特性和尺寸可以从数据手册获取。

例 13.7 设计直流电感。

设计一个直流电感，其电感 L＝450μH，直流电流为$I_L=7.2A$，电流波动为$\Delta I=1A$，假定窗口系数$K_u=0.4$，使用分级气隙铁心。

解：

电感电流峰值$I_m=I_L+\Delta I=(7.2+1)A=8.2A$，则电感能量$W_t=\frac{1}{2}\times LI_m{}^2=\frac{1}{2}\times 450\times10^{-6}\times8.2^2 J=15mJ$，从表13-1可得，$K_j=403$，$x=-0.12$，选择$B_m=0.3$，由式(13-64)，可得：

$$A_p=\left[\frac{2\times0.015\times10^4}{0.4\times403\times0.3}\right]^{\frac{1}{1+0.12}}cm^4=8.03\ cm^4$$

选择铁心55090-A2，$A_p=8.06\ cm^4$，铁心重量$W_t=0.131kg$，铁心横截面积$A_c=1.32\ cm^2$，磁路长度$l_c=11.62cm$，每匝的平均长度为$l_{mt}=6.66cm$。

由式(13-56)，可得 $J=K_j A_p^x=403\times8.03^{-0.12}A/cm^2=313.8A/cm^2$

把式(13-54)代入$B_m=\mu_o\mu_r NI/l_c$，并化简得：

$$\mu_r=\frac{B_m l_c\times10^5}{\mu_o W_a J K_u}=\frac{0.3\times11.62\times10^5}{4\pi\times6.11\times313.8\times0.4}=36.2 \tag{13-65}$$

选择$\mu_r\geqslant36.2$的材料，MPP-330T满足要求，其$L_c=86mH$，$N_c=1000$，因此需要匝数为：

$$N=N_c\sqrt{\frac{L}{L_c}}=1000\sqrt{\frac{450\times10^{-6}}{86\times10^{-3}}}=72 \tag{13-66}$$

一次绕组裸线的截面积为：$A_w=I_m/J=(8.2/313.8)cm^2=0.026\ cm^2$

从附录B的表B.2，可以找到对应14号AWG的$A_w=0.02082\ cm^2$，$\sigma=82.8\mu\Omega/cm$，绕线电阻为$R=l_{mt}N\sigma\times10^{-6}=6.66\times72\times82.8\Omega=0.04\Omega$，铜损为$P_{cu}=I_L^2R=7.2^2\times$

0.04W=2.1W。

注意：由式(13-61)，可得分布式气隙的长度 l_g 为：

$$l_g = \frac{\mu_o A_c}{L} \times N^2 - \frac{l_c}{\mu_r} = 0.19\text{cm} \tag{13-67}$$ ◀

13.6.3 磁饱和

出现直流不平衡时，变压器或电感铁心会饱和，产生大的磁化电流，理想的铁心应该在正常工作区域和一定的直流不平衡时具有较高的导磁率，并且不会进入饱和状态。可以通过在一个铁心中同时加入高磁导率和低磁导率的部分来解决饱和的问题，如图 13-22a 所示，

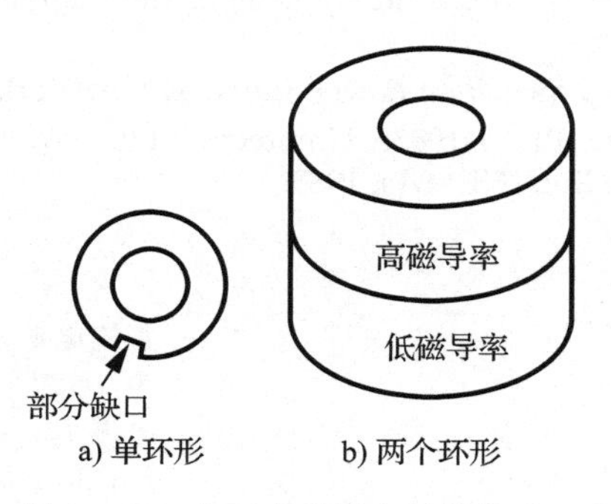

图 13-22 有两个磁导率区域的磁心

外部开了部分气隙的磁环，因而里面部分的磁导率较高，外面部分的磁导率较低，正常情况下磁链经过磁环内部。出现饱和现象时，磁链将经过磁环的外部，这样铁心不会出现饱和。还可以将分别具有高磁导率和低磁导率的磁环结合起来使用，如图 13-22b 所示。

本章小结

工业电源分为两类：直流电源和交流电源。在单级变换器中，隔离变压器需要工作在输出频率下。为了减小变压器尺寸和满足工业要求，通常需要多级变换器，根据输出功率要求和允许的复杂程度，可以选择不同的电源拓扑。具有双向开关的变换器能量能够双向流动，要获得理想的输出波形应该合成开关函数。

参考文献

[1] Y. M. Lai, *Power Electronics Handbook*, edited by M. H. Rashid. Burlington, MA: Elsevier Publishing, 2011, Chapter 20—Power Supplies.

[2] J. Hancock, *Application Note AN-CoolMOS-08: SMPS Topologies Overview*, Infineon Technologies AG, Munich, Germany, June 2000. www.infineon.com.

[3] R. L. Steigerwald, R. W. De Doncker, and M. H. Kheraluwala, "A comparison of high-power dc–dc soft-switched converter topologies," *IEEE Transactions on Industry Applications*, Vol. 32, No. 5, September/October 1996, pp. 1139–1145.

[4] J. Goo, J. A. Sabate, G. Hua, and F. C. Lee, "Zero-voltage and zero-current-switching full-bridge PWM converter for high-power applications," *IEEE Transactions on Power Electronics*, Vol. 11, No. 4, July 1996, pp. 622–627.

[5] C. M. Liaw, S. J. Chiang, C. Y. Lai, K. H. Pan, G. C. Leu, and G. S. Hsu, "Modeling and controller design of a current-mode controlled converter," *IEEE Transactions on Industrial Electronics,* Vol. 41, No. 2, April 1994, pp. 231–240.

[6] K. K. Sum, *Switch Mode Power Conversion: Basic Theory and Design*. New York: Marcel Dekker. 1984.

[7] K. Billings, *Switch Mode Power Supply Handbook*. New York: McGraw-Hill. 1989.

[8] W. A. Roshen, R. L. Steigerwald, R. J. Charles, W. G. Earls, G. S. Clayton, and C. F. Saj, "High-efficiency, high-density MHz magnetic components for low profile converter," *IEEE Transactions on Industry Applications*, Vol. 31, No. 4, July/August 1995, pp. 869–877.

[9] H. Zöllinger and R. Kling, *Application Note AN-SMPS-1683X-1: Off-Line Switch Mode Power Supplies*, Infineon Technologies AG, Munich, Germany, June 2000. www.infineon.com.

[10] A. I. Pressman, *Switching Power Supply Design*, 2nd edition. New York: McGraw-Hill. 1999.

[11] M. Brown, *Practical Switching Power Supply Design*, 2nd edition. New York: McGraw-Hill. 1999.

[12] G. Chryssis, *High-Frequency Switching Power Supplies*. New York: McGraw-Hill. 1984.

[13] "Standard Publication/No. PE 1-1983: Uninterruptible Power Systems," National Electrical Manufacturer's Association (NEMA), 1983.

复习题

13.1 电源的常用规格有哪些？

13.2 常用的电源的类型有哪些？

13.3 列出三种直流电源

13.4 列出三种交流电源

13.5 单级变换器的优点和缺点有哪些？

13.6 开关电源的优点和缺点有哪些？

13.7 谐振电源的优点和缺点有哪些？

13.8 双向电源的优点和缺点有哪些？

13.9 反激变换器的优点和缺点有哪些？

13.10 推挽变换器的优点和缺点有哪些？

13.11 半桥变换器的优点和缺点有哪些？

13.12 谐振直流电源的结构有哪几种？

13.13 高频母线电源的优点和缺点有哪些？

13.14 常见的 UPS 系统的配置有哪些形式？

13.15 变压器磁心的问题有哪些？

13.16 电源的控制的两种常用的方法是什么？

13.17 直流电感和交流电感设计上的差异在哪？

习题

13.1 如图 13.1a 所示的反激变换器中，在负载电阻 $R=1.2\Omega$ 的情况下，输出电压的平均值(直流量)$V_o=24V$。占空比为 $k=0.6$，开关频率为 $f=1kHz$。晶体管和二极管的导通压降分别为 $V_t=1.1V$，$V_d=0.7V$。变压器的匝数比为 $a=N_s/N_p=0.20$。试计算(a)平均输入电流 I_s；(b)效率 h；(c)晶体管平均电流 I_A；(d)晶体管峰值电流 I_p；(e)晶体管 rms 电流 I_R；(f)晶体管开路电压 V_{oc}；(g)原边线圈励磁电感 L_p。忽略三极管中的损耗和负载电流纹波。

13.2 如图 13.3a 所示的正激变换器中，在负载电阻 $R=1.2\Omega$ 的情况下，输出电压的平均值(直流量)$V_o=24V$。占空比为 $k=0.5$，开关频率为 $f=2kHz$。晶体管和二极管的导通压降分别为 $V_t=1.1V$，$V_d=0.7V$。直流电源的电压 $V_i=12V$ 变压器的匝数比为 $a=N_s/N_p=0.20$。试计算(a)平均输入电流 I_S；(b)效率 h；(c)晶体管平均电流 I_A；(d)晶体管峰值电流 I_p；(e)晶体管 rms 电流 I_R；(f)晶体管开路电压 V_{oc}；(g)能保持电流纹波在平均值3%以内的一次线圈励磁电流 L_p。忽略变压器中的损耗和负载电压的纹波为4%。

13.3 如图 13-6 所示的推挽变换器中，在负载电阻 $R=1.2\Omega$ 的情况下，输出电压的平均值(直流量)$V_o=24V$。晶体管和二极管的导通压降分别为 $V_t=1.1V$，$V_d=0.7V$。直流电源的电压 $V_i=12V$ 变压器的匝数比为 $a=N_s/N_p=0.20$。试计算(a)平均输入电流 I_s，(b)效率 h；(c)晶体管平均电流 I_A；(d)晶体管峰值电流 I_p；(e)晶体管 rms 电流 I_R；(f)晶体管开路电压 V_{oc}。忽略变压器中的损耗，输出电流和输入电流的纹波。假设占空比 $k=0.6$。

13.4 如图 13-6 所示的推挽变换器中，在负载电阻 $R=0.6\Omega$ 的情况下，输出电压的平均值(直流量)$V_o=24V$。晶体管和二极管的导通压降分别为 $V_t=1.2V$，$V_d=0.7V$。直流电源的电压 $V_i=12V$ 变压器的匝数比为 $a=N_s/N_p=0.50$。试计算(a)平均输入电流 I_s；(b)效率 h；(c)晶体管平均电流 I_A；(d)晶体管峰值电流 I_p；(e)晶体管 rms 电流 I_R；(f)晶体管开路电压 V_{oc}。忽略变压器中的损耗，输出电流和输入电流的纹波。假设占空比 $k=0.8$。

13.5 针对图 P13-5 所示电路图，并且假设占空比 $k=0.5$，重复计算习题 13.4。

13.6 针对图 P13-6 所示电路，重复计算习题 13.4。

13.7 针对图 P13-7 所示电路，重复计算习题 13.4。

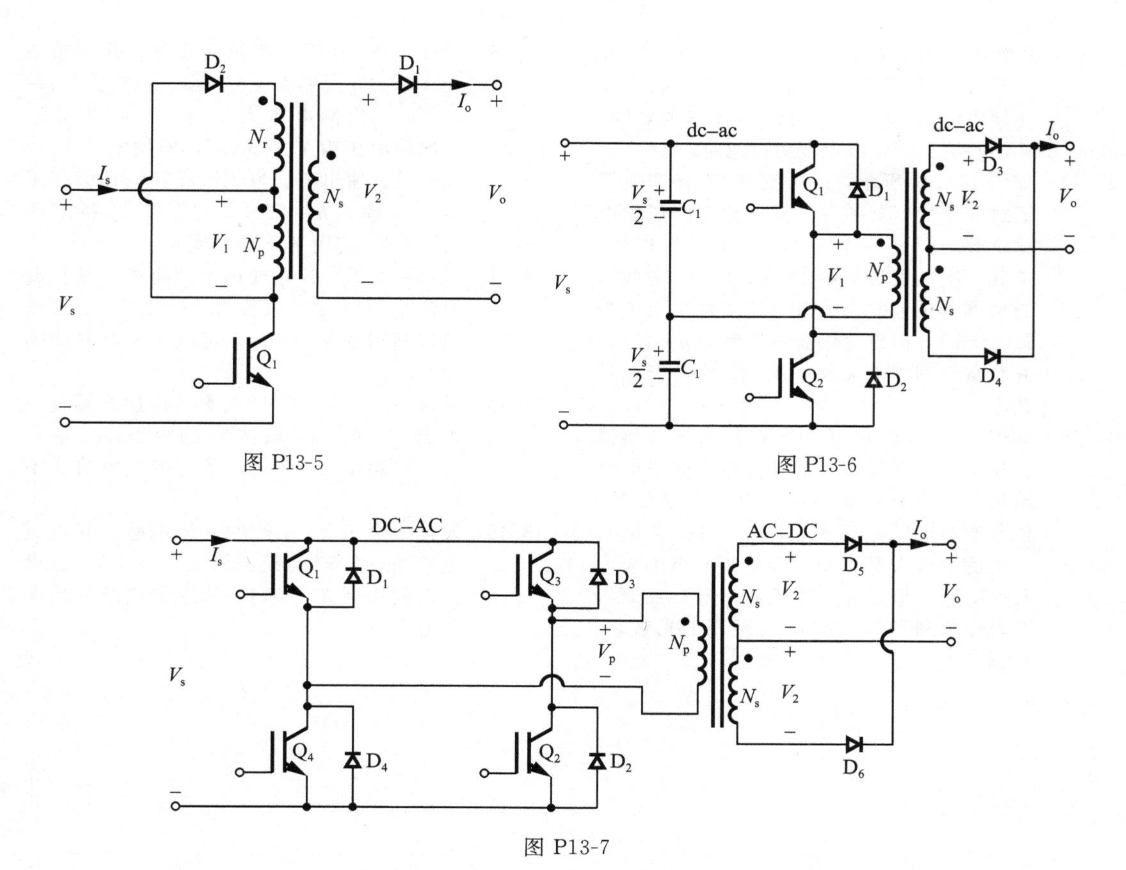

图 P13-5

图 P13-6

图 P13-7

13.8 如图 13-9a 所示的半桥谐振变换器中，在负载电阻 $R=1.2\Omega$ 的情况下，输出电压的平均值(直流量)$V_o=24V$。逆变器运行在谐振频率上。电路元件参数为 $C_1=C_2=C=2\mu H$，$L=10\mu H$，并且 $R=0$。三极管和二极管的导通压降可以忽略。直流输入电源的电压 $V_i=110V$，变压器的匝数比为 $a=N_s/N_p=0.20$。试计算(a)平均输入电流 I_s；(b)晶体管平均电流 I_A；(c)晶体管峰值电流 I_p；(d)晶体管 rms 电流 I_R；(e)晶体管开路电压 V_{oc}。忽略变压器中的损耗和负载对谐振频率的影响。

13.9 如图 13-9a 所示的半桥谐振变换器中，在负载电阻 $R=0.4\Omega$ 的情况下，输出电压的平均值(直流量)$V_o=24V$。逆变器运行在谐振频率上。电路元件参数为 $C_1=C_2=C=2\mu H$，$L=5\mu H$，并且 $R=0$。晶体管和二极管的导通压降可以忽略。直流输入电源的电压 $V_i=50V$，变压器的匝数比为 $a=N_s/N_p=0.50$。试计算(a)平均输入电流 I_s；(b)晶体管平均电流 I_A；(c)晶体管峰值电流 I_p；(d)晶体管 rms 电流 I_R；(e)晶体管开路电压 V_{oc}。忽略变压器中的损耗和负载对谐振频率的影响。

13.10 针对图 13.9 所示中的全桥电路，重新计算习题 13.5。

13.11 如图 13.12 所示的交流电源中，负载电阻为 $R=1.2\Omega$。直流输入电源的电压 $V_i=24V$。输入变换器工作在 400Hz，由每半个周期平均分布的 8 个导通角为 $\delta=20°$ 的脉冲控制。晶体管和二极管的导通压降可以忽略。变压器的匝数比为 $a=N_s/N_p=4$。试计算负载电流的 rms 值。忽略变压器中的损耗和负载对谐振频率的影响。

13.12 如图 13.13 所示的交流电源中，负载电阻为 $R=2\Omega$。直流输入电源的电压 $V_i=110V$。输入变换器工作在 20kHz，由每半个周期 1 个导通角为 $\delta=20°$ 的脉冲控制。三极管和二极管的导通压降可以忽略。变压器的匝数比为 $a=N_s/N_p=4$。试计算负载电流的 rms 值。忽略变压器中的损耗和负载对谐振频率的影响。输出整流器的纹波电压可以忽略。

13.13 如图 13.13 所示的交流电源中，负载电阻为 $R=1.5\Omega$。直流输入电源的电压 $V_i=24V$。输入变换器工作在 20kHz，由每半个周期平均分布的 4 个导通角为 $\delta=40°$ 的脉冲控制。晶体管和二极管的导通压降可以忽略。变压器的匝数比为 $a=N_s/N_p=0.5$。试计算负载电流的 rms 值。忽略变压器中的损耗和负载对谐振频率的影响。输出整流器的纹波电压可以忽略。

13.14 如图 13.20a 所示，一个交流/直流变换器通过一个变压器和一个桥式整流降压供电给负载。设计一个 60Hz 的功率变压器，使其一次电压为 $V_p=120V$，60Hz(方波)，二次侧电压为 $V_s=48V$，且其输出电流为 $I_s=5.5A$。假设变压器的效率为 $h=95\%$，并且窗口利用率 $k_u=0.4$。使用 E 形叠片铁心。

13.15 如图 13.20b 所示，一个交流/直流变换器通过一个变压器和一个桥式整流降压供电给负载。设计一个 60Hz 的功率变压器，使其原边电压为 $V_p=120V$，60Hz(方波)，二次侧电压为 $V_s=40V$，且其输出电流为 $I_s=7.5A$。假设变压器的效率为 h=95%，并且窗口利用率 $k_u=0.4$。使用 E 形铁心。

13.16 设计一个 110W 的反激变压器。开关频率为 30kHz，周期为 $T=33\mu s$，占空比为 $k=50\%$。一次侧电压为 $V_p=100V$(方波)，二次侧电压为 $V_s=6.2V$，辅助电压 $V_f=12V$ 且其输出电流为 $I_s=7.5A$。假设变压器的效率为 $h=95\%$，并且窗口利用率 $k_u=0.4$。使用 E 形叠片铁心。

13.17 设计一个 $L=650\mu H$ 的直流电感。其直流电流 $I_L=5.5A$，纹波为 $\Delta I=\pm5\%$。假设窗口利用率 $k_u=0.4$。使用带气隙的功率磁心。

13.18 设计一个 $L=650\mu H$ 的直流电感。其直流电流 $I_L=6.5A$，纹波为 $\Delta I=\pm1A$。假设窗口利用率 $k_u=0.4$。使用带气隙的功率磁心。

13.19 设计一个 $L=90\mu H$ 的直流电感。其直流电流 $I_L=7.5A$，纹波为 $\Delta I=1.5A$。假设窗口利用率 $k_u=0.4$。使用带气隙的功率磁心。

第14章 直流驱动

学习完本章后，应能做到以下几点：

- 描述直流电动机的基本特性和控制特性；
- 列举直流驱动的类型和工作模式；
- 列举四象限驱动的控制要求；
- 描述变换器供电直流电动机传递函数的参数；
- 确定单相和三相变换器驱动的性能参数；
- 确定直流电动机的闭环和开环传递函数；
- 确定变换器供电驱动的速度和转矩特性；
- 电机传动反馈控制的设计和分析；
- 确定电流和速度反馈控制器的最优化参数。

符号及其含义

符　号	含　义
α_a，α_f	分别表示电枢变换器和励磁变换器的延迟角
τ_a，τ_f，τ_m	分别表示电枢时间常数，磁场时间常数，及机械时间常数
ω，ω_o	分别表示额定负载及空载情况下的电动机转速
B，J	分别表示电动机的粘滞摩擦及惯量
e_g，E_g	分别表示直流电动机反电势的瞬时值和平均值
f，f_s	分别表示 DC-DC 变换器的开关频率和供电电源频率
i_a，I_a	分别表示电动机电枢电流的瞬时值和平均值
i_f，I_f	分别表示电动机励磁电流的瞬时值和平均值
I_s	电源电流平均值
K_t，K_v，K_b	分别表示力矩常数，发电机常数，及反电势常数
K_r，τ_r	分别表示变换器的增益及时间常数
K_c，τ_c	分别表示电流控制器的增益及时间常数
K_s，τ_s	分别表示速度控制器的增益及时间常数
K_ω，τ_ω	分别表示电速度反馈环节的增益及时间常数
L_a，L_f	分别表示直流电动机的电枢电感和励磁电感
L_m，R_m	分别表示电动机的电感和电阻
PF	变换器的输入功率因数
P_i，P_o	分别表示变换器的输入和输出功率
P_d，P_g	分别表示电动机的输出功率和再生功率的平均值
P_b，V_b	分别表示制动电阻的功率和电压
R_a，R_f	分别表示直流电动机的电枢及励磁回路的电阻
R_{eq}	变换器等效电阻
T_d，T_L	分别表示输出转矩和负载转矩
V_a，V_f	分别表示电动机的电枢电压及励磁电压

14.1 引言

直流电动机具有可变化的特性并在变速驱动中广泛使用。直流电动机能够提供高启动转矩并且可能获得宽范围的速度控制。直流电动机速度控制的方法通常比交流传动的更简单，更便宜。直流电动机在现代工业传动中扮演着重要的角色。串励直流电动机和他励直流电动机通常用于变速驱动领域，而串励直流电动机又多于牵引方面的应用。在实际应用中，直流电动机的换向器使其不适用于非常高速的场合，而且与交流电动机相比，也需要更多的维护工作。随着近年来功率变换技术、控制技术和微型计算机技术的发展进步，交流电动机驱动系统正在逐步成为直流电动机传动系统的竞争对手。尽管未来的发展趋势是交流电动机传动，但是，直流电动机传动目前仍然在许多工业应用中使用。在交流传动完全取代直流传动之前，直流传动可能还要使用几十年。

变速驱动(VSD)也有缺点，比如空间及冷却的开销和资本的成本。变速驱动还产生噪声，引起电动机降低定额(降低功率)，并且产生电源谐波。随着由高频开关器件组成PWM电压源逆变器驱动系统大量应用，新的问题也随之出现，比如：(a)电动机绝缘过早地失效；(b)轴承和对地电流问题；(c)电磁兼容(EMC)问题。

可控整流器由固定的交流电压提供一个可变化的直流输出电压，而DC-DC变换器也能由固定的直流电压提供一个可变化的直流电压。由于能够提供连续可变的直流电压，可控整流器和DC-DC变换器可以用于从低功率到各种兆瓦级的功率范围，它们为现代工业设备及变速驱动领域带来了一场革命。可控整流器通常用于直流电动机的速度控制，如图14-1a所示。另一种形式是DC-DC变换器的二极管整流器，如图14-1b所示。直流驱动一般分成三种类型：

(1)单相驱动；

(2)三相驱动；

(3)DC-DC变换器驱动。

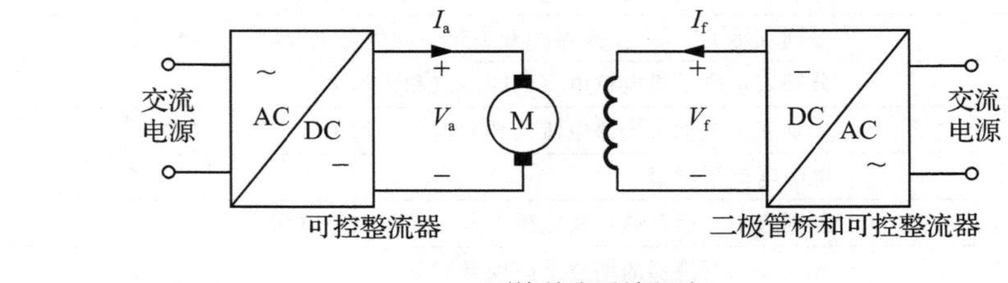

a) 可控整流反馈驱动

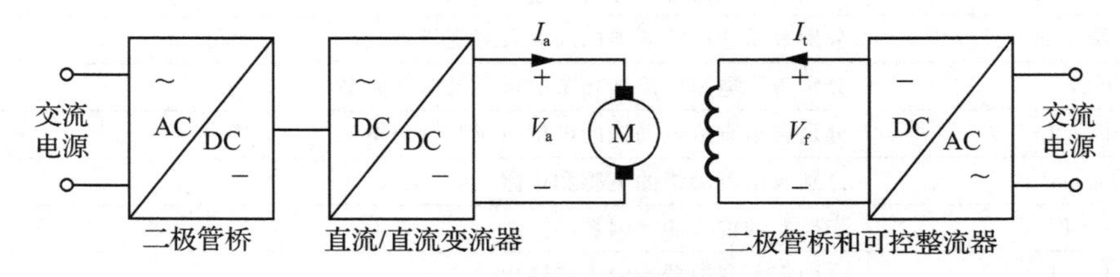

b) DC–DC变流器反馈驱动

图 14-1 可控整流器和DC-DC变流器反馈驱动

单相驱动用于100kW以下的低功率范围应用。三相驱动用于100kW到500kW范围的应用。变换器也能串并联连接产生12脉冲输出，功率范围可高达1MW的高功率驱动。这些驱动器通常需要体积庞大的谐波滤波器。

14.2 直流电动机的基本特征

直流电动机可依据磁绕组连接的类型分成两类：(i)分励(ii)串励式。在分励电机中，电动机的电枢电路独立于磁场励磁。该磁场励磁能独立控制，这种类型的电动机通常称为他励式电动机，也就是电枢和磁场的电流是不同的。在串励式电动机中，励磁电路与电枢电路串联连接，即电枢电流和磁场电流是相同的。

14.2.1 他励式直流电动机

他励式直流电动机的等效电路如图 14-2[1]所示。当他励式电动机被磁场电流 i_f激励，电枢电流 i_a在电枢电路中流动，电动机产生反电动势(emf)和转矩，该转矩平衡于特定速度上的负载转矩。他励式电动机的励磁电流 i_f与电枢电流 i_a无关，电枢电流 i_a的任何改变对励磁电流都没有影响。正常的励磁电流比电枢电流要小很多。

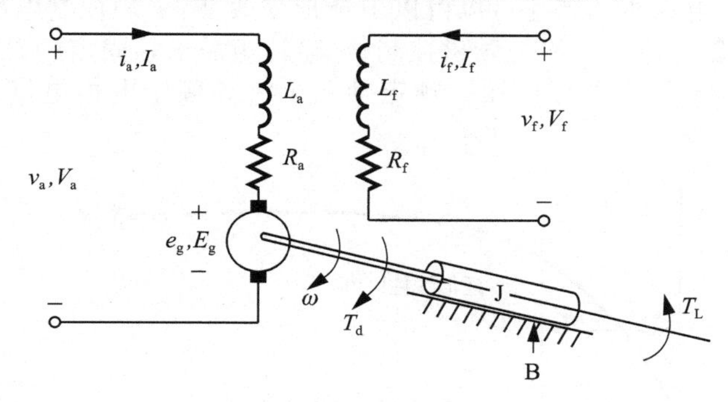

图 14-2 他励式直流电动机等效电路图

他励式电动机特性方程描述可由图 14-2 确定。瞬间励磁电流 i_f描述为：

$$v_f = R_f i_f + L_f \frac{\mathrm{d}i_f}{\mathrm{d}t}$$

瞬间电枢电流可以从下列公式得出：

$$v_a = R_a i_a + L_a \frac{\mathrm{d}i_a}{\mathrm{d}t} + e_g$$

电动机反电势，也称为速度电压，表示为：

$$e_g = K_v \omega i_f$$

由电动机产生的转矩是：

$$T_d = K_t i_f i_a$$

产生的转矩必须等于负载转矩，即

$$T_d = J \frac{\mathrm{d}\omega}{\mathrm{d}t} + B\omega + T_L$$

式中：ω 为电动机角速度或转子角频率，rad/s；

B 为粘滞性摩擦系数，N·m/(rad/s)；

K_v为电压系数，V/(A·rad/s)；

K_t为转矩常数，在这里等于电压常数 K_v；

L_a为电枢回路电感，H；

L_f为励磁回路电感，H；

R_a为电枢回路电阻，Ω；

R_f为励磁回路电阻，Ω；

T_L为负载转矩，N·m。

稳态条件下，这些方程的时间导数为零，稳态平均值为：

$$V_f = R_f I_f \tag{14-1}$$
$$E_g = K_v \omega I_f \tag{14-2}$$
$$V_a = R_a I_a + E_g = R_a I_a + K_v \omega I_f \tag{14-3}$$
$$T_d = K_t I_f I_a \tag{14-4}$$
$$= B\omega + T_L \tag{14-5}$$

发挥出的功率为：

$$P_d = T_d \omega \tag{14-6}$$

由于磁饱和使得励磁电 I_f 和反电势 E_g 之间的关系是非线性的。这个关系如图 14-3 所示，称为电动机的磁化特性。由式(14-3)，可以得出他励式电动机的转速为：

$$\omega = \frac{V_a - R_a I_a}{K_v I_f} = \frac{V_a - R_a I_a}{K_v V_f / R_f} \tag{14-7}$$

由式(14-7)能看到，电动机的转速可以由以下情形来改变：(1)控制电枢电压 V_a，称为电压控制；(2)控制励磁电流 I_f，称为励磁控制；(3)转矩需求，固定励磁电流，转矩与电枢电流对应。速度对应于额定电枢电压，额定励磁电流和额定电枢电流，称为额定速度或基速。

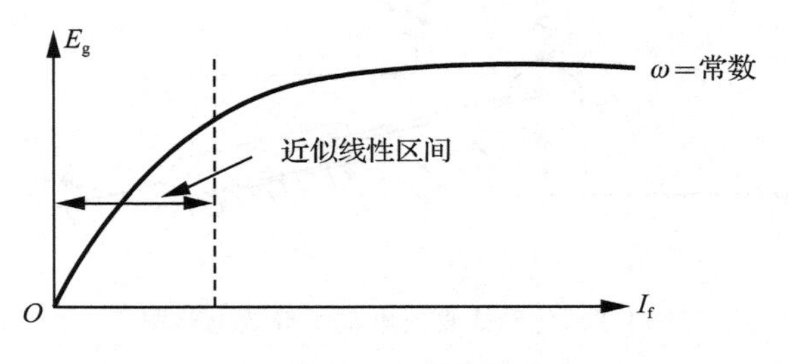

图 14-3 磁化曲线

实践中，对于低于基速的速度，电枢电流和励磁电流保持恒定以满足转矩需求，通过改变电枢电压 V_a 来控制速度。对于高于基速的速度，电枢电压保持在额定值，通过改变励磁电流来控制速度。然而，由电动机获得的功率仍然是不变的。图 14-4 所示的是转矩，功率，电枢电流的速度特性和励磁电流的反速度特性。

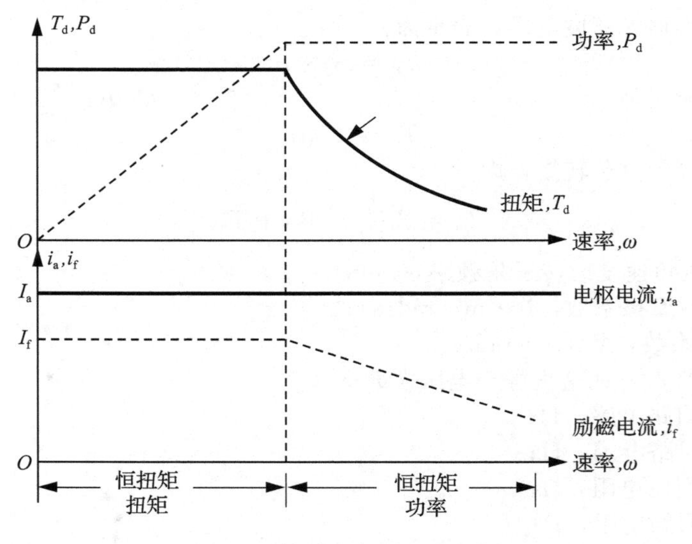

图 14-4 他励式直流电动机特性

14.2.2 串励式直流电动机

直流电动机的励磁可以与电枢电路串接，如图14-5所示，这类电动机称为串励式电动机。其励磁电路设计成传输电枢电流。它的稳态平均值为：

$$E_g = K_v \omega I_a \tag{14-8}$$

$$V_a = (R_f + R_a) I_a + E_g \tag{14-9}$$

$$= (R_f + R_a) I_a + K_v \omega I_f \tag{14-10}$$

$$T_d = K_t I_a I_f = B\omega + T_L \tag{14-11}$$

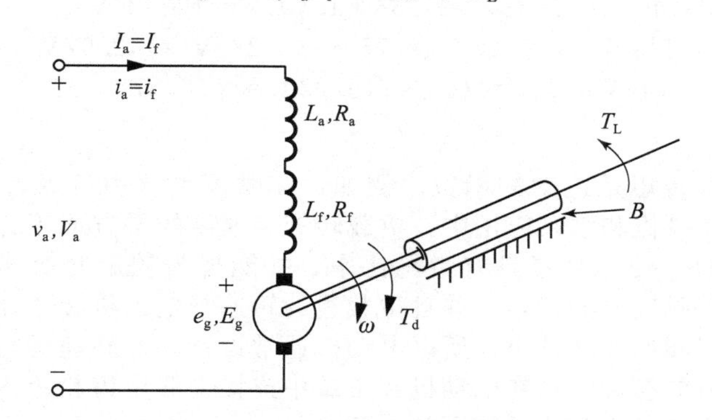

图14-5 串励式直流电动机等效电路图

串激式电动机的速度能由式(14-10)来确定：

$$\omega = \frac{V_a - (R_a + R_f) I_a}{K_v I_f} \tag{14-12}$$

速度能由以下控制来改变：(1)电枢电压 V_a；(2)电枢电流，这是衡量转矩的需求。式(14-11)显示串励式电动机能够提供高转矩，特别是高启动转矩。因为这个原因，串励式电动机通常用于牵引应用。

在基速以下，电动机速度随电枢电压变化而变化，转矩保持恒定。一旦达到额定电枢电压，速度-转矩关系跟随电动机的自然特性不同而变化，并且，电动机功率(=转矩×速度)仍然保持恒定。随着转矩需求减少，则转速增加。在负载非常轻的情况下，转速可能达到很高。没有负载的情况下运行串励式直流电动机是不可取的。图14-6显示串励式直流电动机的特性。

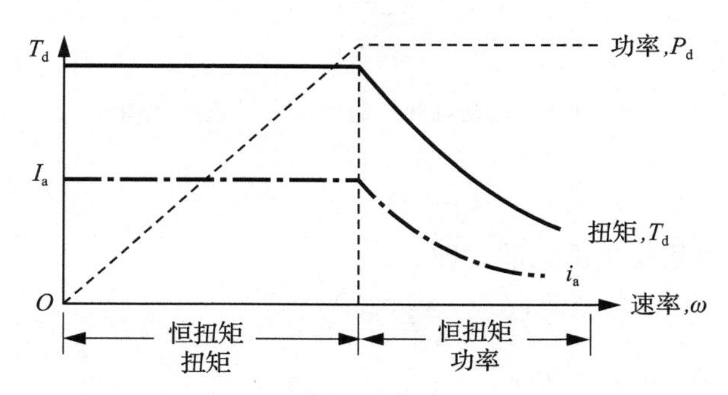

图14-6 串励式直流电动机等效电路图

例14.1 计算他励式电动机的电压和电流。

一台功率15hp(马力)，dc电压220V，转速2000r/min的他励式直流电动机，控制的负载当转速在1200r/min时需要的转矩为 $T_L = 45\text{N}\cdot\text{m}$。励磁电路的电阻为 $R_f = 147\Omega$，电枢电路的电阻为 $R_a = 0.25\Omega$，电动机的电压常数为 $K_v = 0.7032\text{V}/(\text{A rad/s})$，励磁电压

为 $V_f=220V$，粘滞摩擦和空载损耗忽略不计。假定电动机电流是连续的并且无纹波。确定：(a)反电势 E_g；(b)所需要的电枢电压 V_a；(c)电动机的额定电枢电流。

解：

$R_f=147\Omega$，$R_a=0.25\Omega$，$K_v=K_t=0.7032V/(A\cdot rad/s)$

$V_f=220V$，$T_d=T_L=45N\cdot m$

$\omega=1200\pi/30rad/s=125.66rad/s$，$I_f=220/147A=1.497A$

(a)由式(14-4)，得 $I_a=(45/(0.7032\times1.497))A=42.75A$

由式(14-2)，得：$E_g=0.7032\times125.66\times1.497V=132.28V$

(b)由式(14-3)：得：$V_a=(0.25\times42.75+132.28)V=142.97V$

(c)因为 1hp 等于 746W，$I_{rated}=(15\times746/220)A=50.87A$ ◀

14.2.3　传动比

一般来说，负载转矩是速度的函数。例如，在摩擦系统中负载转矩与转速是成正比的，如进给驱动。在风机和水泵应用中，负载转矩与速度的平方成正比。电动机通过一套传动装置连接到负载。传动装置具有齿轮比率，并能视为转矩变换器，如图 14-7 所示。传动装置主要用于负载边放大转矩，并且负载边的转速与电动机转速比较相对较低。转速越高，电动机的体积和尺寸就越小，所以电动机通常设计在高转速运行。但是，多数应用需要低转速，并且需要有齿轮箱在电动机和负载中连接。假定齿轮箱内为零损耗，由齿轮处理的功率在电动机和负载两边是相同的，即

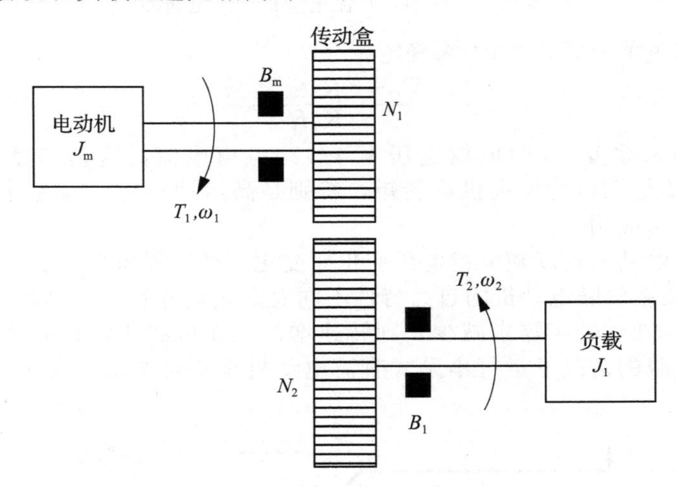

图 14-7　电动机和负载间的传动盒原理图

$$T_1\omega_1=T_2\omega_2 \tag{14-13}$$

每一边的转速与它的齿数是成反比的，即

$$\frac{\omega_1}{\omega_2}=\frac{N_2}{N_1} \tag{14-14}$$

将式(14-14)代入式(14-13)，得到：

$$T_2=\left(\frac{N_2}{N_1}\right)^2 T_1 \tag{14-15}$$

与变换器类似，负载转动惯量 J_l 和负载承载常数 B_l 都能在电动机侧反映，即

$$J=J_m+\left(\frac{N_1}{N_2}\right)^2 J_l \tag{14-16}$$

$$B = B_m + \left(\frac{N_1}{N_2}\right)^2 B_1 \tag{14-17}$$

式中：J_m和J_1是电动机转动惯量和负载转动惯量；

B_m和B_1是电动机侧摩擦系数和负载侧摩擦系数。

例 14.2 确定实际电动机转矩和电动机惯量中的传动比效应。

齿轮箱的参数如图 14-7 所示，$B_1=0.025\text{N}\cdot\text{m/(rad/s)}$，$\omega_1=210\text{rad/s}$，$B_m=0.045(\text{kg}\cdot\text{m}^2)$，$J_m=0.32\text{kg}\cdot\text{m}^2$，$T_2=20\text{N}\cdot\text{m}$，$\omega_2=21\text{rad/s}$。确定(a)传动比 $GR=N_2/N_1$；(b)有效电机转矩 T_1；(c)实际转动惯量 J；(d)实际摩擦系数 B。

解：

$B_1=0.025\text{N}\cdot\text{m/(rad/s)}$，$\omega_1=210\text{rad/s}$，$B_m=0.045\text{kg}\cdot\text{m}^2$，$J_m=0.32\text{kg}\cdot\text{m}^2$，$T_2=20\text{N}\cdot\text{m}$，$\omega_2=21\text{rad/s}$.

(a)由式(14-14)，得：$GR=\frac{N_2}{N_1}=\frac{\omega_1}{\omega_2}=\frac{210}{21}=10$

(b)由式(14-15)，得：$T_1=\frac{T_2}{GR^2}=\frac{20}{10^2}\text{N}\cdot\text{m}=0.2\text{N}\cdot\text{m}$

(c)由式(14-16)，得：$J=J_m+\frac{J_1}{GR^2}=\left(0.32+\frac{0.25}{10^2}\right)\text{kg}\cdot\text{m}^2=0.323\text{kg}\cdot\text{m}^2$

(d)由式(14-17)，得：$B=B_m+\frac{B_1}{GR^2}=\left(0.045+\frac{0.025}{10^2}\right)\text{N}\cdot\text{m/(rad/s)}$

$=0.045\text{N}\cdot\text{m/(rad/s)}$ ◀

14.3 工作原理

在可变转速应用中，直流电动机可能会工作在一个或多个模式中：驱动，再生制动，动态制动，堵转和四象限(2，3)。电动机运行在这些模式中的无论哪一种，都要以不同的配置连接励磁电路和电枢电路，如图 14-8 所示。这是由开关电力半导体装置和接触器实现的。

电动驱动 驱动配置如图 14-8a 所示。反电势E_g低于电源电压 V_a。电枢电流和励磁电流都为正。电动机产生的转矩满足负载需求。

再生制动 再生制动配置如图 14-8b 所示。电动机作为发电机并产生感应电压E_g。E_g必须比电源电压 V_a高。电枢电流为负，而励磁电流为正。电机的动能被返回到电源。串励式电机通常连接为自励发电机。对于自励来说，励磁电流补充剩磁是必要的。这通常由反接电枢端口或励磁端口来完成。

动态制动(亦称能耗制动) 图 14-8c 所示的配置与再生制动类似。除了电源电压 V_a被制动电阻 R_b取代。电动机的动能也在 R_b中消耗掉。

堵转 堵转是制动的一个类型，如图 14-8d 所示。电动机运转时，电枢端口被反接。电源电压 V_a与感应电压E_g作用于相同的方向。电枢电流被翻转，因而产生制动转矩。励磁电流为正。对于串励式电动机，不是电枢端口被反转就是励磁端口被反转，但二者不能同时发生。

四象限 图 14-9 所示的为他励式电动机电源电压 V_a，反电势E_g，电枢电流的极性。在正向驱动(象限 I)，V_a，E_g和 I_a都为正。在这个象限转矩和转速也都为正。

在正向制动(象限 II)过程中，电动机运转在正方向，感应反电势E_g继续为正。为了转矩为负，能量流动的方向颠倒，电枢电流必须为负。电源电压应该 V_a保持低于E_g。

在反向驱动(象限 III)过程中，V_a，E_g和 I_a都为负。转矩和转速在这个象限也都为负。为了保持负转矩，保持能量从电源流向电动机，反电势E_g必须满足$|V_a|>|E_g|$。可以由改变励磁电流的方向或反接电枢端口来反转的E_g极性。

在反向制动(象限 IV)过程中，电动机运转在反方向。V_a和E_g继续为负。为了转矩为正，能量由电动机流向电源，电枢电流必须为正。感应反电势必须满足$|V_a|<|E_g|$。

他励式直流电机、串励式直流电动机　电路如图 14-8 所示。

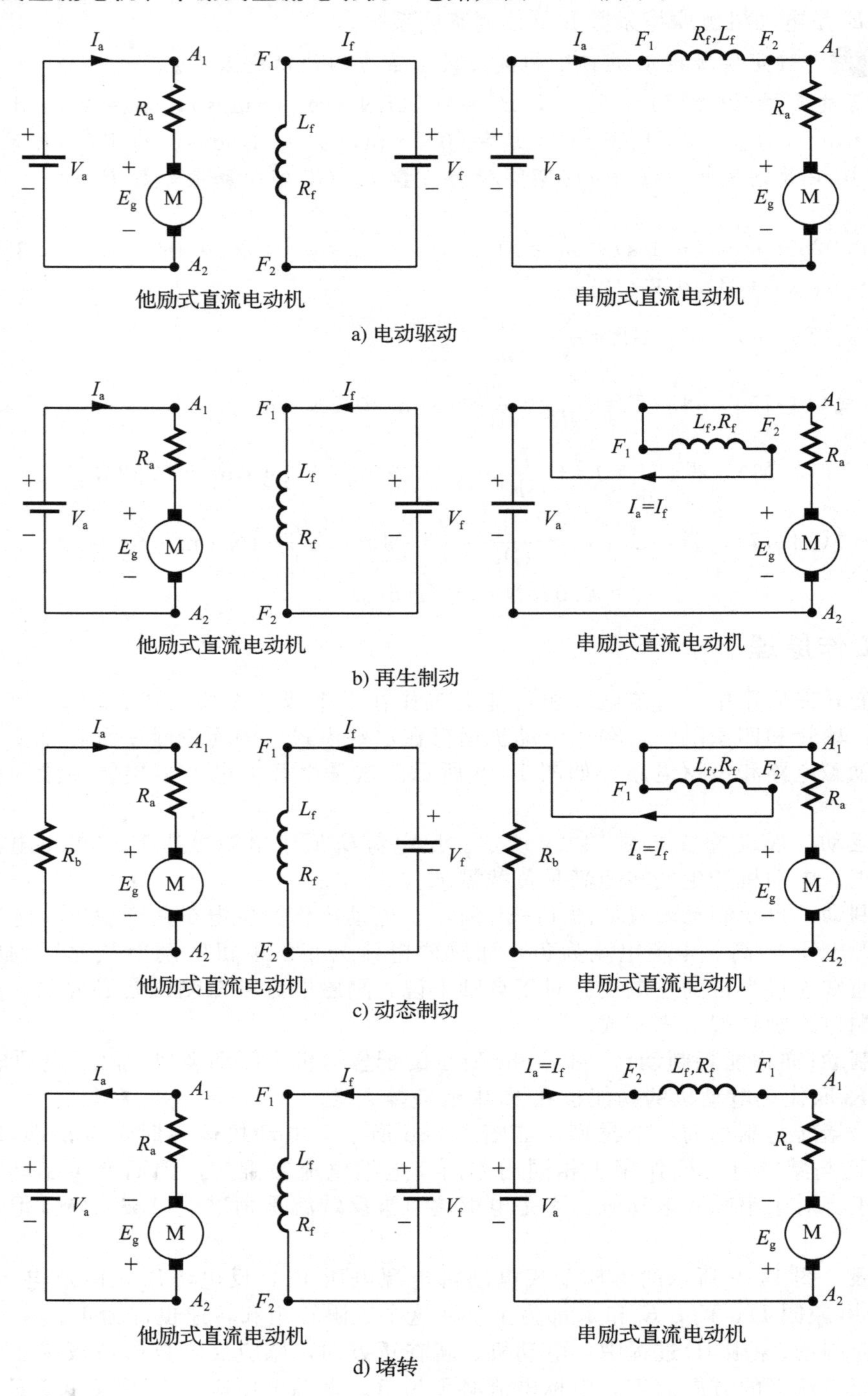

图 14-8　工运模式

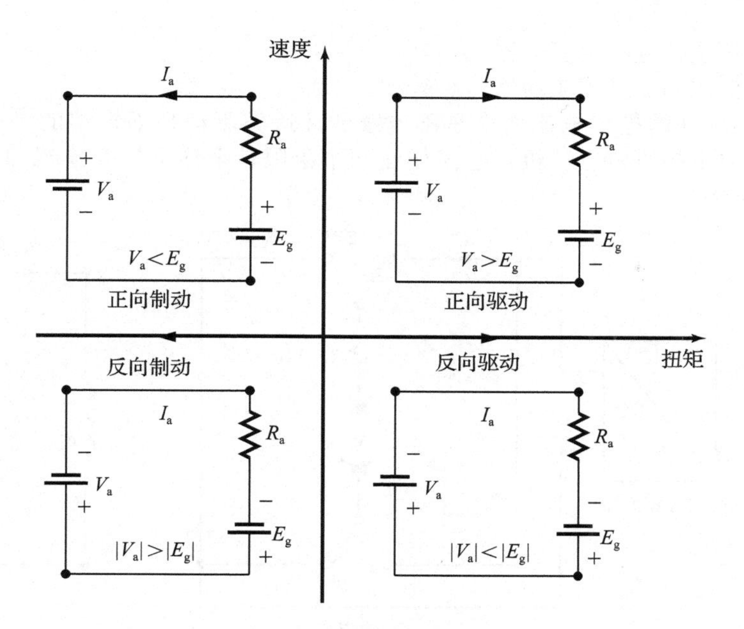

图 14-9 四象限运行条件

14.4 单相驱动器

如果直流电动机的电枢电路连接在单相可控整流器的输出端，电枢电压就能够由改变变换器的延迟角α_a来调节。强迫换向的 AC-DC 变流器也能够起到提高功率因数(PF)，减少谐波的作用。由单相变换器供电他励式电动机基本电路的示意图如图 14-10 所示。在低延迟角时，电枢电流可能会不连续，这将增加电动机的损耗。平波电抗器 L_m通常与电枢电路串联连接，以减小电流纹波至可以接受的程度。变换器也用于励磁电路中，通过改变延迟角α_f来控制励磁电流。为使电动机在特定的方式下运转，需要用接触器来转换电枢电路，如图 14-11a 所示；或转换励磁电路，如图 14-11b 所示。为了避免感应电压浪涌冲激，励磁电路或电枢电路的转换需要在电枢电流为零的时刻进行。延迟角(触发角)通常调节到零电流；此外，电路提供一个 2ms 到 10ms 的典型死区时间，以确保电枢电流为零。由于励磁绕组相当大的时间常数，励磁逆转需要很长时间。半控或全控变换器都能用来调节励磁电压，但由于全控变换器具有逆转电压的能力，能够更快地减小励磁电流，因而更具适用性。根据单相变换器的类型，单相驱动[4,5]可以细分为：

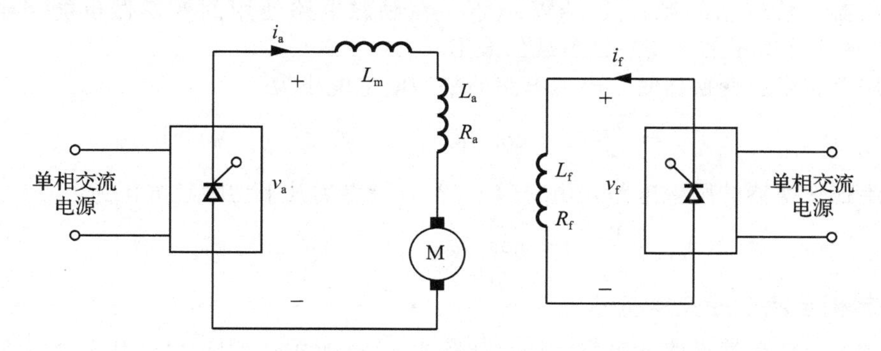

图 14-10 与单相变换器供电他励式电动机一致的基本电路

(1)单相半波变换器驱动器；
(2)单相半控变换器驱动器；

(3)单相全波全控变换器驱动器；

(4)单相双向控制变换器驱动器。

半波变换器驱动的电枢电流通常是不连续的。这类驱动是不常用的[12]。半控变换器应用于1.5kW以下的直流电动机，它工作在一个象限。全波全控变换器和双向变换器驱动通常使用得更多。

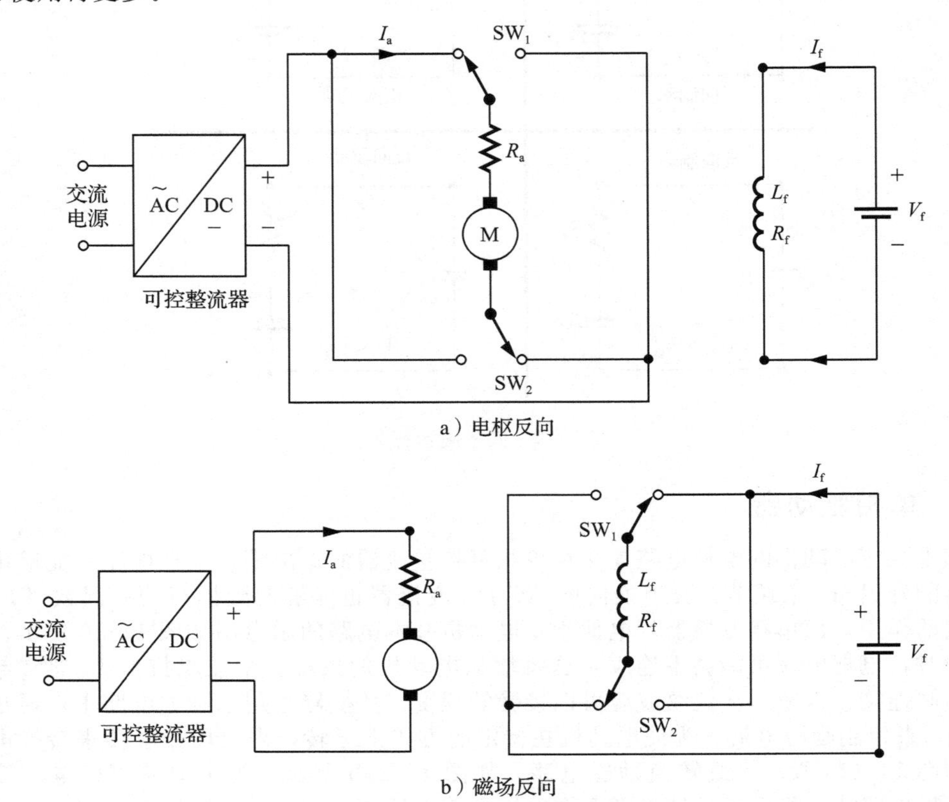

图 14-11 通过接触器来转换的电枢电路

14.4.1 单相半控变换器驱动

单相半控变换器供电给电枢电路，如图14-12a所示。如图14-12b所示，它是一个单象限的驱动器，其应用限制在1.5kW以下。在励磁电路使用的变换器也能用半控变换器[12]。图14-12c所示的为高感性负载的波形。

当使用单相半控变换器时，电枢电路的平均电枢电压为[12]：

$$V_a = \frac{V_m}{\pi}(1 + \cos \alpha_a) \qquad (0 \leqslant \alpha_a \leqslant \pi) \tag{14-18}$$

使用单相半控变换器的励磁电路，由式(10-52)，可得到其平均励磁电压为：

$$V_f = \frac{V_m}{\pi}(1 + \cos \alpha_f) \qquad (0 \leqslant \alpha_f \leqslant \pi) \tag{14-19}$$

14.4.2 单相全波全控变换驱动

由单相全波变换器来改变电枢电压，如图14-13a所示。如图14-13b所示，它是个两个象限的驱动器，其应用限制在15kW以下。电枢变换器给出$+V_a$或$-V_a$，允许在第一象限和第四象限运行。在电源方向发生逆向流动再生发电期间，电动机的反电势也能被转换的励磁逆转。励磁电路中的变换器可以是半控变换器，全波全控变换器，甚至是双向变换

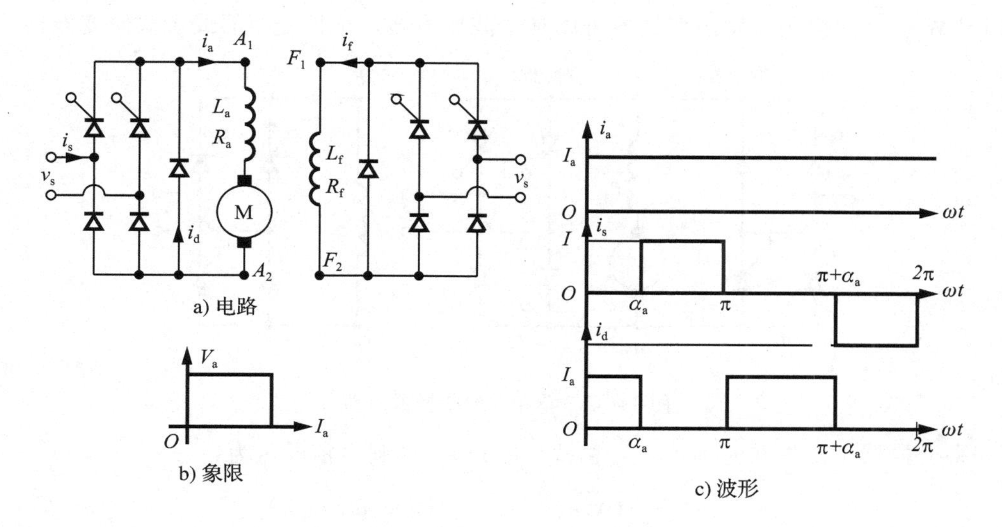

图 14-12　单向半控变换器驱动

器。电枢或励磁的逆转，允许在第二象限和第三象限运行。作为发电作用的高感抗负载电流波形如图 14-13c 所示。使用单相全波变换器的电枢电路，由式(10-1)，得到其电枢电压平均值为：

$$V_a = \frac{2V_m}{\pi}\cos\alpha_a \qquad (0 \leqslant \alpha_a \leqslant \pi) \tag{14-20}$$

使用单相全波全控变换器的励磁电路，由式(10-5)，可得到励磁电压为：

$$V_f = \frac{2V_m}{\pi}\cos\alpha_f \qquad (0 \leqslant \alpha_f \leqslant \pi) \tag{14-21}$$

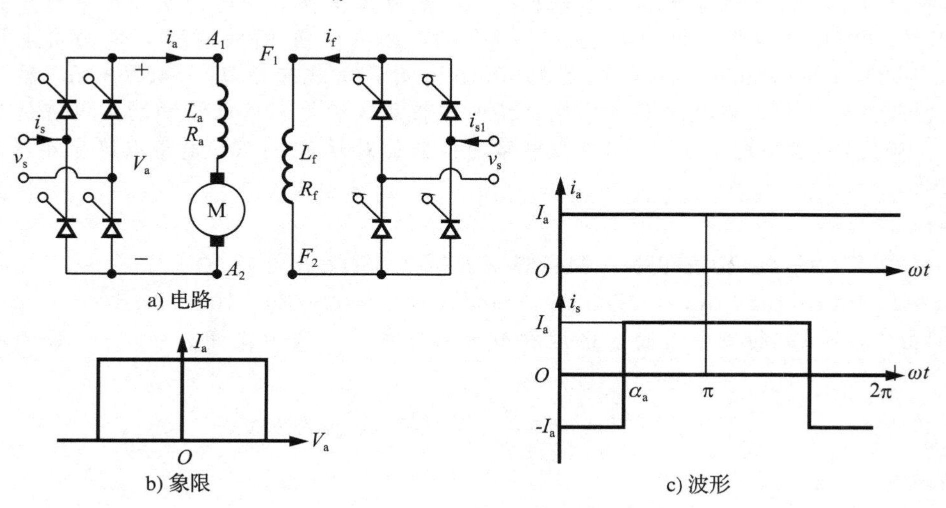

图 14-13　单相全波全控变换驱动

14.4.3　单相双向变换器驱动

如图 14-14 所示，两个背靠背相连的全波变换器。两个中的任何一个，变换器 1 工作时提供正的电枢电压 V_a，变换器 2 工作时提供负的电枢电压 $-V_a$，变换器 1 供第一象限和第四象限的运转，变换器 2 则供第二象限和第三象限的运转。它是四象限的驱动，允许四个工作模式：正向供电，正向制动(再生发电)，反向供电，反向制动(再生发电)。它被限制在15kW以下的应用。励磁变换器可以是全波变换器，半控变换器或者双向变换器。

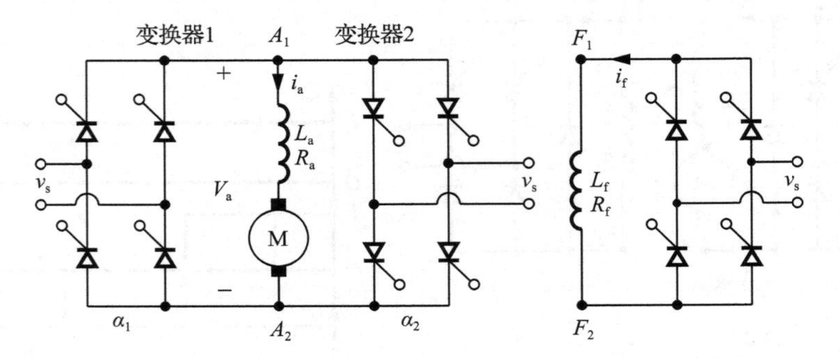

图 14-14 单相双向变换器驱动

如果变换器1工作在时延角α_{a1}，由式(10-12)，得到电枢电压为：

$$V_a = \frac{2V_m}{\pi}\cos\alpha_{a1} \qquad (0 \leqslant \alpha_{a1} \leqslant \pi) \tag{14-22}$$

如果变换器2工作在时延角α_{a2}，由式(10-12)，得到电枢电压为：

$$V_a = \frac{2V_m}{\pi}\cos\alpha_{a2} \qquad (0 \leqslant \alpha_{a2} \leqslant \pi) \tag{14-23}$$

在这里，$\alpha_{a2}=\pi-\alpha_{a1}$。通过与励磁电路中的全波变换器，由式(10-1)，得到励磁电压为：

$$V_f = \frac{2V_m}{\pi}\cos\alpha_f \qquad (0 \leqslant \alpha_f \leqslant \pi) \tag{14-24}$$

例 14.3 计算单相半控变换器驱动的性能参数。

他励式电动机的转速由图14-12所示的单相半控变换器控制。励磁电流也由半控变换器控制并设定在正的最大值。给电枢变换器和励磁变换器供电的交流电源电压是同一相，208V，60Hz的电压。电枢电阻$R_a=0.25\Omega$，励磁电阻$R_f=147\Omega$，电动机电压常数$K_v=0.7032\text{V}/(\text{A}\cdot\text{rad/s})$。当转速为1000r/min时，负载转矩$T_L=45\text{N}\cdot\text{m}$。粘滞摩擦和空载损耗忽略不计。电枢电路和励磁电路的电抗足以满足电枢电流和励磁电流的连续和无纹波。确定(a)励磁电流I_f；(b)电枢电路变换器的时延角α_a；(c)电枢电路变换器的输入功率因数。

解：

$V_s=208V$，$V_m=\sqrt{2}\times 208\text{V}=294.16\text{V}$，$R_a=0.25\Omega$，$R_f=147\Omega$

$T_d=T_L=45\text{N}\cdot\text{m}$，$K_v=0.7032\text{V/Arad/s}$，$\omega=1000\pi/30=104.72\text{rad/s}$

(a)由式(14-19)得到最大励磁电压和最大励磁电流。当时延角$\alpha_f=0$时，最大励磁电压为：

$$V_f = \frac{2V_m}{\pi} = \frac{2\times 294.16}{\pi}\text{V} = 187.27\text{V}$$

最大励磁电流为：

$$I_f = \frac{V_f}{R_f} = \frac{187.27}{147}\text{A} = 1.274\text{A}$$

(b)由式(14-4)，得：

$$I_a = \frac{T_d}{K_v I_f} = \frac{45}{0.7032\times 1.274}\text{A} = 50.23\text{A}$$

由式(14-2)，得：

$$E_g = K_v\omega I_f = 0.7032\times 104.72\times 1.274\text{V} = 93.82\text{V}$$

由式(14-3)，得：

$$V_a = 93.82 + I_aR_a = (93.82 + 50.23 \times 0.25)\text{V} = 106.38\text{V}$$

由式(14-18)，得：$V_a = 106.38 = (294.16/\pi) \times (1 + \cos\alpha_a)$

得到延迟角为$\alpha_a = 82.2°$

(c)假定电枢电流连续无纹波，输出功率为 $P_o = V_aI_a = 106.38 \times 50.23\text{W} = 5343.5\text{W}$。

假定电枢变换器的损耗忽略不计，由电源提供的功率为 $P_a = P_o = 5343.5\text{W}$。电枢变换器输入电流的有效值如图 14-12 所示，为：

$$I_{sa} = \left(\frac{2}{2\pi}\int_{\alpha_o}^{\pi} I_a^2 \mathrm{d}\theta\right)^{1/2} = I_a\left(\frac{\pi - \alpha_a}{\pi}\right)^{1/2} = 50.23 \times \left(\frac{180 - 82.2}{180}\right)^{1/2}\text{A} = 37.03\text{A}$$

额定视在功率(VA)为 $VI = V_sI_{sa} = 208 \times 37.03\text{V}\cdot\text{A} = 7702.24\text{V}\cdot\text{A}$。假设谐波忽略不计，输入功率因数 PF 近似为：

$$\text{PF} = \frac{P_o}{VI} = \frac{5343.5}{7702.24} = 0.694(\text{滞后})$$

$$\text{PF} = \frac{\sqrt{2}(1 + \cos 82.2°)}{\left[\pi\left(\pi - \frac{82.2°}{180°} \times \pi\right)\right]^{1/2}} = 0.694(\text{滞后})$$

输入功率因数也可以由[12]

$$\text{PF} = \frac{\sqrt{2}(1 + \cos\alpha)}{\sqrt{\pi(\pi + \cos\alpha)}}$$

◀

例 14.4　计算单相全波全控变换器驱动的性能参数。

图 14-13a 所示单相全波变换器控制他励式直流电动机的转速。励磁电路也由全波全控变换器控制，励磁电流设定到可能的最大值。给电枢变换和励磁变换器供电的是同一相交流电源，电压 440V，频率 60Hz。电枢电阻为 $R_a = 0.25\Omega$，励磁电阻为 $R_f = 175\Omega$，电动机电压常数为 $K_v = 1.4\text{V}/(\text{A}\cdot\text{rad/s})$。电枢电流与负载需求一致为 $I_a = 45\text{A}$。粘滞摩擦和空载损耗忽略不计。电枢电路和励磁电路的电感足以使电枢电流和励磁电流连续并且无纹波。设定电枢变换器的延迟角$\alpha_a = 60°$，电枢电流 $I_a = 45\text{A}$。确定(a)由电机产生的转矩 T_d，(b)转速 ω，(c)驱动的输入功率因数 PF。

解：

$V_s = 440\text{V}$，$V_m = \sqrt{2} \times 440 = 622.5\text{V}$，$R_a = 0.25\Omega$，$R_f = 175\Omega$

$\alpha_a = 60°$，$K_v = 1.4\text{V}/(\text{A}\cdot\text{rad/s})$

(a)由式(14-2)，可得出最大励磁电压和最大励磁电流。延迟角$\alpha_f = 0$，则励磁电压为：

$$V_f = \frac{2V_m}{\pi} = \frac{2 \times 622.5}{\pi}\text{V} = 396.14\text{V}$$

励磁电流为：

$$I_f = \frac{V_f}{R_f} = \frac{396.14}{175}\text{A} = 2.26\text{A}$$

由式(14-4)，得电机产生的转矩为：

$$T_d = T_L = K_vI_fI_a = 1.4 \times 2.26 \times 45\text{N}\cdot\text{m} = 142.4\text{N}\cdot\text{m}$$

由式(14-20)，得到电枢电压为：

$$V_a = \frac{2V_m}{\pi}\cos 60° = \frac{2 \times 622.25}{\pi}\cos 60°\text{V} = 198.07\text{V}$$

反电势为：

$$E_g = V_a - I_aR_a = (198.07 - 45 \times 0.25)\text{V} = 186.82\text{V}$$

(b)由式(14-2)，得到电动机转速为：

$$\omega = \frac{E_g}{K_vI_f} = \frac{186.82}{1.4 \times 2.26}\text{rad/s} = 59.05\text{rad/s 或 } 564\text{r/min}$$

(c)假定变换器无损耗，由电源提供的总输入功率为：

$$P_i = V_a I_a + V_f I_f = (198.07 \times 45 + 396.14 \times 2.26)\text{W} = 9808.4\text{W}$$

图 14-13b 所示的为高感抗负载电枢变换器的输入电流，它的有效值为：

$$I_{sa} = I_a = 45\text{A}$$

励磁变换器输入电流的有效值为：

$$I_{sf} = I_f = 2.26\text{A}$$

实际的电源有效值为：

$$I_s = (I_{sa}^2 + I_{sf}^2)^{\frac{1}{2}} = (45^2 + 2.26^2)^{\frac{1}{2}}\text{A} = 45.06\text{A}$$

输入的额定视在功率 VA 为：

$$VI = V_s I_s = 440 \times 45.06\text{V} \cdot \text{A} = 19826.4\text{V} \cdot \text{A}$$

纹波忽略不计，输入的功率因数近似为：

$$\text{PF} = \frac{P_i}{VI} = \frac{9808.4}{19826.4} = 0.495(\text{滞后})$$

由式(10-7)，得：

$$\text{PF} = \left(\frac{2\sqrt{2}}{\pi}\cos\alpha_a\right) = \left(\frac{2\sqrt{2}}{\pi}\cos 60°\right) = 0.45(\text{滞后})$$ ◀

例 14.5　确定再生制动中的延迟角和回馈功率。

假定图 14-4 所示的电动机反电势极性因励磁电流的极性反向而逆转，确定(a)为了保持电枢电流在 $I_a=45\text{A}$ 相同的值不变；(b)在电动机再生制动期间，回馈到电源的功率。

解：

(a)由例 14.4(a)部分，逆转时的反电势为 $E_g = 186.82\text{V}$，逆转极性后，$E_g = -186.82\text{V}$。

根据式(14-3)，得：

$$V_a = E_g + I_a R_a = (-186.82 + 45 \times 0.25)\text{V} = -175.57\text{V}$$

根据式(14-20)，得：

$$V_a = \frac{2V_m}{\pi}\cos\alpha_a = \frac{2 \times 622.25}{\pi}\cos\alpha_a \text{V} = -175.57\text{V}$$

电枢变换器延迟角为：

$$\alpha_a = 116.31°$$

(b)给电源回馈的功率为：$P_a = V_a I_a = 175.57 \times 45\text{W} = 7900.7\text{W}$ ◀

注释： 电动机转速和反电势随时间增加而降低。假设再生制动期间，电枢电流保持恒定在 $I_a=45\text{A}$，电枢变换器的延迟角不得不减小。这就需要闭环控制来保持电枢电流恒定，连续调节延迟角。

14.5　三相驱动

电枢电路连接在三相可控整流器的输出电路，或者说是一个强迫换流的三相 AC-DC 变换器。三相驱动常用于高达兆瓦级数量级别的高功率应用。它的电枢电压纹波频率比单相驱动的更高。它在电枢电路中为了减小电枢纹波电流，所需的电感也要少一些。电枢电流基本上是连续的，因此电动机的性能与单相驱动比起来会更好。

与单相驱动类似，三相驱动也可以划分成四类：

(1)三相半波变换器驱动；

(2)三相半控变换器驱动；

(3)三相全波全控变换器驱动；

(4)三相双向变换器驱动。

半波变换器通常不用于工业应用领域，将来也不会使用。

14.5.1　三相半控变换器驱动

三相半控变换器供电驱动是一种不带励磁逆转的一象限驱动，它限制到最高115kW的应用。励磁电路变换器也应该是单相或三相半控变换器。

使用三相半控变换器的电枢电路，可由式(10-69)得出其电枢电压为：

$$V_a = \frac{3\sqrt{3}V_m}{\pi}(1+\cos\alpha_a) \qquad (0 \leqslant \alpha_a \leqslant \pi) \tag{14-25}$$

使用三相半控变换器的励磁电路，由式(10-69)，给出其励磁电压为：

$$V_f = \frac{3\sqrt{3}V_m}{\pi}(1+\cos\alpha_f) \qquad (0 \leqslant \alpha_f \leqslant \pi) \tag{14-26}$$

14.5.2　三相全波全控变换器驱动

三相全波变换器驱动是一种不带励磁逆转的两象限变换器驱边，它限制到最高1500kW以下的应用。在逆转电源流动方向再生发电期间，电动机的反电势由于励磁的逆转而反向。励磁电路变换器也应该是单相或三相全波全控变换器。

使用三相全波变换器的电枢电路，由式(10-15)，可得电枢电压为：

$$V_a = \frac{3\sqrt{3}V_m}{\pi}\cos\alpha_a \qquad (0 \leqslant \alpha_a \leqslant \pi) \tag{14-27}$$

使用三相全波全控变换器的励磁电路，由式(10-15)，可得励磁电压为：

$$V_f = \frac{3\sqrt{3}V_m}{\pi}\cos\alpha_f \qquad (0 \leqslant \alpha_f \leqslant \pi) \tag{14-28}$$

14.5.3　三相双向变换器驱动

两组三相全波变换器连接成与图14-15a所示排列的一样。不是变换器1运行提供正的电枢电压V_a，就是变换器2运行提供负的电枢电压$-V_a$。它是四象限驱动的，适用于功率在1500kW以下的应用场合。与单相驱动一样，励磁变换器可以是全波变换器，也可以是半控变换器。

如果变换器1工作在延迟角α_{a1}下，由式(10-15)，给出平均电枢电压为：

$$V_a = \frac{3\sqrt{3}V_m}{\pi}\cos\alpha_{a1} \qquad (0 \leqslant \alpha_{a1} \leqslant \pi) \tag{14-29}$$

如果变换器2工作在延迟角α_{a2}下，由式(10-15)，可得平均电枢电压为：

$$V_a = \frac{3\sqrt{3}V_m}{\pi}\cos\alpha_{a2} \qquad (0 \leqslant \alpha_{a2} \leqslant \pi) \tag{14-30}$$

使用三相全波全控变换器的励磁电路，由式(10-15)可得平均励磁电压为：

$$V_f = \frac{3\sqrt{3}V_m}{\pi}\cos\alpha_f \qquad (0 \leqslant \alpha_f \leqslant \pi) \tag{14-31}$$

例14.6　计算三相全波全控变换器的性能参数。

由三相全波全控变换器驱动来控制20hp，300V，1800r/min他励式直流电动机的转速。励磁电流也由三相全波全控变换器来控制，并且设定到可能的最大值。交流输入时三相，星形联结，208V，60Hz电源。电枢电阻为$R_a=0.25\Omega$，励磁电阻为$R_f=245\Omega$，电动机电压常数为$K_v=1.2\text{V}/(\text{A}\cdot\text{rad/s})$。电枢电流和励磁电流假定是连续的，并且无纹波。粘滞摩擦忽略不计。(a)如果电动机在额定转速下提供额定功率，计算电枢变换器的延迟角α_a；(b)假设延迟角和(a)问中是相同的，电枢电流为额定值的10%，计算空载转速；(c)计算转速调整率。

解：

$R_a=0.25\Omega$，$R_f=245\Omega$，$K_v=1.2\text{V}/(\text{A}\cdot\text{rad/s})$，$V_L=208\text{V}$，

$\omega=1800\ \frac{\pi}{30}\text{rad/s}=188.5\text{rad/s}$，$V_p=\frac{V_L}{\sqrt{3}}=(208/\sqrt{3})\text{V}=120\text{V}$，$V_m=(120\times\sqrt{2})\text{V}=169.7\text{V}$

因为 1hp=746W，所以，额定电枢电流为 $I_{rated}=(20\times746/300)\text{A}=49.73\text{A}$；可能最大的励磁电流，$\alpha_f=0$。由式(14-28)，得：

$$V_f=3\sqrt{3}\times\frac{169.7}{\pi}\text{V}=280.7\text{V}$$

$$I_f=\frac{V_f}{R_f}=\frac{280.7}{245}\text{A}=1.146\text{A}$$

(a) $I_a=I_{rated}=49.73\text{A}$

$$E_g=K_vI_f\omega=1.2\times1.146\times188.5\text{V}=259.2\text{V}$$

$$V_a=259.2+I_aR_a=(259.2+49.73\times0.25)\text{V}=271.63\text{V}$$

由式(14-27)，得：

$$V_a=271.63=\frac{3\sqrt{3}V_m}{\pi}\cos\alpha_a=\frac{3\sqrt{3}\times169.7}{\pi}\cos\alpha_a$$

由此得到延迟角为： $\alpha_a=14.59°$

(b) $I_a=49.73\times10\%=4.973A$

$$E_{go}=V_a-R_aI_a=(271.63-0.25\times4.973)\text{V}=270.39\text{V}$$

由式(14-4)，空载转速为：

$$\omega_0=\frac{E_{go}}{K_vI_f}=\frac{270.39}{1.2\times1.146}\text{rad/s}=196.62\ \frac{\text{rad}}{\text{s}}\text{ 或 }196.92\times\frac{30}{\pi}\text{r/min}=1877.58\text{r/min}$$

(c) 转速调整率定义为：

$$\frac{\text{空载转速}-\text{满载转速}}{\text{满载转速}}=\frac{1877.58-1800}{1800}=0.043\text{ 或 }4.3\%$$ ◀

例 14.7 计算带有励磁控制的三相全波全控变换器驱动的性能。

由三相全波全控变换器控制 20hp，300V，900rpm 他励式直流电动机的转速，励磁电路也由三相全波全控变换器控制。输入到电枢变换器和励磁变换器的交流电源为三相，星形型连接，208V，60Hz。电枢电阻为 $R_a=0.25\Omega$，励磁电阻 $R_f=145\Omega$，电动机电压常数为 $K_v=1.2\text{V/(A}\cdot\text{rad/s)}$。粘滞摩擦和空载损耗可以忽略不计而不考虑。电枢电流和励磁电流是连续的，并且无纹波。(a)假定励磁变换器工作在最大励磁电流，并在 900r/min 时产生的转矩为 $T_d=116\text{N}\cdot\text{m}$，确定电枢变换器的延迟角$\alpha_a$；(b)假定励磁电路变换器设定最大励磁电流，产生的转矩为 $T_d=116\text{N}\cdot\text{m}$，电枢变换器的延迟角为$\alpha_a=0$，确定电动机的转速；(c)对于和(b)问相同的负载需求，确定如果转速增加到 1800r/min 时的励磁变换器延迟角。

解：

$R_a=0.25\Omega$，$R_f=145\Omega$，$K_v=1.2\text{V/(A}\cdot\text{rad/s)}$，$V_L=208\text{V}$。相电压为 $V_p=(208/\sqrt{3})\text{V}=120\text{V}$，$V_m=\sqrt{2}\times120\text{V}=169.7\text{V}$。

(a) $T_d=116\text{N}\cdot\text{m}$，$\omega=900\pi/30\text{rad/s}=94.25\text{rad/s}$。当励磁电流最大时，$\alpha_f=0$。

由式(14-28)，得：

$$V_f=\frac{3\times\sqrt{3}\times169.7}{\pi}\text{V}=280.7\text{V}$$

$$I_f=\frac{280.7}{145}\text{A}=1.936\text{A}$$

由式(14-4)，得：

$$I_a=\frac{T_d}{K_vI_f}=\frac{116}{1.2\times1.936}\text{A}=49.93\text{A}$$

$$E_g = K_v I_f \omega = 1.2 \times 1.936 \times 94.25\text{V} = 218.96\text{V}$$
$$V_a = E_g + I_a R_a = (218.96 + 49.93 \times 0.25)\text{V} = 231.44\text{V}$$

由式(14-27)，有：

$$V_a = 231.44 = \frac{3 \times \sqrt{3} \times 169.7}{\pi} \cos \alpha_a$$

得到延迟角为

$$\alpha_a = 34.46^\circ$$

(b)

$$\alpha_a = 0$$

$$V_f = \frac{3 \times \sqrt{3} \times 169.7}{\pi}\text{V} = 280.7\text{V}$$
$$E_g = (280.7 - 49.93 \times 0.25)\text{V} = 268.22\text{V}$$

转速

$$\omega = \frac{E_g}{K_v I_f} = \frac{268.22}{1.2 \times 1.936}\text{r/rad/s} = 114.45\ \frac{\text{rad}}{\text{s}}\ \text{或}\ 1102.5\text{r/min}$$
$$\omega = (1800\pi/30)\text{rad/s} = 188.5\text{rad/s}$$
$$E_g = 268.22\text{V} = 1.2 \times 188.5 \times I_f$$

或

$$I_f = 1.186\text{A}$$
$$V_f = 1.186 \times 145\text{V} = 171.97\text{V}$$

由式(14-28)，得：

$$V_f = 171.97 = \frac{3 \times \sqrt{3} \times 169.7}{\pi} \cos \alpha_f$$

得到延迟角为：

$$\alpha_f = 52.2^\circ$$

◀

14.6 DC-DC 变换器驱动

DC-DC 变换器(或简称斩波器)驱动广泛用于遍及全世界的牵引应用领域。DC-DC 变换器连接在固定电压直流电源和电动机之间，来改变电枢电压。除了电枢电压控制以外，DC-DC 变换器还能提供再生制动，并且能将能量返回到电源。这个特征对于带有像捷运那样频繁停车的运输系统来说，尤其有吸引力。DC-DC 变换器还能用于电池电动汽车。直流电动机能够由控制电枢电压或励磁电压(电枢电流或励磁电流)在四象限之一的一个象限工作。为了使电动机在期望的象限工作，常需要逆转电枢或励磁端口电压极性。

如果电源无法吸收再生制动期间产生的能量，电动机端口的线电压将会不断增加，这样无法实现再生制动。在这种情况下，需要考虑替代的制动方式，如电阻制动(亦称能耗制动)。DC-DC 变换器驱动可能的控制模式为：

(1)电源(或加速)控制；

(2)再生制动控制；

(3)电阻制动控制；

(4)再生制动和电阻制动结合的控制。

14.6.1 电源控制原理

DC-DC 变换器用来控制直流电动机的电枢电压。图 14-15a 所示的为变换器供电给他励式直流电动机的电路图。如 5.3 节讨论的，DC-DC 变换器开关可以是晶体管变换器，IGBT 变换器，或 GTO 的 DC-DC 变换器。这是一个象限的驱动，如图 14-15b 所示。图 14-15c 的所示的为电枢电压，负载电流和输入电流的波形，假定高电感负载。

电枢平均电压为：

$$V_a = kV_s \tag{14-32}$$

这里 k 是 DC-DC 变换器的占空比。提供给电动机的功率为：

$$P_o = V_a I_a = kV_s I_a \tag{14-33}$$

式中：I_a是电动机的平均电枢电流，并且它是平滑无纹波的。假设 DC-DC 变换器无损耗，输入功率为 $P_i = P_o = kV_s I_s$。输入电流的平均值为：

$$I_s = kI_a \tag{14-34}$$

DC-DC 变换器驱动的等效输入电阻，从电源看为：

$$R_{eq} = \frac{V_s}{I_s} = \frac{V_s}{I_a}\frac{1}{k} \tag{14-35}$$

改变占空比 k，就能控制流过电动机电源(或转速)。对于有限的电枢电路电感，式(5.29)能够用来计算纹波电流最大峰-峰值为：

$$\Delta I_{max} = \frac{V_s}{R_m}\tanh\frac{R_m}{4fL_m} \tag{14-36}$$

式中：R_m和 L_m分别是电枢电路电阻和电感的总和。在他励式电动机中，$R_m = R_a$＋串联电阻，$L_m = L_a$＋串联电感。在串励式电动机中，$R_m = R_a + R_f$＋串联电阻，$L_m = L_a + L_f$＋串联电感。

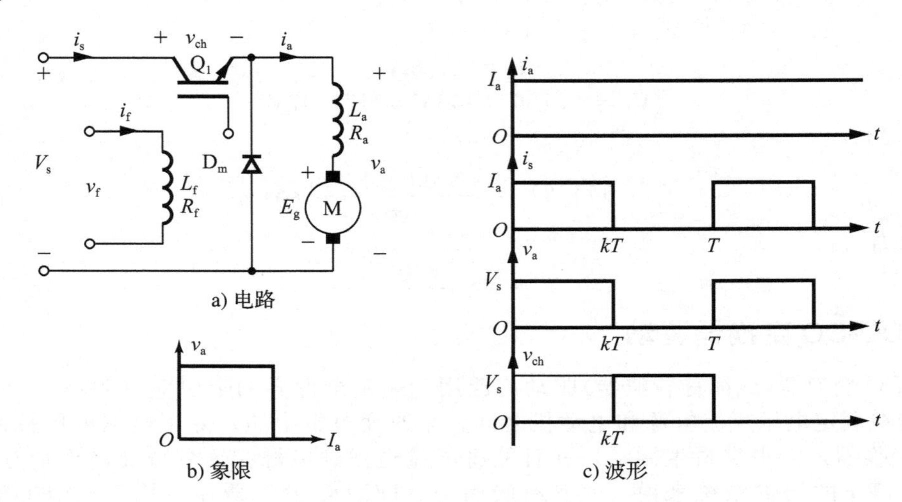

图 14-15　变换器供电给他励式直流电动机的电路图

例 14.8　计算 DC-DC 变换器驱动的性能参数。

他励式直流电动机由 DC-DC 变换器(见图 14-15a)从 600V 直流电源供电。电枢电阻为 $R_a = 0.05\Omega$。电动机的反电势常数为 $K_v = 1.527\text{V/(A·rad/s)}$。电枢平均电流为 $I_a = 250\text{A}$。励磁电流 $I_f = 2.5\text{A}$。电枢电流是连续的，电枢电流的纹波忽略不计。如果 DC-DC 变换器的占空比为 60%，确定(a)来自电源的输入功率；(b)DC-DC 变换器的等效输入电阻；(c)电动机转速；(d)产生的转矩。

解：

$V_s = 600\text{V}$，$I_a = 250\text{A}$，$k = 0.6$。

电枢电路电阻总和为：$R_m = R_a = 0.05\Omega$

(a)由式(14-33)，得：

$$P_i = kV_s I_a = 0.6 \times 600 \times 250\text{W} = 90\text{kW}$$

(b)由式(14-35)，得：

$$R_{eq} = \frac{600}{250 \times 0.6}\Omega = 4\Omega$$

(c)由式(14-32)，得：$V_a = 0.6 \times 600\text{V} = 360\text{V}$

反电势为：

$$E_g = V_a - R_m I_m = (360 - 0.05 \times 250)\text{V} = 347.5\text{V}$$

由式(14-2)，得电机转速为：

$$\omega = \frac{347.5}{1.527 \times 2.5}\text{rad/s} = 91.03\text{rad/s} \quad 或 \quad 91.03 \times \frac{30}{\pi}\text{r/min} = 869.3\text{r/min}$$

(d)由式(14-4)，得：

$$T_d = 1.527 \times 250 \times 2.5\text{N} \cdot \text{m} = 954.38\text{N} \cdot \text{m}$$

◀

14.6.2 再生制动控制原理

在再生制动(也可称为回馈制动)中，电动机起到发电机的作用，并且电动机和负载的动能被返回到电源。从一个直流电源到另一个更高电压的直流电源的能量转换原理在5.4节讨论过，这个原理能够应用于电动机的再生制动中。

DC-DC变换器在再生制动中的应用可以由图14-16a所示电路来说明。由驱动模式到再生制动，需要重新排列开关。假定他励式电动机的电枢由于电动机(或负载)的惯性正在旋转，在运输系统的场合，车辆和列车的动能将带动电枢的轴转动。如果晶体管开通，因为电动机末端的短路使得电枢电流加大。如果DC-DC变换器关闭，二极管D_m将会开通，存储在电枢电路电感中的能量将会传输到电源供电源接收。它是一个象限的驱动并且工作在第二象限，如图14-16b所示。图14-16c所示的是电压和电流波形，假定电枢电流是连续无纹波的。

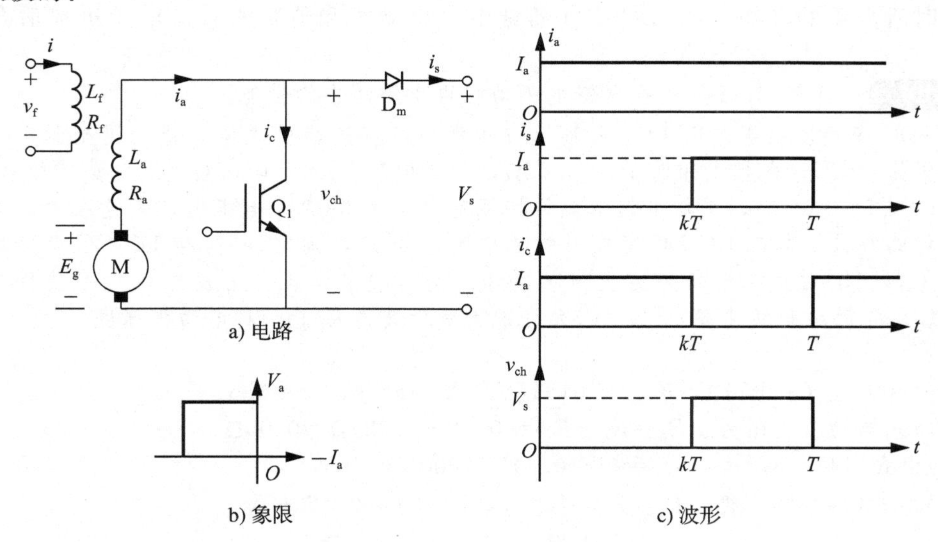

图14-16 他励式电动机的再生制动

通过DC-DC变换器的平均电压为：

$$V_{ch} = (1-k)V_s \tag{14-37}$$

如果I_a是电枢平均电流，则再生发电功率为：

$$P_s = I_a V_s (1-k) \tag{14-38}$$

电动机的作用像发电机的作用一样，产生的电压为：

$$E_g = K_v I_f \omega = V_{ch} + R_m I_a = (1-k)V_s + R_m I_a \tag{14-39}$$

式中：K_v为机械常数；ω为每秒弧度的机械转速。因此，做发电动机用的电动机的等效负载电阻为：

$$R_{eq} = \frac{E_g}{I_a} = \frac{V_s}{I_a}(1-k) + R_m \tag{14-40}$$

通过改变占空比k，看到经由电动机的等效负载电阻可以多种多样，从R_m到$(V_s/I_a +$

R_m）。并且，再生能源也能够控制。

由式(5.38)，得允许电位和极性的两个电压的条件是：

$$0 \leqslant (E_g - R_m I_a) \leqslant V_s \tag{14-41}$$

这里给出电动机最小制动速度为：

$$E_g = K_v \omega_{\min} I_f = R_m I_a$$

$$\omega_{\min} = \frac{R_m I_a}{K_v I_f} \tag{14-42}$$

或者

$$K_v \omega_{\max} I_f - R_m I_a = V_s$$

$$\omega_{\max} = \frac{V_s}{K_v I_f} + \frac{R_m I_a}{K_v I_f} \tag{14-43}$$

虽然，串励式直流电动机由于高启动转矩通常用于牵引应用中，然而，工作在固定电压电源的串励式发电机是不稳定的。因此，对于在牵引电源上的运行需要他励式控制，串励式电机类似的安排对于电源电压的波动通常是敏感的，需要一个快速的动态响应来提供足够的制动控制。由于DC-DC变换器具有快速动态响应特性，它可以使串励式直流电动机实现再生制动。

他励式直流电动机在再生制动中是稳定的。其电枢和励磁都能够独立地控制，以提供在启动时所需要的转矩。DC-DC变换器馈电的串激式和他励式直流电动机都适合牵引应用。

例 14.9　计算DC-DC变换器馈电驱动在再生制动中的性能。

DC-DC变换器用于与图14-16a所示安排类似的直流串励式电动机的再生制动。直流电源电压为600V。电枢电阻为R_a=0.02Ω，励磁电阻为R_f=0.03Ω。反电势常数为K_v=15.27mV/(A·rad/s)。平均电枢电流保持恒定在I_a=250A。电枢电流是连续的，有可以忽略不计的纹波。如果DC-DC变换器的占空比为60%，确定(a)跨接DC-DC变换器的平均电压V_{ch}；(b)对直流电源再生发电的功率P_g；(c)电动机作为发电机的等效负载电阻R_{eq}；(d)允许最小制动速度$\omega_{\min}$；(e)允许最大制动速度$\omega_{\max}$；(f)电动机速度。

解：

V_s=600V，I_a=250A，K_v=0.01527V/(A·rad/s)，k=0.6

串励式电动机电阻为：$R_a = R_a + R_f = (0.02+0.03)\Omega = 0.05\Omega$

(a)由式(14-37)，得：$V_{ch} = (1-0.6)\text{V} \times 600\text{V} = 240\text{V}$。

(b)由式(14-38)，得：$P_g = 250 \times 600 \times (1-0.6)\text{W} = 60\text{RW}$。

(c)由式(14-40)，得：$R_{eq} = \left(\left(\frac{600}{250}\right)(1-0.6) + 0.05\right)\Omega = 1.01\Omega$

(d)由式(14-42)，得到允许的最小制动速度为：

$$\omega_{\min} = \frac{0.05}{0.01527}\text{rad/s} = 3.274\,\frac{\text{rad}}{\text{s}} \text{ 或 } 3.274 \times \frac{30}{\pi}\text{r/min} = 31.26\text{r/min}$$

(e)由式(14-43)，得到允许的最大制动速度为：

$$\omega_{\max} = \left(\frac{600}{0.01527 \times 250} + \frac{0.05}{0.01527}\right)\text{rad/s} = 160.445\,\frac{\text{rad}}{\text{s}} \text{ 或 } 1532.14\text{r/min}$$

(f)由式(14-39)，得：$E_g = (240 + 0.05 \times 250)\text{V} = 252.5\text{V}$

电动机的速度为：

$$\omega = \frac{252.5}{0.01527 \times 250}\text{rad/s} = 66.14\text{rad/s} \quad \text{或} \quad 631.6\text{r/min}$$ ◀

注意：电动机速度会随时间增加而减小。为了电枢电流保持在同一水平，串励电动机的有效负载电阻应该由改变DC-DC变换器的占空比来调节。

14.6.3　电阻制动控制原理

在电阻制动中，能量消耗在电阻里，这样的效果并不理想。在地铁系统中，这些损耗的能量可以用来加热列车。电阻制动也称为动态制动。图 14-17a 所示的为他励式直流电动机电阻制动的布置。这是一个一象限驱动，并且，工作在第二象限，如图 14-17b 所示。

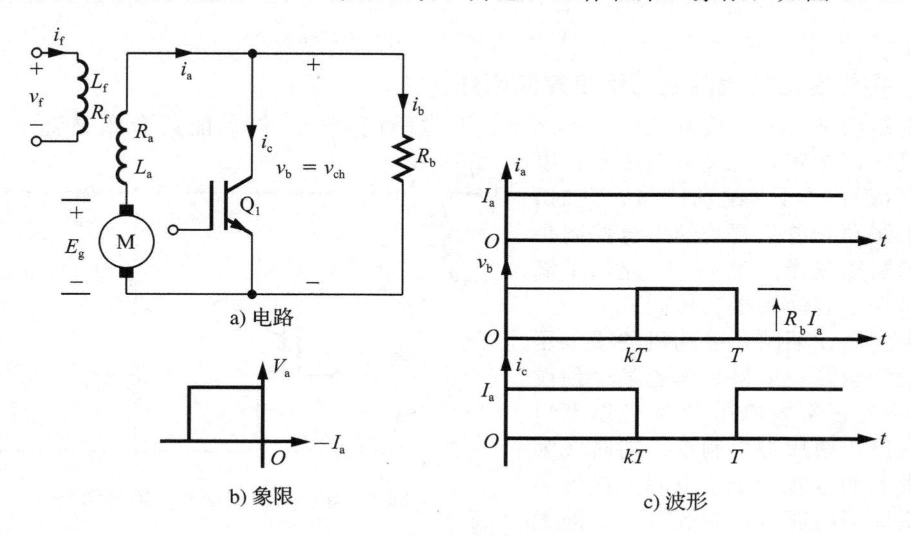

图 14-17　电阻制动他励式电动机

图 14-17c 所示波形是假定电枢电流是连续的，并且无纹波的电流和电压波形。

制动电阻的平均电流为：

$$I_b = I_a(1-k) \tag{14-44}$$

跨接制动电阻的平均电压为：

$$V_b = R_bI_a(1-k) \tag{14-45}$$

发电机的等效负载阻抗为：

$$R_{eq} = \frac{V_b}{I_a} = R_b(1-k) + R_m \tag{14-46}$$

在电阻 R_b 中消耗的功率为：

$$P_b = I_a^2R_b(1-k) \tag{14-47}$$

控制占空比 k，有效负载阻抗可以从 R_m 到 R_m+R_b 变化，制动功率也能得到控制。制动阻抗 R_b 可确定 DC-DC 变换器最大电压的额定值。

例 14.10　计算 DC-DC 变换器馈电驱动在电阻制动中的性能。

DC-DC 变换器用于他励式直流电动机电阻制动，如图 14-17a 所示。电枢阻抗为 $R_a=0.05\Omega$，制动电阻为 $R_b=5\Omega$。反电势常数为 $K_v=1.527\text{V/(A·rad/s)}$。平均电枢电流保持恒定在 $I_a=150\text{A}$。电枢电流连续并且纹波忽略不计。励磁电流 $I_f=1.5\text{A}$。如果占空比为 40%，确定(a)跨接 DC-DC 变换器的平均电压 V_{ch}；(b)在制动电阻中消耗的功率 P_b；(c)作为发电机的电动机等效负载阻抗 R_{eq}；(d)电动机转速；(e)DC-DC 变换器的峰值电压 V_p。

解：

$$I_a = 150\text{A}, K_v = 1.527\text{V/(A·rad/s)}, k = 0.4, R_m = R_a = 0.05\Omega$$

(a)由式(14-45)，得：$V_{ch}=V_b=5\times150\times(1-0.4)\text{V}=450\text{V}$

(b)由式(14-47)，得：$P_b=150\times150\times5\times(1-0.4)\text{W}=67.5\text{kW}$

(c)由式(14-46)，得：$R_{eq}=(5\times(1-0.4)+0.05)\Omega=3.05\Omega$

(d)产生的反电势为：$E_g=(450+0.05\times150)V=457.5V$

制动速度为：

$$\omega=\frac{E_g}{K_v I_f}=\frac{457.5}{1.527\times1.5}\text{rad/s}=199.74\text{rad/s 或 }1907.4\text{r/min}$$

(e)DC-DC 变换器峰值电压为：$V_p=I_a R_b=150\times5V=750V$ ◀

14.6.4　再生制动和电阻制动组合控制原理

再生制动是一种节能制动。相比之下，在电阻制动中，制动能量会变成热而损耗掉。通常情况下，在实际的牵引系统中，电源能接受部分的再生制动能量，此时，使用再生制动和电阻制动的组合控制是最节能的制动选择。图 14-18 显示了电阻制动与再生制动的组合排列。

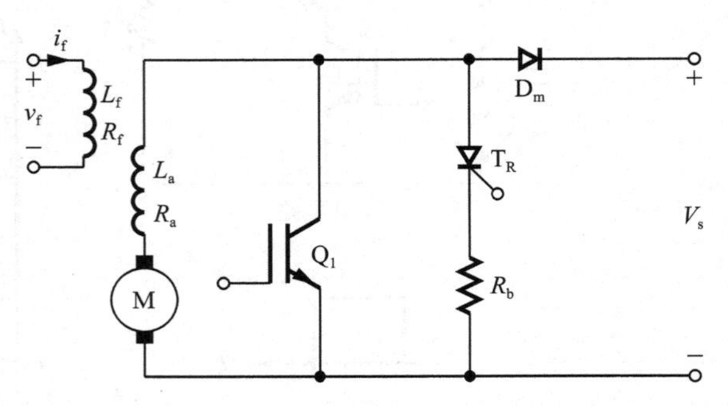

图 14-18　再生制动和电阻制动组合

在再生制动期间，电动机的线电压一直会受到监测。如果它超越某一预设定值(通常是正常线电压的 20%以上)，系统就会停止使用再生制动，同时转为使用电阻制动。假如系统电源无法继续接受再生回馈的能量，系统可以立即无间断地由再生制动转换到电阻制动。在每一个周期，系统逻辑电路不断检测以确定电源接受回馈能量的能力。当电源无法继续接受时，晶闸管 T_R 开通，将电动机电流转移到电阻 R_b 上。在晶体管 Q_1 开通后，晶闸管在下一个周期可以实现自动换向。

14.6.5　二象限和四象限 DC-DC 变换器驱动

在电动控制期间，当电枢电压和电枢电流都为正时，DC-DC 变换器馈电驱动工作在第一象限，如图 14-15b 所示。在再生制动时，电枢电压为正，电枢电流为负，DC-DC 变换器驱动工作在第二象限，如图 14-16b 所示。两象限工作必须允许电动控制和再生制动控制，如图 14-19a 所示。图 14-19b 显示晶体管两象限驱动电路排列。

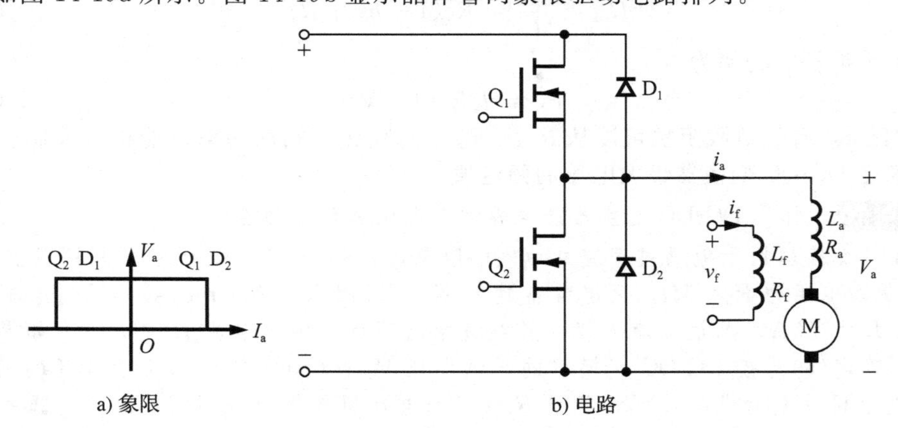

图 14-19　晶体管二象限 DC-DC 变换器驱动

电动控制　晶体管 Q_1 和二极管 D_2 工作。当 Q_1 开通时，电源电压 V_s 连接到电动机两端。当 Q_1 关断时，流经续流二极管 D_2 的电枢电流衰减。

再生发电控制　晶体管 Q_2 和二极管 D_1 工作。当 Q_2 开通，电动机作为发电机，电枢电流上升。当 Q_2 关断，电动机作为发电机通过续流二极管 D_1 将能量返回到电源。在工业应用中，需要四象限运行，如图 14-20a 所示。图 14-20b 所示的为晶体管四象限驱动。

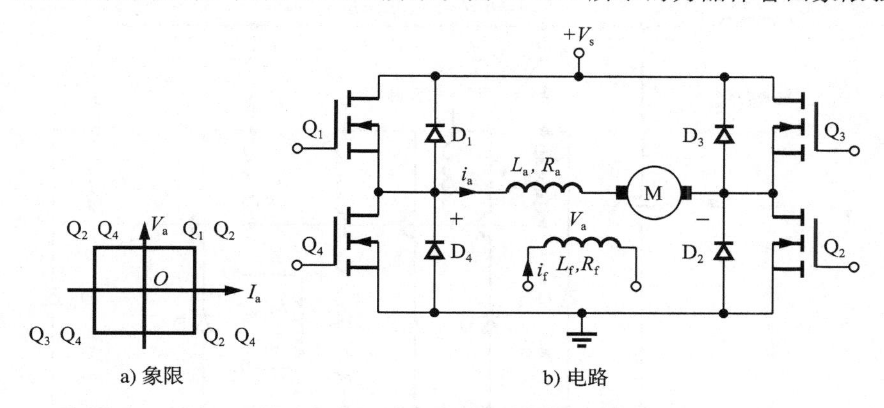

图 14-20 晶体管四象限 DC-DC 变换器驱动

正向电动控制 晶体管 Q_1 和 Q_2 工作。晶体管 Q_3 和 Q_4 关断。当 Q_1 和 Q_2 一起开通时，电源电压跨接在电动机两端，电枢电流上升。当 Q_1 关断，Q_2 还仍然开通，电枢电流通过 Q_2 和D_4衰减。或者，Q_1 和 Q_2 都能关断，在它们关断期间，电枢电流被迫通过D_3和D_4衰减。

正向再生发电 晶体管 Q_1，Q_2 和 Q_3 关断。当 Q_4 开通时，电枢电流上升，并流经 Q_4 和 D_2。当 Q_4 关断时，电动机作为发电机通过 D_1 和 D_2 将能量返回到电源。

反向电动控制 晶体管 Q_3 和 Q_4 工作。晶体管 Q_1 和 Q_2 关断。当 Q_3 和 Q_4 一起开通时，电枢电流上升，并以相反的方向流动。当 Q_3 关断，Q_4 开通时，电枢电流通过 Q_4 和 D_2 下降。或者，Q_3 和 Q_4 都可能关断，这时电枢电流被迫通过 D_1 和 D_2 衰减。

反向再生发电 晶体管 Q_1，Q_3 和 Q_4 关断。当 Q_2 开通时，电枢电流通过 Q_2 和D_4上升。当 Q_2 关断时，电枢电流下降，电动机通过D_3和D_4将能量返回到电源。

14.6.6 多相 DC-DC 变换器

如图 14-21a 所示，如果两个或更多的 DC-DC 变换器并联工作，彼此移相 π/u，其负载电流纹波的幅值减小，纹波频率增加[7,8]。因此，DC-DC 变换器在电源中产生的谐波电流减小。输入滤波器的尺寸也减小。多相工作可以有效减小连接在直流电动机电枢电路上的平波电感。每相使用独立的电感来实现均流控制。图 14-21b 显示了 u 个 DC-DC 变换器的电流波形。

多相工作的 u 个 DC-DC 变换器能够证明式(5.29)满足当 $k=1/(2u)$时，负载纹波电流的最大峰-峰值为：

$$\Delta I_{\max}=\frac{V_s}{R_m}\tanh\frac{R_m}{4ufL_m} \tag{14-48}$$

式中：L_m和 R_m分别是总的电枢感抗和总的电枢阻抗。由于 $4ufL_m\gg R_m$，负载纹波电流的最大峰-峰值可以近似为：

$$\Delta I_{\max}=\frac{V_s}{4ufL_m} \tag{14-49}$$

如果使用 LC 输入滤波器，则式(5-125)可以应用于计算 DC-DC 变换器在电源中产生谐波的 n 次谐波分量的有效值，即

$$I_{ns}=\frac{1}{1+(2n\pi uf)^2L_eC_e}I_{nh}=\frac{1}{1+\left(\dfrac{nuf}{f_0}\right)^2}I_{nh} \tag{14-50}$$

式中：I_{nh}是 DC-DC 变换器电流 n 次谐波分量的有效值；$f_0=[1/(2\pi L_eC_e)]$是输入滤波器的谐振频率。如果$(nuf/f_0)\gg1$，电源中的 n 次谐波电流为：

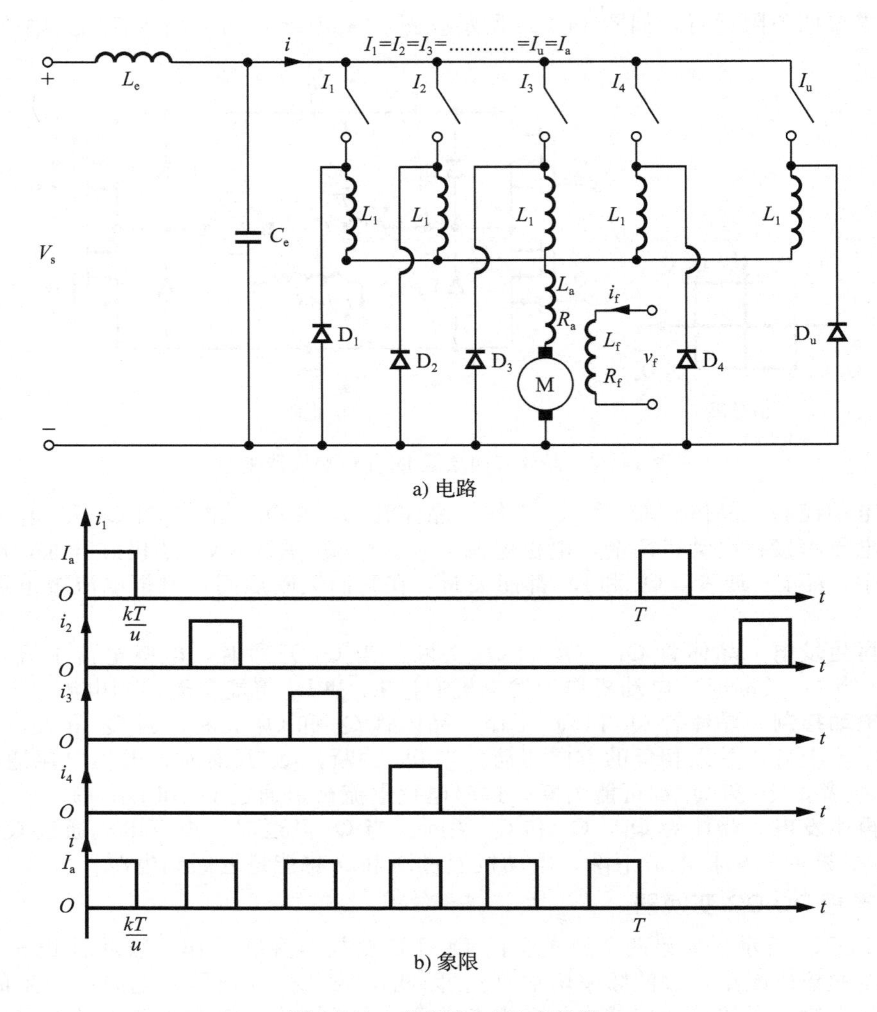

图 14-21 多相 DC-DC 变换器

$$I_{ns} = I_{nh}\left(\frac{f_0}{muf}\right)^2 \tag{14-51}$$

多相工作对于大电动机驱动是有利的，尤其是大电流负载。但是，考虑到涉及增加 DC-DC 变换器数目的额外的复杂性，当使用两个以上的 DC-DC 变换器时，电源侧由 DC-DC 变换器产生的谐波并没有大幅减少[7]。在实践中，线电流谐波的幅值和频率是确定其对信号电路干扰水平的重要因素。在许多高速交通系统中，电源和信号线在布线上距离很近；在三线系统中，它们甚至会共享同一根线路。信号电路对某些特定频段上的干扰非常敏感，使用多相 DC-DC 变换器的虽然可以减小谐波的幅值，但是也有可能会增加这些敏感频段的噪声水平，从而引起更多问题。这种情况下，使用多相 DC-DC 变换器可能会得不偿失。

例 14.11 计算两个多相 DC-DC 变换器负载纹波电流峰值。

两个 DC-DC 变换器控制直流他励式电动机，它们以 π/2 移相工作。DC-DC 变换器的供电电压为 $V_s=220\text{V}$，电枢电路总阻抗为 $R_m=4\Omega$，电枢电路总感抗为 $L_m=15\text{mH}$，每个 DC-DC 变换器的频率为 $f=350\text{Hz}$。计算负载纹波电流最大峰峰值。

解：

有效斩波频率为：$f_e=2\times350=700\text{Hz}$

$R_m=4\Omega$，$L_m=15\text{mH}$，$u=2$，$V_s=220\text{V}$

$4ufL_m=4\times2\times350\times15\times10^{-3}=42$。由于$42\gg4$，有近似式(14-49)可以使用，得到负载纹波电流的峰峰值为：$\Delta I_{max}=(220/42)\text{A}=5.24\text{A}$ ◀

例 14.12 计算带有输入滤波器的两组多相DC-DC变换器的线路谐波电流。

由两组多相DC-DC变换器控制的他励式直流电动机。平均电枢电流为$I_a=100\text{A}$。使用单体输入滤波器，带有$L_e=0.3\text{mH}$，$C_e=4500\mu\text{F}$。每个DC-DC变换器工作频率为$f=350\text{Hz}$。确定DC-DC变换器在电源中产生谐波电流基波分量的有效值。

解：

$I_a=100\text{A}$，$u=2$，$L_e=0.3\text{mH}$，$C_e=4500\mu\text{F}$，$f_0=\dfrac{1}{2\pi\sqrt{L_eC_e}}=136.98\text{Hz}$

DC-DC变换器有效频率为：$f_e=2\times350=700\text{Hz}$

由例5.9的结果，DC-DC变换器电流基波分量的有效值为$I_{1h}=45.02\text{A}$。由式(14-50)，得DC-DC变换器产生的谐波电流基波分量为：

$$I_{1s}=\frac{45.02}{1+\left(2\times\dfrac{350}{136.98}\right)^2}\text{A}=1.66\text{A}$$ ◀

14.7 直流驱动的闭环控制

直流电动机的转速随负载转矩变化而改变。为了保持恒定转速，电枢(或励磁)电压将由改变AC-DC变换器的延迟角或DC-DC变换器的占空比连续不断地变化。在实际驱动系统中，需要工作驱动恒转矩或恒功率；除此之外，增速控制和减速控制也是必要的。大多数工业驱动工作如同闭环反馈系统。闭环控制系统具有提高精度，快速动态响应，减少负载扰动效应和系统非线性的优点[9]。

图14-22所示的为变换器馈电他励式闭环直流驱动系统框图。如果施加负载转矩使电动机的转速下降，则转速误差V_e增加。速控制器随着控制信号V_c增加响应，来改变变换器的延迟角或占空比，提高电动机的电枢电压。提高的电枢电压产生更多的转矩，以恢复电动机转速到原始值。驱动器通常要经过一个瞬态过程，直到产生的转矩等于负载转矩为止。

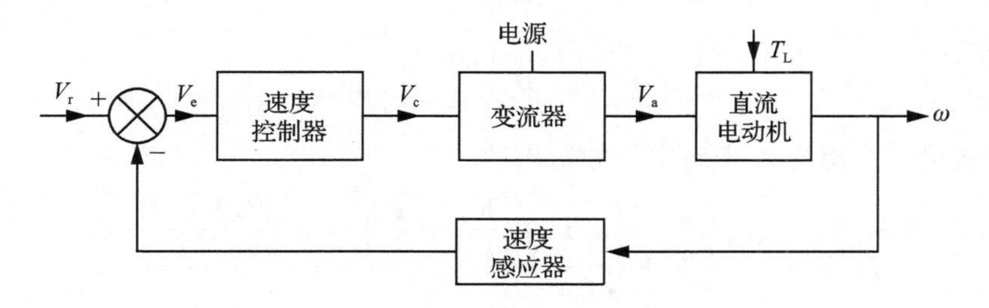

图14-22 馈电他励式闭环直流传动框图

14.7.1 开环传递函数

在前一节，我们讨论了直流驱动系统的稳态特性，这在选择直流驱动器时具有重大意义。但在进行系统闭环控制时，仅考虑其稳态特性是不够的，系统的动态特性具有同样的重要意义，其通常以传递函数的形式来表达。

14.7.2 他励式电动机的开环传递函数

图14-23所示的为带有开环控制的变换器馈电他励式直流电动机电路。电动机转速由

设定参考(或控制)电压 v_r 来调节。假设一个线性增益 K_2 的功率变换器，电动机的电枢电压为：

$$v_a = K_2 v_r \tag{14-52}$$

$$e_g = K_v I_f \omega \tag{14-53}$$

$$v_a = R_m i_a + L_m \frac{di_a}{dt} + e_g = R_m i_a + L_m \frac{di_a}{dt} + K_v I_f \omega \tag{14-54}$$

$$T_d = K_t I_f i_a \tag{14-55}$$

$$T_d = K_t I_f i_a = J \frac{d\omega}{dt} + B\omega + T_L \tag{14-56}$$

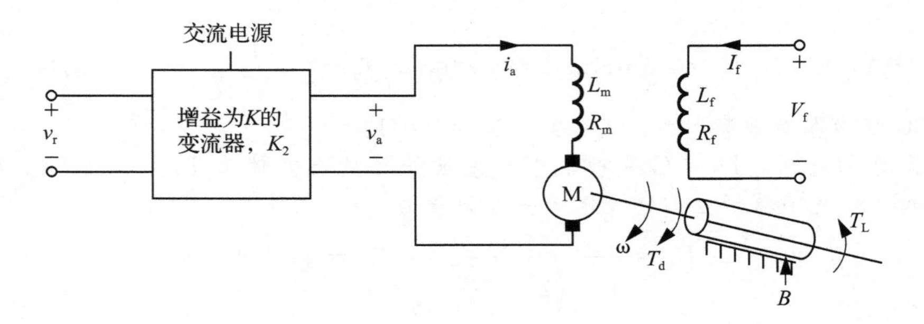

图 14-23　变换器馈电他励式直流电动机电路

由式(14-54)到(14-56)描述的电动机动态特性可以状态空间形式表示为：

$$\begin{pmatrix} pi_a \\ p\omega_m \end{pmatrix} = \begin{pmatrix} -\dfrac{R_m}{L_m} & -\dfrac{K_b}{L_m} \\ \dfrac{K_b}{J} & -\dfrac{B}{J} \end{pmatrix} \begin{pmatrix} i_a \\ \omega_m \end{pmatrix} + \begin{bmatrix} \dfrac{1}{L_m} & 0 \\ 0 & -\dfrac{1}{J} \end{bmatrix} \begin{pmatrix} v_a \\ T_L \end{pmatrix} \tag{14-57}$$

式中：p 是关于时间的微分算子；$K_b = K_v I_f$ 是反电势常数。式(14-57)也可以广义状态空间模型来表达，即

$$\dot{\boldsymbol{X}} = \boldsymbol{AX} + \boldsymbol{BU} \tag{14-58}$$

式中：$\boldsymbol{X} = [i_a \ \omega_m]^T$ 是状态变量向量，$\boldsymbol{U} = [v_a \quad T_L]^T$ 是输入向量；

$$\boldsymbol{A} = \begin{pmatrix} -\dfrac{R_m}{L_m} & -\dfrac{K_b}{L_m} \\ \dfrac{K_b}{J} & -\dfrac{\boldsymbol{B}}{J} \end{pmatrix}, \boldsymbol{B} = \begin{pmatrix} \dfrac{1}{L_m} & 0 \\ 0 & -\dfrac{1}{J} \end{pmatrix} \tag{14-59}$$

二次系统的根可以由矩阵 **A** 来确定，如给出的：

$$r_1 ; r_2 = \frac{-\left(\dfrac{R_m}{L_m} + \dfrac{\boldsymbol{B}}{J}\right) \pm \sqrt{\left(\dfrac{R_m}{L_m} + \dfrac{\boldsymbol{B}}{J}\right)^2 - 4\left(\dfrac{R_m \boldsymbol{B} + K_b^2}{JL_m}\right)}}{2} \tag{14-60}$$

应当指出，系统的根总是负实数。也就是说，电动机在开环工作时是稳定的。

瞬态可以由改变系统方程转化为初始条件为零的拉普拉斯变换来解析。转化式(14-52)，式(14-54)和式(14-56)，生成：

$$V_a(s) = K_2 V_r(s) \tag{14-61}$$

$$V_a(s) = R_m I_a(s) + sL_m I_a(s) + K_v I_f \omega(s) \tag{14-62}$$

$$T_d(s) = K_t I_f I_a(s) = sJ\omega(s) + B\omega(s) + T_L(s) \tag{14-63}$$

由式(14-62)，得电枢电流为：

$$I_a(s) = \frac{V_a(s) - K_v I_f \omega(s)}{sL_m + R_m} \tag{14-64}$$

$$= \frac{V_a(s) - K_v I_f \omega(s)}{R_m(s\tau_a + 1)} \tag{14-65}$$

式中：$\tau_a = L_m/R_m$称为电动机电枢电路的时间常数。由式(14-63)，得电动机转速为：

$$\omega(s) = \frac{T_d(s) - T_L(s)}{sJ + B} \tag{14-66}$$

$$= \frac{T_d(s) - T_L(s)}{B(s\tau_m + 1)} \tag{14-67}$$

式中：$\tau_m = J/B$ 称为电动机的机械时间常数。式(14-61)，式(14-65)和式(14-67)可以用来画如图 14-24 所示的开环框图。两个可能的扰动是控制电压 V_r和负载转矩 T_L。稳态响应可以由合并 V_r和 T_L得来的单独响应来确定。

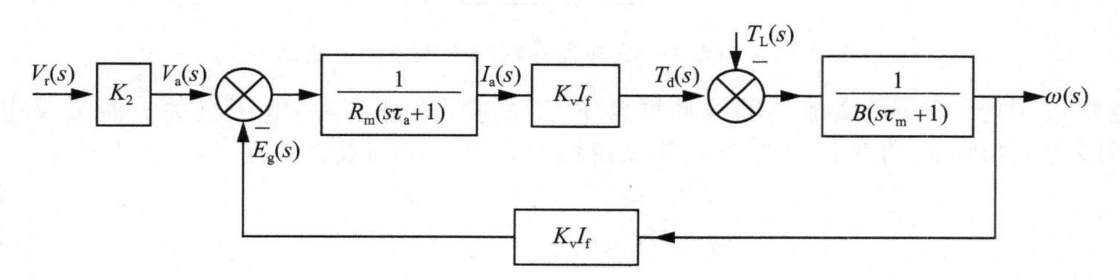

图 14-24　他励式直流电动机开环框图

将 T_L设定到零来获得从参考电压变化步骤来的响应。由图 14-24，我们可以获得从参考电压来的转速响应为：

$$\frac{\omega(s)}{V(s)} = G_{\omega-V} = \frac{K_2 K_v I_f/(R_m B)}{s^2(\tau_a\ \tau_m) + s(\tau_a + \tau_m) + 1 + (K_v I_f)^2/(R_m B)} \tag{14-68}$$

将 V_r设定到零来获得从负载转矩变化来的响应。图 14-25 所示的为负载转矩扰动变化步骤的框图，有：

$$\frac{\omega(s)}{T_L(s)} = G_{\omega-T} = \frac{\left(\frac{1}{B}\right)(s\tau_a + 1)}{s^2(\tau_a\ \tau_m) + s(\tau_a + \tau_m) + 1 + (K_v I_f)^2/(R_m B)} \tag{14-69}$$

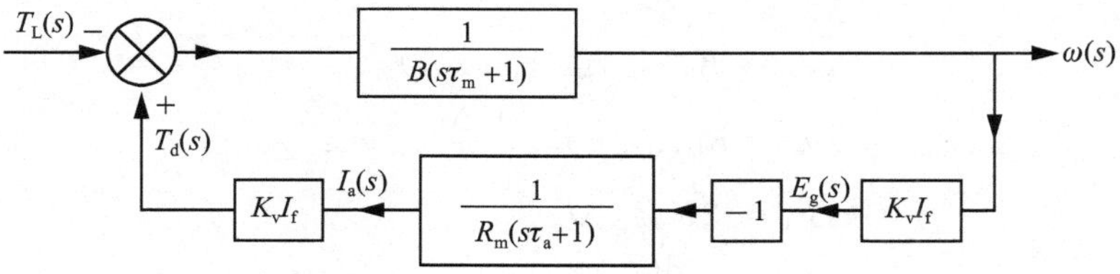

图 14-25　负载转矩变换的开环框图

利用终值定理，可以发现式(14-68)和式(14-69)通过替换 $s=0$，从改变控制电压ΔV_r步骤和改变负载转矩ΔT_L步骤来的改变转速 $\Delta\omega$ 的稳态关系，即

$$\Delta\omega = \frac{K_2 K_v I_f}{R_m B + (K_v I_f)^2}\Delta V_r \tag{14-70}$$

$$\Delta\omega = \frac{R_m}{R_m B + (K_v I_f)^2}\Delta T_L \tag{14-71}$$

输入参考电压 V_r和负载转矩 T_L扰动同时应用的响应速度，可以由叠加它们单独的响应来找到。式(14-68)和式(14-69)给出的转速响应为：

$$\omega(s) = G_{\omega-V} V_r + G_{\omega-T} T_L \tag{14-72}$$

14.7.3　串励电动机的开环传递函数

直流系列电动机通常广泛运用在牵引方面，其中稳态速度由摩擦力和梯度力决定。通过改变电枢电压，电动机可以在恒定的转矩或者电流下工作，直到达到和最大电枢电压相对应的基准速度为止。DC-DC 变流器控制的直流电动机驱动系统如图 14-26 所示。

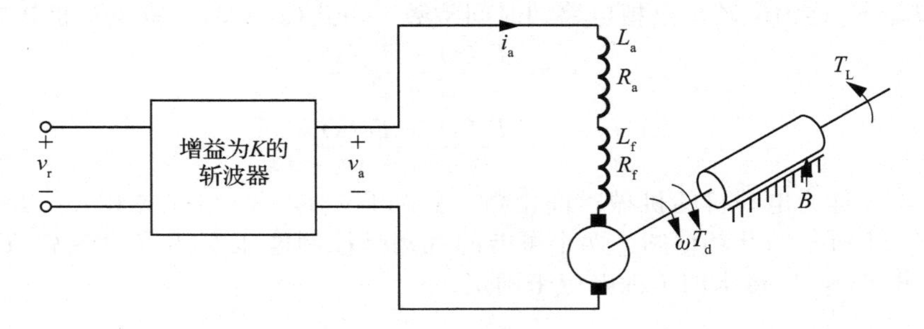

图 14-26　DC-DC 变流器控制的直流电动机驱动

电枢电压与 DC-DC 变流器的线性增益 K_2 下的控制(或参考)电压有关。假设反电动势常数不随着电枢电流的变化而改变，并保持恒定，那么系统方程为：

$$v_a = K_2 v_r \tag{14-73}$$

$$e_g = K_v i_a \omega \tag{14-74}$$

$$v_a = R_m i_a + L_m \frac{di_a}{dt} + e_g \tag{14-75}$$

$$T_d = K_t i_a^2 \tag{14-76}$$

$$T_d = J\frac{d\omega}{dt} + B\omega + T_L \tag{14-77}$$

式(14-76)包含了各类非线性的乘积，其结果是传递函数的应用不再成立。然而，这些式子可以通过在工作点增加一个小扰动而线性化。

让我们假设一个系统的工作点参数为：

$$e_g = E_{g0} + \Delta e_g,\ i_a = I_{a0} + \Delta i_a,\ v_a = V_{a0} + \Delta v_a,\ T_d = T_{d0} + \Delta T_d$$
$$\omega = \omega_0 + \Delta\omega,\ v_r = V_{r0} + \Delta v_r,\ T_L = T_{L0} + \Delta T_L$$

当 $\Delta i_a \Delta\omega$ 和 $(\Delta i_a)^2$ 很小，接近于零的时候，式(14-73)至式(14-77)可以线性化为：

$$\Delta v_a = K_2 \Delta v_r$$
$$\Delta e_g = K_v (I_{a0}\Delta\omega + \omega_0 \Delta i_a)$$
$$\Delta v_a = R_m \Delta i_a + L_m \frac{d(\Delta i_a)}{dt} + \Delta e_g$$
$$\Delta T_d = 2K_v I_{a0} \Delta i_a$$
$$\Delta T_d = J\frac{d(\Delta\omega)}{dt} + B\Delta\omega + \Delta T_L$$

将这些方程变化为拉普拉斯域中，我们可以得到：

$$\Delta V_a(s) = K_2 \Delta V_r(s) \tag{14-78}$$

$$\Delta e_g(s) = K_v (I_{a0}\Delta\omega(s) + \omega_0 \Delta I_a(s)) \tag{14-79}$$

$$\Delta V_a(s) = R_m \Delta I_a(s) + sL_m \Delta I_a(s) + \Delta E_g(s) \tag{14-80}$$

$$\Delta T_d(s) = 2K_v I_{a0} \Delta I_a(s) \tag{14-81}$$

$$\Delta T_d(s) = sJ\Delta\omega(s) + B\Delta\omega(s) + \Delta T_L(s) \tag{14-82}$$

这五个方程对建立直流串联电动机驱动框图来说是足够了，如图 14-27 所示。从图 14-27 可以很明显的得出，任何变化参考电压或是负载力矩都可以导致速度的变化。对应参考电压的变化的框图如图 14-28a 所示，对应负载力矩变化如图 14-28b 所示。

14.7.4　变换器控制模型

由式(14-32)能得到 DC-DC 变换器的平均输出电压与直接控制电压函数的占空比 k 成

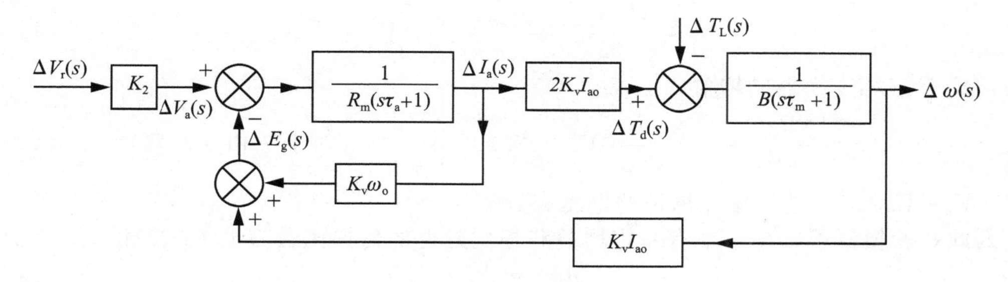

图 14-27 直流串联电动机的开环电路框图

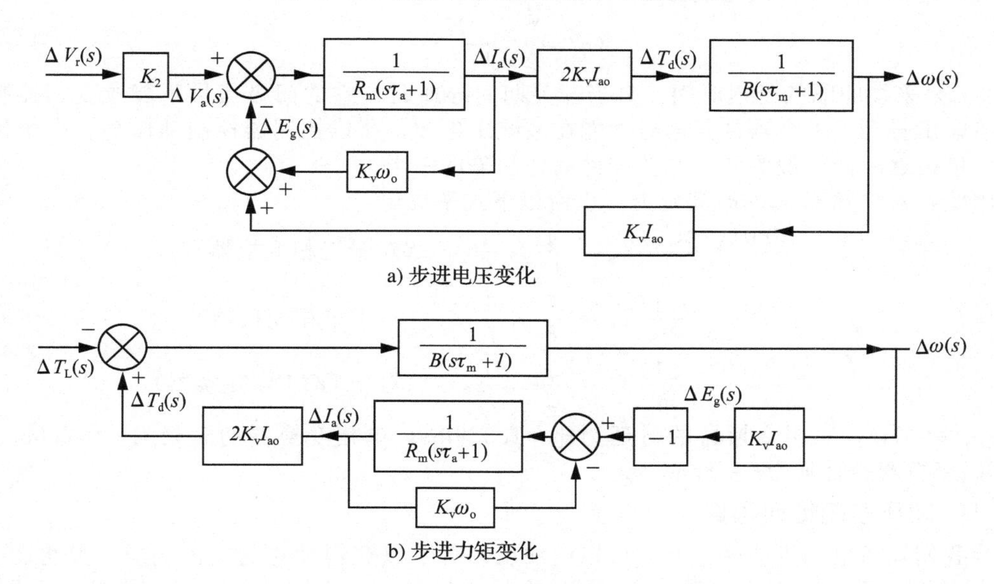

图 14-28 参考电压和负载力矩分布的框图

正比。DC-DC 变换器的增益可表示为：

$$K_r = k = \frac{V_c}{V_{cm}} \qquad (\text{对于 DC-DC 变换器}) \tag{14-83}$$

式中：V_c是电压控制信号(例如从 0V 到 10V)；V_{cm}是电压控制信号的最大值(10V)。

在式(14-20)中单相变换器平均输出电压是带有延迟角 α 的余弦函数。控制信号输入可以拟合决定延迟角，即

$$\alpha = \arccos\left(\frac{V_c}{V_{cm}}\right) = \arccos(V_{cn}) \tag{14-84}$$

由式(14-84)，可得在式(14-20)中单相变换器的平均输出电压为：

$$V_a = \frac{2V_m}{\pi}\cos\alpha = \frac{2V_m}{\pi}\cos[\arccos(V_{cn})] = \left[\frac{2V_m}{\pi}\right]V_{cn} = \left[\frac{2V_m}{\pi V_{cm}}\right]V_c = K_cV_c \tag{14-85}$$

式中：K_c是单相变换器的增益，

$$K_r = \frac{2V_m}{\pi V_{cm}} = \frac{2\times\sqrt{2}}{\pi V_{cm}}V_s = 0.9\frac{V_s}{V_{cm}} \qquad (\text{对于单相变换器}) \tag{14-86}$$

式中：$V_s = V_m/\sqrt{2}$是单相直流源电压的有效值。

利用式(14-84)，得在式(14-27)中三相变换器平均输出电压可以表示为：

$$V_a = \frac{3\sqrt{3}V_m}{\pi}\cos\alpha = \frac{3\sqrt{3}V_m}{\pi}\cos[\arccos(V_{cn})]$$

$$= \left[\frac{3\sqrt{3}V_{\mathrm{m}}}{\pi}\right]V_{\mathrm{cn}} = \left[\frac{3\sqrt{3}V_{\mathrm{m}}}{\pi V_{\mathrm{cm}}}\right]V_{\mathrm{c}} = K_{\mathrm{r}}V_{\mathrm{c}} \tag{14-87}$$

式中：K_r是三相变换器的增益，

$$K_{\mathrm{r}} = \frac{3\sqrt{3}V_{\mathrm{m}}}{\pi V_{\mathrm{cm}}} = \frac{3\sqrt{3}\sqrt{2}}{\pi V_{\mathrm{cm}}}V_{\mathrm{s}} = 2.339\frac{V_{\mathrm{s}}}{V_{\mathrm{cm}}} \quad（对于三相变换器） \tag{14-88}$$

式中：$V_s=V_m/\sqrt{2}$ 是交流源每相的电压有效值。

因此，变换器可以用一个有一定增益和相位延迟的传递函数$G_c(s)$来描述，即

$$G_{\mathrm{c}}(s) = K_{\mathrm{r}}\,\mathrm{e}^{-\tau_{\mathrm{r}}} \tag{14-89}$$

上式可以近似为一个一次延迟函数，

$$G_{\mathrm{r}}(s) = \frac{K_{\mathrm{r}}}{1+s\tau_{\mathrm{r}}} \tag{14-90}$$

式中：τ_r是采样间隔的延迟时间。每当开关期间导通时，它的门极信号不能改变。控制器的调节输出直到下一个器件开通时才能在系统中生效，所以控制器控制动作会有一个延迟时间。该延迟时间一般为两个开关器件动作间隔的一半。

因此，对应频率 f_s的时间延迟可以由以下式子决定：

$$\tau_{\mathrm{r}} = \begin{cases} \dfrac{360/(2\times 6)}{360}T_{\mathrm{s}} = \dfrac{1}{12}\times\dfrac{1}{f_{\mathrm{s}}} & （对于三相变换器） \quad (14\text{-}91a) \\ \dfrac{360/(2\times 4)}{360}T_{\mathrm{s}} = \dfrac{1}{8}\times\dfrac{1}{f_{\mathrm{s}}} & （对于单相变换器） \quad (14\text{-}91b) \\ \dfrac{360/(2\times 1)}{360}T_{\mathrm{s}} = \dfrac{1}{2}\times\dfrac{1}{f_{\mathrm{s}}} & （对于 DC\text{-}DC 变换器） \quad (14\text{-}91c) \end{cases}$$

对于 $f_s=60\mathrm{Hz}$，三相变换器的时延为$\tau_r=1.389\mathrm{ms}$，单相变换器的时延为$\tau_r=2.083\mathrm{ms}$，DC-DC 变换器的时延为$\tau_r=8.333\mathrm{ms}$

14.7.5 闭环控制传递函数

当我们知道电动机的模型时，可以增加反馈环节以获得理想的输出响应。要将图 14-23 所示的开环系统转换成闭环系统，可以在输出轴处装一个速度感应器，将其以系数 K_1放大，并与参考电压 V_r作比较，得到误差电压 V_e。完整的框图如图 14-29 所示。

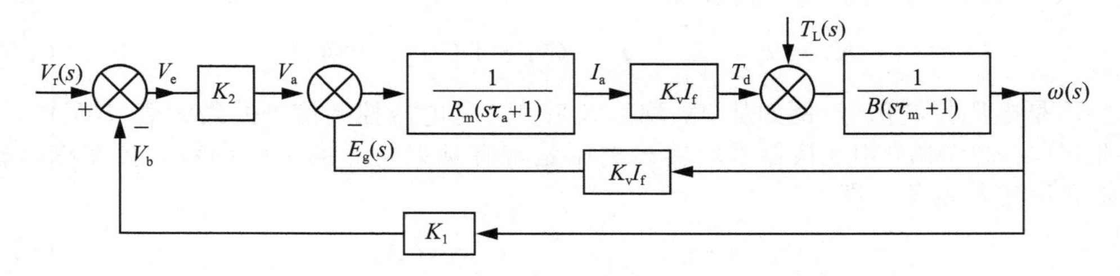

图 14-29 单独励磁直流电动机的闭环控制框图

因参考电压变化而产生的闭环步进响应可以由式(14-24)，将 $T_L=0$ 得到。其传递函数变为：

$$\frac{\omega(s)}{V_{\mathrm{r}}(s)} = \frac{K_2K_{\mathrm{v}}I_{\mathrm{f}}/(R_{\mathrm{m}}B)}{s^2(\tau_{\mathrm{a}}\tau_{\mathrm{m}}) + s(\tau_{\mathrm{a}}+\tau_{\mathrm{m}}) + 1 + [(K_{\mathrm{v}}I_{\mathrm{f}})^2 + K_1K_2K_{\mathrm{v}}I_{\mathrm{f}}]/(R_{\mathrm{m}}B)} \tag{14-92}$$

因为负载 T_L的变化而产生的响应可由式(14-93)中将 V_r设为 0 来得到。其传递函数变为：

$$\frac{\omega(s)}{T_{\mathrm{L}}(s)} = -\frac{(1/B)(s\tau_{\mathrm{a}}+1)}{s^2(\tau_{\mathrm{a}}\tau_{\mathrm{m}}) + s(\tau_{\mathrm{a}}+\tau_{\mathrm{m}}) + 1 + [(K_{\mathrm{v}}I_{\mathrm{f}})^2 + K_1K_2K_{\mathrm{v}}I_{\mathrm{f}}]/(R_{\mathrm{m}}B)} \tag{14-93}$$

利用终值定理，速度 $\Delta\omega$ 因控制电压的步进 ΔV_r和因步进力矩 ΔT_L 的稳态变化，可由式(14-92)和式(14-93)分别表示，将 $s=0$ 代入，得

$$\Delta\omega=\frac{K_2K_vI_f}{R_mB+(K_vI_f)^2+K_1K_2K_vI_f}\Delta V_r \tag{14-94}$$

$$\Delta\omega=\frac{R_m}{R_mB+(K_vI_f)^2+K_1K_2K_vI_f}\Delta T_L \tag{14-95}$$

例 14.13 求变换器供电驱动的速度和力矩响应。

一个50kW，240V，1700r/min的独立励磁直流电动机由一个变换器控制，如图14-29所示。励磁电流保持恒定在$I_f=1.4\text{A}$，电动机反电动势常数为$K_v=0.91\text{V}/(\text{A}\cdot\text{rad/s})$。电枢电阻为$R_m=0.1\Omega$，粘滞性摩擦常数为$B=0.3\text{N}\cdot\text{m}/(\text{rad/s})$。速度感应放大倍数$K_1=95\text{mV}/(\text{rad/s})$，功率控制器的增益$K_2=100$。(a)确定电动机的额定力矩；(b)确定驱动电动机在额定速度工作的参考电压V_r；(c)如果参考电压保持不变，确定电动机输出额定力矩的速度；(d)如果负载力矩从额定值增加10%，确定电动机速度；(e)如果额定电压下降10%，确定电动机速度；(f)如果负载力矩增加10%，参考电压下降10%，确定电动机速度；(g)如果在开环控制上没有反馈，确定在参考电压$V_r=2.31\text{V}$的速度调制动；(h)确定闭环控制下的速度调制。

解：

$I_f=1.4\text{A}$，$K_v=0.91\text{V}/(\text{A}\cdot\text{rad/s})$，$K_1=95\text{mV}/(\text{rad/s})$，$K_2=100$

$R_m=0.1\Omega$，$B=0.3\text{N}\cdot\text{m}/(\text{rad/s})$，$\omega_{rated}=(1700\pi/30)\text{rad/s}=178.02\text{rad/s}$

(a)额定力矩为：$T_L=(50000/178.02)\text{N}\cdot\text{m}=280.87\text{N}\cdot\text{m}$

(b)因为$V_a=K_2V_r$，对于开环控制，由式(14-70)，得：

$$\frac{\omega}{V_a}=\frac{\omega}{K_2V_r}=\frac{K_vI_f}{R_mB+(K_vI_f)^2}=\frac{0.91\times1.4}{0.1\times0.3+(0.91\times1.4)^2}=0.7707$$

在额定速度下，有：

$$V_a=\frac{\omega}{0.7707}=\frac{178.02}{0.707}\text{V}=230.98\text{V}$$

反馈电压为：

$$V_b=K_1\omega=95\times10^{-3}\times178.02\text{V}=16.912\text{V}$$

利用闭环控制，$(V_r-V_b)K_2=V_a$或是$(V_r-16.912)\times100=230.98$，可得参考电压为：

$$V_r=19.222\text{V}$$

(c)对于$V_r=19.222\text{V}$和$\Delta T_L=280.87\text{N}\cdot\text{m}$，代入式(14-95)，可得：

$$\Delta\omega=-\frac{0.1\times280.86}{0.1\times0.3+(0.91\times1.4)^2+95\times10^{-3}\times100\times0.91\times1.4}\text{rad/s}=-2.04\text{rad/s}$$

在额定力矩的速度为：

$$\omega=(178.02-2.04)\text{rad/s}=175.98\text{rad/s}\quad 或是\quad 1680.5\text{r/min}$$

(d)由$\Delta T_L=1.1\times280.87\text{N}\cdot\text{m}=308.96\text{N}\cdot\text{m}$和式(14-95)，得到：

$$\Delta\omega=-\frac{0.1\times308.96}{0.1\times0.3+(0.91\times1.4)^2+95\times10^{-3}\times100\times0.91\times1.4}\text{rad/s}=-2.246\text{rad/s}$$

电动机的速度为：

$$\omega=(178.02-2.246)\text{rad/s}=175.774\text{rad/s}\quad 或是\quad 1678.5\text{r/min}$$

(e)由$\Delta V_r=-0.1\times19.222\text{V}=-1.9222\text{V}$和式(14-94)，可以得到速度的变化为：

$$\Delta\omega=-\frac{100\times0.91\times1.4\times1.9222}{0.1\times0.3+(0.91\times1.4)^2+95\times10^{-3}\times100\times0.91\times1.4}\text{rad/s}=-17.8\text{rad/s}$$

电动机的速度为：

$$\omega=(178.02-17.8)\text{rad/s}=160.22\text{rad/s}\ 或是\ 1530\text{r/min}$$

(f)电动机的速度可由叠加法得到：

$$\omega=(178.02-2.246-17.8)\text{rad/s}=158\text{rad/s}\ 或是\ 1508.5\text{r/min}$$

(g)由$\Delta V_r=2.31\text{V}$和式(14-70)，可以得到：

$$\Delta\omega = \frac{100\times 0.91\times 1.4\times 2.31}{0.1\times 0.3+(0.91\times 1.4)^2}\text{rad/s} = 178.02\text{rad/s 或是 }1700\text{r/min}$$

无负载的速度为 ω=178.02rad/s 或是 1700r/min。对于满负载，ΔT_L=280.87N·m，由式(14-71)，可以得到：

$$\Delta\omega = -\frac{0.1\times 280.87}{0.1\times 0.3+(0.91\times 1.4)^2}\text{rad/s} = -16.99\text{rad/s}$$

满负载速度为：

$$\omega = (178.02-16.99)\text{rad/s} = 161.03\text{rad/s 或是 }1537.7\text{r/min}$$

开环控制的速度调制为：

$$\frac{1700-1537.7}{1537.7} = 10.55\%$$

(h)用(c)问得到的速度，闭环的速度调制为：

$$\frac{1700-1680.5}{1680.5} = 1.16\%$$ ◀

注意：闭环控制时，速度调制降低了大约10%，从10.55%降到1.16%。

14.7.6 闭环电流控制

由于有了感应电动势 e，直流电动机的框图包含了闭环控制，如图 14-30a 所示。B_1和B_l是分别是电动机和负载的粘滞性摩擦系数。H_C是电流反馈的增益；一个带有时间常数小于 1ms 的低通滤波器，在一些应用中可能会用到。内部电流环会穿过这个反电动势环。这些环的相互作用可以通过移动 K_b块到 I_a反馈环来解耦，如图 14-30b 所示。这样就能将在速度 ω 和电压 V_a之间的传递函数分成在速度与电枢电流之间级联的传递函数和电枢电流与输入电压间的传递函数，即为：

$$\frac{\omega(s)}{V_a(s)} = \frac{\omega(s)}{I_a(s)}\times\frac{I_a(s)}{V_a(s)} \tag{14-96}$$

图 14-30b 所示的框图可简化，以得到以下的传递函数关系：

$$\frac{\omega(s)}{I_a(s)} = \frac{K_b}{B(1+s\tau_m)} \tag{14-97}$$

$$\frac{I_a(s)}{V_a(s)} = K_m\frac{1+s\tau_m}{(1+s\tau_1)(1+s\tau_2)} \tag{14-98}$$

式中：

$$K_m = \frac{B}{K_b^2+R_mB} \tag{14-99}$$

$$\left.\begin{array}{l}-\dfrac{1}{\tau_1}\\ -\dfrac{1}{\tau_2}\end{array}\right\} = \frac{-\left(\dfrac{R_m}{L_m}+\dfrac{B}{J}\right)\pm\sqrt{\left(\dfrac{R_m}{L_m}+\dfrac{B}{J}\right)^2-4\left(\dfrac{R_mB+K_b^2}{JL_m}\right)}}{2} \tag{14-100}$$

两个代表在输出速度和输入电压之间的开环电动机传递函数如图 14-30c 所示，这里总的粘滞性摩擦系数$B_t=B_1+B_l$。

图 14-31a 给出了带有电流反馈的全闭环系统图，在这里 B_t 表示电动机和负载的总粘滞摩擦系数。变换器模型可用式(14-90)来表述。假如使用比例积分(PI)控制，电流控制器$G_c(s)$和速度控制器$G_s(s)$的传递函数可以写成：

$$G_c(s) = \frac{K_c(1+s\tau_c)}{s\tau_c} \tag{14-101}$$

$$G_s(s) = \frac{K_s(1+s\tau_s)}{s\tau_s} \tag{14-102}$$

式中：K_c和 K_s分别是电流控制器和速度控制器的增益；τ_c和τ_s分别是电流控制器和速度控

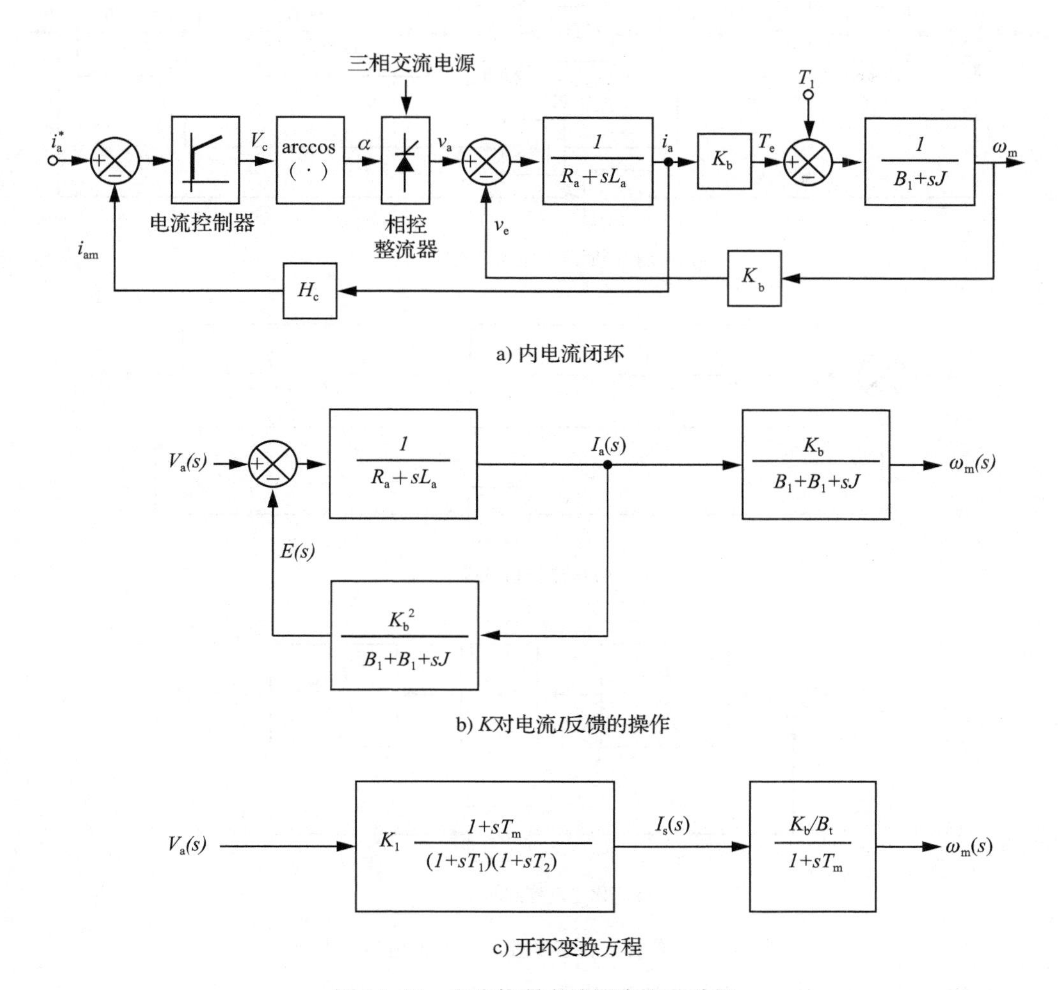

图 14-30　电流控制变流器直流电动机

制器的时间常数。为了进行速度闭环控制，控制器通常需要一个测速发电机及一个时间常数通常小于 10ms 的低通滤波器作为反馈回路。这个测速反馈环节的传递函数为：

$$G_\omega(s)=\frac{K_\omega}{1+s\tau_\omega} \tag{14-103}$$

式中：K_ω 和 τ_ω 分别是测速反馈环节的增益和时间常数。图 14-31b 给出了电流环控制的框图。i_{am} 为电动机电枢电流的反馈量。图 14-31c 给出了电流环控制的简化框图。

图 14-29 所示的控制器仅包含速度闭环。在实际应用中，电动机不仅需要工作在设定的转速，还需要提供负载所需的转矩，而电动机的转矩由其电枢电流决定。当电动机在某一转速稳定运行时突加负载，电动机转速会随之下降，并且需要一段时间才能重新恢复到原来设定的转速。使用如图 14-32 所示的带电流内环的速度反馈控制，可以有效提高系统对速度指令、负载转矩和输入电源电压的扰动的响应时间。

在这个控制方式中，电流内环用来处理动态过程中的负载转矩突变。速度控制器的输出 e_c 作为限流环节的输入，限流环节的输出设定了电流环的电流给定值 $I_{a(ref)}$。电枢电流通过电流传感器检测后，经过一个有源滤波器滤掉其纹波部分，然后与电流给定值 $I_{a(ref)}$ 进行比较。其误差值经过电流控制器进一步处理可得到 v_c，并以此来控制变换器的触发

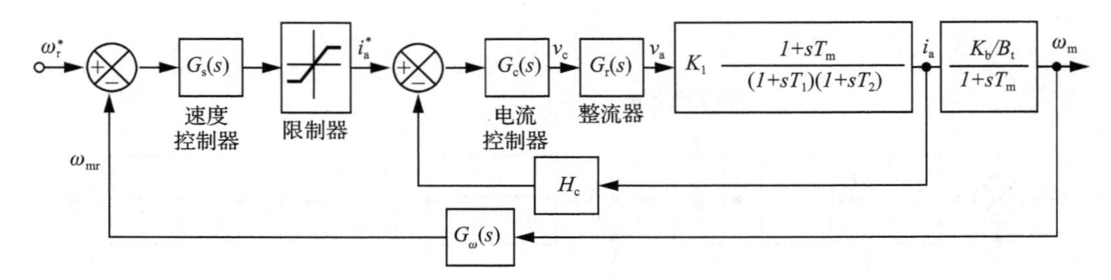

a) 电流控制回路的电动机驱动

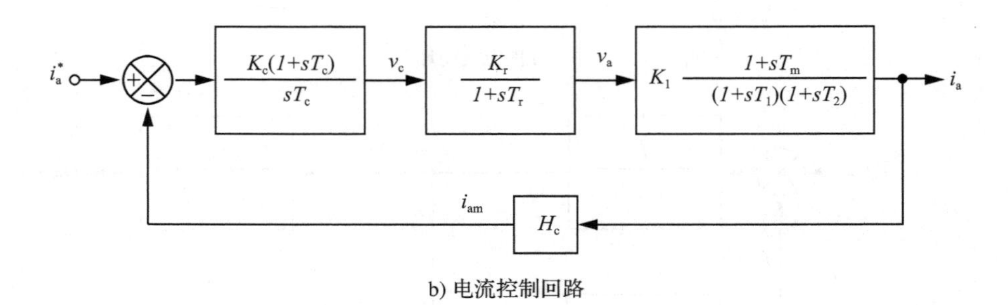

b) 电流控制回路

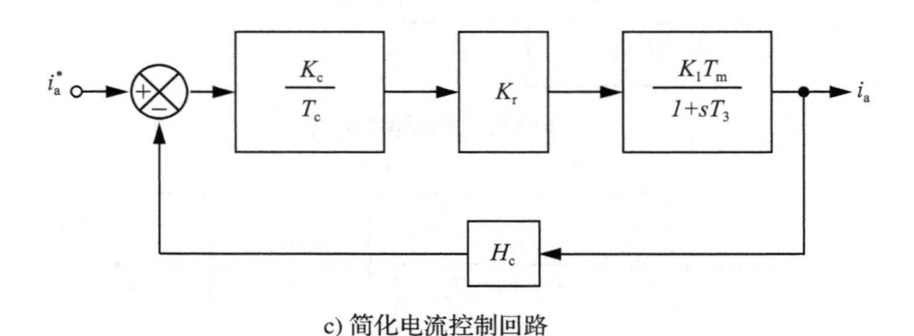

c) 简化电流控制回路

图 14-31　有电流和速度控制回路的电动机驱动

角，从而使电动机的转速回到原来的设定值。

由速度指令突升或负载转矩需求突增造成的正速度误差会使电流给定值 $I_{a(ref)}$ 升高。电动机因而加速来矫正这个速度误差，最终控制器会有一个新的电流给定值 $I_{a(ref)}$，使电动机输出力矩和负载力矩相等，速度误差接近于零。当正速度误差过大时，控制器的限流环节会饱和，并限制电流给定值 $I_{a(ref)}$ 为其最大值 $I_{a(max)}$。在这种情况下，速度误差会被控制器以允许的最大电枢电流 $I_{a(max)}$ 进行矫正，直到速度误差变小，限流环节退出饱和为止。正常情况下，用来矫正速度误差的电枢电流 I_a 比允许的最大电枢电流 $I_{a(max)}$ 要小。

14.7.7　电流控制器设计

如图 14-31b 所示的电动机驱动器，其控制闭环传递函数为：

$$G(s)H(s)=\left(\frac{K_m K_c K_r H_c}{\tau_c}\right)\frac{(1+s\tau_c)(1+s\tau_m)}{s(1+s\tau_1)(1+s\tau_2)(1+s\tau_r)} \tag{14-104}$$

对于实际的电动机驱动系统，通过以下假设，可以将上述系统简化为一个二阶系统：

$$1+s\tau_m\approx s\tau_m \qquad (\tau_1>\tau_2>\tau_r,\quad \tau_2=\tau_c)$$

降阶后，式(14-104)可简化为[13]：

$$G(s)H(s)=\frac{K}{(1+s\tau_1)(1+s\tau_r)} \tag{14-105}$$

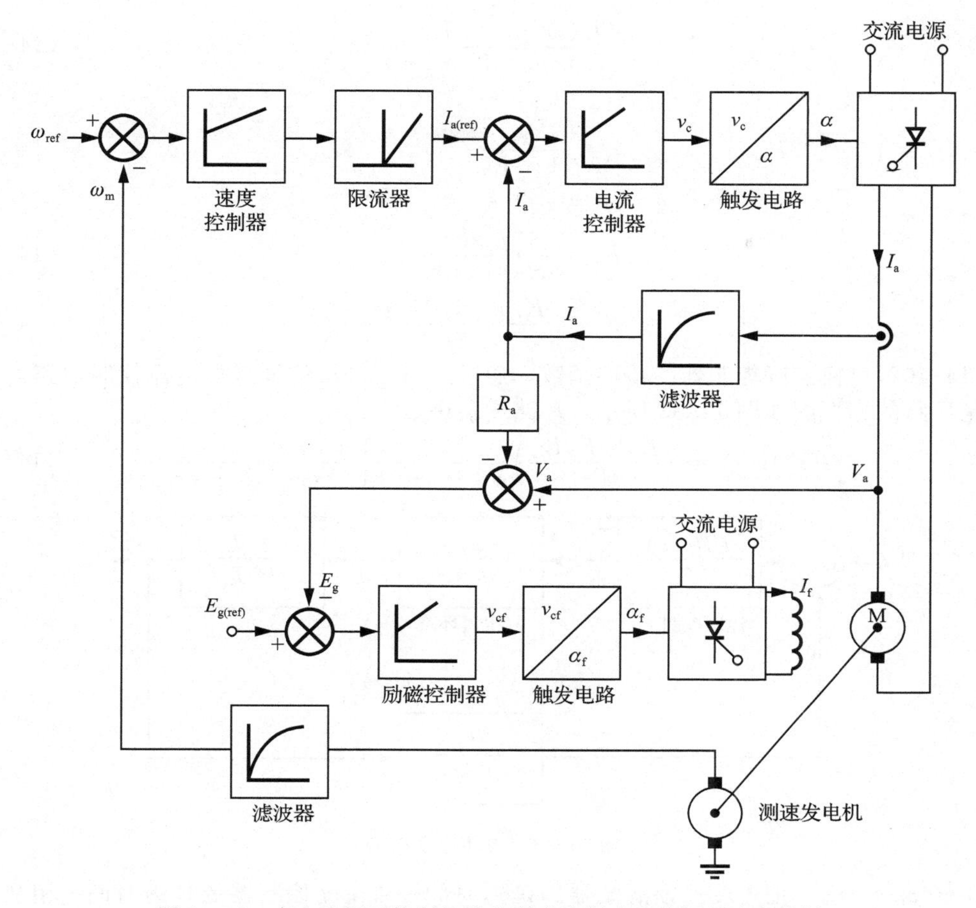

图 14-32 有电流闭环控制回路和弱磁控制功能的闭环速度控制

式中：

$$K = \frac{K_m K_c K_r \ H_c \ \tau_m}{\tau_c} \tag{14-106}$$

式(14-105)所描述的闭环传递函数，其特征方程为：

$$1 + G(s)H(s) = (1 + s\tau_1)(1 + s\tau_r) + K = 0 \tag{14-107}$$

控制环路的固有频率 ω_n 和阻尼系数 ξ 能为：

$$\omega_n = \sqrt{\frac{1+K}{\tau_1 \tau_r}} \tag{14-108}$$

$$\xi = \frac{\dfrac{\tau_1 + \tau_r}{\tau_1 \ \tau_r}}{2\omega_n} \tag{14-109}$$

设置阻尼系数 $\xi = 0.707$ 为临界阻尼，假定 $K \gg 1$，$\tau_1 > \tau_r$，电流控制器的增益可以表示为[13]：

$$K_c = \frac{1}{2} \frac{\tau_1 \ \tau_c}{\tau_r} \frac{1}{K_m K_r \ H_c \ \tau_m} \tag{14-110}$$

14.7.8 速度控制器设计

速度控制器的设计可以用如下方式进行简化：通过一个近似一阶模型替换当前回路的二阶模型。电流环是通过将变换器的时间延迟 τ_r 和电动机的时间延迟 τ_1 相加得到的，如图 14-31c 所示。图 14-31c 所示电流控制环路的传递函数可表示为[13]：

$$\frac{I_a(s)}{I_a^*(s)} = \frac{K_i}{(1+s\tau_i)} \tag{14-111}$$

式中：

$$\tau_i = \frac{\tau_3}{1+K_1} \tag{14-112}$$

$$\tau_3 = \tau_1 + \tau_r \tag{14-113}$$

$$K_i = \frac{1}{H_c}\left(\frac{K_1}{1+K_1}\right) \tag{14-114}$$

$$K_1 = \frac{K_m K_c K_r H_c \tau_m}{\tau_c} \tag{14-115}$$

在式(14-102)更换速度控制器的传递函数，通过式(14-111)估算近似电流控制回路。外速度控制环路的方框图如图 14-33 所示，环路增益函数为：

$$G(s)H(s) = \left(\frac{K_s K_i K_b K_\omega}{B\tau_s}\right)\frac{1+s\tau_s}{s(1+s\tau_i)(1+s\tau_m)(1+s\tau_\omega)} \tag{14-116}$$

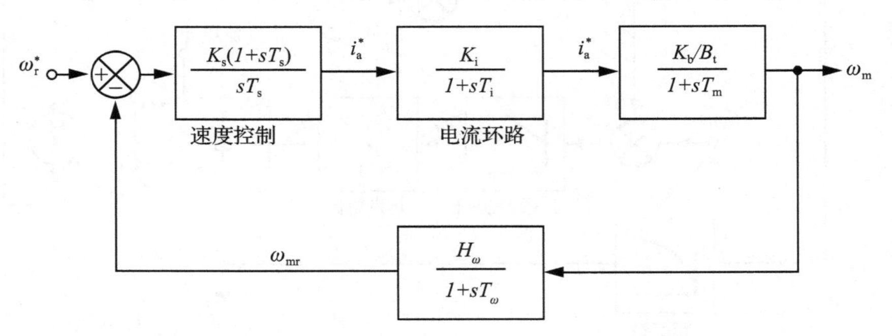

图 14-33 内环速度控制

假定 $1+s\tau_m \approx s\tau_m$，把速度反馈滤波器的延迟时间$\tau_s$和速度控制器的延迟时间$\tau_\omega$相加为等效的延迟时间 $t_e=\tau_s+\tau_\omega$，得：

$$G(s)H(s) = K_2\left(\frac{K_s}{\tau_s}\right)\frac{(1+s\tau_s)}{s^2(1+s\tau_e)} \tag{14-117}$$

式中：

$$\tau_e = \tau_i + \tau_\omega \tag{14-118}$$

$$K_\omega = \frac{K_i K_b H_\omega}{B\tau_m} \tag{14-119}$$

速度响应于速度参考信号的闭环传递函数为：

$$\frac{\omega(s)}{\omega_r^*(s)} = \frac{1}{K_\omega}\left[\frac{\frac{K_\omega K_s}{T_s}(1+s\tau_s)}{s^3\tau_e + s^2 + sK_{\omega K_s} + \frac{K_\omega K_s}{T_S}}\right] \tag{14-120}$$

式(14-120)可以通过使其分母的量值比如设置 ω_2 和 ω_4 在频域中的系数为零进行优化。这应加宽带宽使其在宽频率范围运行。它表明在优化条件下增益 K_s和速度控制器的时间常数τ_s由下式给出[13]：

$$K_s = \frac{1}{2K_\omega\tau_e} \tag{14-121}$$

$$\tau_s = 4\tau_e \tag{14-122}$$

把 K_s和τ_s代入式(14-120)，得到速度的优化闭环响应于速度的输入信号的传递函数为：

$$\frac{\omega(s)}{\omega_r^*(s)} = \frac{1}{K_\omega}\left[\frac{(1+4s\tau_e)}{1+4s\tau_e+8s^2\tau_e^2+8s^3\tau_e^3}\right] \tag{14-123}$$

可以看出，开环增益函数 $H(s)G(s)$ 的转角频率为 $1/(4\tau_e)$ 和 $1/\tau_e$。在 $1/(2\tau_e)$ 增益交叉的幅度响应斜率为－20dB/10 倍频程。瞬态响应表现出良好的动态特性。瞬态响应由下式给出[13]：

$$\omega_r(t)=\frac{1}{K_\omega}\left[1+e^{-\frac{t}{2\tau_e}}-2\,e^{\frac{-t}{4\tau_e}}\cos\left(\frac{\sqrt{3}t}{4\,\tau_e}\right)\right] \tag{14-124}$$

上升时间为 $3.1\,\tau_e$，最大过冲是 43.3%，其上升时间为 $16.5\,\tau_e$。高尖峰可以通过添加一个在速度反馈路径零极点补偿网络来减小，如图 14-34 所示。输入信号速度响应的补偿闭环传递函数为：

$$\frac{\omega(s)}{\omega_r^*(s)}=\frac{1}{K_\omega}\left[\frac{1}{1+4s\tau_e+8s^2\tau_e^2+8\,s^3\,\tau_e^3}\right] \tag{14-125}$$

相应的补偿瞬态响应由下式给出：

$$\omega_r(t)=\frac{1}{K_\omega}\left[1+e^{-\frac{t}{2\tau_e}}-\frac{2}{\sqrt{3}}\,e^{\frac{-t}{4\tau_e}}\sin\left(\frac{\sqrt{3}t}{4\,\tau_e}\right)\right] \tag{14-126}$$

上升时间为 $7.6\,\tau_e$，最大过冲是 8.1%，其上升时间为 $13.3\,\tau_e$。应当指出的是，过冲已经减小到式(14-20)的值的大约 20%，稳定时间已经下降了 19%。但上升时间增加了，设计者要在上升时间和过冲中折中。

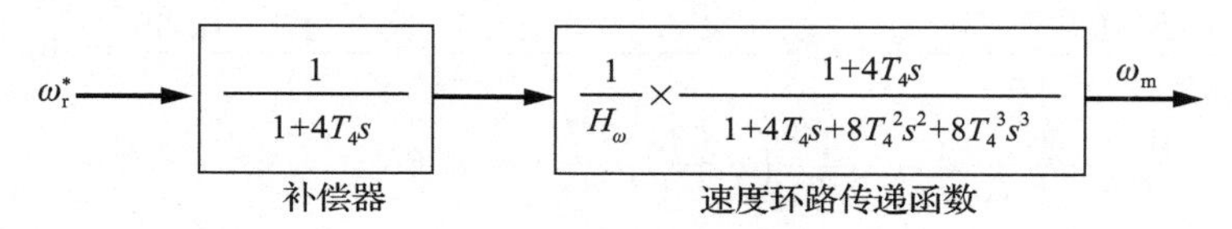

图 14-34 加上调零补偿后的框图

例 14.14 确定当前和速度回路控制器的优化增益和时间常数。

一个变换器输入 dc 电动机的参数是 220V，6.4A，1570r/min，$R_m=6.5\Omega$，$J=0.06\text{kg}\cdot\text{m}^2$，$L_m=67\text{mH}$，$B=0.087\text{N}\cdot\text{m/(rad/s)}$，$K_b=1.24\text{V/(rad/s)}$ 该变换器是由一个星形联结 230V，频率为 60Hz 的三相交流电源供电。假定该变换器是线性的，它的最大的控制输入电压为 $V_{cm}=\pm10\text{V}$。允许的最大电动机电流为 20A。计算(a)增益 K_r 与时间常数 τ_r；(b)电流控制反馈增益 H_c；(c)电动机时间常数 τ_1，τ_2 和 τ_m；(d)该增益 K_c，以及电流控制的时间常数 τ_c；(e)该增益 K_i 和简化的电流回路的时间常数 τ_i；(f)优化的增益 K_s，速度控制器的时间常数 τ_s。

解：

(a)相电压为：

$$V_s=\frac{V_L}{\sqrt{3}}=\frac{220}{\sqrt{3}}\text{V}=127.02\text{V}$$

最大直流电压为：

$$V_{dc(max)}=K_rV_{cm}=29.71\times10\text{V}=297.09\text{V}$$

该变换器的控制电压为：

$$V_c=\frac{V_{dc}}{V_{dc(max)}}V_{cm}=\frac{220\times110}{297.09}\text{V}=7.41\text{V}$$

由式(14-88)，得：

$$K_s=\frac{2.339V_s}{V_{cm}}=\frac{2.339\times110}{297.09}\text{V/V}=29.41\text{V/V}$$

由式(14-91a)，得：

$$\tau_r=\frac{1}{12f_s}=\frac{1}{12\times60}\text{s}=1.39\text{ms}$$

(b)电流反馈增益为：

$$H_c = \frac{V_c}{I_{a(max)}} = \frac{7.41}{20}\text{V/A} = 0.37\text{V/A}$$

(c)由 $B_t = B$ 和式(14-99)，得：

$$K_m = \frac{B}{K_b^2 + R_m B} = \frac{0.0087}{1.24^2 + 6.5 \times 0.0087} = 0.04$$

$$r_1 = -5.64\text{s}^{-1}; \tau_1 = -\frac{1}{r_1} = 0.18\text{s}$$

$$r_2 = -92.83\text{s}^{-1}; \tau_2 = -\frac{1}{r_2} = 0.01\text{s}$$

$$\tau_m = \frac{J}{B} = \frac{0.06}{0.087}\text{s} = 0.69\text{s}$$

(d)电流控制器的时间常数为：$\tau_c = \tau_2 = 0.01\text{s}$

由式(14-100)，以及

$$K_c = \frac{\tau_1 \tau_2}{2\tau_r}\left(\frac{1}{K_m K_r H_c \tau_m}\right) = \frac{0.18 \times 0.01}{0.04 \times 29.71 \times 0.37 \times 0.69} = 2.19$$

式(14-112)到式(14-115)，得：

$$K_1 = \frac{K_m K_c K_r H_c \tau_m}{\tau_c} = \frac{0.4 \times 2.19 \times 29.71 \times 0.37 \times 0.69}{0.01} = 63.88$$

$$K_i = \frac{1}{H_c}\left(\frac{K_1}{1 + K_1}\right) = \frac{1}{0.37}\left(\frac{63.88}{1 + 63.88}\right) = 2.66$$

$$\tau_3 = \tau_1 + \tau_r = (0.18 + 0.00139)\text{s} = 0.18\text{s}$$

$$\tau_i = \frac{\tau_3}{1 + K_1} = \frac{0.18}{1 + 63.88}\text{s} = 2.76\text{ms}$$

(e)由式(14-118)和式(14-119)，得：

$$\tau_e = \tau_i + \tau_\omega = (2.76 \times 10^{-3} + 2 \times 10^{-3})\text{s} = 4.76\text{ms}$$

$$K_\omega = \frac{K_i K_b H_\omega}{B \tau_m} = \frac{2.66 \times 1.24 \times 0.074}{0.087 \times 0.69} = 4.07$$

由式(14-121)和式(14-122)，得：

$$K_s = \frac{1}{2K_\omega \tau_e} = \frac{1}{2 \times 4.07 \times 4.76 \times 10^{-3}} = 25.85$$

$$\tau_s = 4\tau_e = (4 \times 4.76 \times 10^{-3})\text{s} = 19.02\text{ms}$$ ◀

14.7.9　DC-DC 变换器供电的传动系统

DC-DC 变换器供电的直流传动系统可由整流的直流电源或电池供电。它们也可以工作在一象限、二象限、或者四象限，提供了几种选择以满足不同的应用要求[9]。伺服驱动系统通常用四象限变换器，如图 14-35 所示，可允许有反馈制动的双向速度控制。对于向前推动，晶闸管 T_1 和 T_4 和二极管 D_2 用于作为一个降压变换器给电枢提供不同电压 v_a，即

$$v_a = \delta V_{DC} \tag{14-127}$$

式中：V_{DC} 为变换器直流供应电压；δ 为晶闸管 T_1 的占空比。

在正向的再生制动中，晶闸管 T_2 和二极管 D_4 作为升压变换器运行，调整 T_2 的占空比可调节电动机反馈电压。在电动机的反电势和直流电源帮助下，减速中的电动机的能量通过二极管 D_1 返回到直流源。由 T_2 和 D_1 组成的制动变换器，可在允许限度保持最大制动电流，直到速度降到零为止。图 14-36 所示的为在闭环控制下的 DC-DC 变换器供电传动系统的典型加速-减速曲线。

14.7.10　锁相控制

伺服系统精准的速度控制，经常采用闭环控制来实现。使用模拟传感器(如转速器)测

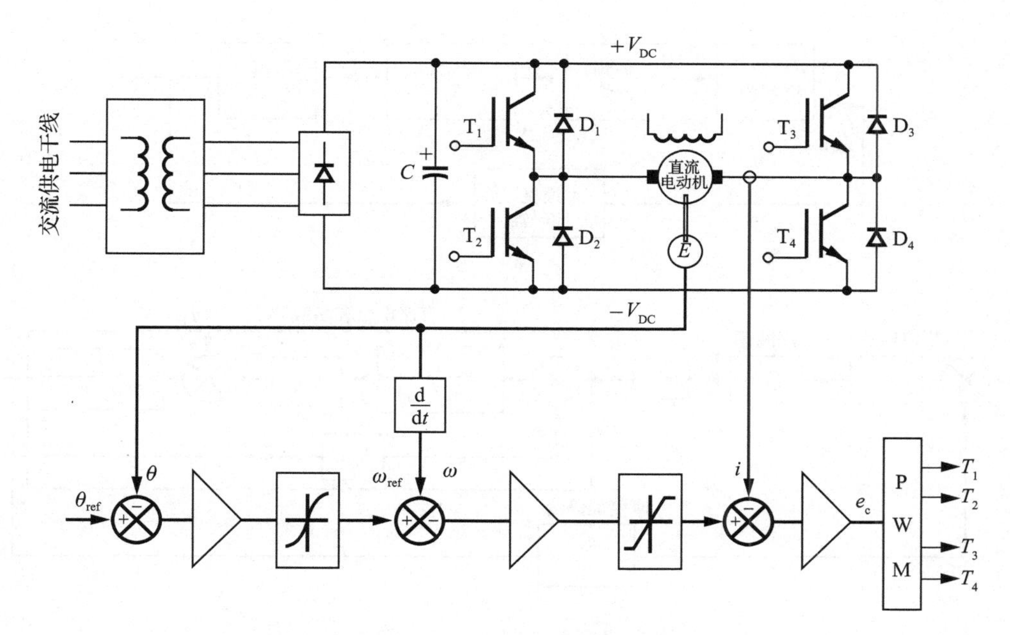

图 14-35　带 IGBT 桥的 DC-DC 变换器供电驱动系统

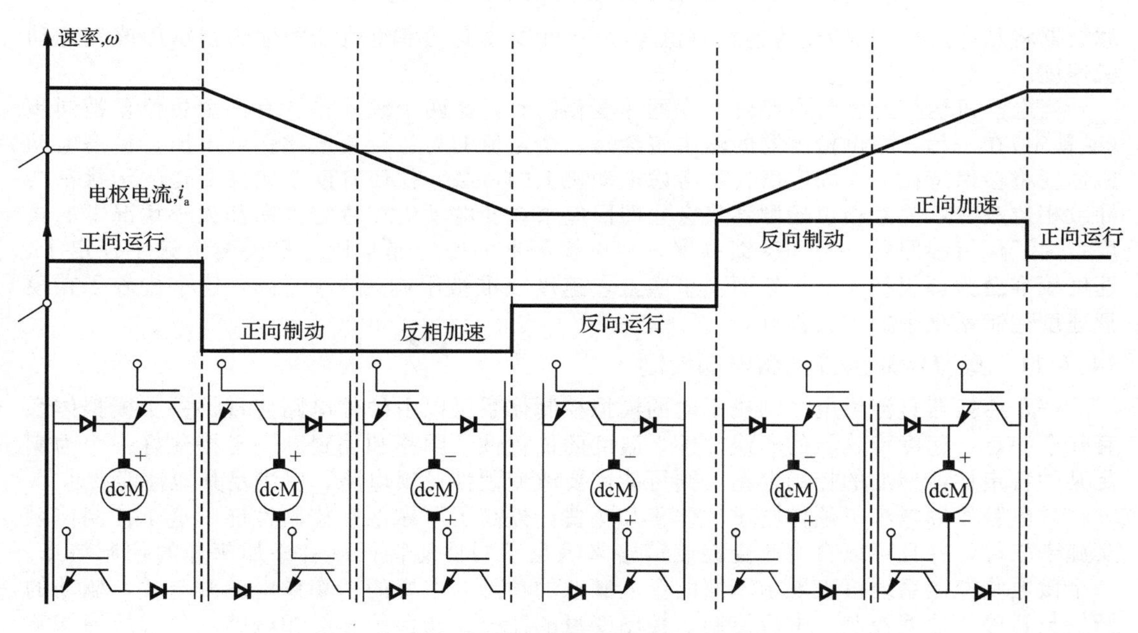

图 14-36　典型的四象限 DC-DC 变换器供电驱动

量的速度与参照速度相对比生成误差信号，用来改变电动机的电枢电压。这些用于测量速度的模拟电路和对比的信号都不是理想的，并且速度调节误差范围大于 0.2%。如果用数字锁相环(PLL)控制，速度控制器性能可以进一步提高。用 PLL 控制的变换器供电直流电动机驱动的框图如图 14-37a 所示，传递函数框图如图 14-37b 所示。

在 PLL 控制系统，电动机速度通过一个速度编码器转为一个数字脉冲序列。编码器的输出作为频率 f_o的速度反馈信号。相位检测器比较参照脉冲序列(或者频率)f_r 和反馈频率 f_o，并且提供一个脉冲宽度调制(PWM)输出电压 V_e，该电压与相位、参照频率和反馈脉冲序列的差值成正比。相位检测器(或比较仪)允许在集成电路中使用。一个低通环路

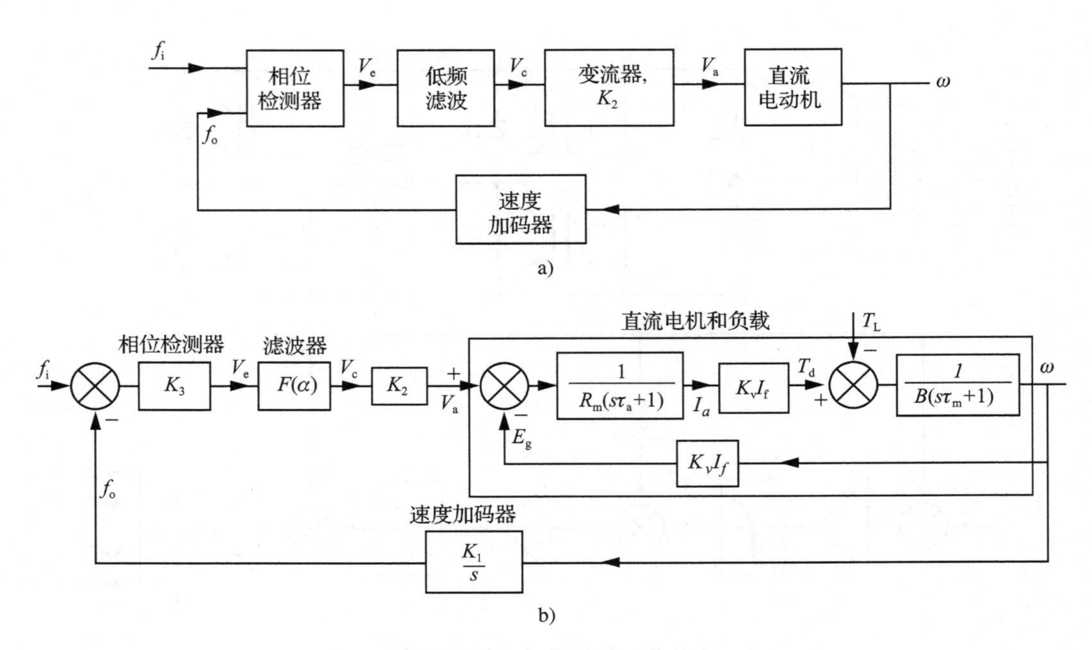

图 14-37 锁相环控制系统

滤波器将脉冲序列 V_e 转变为连续直流 V_c，其可以改变功率整流器的输出，从而改变电动机速度。

当电动机运行速度与参照脉冲序列速度相同时，这两个频率将会有一个相位差被同步(或锁定)在一起。相位检测器的输出将会是一个定值的与相位差成比例的电压，稳态电动机速度将会保持在一个固定值，不考虑电动机上的负载。任何有助于速度变化的干扰都会导致相位改变，并且相位检测器将会立即回应来改变电动机在特定方向和大小情况下的速度，为了保持参照的锁定和反馈频率。相位检测器的回应非常快。只要两个频率锁定了，速度校准会为理想状态零。然而，事实上，速度校准被限制为 0.002%，这个代表了在模拟速度控制系统中的重大提升。

14.7.11 直流传动系统的微电脑控制

一个变换器直流供电电动机驱动的模拟控制体系可以由硬件电路实现。一个模拟体系有几个缺点：速度传感器的非线性性，温度的依赖性，飘移和偏置。一旦搭建好一个为满足某种特定性能标准的控制电路，则可能需要改变硬件逻辑电路，以满足其他性能要求。

微电脑控制减小了硬件电子的体积和花费，提高了可靠性和控制性能。这个控制体系实施于软件，并且可以自由改变控制策略来满足不同性能特征或者添加额外的控制特点。一个微电脑控制系统可以展示不同的令人满意的功能：主要的功率供电的开与关，驱动的开始与暂停，速度控制，电流控制，控制变量的监控，初保护和解扣电路，内置故障探测诊断和与一个监控中央电脑的交互接口。图 14-38 展示了一个由微电脑控制的变换器供电四象限直流驱动的电路图。

速度信号通过一个模拟到数字(A/D)变换器输入到微电脑。为了限制电动机的电枢电流，需要使用内部电流环路控制。电枢电流信号可由一个 A/D 转换器输送到微电脑或者对电枢电流采样。线同步电路要求启动脉冲与供给线频率相同步。尽管微电脑可以产生门极驱信号和提供逻辑控制功能，这些功能被展示于微电脑之外。脉冲放大器提供了必要的绝缘，并且产生要求的大小和持续时间的门脉冲。一个微电脑控制的驱动已经成为了一种平常现象。模拟控制逐渐被淘汰。

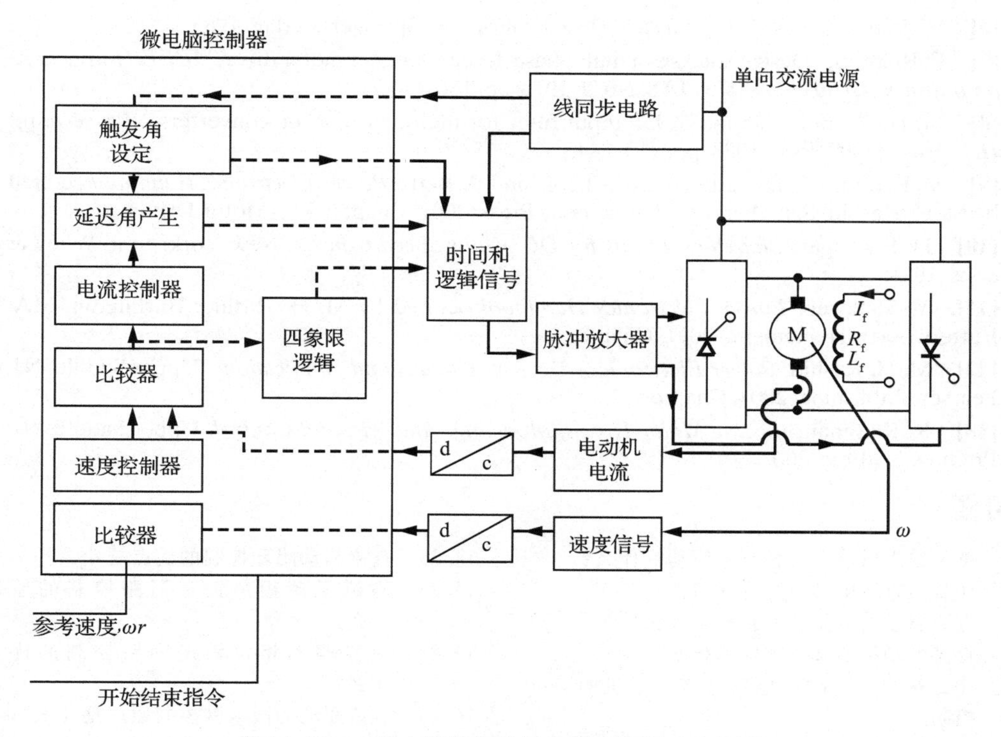

图 14-38　由微电脑控制的四象限直流驱动电路图

本章小结

在直流驱动中，直流电动机的电枢和励磁电压由 AC-DC 变换器或者 DC-DC 变换器改变。AC-DC 变换器供电驱动通常用于不同速度的应用中。因此 DC-DC 变换器更适用于牵引应用中。因为高速启动转矩的能力，直流串励电动机更多用于牵引应用中。

基于输入供给，直流驱动可以广泛地分为三类：(1)单相驱动；(2)三相驱动；(3)AC-DC变换器驱动。基于运行模式，每一个驱动可以分为三类：(a)第一象限驱动；(b)第二象限驱动；(c)第四象限驱动。DC-DC 变换器供电驱动的节能特点在要求频繁停顿的交通系统应用中很有吸引力。

有很多优点的闭环控制通常用于工业的驱动。通过用 PLL 控制可以大幅改进直流驱动的速度校准。硬件电子的模拟控制体系受限于灵活性并且有一定缺点。因此微电脑控制驱动在软件中执行，更灵活并且可以展示出很多理想功能。

参考文献

[1] J. F. Lindsay and M. H. Rashid, *Electromechanics and Electrical Machinery.* Englewood Cliffs, NJ: Prentice-Hall. 1986.

[2] G. K. Dubey, *Power Semiconductor Controlled Drives.* Englewood Cliffs, NJ: Prentice-Hall. 1989.

[3] M. A. El-Sharkawi, *Fundamentals of Electric Drives.* Boston, MA: International Thompson Publishing. 2000.

[4] P. C. Sen, *Thyristor DC Drives.* New York: John Wiley & Sons. 1981.

[5] V. Subrahmanyam, *Electric Drives; Concepts and Applications.* New York: McGraw-Hill. 1994.

[6] W. Leonard, *Control of Electric Drives.* Germany: Springer-Verlag. 1985.

[7] E. Reimers, "Design analysis of multiphase dc–dc converter motor drive," *IEEE Transactions on Industry Applications,* Vol. IA8, No. 2, 1972, pp. 136–144.

[8] M. H. Rashid, "Design of LC input filter for multiphase dc–dc converters," *Proceedings IEE*, Vol. B130, No. 1, 1983, pp. 310–344.

[9] M. F. Rahman, D. Patterson, A. Cheok, and R. Betts, *Power Electronics Handbook*, edited by M. H. Rashid. San Diego, CA: Academic Press. 2001, Chapter 27—Motor Drives.

[10] D. F. Geiger, *Phaselock Loops for DC Motor Speed Control.* New York: John Wiley & Sons. 1981.

[11] Y. Shakweh, *Power Electronics Handbook*, edited by M. H. Rashid. Burlington, MA: Butterwoorth-Heinemann. 2011, Chapter 33.

[12] M. H. Rashid, *Power Electronics—Devices, Circuits and Applications*. Upper Saddle, NJ: Pearson Publishing. 2004, Chapter 15.

[13] R. Krishnan, *Electric Motor Drives, Modeling, Analysis, and Control.* Upper Saddle, NJ: Prentice Hall Inc. 2001.

复习题

14.1 基于输入供给，三种直流驱动是什么？

14.2 什么是直流电动机的磁化特性？

14.3 直流驱动的变换器的目标是什么？

14.4 直流电动机的基本速度是什么？

14.5 什么参数可以改变他励直流电动机的速度控制？

14.6 什么参数可以改变个直流串励电动机的速度控制？

14.7 为什么直流串励电动机多用于牵引应用中？

14.8 什么是直流驱动的速度校准？

14.9 什么是单相全波变换器供电直流电动机驱动的原理？

14.10 什么是三相半波变换器供电直流电动机驱动的原理？

14.11 单相全波变换器供电直流电动机驱动的优缺点是什么？

14.12 单相半波变换器供电直流电动机驱动的优缺点是什么？

14.13 三相全波变换器供电直流电动机驱动的优缺点是什么？

14.14 三相半波变换器供电直流电动机驱动的优缺点是什么？

14.15 三相双重变换器供电直流电动机驱动的优缺点是什么？

14.16 为什么对于他励电动机的电场控制偏好用全波变换器？

14.17 什么是第一象限直流驱动？

14.18 什么是第二象限直流驱动？

14.19 什么是第四象限直流驱动？

14.20 直流/直流变换器再生制动的原理是什么？

14.21 直流/直流变换器变阻制动的原理是什么？

14.22 直流/直流变换器供电驱动的优点是什么？

14.23 多相直流/直流变换器的优点是什么？

14.24 直流驱动闭环控制的原理是什么？

14.25 直流驱动闭环控制的优点是什么？

14.26 直流驱动相位锁定回路控制的原理是什么？

14.27 直流驱动相位锁定回路控制的优点是什么？

14.28 直流驱动的微电脑控制原理是什么？

14.29 直流驱动的微电脑控制优点是什么？

14.30 直流电动机的机械时间常量是什么？

14.31 直流电动机的电力时间常量是什么？

14.32 为什么余弦函数通常用于生成可控整流器的时延角？

14.33 为什么在速度和直流电动机的参照电压的传递方程分为两个传递方程？

14.34 简化内部电流环路控制器通常做哪些假设？

14.35 简化外部电流环路控制器通常做哪些假设？

14.36 速度控制器的增益和时间常数的最优条件是什么？

14.37 在速度反馈回路中增加一个极-零点补偿网络的目的是什么？

习题

14.1 一个他励直流电动机由一个600V直流电源供电来控制机械负载的速度和确保场电流的定制。电枢电阻和损耗可以忽略。(a)如果负载转矩为 $T_L = 450\text{N}\cdot\text{m}$，1500r/min，判断电枢电流 I_a；(b)如果电枢电流保持如(a)部中的定值，场电流减小，电动机转动在速度为2800r/min情况下，判断负载转矩。

14.2 重复习题14.1，如果电枢负载为 $R_a = 0.11\Omega$. 忽略粘滞性摩擦力和无负载损耗。

14.3 一个30hp，440V，2000r/min他励直流电

动机控制一个负载需要转矩为 $T_L=85\text{N}\cdot\text{m}$，1200r/min。场电路负载为 $R_f=294\Omega$，电枢电路负载为 $R_a=0.02\Omega$，电动机电压常量为 $K_v=0.7032\text{V}/(\text{A}\cdot\text{rad/s})$。场电压为 $V_f=440\text{V}$。忽略粘滞性摩擦和无负载损耗。电枢电流可以设定为连续的且无涟波(ripplefree)。判断(a)反向电动势 E_g；(b)必需的电枢电压 V_a；(c)电动机的额定电枢电流；(d)全负载速度校准。

14.4 一个120hp，600V，1200r/min直流串励电动机控制一个负载需要转矩为 $T_L=185\text{N}\cdot\text{m}$，1100r/min。场电路负载为 $R_f=0.06\Omega$，电枢电路负载为 $R_a=0.02\Omega$，电动机电压常量为 $K_v=32\text{mV}/(\text{A}\cdot\text{rad/s})$忽略粘滞性摩擦和无负载损耗。电枢电流可以设定为连续的且无涟波(ripplefree)。判断(a)反向电动势 E_g；(b)必需的电枢电压 V_a；(c)电动机的额定电枢电流；(d)全负载速度校准。

14.5 他励电动机的速度有单相半整流器如图14-12a所示。场电流也有半整流器，场电流设定为最大的可能值。直流电源供给电枢和场整流器的电压为同一相的，208V，60Hz。电枢电路负载为 $R_a=0.1\Omega$，场电路负载为 $R_f=220\Omega$，电动机电压常量为 $K_v=1.055\text{V}/(\text{A}\cdot\text{rad/s})$。负载转矩为 $T_L=75\text{N}\cdot\text{m}$，700r/min。忽略粘滞性摩擦和无负载损耗。电枢电流可以设定为连续的且无涟波(ripplefree)。判定(a)场电流 I_f；(b)在电枢电路中整流器的时延角 α_a；(c)电枢电路输入功率因数。

14.6 他励电动机的速度有单相全波整流器如图14-13a所示。场电流也有半整流器，场电流设定为最大的可能值。直流电源供给电枢和场整流器的电压为同一相的，208V，60Hz。电枢电路负载为 $R_a=0.24\Omega$，场电路负载为 $R_f=345\Omega$，电机电压常量为 $K_v=0.71\text{V}/(\text{A}\cdot\text{rad/s})$。负载转矩为 $T_L=75\text{N}\cdot\text{m}$，700r/min。忽略粘滞性摩擦和无负载损耗。电枢电流可以设定为连续的且无涟波(ripplefree)。如果电枢电路中整流器的时延角 $\alpha_a=45°$，电动机的电枢电流为 $I_a=55\text{A}$。判定(a)由电动机产生的转矩 T_d，(b)速度 ω；(c)驱动的输入功率因数。

14.7 如果习题14.6中电动机的反动电动势极性反向通过场电流反向实现。判断(a)使电枢电流在相同电流值 $I_a=55\text{A}$ 时保持恒定的整流器电枢电流的时延角 α_a；(b)由电动机产生的转矩 T_d；(c)驱动的输入功率因数。

14.8 速度为20hp，300V，1800r/min他励电动机由三相全波整流器控制。场电流也由三相全波整流器控制并设置为最大可能值。直流输入为三相，星形联结，208V，60Hz。电枢负载为 $R_a=0.25\Omega$，电动机电压常量为 $K_v=1.15\text{V}/(\text{A}\cdot\text{rad/s})$。电枢电流可以设定为连续的且无涟波(ripplefree)。忽略粘滞性摩擦和无负载损耗。判断(a)电动机在额定速率下供应额定功率是整流器电枢电流的时延角 α_a；(b)如果时延角如(a)问一样且电枢电流在无负载情况下为额定值的10%的无负载速度；(c)速度校准。

14.9 重复习题14.8如果电枢和场电路都有三相半波整流器控制。

14.10 速度为20hp，300V，900r/min他励直流电动机由三相全波整流器控制。场电路也由三相全波整流器控制，并设置为最大可能值。输入到电枢和场整流器的为交流输入三相，星形联结，208V，60Hz。电枢负载为 $R_a=0.12\Omega$，电动机电压常量为 $K_v=1.15\text{V}/(\text{A}\cdot\text{rad/s})$。电枢电流可以设定为连续的且无涟波(ripplefree)。忽略粘滞性摩擦和无负载损耗。(a)如果场整流器在最大场电压下运行，且转矩为 $T_d=106\text{N}\cdot\text{m}$，750r/min。判断整流器电枢电流的延时角 α_a；(b)场电路也由三相全波整流器控制并设置为最大可能值 $T_d=108\text{N}\cdot\text{m}$，整流器电枢电流的延时角 $\alpha_a=0$，计算速度。(c)与(b)问相同的负载要求，如果速度被升到1800r/min，判断场电路整流器的延时角。

14.11 重复习题14.10如果电枢和场电路都由三相半波整流器控制。

14.12 一个直流/直流整流器控制一个直流串励电动机的速度。电枢负载为 $R_a=0.04\Omega$，反电动势常量 $K_v=35\text{mV}/(\text{A}\cdot\text{rad/s})$。直流/直流整流器的直流输入电压为 $V_s=600\text{V}$。如果要求保持开发转矩为常量 $T_d=547\text{N}\cdot\text{m}$，画出电动机速度与直流/直流整流器的占空比 k 的图。

14.13 一个直流/直流整流器控制他励电动机的速度。电枢负载为 $R_a=0.04\Omega$，反电动势常量 $K_v==1.527\text{V}/(\text{A}\cdot\text{rad/s})$。额定场电流为 $I_f=2.5\text{A}$。直流/直流整流器的直流输入电压为 $V_s=600\text{V}$。如果要求保持开发转矩为常量 $T_d=547\text{N}\cdot\text{m}$，画出电动机速度与直流/直流整流器的占空比 k 的图。

14.14 一个直流串励电动机有一个直流/直流整流器600V直流电源供电，如图14-18a所示。电枢负载为 $R_a=0.02\Omega$，反电动势常

量 $K_v=15.27\text{mV}/(\text{A}\cdot\text{rad/s})$。平均电枢电流为 $I_a=450\text{A}$。电枢电流为连续缺忽略(ripple)。如果直流/直流整流器的占空比为75%，判断(a)电源的输入功率；(b)直流/直流整流驱动的等效输入负载；(c)电动机速度；(d)电动机产生转矩(developedtorque)。

14.15　图14-16a所示的是运行在反馈制动的直流串励电动机。直流电源为600V。电枢负载为 $R_a=0.02\Omega$，场负载为 $R_f=0.05\Omega$，反电动势常量 $K_v==35\text{mV}/(\text{A}\cdot\text{rad/s})$，平均电枢电流在 $I_a=350\text{A}$ 时保持定值。电枢电流为连续，忽略(ripple)。如果直流/直流整流器的占空比为50%，判断(a)穿过直流/直流整流器的平均电压 V_{ch}；(b)再生到直流供电的功率 P_g；(c)作为一个发电机的电动机的等效负载 R_{eq}；(d)最小允许的制动速度 ω_{min}；(e)最大允许的制动速度 ω_{max}；(f)电动机速度。

14.16　一个直流/直流整流器用来当做直流串励电动机的电阻制动，如图14-17a所示。电枢负载为 $R_a=0.02\Omega$，场负载为 $R_f=0.05\Omega$，制动电阻 $R_b=5\Omega$，反电动势常量 $K_v=14\text{mV}/(\text{A}\cdot\text{rad/s})$，平均电枢电流在 $I_a=250\text{A}$ 时保持定值。电枢电流为连续，忽略纹波。如果直流/直流整流器的占空比为60%，判断(a)穿过直流/直流整流器的平均电压 V_{ch}；(b)电阻上消耗的功率 P_b；(c)作为一个发电动机的电动机的等效负载 R_{eq}；(d)电动机速度；(e)直流/直流整流器的电压峰值 V_p。

14.17　两个直流/直流整流器控制一个直流电动机，如图14-21a所示，运行中它们相位以 π/m 变化，m 是多相直流/直流整流器的数值。电源电压 $V_s=440\text{V}$，电枢电路的电阻为 $R_m=6.5\Omega$，电枢电路电感 $L_m=12\text{mH}$，每个直流/直流整流器的频率 $f=250\text{Hz}$。计算峰峰值电阻脉动电流的最大值。

14.18　对于习题14.17，画出峰峰值电阻脉动电流的最大值与多相直流/直流整流器的数值的关系图。

14.19　一个直流电动机有两个多相直流/直流整流器控制。平均电枢电流为 $I_a=350\text{A}$。一个 LC 输入滤波器有 $L_e=0.35\text{mH}$ 和 $C_e=5600\mu\text{F}$。每个直流/直流整流器在频率为 $f=250\text{Hz}$ 的情况下运行。判断在电源处直流/直流整流再生谐波电流的 r_{ms} 基本组成。

14.20　对于习题14.19，画出在电源处直流/直流整流再生谐波电流的 r_{ms} 基本组成与多相直流/直流整流器的数值的关系图。

14.21　一个40hp，230V，3500r/min他励电动机由一个增益为 $K_2=200$ 的线性整流器控制。电机负载惯性为 $J=0.156\text{N}\cdot\text{m}/(\text{rad/s})$，忽略粘滞性摩擦，总电枢负载为 $R_m=0.045\Omega$，总电枢电感为 $L_m=730\text{mH}$。反动电动势常量为 $K_v=0.502\text{V}/(\text{A}\cdot\text{rad/s})$，场电流包场在常量 $I_f=1.25\text{A}$。(a)求电动机的开环转移方程 $\omega(s)/V_r(s)$ 和 $\omega(s)/T_L(s)$；(b)如果参照电压为 $V_r=1\text{V}$，负载转矩为额定值的60%，计算电动机稳态速度。

14.22　重复习题14.21，当为闭环控制，速度传感器的放大系数为 $K_1=3\text{mV}/(\text{rad/s})$。

14.23　在习题14.21中电动机有一个闭环控制的增益为 K_2 的线性整流器。如果速度传感器的放大系数为 $K_1=3\text{mV}/(\text{rad/s})$。判断整流器 K_2 限制全负载时速度校准为1%时的增益。

14.24　一个60hp，230V，1750r/min他励电动机由一个整流器控制如图14-29。场电流保持在 $I_f=1.25\text{A}$，机器反动电动势常量为 $K_v=0.81\text{V}/(\text{A}\cdot\text{rad/s})$。电枢电阻为 $R_a=0.02\Omega$，粘滞性摩擦常量为 $B=0.3\text{N}\cdot\text{m}/(\text{rad/s})$。速度传感器的放大系数为 $K_1=96\text{mV}/(\text{rad/s})$。功率控制器的增益为 $K_2=150$。(a)判断电机额定转矩；(b)判断驱动电动机到额定速度的参照电压 V_r；(c)如果参照电压补偿，判断速度电动机发出额定转矩时的速度。

14.25　重复习题14.24，(a)如果负载转矩上升了额定值的20%，判断电动机速度；(b)如果参照电压下降了10%，判断电动机速度；(c)如果负载转矩下降了额定值的15%，且参照电下降了20%，判断电动机速度；(d)如果没有反馈，像在开环控制中，判断对于参照电压为 $V_r=1.24\text{V}$ 时的速度校准；(e)判断闭环控制的速度校准。

14.26　一个40hp，230V，3500r/min他励电动机由一个闭环控制的增益为 $K_2=200$。电动机负载惯性为 $J=0.156\text{N}\cdot\text{m}/(\text{rad/s})$，忽略粘滞性摩擦，总电枢负载为 $R_m=0.045\Omega$，宗电枢电感为 $L_m=730\text{mH}$。反动电动势常量为 $K_v=340\text{mV}/(\text{A}\cdot\text{rad/s})$，场电阻为 $R_f=0.035\Omega$，场电感为 $L_f=340\text{mH}$。粘滞性摩擦常量为 $B=0.3\text{N}\cdot\text{m}/(\text{rad/s})$。速度传感器的放大系数为 $K_1=96\text{mV}/(\text{rad/s})$，功率控制器的增益为 $K_2=150$。(a)求电动机的开环转移

方程 $\omega(s)/V_r(s)$ 和 $\omega(s)/T_L(s)$；(b)如果参照电压为 $V_r=1V$，负载转矩为额定值的60%，计算电动机稳态速度。

14.27 当习题14.26中的速度感应器的增益 $K_1=3mV/(rad/s)$ 时，使用闭环控制重做习题14.26。

14.28 一台他励直流电动机的参数如下：$K_m=0.51V/rad$，$J=0.0177kg\cdot m^2$，$B=0.02N\cdot m/(rad/s)$，负载转矩 $T_L=80N\cdot m$。电枢直流电压220V。如果电动机在额定励磁电流下运行，$I_f=1.45A$，试确定电动机转速。

14.29 图14-7所示的变速箱的参数如下：$B_1=0.035N\cdot m/(rad/s)$，$\omega_1=310rad/s$，$B_m=0.064kg\cdot m^2$，$J_m=0.35kg\cdot m^2$，$J_1=0.25kg\cdot m^2$，$T_2=24N\cdot m$，$\omega_2=21rad/s$，试确定(a)变比 $GR=N_2/N_1$；(b)电动机有效转矩 T_1；(c)有效惯量 J；(d)有效摩擦系数 B。

14.30 图14-27所示的变速箱的参数如下：$B_1=0.033N\cdot m/(rad/s)$，$\omega_1=410rad/s$，$B_m=0.064kg\cdot m^2$，$J_m=0.35kg\cdot m^2$，$J_1=0.25kg\cdot m^2$，$T_2=28N\cdot m$，$\omega_2=31rad/s$。试确定：(a)变比 $GR=N_2/N_1$；(b)电动机有效转矩 T_1；(c)有效惯量 J；(d)有效摩擦系数 B。

14.31 当习题14.14中电动机最大容许电流为40A，交流侧频率 $f_s=60Hz$ 时，重做习题14.14。

14.32 当习题14.14中变换器由一个单向交流120V、60Hz电源供电时，重做习题14.14。

14.33 当习题14.14中变换器由一个单向交流120V、50Hz电源供电时，重做习题14.14。

14.34 当习题14.14中变换器由一个单向交流240V、50Hz电源供电时，重做习题14.14。

14.35 在习题14.14中，(a)试画出式(14-124)中从0到100ms的瞬态响应 $\omega_r(t)$；(b)上升时间，最大超调量，稳定时间。

14.36 在习题14.14中，(a)试画出式(14-126h)中从0到100ms的瞬态响应 $\omega_r(t)$；(b)上升时间，最大超调量，稳定时间。

第15章
交流驱动

学习完本章后，应该做到以下几点：
- 描述感应电动机的速度-转矩特性；
- 列出感应电动机速度控制的方法；
- 确定感应电动机性能参数；
- 解释感应电动机向量或者磁场定向控制的原理；
- 列出同步电动机的种类；
- 确定同步电动机的性能参数；
- 描述同步电动机的控制特性以及控制方法；
- 解释步进电动机的控制方法；
- 解释线性直线感应电动机的运行方式；
- 确定直线感应电动机的性能参数。

符号及其含义

符　号	含　　义
E_r，E_m	转子每相感应电压的有效值、幅值
F，V_{dc}	供电端频率、电压
$f_{\alpha s}$，$f_{\beta s}$，f_0	定子在 α-β 坐标系下的参数
f_{ds}，f_{qs}，f_0	定子在 d-q 坐标系下的参数
i_{qs}，i_{ds}，i_{qr}，i_{dr}	在 q-d 同步坐标系下定子和转子电流
I_s，I_r	定子和转子在各自绕组中的电流有效值
P_i，P_g，P_d，P_o	输入功率、气隙、实发功率、输出功率
R_s，X_s	每相定子电阻和电抗
R'_r，X'_r	转子折算到定子侧每相电阻和电抗
R_m，X_m	励磁电阻、励磁电抗
s，s_m	转差率、最大转矩对应转差率
T_L，T_e，T_s，T_d，T_m，T_{mm}	负载转矩、电磁转矩、启动转矩、实发转矩、最大转矩、制动转矩
V_{qs}，V_{ds}，V_{qr}，V_{dr}	在 d-q 坐标系下定子和转子电压
V_m，$i_{as(t)}$	定子最大电流、定子瞬时电流
V_s，V_a	供电电压有效值、外加电压有效值
a，δ	延迟角和转矩角
β，b	频率比已经电压-频率比
ω_s，ω，ω_m，ω_b，ω_{sl}	同步速度、供电角速度、电机角速度、基速、转差率速度
Φ，K_m，b	磁通量、电动机常数、电压比

15.1　引言

和他励直流电动机低耦合的相对简单的结构特征不同，交流电动机有着高耦合，非线性，多变数的结构特征。交流电动机的控制一般需要复杂的控制算法，可以通过微处理器或者微型电脑以及高开关速度变换器完成。

交流拖动有如下优势：它们重量较轻(比等效的直流电动机轻 20%到 40%)，价格便宜，相比直流电动机维护成本低。交流电动机的变速需要对频率、电压和电流的控制。电能变换器，逆变器以及交流电压控制器可以对电压、频率以及电流进行控制，从而满足驱动电动机的要求。电能变换器相比之下更复杂，成本更高，需要诸如参考模型，自适应性控制，滑模控制，以及磁场定向控制等高级控制方法。然而交流拖动的优势超过了它的不足。交流拖动有如下四种：

(1)异步电动机驱动；

(2)同步电动机驱动；

(3)步进电动机驱动；

(4)直线感应电动机驱动。

交流电动机正在取代直流电动机，在许多工业以及家用领域都有广泛的应用[1,2]。

15.2 感应电动机驱动

三相异步电动机一般用于可调速传动装置中，它有三相的定子以及转子绕组。定子绕组由三相平衡交流电压供电。由于变压器效应，在转子绕组中产生感应电动势。可以通过安排定子绕组的分布产生多极效应，在气隙中产生多圈磁动势(mmf)(或者磁场)。这个磁场在气隙中建立了在空间分布的正弦磁通。这个磁场的旋转速度就叫做同步转速，有如下的定义：

$$\omega_s = \frac{2\omega}{p} \tag{15-1}$$

式中：p 是磁极对数；ω 是频率，rad/s。

如果定子相电压 $v_s=\sqrt{2}V_s\sin(\omega t)$，产生的漏磁通(在转子中)为：

$$\Phi(t) = \Phi(m)\cos(\omega_m t + \delta - \omega_s t) \tag{15-2}$$

转子绕组每相感应电动势为：

$$e_r = N_r\frac{d\Phi}{dt} = N_r\frac{d}{dt}[\Phi_m\cos(\omega_m t + \delta - \omega_s t)] = -N_r\Phi_m(\omega_s - \omega_m)\sin[(\omega_s - \omega_m)t - \delta]$$

$$= -sE_m\sin(s\omega_s t - \delta) = -s\sqrt{2}E_r\sin(s\omega_s t - \delta) \tag{15-3}$$

式中：N_r为每个转子绕组的匝数；

ω_m为转子角速度或频率，Hz；

δ 为转子相对位置；

E_r为转子每相感应电动势的有效值，V；

E_m为转子每相感应电动势的峰值，V；

s 为转差率，

$$s = \frac{\omega_s - \omega_m}{\omega_s} \tag{15-4}$$

从而电动机转速 $\omega_m=\omega_s(1-s)$。ω_s 可以看做是最大机械转速 ω_{rm}对应的频率，那么转差率可以表示为：$\omega_{sl}=\omega_{rm}-\omega_m=\omega_s-\omega_m$。同样可以把机械转速 ω_m转化成转子电角速度，即

$$\omega_{re} = \frac{p}{2}\omega_m \tag{15-4a}$$

在这种情况下，ω 是同步电角速度，ω_{re}。转差率则变成：$\omega_{sl}=\omega-\omega_{re}=\omega-\omega_r$。因此转差率还可以定义为：

$$s = \frac{\omega - \omega_r}{\omega} = 1 - \frac{\omega_r}{\omega} \tag{15-4b}$$

那么转子电角速度为：

$$\omega_r = \omega(1-s) \tag{15-4c}$$

这些公式直接联系到供电端频率 ω，并且为异步电动机拖动的分析带来了方便(15.5.2 小节)。通常，电动机转速先设定到适当的值，然后转子转速增加到转差转速用于计算需要的频率。改变频率和转差率来控制电动机转速(16.3 节)。图 15-1a 所示的为单相转子等效电路。

图中：R_r是转子绕组每相电阻；

X_r是在电源频率下的单相转子漏抗；

E_r表示在转速为零(或者 $s=1$)时单相感应电压。

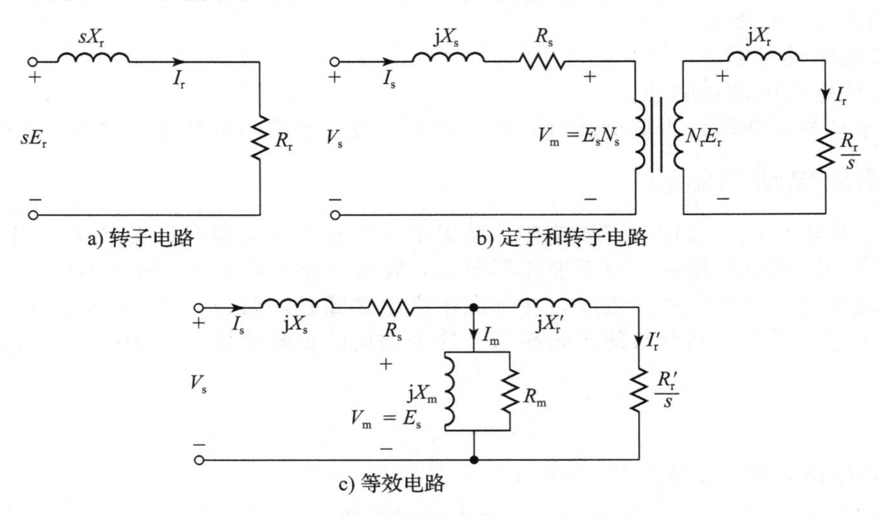

图 15-1 异步电动机的电路模型

转子电流为：

$$I_r = \frac{sE_r}{R_r + \mathrm{j}sX_r} \tag{15-5}$$

$$= \frac{E_r}{R/s + \mathrm{j}X_r} \tag{15-5a}$$

式中：R_r和X_r都归化到转子绕组上。

异步电动机每相的电路模型如图 15-1b 所示，图中，R_s和X_s为定子单相电阻和漏抗。完整的参数归化到定子绕组的电路模型中，如图 15-1c 所示，其中 R_m表示励磁(铁心)损耗所等效的电阻，X_m为励磁电抗。R'_r和X'_r为归化到定子侧的转子电阻和电抗。I'_r为归化到定子侧的转子电流。当电源接通，转子铁心损耗与转差率有关时，定子铁心就会有损耗。电动机旋转会产生摩擦和空气阻尼损耗 P_{noload}。铁心损耗 P_c可以包括在旋转损耗 P_{noload}中。

15.2.1 工作特性

转子电流 I_r和定子电流 I_s可以在图 15-1c 所示的电路模型中找到，其中，R_r，X_r归化到定子侧。只要 I_r和 I_s的值已知，三相电动机的工作参数可以如下确定。

定子铜耗为：

$$P_{su} = 3I_s^2R_s \tag{15-6}$$

转子铜耗为：

$$P_{ru} = 3(I'_r)^2R'_r \tag{15-7}$$

铁心损耗为：

$$P_c = \frac{3V_m^2}{R_m} \approx \frac{3V_s^2}{R_m} \tag{15-8}$$

气隙功率(从定子经过气隙到转子的功率)为：

$$P_g = 3\,(I'_r)^2\,\frac{R'_r}{s} \tag{15-9}$$

实发功率为：

$$P_d = P_g - P_{ru} = 3\,(I'_r)^2\,\frac{R'_r}{s}(1-s) \tag{15-10}$$

$$= P_g(1-s) \tag{15-11}$$

实发转矩为：

$$T_d = \frac{P_d}{\omega_m}$$

$$= \frac{P_g(1-s)}{\omega_s} = \frac{P_g}{\omega_s} \tag{15-12}$$

输入功率为：

$$P_i = 3V_s I_s \cos\theta_m$$

$$= P_c + P_{su} + P_g \tag{15-13}$$

式中：θ_m是 I_s和 V_s 的夹角。

输出功率为：

$$P_o = P_d - P_{\text{no load}}$$

效率为：

$$\eta = \frac{P_o}{P_i} = \frac{P_d - P_{\text{no load}}}{P_c + P_{su} + P_g} \tag{15-14a}$$

如果 $P_g \gg (P_c + P_{su})$，$P_d \gg P_{\text{no load}}$，效率可以近似表示为：

$$\eta \approx \frac{P_d}{P_g} = \frac{P_g(1-s)}{P_g} = 1 - s \tag{15-14b}$$

X_m的值一般比 R_m大许多，因此可以从电路模型中省去，从而简化计算。如果$X_m^2 \gg (R_s^2 + X_s^2)$，那么 $V_s \approx V_m$，励磁电抗X_m可以移到定子绕组上，从而进一步简化计算，如图 15-2 所示。

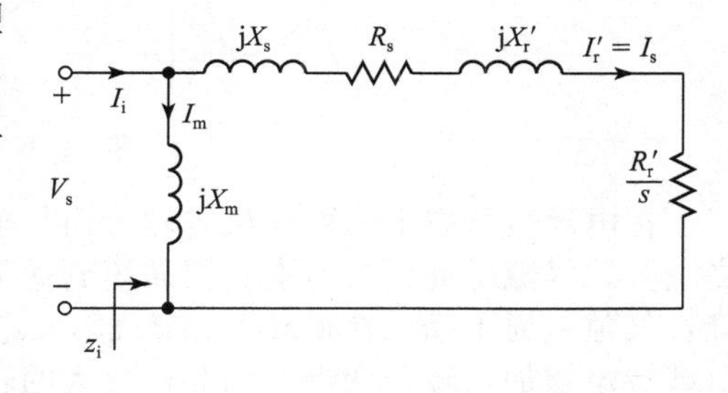

图 15-2　简化单相等效电路

电动机输入阻抗为：

$$\mathbf{Z}_i = \frac{-X_m(X_s + X'_r) + \mathrm{j}\,X_m\left(R_s + \dfrac{R'_r}{s}\right)}{R_s + \dfrac{R'_r}{s} + \mathrm{j}(X_m + X_s + X'_r)} \tag{15-15}$$

电动机功率因数(PF)角为：

$$\theta_m = \pi - \arctan\frac{R_s + \dfrac{R'_r}{s}}{X_s + X'_r} + \arctan\frac{X_m + X_s + X'_r}{R_s + \dfrac{R'_r}{s}} \tag{15-16}$$

从图 15-2 可得，转子电流有效值为：

$$I'_r = \frac{V_s}{\left[\left(R_s + \dfrac{R'_r}{s}\right)^2 + (X_s + X'_r)^2\right]^{1/2}} \tag{15-17}$$

将式(15-17)的I'_r和式(15-12a)的 P_g，代入式(15-9)，可得：

$$T_d = \frac{3\,R'_r V_s^2}{s\omega_s\left[\left(R_s + \dfrac{R'_r}{s}\right)^2 + (X_s + X'_r)^2\right]} \tag{15-18}$$

15.2.2 转矩-转速特性

如果电动机由一个频率恒定的混合电压供电，实发转矩是一个关于转差率的函数，那么转矩-转速特性可以由式(15-18)确定。图 15-3 展示一个典型的实发转矩关于转差率的函数图像。我们把转差率而不是转速作为自变量，因为转差率是无量纲的，并且可以适用于任何频率。当接近同步转速，也就是低转差率时，转矩为线性的并且和转差率成正比。超过最大转矩(又叫做失步转矩)后，转矩和转差率成反比，如图 15-3 所示。在静止时，转差率为 1，产生的转矩叫做静止转矩。为了加速负载，静止转矩需要比负载转矩更大。为达到更高效率，我们需要让电动机在低转差率范围运行。这是因为转子的铜耗与转差率成正比，并且等于转差功率。因此，在低转差率范围内，转子铜耗非常小。电动机反向转动以及制动的运行可由电动机终端的相序反转实现。反向转速-转矩特性在图 15-3 中用虚线表示。电动机在运行中有三个运行状态：(1)电动机状态，$0<s\leqslant 1$；(2)发电机状态，$s<0$,；(3)电磁制动状态，$1\leqslant s\leqslant 2$。

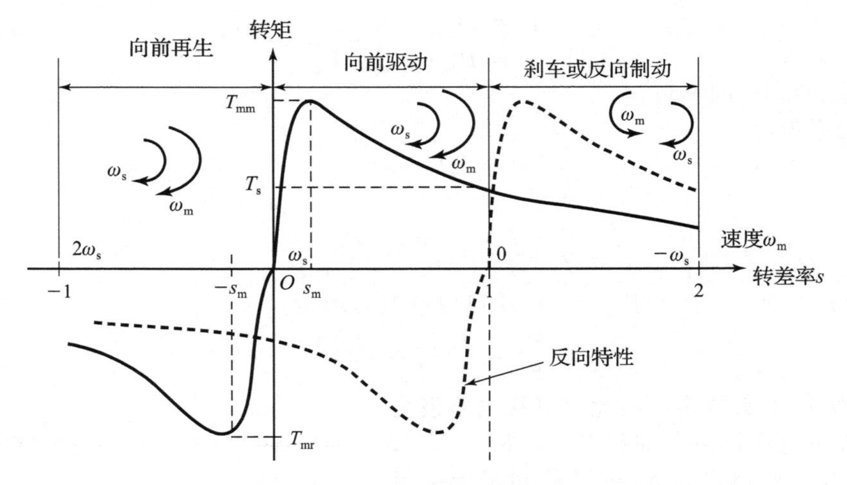

图 15-3 转矩-转速特性

在电动机状态下，电动机旋转方向与磁场旋转方向一致；随着转差率上升，转矩也随之上升，气隙磁通保持不变。当转矩到达最大值 T_m时，$s=s_m$，转矩随着转差率上升而下降，气隙磁通下降。在低转差率比如 $s<s_m$时，特性曲线的正斜率能保证稳定运行。如果负载转矩增加，转子变慢，因此产生大的转差率，从而增加了电磁转矩带负载的能力。如果电动机在 $s>s_m$的转差率下运行，任何的负载转矩的干扰会导致转差率的增加，从而导致产生的转矩不断减小。结果是，输出转矩会和负载转矩相差越来越大最终停机到静止状态。

在发电机状态下，速度 ω_m比同步转速 ω_s 大，且两者方向相同，转差率为负值，因此 $\frac{R_r'}{s}$为负值。这意味着功率从转轴回送到转子电路，电机处在发电机状态。电机把能量送回到供电端。转矩-转速特性和电动机状态相似，但是转矩为负值。由于感应电动势反转，负的转差率导致了电动机状态下产生的转矩由正到负。负转差率运行下，发电机状态失步转矩 g 要高得多。这是因为互感磁通的漏感被异步电机的发电机运行加强了。转子电流的反向减小了电机阻抗上的电压降，使得励磁电流增加，从而导致了互感磁通的漏感增加，以及转矩的增加。

在电磁制动状态，转速和磁场方向相反，转差率大于 1。这种情况可能发生于供电端的相序在电动机状态下反转，因此磁场的方向也随之反转。输出转矩的方向和磁场方向相同，阻碍电动机的运动，成为了制动转矩。比如，如果电动机在与 abc 相序相反的方向旋转，同时电动机定子电压相序为abc且在工作频率下，这样就产生了与转子速度相反的定子的漏磁通，从而导致制动。这同样导致转差率大于1，并且相对于同步转速，转子的速度为负值。这种制动使得转子的运动能在短时间内达到静止。由于$s>1$，电动机电流非常大，但是转矩非常小。制动产生的能量必须在电动机内部消散，因此可能导致电动机过热。这种类型的制动通常不被推荐使用。

在启动时，电动机转速$\omega_m=0$并且$s=1$。启动转矩可以在式(15-18)中令$s=1$得到：

$$T_s=\frac{3R'_rV_s^2}{\omega_s[(R_s+R'_r)^2+(X_s+X'_r)^2]} \tag{15-19}$$

最大转矩对应的转差率s_m可以令$dT_d/d_s=0$来确定，从而得出：

$$s_m=\pm\frac{3R'_r}{[R_s{}^2+(X_s+X'_r)^2]^{1/2}} \tag{15-20}$$

将式(15-18)中令$s=-s_m$，可以得到电动机最大输出转矩，也叫作牵出转矩或者失步转矩，即

$$T_{mm}=\frac{3V_s^2}{2\omega_s[R_s+\sqrt{R_s{}^2+(X_s+X'_r)^2}]} \tag{15-21}$$

最大发电机转矩可以从式(15-18)中令

$$s=-s_m$$

得：

$$T_{mr}=\frac{3V_s^2}{2\omega_s[-R_s+\sqrt{R_s{}^2+(X_s+X'_r)^2}]} \tag{15-22}$$

如果R_s相比其他电路阻抗较小，对应的表达方式可以变为：

$$T_d=\frac{3R'_rV_s^2}{s\omega_s\left[\left(\frac{R'_r}{s}\right)^2+(X_s+X'_r)^2\right]} \tag{15-23}$$

$$T_s=\frac{3R'_rV_s^2}{\omega_s[(R'_r)^2+(X_s+X'_r)^2]} \tag{15-24}$$

$$s_m=\pm\frac{R'_r}{X_s+X'_r} \tag{15-25}$$

$$T_{mm}=-T_{mr}=\frac{3V_s^2}{2\omega_s(X_s+X'_r)} \tag{15-26}$$

这种假设通常在1kW以上电机应用中是合理的。

化简式(15-23)和式(15-24)，考虑到式(15-26)，可得：

$$\frac{T_d}{T_{mm}}=\frac{2R'_r(X_s+X'_r)}{s\left[\left(\frac{R'_r}{s}\right)^2+(X_s+X'_r)^2\right]}=\frac{2s\,s_m}{s_m^2+s^2} \tag{15-27}$$

并且

$$\frac{T_s}{T_{mm}}=\frac{2R'_r(X_s+X'_r)}{(R'_r)^2+(X_s+X'_r)^2}=\frac{2s_m}{s_m^2+1} \tag{15-28}$$

如果$s<1$，$s^2<s_m^2$，式(15-27)可以近似为：

$$\frac{T_d}{T_{mm}}=\frac{2s}{s_m}=\frac{2(\omega_s-\omega_m)}{s_m\omega_s} \tag{15-29}$$

那么可得转速关于转矩的函数为：

$$\omega_m=\omega_s\left(1-\frac{s_m}{2T_{mm}}T_d\right) \tag{15-30}$$

从式(15-29)，式(15-30)我们可以发现，如果电动机在低转差率下运行，则实发转矩与转差率成正比，转速随着转矩的降低而下降。转子电流在同步转速下为零，在转速减小时，电流会由于R'_r/s减小而增加。在达到最大转矩，$s=s_m$之前，实发转矩同样增加。对于

$s<s_m$，电机在转矩-转速特性曲线的一部分稳定运行。如果转子电阻很小，则s_m很小。也就是说，从零负载到额定转矩的转速变化只有很小的比例。电动机基本上运行在恒定速度下。当负载转矩超过制动转矩时，电动机停转并且过负载保护必须立即启动，断开电源从而防止由过热带来的损坏。值得注意的是，对于 $s>s_m$，尽管转子电流增加，转矩仍然减小，这种运行方式对大多数电动机是不稳定的。异步电动机的转速和转矩可能由于以下几点而不同：

(1)定子电压控制；
(2)转子电压控制；
(3)频率控制；
(4)定子电压和频率控制；
(5)定子电流控制；
(6)电压电流和频率控制。

为了满足驱动转矩-转速工作周期，一般会应用电压，电流和频率控制。

例 15.1 找出三相异步电动机的运行参数。

一个 460V，60Hz，4 极，星形联结的三相异步电动机有如下等效电路参数：$R_s=0.42\Omega$，$X_s=X_r'=0.82\Omega$，$X_m=22\Omega$，空载损耗$P_{noload}=60W$，可以看做是恒定值。转子转速为 1750r/min。用图 15-2 所示的近似等效电路确定：(a)同步转速 ω_s；(b)转差率 s；(c)输入电流 I_i；(d)输入功率P_i；(e)输入的功率因素PF_s；(f)气隙功率P_g；(g)转子铜耗P_{ru}；(h)定子铜耗P_{su}；(i)实发转矩T_d；(j)效率；(k)启动电流 I_{rs}和启动转矩 T_s；(l)对应最大转矩的临界转差率 s_m；(m)在电动机模式中能得到的最大转矩 T_{mm}；(n)最大发电转矩 T_{mr}；(o)在忽略 R_s 情况下的 T_{mm}和 T_{mr}。

解：

$f=60Hz$，$p=4$，$R_s=0.42\Omega$，$R_r'=0.23\Omega$，$X_s=X_r'=0.82\Omega$
$X_m=22\Omega$，　　$N=1750r/min$

相电压为 $V_s=\frac{460}{\sqrt{3}}V=265.58V$，$\omega=2\pi\times60rad/s=377rad/s$，$\omega_m=183.26rad/s$

(a)由式(15-1)，得：$\omega_s=\frac{2\omega}{p}=188.5rad/s$

(b)由式(15-4)，得：$s=\frac{(188.5-183.26)}{188.5}=0.028$

(c)由式(15-15)，得：

$$\boldsymbol{Z}_i=\frac{-22\times(0.82+0.82)+j22\times\left(0.42+\frac{0.23}{0.028}\right)}{0.42+\frac{0.23}{0.028}+j(22+0.82+0.82)}\Omega=7.732\Omega\angle 30.88°\Omega$$

$$\boldsymbol{I}_i=\frac{V_s}{Z_i}=\frac{265.58}{7.732}\angle -30.88°A=34.35\angle -30.88°A$$

(d)电动机功率因数为：

$$PF_m=\cos(-30.88°)=0.858(滞后)$$

由式(15-13)，得：

$$P_i=3\times265.58\times34.55\times0.858W=23482W$$

(e)因为电源是正弦的，所以输入电源的功率等于电动机功率因数，也滞后。

(f)由式(15-17)，得转子电流的有效值为：

$$I_r'=\frac{265.58}{[(0.42+0.23/0.028)^2+(0.82+0.82)^2]^{1/2}}A=30.1A$$

由式(15-19)，得：

$$P_g = \frac{3 \times 30.1^2 \times 0.23}{0.028} \text{W} = 22327 \text{W}$$

(g)由式(15-19)，得：$P_{ru}=3\times30.1^2\times0.23\text{W}=625\text{W}$

(h)定子铜耗为：$P_{ru}=3\times30.1^2\times0.42\text{W}=1142\text{W}$

(I)由式(15-12a)，得：$T_d=\frac{22327}{118.5}\text{N}\cdot\text{m}=118.4\text{N}\cdot\text{m}$

(j)$P_o=P_g-P_{ru}-P_{noload}=(22327-625-60)\text{W}=21642\text{W}$

(k)对于 $s=1$，由式(15-17)，得启动转子电流有效值为：

$$I_{rs} = \frac{265.58}{[(0.42+0.23)^2+(0.82+0.82)^2]^{\frac{1}{2}}} \text{A} = 150.5\text{A}$$

由式(15-19)得：

$$T_s = \frac{3 \times 150.5^2 \times 0.23}{188.5} \text{N}\cdot\text{m} = 82.9\text{N}\cdot\text{m}$$

(l)由式(15-20)，得最大转矩对应的临界转差率为：

$$s_m = \pm \frac{0.23}{[0.42^2+(0.82+0.82)^2]^{1/2}} = \pm 0.1359$$

(m)由式(15-21)，得最大转矩为：

$$T_{mm} = \frac{3 \times 265.58^2}{2 \times 188.5 \times \left[0.42 + \sqrt{0.42^2+(0.82+0.82)^2}\right]} \text{N}\cdot\text{m} = 265.64\text{N}\cdot\text{m}$$

(n)由式(15-21)，得最大再生转矩为：

$$T_{mr} = \frac{3 \times 265.58^2}{2 \times 188.5 \times \left[-0.42 + \sqrt{0.42^2}+(0.82+0.82)^2\right]} \text{N}\cdot\text{m} = -440.94\text{N}\cdot\text{m}$$

(o)由式(15-25)，得：

$$s_m = \pm \frac{0.23}{0.82+0.82} = \pm 0.1402$$

由式(15-25)，得：

$$T_{mm} = -T_{mr} = \frac{3 \times 265.58^2}{2 \times 188.5 \times (0.82+0.82)} \text{N}\cdot\text{m} = 342.2\text{N}\cdot\text{m}$$ ◀

注意：T_{mm}和 T_{mr}之间 R_s 的区别。相对于 $T_{mm}=265.64\text{N}\cdot\text{m}$ 和 $T_{mr}=-440.94\text{N}\cdot\text{m}$，对于 $R_s=0$，$T_{mm}=-T_{mr}=342.2\text{N}\cdot\text{m}$。

15.2.3 定子电压控制

式(15-18)表明转矩正比于电子电压的平方，减小定子电压可以使电动机减速。如果定子端电压减小到 bV_s，式(15-18)给出的转矩表达式为：

$$T_d = \frac{3R'_r(bV_s)^2}{s\omega_s[(R_s+R'_r/s)^2+(X_s+X'_r)^2]}$$

式中：b 小于或等于 1。

图 15-4 展示了不同 b 值下的典型转差率-转矩曲线。其中与负载特性曲线相交的一系列点是系统稳定工作点。在任何磁路中感应电压正比于磁通大小和频率。所以，气隙磁通的有效值可以表示为：

$$V_a = bV_s = K_m\omega\Phi$$

或者

$$\Phi = \frac{V_a}{K_m\omega} = \frac{bV_s}{K_m\omega} \tag{15-31}$$

式中：K_m是由定子绕组匝数决定的常数。

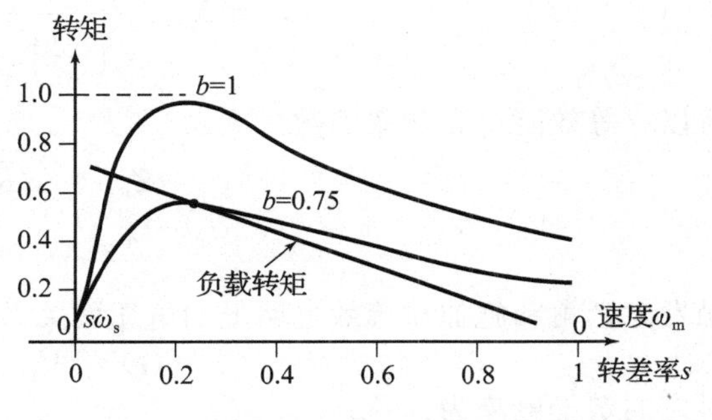

图 15-4 有变量定子电压的转矩-速度特性

当定子电压减小的时候，气隙磁通和转矩也一同减小。

在低电压区间，在转差率 $s_a=1/3$ 时出现峰值电流。电动机的调速范围取决于对应最大转矩的临界转差率。对于低转差率的电动机，调速范围窄。这种靠改变定子电压来调速的方法不适合恒定转矩负载，并且通常应用在低启动转矩，窄调速范围的领域。

定子电压控制器可以分为：三相交流电压控制器，电压型可变直流母线逆变器，脉冲宽度调制逆变器。然而，由于调速范围限制，我们通常采用交流电压控制器。交流电压控制器非常简单。但是，谐波含量很高，而且输入功率因数低。这种控制方法主要应用在低功率，低启动转矩的场合，例如风扇，吹风机和离心泵等。这种控制方法也可以用来帮助启动高功率的异步电动机，从而抑制浪涌电流。

图 15-5a 所示的是一个可逆相控异步电动机驱动的原理图。当一个旋转方向的门极信号为 $T_1T_2T_3T_4T_5T_6$ 时，其反向旋转的门极信号为 $T_{1r}T_{2r}T_{3r}T_{4r}T_{5r}T_{6r}$。在反转期间 T_2、T_3、T_5、T_6 处于关断状态。从一个旋转方向到另一个旋转方向的过度要求电动机减速到 0 的过程。为了产生 0 转矩触发信号被延迟了，然后负载使得电动机转速变慢。在 0 转速时，相序被改变，并且触发信号被延迟，直到能产生反转情况下需求转矩的电流为止。图 15-5b 所示的是把运行点从 $P_1(\omega_{m1},\ T_{e1})$ 变到 $P_2(-\omega_{m2},\ -T_{e2})$ 的运行轨迹。

异步电动机可以等效为一个电阻 R_{im} 和一个电抗 X_{im} 串联的等效电路。在图 15-1c 所示电路中忽略 R_m 的影响，等效参数可以由电动机常数和转差率决定，即

$$R_{im}=R_s+\frac{X_m^2}{\dfrac{R_r'}{s}+(X_m+X_r')^2}\cdot\frac{R_r}{s} \tag{15-32}$$

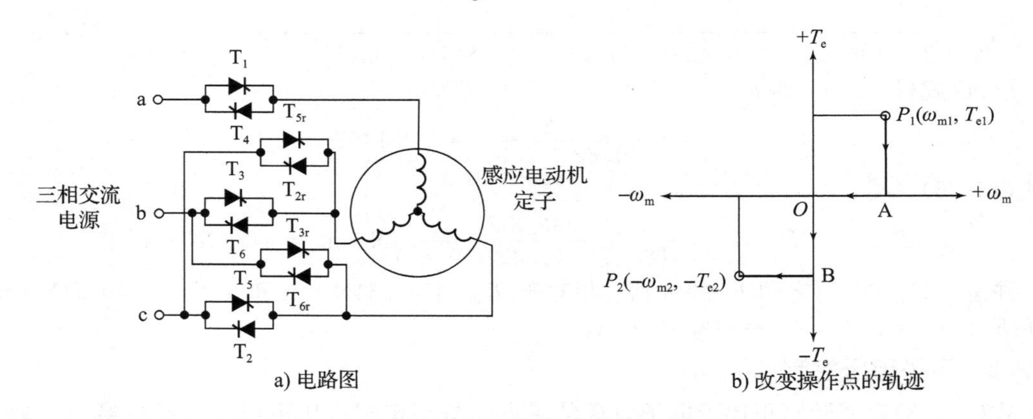

图 15-5　可反转的相位控制感应电动机驱动

$$X_{im}=X_s+\frac{\left(\dfrac{R_r'}{s}\right)^2+X_r'(X_m+X_r')}{\left(\dfrac{R_r'}{s}\right)^2+(X_m+X_r')^2}X_m \tag{15-33}$$

所以，等效阻抗和功率因数角为：

$$Z_{im}=\sqrt{R_{im}^2+X_{im}^2} \tag{15-34}$$

$$\theta=\arctan\left(\frac{X_{im}}{R_{im}}\right) \tag{15-35}$$

触发时延角和施加在等效电路上的电压的关系为：

$$v(t)=V_m\sin(\omega t+\alpha) \tag{15-36}$$

对应的定子电流为：

$$i_{as}(t)=\frac{V_m}{Z_{im}}\left[\sin(\omega_s t+\alpha-\theta)-\sin(\alpha-\theta)\,e^{\frac{-\omega t}{\tan\theta}}\right]\quad(0\leqslant\omega t\leqslant\beta)\tag{15-37}$$

导通角 β 是在电流为 0 的情况下由式(15-37)导出，即

$$i_{as}(t)=i_{as}\,\frac{\beta}{\omega}=0\tag{15-38}$$

由此得到非线性关系：

$$\sin(\beta+\alpha-\theta)-\sin(\alpha-\theta)\,e^{\frac{-\beta}{\tan\theta}}=0\tag{15-39}$$

这个超越方程可以用 Mathcad 或者 Matlab 软件得到瞬时定子电流，然后迭代解出 β。当触发角 α 小于功率因数角 θ 时，电流在正半周导通，从 α 到 $\pi+\alpha$。在负半周区间，正向电流继续导通使得一个负电压施加在电动机上。式(15-37)中的定子电流包含谐波分量。所以电动机会受到脉动转矩的影响。

例 15.2 求定子电压控制三相异步电动机的运行参数。

一个三相，460V，60Hz，4 极，星形联结的异步电动机具有如下参数：

$R_s=1.01\Omega$，$R'_r=0.69\Omega$，$X_s=1.3\Omega$，$X'_r=1.94\Omega$，$X_m=43.5\Omega$

无负载情况下的损耗 P_{noload} 可以忽略。负载转矩正比于转速的平方，当转速为 1740r/min 时，负载转矩为 41N·m。如果电动机转速为 1550r/min，计算(a)负载转矩 T_L；(b)转矩电流 I_r；(c)定子相电压 V_a；(d)电动机输入电流 I_i；(e)电动机输入功率 P_i；(f)对应于最大电流的转差率 s_a；(g)最大转子电流 $I_{r(max)}$；(h)最大转子电流对应的转速 ω_a；(i)最大电流对应的转矩 T_a。

解：

$$p=4,\ f=60\text{Hz},\ V_s=\frac{460}{\sqrt{3}}\text{V}=265.58\text{V},\ R_s=1.01\Omega,\ R'_r=0.69\Omega$$

$$X_s=1.3\Omega,\ X'_r=1.94\Omega,\ X_m=43.5\Omega,\ \omega=2\pi\times60\text{rad/s}=377\text{rad/s}$$

$$\omega_s=(2\pi\times60\times2\div4)\text{rad/s}=188.5\text{rad/s}$$

因为转矩正比于转速的平方，即

$$T_L=K_m\,\omega_m^2\tag{15-40}$$

在 $\omega_m=\frac{1740\pi}{30}\text{rad/s}=182.2\text{rad/s}$ 时，得：$T_L=41\text{N}\cdot\text{m}$，$K_m=\frac{41}{182.2^2}=1.235\times10^{-3}$

在 $\omega_m=\frac{1550\pi}{30}\text{rad/s}=162.3\text{rad/s}$ 时，得：$s=\frac{(188.5-162.3)}{188.5}=0.139$

(a)由式(15-40)，得：$T_L=1.235\times10^{-3}\times162.3^2\text{N}\cdot\text{m}=32.5\text{N}\cdot\text{m}$

(b)由式(15-10)、式(15-12)，得：

$$P_d=3\,(I'_r)^2\,\frac{R'_r}{s}(1-s)=T_L\omega_m+P_{noload}\tag{15-41}$$

如果空载损耗可以忽略，则有：

$$I_r=\left[\frac{sT_L\omega_m}{3R'_r(1-s)}\right]^{\frac{1}{2}}=\left[\frac{0.139\times32.5\times162.3}{3\times0.69(1-0.139)}\right]^{1/2}\text{A}=20.28\text{A}\tag{15-42}$$

(c)定子电压为：

$$V_a=I'_r\left[\left(R_s+\frac{R'_r}{s}\right)^2+(X_s+X'_r)^2\right]^{1/2}$$

$$=20.28\times\left[\left(1.01+\frac{0.69}{0.139}\right)^2+(1.3+1.94)^2\right]^{1/2}\text{V}=137.82\text{V}\tag{15-43}$$

(d)由式(15-15)，得：

$$\boldsymbol{Z}_i=\frac{-43.5\times(1.3+1.94)+\text{j}43.5\times(1.01+0.69/0.139)}{1.01+\dfrac{0.69}{0.139}+\text{j}(43.5+1.3+1.94)}\Omega=6.27\angle 35.82^\circ\Omega$$

$$\boldsymbol{I}_{\mathrm{i}} = \frac{V_{\mathrm{a}}}{\boldsymbol{Z}_{\mathrm{i}}} = \frac{137.82}{6.27} \underline{/-144.26^{\circ}}\mathrm{A} = 22 \underline{/-35.82^{\circ}}\mathrm{A}$$

(e) $PF_{m}=\cos(-35.82^{\circ})=0.812$(lagging)

由式(15-13)，得：

$$P_{\mathrm{i}} = 3 \times 137.82 \times 22 \times 0.812\mathrm{W} = 7386\mathrm{W}$$

(f)由 $\omega_{m}=\omega_{s}(1-s)$ 和 $T_{L}=K_{m}\omega_{m}^{2}$、式(15-42)，得：

$$I'_{\mathrm{r}} = \left[\frac{sT_{\mathrm{L}}\omega_{\mathrm{m}}}{3R'_{\mathrm{r}}(1-s)}\right]^{\frac{1}{2}} = (1-s)\omega_{\mathrm{s}}\left(\frac{sK_{\mathrm{m}}\omega_{\mathrm{s}}}{3R'_{\mathrm{r}}}\right)^{1/2} \tag{15-44}$$

设 $dI_{r}/ds=0$，得：

$$s_{\mathrm{a}} = \frac{1}{3} \tag{15-45}$$

(g)由式(15-44)及 $s_{a}=\frac{1}{3}$，得：

$$I'_{\mathrm{r(max)}} = \omega_{\mathrm{s}}\left(\frac{4K_{\mathrm{m}}\omega_{\mathrm{s}}}{81R'_{\mathrm{r}}}\right)^{1/2} = 188.5 \times \left(\frac{4\times 1.235\times 10^{-3}\times 188.5}{81\times 0.69}\right)^{1/2}\mathrm{A} = 24.3\mathrm{A} \tag{15-46}$$

(h)转子电流最大时，转速为：

$$\begin{aligned}\omega_{\mathrm{a}} &= \omega_{\mathrm{s}}(1-s_{\mathrm{a}}) = (2/3)\omega_{\mathrm{s}} \\ &= 188.5\times 2/3 = 125.27\mathrm{rad/s} \quad \text{or} \quad 1200\mathrm{r/min}\end{aligned} \tag{15-47}$$

(i)由式(15-9)、式(15-12a)和式(15-44)，得：

$$T_{\mathrm{a}} = 9I^{2}_{\mathrm{r(max)}}\frac{R_{\mathrm{r}}}{\omega_{\mathrm{s}}} = 9\times 24.3^{2}\times\frac{0.69}{188.5}\mathrm{N\cdot m} = 19.45\mathrm{N\cdot m} \tag{15-48}$$ ◀

15.2.4 转子电压控制

在一个转子绕线式电动机中，滑环上可以外接三相电阻，如图 15-6a 所示。这样一来可以通过改变电阻 R_{x} 来改变电磁转矩。如果 R_{x} 归算到定子侧，并加到 R_{r} 上，我们可以采用式(15-18)来决定电磁转矩。图 15-6b 展示了针对不同转子电阻的转差率-转矩曲线。这种方法在限制起动电流的同时提高了起动转矩。但是，这是一种低效率的方法，而且如果各相转子电阻不相等，可能存在电压电流不平衡的情况。

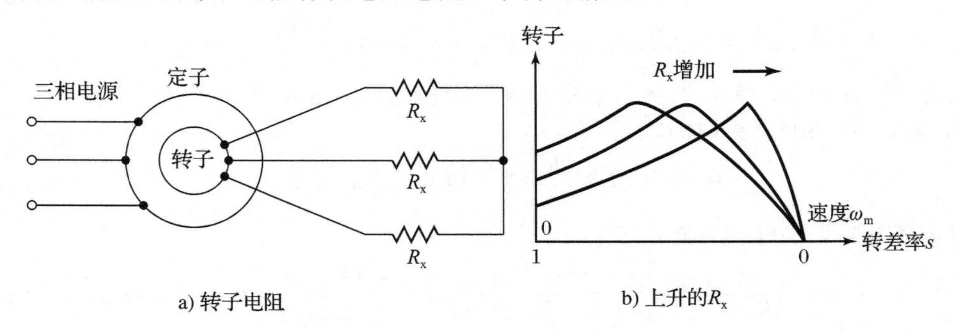

图 15-6 由电动机电阻控制速度

通常将转子绕线式异步电动机设计为低转子电阻的，以提高运行效率并降低满载转差率。提高转子电阻并不会影响最大转矩的数值，但是增大了转差率。所以转子绕线式异步电动机经常应用在需要大转矩频繁起动制动的场合(如起重机，卷扬机)。由于可以通过外接绕组来改变转子绕组，这种电动机的控制更加灵活。但是这会增加成本，而且由于滑环和电刷的使用会增加维护成本。正因为如此，鼠笼式异步电动机的应用范围比转子绕组式电动机更为广泛。

如图15-7a所示，三相电阻也可以用一个三相自然换相整流器和一个直流变换器代替。其中采用门极关断晶闸管(GTO)或者绝缘栅双极型晶体管(IGBT)来作为直流变换器的开关。电感 L_d 作为电流源 I_d，而直流变换器改变等效电阻，这可由式(14-40)，得到：

$$R_e = R(1-k) \tag{15-49}$$

式中：k 是直流变换器的占空比。转速可以通过改变占空比来控制。气隙功率中没有转化为机械功率的部分称为转差功率。转差功率全部通过转子电阻耗散了。

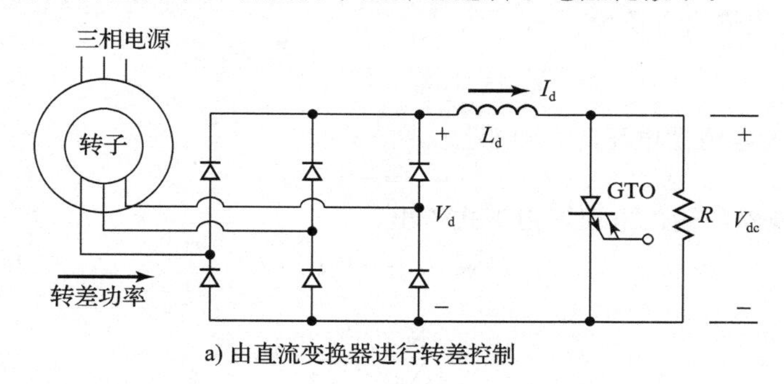

a) 由直流变换器进行转差控制

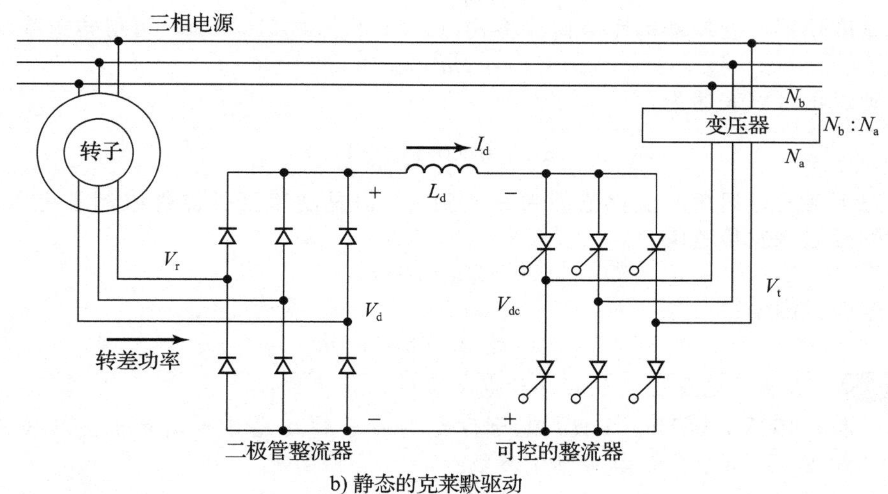

b) 静态的克莱默驱动

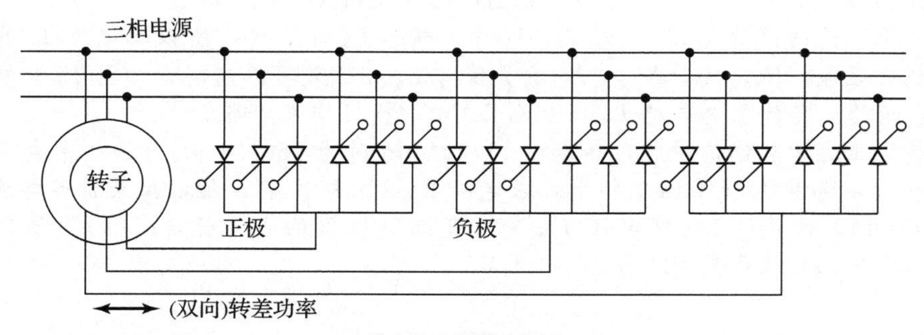

c) 静态的串极调速驱动

图15-7 转差功率控制

转差功率可以重新流回电源，如果我们用一个三相全桥变换器来替换之前的直流变换器和电阻 R，如图15-7b所示。延迟触发角在 $\pi/2$ 到 π 之间时，全桥工作在逆变器状态，所以可以回馈能量到电源。触发角的变化空间提供了对功率因数和转速的控制。这种驱动称为静态克莱默驱动。同样，如果用三个三相双向变换器来代替桥式整流器，如图 15-7c 所示，那么任意方向的转差功率因数都是可调的，这种布置称为静态谢尔比斯驱动。这两种驱动应用于大型动力泵和风机中，因为这些场合对调速要求不高。因为电动机直接连接到电源，这些系统的功率因数一般较高。

假设 n_r 是定转子等效匝数比，那么转子电压和定子电压的关系为：

$$V_r = \frac{sV_L}{n_r} \tag{15-50}$$

三相整流器的直流输出电压为：

$$V_d = 1.35V_r = \frac{1.35sV_L}{n_r} \tag{15-51}$$

忽略电感 L_d 中的电阻性电压降，可得：

$$V_d = -V_{dc} \tag{15-52}$$

V_{dc}是三相相变换器的输出电压，由下式给出：

$$V_{dc} = 1.35V_t\cos\alpha \tag{15-53}$$

式中：

$$V_t = \frac{N_a}{N_b}V_L = n_tV_L \tag{15-54}$$

式中：n_t 是变换器侧变压器的匝数比。将式(15-51)代入式(15-54)，可得转差率为：

$$s = -n_rn_t\cos\alpha \tag{15-55}$$

这样触发延迟角可以表达为：

$$\alpha = \arccos\left(\frac{-s}{n_rn_t}\right) \tag{15-56}$$

在逆变状态下触发延迟角的变化范围为 $\pi/2$ 到 π。但是功率开关器件限制了上限为 155°。所以实际的延迟触发角范围为：

$$90° \leqslant \alpha \leqslant 155° \tag{15-57}$$

所以转差率的范围是：

$$0 \leqslant s \leqslant 0.906 \times n_r\, n_t \tag{15-58}$$

例 15.3 求转子电压控制三相异步电动机的运行参数。

一个三相，460V，60Hz，6 极，星形联结的转子绕线式异步电动机，其转速由转差功率控制，如图 15-7a 所示，具有如下参数：

$R_s=0.041\Omega$，$R_r'=0.044\Omega$，$X_s=0.29\Omega$，$X_r'=0.44\Omega$，$X_m=6.1\Omega$

转子对于定子的匝数比 $n_m=N_r/N_s=0.9$。电感 L_d 非常大，所以其电流 I_d 的纹波可以忽略，视为直流。R_s，R_r，X_s 和 X_r 的数值与 L_d 相比较可以忽略，如图 15-2 所示。空载损耗可以忽略。整流器和电感 L_d 以及 GTO 中的损耗均可忽略。

负载转矩正比于转速的平方，转速为 1175r/min 时为 750N·m。(a)如果电动机必须能工作在最低转速为 800r/min 的情况，求电阻 R；(b)取这个 R 值，如果希望电动机的转速为 1050r/min，计算(1)电感电流 I_d；(2)直流变换器的占空比 k；(3)直流电压 V_d；(4)效率；(5)输入功率因数 PF_s。

解：

$V_a=V_s=(460/\sqrt{3})\text{V}=265.58\text{V}$，$p=6$，$\omega=2\pi\times60\text{rad/s}=377\text{rad/s}$，$\omega_s=(2\pi\times60\times2\div6)\text{rad/s}=125.66\text{rad/s}$。驱动系统的等效电路如图 15-8a 所示。如果忽略部分电动机常数，则得到图 15-8b 所示电路。由式(15-49)，得整流器输出的直流电压为：

$$V_d = I_dR_e = I_dR(1-k) \tag{15-59}$$

$$E_r = sV_s\frac{N_r}{N_s} = sV_sn_m \tag{15-60}$$

对于三相整流器，式(3-33)给出了 E_r 和 V_d 的关系如下：

$$V_d = 1.654\times\sqrt{2}E_r = 2.3394\,E_r$$

代入式(15-60)，得：

$$V_d = 2.3394V_s n_m \tag{15-61}$$

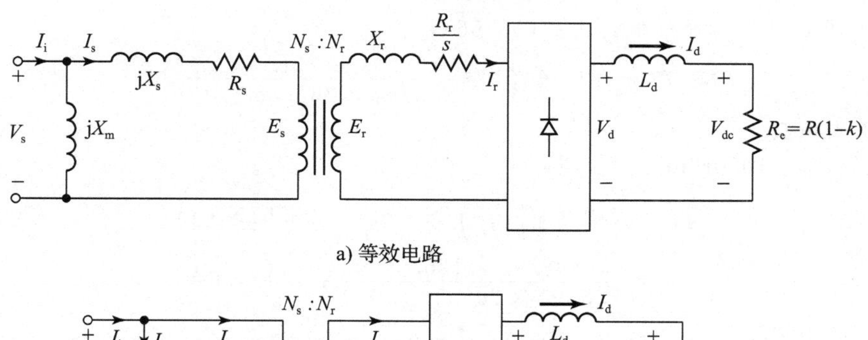

a) 等效电路

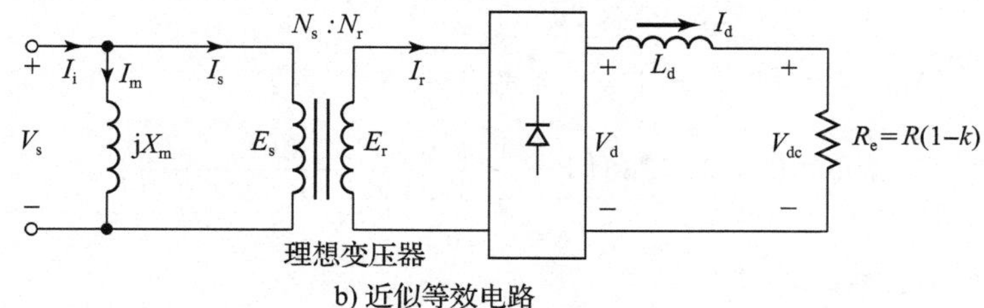

b) 近似等效电路

图 15-8　例 15.3 等效电路

如果 P_r 是转差功率，由式(15-9)给出了气隙功率为：

$$P_g = \frac{P_r}{s}$$

由式(15-10)给出了电磁功率为：

$$P_d = 3(P_g - P_r) = \frac{3P_r(1-s)}{s} \tag{15-62}$$

因为总转差功率为 $3P_r=V_dI_d$，$P_d=T_L\omega_m$，代入上式，得：

$$P_d = \frac{V_dI_d(1-s)}{s} = T_L\omega_m = T_L\omega_s(1-s) \tag{15-63}$$

将式(15-61)代入上式，解出 I_d 为：

$$I_d = \frac{T_L\omega_s}{2.3394V_s n_m} \tag{15-64}$$

这表明电感电流和转速是无关的。联立式(15-59)和式(15-61)，可得：

$$2.3394sV_s n_m = I_dR(1-k)$$

$$s = \frac{I_dR(1-k)}{2.3394V_s n_m} \tag{15-65}$$

从而得到转速为：

$$\omega_m = \omega_s(1-s) = \omega_s\left(1-\frac{I_dR(1-k)}{2.3394V_s n_m}\right) \tag{15-66}$$

$$= \omega_s\left(1-\frac{T_L\omega_sR(1-k)}{(2.3394V_s n_m)^2}\right) \tag{15-67}$$

这表明对于一个固定的占空比，转速随负载增加而减慢。通过改变占空比从 0 到 1，可以使得转速从最小值到 ω_s。

(a)$\omega_m=\frac{800\pi}{30}$rad/s=83.77rad/s。由式(15-40)，得在 800r/min 时的负载转矩为：

$$T_L = 750 \times \left(\frac{800}{1175}\right)^2 \text{N} \cdot \text{m} = 347.67\text{N} \cdot \text{m}$$

由式(15-64)，得：

$$I_d = \frac{347.67 \times 125.66}{2.3394 \times 265.58 \times 0.9}\text{A} = 78.13\text{A}$$

当占空比 k 为 0 时，转速最低，由式(15-66)，得：

$$83.77 = 125.66\left(1 - \frac{78.13R}{2.3394 \times 265.58 \times 0.9}\right)$$

所以 $R=2.3856\Omega$。

(1)当转速为 1050r/min 时，得：

$$T_L = 750 \times \left(\frac{1050}{1175}\right)^2 \text{N} \cdot \text{m} = 598.91\text{N} \cdot \text{m}$$

$$I_d = \frac{598.91 \times 125.66}{2.3394 \times 265.58 \times 0.9}\text{A} = 134.6\text{A}$$

(2)$\omega_m = \frac{1050\pi}{30}$rad/s=109.96rad/s，由式(15-66)，得：

$$109.96 = 125.66\left(1 - \frac{134.6 \times 2.3856(1-k)}{2.3394 \times 265.58 \times 0.9}\right)$$

所以

$$k=0.782$$

(3)由式(15-4)，得：

$$s = \frac{125.66 - 109.96}{125.66} = 0.125$$

由式(15-61)，得：

$$V_d = 2.3394 \times 0.125 \times 265.58 \times 0.9\text{V} = 69.9\text{V}$$

(4)损耗功率为：

$$P_l = V_d I_d = 69.9 \times 134.6\text{W} = 9409\text{W}$$

输出功率为：

$$P_o = T_L \omega_m = 65856\text{W}$$

归算到定子侧的转子电流有效值为：

$$I'_r = \sqrt{\frac{2}{3}} I_d n_m = \sqrt{\frac{2}{3}} \times 134.6 \times 0.9\text{A} = 98.9\text{A}$$

转子铜耗 $P_{ru}=3\times0.044\times98.9^2$W=1291W，定子铜耗 $P_{su}=3\times0.041\times98.9^2$W=1203W

从而得到输入功率为：P_i=(65856+9409+1291+1203)W=77759W

效率为：μ=65856/77759=85%

(5)对于式(10.19)中 n 取 1 时，归算到定子侧的转子基波电流分量为：

$$I'_{r1} = 0.7797 I_d \frac{N_r}{N_s} = 0.7797 I_d n_m = 0.7797 \times 134.6 \times 0.9\text{A} = 94.45\text{A}$$

励磁电流有效值为：

$$I_m = \frac{V_a}{X_m} = 43.54\text{A}$$

输入电流的基波分量为：

$$I_{a1} = \left[(0.7797 I_d n_m)^2 + \left(\frac{V_a}{X_m}\right)^2\right]^{1/2}\text{A} = (94.45^2 + 43.54^2)^{1/2}\text{A} = 104\text{A} \tag{15-68}$$

功率因数角大致估算为：

$$\theta_m = -\arctan\frac{V_a / X_m}{0.7797 I_d n_m} = -\arctan\frac{43.54}{94.45} = \underline{/-24.74^\circ} \tag{15-69}$$

输入功率因数为： $PF_s=\cos(-24.74^\circ)=0.908$(滞后) ◀

例 15.4 求静态克莱默驱动的运行参数。

例 15.3 中的异步电动机是由图 15-7b 所示静态克莱默驱动器控制的。变换器的交流电压和供电电压的匝数比为 $n_c = N_a/N_b = 0.40$。当转速为 1175r/min 时负载转矩为 750 N·m。如果电动机需要运行在 1050r/min，计算(a)电感电流 I_d；(b)直流电压 V_d；(c)延迟触发角 α；(d)效率；(e)驱动器的输入功率因数，PF_s。不可控整流器，变换器，变压器和电感 L_d 中的损耗都是可以忽略的。

解：

$V_a = V_s = \frac{460}{\sqrt{3}}\text{V} = 265.58\text{V}$，$p = 6$，$\omega = 2\pi \times 60\text{rad/s} = 377\text{rad/s}$

$\omega_s = (2 \times 377/6)\text{rad/s} = 125.66\text{rad/s}$，$\omega_m = (1050\pi/30)\text{rad/s} = 109.96\text{rad/s}$

$$s = \frac{125.66 - 109.96}{125.66} = 0.125$$

$$T_L = 750 \times \left(\frac{1050}{1175}\right)^2 \text{N} \cdot \text{m} = 598.91\text{N} \cdot \text{m}$$

(a)图 15-9 显示了一个等效电路，电动机参数已经忽略。由式(15-64)，得电感电流为：

$$I_d = \frac{598.91 \times 125.66}{2.3394 \times 265.58 \times 0.9}\text{A} = 134.6\text{A}$$

(b)由式(15-61)，得：

$$V_d = 2.3394 \times 265.58 \times 0.9 \times 0.125\text{V} = 69.9\text{V}$$

(c)由于变换器的交流输入电压为 $V_c = n_c V_s$，由式(10-15)，得：

$$V_{dc} = -\frac{3\sqrt{3 \times 2}\, n_c V_s}{\pi}\cos\alpha = -2.3394\, n_c V_s \cos\alpha \tag{15-70}$$

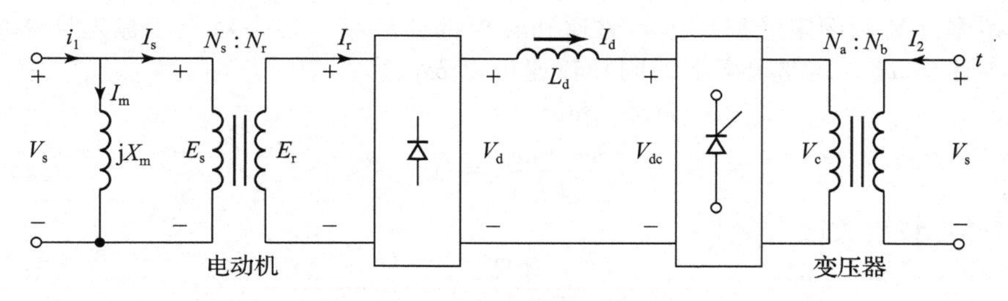

图 15-9 静态克莱默驱动的等效电路

因为 $V_d = V_{dc}$，由式(15-61)和式(15-70)，得：

$$2.3394 s V_s n_m = -2.3394\, n_c V_s \cos\alpha$$

$$s = \frac{-n_c \cos\alpha}{n_m} \tag{15-71}$$

与转矩无关的转速为：

$$\omega_m = \omega_s(1 - s) = \omega_s\left(1 + \frac{n_c \cos\alpha}{n_m}\right) \tag{15-72}$$

由此得到：

$$\alpha = 106.3^\circ$$

(d)反馈功率为：

$$P_1 = V_d I_d = 69.9 \times 134.6\text{W} = 9409\text{W}$$

输出功率为：

$$P_o = T_L \omega_m = 598.91 \times 109.96\text{W} = 65856\text{W}$$

$$I'_r=\sqrt{\frac{2}{3}}I_d n_m=\sqrt{\frac{2}{3}}\times 134.6\times 0.9\text{A}=98.9\text{A}$$
$$P_{ru}=3\times 0.044\times 98.9^2\text{W}=1291\text{W}$$
$$P_{su}=3\times 0.041\times 98.9^2\text{W}=1203\text{W}$$
$$P_i=(65856+1291+1203)\text{W}=68350\text{W}$$

效率为：65856/68350=96%。

(e)从例 15.3 可知，$I'_{r1}=0.7797I_d n_m=94.45\text{A}$，$I_m=\frac{265.58}{6.1}\text{A}=43.54\text{A}$，$I_{i1}=104\angle{-24.74°}\text{A}$

$$I_{i2}=\sqrt{\frac{2}{3}}I_d\ n_c\angle{-\alpha}=\sqrt{\frac{2}{3}}\times 134.6\times 0.4\angle{-\alpha}=41.98\angle{-106.3°}\text{A}$$

驱动的有效输入电流为：

$$\boldsymbol{I}_i=\boldsymbol{I}_{i1}+\boldsymbol{I}_{i2}=(104\angle{-24.74°}+41.98\angle{-106.3°})\text{A}=117.7\angle{-45.4°}\text{A}$$

输入功率因数为： $PF_s=\cos(-45.4°)=0.702$(滞后) ◀

注意：这种驱动方式的效率比加电阻直流变换器的高。功率因数取决于变压器的匝数比(例如，如果 $n_c=0.9$，$\alpha=97.1°$，$PF_s=0.5$；如果 $n_c=0.2$，$\alpha=124.2°$，$PF_s=0.8$)。

15.2.5 频率控制

异步电动机的转矩和转速也可以通过改变电源频率来控制。由式(15-31)我们可以发现，在额定电压和额定频率时，磁通也是额定值。如果电压保持额定值不变，而频率降到额定值以下，那么磁通将会增大。这有可能导致磁路饱和，使得电动机参数产生巨大变化，以至于转差率-转矩曲线不再适用。在低频时，电抗减小，所以电动机有过流风险。这种频率控制方式并不常用。

如果频率升高到额定频率以上，磁通和转矩都会减小。如果对应于额定频率的同步转速称为基本速度 ω_b，其他频率下的同步转速可以表达为：

$$\omega_s=\beta\omega_b$$
$$s=\frac{\beta\omega_b-\omega_m}{\beta\omega_b}=1-\frac{\omega_m}{\beta\omega_b} \tag{15-73}$$

由式(15-18)，转矩表达式变为：

$$T_d=\frac{3R'_rV_a^2}{s\beta\omega_b\left[\left(R_s+\frac{R'_r}{s}\right)^2+(\beta X_s+\beta X'_r)^2\right]}X_m \tag{15-74}$$

对于不同 β 的转差率-转矩曲线，如图 15-10 所示。图 6-6a 所示的三相逆变器可以在固定电压的情况下改变频率。如果 R_s 可以忽略，式(15-26)给出了基本转速下的最大转矩为：

$$T_{mb}=\frac{3V_a^2}{2\omega_b(X_s+X'_r)} \tag{15-75}$$

最大转矩和频率的关系为：

$$T_m=\frac{3}{2\omega_b(X_s+X'_r)}\left(\frac{V_a}{\beta}\right)^2 \tag{15-76}$$

由式(15-25)，可得转差率为：

$$s_m=\frac{R'_r}{\beta(X_s+X'_r)} \tag{15-77}$$

由式(15-75)和式(15-76)，可得：

$$\frac{T_m}{T_{mb}}=\frac{1}{\beta^2} \tag{15-78}$$
$$T_m\beta^2=T_{mb} \tag{15-79}$$

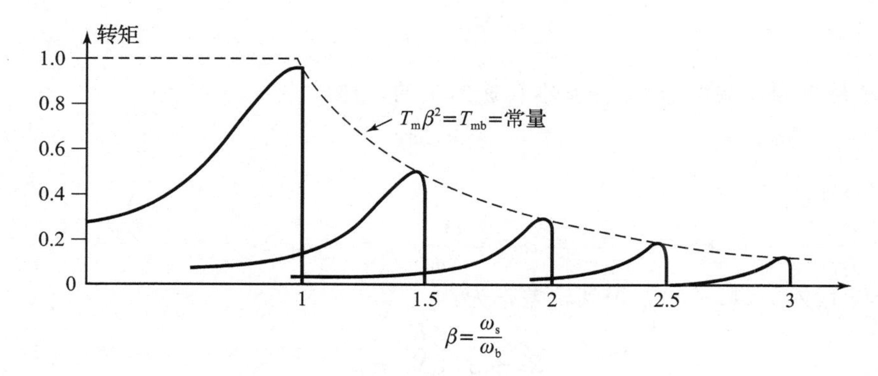

图 15-10 有频率控制的转矩特性

由式(15-78)、式(15-79)可以知道，最大转矩反比于频率的平方，$T_m\beta^2$ 保持不变，这与直流电动机的特性类似。这种控制方式称为弱磁控制。当 $\beta>1$ 时，电动机的端电压保持不变，磁通减小，这限制了电动机的转矩能力。当 $1<\beta<1.5$ 时，T_m 和 β 的关系基本为线性的。当 $\beta<1$ 时，电动机通常工作在恒磁通状态，这是通过随频率变化减小端电压来实现的。

例 15.5 求三相异步电动机频率控制下的运行参数。

一个三相异步电动机，11.2kW，1750r/min，460V，60Hz，4 极，星形联结，具有如下参数：$R_s=0$，$R_r'=0.38\Omega$，$X_s=1.14\Omega$，$X_r'=1.71\Omega$，$X_m=33.2\Omega$。电动机通过变频调速。如果临界转矩是 35N·m，求(a)供电频率；(b)最大转矩的 ω_m。

解：

$V_a=V_s=(460/\sqrt{3})V=265.58\text{V}$，$\omega_b=2\pi\times60\text{rad/s}=377\text{rad/s}$，$T_{mb}=61.11\text{N}\cdot\text{m}$，$T_m=35\text{N}\cdot\text{m}$

(a)由式(15-79)，得：

$$\beta=\sqrt{\frac{T_{mb}}{T_m}}=\sqrt{\frac{61.11}{35}}=1.321$$

$$\omega_s=\beta\omega_b=1.321\times377\text{rad/s}=498.01\text{rad/s}$$

由式(15-1)，得电源频率为：

$$\omega=\frac{4\times498.01}{2}\text{rad/s}=996\text{rad/s}\quad 或 \quad 158.51\text{Hz}$$

(b)由式(15-77)，得：

$$s_m=\frac{R_r'/\beta}{X_s+X_r'}+\frac{0.38/1.321}{1.14+1.71}=0.101$$

$$\omega_m=498.01\times(1-0.101)\text{rad/s}=447.711\text{rad/s}\quad \text{or}\quad 4275\text{r/min}$$ ◀

注意：这个答案中采用额定功率和转速来计算 T_{mb}。同样，我们也可以代入额定电压和电动机参数到式(15-75)，式(15-78)，式(15-77)来得到 T_{mb}，β，s_m。可能结果不同，因为电动机额定值和参数没有正确对应。这个例子中的电动机参数是随机选取的。两种思路都是正确的。

15.2.6 恒压频比控制

如果电动机的电压和频率的比值保持不变，式(15-31)中的磁通保持不变。式(15-76)表明最大转矩和频率无关，并且可以基本保持恒定。然而，在高频时，气隙磁通减小，因为定子阻抗变小了，所以必须增加电压来保持转矩不变。这种控制称为恒压频比控制。

如果 $\omega_s=\beta\omega_b$，恒压频比为：

$$\frac{V_a}{\omega_s}=d \tag{15-80}$$

这个比例 d 是由额定端电压 V_s 和基本转速给出的，即

$$d=\frac{V_s}{\omega_b} \tag{15-81}$$

由式(15-80)和式(15-81)，得：

$$V_a=d\omega_s=\frac{V_s}{\omega_b}\beta\omega_b=V_s\omega_b \tag{15-82}$$

将式(15-80)代入式(15-74)，得到转差率为：

$$s_m=\frac{R'_r}{[R_s^2+\beta^2\ (X_s+X'_r)^2]^{1/2}} \tag{15-83}$$

图 15-11 所示的是典型的转矩转差率曲线。当频率下降时，β 减小，最大转矩对应的转差率增大。对于一个已知的负载转矩，转速可以通过改变式(15-81)中的频率来控制。所以通过改变电压和频率，转矩和转速可以控制。一般我们保持转矩不变而改变转速。变频可以通过三相逆变器或者周波变换器来实现。周波变换器用于大功率场合(火车头，水泥搅拌机等)，并且频率要求是电网频率的一半或者三分之一。

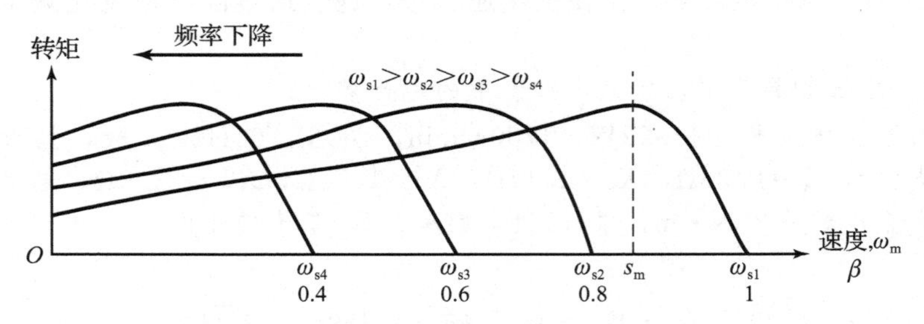

图 15-11 由伏特/赫兹控制的转矩-速度特性

图 15-12 展示了三种可能的电路结构来实现电压和频率的控制。在图 15-12a 所示的电路中，直流电压保持不变，PWM 技术使得电压和频率可调。由于自然换相整流器，能量的再生回馈是不可能的，而且逆变会引起谐波到交流侧。在图 15-12b 所示的电路中，DC-DC 变换器改变逆变器的直流电压，逆变器则用于频率控制。由于直流变换器的使用，交流源的谐波注入被减弱了。在图 15-12c 所示电路中，直流电压是通过双向变换器来控制的，而频率是通过逆变器来控制的。这种结构允许能量的回馈再生。然而，变换器的输入功率因数很低，特别是当延迟角大的时候。

图 15-12a 所示的恒压频比的控制策略的实现方式在图 15-13 所示电路中显示。转子电角速度 ω_r 和其给定值ω_s^* 相比，其差值通过比例环节和限制器来得到转差速度控制量ω_{s1}^*。ω_r 和机械转速的关系为 $\omega_r=\left(\frac{p}{2}\right)\omega_m$。限制其保证了转差转速控制量在异步电动机能够承受的范围以内。转差速度控制量和转子电角速度相加，从而得到定子频率控制量，$\omega=\omega_r+\omega_{s1}$。然后定子频率控制量 f 可以由开环驱动得到。

使用图 15-1b 所示的等效电路，我们得到了定子相电压的关系为：

$$\begin{aligned}V_a=V_s&=I_s(R_s+\mathrm{j}\,X_s)+V_m=I_s(R_s+j\,X_s)+\mathrm{j}(\lambda_m I_M)\omega\\&=I_sR_s+\mathrm{j}(I_s\,X_s+\lambda_m I_M\omega)=I_sR_s+\mathrm{j}\omega_s(I_sL_s+\lambda_m I_M)\end{aligned} \tag{15-84a}$$

也可以用标幺值表示为：

$$V_{an}=I_{sn}R_{sn}+\mathrm{j}\omega_n(I_{sn}L_{sn}+\lambda_{mn}) \tag{15-84b}$$

式中：$\omega_n=\dfrac{\omega}{\omega_b}$；$I_{sn}=\dfrac{I_s}{I_b}$；$R_{sn}=\dfrac{I_bR_s}{V_b}$；$L_{sn}=\dfrac{I_bL_s\omega_s}{V_b\omega_b}$；$\lambda_{mn}=\dfrac{\lambda_m}{\lambda_b}$

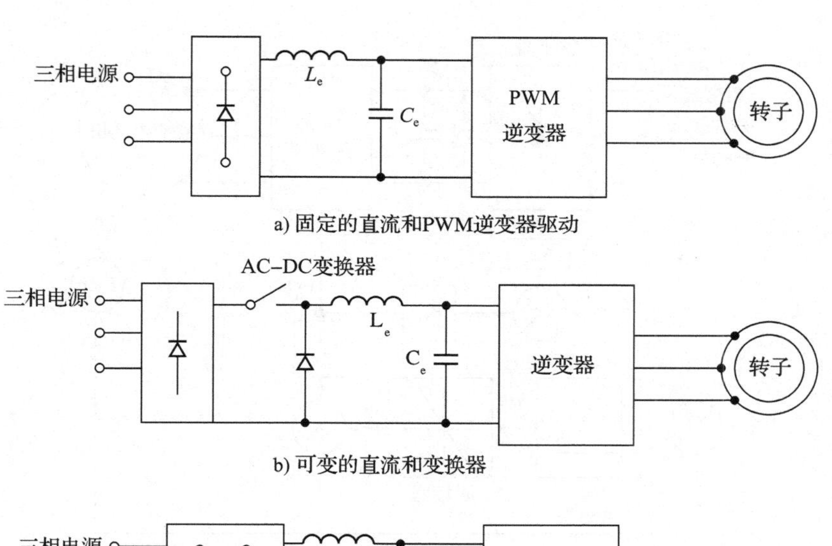

a) 固定的直流和PWM逆变器驱动

b) 可变的直流和变换器

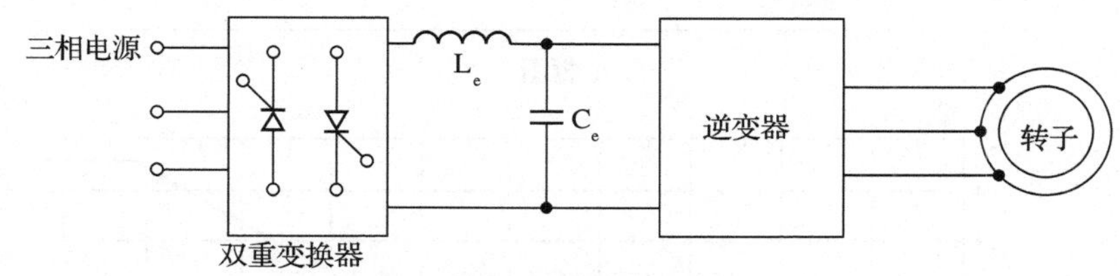

c) 来自双重变换器和逆变器的可变直流

图 15-12　电压-电源感应电动机驱动

所以，标幺化的输入定子相电压为：

$$V_{an} = \sqrt{(I_{sn}R_{sn})^2 + \omega_n^2(I_{sn}L_{sn} + \lambda_{mn})^2} \tag{15-85}$$

输入电压取决于频率，气隙磁通幅值，定子阻抗和定子电流幅值。通过画图可知，这是一个基本线性的关系，所以可以通过编程来近似模拟电压频率的线性关系。有：

$$V_a = I_sR_s + K_{vf}f = V_o + K_{vf}f \tag{15-86}$$

式中：K_{vf}是磁通一定情况下的恒压频比值，可以由式(15-31)推出：

$$K_{vf} = \frac{V_a}{f} = \frac{1}{2\pi K_m \Phi}\left(\frac{V_a}{f}\right) \tag{15-87}$$

式(15-86)的定子电压 V_a 等于三相逆变器的相电压 V_{ph}，而且其与直流侧电压 V_{dc}关系为：

$$V_a = V_{ph} = \frac{2}{\pi}\frac{V_{dc}}{\sqrt{2}} = 0.45V_{dc} \tag{15-88}$$

将式(15-86)代入式(15-88)，得到：

$$0.45V_{dc} = V_0 + V_m(= \mathrm{E_g}) = V_0 + K_{vf}f \tag{15-89}$$

上式可以变形为：

$$0.45V_{dcn} = V_{on} + E_{gn} = V_{on} + f_n \tag{15-90}$$

式中：$V_{dcn}=\dfrac{V_{dc}}{V_a}$，$V_{on}=\dfrac{V_0}{V_a}$，$E_{gn}=\dfrac{K_{vf}f}{K_{vf}f_b}=f_s$；$f_n=\dfrac{f}{f_b}$

$K_{dc}=0.45$ 是直流负载电压和定子频率的比值。图 15-13b 展示了直流负载电压和定子频率之间的典型关系。

例 15.6　三相感应电动机在电压和频率控制下的性能参数。

一三相感应电动机，额定功率为 11.2kW。额定转速为 1750r/min，额定电压为 460V。

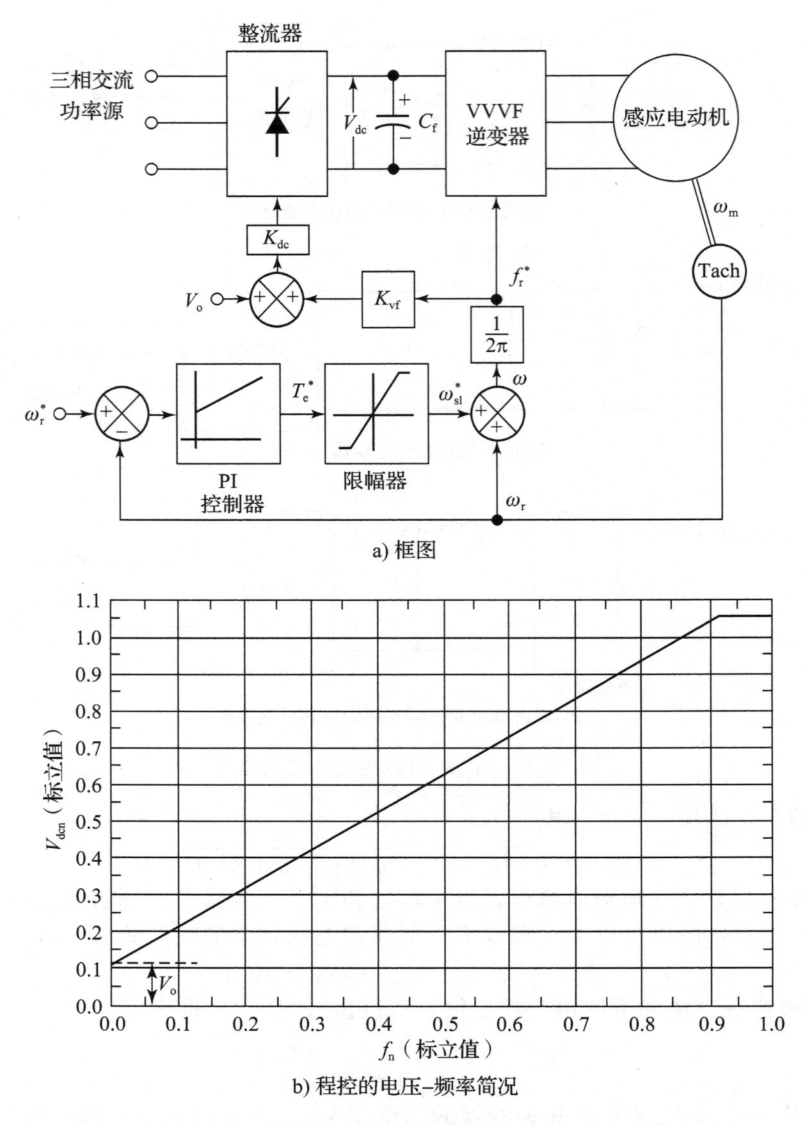

a) 框图

b) 程控的电压-频率简况

图 15-13　伏特/赫兹控制策略实施的 V-V 框图[23]

60Hz，$R_s=0.66\Omega$，$R_r'=0.38\Omega$，$X_s=1.14\Omega$，$X_r'=1.71\Omega$，$X_m=33.2\Omega$

对该电动机施加变电压和频率控制。电压/频率比值为常数，该比值与额定值一致。

(a)计算 30Hz 和 60Hz 下的最大转矩 T_m 和对应的转速 ω_m。

(b)在忽略 R_s 的情况下重复(a)问。

解：

$p=4$，$V_a=V_s=\dfrac{460}{\sqrt{3}}\text{V}=265.58\text{V}$，$\omega=2\pi\times60\text{rad/s}=377\text{rad/s}$，由式(15-1)，得：

$$\omega_b=2\times\frac{377}{4}=188.5\text{rad/s}$$

由式(15-80)，得：$d=\dfrac{265.58}{115-58}\text{V/(rad/s)}=1.409\text{V/(rad/s)}$

(a)在 60Hz 下，$\omega_b=\omega_s=188.5\text{rad/s}$，$\beta=1$，$V_a=d\omega_s=1.409\times188.5\text{V}=265.58\text{V}$。由式(15-83)得：

$$s_m = \frac{0.38}{\sqrt{0.66^2 + (1.14 + 1.71)^2}} = 0.1299$$

$$\omega_m = 188.5 \times (1 - 0.1299)\text{rad/s} = 164.1\text{rad/s} \quad 或 \quad 1566\text{r/min}$$

由式(15-21)，得最大转矩为：

$$T_m = \frac{3 \times 265.58^2}{2 \times 188.5 \times [0.66 + \sqrt{0.66^2 + (1.14 + 1.71)^2}]}\text{N·m} = 156.55\text{N·m}$$

在 30Hz 下，$\omega_s=2\times2\times\pi\times\frac{30}{4}\text{rad/s}=94.25\text{rad/s}$，$\beta=\frac{30}{60}=0.5$

$V_a=d\omega_s=1.409\times94.25\text{V}=132.79\text{V}$

由式(15-83)得：

$$s_m = \frac{0.38}{\sqrt{0.66^2 + 0.5^2 \times (1.14 + 1.71)^2}} = 0.242$$

$$\omega_m = 94.25 \times (1 - 0.242)\text{r/min} = 71.44\text{rad/s} \quad 或 \quad 682\text{r/min}$$

由式(15-21)，得最大转矩为：

$$T_m = \frac{3 \times 132.79^2}{2 \times 94.25 \times [0.66 + \sqrt{0.66^2 + 0.5^2 \times (1.14 + 1.71)^2}]}\text{N·m} = 125.82\text{N·m}$$

(b)在 60Hz 下，由式(15-77)，得 $\omega_b=\omega_s=188.5\text{rad/s}$，$V_a=265.58\text{V}$

由式(15-77)，得：

$$s_m = \frac{0.38}{1.14 + 1.71} = 0.1333$$

$$\omega_m = 94.25 \times (1 - 0.1333)\text{rad/s} = 163.36\text{rad/s} \quad 或 \quad 1560\text{r/min}$$

由式(15-76)，得最大转矩为：　　$T_m=196.74\text{N·m}$

在 30Hz 下，$\omega_s=94.25\text{rad/s}$，$\beta=0.5$，$V_a=132.79\text{V}$。由式(15-77)，得：

$$s_m = \frac{0.38/0.5}{1.14 + 1.71} = 0.2666$$

$$\omega_m = 94.25 \times (1 - 0.2666)\text{rad/s} = 69.11\text{rad/s} \quad 或 \quad 660\text{r/min}$$

由式(15-76)，得最大转矩为：　　$T_m=196.74\text{N·m}$ ◀

注意：在计算中忽略 R_s 会在转矩估计中引入很大误差，在低频率情况下尤为严重。

15.2.7　电流控制

调节感应电动机的转子电流可以控制感应电动机的转矩。相对于转子电流，输入电流更容易控制。当输入电流为固定值时，转子电流是由励磁电路和转子电路阻抗的相对值决定的。从图 15-2 可以看出，转子电流为：

$$\bar{\boldsymbol{I}}'_r = \frac{\text{j}X_m I_i}{R_s + R'_r/s + \text{j}(X_m + X_s + X'_r)} = I'_r\angle\theta_1 \tag{15-91}$$

由式(15-9)和式(15-12a)，得产生的转矩为：

$$T_d = \frac{3R'_r(X_m I_i)^2}{s\omega_s[(R_s + R'_r/s)^2 + (X_m + X_s + X'_r)^2]} \tag{15-92}$$

启动转矩，即 $s=1$ 时，有：

$$T_s = \frac{3R'_r(X_m I_i)^2}{\omega_s[(R_s + R'_r)^2 + (X_m + X_s + X'_r)^2]} \tag{15-93}$$

最大转矩下的转差率为：

$$s_m = \pm \frac{R'_r}{[R_s^2 + (X_m + X_s + X'_r)^2]^{1/2}} \tag{15-94}$$

在现实中，如图 15-1b 和图 15-1c 所示，流过 R_s 和 X_s 的电流是恒定的 I_i。通常 X_m 远大于 R_s 和 X_s，因此在大多数情况下可以忽略 R_s 和 X_s，此时式(15-94)变为：

$$s_m = \pm \frac{R'_r}{X_m + X'^2_r} \tag{15-95}$$

令 $s = s_m$，则根据式(15-92)，最大转矩为：

$$T_m = \frac{3X_m^2}{2\omega_s(X_m + X'_r)} I_i^2 = \frac{3L_m^2}{2(L_m + L'_r)} I_i^2 \tag{15-96}$$

输入电流 I_i 是由直流电流源 I_d 提供的，直流电流源内有大电感。三相电流源逆变器中定子相电流的基波有效值与 I_d 的关系为：

$$I_i = I_s = \frac{\sqrt{2}\sqrt{3}}{\pi} I_d \tag{15-97}$$

由式(15-96)可以注意到，最大转矩与电流的平方相关，而与频率基本无关。图 15-14a 展示了一组典型不同定子电流下的转矩-转速关系。因为 X_m 大于 X_s 和 X'_r，启动转矩通常很低。转速增高(即转差率降低)时，定子电压和转矩随之升高。因为启动时磁通小(I_m 很低而 X_m 高)，所以转子电流也相较额定值低。转速升高时，磁通随之升高，带来转矩的升高。在特征曲线正斜率部分上，转速的进一步升高，会导致端电压的上升至高于额定值。磁通和励磁电流也随之升高，并导致磁通饱和。转矩可以通过控制定子电流和转差率实现。为了使气隙磁通恒定并防止高电压带来的饱和，电动机通常采用电压控制，并工作在机械特性曲线斜率为负的部分。在特性曲线的这一部分中，电动机并不稳定，需要采用闭环控制。在低转差率下，端电压可能会过高并使磁通饱和。由于磁通饱和，转矩的最高值会降低，如图 15-14a 所示。

图 15-14b 展示了稳态下的转矩-转差率特性。由于饱和的影响，转矩的最大值大大低

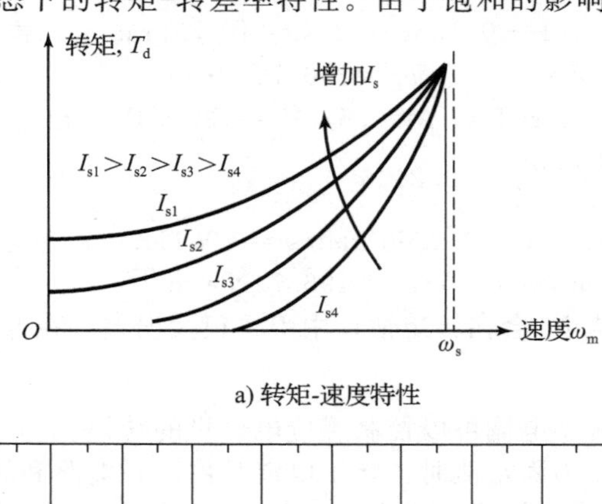

a) 转矩-速度特性

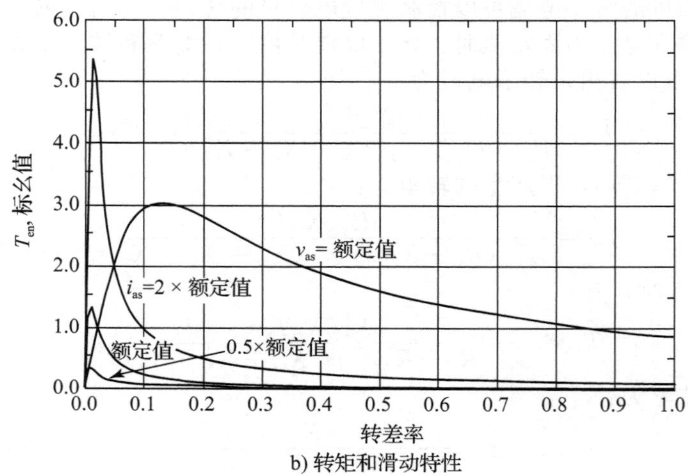

b) 转矩和滑动特性

图 15-14　电流控制下的转矩-速度特性

于无饱和的情况。图中同样展示额定定子电压下转矩-转速特性。这一特性反映了额定气隙磁通下的操作。

三相电流源逆变器可以提供恒定的电流。电流源逆变器在故障电流控制方面有优势，而且对电动机参数不敏感。但是，电流源逆变器会引入谐波和转矩脉动。图15-15所示的是两例电流源型逆变器驱动配置。图15-15a所示的由电感器作为电流源，整流器用于控制电流。这一配置的输入功率因数很低。在图15-15b所示电路中，DC-DC变换器用于控制电流源，这一配置有较高的输入功率因数。

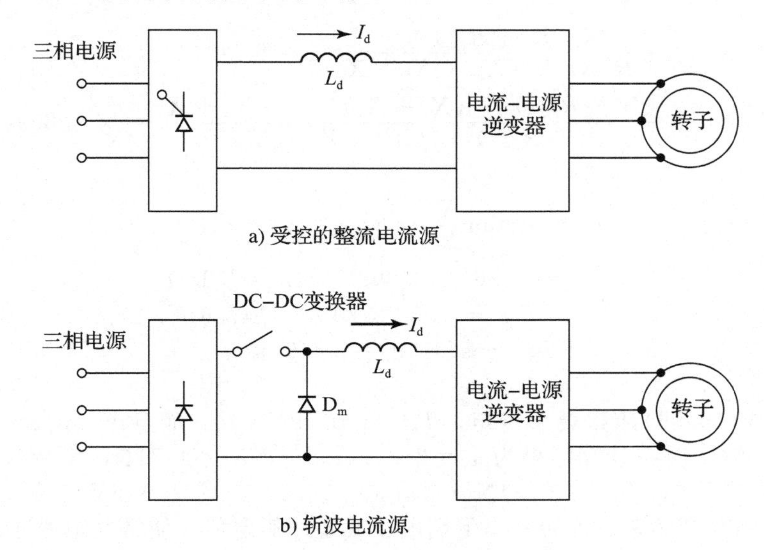

图15-15 电流-电源感应器电动机驱动

例15.7 求解三相感应电机在电流控制下的性能参数。

一台11.2kW，1750rpm，460V/60Hz，4极，Y形联结的三相感应电动机参数如下：$R_s=0.66\Omega$，$R_r'=0.38\Omega$，$X_s=1.14\Omega$，$X_r'=1.71\Omega$，$X_m=33.2\Omega$。其空载损耗可忽略不计。假设该电动机由一台电流源型逆变器驱动，其输入电流被稳定控制于20A。当频率为40Hz，输出转矩为55N·m时，求解(a)最大转矩T_m以及最大转矩时的转差率s_m；(b)转差率s；(c)转子转速ω_m；(d)电机端子的相电压V_a；(e)功率因数PF_m

解：

$V_{a(rated)}=(460/\sqrt{3})\text{V}=265.58\text{V}$，$I_i=20\text{A}$，$T_L=T_d=55\text{N}\cdot\text{m}$，$p=4$

在40Hz下，$\omega=2\pi\times40\text{rad/s}=251.33\text{rad/s}$，$\omega_s=(2\times251.33/4)\text{rad/s}=125.66\text{rad/s}$

$R_s=0.66\Omega$，$R_r'=0.38\Omega$，$X_s=(1.14\times40/60)\Omega=0.76\Omega$

$X_r'=(1.71\times40/60)\Omega=1.14\Omega$，$X_m=(33.2\times40/60)\Omega=22.13\Omega$

(a)由(15-94)，得：

$$s_m=\frac{0.38}{[0.66^2+(22.13+0.78+1.14)^2]^{1/2}}=0.0158$$

由式(15-92)，得：当$s=s_m$时，　　$T_m=94.68\text{N}\cdot\text{m}$

(b)由式(15-92)，得：

$$T_d=55=\frac{3(R_r/s)(22.13\times20)^2}{125.66\times[(0.66+R_r/s)^2+(22.13+0.78+1.14)^2]}$$

因此，$(R_r/s)^2-83.74(R_r'/s)+578.04=0$，求解$R_r/s$得

$$\frac{R_r'}{s}=76.144\text{ 或 }7.581$$

并且 $s=0.00499$ 或 0.0501。因为电动机通常运行在大转差率下，机械特性曲线为负的区域，

$$s=0.0501$$

(c)$\omega_m=125.66\times(1-0.0501)\text{rad/s}=119.36\text{rad/s}$ 或 1140r/min

(d)从图 15-2，可得输入阻抗为：

$$\bar{Z}_i=R_i+\text{j}X_i=(R_i^2+X_i^2)^{1/2}\angle\theta_m=Z_i\angle\theta_m$$

式中：

$$R_i=\frac{X_m^2(R_s+R_r/s)}{(R_s+R_r/s)^2+(X_m+X_s+X_r)^2}=6.26\Omega \tag{15-98}$$

$$X_i=\frac{X_m[(R_s+R_r/s)^2+(X_s+X_r)(X_m+X_s+X_r)]}{(R_s+R_r/s)^2+(X_m+X_s+X_r)^2}=3.899\Omega \tag{15-99}$$

并且

$$\theta_m=\arctan\frac{X_i}{R_i}=31.9° \tag{15-100}$$

$$Z_i=(6.26^2+3.899^2)^{1/2}\Omega=7.38\Omega$$

$$V_a=Z_iI_i=7.38\times20\text{V}=147.6\text{V}$$

(e)　$\text{PF}_m=\cos(31.9°=0.849$(滞后)　◀

注意：

如果采用式(15-96)计算最大转矩，$T_m=100.49\text{N}\cdot\text{m}$，而且 V_a(当 $s=s_m$)为 313V。当电压频率为 90Hz 时，计算结果为 $\omega_s=282.74\text{rad/s}$，$X_s=1.71\Omega$，$X'_r=2.565\Omega$，$X_m=49.8\Omega$，$s_m=0.00726$，$T_m=96$。$1\text{N}\cdot\text{m}$，$s=0.0225$，$V_a=316\text{V}$，而 $V_a(s=s_m)=699.6\text{V}$。这表明在高频率、低转差率下端电压或超过额定值，使得气隙磁通饱和。

例 15.8

$R_s=0.28$，$R_r=0.17\Omega$，$X_m=24.3\Omega$，$X_s=0.56\Omega$，$X_r=0.83\Omega$

解：

$\text{HP}=6\text{hp}$，$V_L=220\text{V}$，$f=60\text{Hz}$，$p=4$，$\text{PF}=0.86$，$\eta_i=84\%$

$R_s=0.28$，$R_r=0.17\Omega$，$X_m=24.3\Omega$，$X_s=0.56\Omega$，$X_r=0.83\Omega$

(a)由式(15-25)，转差转速为：

$$\omega_{sl}=\frac{R'_r}{X_s+X'_r}\omega=\frac{0.17}{0.56+0.83}\times376.99\text{rad/s}=46.107\text{rad/s}$$

(b)定子相电流为：

$$I_s=\frac{P_o}{3V_{ph}\times PF\times\eta_i}=\frac{0.174474}{3\times127\times0.86\times0.84}\text{A}=16.254\text{A}$$

$$V_o=I_sR_s=16.254\times0.28\text{V}=4.551\text{V}$$

(c)由式(15-86)，得电压-频率常数为：

$$K_{vf}=\frac{V_{ph}-V_o}{f}=\frac{127-4.551}{60}\text{V/Hz}=2.041\text{V/Hz}$$

(d)由式(15-89)，得直流侧电压为：

$$V_{dc}=\frac{V_o+K_{vff}}{0.45}=2.22\times(4.551+2.041f)=282.86\text{V}\quad(f=60\text{Hz})$$　◀

15.2.8　恒转差率-转速控制

感应电动机的转差转速 ω_{sl} 保持定值，即 $\omega_{sl}=s\omega=$定值。转差率为：

$$s=\frac{\omega_{sl}}{\omega}=\frac{\omega_{sl}}{\omega_r+\omega_{sl}} \tag{15-101}$$

因此转差率 $s=(\omega-\omega_r)/\omega$ 会随着转子转速 $\omega_r=(p/2)\omega_m$ 变化而变化。电动机将在额定转

矩-转差率特性下运行。使用图15-2所示的近似等效电路，转子电流为：

$$I_r = \frac{V_s}{(R_s + \frac{R'_r}{s}) + (X_s + X'_r)} = \frac{V_s/\omega}{(R_s + \frac{R'_r}{\omega_{sl}}) + j(L_s + L'_r)} \tag{15-102}$$

由此产生的电流转矩为：

$$T_d = \frac{P}{2} \times \frac{P_d}{\omega} = 3 \times \frac{P}{2} \times \frac{I_r^2}{\omega}\left(\frac{R'_r}{s}\right) = 3 \times \frac{P}{2} \times \frac{I_r^2 R'_r}{\omega_{sl}} \tag{15-103}$$

把式(15-102)中的电流 I_r代入式(15-104)，得：

$$T_d = 3 \times \frac{P}{2} \times \left(\frac{V_s}{\omega}\right)^2 \times \frac{\left(\frac{R'_r}{\omega_{sl}}\right)}{\left(R_s + \frac{R'_r}{\omega_{sl}}\right) + (L_s + L'_r)^2} \tag{15-104}$$

$$= K_{tc}\left(\frac{V_s}{\omega}\right)^2 \tag{15-105}$$

式中：K_{tc}为转矩常数，

$$K_{tc} = 3 \times \frac{P}{2} \times \frac{\left(\frac{R'_r}{\omega_{sl}}\right)}{\left(R_s + \frac{R'_r}{\omega_{sl}}\right) + (L_s + L'_r)^2} \tag{15-106}$$

由式(15-104)，转矩由电压/频率比值的平方决定，并与转子转速 $\omega_r = (p/2)\omega_m$无关。因此这种控制方式可以在0转速下产生转矩。这种特性在许多应用中非常关键，例如机器人。图15-16[23]所示的方框图展示了这种控制方法的实现。由转差率转速ω_{sl}^*和转子转速ω_r相加可以计算得到定子频率。转速误差信号可用来产生延迟角 α。转速误差为负时，母线电压为0，另外90°以上的触发角是不允许的。这一驱动只能进行第一象限的运行。

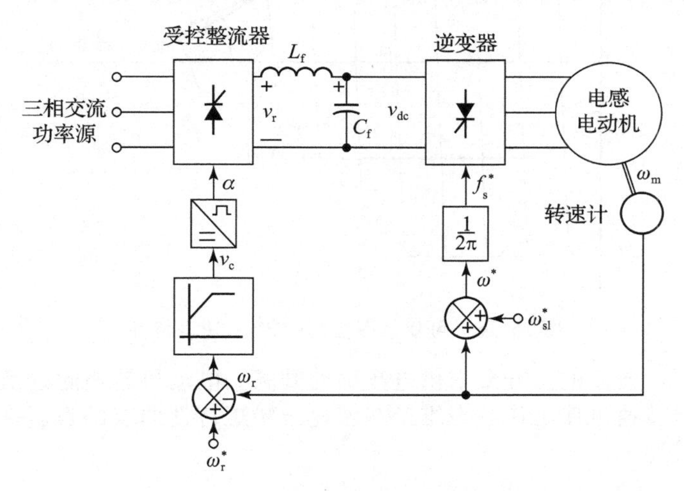

图15-16 实现恒定转差率-速度控制的框图[23]

15.2.9 电压、电流和频率控制

感应电动机的转矩-转速特性取决于控制的类型。如图15-17所示的三区域中，有可能需要控制电压，频率和电流。在第一个区域中，可以通过电压控制(或电流控制)在恒定转矩下调节转速。在第二个区域中，电动机工作在恒定电流下，而转矩可变。在第三个区域中，在降低的定子电流下，转速由频率控制。

图15-18展示了固定定子电流和低于额定频率下的转矩和功率变化。$\beta<1$时，电动机工作在恒定磁通下。$\beta>1$时，电动机工作在转速控制下，但电压恒定。因此，磁通与频率

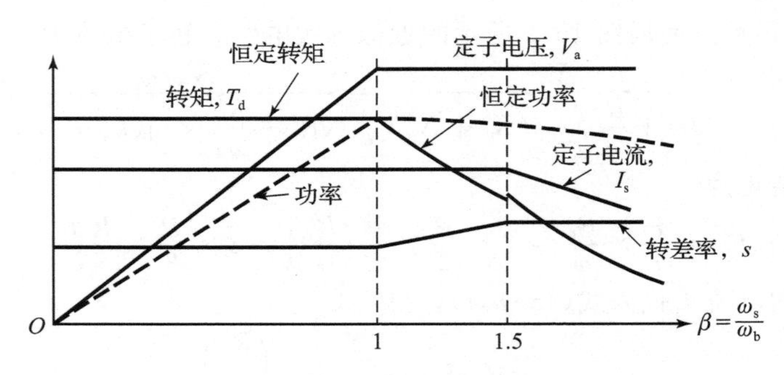

图 15-17 控制变量与频率

的标幺值成反比，而且电动机工作在弱磁模式下。

在电动机状态下，转速的降低要求供电频率的降低。这使得工作模式变为再生制动。电动机在制动转矩和负载转矩的作用下减速。当转速低于额定转速 ω_b时，电压和频率随着转速下降以维持电压-频率比或维持恒定的磁通。通过限制转差率转速，可以使电动机工作在特性曲线的负斜率区域。当高转速于额定转速 ω_b时，仅有频率随着转速下降，以维持电动机工作在特性曲线的负斜率区域。当接近所需转速时，电动机进入电动状态并最终停留在期望转速上。

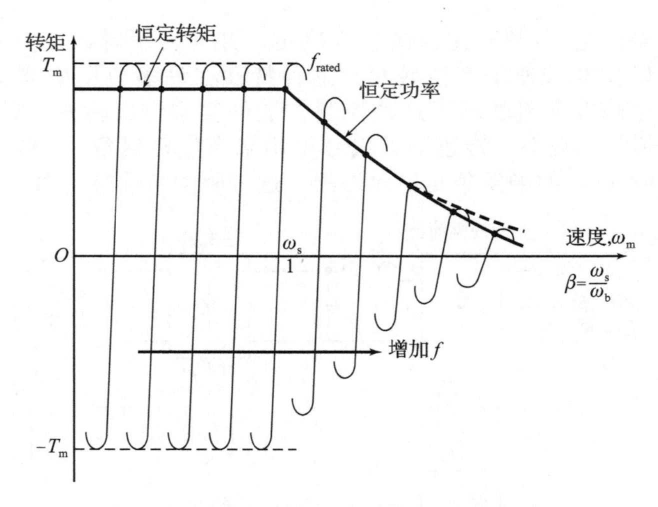

图 15-18 可变频率控制的转矩-速度特性

在电动状态下，转速的上升要求供电频率的升高。电动机转矩超过负载转矩，电动机加速。控制转差率转速可使工作状态维持在转速一转矩特性曲线的负斜率部分。最终，电动机停留在期望转速上。

15.3 感应电动机的闭环控制

通常，为了满足交流传动对稳态和瞬态性能的要求，必须实施闭环控制[9,10]。控制策略包括：(1)标量控制，其控制变量为直流量，并且只控制直流量的大小；(2)向量控制，控制变量的大小和相位都受控制；(3)自适应控制，其控制器的参数为适应输出变量的变化而连续变化。

感应电机的动态模型与图 15-1c 所示的模型显著不同，比直流电动机模型也更加复杂。反馈回路参数的设计需要对整个传动系统进行全面的分析和仿真。交流传动的仿真和建模超出了本书的讨论范围[2,5,17,18]；再此仅讨论一下基础的标量反馈。

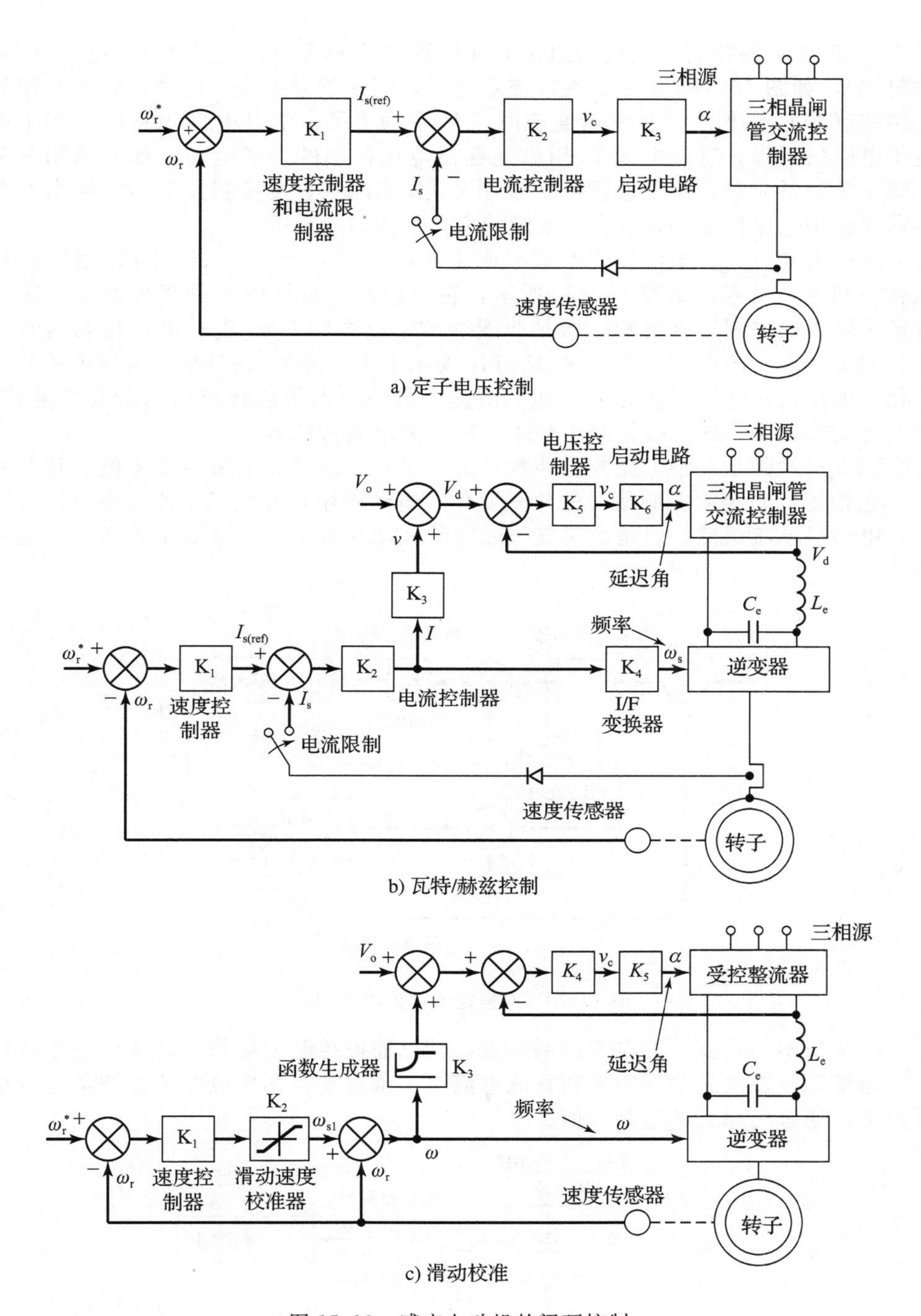

图 15-19　感应电动机的闭环控制

控制系统通常的特征在于控制回路的层次结构。其中外回路控制内回路。越内层的回路被设计成可以越快执行控制过程。通常，回路被设计成拥有有限的控制漂移。图 15-19 展示了感应电动机在固定频率下采用交流电压控制器进行的电压控制。转速控制器 K_1 处理转速误差并产生参考电流 $I_{s(ref)}$。K_2 是限流器。K_3 生成晶闸管逆变器所需的延迟角，限流内环可以间接限定转矩范围。相对于电流钳位，限流器的优势在于在故障状态下可以反馈短路电流。转速控制器 K_1 可以是增益型控制器(比例控制器)，比例-积分控制器，或引前-滞后补偿器。这种控制动态和稳态表现都差，常用于电扇，泵和鼓风机的驱动。

图 15-19a 所示的控制方式可以通过增加可控整流器和直流电压控制回路，扩展为电压/频率控制，如图 15-19b 所示。在限流器之后，同一信号生成了逆变器频率并作为直流环节比例控制器 K_3的输入。在参考直流电压 V_d上加上了一个很小的电压 V_0，用来调节低频下定子电阻的下降。直流电压 V_d用做逆变器电压控制的参考电压。如果采用 PWM 逆变器，则不需要整流器，而是通过改变调制深度，用 V_d 直接控制逆变器的输出。在电流监控中需要使用电流传感器，这会在系统响应中引入时延。

因为感应电动机的转矩与转差率频率成正比，$\omega_{sl}=\omega_s-\omega_m=s\omega_s$，可以用控制转差率频率代替控制定子电流。如图 15-19c 所示，转速误差生成转差率频率控制量，转差率的限制设定了转矩的限制。函数发生器是非线性的，依据频率 ω_s 生成电压控制信号，并可以顾及补偿低频率下的电压降 V_o。图 15-19c 展示了电压降 V_o 的补偿。对速度控制信号的阶跃变化，电动机在转矩限制之内加速或减速，最终根据负载转矩到达新的稳定转差率。这一控制方式在速度环内间接控制了转矩，不需要电流传感器。

图 15-20 所示的是一种电流控制装置。转速误差生成直流电流的参考值。转差率频率 $\omega_{sl}=\omega_s-\omega_m$固定。对速度控制信号的阶跃变化，电动机用与转矩成正比的高电流加速。在稳态下，电动机电流很低。但是由于气隙磁通的波动和多工作点下的不同磁通，这一设备性能不佳。

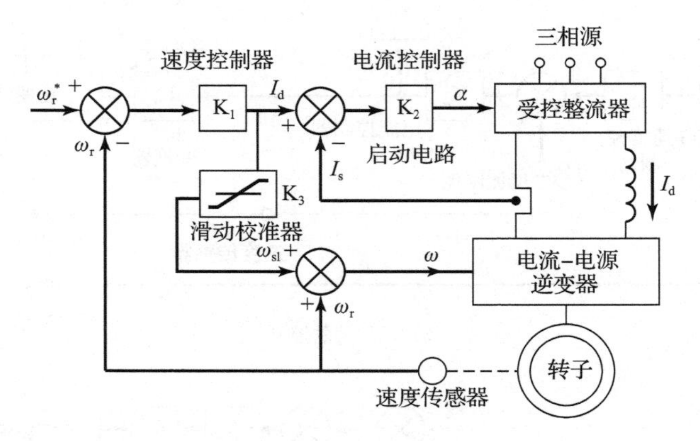

图 15-20 有恒定滑动的电流控制

图 15-21 所示的是实际的电流控制装置，其磁通被控制为定值。转速误差生成转差率频率，转差率频率控制逆变器频率和直流电流源。函数发生器生成电流控制信号并维持气隙磁通恒定，通常气隙磁通为额定值。

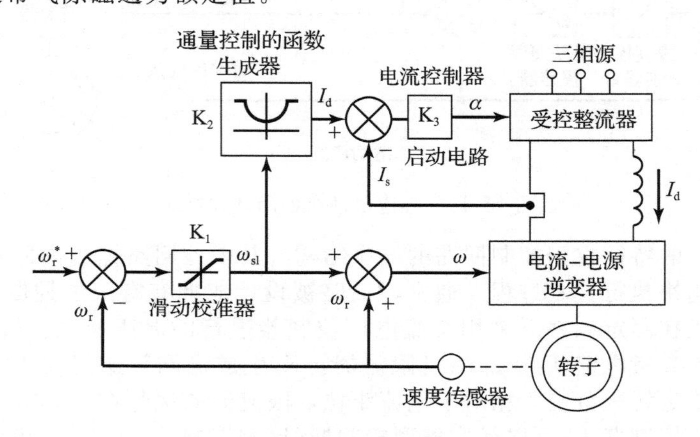

图 15-21 有恒定通量操作的电流控制

图 15-19 所示的具有电流内环的的转速控制装置可用于静态克莱默驱动，如图 15-22 所示，其转矩与直流侧电流 I_d 成正比。转速误差生成直流电流控制量。速度控制信号的阶跃增加将使得电流被钳位至最大值，电动机以最大电流对应的恒定转矩加速。速度控制信号的阶跃下降将导致电流控制量为 0，电动机在负载转矩的作用下减速。

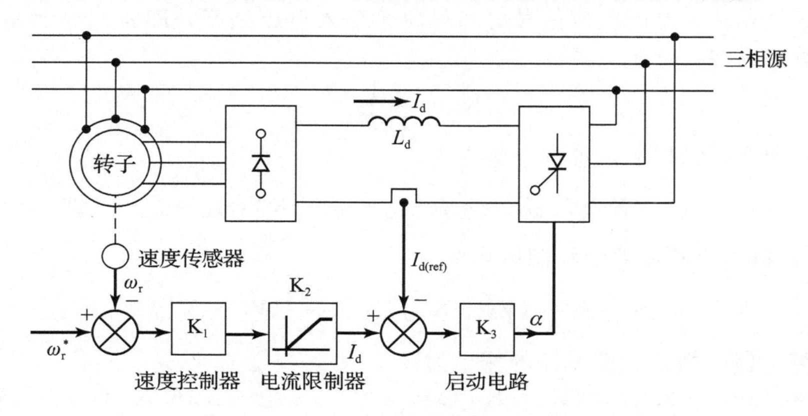

图 15-22　静态克莱默驱动的速度控制

15.4　求解控制变量

图 15-19～图 15-22 所示的控制变量显示了控制模块输入和输出的关系。例 15-8 展示了直流侧电压 V_{dc} 和定子频率 f 的关系。在实际控制的实现中，这些变量和常量必须缩放到实际控制信号的大小。图 15-23 所示的为电压/频率控制下的感应电动机拖动框图。

外部信号 v^* 由给定速度 ω_r^* 产生，并根据如下定值 K^* 进行缩放：

$$K^* = \frac{v^*}{\omega_r^*} = \frac{V_{cm}}{\omega_{r(max)}^*} \tag{15-107}$$

式中：V_{cm} 是控制信号的最大值，通常为±10V 或±5V；v^* 的范围是：

$$-V_{cm} < v^* < V_{cm} \tag{15-108}$$

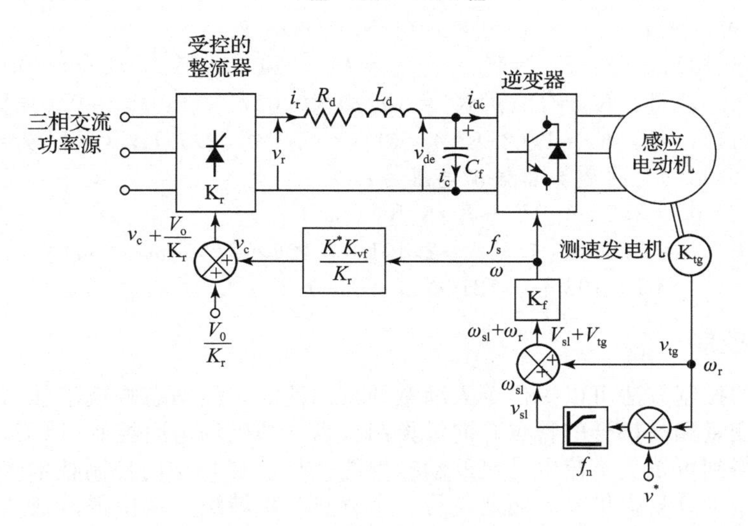

图 15-23　伏特/赫兹控制感应电动机驱动的框图[23]

测速发电机模块的增益应使得其最大输出对应于 $\pm V_{cm}$。因此测速发电机的增益为：

$$K_{tg}=\frac{V_{cm}}{\omega_r(p/2)}=\frac{p}{2}K^* \tag{15-109}$$

最大转差率转速对应感应电动机的最大转矩，转差率电压为：

$$V_{sl(max)}=K^*\omega_{sl(max)} \tag{15-110}$$

转差率转速信号和转子电磁转速信号之和对应于输入电压频率，即 $\omega_{sl}+\omega_r=\omega$。因此频率转换模块的增益应为：

$$K_f=\frac{1}{2\pi K^*} \tag{15-111}$$

由式(15-109)和式(15-110)，得定子频率为：

$$f=K_f(K^*\omega_{sl}+\frac{p}{2}K^*\omega_m)=K_fK^*(\omega_{sl}+\omega_r) \tag{15-112}$$

由式(15-89)，得输出整流器的控制电压为：

$$v_c=\frac{1}{0.45K_r}(V_o+K_{vf}f)=\frac{2.22}{K_r}(V_o+K_{vf}f) \tag{15-113}$$

式中：K_r为整流器的增益。整流器的输出为：

$$v_r=K_rv_c=2.22\times(V_o+K_{vf}f)=2.22\times[V_o+K_{vf}K_fK^*(\omega_{sl}+\omega_r)] \tag{15-114}$$

由式(15-112)，得输入电压角速度 ω 为：

$$\omega=2\pi f=2\pi K_fK^*(\omega_{sl}+\omega_r) \tag{15-115}$$

转差率速度为：

$$\omega_{sl}=f_{sc}(v^*-v_{tg})=f_{sc}(v^*-\omega_mK_{tg})=f_{sc}(K^*\omega_r{}^*-\omega_mK_{tg}) \tag{15-116}$$

式中：f_{sc}为速度控制函数。

例 15.9 求解控制变量。

如例 15-8 所示的感应电动机，求解(a)常数 K^*，K_{tg}，K_f；(b)假设额定机械转速 $N=1760\text{r/min}$，$V_{cm}=10\text{V}$，写出整流器输出电压 v_r，以转差频率 ω_{sl}为变量的表达式。

解：

$p=4$，$N=1760\text{r/min}$，$\omega_m=2\pi N/60=((2\pi\times1760)/60)\text{rad/s}=157.08\text{rad/s}$，$\omega_r=(p/2)\times\omega_m=(4/2)\times157.08\text{rad/s}=314.159\text{rad/s}$，$\omega_{r(max)}=\omega_r=314.159\text{rad/s}$

根据例 15-8，得： $K_{vf}=4551\text{V/Hz}$

(a)由式(15-107)，得：$K^*=V_{cm}/\omega_{r(max)}=(10/314.159)\text{V/(rad/s)}=0.027\text{V/(rad/s)}$

由式(15-109)，得：$K_{tg}=(2/p)K^*=(4/2)\times0.027\text{V/(rad/s)}=0.053\text{V/(rad/s)}$

由式(15-111)，得：$K_f=1/(2\pi K^*)=(1/(2\times\pi\times0/027))\text{Hz/(rad/s)}=6\text{Hz/(rad/s)}$

(b)由式(15-114)，得整流器输出电压为：

$$\begin{aligned}v_r&=2.22\times[V_o+K_{vf}K_fK^*(\omega_{sl}+\omega_r)]\\&=2.22\times[4.551+2.401\times6\times0.027\times(\omega_{sl}+\omega_r)]\\&=10.103+0.721\times(\omega_{sl}+\omega_r)\end{aligned}$$

◀

15.5 向量控制

之前讨论的控制方法可以提供令人满意的稳态性能，但动态响应不佳。感应电动机具有非线性，多变量和高耦合的特点。向量控制技术，即磁场定向控制(FOC)使我们使用鼠笼感应电动机得到可媲美直流电动机的动态性能[11-15]。磁场定向控制技术将定子电流解耦成两个分量，一个分量提供气隙磁通，另一个分量产生转矩。这使得磁通和转矩可以分别控制，并且控制特性是线性的。定子电流变换到与磁通向量相对静止的同步旋转坐标系中，再变换回固定坐标系中。两个分量分别是类似于单独励磁的直流电动机中的励磁电流的 d 轴电流 i_{ds}和类似于单独励磁的直流电动机中的电枢电流的 q 轴电流 i_{qs}。转子磁链向量与坐标系的 d 轴同向。

15.5.1　向量控制的基本原理

当使用向量控制时，感应电动机可以等效成两个独立的直流电动机来进行控制。在直流电动机里，其输出转矩可表示成：

$$T_d = K_t I_a I_f \tag{15-117}$$

式中：I_a为电枢电流；I_f为励磁电流。在直流电动机中，由 I_f产生的磁通 $\boldsymbol{\Psi}_f$ 与由 I_a产生的磁通 $\boldsymbol{\Psi}_a$ 互相垂直。这两个磁向量在空间中互相正交，且相对静止，所以可以认为它们是互相垂直并且互相解耦的。因此，直流电动机具有很快的动态响应特性。感应电动机的构造决定其自身包含了许多耦合的问题，所以感应电动机无法提供像直流电动机一样快速的动态响应。但是，当我们在同步旋转坐标系(d^e-q^e)下控制感应电动机时，原本是正弦的电动机变量可以在此坐标系下等效为直流量，从而感应电动机也可以表现出类似直流电动机特性的优点。

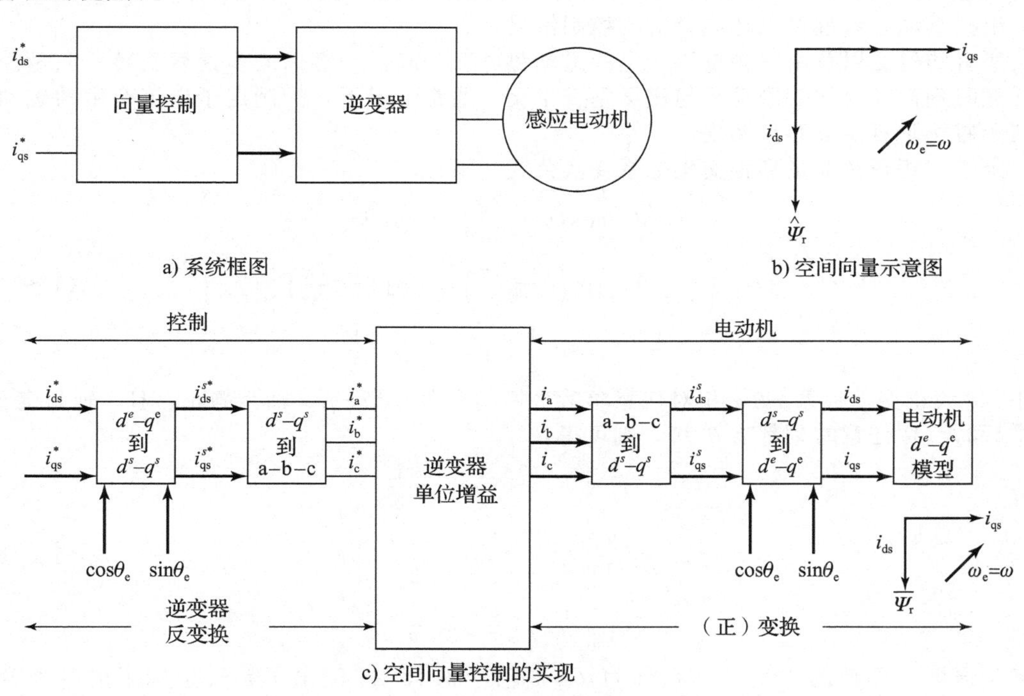

图 15-24　感应电动机向量控制示框图

图 15-24a 给出了一个由逆变器驱动的感应电动机在同步旋转坐标系下的控制框图。其中，电流i_{ds}^*和i_{qs}^*分别为同步旋转坐标系下直轴(d 轴)和交轴(q 轴)的定子电流。当使用向量控制时，i_{qs}^*可类比为直流电动机的励磁电流 I_f，而i_{ds}^*可类比为直流电动机的电枢电流 I_a。因此，感应电动机的输出力矩可表示为：

$$T_d = K_m \hat{\boldsymbol{\Psi}}_r I_f = K_t I_{ds} i_{qs_r} \tag{15-118}$$

式中：$\hat{\boldsymbol{\Psi}}_r$ 为空间正弦磁向量 $\boldsymbol{\Psi}_r$ 的峰值绝对值；i_{qs}为励磁分量；i_{ds}为转矩分量。

图 15-24b 所示的为向量控制的空间向量图。i_{ds}^*与转子磁场 $\hat{\lambda}_r$ 方向相同，而i_{qs}^*在任何情况下都与之垂直。该空间向量与电频率同步旋转，$\omega_e=\omega$。因此，在使用向量控制时，应保证空间向量定位正确，才能产生正确的控制信号。

图 15-24c 给出了向量控制实现的框图。控制器给出电流指令i_a^*，i_b^*和i_c^*，用子控制逆变器的电流 i_a，i_b和 i_c。电动机的端电流 i_a，i_b和 i_c经过 3-2 变换后可得到i_{ds}^s和i_{qs}^s分量。

该控制量经过与 $\cos\theta_e$ 和 $\sin\theta_e$ 单位向量运算后，变换为同步旋转坐标下的控制向量(即 i_{ds} 和 i_{qs})，然后用于控制电动机运行。在该框图中，电动机用经过内部变换后的 d^e-q^e 坐标系下模型表示。

为了让控制变量 i_{ds}^* 和 i_{qs}^* 与电动机电流 i_{ds} 和 i_{qs} 一一对应，控制器需要进行两次反变换。在这些变换中，单位向量 $\cos\theta_e$ 和 $\sin\theta_e$ 可以保证电流 i_{ds} 与磁向量 $\boldsymbol{\Psi}_r$ 方向一致，且 i_{qs} 与之垂直。需要注意的是，在理想情况下，坐标的变换和反变换不包含任何动态过程，因此，除了控制器计算和采样造成的延迟外，i_{ds} 和 i_{qs} 对其指令是立即响应的。

15.5.2　直轴和交轴的变换

向量控制技术利用感应电动机动态等效电路实现其控制。任何一台感应电动机都包含至少三个磁场(转子，气隙，定子)和三个电流或磁动势(定子，转子，励磁)。为了获得快速的动态响应，建立电动机的动态模型时需要考虑上述电流，磁场及转速之间的互相影响，根据其动态模型可以选取合适的控制策略。

所有的磁场以及由三相电流产生的磁动势(定子和转子)都以同步速度旋转。向量控制在任意时刻都需要保持磁动势与磁场垂直正交。通常情况下，控制定子电流产生的磁动势与转子磁场垂直比较容易实现。

定子三相正弦变量到正交坐标系变换公式如下：

$$\begin{bmatrix} f_{\alpha s} \\ f_{\beta s} \\ f_{o} \end{bmatrix} = \frac{2}{3}\begin{bmatrix} \cos\theta & \cos\left(\theta-\frac{2\pi}{3}\right) & \cos\left(\theta-\frac{4\pi}{3}\right) \\ \sin\theta & \sin\left(\theta-\frac{2\pi}{3}\right) & \sin\left(\theta-\frac{4\pi}{3}\right) \\ \frac{1}{2} & \frac{1}{2} & \frac{1}{2} \end{bmatrix}\begin{bmatrix} f_{as} \\ f_{bs} \\ f_{cs} \end{bmatrix} \tag{15-119}$$

式中：θ 为正交坐标系 α-β-α 相对任意参考坐标的夹角。当 α-β-α 轴为静止，且 α 轴与定子 a 轴平行时，在任意时刻都有 $\theta=0$，则可得：

$$\begin{bmatrix} f_{\alpha s} \\ f_{\beta s} \\ f_{os} \end{bmatrix} = \frac{2}{3}\begin{bmatrix} 1 & -\frac{1}{2} & -\frac{1}{2} \\ 0 & \frac{\sqrt{3}}{2} & \frac{\sqrt{3}}{2} \\ \frac{1}{2} & \frac{1}{2} & \frac{1}{2} \end{bmatrix}\begin{bmatrix} f_{as} \\ f_{bs} \\ f_{cs} \end{bmatrix} \tag{15-120}$$

以同步速度 ω 旋转的正交坐标系称为 d-q-α 轴。图 15-25 给出了旋转坐标下的各种变量关系。

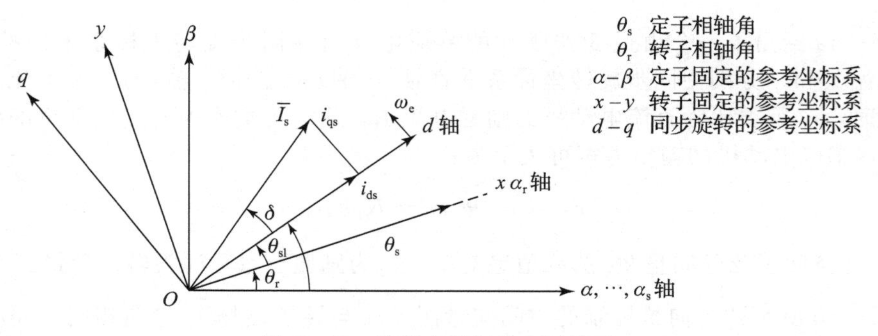

图 15-25　旋转坐标下的变量关系

转子三相变量变换到同步旋转坐标系公式如下：

$$\begin{bmatrix} f_{dr} \\ f_{qr} \\ f_o \end{bmatrix} = \frac{2}{3} \begin{bmatrix} \cos(\omega-\omega_r)t & \cos\left((\omega-\omega_r)t-\frac{2\pi}{3}\right) & \cos\left((\omega-\omega_r)t-\frac{4\pi}{3}\right) \\ \sin(\omega-\omega_r)t & \sin(\left(\omega-\omega_r)t-\frac{2\pi}{3}\right) & \sin\left((\omega-\omega_r)t-\frac{4\pi}{3}\right) \\ \frac{1}{2} & \frac{1}{2} & \frac{1}{2} \end{bmatrix} \begin{bmatrix} f_{ar} \\ f_{br} \\ f_{or} \end{bmatrix} \tag{15-121}$$

式中：滑动的定义在式(15-4a)中给出。

需要指出的是，$w-w_r$的差值是同步旋转坐标系和转子相对坐标轴之间的相对速度。差值的大小就是转差率 w_{sl}，也是转子角频率变化量。利用这些变换，电动机的电压方程简化为：

$$\begin{bmatrix} v_{qs} \\ v_{ds} \\ v_{qr} \\ v_{dr} \end{bmatrix} = \begin{bmatrix} R_s+DL_s & \omega L_s & DL_m & \omega L_m \\ -\omega L_s & R_s+DL_s & -\omega L_m & DL_m \\ DL_m & (\omega-\omega_r)L_m & R_r+DL_r & (\omega-\omega_r)L_r \\ -(\omega-\omega_r)L_m & DL_m & -(\omega-\omega_r)L_r & R_r+DL_r \end{bmatrix} \begin{bmatrix} i_{qs} \\ i_{ds} \\ i_{qr} \\ i_{dr} \end{bmatrix} \tag{15-122}$$

式中：w 是参考系的转动速度；w_r是转子速度；

$$L_s = L_{ls} + L_m; \quad L_r = L_{lr} + L_m$$

下标 l 和 m 分别表示漏磁和励磁电感；D 代表微分运算符。电动机在参考坐标系里面的动态等效电路如图 15-26 所示。

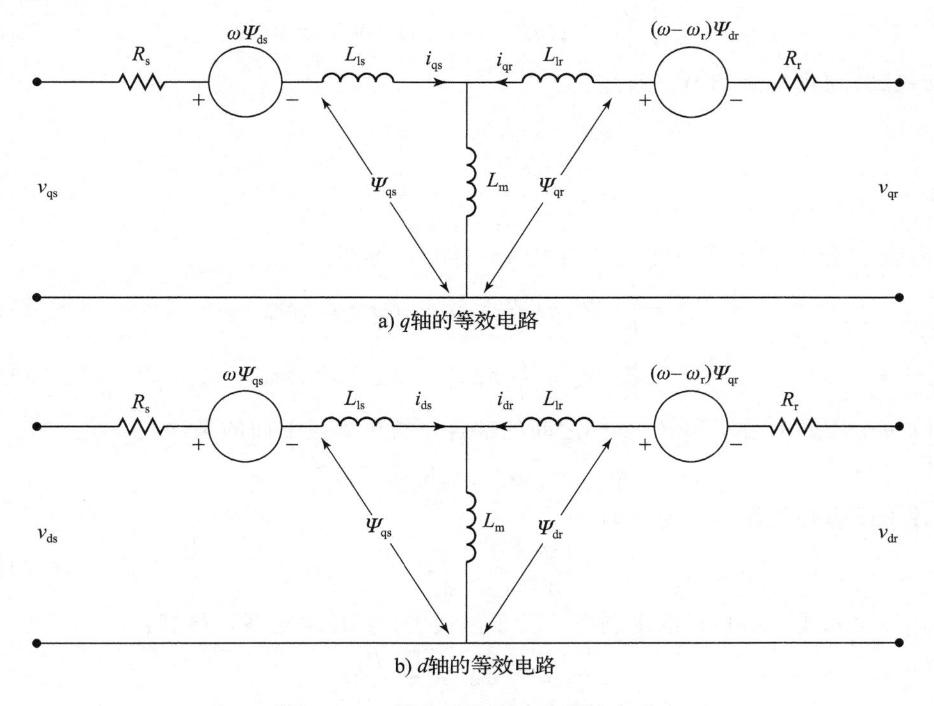

图 15-26 同步轴上的动态等效电路

定子磁链表达式是：

$$\Psi_{qs} = L_{ls} i_{qs} + L_m (i_{qs} + i_{qr}) = L_s i_{qs} + L_m i_{qr} \tag{15-123}$$

$$\Psi_{ds} = L_{ls} i_{ds} + L_m (i_{ds} + i_{dr}) = L_s i_{ds} + L_m i_{dr} \tag{15-124}$$

$$\hat{\Psi}_s = \sqrt{(\Psi_{qs}^2 + \Psi_{ds}^2)} \tag{15-125}$$

转子的磁链表达式是：

$$\Psi_{qr} = L_{lr}i_{qr} + L_m(i_{qs} + i_{qr}) = L_r i_{qr} + L_m i_{qs} \tag{15-126}$$

$$\Psi_{dr} = L_{lr}i_{dr} + L_m(i_{ds} + i_{dr}) = L_r i_{dr} + L_m i_{ds} \tag{15-127}$$

$$\hat{\Psi}_r = \sqrt{(\Psi_{qr}^2 + \Psi_{dr}^2)} \tag{15-128}$$

气隙的磁链表达式是：

$$\Psi_{mq} = L_m(i_{qs} + i_{qr}) \tag{15-129}$$

$$\Psi_{md} = L_m(i_{ds} + i_{dr}) \tag{15-130}$$

$$\hat{\Psi}_m = \sqrt{(\Psi_{mqs}^2 + \Psi_{mds}^2)} \tag{15-131}$$

因此，电动机转矩的表达式是：

$$T_d = \frac{3p}{2}\frac{[\Psi_{ds}i_{qs} - \Psi_{qs}i_{ds}]}{2} \tag{15-132}$$

式中：p 是极对数。式(15-122)是转子电压在 d 和 q 轴上的表达式，有：

$$v_{qr} = 0 = L_m\frac{di_{qs}}{dt} + (\omega - \omega_r)L_m i_{ds} + (R_r + L_r)\frac{di_{qr}}{dt} + (\omega - \omega_r)L_r i_{dr} \tag{15-133}$$

$$v_{dr} = 0 = L_m\frac{di_{ds}}{dt} + (\omega - \omega_r)L_m i_{qs} + (R_r + L_r)\frac{di_{dr}}{dt} + (\omega - \omega_r)L_r i_{qr} \tag{15-134}$$

代入 Ψ_{qr}式(15-126)和 Ψ_{dr}式(15-127)，得到：

$$\frac{d\,\Psi_{qr}}{dt} + R_r i_{qr} + (\omega - \omega_r)\,\Psi_{dr} = 0 \tag{15-135}$$

$$\frac{d\,\Psi_{dr}}{dt} + R_r i_{dr} + (\omega - \omega_r)\,\Psi_{qr} = 0 \tag{15-136}$$

由式(15-126)和式(15-127)，到：

$$i_{qr} = \frac{1}{L_r}\,\Psi_{qr} - \frac{L_m}{L_r}i_{qs} \tag{15-137}$$

$$i_{dr} = \frac{1}{L_r}\,\Psi_{dr} - \frac{L_m}{L_r}i_{ds} \tag{15-138}$$

将转子电流 i_{qr}和 i_{dr}代入式(15-135)和式(15-136)，得到：

$$\frac{d\,\Psi_{qr}}{dt} + \frac{L_r}{R_r}\,\Psi_{qr} - \frac{L_m}{L_r}R_r i_{qs} + (\omega - \omega_r)\Psi_{dr} = 0 \tag{15-139}$$

$$\frac{d\,\Psi_{qr}}{dt} + \frac{L_r}{R_r}\,\Psi_{qr} - \frac{L_m}{L_r}R_r i_{qs} + (\omega - \omega_r)\Psi_{dr} = 0 \tag{15-140}$$

为了消除转子磁通的暂态和 d，q 轴之间的耦合，需要满足下面的条件：

$$\Psi_{qr} = 0 \quad , \quad \hat{\Psi}_r = \sqrt{\Psi_{dr}^2 + \Psi_{qr}^2} = \Psi_{dr} \tag{15-141}$$

同时，转子磁通必须保持恒定，即

$$\frac{d\,\Psi_{dr}}{dt} = \frac{d\,\Psi_{qr}}{dt} = 0 \tag{15-142}$$

在式(15-141)和式(15-142)的限制下，转子磁通 Ψ_r与 d_e 轴对齐，得到：

$$\omega - \omega_r = \omega_{sl} = \frac{L_m}{\hat{\Psi}}\frac{R_r}{L_r}i_{qs} \tag{15-143}$$

$$\frac{R_r}{L_r}\frac{d\,\hat{\Psi}_r}{dt} + \hat{\Psi}_r = L_m i_{ds} \tag{15-144}$$

把 i_{qr}和 i_{dr}代入式(15-126)和式(15-127)，得到：

$$\Psi_{qs} = \left(L_s - \frac{L_m^2}{L_r}\right)i_{qs} + \frac{L_m}{L_r}\,\Psi_{qr} \tag{15-145}$$

$$\Psi_{ds} = \left(L_s - \frac{L_m^2}{L_r}\right) i_{ds} + \frac{L_m}{L_r} \Psi_{dr} \tag{15-146}$$

把 Ψ_{qs}代到式(15-132)，得到转矩为：

$$T_d = \frac{3p}{2} \frac{L_m}{L_r} \left(\frac{\Psi_{ds} i_{qs} - \Psi_{qs} i_{ds}}{2} \right) = \frac{3p}{2 \times 2} \frac{L_m}{L_r} \hat{\Psi}_r i_{qs} \tag{15-147}$$

如果转子磁通 Ψ_r保持不变，式(15-144)可以转化成：

$$\hat{\Psi}_r = L_m i_{ds} \tag{15-148}$$

这个公式表明转子磁通和电流 i_{ds}成正比，因此 T_d又可以表示为：

$$T_d = \frac{3p}{2 \times 2} \frac{L_m^2}{L_r} i_{ds} i_{qs} = K_m i_{ds} i_{qs} \tag{15-149}$$

式中： $K_m = 3pL_m^2/(4L_r)$

向量控制能通过直接或者间接的方法实现。这两种方法本质的不同是，如何生成控制需要的单位向量。在直接方式中，磁通向量是基于电动机的端口特性得来的，可以从图 15-27a看出。而间接方式是，使用电动机的转差率计算得到磁通向量，可以从图 15-27b 看出。间接方式比直接方式更简单，而且在感应电动机的控制中应用也越来越广泛。T_d是需要的电动机转矩，Ψ_r是转子磁通，T_r是转子的时间常数，L_m是互感。除非磁通是直接测量的，耦合程度取决于电动机参数。如果不能准确知道电动机的参数，理想的两轴解耦是不可能出现的。

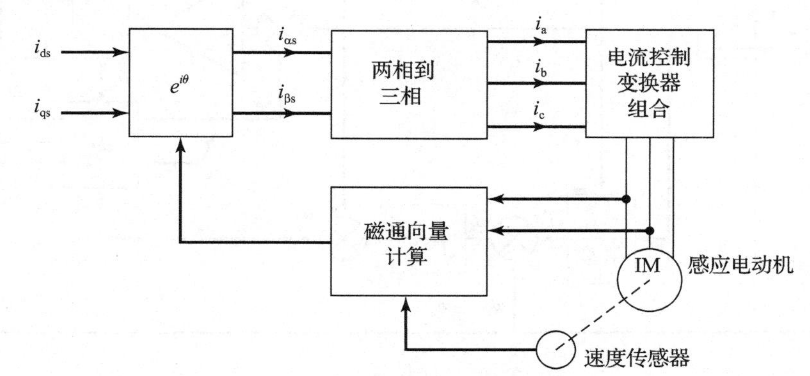

a) 直接磁场定向控制

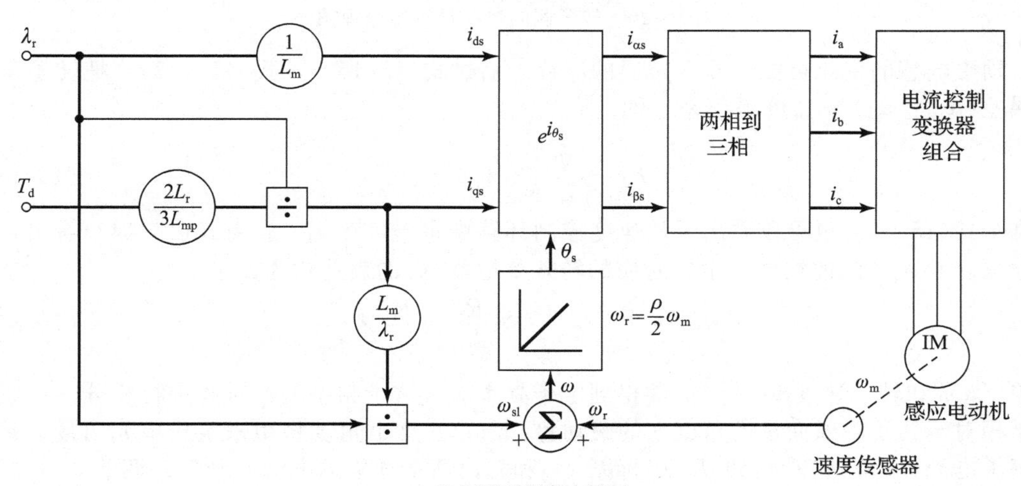

b) 间接磁场定向控制

图 15-27 电动机向量控制方框图

注意：

(1)根据式(15-144)，转子磁通 Ψ_r是由 i_{dr}决定的，而 i_{dr}会受到转子时间常数(L_r/R_r)时延的影响。

(2)根据式(15-149)，电流 i_{qs}控制转矩 T_d时没有延迟。

(3)电流 i_{qs}和 i_{ds}是正交的，分别叫做励磁电流和转矩电流。但这两个电流的对应关系必须要满足式(15-143)和式(15-144)的条件下才成立。通常情况下，i_{ds}在电动机额定转速之下都是个恒定值。其后，这个值将会减小，以实现恒定功率的运行。

15.5.3　间接向量控制

图 15-28 所示的是间接向量控制(IFOC)的方框示意图，需要实现转子磁通 Ψ_r的电流 i_{ds}可以通过式(15-148)来确定，且保持恒定。

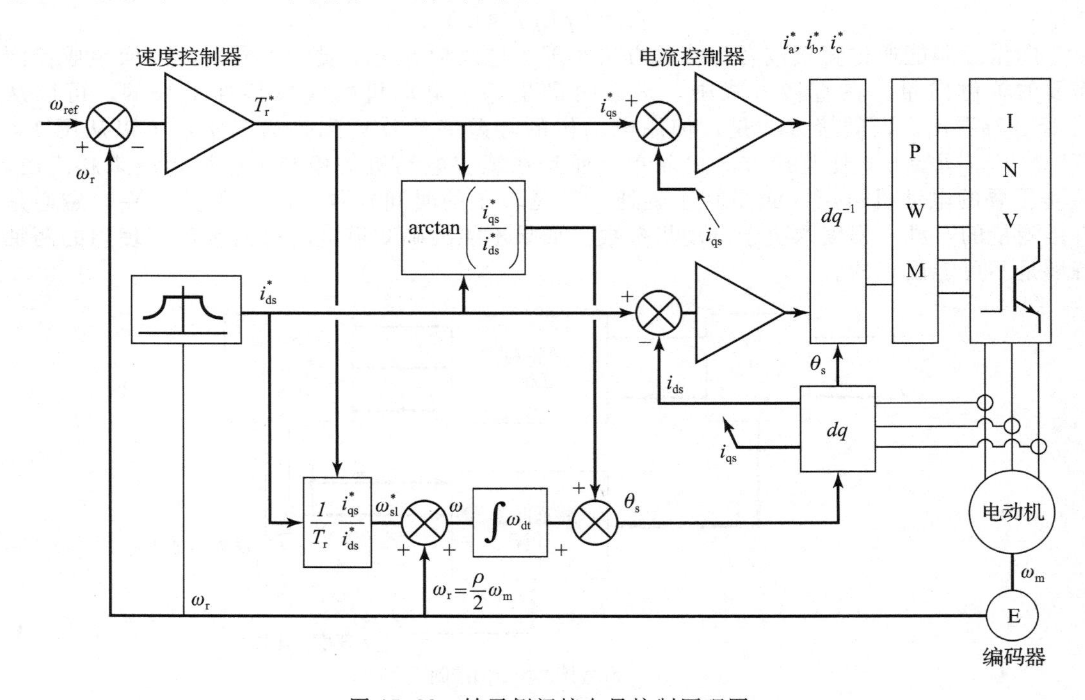

图 15-28　转子侧间接向量控制原理图

励磁电感的变化可能会导致磁通的漂移。通过式(15-150)，式(15-143)，把转子角速度误差($w_{ref}-w_r$)与 i_{qs}^*联系起来，即

$$i_{qs}^* = \frac{\hat{\Psi}_r L_r}{L_m R_r}(\omega_{ref} - \omega_r) \tag{15-150}$$

由这个式(15-150)也可以看出，从速度控制环路中也能产生 $i_{qs}{}^*$。由式(15-143)看出，转差率 $w_{sl}{}^*$由 $i_{qs}{}^*$的前馈中产生。对应的转差率增益 K_{sl}的表达式为：

$$K_{sl} = \frac{\omega_{sl}^*}{i_{qs}^*} = \frac{L_m}{\hat{\Psi}_r} \times \frac{R_r}{L_r} = \frac{R_r}{L_r} \times \frac{1}{i_{ds}^*} \tag{15-151}$$

转差率 w_{sl}^*和转子速度 w_r一起能够得到定子频率 w。这个频率是对时间进行积分，可获得定子相对于转子磁通向量的角度 θ_s的磁动势(mmf)。这个角度将用来生成单元向量，并且把定子电流(i_{qs}和 i_{ds})转化到 d-q 坐标系。i_q和 i_d由两个独立的电流控制器来调节。

补偿的 i_{qs}和 i_{ds}误差会转换回定子 a-b-c 参考坐标轴，从而得到逆变器的调制或者滞环控制的开关信号。

空间向量的各个分量如图 15-29 所示。d^s-q^s轴固定在定子上，但是 d^r-q^r轴在转子上，跟随转子以 w_r的速度在转动。同步旋转轴 d^e-q^e以一个 θ_{sl}转差角超前 d^r-q^r。因为转子极在 d^e 轴，根据 $w=w_r+w_{sl}$，可以得到：

$$\theta_s=\int\omega \mathrm{d}t=\int(\omega_r+\omega_{sl})\mathrm{d}t=\theta_r+\theta_{sl} \tag{15-152}$$

转子位置 θ_s 不是绝对不变的，而是与转子的频率 w_{sl}有关。对于解耦控制，定子的磁通电流应该与 d^e轴对齐，转矩电流 i_{qs}应该在 q^e轴上。

这种方法使用了前馈的方式，由 i_{qs}^*、i_{ds}^* 和 T_r 决定 w_{sl}^*。转子的时间常数对于所有的运行情况可能不是常量。因此，对于不同的运行条件，转差率可能变化很大，同时也应注意转差率也直接影响了转矩和转子磁通向量位置。间接控制方式需要控制器和被驱动电动机匹配很好。这是因为控制器也需要一些电动机的参数，电动机的参数也会随工作条件的变化有所变化，转子时间常数验证方法可以用来解决这个问题。

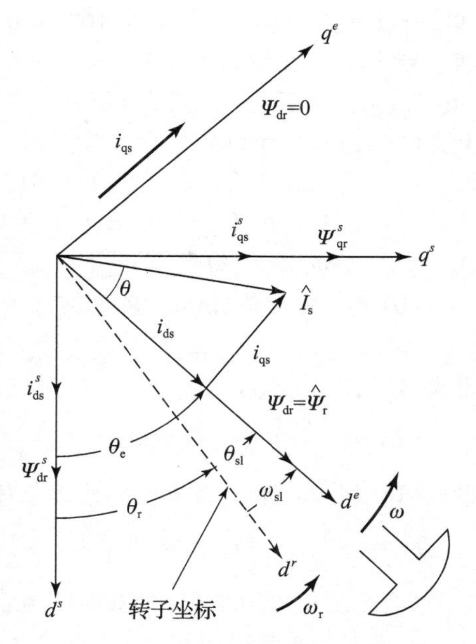

图 15-29　展示间接向量控制中的空间向量成分的向量图

例 15.10　找出转子磁链。

一台 6hp，星形联结的感应电动机由间接向量控制器控制，三相电，60Hz，4 极，$V_L=220\text{V}$，$R_s=0.28\Omega$，$R_r=0.17\Omega$，$L_m=61\text{mH}$，$L_r=56\text{mH}$，$L_s=53\text{mH}$，$J=0.01667\text{kg}\cdot\text{m}^2$

额定速度=1800r/min。计算(a)额定转子磁链，定子电流 i_{qs}和 i_{ds}；(b)总定子电流 I_s；(c)转矩角度 θ_T；(d)轻差率增益 K_{sl}。

解：

$HP=6\text{hp}$，$P_o=745.7\times6\text{W}=4474\text{W}$，$V_L=220\text{V}$，$f=60\text{Hz}$，$p=4$，$R_s=0.28\Omega$

$R_r=0.17\Omega$，$L_m=61\text{mH}$，$L_r=56\text{mH}$，$L_s=53\text{mH}$，$J=0.01667\text{kg}\cdot\text{m}^2$

$N=1800\text{r/min}$，$\omega=2\pi f=2\pi\times60\text{rad/s}=376.991\text{rad/s}$，$\omega_m=(2\pi N)/60=((2\pi\times1800)/60)\text{rad/s}=188.496\text{rad/s}$

$\omega_r=(p/2)\times\omega_m=(4/2)\times157.08\text{rad/s}=376.991\text{rad/s}$，$\omega_{c(\max)}=\omega_r=314.159\text{rad/s}$

$V_{qs}=(\sqrt{2}V_L)/\sqrt{3}=((\sqrt{2}\times220)/\sqrt{3})\text{V}=179.634\text{V}$，$V_{ds}=0$

(a)对于 $w_{sl}=0$，由式(15-122)，得到：

$$\begin{bmatrix}i_{qs}\\i_{ds}\\i_{qr}\\i_{dr}\end{bmatrix}=\begin{bmatrix}R_s & \omega L_s & 0 & \omega L_m\\-\omega L_s & R_s & -\omega L_m & 0\\0 & \omega_{sl}L_m & R_r & \omega_{sl}L_r\\-\omega_{sl}L_m & 0 & -\omega_{sl}L_m & R_r\end{bmatrix}^{-1}\begin{pmatrix}v_{qs}\\v_{ds}\\0\\0\end{pmatrix}=\begin{pmatrix}0.126\\8.988\\0\\0\end{pmatrix}$$

因此，$i_{qs}=0.126\text{A}$，$i_{ds}=8.988\text{A}$，$i_{qr}=0$，$i_{dr}=0$

由式(15-123)到式(15-125)，得到定子磁链为：

$$\Psi_{qs}=L_si_{qs}+L_mi_{qr}=(53\times10^{-3}\times0.126+61\times10^{-3}\times0)\text{Wb}\cdot\text{turn}=6.678\text{Wb}\cdot\text{turn}$$

$$\Psi_{ds}=L_si_{ds}+L_mi_{dr}=(53\times10^{-3}\times8.988+61\times10^{-3}\times0)\text{Wb}\cdot\text{turn}=0.476\text{Wb}\cdot\text{turn}$$

$$\Psi_s=\sqrt{\Psi_{qs}^2+\Psi_{ds}^2}=\sqrt{(6.678\times10^{-3})^2+0.476^2}\text{Wb}\cdot\text{turn}=0.476\text{Wb}\cdot\text{turn}$$

由式(15-126)到式(15-128)，得到转子磁链为：

$$\Psi_{qr} = L_r i_{qr} + L_m i_{qs} = (56 \times 10^{-3} \times 0 + 61 \times 10^{-3} \times 0.126)\text{Wb} \cdot \text{turn} = 7.686\text{Wb} \cdot \text{turn}$$

$$\Psi_{dr} = L_r i_{dr} + L_m i_{ds} = (56 \times 10^{-3} \times 0 + 61 \times 10^{-3} \times 8.988)\text{Wb} \cdot \text{turn} = 0.548\text{Wb} \cdot \text{turn}$$

$$\Psi_r = \sqrt{\Psi_{qr}^2 + \Psi_{dr}^2} = \sqrt{(7.686 \times 10^{-3})^2 + 0.548^2}\text{Wb} \cdot \text{turn} = 0.548\text{Wb} \cdot \text{turn}$$

由式(15-129)到式(15-131)，得到励磁磁链为：

$$\Psi_{mq} = L_m(i_{qs} + i_{qr}) = 61 \times 10^{-3} \times (0.126 + 0)\text{Wb} = 7.686\text{Wb}$$

$$\Psi_{md} = L_m + (i_{ds} + i_{dr}) = 61 \times 10^{-3} \times (8.988 + 0)\text{Wb} = 0.548\text{Wb}$$

$$\Psi_m = \sqrt{\Psi_{mq}^2 + \Psi_{md}^2} = \sqrt{(7.686 \times 10^{-3})^2 + 0.548^2}\text{Wb} = 0.548\text{Wb}$$

(b)产生磁动势(mmf)Ψ_m的定子电流是：

$$I_f = I_s\sqrt{i_{ds}^2 + i_{qs}^2} = \sqrt{8.988^2 + 0.216^2}\text{A} = 8.989\text{A}$$

由式(15-132)，得：

$$T_d = \frac{3p}{4}(\Psi_{ds} i_{qs} - \Psi_{qs} i_{ds}) = \frac{3 \times 4}{4}(0.474 \times 0.216 - 6.678 \times 10^{-3} \times 8.988) \approx 0$$

由式(15-149)，给出相应转矩的近似值为：

$$T_d = \frac{3p}{2 \times 2}\frac{L_m^2}{L_r} i_{ds} i_{qs} = \frac{3 \times 4}{4} \times \frac{(61 \times 10^{-3})^2}{56 \times 10^{-3}} \times 8.988 \times 0.126\text{N} \cdot \text{m} = 0.226\text{N} \cdot \text{m}$$

(c)产生输出功率 P_o 需要转矩为：

$T_e = P_o/\omega_m = (4744/188.496)\text{N} \cdot \text{m} = 23.736\text{N} \cdot \text{m}$

式(15-147)给出转矩常数为：$K_e = (3p/4)(L_m/L_r) = (3 \times 4/4) \times (61/56) = 3.268$

产生转矩 T_e 电流需要的：

$$I_r = i_{qs} = T_e/(K_e/\Psi_r) = (23.736/(3.268 \times 0.548))\text{A} = 13.247\text{A}$$

因此，总定子电流是：

$$I_s = \sqrt{I_f^2 + I_r^2} = \sqrt{8.989^2 + 13.247^2}\text{A} = 16.01\text{A}$$

转矩角度 $\theta_T = \arctan(I_s/I_f) = \arctan(16.01/8.989) = 60.69°$

(d)由式(15-151)，得：

$$\omega_{sl} = \frac{R_r}{L_r} \times \frac{I_s}{I_f} = \frac{0.17}{56 \times 10^{-3}} \times \frac{16.01}{8.989}\text{rad/s} = 5.06\text{rad/s}$$

$$K_{sl} = \frac{L_m R_r}{\Psi_r L_r} = \frac{61 \times 10^{-3}}{0.548} \times \frac{0.17}{56 \times 10^{-3}} = 0.338$$ ◀

15.5.4 直接向量控制

气隙漏磁磁链在定子 d 轴和 q 轴上用来决定转子磁链在定子参考系中的大小。气隙磁链是通过在空气隙中安装正交的磁通检测器来实现的，如图 15-30 所示。

由式(15-123)到式(15-131)，在定子参考系中能够简化得到磁链为：

$$\Psi_{qr}^s = \frac{L_r}{L_m}\Psi_{qm}^s - L_{lr} i_{qs}^s \tag{15-153}$$

$$\Psi_{dr}^s = \frac{L_r}{L_m}\Psi_{dm}^s - L_{lr} i_{ds}^s \tag{15-154}$$

式中：上标 s 代表定子参考系。图 15-31 所示的是空间向量的相量图。电流 i_{ds} 投影到 Ψ_r 方向上，i_{qs} 一定和 Ψ_r 垂直。d^e-q^e 坐标轴在任何时候都是相对静态坐标轴 d^s-q^s，以速度 w 旋转。d^e-q^e 坐标轴与静态坐标轴 d^s-q^s 之间的夹角 θ_s 在式(15-122)中给出。

静态坐标轴的旋转磁链向量为：

$$\Psi_{qr}^s = \hat{\Psi}_r \sin\theta_s \tag{15-155}$$

$$\Psi_{dr}^s = \hat{\Psi}_r \cos\theta_s \tag{15-156}$$

单元向量是：

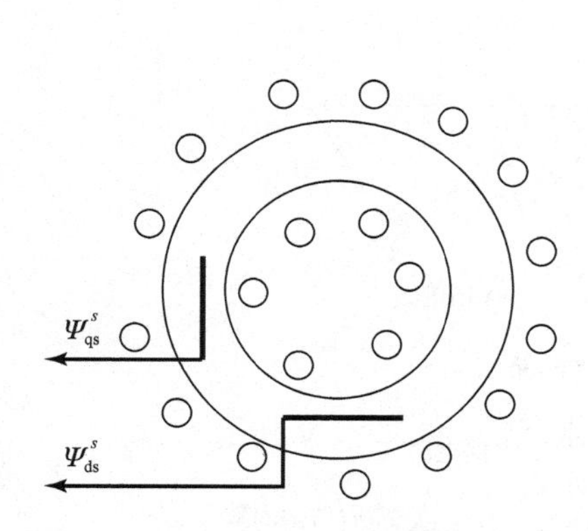

图 15-30 用于检测直接向量控制空气隙的正交磁通检测器

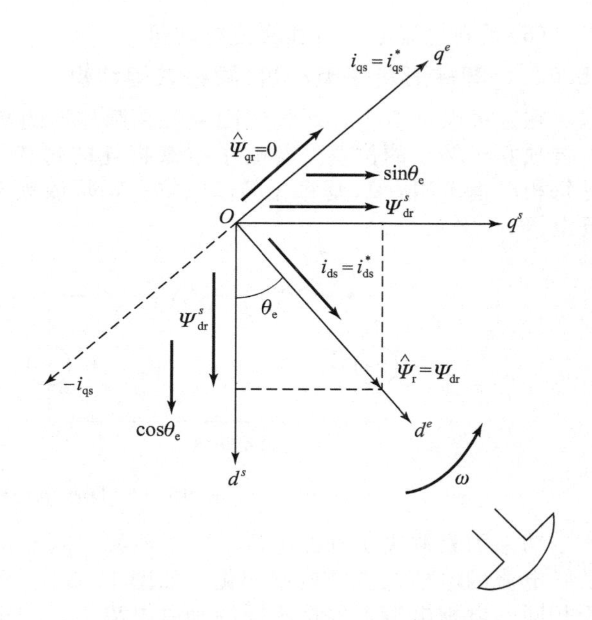

图 15-31 d^e-q^e 和 d^s-q^s 在直接向量控制参考系相位图

$$\cos\theta_s = \frac{\Psi_{dr}^s}{\hat{\Psi}_r} \tag{15-157}$$

$$\sin\theta_s = \frac{\Psi_{qr}^s}{\hat{\Psi}_r} \tag{15-158}$$

式中：

$$|\hat{\Psi}_r| = \sqrt{(\Psi_{dr}^s)^2 + (\Psi_{qr}^s)^2} \tag{15-159}$$

磁通信号 $\Psi_{dr}{}^s$ 和 $\Psi_{qr}{}^s$ 是由电动机电压和电流通过电压状态估测器得到的。电动机转矩通过电流 i_{qs} 控制，同时电动机励磁通过 i_{ds} 控制。这种控制方式在低速下比 IFOC 控制更好。然而在高速下，漏磁磁通传感器会降低这种方式的可靠性。在实际应用中，通常采用 IFOC。然而，d 轴和 q 轴定子磁链可以通过定子输入电压积分得到。

15.6 同步电动机驱动

同步电动机在定子上有多相绕组，也叫做电枢，还有一个直流励磁绕组。其中涉及两个磁动势(mmf)：一个是由励磁电流产生的，另一个是由电枢电流产生的，它们的相互作用产生转矩。电枢和异步电动机的定子是一样的，但是没有感应电压产生。通常同步电动机的转子与同步转速保持一致，同步转速取决于频率和相数，式(15-1)给出其表达式。同步电动机既可以当做电动机也可以当做发电机。功率因素可以通过改变励磁电流来控制。由于周波变换器和逆变器的普及，同步电动机的应用范围不断扩大。同步电动机可分为以下六种。

(1)圆柱形转子电动机(隐极式电动机)；

(2)凸极电动机；

(3)磁阻电动机；

(4)永磁电动机；

(5)开关磁阻电动机；

(6)无刷直流电动机和交流电动机。

15.6.1 圆柱形转子电动机(隐极式电动机)

在这种电动机中，磁场线圈缠绕在圆柱形的转子上，并且电动机具有均匀气隙，气隙电抗独立于转子的位置。忽略了空载损耗的每相等效电路，如图15-32a所示，其中，R_a是每相电枢电阻，X_s是每相同步电抗。V_f是依赖于磁场电流的电压，称为励磁电压，或者场电压。

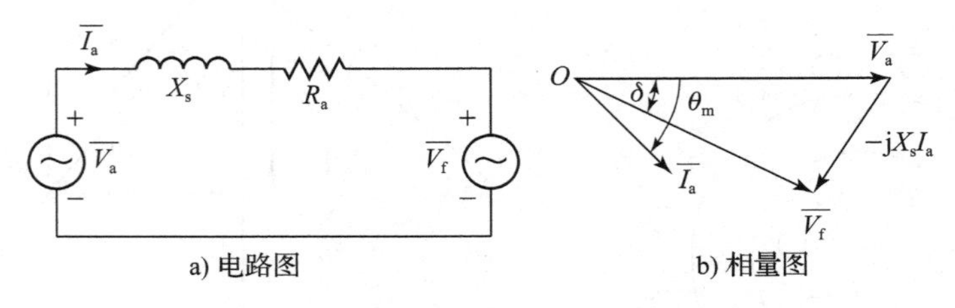

图15-32 同步电动机等效电路

功率因素取决于励磁电流。V形曲线，其显示了对励磁电流的电枢电流的典型变化，如图15-33所示。对于相同的电枢电流，根据不同的励磁电流I_f，功率因素可以是滞后或超前。

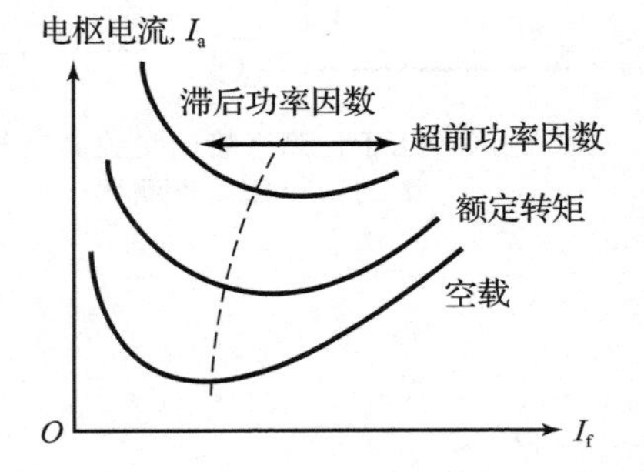

图15-33 典型同步电动机V形曲线

如果θ_m是滞后电动机功率因素角，则有：

$$\boldsymbol{\overline{V}}_f = V_a\angle 0 - \overline{I}_a(R_a + \mathrm{j}\,X_s) \tag{15-160}$$

$$\begin{aligned} &= V_a\angle 0 - I_a(\cos\theta_m - \mathrm{j}\sin\theta_m)(R_a + \mathrm{j}\,X_s) \\ &= V_a - I_a\,X_s\sin\theta_m - I_aR_a\cos\theta_m - \\ &\quad \mathrm{j}I_a(X_s\cos\theta_m - R_a\sin\theta_m) \end{aligned} \tag{15-161a}$$

$$= V_f\angle\delta \tag{15-161b}$$

式中：

$$\delta = \arctan\frac{-(I_a\,X_s\cos\theta_m - I_aR_a\sin\theta_m)}{V_a - I_a\,X_s\sin\theta_m - I_aR_a\cos\theta_m} \tag{15-162}$$

$$V_f = [(V_a - I_a\,X_s\sin\theta_m - I_aR_a\cos\theta_m)^2 + (I_a\,X_s\cos\theta_m - I_aR_a\sin\theta_m)^2]^{1/2} \tag{15-163}$$

相量图如图15-32b所示，有：

$$\boldsymbol{\overline{V}}_f = V_f(\cos\delta + \mathrm{j}\sin\delta) \tag{15-164}$$

$$\boldsymbol{\overline{I}}_a = \frac{\overline{V}_a - \overline{V}_f}{R_a + \mathrm{j}\,X_s} = \frac{[V_a - V_f(\cos\delta + \mathrm{j}\sin\delta)](R_a - \mathrm{j}X_s)}{R_a^2 + X_s^2} \tag{15-165}$$

式(15-165)的实部为：

$$I_a\cos\theta_m = \frac{R_a(V_a - V_f\cos\delta) - V_f\,X_s\sin\delta}{R_a^2 + X_s^2} \tag{15-166}$$

输出功率由式(15-166)得出：

$$P_i = 3V_aI_a\cos\theta_m = \frac{3[R_a(V_a{}^2 - V_aV_f\cos\delta) - V_aV_f\,X_s\sin\delta]}{R_a^2 + X_s^2} \tag{15-167}$$

定子铜损为：

$$P_{su} = 3I_a^2R_a \tag{15-168}$$

气隙功率，和产生的功率一样，为

$$P_d = P_g = P_i - P_{su} \tag{15-169}$$

如果ω是同步速度，这是相同的转子速度，那么产生的转矩为：

$$T_{\mathrm{d}}=\frac{P_{\mathrm{d}}}{\omega_{\mathrm{s}}} \tag{15-170}$$

如果该电枢电阻可以忽略不计，式(15-170)可以转化为：

$$T_{\mathrm{d}}=-\frac{3V_{\mathrm{a}}V_{\mathrm{f}}\sin\delta}{X_{\mathrm{s}}\omega_{\mathrm{s}}} \tag{15-171}$$

式(15-162)可以转化为：

$$\delta=-\arctan\frac{I_{\mathrm{a}}X_{\mathrm{s}}\cos\theta_{\mathrm{m}}}{V_{\mathrm{a}}-I_{\mathrm{a}}X_{\mathrm{s}}\sin\theta_{\mathrm{m}}} \tag{15-172}$$

电动状态时，δ 为负而转矩在式(15-171)变为正。在发电机状态时，δ 为正，功率(和转矩)变负。该角 δ 称为转矩角。对于固定的电压和频率，转矩依赖于角 δ，正比于励磁电压 V_{f}。

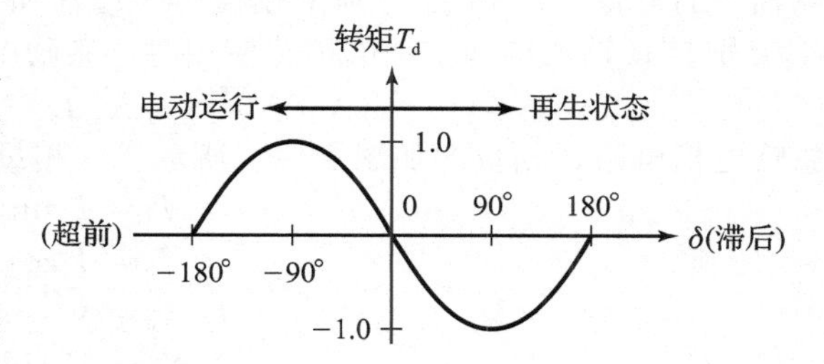

图 15-34 转矩与带有圆柱形转子的转矩角

当 V_{f}与 δ 的固定值时，转矩取决于电压和频率的比值，恒定的电压/频率控制能够提供恒定转矩的速度控制。如果 V_{a}，V_{f}与 δ 保持固定，转矩与速度减小，电动机工作在弱磁模式下。

当 $\delta=90°$时，转矩最大，称为牵出转矩，即

$$T_{\mathrm{p}}=T_{\mathrm{m}}=-\frac{3V_{\mathrm{a}}V_{\mathrm{f}}}{X_{\mathrm{s}}\omega_{\mathrm{s}}} \tag{15-173}$$

转矩和 δ 的曲线如图 15-34 所示。出于对稳定性的考虑，电动机一般工作在 T_{d}-δ 特性的正斜率区域工作，这限制转矩角的范围。

例 15.11 计算一个圆柱形转子同步电动机的性能参数。

三相，460V，60Hz，6 极，星形联结的圆柱形转子同步电动机，同步电抗 $X_{\mathrm{s}}=2.5\Omega$，电枢电阻可以忽略不计。负载转矩正比于速度的平方，在 1200r/min 下 $T_{\mathrm{L}}=398\mathrm{N\cdot m}$。功率因素由磁场控制，电压-频率比保持恒定额定值。如果逆变器频率为 36Hz 和电动机转速为 720r/min，计算(a)输入电压 V_{a}；(b)电枢电流 I_{a}；(c)该励磁电压 V_{f}；(d)该转矩角 δ；(e)牵出转矩 T_{P}。

解：

$\mathrm{PF}=\cos\theta_{\mathrm{m}}=1.0$，$\theta_{\mathrm{m}}=0$，$V_{\mathrm{a(rated)}}=V_{\mathrm{b}}=V_{\mathrm{s}}=\frac{460}{\sqrt{3}}\mathrm{V}=265.58\mathrm{V}$，$p=6$

$\omega=2\pi\times60\mathrm{rad/s}=377\mathrm{rad/s}$，$\omega_{\mathrm{b}}=\omega_{\mathrm{s}}=\omega_{\mathrm{m}}=(2\times377/6)\mathrm{rad/s}=125.67\mathrm{rad}$，或 1200r/min

$d=V_{\mathrm{b}}/\omega_{\mathrm{b}}=(265.58/125.67)\mathrm{V/(rad/s)}=2.1133\mathrm{V/(rad/s)}$

在 720r/min

$$T_{\mathrm{L}}=398\times\left(\frac{720}{1200}\right)^2\mathrm{N\cdot m}=143.28\mathrm{N\cdot m}$$

$$\omega_{\mathrm{s}}=\omega_{\mathrm{m}}=720\times\frac{\pi}{30}\mathrm{rad/s}=75.4\mathrm{rad/s}$$

$$P_0=143.28\times75.4\mathrm{W}=10803\mathrm{W}$$

(a)$V_{\mathrm{a}}=d\omega_{\mathrm{s}}=2.1133\times75.4\mathrm{V}=159.34\mathrm{V}$

(b)$P_0=3V_{\mathrm{a}}I_{\mathrm{a}}\mathrm{PF}=10803\mathrm{W}$

(c)由式(15-160)，得：$I_{\mathrm{a}}=10803/(3\times159.34)\mathrm{A}=22.6\mathrm{A}$

$$\overline{V}_{\mathrm{f}}=159.34-22.6\times(1+\mathrm{j}0)(\mathrm{j}2.5)=169.1\underline{/-19.52°}$$

(d)转矩角为：　　　　　　　$\delta=-19.52°$

(e)由式(15-173)，得：

$$T_p=\frac{3\times159.34\times169.1}{2.5\times75.4}\text{N}\cdot\text{m}=428.82\text{N}\cdot\text{m}$$ ◀

15.6.2 凸极电动机

凸极电动机的电枢类似于圆柱形转子的电动机。但是，它的气隙是不均匀的，励磁绕组通常绕在转子上。励磁绕组通常缠绕在磁极片上，该电枢电流和电抗可以分解为横轴和纵轴上的分量。I_d 和 I_q 分别是在横(或 d)轴和正交(或 q)轴上的电枢电流的分量。X_d 和 X_q 分别是 d 轴电抗和 q 轴电抗。使用时，激励电压变为：

$$\overline{\boldsymbol{V}}_f=\overline{\boldsymbol{V}}_a-\mathrm{j}\,X_d\,\overline{\boldsymbol{I}}_d-\mathrm{j}\,X_q\,\overline{\boldsymbol{I}}_q-R_a\,\overline{\boldsymbol{I}}_a$$

忽略电枢电阻，相量图如图 15-35 所示。从相量图可以得到：

$$I_d=I_a\sin(\theta_m-\delta) \tag{15-174}$$

$$I_q=I_a\cos(\theta_m-\delta) \tag{15-175}$$

$$I_d\,X_d=V_a\cos\delta-V_f \tag{15-176}$$

$$I_q\,X_q=V_a\sin\delta \tag{15-177}$$

把 I_q 代入式(15-177)，得到：

$$V_a\sin\delta=X_qI_a\cos(\theta_m-\delta)=X_qI_a(\cos\delta\cos\theta_m+\sin\delta\sin\theta_m) \tag{15-178}$$

两边除以 $\cos\delta$ 并解出 δ，得到：

$$\delta=-\arctan\frac{I_a\,X_q\cos\theta_m}{V_a-I_a\,X_q\sin\theta_m} \tag{15-179}$$

式中：负号意味着 V_f 滞后 V_a。如果终端电压分解到 d 轴和 q 轴，则有：

$$V_{ad}=-V_a\sin\delta,\quad V_{aq}=V_a\cos\delta$$

输入功率变成：

$$\begin{aligned}P&=-3(I_dV_{ad}+I_qV_{aq})\\&=3I_dV_a\sin\delta-3I_qV_a\cos\delta\end{aligned} \tag{15-180}$$

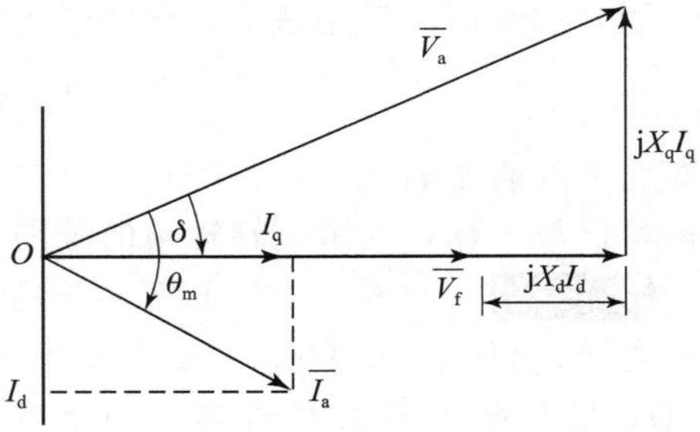

图 15-35 凸极同步电动机的相量图

把 I_d 和 I_q 代入式(15-180)，得：

$$P_d=-\frac{3V_aV_f}{X_d}\sin\delta-\frac{3\,V_a^2}{2}\left[\frac{X_d-X_q}{X_d\,X_q}\sin(2\delta)\right] \tag{15-181}$$

由式(15-181)，得：

$$T_d=-\frac{3V_aV_f}{X_d\omega_s}\sin\delta-\frac{3\,V_a^2}{2\omega_s}\left[\frac{X_d-X_q}{X_d\,X_q}\sin(2\delta)\right] \tag{15-182}$$

式(15-182)中的转矩有两个组成部分：如果将 X_d 替换成 X_s，该转矩的第一部分与隐极转子电机转矩的表达形式相同；该转矩第二部分是由于受转子凸极影响形成。图 15-36 描绘了输出转矩 T_d 与转矩角之间的典型关系，当 $\delta=\pm\delta_m$ 时，转矩有最大值。出于对稳定的考虑，转矩角通常限制在 $-\delta_m\leqslant\delta\leqslant\delta_m$ 的范围之内。在这个稳定区间内，T_d-δ 特性曲线的斜率比隐极转子电机特性的斜率更高。

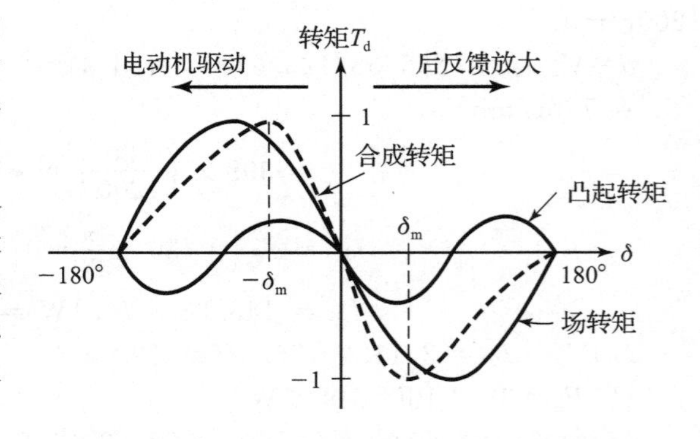

图 15-36 转矩与带有凸极转子的转矩角

15.6.3 磁阻电动机

磁阻电动机与凸极转子电机相类似，所不同的是转子上没有励磁绕组。电枢电路在空气间隙产生旋转磁场，同时在转子中感应出与电枢磁场趋向同步的磁场。磁阻电动机结构简单，它在需要若干电动机同步旋转的场合得到了广泛应用。该电动机具有低滞后功率因数，其功率因数典型范围为0.65～0.75。

磁阻电动机很简单，并应用在需要若干电动机同步旋转的场合。这些电动机具有低滞后的功率因素，典型的范围为0.65到0.75。

当$V_f=0$时，由式(15-182)能得磁阻转矩为：

$$T_d=-\frac{3V_a^2}{2\omega_s}\left[\frac{X_d-X_q}{X_dX_q}\sin(2\delta)\right] \tag{15-183}$$

式中：

$$\delta=-\arctan\frac{I_aX_q\cos\theta_m}{V_a-I_aX_q\sin\theta_m} \tag{15-184}$$

在$\delta=-45°$时，牵出转矩为：

$$T_p=\frac{3V_a^2}{2\omega_s}\left[\frac{X_d-X_q}{X_dX_q}\right] \tag{15-185}$$

例15.12 计算磁阻电动机的性能参数。

三相，230V，60Hz，4对极，星形联结磁阻电动机的$X_d=22.5\Omega$和$X_q=3.5\Omega$。电枢电阻可以忽略不计。负载转矩$T_L=12.5\text{N}\cdot\text{m}$。电压-频率比在额定值保持恒定。如果电源频率为60Hz，确定(a)该转矩角δ；(b)该线路电流I_a；(c)输入功率因数。

解：

$T_L=12.5\text{N}\cdot\text{m}$，$V_{a(\text{rated})}=V_b=(230/\sqrt{3})\text{V}=132.79\text{V}$，$p=4$，$\omega=2\pi\times60\text{rad/s}=377\text{rad/s}$

$\omega_b=\omega_s=\omega_m=2\times377/4=188.5\text{rad}$，或1800r/min，$V_a=132.79\text{V}$

(a)$\omega_s=188.5\text{rad/s}$，由式(15-138)，得：

$$\sin(2\delta)=-\frac{12.5\times2\times188.5\times22.5\times3.5}{3\times132.79^2\times(22.5-3.5)}$$

式中：

$$\delta=-10.84°$$

(b)$P_0=12.5\times188.5\text{W}=2356\text{W}$

由式(15-184)，得：

$$\tan(10.84°)=\frac{3.5I_a\cos\theta_m}{132.79-3.5I_a\sin\theta_m}$$

式中：$P_0=2356=3\times132.79I_a\cos\theta_m$；$I_a$和$\theta_m$可以通过迭代方法解出，得到$I_a=9.2\text{A}$和$\theta_m=49.98°$

(c)
$$\text{PF}=\cos(49.98°)=0.643$$
◀

15.6.4 开关磁阻电动机

开关磁阻电动机(SRM)是可变磁阻步进电动机。它的剖视图如图15-37a所示。图中显示了三相($Q=3$)、6个定子极齿$N_s=6$，4个转子齿$N_r=4$。N_r由$N_r=N_S+N_S/q$决定。

各相绕组放置在两个径向相对的齿中。如果相A由电流I_a激励，就会产生一个转矩，它会导致一对转子极可以与磁相A的磁极对齐。如果随后的相位B和相位C被激励，就会发生进一步的旋转。电动机速度可以通过激励相A，B和C改变。通常驱动SRM的电路如图15-37b所示。绝对位置传感器通常需要直接控制定子相对于转子激励的角度的变化。位置反馈控制由生成门控信号提供。如果切换发生在一个固定的转子相对于转子磁极

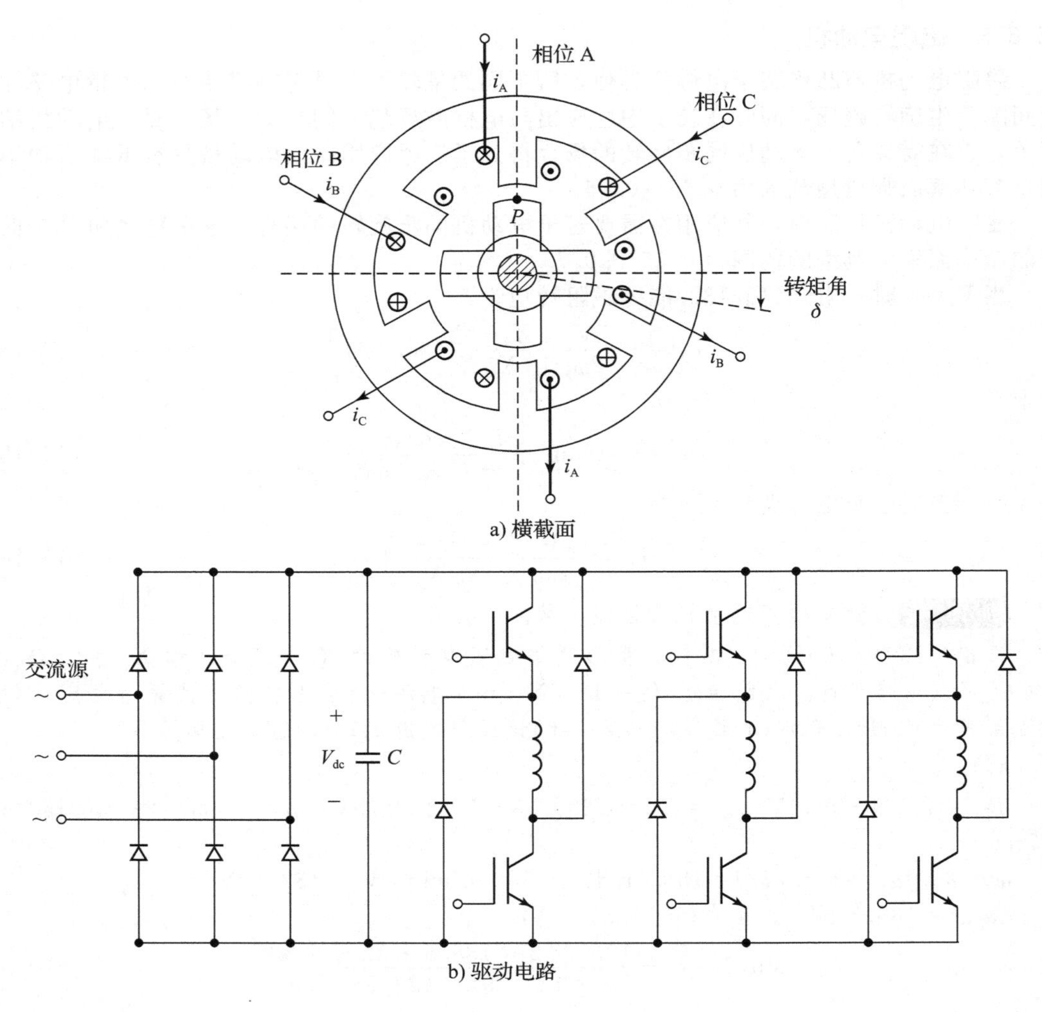

图 15-37　开关磁阻电动机

的位置，那么SRM会有直流串激电动机的特性。通过改变转子的位置，能得到一系列运行特性。

15.6.5　永磁电动机

永磁电动机除了在转子上没有磁场绕组，磁场是由在转子上加装永磁铁外，其与凸极电动机的特性相似。励磁电压不能改变。对于同样的尺寸，永磁电动机有更高的牵出扭矩。如果励磁电压 V_f 保持恒定，凸极电动机的等式能用在永磁电动机上。由于没有了磁场铁心，直流电源和滑环，永磁电动机结构更为简单，损耗更小。这些电动机又叫做无刷电动机，它们在机器人和机器工具上的使用日益增加。永磁电动机能由矩形波或是正弦波供电、矩形波供电的电动机，在定子上有集中的绕组，能感应方波或是梯形波电压，通常运用在低功率驱动上。正弦波供电的电动机，在定子上有分布式的绕组，能提供更平稳的扭矩，通常运用在高功率驱动上。

把转子框架作为参考，转子磁场的位置决定了定子的电压和电流，立即感应的电压，随后的定子电流以及电动机的扭矩。其相应的 q 轴和 d 轴定子绕组转移到了参考坐标系上，以转子速度 ω_r 旋转。因此，定子和转子的磁场没有速度差，定子的 q 轴和 d 轴绕组与转子的磁轴，d 轴，有固定的相位关系。

定子磁链的公式为：[23]

$$v_{qs} = R_q i_{qs} + D\Psi_{qs} + \omega_r \Psi_{ds} \tag{15-186}$$

$$v_{ds} = R_d i_{ds} + D\Psi_{ds} - \omega_r \Psi_{qs} \tag{15-187}$$

式中：R_q和R_d是交轴与直轴的绕组电阻，与定子的电阻R_s相等。q轴和d轴定子磁链在转子的参考系下为：

$$\Psi_{qs} = L_q i_{qs} + L_m i_{qr} \tag{15-188}$$

$$\Psi_{ds} = L_d i_{ds} + L_m i_{dr} \tag{15-189}$$

式中：L_m是定子绕组和转子磁场的互感。

L_q和L_d是定子q轴和d轴绕组的自感。只有当转子磁场有180°的电弧的时候，这两个参数与定子的电感L_s相同。因为转子磁场和定子的q轴和d轴绕组在空间上有固定位置，绕组电感在转子的参考系下不改变。转子磁通是沿着d轴的，所以d轴转子电流是i_{dr}。由于转子中没有沿着q轴的磁通，转子中q轴电流为零，即$i_{qr}=0$。关于磁通铰链的式(15-188)和式(15-189)可以改写为：

$$\Psi_{qs} = L_q i_{qs} \tag{15-190}$$

$$\Psi_{ds} = L_d i_{ds} + L_m i_{dr} \tag{15-191}$$

将这个磁链公式代入定子电压的式(15-186)和式(15-187)，得到：

$$\begin{pmatrix} v_{qs} \\ v_{ds} \end{pmatrix} = \begin{pmatrix} R_q + L_q D & \omega_r L_d \\ -\omega_r L_q & R_d + L_d D \end{pmatrix} \begin{pmatrix} i_{qs} \\ v_{ds} \end{pmatrix} + \begin{pmatrix} \omega_r L_m i_{dr} \\ 0 \end{pmatrix} \tag{15-192}$$

这个电磁转矩是：

$$T_e = \frac{3}{2}\frac{p}{2}(\Psi_{ds} i_{qs} - \Psi_{qs} i_{ds}) \tag{15-193}$$

将式(15-190)和式(15-191)的电感和电流代入磁链表达式，得到：

$$T_e = \frac{3}{2}\frac{p}{2}[L_m i_{dr} i_{qs} + (L_d - L_q) i_{qs} i_{ds}] \tag{15-194}$$

转子相应于定子的磁链为：

$$\Psi_r = L_m i_{dr} \tag{15-195}$$

不考虑温度因素，转子的磁链可以认为恒定的。假设三相正弦波输入电流为：

$$i_{as} = i_s \sin(\omega_r t + \delta) \tag{15-196}$$

$$i_{bs} = i_s \sin\left(\omega_r t + \delta - \frac{2\pi}{3}\right) \tag{15-197}$$

$$i_{cs} = i_s \sin\left(\omega_r t + \delta + \frac{2\pi}{3}\right) \tag{15-198}$$

式中：ω_r是电动机转子的速度；δ是转子励磁和定子电流向量之间的角度。转子励磁以ω_r的速度转动。因此，三相平衡运行时，q轴和d轴在以转子作为参考系下的定子电流为：

$$\begin{pmatrix} i_{qs} \\ i_{ds} \end{pmatrix} = \frac{2}{3}\begin{bmatrix} \cos(\omega_r t) & \cos\left(\omega_r t - \frac{2\pi}{3}\right) & \cos\left(\omega_r t + \frac{2\pi}{3}\right) \\ \sin(\omega_r t) & \sin\left(\omega_r t - \frac{2\pi}{3}\right) & \sin\left(\omega_r t + \frac{2\pi}{3}\right) \end{bmatrix} \begin{pmatrix} i_{as} \\ i_{bs} \\ i_{cs} \end{pmatrix} \tag{15-199}$$

将式(15-196)到式(15-198)代入式(15-199)，得到以转子作为参考系的定子电流为：

$$\begin{bmatrix} i_{qs} \\ i_{ds} \end{bmatrix} = i_s \begin{bmatrix} \sin\delta \\ \cos\delta \end{bmatrix} \tag{15-200}$$

在转子的参考坐标系下，q轴和d轴的电流是恒定的，因为δ在给定的负载转矩下是恒定的。这与在他励直流电动机的电枢和励磁电流相似。q轴电流与直流电动机的电枢电流相对应。d轴电流是励磁电流，但不是全部的励磁电流，而只是部分励磁电流。另一部分由代表永磁场的等价电流源提供。

将式(15-200)代入电磁场转矩式(15-194)，得到转矩为：

$$T_e = \frac{3}{2}\ \frac{p}{2}\left[\Psi_{rf} i_s \sin\delta + \frac{1}{2}\ (L_d - L_q) i_s^2 \sin(2\delta)\right] \tag{15-201}$$

当 $\delta=\pi/2$ 时，有：

$$T_e = \frac{3}{2} \times \frac{p}{2} \times \Psi_{rf} i_s = K_f\ \Psi_{rf} i_s \tag{15-202}$$

式中：　　　　$K_f = 3p/4$

因此，转矩公式与直流电动机和向量控制异步电动机中产生的转矩相类似。如果转矩角度 δ 一直保持为 90°，磁通保持恒定，那么转矩则由定子电流大小控制，该运行方式和电枢控制他励直流电动机相类似。若 δ 为正，对应电动机运动的电磁转矩也为正。转子磁链 Ψ_r 为正。对应一个任意转矩角 δ 的相量图如图 15-38 所示。

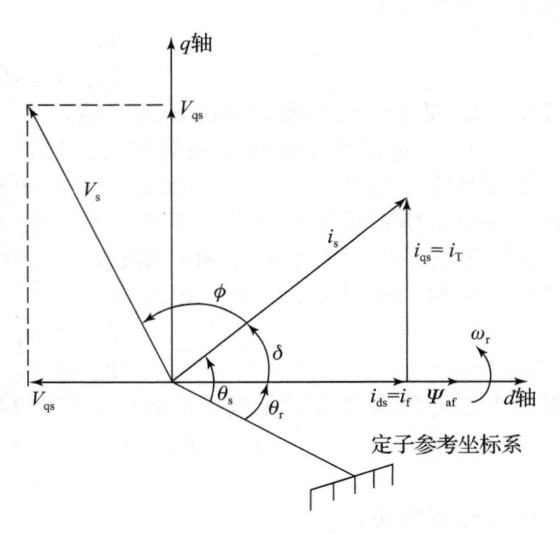

图 15-38　PM 同步电动机的相量图

值得注意的是 i_{qs} 是产生转矩的定子电流部分，i_{ds} 是产生磁通的定子电流部分。由转子磁链和定子磁链产生的互磁链，可以表达为：

$$\{\Psi_m\}_{(Wb)} = \sqrt{(\Psi_{fr} + L_d i_{ds})^2 + (L_q i_{qs})^2} \tag{15-203}$$

如果 δ 大于 $\pi/2$，i_{ds} 则为负。因此，产生的互磁链将减小，造成永磁电动机同步驱动器的磁通减小。如果 δ 对应转子或是互磁通的值为负，该电动机则变为发电机。

向量控制永磁电动机同步驱动器的原理如图 15-39[23] 所示。参考转矩是速度误差的一个函数，速度控制器的控制方式一般是比例积分控制。为了得到更快的反应速度，PID 控制器也经常使用。参考转矩与气隙磁链 Ψ_m^* 的乘积，得到了产生转矩的定子电流部分 i_T^*。

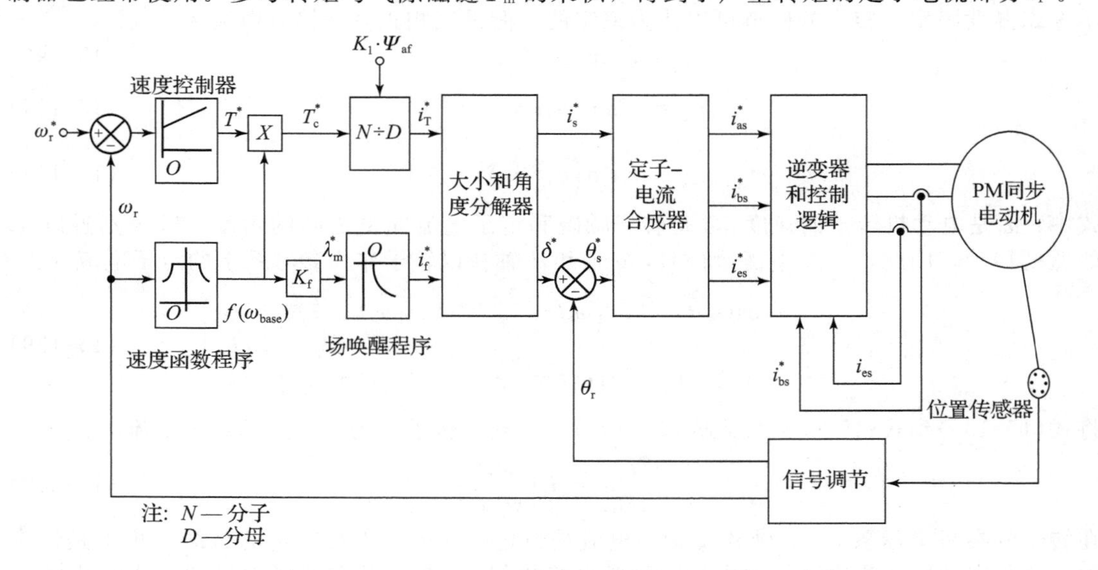

图 15-39　向量控制的 PM 同步电动机驱动的方框图[23]

15.6.6 同步电动机的闭环控制

转矩、电流，以及励磁电压相对于频率的比例 β 的基本特性，如图15-40a所示。这里可以有两种运行模式区：恒转矩区和恒功率区。在恒转矩区域，电压/频率保持恒定，在恒功率区域，转矩随着频率增加而减小。对应于不同频率的速度-转矩特性如图15-40b所示。和感应电动机相似，同步电动机的速度可以由电压、频率和电流的改变而控制。对于同步电动机的闭环控制，由多种控制方式。基本的同步电动机恒电压/频率控制方式如图15-41所示，这里速度误差生产PWM逆变器频率和电压控制信号。因为同步电动机速度仅由电源频率控制，在多电动机驱动的应用下要求电动机间的精确速度追踪，如应用于纤维厂、造纸厂、纺织厂和电器工具等。

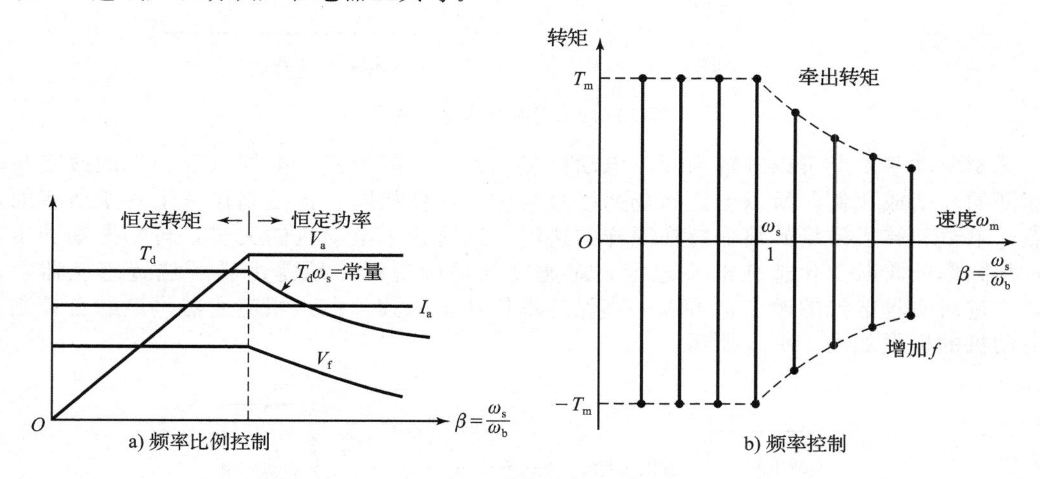

图15-40 同步电动机转矩-速度特性

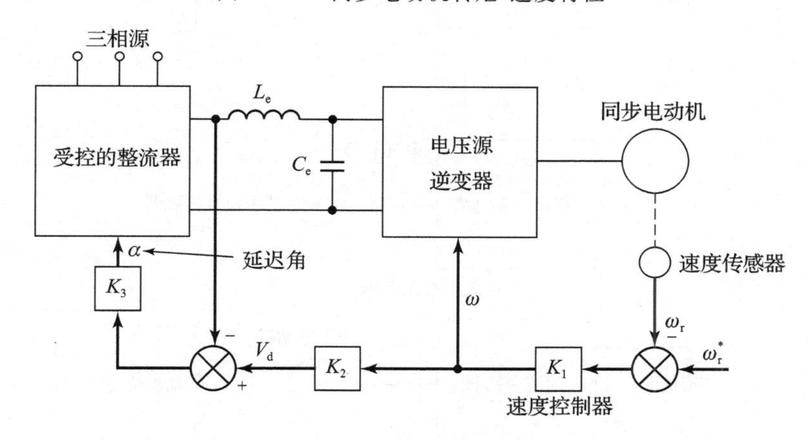

图15-41 同步电动机伏特/频率控制

15.6.7 无刷直流和交流电动机驱动

一个无刷直流电动机由绕在无凸起定子上的多相绕组和一个完全磁化的永磁转子构成。图15-42a显示了无刷直流电动机的原理图。多相绕组可以是一个绕组或是在多个磁极间分布。直流或是交流电压可以通过一组连续的开关控制加在单独一相的绕组上，以进行必要的换流，从而实现电动机旋转。如果绕组1被磁化，永磁转子就会与绕组1的电磁场对齐。如果绕组1关断而绕组2导通，转子就会和绕组2的磁场对齐，以此类推。转子位置可以由霍尔效应或是光电仪器检测。图15-42b所示的理想无刷电动机速度-转矩特性可由相电流大小和开关速度控制得到。

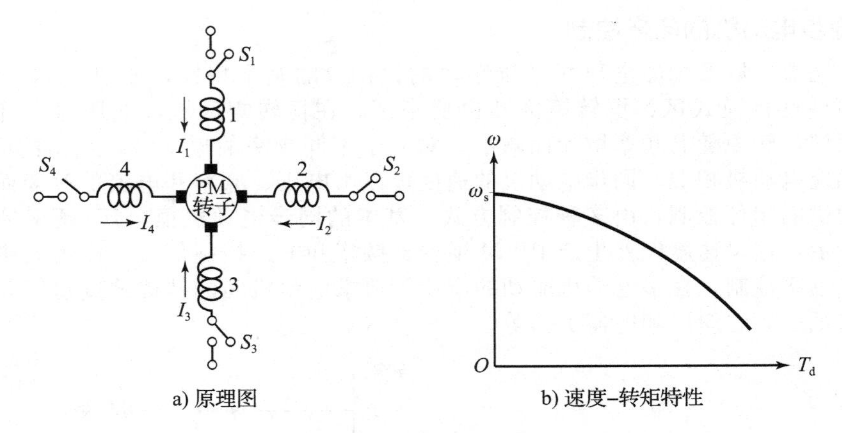

a) 原理图　　b) 速度-转矩特性

图 15-42　无刷直流电动机

无刷驱动基本上可以理解为同步电动机驱动的自控制模式。电枢电源频率的改变与转子速度的改变成比例，所以电枢磁场速度总与转子速度相同。自控制保证了对于所有的运行点，电枢和转子磁场始终保持在同样的速度。这防止了电动机的失步，自励振荡和由于转矩和频率的阶跃变化造成的不稳定。对速度的精确追踪一般是由转子位置感应器实现的。通过对磁场电流的改变，可以一直保持单位功率因数。由三相逆变器供电的自控制同步电动机的框图如图 15-43 所示。

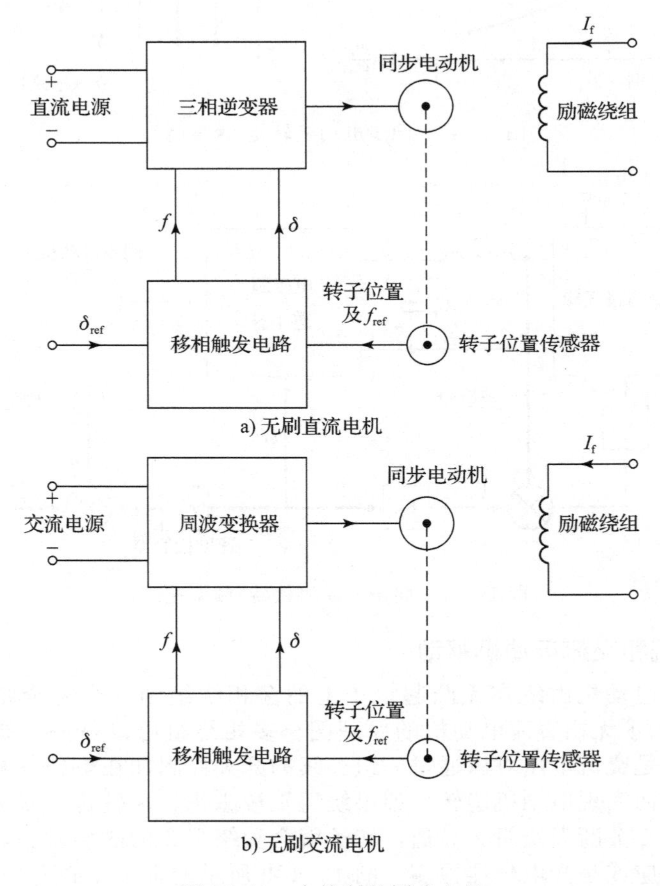

a) 无刷直流电机

b) 无刷交流电机

图 15-43　自控制的同步电机

逆变器供电的驱动，如图 15-43a 所示，其输入源是直流的。根据不同类型的逆变器，直流源可以是一个电流源，一个恒流源，或是一个可控电压源。逆变器的频率与速度成比例，使电枢和转子的磁动势在同一速度旋转，因此作为直流电动机能在任意速度产生一个稳定的转矩。转子的位置和逆变器实现在直流电动机中的电刷和换向器的功能。因为和直流电动机的运行相类似，逆变器供电的自控制同步电动机也称为无刷和无换向器直流电动机，或是无刷直流电动机。将励磁绕组与直流源串联，得到一组直流串联电动机(dcseriesmotor)的特性。无刷直流电动机的特性与直流电动机的类似，而且没有频率保持的限制，也不会无法在暴露的环境中工作。它们在伺服电动机中的运用逐渐增加。

如果同步电动机由交流源供电，如图 15-43b 所示，则其称为无刷和无换向器交流电动机，或是无刷交流电动机。这些交流电动机一般在高功率环境下运用(可高达兆瓦范围)，如压缩机，吹风机，风扇，传送带，钢卷厂，大型船舶厂和水泥厂。这些自控制电动机用于起动大型同步电动机，如燃气轮机，抽水蓄能和发电厂。

15.7　永磁同步电动机驱动的速度控制器设计

速度控制对于得到理想暂态转换和电动机系统稳态控制十分重要。比例积分控制器足以用于许多工业的运用。如果 d 轴定子电流为零，比例和积分系数的选择可简化。在该假设下，$i_{ds}=0$，系统将变为线性的，其特性与恒励磁的他励直流电动机类似。

15.7.1　系统框图设计

假设 $i_{ds}=0$，由式(15-192)得到电动机 q 轴电压为：

$$v_{qs} = (R_q + L_q D)i_{qs} + \omega_r L_m i_{dr} = (R_q + L_q D)i_{qs} + \Psi_r \omega_r \tag{15-204}$$

对于电磁电动机，有：

$$\frac{P}{2}(T_e - T_L) = JD\omega_r + B_1\omega_r \tag{15-205}$$

式中：电磁转矩 T_e为：

$$T_e = \frac{3}{2} \times \frac{p}{2} \times \Psi_{rf} i_{qs} \tag{15-206}$$

负载转矩的摩擦系数假设为：

$$T_L = B_L \omega_r \tag{15-207}$$

将式(15-206)和式(15-207)代入式(15-205)，得到电磁机电等式为：

$$(JD + B_1)\omega_r + \left[\frac{3}{2} \times \left(\frac{p}{2}\right)^2 \Psi_r\right] i_{qs} = K_T i_{qs} \tag{15-208}$$

式中：

$$B_T = B_L + B_1 \tag{15-209}$$

$$K_T = \frac{3}{2} \times \left(\frac{p}{2}\right)^2 \Psi_r \tag{15-210}$$

代表式(15-204)和式(15-208)的框图如图 15-44 所示，包括电流和速度反馈环，这里的B_t是电机和负载的黏性摩擦因素。

逆变器模型可看作带有时间延迟的比例系数，即

$$G_r(s) = \frac{K_{in}}{1 + sT_{in}} \tag{15-211}$$

式中：

$$K_{in} = \frac{0.65V_{dc}}{V_{am}} \tag{15-212}$$

$$T_{in} = \frac{1}{2f_c} \tag{15-213}$$

这里的 V_{dc}是逆变器直流侧的电压输入，V_{cm}是最大电压控制，f_c是逆变器的开关(载波)

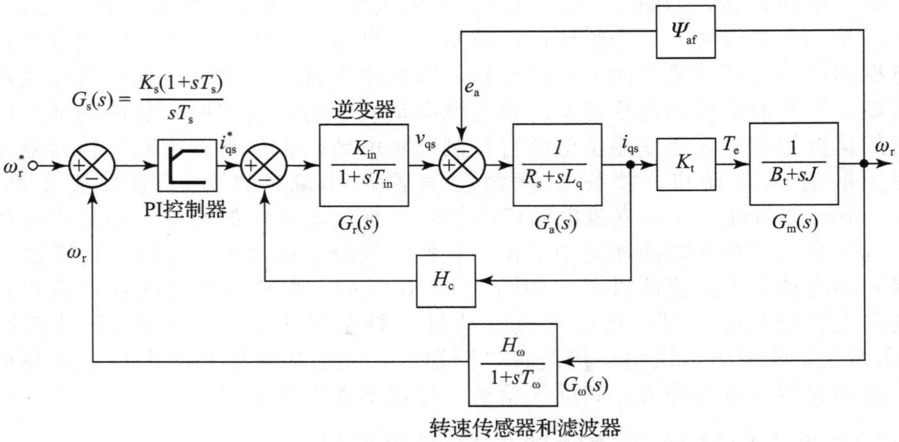

图 15-44 带速度控制的电动机系统框图

频率。

其转子磁链感应电动势e_a为：

$$e_a = \Psi_r \omega_r \tag{15-214}$$

15.7.2 电流环

对应式(15-214)的感应电动势环，其穿过 q 轴的电流环，可简化为将感应电动势从速度移动到电流输出点。这如图 15-45 所示，简化的电流环传递函数为：

$$\frac{i_{qs}(s)}{i_{qs}^*(s)} = \frac{K_{in}K_a(1+sT_m)}{H_cK_aK_{in}(1+sT_m)+(1+sT_{in})[K_aK_b+(1+sT_a)(1+sT_m)]} \tag{15-215}$$

式中：常数为：

$$K_a = \frac{1}{R_a}; T_a = \frac{L_q}{R_s}; K_m = \frac{1}{B_T}; T_m = \frac{J}{B_T}; K_b = K_T K_m \Psi_r \tag{15-216}$$

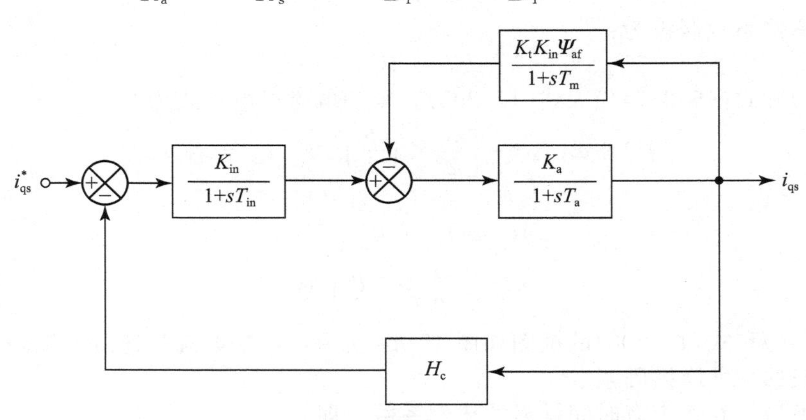

图 15-45 电流控制器框图

以下在分频频率(crossover frequency)附近的近似可以简化电流和速度控制器的设计：

$$1+sT_{in} \approx 1$$

$$1+sT_m \approx sT_m$$

$$(1+sT_a)(1+sT_{in}) \approx 1+s(T_a+T_{in}) \approx 1+sT_{ar}$$

式中：

$$T_{ar} = T_a + T_{in}$$

有了这些假设，式(15-215)的电流环传递函数可以近似为：

$$\frac{i_{qs}(s)}{i_{qs}^{*}(s)} \approx \frac{(K_u K_{in} T_m)s}{K_a K_b + (T_m + K_a K_{in} T_m H_c)s + (T_m T_{ar})s^2} \approx \left(\frac{T_m K_{in}}{K_b}\right)\frac{s}{(1+sT_1)(1+sT_2)} \tag{15-217}$$

在实际系统中，我们发现 $T_1 < T_2 < T_{im}$，因此$(1+sT_2) \approx sT_2$。式(15-217)可以进一步简化为：

$$\frac{i_{qs}(s)}{i_{qs}^{*}(s)} \approx \frac{K_i}{(1+sT_i)} \tag{15-218}$$

式中：

$$K_i = \frac{T_m K_{in}}{T_2 K_b} \tag{15-219}$$

$$T_i = T_1 \tag{15-220}$$

15.7.3　速度控制器

带有速度环的简化电流环传递函数框图如图 15-46 所示。

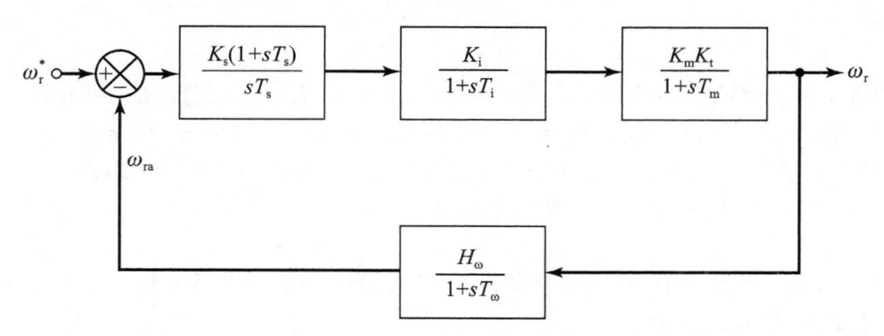

图 15-46　双环控制(电流闭环及速度闭环)的简化框图

以下在截止频率(crossover frequency)附近的近似可以简化速度控制的设计：

$$1 + sT_m \approx sT_m$$

$$(1+sT_i)(1+sT_\omega) \approx 1 + sT_{\omega i}$$

$$1 + sT_\omega \approx 1$$

式中：

$$T_{\omega i} = T_\omega + T_i \tag{15-221}$$

有了这些近似，速度环传递函数为：

$$GH(s) \approx \left(\frac{K_i K_m K_T H_\omega}{T_m}\right) \times \frac{K_s}{T_s} \times \frac{(1+sT_s)}{(1+sT_{\omega i})} \tag{15-222}$$

这可以用作获取闭环速度传递函数，即

$$\frac{\omega_r(s)}{\omega_r^*(s)} = \frac{1}{H_\omega}\left[\frac{K_g \frac{K_s}{T_s}(1+sT_s)}{s^3 T_{\omega i} + s^2 + K_g \frac{K_s}{T_s}(1+sT_s)}\right] \tag{15-223}$$

式中：

$$K_g = \frac{K_i K_m K_T H_\omega}{T_m} \tag{15-224}$$

将这个传递函数与带有 0.707 阻尼比的对称优化(symmetric-optimum)函数作等式，得到闭环传递函数为：

$$\frac{\omega_r(s)}{\omega_r^*(s)} \approx \frac{1}{H_\omega}\left[\frac{(1+sT_s)}{\left(\frac{T_s^3}{16}\right)s^3 + \left(\frac{3T_s^2}{8}\right)s^2 + (T_s)s + 1}\right] \tag{15-225}$$

将式(15-223)和式(15-225)的系数作等式，解出常数，得到关于速度控制的时间和比例系数的常数为：

$$T_s = 6T_{\omega i} \tag{15-226}$$

$$K_s = \frac{4}{9K_g T_{\omega i}} \tag{15-227}$$

速度控制器的比例系数 K_{ps} 和积分系数 K_{is} 分别为：

$$K_{ps} = K_s = \frac{4}{9K_g T_{\omega i}} \tag{15-228}$$

$$K_{is} = \frac{K_s}{T_s} = \frac{1}{27K_g\ T_{\omega i}^2} \tag{15-229}$$

例 15.13 解出永磁同步电动机的速度控制参数。

永磁同步电动机的参数为，220V，星形联结，60Hz，六极，$R_s=1.2\Omega$，$L_d=5\text{mH}$，$L_q=8.4\text{mH}$，$\Psi_r=0.14\text{Wb}$，$B_T=0.01\text{N}\cdot\text{m/(rad/s)}$，$J=0.006\text{kg}\cdot\text{m}^2$，$f_c=2.5\text{kHz}$，$V_{cm}=10\text{V}$，$H_\omega=0.05\text{V/V}$，$H_c=0.8\text{V/A}$，$V_{dc}=200\text{V}$。设计一个优化后的速度控制器，其阻尼系数为 0.707。

解：

$V_L=220\text{V}$，$V_{ph}=V_L\sqrt{3}=127\text{V}$，$f=60\text{Hz}$，$p=6$，$R_s=1.2\Omega$，$L_d=5\text{mH}$

$L_q=8.4\text{mH}$，$\Psi_r=0.14\text{Wb}$，$B_T=0.01\text{N}\cdot\text{m/(rad/s)}$，$J=0.006\text{kg}\cdot\text{m}^2$

$f_c=2.5\text{kHz}$，$V_{cm}=10\text{V}$，$H_w=0.05\text{V/V}$，$H_c=0.8\text{V/A}$，$V_{dc}=200\text{V}$

由式(15-212)，得到的逆变器增益为：$K_{in}=0.65V_{dc}/V_{cm}=(0.65\times 200/10)\text{V/V}=13\text{V/V}$。

由式(15-213)，得到时间常数为：$T_{in}=1/(2f_c)=1/(2\times 2.5\times 10^{-3})=0.2\text{ms}$

因此，逆变器传递函数为：

$$G_r(s) = \frac{K_{in}}{1+sT_{in}} = \frac{13}{1+0.0002s}$$

由式(15-216)，得到电动机电气增益为：$K_a=1/R_s=1/1.2=0.8333\text{S}$

由式(15-216)，得到电动机时间常数为 $T_a=L_q/R_s=(8.4\times 10^{-3}/1.2)\text{s}=0.007\text{s}$

因此，电动机的传递函数为：

$$G_a(s) = \frac{K_a}{1+sT_a} = \frac{0.8333}{1+0.0007s}$$

由式(15-210)，得到感应电动势环的扭矩常数为：

$$K_T = \frac{3}{2}\times\left(\frac{p}{2}\right)^2\Psi_r = \frac{3}{2}\times\left(\frac{6}{2}\right)^2\times 0.14\text{N}\cdot\text{m/A} = 1.89\text{N}\cdot\text{m/A}$$

由式(15-216)，得到的机械增益为：$K_m=1/B_T=(1/0.01)\text{rad/s}=100(\text{rad/s})/(\text{N}\cdot\text{m})$

由式(15-216)，得到的机械时间常数为：

$$T_m=J/B_T=(0.006/0.01)\text{s}=0.6\text{s}$$

由式(15-216)，得到的电动势反馈常数为：

$K_b=K_TK_m\Psi_r=1.89\times 100\times 0.14=24.46$

因此，电动势反馈传递函数为：

$$G_b(s) = \frac{K_b}{1+sT_m} = \frac{26.46}{1+0.6s}$$

电动机机械传递函数为：

$$G_m(s) = \frac{K_TK_m}{1+sT_m} = \frac{1.89\times 100}{1+0.6s} = \frac{189}{1+0.6s}$$

电动机的电气时间常数可由下面公式的根得到：

$$as^2+bs+c=0$$

式中：$a=T_m(T_a+T_{in})=0.6\times(0.007+0.2)=0.004$

$b=T_m+K_aK_{in}T_mH_c=0.6+0.8333\times13\times0.6\times0.8=5.8$

$c=K_aK_b=0.8333\times26.46=22.05$

将这些根求倒数得到时间常数 T_1 和 T_2 分别为：

$$\frac{1}{T_1}=-\frac{-b-\sqrt{b^2-4ac}}{2a}=-\frac{-5.8-\sqrt{5.8^2-4\times0.004\times22.05}}{2\times22.05};T_1=0.7469\text{ms}$$

$$\frac{1}{T_2}=-\frac{-b+\sqrt{b^2-4ac}}{2a}=-\frac{-5.8+\sqrt{5.8^2-4\times0.004\times22.05}}{2\times22.05};T_2=262.2916\text{ms}$$

由式(15-220)，可得电流环时间常数为：$T_i=T_1=0.7469\text{ms}$

由式(15-219)，得到电流环的增益为：

$$K_i=T_mK_{in}/(T_2K_b)=0.6\times13/(262.2916\times10^{-3}\times26.46)=1.1238$$

由式(15-218)，得到简化的电流环传递函数为：

$$G_{is}(s)=\frac{K_i}{1+sT_i}=\frac{1.12388}{1+0.7469\times10^{-3}s}$$

由式(15-224)，得到速度控制器常数为：

$$K_g=\frac{K_i\times K_m\times K_T\times H_\omega}{T_m}=\frac{1.12388\times100\times1.89\times0.05}{0.6}=17.70113$$

由式(15-221)，得到时间常数为：

$$T_{\omega i}=T_\omega+T_i=2\text{ms}+0.7469\text{ms}=2.7469\text{ms}$$

由式(15-226)，得到时间常数为：

$$T_s=6T_{\omega i}=6\times2.7469\text{ms}=16.48\text{ms}$$

由式(15-227)，得到增益常数为：

$$K_s=4/(9K_gT_{\omega i})=4/(9\times17.70113\times2.7469\text{ms})=9.14042$$

总的速度环传递函数为：

$$G_{sp}(s)=\frac{G_m(s)G_i(s)G_s(s)}{1+G_\omega(s)G_m(s)G_i(s)G_s(s)}$$

式中：

$$G_s(s)=\frac{K_s}{T_s}\frac{(1+sT_s)}{s}=\frac{9.14042}{0.01648}\times\frac{(1+0.01648T_s)}{s}=554.58\times\frac{(1+0.01648T_s)}{s}$$

$$G_\omega(s)=\frac{H_\omega}{1+sT_\omega}=\frac{0.05}{1+0.002s}$$

◀

15.8 步进电动机控制

步进电动机是机电运动设备，其主要用于将数据信息转换为机械运动[19,20]。这些电动机根据逻辑输入而旋转相应设定好的角度。当需要将物体从一个位置步进到另一个位置时，就要使用到步进电动机。它们能在打印机输出纸张的驱动中找到，也能在电脑外围设备中找到，如光碟机的磁头驱动。

步进电动机主要分为两种：(1)可变磁阻步进电动机；(2)永磁步进电动机。可变磁阻步进电动机的运行方式与同步磁阻电动机的相似，而永磁步进电动机的运行方式则与永磁同步电动机的相似。

15.8.1 可变磁阻步进电动机

这些电动机可以用在一个独立的单元或是在多堆栈中。在多堆叠运行时，三个或多个单相磁阻电动机装在同一个轴上，它们的定子的电磁轴则互不相同。三堆叠的转子示意图如图 15-47 所示。它有三个级联的两轴转子，有最小的磁阻通路，每个都根据角度偏移定值θ_{rm}对齐。每个转子都有一个单独的单相定子，定子的磁轴相互偏移。相应的定子如

图 15-48 所示。

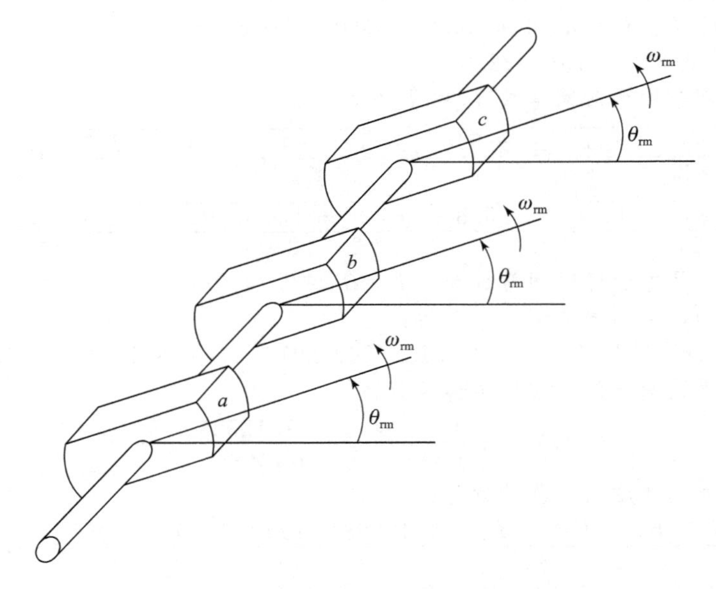

图 15-47　两极三堆叠可变磁阻步进电动机

每个定子有两个极，每个极都有定子绕组。正向电流从 a_{s1} 流入，从 $a_{s'_1}$ 流出，然后与 a_{s2} 相连，使正向电流流入 a_{s2}，从 $a_{s'_2}$ 流出。每个绕组都有很多圈，从 a_{s1} 到 $a_{s'_1}$ 的圈数为 $NN_s/2$，a_{s2} 到 a_{s2} 的情况也是一样。θ_{rm} 是根据从 a_s 轴最小磁阻通路得到的。

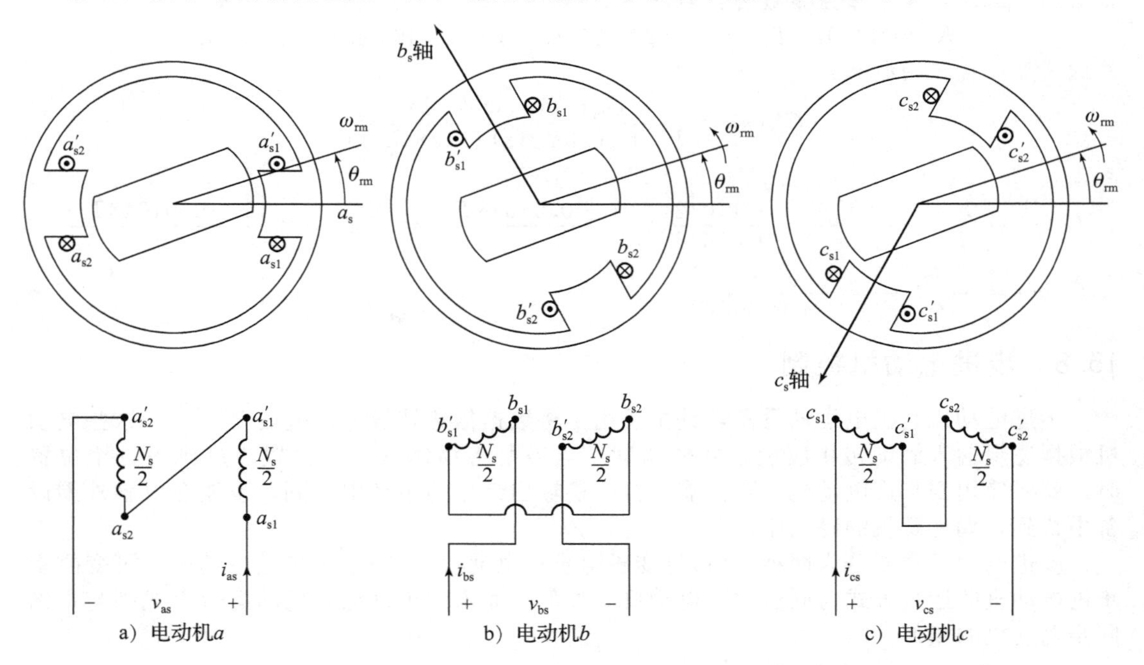

图 15-48　两极三堆叠可变磁阻步进电动机的定子

如果绕组 b_s 和 c_s 都开路，而 a_s 由一个直流源励磁，恒定电流 i_{as} 可立刻产生。转子 a 可以与 a_s 轴对齐，$\theta_{rm}=0$ 或是 $\theta_{rm}=180°$。如果 a_s 绕组立即断电，而 b_s 绕组由直流励磁，转子 b 就会和 b_s 轴上最小磁阻通路对齐。因此，转子 b 会顺时针从 $\theta_{rm}=0$ 到 $\theta_{rm}=-60°$ 旋转。然而，如果不是给 b_s 绕组励磁，而是给 c_s 绕组直流励磁，则转子 c 就会和 c_s 轴上最小磁阻通路对齐。因此，转子 c 会逆时针从$\theta_{rm}=0$ 到$\theta_{rm}=60°$旋转。因此，分别按顺序给 a_s，b_s，c_s，a_s，…产生在顺时针方向的60°步进。而按照 a_s，c_s，b_s，a_s，…的顺序，则会产生在逆时针方向的60°步进。我们需要至少 3 个这样的堆叠，以完成不同方向的旋转。

如果绕组 a_s 和 b_s 同时被励磁，一开始绕组 a_s 的角度为$\theta_{rm}=0$，绕组 b_s 在 a_s 没断电时就加励磁。转子则会从$\theta_{rm}=0$ 到$\theta_{rm}=-30°$顺时针转动。最后的步长减小了一半。这就是半步运行。步进电动机是一个离散的装置，由 dc 电源从一个绕组移向另一个绕组运行。

每一个堆叠通常称为一相。换句话说，一个三堆叠电动机也即是三相电动机。虽然最多有 7 堆叠(相)可以被使用，三堆叠步进电动机是较为普遍的。

齿距(T_p)，即是齿柱之间的角度偏移，与转子每一堆叠 R_T的齿有关，即

$$T_p = \frac{2\pi}{R_T} \tag{15-230}$$

如果对每一堆叠分别励磁，则从 a_s 到 b_s 到 c_s 回到 a_s 使转子转动一个齿距。如果 N 是堆叠(相)，则步进步长 S_L与 T_p相关，即

$$S_L = \frac{T_p}{N} = \frac{2\pi}{NR_T} \tag{15-231}$$

如果 $N=3$，$R_T=4$，$T_P=2\pi/4=90°$，$S_L=90°/3=30°$；一个 a_s，c_s，b_s，a_s，…的顺序就会产生顺时针 30°的步长。$N=3$，$R_T=8$，$T_P=2\pi/8=45°$，$S_L=45°/3=15°$；按顺序给 a_s，b_s，c_s，a_s 则会产生逆时针 15°的步长。因此，通过增加转子的齿数可以减小每一步的步长。多堆叠的步长一般在 2°到 15°之间。

步进电动机多堆叠产生的转矩为：

$$T_d = -\frac{R_T}{2}L_B[i_{as}^2\sin(R_T\,\theta_{rm}) + i_{bs}^2\sin(R_T(\theta_{rm}\pm S_L)) + i_{cs}^2\sin(R_T(\theta_{rm}\pm S_L))] \tag{15-232}$$

定子的自感随转子的位置改变而变化，L_B是在 $\cos(p\,\theta_{rm})=\pm1$ 时的最大值。式(15-232)可用 T_P表达为：

$$T_d = -\frac{R_T}{2}L_B\left[i_{as}^2\sin\left(\frac{2\pi}{T_p}\theta_{rm}\right) + i_{bs}^2\sin\left(\frac{2\pi}{T_p}\left(\theta_{rm}\pm\frac{T_p}{3}\right)\right) + i_{cs}^2\sin\left(\frac{2\pi}{T_p}(\theta_{rm}\pm\frac{T_p}{3})\right)\right] \tag{15-233}$$

这说明了转矩的大小与每堆叠转子齿数 R_T成比例。式(15-232)对应θ_{rm}的稳态转矩部分如图 15-49 所示。

15.8.2 永磁步进电动机

永磁步进电动机应用也十分普遍。这是永磁同步电动机的一种，可以运行在步进状态，也可以运行在连续速度状态。然而，我们只考虑其作为步进电动机下的应用。

两极，两相永磁步进电动机的剖面图 15-50 所示。为了说明步进的动作，我们假设 b_s 绕组开路，并从 a_s 绕组加一个正向电流。这个电流就会在 a_s 绕组处建立一个定子南磁极，定子齿的 a_{s1}绕组处会建立北磁极。转子就会定位在 $\theta_{rm}=0$ 处。现在，我们在给 b_s 绕组加励磁的同时将 a_s 绕组断电。电动机将向逆时针方向运动一个步长。要连续在逆时针方向产出旋转步长，b_s 绕组断电，而 a_s 绕组加反向的电流。即是，逆时针的步进是由电流顺序 i_{as}，i_{bs}，$-i_{as}$，$-i_{bs}$，i_{as}，i_{bs}，…产生的。正向的旋转是由电流顺序 i_{as}，$-i_{bs}$，$-i_{as}$，i_{bs}，i_{as}，$-i_{bs}$，…产生的。

逆时针的旋转是由电流顺序 i_{as}，i_{bs}，$-i_{as}$，$-i_{bs}$，i_{as}，i_{bs}，…产生的。因此，让转子转过一个齿距要 4 个开关步数。如果 N 是相数，那么关于 T_p的步长 S_L为：

$$S_L = \frac{T_p}{2N} = \frac{2\pi}{NR_T} \tag{15-234}$$

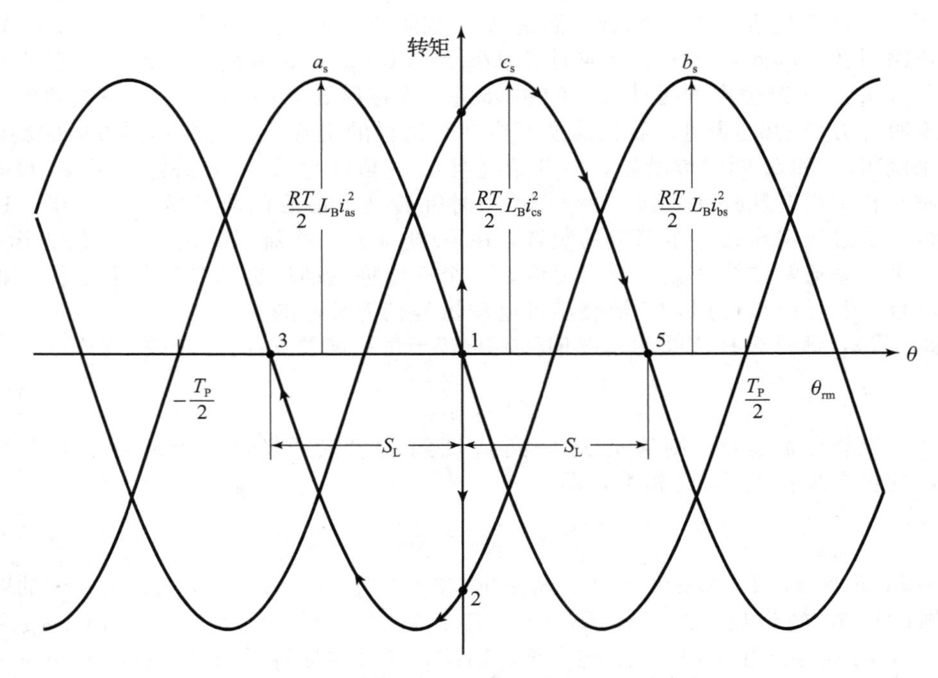

图 15-49　三堆叠步进电动机稳态转矩随转子角 θ_{rmd} 的变化示意图

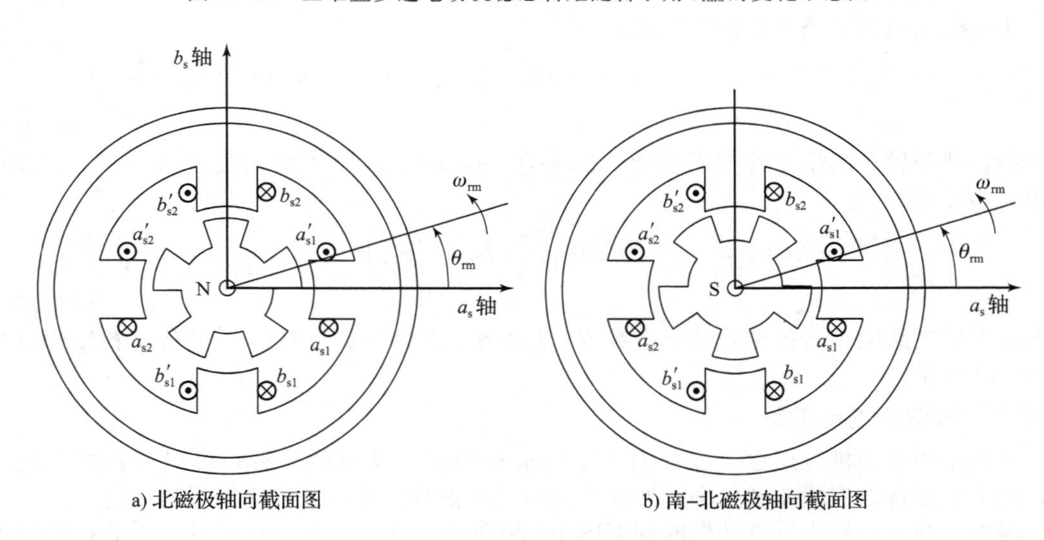

图 15-50　两极两相永磁步进电动机截面图

如果 $N=2$，$R_T=5$，$T_P=2\pi/5=72°$，$S_L=72°/(2\times2)=18°$。因此，增加相数和转子齿可以减小步长。步长一般在 2°到 15°之间。大多数永磁步进电动机由多于两个极和多于 5 个转子齿；有些可能有多达 8 个磁极，多达 50 个转子齿。

永磁同步电动机的转矩可表达为：

$$T_d=-R_T\lambda'_m[i_{as}\sin(R_T\theta_{rm})-i_{bs}\sin(R_T\theta_{rm})] \tag{15-235}$$

式中：λ'_m是从定子相绕组方向看去，由永磁体建立的磁链。是一个恒定的电感乘上一恒定的电流。换句话说，λ'_m的幅度和每一个定子相绕组的开路正弦波电压大小成比例。

在式(15-235)中的转矩部分坐标如图 15-51 所示。$\pm T_{d(am)}$是由永磁体和$\pm i_{as}$感应产生的转矩，$\pm T_{d(bm)}$是由永磁体和$\pm i_{bs}$感应产生的转矩。永磁铁的磁阻十分大，与空气相近。因为由相电流流入磁体产生了磁链，磁链通路的磁阻十分大。因此，因转子旋转而产出磁阻的变化就十分小，磁阻转矩的大小相对于相电流和永磁体产生的转矩要小得多。因为这些原因，磁阻转矩常被忽略。

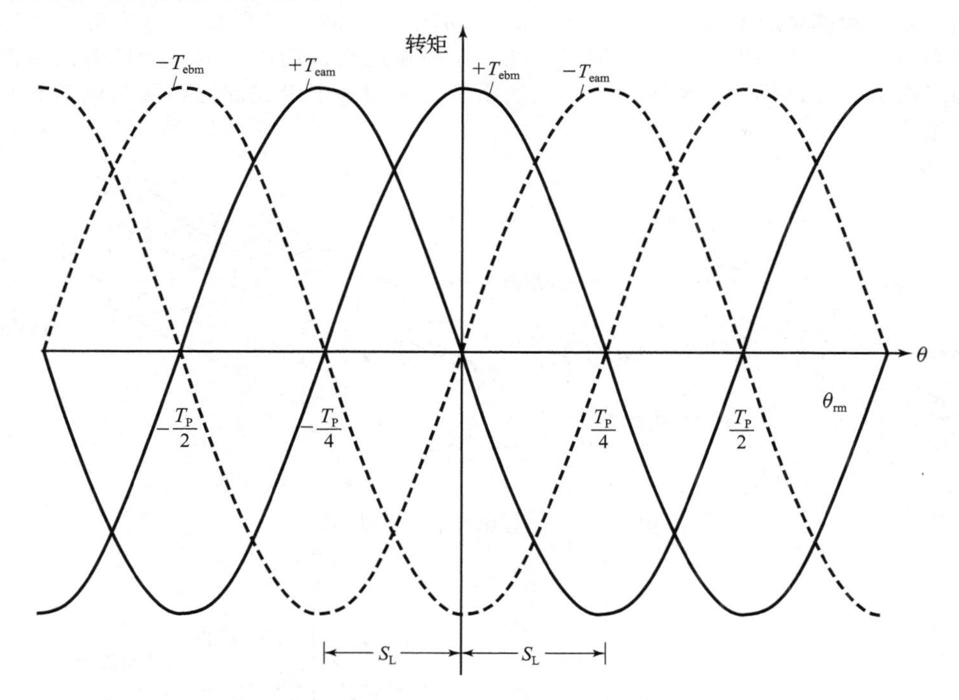

图 15-51　恒定相电流控制下的永磁步进电动机稳态转矩随转子角 θ_{rm} 的变化示意图

小结

(1)对于永磁步进电动机，相电流从不同方向流入产生旋转。而对于变磁阻步进电动机，不需要电流从不同方向流入定子而产生磁场，因此，定子电压源仅需要单向的。

(2)总的来说，步进电动机由直流源供电，因袭，相绕组和直流源的电能转换应该是双向的，那就是说，其必须有给每一相绕组正向和反向电压的能力。

(3)永磁步进电动机通常会装有双线绕组。其在每一个定子齿上不只一个绕组，而是两个相同的反向绕组，每一个都有独立的外接端口。有了这种绕组，定子绕组产生的磁场方向就可以反向，而不需要改变电流的方向。但是这样，会增加步进电动机的大小和重量。

(4)混合步进电动机[21]是由永磁体和变磁阻磁体共同构建的，其增大了步进电动机运用的范围，用更简单和更低成本的电力换流器就能达到更好的性能。

15.9　线性感应电动机

线性感应电动机适用于工业领域，包括高速地面运输，转差系统，帷幕拉杆和运输机。感应电动机有圆周循环运动，其中的直线电动机做着线性运动。如果将一个感应电动机切开平铺，那么它就类似于一个直线电动机。旋转电动机的定子和转子与线性感应电动机的一次侧和二次侧各自对应。一次侧包括一个磁心和一个三相绕组。二次侧可以是一个金属片或者由三相绕组包围住的一个磁心。由于一次侧和二次侧的有限长度，线性感应电动机有开路空气间隙和磁性结构。

一个线性感应电动机有单面和双面之分，如图 15-52 所示。对于二次绕组为金属片的单面线性感应电动机，为了能减少磁路中总阻抗的大小，将金属片背靠于铁磁体，诸如铁等，如图 15-52a 所示。当电压加载到三相感应电动机的一次侧绕组时，空气间隙中产生的磁场以同步转速传输。如果一次侧保持静止，二次侧的磁场与感应电流的相互作用会对二次侧朝同一方向施加一个推力。从另一角度来说，如果二次侧是静止的，一次侧可以自由移动，则一次侧将会向磁场相反方向移动。对于一个较大的距离，要保持一个固定的力，就必须使电动机一侧短于另一侧。比如，在高速地面运输中，常运用较短的一次侧和较长的二次侧。在这样一个系统中，一次侧属于汽车的一个组成部分，而其轨道起到二次侧的作用。

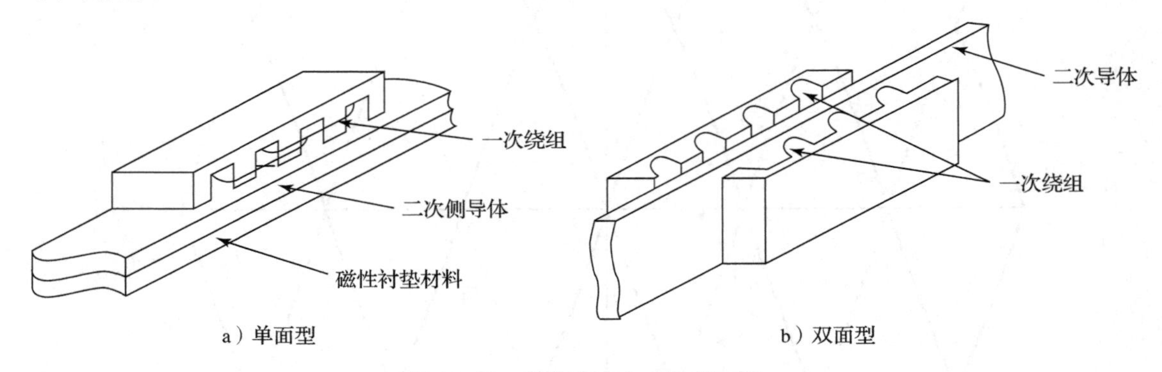

图 15-52 直线感应电动机截面图

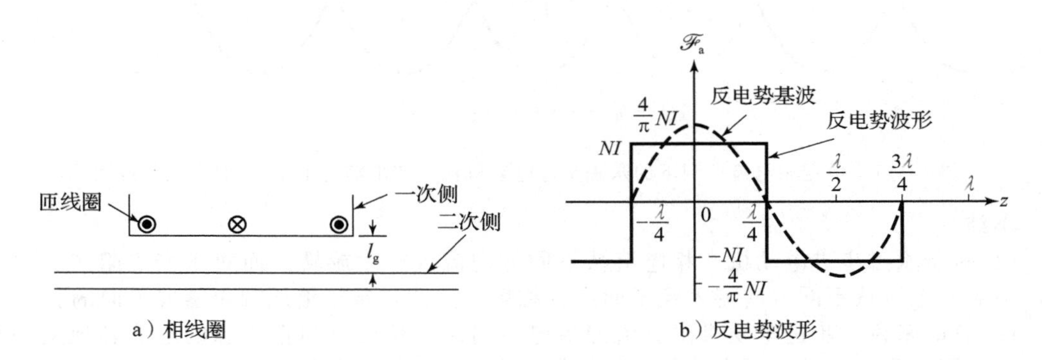

图 15-53 相线圈原理图及其反电势波形

现在我们考虑只有一相绕组的情况，比如三相中 A 相，如图 15-53a 所示。N 匝线圈的绕组磁动势为 NI，如图 15-53b 所示，磁动势波形的基波为：

$$\Im_a = k_\omega \frac{2}{n\pi} N i_a \cos\left(\frac{2\pi}{\lambda} z\right) \tag{15-236}$$

式中：

k_ω 为绕组常数；

i_a 为 a 相基波电流的瞬时值；

λ 为等于绕组截距的电场波长；

n 为周期与电动机长度之比；

z 为线性电动机的任意位置。

每一相绕组相互间隔 $\pi/3$，由一个角频率为 ω 的三相平衡源进行激励。这样电动机的净磁动势值仅包括了正向传播的波形，为：

$$\Im(z,t) = \frac{3}{2} F_m \cos\left(\omega t - \frac{2\pi}{\lambda} z\right) \tag{15-237}$$

式中：

$$F_{m}=\frac{2}{n\pi}k_{\omega}Ni_{a} \tag{15-238}$$

传播磁动势的同步转速可以通过改变式(15-237)中余弦函数的参数，从而变成一个固定常量C，即

$$\omega t-\frac{2\pi}{\lambda}z=C \tag{15-239}$$

它与线性速度的区别在于：

$$v_{s}=\frac{\mathrm{d}z}{\mathrm{d}t}=\frac{\omega\lambda}{2\pi}=\lambda f \tag{15-240}$$

式中：f是运行频率。式(15-240)也可以用极距τ表示为：

$$v_{s}=2\tau f \tag{15-241}$$

这样一次侧绕组的同步速度v_{s}与极对数没有关系，而极对数也不需要一定为偶数。线性感应电动机的转差率为：

$$s=\frac{v_{s}-v_{m}}{v_{s}} \tag{15-242}$$

式中：v_{m}为电动机的线性速度。感应电动机的功率和推力可以通过感应电动机的等效电路计算出来。这样，通过式(15-9)，我们可以算出空气间隙功率P_{g}为：

$$P_{g}=3\,I_{2}^{2}\frac{r_{2}}{s} \tag{15-243}$$

输出功率P_{d}为：

$$P_{d}=(1-s)P_{g} \tag{15-244}$$

以及输出推力F_{d}为：

$$F_{d}=\frac{P_{d}}{v_{m}}=\frac{P_{g}}{v_{s}}=3\,I_{2}^{2}\frac{r_{2}}{sv_{s}} \tag{15-245}$$

线性感应电动机的速度-推力特性与传统感应电动机的速度-转矩特性相似。线性感应电动机的速度随着推力的增大而急速下降，如图15-54所示。由于这个原因，这些电动机通常运行在较低的转差模式，导致相对较低的效率。

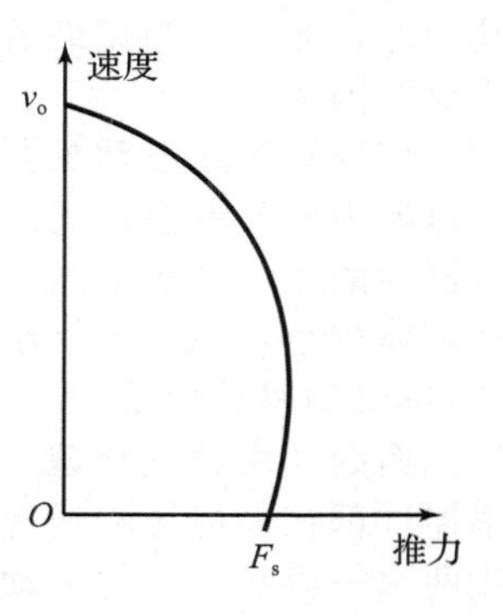

图15-54　典型的速度-推力特性

线性感应电动机由于它的开放式的结构，会产生端部效应。端部效应有两种，即静态的和动态的。静态端部效应由于一次侧几何不对称会单独出现。这会导致空气间隙中通量不对称分布，并会引起各相绕组不相等的感应电动势。动态端部效应通常是由于一次侧和二次侧的相对运动造成的。导体前沿与空气间隙的磁通相反，而导体后置会试图维持通量。因此，通量分布被扭转，二次侧增大的损耗会降低电动机的效率。

例15.14　求线性感应电动机的输出功率。

线性感应电动机的参数为：极距为0.5m，频率为60Hz，一次侧速度为210km/h，输出推力为120kN。计算(a)电动机速度v_{m}；(b)输出功率P_{d}；(c)同步速度v_{s}；(d)转差率；(e)二次侧铜损耗P_{cu}

解：

$\lambda=0.5\mathrm{m}$，$f=60\mathrm{Hz}$，$v=210\mathrm{km/h}$，$F_{a}=120\mathrm{kN}$

(a)电动机速度为：$v_{m}=v/3600=(210\times10^{3}\div3600)\mathrm{m/s}=58.333\mathrm{m/s}$

(b)输出功率为：$P_{d}=F_{a}V_{m}=120\times10^{3}\times58.333\mathrm{MW}=7\mathrm{MW}$

(c)同步速度为：$v_{s}=2\lambda f=2\times0.5\times60\mathrm{m/s}=60\mathrm{m/s}$

(d)转差为：$s=(v_{s}-v_{m})/v_{m}=(60-58.333)/60=0.028$

(e)铜损耗$P_{cu}=F_{a}sv_{s}=120\times10^{3}\times0.028\times60\mathrm{W}=200\mathrm{kW}$　◀

15.10 电动机驱动的高压集成电路

电力电子在当今电动机驱动中至关重要，需要高性能的控制技术和其他驱动技术，保护函数。其特性包括带有保护措施的门驱动，软驱动的直流母线充电，电动机相电流线性电流传感和控制算法，从电压频率到无速度传感器的向量或伺服控制。框图是典型的驱动图，它相关的函数如图 15-55[25] 所示。每个函数都有特别的需求，同时也需要和其他环节一起来组成完整的工作系统。比如，IGBT 的门驱动和保护函数必须同步，它的反馈感应和常规控制与 PWM 必须相互匹配。

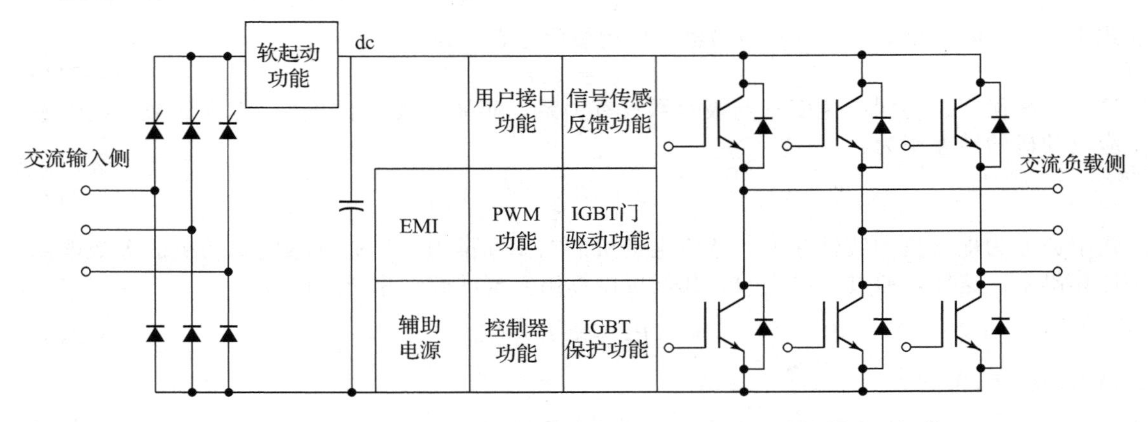

图 15-55 逆变器驱动电机系统的功能框图(图片由国际整流器公司提供)

电动机驱动需要不同的函数，例如保护函数，变流器的软关断，电流检测，用于闭环电流控制算法的 A/D 信号转换，直流母线电容的软充电，防弹输入的变换器阶段。对于其用途，如电冰箱压缩机，空调压缩机和直接驱动洗衣机而言，其简易程度和成本是最为重要的因素。

市场对工业电动机驱动，家用电器和照明工业的需求促进了高压集成电路的发展，其中以电力设备制造商的功率转换处理器(PCP)最为著名。电动机驱动的集成电路，是带有门驱动的单片高压电路，能够用高级控制算法进行功率变换，从而满足高性能驱动，强度高，体积小，电磁干扰小的需求。集成电路的构造可以分为三类：(1)两级功率转换处理；(2)单机功率转换处理；(3)混合模式功率转换处理

两级功率转换处理 信号处理的功能在远离电压功率等级的低压范围实现。所有的功率器件都在高电压输送等级中，直接连接到交流母线上。有许多不同种类的技术运用到连接两水平等级上。门驱动通过光耦合器提供，反馈函数通过线性光耦合器和霍尔效应传感器的结合得以实现，软驱动通过延迟时间实现。一个大体积的多次绕组变压器同样需要为不同函数提供各类独立源。这类结构，如图 15-56 所示，正在逐步被淘汰。

单级功率转换处理 所有门驱动，保护装置，反馈传感器和控制函数都是在高电压供给电轨内同一水平等级得以实现的，所有的函数相互之间都是在同一电接触等级内。保护是本地化的并且更加高效。主板布局更为紧凑，具有更小的电磁干扰和整个系统更低的成本。这类结构(见图 15-57)对于特殊用途的驱动，例如家用或者小于 3.75kW 的小型工业驱动是紧凑和低成本的；这些称作微变流器(微驱动器)混合模式功率转换处理。功率转换处理器主要在高电压供给水平内完成。信号处理的第二等级用于运动分析和通信。第二等级帮助促进网络与常用驱动的选项卡链接。同时，它简化了伺服驱动的编码器连接的传感位置。两个处理水平等级通过一个独立的母线连接。这类结构如图 15-58 所示。表 15-1 描述了不同功率转换结构之间的差别。

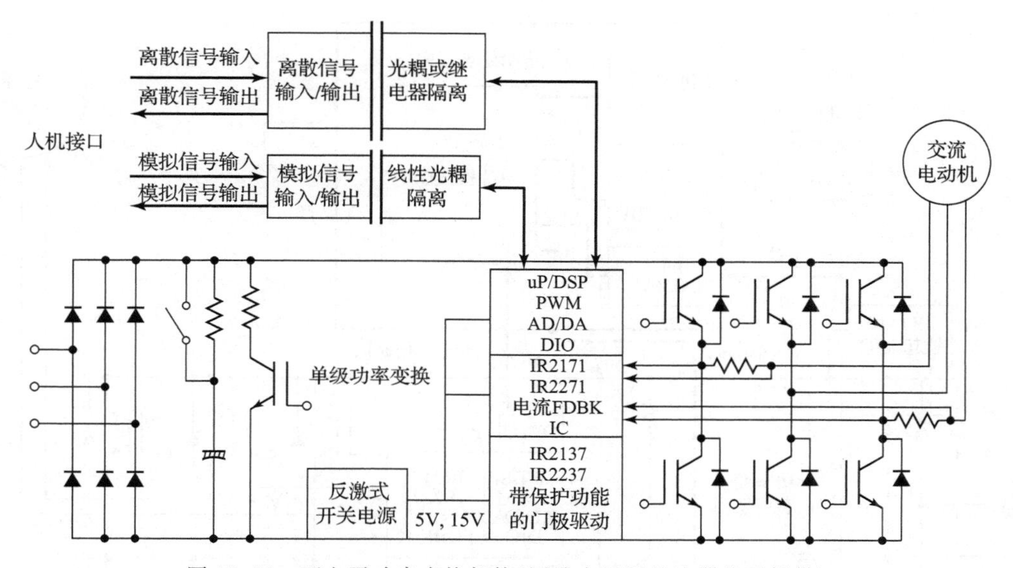

图 15-56 两电平功率变换架构(图片由国际整流器公司提供)

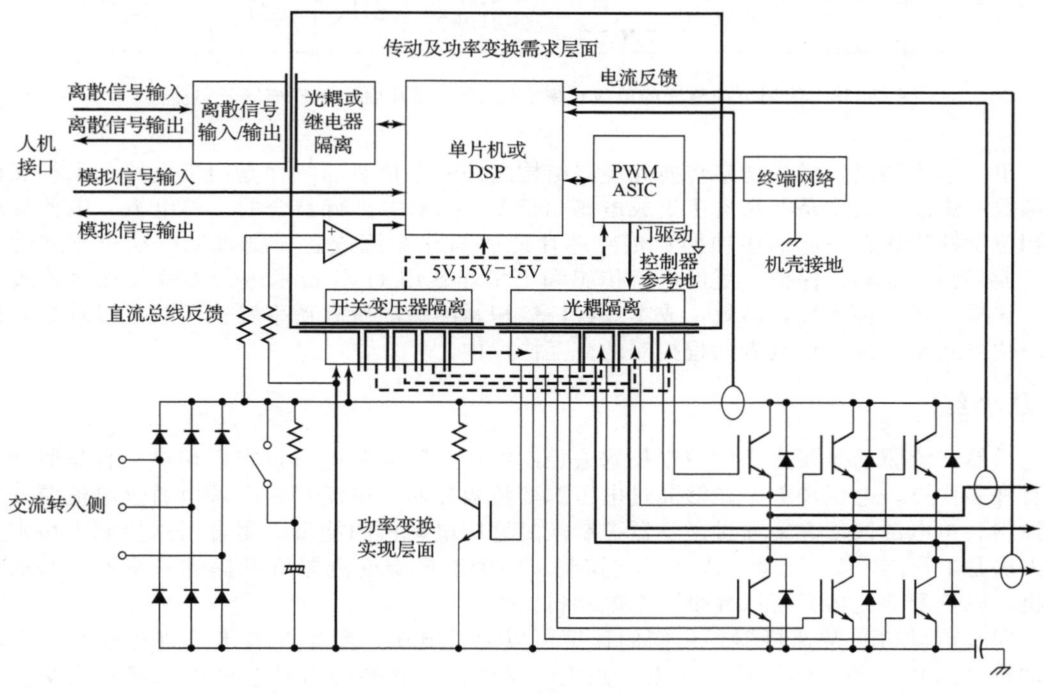

图 15-57 使用二极管整流的单级功率变换架构(图片由国际整流器公司提供)

表 15-1 两级功率变换和单级功率变换架构的比较

两级功率变换架构	单级功率变架构
传动及功率变换统一控制	传动及功率变换可以分别控制
通过光耦隔离(高速信号容噪性较差)	通过数字接口实现隔离(信号容噪性较好)
死区时间较长	死区时间较短
辅助开关电源较为复杂	可使用简单的反激式电源作为辅助电源
使用笨重的霍尔电流传感器	使用高压电流传感器芯片，体积小
保护功能在信号级实现	保护功能可在功率级实现
电磁噪声较大，体积较大	电磁噪声较小，体积较小

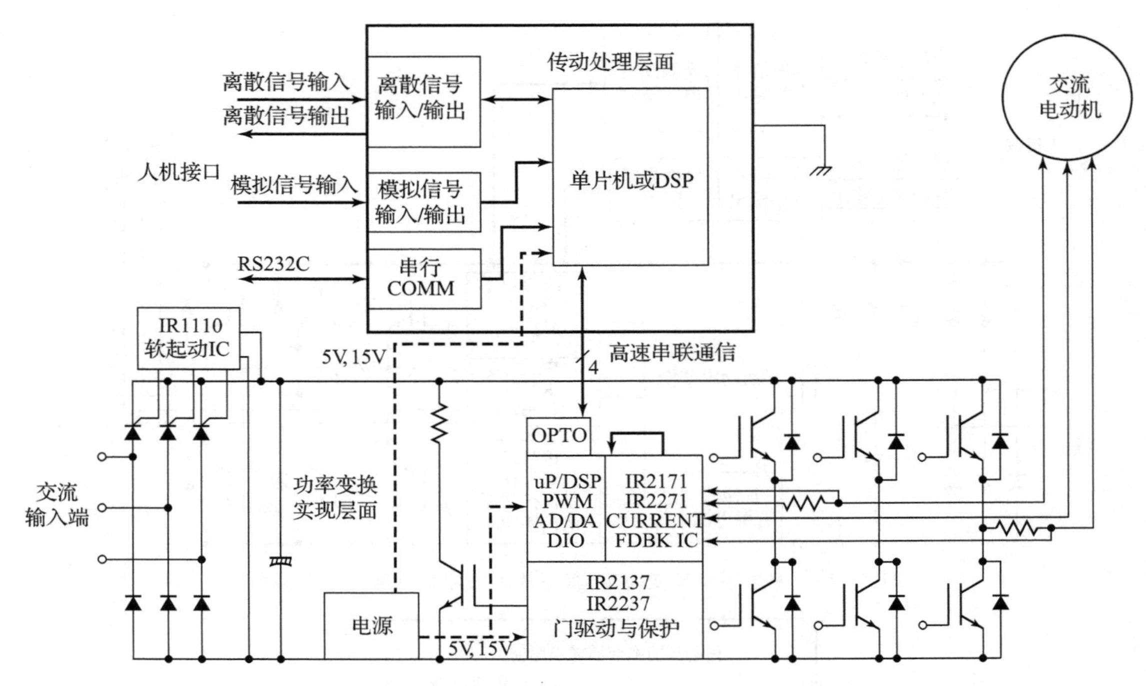

图 15-58 使用可控整流的单级功率变换架构(图片由国际整流器公司提供)

单一水平和混合模式功率转换处理器结构之间一个重要的特性是门极电路、保护和传感函数的集成。集成是在高电压集成电路(HVIC)技术中进行整合的。将电流、电压幅值和相位反馈集成在一起的多项函数传感芯片能够简化交流或者无刷直流电动机驱动的设计。能够将门驱动、保护、线性电流传感和更多函数用 HVI 技术进行单片集成是终极目标。这样一来，鲁棒性，高效，成本效益，体积紧凑型的所有功率转换函数可以理想地以模块化方式集成在本地或者远程控制的交互协议中。

本章小结

虽然交流驱动需要先进的控制技术去控制电压、频率和电流，它们相对于直流驱动来说有许多优点。电压和频率能够通过电压源变流器控制。电流和频率可以通过电流源变流器控制。单电源回复方案通过逆变器控制恢复感应电动机的能量。闭合回路控制中最常见的方法是电压/频率，通量，或者转差控制。一个电压源变流器可以提供一系列并联的电动机，电流源变流器只可以提供一个电动机。

同步电动机是常速机器，它们的速度可以通过电压、频率或者电流进行控制。感应电动机有六种，圆柱体转子、凸极、磁阻、永磁体、转换磁阻发电机和无刷直流交流发电机。每当需要从一个位置跳到另一个位置时，步进电动机常会被用到。同步发电动机可以像步进电动机那样运行。步进电动机可以分为两种，反应式步进电动机和永磁体步进电动机。由于变流器电压、电流的脉冲性质，对于不同的速度需求，发电机有特殊的设计要求。对于交流电动机驱动，有着许多的资料文献，所以本章中只涵盖了最为基础的部分。

参考文献

[1] H. S. Rajamani and R. A. McMahon, "Induction motor drives for domestic appliances," *IEEE Industry Applications Magazine,* Vol. 3, No. 3, May/June 1997, pp. 21–26.

[2] D. G. Kokalj, "Variable frequency drives for commercial laundry machines," *IEEE Industry Applications Magazine,* Vol. 3, No. 3, May/June 1997, pp. 27–36.

[3] M. F. Rahman, D. Patterson, A. Cheok, and R. Betts, *Power Electronics Handbook,* edited by M. H. Rashid. San Diego, CA: Academic Press. 2001, Chapter 27—Motor Drives.

[4] B. K. Bose, *Modern Power Electronics and AC Drives.* Upper Saddle River, NJ: Prentice-Hall. 2002, Chapter 8—Control and Estimation of Induction Motor Drives.

[5] R. Krishnan, *Electric Motor Drives: Modeling, Analysis, and Control.* Upper Saddle River, NJ: Prentice-Hall. 1998, Chapter 8—Stepper Motors.

[6] I. Boldea and S. A. Nasar, *Electric Drives.* Boca Raton, FL: CRC Press. 1999.

[7] M. A. El-Sharkawi, *Fundamentals of Electric Drives.* Pacific Grove, CA: Brooks/Cole. 2000.

[8] S. B. Dewan, G. B. Slemon, and A. Straughen, *Power Semiconductor Drives.* New York: John Wiley & Sons. 1984.

[9] A. von Jouanne, P. Enjeiti, and W. Gray, "Application issues for PWM adjustable speed ac motors," *IEEE Industry Applications Magazine,* Vol. 2, No. 5, September/October 1996, pp. 10–18.

[10] S. Shashank and V. Agarwal, "Simple control for wind-driven induction generator," *IEEE Industry Applications Magazine,* Vol. 7, No. 2, March/April 2001, pp. 44–53.

[11] W. Leonard, *Control of Electrical Drives.* New York: Springer-Verlag. 1985.

[12] D. W. Novotny and T. A. Lipo, *Vector Control and Dynamics of Drives.* Oxford, UK: Oxford Science Publications. 1996.

[13] P. Vas, *Electrical Machines and Drives: A Space Vector Theory Approach.* London, UK: Clarendon Press. 1992.

[14] N. Mohan, *Electric Drives: An Integrative Approach.* Minneapolis, MN: MNPERE. 2000.

[15] E. Y. Y. Ho and P. C. Sen, "Decoupling control of induction motors," *IEEE Transactions on Industrial Electronics,* Vol. 35, No. 2, May 1988, pp. 253–262.

[16] T. J. E. Miller, *Switched Reluctance Motors.* London, UK: Oxford Science. 1992.

[17] C. Pollock and A. Michaelides, "Switched reluctance drives: A comprehensive evaluation," *Power Engineering Journal,* December 1995, pp. 257–266.

[18] N. Matsui, "Sensorless PM brushless DC motor drives," *IEEE Transactions on Industrial Electronics,* Vol. 43, No. 2, April 1996, pp. 300–308.

[19] H.-D. Chai, *Electromechanical Motion Devices.* Upper Saddle River, NJ: Prentice Hall. 1998, Chapter 8—Stepper Motors.

[20] P. C. Krause and O. Wasynczukm, *Electromechanical Motion Devices.* New York: McGraw-Hill. 1989.

[21] J. D. Wale and C. Pollack, "Hybrid stepping motors," *Power Engineering Journal,* Vol. 15, No. 1, February 2001, pp. 5–12.

[22] J. A. Kilburn and R. G. Daugherty, "NEMA design E motors and controls—What's it all about," *IEEE Industry Applications Magazine,* Vol. 5, No. 4, July/August 1999, pp. 26–36.

[23] R. Krishnan, *Electric Motor Drives, Modeling, Analysis, and Control.* Upper Saddle River, NJ: Prentice Hall. 2001.

[24] B. S. Guru and H. R. Hizirolu, *Electric Machinery and Transformers.* 3rd ed. New York: Oxford University Press. 2001.

[25] "Power Conversion Processor Architecture and HVIC Products for Motor Drives," International Rectifier, Inc., El Segunda, CA, 2001, pp. 1–21. http://www.irf.com.

复习题

15.1 感应电动机有哪几种分类？

15.2 什么是同步速度？

15.3 什么是感应电动机的转差率？

15.4 什么是感应电动机的转差频率？

15.5　感应电动机的起步是的转差是多少？
15.6　什么是感应电动机的转矩-速度特性？
15.7　什么是感应电动机的各类速度控制？
15.8　什么是电压/频率控制的优点？
15.9　感应电动机的基本频率是多少？
15.10　电流控制的优点是什么？
15.11　什么是标量控制？
15.12　什么是向量控制？
15.13　什么是自适应特性？
15.14　什么是静态克莱默传动系统？
15.15　什么是静态串级调速驱动？
15.16　什么是感应电动机的磁场削弱模式？
15.17　感应电动机的频率控制有哪些效果？
15.18　通量控制有哪些优点？
15.19　感应电动机的控制特性如何变成类似于直流电动机的特性？
15.20　同步电动机有哪些种类？
15.21　同步电动机转矩角度是多少？
15.22　凸极电动机和磁阻式电动机间区别是什么？
15.23　凸极电动机和永磁体电动机区别是什么？
15.24　什么是同步电动机的拉出扭矩？
15.25　什么是同步电动机的起始扭矩？
15.26　同步电动机的扭矩-速度特性是什么？
15.27　什么是同步电动机的 V-I 曲线？
15.28　电压源变流器供电的驱动器的优点是什么？
15.29　电阻式电动机驱动的优缺点是什么？
15.30　永磁体的优缺点是什么？
15.31　什么是转换电阻电动机？
15.32　什么是同步电动机的自控制模式？
15.33　什么是直流无刷电动机？
15.34　什么是交流无刷电动机？
15.35　什么是步进电动机？
15.36　步进电动机的种类有哪些？
15.37　永磁体步进电动机和可变磁阻电动机的区别是什么？
15.38　可变磁阻步进电动机控制的步骤有哪些？
15.39　永磁体步进电动机的步骤有哪些？
15.40　解释不同的速度和他们之间的关系-供给转速 ω，转子转速 ω_r，机械转速 ω_m 和同步转速 ω_s？
15.41　感应电动机和线性感应电动机的区别是什么？
15.42　线性感应电动机的端效应是什么？
15.43　维度控制的目的是什么？
15.44　设计电动机驱动控制器时，使阻尼系数接近 0.707 的目的是什么？

习题

15.1　在 460V，60Hz，8 个极对，星形联结的三项感应电动机中，$R_s=0.08\Omega$，$R_r'=0.1\Omega$，$X_s=0.62\Omega$，$X_r'=0.92\Omega$，$X_m=6.7\Omega$。没有负载损耗，$P_{noload}=300$W。电动机转速为 750r/min，用图 15-2 所示的等效电路，计算(a)同步转速 ω_s；(b)转差率 s；(c)输入电流 I_i；(d)输入功率 P_i；(e)输入功率因数 PF_s；(f)间隙功率 P_g；(g)转子铜损耗 P_{cu}；(h)定子铜损耗 P_{cu}；(i)输出转矩 T_d；(j)效率；(k)起始转子电流 I_{rs} 和起始转矩 T_{mm}；(l)最大化一专局 s_m；(m)最大发电动机输出转矩 T_{mm}；(n)最大再次输出转矩 T_{mr}。

15.2　如果 R_s 可忽略，重复习题 15.1。

15.3　重求习题 15.1，如果电动机有两极对，$R_s=1.02\Omega$，$R_r'=0.35\Omega$，$X_m=60\Omega$，$X_s=0.72\Omega$，$X_r'=1.08\Omega$，空载功率为 70W，转子转速为 3250r/min。

15.4　感应电动机的电机参数为：2000hp，2300V，60Hz，三相，星形联结，4 个极对，满载转差率为 0.03746，$R_s=0.02\Omega$，$R_r'=0.12\Omega$，$R_m=45\Omega$，$X_m=50\Omega$，$X_s'=0.32\Omega$，求(a)满载时电动机效率；(b)为了能达到线性功率因数在输入端所加载的每相电容

15.5　感应电动机的电机参数为：20hp，230V，50Hz，三相，星形联结，4 个极对，满载转差率为 0.03746，$R_s=0.02\Omega$，$R'_r=0.12\Omega$，$R_m=45\Omega$，$X_m=50\Omega$，$X'_s=0.32\Omega$，求(a)满载时电动机效率；(b)为了能达到线性功率因数在输入端所加载的每相电容。

15.6　感应电机，460V，60Hz，三相，星形联结，6 个极对，$R_s=0.32\Omega$，$R_r'=0.18\Omega$，$X_m=18.8\Omega$，$X_s=1.04\Omega$，$X_r'=1.6\Omega$，空载损耗可忽略，负载扭矩与转速平方成正比，1180r/min 时，对应的扭矩为 180N·m，如果电动机转速为 850r/min。(a)如果电动机工作在最小转速 850r/min，计算电阻 R。在此 R 情况下，如果理想转速是 950r/min，计算(a)负载扭矩 T_d；(b)转子电流 I_r'；(c)定子供给电压 V_a；(d)电动机输入电流 I_i；(e)电动机输入功率 P_i；(f)最大转差电流 s_a；(g)最大转子电流 $I_{r(max)}$；(h)最大转子电流时的转速 ω_a；(i)最大电流时的扭矩 T_a。

15.7　如果 R_s 可忽略，求习题 15.6

15.8　求习题 15.6，如果电动机由 4 个极对，参数为 $R_s=0.25\Omega$，$R'_r=0.14\Omega$，$X_m=20.6\Omega$，$X_s=0.7\Omega$，$X_r'=1.05\Omega$，转速为 1765r/min 时负载扭矩为 121N·m，电动

机转速为1425r/min。

15.9 绕线转子感应电机，460V，60Hz，三相，星形联结，6个极对，转速由转差功率控制，如图15-7b所示。$R_s=0.11\Omega$，$R'_r=0.09\Omega$，$X_m=11.6\Omega$，$X_s=0.4\Omega$，$X'_r=0.6\Omega$，转子定子绕组比为$n_m=N_r/N_s=0.9$，电感L_d非常大，它电流I_d的波纹可以忽略不计。与有效电感L_d相比，图15-2所示等效电路的R_s，R'_r，X_s，X'_r可以忽略。空载损耗为275W，(a)如果电动机工作在最小转速850r/min，计算电阻R。在此R情况下，如果理想转速是950r/min，计算(b)感应电流I_d；(c)直流变流器的占空比k；(d)直流电压V_d；(e)效率(f)输入功率因数PF_s。

15.10 如习题15.9中，若最小转速为650r/min，求习题15.9。

15.11 如习题15.9中，电动机有8个极对，$R_s=0.08\Omega$，$R'_r=0.1\Omega$，$X_m=6.7\Omega$，$X_s=0.62\Omega$，$X'_r=0.92\Omega$，空载损耗为300W，负载扭矩与转速成正比，785r/min时，对应604N·m，电动机最少转速必须为650r/min，理想转速为750r/min。求习题15.9

15.12 绕线转子感应电动机，460V，60Hz，三相，星形联结，6个极对，转速由克莱默电路控制，如图15-7b所示。$R_s=0.11\Omega$，$R'_r=0.09\Omega$，$X_m=11.6\Omega$，$X_s=0.4\Omega$，$X'_r=0.6\Omega$，转子定子绕组比为$n_m=N_r/N_s=0.9$，电感L_d非常大，它电流I_d的波纹可以忽略不计。与有效电感L_d相比，图15-2所示等效电路的R_s，R'_r，X_s，X'_r可以忽略。空载损耗为275W。变流器交流电压和供给电压之比为$n_c=N_a/N_b=0.5$。如果电动机至少工作在950r/min，计算(a)感应电流I_d；(b)直流电压V_d；(c)延迟角α；(d)效率；(e)输入功率因数PF_s，负载转矩与转速平放成正比，1175r/min时455N·m。

15.13 如习题15.12中，如果$n_c=0.9$。

15.14 习题15.12中，画出功率因数和n_c之比

15.15 感应电动机的电机参数为，460V，60Hz，56kW，3560rpm，三相，星形联结，2个极对，$R_s=0\Omega$，$R_r=0.18\Omega$，$X_m=11.4\Omega$，$X_s=0.13\Omega$，$X_r=0.2\Omega$，通过改变供给频率控制电动机，如果故障时扭矩为170N·m，求(a)供应频率；(b)最大转矩时的转速ω_m，用额定功率和转速计算T_{mb}。

15.16 如果习题15.5中$R_s=0.07\Omega$，频率从60Hz改到40Hz，计算故障时转矩的变化量。

15.17 习题15.15中电动机由相对于额定电压、额定频率的恒定电压-频率比控制，计算(a)60Hz；(b)30Hz时最大转矩T_m，相对应的转速ω_m。

15.18 如习题15.17中，如果$R_s=0.2\Omega$，计算习题15.17的问题。

15.19 三项感应电动机的电机参数为40hp，880r/min，60Hz，星形联结，8个极对，$R_s=0.19\Omega$，$R'_r=0.22\Omega$，$X_m=13\Omega$，$X_s=1.2\Omega$，$X'_r=1.8\Omega$，空载损耗可忽略，电动机由电流源逆变器控制，输入电流保持在50A，求(a)最大转矩时的转差率s_m和最大转矩T_m；(b)转差s；(c)转速ω_m；(d)每相终端电压V_a；(e)功率因数。

15.20 如习题15.19中，如果频率为50Hz，计算了变向。

15.21 电压/频率逆变器感应电动机的电机参数为6hp，240V，60Hz，三相，星形联结，4个极对，0.86PF和84%的效率。$R_s=0.28\Omega$，$R'_r=0.17\Omega$，$X_m=24\Omega$，$X_s=0.56\Omega$，$X'_r=0.83\Omega$，求(a)最大转差速度；(b)转子电压降V_o；(c)电压/频率常系数K_{vf}；(d)直流侧电压，用定子频率f表示。

15.22 电压/频率逆变器感应电动机的电机参数为8hp，200V，60Hz，三相，星形联结，4个极对，0.86PF和84%的效率。$R_s=0.28\Omega$，$R'_r=0.17\Omega$，$X_m=24\Omega$，$X_s=0.56\Omega$，$X'_r=0.83\Omega$，求(a)最大转差转速；(b)转子电压降V_o。(c)电压/频率常系数K_{vf}；(d)直流侧电压，用定子频率f表示。

15.23 电压/频率逆变器感应电动机的电机参数为6hp，240V，60Hz，三相，星形联结，4个极对，0.86PF和84%的效率。$R_s=0.28\Omega$，$R'_r=0.17\Omega$，$X_m=24\Omega$，$X_s=0.56\Omega$，$X'_r=0.83\Omega$，求(a)常系数K^*，K_{tg}，K_f；(b)用转差频率ω_{sl}表示整流器输出电压v_r，如果额定机械转速$N=1760$r/min，$V_{cm}=10$V。

15.24 电压/频率逆变器感应电动机的电机参数为8hp，200V，60Hz，三相，星形联结，4个极对，0.86PF和84%的效率。$R_s=0.28\Omega$，$R'_r=0.17\Omega$，$X_m=24\Omega$，$X_s=0.56\Omega$，$X'_r=0.83\Omega$，求(a)常系数K^*，K_{tg}，K_f；(b)用转差频率ω_{sl}表示整流器输出电压v_r，如果额定机械转速$N=1760$r/min，$V_{cm}=10$V。

15.25 感应电动机参数为5hp，220V，60Hz，三相，星形联结，4个极对，$R_s=0.28\Omega$，

$R_r = 0.18\Omega$，$L_m = 54mH$，$L_s = 5mH$，$L_r = 56mH$，实子与转子之比为 $a=3$，电动机在额定且平衡的电压下工作，求(a)稳定状态时 q 轴和 x 轴电压电流；(b)当转子锁定时的相电流 i_{qr}，i_{dr}，i_α，i_β。用定子参考结构模型。

15.26 间接的向量控制器感应电动机的电机参数为 8hp，240V，60Hz，三相，星形联结，4 个极对，$R_s = 0.28\Omega$，$R_r = 0.17\Omega$，$L_m = 61mH$，$L_s = 53mH$，$L_r = 56mH$，$J=0.01667kg \cdot m^2$，额定转速为 1800r/min，求(a)额定转子磁链位置和相对应的定子电流 i_{ds} 和 i_{qs}；(b)总定子电流 I_s；(c)转矩角度；(d)转差增益 K_{sl}。

15.27 间接控制器感应电动机的参数为 4hp，星形联结，三相，60Hz，4 个极对，240V，$R_s = 0.28\Omega$，$R_r = 0.17$，$L_m = 61mH$，$L_r=56mH$，$L_s=53mH$，$J=0.01667kg \cdot m^2$ 额定转速为 1800r/min，求(a)额定转子磁链位置和相对应的定子电流 i_{ds} 和 i_{qs}；(b)总定子电流 I_s；(c)转矩角度；(d)转差增益 K_{sl}。

15.28 460V，60Hz，10 个极对，星形接圆柱形转子同步电动机，同步电阻每相 $X_s = 0.8\Omega$，电枢阻抗可忽略。负载转矩与转速平方成正比，转速为 720r/min 时，$T_L = 1250N \cdot m$，功率因数保持在 0.8 滞后，电场控制和电压-频率比保持不变。如果变流器频率是 45Hz，发电机转速为 640r/min，计算(a)输入电压 V_a；(b)电枢电流 I_a；(c)激励电压 V_f；(d)转矩角度；(e)拉出转矩 T_p。

15.29 230V，60Hz，40kW，8 对极，星形联结接单极的三项同步电动机，$X_d = 2.5\Omega$，$X_q = 0.4$。电枢阻抗可忽略。如果电动机运行在 20kW 功率，功率因数为 0.86 超前的情况下，计算(a)转矩角度；(b)激励电压 V_f；(c)转矩 T_d。

第16章

可再生能源导论

学习完本章后，应能做到以下几点：

- 列出可再生能源系统的主要元素；
- 计算涡轮机的机械能；
- 解释能量转换过程的热循环；
- 列出太阳能系统的主要元素；
- 对光伏 PV 电池建模，并确定对应的最大输出功率的输出电压和输出电流；
- 确定风力涡轮机的性能参数；
- 列出取决于发电机的类型的风力发电系统的主要类型；
- 解释波的产生机理，并计算海浪承载的功率；
- 列出水利水电的类型，计算水利水电的输出电能；
- 列出燃料电池的类型，计算燃料电池的输出电压和效率。

符号及其含义

符　号	含义
η	效率
θ	天顶角
λ，h_w	分别为波长和水位高度
E，P	分别为能量和功率
E_H，Q_H	分别为一个过程的焓和熵
GR，TSR	分别为齿轮和尖端速度比率
G_H	吉布斯自由能
I_C，i_L	分别为太阳能光伏电池电流和负载电流
KE，PE	分别为动能和势能
m，h	分别为质量和高度
n，p	分别为发电机的速度和极数
p_t，p_m	分别为涡轮和机械功率
P_{ir}，ρ_0	分别为太阳辐照度和外星功率密度
$r(R)$，d	分别为半径和直径
T，Q	分别为温度和热能
T_{max}，P_{max}	分别为最大扭矩和功率
v，i	分别为瞬时电压和电流
v_D，v_L	分别为光伏电池电压和负载电压
v_a，v_b	分别为风力涡轮机的入口和出口速度
V_c，E_c	分别为燃料电池的电压和能量
V_{mp}，I_{mp}，P_{max}	分别为光伏 PV 电池的最大电压、最大电流和最大功率
W，F	分别为做功量和力

16.1 引言

用于发电的原料可以分为三类：(1)化石燃料；(2)核燃料；(3)可再生资源。化石燃料包括石油、煤和天然气。化石燃料是由埋藏在地壳下数百万年的化石(死去的植物和动物)在压力和热量下形成的。它们是由高含量的碳和氢元素组成，如石油、天然气和煤。由于化石燃料的形成花费数百万年，它们被认为是不可再生的。大量的化石燃料用于运输、工业加工、发电，以及住宅和商业供热。化石燃料的燃烧会导致大范围的污染，包括二氧化碳，硫氧化物和氮氧化物的形成的释放。这些都是导致某些健康和环境问题的有害气体。

可再生能源包括水能、风能、太阳能、氢能、生物质能、潮汐能和地热能等。可再生能源技术可从可再生能源中产出可持续的清洁能量。这些技术有潜力分担一个国家显著的能源需求份额，改善环境质量，并有助于建立一个强大的能源经济。可再生能源技术[1]可分为七种类型：太阳能、风能、海洋能、水电、氢能、地热能、生物质能。

16.2 能量与功率

力 F 将一个物体在其方向上移动一个线性位移 l 所做的功 W 可表达为：

$$W = Fl \tag{16-1}$$

如果位移 l 不在力 F 的方向上，则所做的功表示为：

$$W = Fl\cos\alpha \tag{16-2}$$

式中：α 是 F 和 l 之间的夹角。功的单位是焦耳(J)，是 1N 的力在力的方向上移动某物体 1m 的距离所做的功，即，1J=1N·m。

物体的能量是它做功的能力。能量与功具有相同的单位。对于电能，该基本单位是瓦特·秒(W·s)，例如，1W·s=1J。机械能有两种类型：动能和势能。假设质量为 m(kg)的物体在以 v(m/s)的速度移动，则其动能为：

$$\mathrm{KE} = \frac{1}{2}mv^2 \tag{16-3}$$

质量为 m(千克)的物体在 h 上，其高度(m)上，其重力势能为：

$$\mathrm{PE} = mgh \tag{16-4}$$

式中：g 是重力加速度(9.807m/s^2)。

功率定义为做功的时间速率，即，功率是能量的变化率。因此，瞬时功率 P 是与能量相关，有如下关系：

$$P = \frac{\mathrm{d}W}{\mathrm{d}t} = \frac{\mathrm{d}E}{\mathrm{d}t} \tag{16-5}$$

式中：W 代表做功；E 代表能量。

热能通常以卡路里(cal)来量度(法定单位用焦耳，1cal=4.1868J)。根据定义，1cal 是在 15℃下将 1g 水增温 1℃所需的热量。更常见的单位是大卡(千卡)。通过实验发现，1cal=4.186J。热能的另一个单元是英国热量单位(Btu)。这是关系到焦耳和卡路里。由于焦耳和卡路里是相对较小的单位，热能和电能一般分别以英热单位，kW·h(甚至 MW·h)表示。能量更大的单位是夸特(quad)，表示“10^{15} 英热单位。”表 16-1 给出了能量和功率的单位。表 16-2 给出了幂次的缩写。

表 16-1 能量和功率的单位

能量单位	约当单位	其他单位
1W·s	1J	
1kWh	3.6×10^6J	
1cal	4.186J	
1Btu	1.055×10^3J	0.252×10^3cal
1quad	10^{15}Btu	1.055×10^{18}J
1W	1J/s	
1hp	745.7W	
G	9.80665m/s^2	32.174ft/s^2
1ton(T)	2204.6lbs	1000kg
1kg	2.205lbs	

表 16-2　幂次的缩写

数量	缩写	量级
千	k	10^3
百万	M	10^6
十亿	G	10^9
兆	T	10^{12}
千兆	P	10^{15}
穰	E	10^{18}

16.3　可再生能源发电系统

发电系统的方框图如图 16-1 所示。能源首先通过发电机转换成电能。太阳能可以直接转换成电能。对于其他能源来说，热能和机械能必须转换成电能。风和海的能量是以机械能的形式提供的。煤炭、石油、天然气、地热，以及生物质的热能首先转换成机械能。

安装在涡轮机轴上的发电机与涡轮机一起旋转产生电能。为确保发电机的电压在一个恒定的频率上，涡轮机必须以精确和恒定的速度运行。在所有发电厂中使用的发电机通常是同步机。同步机的转子上具有磁回路，其牢固地连接到涡轮机。如果恒定频率不是必需的，例如，风能，则可使用感应发电机。

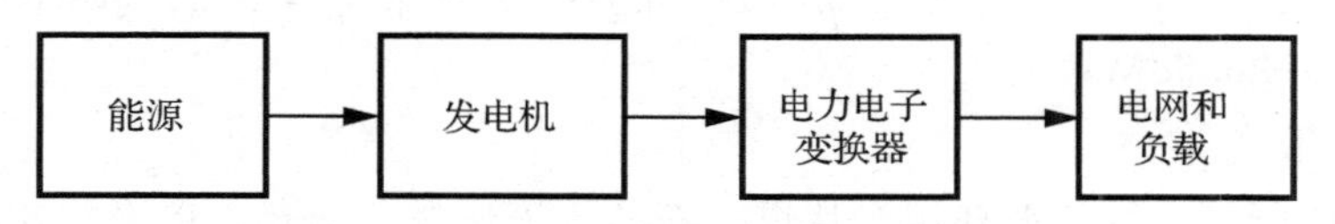

图 16-1　可再生能源发电系统框图

产生的电压的频率正比于发电机的速度，该速度与涡轮机的速度相同。频率与速度之间的关系为：

$$f=\frac{p}{120}n \tag{16-6}$$

式中：n 为发电机的速度(r/min)；

p 为发电机励磁线路的磁极数目；

f 是发电机电压的频率。

例如，如果 $p=8$ 和 $n=900$，则 $f=60\text{Hz}$。对于不可再生的资源，所产生的电能通常可直接连接到输配电系统，但对于可再生能源而言，电能通常要通过电力电子变换器的处理(例如，AC-DC，DC-DC 和 DC-AC)，然后连接到电网和/或用户负载。电力电子技术是可再生能源技术的一个组成部分。转换过程的各阶段依次为能源→机械能→涡轮机→发电机→电力变换器→负载。该发电系统的总效率为：

$$\eta=\eta_m\cdot\eta_t\cdot\eta_g\cdot\eta_p \tag{16-7}$$

式中：η_m，η_t，η_g和η_p分别是机械能、涡轮、发电机和功率变换器的效率。转换的机械效率较低，一般在 30%～40% 的范围内，涡轮机的效率为 80%～90%，发电机效率为 95%～98%，而功率变换器的效率是 95%～98%。

16.3.1　涡轮机

涡轮机的功能是通过将蒸汽的热能或风和水的动能转换成旋转机械能，以旋转发电机的轴。

一个简单的涡轮机的原理图如图 16-2 所示。其主要部分是轴和叶片。由涡轮机所捕

获的动能为叶片扫掠区域A_s的函数，即

$$A_s = \pi r^2 \tag{16-8}$$

式中：r是扫掠区域的半径。如果风、水蒸气、或水流以垂直叶片轴ϕ的入射角流经涡轮机，式(16-8)中叶片的有效扫描区域变为：

$$A_s = \pi r^2 \cos\phi \tag{16-9}$$

由于流体的质量为$m=\rho\times$体积$=\rho\times A_s\times v_t\times t$，我们可以通过式(16-3)和式(16-5)得到撞击涡轮机的功率P_t为：

$$P_t = \frac{KE_t}{t} = \frac{1}{2}\frac{\rho\times A_s\times v_t\times t}{t}v_t^2 = \frac{1}{2}A_s\rho v_t^3 \tag{16-10}$$

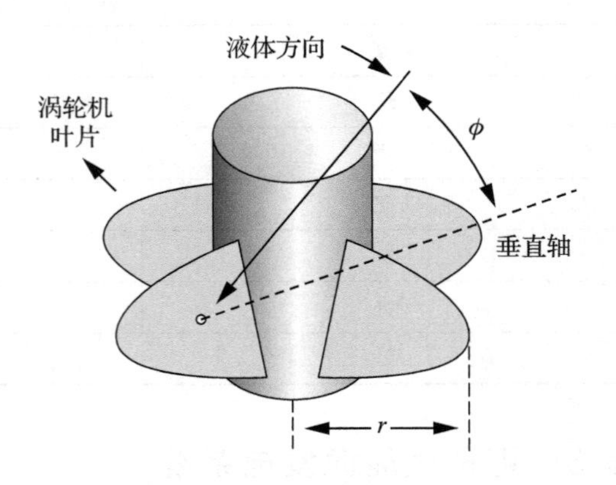

图 16-2 简单的涡轮机示意图

式中：v_t为水、风、或者蒸汽撞击涡轮机的叶片的速度(m/s)；ρ为比密度(kg/m^3)。

由于涡轮机各种机械损失，功率P_t不会全部转换成机械功率P_m进入发电机。P_m与P_t的比率是涡轮机效率η_t，也称为性能系数。因此，发电机的机械功率为：

$$P_m = \eta_t\left(\frac{1}{2}A_s\rho v_t^3\right) \tag{16-11}$$

例如，如果$r=1.25$m，$v_t=20$ms，$\rho=1000$kg/m^3，而且$\eta_t=0.5$，我们可以得到$A_s=4.909$m^{2}和$P_m=96.68$MW。

16.3.2 热循环

热力学定律所描述的热循环用于从煤、石油、天然气、地热，以及生物质的热能到机械能的转换。这种转换是非常低效的，正如热力学第二定律所描述，在转换成机械能的过程中大量的热能将会浪费掉。转换过程如图 16-3 所示。假设温度T_1的能源产生热能Q_1。由于热只从高温到低温流过，需要温度$T_2<T_1$的散热器实现热的流动。根据热力学第二定律，热机(涡轮机，内燃机等)的效率为：

$$\eta_t = \frac{T_1 - T_2}{T_1} \tag{16-12}$$

这表明，当T_2减小，热机的效率提高，即散热器温度越低，热机的效率越高。图 16-3 所示的涡轮机安装在热源和散热器(称为冷却塔)之间。涡轮机是一种将热能转换成机械能的热机。涡轮机提取Q_1中的一些热能，并将其转换成机械能W。其余部分被耗散在散热器(冷却塔)中。

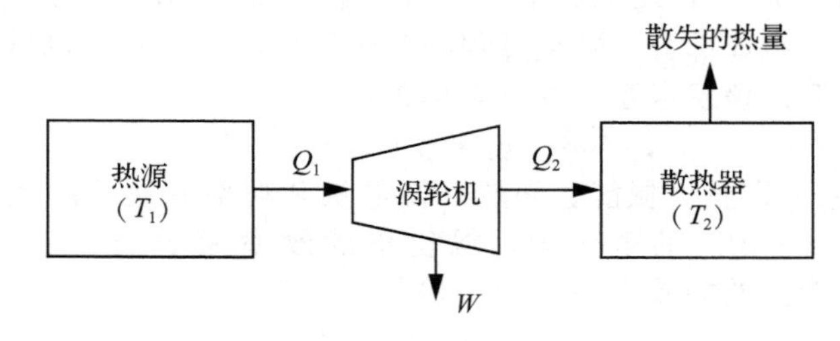

图 16-3 热能转换过程

机械能量W是热源能量Q_1和在散热器耗散的能量Q_2之间的差，即

$$W = Q_1 - Q_2 \tag{16-13}$$

涡轮机的效率η_t，可以以热能表示为：

$$\eta_t = \frac{W}{Q_1} = \frac{Q_1 - Q_2}{Q_1} \tag{16-14}$$

应当注意的是，如果 $T_2 = T_1$，散热器不消耗任何热能，并且 $Q_2 = Q_1$。在这种情况下，涡轮机不能产生机械能，涡轮机效率为零。燃烧每一公斤燃料所产生的热量称为热能常数(thermal energy constant，TEC)。TEC 的单位是英国热量单位(Btu)，1Btu＝252col 或 1.0544kJ。表 16-3 给出各种化石燃料的典型 TEC 值。在所有化石燃料中，石油和天然气生产的英热单位最高。

发电厂的散热器(冷却塔)消耗了大量的热能，以完成热循环，热循环的效率在 50%以下。例如，如果燃烧后煤炭的有热量 $Q_2 = 18000\text{Btu/kg}$，且热能 $Q_1 = \text{TEC} = 27000\text{Btu/kg}$ 时，机械能为 $W = (27000 - 18000)\text{Btu/kg} = 9000\text{Btu/kg}$，而涡轮效率则为 $\eta_t = W/Q_1 = (9000/27000) = 33.33\%$。

表 16-3　化石燃料的热能常量

燃料种类	热能常量(Btu/kg)
石油	45000
天然气	48000
煤	27000
干木头	19000

16.4　太阳能系统

太阳能技术产生的电力来自太阳的能量。小型太阳能发电系统可以为家庭、企业和远程电力需求提供电力。较大的太阳能系统可以产生更多的电力并馈送电力系统。太阳能系统的框图如图 16-4 所示。该系统跟踪太阳方位，将太阳能转换成电能，然后再供给到电网或交流负载。在一些应用中，可能希望对后备或备用电池进行充电。太阳能系统往往需要跟踪太阳的装置和控制，以获得最佳的能量传输。太阳能发电涉及太阳能、光伏(PV)、光伏(PV)电池、光伏模型、光伏组件和模型、辐射和温度的影响。

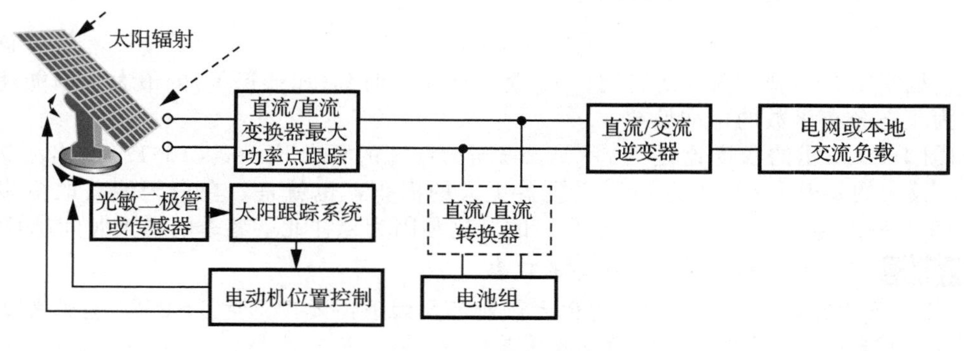

图 16-4　太阳能系统

16.4.1　太阳能

太阳光线在宇宙空间中具有很高的能量密度，高达 1.353kW/m^2。但是地球外的功率密度会由于以下原因被降低：(a)一些能量被地球大气里的各种气体和水蒸气吸收；(b)受称为天顶角的太阳光线投影角影响的失损；(c)各种太阳光的反射和散射的失损。地球上的太阳能功率密度ρ_{ir}，也称为太阳辐照度，可以通过阿特沃特和鲍尔开发的以下数学模型来确定[2]：

$$\rho_{ir}=\rho_0\cos(\theta)(\alpha_{dt}-\beta_{wa})\alpha_p \tag{16-15}$$

式中：

ρ_{ir}为地球表面的太阳能功率密度(kW/m^2)；

ρ_0为地球外的太阳能功率密度（通常为1.353kW/m^2）；

θ为天顶角(从地球表面的外向法线到太阳中心的角度)，如图16-5所示；

α_{dt}为水蒸气以外的气体的直接透射率，也就是没有被气体吸收的辐射能量；

α_p为气雾的透射率；

β_{wa}为水蒸气对辐射的吸收率。

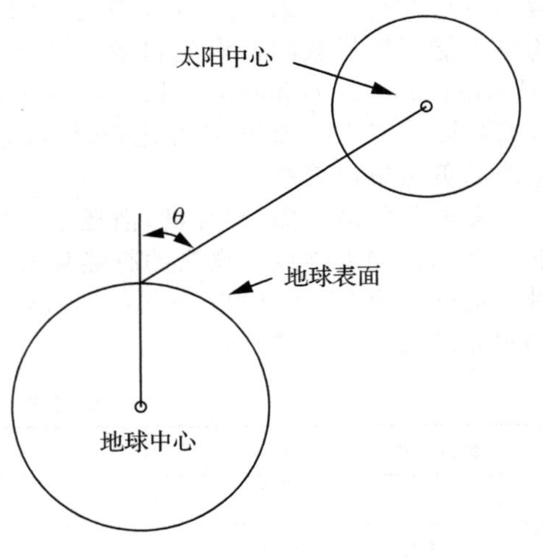

图16-5　天顶角

"气雾"是指悬浮在地球大气的大气颗粒，如硫酸盐、硝酸盐、铵盐、氯化物和黑碳，这些颗粒的尺寸通常范围从$10^{-3}\sim10^3\mu$m。由于反射，散射和吸收的损失，在地球表面的太阳能只是地球外太阳能的一小部分。太阳能效率η_s是两个太阳能功率密度ρ_0和ρ_{ir}的比率，即

$$\eta_s=\frac{\rho_{ir}}{\rho_0}=\cos(\theta)(\alpha_{dt}-\beta_{wa})\alpha_p \tag{16-16}$$

每个地方的太阳能效率会有差异，变化范围在5%～70%之间。它也是季节与每天时间点的函数。图16-5描述的天顶角对该效率有很大的影响。最大效率发生在在赤道正午，此时$\theta=0$。

每个地区太阳能资源的地图和太阳能数据可以从太阳能和风能资源评估报告(SWERA)中得到[3]。SWERA以合适的形式为世界各国和地区提供了可再生能源资源的优质信息，同时提供了应用这些数据来促进可再生能源的政策和投资的工具。白天的峰值太阳能功率密度可以更高达700W/m^{2}或以上。气候稳定时的太阳能功率密度遵循钟形曲线变化，它可以用正态分布函数表示为：

$$\rho_{ir}=\rho_{max}\,e^{\frac{-(t-t_0)^2}{2\sigma^2}} \tag{16-17}$$

式中：t是使用24h制一天中的时间；ρ_{max}是一天中t_0时刻(赤道正午)的最大太阳能功率密度；σ为正态分布函数的标准偏差。

如图16-6所示的密度比是当$t=12\pm\sigma$时ρ_{ir}/ρ_{max}的百分比，式(16-17)给出$\rho_{ir}/\rho_{max}=0.607$。较大的$\sigma$表示的分布曲线下面覆盖更大的面积，也就是，在白天能获取更多的太阳能。在高纬度地区，冬天的σ小于夏天的。这是因为越往北，冬季的白天时间越短。

例16.1　确定功率密度和太阳能的效率

在某一天的特定时间特定位置处的太阳能参数如下：天顶角度$\theta=35°$，全部气体的透射率为$\alpha_{dt}=75\%$，水蒸气对辐射的吸收率为$\beta_{wa}=5\%$，气雾的透射率为$\alpha_p=85\%$，并且太阳能分布函数的标准差为$\sigma=3.5$h。

(a)计算当时的功率密度和太阳能效率；

(b)如果太阳能分布函数的标准差为$\sigma=3.5$h，计算下午2点的太阳能功率密度。

解：

$\theta=35°$，$\alpha_{dt}=75\%$，$\beta_{wa}=5\%$，$\alpha_p=85\%$，$\sigma=3.5$h，$\rho_0=1353$kW/m^2，$t=2$pm

(a)太阳能功率密度通过式(16-15)给出：

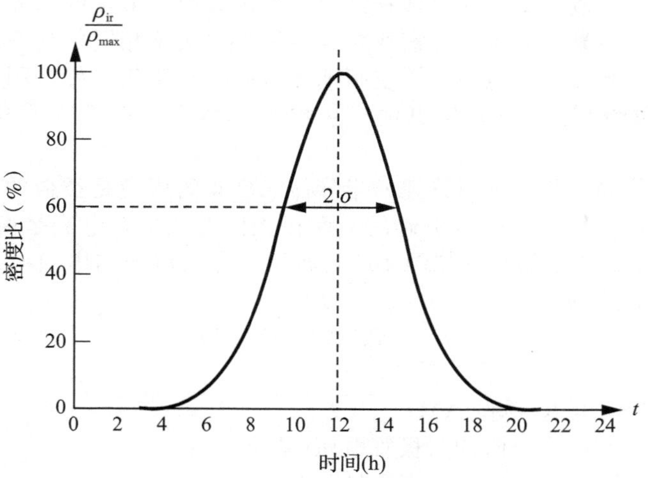

图 16-6　典型的太阳能分布密度

$$\rho_{ir} = 1353 \times \cos(35) \times (0.75 - 0.05) \times 0.85\mathrm{W/m^2} = 659.45\mathrm{W/m^2}$$

太阳能效率通过式(16-16)给出：

$$\eta_s = \cos(35) \times (0.75 - 0.05) \times 0.85 = 48.74\%$$

(b)最大功率发生在 $\theta=0$，此时由式(16-15)得到最大功率密度为：

$$\rho_{max} = 1353 \times \cos(0) \times (0.75 - 0.05) \times 0.85\mathrm{W/m^2} = 805.04\mathrm{W/m^2}$$

t=2pm 时的功率密度通过式(16-17)得到：

$$\rho = 805.04 \times e^{\frac{-(2+12-12)}{2\times 3.5^2}}\mathrm{W/m^2} = 743.93\mathrm{W/m^2}$$ ◀

16.4.2　光伏

光伏(PV)材料和器件将太阳光转换成电能。光伏电池通常称为太阳能电池[1,2]。光伏电池是由半导体材料制成的电力产生装置。光伏可以从字面上翻译为光-电力。“光伏”在 1890 年首次使用，它主要有两部分：photo，来源于希腊语光的意思；伏特，有关电力开拓者亚历山德罗·伏特。法国物理学家爱德蒙·贝克雷尔早在 1839 发现光伏材料和器件能将光能转换成电能，贝克雷尔发现了对一种固体材料使用太阳光产生电流的程序。光电或光伏效应可以在原子水平上引起某些材料将光能转换成电能。

光伏系统已经是我们日常生活的重要组成部分。简单的光伏系统为诸如计算器和手表等小型消费电子提供电力。更复杂的系统为通信卫星、水泵、照明、家用电器、一些家庭和工作场所的设备提供电力。许多道路和交通标志也采用光伏供电。在许多情况下，光伏发电是实现这些功能最廉价的方式。

16.4.3　光伏电池

光伏电池是所有光伏系统的组成部分，因为它们是将太阳光转化为电能的装置。光伏电池有各种尺寸和形状，小至比邮票还小(几英寸宽)。它们通常连接在一起以组成数英尺长和数英尺宽的光伏模块。此外，模块可以组合并连接以形成不同尺寸和功率输出的 PV 阵列。阵列模块构成了光伏系统的主要部分。

当光线照到光伏电池上时，光被反射、吸收，或者直接通过。但只有吸收的光能产生电。被吸收的光能在光伏电池半导体材料的原子内被转移到电子上。光伏电池的一个称为内置电场的特殊电性能为驱动电流通过如灯泡等外部负载提供动力(或电压)[1]。

光伏电池有两种类型[1]：平板型和凸透镜聚光型。平板光伏电池是矩形且平的。这是商业应用中最常见的光伏阵列类型。平板光伏电池通常安装在整年日照最多的固定角度。

在更灵活的系统中，会改变太阳能电池板的角度来跟踪白天最优的阳光照射。相对比平板光伏电池而言，凸透镜聚光光伏电池需要较少的材料以实现相同的功率输出；因此，它们的尺寸更小。然而，聚光光伏电池在天空晴朗无云的时候工作最好。阴天的时候，透过云层的散射光仍然可以通过平板光伏电池产生电力，然而此时聚光光伏电池的发电量则较少。

光伏电池的工作原理与第 2 章描述的半导体二极管的原理是类似的。在二极管中，电流的流动是由于施加一个外部电压引起的。而在光伏电池中，电流是由于施加光引起的，如图 16-7a 所示。光伏电池的部件如图 16-7b 所示。光伏电流与电池电压的关系可以使用肖特基二极管方程表述为：

$$i_D = I_S(e^{v_D/(\eta V_T)} - 1) \tag{16-18}$$

式中：

i_D为通过二极管的电流(单位 A)；

v_D为阳极相对于阴极为正时的二极管电压(单位 V)；

I_S为漏电流(或反向饱和电流)，典型范围为$10^{-6} \sim 10^{-15}$ A；

η 为称为发射系数或者理想因子的经验常数，其值在 1～2 变化。

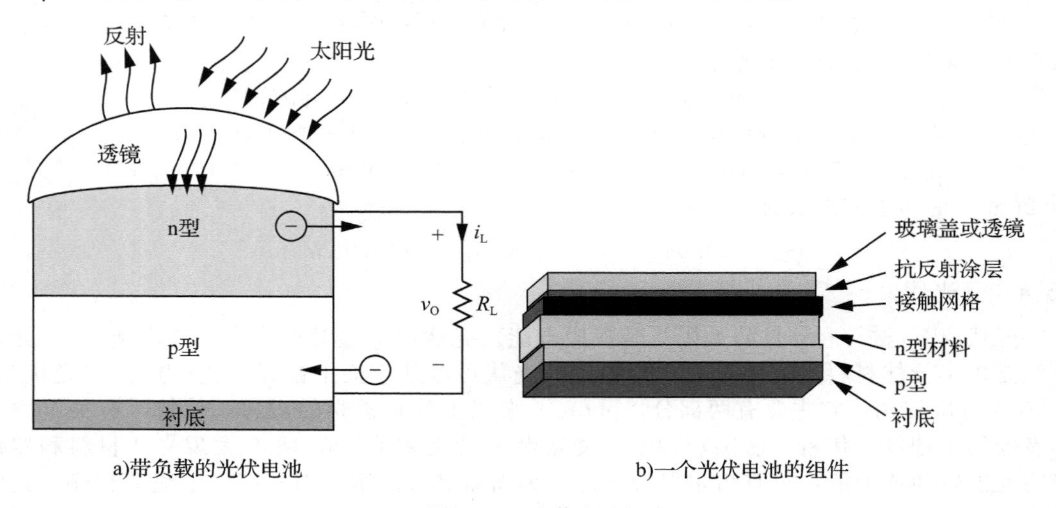

图 16-7　光伏电池

16.4.4　光伏模块

太阳电池类似于二极管，但其电子从光子获得能量。电池单元的电流从 n 结流到 p 结。电池用一个二极管表示，如图 16-8a 所示。电池电流 I_C即为二极管的反向偏置电流，通常很小。电池可以使用一个反向偏置的二极管和一个电流源表示，如图 16-8b 所示。在没有任何负载时，对于二极管，电流为 $i_D = I_C$。

负载电流 i_L与二极管电流 i_D有如下关系：

$$i_L = I_C - i_D = I_C - I_S(e^{v_D/(\eta V_T)} - 1) \tag{16-19}$$

在满足 $v_D \geqslant 0$ 和 $i_L \geqslant 0$ 的条件下，i_L与 v_D对应关系的曲线如图 16-9 所示。I_{SC}是负载短路时的电流，即 $I_{SC} = I_C$。当没有负载时，负载电流 $i_L = 0$，且 $i_D = I_C$，开路电压 V_{OC}可以由式(16-19)得到：

$$V_{OC} = v_D = V_T \ln\left(\frac{I_C}{I_S} + 1\right) \tag{16-20}$$

输出功率　对于 $v_L = v_D$，负载功率 P_L为：

$$P_L = v_L i_L = v_L [I_C - v_L I_S(e^{v_L/(\eta V_T)} - 1)] \tag{16-21}$$

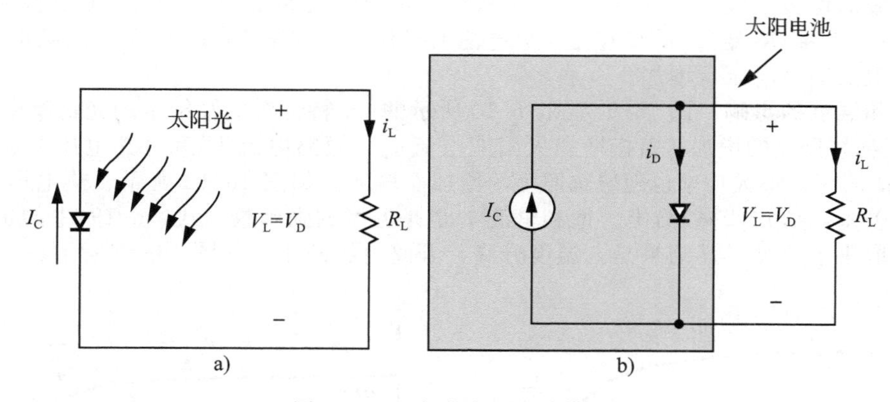

图 16-8 理想的太阳电池模型

负载功率 P_L与负载电压 v_L的对应关系曲线如图 16-9 所示。最大功率对应的负载电压 V_{mp}可以通过把功率方程的一阶导数设为零来获得，即

$$\frac{\partial P_L}{\partial v_L}=(I_C+I_S)-\left(1+\frac{v_L}{V_T}\right)I_S\,e^{v_L/(\eta V_T)}=0 \tag{16-22}$$

当$\frac{\partial P_L}{\partial v_L}=0$时，可得到在最大功率发生处的电压 V_{mp}：

$$\left(1+\frac{V_{mp}}{V_T}\right)e^{V_{mp}/(\eta V_T)}=\left(1+\frac{I_C}{I_S}\right) \tag{16-23}$$

式(16-23)描述一种非线性的关系。V_{mp}可以使用迭代方法或 Mathcad 或 Matlab 软件来求解。电池通常工作在 $v_L=V_{mp}$时，以实现最大输出功率 P_{max}。将 V_{mp}代入式(16-21)得出最大功率 P_{max}为：

$$P_{max}=V_{mp}\left[I_C-V_{mp}I_S\left(e^{V_{mp}/(\eta V_T)}-1\right)\right] \tag{16-24}$$

对于一个理想电池，式(16-21)中的负载功率 P_L 应等于太阳能电池的输出功率 P_{out}，故

$$P_{out}=P_L=\eta_r P_S=\eta_r\,\rho_s A \tag{16-25}$$

式中：ρ_s为在 PV 表面的太阳能功率密度；

A 为正向太阳能光伏电池的面积；

η_r为太阳能电池的辐照效率。

大多数太阳能电池的效率较低，范围为 2%～20%，这取决于材料和单元的结构。多层太阳能电池可以实现高达 40%的效率。因为在一天里面的太阳能功率密度分布是大约一个钟形曲线，如图 16-6 所示，电池的输出功率分布也是一个钟形曲线。式(16-17)适用于输出功率为：

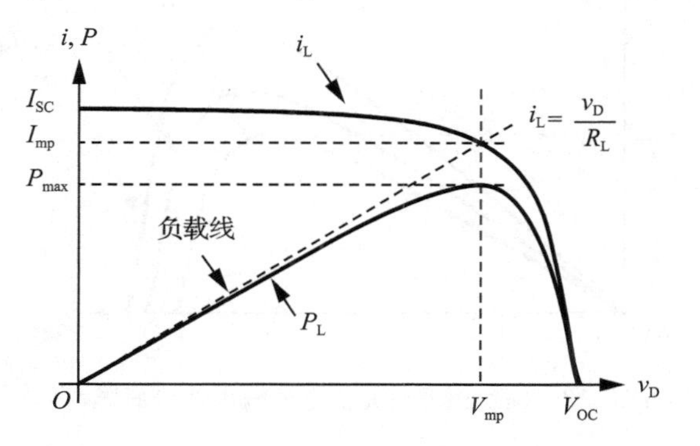

图 16-9 电压-电流和功率-电压的特性

$$P_{out}=P_{max}\,e^{\frac{-(t-t_0)^2}{2\sigma^2}} \tag{16-26}$$

式中：P_{out}为在一天中的任何时间 t 太阳能电池所产生的输出功率；

P_{max}为在 t_0时刻(赤道正午)产生的一天中最大的功率。

一天中太阳能光伏电池的输出能量E_{out}可以通过对 P_{out}积分给出：

$$E_{out}=\int_0^{24}P_{max}\,e^{\frac{-(t-t_0)^2}{2\sigma^2}}dt\approx P_{max}\sigma\sqrt{2\pi} \tag{16-27}$$

负载线的作用 太阳能电池的工作点取决于负载电阻 R_L的大小。PV 电池特性曲线与负载线(由 $i_L = v_L / R_L$定义)的交点是 PV 电池的操作点，如图 16-10 所示。负载电阻增大，太阳能电池的输出电压也增加。

辐射和温度的影响 图 16-9 和图 16-10 所示的 i-v 特性对应某给定的光功率密度ρ_{ir}(辐照度)。任何辐照度的增加将直接增加太阳能电流 I_C、短路电流 I_{SC}和开路电压 V_{OC}的大小，如图 16-11 所示。最大功率也随着辐照度的增加而增加，如图 16-12 所示。热电压 V_T与温度呈线性关系，如式(2-4)给出。饱和电流 I_S也是温度的强函数。式(16-19)中的负载电流非线性地取决于温度。其结果是，温度升高，开路电压减小，如图 16-13 所示。

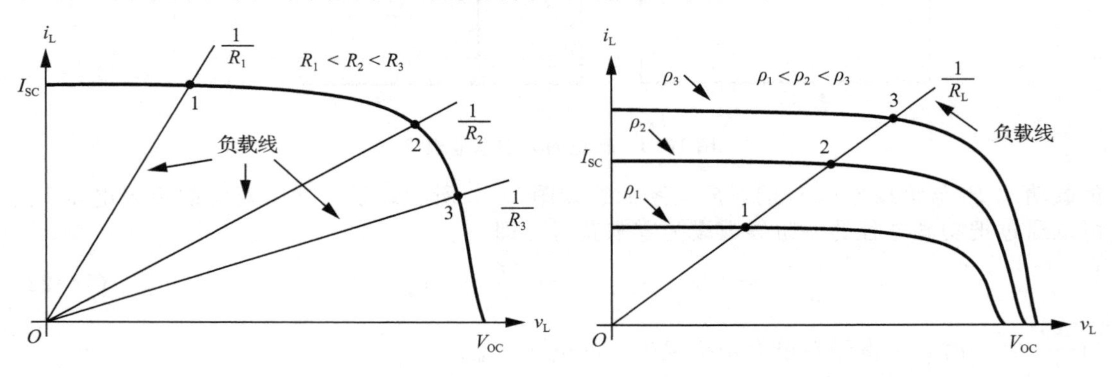

图 16-10 太阳电池的负载线和操作点

图 16-11 辐射照度对操作点的影响

电损耗的影响 电极走线和外部导线会引入一个串联电阻 R_s，故实际电池有一定的电损耗，如图 16-14 所示。R_S的值是在几个毫欧的范围内。晶体内部的电阻用一个并联电阻 R_P表示。R_P的值在几千欧姆的范围内。其结果是，式(16-19)中的负载电流被降低为：

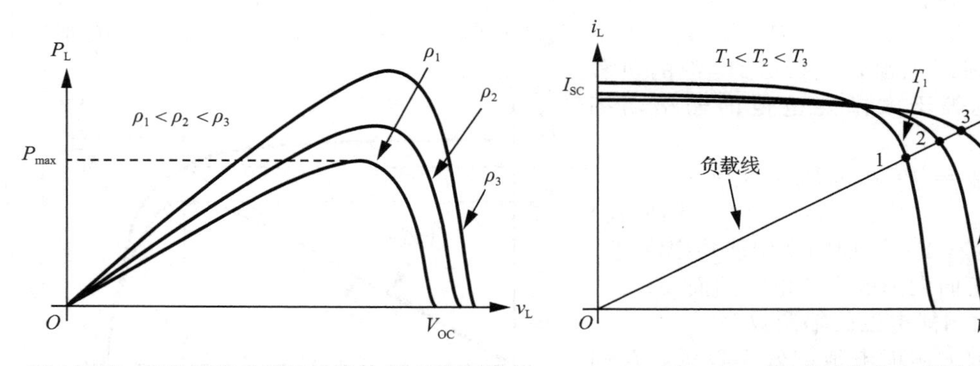

图 16-12 辐射照度对光伏电池输出功率的影响

图 16-13 温度对操作点的影响

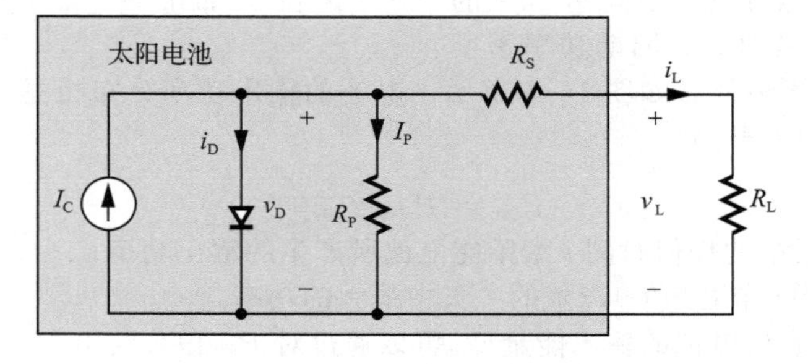

图 16-14 太阳电池的实用模型

$$i_L = I_C - i_D - i_P = I_C - I_S(e^{v_D/(\eta V_T)} - 1) - \frac{v_D}{R_P} \tag{16-28}$$

负载电压 v_L 也同时被降低为：

$$v_L = v_D - R_S i_L = v_D - R_S\left[I_C - I_S(e^{v_D/(\eta V_T)} - 1) - \frac{v_D}{R_P}\right] \tag{16-29}$$

考虑到电损耗的负载功率可以通过式(16-28)和式(16-29)计算得到：

$$P_{L(loss)} = i_L[\text{在式(16-28) 中的}] \times V_L[\text{在式(16-29) 中的}] \tag{16-30}$$

所以，太阳能电池总的效率为：

$$\eta = \frac{P_{out}}{P_{out} + P_{loss}} = \frac{P_{out}}{P_{L(loss)}} \tag{16-31}$$

例 16.2　确定太阳能电池的输出电压和功率。

工作在30℃的光伏电池的反向饱和电流为10nA。30℃时的太阳能电池电流是1.2A。计算(a)当负载电流 $i_L=0.6A$，光伏电池的输出电压 v_L 和输出功率 P_L；(b)最大输出功率 P_{max} 所对应的负载电阻 R_L。

解：

$I_C=1.2A$，$I_S=10nA$，$i_L=0.6A$，$T=30°$

由式(2-2)，得到热电压为：

$$V_T = \frac{1.38 \times 10^{-23} \times (273 + 30)}{1.602 \times 10^{-19}} V = 25.8mV$$

(a)由式(16-19)给出光伏电压为：

$$v_D = V_T \times \ln\left(\frac{I_C - i_L}{I_s} + 1\right) = 25.8 \times 10^{-3} \times \ln\left(\frac{1.2 - 0.6}{10 \times 10^{-9}} + 1\right) V = 0.467V$$

(b)由式(16-23)，给出电压 V_{mp} 需满足的条件为：

$$\left(1 + \frac{V_{mp}}{V_T}\right)e^{\frac{V_{mp}}{V_T}} - \left(1 + \frac{I_C}{I_S}\right) = 0$$

使用 Mathcad 或者 Matlab 软件通过迭代法求解该式得到电压 $V_{mp}=0.412V$。

由式(16-19)给出对应的负载电流 I_{mp} 为：

$$I_{mp} = 1.2 - 10 \times 10^{-9} \times \left(e^{\frac{0.412}{25.8\times10^{-3}}} - 1\right) A = 2.128A$$

最大输出功率为 $P_{max}=V_{mp}I_{mp}=0.412\times2.128W=0.877W$。负载电阻为：$R_L=V_{mp}/I_{mp}=(0.412/2.128)\Omega=0.194\Omega$。◀

例 16.3　确定实际模型参数对光伏电池的输出电压和输出功率的影响。

工作在30℃的光伏电池的反向饱和电流为10nA。30℃时的太阳能电池电流是1.2A。计算当负载电流 $i_L=0.6A$，串联电阻 $R_s=20m\Omega$，并联电阻 $R_P=2k\Omega$ 的时候，光伏电池的输出电压 v_L 和输出功率 P_L。

解：

$$I_C = 1.2A, I_S = 10nA, i_L = 0.6A, R_S = 20m\Omega, R_P = 2k\Omega, T = 30℃$$

根据式(2-2)，热电压为：

$$V_T = \frac{1.38 \times 10^{-23} \times (273 + 30)}{1.602 \times 10^{-19}} V = 25.8mV$$

(a)对于 $n=1$，由式(16-28)给出光伏电压 v_D 需满足的条件为：

$$0.6 - 1.2 + 10 \times 10^{-9} \times \left(e^{\frac{v_D}{25.8\times10^{-3}}} - 1\right) + \frac{v_D}{R_P} = 0$$

使用 Mathcad 或者 Matlab 软件通过迭代法求解上式得到电压 $v_D=0.467V$。

对于 $n=1$，由式(16-29)给出负载电压 v_L 为：

$$v_L = \left(0.467 - 20\times10^{-3}\times\left[1.2 - 10\times10^{-9}\times(e^{\frac{0.467}{25.8\times10^{-3}}}-1) - \frac{0.467}{2\times10^3}\right]\right)\mathrm{A} = 0.455\mathrm{A}$$

输出负载功率为：$P_L = v_L i_L = 0.467\times0.455\mathrm{W} = 0.273\mathrm{W}$。◄

16.4.5 光伏系统

单个的光伏电池单元通常较小，如图 16-15a 所示，产生的功率通常约为 1W 或 2W，这个功率足够运行低功耗的计算器。由于光伏电池单元本质上是一个二极管，二极管的正向偏置电压通常为 0.7W。光伏电池单元通过并联和串联的布局连接在一起，可以增加额定功率。为了提高光伏电池的输出功率，它们被连接在一起以形成更大的的单元，通常称为模块，如图 16-15b 所示。如果单个电池的电压为 V 并且有 m 个电池串联一起，一个模块的电压是 $V_{mod}(mV)$。更进一步，可以并联连接多个模块以形成更大的单位，称为阵列。阵列可以互相连接以产生更大的功率，如图 16-15c 所示。如果 I 是一个电池的电流容量，并且 n 个模块并联一起，一个阵列的电流容量为 $I_{ar} = nI$。

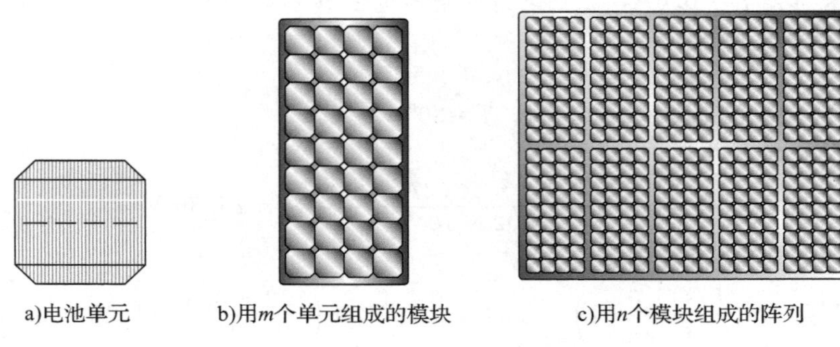

图 16-15 光伏电池的模块和阵列

因此，一个电池阵列的输出功率变为 $P_{ar} = mnVI$。也就是说，该阵列功率变为一个电池功率 P_c 的 $m\times n$ 倍。例如，如果 $P_c = 2\mathrm{W}$，$m=4$，$n=20$，则 $P_{ar} = 2\times4\times20\mathrm{W} = 160\mathrm{W}$。以这种方式，可以建立或大或小的光伏系统，几乎能满足任意的电力需求。若干这种阵列组成一个太阳能光伏系统。更复杂的光伏阵列安装在能全天跟踪太阳的装置上。该跟踪装置调节光伏阵列的倾角，使得电池最大程度地暴露在阳光之下。

由于光伏阵列由多个光伏电池组成，光伏阵列的电流对电压、功率对电压特性类似于图 16-9 和图 16-10 给出的。光伏系统正常工作在 V_{mp} 和 I_{mp} 以产生最大功率 P_{max}。工作点称为最大功率点(MPP)。电流对电压的特性是非线性的，该特性可以线性化，如图 16-16 所示，分成以下两部分：恒压段，针对低电流 $V_p > V_{mp}$；恒流段，针对高电流 $V_p < V_{mp}$。这两个线段可以由直线方程近似给出：

$$i_p = -y_c v_p + b \tag{16-32}$$

式中：b 为常数；

y_c 为光伏阵列的输出导纳。

如果 y_c 在恒压段Ⅰ，具有较大值，光伏具有低值负输出阻抗。另一方面，如果 y_c 在恒流段Ⅱ，具有较小值，光伏阵列表现出很高的负输出阻抗。

最大功率点发生在特性曲线的拐点，也就是说，$v_p = V_{mp}$，阵列功率由式(16-32)可计算如下：

$$p_p = v_p i_p = v_p(-y_c v_p + b) \tag{16-33}$$

由式(16-33)可以得到功率特性的斜率为：

$$\frac{\mathrm{d}p_p}{\mathrm{d}v_p} = -2y_c v_p + b = i_p - y_c v_p \tag{16-34}$$

在 MPP 处该斜率应该是零；这可以通过跟踪工作点来实现。为了将工作点移向零斜率点，

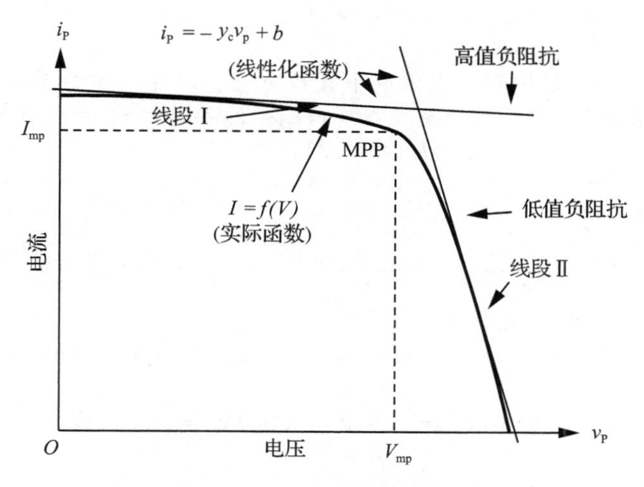

图 16-16 I-V 曲线的线性化

如果光伏阵列是由电流控制的，i_p的斜率若为正，则应该减小，若为负，则应该增加。可以使用电流控制升压型 DC-DC 变换器跟踪最大功率点，如图 16-17 所示。通常在光伏阵列的输出端连接一个输入电容器 C_i，对 DC-DC 变换器的输入电流进行低通滤波。由 boost 变换器的输入端的电流相等关系可以得到：

$$i_p = i_{cap} + i_i = C_i \frac{dv_p}{dt} + i_i \tag{16-35}$$

在稳态条件下，i_p等于变换器电流 i_i。因此，工作点可以通过调整 i_i移向 MPP。执行式(16-35)的算法需要测量光伏阵列的电压和电流以计算功率和其斜率。因此，根据该斜率(dp_p/dv_p)的符号有正负，参考电流 I_{ref}增加或减少，可使得工作点移向零斜率点。

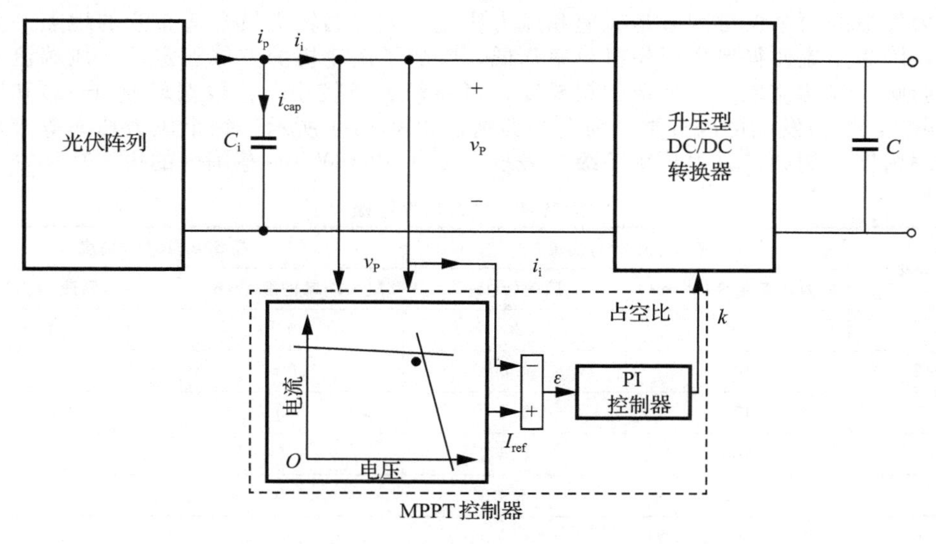

图 16-17 基于线性化 i-v 特性的 MPPT 控制器

例 16.4 确定 MPPT 点的电压、电流和功率。

光伏电池单元的 i_p与 v_p的对应关系可分成两段描述为：

$$i_{p1} = -0.1v_{p1} + 1$$

$$i_{p2} = -3.5v_{p2} + 2.8$$

计算(a)电压 V_{mp}；(b)电流 I_{mp}；(c)最大功率 P_{max}。

解：

这些线段以 $y=mx+C$ 的形式表示一个直线方程。其中，常数为 $m_1=-0.1$，$C_1=1$，$m_2=-3.5$，和 $C_2=2.8$。在两线的交叉点有，$i_{p1}=i_{p2}=I_p$ 和 $v_{p1}=v_{p2}=V_P$。也就是：

$$I_P=-0.1V_P+1$$
$$I_P=-3.5V_P+2.8$$

两式相减求得电压 V_p 为：

$$V_P=\frac{C_2-C_1}{m_1-m_2}=\frac{2.8-1}{-0.1-(-3.5)}\text{V}=0.529\text{V}$$

将 V_p 代入其中一式，求得电流 I_P 为：

$$I_P=-0.1V_P+1=(-0.1\times 0.529+1)\text{A}=0.947\text{A}$$

输出功率为：

$$P_o=V_P I_P=0.529\times 0.947\text{W}=0.501\text{W}$$ ◀

16.5 风能

风能技术使用风力可作为能源来产生电力，给电池充电、抽水、碾磨谷物，等等。大部分风能技术可独立应用，或连接到公用电网。对于公用规模的风能应用，通常会将大量的涡轮机紧密地连接在一起以形成风电场为电网供应电能。一些电力供应商利用风力发电场为其客户提供电能。单机涡轮机通常用于抽水或通信。然而，风力资源丰富地区的居民和农民也可以使用小型风力系统来发电。

无论在世界的任何地方，只要具有强烈和集中的风力资源，都可以使用风力来发电。风力资源丰富的地方能产生更多的能量，从而降低电力生产成本。太阳能和风能资源评估报告(SWERA)[3]给出了区域资源地图和风力数据。SWERA 以合适的形式为世界各国和地区提供了可再生能源资源的优质信息。它同时还提供了应用这些数据来促进可再生能源的政策和投资的工具。

风力发电的两个关键因素是风速和风力质量。风力涡轮机最合适布置的地点是无湍流的位置，因为湍流使得风力涡轮机效率降低，影响了涡轮机的整体稳定性。风湍流受地球表面的影响。风湍流取决于地形的粗糙度，可能较大或较小[5]。根据风速(m/s)和风能密度(W/m^2)，风力发电可以分类[6]为七个类别，如表 16-4 所示。每个风力功率等级对应于两个功率密度。例如，风力功率等级 3 表示在 150～200W/m^2 范围内的风力功率密度。

表 16-4 风力功率等级

风力等级	在 10m(33ft)高度		在 50m(164ft)高度	
	风力功率密度(W/m^2)	风速(m/s)	风力功率密度 W/m^2	风速(m/s)
1	0	0	0	0
1～2	100	4.4	200	5.6
2～3	150	5.1	300	6.4
3～4	200	5.6	400	7.0
4～5	250	6.0	500	7.5
5～6	300	6.4	600	8.0
6～7	400	7.0	800	8.8
7	1000	9.4	2000	11.9

16.5.1 风力涡轮机

虽然所有的风力涡轮机都有类似的工作原理，其中还可分成几类。包括水平轴涡轮机和垂直轴涡轮机。读者可以观看在线视频以了解风力涡轮机的工作原理[7]。

水平轴涡轮机[1]　水平轴涡轮机是最常见的涡轮机。它们的组件通常包括：一座高塔、一个安装在高塔上面的面对或背对风向的扇形转子、一个发电机、一个控制器和其他组件。大部分的水平轴涡轮机具有两到三个叶片。水平轴涡轮机安装在高塔的顶部，因为在距离地面 100ft(30m)以上的地方风力较强，湍流较少。每个叶片就像飞机的机翼，当风吹过，在叶片的下风侧形成低压空气包。然后低压空气包将叶片拉向它，从而导致转子转动。这就是所谓的升力。升力实际上比对叶片前侧拖动的风力更强。升力和拖力的结合使得转子像一个螺旋桨般旋转，再通过轴转动发电机从而产生电力。

垂直轴发电机[2]　垂直轴涡轮机有两种类型：萨伏纽斯(Savonius)型和达里厄(Darrieus)型。但两种类型都没有得到广泛使用。萨伏纽斯型涡轮机发明于 20 世纪 20 年代的法国。通常被描述为看起来像一个打蛋器，它具有垂直叶片，在风中旋转。它采用气动升力，比拖动设备可以捕获更多的能量。Giromill 和 cycloturbine 是萨伏纽斯涡轮机的变体。萨伏纽斯型涡轮机从上方观察呈 S 形。这种阻力型涡轮机转动速度相对较慢，但能产生高扭矩。它被用于研磨谷物、抽水，以及许多其他场合，但它的旋转速度缓慢，并不利于产生电力。风车仍用于各种用途。风车比现代风力涡轮机具有更多的叶片，它们靠拖力来使叶片旋转。

16.5.2 涡轮机功率

我们由式(16-11)可看出，涡轮机的功率是速度的立方。贝兹定律(Betz's law)给出可以从风中提取的理论最大功率。较高的风速给出了较大的提取能量。进入涡轮叶片的速度 v_a 比离开涡轮叶片的速度 v_b 更高。也就是说，有两个速度如图 16-18 所示：一个是在风接近涡轮机之前的速度(v_a)，而另一个是在经过涡轮机之后的速度(v_b)。

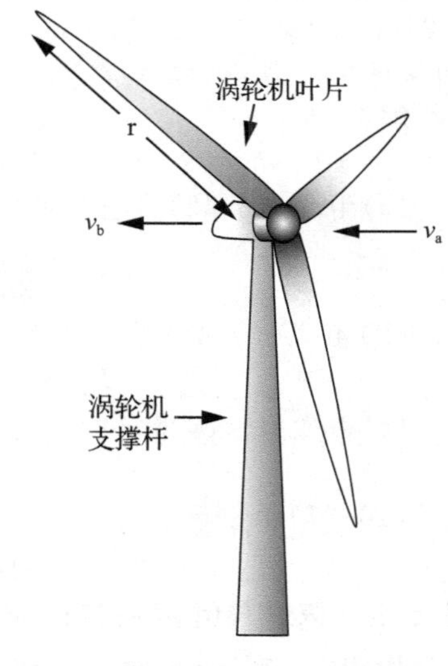

图 16-18　涡轮机前后两边的风速

由式(16-10)，从风中提取或输出的功率 P_{out} 可以表示为：

$$P_{out}=\frac{1}{2}A_s\rho v_t^3=\frac{1}{2}A_s\rho\left(\frac{v_a+v_b}{2}\right)(v_a^2-v_b^2) \tag{16-36}$$

涡轮机可获得的输入功率为：

$$P_{in}=\frac{1}{2}A_s\rho v_a^3 \tag{16-37}$$

于是涡轮机效率为：

$$\eta_t=\frac{P_{out}}{P_{in}}=\frac{\frac{v_a+v_b}{2}(v_a^2-v_b^2)}{v_a^3}=\frac{1}{2}\left(1-\frac{v_b^2}{v_a^2}\right)\left(1+\frac{v_b}{v_a}\right) \tag{16-38}$$

最大效率点在满足 $\mathrm{d}\,\eta_t/\mathrm{d}t=0$ 条件处取得。根据式(16-38)得到：

$$\frac{\mathrm{d}\,\eta_t}{\mathrm{d}t}=\frac{1}{2}\left[1-2\left(\frac{v_b}{v_a}\right)-3\left(\frac{v_b}{v_a}\right)^2\right]=0 \tag{16-39}$$

求解得到

$$\frac{v_b}{v_a}=\frac{1}{3} \tag{16-40}$$

将该条件代入式(16-38)得到最大涡轮机效率为：

$$\eta_{t(\max)}\approx 59.3\%$$

因此，根据贝兹定律，理论上最大能提取的风能是可用总功率的 59.3%。然而，实际的风力涡轮机的效率稍低。风的空气密度 δ 是空气压力、温度、湿度、海拔和重力加速度的函数。δ 可以大致确定为：

$$\delta = \frac{p_{at}}{C_g T} e^{\frac{gh}{k_g T}} \tag{16-41}$$

式中：

p_{at} 为海平面上的标准大气压(101.325Pa 或 N/m²)；

T 为空气温度(K)(K=273.15+℃)；

C_g 为空气的特定气体常数(287W·s/(kg·K))；

g 为重力加速度(9.8m/s²)；

h 为风的海拔高度(m)。

将这些值代入式(16-41)，得出一个非线性关系为：

$$\delta = \frac{353}{T+273} e^{\frac{-h}{29.3\times(T+273)}} \tag{16-42}$$

因此，如果温度降低，空气的密度将增大。此外，在海拔较高的地方，空气密度将减小。对于相同的风速，较高空气密度的风(更稠密的空气)拥有更多的动能。

例 16.5　确定一个风电场的功率密度和可获得的功率。

风电场的高度为 320m。风力涡轮机有三个旋转叶片，每个叶片长 12m，故扫略直径为 24m。如果空气温度为 30℃，风速为 10m/s，计算(a)空气密度 δ；(b)功率密度 ρ；(c)从风中可获得的功率。

解：

$T=30°$，$h=320\text{m}$，$v=10\text{m/s}$，$r=12\text{m}$，$d=24\text{m}$，$g=9.8\text{m/s}^2$

(a)由式(16-42)得出风的空气密度为：

$$\delta = \frac{353}{30+273} e^{\frac{-320}{29.3\times(30+273)}} = 1.124(\text{kg/m}^3)$$

(b)由式(16-37)得出风的功率密度为：

$$\rho = P_{in}/A_s = 0.5\times 1.124\times 10^3 = 561.89(\text{W/m}^3)$$

(c)由式(16-8)得出叶片的扫略面积为：

$$A_s = \pi r^2 = 3.14\times 12^2 = 452.389(\text{m}^2)$$

由式(16-37)得出风能为：

$$P_{wind} = A_s\rho = 452.389\times 561.89 = 254.2(\text{kW})$$ ◀

16.5.3　速度与叶片扭转角控制

如图 16-19 所示的叶片线速度称为叶尖速度 v_{tip}。风力涡轮机通常的设计运行速度比风速 v_a 要快，从而涡轮机在低风速时也能产生电力。尖端速度 v_{tip} 与风速 v_a 的比称为尖速比(TSR)。

$$\text{TSR} = \frac{v_{tip}}{v_a} \tag{16-43}$$

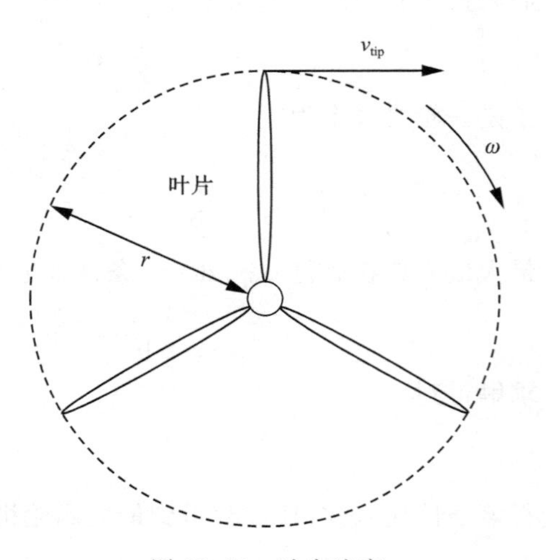

图 16-19　叶尖速度

当涡轮机叶片转动时，如果 TSR 太小，大部分的风将通过转子叶片之间的开放区域。如果 TSR 过大，快速移动的叶片会遮挡风的流动。运动的转子叶片划过气流，搅动空气形成湍流，所以必须有足够的时间来抑制削弱湍流。当 TSR 很高时，下一个叶片可能在较早叶片造成的湍流尚未被衰减掉之前就进入了其扫略区域。因此，叶片的效率降低，从而降低了涡轮机的效用。尖端速度v_{tip}(m/s)是叶片的旋转速度(rad/s)和叶片长度r(m)的函数，即

$$v_{\mathrm{tip}}=\omega r=2\pi nr \tag{16-44}$$

式中：n是一秒内叶片旋转的圈数。将v_{tip}代入式(16-43)得到：

$$\mathrm{TSR}=\frac{2\pi nr}{v_{\mathrm{a}}} \tag{16-45}$$

涡轮机的叶片经过空气动力学的优化，以从风中捕获最大功率，正常操作下的风速范围约3～15m/s。为了避免涡轮机在大约15～25m/s的高风速下遭到损坏，需要对涡轮机进行空气动力学的功率控制。最常用的方法是对叶片扭转角与失速的控制[9,10]。在失速控制方法中，涡轮机的叶片设计成这样一种方式：如果风速超过约15m/s的额定风速，风湍流在叶片表面上形成，使得其没有正面迎风。失速控制通常用于小至中型的风力涡轮机。

叶片扭转角控制通常用于大型风力涡轮机。在3～15m/s的正常风速工作范围内，叶片扭转角被设为最佳值，以捕获来自风的最大功率。当风速变得高于额定值时，叶片离开风的方向，从而减少捕获的功率[9,10]。叶片沿其纵向轴线转动，其扭转角是通过液压或机电装置来改变的。这个转动装置通常位于转子中心，它通过一个齿轮系统连接到每个叶片的基部。其结果是，由涡轮机所捕获的功率保持在涡轮机的额定值附近。

TSR的值可通过改变叶片的扭转角进行调整。在微风的情况下，设置扭转角以增大TSR。在风速很高时，扭转角被调整，以减小TSR，并且将发电机的转子速度保持在设计范围内。在一些系统中，TSR可以减小到几乎为零，从而在风力过度的条件下锁定叶片。具有可变TSR的风力涡轮机可以在更宽的风速范围内工作。

16.5.4　功率曲线

功率曲线描述了风速与涡轮机机械功率之间的关系，它定义了一个风力涡轮机的功率特性。风力涡轮机的功率曲线由制造商详细给出并给予担保。功率曲线根据在不同非湍流风速下对一个涡轮机的一系列测量制成。一个典型的功率曲线如图16-20所示。功率曲线可分为三个区域：切入、标称和切出。“切入”表示启动涡轮机(这取决于涡轮机的设计)并产生输出功率所需的最低风速。通常对于小型涡轮机需要3m/s，对于较大的涡轮机需要5～6m/s。风力涡轮机从切入风速开始捕获风能。

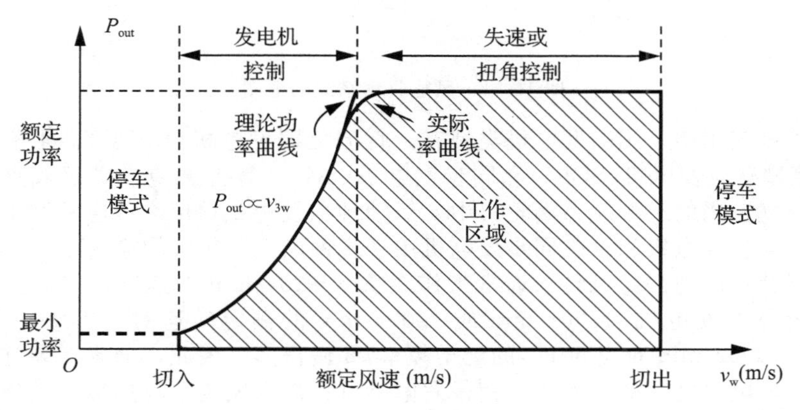

图 16-20　功率曲线特性

由叶片所捕获的功率是风速的三次方函数，直到风速达到其额定值为止。如风速增大，且超过额定速度，叶片的空气动力功率控制是必需的，以通过失速或扭角控制[9,10]保持功率的额定值。“切出”风速表示涡轮机应该停止旋转的风速点，以防止潜在的损害。当风速高于切出风速时，风力涡轮机应停止产生功率并停机。图16-20所示的理论曲线从立方特性迅速过渡到更高速度的恒定功率工作状态。但在实际的涡轮机中，过渡是平

滑的[10]。

低于额定风速的可变速风力涡轮机的控制可通过控制发电机来实现。在不同的风速下，可以用保持最佳叶尖速比的方式调整涡轮机的速度，以实现风能捕获的最大化。对于给定的风速，每个功率曲线存在一个最大功率点，此处的尖速比是最佳的。为了在不同的风速下得到最大的可捕获功率，涡轮机的速度必须通过调整，以确保它都工作在最大功率点(MPP)上。MPP的轨迹构成一条功率曲线，对于该曲线，有

$$P_{\max} \propto \omega_{m}^{3} \tag{16-46}$$

对于涡轮机所捕获的机械功率与涡轮机转矩，有：

$$P_{\max} = T_{\max}\omega_{m}$$

对于涡轮机的机械转矩，有：

$$T_{\max} \propto \omega_{m}^{2} \tag{16-47}$$

可以根据机械功率、速度和风力涡轮机的转矩之间的关系来确定最佳速度或参考转矩，用于控制发电机和实现最大功率点运行。有好几个控制方案[4,9]已经被开发用于实现最大功率点跟踪(MPPT)。

16.5.5　风能系统

风能系统的主要组建包括涡轮机、齿轮箱和电力功率变换器，如图16-21所示。变压器也会经常用到，以将所产生电力连接到公用电网上。发电机的输出电压通过单级或多级电力功率变换器转换成一个具有额定频率的额定电网电压。风力涡轮机所用到的发电机有各种类型。对于如何选择一个特定用于风力发电的发电机并没有明确的标准。风力发电机可根据装机功率、涡轮机选址、负载类型和控制的复杂程度来选定。

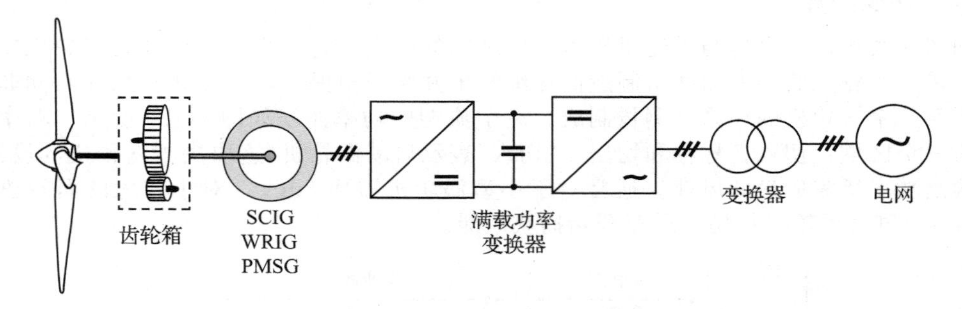

图16-21　风能收集系统的框图

风力涡轮机应用中常用的发电机类型有：直流无刷发电机(BLDC)、永磁同步发电机(PMSG)、笼型感应发电机(SCIG)和同步发电机(SG)。笼型感应发电机或直流无刷发电机一般用于家庭应用的小型风力涡轮机中。双馈感应发电机(DFIGs)通常用于兆瓦级的涡轮机。此外，同步发电机和永磁同步发电机用于多种风力涡轮机的应用中。

较大的三叶片风力涡轮机转子通常工作在从6～20r/min的速度范围内。这比一个标准的四或六级风力发电机(1500r/min或1000r/min的额定转速对应50Hz的定子频率；1800r/min或1200r/min对应60Hz的定子频率)要慢得多。因此，通常需要连接齿轮箱来匹配涡轮机和发电机之间的速度差，使得发电机可在额定风速下传递额定功率。涡轮机转子的速度一般比发电机的转速要低。需要设计变速比使低速涡轮机叶片与高速发电机实现匹配。变速箱比GR为：

$$\mathrm{GR} = \frac{N_{g}}{N_{t}} = \frac{60 \times f_{s} \times (1-s)}{p \times N_{t}} \tag{16-48}$$

式中：

N_{g}和N_{t}为以r/min为单位的发电机及涡轮机额定速度；

s 为额定转差率；

f_s为以 Hz 为单位的额定定子频率；

p 为发电机的磁极对数量。

大感应发电机的额定转差率通常小于 1%；同步发电机的通常为零。风力涡轮机的齿轮箱通常具有多个齿轮传动比，以匹配涡轮机转子和发电机。

MPPT 控制[9,10]可通过(a)最大功率控制；(b)最佳转矩控制；(c)最适前端速度控制来实现。图 16-22a 给出了最大发电功率控制的简化框图[9]。功率与风速关系的曲线通常由制造商提供。风速传感器的输出 v_w用于生成参考功率P_m^*。将该参考功率与发电机的输出功率做比较，从而生成功率变换器的门控信号。在稳态条件下，发电机的机械功率 P_m将等于它的参考功率P_m^*。假设变速箱和传动链的功率损失可以忽略，发电机的机械功率 P_m等于由涡轮机产生的机械功率 P_M。

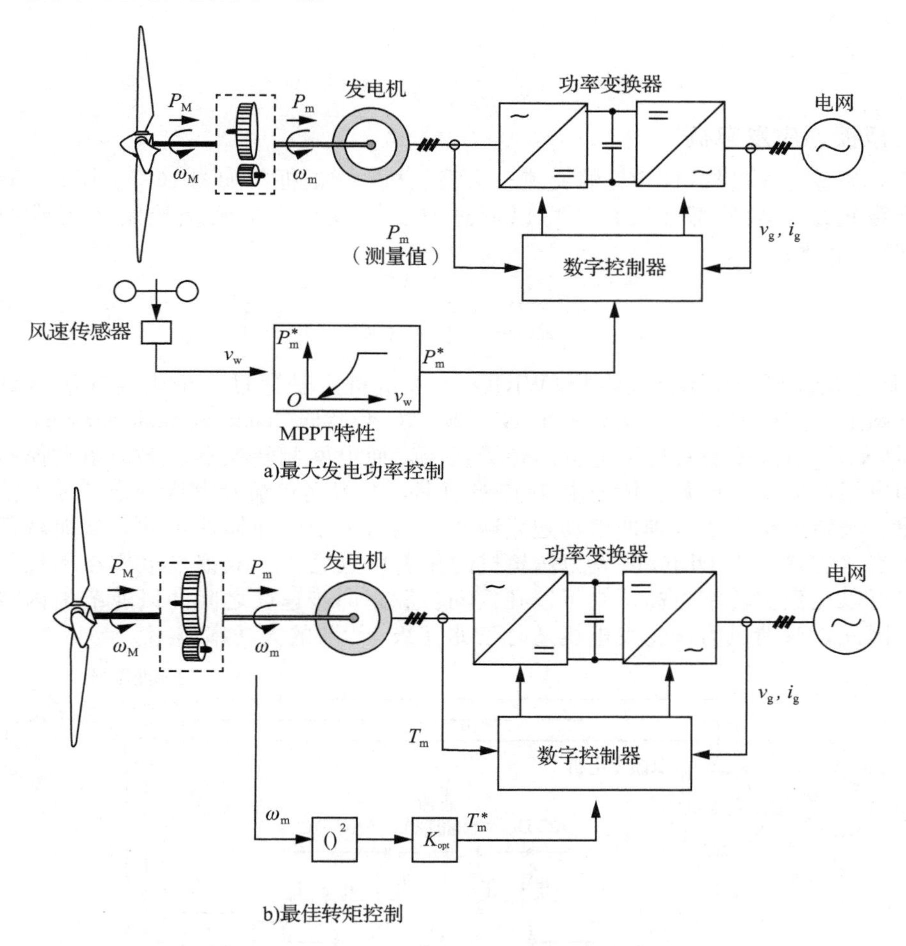

图 16-22　风能发电控制框图

由于涡轮机的机械转矩 T_M是涡轮速度 ω_M的二次函数，如式(16-47)所示，最大功率也可以通过最佳扭矩控制来实现。假设变速箱和传动链的机械功率损耗可以忽略不计，对于一个给定的变速比，涡轮机的机械转矩 T_M和速度 ω_M分别可以容易地转换为发电机的机械转矩 T_m和速度 ω_m。图 16-22b 给出了最佳转矩控制的简化框图[9]。发电机速度 ω_m用于计算所需的参考转矩T_m^*。将该参考转矩与发电机输出转矩做比较，从而生成功率变换器的门控信号。在稳态条件下，发电机的机械转矩 T_m将等于其参考转矩T_m^*。

例 16.6 确定发电机速度、涡轮机速度和齿轮传动比。

某风力涡轮机的参数如下：发电机转速N_g=870r/min，风速v_a=6ms。涡轮机有一个固定的TSR=8，扫掠直径为d=12m。计算(a)变速箱的低速端转速或涡轮的转速N_l；(b)齿轮的齿数比GR_l。

解：

$N_g=870\text{r/min}$，$v_a=6\text{m/s}$，TSR=8，$d=12\text{m}$，$r=d/2=6\text{m}$

(a)由式(16-43)得出叶尖速度为：

$$v_{tip}=\text{TSR}\times v_a=8\times 6\text{m/s}=48\text{m/s}$$

由式(16-44)，得出齿轮箱低速端转速为：

$$N_t=\frac{v_{tip}}{2\pi r}=\frac{48}{2\pi\times 6}\times 60\text{r/min}=76.39\text{r/min}$$

(b)由式(16-48)，得给出齿数比为：

$$GR_t=\frac{N_g}{N_l}=\frac{870}{76.39}=11.39$$

◀

16.5.6 双馈感应发电机

基于双馈感应发电机(DFIG)的变速风力涡轮机[9,12]的框图如图16-23所示。双馈发电机的转子绕组是可从外部改变的，可以通过改变有效转子电阻来控制转矩或功率，如式(15.18)所描述：

$$P_d=\frac{3R_r'V_s^2}{s\left[\left(R_s+\frac{R_r'}{s}\right)^2+(X_s+X_r')^2\right]} \tag{16-49}$$

DFIG也称为绕线转子指示器发电机(WRIG)。发电机定子通过一个隔离变压器直接连接到公用电网上。发电机转子连接到一个AC-DC-AC变换器(back-to-back converter)。转子侧变换器(RSC)用来控制所述发电机的转子电流，而电网侧转换器(GSC)用来控制直流链的电压和电网侧的功率因数。RSC控制转差功率，并根据双馈发电机的定子参考信号同步转子电流。其结果是，小范围的滑动速度减小了电力电子变换器的尺寸，从而降低风力涡轮机的成本。这是基于DFIG的风力涡轮机的显著优点之一。双馈发电机在不过热的前提下其输出可以比额定功率更高。它可以在次同步和超同步速度之间的风速范围内传输最大的功率。因此，双馈风力涡轮发电机适合于兆瓦级[9,11,12]的大功率应用。

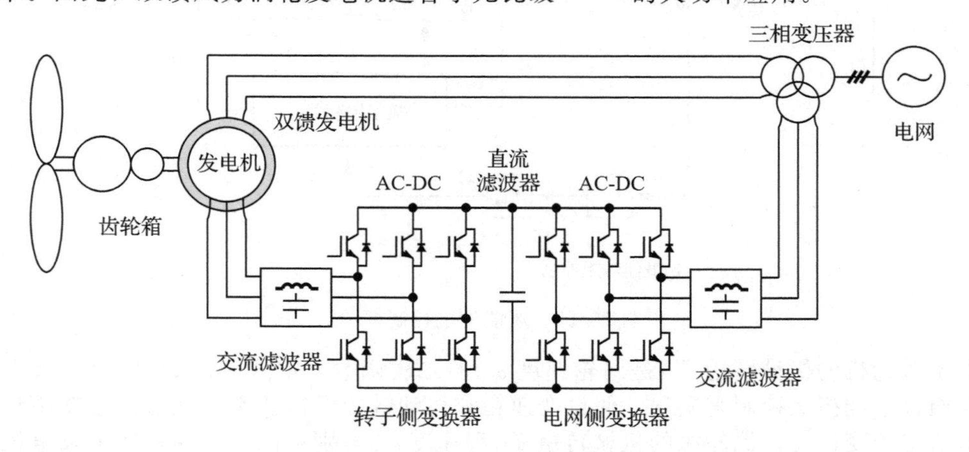

图16-23 双馈式风力发电机的构造

16.5.7 笼型异步发电机

笼型感应发电机(SCIG)可用于变速风力涡轮机发电。SCIG的输出连接到一个双端的

PWM 变换器，如图 16-24 所示。SCIG 的交流电压由电压源整流器(VSR)转换为直流，再由电压源逆变器(VSI)逆变到交流。功率变换器的额定功率需满足涡轮机的最大功率，这将增加整个系统的成本和效率。该系统在功率流的控制上须具有灵活性。发电机和变换器的额定值通常为 690V，每个变换器可处理功率高达 1MW。

图 16-24 所示的结构可以通过使用一些电容组和相对额定功率较低的无功功率补偿器取代全功能的 AC-DC-AC 变换器进行简化，如图 16-25 所示。此系统可用作储能设备给电池充电。电容组应该通过优化为激励提供足够的无功功率。当负载电流小于发电机电流时，多余的电流用于对电池充电。另一方面，当负载电流大于发电机电流时，电流从电池流向负载。使用这种策略，发电机的电压和频率可以根据不同负载条件进行操控。额外的能量存储降低了系统的惯性，提高了系统的抗干扰能力，补偿瞬时变化，并因此提高了整个系统的效率[4,9]。

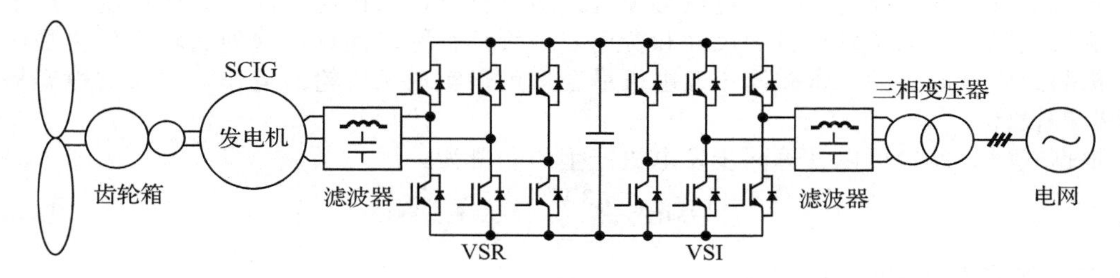

图 16-24　使用笼型异步发电机的可变速涡轮机

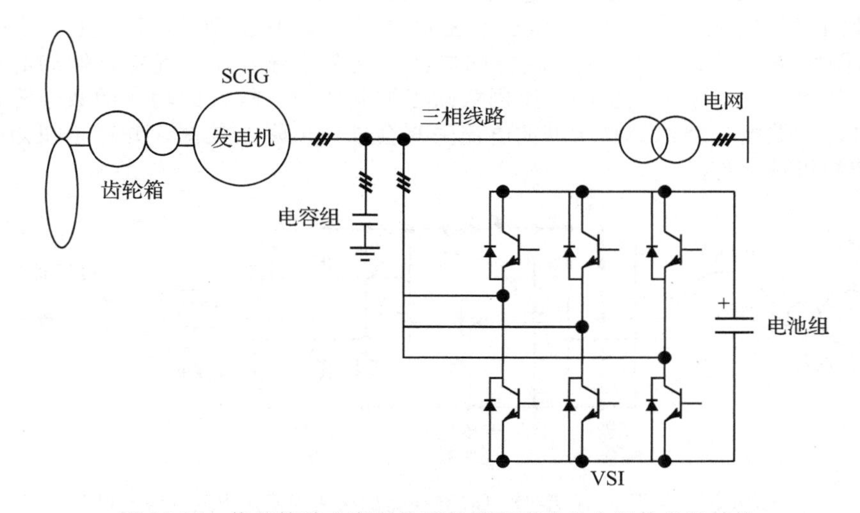

图 16-25　使用简单功率变换器的笼型感应发电涡轮机的结构

16.5.8　同步发电机

使用同步发电机(SG)的风力涡轮机结构如图 16-26 所示。通过使用一个单独的激励电路，同步发电机的终端电压可控制。这种发电机适用于大型的风力涡轮机。电网一侧的逆变器可以实现对有功功率和无功功率的控制。发电机一侧的整流器是用于扭矩控制。全功能的功率变换器与电网使得系统能很迅速地控制有功功率和无功功率。所以这是电网连接所希望得到的特性。然而相比双馈式风力涡轮机，它增加了风力涡轮机系统的整体成本。

同步发电机是一个恒定速度的机器。涡轮主转子可耦合到发电机的输入轴上。于是去掉了机械式变速箱，从而减少了机械式变速箱的故障，并增加了系统的可靠性。无齿轮的运行具有以下优点：(a)降低整体尺寸；(b)降低维护成本；(c)控制方法灵活；(d)对风力

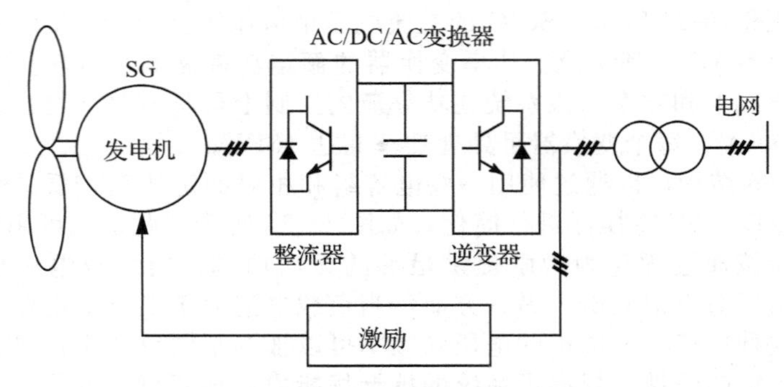

图 16-26 配备同步发电机的风力涡轮机

波动和负载变化的快速响应。发电机必须有许多磁极对，以在这样低的旋转速度下产生电力，这反过来又增加了发电机的尺寸和费用。尽管具有许多优点，这种涡轮机装置是所有涡轮机装置中最昂贵的。永磁同步发电机最合适用于实现无齿轮的运作，因为它很容易实现多极的设计。

根据式(15.181)可以计算同步发电机产生的能量为：

$$P_{\mathrm{d}} = \frac{3V_{\mathrm{a}}V_{\mathrm{f}}}{X_{\mathrm{d}}}\sin\delta - \frac{3\,V_{\mathrm{a}}^{2}}{2}\left(\frac{X_{\mathrm{d}} - X_{q}}{X_{\mathrm{d}}\,X_{q}}\sin(2\delta)\right) \tag{16-50}$$

16.5.9 永磁同步发电机

永磁同步发电机(PMSG)的可变速风力涡轮机的结构[9,12]如图 16-27 所示。PMSG 的激励在设计的时候就固定，它具有高功率密度的特性。升压型 DC-DC 变换器用来控制 PMSG，电网侧逆变器则提供与电网连接的界面。这个系统有几个优点，例如简单的结构和低成本。然而，它对于发电机的功率因数缺乏控制能力，较大的功率因数会降低发电机的效率。另外，发电机绕组的高次谐波电流失真会进一步降低效率，并产生扭矩振荡，这些因素将增加机械部件的成本。

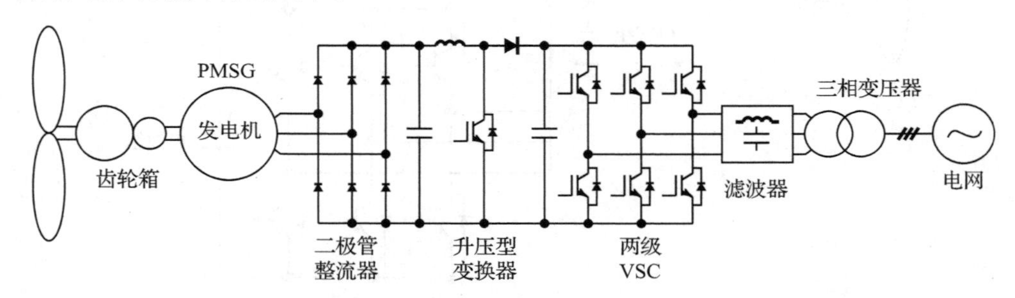

图 16-27 使用 boost 型 DC-DC 变换器的永磁同步风力发电涡轮机

如图 16-28 所示的使用 AC-DC-AC 的 PWM 变换器的 PMSG 系统能够工作在 3MW 的额定功率之下。发电机在间歇风的情况下被控制，以获得最大功率和最高效率。采用先进的控制方法，例如 PMSG 的磁场定向控制，发电机的功率因数可被控制。基于 PMSG 的涡轮机具有一些优点，例如相对于双馈风力涡轮机，它在处理电网扰动方面有较好的性能。

16.5.10 开关磁阻发电机

使用开关磁阻发电机(SRG)的变速风力涡轮机的结构如图 16-29 所示。该发电机系统非常适用于风能方案[30]，并具有诸如超强鲁棒性、能量转换效率高、能工作在非常宽的速度范围和控制简单这些优点。变换器可以同时控制发电机和电网两侧的功率因数。MPPT 方法[4,12]可以用来匹配 SRG 的磁化曲线。

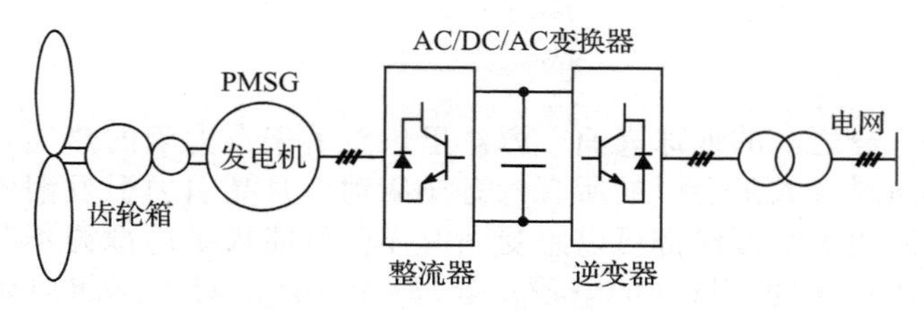

图 16-28 使用双 PWM 变换器的永磁同步风力发电涡轮机

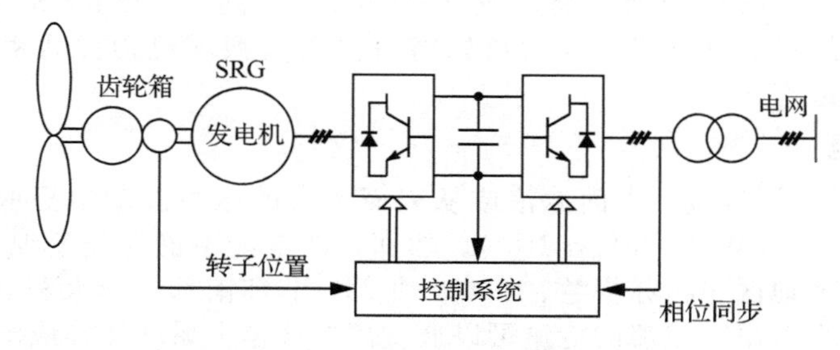

图 16-29 使用开关磁阻发电机的风力发电涡轮机

16.5.11 风力发电机电源性能比较

随着社会上越来越多对可再生能源的应用的重视，风力发电技术已经历了多年的快速发展。基于 PMSG 风力发电机的系统预计成为全球风电市场的主导产品，除非永磁材料的价格出现任何意外的上涨。表 16-5 给出了对不同发电机在三种类型的速度控制之下的比较[13,14]，包括定速、部分变速、全变速。该比较包括诸如功率因数控制、无功功率调节，以及稳定性改善等要求。使用三级齿轮箱的双馈发电机是最廉价的解决方案，因为其组件都是标准化的。

表 16-5 风力发电机配置的比较[12]

涡轮类型	固定速度	部分可变速			全变速		
发电机	笼型异步发电机（SCIG）	绕线式感应发电机（WRIG）	永磁同步发电机（PMSG）	同步发电机（SG）	笼型异步发电机（SCIG）	双馈异步发电机（DFIG）	开关磁阻发电机（SRG）
主动功率控制	有限度	有限度	有	有	有	有	有
无功功率控制	无	无	有	有	有	有	有
叶片控制	失速/扭角	扭角	扭角	扭角	扭角	扭角	扭角
变换器额定范围	无	小	全程	全程	全程	全程	全程
驱动类型	齿轮箱	齿轮箱	齿轮/无齿轮	无齿轮	齿轮箱	齿轮箱	齿轮箱
速度范围	固定	有限度	宽	宽	宽	宽	宽
传输类型	高压交流	高压交流	高压交流/高压直流	高压交流/高压直流	高压交流/高压直流	高压交流	高压交流/高压直流
电网故障鲁棒性	弱	弱	强	强	强	弱	强
功率变换效率	较低	低	高	高	高	高	高
控制复杂度	简单	简单	中等	复杂	复杂	复杂	中等
发电机成本	便宜	便宜	贵	贵	便宜	便宜	便宜
变换器成本	无	便宜	贵	贵	贵	便宜	贵
重量	轻	轻	轻	重	轻	轻	轻
维护	容易	容易	容易	容易	容易	困难	容易

16.6 海洋能

海洋覆盖超过三分之二的地球表面。海洋里包含了来自太阳的热能，从而产生来自潮汐和海浪的机械能。尽管太阳会影响所有的海洋活动，月亮引力引发潮汐，风引发海浪的形成。任何人站在海边远眺海洋都可以感受到海洋所可能提供的源源不断的能量。海洋能量可以有不同的形式：(a)波浪；(b)潮汐；(c)海洋热能。对于风能捕获，涡轮机通常安装在发电机的上方。而对于海洋能源，发电机通常安装在涡轮机的顶部。与风能技术类似，双馈感应发电机(DFIG)、笼型感应发电机(SCIG)、同步发电机(SG)、永磁同步发电机(PMSG)，或开关磁阻发电机(SRG)可以将海洋能转换成电力。功率变换器控制功率流，以供给主电网或客户。

16.6.1 波浪发电

波浪发电技术[1,8,20]直接从表面波浪或从表面下方的压力波动中提取能量。海浪中有足够的能量提供多达 2TW(或万亿，10^{12})。然而，波浪能不能在任意地方被捕获。例如，世界的波浪能丰富的地区包括苏格兰、加拿大北部、非洲南部、澳大利亚西部海岸，以及美国东北部和西北部海岸。波浪的能量可以通过离岸或岸上系统转换成电能。

离岸系统 离岸系统通常安装在水深达 131ft(40m)以上的深水中。如 Salter Duck 等成熟的技术使用波浪的摆动驱动发电泵从而产生电能。其他海上设备使用软管连接漂浮在海浪上的浮子。浮子的上升和下降使软管产生拉伸和舒展，从而实现对水的加压，以驱动涡轮机旋转。特制的海轮也可以捕捉离岸波浪的能量。这些漂浮的平台通过内部涡轮机汇聚波浪再放回大海，以产生电能。

岸上系统 陆上波浪发电系统沿着海岸线布置，它们从碎波中提取能量。陆上系统的技术包括振荡水柱，tapchans 和 pendulor 设备。这些设备用于将波浪能转换成机械能，并产生电力。

振荡水柱[1] 振荡水柱具有一个部分淹没的混凝土或钢结构，该结构在水平面下有一个开口。它里面的上方为空气柱，下方为水柱。进入空气柱的海浪造成水柱的上升和下降，于是交替地使空气柱得到压缩和减压。当波浪后退时，涡轮机的海洋侧的空气压力减小，造成空气被吸入并穿过涡轮机。

Tapchans[1] Tapchans 或锥形通道系统由一个锥形通道组成，该通道接入一个修建在背靠悬崖的海面上的水库中。该通道的变窄导致波浪移近悬崖时水面高度上升。波浪溢出通道围墙流入水库，所存储的水，然后通过涡轮机进料。

Pendulor **设备**[1] Pendulor 波浪发电装置由一个长方形的盒子构成，盒子的一端向大海打开。开口处铰接一个活动瓣，在海浪的作用下活动瓣来回摆动。这个动作可用于驱动液压泵和发电机。

16.6.2 波浪产生的机理

风暴产生波浪[16]是风对水表面的摩擦而实现的，如图 16-30a 所示。风在很宽的水域吹得越强和越久，波浪会越高。如波浪进一步移动，它们会变成旋转的涌浪，如图 16-30b 所示。水看起来是向前移动的，但它只是在兜圈子。然而海浪的能量以多米诺骨牌的形式向前移动，如图 16-30c 所示。水下的暗礁或海山将海浪打破，扭曲了圆周运动，海浪波基本上是首尾相接地运动。波浪下面的水粒子在深水区实际上是按照圆形轨道行进的，逐渐在表面附近变成水平方向的椭圆或扁椭圆形，如图 16-31 所示。

16.6.3 波浪功率

为了计算由海浪所产生的功率，可以将海洋波浪近似为图 16-32 所示的具有一定宽度的正弦水波。高于平均海平面一个半正弦波的水的质量为：

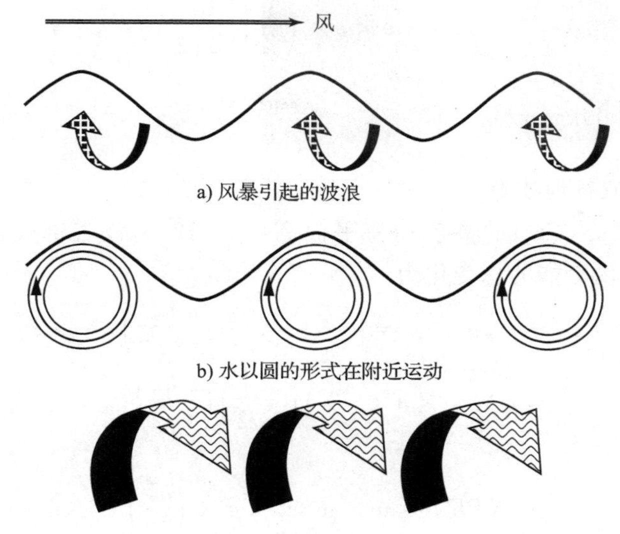

图 16-30　海洋波浪的形成机制

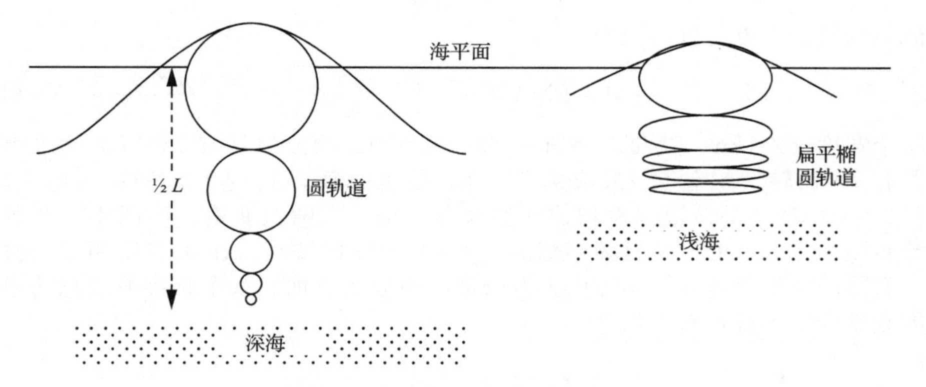

图 16-31　深海和浅海中水粒子的运动轨道

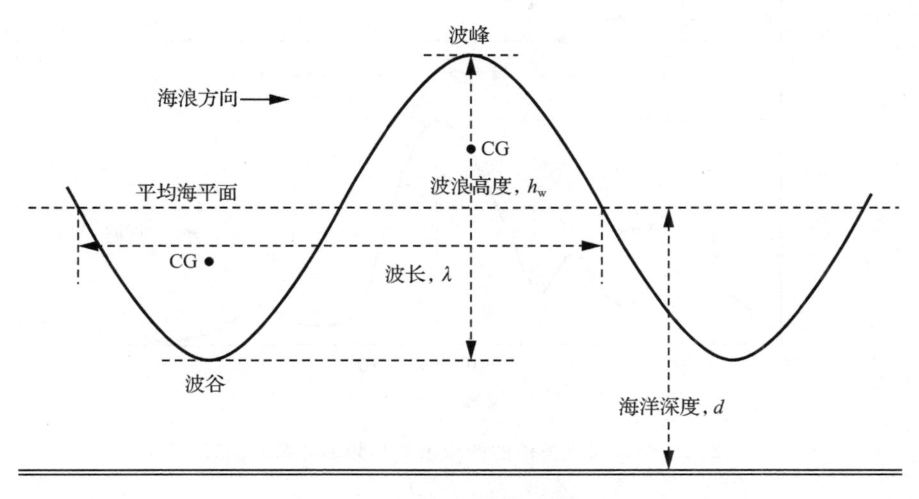

图 16-32　海波波浪的正弦表示

$$m_w = w \times \rho \times \left(\frac{\lambda}{2}\right)\left(\frac{h_w}{2\sqrt{2}}\right) \tag{16-51}$$

式中：w 为波宽(m)；

ρ 为海水密度(1000kg/m^3)；

λ 为海浪长度；

h_w为海浪高度(波谷到波峰)。

波浪波峰部分质心(CG)的高度比海平面高$h_w(4\sqrt{2})$，波谷部分的质心比海平面低$h_w(4\sqrt{2})$。一个周期内势能的总变化为：

$$\Delta PE_w = m_w g \Delta h_w = w \times \rho \times \left(\frac{\lambda}{2}\right)\left(\frac{h_w}{2\sqrt{2}}\right) \times g \times h_{av}$$

$$= g \times w \times \rho \times \left(\frac{\lambda}{2}\right)\left(\frac{h_w}{2\sqrt{2}}\right)\left(\frac{2h_w}{4\sqrt{2}}\right) \tag{16-52}$$

可化简为：

$$\Delta PE_w = w \times \rho \times \lambda \times g \times \left(\frac{h_w^2}{16}\right) \tag{16-53}$$

理论上，深海中波浪的频率为：

$$f = \sqrt{\frac{g}{2\pi\lambda}} \tag{16-54}$$

因此，海浪携带的功率可以表示为：

$$P_w = \Delta PE_w \times f = w \times \rho \times \lambda \times g \times \left(\frac{h_w^2}{16}\right)\sqrt{\frac{g}{2\pi\lambda}} = \frac{w \times \rho \times g^2 \times h_w^2}{32\pi f} \tag{16-55a}$$

因此，一个宽度 w=1km，高度h_w=5m，波长 λ=50m 的波浪具有 130MW 的水力发电潜能。假若有 2%的转换效率，该波浪也可以在每公里的海岸线产生 2.6MW 的电力。

式(16-55)所描述的波浪功率取决于频率 f，是一个随机变量。由图 16-33 所示的海浪频率分布图表明，该能量来自频率范围 0.1～1.0Hz 的波浪。在 0.3Hz 频率处波浪的能量最大。实际的波形可能在不同方向上有长波与短波的叠加。多个频率波的总功率可以通过把不同频率的功率叠加来近似[16]。

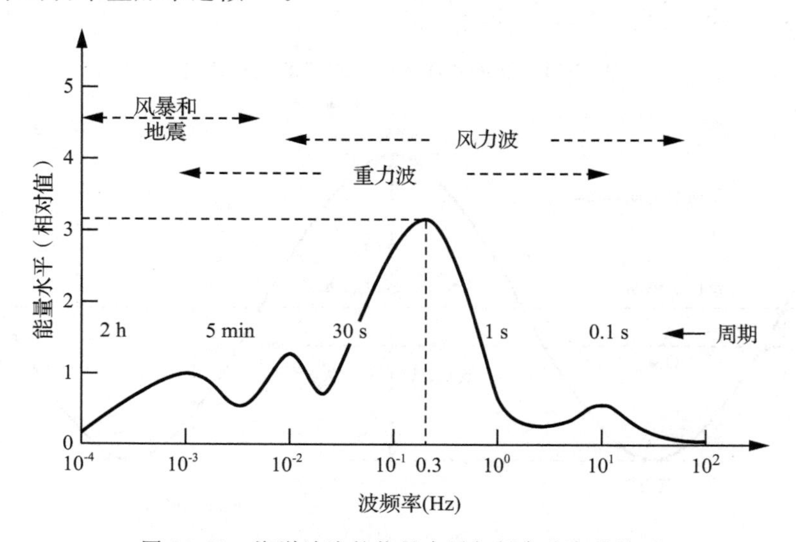

图 16-33　海洋波浪的能量水平与频率分布的关系

16.6.4 潮汐能

潮汐是由于月球和太阳的引力造成的每天海水相对于海岸线的涨退。虽然月球的质量比太阳小得多，由于相对接近地球，其施加的引力更大。这股引力导致海洋沿着月球和地球之间的垂直轴上涨。由于地球的自转，水的上涨沿着地球自转的相反方向移动，使得沿海水域有节奏地涨退。潮汐波的频率很低(约 12h 一个周期)，但含有大量的动能，这可能是地球上尚未开发的主要能源资源之一。

所有沿海地区都会在一段稍微超过 24h 的时间里经历两次涨潮和两次退潮。对于那些有望转化为电能的潮汐差异，涨潮和退潮之间的高度差必须大于 16ft(或至少 5m)。然而，地球上拥有这个潮汐范围的地点是有限的。

把潮汐能转换成电能所需的技术与风能所使用的技术非常相似。常见的设计有自由流动系统(也称为潮汐流或潮汐涡轮机)和阻塞系统(也称为堰或盆地系统)。

潮汐流[1,2] 潮汐能涡轮机的叶片浸渍在海洋或河流中具有强烈潮汐流的路径上。水流推动连接到发电机的叶片，发电机一般安装在水位以上。潮汐涡轮机比风力涡轮机产生更多的电力，因为水的密度是空气密度的 800～900 倍。用于计算风在叶片扫掠区域功率的式(16-37)可以用来计算潮汐水流的功率 P_{tidal}，即

$$P_{\text{tidal}} = \frac{1}{2}A\delta v^3 \tag{16-55b}$$

式中：A 为涡轮叶片的扫掠面积(m^2)；

v 为水流速度(m/s)；

δ 为水的密度(1000kg/m^3)。

由于水的密度较高(1025kg/m^3)，潮汐流比风的能量密度高得多。潮汐涡轮机安装在具有较强水流的区域，便可以产生大量电力。潮汐涡轮机看起来跟风力涡轮机相似。它们在水下跟风电场一样排列成一排。当近岸水流速度在 3.6～4.9 节(4～5.5mile)之间时，涡轮机具有最好的工作状态。在该水流速下，49.2ft(15m)直径的潮汐涡轮机可产生与 197ft(60m)直径的风电机组相等的电力。潮汐发电场的理想地点为靠近岸边，且水深 65.5～98.5ft(20～30m)的水域。

阻塞系统[1,2] 拦河坝或水坝迫使水流过涡轮机，驱动发电机旋转，从而把潮汐能转换成电能。闸门和涡轮机沿坝安装。当潮汐在坝的两侧产生足够的水位差异时，闸门被打开。此时水流过涡轮机。涡轮机驱动发电机产生电力。阻塞能源系统也称为坝式潮汐系统，如图 16-34 所示。该系统最适合建造在具有环礁湖的海湾上，封闭的环礁湖通过一个通道与外海相连。

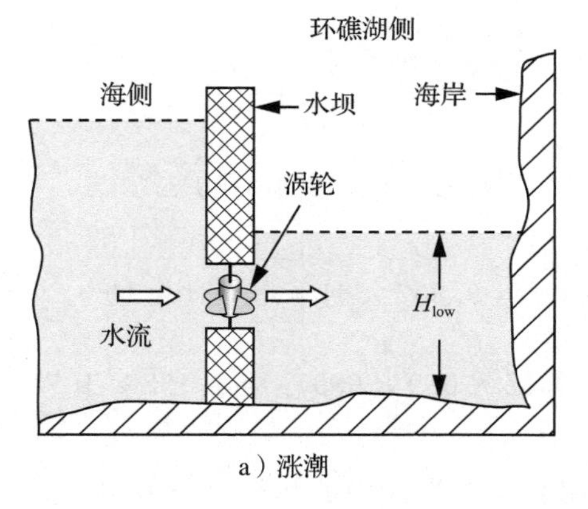

a）涨潮

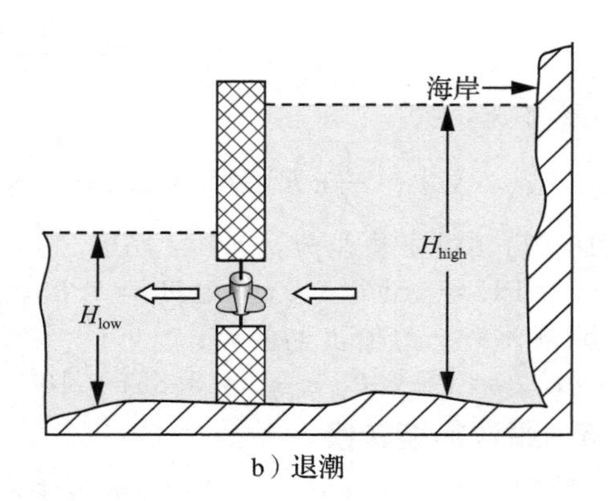

b）退潮

图 16-34 水坝型潮汐发电系统

在通道的出入口，建造一个水坝来控制潮汐水流在任一方向的流动。涡轮机安装在连接大坝两侧的管道内。在涨潮时，海水从外海流过涡轮机进入环礁湖，如图 16-34a 所示。涡轮机和其发电机将水的动能转化为电能。在退潮时，涨潮期间存蓄在环礁湖的海水又回到大海，驱动涡轮机旋转，从而产生电力。

假设H_{high}是水坝高水侧的高度，H_{low}是水坝低水侧的高度，如图 16-34b 所示，则水坝两侧水面的平均高度差为：

$$\Delta H = \frac{H_{high} - H_{low}}{2} \tag{16-56}$$

水面高度的差异决定了可捕获的能量。可以使用式(16-4)计算高出海平面的水体的势能为：

$$\mathrm{PE} = mg\Delta H \tag{16-57}$$

式中：m 为从高侧流往低侧的水体质量；

g 为重力加速度。

因此，水的势能与高度差成正比。潮汐阻塞系统应设在有潮汐幅度较高的区域。

潮汐围栏看起来像巨大的十字转门。它们可以建造在邻近岛屿之间的水道当中，或横跨大陆和岛屿之间的海峡。沿海水域的水流驱动十字转门旋转。一些水流的速度为 5.6～9km/h，产生通过更高速度的风所获得的相同的能量。由于海水密度比空气大得多，海洋流所携带的能量比气流(风)多得多。

对环境和经济的挑战[1,2] 在河口建造的潮汐电站大坝会妨碍海洋生物迁移，这些建筑后面所堆积的淤泥会影响当地的生态系统。潮汐围栏也可能扰乱海洋生物迁移。不过新型潮汐涡轮机的设计考虑到以上因素，以避开任何生物迁徙路径，并且减少对环境的破坏。潮汐发电厂并不需要花很多钱来运行，然而其建造成本高，故延长了投资回报期。所以每千瓦时的潮汐发电成本与传统化石燃料发电的相比并没有太多的竞争力。

例 16.7 确定潮汐波的势能。

一个水坝型潮汐能系统的一侧为环礁湖，而另一侧为开放的海洋。环礁湖底部接近一个半径为 1km 的半圆。在涨潮时，大坝高水位侧水面高度为 25m，低水位侧的为 15m。计算(a)该潮汐水量的势能；(b)由潮汐系统产生的电能。假设叶片的功率系数为 35%，涡轮机的效率为 90%，且发电机的效率为 95%。

解：

$H_{high}=25\mathrm{m}$，$H_{low}=15\mathrm{m}$，$g=9.807\mathrm{m/s^2}$，$R=1000\mathrm{km}$，$\rho=1000\mathrm{kg/m^3}$，$C_p=0.35$，$\eta_t=0.9$，$n_g=0.95$

(a)由式(16-56)，得出：

$$\Delta H = \frac{H_{high} - H_{low}}{2} = \frac{25-15}{2}\mathrm{m} = 5$$

水的总体积为：

$$\mathrm{vol} = \frac{1}{2}\pi R^2 \Delta H = 0.5 \times \pi \times 1000^2 \times 5\mathrm{m^3} = 7.854 \times 10^6\mathrm{m^3}$$

由式(16-57)，得出势能为：

$$\mathrm{PE} = \mathrm{vol} \times \rho \times g \times \Delta H = 7.854 \times 10^6 \times 9.807 \times 5\mathrm{J} = 3.851 \times 10^{11}$$

(b)潮汐系统的输出电能为：

$$E_{out} = \mathrm{PE} \times C_p\, \eta_t\, \eta_g = 3.851 \times 10^{11} \times 0.35 \times 0.9 \times 0.95\mathrm{J} = 1.152 \times 10^{11}$$ ◀

16.6.5 海洋热能转换

一种称为海洋热能转换(OTEC)的方法利用存储在海洋中的热能进行发电[8]。当温暖的海洋表面和寒冷的海洋底层之间的温差达到约 36℉(36℃)时，海洋的热能转换效果最好。这些条件一般在热带沿海地区获得，大致位于南回归线和北回归线之间。为了将冷水带到海洋表面，海洋热能转换工厂需要配备昂贵的大宽口径吸气管，该吸气管的一端被浸没在1mile或更深的海洋的深处。如果海洋热能转换比常规发电技术具有更强的成本竞争力，它可以被开发并产出数十亿瓦特的电力。

16.7 水电能

水电或水力发电是最常见和最便宜的利用可再生能源发电的方式。水电技术有着悠久的历史，因为其具有包括容易获得和零排放等诸多优点。水电的"燃料"是水，所以它是一种清洁的能量来源。水电技术从流动的水中捕获能量并转化为电能。与通过燃烧煤或天然气等化石燃料获得电能的发电厂不同，水电并不污染空气。水电系统的普及得益于其成熟和久经考验的技术，可靠的运作，对敏感生态系统的适应性，并且即使在小河里也能生产电力。发电站蓄水所形成的水库为人们提供多种休闲娱乐的机会，特别是钓鱼、游泳、划船。大多数的水电建设都需要把水库一定程度地向公众开放，让人们分享其带来的好处。其他好处包括供水和防洪。水电技术可分为三种类型：

- 微型；
- 大规模；
- 小规模。

微型水力 经常称为河流发电。它用于产生100W以下的电力。微型水力发电不需要庞大的蓄水坝，但它可能需要一个较小的，不那么突出的坝。一条河流的一部分水被分流到运河或管道以驱动涡轮机旋转。

16.7.1 大型水电

大型水电站一般都建设用来为政府或公用电力项目生产电力。这些发电厂都超过30MW的规模。大多数的大型水电项目都使用水坝和水库存蓄河流中的水。当所存蓄的水被释放，其穿过并驱动涡轮机旋转，再带动发电机从而产生电力。水储存在一个水库中，可以在电力需求较高的时候迅速释放使用。

堰塞湖水电项目也可以建成储能设施。在电力需求的高峰时期，这些设施像一个传统的水力发电厂一样运作。储存在上游水库的水被释放并通过涡轮机，驱动发电机旋转从而产生电力。然而，在电力消耗较低的时期，来自电网的电力将驱动涡轮机反向旋转，将水从河流或较低水库泵到较高的水库里。较高水库里的水可被存储着，直到对电力的需求再次升高。许多大型水坝项目被质疑，因为其可能改变野生动物的栖息地，阻碍鱼类洄游，影响水质和流动模式。新的水电技术可通过使用鱼梯(帮助鱼类洄游)、护鱼筛网、新的涡轮机设计，以及水库曝气等手段减少其对环境的影响[1,2]。

16.7.2 小型水电

小水电系统可以产生高达数兆瓦(MW)的额定功率。水电系统有两种类型：引水式和水库型。水库型可能需要一个水坝将水蓄存在海拔较高的地方。引水式不需要水坝，依靠水流的速度产生电力。

引水式水电站 引水式小型水力发电系统不需要水坝，因此被认为是对环境更敏感。小型水电系统所在的河流必须具有足够大的水流现实发电。进入涡轮的动能KE_t为：

$$KE_t = \frac{1}{2}mv^2 = \frac{1}{2}\mathrm{vol}\rho v^2 = \frac{1}{2}A_s\rho v^3 t \tag{16-58}$$

式中：A_s是涡轮叶片在一圈的扫掠面积。所以进入涡轮机的功率P_t为：

$$P_t = \frac{KE_t}{t} = \frac{1}{2}A_s\rho v^3 \tag{16-59}$$

水库型水电站 一个简单的水库型水电站[2]的原理图如图16-35所示。该水库可以是一个海拔比下游河道更高的天然湖泊，或通过大坝造出来的一个湖泊。该系统主要由水库、压力管道、涡轮机和发电机组成。如果水允许通过压力管道流到更低的地方，水的势能将转换成动能，其中一部分由涡轮机捕获。通过涡轮机后，水从海拔较低的溪流排出。涡轮机从水流动中获得动能并旋转起来，从而驱动发电机产生电力。

蓄水水力发电系统的示意图类似如图 16-35 所示，但水库水面高度更高，其容量更大。水库后部的的水的势能 PE 为：

$$PE_r = WH = mgH \tag{16-60}$$

式中：

W 为水的重力(N)；

H 为水相对于涡轮机的高度(m)；

m 为水库所蓄的水的质量(kg)；

g 为重力加速度(m/s)。

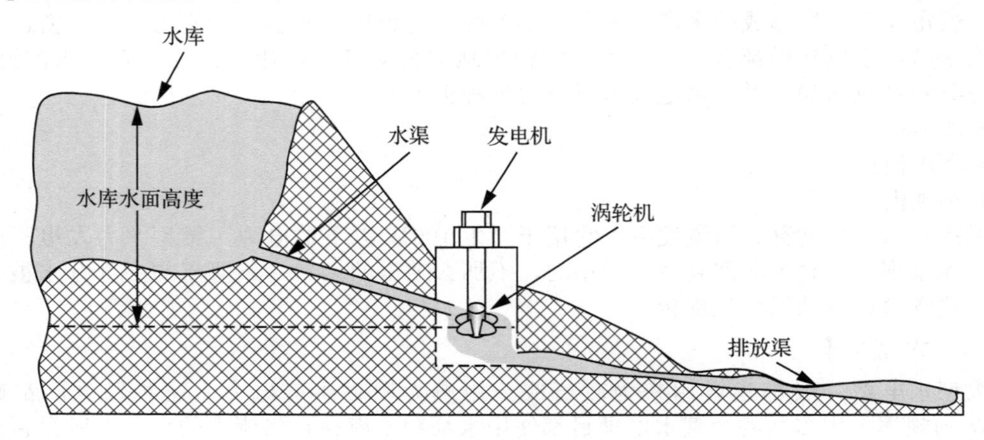

图 16-35 具有水库的小型水电系统

如果 m(kg)为进入压力水渠的水的质量。由式(16-60)可计算出输入到压力水渠的势能为：

$$PE_{p\text{-}in} = mgH \tag{16-61}$$

在水渠内部的水流 f_w 定义为在一个时间间隔 t 内通过压力管道的水体质量 m，即

$$f_w = \frac{m}{t} \tag{16-62}$$

将 f_w 代入式(16-61)，得到：

$$PE_{p\text{-}in} = f_w tgH \tag{16-63}$$

该能量在压力水渠中转换为动能。由式(16-58)得压力水渠的输出动能 $KE_{p\text{-}out}$ 为：

$$KE_{p\text{-}out} = \frac{1}{2}mv^2 = \frac{1}{2}\text{vol}\rho v^2 = \frac{1}{2}A_p vt\rho v^2 \tag{16-64}$$

式中：

t 为水流的持续时间(s)；

v 为水流出水渠的速度(m/s)；

A_p 为水渠的截面积(m^2)。

由于水在压力渠道内有能量损耗，例如水的摩擦，在压力渠道出口的动能 $KE_{p\text{-}out}$ 小于压力渠道入口的势能 $PE_{p\text{-}in}$。因此，压力渠道的效率为：

$$\eta_p = \frac{KE_{p\text{-}out}}{PE_{p\text{-}in}} \tag{16-65}$$

涡轮机的叶片不能捕获所有排出压力渠道的动能 $KE_{p\text{-}out}$。叶片所捕获的能量 KE_{blade} 与 $KE_{p\text{-}out}$ 的比值称为功率系数 C_p，即

$$C_p = \frac{KE_{blade}}{KE_{p\text{-}out}} \tag{16-66}$$

由叶片所捕获的能量KE_{blade}并不是所有都转换成进入发电机的机械能KE_m，因为涡轮机存在各种损耗。这两个能量的比称为涡轮机的效率η_t，即

$$\eta_t = \frac{KE_m}{KE_{blade}} \tag{16-67}$$

发电机的输出电能量E_g等于它的输入动能KE_m减去发电机的损失。因此，发电机效率η_g定义为：

$$\eta_g = \frac{E_g}{KE_m} \tag{16-68}$$

把式(16-65)～式(16-68)代入式(16-63)，得输出电能量可以通过水流和水高表示为：

$$E_g = fgHt(C_p\ \eta_p\ \eta_t\ \eta_g) \tag{16-69}$$

例16.8 确定一个小型水电系统的电能量和水流速度。

小水电站的水库高度为5m。压力管道以100kg/s的速率让水通过。压力管道的效率为$\eta_p=95\%$时，功率系数$C_p=47\%$，涡轮机的效率为$\eta_t=85\%$，发电机的效率为$\eta_g=90\%$。计算(a)一个月所产生的能量和收入，假设能源成本为0.15美元/(kW·h)；(b)水离开压力管道的速度。

解：

$h=5\text{m}$，$f=100\text{kg/s}$，$g=9.807\text{m/s}^2$，$t=30$天，$c=0.15$美元/(kW·h)，$C_p=0.47$，$\eta_p=0.95$，$\eta_t=0.85$，$\eta_g=0.90$。

(a)由式(16-69)，得出30天产生的能量为：

$$E_g = 100\times 9.807\times 5\times 30\times 24\times 0.47\times 0.95\times 0.85\times 0.90\text{J} = 1.206\times 10^6\text{J}$$

能量成本或节能减排量为：

$$\text{Income(Saving)} = E_g c = 1.206\times 10^6\times 0.15\times 10^{-3}\text{美元} = \$180.883$$

(b)对于1s的水流，水的质量为：

$m=f\times 1=100\text{kg}$

输入到压力水道的势能为：

$$PE_{p\text{-}in} = mgh = 100\times 9.807\times 5\text{J} = 4.903\text{kJ}$$

由式(16-65)，得出水道出口的动能为：

$$KE_{p\text{-}out} = \eta_p\ PE_{p\text{-}in} = 0.95\times 4.903\times 10^3\text{J} = 4.658\text{kJ}$$

将式(16-64)的值代入给出水流速度为：

$$v = \sqrt{\frac{2KE_{p\text{-}out}}{m}} = \sqrt{\frac{2\times 4.658\times 10^3}{1000}}\text{m/s} = 9.652\text{m/s}$$ ◀

16.8 燃料电池

燃料电池(fuel cells，FC)技术是一种新兴技术。它们是使用化学反应来产生电能的电化学装置。燃料电池的运作就像一个电池，将化学能转化为电能。但它们不会终止，也不需要充电。只要供给燃料，它们便产生电和热。燃料电池需要燃料(例如氢)和氧化剂(例如氧气)，它产生直流电、水和热量。如图16-36所示[18,19]。威廉·格罗夫爵士在1839年第一个开发燃料电池设备。格罗夫早年接受法律方面的教育。1939年，弗朗西斯·培根开发了内置镍电极的加压燃料电池。该设备具有高可靠性，吸引了美国航空航天局的注意，在阿波罗飞船中使用了这种

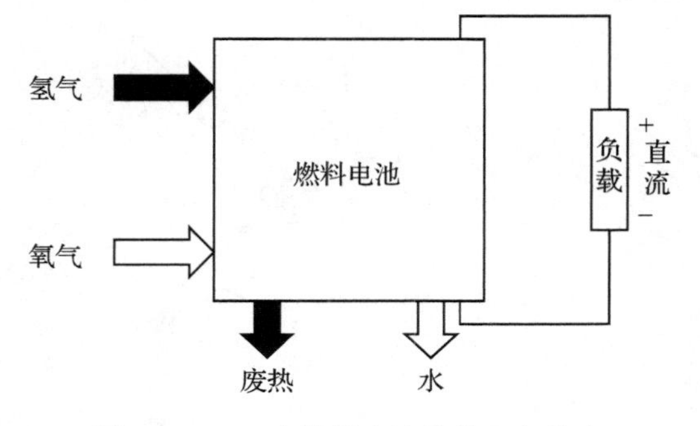

图16-36 一个燃料电池的输入和输出

加压燃料电池。

在过去的30年中，燃料电池技术的研究和开发带来了新材料和新技术的发展。由于燃料电池的若干优点，其发展和商品化的驱动力不断得到加强。当使用纯净的氢运作时，其反应产物为非常干净的水。也就是说，它排放非常少量(如果有的话)甚至不排放氮和硫的氧化物。燃料电池可以应用在许多场合，例如地面交通，海洋应用，分布式电源，废热发电，以及消费类产品。单个燃料电池的输出电压通常较小，需要通过DC-DC升压(DC-DC boost)变换器进行加强，此外数个燃料电池单元通过串联和并联的方式来增加输出功率，如图16-37所示[18,19]。一个PWM逆变器通常用来产生一个在固定或可变频率下，具有固定或可变幅值的交流电压。所得到的电能通过变压器，然后被连接到公用电网中。

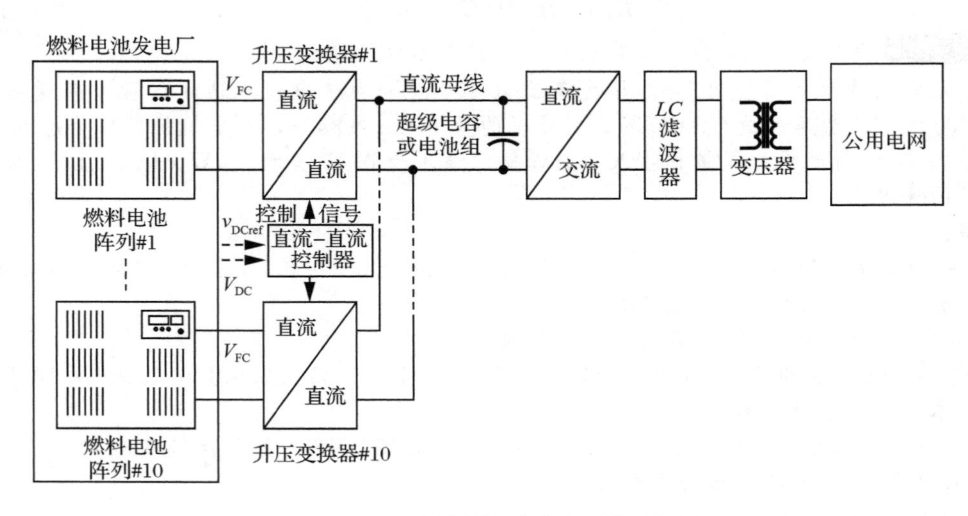

图16-37 一个燃料电池直流系统的框图

16.8.1 氢气的产生和燃料电池

氢是地球上最简单的元素。一个氢原子只包含一个质子和一个电子。它形成共价键，电子在两个氢原子之间共享，如图16-38所示。这种氢气的符号是H_2。因此，如果氢气从气体中提取，每分子可以得到2个电子($2e^-$)。氢是宇宙中最丰富的元素，但它不是天然存在的地球上的气体。它总是与其他元素结合。例如水，是氢气和氧气的组合。在许多有机化合物中同样存在氢元素，例如用作燃料的烃类化合物，包括煤、汽油、天然气、甲醇和丙烷。这些特性使其成为交通运输和发电应用中一个具有吸引力的燃料选择。要使用氢气发电，必须首先从含氢化合物中提取纯氢气。然后氢气可以在燃料电池中使用。

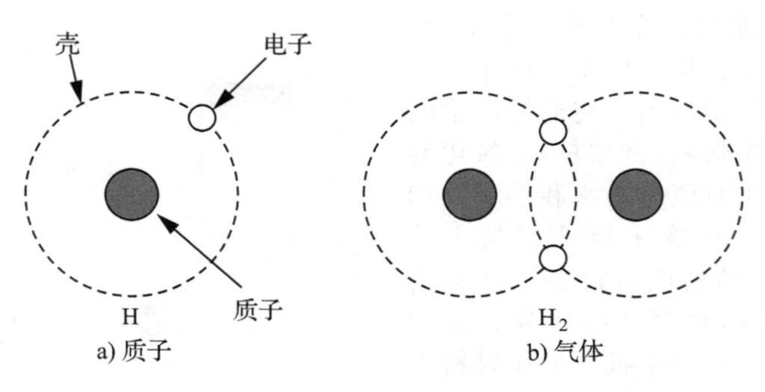

图16-38 氢原子和氢气

对于一些燃料，没有必要进行氢的提取，例如甲烷，因为在燃料电池中氢会从甲烷中直接分离。对于其他燃料，通常需要一个裂化过程把氢从其化合物中分离出来，如图 16-39 所示。对烃(CH_2)燃料进行化学处理，以产生氢气。二氧化碳(CO_2)和一氧化碳(CO)是裂化过程中的副产物。这些不需要的气体导致全球变暖，并对人类健康产生危害。CO 通过 CO 变换器进一步被氧化。水添加到裂化器的输出，通过化学方法将 CO 转化成CO_2。二氧化碳排放到空气中，而氢气则用于燃料电池发电。

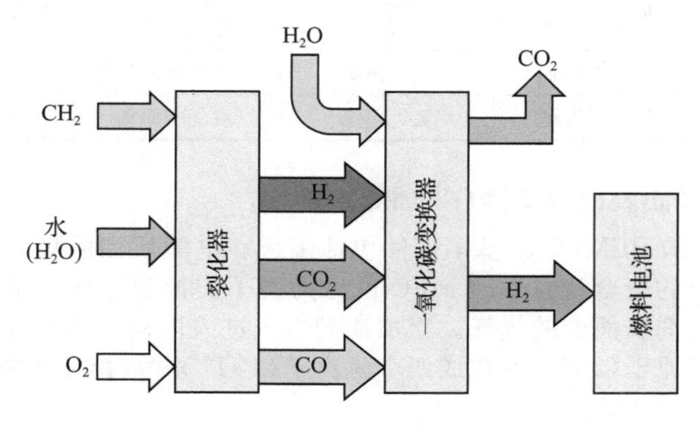

图 16-39 氢气的产生

16.8.2 燃料电池的种类

氢气可以通过几种方法来生产。最常用的方法是热解、电解和光解。热解过程涉及高温蒸汽裂解器，在裂解器中，烃燃料与蒸汽发生反应从而产生氢气。许多烃类燃料可以裂解，以产生氢气，包括有天然气、柴油、可再生的液体燃料、汽化煤、或汽化的生物质。大约 95%的氢气通过天然气的蒸汽裂化产生。电解过程分离氧和氢。电解过程发生在一个电解槽中。光解过程利用光作为媒介产生氢气。光生物过程利用细菌和绿藻的天然光合活动产生氢气。光电化学过程使用专门的半导体，以将水分解为氢气和氧气。

燃料电池通常使用基于不同类型的电解质的电解过程。所有电池的工作原理都是相似的，除了使用不同类型的电解质外。该过程包含在阳极板上将两个(2)氢气分子分解成四个(4)氢离子($4\ H^+$)和四个(4)电子($2\ e^-$)。阳极所产生的电子流过负载，以产生电流，然后返回到阴极板。氢离子穿过电解质到大阴极板上。它们在阴极板上通过一个化学过程以产生水和能量。除了电力，燃料电池产生热量。该热量可以用来满足加热需求，包括提供热水和空间加热。燃料电池可以用于为房屋和建筑物产生热量和电力。其总效率可高达 90%。这种高效率的能量转换节省金钱，节省能源，并减少温室气体的排放。根据电解质的类型，燃料电池可分为六类：

(1)聚合物电解质膜燃料电池(PEMFC)；

(2)直接甲醇燃料电池(DMFC)；

(3)碱性燃料电池(AFC)；

(4)磷酸燃料电池(PAFC)；

(5)熔融碳酸盐燃料电池(MCFC)；

(6)固体氧化物燃料电池(SOFC)。

表 16-6 给出了燃料电池工作特性的比较[2]。有一种特殊类型的燃料电池被称为可再生或可逆燃料电池。它们可以由氢气和氧气产生电力，亦可以反过来通过提供电力以产生氢气和氧气。这种新兴技术可以为例如风能，太阳能发电站等间歇性的可再生能源提供多余能量的存储，待发电量较低的时候再释放这些能量。

表 16-6 燃料电池工作特性比较

燃料电池种类	电解质	阳极气体	阴极气体	近似温度(℃)	典型效率
质子交换膜燃料电池	固体聚合物膜	氢	纯氧或空气中的氧气	80	35%～60%
甲醇燃料电池	固体聚合物膜	甲醇水溶液	空气中的氧气	50～120	35%～40%
酸燃料电池	氢氧化钾	氢	纯氧	65～220	50%～70%
磷酸燃料电池	含磷的物质	氢	空气中的氧气	150～210	35%～50%
熔融碳酸盐燃料电池	碱性碳酸盐	氢、甲烷	空气中的氧气	600～650	40%～55%
固体氧化物燃料电池	陶瓷氧化物	氢、甲烷	空气中的氧气	600～1000	45%～60%

16.8.3 聚合物电解质膜燃料电池(PEMFC)

如图 16-40 所示的 PEMFC 的基本部件包括阳极、电解质和阴极。电解质是涂覆在例如铂的金属催化剂上的聚合物膜。PEMFC 也称为质子交换膜燃料电池。阳极的平板上内建通道，以驱散催化剂表面上的氢气。当加压的氢气进入阳极，然后通过通道时，催化剂(如铂)导致两个氢气原子($2\ H_2$)氧化成四个氢离子($4\ H^+$)并放出四个电子($4\ e^-$)。阳极反应可以通过以下化学方程式给出：

$$2\ H_2 \Rightarrow 4\ H^+ + 4\ e^- \tag{16-70}$$

自由电子通过外部负载中电阻最小的路径流到另一个电极(阴极)。负载电流由电子的流动引起。电流流动的方向与电子流动的方向相反。

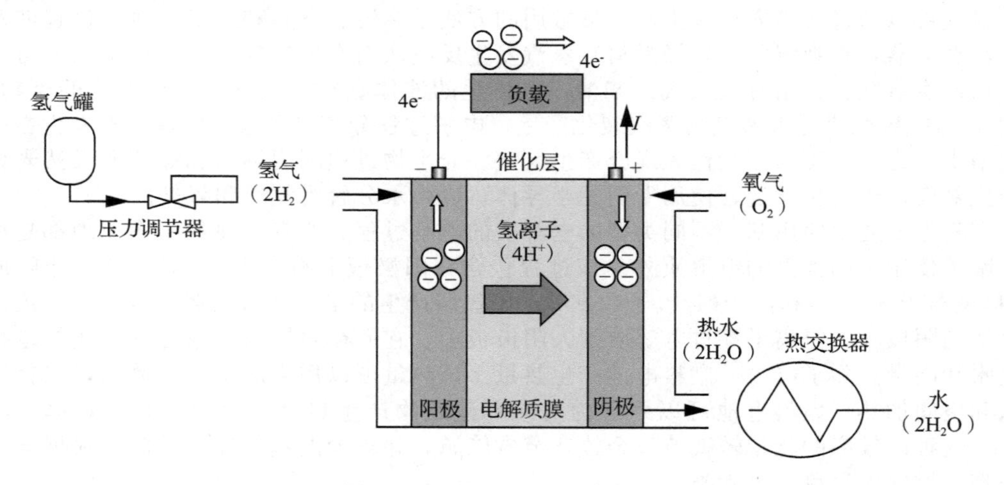

图 16-40 PEMFC 的示意框图

氢离子通过膜从阳极到达阴极。当电子进入阴极时，它们与空气中的氧气和阴极中的氢离子发生反应，形成水。阴极的反应可以用下列化学方程式表达：

$$O_2 + 4\ H^+ + 4\ e^- \Rightarrow 2\ H_2O \tag{16-71}$$

因此，在阴极反应中，PEMFC 使氢气和氧气发生结合产生水，并且产生热能。热能可以通过热交换器提取，并用于不同的应用中，如图 16-40 所示。燃料电池输出端所产生的水可以回注到裂解器和 CO 变换器以重复利用。阳极和阴极总的反应可以表达为：

$$2\ H_2 + O_2 \Rightarrow 2\ H_2O + \text{能量(热)} \tag{16-72}$$

PEMFC 工作在约 80℃的相对较低的温度，可以迅速改变其输出，以适应功率需要的改变。它相对重量较轻，具有高能量密度，并可以在数毫秒之内迅速开启。它适合用在大量的应用中，包括交通运输和针对居民用电的分布式发电系统。铂对一氧化碳非常敏感，减少一氧化碳对于延迟燃料电池的寿命至关重要。这增加了 PEMFC 的额外成本。实际系统需要加入例如氢气压力调整器和气流控制器等控制单元，如图 16-40 所示。

16.8.4　直接甲醇燃料电池(DMFC)

DMFC 与 PEMFC 一样使用聚合物膜作为电解质。然而 DMFC 在阳极直接使用甲醇，故不需要燃料裂解器。如图 16-41 所示，DMFC 的基本元件包括阳极、电解质和阴极。DMFC 适合为诸如移动电话、娱乐设备、手提电脑和电池充电器等移动设备供电。在阳极的液态甲醇(CH_3OH)被水所氧化，产生二氧化碳(CO_2)，六个氢气离子($6\ H^+$)和六个自由电子($6\ e^-$)。阳极反应可以表示为：

$$CH_3OH + H_2O \Rightarrow CO_2 + 6\ H^+ + 6\ e^- \tag{16-73}$$

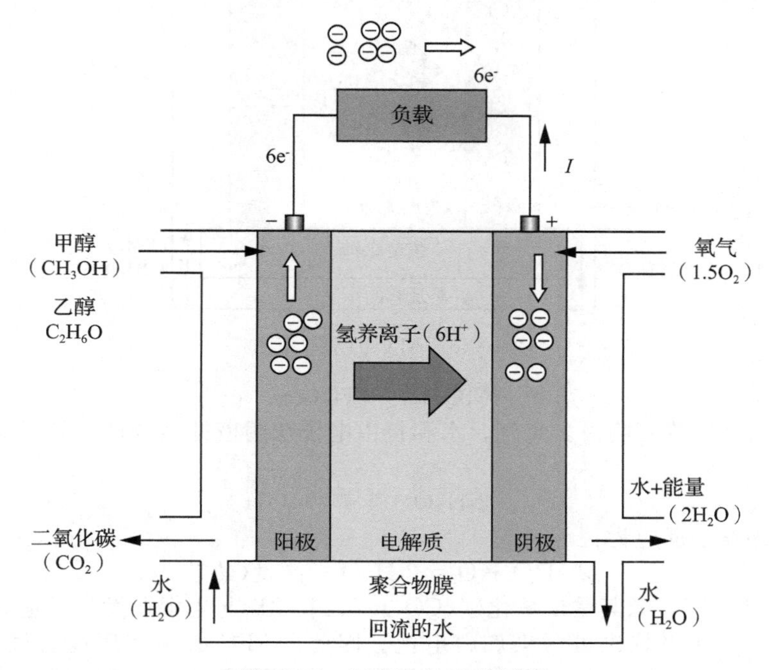

图 16-41　DMFC 的示意框图

自由电子流过外部负载的最小电阻路径到达阴极。电子的流动形成负载电流。氢气离子通过电解质到达阴极，并与空气中的氧气以及负载电路中的自由电子反应形成水。阴极反应可以表达为：

$$\frac{3}{2}O_2 + 6\ H^+ + 6\ e^- \Rightarrow 3\ H_2O \tag{16-74}$$

阳极和阴极总反应为：

$$CH_3OH + \frac{3}{2}O_2 \Rightarrow CO_2 + 2\ H_2O + \text{能量(热)} \tag{16-75}$$

甲醇是一种有毒的酒精，它可以通过例如乙醇(C_2H_6O)等不同种类的酒精制得。使用这些替代品的燃料电池性能接近，但更加安全。

16.8.5　碱性燃料电池(AFC)

AFC 使用如氢氧化钾(KOH)或碱性膜等碱性电解质。AFC 在 65℃～220℃的高温下操作，因此，它的反应在开始时相对于 PEMFC 较慢。AFM 的主要组成部分如图 16-42 所示。氢在阳极与氢氧化钾的羟基离子 OH 发生反应，生成水和四个自由电子($4\ e^-$)。阳极的反应为：

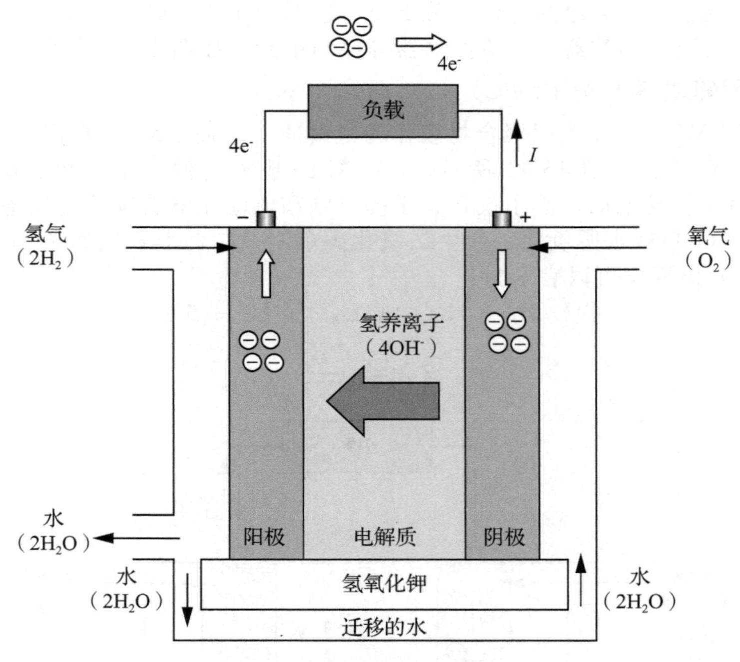

图 16-42　AFC 的示意框图

$$2\,H_2 + 4OH^- \Rightarrow 4\,H_2O + 4\,e^- \tag{16-76}$$

在阳极处产生的水回流到阴极。氧气、水和自由电子在阴极处结合产生羟基离子。阳极的反应为：

$$O_2 + 2\,H_2O + 4\,e^- \Rightarrow 4OH^- \tag{16-77}$$

在阳极和阴极的整个反应为：

$$2\,H_2O + O_2 \Rightarrow 2\,H_2O + \text{能量(热)} \tag{16-78}$$

AFC 对污染非常敏感，尤其是二氧化碳（CO_2）。二氧化碳与电解质发生反应，会快速降低燃料电池性能。水和甲烷也可污染燃料电池。因此，AFC 必须使用纯氢气和氧气运行，这将增加其运作成本。因此，AFC 的应用仅限于受控环境，例如航天器。美国航空航天局 NASA 在太空任务中使用 AFM。现在正寻找新的应用，例如便携式电源。

16.8.6　磷酸燃料电池(PAFC)

PAFC 使用保存在多孔基质内的磷酸电解液。它们的工作温度较高，大约在 150℃～210℃的范围之内。PAFC 的主要组成部分如图 16-43 所示。PAFC 被认为适用于小型和中型的发电场合。它们一般用在 400kW 或以上的发电模块，正在宾馆、医院、杂货店，以及办公室等地用作固定功率发电。磷酸也可被固定在聚合物膜中，使用这些膜的燃料电池适用于多种固定功率的发电应用。阳极的反应类似于 PEMFC 的。输入的氢气在阳极处被分离并产生电子。氢质子（离子）通过电解质向阴极迁移。其阳极反应为：

$$2\,H_2 \Rightarrow 4\,H^+ + 4\,e^- \tag{16-79}$$

自由电子通过外部负载电阻最小的路径流动到另一个电极（阴极）。氢离子在阴极与四个电子（$4e^-$），还有通常来自空气的氧气结合产生水。其阴极反应为：

$$O_2 + 4\,H^+ + 4\,e^- \Rightarrow 2\,H_2O \tag{16-80}$$

在阳极和阴极的整个反应为：

$$2\,H_2 + O_2 \Rightarrow 2\,H_2O + \text{能量(热)} \tag{16-81}$$

如果把 PAFC 发热所产生的蒸汽用于其他应用，例如废热发电和空调时，电池的效率可达到 80%。PAFC 的电解质对CO_2的污染并不敏感，所以它可以使用经过裂化的化石燃料。

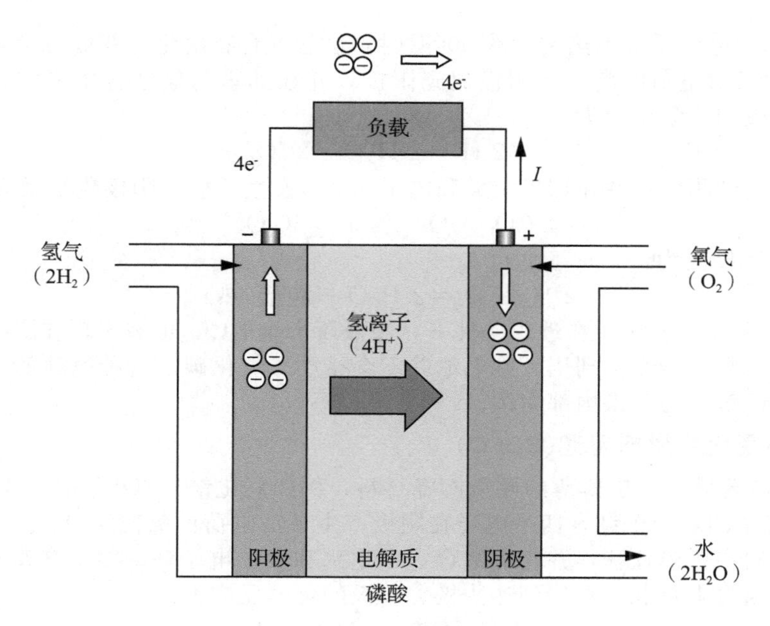

图 16-43　PAFC 的示意框图

PAFC 具有相对简单的结构，使用更便宜的材料和稳定的电解质，这使得 PAFC 在一些例如建筑、宾馆、医院和电力系统等应用中比 PEMFC 更流行。

16.8.7　熔融碳酸盐燃料电池(MCFC)

MCFC 使用固定在多孔基质的熔融碳酸盐作为其电解质。电解质是碳酸锂和碳酸钾或碳酸锂和碳酸钠的混合物。MCFC 的主要部件如图 16-44 所示。由于其高效率，它们已经广泛用于从中等规模到大型功率的固定应用当中。其很高的工作温度(约 600℃)使其能够在内部对诸如天然气和沼气等燃料进行裂解。

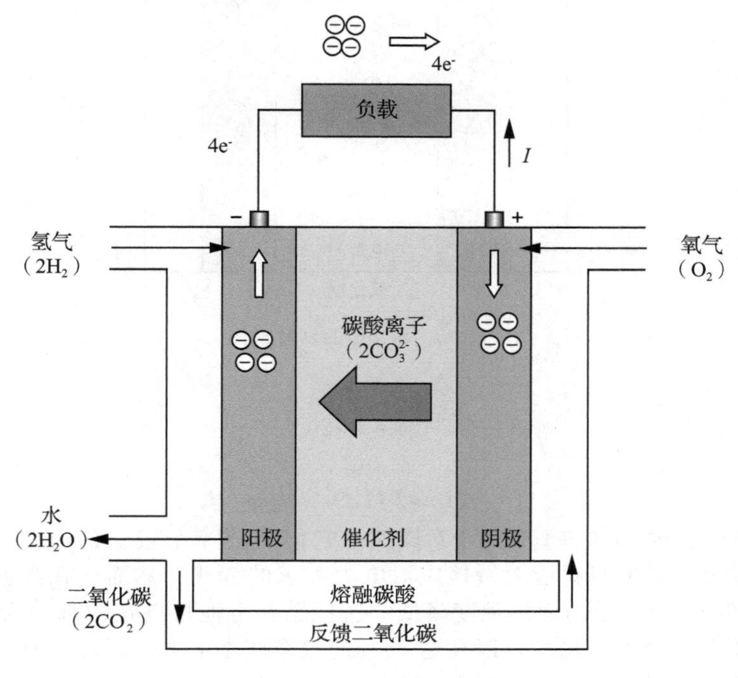

图 16-44　MCFC 的示意框图

当 MCFC 的电解质被加热到大约 600℃时，该盐混合物熔化并变成可导电的碳酸根离子CO_3^{2-}。这些带负电荷的离子从阴极流到阳极，并在那里与氢结合生成水、二氧化碳和自由电子。阳极的化学反应为：

$$2CO_3^{2-} + 2\ H_2 \Rightarrow 2\ H_2O + 2CO_2 + 4\ e^- \tag{16-82}$$

二氧化碳被吸引到阴极，并在那里与氧和电子(4 e^-)发生反应。阴极化学反应为：

$$2\ CO_2 + O_2 + 4\ e^- \Rightarrow 2C\ O_3^{2-} \tag{16-83}$$

MCFC 总的电池反应为：

$$2\ H_2 + O_2 \Rightarrow 2\ H_2O + 能量(热) \tag{16-84}$$

我们可以从式(16-82)看出，在理想条件下，阳极所产生的CO_2也被消耗在阴极。通过精心的设计，可将二氧化碳充分利用，则电池并不会排放二氧化碳。这种电池的一个比较大的缺点是碳酸盐电解质会带来内部腐蚀。

16.8.8 固体氧化物燃料电池(SOFC)

SOFC 的电解质是一层薄薄的硬质陶瓷材料，例如氧化锆。SOFC 的主要部件如图 16-45 所示。空气中的氧分子结合四个电子在阴极产生带负电荷的氧离子O^{2-}。这些氧离子通过固体陶瓷材料向阳极迁移，并与氢结合，产生水和四个电子(4 e^-)。氧离子中的自由电子被释放，并通过电负载，然后到达阴极。阳极的化学反应为：

$$2\ H_2 + 2O^{2-} \Rightarrow 2\ H_2O + 4\ e^- \tag{16-85}$$

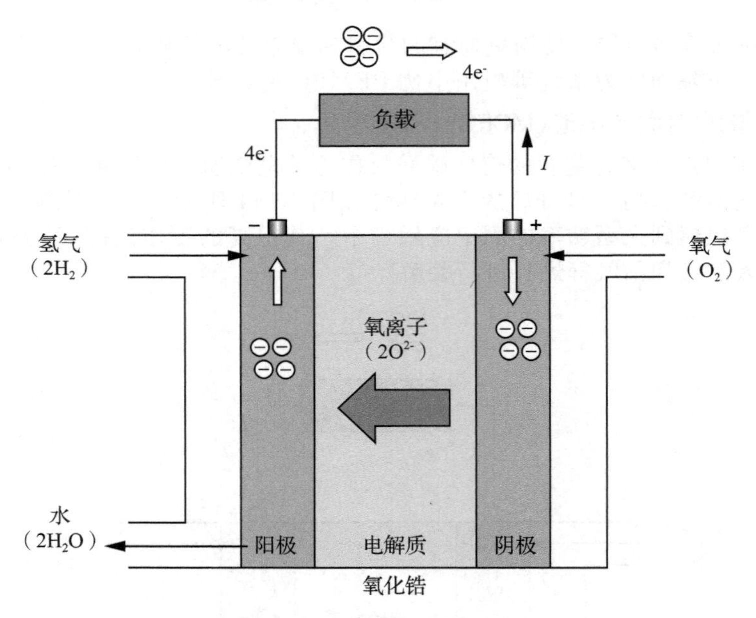

图 16-45 SOFC 的示意框图

阴极的化学反应为：

$$O_2 + 4\ e^- \Rightarrow 2\ O^{2-} \tag{16-86}$$

于是总的化学反应为：

$$2\ H_2 + O_2 \Rightarrow 2\ H_2O + 能量(热) \tag{16-87}$$

SOFC 在非常高的温度(600～1000℃)下操作。它们需要一个较长的时间达到稳定状态。因此，它们启动缓慢，并且只能缓慢地应对电力需求的变化。然而，在高温下，SOFC 对燃料中诸如硫和CO_2等杂质的敏感程度降低。这些燃料电池可以在内部使天然气和沼气裂变，并且可以驱动一个燃气轮机，以高达 75%的效率产生电力。因此，SOFC 适用于兆瓦级的大型固定式发电设备。

16.8.9　燃料电池的热学和电学过程

氢转化成电能涉及热过程和电过程。这些方法的特点是非线性的。于是，电流和功率特性也是非线性的[18,19]。然而，电池必须调整，以产生最佳的输出功率。

热过程　热过程所产生的能量以一个称为摩尔的物质单位计算。1mol 物质中所包含的粒子总数称为阿伏伽德罗数，即$N_A=6.002\times10^{23}\mathrm{mol}^{-1}$。让我们假设焓是在阳极的氢的能量，熵是在阴极氢气和氧气结合生产水的过程中所浪费的热量。如图 16-46 所示。通过化学反应所产生的电能量可以从下列吉布斯自由能方程计算[2]得到：

$$G_H = E_H - Q_H \tag{16-88}$$

式中：E_H为反应过程的焓；

Q_H为反应过程的熵。

在一个大气压和 298℃下，氢气的焓为$E_H=285.83\mathrm{kJ/mol}$，其熵为$Q_H=48.7\mathrm{kJ/mol}$。能够转化为电能的化学能量可以根据吉布斯自由能式(16-88)计算得到：

$$G_H = (285.83 - 48.7)\mathrm{kJ/mol} = 237.13\mathrm{kJ/mol}$$

于是，其热效率为：

$$\eta_t = \frac{G_H}{E_H} = \frac{237.13}{285.83} = 83\%$$

因此，燃料电池的效率(83%)比化石燃料发电厂的热效率(通常少于 50%)高得多。由于电池的内部损耗低，燃料电池的实际电压要比较低；该损耗归因于阳极和阴极的反应和归因于电极受腐蚀或电解质受污染所造成的燃料电池的降解。

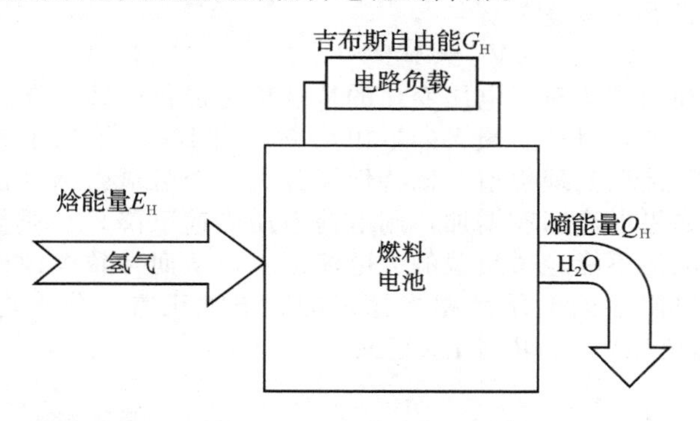

图 16-46　吉布斯自由能的框图

电过程　燃料电池所产生的电压和电流的大小可以从电过程来确定。1mol 的电子所携带的电荷量 q 可根据法拉第定律计算得到：

$$q_e = N_A q \tag{16-89}$$

式中：q 为单个电子的电荷(1.602×10^{-19}C)；

N_A为阿伏伽德罗常数($6.002\times10^{23}\mathrm{mol}^{-1}$)。

由于在燃料电池的化学反应过程中，每个氢气(H_2)分子释放出两个电子($2e^-$)，1mol H_2所释放的电子数 N_e为：

$$N_e = 2N_A \tag{16-90}$$

将其代入式(16-89)，得到 1mol 氢气所释放的电子所携带的总电荷q_m为：

$$q_m = N_e q = 2N_A q \tag{16-91}$$

代入具体数值得到：

$$q_m = 2N_A q = 2\times(6.002\times10^{23})\times(1.602\times10^{-19})\mathrm{C} = 1.9288\times10^5$$

如果电流I_c流过电路的时间为 t，电荷为$q_m=I_c\times t$，则电能E_c为：

$$E_c = V_c\times I_c\times t = V_c\times q_m \tag{16-92}$$

该能量应该与式(16-88)给出的吉布斯自由能公式中燃料电池的电能相等。于是，单个燃料电池的理想电压V_c为：

$$V_c = \frac{E_c}{q_m} = \frac{G_H}{q_m} \tag{16-93}$$

根据该公式，我们可以得到一个燃料电池的理想电压为：

$$V_c = \frac{G}{q_m} = \frac{237.13 \times 10^3}{1.9288 \times 10^5} V = 1.23V$$

例 16.9　确定一个 PAFC 的输出电压。

假设 PAFC 在理想条件下没有损耗，如果有 100mol 的H_2，计算其输出电压。

解：

$q=1.602\times10^{-19}C$，$N_A=0.6002\times10^{24}mol^{-1}$，$G_H=237.13\times10^3 kJ/mol$，$N_m=100$

由式(16-89)，得出 1mol 电子的电荷量为：

$$q_e = N_A \times q = 0.6002 \times 10^{24} \times 1.602 \times 10^{-19} C/mol = 9.615 \times 10^4 C/mol$$

由式(16-90)，得出 1mol H_2的电子数目为：

$$N_e = 2N_A = 2 \times 0.6002 \times 10^{24} mol^{-1} = 1.2 \times 10^{24} mol^{-1}$$

由式(16-91)，得出 1mol H_2所含电子的总电荷为：

$$q_m = N_e \times q = 1.2 \times 10^{24} \times 1.602 \times 10^{-19} C/mol = 1.923 \times 10^5 C/mol$$

由式(16-93)，得出单个燃料电池的输出电压为：

$$V_c = \frac{G_H}{q_m} = \frac{237.13 \times 10^3}{1.923 \times 10^5} V = 1.233V$$

因此对于$N_m=100$时总的输出电压为：

$$V_o = N_m V_c = 100 \times 1.233V = 123.3V$$ ◀

极化曲线　电流和功率相对于电压变化的特性称为极化曲线。该特性是非线性的，可以用来确定最佳的工作点，以产生最大的输出功率。图 16-47 给出了燃料电池的典型极化曲线。电池的空载电压接近其理想值。该特性可分为三个区域：活动区、电阻区和质量传输区。在活动区域，如果电流略有增加，则电池电压迅速下降。在质量传输区域，质量传输损耗占主导，燃料电池不能应付负载的大电流需求，从而导致电池的崩塌。应避免在质量传输区域工作。在电阻区的电压是相当稳定的。电池正常工作在电阻区的最大功率点(MPPT)P_{max}，P_{max}由电压V_{max}和电流I_{max}定义。

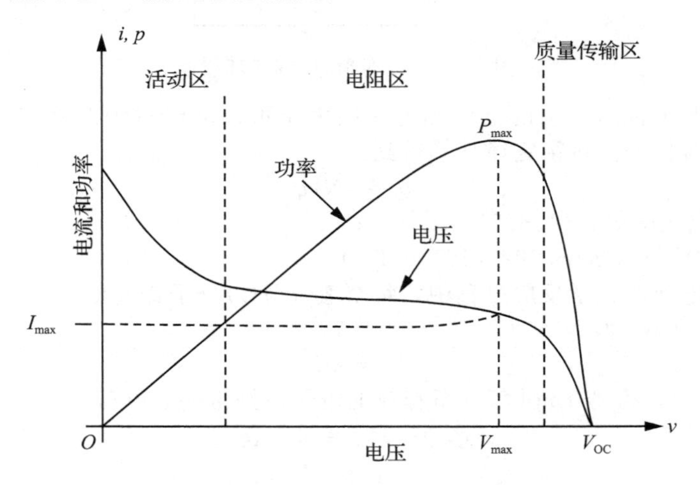

图 16-47　燃料电池的极化和功率曲线

例 16.10　确定一个燃料电池的最大功率。

确定(a)一个燃料电池的最大功率；(b)在最大功率下的电池电流。一个燃料电池的极化曲线可以使用下列非线性 V-I 关系来代表：

$$v = 0.75 - 0.125 \times \tan(i - 1.2)$$

解：

电池功率为：

$$P_C = vi = i \times [0.75 - 0.125 \times \tan(i - 1.2)]$$

最大的功率会出现在 $dP_C/di=0$ 处，也就是：

$$\frac{dP_C}{di} = 0.75 - 0.125 \times \tan(i - 1.2) - 0.125 \times i \times \sec^2(i - 1.2) = 0$$

该关系也可以写成：

$$0.75 - 0.125 \times \tan(i - 1.2) - 0.125 \times i \times \frac{1}{\cos^2(i - 1.2)} = 0$$

通过使用 Mathcad 或 Mathlab 软件迭代求解得到 $I_{mp}A=2.06$A。将 $i=I_{mp}=2.06$A 代入得到对应的电压为：

$$V_{mp} = v = (0.75 - 0.125 \times \tan(2.06 - 1.2))\text{V} = 0.6048\text{V}$$

因此，最大电池功率为：

$$P_{max}=V_{mp}I_{mp}=0.6048\times2.06\text{W}=1.246\text{W}$$ ◀

16.9 地热能

地热技术[2]使用地球上清洁、可持续的热量进行发电。地热资源包括：(a)保留在浅层地表的热量；(b)发现在地表下几英里的热水和岩石；(c)位于地球深处的称为岩浆的极高温熔融的岩石。通常，地表下数米深度的地热温度在冬季大约比环境温度高10℃～20℃，在夏季低大约10℃～20℃。在更大的深度处，岩浆(熔融的岩石)具有非常高的温度，可以产生大量的蒸汽，以用于产生大量的电力。

岩浆所处的深度及其周围的物质决定了我们可以利用地热能源的方式。在较浅的地方，热泵可用于在冬天加热室内空间，而在夏天实现室内降温。在更深更靠近熔岩的位置，足够的蒸汽可以用来产生电力。热能可以通过各种方式形成蒸汽，例如间歇泉，然后可以通过汽轮机转换为电能。这些变化使得很难设计出一种满足所有条件的地热发电厂。现存基本上有三种设计[1]。

干蒸汽发电厂 该系统用于蒸汽温度非常高(300℃)的情况，并且蒸汽是现成的。

闪蒸蒸气发电厂 当储存温度高于200℃，储存液被吸入膨胀罐，以降低其压力。这会导致一些流体迅速蒸发(闪蒸)为蒸气。蒸气随后被用于发电。

二元循环发电厂 在中等温度(低于200℃)，储存水的能量通过热萃取交换到具有低得多的沸点的另一种流体(称为二元)中。从地热水中得到的热量使上述第二种流体产生闪蒸蒸汽，然后将其用于驱动汽轮机。

16.10 生物质能

我们的身边有许多类型的生物质，例如有机物的，如植物，农业和林业的残余物，市政和工业废物的有机成分，它们现在可以用于生产燃料、化学品和电力。尤其垃圾是现代社会中的主要问题。可以通过燃烧垃圾产生电力(生物质能)。当生物质在焚化炉中燃烧时，其体积可以降低多达90%，而且在此过程中，得到的蒸汽可以用于发电。汽轮机所排出的蒸汽被冷却以完成热循环。在炉中产生的灰渣被收集并送到垃圾堆填区。灰渣的体积约为生物质材料原始体积的10%。重金属和二恶英在焚化的不同阶段形成。二恶英是高度致癌的，可能导致癌症和遗传性缺陷。

生物质技术通过分解有机物质，从而释放这些物质所储存的太阳能量。其实现的过程取决于生物质的类型和它的最终用途。例如，生物燃料是从生物质得到的液体或气体燃料。乙醇，一种酒精，主要获取于玉米粒中的淀粉。生物柴油可以通过植物油、动物脂肪或餐馆的回收油脂制造出来。

本章小结

可再生能源包括水能、风能、太阳能、氢能、生物质能、潮汐能和地热能等。可再生能源技术可以从可再生的能源中生产可持续的清洁能源。这些技术有潜力在国家的能源需求中占有显著的份额，并有助于改善环境质量，建立一个强有力的能源经济。能源首先通过发电机转换成电能。太阳能可以直接转换为电能。由于大气反射、散射和吸收所带来的损耗，在地球表面的太阳能只是地外太阳能的一小部分。每个地方太阳能的效率都不一样。

对于其他资源而言，热能和机械能必须转换为电能。风和海的能量以机械能的形式提供。风能可以在世界上任何具有强劲和稳定空气流动的地方产生。涡轮机叶片经空气动力学优化，以从风中捕获最大功率，其正常工作在约 3～15m/s 的风速范围内。多风的地区产生更多的能量，从而降低电力的生产成本。《太阳能和风能资源评估报告》(SWERA)给出了世界不同区域的资源地图和风力数据。

海洋含有来自太阳的热能，并以潮汐和波浪的方式产生机械能。尽管太阳会影响所有的海洋活动，月球引力是潮汐的主要驱动力，而风是形成海浪的主要动力来源。海浪有足够的能量提供高达电 2TW(或兆兆)的电力。然而，海洋能不能随处驾驭。水电是可再生能源发电中最常见的和最便宜的来源。水电技术的运用有着悠久的历史。它们有许多优点，包括容易得到和零排放。水电不像一些通过燃烧煤或天然气等化石燃料的发电厂，它们不会对空气造成污染。

燃料电池(FC)是一种新兴技术。燃料电池跟一般电池一样，将化学能转化为电能。但它们不会停止运转，也不需要充电。只要供给燃料，它们就能产生电和热。燃料电池需要燃料(例如氢气)和氧化剂(例如氧气)，它产生的直流电、水、还有热量。

参考文献

[1] US Department of Energy, *Renewable Energy Technologies—Energy Basics.* http://www.eere.energy.gov/basics/. Accessed February 2012.

[2] M. El-Sharkawi, *Electric Energy: An Introduction*. Boca Raton, Florida: CRC Press. 2008.

[3] The Solar and Wind Energy Resource Assessment (SWERA). *Solar Resource Information.* http://swera.unep.net/. Accessed February 2012.

[4] A. Khaligh and O. C. Onar, *Energy Harvesting: Solar, Wind, and Ocean Energy Conversion Systems*. Boca Raton, FL: CRC Press. 2009.

[5] American Wind Energy Association. http://www.awea.org. Accessed February 2012.

[6] Energy Information Administration, *Official Energy Statistics* U.S. Government. http://www.eia.doe.gov. Accessed February 2012.

[7] US Department of Energy, *Energy 101—Wind Turbines Basics*. http://www.eere.energy.gov/basics/renewable_energy/wind_turbines.html. Accessed February 2012.

[8] US Department of Energy, *Water Power Program. Energy Efficiency and Renewable Energy*. http://www1.eere.energy.gov/water/index.html. Accessed February 2012.

[9] B. Wu, Y. Lang, N. Zargari, and S. Kouro, *Power Conversion and Control of Wind Energy Systems*. New York: A John Wiley & Sons, Inc. 2011.

[10] T. Ackermann, *Wind power in power systems*. Hoboken, NJ: John Wiley & Sons. 2005.

[11] E. Hau, *Wind Turbines: Fundamentals, Technology, Applications and Economics*. 2nd. ed. Berlin: Springer. 2005.

[12] Z. Shao, *Study of Issues in Grid Integration of Wind Power.* Ph.D. Thesis, Nanyang Technological University. 2011.

[13] H. Pounder, et al., "Comparison of direct-drive and geared generator concepts for wind turbines," *IEEE Transaction on Energy Conversion*, Vol. 21, No. 3, 2006, pp. 725–733.

[14] Z. Yi and S. Ula, "Comparison and evaluation of three main types of wind turbines," in Transmission and Distribution Conference and Exposition, IEEE/PES, 2008, pp. 1–6.

[15] Haining Wang, C. Nayar, Jianhui Su, and Ming Ding, "Control and interfacing of a grid-connected small-scale wind turbine generator," *IEEE Transactions on Energy Conversion*, Vol. 26, No. 2, 2011, pp. 428–434.

[16] Mukund R. Patel, *Shipboard Propulsion, Power Electronics, and Ocean Energy.* Boca Raton, FL: CRC Press. 2012.

[17] Bei Gou, Woon Ki Na, and Bill Diong, *FUEL CELLS—Modeling, Control, and Applications.* Boca Raton, FL: CRC Press. 2010.

[18] C. Wang, M. H. Nehrir, and H. Gao, "Control of PEM fuel cell distributed generation systems," *IEEE Transactions on Energy Conversion*, Vol. 21, No. 2, 2006, pp. 586–595.

[19] Caisheng Wang and M. H. Nehrir, "Short-time overloading capability and distributed generation applications of solid oxide fuel cells," *IEEE Transactions on Energy Conversion*, Vol. 22, No. 4, 2007, pp. 898–906.

[20] Balazs Czech and Pavol Bauer, "Wave energy converter concepts—Design challenges and classification," *IEEE Industrial Electronics Magazine*, June 2012, pp. 4–16.

复习题

16.1 能源有什么类型？

16.2 可再生能源技术有什么类型？

16.3 能量和功率之间的区别是什么？

16.4 可再生能源发电系统有什么主要模块？

16.5 可再生能源发电涡轮机有什么功能？

16.6 热能转换的热循环是什么？

16.7 热能转换的冷却塔的功能是什么？

16.8 太阳能计算和发电涉及什么技术？

16.9 太阳能电池的功率密度（太阳辐射）和地外功率密度的区别是什么？

16.10 什么是天顶角？

16.11 太阳辐射对光伏输出功率的影响是什么？

16.12 太阳能电池模块和阵列之间的区别是什么？

16.13 PV 电池的最大功率点是什么？

16.14 什么是风电的等级？

16.15 风力涡轮机的近似最大效率是什么？

16.16 什么是叶尖速度？

16.17 涡轮机的叶尖速比（TSR）是什么？

16.18 风力发电的功率曲线的分成那几段？

16.19 用于风力发电的发电机的常见类型有哪些？

16.20 海洋能分为哪几种主要类型？

16.21 水力发电有什么类型？

16.22 水电站的压力管道的功能是什么？

16.23 燃料电池有哪些类型？

16.24 燃料电池的裂变器的功能是什么？

16.25 理想的燃料电池最大效率是什么？

16.26 每摩尔 H_2 产生多少电子？

16.27 什么是吉布斯自由能方程？

16.28 什么是燃料电池的极化曲线？

16.29 什么是地热能技术？

16.30 什么是生物质能技术？

习题

注意： 对以下习题，均假设重力常数 $g=9.807\text{m/s}^2$。

16.1 如图 16-2 所示的一个涡轮机有如下参数：$r=1.50\text{m}$，$v_t=25\text{m/s}$，$\rho=1000\text{kg/m}^3$，$\eta_t=0.45$。计算（a）扫掠区域 A_s；（b）涡轮机功率 P_t；（c）机械功率 P_m。

16.2 如图 16-2 所示的一个涡轮机有如下参数：$r=1.15\text{m}$，$v_t=15\text{m/s}$，$\rho=800\text{kg/m}^3$，$\eta_t=0.55$。计算（a）扫掠区域 A_s；（b）涡轮机功率 P_t；（c）机械功率 P_m。

16.3 对于图 16-3 所示的热转换过程，燃烧天然气的提取物的量为 $Q_2=18000\text{Btu/kg}$，热能为 $Q_1=\text{TEC}=48000\text{Btu/kg}$。计算（a）机械能量 W；（b）涡轮机的效率 η_t。

16.4 对于图 16-3 所示的热转换过程，燃烧石油的提取物的量为 $Q_2=18000\text{Btu/kg}$，热能为 $Q_1=\text{TEC}=45000\text{Btu/kg}$。计算（a）机械能量 W；（b）涡轮机的效率 η_t。

16.5 对于图 16-3 所示的热转换过程，燃烧干柴的提取物的量为 $Q_2=18000\text{Btu/kg}$，热能为 $Q_1=\text{TEC}=19000\text{Btu/kg}$。计算（a）机械能量 W；（b）涡轮机的效率 η_t。

16.6 某一天特定时间特定位置处的太阳能参数

为：天顶角度 $\theta=30°$，全部气体的透过率 $\alpha_{dt}=70\%$，水蒸气的吸收率 $\beta_{wa}=5\%$，气雾的透射率 $\alpha_{p}=90\%$，太阳能的分布函数的标准偏差 $\sigma=3.5h$。(a)计算当时的功率密度和太阳能效率；(b)如果太阳能分布函数的标准偏差 $\sigma=3.5h$，计算下午三点的太阳能功率密度。

16.7 某一天特定时间特定位置处的太阳能参数为：天顶角度 $\theta=20°$，全部气体的透过率 $\alpha_{dt}=65\%$，水蒸气的吸收率 $\beta_{wa}=5\%$，气雾的透射率 $\alpha_{p}=85\%$，太阳能的分布函数的标准偏差 $\sigma=3.5h$。(a)计算当时的功率密度和太阳能效率；(b)如果太阳能分布函数的标准偏差 $\sigma=3.5h$，计算下午三点的太阳能功率密度。

16.8 一个 PV 电池在 30℃下的反向饱和电流 $I_S=5nA$。在 30℃下的太阳能电流为 $i_C=1A$，计算(a)当负载吸取电流 $i_L=0.5A$ 时，PV 电池的输出电压 v_L 和输出功率 P_L；(b)负载电阻 R_L 和最大输出功率 P_{max}。

16.9 一个 PV 电池在 30℃下的反向饱和电流 $I_S=15nA$。在 30℃下的太阳能电流为 $i_C=0.8A$，计算(a)当负载吸取电流 $i_L=0.5A$ 时，PV 电池的输出电压 v_L 和输出功率 P_L；(b)负载电阻 R_L 和最大输出功率 P_{max}。

16.10 一个 PV 电池的 i_P 和 v_P 特性可以描述为两个部分：

$$i_{P1}=-0.15v_P+1.1$$
$$i_{P2}=-4.5v_P+3.4$$

计算(a)电压 v_{mp}；(b)电流 I_{mp}；(c)功率 P_{max}。

16.11 一个 PV 电池的 i_P 和 v_P 特性可以描述为两个部分：

$$i_{P1}=-0.12v_P+1.7$$
$$i_{P2}=-3.8v_P+2.5$$

计算(a)电压 v_{mp}；(b)电流 I_{mp}；(c)功率 P_{max}。

16.12 一个 PV 电池工作在 30℃时，其反向饱和电流为 $I_S=5nA$。在 30℃下的太阳能参数为：太阳能电流 $I_C=0.8A$，串联电阻 $R_S=10m\Omega$，并联电阻 $R_P=1.5k\Omega$。计算当负载吸取电流 $i_L=0.5A$ 时，PV 电池的输出电压 v_L 和输出功率 P_L

16.13 一个 PV 电池工作在 30℃时，其反向饱和电流 $I_S=1nA$ 的。在 30℃下的太阳能参数为：太阳能电流 $I_C=1A$，串联电阻 $R_S=20m\Omega$，并联电阻 $R_P=2k\Omega$。计算当负载吸取电流 $i_L=0.45A$ 时，PV 电池的输出电压 v_L 和输出功率 P_L

16.14 风电场的高度为海拔 350m。每个风力涡轮机有三个旋转叶片，每个叶片长 25m，故扫掠直径为 50m。如果空气温度为 30℃，风的速度是 10m/s，计算(a)空气密度 δ；(b)功率密度 ρ；(c)从风得到的可用功率。

16.15 风电场的高度为海拔 250m。每个风力涡轮机有三个旋转叶片，每个叶片长 30m，故扫掠直径为 60m。如果空气温度为 30℃，风的速度是 12m/s，计算(a)空气密度 δ；(b)功率密度 ρ；(c)从风得到的可用功率。

16.16 风力涡轮机的参数如下：发电机速度 $N_g=905r/min$，风速 $v_a=5ms$。涡轮机具有固定的 TSR=7 和扫掠直径 $d=10m$。计算(a)齿轮箱的低速端的速度或发电机的速度 N_t；(b)齿轮齿数比 GR。

16.17 风力涡轮机的参数如下：发电机速度 $N_g=805r/min$，风速 $v_a=7ms$。涡轮机具有固定的 TSR=8 和扫掠直径 d=12m。计算(a)齿轮箱的低速端的速度或发电机的速度 N_t；(b)齿轮齿数比 GR。

16.18 风力涡轮机的的效率可由以下非线性等式表示：

$\eta_t=0.4\sin(TSR)+0.05\sin(3TSR-0.25)$

计算(a)能够产生最大功率的 TSR；(b)效率。

16.19 风力涡轮机的的效率可由以下非线性等式表示：

$\eta_t=0.5\sin(TSR)+0.03\sin(3TSR-0.15)$

计算(a)能够产生最大功率的 TSR；(b)效率。

16.20 海洋波的波束宽度为 $\omega=1.5km$，波束高度为 $h_w=5.5m$，波长为 $\lambda=50m$。计算：(a)波束功率容量；(b)波束转换效率为 2%时能够产生的电能容量。

16.21 海洋波的波束宽度为 $\omega=2.5km$，波束高度为 $h_w=4.5m$，波长为 $\lambda=50m$。计算：(a)波束功率容量；(b)波束转换效率为 2.5%时能够产生的电能容量。

16.22 潮水工厂的潮轮叶片长度为 3.5m，潮水流速度为 12n-mile/h，能量转换效率为 40%，计算潮轮叶片得到的能量。注：1n mile/h=1.852km/h=0.515m/s。

16.23 潮水工厂的潮轮叶片长度为 2.5m，潮水流速度为 8n-mile/h，能量转换效率为 40%，计算潮轮叶片得到的能量。

16.24 一个坝型潮汐能源系统一侧为泄湖，另一侧为大海。泄湖基底为一个半径约 1.5km 的半圆。在满潮时，大坝水位高点为 20m，水位低点为 12m。计算(a)潮水的势能；(b)该潮汐系统可产生的电能。假设能量转换效率为35%，涡轮机效率为90%，发电机效率为95%。

16.25　一个坝型潮汐能源系统一侧为泄湖，另一侧为大海。泄湖基底为一个半径约2.0km的半圆。在满潮时，大坝水位高点为15m，水位低点为10m。计算(a)潮水的势能；(b)该潮汐系统可产生的电能。假设能量转换效率为30%，涡轮机效率为90%，发电机效率为93%。

16.26　一个小型水电站的蓄水池高4.5m，水流过水阀的速率为90kg/s。水阀能量转换效率为$\eta_p=95\%$，功率常数$C_p=47\%$，涡轮机效率为85%，以及发电机效率为90%。计算(a)假设每度电的价格为$0.12，水电站一个月的发电量和收入；(b)水流出水阀的速度。

16.27　一个小型水电站的蓄水池高5.5m，水流过水阀的速率为110kg/s。水阀能量转换效率为$\eta_p=95\%$，功率常数$C_p=47\%$，涡轮机效率为85%，以及发电机效率为90%。计算(a)假设每度电的价格为$0.15，水电站一个月的发电量和收入；(b)水流出水阀的速度。

16.28　计算一个小型水电站蓄水池的水坝高度，使得该水电站的发电功率为1.5MW。已知水阀直径为3.5m，水阀效率为95%，功率常数$C_p=47\%$，涡轮机效率为85%，以及发电机效率为90%。

16.29　计算一个小型水电站蓄水池的水坝高度，使得该水电站的发电功率为2.5MW。已知水阀直径为3.5m，水阀效率为95%，功率常数$C_p=47\%$，涡轮机效率为85%，以及发电机效率为90%。

16.30　假设在理想无损耗条件下，100mol的H_2时的PEMFC的输出电压。

16.31　假设在理想无损耗条件下，100mol的H_2时的DMFC的输出电压。

16.32　假设在理想无损耗条件下，100mol的H_2时的SOFC的输出电压。

16.33　计算多少摩尔的氢气能够使得PEMFC的输出电压为(a)$V_o=24V$，(b)$V_o=100V$。

16.34　计算多少摩尔的氢气能够使得PEMFC的输出电压为(a)$V_o=110V$，(b)$V_o=48V$。

16.35　求(a)电池的最大功率以及(b)电池在最大功率下对应的电流。如下非线性电压-电流关系为燃料电池的极化曲线：
$v=0.83-0.14\times\tan(i-1.1)$

16.36　求(a)电池的最大功率以及(b)电池在最大功率下对应的电流。如下非线性电压一电流关系为燃料电池的极化曲线：
$v=0.77-0.117\times\tan(i-1.12)$

第17章

器件以及电路保护

学习完本章后，应能做到以下几点：

- 描述热模型的电模拟分析，以及功率器件冷却的方法；
- 描述避免器件产生过高 di/dt 和 dv/dt 的方法，以及由于负载和电源断开产生瞬态电压的保护方法；
- 如何为保护功率器件挑选快速断路器；
- 列举产生 EMI 的源头，以及在电路上减弱 EMI 影响的方法。

符号及其含义

符 号	含 义
T_j，T_A	节点和环境温度
R_{JC}，R_{CS}，R_{SA}	节点到外壳，外壳到散热器，散热器到环境热阻抗
P_A，P_n	器件平均功率损耗和第 n 个脉冲功率损耗
Z_n，τ_{th}	第 n 个脉冲热阻抗和器件热时间常数
R_{th}，C_{th}	热传递热阻抗和热电容
α，δ	阻尼系数和 RLC 电路阻尼比
ω，ω_0	RLC 电路阻尼和无阻尼自然频率
N_p，N_S	变压器一次绕组和二次绕组匝数
V_p，V_c	峰值和初始电容电压
V_S，V_m	瞬间电压的 RMS 值和最大值

17.1 引言

由于功率器件的反向回复过程以及感性电路的开关动作，变换器电路会出现电压瞬态过程。即便在精心设计过的电路中，短路状况也有时会出现，造成过大电流流过器件。半导体器件损耗产生的热量必须充足地并有效地释放，这样器件才能运行在其最高温度上限内。变换器的可靠运行要求在任何时候，需要为功率器件提供过压、过流和过热保护，以便电路状态不会超过功率器件的额定值。在实际中，功率器件受到以下保护：(1)散热器保护热跑偏由散热器造成；(2)吸收电路保护高 di/dt 和 dv/dt；(3)反向回复瞬态保护；(4)电源和负载侧瞬态保护；(5)断路器保护故障电路。

17.2 冷却器和散热器

通态损耗，开关损耗和意外过电压及短路使得功率器件内部产生热量。这些热量必须从器件中转换到冷却介质，以维持节点温度在一定范围内。热转换可以由导热、对流、辐射或自然或强制风冷实现，而对流是在工业应用中最为常用的。

热量从器件流到外壳，并进入冷却介质的散热器。如果 P_A代表器件的平均功率损耗，器件(被固定在散热器上边的部分)的电器模拟模型如图 17-1 所示。器件的结点温度 T_j为

$$T_J = P_A(R_{JC} + R_{CS} + R_{SA}) + T_A \tag{17-1}$$

式中：R_{JC}为节点到外壳热阻抗(℃/W)；

R_{CS}为外壳到散热器热阻抗(℃/W)；

R_{SA}为散热器到环境热阻抗(℃/W)；

T_A为环境温度(℃)。

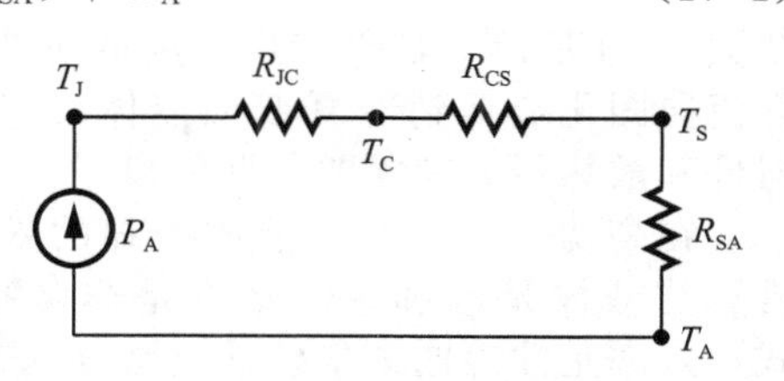

图 17-1 热传递的电模型

R_{JC}和R_{CS}通常由功率器件厂家给出。一旦功率器件损耗P_A已知，在给定环境温度T_A下，所需要的散热器的热阻抗就可以计算得到。下一步为选择散热器和它的尺寸以满足热阻抗的要求。

大量商业化铝制散热器可供选择，通常它们使用冷却鳍增加散热能力。图 17-2 给出了一个典型散热器在自然冷却和强制冷却下的热阻抗特性，自然冷却下散热功率和散热器温升在图中给出。强制冷却中，热阻抗随气流速度的增加而降低。然而，在一定速度以上，热阻抗降低得不再明显。图 17-3 显示了不同散热器类型。

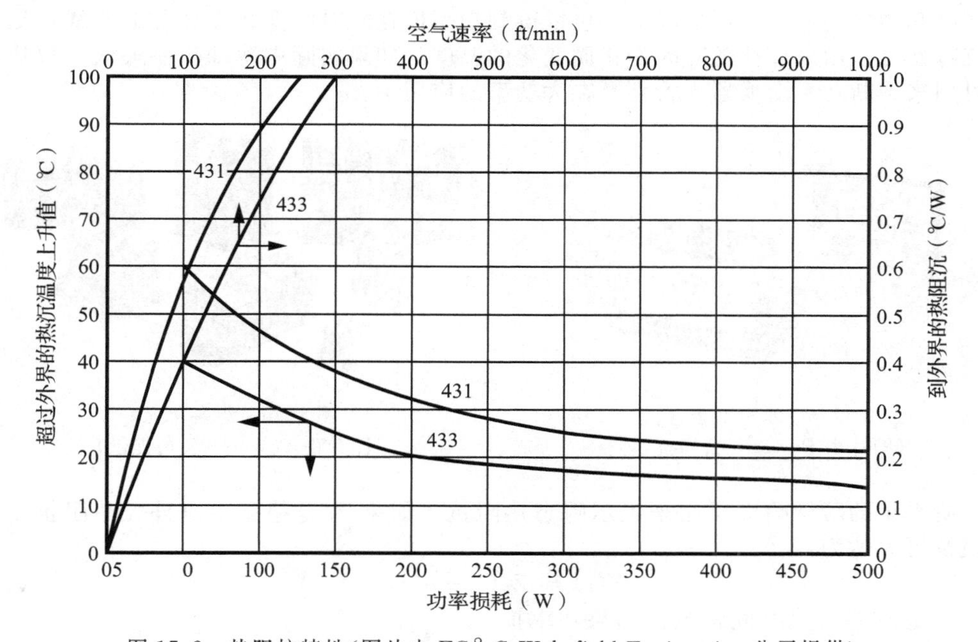

图 17-2 热阻抗特性(图片由 EG&G Wakefield Engineering 公司提供)

器件和散热器的接触面积对降低外壳和散热器之间的热阻抗极为重要。它们的表面应该平整、光滑、没有灰尘、腐蚀，以及表面氧化。人们通常使用硅脂提升散热能力和减小氧化和腐蚀的形成。

器件必须正确地固定在散热器上，以获得正确的固定压力。生产厂家通常会提供正确的安装过程。对于螺栓安装的器件，过高的固定扭矩可能会造成硅晶片的损伤。螺栓和螺母不应该抹上硅脂或润滑剂，因为润滑会造成螺栓产生应力。

图 17-3 散热器(图片由 Wakefield-Vette Thermal Solutions 公司提供)

器件可使用热管散热，这些热管内部填充了可低压汽化的冷却液。器件固定在热管的一端，而另一端可连接固化冷凝器（或散热器），如图 17-4 所示。器件产生的热量使液体汽化，并流向固化端得到冷凝变回液体，流向热源。器件和散热器之间需要一些距离。

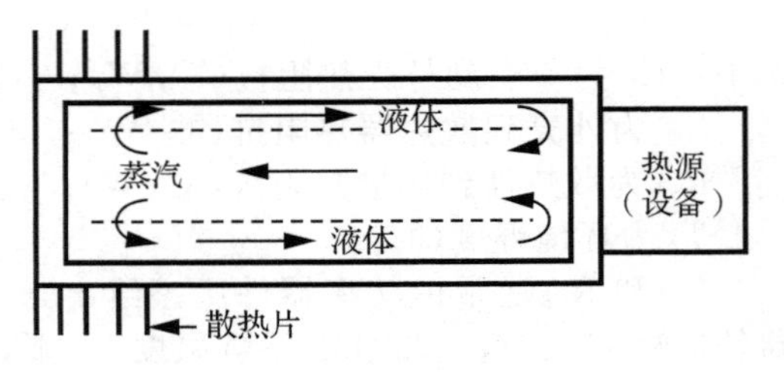

图 17-4 热管

在高功率应用中，液体冷却的效率更高，常见的液体是油和水。水冷是非常高效的方式，效率是油冷的 3 倍。然而必须采用蒸馏后的水，以减小腐蚀，并使用防冻液防止液体冷冻。油可燃，因此不适用于某些应用。但油冷提供了很好的绝缘，并避免了腐蚀和冷冻的问题。热管和液体冷却散热器在市场很常见。图 17-5 显示了两个水冷式交流开关。功率变换器在组装单元可以获得，如图 17-6 所示。

功率器件的热阻抗很小，器件的节点温度随瞬间功率损耗变化。瞬间节点温度必须时刻保持在可接受范围内。厂家会提供一个瞬态热阻抗和方波脉冲图作为数据手册的一部分。在已知器件的电流波形情况下，可以得到功率损耗随时间变化而变化的曲线，随后瞬态阻抗特性可以用来计算随时间变化而变化的温度。如果实际中冷却机制失效，散热器的温升可用来关断功率变换器，特别是在大功率的应用中。

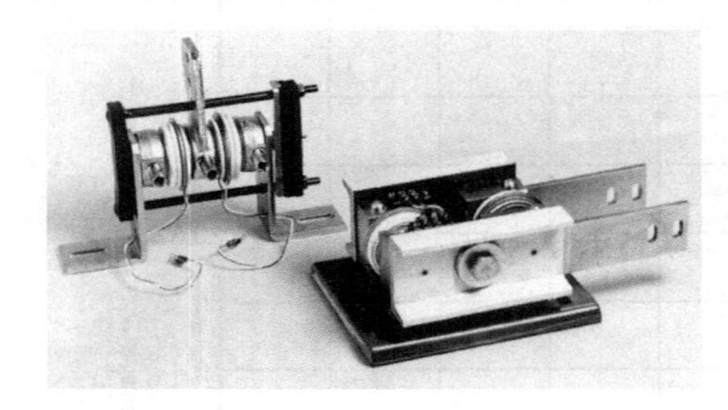

图 17-5 水冷交流开关
（图片由 Powerex 公司提供）

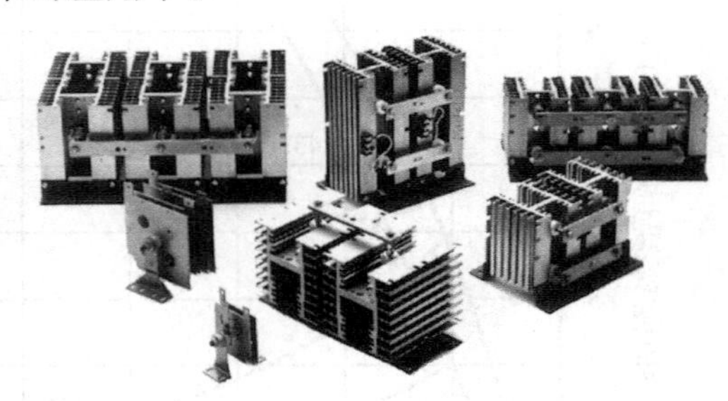

图 17-6 组装单元
（图片由 Powerex 公司提供）

一阶系统的阶梯响应可用来表示瞬态热阻抗。如果 Z_0 是稳态节点外壳热阻抗，则瞬间热阻抗可表达为：

$$Z(t) = Z_0(1 - e^{-t/\tau_{th}}) \tag{17-2}$$

式中：τ_{th} 是器件的热时间常数。如果功率损耗是 P_d，瞬间节点温度温升为：

$$T_J = P_d Z(t) \tag{17-3}$$

如果功率损耗是脉冲形式的，如图 17-7 所示，式(17-3)可用于节点温度的阶梯响应。如果 t_n 是第 n 个脉冲的时长，则对应的第 n 个脉冲开始和结束时的热阻抗为 $Z_0 = Z(t=0) = 0$ 和 $Z_n = Z(t = t_n)$。与时长 t_n 对应的热阻抗 Z_n 可从瞬态热阻抗特性中找到。如果 P_1，P_2，P_3…是功率脉冲，$P_2 = P_4 = \cdots = 0$，在第 m 个脉冲结束时的节点温度可表示为：

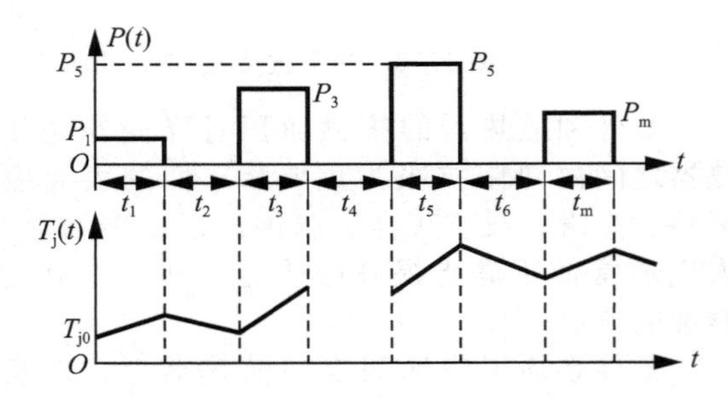

图 17-7 节点温度和长方形功率脉冲

$$\begin{aligned} T_J(t) &= T_{J0} + P_1(Z_1 - Z_2) + P_3(Z_3 - Z_4) + P_5(Z_5 - Z_6) + \cdots \\ &= T_{J0} + \sum_{n=1,3,\cdots}^{m} P_n(Z_n - Z_{n+1}) \end{aligned} \tag{17-4}$$

式中：T_{j0} 是初始态节点温度；Z_2、Z_4 的负号表示在 t_2 段节点温度下降。

节点温度的阶梯响应的概念可扩展到其他功率波形[13]。任何形态的波形可以用同等时长或不等时长的长方形脉冲波代替，脉冲的幅值为实际波形的平均大小。这个近似的精确性可由增加脉冲的数量和减小每个脉冲的时长来提高，如图 17-8 所示。

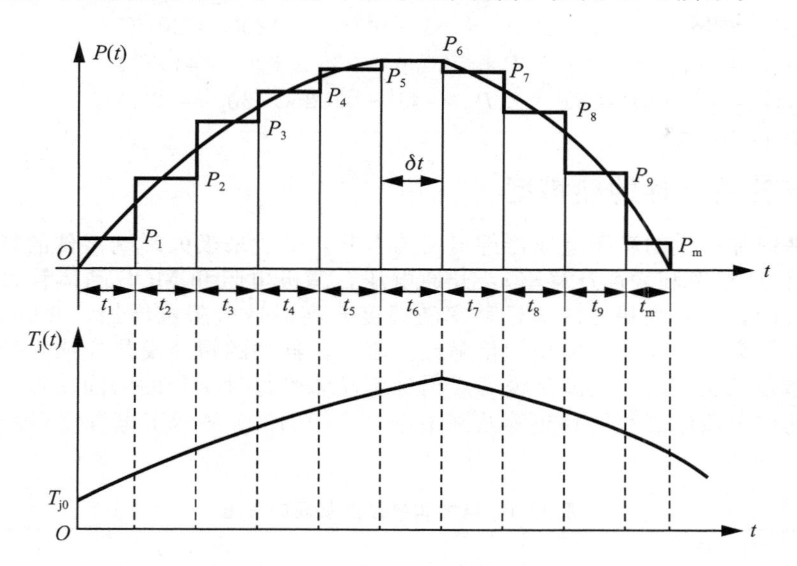

图 17-8　长方形脉冲近似功率脉冲

在第 m 个脉冲结束时，节点温度可表示为：

$$
\begin{aligned}
T_J(t) &= T_{J0} + Z_1 P_1 + Z_2(P_2 - P_1) + Z_3(P_3 - P_2) + \cdots \\
&= T_{J0} + \sum_{n=1,2,\cdots}^{m} Z_n(P_n - P_{n-1})
\end{aligned}
\tag{17-5}
$$

式中：Z_n是第 n 个脉冲时长 t_n结束时的阻抗，P_n是第 n 个脉冲的功率损耗。$P_0=0$，t 是时间间隔。

例 17.1　画出瞬间节点温度。

一个器件的功率损耗如图 17-9 所示。画出瞬间节点相对于外壳温度的温升曲线。$P_2=P_4=P_6=0$，$P_1=800\text{W}$，$P_3=1200\text{W}$，$P_5=600\text{W}$。$t_1=t_3=t_5=1\text{ms}$，数据手册给出

$$Z(t=t_1)=Z_1=Z_3=Z_5=0.035℃/\text{W}$$

$t_2=t_4=t_6=0.5\text{ms}$，

$$Z(t=t_2)=Z_2=Z_4=Z_6=0.025℃/\text{W}$$

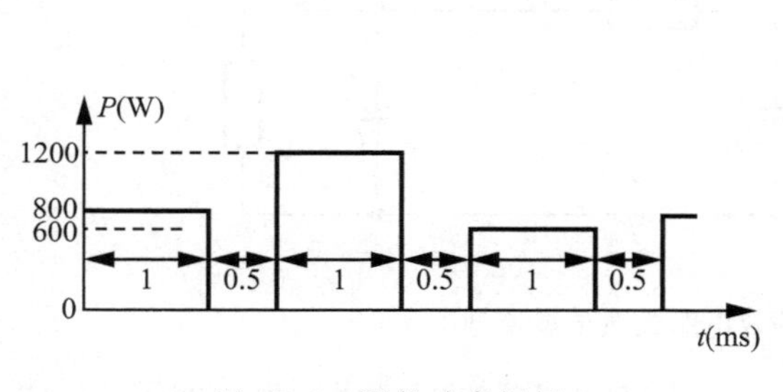

图 17-9　器件功率损耗

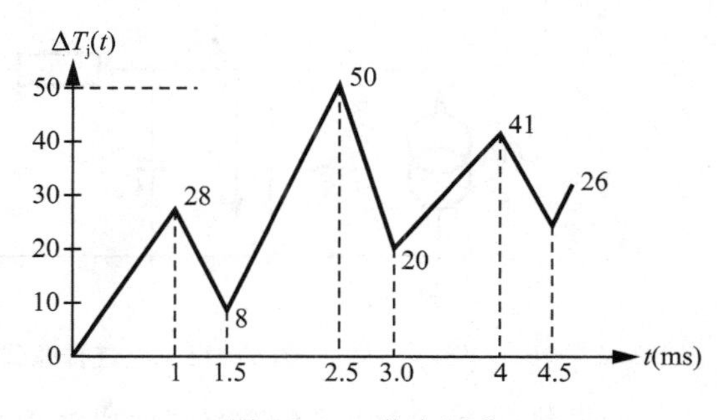

图 17-10　节点温升

解：

由式(17-4)得节点温升为：

$$\Delta T_J(t=1\text{ms}) = T_J(t=1\text{ms}) - T_{J0} = Z_1 P_1 = 0.035\times 800 = 28(℃)$$
$$\Delta T_J(t=1.5\text{ms}) = 28 - Z_2 P_1 = 28 - 0.025\times 800 = 8(℃)$$
$$\Delta T_J(t=2.5\text{ms}) = 8 + Z_3 P_3 = 0.035\times 1200 = 50(℃)$$
$$\Delta T_J(t=3\text{ms}) = 50 - Z_4 P_3 = 50 - 0.025\times 1200 = 20(℃)$$
$$\Delta T_J(t=4\text{ms}) = 20 + Z_5 P_5 = 20 + 0.035\times 600 = 41(℃)$$
$$\Delta T_J(t=4.5\text{ms}) = 41 - Z_6 P_5 = 41 - 0.025\times 600 = 26(℃)$$

节点温升如图 17-10 所示。◀

17.3 功率开关器件的热模型

功率器件内部产生的功率造成器件温度的上升，反过来极大影响器件的特性。举例来说，迁移率(体迁移率和表面迁移率)，开通电压，漏极电阻和 MOS 晶体管氧化层电容都是与温度相关的。与温度相关的体迁移率随温度升高而造成阻抗增加，并因此增加功耗。这些器件的参数会影响晶体管模型的精确性。因此，器件的瞬间发热应该直接与器件和散热器的热模型联系在一起。也就是说，应当计算晶体管每时每刻的瞬间功耗，并且与释放的功率成正比的电流应当反馈到热等效网络中[13]。表 17-1 显示了电气变量和热变量之间的等效性。

表 17-1 电力和热量变量间的等值

热　量	电　力
温度，T 单位 K	电压 V 单位 V
热流，P 单位 W	电流 I 单位 A
热阻，R_{th}单位 K/W	电阻 R 单位 V/A(Ω)
热电容，C_{th}单位 W・s/K	电容 C 单位 A・s/V

17.3.1 电气等效热模型

从芯片到散热器的热路径可以被建立为一个与电气传输线相似的模型，如图 17-11 所示。对热特性的精确分析，需要知道单位长度的热阻抗和热电容。电气功率源 $P(t)$代表热等效中产生在芯片中的功率释放(热流)量。

R_{th}和 C_{th}代表器件内部元素的集中等效参数。当它们表现出一维热流特性时，它们可以由元素的结构中直接得到。图 17-2 显示了一个具有冷却板封装(TO-220 或 D-Park)的典型晶体管的热等效元素。热等效元素可以由物理结构直接决定。结构可以沿着热扩散方向分为具有很大热时间常数($R_{th,I}$，$C_{th,i}$)的部分体积块(通常因数 2～8)。

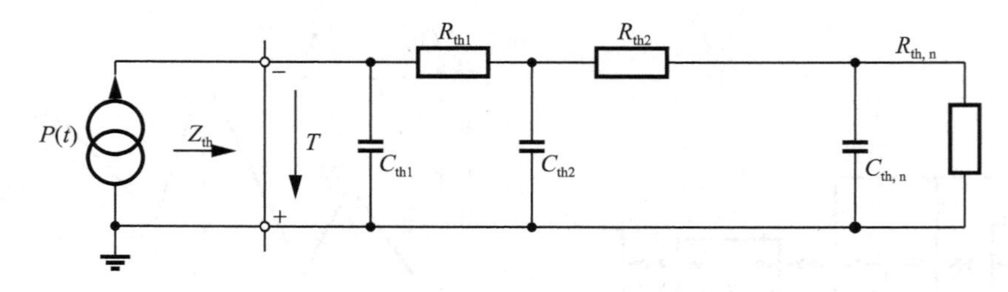

图 17-11 电气传输线等效电路或热传递模型

如果热产生区域比热传递材料的横截面小，一种“热扩散”效应将会发生，如图 17-12 所示。这种效应可以通过加大热传递横截面 A 来考虑进去，热电容 C_{th}与比热 c 和质量密度 ρ 相关。对于同质介质中的热传播，一般假设传播角为 40°，并且下一层不应为低热导特性的，这样才不会阻碍热传播。任一体元素的尺寸必须准确计算，因为当时长很短的功

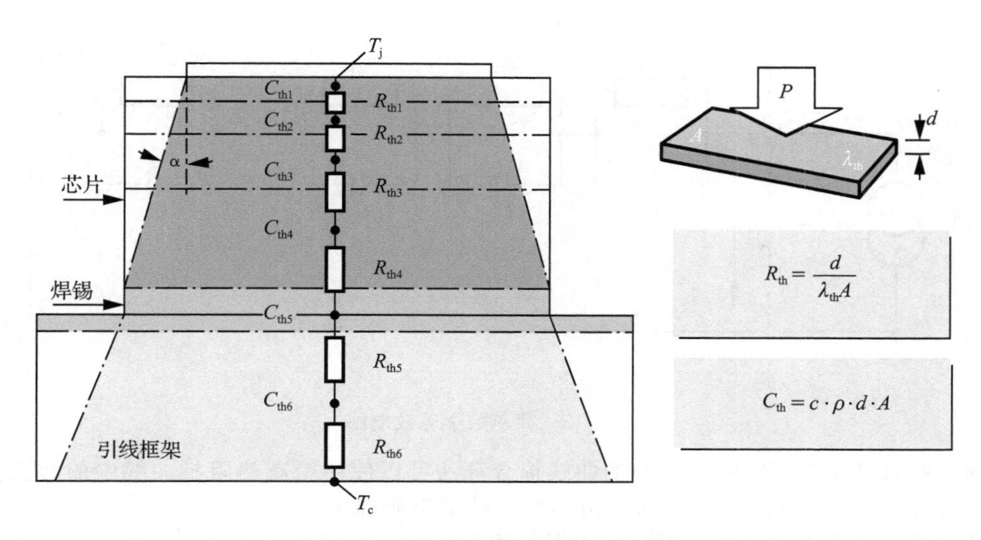

图 17-12　热传递模型的热等效元素

率释放脉冲发生时，它的热电容对系统的热阻抗具有决定性的影响。表 17-2 显示了常用材料的热参数。

表 17-2　常见材料的热量数据(见参考文献[1])

	ρ[g/cm³]	λ_{th}[W/(m·K)]	c[J/(g·K)]
硅	2.4	140	0.7
焊料(锡-铅)	9	60	0.2
铜	7.6～8.9	310～390	0.385～0.42
铝	2.7	170～230	0.9～0.95
氧化铝	3.8	24	0.8
FR_4	—	0.3	—
热导电胶	—	0.4～2.6	—
绝缘箔	—	0.9～2.7	—

我们还可以通过有限元分析方法计算热流。有限元分析方法将整体结构分成适合的小结构来决定集中等效元素，有时会有几百万个有限元素。除非这个过程有标准有限元分析软件的帮助，这个方法对于大多数应用来说太复杂。

17.3.2　数学热等效电路

图 17-11 显示的等效电路通常认为是热传导的自然或物理等效电路，能够正确描述内部温度分布。它使等效元素和实际结构元素之间建立清晰联系。如果并不需要内部温度分布信息，正如通常的情况，图 17-13 显示的热等效网络常常用来正确描述黑箱输入端的热表现。

热阻抗应可以表示为：

$$Z_{th}(t)=\sum_{i=1}^{n}R_i(1-e^{\frac{t}{R_iC_i}}) \tag{17-6}$$

输入端的等效输入阻抗为：

$$Z_{th}=\cfrac{1}{sC_{th,1}+\cfrac{1}{sR_{th,1}+\cfrac{1}{sC_{th,2}+\cdots+\cfrac{1}{R_{th,n}}}}} \tag{17-7}$$

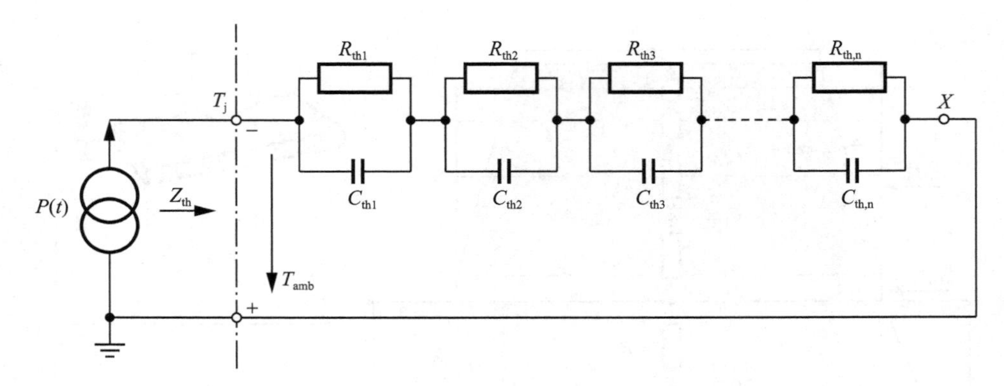

图 17-13 简单数学等效电路

标准的电脑软件工具(如 Mathcad)的曲线拟合算法可以使用瞬态热阻抗曲线中的数据决定 R_{th}和 C_{th}元素。瞬态热阻抗曲线通常由器件的数据手册提供。

这个基于等效电路的简单模型可以根据测量数据和曲线拟合完成。在实际中，为了得到冷却曲线，首先给器件施加特定的耗散功率 P_k，直到器件达到某一特定的静态稳定温度 T_{jk}。如果我们知道准确的芯片参数随温度变化规律，比如通态电压，通过将功率 P_k 逐渐降到 0 就可以得到冷却曲线 $T_j(t)$。这个冷却曲线可以用来确定器件的瞬态热阻抗。

$$Z_{th}=\frac{T_{jk}-T_j(t)}{P_k} \tag{17-8}$$

17.3.3 电气和热部分的耦合

热等效电路和器件模型的耦合，如图 17-14 所示的金属氧化物半导体场效应晶体管(MOSFET)，可以仿真瞬间节点温度。器件的瞬间功耗($I_D V_{DS}$)是每时每刻决定的，和释放的功率正相关的电路被反馈到热等效网络。在点 T_j处的电压则给出了瞬间节点温度，它会直接影响 MOSFET 温度依赖参数。关联的电路模型可以仿真动态条件下的瞬间节点温度，比如短路和过载。

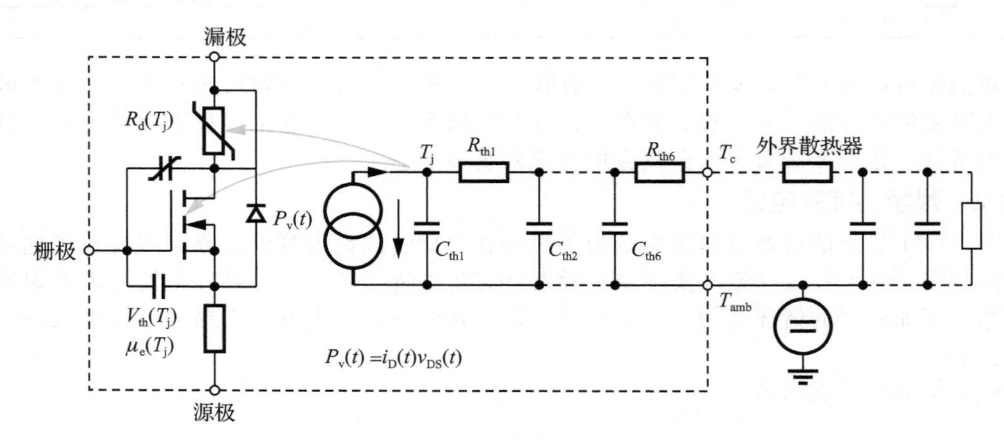

图 17-14 电气和热部件关联

MOS 通道可以在 SPICE 中描述为一个 3 级 MOS 模型(X1)。温度定义为全局 SPICE 变量"T_{emp}"。开通电压，漏极电流和漏极电阻根据瞬间节点温度 T_j按比例计算。漏极电流 $I_{Di}(T_{emp})$由一个与温度相关的因数按比例给出；即

$$I_D(T_j)=I_{Di}(T_{emp})\left(\frac{T_j}{T_{emp}}\right)^{\frac{-3}{2}} \tag{17-9}$$

开通电压的温度系数为−2.5mV/K，MOS器件的有效栅极电压可通过使用SPICE的模拟表现模型被定义为和温度相关。由于器件热模型的重要性，一些器件厂家(Infineon Technologies)为功率器件提供温度相关的SPICE和SABER模型。

例 17.2　计算热等效电路的参数。

一个TO-220封装的器件通过0.33mm厚的绝缘薄片固定在一小块铝散热器上，如图17-15a所示。散热器的热阻抗为$R_{th_KK}=25K/W$，质量为2g。TO-220封装的表面面积为$A_{SK}=1cm^2$。器件芯片的表面积为$A_{cu}=10mm^2$，金字塔状柱子的铜，质量为$m_{cu}=1g$，铜的厚度为$d_{cu}=0.8mm$。计算热等效电路的参数。

解：

由于散热器小而且紧凑，因此不需要将散热器分成几个RC元素。一阶热等效电路由图17-15b给出。$m_{sk}=2g$，$R_{th\_KK}=25K/W$，$d_{foil}=0.3mm$，$A_{foil}=1cm^2$，$A_{cu}=10mm^2$，$m_{cu}=1g$，$d_{cu}=0.8mm$。表17-2给出，铝材料的比热为$c_{sk}=0.95J/(g\cdot K)$。因此，散热器的热电容为：

$$C_{th\_KK}=c_{sk}\,m_{sk}=0.95\,\frac{J}{g\cdot K}0.2\,\frac{J}{K}=1.9g$$

对于绝缘薄片，表17-2给出$\lambda_{th\text{-}foil}=1.1W/mK$。因此，薄片的热阻为：

$$R_{th\_foil}=\frac{d_{foil}}{\lambda_{th\text{-}foil}\,A_{foil}}=\frac{0.3mm}{1.1\,\frac{W}{m\cdot K}\times 1\,cm^2}=2.7\,\frac{K}{W}$$

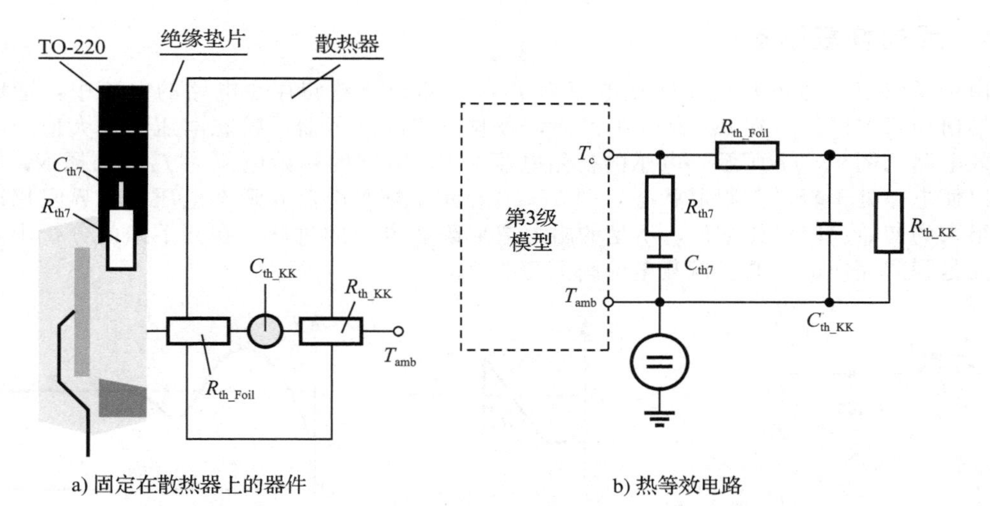

图 17-15　固定在散热器上的器件和热等效电路

对于铜芯片，表17-2给出$c_{cu}=0.39J/(g\cdot K)$。

芯片的热电容为：

$$C_{th7}=c_{cu}\,m_{cu}=0.39\,\frac{J}{g\cdot K}\times 1g=0.39\,\frac{J}{K}$$

$$R_{th7}=\frac{d_{cu}}{\lambda_{th}\,A_{cu}}=\frac{0.8mm}{390\,\frac{W}{m\cdot K}\times 10mm^2}=0.205\,\frac{K}{W}$$ ◀

17.4　吸收电路

一个RC吸收电路通常连接到一个半导体器件的两端来限制dv/dt在最大可承受范围内[2,3]。吸收电路可以是有极性的，也可以是没有极性的。一个正向有极性吸收电路适用于晶闸管或晶体管与反向并联二极管连接，如图 17-16a 所示。电阻 R 限制了正向 dv/dt，R_1 限制了器件开通时的电容放电电流。

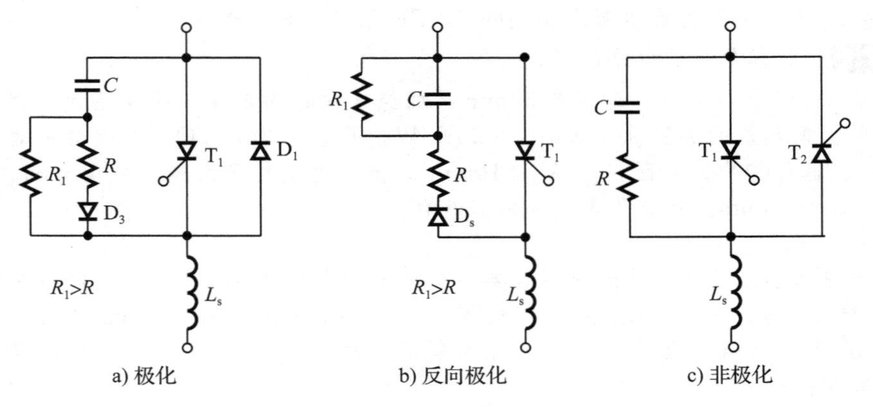

图 17-16 吸收电路网络

一个限制反向 dv/dt 的反向有极性吸收电路如图 17-16b 所示，R_1 限制电容的放电电流。电容不通过器件放电，所以器件的损耗减小。

当一对晶闸管反向并联连接时，吸收电路必须两个方向都有效。一个无极性吸收电路如图 17-16c 所示。

17.5 反向恢复瞬态

由于反向恢复时间为 t_{rr} 和恢复电流为 I_R，一部分能量储存在电路的电感中，造成器件两端出现瞬态电压。在 dv/dt 保护以外，吸收电路限制了器件瞬态电压的最大值。电路的等效电路如图 17-17 所示，电感的初始电压为 0，电感的初始电流为 I_R。选择 RC 的数值，以使电路处于轻微欠阻尼状态，图 17-18 显示了恢复电流和瞬态电压。临界阻尼通常造成很大的初始反向电压 RI_R，不足的阻尼造成瞬态电压的过冲。在接下来的分析中，假设恢复是瞬间完成的，并且恢复电流瞬间变为 0。

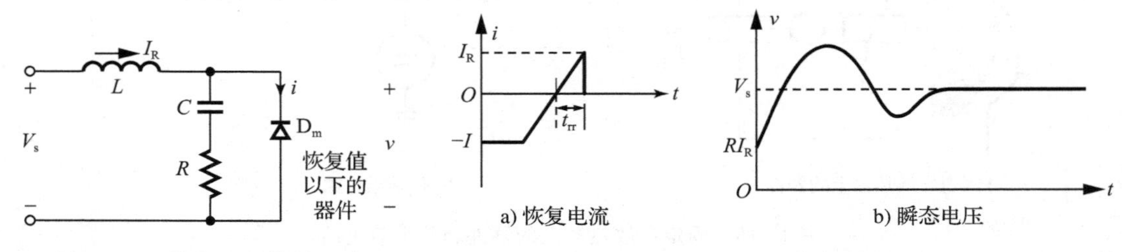

图 17-17 恢复过程等效电路

图 17-18 恢复瞬态

吸收电流表示为：

$$L\frac{di}{dt}+Ri+\frac{1}{C}\int i dt+v_c(t=0)=V_s \tag{17-10}$$

$$v=V_s-L\frac{di}{dt} \tag{17-11}$$

初始条件 $i(t=0)=I_R$ 和 $v_c(t=0)=0$。在 12.11 节中我们看到式(17.10)的解的形式依赖于 RLC 的值。对于一个欠阻尼的例子，式(17-10)和式(17-11)的解造成器件的反向电压为：

$$v(t)=V_s-(V_s-RI_R)\left(\cos(\omega t)-\frac{\alpha}{\omega}\sin(\omega t)\right)e^{-\alpha t}+\frac{I_R}{\omega C}e^{-\alpha t}\sin(\omega t) \tag{17-12}$$

式中：

$$\alpha = \frac{R}{2L} \tag{17-13}$$

无阻尼自然频率为：

$$\omega_0 = \frac{1}{\sqrt{LC}} \tag{17-14}$$

阻尼比为：

$$\delta = \frac{\alpha}{\omega_0} = \frac{R}{2}\sqrt{\frac{C}{L}} \tag{17-15}$$

阻尼自然频率为：

$$\omega = \sqrt{\omega_0^2 - \alpha^2} = \omega_0\sqrt{1-\delta^2} \tag{17-16}$$

对式(17-12)求微分，得：

$$\frac{\mathrm{d}v}{\mathrm{d}t} = (V_s - RI_R)\left(2\alpha\cos(\omega t) + \frac{\omega^2-\alpha^2}{\omega}\sin(\omega t)\right)\mathrm{e}^{-\alpha t} + \frac{I_R}{C}\left(\cos(\omega t) - \frac{\alpha}{\omega}\sin(\omega t)\right)\mathrm{e}^{-\alpha t} \tag{17-17}$$

初始反向电压和 $\mathrm{d}v/\mathrm{d}t$ 可通过设定 $t=0$ 由式(17-12)和式(17-17)得到：

$$v(t=0) = RI_R \tag{17-18}$$

$$\frac{\mathrm{d}v}{\mathrm{d}t}\bigg|_{t=0} = (V_s - RI_R)2\alpha + \frac{I_R}{C} = \frac{(V_s - RI_R)R}{L} + \frac{I_R}{C} = V_s\omega_0(2\delta - 4d\,\delta^2 + d) \tag{17-19}$$

式中：d 为电流因数(或比例)，

$$d = \frac{I_R}{V_s}\sqrt{\frac{L}{C}} = \frac{I_R}{I_P} \tag{17-20}$$

如果式(17-19)中初始 $\mathrm{d}v/\mathrm{d}t$ 为负值，初始反向电压 RI_R 是最大值，这将造成破坏性的 $\mathrm{d}v/\mathrm{d}t$。对于一个正 $\mathrm{d}v/\mathrm{d}t$，有：

$V_s\omega_0(2\delta - 4d\,\delta^2 + d) > 0$

或者

$$\delta < \frac{1+\sqrt{1+4d^2}}{4d} \tag{17-21}$$

反向电压在 $t=t_1$ 时最大。时间 t_1 可通过设定式(17-17)为零，得到：

$$\tan(\omega t_1) = \frac{\omega[(V)_s - RI_R)2\alpha + I_R/C]}{(V_s - RI_R)(\omega^2-\alpha^2) - \alpha I_R/C} \tag{17-22}$$

峰值电压可由式(17-12)得到：

$$V_P = v(t=t_1) \tag{17-23}$$

峰值反向电压依赖于阻尼比 δ 和电流因数 d。当 d 给定时，存在一个阻尼比的最佳值 δ_0，可以使峰值电压最小化。然而，$\mathrm{d}v/\mathrm{d}t$ 随 d 变化而变化，最小化峰值电压并不一定最小化 $\mathrm{d}v/\mathrm{d}t$。在峰值电压 V_p 和 $\mathrm{d}v/\mathrm{d}t$ 之间需要作出妥协。McMurray 提出了最小化 $V_p(\mathrm{d}v/\mathrm{d}t)$，最优设计曲线如图 17-19 所示，$\mathrm{d}v/\mathrm{d}t$ 是 t_1 跨度的平均值，d_0 是电流因数的最优值。

在电感 L 中储存的能量，被转移到吸收电容 C 中，在吸收电阻中得到释放。这个功率损耗与开关频率和负载电流有关。对于高功率变换器，吸收损耗很大，一个使用能量恢复变压器的非释放吸收电路可用来提高电路效率，如图 17-20 所示，感应电压 E_2 是正值，二极管 D_1 反向偏置。如果二极管 D_m 的恢复电流开始下降，感应电压 E_2 变为负值，二极管 D_1 开始导通，从而将能量返还给直流电源。

例 17.3　计算缓冲电路数值。

二极管的恢复电流如图 17-17 所示，$I_R=20\mathrm{A}$，电路电感 $L=50\mu\mathrm{H}$。输入电压 $V_s=220\mathrm{V}$。为了限制电压峰值低于 1.5 倍的输入电压，请计算(a)最优电流因数 d_0；(b)最优阻尼比 δ_0；(c)缓冲电容 C；(d)缓冲电阻 R；(e)$\mathrm{d}v/\mathrm{d}t$ 平均值；(f)初始反向电压。

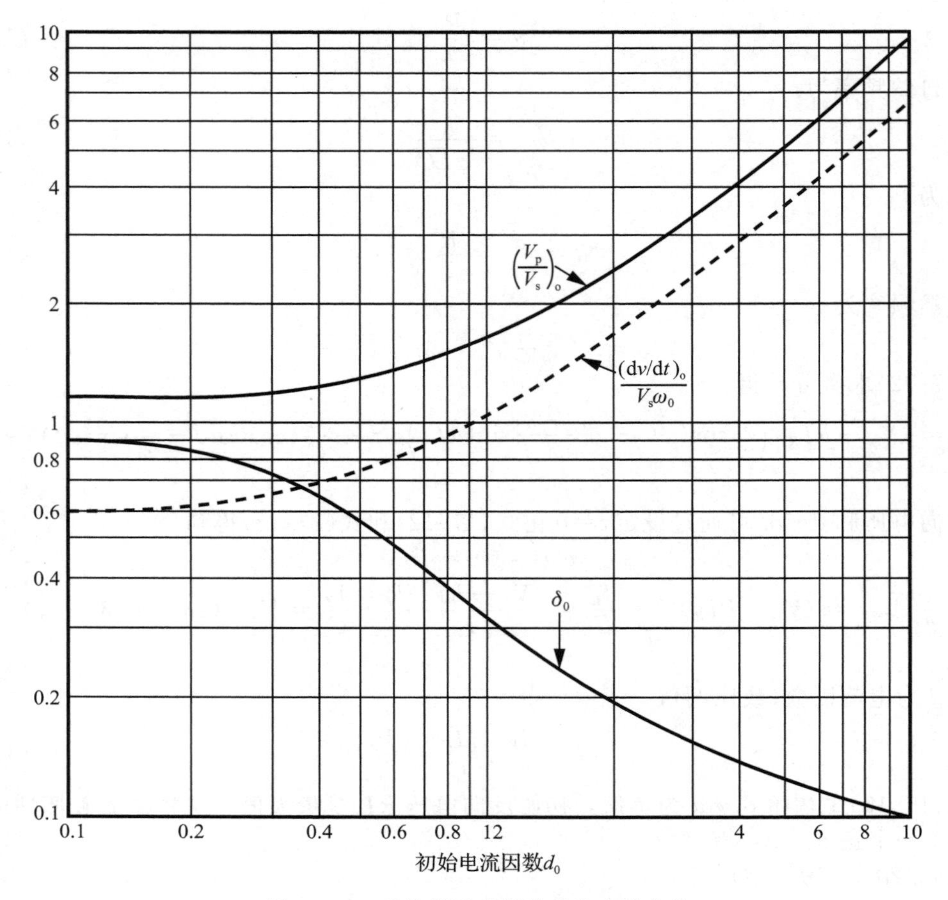

图 17-19 妥协设计的最优吸收电路参数

解：

I_R=20A，L=50μH，V_s=220V，并且V_p=1.5×220=330V。由于V_p/V_s=1.5，由图17-19我们可以得到：

(a)最优电流因数 d_0=0.75。

(b)最优阻尼比 δ_0=0.4。

(c)由式(17-20)，得缓冲器电容(当$d=d_0$)为：

$$C = L\left[\frac{I_R}{dV_s}\right]^2 = 50\times\left[\frac{20}{0.75\times 220}\right]^2\mu\text{F} = 0.735\mu\text{F} \tag{17-24}$$

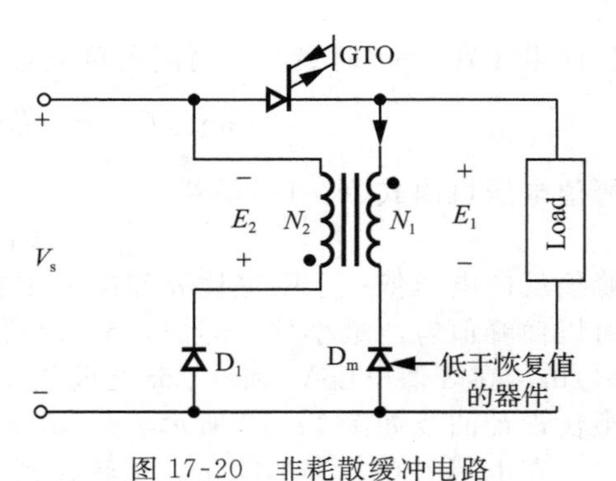

图 17-20 非耗散缓冲电路

(d)由式(17-15)，得缓冲器电阻为：

$$R = 2\delta\sqrt{\frac{L}{C}} = 2\times 0.4\times\sqrt{\frac{50}{0.735}}\Omega = 6.6\Omega \tag{17-25}$$

(e)由式(17-14)，得：

$$\omega_0 = \frac{10^6}{\sqrt{50\times 0.735}}\text{rad/s} = 164957\text{rad/s}$$

由图17-19，得

$$\frac{\mathrm{d}v/\mathrm{d}t}{V_s\omega_0}=0.88$$

或者

$$\frac{\mathrm{d}v}{\mathrm{d}t}=0.88V_s\omega_0=0.88\times220\times164957\mathrm{V/s}=31.9\mathrm{V}/\mu\mathrm{s}$$

(f)由式(17-18)，得初始反向电压为：

$$v(t=0)=6.6\times20\mathrm{V}=132\mathrm{V}$$

◀

例17.4　计算缓冲电路峰值，$\mathrm{d}i/\mathrm{d}t$，$\mathrm{d}v/\mathrm{d}t$值。

一个RC缓冲电路如图17-16c所示，其中，$C=0.75\mu\mathrm{F}$，$R=6.6\Omega$，输入电压$V_s=220\mathrm{V}$。电路电感$L=50\mu\mathrm{H}$。请计算(a)正向电压峰值V_P；(b)$\mathrm{d}v/\mathrm{d}t$初始值；(c)$\mathrm{d}v/\mathrm{d}t$最大值。

解：

$C=0.75\mu\mathrm{F}$，$R=6.6\Omega$，$V_s=220\mathrm{V}$，$L=50\mu\mathrm{H}$，设$I_R=0$，由式(17-12)，我们可以得到通过器件的正向电压为：

$$v(t)=V_s-V_s\left(\cos(\omega t)-\frac{\alpha}{\omega}\sin(\omega t)\right)\mathrm{e}^{-\alpha t} \tag{17-26}$$

当$I_R=0$时，由式(17-17)，可得：

$$\frac{\mathrm{d}v}{\mathrm{d}t}=V_s\left(2\alpha\cos(\omega t)-\frac{\omega^2-\alpha^2}{\omega}\sin(\omega t)\right)\mathrm{e}^{-\alpha t} \tag{17-27}$$

在式(17-27)中设定$t=0$，或者在式(17-19)中设定$I_R=0$，则$\mathrm{d}v/\mathrm{d}t$初始值为：

$$\left.\frac{\mathrm{d}v}{\mathrm{d}t}\right|_{t=0}=V_s2\alpha=\frac{V_sR}{L} \tag{17-28}$$

在$t=t_1$时可得到最大正向电压，设式(17-27)为零，或者在式(17-22)中设定$I_R=0$，我们可以计算得到：

$$\tan(\omega t_1)=-\frac{2\alpha\omega}{\omega^2-\alpha^2} \tag{17-29}$$

$$\cos(\omega t_1)=-\frac{\omega^2-\alpha^2}{\omega^2+\alpha^2} \tag{17-30}$$

$$\sin(\omega t_1)=-\frac{2\alpha\omega}{\omega^2+\alpha^2} \tag{17-31}$$

把式(17-30)和式(17-31)代入式(17-26)，得电压峰值为：

$$V_p=v(t=t_1)=V_s(1+\mathrm{e}^{-\alpha t_1}) \tag{17-32}$$

式中：

$$\omega t_1=\left(\pi-\arctan\frac{-2\delta\sqrt{1-\delta^2}}{1-2\delta^2}\right) \tag{17-33}$$

将式(17-27)对t进行微分，并设置为零，$t=t_m$时，可得：

$$\tan(\omega t_m)=\frac{\omega(\omega^2-3\alpha^2)}{\alpha(3\omega^2-\alpha^2)} \tag{17-34}$$

将t_m代入式(17-27)，并进行简化，可以得到$\mathrm{d}v/\mathrm{d}t$的最大值为：

$$\left.\frac{\mathrm{d}v}{\mathrm{d}t}\right|_{\max}=V_s\sqrt{\omega^2+\alpha^2}\,\mathrm{e}^{-\alpha t_m} \tag{17-35}$$

得到最大值时，$\mathrm{d}(\mathrm{d}v/\mathrm{d}t)/\mathrm{d}t$必须为负，当$t\leqslant t_m$时，式(17-34)给出了必要条件：

$$\omega^2-3\alpha^2\geqslant0,\text{或}\frac{\alpha}{\omega}\leqslant\frac{1}{\sqrt{3}},\text{或}\delta\leqslant0.5$$

当$\delta\leqslant0.5$时，式(17-35)成立。当$\delta>0.5$时，$\mathrm{d}v/\mathrm{d}t$最大值可以由式(17-27)得到，当$t=0$时，

$$\left.\frac{\mathrm{d}v}{\mathrm{d}t}\right|_{\max}=\left.\frac{\mathrm{d}v}{\mathrm{d}t}\right|_{t=0}=V_{\mathrm{s}}2\alpha=\frac{V_{\mathrm{s}}R}{L}\qquad(\delta>0.5)\tag{17-36}$$

(a)由式(17-13)，得：

$$\alpha=6.6/(2\times50\times10^{-6})=66000$$

由式(17-14)，得：

$$\omega_0=\frac{10^6}{\sqrt{50\times0.75}}\mathrm{rad/s}=163299\mathrm{rad/s}$$

由式(17-15)，得：

$$\delta=(6.6/2)\sqrt{0.75/50}=0.404$$

由式(17-16)，得：

$$\omega=163299\sqrt{1-0.404^2}\mathrm{rad/s}=149379\mathrm{rad/s}$$

由式(17-33)，得：

$$t_1=15.46\mu\mathrm{s}$$

因此由式(17-32)可得到电压峰值为：

$$V_{\mathrm{P}}=220(1+0.36)\mathrm{V}=299.3\mathrm{V}$$

(b)由式(17-28)，得出原始的 $\mathrm{d}v/\mathrm{d}t$ 为：

$$(220\times6.6/50)\mathrm{V}/\mu\mathrm{s}=29\mathrm{V}/\mu\mathrm{s}$$

(c)由于 $\delta<0.5$，需要用式(17-35)来计算 $\mathrm{d}v/\mathrm{d}t$ 最大值。已知 $t_{\mathrm{m}}=2.16\mu\mathrm{s}$ 以及式(17-34)、式(17-35)，我们可算出 $\mathrm{d}v/\mathrm{d}t$ 最大值为 $31.2\mathrm{V}/\mu\mathrm{s}$。◀

注意：$V_{\mathrm{P}}=299.3V$ 且 $\mathrm{d}v/\mathrm{d}t$ 最大值为 $31.2\mathrm{V}/\mu\mathrm{s}$。在例 17.2 的最优缓冲器设计中，$V_{\mathrm{P}}=330\mathrm{V}$，$\mathrm{d}v/\mathrm{d}t$ 最大值为 $31.9\mathrm{V}/\mu\mathrm{s}$。

17.6 源侧以及负载侧瞬态

通常在输入侧和换流器之间会加入变压器。在稳态时，一部分能力会储存于变压器的励磁电感 L_{m} 中，关断电源时会有瞬时电压加在换流器输入侧。一个电容往往会加在一次和二次侧之间用于限制瞬态电压，如图 17-21a 所示。同时一个电阻将会和电容串联以减小振荡。

假设开关关断足够长时间，在稳态时，$v_{\mathrm{s}}=V_{\mathrm{m}}\sin(\omega t)$，并且励磁电流为：

$$L_{\mathrm{m}}=\frac{\mathrm{d}i}{\mathrm{d}t}=V_{\mathrm{m}}\sin(\omega t)$$

那么可以得到：

$$i(t)=-\frac{V_{\mathrm{m}}}{\omega L_{\mathrm{m}}}\cos(\omega t)$$

如果开关在 $\omega t=\theta$ 时关断，则在关断开始时电容电压为：

$$V_{\mathrm{c}}=V_{\mathrm{m}}\sin\theta\tag{17-37}$$

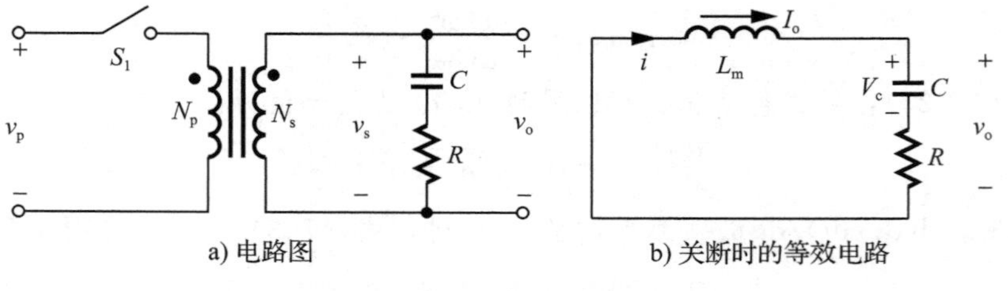

a) 电路图　　b) 关断时的等效电路

图 17-21 关断瞬态

并且励磁电流为：

$$I_0 = -\frac{V_m}{\omega L_m}\cos\theta \tag{17-38}$$

瞬时的等效电路如图 17-21b 所示，其中电容电流可以表示为：

$$L_m = \frac{di}{dt} + Ri + \frac{1}{C}\int i dt + v_c(t=0) = 0 \tag{17-39}$$

以及

$$v_0 = -L_m \frac{di}{dt} \tag{17-40}$$

初始条件是 $i(t=0)=-I_0$，以及 $v_c(t=0)=V_c$。欠阻尼的瞬时电压 $v_0(t)$ 可以由式(17-39)和式(17-40)决定。通常取阻尼比 $\delta=0.5$。为了简化分析，可以假设趋向于零的阻尼比(比如 $\delta=0$ 或者 $R=0$)。附录 D 式(D-16)与式(17-39)相似，可以用于表示瞬时电压 $v_0(t)$。瞬时电压 $v_0(t)$ 与电容电压 $v_c(t)$ 一致，即

$$v_0(t) = v_c(t) = V_c\cos(\omega_0 t) + I_0\sqrt{\frac{L_m}{C}}\sin(\omega_0 t)$$

$$= \left(V_c^2 + I_0^2\frac{L_m}{C}\right)^{1/2}\sin(\omega_0 t + \phi) \tag{17-41}$$

$$= V_m\left(\sin^2\theta + \frac{1}{\omega^2 L_m C}\cos^2\theta\right)^{1/2}\sin(\omega_0 t + \phi)$$

$$= V_m\left(1 + \frac{\omega_0^2 - \omega^2}{\omega^2}\cos^2\theta\right)^{1/2}\sin(\omega_0 t + \phi) \tag{17-42}$$

式中：

$$\phi = \arctan\frac{V_c}{I_0}\sqrt{\frac{C}{L_m}} \tag{17-43}$$

并且

$$\omega_0 = \frac{1}{\sqrt{CL_m}} \tag{17-44}$$

如果 $\omega_0 < \omega$，式(17-42)中瞬时电压在 $\cos\theta=0$(或者 $\theta=90°$)时取到最大值为：

$$V_P = V_m \tag{17-45}$$

事实上，$\omega_0 > \omega$，瞬时电压在 $\cos\theta=1$(或者 $\theta=0°$)时取到最大值为：

$$V_P = V_m\frac{\omega_0}{\omega} \tag{17-46}$$

上式说明在关闭电源时可以得到瞬时电压峰值。运用电容中电压、电流关系，可以用下式计算得到需要的容值以限制瞬时电压：

$$C = \frac{I_0}{V_P\omega_0} \tag{17-47}$$

将式(17-46)中的 ω_0 代入式(17.47)，可以得到：

$$C = \frac{I_0 V_m}{V_P^2\omega} \tag{17-48}$$

现在由于有电容接在变压器的二次侧，最大的瞬时电容值由开启输入电压的瞬时 ac 输入电压决定。开启时的等效电路如图 17-22 所示，其中，L 是电容电感和变压器的漏感之和。

在正常运行时，一部分能量储存在电容电感和变压器的漏感之中。当负载断开时，这部分能量就会产生瞬时电压。负载断开时的等效电路如图 17-23 所示。

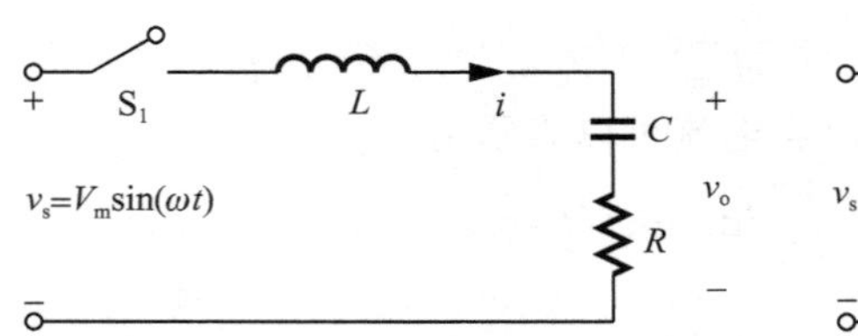

图 17-22 电源开通时的等效电路

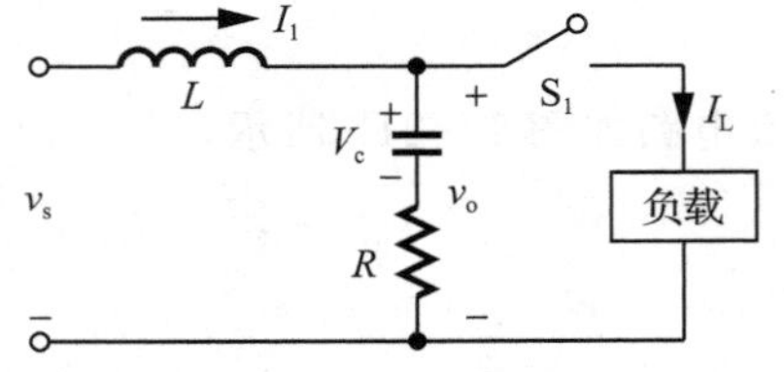

图 17-23 由于负载未连接的等效电路

例 17.5 计算开关瞬时的性能参数。

一个电容加在一次和二次侧之间，如图 17-21a 所示，阻尼电阻 $R=0\Omega$。二次侧电压 $V_s=120\text{V}$，60Hz。如果一次侧相对于二次侧的励磁电感 $L_m=2\text{mH}$，并且连接变压器一次侧 ac 电源断开角度 $\theta=180°$，计算(a)电容初始值 V_0；(b)励磁电流 I_0；(c)能够限制瞬时电容电压 $V_P=300\text{V}$。

解：

$V_s=120\text{V}$，$V_m=\sqrt{2}\times120\text{V}=169.7\text{V}$，$\theta=180°$，$f=60\text{Hz}$，$L_m=2\text{mH}$，$\omega=2\pi\times60\text{rad/s}=377\text{rad/s}$。

(a)由式(17-37)，得：$V_c=169.7\sin\theta=0$

(b)由式(17-38)，得：

$$I_0=-\frac{V_m}{\omega L_m}\cos\theta=\frac{169.7}{377\times0.002}\text{A}=225\text{A}$$

(c)$V_P=300\text{V}$。由式(17-48)，得需要的电容为：

$$C=225\times\frac{169.7}{300^2\times377}\mu\text{F}=1125.3\mu\text{F}$$ ◀

17.7 通过硒二极管和金属氧化物压敏电阻实现过电压保护

硒二极管可以用于瞬时过电压保护。这些二极管正向导通压降小，并且有明确的反向击穿电压。图 17-24 和图 17-25 分别显示了硒二极管的特性曲线和图形符号。

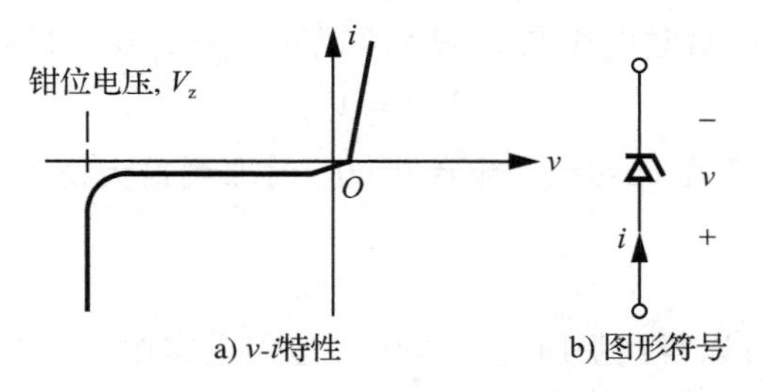

图 17-24 二氧化硒的特性

一般来说，二极管的工作点位于特性曲线第二象限拐点附近，在电路中只抽走了一小部分电流。但是当过电压出现时，二极管被击穿，电流迅速流过，从而限制了瞬时电压超过正常工作电压的 2 倍。

硒二极管(或者抑制器)一定要能够有效消散浪涌能量，防止温度过高。通常每一个硒二极管额定电压的方均根值(rms)是 25V，钳位电压在 72V 附近。在保护 dc 电路时，抑制电路是有极性的，如图 17-25a 所示。在保护 ac 电路时，抑制电路是无极性的，如图 17-25b 所示，这样可以实现双向电压保护。对于三相电路的保护，图 17-25c 所示的是星形联结的极化抑制器。

如果一个额定 25V 的硒二极管用于保护一个 240V 的 dc 电路，则我们需要 240/25≈

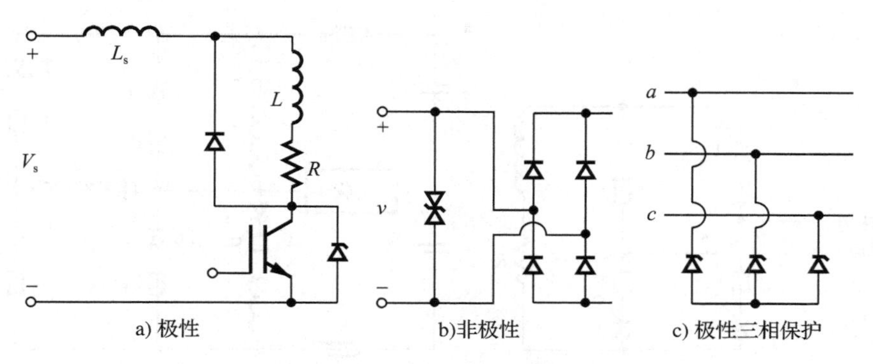

图 17-25　电压抑制二极管

10个器件，钳位电压为 10×72V=720V。保护一个 208V，60Hz 的 ac 电路，大约需要 208/25≈9 个器件保护一个方向，总共就是由 18 个器件形成极化抑制器。由于硒二极管内部容值很小，它抑制 dv/dt 的能力无法与 RC 抑制电路相提并论。但是它能够很好地抑制瞬时电压。在保护一个器件时，RC 抑制电路的稳定性要强于硒二极管的。功率器件的保护如图 17-26 所示。

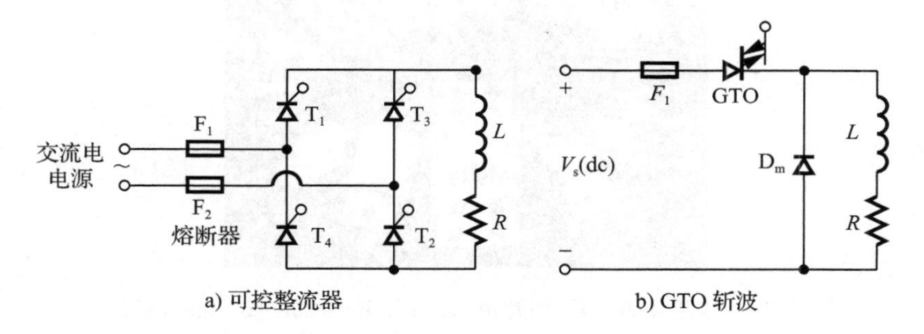

图 17-26　功率器件的保护

压敏电阻由金属氧化物颗粒组成，被氧化膜或者绝缘层隔开，它的阻抗是非线性变化的，当外加电压上升时，氧化膜导通，导致电流上升，电流可以表示为：

$$I = K\,V^{\alpha} \tag{17-49}$$

式中：K 是常数；V 是外加电压；α 的值介于 30 到 40 之间。

- 在正常工作情况下，这些器件只有很少的分流。
- 当有过电压时，这些器件的阻值将增大，因此可以让更多的电流通过，以减小瞬时电压值。

17.8　电流保护

电力换流器会产生短路或一些其他故障，故障电流必须很快清除。反应快速的熔断器常常用于保护半导体器件。当故障电流上升时，熔断器能在几微秒的时间内断开，做到切断短路电流。

17.8.1　熔断器

熔断器位置需小心选取以保护半导体器件，如图 17-25[5,6]所示。一些熔断器厂商推荐将熔断器与器件串联，如图 17-27 所示。

单个器件和它所相关的熔断器所组成的个体保护装置可以保障器件的高效使用，并且防止短路故障(如图 17-27aT_1到 T_4所示)。图 17-28 展示了不同尺寸的半导体熔断器[7]。

当短路电流上升时，熔断器的温度也跟着上升，当 $t=t_m$时，熔断器被熔断并产生电

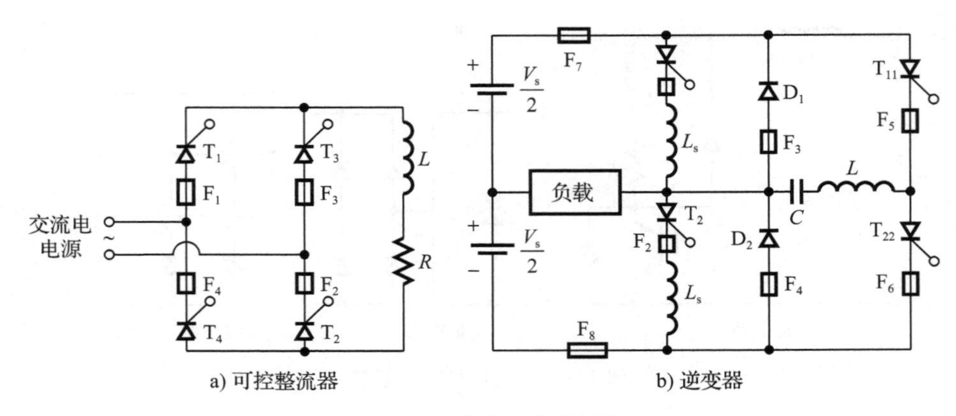

图 17-27 器件的单独保护

图 17-28 半导体熔断器(图片由 Eaton’s Bussmann Business 提供)

弧。电弧产生时，熔断器阻抗上升使得电流下降。这时，电弧电压产生在熔断器之间。电流产生的热量使熔断器汽化，电弧拉长，电流进一步下降。累计的效应就是电弧在很短的时间内消失。当电弧在 t_a完全消除时，故障认为被清除。电弧越快消失，电弧电压越高[8]。

清除时间 t_c是熔断器熔化时间 t_m和电弧作用时间 t_a之和。t_m由负载电流决定，而 t_a则由功率因数或者故障电路参数决定。通常情况下，故障会在故障电流到达它峰值之前被清除，而没有熔断器保护下的故障电流称为预期故障电流，如图 17-29 所示。

参照器件和熔断器的电流-时间曲线，我们可以将一个熔断器用于一个器件。图 17-30a显示了一个器件和它熔断器的电流-时间特性曲线，整个器件在过载的情况下都会被保护。这种器件常常用于低功率换流器。图 17-30b 显示了更常用的系统，在这个系统中熔断器在故障开始时用作短路保护，而其过载保护是通过断路器或其他限流系统实现的。

如果 R 是短路电路中的电阻，i 是在短路开始到电弧消失期间的瞬时电流，电路的能量可以表示为：

$$W_e = \int R i^2 \mathrm{d}t \tag{17-50}$$

如果电阻 R 保持恒定，i^2t 的值正比于电路产生的能量。我们把i^2t 的值定义为通泄能量，它用来描述熔断器的熔化。i^2t 特性由熔断器厂商决定。

在选择熔断器的时候，首先要预测故障电流，然后再满足以下几个要求：

(1)熔断器必须能够承受连续的器件额定电流。

(2)在故障排除前，熔断器产生的i^2t 通泄能量值必须小于期间额定保护i^2t 值。

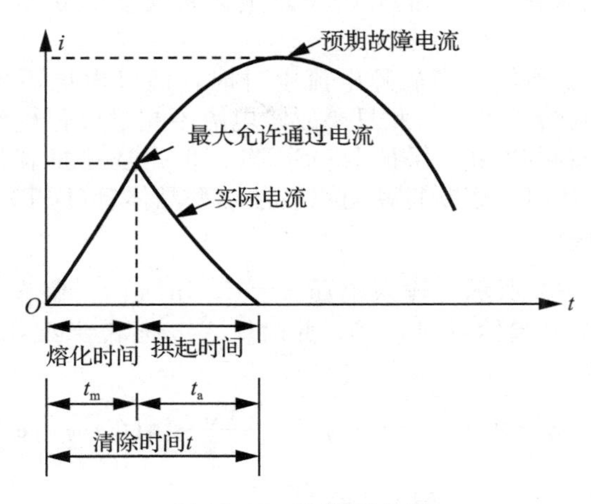

图 17-29　熔断器电流

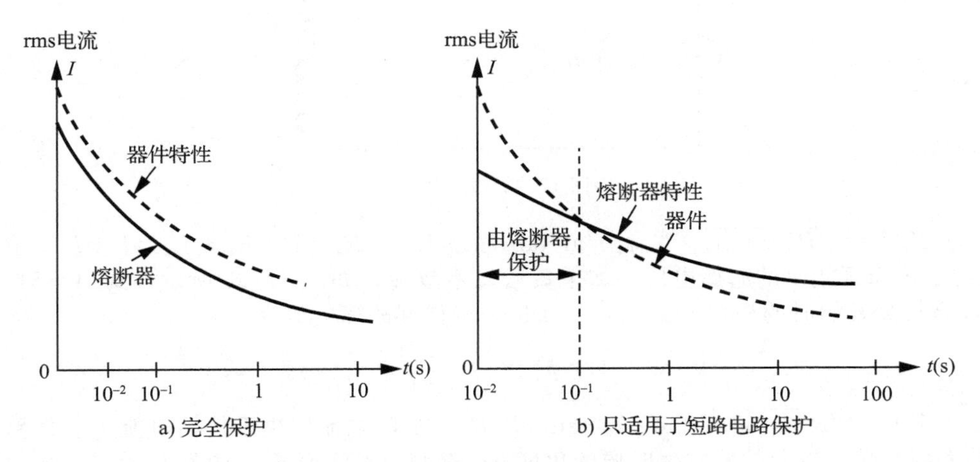

图 17-30　器件和熔断器的电流-时间特性

(3)熔断器必须能够承受电弧消失后的电压。

(4)电弧电压峰值必须小于器件额定电压峰值。

在一些应用中，需要串联一个电感，以减小故障电流的 di/dt 值，以及防止过分的 di/dt 压力施加在器件和熔断器上。然而，外加的电感会影响换流器电路本身的工作性能。

晶闸管相比于晶体管能够承受更多的过电流，所以保护晶体管要比晶闸管困难。双极型晶体管是增益决定的电控制器件。最大集电极电流由基极电流决定，当故障电流增大时，晶体管会进入饱和区，如果基极电流不予以调整，则晶体管集电极-发射极的电压将增大。在这种情况下会产生大量能量毁坏晶体管，即使此时的故障电流并不大，无法使熔断器工作。因此反应快速的熔断器并不一定适合保护双极型晶体管。

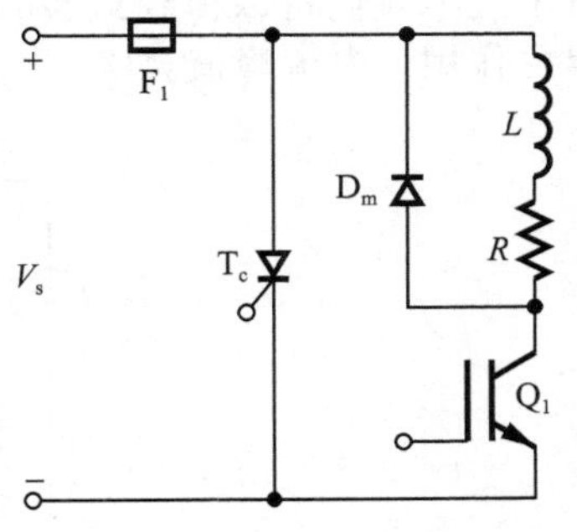

图 17-31　消弧电路的保护

晶体管可以由(crowbar)电路进行保护，如图 17-31 所示。对于在故障下产生大量能量损坏器件的情况，普通保护电路有时无能为力，这时候我们可以借助 crowbar 电路保护这一类器件。一个 crowbar 电路由一个晶闸管伴随一个电压或者电流敏感触发电路。如果故障发生并且 crowbar

晶闸管 T_c 被触发，产生短路旁路，上升的短路电流将会使熔断器工作，以达到保护晶体管的目的。

MOSFET 是电压控制器件，当故障电流上升时，门极电压不用变化。它的峰值电流一般是额定正常运行电流的 3 倍，因此只要故障电流不超过峰值电流，并且熔断器反应足够迅速，快速反应熔断器可以用于保护 MOSFET，但是还是推荐使用 crowbar 装置。绝缘的极双极型晶体管(IGBT)的熔断特性与双极性结型晶体管(BJT)的相似。

17.8.2 交流源故障电流

一个 ac 电路如图 17-32 所示，输入电压 $v=V_m\sin(\omega t)$。假设开关在 $\omega t=0$ 时开通，在开关合上瞬间，重新定义起始时间 $t=0$，此时输入电压 $v_s=V_m\sin(\omega t)$，当 $t\geqslant 0$ 时，式(11.6)告诉我们电流为：

$$i=\frac{V_m}{|Z_x|}\sin(\omega t+\theta-\phi_x)-\frac{V_m}{|Z_x|}\sin(\theta-\phi_x)\mathrm{e}^{-Rt/L} \tag{17-51}$$

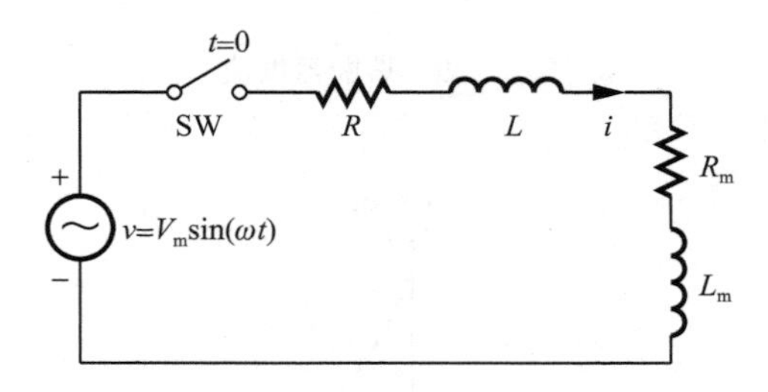

图 17-32 RL 电路

式中：$|Z_x|=\sqrt{R_m^2+(\omega L_x)^2}$；$\phi_x=\arctan(\omega L_x/R_x)$；$R_x=R+R_m$，$L_x=L+L_m$。图 17-32 描述了故障开始时的起始电压。如果负载发生故障，如图 17-33 所示，式(17-51)可以用来计算故障开始时的初始电流 I_0，从而进一步得到故障电流为：

$$i=\frac{V_m}{|Z|}\sin(\omega t+\theta-\phi)-\left(I_0-\frac{V_m}{|Z|}\right)\sin(\theta-\phi)\ \mathrm{e}^{-Rt/L} \tag{17-52}$$

式中：$|Z|=\sqrt{R^2+(\omega L)^2}$；$\phi=\arctan(\omega L/R)$。故障电流取决于初始电流 I_0，短路回路 ϕ 的功率因数角，以及故障发生时候的角度 θ。图 17-34 显示了 ac 电路故障时电压、电流波形。对于高感性的故障通路，$\phi=90°$并且$\mathrm{e}^{-Rt/L}=1$，则式(17-52)变为：

$$i=-I_0\cos\theta-\frac{V_m}{|Z|}[\cos\theta-\cos\sin(\omega t+\theta)] \tag{17-53}$$

如果故障发生在 $\theta=0$，也就是说，在 ac 输入电压的过零时，$\omega t=2n\pi$。式(17.53)变为：

$$i=-I_0+\frac{V_m}{Z}(1-\cos(\omega t)) \tag{17-54}$$

从上式中我们可以得到最大故障电流峰值，$-I_0+2V_m/Z$，此时 $\omega t=\pi$。实际电路中由于阻尼作用，电流峰值会略小。

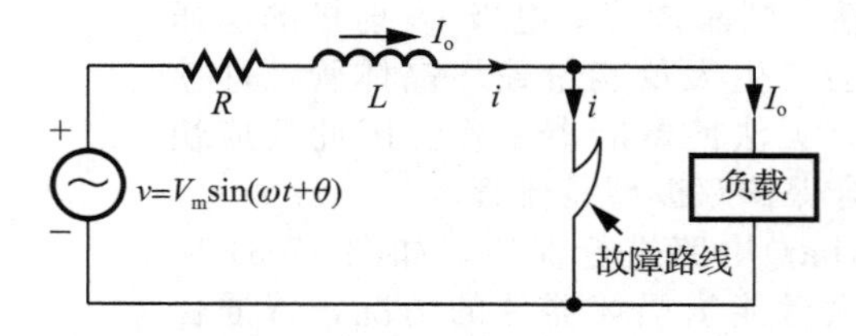

图 17-33 交流电路的故障

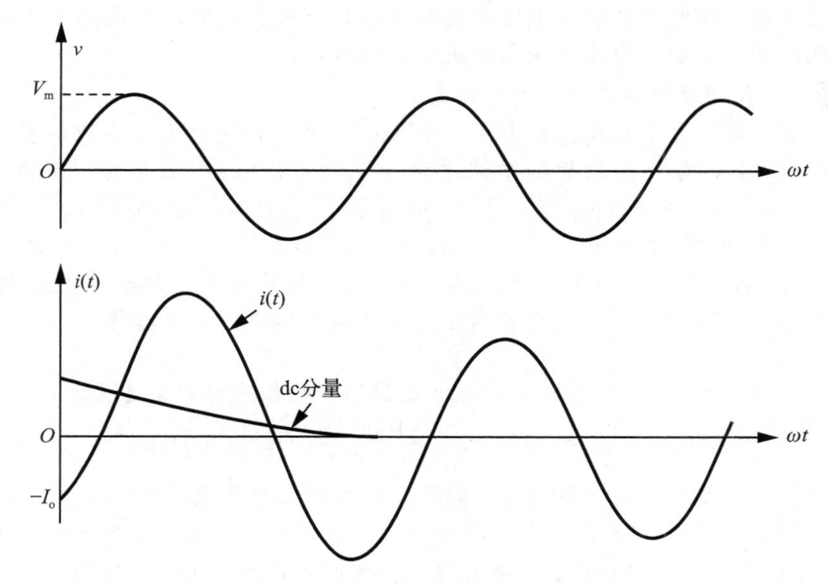

图 17-34 瞬态电压和电流波形

17.8.3 直流源故障电流

从图 17-35 所示电路，我们可以得到直流电源电路电流为：

$$i = \frac{V_s}{R_x}(1 - e^{-R_x t/L_x}) \tag{17-55}$$

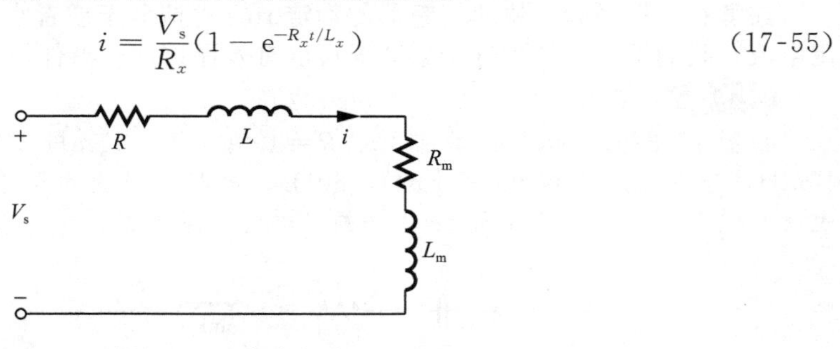

图 17-35 直流电路

根据故障开始时的初始电流 I_0，如图 17-36 所示，故障电流可以表示为：

$$i = I_0 e^{-Rt/L} + \frac{V_s}{R}(1 - e^{-Rt/L}) \tag{17-56}$$

故障电路的时间常量决定了故障电流和熔断器开断时间。如果预期故障电流很小，熔断器并不能清除故障，缓慢增长的故障电流会产生持续的电弧，熔断器厂商只定义了交流电路的电流-时间特性，因此我们无法得到直流的等效电路。由于直流故障电流没有自然周期清零点，灭弧将变得困难。

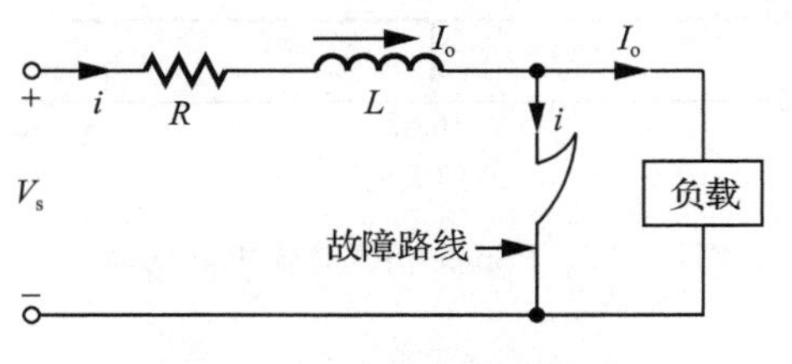

图 17-36 直流电路的故障

对于直流电路，熔断器的额定电压值通常应该是等效交流方均根值的 1.5 倍。直流电路的熔断器保护相对于交流电流来说需要更小心地设计。

例 17.6 为晶闸管选择选择快速熔断器。

如图 10-1a 所示，在单相换流器中每一个 S20EF 型晶闸管都与一个熔断器串联。输入电压为 240V，60Hz，每个晶闸管的平均电流为 $I_a=400\text{A}$。晶闸管的额定值为 $I_{T(AV)}=540\text{V}$，$I_{T(RMS)}=850\text{A}$，在 8.33ms 时，$I^2t=300\text{kA}^2\cdot\text{s}$，$I^2\sqrt{t}=4650\text{kA}^2\cdot\sqrt{\text{s}}$，并且如果熔断器在半个周期内开路，重新加上 $V_{RRM}=0$，$I_{TSM}=10\text{kA}$。一个 540A 的熔断器最高额定电流为 $I_{max}=8500\text{A}$，并且它的 $I^2t=280\text{kA}^2\cdot\text{s}$，总的故障清除时间 $t_c=8\text{ms}$。电路中电阻可以忽略，电感 $L=0.007\text{mH}$。请分析这个熔断器是否能保护这个器件。

解：

$V_s=240\text{V}$，$f_s=60\text{Hz}$。短路电流，也就是预期方均根对称短路电流为：

$$I_{SC}=\frac{V_s}{Z}=240\times\frac{1000}{2\pi\times60\times0.07}\text{A}=9094\text{A}$$

对于一个 540A 的熔断器，$I_{SC}=9094\text{A}$，熔断器最高额定电流是 8500A，小于晶闸管的峰值电流 $I_{TSM}=10\text{kA}$。已知它的$I^2t=280\text{kA}^2\cdot\text{s}$，总的故障清除时间 $t_c=8\text{ms}$。由于 t_c小于 8.33ms 所以我们需要运用额定的$I^2\sqrt{t}$来计算。晶闸管的$I^2\sqrt{t}=4650\times10^3\text{kA}^2\cdot\sqrt{\text{s}}$，在 $t_c=8\text{ms}$ 时，晶闸管的$I^2\sqrt{t}=4650\times10^3\sqrt{0.008}\text{kA}^2\cdot\sqrt{\text{s}}=416\text{kA}^2\cdot\sqrt{\text{s}}$，这个数值要比熔断器的额定$I^2t$ 高出 48.6%。可以看出，晶闸管的I^2t 值以及额定浪涌电流要高于比熔断器的额定数值，因此这个熔断器可以保护这个晶闸管。 ◀

注意：根据经验，快速熔断器的额定 rms 电流等于或者小于晶闸管或二极管的平均额定电流，我们就可以认为这个熔断器可以有效保护这些器件。

例 17.7 瞬时故障电流的 PSpice 仿真。

如图 17-37a 所示的 ac 电路中，$R=1.5\Omega$，$L=15\text{mH}$。负载参数为 $R_m=5\Omega$，$L_m=15\text{mH}$。输入电压值为 208V(rms)，60Hz。电路已经达到稳态，故障发生在 $\omega t+\theta=2\pi$；也就是说 $\theta=0$。请借助 PSpice 软件画出瞬时故障电流。

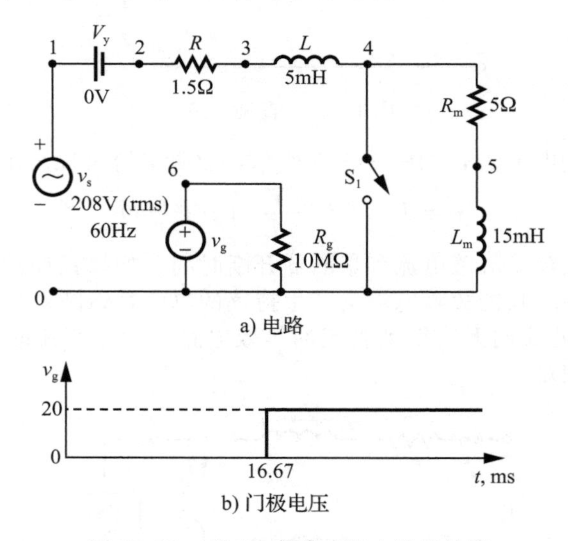

图 17-37 PSpice 仿真直流电路的故障

解：

$V_m=\sqrt{2}\times208\text{V}=294.16\text{V}$，$f=60\text{Hz}$。故障由电压控制开关模拟，它的控制电压如

图 17-3b所示。电路文件如下：

```
Example 17.7          Fault Current in AC Circuit
VS       1      0     SIN (0     294.16V 60HZ)
VY       1      2     DC   OV    ; Voltage source to measure input current
Vg       6      0     PWL (16666.67US OV 16666.68US 20V 60MS 20V)
Rg       6      0     10MEG      ; A very high resistance for control voltage
R        2      3     1.5
L        3      4     5MH
RM       4      5     5
LM       5      0     15MH
S1       4      0     6    0    SMOD          ; Voltage-controlled switch
.MODEL   SMOD   VSWITCH    (RON=0.01    ROFF=10E+5    VON=0.2V    VOFF=OV)
.TRAN    10US   40MS   0  50US                ; Transient analysis
.PROBE                                        ; Graphics postprocessor
.options  abstol = 1.00n reltol = 0.01 vntol = 0.1 ITL5=50000 ;
convergence
.END
```

图 17-38 给出了 PSpice 绘图，其中，$I(VY)$ = fault current。在图 17-38 中我们运用 PSpice 光标可以显示出初始电流 $I_0=-22.82\text{A}$，预期故障电流 $I_P=132.132\text{A}$。

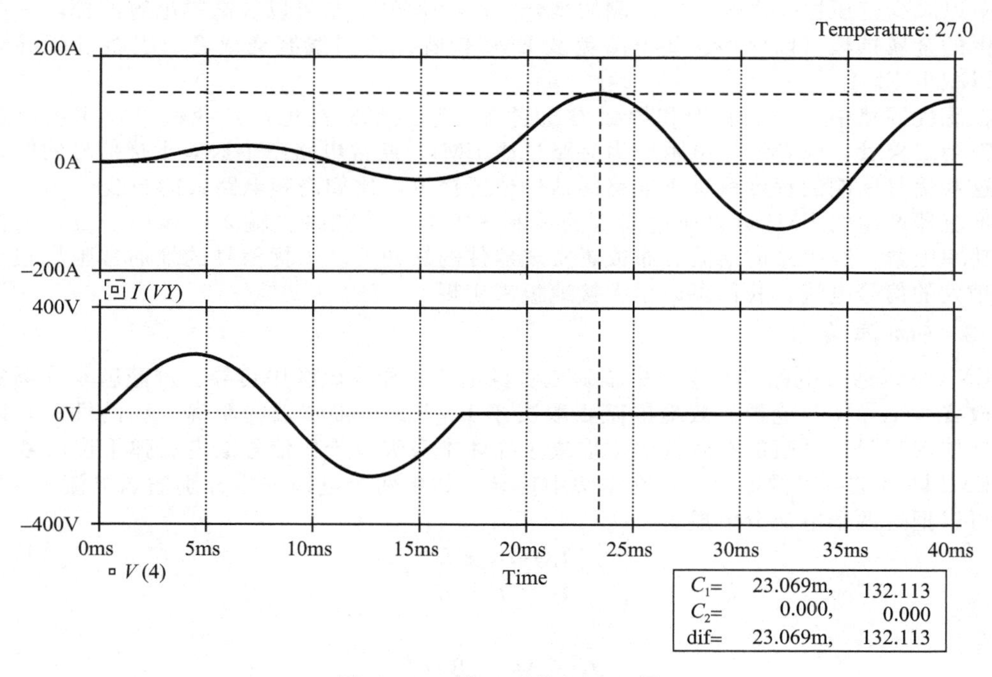

图 17-38　例 17.7 的 PSpice 图

17.9　电磁干扰

电力电子器件在大电流、大电压的情况下开启或者关闭会产生额外的电信号，这些电信号会影响其他器件正常工作。频率越高，越容易产生这些无用的信号，并且增大电磁干扰(EMI)，也就是无线电干扰。这些信号会通过空间辐射或者导通电缆传递到其他电力电子器件上。换流器的低功率门极驱动电路很容易被主电路产生的 EMI 所干扰，这样的系统就是 EMI 敏感系统。相对的，我们把一些产生低于给定值 EMI 或者根本不产生 EMI 的系统称为具有电磁兼容性(EMC)的系统。

电磁兼容系统有三个要素：(1)EMI 源；(2)传输媒介；(3)接收器，也就是任何 EMI

会对其产生影响的系统。因此，EMC 系统可以由以下几个方面得到：(1)减少源产生的 EMI；(2)阻挡 EMI 信号传输；(3)对 EMI 不敏感的接收器。

17.9.1 EMI 源

EMI 源有很多，比如大气噪声，闪电，雷达，无线电，电视，文件和移动收音机；EMI 也会由开关，继电器，电动机，以及荧光灯产生[10,11]；变压器导通时的浪涌电流也是一个 EMI 源，因为电导元件快速的电流变化会产生瞬时电压。集成电路由于运行速度高，在硅模块附近的电路元件会产生电容耦合。

任何功率变换器都是 EMI 的最初源头。由于开关频率高，换流器的电压、电流在很多情况下变化很快，例如电力器件的开关，电感负载电压、电流非正弦，电感的储能，断路器或继电器工作切断电流。杂散电感电容会使电路产生振荡，从而会在频谱中产生很多无用的频率。EMI 的大小取决于在合上静态开关或者电力半导体开关时储存在电容中的能量。

17.9.2 减少 EMI 产生

加入电阻可以减小电路振荡。用高磁通率的材料制作变压器的磁心可以减少谐波产生，但是这样会使得其工作处于高磁通密度状态，从而增大了浪涌电流。我们经常使用静电屏蔽以减少变压器一次侧、二次侧的耦合。EMI 信号常常可以被高频电容滤掉，一些电路周围的金属挡板可以保护这些电路免遭 EMI 侵扰。将引线缠绕或者对引线进行屏蔽保护可以减少 EMI。

在感性回路中由于磁心饱和导致磁通崩溃会产生瞬时高电压，我们可以用续流二极管，齐纳二极管，或者压控电阻作为旁路过滤 EMI。通常电路产生这些干扰信号的能力以及被这些信号影响的程度取决于电路的器件位置摆放，比如高频电路板的布线。

换流器产生的 EMI 可以通过高效的控制来抑制，比如减少输入、输出谐波，工作在单位功率因数，减少总的谐波分布或者实现器件的软开关。干扰信号的地通常阻抗很小以承受稍大的信号电流，我们可以增大接地板来实现。

17.9.3 EMI 屏蔽

EMI 可以通过电磁波在空气中辐射或者像电流一样在电缆中传导。屏蔽就是在场的通路中放置一个导体。能否有效地屏蔽，取决于 EMI 源于接收端的距离，场的性质，以及所用导体的材料。屏蔽的有效性通常取决于导体本身吸收干扰信号或者反弹干扰信号。

EMI 同时也可以像电流一样在电缆中传导。如果两个电缆并排分别输送电流 i_1 和 i_2，我们可以把这两个电流分解成 i_c，i_d，

$$i_1 = i_c + i_d \tag{17-57}$$

$$i_2 = i_c - i_d \tag{17-58}$$

式中：

$$i_c = (i_1 + i_2)/2 \tag{17-59}$$

是共模电流；

$$i_d = (i_1 - i_2)/2 \tag{17-60}$$

是差模电流。

导通既有差模电流又有共模电流。差模电流是由于线路上有其他用户，电流大小相同，方向相反引起的。共模电流则是大小基本相同，方向相反引起的，它是由于线路杂散电容耦合了辐射的 EMI 形成的。传输线上的 EMI 可以用滤波器抑制。这类滤波器种类很多，放置的位置也有讲究，通常放置在 EMI 源旁边。

17.9.4 EMI 标准

大部分国家都有自己的标准机构来制定 EMC(电磁兼容性)标准，比如美国的 FCC，英国的 BSI，德国的 VDE。商业和军用的标准有所不同。商业上规范用于保护无线电，无

线通信，电视信号，工业系统等。军方有自己的规范，因为他们需要这些设备在战场能够持续稳定工作，有兴趣的话，可以查询 MIL－STD 和 DEF 详细了解。

在美国，FCC 对于频谱的管理涉及很多领域，但基本归为两类，如表 17-3 所示。FCC 的 A 类用于商业，B 类较 A 类更为严格，主要用于规范国内设备。欧洲标准 EN55022，如表 17-4 所示，规定了 EMI 要求，也分为两类。A 类较为宽松适用于商业用户，B 类同样，也是用于规范国内设备。

表 17-3　FCC EMI 限制[10]

传输 EMI 限制			辐射 EMI 限制		
频率范围 (MHz)	最大无线电频率线电压(μV)		频率范围 (MHz)	场强(μV/m)	
	A 类	B 类		A 类	B 类
0.46～1.6	1000	250	30～88	30	100
1.6～30	3000	250	88～216	50	150
			216～1000	70	200

表 17-4　欧洲 EN55022 EMI 限制[10,11]

传输 EMI 限制			辐射 EMI 限制		
频率范围 (MHz)	准峰值限制(μV)		频率范围 (MHz)	准峰值限制(μV)	
	A 类	B 类		A 类	B 类
0.15～0.5	79	66～56	30～230	30	30
0.5～5	73	56	230～1000	37	37
5～30	73	60			

本章小结

功率变换器要进行过电压和过电流保护。半导体器件的结温要控制住它可以承受的范围之内。在 PSpice 软件中，结合温控器件模型以及散热器等效电路，我们可以模拟得到在短路或者过载情况下的瞬时结温。器件产生的热量可以通过空气或者液体冷冻剂传递到散热器，也可以借助导热管。反向恢复电流或者切断负载(包括电源线)会在线路电感上存储能量从而导致瞬时的高电压。

RC 缓冲电路通常用作 dv/dt 保护，也可以用它来抑制瞬时电压。为了使瞬时电压低于最大额定电压，缓冲器的设计非常关键。硒二极管和压敏电阻可以用来抑制瞬时电压。

快速反应熔断保护器一般并联在每个设备上，以在故障条件下进行过流保护。但是熔断器在保护晶体管方面仅仅使用熔断器是不够的，需要引入其他的保护方法比如 crowbar。

电力电子电路通过高压下导通或关断电流会产生不需要的电信号进而增加 EMI(电磁干扰)。这些电信号能通过空间辐射或线缆接触传导传递到其他的电子系统。

参考文献

[1] M. März and P. Nance, “Thermal modeling of power electronic systems,” *Infineon Technologies*, 1998, pp. 1–20. www.infenion.com.

[2] W. McMurray, “Selection of snubber and clamps to optimize the design of transistor switching converters,” *IEEE Transactions on Industry Applications*, Vol. IAI6, No. 4, 1980, pp. 513–523.

[3] T. Undeland, “A snubber configuration for both power transistors and GTO PWM inverter,” *IEEE Power Electronics Specialist Conference*, 1984, pp. 42–53.

[4] W. McMurray, "Optimum snubbers for power semiconductors," *IEEE Transactions on Industry Applications*, Vol. IA8, No. 5, 1972, pp. 503–510.

[5] A. F. Howe, P. G. Newbery, and N. P. Nurse, "Dc fusing in semiconductor circuits," *IEEE Transactions on Industry Applications*, Vol. IA22, No. 3, 1986, pp. 483–489.

[6] L. O. Erickson, D. E. Piccone, L. J. Willinger, and W. H. Tobin, "Selecting fuses for power semiconductor devices," *IEEE Industry Applications Magazine*, September/October 1996, pp. 19–23.

[7] International Rectifiers, *Semiconductor Fuse Applications Handbook* (No. HB50), El Segundo, CA: International Rectifiers. 1972.

[8] A. Wright and P. G. Newbery, *Electric Fuses*. London: Peter Peregrinus Ltd. 1994.

[9] T. Tihanyi, *Electromagnetic Compatibility in Power Electronics*. New York: Butterworth–Heinemann. 1995.

[10] F. Mazda, *Power Electronics Handbook*. Oxford, UK: Newnes, Butterworth–Heinemann. 1997, Chapter 4—Electromagnetic Compatibility, pp. 99–120.

[11] G. L. Skibinski, R. J. Kerman, and D. Schlegel, "EMI emissions of modern PWM ac drives," *IEEE Industry Applications Magazine*, November/December 1999, pp. 47–80.

[12] ANSI/IEEE Standard—*518: Guide for the Installation of Electrical Equipment to Minimize Electrical Noise Inputs to Controllers from External Sources*. IEEE Press. 1982.

[13] DYNEX Semiconductor, *Calculation of Junction Temperature*, Application note: AN4506, January 2000. www.dynexsemi.com

复习题

17.1 什么是散热器?

17.2 热在半导体器件中的传导可以用电力中的什么类比。

17.3 在散热器上装配器件需要哪些预防措施?

17.4 什么是导热管?

17.5 导热管的优缺点有哪些?

17.6 水冷却法的优缺点有哪些?

17.7 油冷却法的优缺点有哪些?

17.8 为什么确定器件瞬时连接处温度很有必要?

17.9 为什么使用热变模型仿真器件瞬时结合处温度很重要?

17.10 什么是物理热等效电路模型?

17.11 什么是数学热等效模型?

17.12 物理热等效模型和数学热等效模型有哪些区别?

17.13 什么是极化缓冲器?

17.14 什么是非极化缓冲器?

17.15 反向恢复瞬态电压产生的原因是什么?

17.16 阻容缓冲器阻尼比的一般指是多少?

17.17 设计一个最适的阻容缓冲器需要考虑哪些方面?

17.18 负载端的瞬态电压的产生原因是什么

17.19 电源端的瞬态电压的产生原因是什么?

17.20 硒电压抑制器的特性有哪些?

17.21 硒电压抑制器的优缺点哪些?

17.22 变阻器的特性是什么?

17.23 采用变压器作为电压抑制器的优缺点有哪些?

17.24 什么是熔断器的熔断时间?

17.25 什么是熔断器的击穿时间?

17.26 什么是熔断器的清除时间?

17.27 什么是预期故障电流?

17.28 针对一个半导体设备选择熔断器时需要考虑哪些方面?

17.29 什么是消弧电路 crowbar?

17.30 采用熔断器保护两极晶体管会出现什么问题?

17.31 直流电路的熔断会出现哪些问题?

17.32 电磁干扰是如何传递到受体电路的?

17.33 电磁干扰源有哪些?

17.34 如何将电磁干扰的产生最小化?

17.35 如何保护电力或电子电路免受电磁干扰?

习题

17.1 一个设备的功率损耗如图 P17-1 所示。画出外壳上瞬态连接点温度图像。其中 $t_1 = t_3 = t_5 = t_7 = 0.5\text{ms}$，$Z_1 = Z_3 = Z_5 = Z_7 = 0.025℃/\text{W}$。

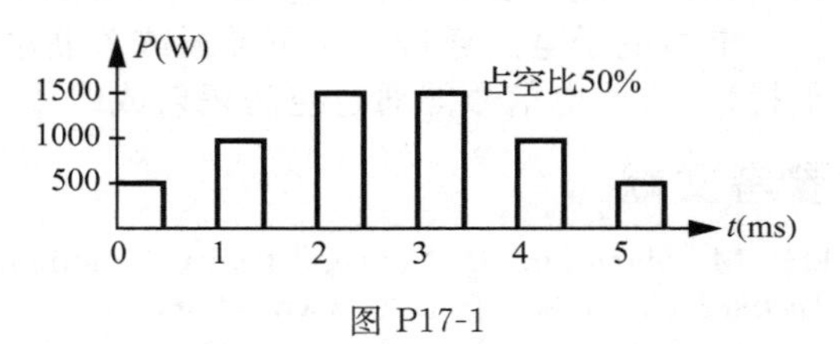

图 P17-1

17.2 设备的功率损耗如图 P17-2 所示。画出外壳上瞬态连接点温度图像。$t_1 = t_2 = \cdots = t_9 = t_{10} = 1\text{ms}$，$Z_1 = Z_2 = \cdots = Z_9 = Z_{10} = 0.035°\text{C}/\text{W}$。(提示：在相应区间用五个矩

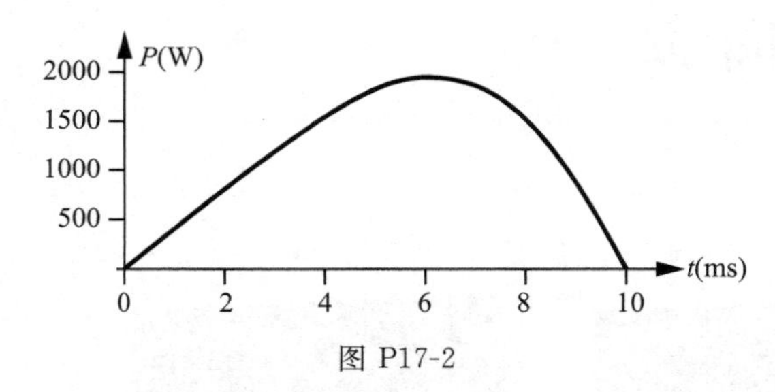

图 P17-2

形脉冲近似）

17.3 通过晶闸管的电流波形如图 9-28 所示。作图(a)功率损耗-时间图像；(b)外壳上的连接处瞬时温度。（提示：假设在接通和断开时的功率损耗为矩形波）

17.4 一个设备的回复电流如图 17-17 所示，$I_R=30A$，电路电感为 $L=20\mu H$。输入电压为 $V_s=200V$。如果需要限制瞬态电压峰值为输入电压的 1.8 倍，计算(a)最佳电流比率 d_o；(b)最佳阻尼因数 δ_0；(c)缓冲器电容值 C；(d)缓冲器电阻 R；(e) dv/dt 均值；(f)初始反向电压。

17.5 一个设备的回复电流如图 17-17 所示，$I_R=10A$，电路电感为 $L=80\mu H$。输入电压为 $V_s=200V$。缓冲器电阻 $R=2\Omega$，缓冲器电容 $C=50\mu F$。计算(a)阻尼比 δ；(b)瞬态电压峰值；(c)电流比 d；(d)缓冲器电阻 R；(e) dv/dt 均值；(f)初始反向电压。

17.6 如图 17-16c 所示的阻容缓冲电路 $C=1.5\mu F$，$R=3.5\Omega$，输入电压为 $V_s=220V$。电路电感为 $L=20\mu H$。计算(a)峰值正向电压 V_p；(b)初始 dv/dt；(c) dv/dt 最大值。

17.7 如图 17-16c 所示的阻容缓冲电路输入电压为 $V_s=220V$。电路电感为 $L=20\mu H$。如果需要限制 dv/dt 最大值上限为 $20V/\mu s$，阻尼比为 $\delta=0.4$。计算(a)缓冲器电容 C；(b)缓冲器电阻 R。假设频率为 $f=5kHz$。

17.8 如图 17-16c 所示的阻容缓冲电路输入电压为 $V_s=220V$。电路电感为 $L=60\mu H$。如果需要限制峰值电压最大值为 1.5 倍输入电压，阻尼比为 $\delta=9500$。计算(a)缓冲器电容 C；(b)缓冲器电阻 R。假设频率为 $f=8kHz$。

17.9 一个电容连接在了输入变压器的二次侧，如图 17-21a 所示，具有零阻尼 $R=0$。二次侧电压为 $V_s=220V$，60Hz，二次侧励磁电感为 $L_m=3.5mH$。如果对变压器一次侧输入源在输入交流端 $\theta=120°$ 时断开。计算(a)初始电容电压值 V_0；(b)励磁电流 I_0；(c)能够将最大瞬态电容电压限制在 $V_p=350V$ 的电容值。

17.10 如图 17-23 所示的电路有负载电流 $I_L=12A$，电路的电感为 $L=50uH$。输入直流电压为 $V_s=200V$。缓冲器电阻为 $R=1.5\Omega$，缓冲器电感为 $C=50\mu F$。如果负载断开，计算(a)阻尼比 δ；(b)峰值瞬态电压 V_p。

17.11 硒二极管用来保护三相电路，如图 17-25c 所示。三相电压为 208V，60Hz。如果每个单元的电压为 20V，计算二极管的数量。

17.12 如图 17-33 所示故障开始时的负载电流 $I_0=10A$。交流电压为 208V，60Hz。故障电流的电阻和电感分别为 $R=1.5\Omega$，$L=5mH$。如果故障发生在 $\theta=45°$，求前半个周期预期电流的峰值。

17.13 如图 17-33 所示故障开始时的负载电流 $I_0=10A$。交流电压为 208V，60Hz。故障电流的电阻和电感分别为 $R=0\Omega$，$L=5mH$。如果故障发生在 $\theta=45°$，求前半个周期预期电流的峰值。

17.14 通过熔断器的电流如图 P17-14 所示，熔断器总共的 i^2t 值为 $5400A^2\cdot s$。如果击穿时间 $t_a=0.1s$，熔断时间 $t_m=0.04s$，求允通电流峰值 I_p

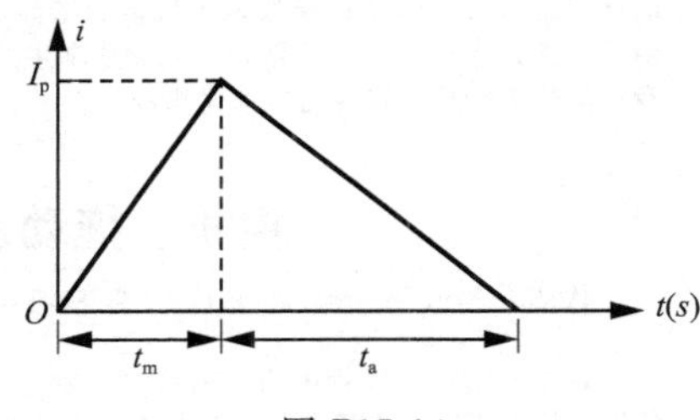

图 P17-14

17.15 如图 17-36 所示的负载电流 $I_0=0A$，直流输入电压为 $V_s=220V$，故障电路电感 $L=1.5mH$，电阻可忽略。熔断器总共的 i^2t 值为 $4500A^2\cdot s$。击穿时间是熔断时间的 1.5 倍。求(a)熔断时间 t_m；(b)清除时间 t_c；(c)峰值允通电流 I_p。

17.16 使用 PSpice 检验习题 17.7 中的设计

17.17 使用 PSpice 检验习题 17.9 中的设计

17.18 使用 PSpice 检验习题 17.10 中的设计

推荐阅读

电工学原理及应用（第4版）

作者：Allan R. Hambley ISBN：978-7-111-29336-1 中文版出版时间：2010年 定价：59.00元

本书注重基本概念，本书以易读的写作风格、精心的问题设计、简明的练习和例题而见长。与前3版相比，第4版的内容改动较大，满足了目前相关课程的高校教师和学生的需要。我国也有许多所大学采用本书作为本科生“电工学”课程的教材和主要教学参考书，收到了良好的效果。本书基于该书第4版进行改编，保留其中的基本内容，压缩或删除了一些高级内容。第4版还为教师和学生提供了功能强大的网络信息资源套装，详情请登录培生教育的工程实验室网站http://www.myengineeringlab.com。本书适用于化工、生物、土木工程等非电专业学生的“电工学”课程，也可以作为电气工程、计算机、自动化等专业学生的专业导论课程的参考教材。

电机、拖动及电力系统（原书第6版）

作者：Sergio Franco ISBN：978-7-111-47471-5 出版时间：2015年1月 定价：99.00元

本书是电气工程领域的畅销教材，多方位地通过理论、实例分析为读者全面展示现代电力系统。主要包括电气工程中的电路原理、电机学、电力电子技术、电机控制、电力系统基础等课程的核心内容，分为四个部分：电气工程所需的电学、磁学、力学、热学及电路基本知识；直流电机、异步电机、同步电机及变压器等的基本原理；电力电子技术、直流电机与交流电机的电子控制等电气传动技术；最后涉及电力系统，包括新能源发电在内的各类发电厂、电能的传输与分配（包括直流输电）、电能的控制技术。本书适合作为电气类专业、非电气类专业人员学习或自学电气工程基础的教材与参考书。

电力传动与自动控制系统

作者：周元钧 等 ISBN：978-7-111-47608-5 出版时间：2014年 定价：49.00元

本书结合电力传动系统的实际应用及发展，侧重于电力传动的基本概念、基本理论及其控制原理的阐述，采用工程观点和工程设计方法进行分析，并加入了电力传动系统在航空航天领域中的应用内容，以反映航空航天领域电动机调速系统和数字控制等新技术。全书取材注重基础性和实用性，有助于培养电气工程及其自动化专业学生的综合设计能力。